JOACHIM-F. GRÄTZ

SANFTE MEDIZIN

Die Heilkunst des Wassermannzeitalters

»Mens sana in corpore sano«

TISANI VERLAG

Vom selben Autor bisher erschienen:

Bücher:

- *Klassische Homöopathie für die junge Familie* – Kinderwunsch, Schwangerschaftsbegleitung und Geburt, Kleinkindbetreuung, Entwicklungsstörungen und Behinderungen, natürliche Entwicklung, 2 Bände
- *Die homöopathischen Potenzen* – Ein Ratgeber aus der Praxis
- *Sind Impfungen sinnvoll?* – Ein Ratgeber aus der homöopathischen Praxis

Anamnese-Unterlagen für die homöopathische chronische Behandlung:

- Fragebogen für Ihre homöopathische antimiasmatische Behandlung, 32 Seiten DIN A4
- Homöopathische Behandlung Ihres Kindes – Fragebogen, 16 Seiten DIN A4 (zs. mit Co-Autorin Inge Plattner)
- Klassische Homöopathie – ein Naturgesetz, Patienteninfo, 6-seitiges Faltblatt DIN A4

Wichtiger Hinweis:
Alle wissenschaftlichen Aussagen in diesem Buch wurden vom Autor nach bestem Wissen und Gewissen in seiner langjährigen homöopathischen Praxis erarbeitet und minutiös geprüft. Dennoch kann keine Gewähr seitens Autor und Verlag übernommen werden. Insbesondere versteht sich dieses Buch nicht als Anleitung zur Selbstbehandlung. Die Behandlung chronischer Erkrankungen gehört immer in die Hände eines erfahrenen Therapeuten. Konsultationen eines Spezialisten sind im Einzelfall unumgänglich. Eine Haftung des Autors, des Verlages oder seiner Beauftragten für Personen-, Sach- oder Vermögensschäden ist ausgeschlossen.

Geschützte Warennamen (Warenzeichen) werden nicht besonders kenntlich gemacht. Aus dem Fehlen eines solchen Hinweises kann nicht darauf geschlossen werden, daß es sich um einen freien Warennamen handelt.

Anmerkung: Dieses Buch ist bewußt nach den Regeln der alten Rechtschreibung geschrieben, um die Brillanz der deutschen Sprache im Sinne unserer Väter und Großväter zu erhalten.

1. Auflage Mai 2007

ISBN 978-3-940382-00-9

Gewidmet meiner lieben Frau Andrea und meinen lieben Kindern
Tina, Sarah und Nicki,
meinem verehrten Lehrer Dr. med. Otto Eichelberger
sowie all meinen mir anvertrauten Patienten,
mit denen ich einen Teil ihres Weges gemeinsam gehen durfte.

*„Es ist Pflicht aller vernünftigen Menschen,
die Gesetze der Gesundheit von Grund auf zu kennen."*

Mahatma Gandhi

„Befolget die Naturgesetze und eure Wohlfahrt ist begründet."

Paracelsus

„Sapere aude."
(„Wage, weise zu sein" bzw. „Wage, zu wissen.")

Horaz, römischer Dichter

---

*„Hahnemann gebührt das Verdienst,
den Geist in der Medizin über sein Jahrhundert gerettet zu haben."*

Rudolf Steiner, zitiert bei Dr. med. Otto Eichelberger,
homöopathischer Arzt in München

---

*„Was wahr ist, ist eine Macht; nicht dadurch erst, daß es gesagt wird,
sondern dadurch, daß es ist."*

Dr. med. Arthur Lutze, 1861, homöopathischer Arzt in Köthen

„Even if you are in a minority of one, the truth is still the truth."

Mahatma Gandhi

„Keiner will frei sein, denn keiner will die Wahrheit wissen."

Oswald White Bear Fredericks (Kacha Hónaw, Weißer Bär), Hopi

„Die Wahrheit kann warten, denn sie hat ein langes Leben vor sich."

Arthur Schopenhauer

---

*„Wenn Ihr Eure Augen nicht braucht, um zu sehen,
werdet Ihr sie brauchen, um zu weinen."*

Jean Paul Sartre

Inhalt

Vorwort

„Gott segne Sie für alles, was Sie schon getan haben für die Kinder dieser Erde in Liebe, Kraft und Weisheit – ein paar mehr Menschen wie Sie und die Welt würde ganz anders aussehen." Diese lieben Worte fand Frau Adelheid Hild aus E. am Anfang eines Briefes für den Autor, nachdem sie das zweibändige Werk „Klassische Homöopathie für die junge Familie – Kinderwunsch, Schwangerschaftsbegleitung und Geburt, Kleinkindbetreuung, Entwicklungsstörungen und Behinderungen, natürliche Entwicklung" sowie das Impfbuch „Sind Impfungen sinnvoll? – Ein Ratgeber aus der homöopathischen Praxis" mit Begeisterung gelesen hatte.

Das vorliegende Werk ist ähnlich geschrieben und will wiederum sachlich aufklären sowie ein umfassendes Bewußtsein schaffen für eine *neue Dimension in der Medizin*, eine Medizin der Zukunft, die heute schon Wirklichkeit sein kann. Nach seiner Lektüre werden Sie die Welt mit anderen Augen sehen! Sie werden nicht mehr derselbe sein, was die Zusammenhänge und Gesetzmäßigkeiten sowie das Verständnis von Gesundheit und Krankheit betrifft, denn *von Natur aus gesehen ist der Mensch dazu bestimmt, dauerhaft – bis ins hohe Alter – geistig sowie körperlich fit und gesund zu sein bzw. zu bleiben*! – Daß es heutzutage anders ist auf der Welt, liegt am System unseres Gesundheitswesens und den damit verbundenen Erkenntnisunterdrückungen. – Darüber hinaus werden Sie einen guten Schritt mündiger sein, nicht nur, was Ihre körperliche Gesundheit angeht, sondern auch Ihre geistige Freiheit. Sie werden nie wieder glauben, daß sich Krankheiten durch Zufall einstellen und man einfach nur befallen wird, denn alles hat seinen Sinn, seine Ursachen und seine innere Logik!

Es geht wiederum um Zusammenhänge und Naturgesetzmäßigkeiten hinsichtlich Gesundheit, und zwar hinsichtlich fast absoluter Gesundheit. Ja, Sie hören richtig, fast absoluter Gesundheit, denn diese ist auch heute größtenteils noch möglich, wenn man weiß, worauf es ankommt. Anhand von ausgewählten Schwerpunktthemen unserer Zeit, insbesondere hinsichtlich der so um sich greifenden degenerativen und chronischen Erkrankungen wie Infektneigung (z.B. Bronchitis, Mittelohrentzündungen, Paukenerguß, Mandelentzündungen, Nebenhöhlenentzündungen, Lungenentzündungen etc.), Neurodermitis, Psoriasis, Borreliose, Allergien, Heuschnupfen, Asthma bronchiale, Schwangerschaftsbeschwerden bzw. -komplikationen, Multiple Sklerose, Colitis ulcerosa, Morbus Crohn, Nierenversagen, Herz/Kreislauf-Erkrankungen, Hörsturz, Polyarthritis, Rheumatismus, Migräne, Hyperaktivität, Bandscheibenvorfall, Parasitenbefall, ADS, ADHS, Epilepsie, Entwicklungsverzögerungen, Behinderungen, Autismus, Depressionen, Psychosen, Zwangserkrankungen und einigem mehr, welche immer häufiger bereits im zarten Kindesalter anzutreffen sind, Tendenz progressiv steigend, werden die Möglichkeiten von echter Heilung (in wahrsten Sinne des Wortes) – aber auch Prävention – klar und deutlich erarbeitet sowie mit eindrucksvollen und überzeugenden Fallbeispielen aus der Praxis verifiziert. – *Sanfte Medizin*, eine Medizin der Zukunft, die für manche jetzt schon Wirklichkeit ist.

Ein Positivbuch, dessen Eckpfeiler und Inhalt ein jeder kennen sollte, für sich, seine Kinder, Enkelkinder, Verwandten, Freunde und Bekannten. Geradezu ein Muß zum Überleben in unserer heutigen streßgeplagten, schnelllebigen Zeit und Gesellschaft. Und darüber hinaus die Grundvoraussetzung, um einen nachhaltigen positiven Einfluß auf unsere uns anvertraute Umgebung und den gesamten Planeten Erde ausüben zu können.

Dr.-Ing. Joachim-F. Grätz, Oberhausen i. Obb., im Mai 2007

Einleitung

Der Titel des vorliegenden Buches *„Sanfte Medizin – Die Heilkunst des Wassermannzeitalters“*, mag auf den ersten Blick ein wenig vermessen klingen – etwas weit hergeholt, möchte man sagen –, das gebe ich gerne zu. Zunächst das Wort Heil*kunst*, und dann noch eines ganzen *Zeitalters*! Das sind immerhin 2.160 Jahre![1] Aber lassen wir es vorerst dabei bewenden. Jedenfalls sollten Sie dieses Werk in seinem vollen Umfange unter diesem Motto lesen und studieren und sich erst danach eine eigene Meinung bilden, um sich selber ein abschließendes Urteil zu erlauben. Vielleicht kommen Sie ja dann zu einem ähnlichen Ergebnis, so daß der Untertitel gar nicht mehr so abwegig klingt. Vielleicht aber auch nicht.

Meines Erachtens wird mit diesem Titel keineswegs zu hoch gegriffen; vielmehr entspricht er der Realität und den Erfahrungen eines gestandenen Praktikers. Ich gehe sogar noch einen Schritt weiter und behaupte, daß diese Medizin, die mit diesem Buch vorgestellt wird, dermaßen im Einklang mit der Natur und ihren Gesetzmäßigkeiten steht, daß sie kaum noch durch eine andere zu überbieten oder gar abzulösen und zu ersetzen sein wird. Das endgültig zu beurteilen, ob dem auch wirklich so ist, steht mir allerdings

---

[1] Das Platonische Jahr bezeichnet den Zyklus unseres Sonnensystems und beträgt 25.920 Jahre. Ursache hierfür ist die sog. Präzession, die – laut Duden, Fremdwörterbuch – „durch Kreiselbewegung der Erdachse in etwa 26.000 Jahren verursachte Rücklaufbewegung des Schnittpunktes (Frühlingspunktes) zwischen Himmelsäquator und Ekliptik (Ebene der Planetenbahnen, Anmerkung des Verfassers)“. Hören wir dazu Udo Brückmann in seinem Buch „Das Ende der Endzeit“: „Die Achsenverlagerung beträgt alle 72 Jahre ca. 1 Grad. Die Einteilung für die Tierkreiszeichen beträgt 30 Grad. So kommt man rein rechnerisch auf 72 × 30 = 2.160. Die *Dauer eines Erdzeitalters*, das in einem Tierkreiszeichen steht, beträgt demnach 2.160 Jahre. Die Äquinoktialpunkte (Äquinoktium – Tag- und Nachtgleiche, Anmerkung des Verfassers) bewegen sich alle 2.160 Jahre – ähnlich wie der Zeiger in den zwölf Einteilungen einer Uhr – in ein anderes Sternbild. Und da wir zwölf Sternbilder haben, dauert eine komplette ‚Umrundung‘ oder ‚Durchwanderung‘ 25.920 Jahre (12 × 2.160). Die zur Ekliptik schiefgestellte Erdachse umschreibt aufgrund der Präzession eine Kegelfäche um den Pol und ‚schraubt‘ sich – modellhaft gesehen – in 25.920 Jahren ellipsenförmig bis in den imaginären ‚Scheitelpunkt der Galaxien‘ nach oben. (Die Bewegung dabei ist die einer Spirale. Sieht man da nicht die Parallele zur Struktur der menschlichen Erbsubstanz DNS? Makrokosmos/Mikrokosmos?) – Die Einteilung mit den Tierkreiszeichen hat sich ebenfalls wegen der Präzession rückwärts verlagert, so daß die Zeichen mit den Sternbildern, nach denen sie benannt wurden, nicht mehr zusammenfallen. Deshalb ist der genaue astronomische Beginn des Wassermannzeitalters so schwer festlegbar.“ – Zur Zeit treten wir von dem endenden Fischezeitalter, welches „kurz“ vor Christi Geburt begonnen hat, in das Zeitalter des Wassermanns ein. Darüber hinaus befinden wir uns an einem kosmischen Wendepunkt, welcher – laut den altindischen Veden und den Aufzeichnungen in den Palmblattbibliotheken – mit enormen Veränderungen in Verbindung gebracht wird.

nicht zu. Darüber werden zukünftige Generationen von Menschen und Medizinhistorikern in fernen Zeiten zu befinden haben, wenn – nämlich wenn es genügend Therapeuten gibt, welche diese sanfte Heilkunst praktizieren und umsetzen, d.h. wenn diesbezüglich genügend praktische Erfahrung flächendeckend vorliegt.

Dieses Werk ist aus der homöopathischen Praxis heraus entstanden, einer Praxis, welche sich primär dem Abtragen der chronischen Miasmen verschrieben hat, und für all diejenigen gedacht, die sich für die grundlegenden Zusammenhänge hinsichtlich Gesundheit, Krankheit und Therapie interessieren. Es ist allgemeinverständlich und in bestechender Klarheit geschrieben und richtet sich sowohl an junge Eltern als auch an die ältere Generation, an medizinische Laien sowie an medizinisch Vorgebildete und Therapeuten. – Doch im Grunde genommen sollte es jeder einmal gelesen haben, denn es geht uns alle an, mehr als mancher noch zu glauben geneigt ist! – Es geht im wesentlichen um den roten Faden, der sich durch alles hindurchzieht, und ist schwerpunktmäßig anhand einer Vielzahl chronischer Erkrankungen unserer Zeit sowie durch eine Fülle von diesbezüglichen, zum Teil sehr ausführlichen Fallbeispielen aus der homöopathischen Praxis hochgradig verifiziert. Somit werden keine Thesen und Hypothesen aufgestellt, keine Glaubensbekenntnisse propagiert; vielmehr geht es um *Naturgesetzmäßigkeiten* und ihre Anwendung zum Wohle des einzelnen, zum Wohle aller. Es geht im Grunde genommen um Dinge, welche man schon von Kindesbeinen an mitbekommen sollte bzw. welche bereits in der Schule gelehrt werden müßten.

Wenn wir wieder in der Lage sind, gesund – wobei Gesundheit mit einem gewissen Absolutheitsanspruch zu sehen ist – und im Einklang mit der Natur zu leben, werden wir große Chancen haben, über Generationen hinweg gesund zu bleiben sowie geistig zu wachsen und zu reifen. Dazu gehört auch eine klare Bewußtseinserweiterung, welche ganz besonders mit dem zunehmenden Eintritt ins Wassermannzeitalter zu erwarten ist. Auf diese Weise steuern wir einen entscheidenden Beitrag zum Fortbestand der gesamten Menschheit bei. Wir werden unsere Erde mit den Jahren nachhaltig positiv verändern und unseren uns anvertrauten „blauen Planeten“ wieder zu lieben lernen, ihn schützen und schließlich wieder bewohnbarer machen – im Sinne von „mit der Natur“ –, was auch schon in meinem zweibändigen Standardwerk „Klassische Homöopathie für die junge Familie“ recht deutlich angeklungen ist. Im Prinzip geht es schon lange nicht mehr nur um den einzelnen hier auf dieser Welt: Es geht mittlerweile um die gesamte Menschheit ... um körperliche und geistige Freiheit und damit um Mündigkeit! Und das zentrale Hintergrundthema zu alledem ist die Medizin. „Mens sana in corpore sano“ – ein gesunder Geist steckt in einem gesunden Körper.

Inspiriert durch Helmut Pilhar aus dem Internet, möchte ich Ihnen schließlich noch folgende, gut gemeinte Aufforderung – für Sie ganz persönlich – mit auf den Weg geben: „Studieren Sie die *Sanfte Medizin* und die Thematik um Gesundheit und Krankheiten, solange Sie noch einigermaßen gesund sind.

Wenn Sie erst einmal nachhaltig chronisch erkrankt sind, haben Sie keine Zeit mehr dazu, da Sie in Panik sind und sich bereits in einem Teufelskreis befinden. Einem Ertrinkenden kann man schwerlich das Schwimmen beibringen."

In diesem Sinne sei der römische Dichter Horaz zitiert mit seinem „Sapere aude." Diesen Imperativ, sich seines eigenen Verstandes zu bedienen, übersetzte Ludwig Marcuse (1894–1971) wie folgt: „Habe den Mut, dich deiner Augen und Ohren, deines Verstandes, deiner Vernunft, deines Denken und aller anderen Vermögen und Erfahrungen zu bedienen." – Was Hahnemann für sein „Organon der Heilkunst", der sog. „Homöopathie-Bibel", dem Hauptwerk hinsichtlich der homöopathischen Gesetzmäßigkeiten und der daraus abgeleiteten Vorgehensweise für die Therapie, ab der zweiten Auflage 1819 übernommen hat, in Form von „Aude sapere". „Wage, weise zu sein" bzw. „Wage, zu wissen" oder, „wie Hahnemann es kurz und treffend selbst einmal verdeutscht hat: ‚Habe das Herz, Einsicht zu haben.'" (Dr. med. homoeop. Richard Haehl in seiner Vorrede zur sechsten Auflage des Organon, 1921) – Ich wünsche Ihnen viel Freude beim Lesen und Umsetzen der gewonnenen Erkenntnisse.

1. Das System Medizin heute – kritische Bestandsaufnahme

Bevor das eigentliche Thema dieses Buches eingehend behandelt werden kann, und wir in medias res gehen, die Gesetzmäßigkeiten und Möglichkeiten einer *Sanften Medizin* zu skizzieren, abgerundet durch eine Fülle von Fallbeispielen und Aspekten schwerer (aber auch leichterer) Erkrankungen, sei zum besseren Allgemeinverständnis zunächst ein Blick auf den status quo gestattet.

1.1 Anbindung an die Medizin

Den ersten Kontakt mit der Medizin erfährt der „zivilisierte" Mensch unserer Tage schon äußerst früh: in der Regel schon im zarten, noch unreifen Alter von nur ein paar Wochen – im Mutterleib! Dieser wird regelmäßig untersucht, beschallt, vermessen und vieles mehr. Die Schwangeren unserer Zeit werden von ihren betreuenden Gynäkologen in engmaschiger Folge in die Praxis einbestellt, damit möglichst alles genau überwacht wird. „Vertrauen ist gut, Kontrolle ist besser", so wie es der alte Lenin vor langer Zeit in einem anderen Zusammenhang gesagt hat. Unter dieser Devise läuft nun auch vieles in der heutigen Mainstream-Medizin. Schwangerschaft wird wie eine ernst zu nehmende Krankheit angesehen und entsprechend betreut. Wenn alle Geräte- und Laborwerte in Ordnung sind, ist – zumindest für den Arzt – auch alles in Ordnung. Auch dann, wenn subtile Beschwerden vorhanden sind, welche die Patientin äußert. Sind diese jedoch für den Arzt nicht sicht- oder meßbar, so handelt es sich in den meisten Fällen um „hysterische Frauen", ein Ausdruck, welcher mir von vielen Patientinnen immer wieder berichtet wird. Oder wenn bestimmte Untersuchungen von mündigen, aufgeklärten Patienten abgelehnt werden, bekommen sie nicht selten zu hören, sie seien „eine schwer zu führende Patientin." – Wie auch immer – in der heutigen, sehr technisch orientierten Medizin herrscht von Anfang an viel Routine und Gerätehörigkeit vor. Darüber hinaus läßt man sich von Laborparametern und klinischen Daten leiten. Das persönliche Empfinden oder gar die Seele des einzelnen haben da wenig Platz.

Das ist auch bei der Geburt nicht anders! Diese wird heute als relativ riskant und gefährlich angesehen, „weil ja so viel passieren kann". Man hat sich von Mutter Natur schon so weit entfernt, daß es als Risiko angesehen wird, sein Kind in seinem vertrauten Zuhause bei seiner lieben Familie zur Welt zu bringen, so wie es Jahrtausende lang üblich war, und so wie es bei Naturvölkern heute noch praktiziert wird. Immer mehr verlautet es, daß Ärzte ohne medizinische Indikation zu Kaiserschnitten raten, weil man da „alles besser im

Griff habe". Oder ein vorzeitiger Kaiserschnitt oder Wehentropf wird anberaumt, um das Kind vorzeitig zu holen, weil beispielsweise die Weihnachtsfeiertage bevorstehen oder der Urlaub des betreuenden Arztes den Terminplan bestimmt. Das sind jedenfalls Fakten, über welche sich junge Mütter in Anamnesen immer wieder beklagen. Einen ähnlichen Trend gab es bereits in den 60er Jahren, als aufgrund „wissenschaftlicher[1] Untersuchungen" dringend vom Stillen abgeraten wurde, weil die Muttermilch angeblich belastet war und industriell hergestellte Babynahrung gesünder wäre.

Ist der kleine Mensch dann glücklich auf die Welt gekommen, geht es mit der Anbindung an die Medizin weiter. Da gibt es – zumindest in Deutschland; in anderen „zivilisierten" Ländern wird es ähnlich gehandhabt – die Vorsorgeuntersuchungen, die im Volksmund unter dem Begriff U-Untersuchungen (U1 bis U9) bekannt sind. Hierbei werden die neuen Erdenbürger schon frühzeitig zum Arzt gebracht, und zwar regelmäßig – auch ohne Krankheit – nach einem festgelegten Raster. Sie werden vom Kinderarzt fachmännisch beurteilt und begutachtet, ob alles in Ordnung ist und ob sie sich nach den Richtlinien der akutellen wissenschaftlichen Erkenntnisse gut entwickeln. Dies erscheint auf

---

[1] Professor Dr. med. Julius Hackethal in „Der Meineid des Hippokrates": „Mit dem Wort ‚Wissenschaft' wird allzu oft Mißbrauch getrieben, ganz besonders im Bereich der Medizin. Es wurde zum Machtwort der Intellektuellen, die sie als Alleinbesitz beanspruchen. Als ‚wissenschaftlich' gilt nur das, was aus dem Kopf eines Akademikers stammt und den Segen der Fakultätsmajestäten hat. Dieses Monopol muß durchbrochen werden, damit neue Erkenntnisse – von Außenseitern, aber auch von Schulmedizinern, die gegen die herrschende Lehre verstoßen – nicht blockiert werden.

‚*Wissenschaft* – (griech.) episteme, (lat.) scientia – ist gründlich geordnetes Wissen in Vielzahl.'

‚*Wissen* heißt, Erfahrungen und Einsichten besitzen, die subjektiv und objektiv *gewiß* sind und aus denen Urteile und Schlüsse gebildet werden können, die ebenfalls sicher genug erscheinen, um als Wissen gelten zu können' (Philosophisches Wörterbuch).

Gewiß ist hier gleichbedeutend mit *wahr* bzw. *richtig*.

Wissenschaft ist immer *Erfahrungswissenschaft*, beruht also auf Erlebnissen und Beobachtungen. Insoweit widerspricht es jeglicher Logik, Erfahrungswissen als Empirie rangmäßig niedriger einzustufen als das auf Versuchen beruhende, nach Prinzipien bzw. Hypothesen geordnete Wissen. Genau das aber geschieht von seiten der Schulmedizinlehrer, um all das abzuwerten, was nicht auf den von ihnen abgesegneten Lehrsätzen beruht.

Kurz und knapp: Als ‚medizinwissenschaftlich' gilt zur Zeit nur das, was die Schulmedizinlehrer mit dem Prädikat ‚wissenschaftlich allgemein anerkannt' versehen haben. Dieses Prädikat wurde der Naturmedizin, Homöopathie und weiten Bereichen der Psychosomatik bis heute nicht zuerkannt."

Und Christian Bachmann schreibt zu diesem Thema in seinem Buch „Die Krebsmafia": „Das Prädikat ‚wissenschaftlich', mit dem sich die etablierte Medizin bei allen möglichen Gelegenheiten schmückt, sagt nichts über die Wirksamkeit dieser Medizin aus. Das Wort ‚wissenschaftlich' ist keine sachlich begründete Qualitätsbezeichnung, es ist ein *politischer Begriff*. Als ‚unwissenschaftlich' gelten alle Behandlungsarten, die vom medizinischen Establishment nicht anerkannt werden; sie werden von vorneherein als unwirksam betrachtet." (Hervorhebung durch den Verfasser)

den ersten Blick sehr ehrenwert und fortschrittlich, ist doch jeder besorgt, daß es den Kleinen wirklich gut geht. „Der Sinn dieser Vorsorgeuntersuchungen liegt darin, alle Kinder herauszufinden, die für Krankheiten verdächtig sind, und sie zunächst einer intensiven Diagnostik und – wenn diese den Krankheitsverdacht bestätigt – einer entsprechenden Behandlung zuzuführen. Krankheit schließt auch ‚Entwicklungskrankheit', d. h. eine Entwicklungsverzögerung oder Entwicklungsstörung mit ein.", so Professor Dr. med. Theodor Hellbrügge, einstiger Leiter des Kinderzentrums in München. Daß diese Untersuchungen in den meisten Fällen jedoch auch dazu mißbraucht werden, „um gesunde Kinder zum Impfen sowie zur Vitamin D- und Fluorprophylaxe zu bringen" bzw., um es ein wenig allgemeingültiger zu formulieren, als Instrumentarium „zur Überwachung der Routineverordnungen, des Impfkalenders und zur Patientenanbindung" benutzt werden (beides gemäß Dr. med. Gerhard Buchwald und Dr. med. Friedrich P. Graf)[1], soll an dieser Stelle nicht weiter ausgeführt werden.

Später dann gibt es die Untersuchungen beim Eintritt in den Kindergarten; und ein paar Jahre weiter die Untersuchungen zur Eignung hinsichtlich der Schule. Im Pubertätsalter macht man sich Sorgen um die heranreifenden Mädchen und empfiehlt immer wieder mit Nachdruck die Rötelnimpfung, um – so wird argumentiert – einer Rötelnembryopathie in einer eventuellen Schwangerschaft mitsamt ihren katastrophalen Folgen vorzubeugen. Und das, obwohl die Schulmedizin gemäß dem MSD-Manual der Diagnostik und Therapie ganz klar zugibt, daß diese sog. „Röteln-Immunisierungsprogramme" nicht recht funktionieren: „Die erfolgreichste Methode ist aber noch nicht ermittelt." Im Erwachsenenalter kann man dann weitere Vorsorgeuntersuchungen im Hinblick auf Krebs (speziell Brust-, Gebärmutterhals- und Prostatakrebs) und andere schwere Erkrankungen in Anspruch nehmen, welche von den Kassen empfohlen werden. Im Berufsleben werden regelmäßig zur Herbstzeit Grippe-Impfungen mit großem publizistischem Aufwand[2] feilgeboten, welche viele Firmen selbst finanzieren, in der Hoffnung, auf diese Weise die Ausfallzeiten für ihr Unternehmen in der kalten Jahreszeit minimieren zu können.

Und immer wieder ist es der Arzt, der einem sagt, ob man gesund ist oder nicht. Er muß es ja wissen, denn „er hat schließlich Medizin studiert", was durchaus so manch ein Patient zu hören bekommt, wenn dieser so „dreist" ist und selbständig mitdenkt, kritische Fragen stellt oder Untersuchungsergebnisse bzw. gar die vorgeschlagene Maßnahme oder Therapie in Frage stellt. Mündige Patienten sind heutzutage nach wie vor nicht erwünscht. Sie werden eher als unbequeme Querulanten diffamiert.

---

[1] Siehe auch das Werk des Autors *Klassische Homöopathie für die junge Familie*, 2 Bände, 2. Auflage 2001/2003.

[2] Werbung für Grippe-Impfung am Beispiel der Tageszeitung „Münchner Merkur" vom 9. 9. 2005: Siehe Anhang *A.1 Werbung für Grippe-Impfung – ein Beispiel.*

Es ist offensichtlich, daß es der Mensch der westlichen Welt schon von Kindesbeinen an – ja eigentlich noch viel früher – gewohnt ist, regelmäßig zum Arzt zu gehen. Auch dann, wenn er gar nicht krank ist! Gemäß dem bekannten Leitsatz: „Jeder gesunde Mensch ist ein kranker, der es noch nicht weiß." So ist das „Durchchecken" heute – im wahrsten Sinne des Worts – Stand der Technik. Und genau dies scheint in unser Zeitalter gut hineinzupassen, welches ja leider immer noch maßgeblich von der Technik beherrscht wird.

1.2 Allgemeiner Niedergang unserer Volksgesundheit

Auf den ersten Blick und oberfächlich betrachtet klingt dies alles wirklich sehr einleuchtend, vielversprechend und gut. Deutschland rühmt sich, so kann man immer wieder hören, das beste Gesundheitssystem der Welt zu haben. Aber – stimmt dies wirklich? Sind die Menschen heute wirklich viel gesünder und glücklicher als vor 50 Jahren? Bei genauerem Hinsehen wird man recht schnell feststellen, daß es gar nicht so gut um die allgemeine Volksgesundheit steht. Und auch nicht um die Gesundheit eines jeden einzelnen! Trotz des regelmäßigen allgemeinen „Durchcheckens" werden wir alles andere als gesünder! Der Trend geht eindeutig in Richtung Krankheit, und zwar in Richtung chronischem Siechtum! So nehmen seit geraumer Zeit schwerwiegende Krankheiten progressiv zu; Krankheiten, welche noch vor 50 Jahren ihresgleichen suchten und eher eine seltene Ausnahme waren, wenn sie in dieser Form überhaupt existierten.

Einige Beispiele hierfür aus meiner homöopathischen Praxis sind: Neurodermitis[1], Allergien jeglicher Couleur (Pollen, Gräser, Nahrungsmittel, Hausstaub, Wolle, Sonne, Kälte etc.), Heuschnupfen[2], Asthma bronchiale[3],

---

[1] Neurodermitis war bis vor ein paar Jahrzehnten eine große Seltenheit! Ich erinnere mich an einen Bericht, in welchem ein Professor von damals regelrecht stolz darauf war, seinen Studenten einen Neurodermitisfall vorstellen zu können. Heute ist eher das Gegenteil der Fall. Man muß regelrecht suchen, um seinen Studenten ein Kind zeigen zu können, welches keine solche Hautkrankheit aufweist.

[2] Die ersten Berichte über Heuschnupfen oder – wie man damals meist zu sagen pflegte – Heufieber kamen aus England, und zwar nicht aus den ländlichen und bäuerlichen Regionen, dort wo die meisten Pollen fliegen, sondern aus den Städten, besonders von den privilegierten Schichten, dort wo man es sich leisten konnte, sich gegen Pocken impfen zu lassen. (Siehe hierzu Dr. med. Artur Braun, „Mutmaßungen zur Iatrogenese der Pollinose", Allgemeine Homöopathische Zeitung, Heft 5/1987).

[3] Gemäß den Angaben von Frau Dr. Milly Schär-Manzoli und Dr. med. Friedrich P. Graf leidet heutzutage schon jedes 15. Kind an Asthma bronchiale! Das Asthma ist heutzutage die häufigste chronische Kinderkrankheit auf der ganzen (westlichen) Welt! – Und jedes 2. bis 3. Kind, das eingeschult wird, leidet an irgendwelchen Allergien!

Neigung zu Krupphusten und Pseudokrupp, Neigung zu Bronchitis, häufig zu spastischer Bronchitis, Neigung zu Mittelohrentzündungen und -eiterungen, Neigung zu Mandelentzündungen, Einschlaf- und Durchschlafstörungen, Migräne, Nasenneben- und Stirnhöhlenentzündungen, Lungenentzündungen, Schielen, ausgeprägte Kurzsichtigkeit schon im frühen Kindesalter, Hyperaktivität, ADS (Aufmerksamkeitsdefizitsyndrom), ADHS (Aufmerksamkeitsdefizitsyndrom mit Hyperaktivität), BNS-Krämpfe im Kleinkindalter und Epilepsie, Absencen, Tics und Zwänge, Raptus[1]-Anfälle, Entwicklungsverzögerung, Wachstumsstillstand, spinaler Muskelschwund, Gelenk- und Weichteilrheumatismus, insulinpflichtiger Diabetes mellitus schon im Kleinkindalter, Neigung zu Harnwegsinfekten, Menstruationsprobleme aller Art, Endometriose, Unfruchtbarkeit, Kinderlosigkeit, Psychosen, Neurosen, Borderline-Syndrom, leichter bis hin zu schwer ausgeprägtem Autismus, MS (Multiple Sklerose), motorische und/oder geistige Retardierung und vieles mehr.

Und ein wenig anders – mit der homöopathischem Brille in schulmedizinischem Behandlungskontext – betrachtet: Eine Neurodermitis, welche nach einer Mehrfachimpfung auftritt. Ein Asthma bronchiale, welches sich nach der Behandlung eines chronischen Ekzems oder einer Neurodermitis mit cortisonhaltiger Salbe entwickelt. Ein allergisches Asthma, welches nach der Desensibilisierung eines Heuschnupfens erstmalig in Erscheinung trat. Das Auftreten einer schwersten Polyarthritis aller großen Gelenke etwa drei Monate nach Durchimpfung für eine Südamerika-Reise. Epileptische Krampfanfälle nach der Unterdrückung einer anhaltenden Bronchitis mittels Breitbandantibiotikum. BNS-Krämpfe (eine Form der Epilepsie im Kleinkindalter) ein paar Wochen nach den empfohlenen Kleinkind-Impfungen. Diabetes Typ I nach Mehrfachimpfung; in einem anderen Fall nach anhaltender Unterdrückung einer hartnäckigen Herpesinfektion im Gesicht. Rheumatismus nach der medikamentösen Behandlung einer „Verrenkung“ nach schwerem Heben eines Koffers hinauf auf die Gepäckablage in der Bahn. Borderline-Syndrom nach erfolgter Tetanus-Impfung bei der Bundeswehr. Starker Leistungsabfall einer Hochleistungssportlerin mit einhergehenden schwersten Depressionen und Halluzinationen nach Impfungen. Angst- und Panikzustände nach operativem Verschließen einer Analfistel. Akutes Nierenversagen mit Dialyse nach mehrfacher antibiotischer Unterdrückung einer Angina. Nierenabszeß nach Behandlung eines grippalen Infektes mit fiebersenkenden Mitteln. Lupus erythematodes und Nierenversagen mit Dialyse nach Behandlung eines Hautausschlages mit Cortison. Chorea[2] nach erfolgter Mehrfachimpfung. Depressio-

---

[1] Raptus: Ausbruch; plötzliche, aus der Ruhe heraus, gewaltsame Handlung gegen sich selbst oder andere als Symptom einer tiefen seelischen Störung, eventuell sogar mit Zerstörungswut und Tötungsdelikt.

[2] Chorea: Veitstanz mit schnellen, unphysiologisch-arrhythmischen, unwillkürlichen Kontraktionen einzelner bzw. wechselnder Muskeln oder Muskelgruppen in fast allen Körper-

nen mit Suizidneigung nach einer Reiseimpfung. Morbus Crohn[1] nach Malaria-Prophylaxe. Colitis ulcerosa[2] nach … Und und und … – Alles Beispiele aus meiner homöopathischen Praxis. Die Liste könnte fast endlos weitergeführt werden!

Alles nur Zufälle? – Gewiß nicht! Da steckt System dahinter, leider! Zugegeben, zunächst besticht natürlich nur der zeitliche Zusammenhang; aber mit der Zeit, wenn sich derartige Zusammenhänge immer wieder häufen, wird man sich unmißverständlich der *kausalen Komponente* bewußt. Aufgrund der heutigen Spezialisierung in der modernen orthodoxen Medizin können solche Dinge allerdings nicht mehr so einfach erkannt werden. Der hoch-technisch orientierte Arzt blickt ja nur durch sein spezielles Sichtfensterchen „Lunge" (Lungenfacharzt) oder „Herz" (Cardiologe) oder „Hals-Nasen-Ohren" (NHO-Arzt) oder „Bewegungsapparat" (Orthopäde) etc. und hat den Blick für das Ganze verloren. Zumal darüber hinaus die Seele oder Gemütsverfassung des Patienten samt seinen Ängsten, Problemen, Träumen und ähnlichem kaum jemand zu interessieren scheinen. Die heutige Medizin sieht sich eher als Mechaniker, der die verschlissenen Teile wieder in Ordnung bringt oder gar ersetzt. Dies wird besonders deutlich in den Zuwachsbranchen der Gentechnik[3] und Organtransplantationen[4], welche unter ganzheitlichen Aspekten – unter Einbeziehung der feinstofflichen Entitäten wie Seele und Geist – kaum einen (bzw. besser gesagt, gar keinen) Sinn ergeben.

Zum großen Teil wird dies alles auch den Ärzten selbst bewußt. So war auf

---

regionen; dadurch das Bild der allgemeinen motorischen Unruhe mit unwillkürlichen und unkontrollierbaren ständigen Bewegungen der Extremitäten, verbunden mit Grimassieren, Schnalzen, Beeinträchtigung des Sprechens, Muskeltonusverminderungen, Reflexabschwächungen etc.

[1] Morbus Crohn: eine degenerative Darmerkrankung, welche alle Abschnitte des Darmtraktes befallen kann; gilt in der Schulmedizin als unheilbar.

[2] Colitis ulcerosa: eine degenerative, chronisch rezidivierende Erkrankung des Dickdarms; gilt in der Schulmedizin als unheilbar.

[3] Dr. rer. nat. Stefan Lanka, Fachmann auf dem Gebiet der Mikrobiologie und Gentechnik, äußert sich hierzu kompromißlos: „Genverseuchung kann nicht mehr aus dem Körper entfernt oder neutralisiert werden und führt bei Anwesenheit in der Keimbahn unweigerlich zu schweren Entwicklungsstörungen und Mißbildungen." … „Der Unterschied zur Radioaktivität oder chemischen Verseuchungen liegt darin, daß sich manipulierte Erbsubstanz selbständig vermehren und in der ganzen Natur willkürlich ausbreiten kann." … „Gentechnik, vor allem in Form von gentechnischen Impfstoffen, ist gefährlicher als unkontrollierte Radioaktivität." Und an anderer Stelle: „Alles gesicherte Wissen der Biologie und vor allem der Gentechnik der letzten zwei Jahrzehnte läßt heute nur noch den Schluß zu, wie ihn kein geringerer als einer der Pioniere der Genetik, der Nobelpreisträger Joshua Lederberg, treffend formulierte: ‚Es gibt heute in der Genetik mehr Ausnahmen als Regeln.'"

[4] Transplantationen machen nur bei körpereigenem Gewebe Sinn, da es bei körperfremdem Gewebe *immer* zu Abstoßungsreaktionen kommt und demzufolge eine lebenslängliche immunsuppressive Therapie obligatorisch ist! Somit müßten sich alle chirurgischen Maßnahmen mit Fremdorganen oder Teilen davon von selbst verbieten.

der Titelseite einer süddeutschen Tageszeitung im April 2005 zu lesen: „Ärzte warnen: Krankenhaus als Todesfalle – Behandlungsfehler im Visier. An Behandlungsfehlern sterben in deutschen Krankenhäusern mehr Menschen als an Brustkrebs, AIDS[1] oder Verkehrsunfällen. Das Risiko einer schweren oder sogar lebensgefährlichen Komplikation liege im Krankenhaus bei eins zu zweihundert, warnte der Präsident der Deutschen Gesellschaft für Chirurgie (DGCH), Professor Matthias Rothmund, zum Auftakt des Jahreskongresses der Chirurgen in München. Fehler in Diagnose und Therapie kämen überall in der Medizin vor, betonte Rothmund. ... Vermeidbare Behandlungsschäden, an denen Patienten lebenslang tragen oder sterben, seien selten Folge eines groben Fehlers, sondern meist ‚die Konsequenz kleiner, sich zu einer gefährlichen Reihe addierender Unaufmerksamkeiten', so Rothmund."

Wenn man allein all diese Zusammenhänge betrachtet, muß man sich schon jetzt die berechtigte Frage stellen: Hat die Medizin von heute ihre eigentliche Aufgabe verfehlt? Ist sie in Wirklichkeit nicht zu einer riskanten Größe mit ernst zumehmendem Ausmaß in unserem Gesundheitswesen geworden? Beleuchten wir im folgenden ein paar ausgewählte Denkschemata und Vorgehensweisen schulmedizinischer Behandlungen.

1.3 Bekämpfen von Krankheiten

Thema der gesamten heutigen Medizin ist das Bekämpfen sowie das Einhalten von Normwerten. Der Mensch wird nicht in seiner Ganzheit „Körper, Seele, Geist" betrachtet, sondern in seine „Bestandteile" Psyche, Körper und Organe regelrecht zerlegt. Dies geht sogar viel weiter – bis hin in ultramikroskopische Bereiche.

1.3.1 Heutiges Krankheitsverständnis

„Ich habe mir ein Virus eingefangen." Gemeint ist hier, man habe sich mit einem Brechdurchfall angesteckt, der gerade im Kindergarten umgehe und welchen das eigene Kind mit nach Hause gebracht habe. – „Ich leide an einer sehr schweren chronischen Krankheit, dem ‚hereditären Antikörper-Mangelsyndrom' mit Erniedrigung der IgA-, IgG- und IgM-Antikörper; da könne man nichts machen, das sei angeboren." Diese Patientin hatte – im Klartext – mehrmalige jährliche Rezidive (Rückfälle) von schweren Bronchitiden und Lungenentzündungen, welche jedesmal mittles Antibiotika behandelt wurden und erstmalig vor etwa zehn Jahren (Sic! Wo bleibt da die Heredität die 20 Jahre davor?) nach einer verschleppten Grippe begannen. – „Der Arzt hat bei meinem Kind Streptokokken festgestellt und möchte nun Penicillin geben;

[1] AIDS: (engl.) Akronym für „*a*cquired *i*mmuno *d*eficiency *s*yndrome". Erstmals 1981 als eigenständiges Krankheitsbild beschriebenes erworbenes Immundefekt-Syndrom.

was soll ich machen?", eine junge Mutter, welche ihr eigentlich gesundes Kind vorsorglich beim Kinderarzt vorgestellt hatte, weil im Kindergarten einzelne Scharlachfälle aufgetreten sind; und das Ergebnis des Abstriches (Schnelltest)[1] sei nun positiv.

So kann man es heute an jeder Straßenecke hören. Auch die Medien sind voll von derartigen Hiobsbotschaften. „Killerviren", „Hongkong-Grippewelle", „Influenza-Welle – 90.000 Todesfälle in Deutschland erwartet", „Ebola-Virus", vor einigen Jahren das Einschleppen von Diphtherie aus dem Kriegsgebiet von Tschetschenien mit angeblich zweistelligen Todeszahlen in Deutschland[2], „SARS[3]", „Vogelgrippe" und vieles mehr. Bakterien hier und Viren dort! Überall lauert die Gefahr: am Arbeitsplatz, in der S-Bahn, im Bus, beim Händegeben, in öffentlichen Toiletten, beim Einkaufen, in der Gartenerde, beim Spazierengehen in der Natur, man ist nirgends und keineswegs sicher. Besonders in der kalten Jahreszeit wird es dann ganz schlimm oder im Sommer bei Tropenreisenden. In allen Fällen geht die Vorstellung dahin, daß Mikroorganismen (Kleinstlebewesen) überall in der Welt nur darauf warten, uns zu schaden. Sie befallen den Menschen und versuchen ihn mit Krankheit zu schlagen. Daher auch der Begriff Infektionskrankheit[4]. Dieser leitet sich aus dem Lateinischen ab und bedeutet soviel wie „hineingesteckte, von außen kommende Krankheit". Und das, was hineingesteckt wird, sind – gemäß schulmedizinischer Lehrmeinung – Mikroorganismen wie beispielsweise Streptokokken, Staphylokokken, Plasmodien, Mykoplasmen, Pneumokokken, Spirillen, Enterokokken, Escherichia coli, Candida albicans, Trichomonaden, Chlamydien, Klebsiellen, Viren jeglicher Art etc. pp. Es wird also ein Feindbild von Kleinstlebewesen als Krankheitsverursacher aufgebaut, welches bestens dazu geeignet ist, für Verängstigung zu sorgen und damit eine ganze Menge Geld zu verdienen. Darüber hinaus gibt der verunsicherte Mensch die Verantwortung für seine Erkrankung ab; er hat damit nichts zu tun, denn er wurde ja schließlich (von außen) befallen. Schicksal eben! Somit wird dieser immer mehr entmündigt, ohne sich dessen bewußt zu werden.

---

1 Abstrich: Entnahme von Organmaterial (Krankheitserreger, abgeschilferte Zellen) zur mikrobiologischen oder zytologischen Diagnostik.
Schnelltest-Verfahren: einfaches, Zeit und Material sparendes Analyseverfahren ohne das aufwendige Anlegen einer Kultur; Fehlerquote jedoch von ca. 40 %.

2 Dr. med. Gerhard Buchwald machte ein Jahr später, als die offiziellen Zahlen des statistischen Bundesamtes vorlagen, während eines Vortrages in Gauting darauf aufmerksam, daß es *keinen einzigen Todesfall* infolge von eingeschleppter Diphtherie in Deutschland gegeben hat!

3 SARS: (engl.) Akronym für „*s*evere *a*cute *r*espiratory *s*yndrome", eine schwere akute (neuzeitliche) Atemwegserkrankung.

4 Infektion geht auf das lateinische Verb „inficere" zurück: hineinstecken, hineinbringen, vergiften, anstecken, beflecken.

1.3.2 Infektionskrankheiten – historisch gesehen

Wie kam es nun zu einem solchen Krankheitsverständnis? Gegen Ende des 19. Jahrhunderts gelang es einigen Forschern mit dem bis dahin entwickelten Mikroskop Mikroorganismen (kurz: Mikroben) von krankhaften Präparaten darzustellen und zu fotografieren. Robert Koch, der seine ärztliche Praxis aufgab und sich nur noch der Wissenschaft sowie dem Ausbau seines Ruhmes verschrieb und danach trachtete, diesen immer mehr zu versilbern, sowie der bis in unsere Tage weltberühmte französische Chemiker Louis Pasteur[1] erklärten die von ihnen entdeckten Mikroben einfach zu den Krankheitsverursachern, ohne sich mit der Heilkunde insgesamt, geschweige denn mit der Psyche und dem Krankheitsverlauf im Detail, zu beschäftigen und ohne Faktoren wie Hygiene, Ernährung und andere Zusammenhänge zu studieren bzw. deren Einfluß genauestens zu analysieren und zu berücksichtigen. Man sah im Krankheitsfall unter dem Mikroskop halt etwas, was bei Gesundheit fehlte; das war alles! Doch nur weil etwas zusätzlich da ist, ist es noch lange keine Ursache! Das ist reines Spekulieren, Interpretieren, reines Postulieren, reine Hypothese, welche es zu beweisen gilt!

Die Fliegen, Wespen, Maden, Würmer, und was sonst noch so alles auf einem Stück Aas in der Natur zu finden ist, sind ja auch nicht die Ursachen, warum das Tier tot ist. Diese sind dazu da, um das tote Gewebe wieder in seine elementaren biologischen Bestandteile umzubauen und für andere Zwecke aufzuarbeiten! Sie kamen bzw. entstanden erst viel später, nämlich nach dem Hinscheiden des Tieres; sie waren keineswegs schon im Lebendigen vorhanden. Ein ewiger Kreislauf in der Natur! Man muß nur gut beobachten! Auch der Baumstumpf eines frisch gefällten, gesunden Baumes wird erst mit der Zeit von Moos und Pilzen „befallen" und auf diese Weise langsam aber sicher „morsch gemacht", um mit den Jahren wieder zu fruchtbarem Waldboden umgewandelt zu werden!

Und genauso ist es mit den Mikroben bei Krankheiten. *Hier verwechselt die Schulmedizin schlichtweg Ursache und Wirkung!* Somit gewann in der Medizin immer mehr eine materialistische Denkweise an Raum. Es setzte sich die „unausgegorene" Meinung, besser Interpretation, der beiden oben genannten Herren durch, daß Bakterien[2], denn um diese handelte es sich bei den entdeckten Mikroorganismen, Krankheitsverursacher seien. Aber nicht bei allen Erkrankungen ließen sich solche einzelligen Kleinlebewesen nachweisen, welche diese hervorrufen sollten. Deshalb schlußfolgerte und postulierte Pasteur schließlich, daß es noch etwas anderes geben müßte, was Krankheit hervorrufen konnte. Und dieses Andere, das eine besondere Form organischer Strukturen beinhaltete, welche er jedoch nie mittels Mikroskop sichtbar machen

[1] Louis Pasteur war Chemiker, nicht Arzt! Das muß man sich einmal vorstellen! Unser heutiges ärztliches Denken wird durch die Aussagen eines Chemikers bestimmt!

[2] Bakterien: einzellige Kleinlebewesen.

konnte, bezeichnete er erstmals 1881 mit dem schlichten Sammelbegriff „Viren" (Singular: das Virus), was lateinisch ist und soviel bedeutet wie Schleim, Giftschleim oder Gift. Seit dieser Begriffsdefinition hinsichtlich Abgrenzung zu den mittels Mikroskop sichtbar zu machenden Bakterien wurden alle Infektionskrankheiten nach zwei Gruppen klassifiziert, und zwar ausschließlich in Bezug auf die Nachweisbarkeit ihrer Mikroben. Man teilt sie auch heute noch in bakterielle und virale Krankheiten ein. Erst mehr als ein halbes Jahrhundert später konnten Wissenschaftler mit Hilfe des hochauflösenden Elektronenmikroskopes bis dahin völlig unbekannte Strukturen und Elemente der Zelle erforschen und verlauteten, die von Pasteur bislang postulierten Viren endlich gefunden zu haben.

1.3.3 Mikrobenjagd

Seither hat sich die Therapie der orthodoxen Medizin in puncto Infektionskrankheiten auf das Bekämpfen von Mikroben spezialisiert. Es wurden immer mehr Substanzen entdeckt, welche das Wachstum der Bakterien hemmen oder diese insgesamt sogar eliminieren, wie beispielsweise Penicillin, Sulfonamide, Antibiotika etc., welche zur zentralen Säule der schulmedizinischen Therapie avancierten. Das Ausmerzen der Mikroben gestaltet sich somit als die Nummer eins bei bereits bestehenden Infektionskrankheiten, und durch das Impfen will man virulenten Infektionskrankheiten vorbeugen, daß der Organismus sozusagen bestimmten Mikroben erst gar keinen Zutritt gewährt und man auf diese Weise quasi künstlich immun gemacht wird. All dies weitgehend ohne Rücksicht darauf, wie es dem Patienten unter einer solchen Therapie geht, ob er sich wohl fühlt, ob es zu Nebenwirkungen[1] kommt, und vielem mehr. Die Laborparameter sind halt alleiniger (objektiver) Maßstab der zu treffenden Maßnahmen geworden. Die heutigen „Mikrobenjäger" sind dabei sogar der Überzeugung, wirklich kausal zu behandeln. Soweit haben sie sich schon vom globalen Naturverständnis entfernt. Ein Trugschluß ohnegleichen! Damit hat sich die moderne Medizin schließlich selbst zum Handlanger der Pharmaindustrie degradiert.

Hinsichlich AIDS gäbe es sicherlich vieles zu sagen, wofür jedoch in diesem Buch leider kein Platz ist. Für Details sei auf das Literaturverzeichnis verwiesen. Doch ein Aspekt im Hinblick auf die Pathogenität[2] von Viren soll an dieser Stelle Erwähnung finden, und zwar von dem bekanntesten AIDS-Kritiker Professor Dr. Peter H. Duesberg, Department of Molecular Biology

---

[1] In der Schulmedizin wird alles, was unerwünscht ist und nicht ins Konzept paßt, als sogenannte Nebenwirkung deklariert und damit bagatellisiert. Jedoch – jeder Stoff hat seine nur ihm eigenen (typischen) Wirkungen; eine Vielzahl von Wirkungen! Davon sind manche sehr dominant; andere dagegen fallen zunächst weniger intensiv auf oder erst im Laufe der Zeit, sind aber dennoch vorhanden.

[2] pathogen: krankheitserregend, krankmachend.

an der University of California, Berkeley, USA, jedenfalls noch im Jahre 1989.[1] Er schrieb zum Thema HIV unter anderem folgendes: „Zum Beispiel wird das Virus typischerweise als ‚tödlich' bezeichnet von der Presse und als ‚öffentlicher Feind Nr. 1' vom US-Gesundheitsministerium. Im Hinblick darauf ist es überraschend, daß das Virus noch keinen einzigen AIDS-Fall unter Hunderten von ungeimpften AIDS-Forschern gefordert hat, obwohl diese das Virus bereits fünf Jahre in Titern züchten, die die Konzentration des Virus bei AIDS-Patienten millionenfach übertreffen, und dabei nicht mehr Vorsichtsmaßnahmen treffen als für andere, mäßig pathogene Viren." – Sehr aufschlußreich, nicht wahr? Hier – und damit meine ich, daß Viren wirklich krankheitsverursachend sind – scheint doch etwas nicht zu stimmen!

1.3.4 Contraria contrariis auf der ganzen Linie

Das Bekämpfen in der heutigen Therapie bezieht sich aber nicht nur ausschließlich auf die Mikroben. Im Prinzip war die Grundidee der Allgemeinmedizin von je her, die bei Krankheit auftretenden Symptome und Phämomene schnellst möglich wegzubekommen, eben regelrecht zu bekämpfen, ohne darüber nachzudenken, ob es sich nicht vielleicht doch um sinnvolle Phänomene der Natur handeln könnte. Fieber wurde früher – und auch heute noch in der Naturheilkunde – mittels Wadenwickel heruntergedrückt, weil man seinen Sinn nicht verstand. Heute gibt es fiebersenkende Medikamente, im Kleinkindalter meist in Form von Zäpfchen. Für den Husten werden Schleimlöser und Hustensäfte verschrieben. Für Kopfschmerzen gibt es Schmerztabletten und so weiter und so fort. So wird ein jedes Symptom aus dem Gesamtkontext herausgelöst und für sich betrachtet und entsprechend verarztet. Treten unter der Behandlung neue beschwerliche Symptome auf, die der Patient zuvor noch nicht hatte, werden zusätzliche Medikamente verabreicht, ohne sich in vielen Fällen bewußt zu werden, daß diese eigentlich gar keine eigenständigen Krankheitssymptome des Betroffenen sind, sondern Nebenwirkungen[2] von den vorab eingenommen Medikamenten.

Ganz typisch in unserer Zeit sind die genitalen Pilzinfektionen bei vielen Frauen nach antibiotischer Behandlung irgendeines anderen Organs, bei-

---

[1] Professor Dr. Peter H. Duesbergs Kritik an der offiziellen AIDS-Theorie war wohl dem Establishment bei weitem zu fundiert – bislang konnte keines seiner vielen Argumente widerlegt werden! –, denn er wurde quasi mundtot gemacht. Man hat ihm nämlich vor ein paar Jahren sämtliche Forschungsgelder gestrichen, so daß er seine wertvollen Arbeiten an dieser Universität nicht fortführen konnte und sich gezwungen sah, nach Deutschland zurückzukehren.

[2] „Die Übermedikalisierung der alten Menschen hat verheerende Folgen: Norwegische Wissenschaftler haben herausgefunden, daß nahezu jeder fünfte Tod im Krankenhaus die Folge unerwünschter Nebenwirkungen von Arzneimitteln ist." … „Jährlich sterben in den USA 106.000 Krankenhauspatienten an ihrer Medikation." (Kurt Langbein und Bert Ehgartner in „Das Medizin-Kartell")

spielsweise der Nasennebenhöhlen. Sie kommen fast so sicher wie das Amen in der Kirche. Oder viele Medikamente sind magenunverträglich oder schädigen den Darm, so daß im Anschluß an die Therapie häufig eine sogenannte Darmsanierung erforderlich wird. Solcherlei Maßnahmen werden dem Betroffenen dann unter dem Deckmantel „Aufbaupräparate" verkauft, ohne dabei darüber nachzudenken, daß man schon mit diesem Begriff ein Eigentor geschossen hat. Denn den Patienten aufbauen und ihm gut tun, sprich wirklich helfen und heilen, sollen ja schließlich alle Medikamente. – Primum non nocere (Vor allem nicht schaden!), heißt eine der Maximen der Medizin! – Was nützt es, wenn er die eine Krankheit austauscht gegen eine andere? Und dazu noch gegen eine viel schwerere! Beim Lesen von den Beipackzetteln kann einem ganz anders werden. Und dies schon bei relativ harmlosen Mitteln wie beispielsweise einem Nasenspray, welches nicht selten süchtig machen kann! Eigentlich dürfte es doch überhaupt keine Nebenwirkungen geben! Bei keinem Medikament! Nur dann kann man wirklich von einem Heilmittel sprechen. Was es mit den Nebenwirkungen tatsächlich auf sich hat und wie tiefgreifend und gefährlich diese in Wirklichkeit sind, geht klar daraus hervor, daß auf vielen Beipackzetteln Warnhinweise vermerkt sind, diese Medikamente nicht bei schwangeren und stillenden Frauen anzuwenden. Da wird beispielsweise von „einem teratogenen Potential" gesprochen, d. h., es können Mißbildungen beim Kind auftreten, oder von „einem erhöhten Spontanabort-Risiko", d. h., es ist wiederholt beobachtet worden, daß es zu Fehlgeburten kam. In anderen Beipackzetteln ist zu finden, daß man nach Gebrauch dieses Medikamentes mindestens ein halbes Jahr nicht schwanger werden dürfe! Und vieles mehr. Da müssen bei einem doch alle Alarmglocken läuten, und zwar auch dann, wenn man nicht schwanger oder männlichen Geschlechts ist!

Das Cortison war in seiner Anfangszeit auch eines der „Schlachtschiffe" der Schulmedizin. Heute wird es jedoch schon von einem Großteil der Bevölkerung abgelehnt, da sich seine verheerenden unliebsamen Wirkungen langsam herumgesprochen haben. Sicher – im Falle von Notfallmedizin sind wir alle froh, daß uns solche Medikamente zur Verfügung stehen! Nur mit Kanonen auf Spatzen zu schießen und bei jeder Bagatellerkrankung mit schweren Geschützen aufzufahren macht keinen großen Sinn.

Auch das Herausschneiden von Wucherungen oder ganzen Organen oder Teilen davon, wie beispielsweise Mandeln, „Blinddarm"[1], sogenannte Polypen[2], Eierstöcke, Gebärmutter, Krampfadern[3] usw. geht an den eigentlichen

[1] Blinddarm: volkstümlicher Begriff, welcher eigentlich den Wurmfortsatz des Blinddarms meint.

[2] Polypen: unpräzise Bezeichnung für adenoide Vegetationen bzw. Wucherung der Rachenmandel im Säuglings- und Kleinkindalter.

[3] Ein Unsinn unserer Zeit ist das operative Entfernen oder Veröden von Krampfadern aus kosmetischen Gründen. Das kann auf Dauer gar nicht gutgehen, denn die wirkliche Ursache, nämlich die generalisierte Bindegewebsschwäche und Funktionsuntüchtigkeit der

Krankheitsursachen vorbei. Es ist ein pures Bekämpfen von lokalen Krankheitsmanifestationen, im Sinne eines Manipulators, Technikers oder Mechanikers, ohne danach zu fragen, was aufgrund der fehlenden Organe später geschehen wird. Gott hat mit Sicherheit keinen Fehler gemacht und uns Organe gegeben, die überflüssig sind oder ausgedient haben! Der lebende Organismus ist doch kein Ersatzteillager, bei welchem ständig marode Teile ausgewechselt oder entfernt werden können! Im Gegenteil! Alle sieben Jahre hat sich der gesamte Körper mit all seinen Organen komplett erneuert. – Da muß es doch noch eine übergeordnete Instanz geben, welche alles koordiniert und dirigiert!

Ganz besonders in der Tumorbehandlung wird dies deutlich. Hier stehen Stahl, Strahl und Chemo (Operation, Bestrahlung und Chemotherapie mittels Zytostatika) an der Spitze der herkömmlichen therapeutischen Maßnahmen. – Lokalmaßnahmen par excellence! – Wenn man das geschädigte Gewebe weit im Gesunden entfernt, hat man die besten Chancen, den Aggressor von außen erwischt zu haben, so die Lehrmeinung der Hochschulmedizin. Ganz anders sieht dies der Medizinkritiker Hans Ruesch in seinem Werk „Die Pharma Story – Der große Schwindel": „Wenn jemand die Absicht hätte, einen Menschen krebskrank zu machen, dann müßte er das Opfer folgender Behandlung unterziehen: 1.) Großer chirurgischer Eingriff. 2.) Intensive Bestrahlungen. 3.) Massive Chemotherapie. Alle drei Verfahren werden heute bei Krebspatienten, die hoffen, von der offiziellen Medizin mit ihren ‚anerkannten' Methoden geheilt zu werden, gleichzeitig angewandt." Teilweise geht es sogar noch weiter! „Weil eine Heilung der vorausgesagten Krankheiten nicht in Sicht ist, wird die Entfernung der gefährdeten Organe, sofern sie nicht lebensnotwendig sind, empfohlen. ‚Vorsorgliche' Entfernung der gesunden Brust wurde mittlerweile ebenso zur medizinischen Routine wie vorsorgliche Entfernung der Prostata, des Dickdarms oder der Gebärmutter", so die beiden Autoren Langbein und Ehgartner in ihrem Buch „Das Medizin-Kartell".

1.3.5 Moderne Nomenklatur

Auch die heutige Namengebung von Krankheiten läßt vielfach zu wünschen übrig. Zumindest aus Sicht des Patienten. Denn mit „hochtrabenden" oder verharmlosenden Fachbegriffen wie „IgA-Mangel" (daher die Anfälligkeit für Infekte), „Thrombozytopenie" oder „thrombopenische Purpura" (daher vielfach Petechien, Blutungsneigung, Neigung zu Blutergüssen und Schleimhaut-

Venenklappen, ist damit keinesfalls aus der Welt. Das periphere Blutvolumen muß ja bekanntlich zum Herzen zurück! Fehlen nun ein paar große Gefäße, so müssen kleinere Nachbarvenolen diese Funktion übernehmen und werden sich mit der Zeit weiten, wozu sie jedoch von Natur aus gar nicht ausgelegt sind. Da sich aber am Gesamtsystem ursächlich nichts geändert hat, treten bald dieselben Probleme wieder auf, nur großflächiger und damit noch unansehnlicher. Somit gestaltet sich das Ergebnis schlimmer als je zuvor.

blutungen), „Pubertätsepilepsie“[1] (suggeriert, daß Epilepsie im Wachstum ohne weitere Ursachen durchaus normal sein kann), „Neugeborenenkrämpfe“ (suggeriert das Alltägliche im Säuglingsalter), „Wachstumsschmerzen“ (suggeriert Harmlosigkeit und Normalität im Wachstum), „Tourette-Syndrom“, „Lennox-Gastaut-Syndrom“, „Rett-Syndrom“ (alles drei schwere postencephalopathische Zustände, d. h. nach vorangegangener Gehirnerkrankung, ohne eine Erklärung dafür zu haben, warum) etc. wird häufig von den eigentlichen Ursachen abgelenkt. Die Zusammenhänge werden nur auf der untersten Ebene gekennzeichnet, was selbstverständlich sehr wissenschaftlich klingt, jedoch für den Patienten fatal sein kann, da er seine Krankheit nicht mehr ursächlich erkennen und mit sich oder irgendwelchen Behandlungen in Bezug setzen kann. Und damit ist er auch von Heilung um ein Vielfaches weiter entfernt! Schon Voltaire brachte dies zu seiner Zeit treffend auf den Punkt: „Wenn die Ärzte eine Krankheit nicht heilen können, geben sie ihr wenigstens einen schönen Namen.“

1.3.6 Auftreten von Komplikationen

Auch relativ harmlose Erkrankungen, wie die Kinderkrankheit Scharlach, werden meistens ohne Rücksicht auf Verluste bekämpft. Es wird von offizieller Seite gar nicht zur Kenntnis genommen, daß es sich hierbei um eine exanthematische Erkrankung handelt, d. h. um eine Krankheit, welche sich über einen Hautausschlag entgiftet. Es werden nur die „bösen“ Streptokokken gesehen und – diese müssen schnellstmöglich weg, meist mittels Antibioselenkung, wie es so schön heißt. Somit besteht aber die große Gefahr, daß die Toxinausscheidung über die Haut unterbrochen wird oder gar nicht erst stattfinden kann, denn bei „Schließen des Ventils Haut“ werden diese wieder nach innen getrieben, so daß der Weg frei ist für die bekannten typischen und gefürchteten Komplikationen (sprich: innere Vergiftungen, die sich mit der Zeit – je nach Schwachstelle des Individuums – am Herzen, an der Niere oder sonstwo zeigen können). Eigentlich genau das Gegenteil, wie es die Schulmedizin propagiert. Der homöopathische Arzt Dr. med. Manfred Freiherr von Ungern-Sternberg schreibt in seinem Buch „Homöopathisch behandelte Scharlachfälle“, er und Kollegen haben in 30 (!) Jahren Praxis keine einzige schwerwiegende Komplikation von Scharlach gesehen! Und weiter: Bei einer Führung durch eine Leipziger Scharlachabteilung wurden ihnen einmal die schlimmsten Komplikationen gezeigt. Der Kommentar eines bekannten homöopathischen Kollegen sei daraufhin gewesen: „Merkwürdig, daß wir diese Sequelae in der Praxis nie zu sehen bekommen.“ – Komplikationen entstehen in der Regel erst dann, wenn der Hautausschlag aufgrund einer zu geschwäch-

[1] Pubertätsepilepsie: „Wurde im Alter von 15 Jahren vom Arzt als solche bezeichnet“, versicherte mir meine mittlerweile 33-jährige Patientin. Ansonsten ist mir dieser Begriff noch nie untergekommen.

ten Lebenskraft nicht richtig herauskommt und/oder durch Antibiotika unterdrückt wird! Und das sieht die offizielle Hochschulmedizin – sehr zum Nachteil ihrer Patienten – leider nicht!

1.3.7 Antikörpertiter – zentrale Säule der Diagnostik

Zur Abklärung der Diagnose, ob man sich beispielsweise an Scharlach, Röteln oder einer anderen Infektionskrankheit angesteckt hat oder ob man diese schon einmal früher durchgemacht hat und nun gegen sie resistent, sprich immun, ist „und somit in Richtung Ansteckung nichts zu befürchten hat", ist es heutzutage üblich, den entsprechenden Titer zu bestimmen. Laut klinischen Wörterbüchern ist damit „in der Serologie diejenige Antigen- oder Antikörper-Menge gemeint, die mit dem Reaktionspartner gerade noch eine deutliche positive Reaktion (z.B. Präzipitation, Agglutination, Neutralisation, Komplementbindung etc.) zeigt." Ein positiver Antikörpertiter besagt, daß man sich mit der Krankheit schon früher einmal aktiv auseinandergesetzt und infolgedessen lebenslängliche Immunität erworben hat, jene also nicht noch einmal bekommen kann, so die offizielle Lehrmeinung.[1] Aus diesem Grunde wird z.B. bei jeder Schwangeren der Röteln-Titer bestimmt, um Sicherheit vermitteln zu können, daß bei Auftreten von Röteln im Umfeld der Schwangeren keinerlei Gefahr für das Ungeborene hinsichtlich der gefürchteten Rötelnembryopathie besteht.

Doch die Antigen-Antikörper-Theorie ist alles andere als schlüssig! Das kann sie auch gar nicht sein, denn sie lebte von Anfang an mit der Lüge und wurde „geschönt", wie sich vor ein paar Jahren aufgrund der Veröffentlichung von Pasteurs gesichteten privaten Laborarbeitsaufzeichnungen herausgestellt hat, aus welchen klar hervorgeht, daß dieser mehrfach wissenschaftlichen Betrug begangen hat!! Aber auch ohne diesen Hinweis ist die schulmedizinische Doktrin in sich widersprüchlich, denn bei allen Krankheiten gilt ein positiver Antikörpertiter als gut, im Sinne von bestehender Immunität, nur bei AIDS soll das anders sein! Hier ist eine „HIV-Antikörper-positive Person" unheilbar krank! Das paßt doch gar nicht zusammen und macht eigentlich überhaupt keinen Sinn! Antikörper sind reichlich vorhanden, doch diesmal hat sich der Patient mit einer tödlichen Krankheit infiziert. Im Hinblick auf die herkömmlich gehandhabte Anitgen-Antikörper-Therorie müßte es stattdessen heißen: „Sie haben einen positiven Antikörpertiter und damit genügend Anti-

---

[1] Dies ist jedoch nicht ganz korrekt und reine Interpretation. Die Antikörper sagen nichts über einen Schutz aus; sie besagen nur, daß der Organismus Kontakt mit einer bestimmten Krankheit hatte und sich mit ihr auseinandergesetzt hat. Das gibt sogar einer der beiden AIDS-„Päpste", Dr. Robert Gallo, in seinem Buch „Virusjagd" zu: „... meist schützen Antikörper nicht. In vielen Fällen haben die Antikörper keine schützende Funktion oder die, die wir neutralisierende Antikörper nennen, sind oft nicht da oder zu gering in der Anzahl ..."

körper im Blut, sind also immun gegen diese Erkrankung. Meinen herzlichen Glückwunsch." Ein positiver Antikörpertest deutet doch bislang immer darauf hin, daß der Organismus dem Virus etwas entgegenzusetzen hat, nämlich Antikörper, einen zentralen Baustein der Immunabwehr. Ein Beweis für eine Krankheit kann das also nicht sein.

Darüber hinaus verweisen neuere Forschungsergebnisse die Antikörper ganz klar in den Hintergrund! Demzufolge sind die *Antikörper nur eine Begleiterscheinung einer extrem komplexen immunologischen Reaktion* und bestenfalls *als letztes Glied einer langen Reihe von Abwehrmechanismen anzusehen* und werden *im gesunden Zustand selten* hervorgerufen. So gab es von jeher Menschen mit natürlicher Immunität, die aber keine positiven Antikörpertiter aufweisen. Dies gilt auch für sehr virulente Krankheiten (z. B. Cholera[1]), die sogar zum Tode führen können. Das Widersprüchliche bezüglich der Antikörpertiter gipfelt in der Tatsache, daß Menschen mit sehr wenig oder fehlenden Antikörpern durchaus äußerst virulenten Krankheiten widerstehen, wohingegen andere, die erkrankt sind, hohe Antikörpertiter aufweisen! Oder – bei Kranken bzw. bei durch die Epidemie Verstorbenen konnte kein einziger Erreger definitiv isoliert werden! Hingegen bestätigte sich wiederholt, daß viele Gesunde in dem jeweilig betroffenen Gebiet sogenannte Bazillenträger waren; Leute also, von denen man erwartet hätte, daß sie zumindest in irgendeiner Form reagierten und erkrankten. So kommen beispielsweise auch „während infektiöser Epidemien auf einen Kranken mit Kinderlähmung oder Ruhr 1.000 bis 10.000 nichterkrankte Träger der entsprechenden Viren oder Bakterien", wie Dr. Peter Smrz ausführt.

Um Krankheiten heute gewissenhaft diagnostizieren zu können, wird vielfach ein Abstrich gemacht und für mehrere Tage eine Kultur angelegt. Es wird also entsprechendes Organmaterial in Form von abgeschilferten Zellen entnommen, um die Krankheitserreger mittels mikrobiologischer oder zytologischer Diagnostik bestimmen zu können. Und wenn dann herauskommt, daß

---

[1] Ein sehr früher Zweifler der etablierten Antigen-Antikörper-Theorie war schon damals der berühmte Hygieneprofessor Max Josef von Pettenkofer (1818-1901) aus München, der durch Einführung sanitärer Maßnahmen (Schwemmkanalisation) und hygienisch einwandfreier Trinkwasserversorgung München zur gesündesten Stadt Europas machte. Sein bekannter „Cholera-Vibrionen-Selbstversuch", live vor den Augen seines international anerkannten Kollegen Robert Koch, dem Entdecker der Cholera-Bakterien, spricht Bände: „‚Was zählt, das ist der Organismus! Wenn Ihre Theorie stimmte (zu Koch gewandt), wäre ich in 24 Stunden ein toter Mann.' Er entriß Koch eine Retorte mit einer Reinkultur von Cholerabazillen, die genügt hätten, ein Regiment zu infizieren, und schluckte vor den Augen seiner entsetzten Kollegen den ganzen Inhalt. – Aber nur Koch fühlte sich elend." – Ein anderes Beispiel aus unserer neueren Zeit unterstreicht die Richtigkeit dieses Sachverhaltes: Während einer Diphtherie-Epidemie in England 1950 stellten die Forscher und Autoren einer Studie wieder einmal mehr fest, daß es keinen Zusammenhang zwischen der Menge Antikörper und den Erkrankungen gibt. Auch hier war bei Gesunden häufig ein extrem niedriger Antikörpertiter nachzuweisen, während bei Kranken vielfach ein hoher Antikörpertiter imponierte.

z. B. massenhaft Streptokokken gezüchtet wurden, steht die endgültige Diagnose fest. Ein Antibiotikum muß her, um die Sache in den Griff zu bekommen! Jedoch scheint die Aussagekraft dieser Ergebnisse sehr fragwürdig zu sein. Abgesehen davon, daß sogenannte Schnelltests sowieso schon eine Fehlerquote von etwa 40 % aufweisen, sind die Schlußfolgerungen der mittels Kultur gewonnen Mikrobenanalysen alles andere als eindeutig. Unter Mikrobiologen ist nämlich seit langem bekannt, daß „jeder Erreger einen bestimmten Nährboden zum Wachsen benötigt. Steht dieser nicht zur Verfügung, gedeiht er nicht oder verwandelt sich, was sich immer wieder beobachten läßt." (Frau Dr. med. Veronika Carstens). So ist es leicht möglich, einen Pneumococcus in einen Streptococcus oder Staphylococcus umzuwandeln, indem man im Labor ausschließlich den Nährboden verändert. Mit anderen Worten: Das Ergebnis ist manipulierbar und keinesfalls eindeutig.

Ein Beispiel aus der Literatur hilft dies zu verdeutlichen: „Aus dem Liquor (Gehirn-Rückenmark-Flüssigkeit) eines Patienten wurden je nach Nährboden unterschiedliche Keimspektren kultiviert. Während zunächst Neisseria meningitidis (‚Erreger' der Meningitis [Hirnhautentzündung]) und Streptococcus pneumoniae (‚Erreger' von Lungenentzündung, Bronchitis, Meningitis, Mittelohrentzündung etc.) am häufigsten isoliert werden konnten, zeigte sich nach einer ‚Korrektur' des Nährmediums ein massives Wachsen von Haemophilus influenzae (‚Erreger' einer Form der Grippe, Meningitis, Arthritis, Lungenentzündung etc.). Dies ist von entscheidender Bedeutung, um die Wertigkeit von HIB-Impfprogrammen[1] einzuordnen. – Entscheiden Sie, welches Resultat Sie haben wollen und wählen Sie den entsprechenden Nährboden!" (Erläuterungen in Klammern durch den Verfasser)

Kurz: *Das Gleichsetzen von Immunität mit einem positiven Antikörpertiter ist reine Spekulation bzw. Willkür oder Definition und Wunschdenken!*

1.3.8 Kostspielige Diagnosehilfsmittel

Auch moderne und äußerst teure Diagnosehilfsmittel, wie beispielsweise Magnetresonanztomographie (MRT)[2], bei welchem man „per Mausklick Schicht für Schicht durch den Körper eines Patienten surfen kann", können nicht ursächlich zum Ziel führen. Hier geht es um das Aufspüren kleinster Gewebsunregelmäßigkeiten, um möglichst frühzeitig Krebsherde oder Tochtergeschwülste erkennen und der Therapie zuführen zu können. Allerdings wiederum der organotropen Therapie, die nichts Richtung Ursache hinterfragt und nur die einzelnen Zellen im Visier hat. Der moderne Trend geht sogar noch weiter: „Bei Herzkreislauferkrankungen führen wir schon Vorsorgeuntersuchungen durch", erklärt der Radiologe Dr. med. Harald Kramer. Gefäßverengungen könnten so erkannt werden, bevor es zum Infarkt kommt. Wiederum

[1] HIB: Haemophilus influenzae Serotyp b; Pfeiffer-Influenzabakterium Typ b.
[2] Ein Magnetresonanztomograph kostet etwa 2,5 Millionen Euro.

nur lokal gedacht, ohne sich für die echten (wahren) Zusammenhänge zu interessieren! Das Energetische fehlt, das Feinstoffliche; die Suche nach der prima causa morbi, der wahrsten Ursache der Erkrankung. Besonders deutlich wird dies bei folgendem Zitat: „... In der Leber leuchten zwei helle Flecke. Es sind Krebsgeschwüre. Doch der Patient hat Glück. Nirgends sonst gibt es Flecke – er hat keine Metastasen. ‚Jetzt wissen wir: Mit einer Lebertransplantation hat er eine Chance', sagt Kramer." – Doch Organtransplantationen können nicht wirklich funktionieren, da das Immunsystem eines jeden lebenden Organismus körperfremdes Gewebe früher oder später abstößt – immer![1]

1.3.9 Medienunterstützung für sehr fragwürdige medizinische „Fortschritte"

Dessen ungeachtet sind die Medien meistens mit von der Partie! Sie manipulieren ohne mit der Wimper zu zucken, was „einer Massendressur gleicht". Als weiteres passendes Beispiel sei ein Zeitungsartikel des „Weilheimer Tagblatt" vom 3.3.2005 auf der ersten Seite angeführt: „Die gute Nachricht: – Schumacher für Organspenden. Der siebenmalige Formel-1-Weltmeister Michael Schumacher ist das neueste Mitglied im Verein Sportler für Organspende e. V. (VSO), in dem sich die Elite des deutschen Sports zur Lebensrettung durch Organspende bekennt. Ohne Teamgeist geht im Sport gar nichts, so Michael Schumacher zu seinem Engagement. In der Gesellschaft bedeute Teamgeist, anderen zu helfen. Als Organspender kann man das auch über den eigenen Tod hinaus tun. Prominente Förderer des VSO sind unter anderem auch Steffi Graf, Franziska van Almsick, Franz Beckenbauer, Rosi Mittermaier, Boris Becker und Jürgen Klinsmann."

Subtile Werbung bzw. Manipulation oder gar „Gehirnwäsche" der öffentlichen Meinung, wie man es nennen möchte, mittels Prominenter, ganz besonders mittels sehr beliebter und weltbekannter Sportler! Diese werden aufgrund ihrer fachlichen Unkenntnis bzw. Inkompetenz regelrecht über den

[1] Ein kleines Beispiel aus der homöopathischen Praxis: Einer Patientin von mir wurde vor mehr als acht Jahren „ein neues Kinn eingesetzt". Ursprünglich wollte man dazu ein Stück aus ihrem Hüftknochen hernehmen, doch unter der Operation wurde dann „kurzerhand" – ohne weitere Erklärungen und ohne Einwilligung der Patientin – ein Schweineknochen eingesetzt! Mit dem traurigen Resultat, daß dieser nach nunmehr acht Jahren immer noch nicht angewachsen ist und mit dem eigenen Kieferknochen eine klaffende Fuge bildet, so daß er verschieblich blieb! (Mit allen weiteren Unannehmlichkeiten, die hier nicht weiter aufgelistet werden sollen.) Eigentlich müßte das Zusammenwachsen von Knochenenden innerhalb von nur ein paar Wochen abgeschlossen sein, doch bei fremdem Gewebe kann und wird es nie und nimmer klappen! – Mein damaliger „homöopathischer" Rat: Eine letzte Operation zum Entfernen dieses „Störenfrieds" und zum Einsetzen eines Stücks körpereigenen Knochen unter homöopathischer Begleitung zum Beschleunigen der Kallusbildung (neugebildeter Knochen zwischen zwei Knochenfragmenten).

Tisch gezogen. Im Grunde genommen können sie gar nicht um derartige medizinische Zusammenhänge und die Tragweite ihrer diesbezüglichen (in den Mund gelegten) Aussagen wissen. Sie sind der Annahme, mit ihren Aktivitäten wirklich etwas Gutes zu leisten, im Dienste und zum Wohle der Menschheit. Doch leider ist das Gegenteil der Fall; sie werden ganz klar mißbraucht! Man kann mit bis zu an 100% grenzender Wahrscheinlichkeit davon ausgehen, daß sich die wenigsten Sportler mit so hoch komplexen medizinischen Themen ernsthaft auseinandergesetzt haben, und wenn, dann würden sie mit Sicherheit zu anderen Schlußfolgerungen kommen und keinesfalls derartige Unterfangen unterstützen, schon gar nicht öffentlich. Denn Transplantationen machen nur bei körpereigenem Gewebe wirklich Sinn, da es bei jeglichem körperfremdem Gewebe grundsätzlich zu dauerhaften Abstoßungsreaktionen kommt und demzufolge eine lebenslängliche immunsuppressive[1] Therapie mittels Cortison und ähnlichen Medikamenten erforderlich wird! Das Immunsystem, welches eigentlich dazu dient, unsere Gesundheit zu erhalten, muß lahm gelegt werden, womit jeder latenten Bagatellkrankheit Tür und Tor geöffnet wird. Der international bekannte Londoner Arzt Dr. M. H. Pappworth äußerte sich bereits 1969 dazu: „Kein Arzt, und mag er noch so erfahren sein, kann die Lebenserwartung ohne Transplantation gegen die Zeit abwägen, in der der Körper des Patienten das eingepflanzte Organ scheinbar angenommen hat, bevor er es endgültig abstößt." Und an anderer Stelle: „Die Öffentlichkeit hat ein Recht darauf zu erfahren, daß eine Transplantation niemals die ursprüngliche Krankheit heilt und den Empfänger niemals zu einem gesunden Menschen macht." – Das funktioniert nicht einmal bei Zwillingen; auch bei ihnen werden die neu eingesetzten gesunden Zellen rasch wieder zerstört!!

Darüber hinaus taucht die immer wiederkehrende und berechtigte Frage auf, woher man überhaupt funktionstüchtige Organe bekommt, denn diese dürfen ja nicht von einem endgültig toten Organismus stammen. Auf diese Thematik können wir aber hier aus Platzgründen nicht detailliert eingehen. Nur soviel sei gesagt: Sie ist teilweise sehr „schmutzig", grausam und abstoßend sowie ethisch unter gar keinen Umständen zu vertreten. Stichworte wie „Unfalltote", streunende Dritte-Welt-Kinder, „künstlich am Leben gehaltene behinderte Säuglinge" (Orizzonti Mitteilungen), Waisen und Entführungen sowie Organe von bestimmten Tieren sollen an dieser Stelle genügen.

Mit dieser Thematik eng verknüpft ist auch die Frage nach der Definition von Tod. Früher galt Tod als „die irreversible Schädigung eines oder mehrerer der drei lebenswichtigen Systeme (Atmungs-, Kreislauf- und Zentralnervensystem); heute wird der Tod eines Menschen als Organtod des Gehirns aufge-

[1] Immunsuppression: Unterdrückung oder Abschwächung der Reaktivität des Immunsystems durch physikalische Maßnahmen oder Verwendung chemischer Medikamente (Immunsuppressiva) mit dem Ziel, unerwünschte Immunreaktionen auszuschalten.

faßt. Als Kriterium für den Tod gilt heute der Hirntod." (Pschyrembel, Klinisches Wörterbuch) Und an anderer Stelle heißt es: „Der Hirntod ist der endgültige Ausfall aller Hirnfunktionen vor Eintreten des Herztodes (plötzliches Herzversagen und Tod innerhalb weniger Sekunden); *wichtig ist die Erkennung der Zwischenzeit zwischen Hirntod und Herztod, da in dieser am erfolgreichsten Organe zur Transplantation entnommen werden können.* ... Hirntod kann angenommen werden, wenn die Spontanatmung ausgesetzt hat, Reflexe erloschen sind, das EEG[1] isoelektrisch (linear) ist ..." (Hervorhebungen durch den Verfasser)

Tod ist demnach nicht gleich Tod! Hirntod bedeutet also „u. U. noch ein klein wenig lebendig", könnte man hieraus schlußfolgern. Das bestätigt jedenfalls auch der große Pionier der TNE[2]-Forschung Dr. Raymond A. Moody schon 1988: „„... muß ich erwähnen, daß das EEG nicht korrekt anzeigt, ob das Gehirn des Patienten tot oder lebendig ist. ... Manchmal ist das Gehirn noch am Leben, aber so schwach, daß das EEG keine Aktionsströme mehr auffangen kann. Ein solcher Fall wurde mir einmal von einem Medizinprofessor an der Duke University in Durham in North Carolina mitgeteilt. Er sagte, sie hätten in ihrem Klinikum ein kleines Mädchen an den Elektroenzephalographen angeschlossen, bei der das Gerät keine Gehirnwellen mehr anzeigte. Die Ärzte hielten das Mädchen für tot und wollten die lebenserhaltenden Apparate abschalten, aber seine Familie weigerte sich. Die Angehörigen glaubten fest an ein Wunder und versammelten sich eine Woche lang zum Gebet um sein Bett. Und es hat tatsächlich überlebt. Es kam wieder zu Kräften und hat vor kurzem das erste Schuljahr abgeschlossen. Der Medizinprofessor betonte, daß es heute tot wäre, wenn man sich auf das EEG verlassen hätte. Dieser Vorfall zeigte ihm, was auch viele andere Ärzte entdeckt haben: *Die Hirnstromaktivität kann sich so tief im Gehirn abspielen, daß die außen am Kopf befestigten Elektroden sie nicht mehr registrieren.*" (Hervorhebung durch den Verfasser) – Hätte man gemäß dem Nullinien-EEG Tod gleich Hirntod gesetzt und dem Mädchen Organe für Transplantationen entnommen, so hätte man es – und das kann man gar nicht klar genug herausstellen – zu einem äußerst fragwürdigen Nutzen anderer (Stichwort: lebenslange Abstoßungsreaktionen!) quasi ermordet, und das auf grausamste Art, durch Organentnahmen am lebendigen Leib! – „Der sog. Hirntote ist für viele Ärzte ein Lebender", so Frank Schadt in seiner Schrift „Zum Lebend-Status des Menschen im Zustand des isolierten Hirnfunktionsausfalles (dissoziierter Hirntod)", Dinslaken.

---

[1] EEG: Elektroencephalogramm. Graphisches Resultat der Elektroencephalographie – Methode zur Registrierung von Potentialschwankungen des Gehirns (Hirnstromwellen).

[2] TNE: Todesnähe-Erlebnis. Das, was Menschen, welche dem Tod sehr nahe waren und beispielsweise reanimiert wurden, immer wieder berichten. Näheres hierzu siehe in den Büchern von Moody „Leben nach dem Tod", „Leben vor dem Leben", „Das Licht von drüben" und in entsprechender Literatur anderer Autoren.

1.3.10 Gigantomanie – Zwergwuchs

Das soll genügen, um einen kurzen Überblick über das Procedere der heutigen weltweiten Mainstream-Medizin zu erhalten. Das schulmedizinische Denken und Vorgehen bleibt stets dasselbe, ob Gigantomanie in der Diagnostik, wie sich Dr. Eichelberger[1] ausdrückt, oder nicht. An den Säulen der Therapie hat sich nichts geändert. Das Grundmuster besteht in Lückenstopfen, Unterdrükken, Herausschneiden, Ersetzen und vielem mehr, d.h. in rein lokaler Behandlung, im Bekämpfen von Symptomen auf der ganzen Linie. Eine Klassifizierung in Gut und Böse. Dr. Graf nennt es „Reparaturmedizin". Es fehlt nicht nur der Blick fürs Ganze, für Zusammenhänge und Ursachen, sondern auch die universelle Liebe, das Feinstoffliche, die Seele. Es wird nur bekämpft, alles als böse angesehen, was von der Norm abweicht. Dr. Eichelberger formuliert dies folgendermaßen: „Zeitgenössische Wissenschaft jeglicher Provenienz ist durch die Bank materialistisch. Der Mensch ist in seinen Gesundheiten und Krankheiten keineswegs ein chemisch-physikalischer Reaktor, der stabil ist oder auseinanderfällt, sondern ein Wesen mit Geist, Seele und Leib, das ex fundamento von ‚oben herab' zu therapieren ist."

1.4 Schwangerschaft und Geburt – Krankheiten der Moderne?

Schwangerschaft und Geburt sind Vorgänge, bei denen sich die Weisheit der Natur besonders eindrücklich zeigt. Dennoch haben es viele werdende Mütter verlernt, den Zeichen ihres Körpers, ihrem Empfinden und Gefühl zu vertrauen. Sie fühlen sich heutzutage häufig nur sicher, wenn ihnen technische Geräte suggerieren, daß alles in Ordnung ist. Schwangerschaft und Geburt werden von der orthodoxen Medizin zunehmend als Krankheit behandelt; man hat das Vertrauen-in-die-Natur-zu-haben völlig verlernt und agiert nur noch aufgrund irgendwelcher Blutwerte und anderer Parameter sowie bildgebender Verfahren (Ultraschall, Dopplersonographie, CTG [Cardiotokographie], Computer- und Magnetresonanztomographie [sog. Kernspintomographie] etc.). Die Verfassung der werdenden Mutter, ihre Gefühle, Befürchtungen und Ängste werden größtenteils ignoriert. Es gelten nur die „harten Fakten", und diese sind alles, was man sehen, fühlen und vor allem messen kann. Die Schwangere wird zusammen mit ihrem Kind zu einer Maschine degradiert, die

---

[1] Das vollständige Zitat des bekannten homöopathischen Arztes Dr. med. Otto Eichelberger lautet: „Das Motto der heutigen Medizin ist Gigantomanie in der Diagnostik – Zwergwuchs in der Therapie." (Naturheilpraxis 12/94). – Professor Dr. med. Julius Hackethal nennt es noch drastischer: „Risikodiagnostik für Nulltherapie" (Der Meineid des Hippokrates – Von der Verschwörung der Ärtzte zur Selbstbestimmung des Patienten).

zu funktionieren hat. Für Emotionen und deren Auswirkungen ist da kein Platz!

Nur so erklärt sich das engmaschige Raster von Vorsorgeuntersuchungen und das Gebären in unpersönlichen und „kalten" Kreißsälen. Beleuchten wir im folgenden einmal einige dieser Untersuchungen sowie die heutige Arzneiroutine bei Schwangeren.

1.4.1 Sonographie (Ultraschall)

Bei den meisten ist heutzutage der erste Weg zu Beginn einer jeden Schwangerschaft der Gang zum Arzt. Man will sicher sein, daß man auch wirklich schwanger ist; dem inneren Gefühl oder herkömmlichen Schwangerschaftstest wird kein allzu großer Glauben geschenkt; erst wenn der Arzt aufgrund seines Ultraschallgerätes die Schwangerschaft bestätigt und man ein Bildchen mit nach Hause nehmen kann, sind heutztage die meisten zufrieden. Nur – ob sich diese Beschallungen auf die Schwangerschaft negativ auswirken können, darüber machen sich die wenigsten Gedanken. Ultraschalluntersuchungen können falsche Diagnosen ergeben und zudem großen Schaden anrichten!

1.4.1.1 Panik im Mutterleib

Bei homöopathischen chronischen Anamnesen haben mir Eltern schon des öfteren berichtet, daß die Feten den Schallwellen im Mutterleib ausweichen und sich in den letzten Winkel des Uterus „verkrümeln" oder gar „Purzelbäume schlagen", was selbstverständlich die Gefahr von Nabelschnurstrangulierungen und/oder Knoten in der Nabelschnur deutlich erhöht. Der verniedlichende Kommentar des behandelnden Arztes „Sehen Sie, er spielt mit mir." zeugt von Ignoranz und völliger Fehleinschätzung der Lage. Der Fetus hat Angst! Er hört im Uterus unbekannte Töne und Frequenzen durch die auftretende Blasenbildung des Fruchtwassers, spürt die durch den Ultraschall verursachte Wärmeentwicklung und gerät schließlich in helle Aufruhr und Panik! Häufig dreht und wendet er sich im Mutterleib hin und her, stößt recht gezielt nach dem Schallkopf oder preßt beide Hände an seine kleinen Ohren. Außerdem ist meist auch eine deutliche Erhöhung seiner Herzfrequenz zu verzeichnen. Dies alles wird dann von dem behandelnden Arzt als „Zappelphilipp" abqualifiziert mit der Diagnose, das Kind werde wohl hyperaktiv sein, nicht ahnend, daß er die eigentliche Ursache für das unwirsche Verhalten des Fetus darstellt. Es ist erwiesen, daß das Fruchtwasser durch Ultraschall zu einer brodelnden Flüssigkeit wird, welche ohrenbetäubend laut ist (100 dB[1]), so als ob es plötzlich zu kochen beginnen würde. Dies gibt es unter normalen

[1] dB: Dezibel. Maß der relativen Lautstärke. Die untere Hörgrenze liegt bei 0 dB, die Schmerzgrenze bei 120 dB.

Bedingungen in der Natur nicht und ist deshalb schon per se unerträglich für das noch ungeborene Kind.[1]

1.4.1.2 Gefährliche Wellen

In biologischen Geweben wirken geringe Schallintensitäten als Reiz, höhere sind dagegen schädigend. Eine irreversible Schädigung wird durch die bei der Sonographie auftretende absorptionsbedingte Wärmeentwicklung, mechanische Überbeanspruchung und Kavitation[2] gefördert. Als Folge davon kommt es zur Desintegrierung von Zellstrukturen und Lösung physikochemischer Bindungen. Dies erkannte die Radiologin Dr. Doreen Liebeskind vom New York Albert Einstein College of Medicine bereits in den 80er Jahren. Sie beobachtete Veränderungen in der Zellstruktur und Zellbeweglichkeit sowie anormalen Zellwuchs, abnorme Chromosomen und eine veränderte DNS-Synthese bei nur 30 Sekunden lang niedrig dosiert beschallten Zellgenerationen und warnte daraufhin vor unbedachtem pränatalen Ultraschallgebrauch. Weitere Studien[3] offenbarten, daß Ultraschalluntersuchungen im Mutterleib Zerstörungen des Myelins[4], Fehlentwicklungen von Neuronen[5] und Einflüsse auf die Synapsenbildung[6] im Gehirn des Ungeborenen bewirken und darüber hinaus eine um 22 % verminderte Zellteilungsrate zur Folge haben. Aufgrund derartiger Untersuchungsergebnisse werden in Japan Ultraschalluntersuchungen nicht mehr routinemäßig durchgeführt, sondern nur noch in begründeten Einzelfällen.

Die Sonographie basiert auf einer technischen Strahlung, wie sie nirgends in der Natur vorkommt. Die Grundlage der bildgebenden Verfahren mittels Ultraschall ist, daß Gewebe in Schwingung versetzt wird und die reflektierten Schallwellen in Bezug zu den einfallenden graphisch verarbeitet werden (Echoprinzip). Im Falle der Schwangerschaft handelt es sich dabei um Gewebe, das erst im Werden begriffen ist, das also extrem empfindlich und anfällig für Störungen von außen ist! Das gilt ganz besonders für die hoch-

---

[1] Daß Feten im Mutterleib emotional schon sehr früh reagieren, wird nun auch durch moderne Forschungen der herkömmlichen Schule bestätigt. So war im September 2005 die Meldung in einer Zeitung zu lesen: „Föten weinen – Eigentlich wollten Forscher untersuchen, wie sich Nikotin und Kokain auf ungeborenes Leben auswirken – und machten dabei eine verblüffende Entdeckung: Babys weinen schon im Mutterleib.“ – Fötus: Fetus.

[2] Kavitation: Hohlraumbildung in Flüssigkeiten, Blasenbildung.

[3] Gemäß dem Leiter des New York Albert Einstein College of Medicine, Robert Bases, gibt es seit 1950 bereits über 700 wissenschaftliche Veröffentlichungen, welche bezeugen, daß Ultraschall stark negative Einflüsse auf lebendige Systeme hat.

[4] Myelin: ein wichtiger Baustoff im Gehirn, welcher die Nervenbahnen als eine Art Isolierung umgibt.

[5] Neuron: Nervenzelle mit all ihren Fortsätzen.

[6] Synapse: Umschaltstelle zwischen Nervenfortsätzen, an der nervöse Reize von einem Neuron auf ein anderes weitergeleitet werden.

sensible Embryonal- und Gehirnentwicklung. Derartige Störungen in Form von intensiven Schwingungen in den tiefsten Lagen des Uterus gibt es in der Natur nicht; deshalb sind sie äußerst gefährlich! Somit kann auch kein Notprogramm der Natur existieren, auf derlei Störungen angemessen zu reagieren und deren Folgen dann zu reparieren. Setzt man kleine Zierfische im Aquarium solchen hochfrequenten Schallwellen aus, so kippen diese sofort um und sind tot! – Im Übrigen ist bekannt, daß im Umfeld von U-Booten, die Ultraschall zur Ortung von Hindernissen und zum Aufspüren von feindlichen Unterseebooten benutzen, ein massenhaftes Fischsterben stattfindet. Die Tiere sterben an der durch die Wellen entstehende Erhitzung und Blasenbildung (Kavitation). – Das müßte uns zu denken geben. Denn in welchem Stadium befindet sich der menschliche Embryo beziehungsweise Fetus im Mutterleib? Durchläuft er nicht in den neun Monaten Schwangerschaft Phasen einer Art Phylogenese (Stammesgeschichte der Lebewesen) und damit auch die niederen Stufen der Gehirnentwicklung, vergleichbar einem kleinem Zierfischchen? Ganz große Gefahr besteht besonders zu Beginn der Schwangerschaft, denn aufgrund der hohen Empfindlichkeit des Embryos könnte leicht ein Abortus resultieren.

1.4.1.3 Fragwürdige Aussagekraft der Sonographie

Des weiteren sollte man sich fragen, was man mit dem Diagnosehilfsmittel Ultraschall eigentlich erreichen möchte und welche Aussagekraft dies wirklich hat. Genau genommen gibt es – schulmedizinisch gesehen – nur die vage Vermutung, eine Mißbildung zu erkennen, und als Konsequenz daraus die beiden Extreme: entweder das Kind zu behalten oder abzutreiben. Darüber hinaus beläuft sich die Rate der Fehldiagnosen bei 30 %!

„Ein Bild sagt mehr als 1.000 Worte", das hat Archimedes schon gesagt. Deshalb seien an dieser Stelle einige Fallbeispiele aus homöopathischen Anamnesen angeführt, was im Hinblick auf Ultraschall alles zutage kam und wie aussagekräftig derartig moderne Diagnoseverfahren sind bzw. was alles in die Bilder hineininterpretiert wird und wie traurig schlußendlich die Resultate sein können: In einem Fall wurde der werdenden Mutter zu Beginn des achten Schwangerschaftsmonats mitgeteilt, der Kopf ihres Kindes sei nicht weiter mitgewachsen. Daraufhin gab es verständlicherweise zwei Monate lang Ängste und Sorgen bis hin zum Geburtstermin. Machen konnte man ja ohnehin nichts mehr. Nur – als das Kind dann geboren wurde, war alles in Ordnung! Der Kopf hatte eine normale Größe und alles andere stimmte auch. Die acht Wochen Panik und Aufregung waren also völlig zu Unrecht. – In einem anderen Fall berichtete mir eine glückliche Mutter folgendes: Bei der Schwangerschaft mit ihrem Kind waren anfangs keine Herztöne des Embryos per Ultraschall festzustellen; die Ärztin meinte, es handele sich wohl um ein sogenanntes Windei ohne Embryonalanlage, und riet zu einer Ausschabung. Sie selbst hatte jedoch ein gutes Gefühl und wollte deshalb noch ein paar Wochen zuwarten, ließ jedoch keinen weiteren Ultraschall mehr vornehmen, jedenfalls nicht in einem so frühen Stadium des Organwachstums. Mit der Zeit wuchs der Bauch wie bei einer ganz normalen Schwangerschaft, und sie fühlte sich wohl. Die sie betreuende Hebamme versicherte ihr, daß alles in Ordnung sei. Und so war es auch dann. Nach insgesamt neun Monaten konnte sie termingerecht von einem gesunden Kind entbunden werden! – Einer anderen Patientin wurde aufgrund der Ultraschalluntersuchung im fünften Schwangerschaftsmonat eine schon in diesem Stadium klar zu erkennende Behinderung des Fetus prophezeit. „Ihr Kind kommt ‚deppert' zur Welt", so die wörtliche Aussage des Arztes. „Ich mache Ihnen das weg." Es handelte sich um das sechste Kind, und der Gynäkologe bedrängte die junge Frau, sich und ihre Familie doch nicht mit einem behinderten Kind zu belasten und unglücklich machen zu wollen. Die Mutter lehnte jedoch trotz der düsteren Perspektive „dankend" ab (es sei ihr Kind, und sie wolle es austragen) und – dieses Kind kam als das gesündeste von allen sechsen zur Welt! (Aufgrund der homöopathischen Schwangerschaftsbegleitung natürlich, welche während der vorangegangenen Schwangerschaften nicht stattgefunden hatte.) – Eine andere werdende Mutter, der man im vergleichbaren Monat zu wenig Fruchtwasser konstatierte und schon von Hirnschaden und/oder schwerem Nierenschaden des Ungeborenen sprach, ging auf die Empfehlungen ihres Arztes ein und ließ die Schwangerschaft noch in diesem späten Stadium (fünfter Schwangerschaftsmonat) abbrechen. Bei der Obduktion stellte sich dann aber heraus, daß dem Kind nichts fehlte und dieses vollständig gesund war! Und so weiter und so fort … – Das sind alles leider keine Einzelfälle.

Darüber hinaus bestätigt die Praxis immer wieder, daß durch die übermäßige Beschallung immer häufiger vorzeitige Wehen provoziert werden und auch das Auftreten von Frühgeburten zunimmt. Als weitere Schädigungen werden Veränderung der Erbsubstanz, Zellschädigung, Wachstumsstörungen, Gehirnstörungen, Störungen der Sprachentwicklung, Risiko für Herzfehler, Aborte und Todgeburtrisiko genannt. Viele Mütter berichten auch von vermehrten, anhaltenden deutlichen Kindsbewegungen nach den ersten Ultraschalluntersuchungen.

Das erste Foto vom eigenen Kind (im Mutterleib) – vielleicht für unbedarfte Eltern ein schönes Erlebnis, jedoch nicht für das Kind!

1.4.2 Amniozentese (Fruchtwasseruntersuchung)

Die Amniozentese erfolgt durch Punktion der Amnionhöhle (Fruchtwasserblase, die Umhüllung des ungeborenen Kindes) unter Ultraschallkontrolle, gewöhnlich durch die Bauchdecken hindurch oder aber durch das hintere Scheidengewölbe beziehungsweise mittels Amnioskop vom Gebärmutterhalskanal aus. Hauptanwendungsgebiet ist die Gewinnung von Fruchtwasser und kindlicher Zellen zur frühzeitigen Pränataldiagnostik genetischer Defekte (Chromosomen-Aberrationen), was heutzutage bei „älteren" Gebärenden empfohlen wird. Die Gefahren dieser Fruchtwasseruntersuchung bestehen –

rein „wissenschaftlich" betrachtet – im wesentlichen in der Verletzung des Fetus, der Nabelschnurgefäße und der Plazenta. Über andere Zusammenhänge macht man sich ansonsten kaum Gedanken. Allerdings hat schon der Entwickler der Fruchtwasserpunktion, Dr. Steward Orkin, selbst beobachtet, daß dieser Test in nicht wenigen Fällen zum Abort führt!

1.4.2.1 Angst vor der Kanüle

Anamneseberichten zufolge bekommen die Feten diesen Eingriff in die Integrität und Unversehrtheit ihres Lebensraumes sehr wohl bewußt mit. So wurde mir mehrfach berichtet, daß die noch ungeborenen Kinder beim Eindringen der Kanüle dieser eine Hand abwehrend entgegengestreckt haben und in die der Punktionslokalisation diametral gegenüberliegenden Ecke des Uterus ausgewichen sind. Dieses Phänomen wird recht häufig beobachtet, jedoch von der Ärtzeschaft völlig verkannt, fehlinterpretiert oder überhaupt nicht zur Kenntnis genommen! Der Kommentar eines Schweizer Gynäkologen während der Durchführung einer Amniozentese bei einer in der 16. Schwangerschaftswoche befindlichen Patientin von mir spricht Bände: „Dieser Lauszapfen hält die Hand um die Hohlnadel!" Es war jedoch eher umgekehrt: Der Gynäkologe hat wohl die kleine Hand des verängstigten Feten mit seiner Kanüle verletzt und sah sich nun genötigt, eine zweite Fruchtwasserpunktion durchführen zu müssen. – Ein anderes Beispiel: Ein junger Arzt führte in der Anamnese seiner kleinen, psychomotorisch behinderten Tochter aus, er habe via Monitor (Ultraschallkontrolle) miterlebt, wie man sie bei der Amniozentese an einem Ärmchen getroffen habe und tat dies gleichermaßen als Bagatellverletzung ab. Aber ist es dies wirklich? Dürfen wir so locker mit diesem Piks umgehen? – Für einen Erwachsenen vielleicht schon. Der Fetus jedoch kennt nur seine paradiesische Geborgenheit, ohne Verletzungen von außen, welche es – unter normalen (biologischen) Umständen – schlichtweg nicht gibt! Für ihn muß so ein Eingriff fatal und lebensbedrohlich sein und nicht zuletzt mit viel Panik einhergehen. Panik, welche in ähnlichen Situationen unter Umständen ein ganzes Leben lang bestehen bleibt (und auch körperliche Symptome im Gefolge haben kann, wir z.B. epileptische Krampfanfälle, Spastiken, Schiefhaltungen etc. pp.) oder welche auch „nur" die akute Ursache für die Auslösung vorzeitiger Wehen ist, was nicht selten zum sofortigen Abort führen kann, was – wie gesagt – schon Dr. Orkin konstatierte!

1.4.2.2 Folgeschäden

Genau dies bestätigen auch die Erfahrungen des weltbekannten Dr. Alfred Tomatis, Professor der Psycholinguistik in Paris. Aus seiner Klinik wird beispielsweise von einem sechzehn Monate alten Jungen berichtet, der mit einem Kopfspasmus zur Welt kam, welcher seinen Kopf auf die linke Schulter herabgedrückt hielt und diese in ihrer Beweglichkeit so stark einschränkte, daß er kaum krabbeln konnte. Darüber hinaus schreckte der Bub bei jeder Körperberührung mit seiner Mutter zurück, was dieser unerklärlich erschien und worüber sie recht aufgebracht war. Die eingehende Schwangerschaftsanamnese brachte jedoch Licht in dieses Verhalten und das körperliche Handicap. Sie ergab, daß die Mutter damals im achten Schwangerschaftsmonat eine Amniozentese vornehmen ließ. Während dieser Untersuchung hatte die Nadel das Baby unglücklicherweise links am Hals getroffen, woraufhin es offenbar zum Schutz dieses Körperteils eine Schonhaltung eingenommen hatte, welche bis dato bestand, und seiner Mutter gegenüber ein starkes Mißtrauen entwickelt.

Schwerwiegende Schäden sind demnach nicht auszuschließen. Das zeigen auch die vielen homöopathischen Anamnesen von behinderten Kindern, denn bei jenen wurde vielfach eine Amniozentese vorgenommen, da deren Mütter während der Schwangerschaft ausgeprägte Ängste vor möglicher Behinderung oder anderen gravierenden Störungen hatten. Man wollte deshalb „ganz sicher gehen" und eine solche möglichst frühzeitig ausschließen, aber genau das Gegenteil kann das Resultat sein.

1.4.3 Chorionbiopsie

Bei der Chorionbiopsie[1] verhält es sich ähnlich wie bei der Amniozentese. Es wird ein spezieller Katheter eingeführt und mittels Ultraschall sichtbar gemacht. Schließlich werden Zellen des Zottengewebes (Chorion frondosum) der Plazenta für diagnostische Zwecke entnommen und biochemisch sowie genetisch untersucht. Das Ziel ist es, chromosomale und andere Anomalien frühzeitig zu erkennen. Das Verfahren wird schon in der 7. bis 12. Schwangerschaftswoche eingesetzt und damit wesentlich früher als bei der vergleichbaren Fruchtwasserdiagnostik. Es liegt auf der Hand, daß bei einem so frühzeitigen, grobmanipulativen chirugischen Eingriff in das hochempfindliche System Gebärmutter, Embryo, Fruchtblase und Plazenta schwerwiegende Störungen mit irreparablen Schäden – geistig und/oder organisch – resultieren können, angefangen von leichten Behinderungen (motorische und/oder geistige), über schwerere bis hin zu Fehl- oder Frühgeburt.

1.4.4 Weitere Arzneiroutine bei Schwangeren

Neben den vielen Ultraschalluntersuchungen gibt es eine regelrechte Arzneiroutine bei Schwangeren. Dies erstreckt sich meist von Jod über Eisen, Folsäure, Zink etc. bis hin zu Magnesium. Darüber hinaus werden auch aufwendige Bluttests gemacht, um diverse Parameter zu kontrollieren und festzustellen (zum Beispiel hinsichtlich Toxoplasmose, Syphilis, AIDS, neuerdings auch Streptokokken etc.). Wie umfangreich derartige Tests durchgeführt werden, liegt in den wenigsten Fällen an den medizinischen Notwendigkeiten, sondern daran, wie die Patientin versichert ist (dies ist jedenfalls das, was mir viele Mütter in der Praxis berichtet haben).

---

[1] Biopsie: Untersuchung von Gewebe, das dem lebenden Organismus entnommen wurde.

Weiterhin werden Schwangere nicht selten mit Hormonen „gefüttert“, weil irgendwelche Werte „nicht ganz der Norm entsprechen“ oder weil ein drohender Abort bevorstehen könnte, ohne darüber nachzudenken, ob Mutter Natur nicht schon zu dieser Zeit erkennt, daß das Kind nicht richtig lebensfähig sein wird und es sich somit um eine natürliche Regulation handelt. Hormonbehandlungen betreffen aber auch andere Zielorgane, welche nichts mit dem Sexualhormonhaushalt zu tun haben; am häufigsten ist wohl die Schilddrüse dabei.

Auch mit Vaginalzäpfchen gegen genitale Pilzinfektionen oder Ausfluß ist man nicht sparsam. „Das gehört da nicht hin und darf nicht sein“ ist die landläufige Meinung, besonders im Hinblick auf die dabei auftretenden Mikroben. Die Vorstellung der Ärzteschaft geht unter anderem nämlich dahin, daß beispielsweise Klebsiellen oder andere Mikroorganismen vorzeitige Wehen auslösen können. Dies ist allerdings reine Interpretation! Sicherlich kommt es vor, daß bei dem Vorhandensein derartiger „Keime“ vorzeitige Wehen auftreten, jedoch nicht ursächlich wegen der „Keime“. Sondern wegen der chronischen Gesamtbelastung! Und die Mikroben sind nur ein kleiner Teil dieser Belastung! Mit deren Eliminieren hat man selbstverständlich nie und nimmer die große Gefahr der vorzeitigen Wehen gebannt. Diese können auch dann noch auftreten, wenn jene nicht mehr nachweisbar sind, eben aufgrund der chronischen Prädisposition[1].

Ich erinnere mich noch gut an eine junge Frau, bei der in der 34. Schwangerschaftswoche die Fruchtblase beim Einkaufen in der Stadt geplatzt war. Sie wurde sofort stationär aufgenommen und – wie kann es anders sein – mit Wehenhemmern und einem Antibiotikum therapiert. Wehenhemmer, obwohl gar keine Wehen vorhanden waren, und das Antibiotikum „wegen der Infektionsgefahr“. Die Wehenhemmer wurden allerdings überhaupt nicht vertragen. Deshalb sollte die arme Frau nun Betablocker für ihr Herz einnehmen! Sie hat dann aber beides abgelehnt, denn eigentlich ging es ihr ja gut, nur – sie hatte eben relativ viel Fruchtwasser verloren. Das Kleine bedachte man sogleich mit einer Lungenfrühreifungsspritze in Form von Cortison (obwohl die Lungenreife in diesem Alter bereits erfolgt sein dürfte!). Ein paar Tage später sollte die junge werdende Mutter noch regelmäßig Thrombosespritzen erhalten wegen des langen Liegens. Diese lehnte sie jedoch mit der Begründung ab, sie habe früher schon einmal sehr schlechte Erfahrungen mit deren Nebenwirkungen gemacht, worauf der behandelnde junge Arzt zugab, daß Thrombosespritzen nur ganze 5 % aller Fälle abdeckten. Die übrigen 95 % besserten sich durch Beinbewegungen![2] Trotzdem würden sie routinemäßig gegeben,

---

1 Prädisposition: Anlage, Empfänglichkeit (für eine Krankheit).

2 ad Thrombosespritzen: Ein anderer Patient berichtete mir während seiner homöopathischen Anamnese, er habe vor Jahren „eine tiefe Beinvenenthrombose mit darauffolgender Lungenembolie bekommen“, obwohl er „seinerzeit regelmäßig sog. Thrombosespritzen erhalten“ hatte!

damit im Falle eines Falles der Arzt nicht haftbar gemacht werden kann! (So der gesprächige Arzt, der übrigens später von einem älteren Kollegen „zurückgepfiffen" wurde.) – Merken Sie etwas? Um wen geht es hier eigentlich? Um das Wohl von Mutter und Kind oder um Routine und Absicherung? Verkehrte Welt, wenn man es einmal ganz nüchtern betrachtet, oder?

1.4.5 Schwangerschaft dank moderner Technik

„Schwierige Geburten – Die moderne Medizin stellt uns ständig vor neue Möglichkeiten. Ob wir diese nutzen, wird oft zur Gewissensfrage. Auch und besonders beim Thema künstliche Befruchtung scheiden sich die Geister. Wo den einen bei Schlagwörtern wie Insemination[1], In-Vitro-Fertilisation[2] und dem Gedanken an das Einfrieren von Embryonen Schauer über den Rücken laufen, sehen andere die Chance für ihr Lebensglück. Die Brisanz des Themas läßt sich nicht unter den Tisch kehren: Etwa jedes achte Paar in Deutschland ist ungewollt kinderlos. Tendenz steigend. Die medizinischen Möglichkeiten verbessern sich laufend, die Branche ist einer der größten Wachstumsmärkte im Gesundheitsbetrieb.", so ist es im „rtv – Fernsehmagazin", Nr. 4, 2005 zu lesen. – Das sollte einem doch zu denken geben! Jedes achte Paar in Deutschland ungewollt kinderlos! Trotz der so viel besungenen Fortschritte unserer westlichen Medizin – oder besser unseres Gesundheitsbetriebes, wie es hier (treffend) formuliert wird! Da stimmt doch etwas nicht, oder!?

Daß heutzutage bei jungen Frauen häufiger Probleme gynäkologischer Art auftreten, als dies von der Natur her vorgesehen ist, liegt daran, daß *die meisten Menschen chronisch krank sind!* Trotz Vorsorge und fester Anbindung an das Überwachungssystem des modernen Medizinbetriebs! – Oder gerade deswegen? – Diese chronischen Belastungen manifestieren sich im gynäkologischen Bereich häufig durch Pilzinfektionen, Fluor vaginalis (Ausfluß), Chlamydien, Herpes genitalis, Mykoplasmen, Trichomonaden, Condylome[3], Eierstockzysten, Eileiterverklebungen, unregelmäßige und/oder schmerzhafte Menstruation, Amenorrhoe (keine Menstruation), PMS (prä-

[1] Insemination: die auf andere Weise als durch Geschlechtsverkehr erfolgte Befruchtung einer Frau; Technik: ... Das Sperma wird durch Masturbation gewonnen und instrumentell in die Zervix eingespritzt ...

[2] In-Vitro-Fertilisation: IVF; extrakorporale Befruchtung in einem speziellen, für die „Brutpflege" geeigneten Medium; in vitro (lat.) – „im (Reagenz-)Glas", d. h. im Versuch außerhalb des Organismus; Embryonen-Transfer, Embryonen-Implantation; 1) extrauterine Insemination: Laparoskopisch werden aus den Ovarien (hormonell stimulierte) reife Eizellen entnommen und in vitro mit Samenzellen befruchtet. 2) Die Zygote (das sog. Retortenbaby) wird nach etwa zweitägiger In-vitro-Kultur im 16- bis 32-Zellen-Stadium in den hormonell beeinflußten, für die Nidation bereiten Uterus der Frau implantiert. (Nidation: Einnistung des befruchteten Eis in die Schleimhaut des Uterus)

[3] Condylome: Feig- oder Feuchtwarzen (eigentlich Condylomata acuminata).

menstruelles Syndrom), Endometriose, beschwerliche Schwangerschaften, Übelkeit und Erbrechen während der Schwangerschaft (was keinesfalls normal ist, auch nicht in den ersten drei Monaten!), Migräne, Depressionen, Schwangerschaftsdiabetes und vielem mehr. In der Regel gibt es aber auch, begleitend hierzu, in beliebigen anderen Organbereichen handfeste Störungen.

Wie bereits oben angeführt, geht dies bei vielen Frauen mittlerweile sogar so weit, daß sie Schwierigkeiten haben, schwanger zu werden bzw. feststellen, daß sie nicht schwanger werden können. Oder daß junge Frauen immer wieder Aborte haben, ohne daß ihnen jemand sagen kann, woran das liegt. Oder Eileiterschwangerschaften. Die ungewollte Kinderlosigkeit ist in den zivilisierten Ländern der westlichen Welt deutlich im Vormarsch. Und zwar in einem erschreckenden Ausmaß und darüber hinaus mit atemberaubendem Tempo, welches vor ein paar Jahrzehnten noch völlig undenkbar war. Wenn man dann endlich doch schwanger geworden ist, lauern schon wieder neue Gefahren: Häufig gibt es dann Blutungen während der Schwangerschaft, vorzeitige Wehen, drohende Frühgeburt, genitale Pilzinfektionen, Trichomonaden, Herpes genitalis, Condylome, Polyhydramnion (zu viel Fruchtwasser), Oligohydramnie (zu wenig Fruchtwasser), Depressionen und andere handfeste Komplikationen, wie beispielsweise die im Volksmund sogenannte Schwangerschaftsvergiftung (EPH-Gestose, HELLP-Syndrom, Präeklampsie, Eklampsie), Lageanomalien (Steißlage, Querlage), Nabelschnurumwicklungen bzw. -strangulierung mit der großen Gefahr eines akuten Sauerstoffmangels bei der Geburt, zu kurze Nabelschnur mit der Gefahr, bei der Geburt den Mutterkuchen mit herauszureißen, Placenta praevia (tiefliegende Plazenta), Plazentainsuffizienz (auf degenerativen Veränderungen beruhende Leistungsschwäche der Plazenta), Plazentainfarkt (umschriebener Untergang [Nekrose] von Plazentagewebe), Zervixinsuffizienz (klaffender äußerer Muttermund), Wehenschwäche, um nur einige zu nennen. Des weiteren häufen sich heutzutage Früh- und Mangelgeburten, mit welchen nicht selten das Damoklesschwert, ein behindertes Kind großziehen zu müssen, verbunden ist.

Alles nur Zufälle? – Sicherlich nicht, da steckt System dahinter! Denn der Natur ins Handwerk zu pfuschen hat so manch einer später bereut. Es birgt nämlich ein gewisses Risiko in sich, eine Schwangerschaft auf Biegen und Brechen künstlich herbeizuführen. Keiner kann voraussagen, wie diese dann ausgehen wird. Wenn sie sich nicht auf natürlichem Wege einstellen kann, ist mit Sicherheit davon auszugehen, daß dies seinen tieferen Sinn hat, selbst wenn wir diesen nicht auf Anhieb erkennen können. *Die Natur macht keine Fehler; sie irrt sich nie!* Das eigentliche Problem besteht ja nicht nur in der mangelnden Befruchtung oder Nidation, sondern es handelt sich im Grunde genommen um ein tiefgreifendes zentrales Problem! Was nützt es, wenn nach langjährigen künstlichen Befruchtungsversuchen samt hormoneller Begleittherapie (ein Fallbeispiel aus der Praxis: zwei Inseminationen, drei intratubare

Gametentransfers [GIFT][1], zwei IVFs, drei ICSIs[2] und 4 Aborte im dritten Monat, jeweils nach künstlicher Befruchtung; erfolgloser Kinderwunsch insgesamt seit circa zehn Jahren) nach vielen Fehlschlägen schlußendlich doch einer erfolgreich ist, das heranreifende Kind eigentlich aber gar nicht richtig lebensfähig ist und die werdende Mutter immerfort mit weiteren Hormonen und Medikamenten (z. B. wehenhemmende Mittel) oder einer Cerclage[3] behandelt werden muß, damit sie ihre Leibesfrucht auch behält. Viele werdende Mütter gehen mit derlei Maßnahmen ein sehr großes und fast unkalkulierbares Risiko ein! Es kann gutgehen, es kann aber auch schiefgehen, und was dies heißt, ist kaum jemand so recht bewußt. Häufig wird auf diese Weise ein natürlicher Abort im zweiten oder dritten Schwangerschaftsmonat künstlich nach hinten verschoben, so daß daraus ein vorzeitiger Blasensprung und damit eine extreme Frühgeburt mit der Aussicht einer motorischen und/oder geistigen Behinderung resultiert. Und nicht zu vergessen die nachfolgenden jahrelangen oder jahrzehntelangen Belastungen innerhalb der betroffenen Familie. Durch behinderte Kinder verändert sich nämlich schlagartig das gesamte Leben und Familienleben. In nicht wenigen Fällen sind zuvor intakte Familien regelrecht auseinandergebrochen. Kaum jemand weiß, was es bedeutet, ein behindertes Kind groß zu ziehen! Ein Szenario, mit dem man sich durchaus vorher auseinandersetzen sollte.

So betrachtet, erscheinen die modernen Errungenschaften und technischen Möglichkeiten der heutigen Medizin in einem ganz anderen Licht. Man muß sich wirklich fragen, ob die Richtung stimmt, welche sie seit Jahren genommen hat. Man könnte sie eher charakterisieren als eine heroische, unterdrückende, substituierende und manipulative Geräte- und Hochtechnologiemedizin; einige reden auch von medizinischem Profitcenter! So weit ist es schon gekommen. Dabei lautet eine der medizinischen Maximen: *Salus aegroti suprema lex* (Das Wohl des Kranken ist oberstes Gebot.). Daran – und an nichts anderem – müßte man sich doch eigentlich orientieren.

---

[1] intratubarer Gametentransfer: Einbringen laparoskopisch aus dem Ovar (Eierstock) entnommener Eier – zusammen mit frisch gewonnenem Sperma des Mannes – in den Eileiter zur künstlichen Befruchtung.

[2] ICSI: (engl.) *i*ntra*c*ytoplasmatic *s*permia *i*njection (intrazytoplasmatische Spermieninjektion); Methode der In-vitro-Fertilisation, bei der ein aus Ejakulat oder operativ aus dem Nebenhoden gewonnenes Spermatozoon mit einer Mikropipette direkt in das Zytoplasma der Eizelle injiziert wird.

[3] Cerclage: Kreisnaht; gebraucht für den operativen Verschluß des Zervikalkanals (Gebärmutterhalskanal) in der Schwangerschaft bei Zervixinsuffizienz (klaffender äußerer Muttermund).

1.4.6 Hausgeburt oder Krankenhaus?

Zu guter Letzt noch ein paar Gedanken zu der Frage Hausgeburt oder Krankenhaus. Viele freiberufliche Hebammen, die ausschließlich Hausgeburten betreuen, haben mir immer wieder zu verstehen gegeben, daß sie es sich niemals getrauen würden, im Krankenhaus und Kreißsaal zu assistieren, „da dort viel zu viel passiert". Sie sehen die meisten Komplikationen unter der Geburt ganz klar in Zusammenhang mit dem modernen Medizingeschäft. Den kreißenden Frauen würde jegliches Urvertrauen genommen, sie befänden sich in Abhängigkeit der „Männermacht Medizin" und würden ihre innere Stimme gar nicht mehr wahrnehmen. Umgekehrt hört man von Hebammen, die seit jeher im Krankenhaus arbeiten, daß sie ebenfalls nicht mit ihren freiberuflich tätigen Kolleginnen tauschen würden, weil sie schon so viel Schlimmes im Kreißsaal miterlebt haben und immer froh waren, daß sie die ganzen modernen Errungenschaften der modernen Medizin eines Krankenhauses nutzen konnten. Sie berichten beispielsweise von Sauerstoffmangel des Kindes unter der Geburt, weil dieses im Geburtskanal „stecken geblieben ist" und deshalb sofort in die neonatologische Abteilung zur intensivmedizinischen Betreuung verlegt werden mußte, von Nabelschnurstrangulierungen mit der Folge eines akuten Sauerstoffmangels, von Schlüsselbeinbrüchen, da das Kind zu groß war und „mit etwas Gewalt herausgezogen werden mußte", von starker Gelbsucht, welche gleich behandlungsbedürftig war, von Atemaussetzern, neonatelen Infekten und vielem mehr.

Zwei Meinungen bzw. Erfahrungen, welche eine deutliche Sprache sprechen, aber im Grunde genommen traurig stimmen. Nur wir Menschen haben es anscheinend verlernt, daß Schwangerschaft und Geburt ganz natürliche Vorgänge sind und daß es auch hier kaum nennenswerter, einzugreifender Maßnahmen bedürfte. – „Wer einmal erfahren hat, daß 95 % aller Frauen völlig natürlich ohne Eingriffe gebären können, wenn man sie läßt und sie richtig unterstützt, der merkt, daß in unserer Klinikgeburtshilfe etwas faul ist." (Kirsten Proppe, freiberufliche Hebamme). – Wo ist unser natürlicher Instinkt geblieben? Wo ist die grundlegende Gesundheit, besonders die der Frauen? Es ist noch gar nicht so lange her, da war das alles noch ganz anders. Schwangerschaft und Geburt wurden als ganz natürliche Vorgänge angesehen. Unsere Großmütter und Urgroßmütter haben ihre Kinder ganz selbstverständlich zu Hause bekommen, ohne die Hilfe von medizinische Apparaturen, nur im engsten Kreise ihrer Familie und einer betreuenden Hebamme! Und bei den (nicht domestizierten) Tieren klappt es auch heute immer noch so, ohne technischen Eingriff und ohne fremde Hilfe! Liegt dann alles nicht doch an einer eher lebensfeindlichen westlichen Medizin, welche nicht im Einklang mit den Naturgesetzen agiert?

1.5 Die Impfthematik

„Das Thema Impfen ist so etwas wie eine heilige Kuh der Medizin. Sagt jemand etwas gegen Impfungen, kommt es sofort zu einem fast einhelligen Aufschrei der Empörung aus der Ecke der Mediziner. Da werden meist gar nicht erst Argumente bemüht, zu klar und sicher erscheint die eigene Position." – Dr. med. Günter Schmale, Arzt für Allgemeinmedizin, Akupunktur und Naturheilverfahren sowie Apotheker aus Köln.

Leider kann das Thema der Impfungen hier nicht in allen Einzelheiten behandelt werden, da es ein sehr komplexes ist und an anderer Stelle schon ausführlich dokumentiert wurde. Der Interessierte sei auf die mittlerweile sehr umfangreiche Literatur[1] verwiesen. Worauf wir in diesem Zusammenhang aber den Blick richten wollen, ist die schulmedizinische Denkweise bzw. ihr Vorgehen bezüglich dieser „vorbeugenden Medikamente".

Allein aus der Betrachtung der Impfstoffzusammensetzung (Was ist drin in unseren Impfstoffen?) und den sogenannten Wirksamkeitsstudien (Wie werden Impfungen auf ihre Wirksamkeit und Verträglichkeit hin geprüft?) läßt sich schon viel Wissenswertes ableiten, um die Impfproblematik und damit die Gefahren oder den Segen von Impfungen besser beurteilen zu können.

1.5.1 Impfstoffzusammensetzung

Ohne weiter auf all die Einzelheiten der Impfstoffzusammensetzung einzugehen, wollen wir an dieser Stelle nur vermerken, daß außer den zu injizierenden Antigenen, den eigentlichen „Impfstofferregern" (Viren, Bakterien, Toxoide[2]), auch völlig unbekannte, artfremde Viren durch die Züchtungs- und Kultivierungsmedien (in der Regel Hirngewebe von Kaninchen, Nierengewebe von Hunden, Meerschweinchen, Kaninchen und Affen, Eiweiß von Hühner- oder Enteneiern, Hühner-Embryos, Kälberserum, Blut vom Pferd oder Schwein und Eiter aus Kuhpocken) in den Organismus mit übertragen werden können. Darüber hinaus enthalten heutige Impfstoffe auch Zusatzstoffe, die – allein für sich genommen – bekanntermaßen gefährlich sind und eine ganze Reihe von Nebenwirkungen haben. So werden beispielsweise Antibiotika beigefügt, um etwaig auftretende Immun- oder Überreaktionen zu dämpfen, was gewissermaßen von Unverantwortlichkeit zeugt, da ja bekannt ist, daß Antibiotika die Tendenz haben, die Immunabwehr lahmzulegen, eine

---

[1] Impfliteratur, speziell auch unter dem homöopathischen Aspekt, vom Autor: *Sind Impfungen sinnvoll? – Ein Ratgeber aus der homöopathischen Praxis*, 8. Auflage 2005 sowie das zweibändige Werk des Autors: *Klassische Homöopathie für die junge Familie*, 2. Auflage 2001/2003; beides mit vielen weiteren Literaturhinweisen zum Thema Impfen.

[2] Toxoide: durch Formaldehyd und Erwärmung entgiftete Toxine (Giftstoffe von Mikroben).

Immunabwehr, welche der Geimpfte besonders nötig hat. Schließlich gibt es noch die sogenannten Stabilisatoren, Neutralisatoren, Träger- und Konservierungsstoffe, welche in der Regel hochgiftig, bestenfalls nicht unbedenklich sind, und welche wir niemals freiwillig über unsere Nahrungsmittel in unseren Körper aufnehmen würden. Zu diesen Stoffen zählen unter anderem Formaldehyd[1], Thiomersal (zu 49,6 % aus reinem Quecksilber[2] bestehend!), Aluminiumphosphat, Azeton (Lösungsmittel) und Phenol (ätzend und äußerst giftig), um nur einige zu nennen.

Diese „Impfcocktails" gelangen dann meist direkt in den Blutkreislauf des Organismus, was absolut widernatürlich ist. Unter Umgehung sämtlicher physikalischer und biologischer Abwehrbarrieren – wie z. B. Haut, Schleimhäute, Mandeln, Salzsäure des Magens, lymphatisches Gewebe des Darmtraktes (Wurmfortsatz des Blinddarms, Peyersche Plaques), Leber (als unser größtes Entgiftungsorgan) – werden die artfremden Eiweiße direkt in den Muskel und damit ins Blut injiziert und erreichen innerhalb kürzester Zeit alle Organe, das Gehirn miteingeschlossen![3] Derartige Verletzungen und Vergiftungen gibt es in der Natur nicht! In der Folge muß der Organismus total überfordert sein und reagiert krankhaft, entweder sofort akut oder schleichend chronisch!

1.5.2 Wirksamkeitsstudien von Impfstoffen

Leider sind die Menschen der westlichen Welt heutzutage recht wissenschaftsgläubig und -hörig. Sie glauben (fast) alles, was ihnen von den sogenannten Wissenschaftlern aufgetischt wird. Und was Wissenschaft ist, bestimmt immer noch das Establishment (siehe Fußnote bzgl. Professor Dr. Hackethals Zitat in Kapitel *1.1 Anbindung an die Medizin*). Man sollte jedoch stets seinen gesunden Menschenverstand gebrauchen und alles überprüfen bzw. zu verifizieren versuchen; erst dann kann man sich einigermaßen ein Bild von der Realität machen.

---

[1] Vor ein paar Jahren hat man alle Spanplatten aus den bundesdeutschen Schlafzimmern verbannt, wegen der Ausdünstung von Foramaldehyd. Jedoch ist das Einatmen dieses giftigen Stoffes mit Sicherheit etwas harmloser, als es unter Umgehung der gesamten körpereigenen Abwehr direkt über den Blutkreislauf aufzunehmen. – Formaldehyd ist dafür bekannt, daß es die Schwermetall- und Quecksilberentgiftung blockiert.

[2] Quecksilber ist ein starkes Nervengift, welches nur sehr langsam aus dem Gehirn ausgeschieden werden kann. Eine Dauer von etwa 20 bis 30 Jahren (!) wird angegeben, bis nur die Hälfte aus dem Körper entfernt ist, vorausgesetzt, es wird kein weiteres Quecksilber zugeführt (beispielsweise durch neuerliche Impfungen oder durch das quecksilberhaltige Amalgam beim Zahnersatz). – In der Impfampulle soll Quecksilber als Konservierungsstoff vor Pilz- und Bakterienverkeimung schützen.

[3] Eigentlich müßte man diese Impfcocktails trinken, denn dann hätte unser Immunsystem noch ein paar Chancen, den einen oder anderen Stoff zu neutralisieren. Doch welcher normal denkende Mensch würde solch ein Gemisch freiwillig zu sich nehmen? Schon beim Gedanken daran schaudert es jedermann!

So auch mit den Impfungen! Speziell mit den sogenannten Wirksamkeitsstudien von Impfstoffen. Jeder Laie und halbwegs logisch denkende Mensch wird mit Entsetzen feststellen, daß es hierbei nicht ganz mit rechten Dingen zugeht und Wissenschaft nicht immer mit Aufrichtigkeit zu tun hat. In diesem Zusammenhang sei nochmals an den großen Louis Pasteur erinnert, der schon damals die Öffentlichkeit bewußt „getäuscht" und mehrfach wissenschaftlichen Betrug begangen hat, indem er die in Wahrheit weniger überzeugenden Ergebnisse seiner Studien „schönte", wie bereits weiter oben angedeutet. Dies konnte allerdings erst 1993, fast 100 Jahre nach seinem Tod, – nach nahezu 20-jähriger wissenschaftlicher Sichtung bzw. Studium seiner privaten Aufzeichnungen bzgl. seiner Laborarbeit (ca. 10.000 Seiten) durch Dr. Gerald L. Geison vom Historischen Institut der Universität Princeton (USA) aufgedeckt werden.

Im folgenden seien nun exemplarisch zwei sogenannte wissenschaftliche Wirksamkeitsstudien hinsichtlich der Impfungen in unserer Zeit kurz skizziert. Bei der ersten handelt es sich um die schwedischen Untersuchungen und „Studien" in den Jahren 1986–1987 zum Thema Pertussis (Keuchhusten). Sie wurden an 3.801 sechs bis elf Monate alten Babys durchgeführt. Dazu wurden zwei Fallgruppen mit verschiedenen azellulären Impfstoffen vom Japanischen Staatsinstitut für Gesundheit (JNIH) zum Vergleich gebildet (JNIH-6 und JNIH-7). Als Kontrollgruppe diente eine Anzahl Babys, denen nicht etwa „Placebo gespritzt" wurde, d. h. sozusagen gar nichts, sondern ihnen wurde eine Lösung bestehend aus Formalin, Thiomersal (quecksilberhaltig!), Aluminiumphosphat in einer phosphatgesättigten Salzlösung intramuskulär verabreicht. Der Unterschied bestand also quasi nur in dem Weglassen des Antigens; alle Zusatzstoffe, welche, für sich genommen, schon eine äußerst giftige Substanz bilden, wurden injiziert! Im Ergebnis gab es dann auch recht ähnliche Resultate wie bei den beiden „echten" Impfstoffgruppen: z. B. epileptische Krampfanfälle und Spasmen, schrilles Schreien (Cri encephalique, was auf eine hochakute Hirnreaktion hinweist!), Hypotonie (Erschlaffung der Muskeln, gleichfalls ein Hinweis auf eine Hirnreaktion), Anoriexie (Verlust des Nahrungstriebes, Magersucht), Erbechen, Schläfrigkeit, Fieber und vieles mehr. Die Häufigkeit negativer Reaktionen war bei allen drei Gruppen sehr hoch und kann keinesfalls als mild beschrieben werden. Im Gegenteil, sie weisen im allgemeinen auf eine Schwellung des Gehirns bzw. Gehirnentzündung hin! Auch traten bei allen drei Gruppen Keuchhustenfälle auf; also genau die Krankheit, gegen die die Impfung eigentlich hätte immunisieren sollen! Trotzdem betonten die „Wissenschaftler" – Sie werden es kaum glauben, verehrter Leser! –, daß die Impfungen die Empfänger geschützt hätten und gut verträglich wären, da auch in der „Placebo-Gruppe" eine ähnliche Häufung von schweren Reaktionen vorgekommen sei und diese sich somit kaum von den echten Impfgruppen unterscheide.

Auch das nächste Beispiel, der Test der Wirksamkeit eines HIB-Impfstoffes, kann hinsichtlich Sinn und Ergebnis alleine mit gesundem Menschenverstand gut beurteilt werden. Die Versuchsanordnung der finnischen Untersuchung an ca. 60.000 (!) Kindern gestaltet sich wie folgt: Die zu beurteilende Fallgruppe (ca. 30.000 Kinder) erhielt sukzessive drei DPT- (Diphtherie, Pertussis, Tetanus), Polio- und HIB-Impfungen. Bei der sogenannten Kontrollgruppe (ca. 30.000 Kinder) ließ man nur die zu prüfende HIB-Komponente wegfallen; d. h., auch diese Gruppe wurde mit insgesamt 12 Impfungen (jeweils drei DPT- und Polio-Impfungen) komplett durchgeimpft und belastet! Also auch bei diesem „wissenschaftlichen" Experiment keine echte Kontrollgruppe im Sinne eines Placebos (sondern genügend Fremdeiweiße und hochgiftige Zusatzstoffe)! „Es traten 20 potentiell schwere negative Reaktionen auf, u. a. hatte ein drei Monate altes Baby zwölf Stunden nach der Injektion Krämpfe, und ein Baby reagierte nach der Injektion überhaupt nicht mehr, bei 99 Babys trat eine überhöhte Reizbarkeit auf." Und so weiter und so fort. – Eine analoge Studie wurde 1988 in den USA an etwa 5.000 Kindern der Navajo-Indianer durchgeführt. Das Resultat kann uns auch hierbei nicht überraschen mit einer gleich großen Anzahl von Todesfällen (!) (8/8)[1], Anfallsleiden (9/7), aseptischen Meningitiden (Hirnhautentzündungen) (15/13), Krankenhausaufenthalten (104/106), diversen viralen Infektionen etc. pp. Überraschen kann nur die Interpretation dieser Daten seitens der Forscher, denn „wissenschaftliches" Fazit war die Wirksamkeit und gute Verträglichkeit des Impfstoffes.

Menschenverachtender kann diese Art von Wissenschaft nun wirklich nicht mehr sein! Und das alles unter dem Deckmantel, die Welt von schlimmen Krankheiten zu befreien. Allein schon die Anordung solcher Studien ist makaber, denn welche Mutter würde freiwillig ihr Baby zu derartigen Forschungszwecken hergeben, wenn sie wüßte, wie gefährlich das ist? In der Annahme, ihrem Baby etwas Gutes zu tun, geht sie zum Arzt ihres Vertrauens und läßt es impfen, um es medizinisch zu schützen (wie sie glaubt) …; doch stattdessen wird ihr Baby in eine Studien- bzw. Kontrollgruppe eingeteilt, nicht ahnend, daß an ihm etwas Neues ausgetestet wird, daß es zu einer groß angelegten „wissenschaftlichen" Studie gehört. Und wenn sich dieses dann noch in der sog. Placebo-Gruppe befindet, bei der man ja überhaupt keine Hilfe und keinen Schutz erwarten kann, nicht einmal aus schulmedizinischer Sicht (es fehlen ja die Antigene!), ist sie doppelt betrogen.

Michael Kent bringt es auf den Punkt, wenn er sagt: „Es existiert in Deutschland – und wahrscheinlich weltweit – nicht eine einzige seriöse Studie, welche Wirksamkeit, Nutzen und Unschädlichkeit von Impfungen objektiv bestätigt."

---

[1] (x/y): (x – zu testende Impfstoffgruppe / y – Kontrollgruppe).

1.5.3 Freiwillige und unfreiwillige Probanden

Wenn man sich darüber hinaus damit befaßt, wo sonst noch Impfungen im großen Stil ausprobiert und getestet werden und welche Personenkreise dafür in Frage kommen – freiwillig würde sich bestimmt niemand dafür zur Verfügung stellen –, verschlägt es einem regelrecht die Sprache. Denn, „kein Impfstoff kann in einem Laboratorium auf völlige Sicherheit überprüft werden. Dies muß im menschlichen Körper nachgewiesen werden“, so der hochkarätige Forscher Dr. Hillemann aus den USA. Gemäß den gut recherchierten Angaben von Frau Dr. Viera Scheibner aus Australien werden Impfungen (auch heute immer noch!) in großem Maßstab an ahnungslosen Personenkreisen getestet wie:

- Kindern in Kinderheimen und Heimen für Waisen
- geistig behinderten Kindern in Heimen
- Babys australischer Aborigines
- Kindern der Natives in Alaska und in Indianerreservaten
- Kindern und Erwachsenen in Schwarzafrika[1]
- der schwarzen und farbigen Bevölkerung der USA usw.

Menschen, die sich nicht wehren können, ja die nicht einmal wissen, was mit ihnen geschieht. Der Arzt sagt einem ja nicht, was er spritzt und/oder ob er gerade (als Handlanger der Pharma) an sogenannten Feldstudien von neuen Impfstoffen beteiligt ist und die aufgetreten Reaktionen fleißig beobachtet, in Listen einträgt und „im Dienste der Wissenschaft“ weiterleitet. (Das gilt auch für unsere zivilisierten Kreise!) Wenn die Impfungen so segensreich und gut verträglich wären, warum dann diese „verbrecherischen Testungen“ im Geheimen?

Auch junge, noch relativ unreife und unerfahrene Menschen werden teilweise gezielt mit Geld geködert! So hat mir unlängst einer meiner mir anvertrauten Patienten in der Anamnese erzählt, er habe in den 60er Jahren als Student sein Taschengeld dadurch aufbessern können, daß er sich für medizinische Forschungszwecke zur Verfügung gestellt und innerhalb von drei

---

[1] Hierzu ein Beispiel aus erster Hand (aus meiner homöopathischen Praxis): Ein hochaufgewachsener, gut aussehender junger Mann aus Nigeria, Medizinstudent in Deutschland, glücklich verheiratet mit einer Deutschen und Vater einer kleinen Patientin von mir, berichtete während der Familienanamnese folgende erschütternde Geschichte. „Die Bewohner unseres Dorfes in Nigeria sollten alle geimpft werden, doch die wenigsten wollten dies. Man hat sie aber dazu gezwungen. Man ließ sie sich in einer Reihe aufstellen und ‚pikste‘ ca. 10 Personen nacheinander; rein – raus – der Nächste – rein – raus – der Nächste – rein – raus – … alles mit ein und derselben Kanüle! Dorfbewohnern, die sich weigerten, ist man hinterhergerannt, hat sie zu mehreren gewaltsam zur Impfstation gezerrt und festgehalten, um ihnen die Injektion zu verabreichen. Wir wurden menschenunwürdig wie ein Stück Vieh behandelt, und das nennt sich dann Entwicklungshilfe.“

Jahren fünfmal gegen Tetanus habe impfen lassen. „Aus meinem Blut wurde dann Serum für Studienzwecke gewonnen“, so seine Aussage.[1]

1.5.4 Erzeugen schwerster Krankheitszustände für Forschungszwecke

Wie schädlich Impfungen in Wirklichkeit sind, geht last but not least auch aus der Tatsache hervor, daß in der Forschung Impfstoffe dazu benutzt werden, um bei Labortieren künstlich eine Encephalomyelitis (Entzündung des Gehirns und Rückenmarks) auszulösen! Laut Levine und Sowinski (1973) werden speziell Pertussis-Impfstoffe zum Erzeugen einer experimentellen allergischen Encephalomyelitis verwendet! Auf diese Weise sind schwere Gehirnschäden (Gehirnschwellung und Hämorrhagien [Blutungen]) sowie kardiovaskuläre[2] Schäden und Stoffwechselschäden für Forschungszwecke erzeugbar. – Sic! Jeglicher weitere Kommentar dürfte sich hier wohl erübrigen.

Darüber hinaus wird im MSD-Manual der Diagnostik und Therapie im Kapitel über Überempfindlichkeitsreaktionen bestätigt, daß Impfungen „zelluläre, zellvermittelte, verzögerte Hypersensitivitätsreaktionen“ herbeiführen können, also allergische Reaktionen gewissermaßen, und als Beispiel unter anderem die „Encephalitis nach Tollwutimpfung“[3] (!) angeführt. Hiermit bestätigt die Mainstream-Medizin Levine und Sowinski wohl eher unbeabsichtigt und gibt zu, daß Impfungen hirnaktiv sind und dort großen Schaden anrichten.

---

[1] Derartige Versuche gibt es, leider Gottes, immer wieder, nicht nur mit Impfstoffen. Ein kürzlich weltweit bekannt gewordener Skandal betrifft ein neues Medikament gegen MS und Rheuma, welches 2006 an acht freiwilligen jungen Menschen gegen Entgelt getestet wurde. So war in der Zeitung „Münchner Merkur“ vom 17. 2. 2006 zu lesen: „Nach einem Medikamententest in einem britischen Krankenhaus liegen sechs Männer weiterhin auf einer Intensivstation. Zwei der Versuchsopfer ringen mit dem Tod. Die beiden Patienten – ein Engländer und ein Neuseeländer – seien auch drei Tage nach dem Test noch in Lebensgefahr, hieß es. – Die Männer seien wie Dominosteine umgekippt. Zuerst hatten sie ihre Hemden ausgezogen, weil sie über Fieber klagten. ‚Dann haben einige geschrien, daß ihr Köpfe gleich explodieren würden‘, so ein Klinikssprecher. Die Probanden hatten eine Testsubstanz aus deutscher Entwicklung bekommen, die bislang nur an Tieren erprobt worden war. – Die Freundin eines Patienten berichtete, der 28-Jährige sei völlig aufgedunsen und sehe aus ‚wie der Elefantenmensch‘. ‚Er ist völlig leblos. Er kann nicht einmal die Augenlider bewegen‘, sagte sie. Andere Angehörige schilderten, die Köpfe und die Nacken der Versuchsopfer seien bis auf das Dreifache des normalen Umfangs angeschwollen. Anfangs hätten sie die Patienten gar nicht mehr wiedererkannt. – … – Für den Versuch hatten sich insgesamt acht Männer zwischen 18 und 40 Jahren das neue Mittel freiwillig verabreichen lassen. Als Gegenleistung sollten sie umgerechnet 2.900 Euro bekommen.“

[2] kardiovaskulär: Herz und Gefäße betreffend.

[3] Encephalitis nach Tollwutimpfung: Gehirnentzündung als Impfreaktion, hier als Überempfindlichkeitsreaktion vom Typ IV.

Unser Medizingeschäft entpuppt sich manchmal als …, man darf es gar nicht laut aussprechen! Es ist fast unglaublich, aber die traurige Wahrheit. Dennoch kann ein jeder Normalbürger, auch ohne großartige medizinische Kenntnisse, mit nur ein wenig gesundem Menschenverstand und gezieltem Hinterfragen all dies als gezielte Täuschungen selbst entlarven! (Siehe hierzu Anhang *A.2 Gesunder Menschenverstand gefragt.*)

1.6 Ergänzungs- und Notfallmedizin

„Die zeitgenössische Schulmedizin hat als Ergänzungsmedizin ihre Mission; da wird sie gewünscht, dankbar begrüßt und ist unverzichtbar“, ein Zitat des großen Münchener Homöopathen Dr. med. Otto Eichelberger. Dem kann man ohne Wenn und Aber nur beipflichten. Ergänzungsmedizin in Notfällen oder Endzuständen. Was da heutzutage alles möglich geworden ist, ist beinahe unglaublich. Beispielsweise in der Unfallchirurgie. Da sind wir alle froh, so eine kompetente Medizin samt Medizintechnik zu haben. Komplizierte Handchirurgie, künstliche Hüften, das Zusammennähen von Achillessehnen, das Korrigieren von defekten Menisken im Kniegelenk, das Richten und/oder Operieren bei komplizierten Knochenbrüchen, Bänder-OPs, Blinddarmresektionen, das „Zusammenflicken“ von Muskeldurchrissen, das Verlängern von sich verkürzenden Sehnen, Notkaiserschnitte, das Heben von Organsenkungen und vieles mehr. Großartige Leistungen! Da kann man nur den Hut ziehen, mit welcher Präzision dies alles erfolgt. Ohne derartige Leistungen könnten viele unserer heutigen gesundheitlichen Probleme nicht gelöst werden.

Auch das Thema Antibiotika und Cortison oder anderer Notfallmittel ist hier zu erwähnen. Wenn es um Leben und Tod geht, wird niemand auf die Idee kommen, solche heroischen Mittel zu verteufeln bzw. zu verweigern. Hier ist schnelles Handeln erforderlich, da nicht viel Zeit bleibt. Und genau hier sind die Möglichkeiten unserer heutigen Schulmedizin zu begrüßen, wohlgemerkt, nur in Notfällen. Kleine Bagatellerkrankungen bedürfen keiner Antibioselenkung. Das gilt beispielsweise auch für Lungenentzündungen; nicht jede Lungenentzündung erfordert sofort ein Antibiotikum.

Transplantationen, z.B. nach großflächigen Verbrennungen von noch intakter körpereigener Haut, sind höchst lobenswert. Der betroffene Mensch hat somit, neben den rein kosmetischen Verbesserungen, viel bessere Überlebenschancen.

Auch die intensivmedizinische Betreuung ist in vielen Fällen segensreich. Hier geht es ja fast immer um Leben und Tod. Und die Dialyse, die sogenannte Blutwäsche, bei absolutem Nierenversagen. Und und und … Es ließen sich sicherlich noch viele weitere Bereiche aufzählen, bei denen die Mission der heutigen, technologisch orientierten Medizin eindeutig anzuerkennen ist. Wir wollen es jedoch dabei bewenden lassen, denn der Tenor unserer Aussagen dürfte indes klar geworden sein.

1.7 Sanfte Medizin

Das sind im Prinzip einige herausgepickte Beobachtungen und Erfahrungen aus meiner homöopathischen Praxis heraus und soll für die Aussagen dieses Buches genügen. Für umfassendere Abhandlungen zum Thema „heutige Medizin" siehe speziell die vier medizinkritischen Bücher von Hans Ruesch: „Die Pharma Story – Der große Schwindel", von Kurt Langbein zusammen mit Bert Ehgartner: „Das Medizin-Kartell", von der kanadischen Ärztin Ghislaine Lanctôt: „Die Medizin-Mafia" und von G. Edward Griffin: „Eine Welt ohne Krebs"[1], um nur einige zu nennen. Auch Nachrichtenmagazine wie beispielsweise „Der Spiegel" greifen diese Thematik immer wieder auf und versuchen, ihrer Leserschaft den aktuellen Mißstand nahe zu bringen. So zum Beispiel die Spiegel-Titelgeschichte „Die Abschaffung der Gesundheit" (33. Ausgabe 2003).

Hardliner behaupten, die moderne Schulmedizin sei eine Religion, eine Glaubenssache, da sie nicht auf Gesetzmäßigkeiten basiere, sondern nur auf einer Fülle von Hypothesen und Lehrmeinungen, welche sich ca. alle fünf bis zehn Jahre änderten. „Die Halbwertszeit schulmedizinischen Wissens ist recht kurz", so Dr. med. Rüdiger Dahlke, Arzt und sehr bekannter Psychotherapeut. „Die meisten wissenschaftlichen Wahrheiten von heute sind schon morgen die Irrtümer von gestern", wie es jemand anders einmal formulierte. Es würde geglaubt, was von den Kathedern gepredigt werde. Groß angelegte Studien sollen diese Lehrmeinung dann in der Öffentlichkeit untermauern; was aber davon zu halten ist, haben wir exemplarisch an dem Fall Impfwirksamkeit gesehen. Außerdem werden solcherlei Studien in der Regel von der Pharma finanziert, und es scheint leider nach wie vor der Leitsatz zu gelten: „Wes Brot ich ess', des Lied ich sing'!"

Außerdem ist die Mainstream-Medizin exorbitant teuer geworden, ja fast nicht mehr finanzierbar! So beklagt die Tageszeitung „Weilheimer Tagblatt" auf ihrer Frontseite am 18. 3. 2005 unmißverständlich: „Für die Gesundheit jedes einzelnen Bundesbürgers sind im Jahr 2003 rund 2.900 Euro ausgegeben worden. Insgesamt waren das fast 240 Milliarden Euro, was 11,3 Prozent des Bruttosozialinlandsproduktes entspricht, wie das Statistische Bundesamt in Wiesbaden mitteilte." Und ein gutes Jahr später, am 21. 6. 2006, berichtet dieselbe Zeitung an nahezu derselben Stelle: „Hunderttausende ältere Menschen in Deutschland bekommen zu viele unterschiedliche Arzneimittel und werden davon krank. Obwohl nur die Gabe von vier verschiedenen Wirkstoffen verträglich sei, erhalte jeder dritte über 70 Jahre fünf bis acht Wirkstoffe, jeder fünfte über 85 Jahre nehme sogar 13 verschiedene Arzneien und

---

[1] Schenken Sie bitte besonders dem zweiten Teil von Griffins Buch Ihre volle Aufmerksamkeit, dann wissen Sie, wie verflochten die Medizin mit der Politik bereits ist und daß es hinter den Kulissen um ganz andere Dinge zu gehen scheint!

mehr, heißt es im GEK-Arzneimittel-Report 2006. Der Studie zufolge werden insgesamt nach wie vor zu viele, zu teure und unnütze Pillen und Mittelchen verschrieben. Demnach ließen sich in der gesamten gesetzlichen Krankenversicherung rund drei Milliarden Euro sparen, wenn weniger oder billigere Arzneien verschrieben würden, sagte Studien-Autor Gerd Glaeske." – Auf der anderen Seite läßt sich aber auch sehr viel Geld mit kranken Menschen verdienen. Gemäß einer Untersuchung des „Manager Magazin" bzgl. der Gehälter von Topmanagern im Jahre 2004 liegen zwei Schweizer Kreditinstitutsriesen auf den ersten beiden Plätzen gefolgt „von dem Novartis[1]-Lenker Daniel Vasella mit 13,5 Millionen Euro." – Alles in allem schwindelerregende Zahlen, welche eine überdeutliche Sprache sprechen und nicht weiter kommentiert zu werden brauchen.

Dr. med. Otto Eichelberger hat in seinen langjährigen Münchener homöopathischen Kolloquien mehr als einmal hinsichtlich der etablierten Lehrmedizin prophezeit: „Das 20. Jahrhundert wird einmal als das dümmste Jahrhundert in die Medizingeschichte eingehen! Das schwöre ich Ihnen beim Bart des Hippokrates[2], so wahr ich hier stehe." Und Griffin schreibt: „So wie wir heute die primitiven medizinischen Praktiken der Vergangenheit belächeln – Trepanieren[3] von Schädelknochen, Aderlaß, medizinische Elixiere aus Hundehaaren, Gänsefett oder Eidechsenblut –, genauso werden künftige Generationen auf unsere Zeit zurückblicken und schaudern bei dem Gedanken an das sinnlose Schneiden, Verbrennen und Vergiften, das jetzt für Medizin gehalten wird." Auch Rudolf Steiner äußerte sich bereits 1909 in ähnlichem Sinne: „Lassen Sie nur die Medizin sich so materialistisch weiterentwickeln; wenn Sie 40 Jahre voraussehen könnten, Sie würden erschrecken in welch brutaler Weise diese Medizin vorgehen wird, bis zu welchen Formen des Todes die Menschen von dieser Medizin gar kuriert würden. Wie erforscht denn heute die Medizin ihre Heilmittel? Nun, an dem Menschenmaterial, das sie in Spitälern und anderwärts findet …" – Und was ist aus dieser düsteren Prophezeihung geworden nach nunmehr nahezu 100 Jahren?

„Das Dilemma der modernen Medizin ist, daß es ihr trotz wachsenden Aufwands immer seltener gelingt, bleibende Gesundheit wiederherzustellen, sie stattdessen aber immer häufiger dazu beiträgt, Krankheiten zu chronifizieren." Dr. Peter Smrz, 1995 in Ulm.

„Die heutige Medizin ist am Ende ihres Weges angelangt. Sie läßt sich nicht mehr umformen, modifizieren, neu anpassen. Das ist allzu oft versucht wor-

---

[1] Novartis: ein Pharmakonzern.

[2] Hippokrates: Arzt der griechischen Insel Kos um 460 bis 377 v. Chr.; Schöpfer der vom Hippokratismus vertretenen wissenschaftlichen und ärztlichen Auffassungen, die die klassische Zeit der antiken Medizin verkörpern (wissenschaftliches Denken vereint mit ärztlicher Erfahrung, Beobachtungsgabe, Kritik, ärztlicher Kunst und hohem ärztlich-menschlichem Ethos).

[3] Trepanieren: Durchbohren der knöchernen Schädeldecke.

den. Die heutige Medizin muß sterben, um wiedergeboren zu werden. Wir müssen uns auf ihre vollständige Erneuerung gefaßt machen", ein Zitat von Professor Dr. Maurice Delort bei der Einweihung der Akademie von Bourges in Frankeich, 1962. Schon vor über 45 Jahren derartig klare Worte! – Wie aber könnte eine Erneuerung der Medizin konkret aussehen? Unter welchen Voraussetzungen können wir wirklich von einer Erneuerung sprechen?

Zunächst einmal gilt es festzustellen, daß einige Maximen unbedingt eingehalten werden müssen, als da sind: „Primum non nocere! (Vor allem nicht schaden!)", „Primum utilisse esse! (Vor allem nützen!)", „Salus aegroti suprema lex. (Das Wohl des Kranken ist oberstes Gebot.)" und „Voluntas aegroti suprema lex. (Der Wille des Kranken ist oberstes Gebot!)". Das sind also die Eckpfeiler einer menschenwürdigen Medizin, einer *Sanften Medizin*. Der Patient ist König. Er ist angehalten, mitzudenken und mitzubestimmen, ja er kann durchaus auch kleinere Parts der Behandlung selber übernehmen und therapieren, sofern er die Zusammenhänge erkennt und weiß, was zu tun ist. Darüber hinaus muß alles von der biologischen Gesamtschau seinen Sinn und seine innere Logik haben, ohne Wenn und Aber und ohne die Abhängigkeit zu irgendeiner Lehrmeinung oder zu einem derzeitigen wissenschaftlichen Stand. Alles in allem sollte nicht nur die Therapie sondern auch die medizinischen Voraussetzungen für eine Therapie zu jener konsistent sein. Biologische Naturgesetzmäßigkeiten hier, biologische Naturgesetzmäßigkeiten dort und keine Meinungen, Annahmen, Vermutungen oder neuen „wissenschaftlichen" Erkenntnisse! Dazu zählt im wesentlichen auch gesunder Menschenverstand. Und last (but) not least muß alles kostengünstig und für jedermann erschwinglich sein.

Sanfte Medizin? Was soll man darunter konkreter verstehen? – *Sanfte Medizin beinhaltet das Miteinander in der Natur.* Kein Bekämpfen, kein Agieren gegen einzelne Symptome, welche, ohne Rücksicht auf Verluste, zum Verschwinden gebracht werden müssen, und keine Nebenwirkungen oder Vergiftungserscheinungen durch Medikamente. *Sanfte Medizin basiert auf dem Verstehen natürlicher Vorgänge und Gesetzmäßigkeiten* und unterstützt den Körper in seinen Ausscheidungen und weiteren Funktionen. Keine Einteilung in Gut und Böse. Keine bösen Mikroben wie Streptokokken, Staphylokokken, Chlamydien, Mycoplasmen, Plasmodien und wie sie alle heißen. Vielmehr das Verständnis, daß derartige Mikroben eine bestimmte – physiologische – Aufgabe haben und nicht einen Menschen wie aus heiterm Himmel „befallen" und vernichten wollen, wie es landläufig immer wieder propagiert wird. Auch das Fieber wird nicht verteufelt, sondern als heilwirksames Mosaiksteinchen der gesamten konzertierten Heilaktion des Organismus gesehen und darf keinesfalls unterdrückt werden. Alles hat seine ihm *innewohnende Logik und seinen Sinn* und gehört zu einem übergeordneten sinnvollen Ganzen, das Mutter Natur seit Jahrmillionen so entwickelt hat. *Jede Krankheit ist im Prinzip ein Korrektiv,* ein Hinweis, etwas in seinem Leben nachhaltig zu verändern. Ihre Überwindung – im Sinne von echter Ausheilung – kann einen

Entwicklungssprung (häufig nach Kinderkrankheiten zu beobachten) oder eine Bewußtseinserweiterung nach sich ziehen. „Gesundheit ist ein Geschenk, das man sich selber machen muß", lautet ein schwedisches Sprichwort.

Damit derlei Zusammenhänge bei den einzelnen zu besprechenden chronischen Krankheiten und den vielen vorgestellten individuellen Schicksalen besser verständlich werden, lassen Sie uns zunächst die wichtigsten Grundbegriffe der für eine *Sanfte Medizin* benötigten Gesetzmäßigkeiten skizzieren. Im einzelnen geht es hierbei um

- die *Klassische Homöopathie*
  des Arztes Dr. med. Christian Friedrich Samuel Hahnemann bei der Behandlung hartnäckiger chronischer Erkrankungen, welche häufig, gemäß offizieller Lehrmeinung, als unheilbar angesehen werden, sowie um
- andere grundlegende *echte Naturgesetzmäßigkeiten bzgl. Krankheiten inclusive einem daraus abgeleiteten Diagnostiksystem,*
  entdeckt, entwickelt und beschrieben durch den deutschen Arzt unserer Zeit Dr. med. Ryke Geerd Hamer, welche zur Beurteilung 1) der Krankheiten selbst sowie 2) des voranschreitenden Heilungsverlaufs mit eventuell auftretenden Heilungskrisen während der Therapie und/oder 3) des Gegenteils, d. h. bezüglich ernsthafter Krankheitsverschlimmerungen, notwendig sind, sowie
- der uns bekannten heutigen *Notfallmedizin*,
  einem kleinen Teilgebiet der heutzutage vorherrschenden Schulmedizin.

Alle drei Komponenten zusammen bestehen – unabhängig voneinander – bereits seit Jahren bzw. Jahrzehnten, die Homöopathie sogar schon seit zwei Jahrhunderten, ohne sich geändert zu haben. Zusammengeführt zu einem konsistenen Ganzen bilden sie die Säulen einer *Sanften Medizin,* einer segensreichen Medizin von morgen, die jedoch schon heute Wirklichkeit sein kann.

In den folgenden beiden Kapiteln werden wir uns nun im wesentlichen mit den innewohnenden Gesetzmäßigkeiten einer solchen Medizin in allgemeinverständlicher Form beschäftigen.

2. Die chronischen Gesetzmäßigkeiten der Klassischen Homöopathie

Die Klassische Homöopathie ist die sanfteste und zugleich tiefgreifendste Therapieform der heutigen Zeit; einige sprechen von der „Medizin der Zukunft“, welche auch hartnäckige chronische Leiden dauerhaft heilen kann. Gemeint ist hier die *komplette Ausheilung* der Beschwerden und nicht etwa das Coupieren oder „Wegdrücken“ von Symptomen, Laborparametern und anderen Erscheinungen (beispielsweise durch Anwendung von modernen heroischen Medikamenten wie Cortison, Antibiotika, Fieberzäpfchen, Chemo, Bestrahlung etc.), oder das Wegschneiden von krankhaften Organen oder Organstücken durch die moderne Chirurgie. Unter dem Begriff Heilen versteht Samuel Hahnemann, der Begründer der Homöopathie, weitaus mehr als nur das Schaffen von lokaler Beschwerdefreiheit. Bei ihm bekommt das Wort wieder seinen ursprünglichsten Sinn. In seinem Organon der Heilkunst formuliert er dies treffend: „Das höchste Ideal der Heilung ist *schnelle, sanfte, dauerhafte* Wiederherstellung der Gesundheit, oder Hebung und Vernichtung der Krankheit *in ihrem ganzen Umfange* auf dem kürzesten, zuverlässigsten, unnachtheiligsten Wege, *nach deutlich einzusehenden Gründen.*“ (Hervorhebung durch den Verfasser) – Bei der Homöopathie handelt es sich also um eine *Kausaltherapie*, die auf *Gesetzmäßigkeiten* beruht und deshalb nicht nur für jedermann nachvollziehbar sein muß, sondern auch in jedem einzelnen Fall zum selben Ergebnis führt (Reproduzierbarkeit).

2.1 Homöopathie – Heilen aufgrund des Ähnlichkeitsgesetzes

Der Begriff *Homöopathie* leitet sich aus dem Griechischen ab (homoios – ähnlich, pathos – Leiden) und bedeutet soviel wie „ähnliches Leiden“. Demnach soll dem kranken Organismus ein ähnliches Leiden, quasi eine spezielle „Kunstkrankheit“, aufgeprägt werden, die, wenn sie nur hinreichend ähnlich ist, die ursprüngliche Krankheit löscht und auf diese Weise die vollkommene Gesundheit wiederherstellt. „Wähle, um sanft, schnell, gewiß und dauerhaft zu heilen, in jedem Krankheitsfall eine Arznei, welche ein ähnliches Leiden für sich erregen kann, als sie heilen soll“, Hahnemann in seinem Organon der Heilkunst, – oder in seiner lateinischen Kurzform: *„Similia similibus curentur.“* (Ähnliches soll durch Ähnliches geheilt werden.) Dieses Fundamentalgesetz der Homöopathie – im Grunde genommen ein *Universalgesetz*, welches für die Anwendung aller Medikamente jeglicher Therapierichtungen Gültigkeit hat und nicht auf die Homöopathie allein beschränkt sein sollte, *das Heilungsgesetz schlechthin* sozusagen – gilt sowohl für Akutkrankheiten als auch für chronische Krankheiten, allerdings kommt bei lezterem noch der Begriff der *Miasmen* zum Tragen.

2.2 Abgrenzung „akute – chronische Krankheiten"

Bevor wir jedoch im folgenden näher auf den Begriff der Miasmen eingehen, sei zunächst einmal der grundsätzliche Unterschied zwischen akuten und chronischen Krankheiten, so wie ihn die Homöopathie sieht, umrissen.

Das wesentliche Merkmal von *akuten Krankheiten* liegt in ihrer *Tendenz, von selber zu heilen.* Sie haben ein *Ziel* und somit einen definitiven Anfang sowie ein definitives Ende mit und ohne Medikament oder homöopathisches Arzneimittel. Bei den *chronischen Krankheiten* dagegen ist eine *Selbstheilung nicht möglich.* Die Lebenskraft läßt ihnen ungehindert Zutritt zum Organismus; sie kann sich von ihnen nicht selbständig befreien. Die chronischen Krankheiten verlaufen in Phasen und Schüben mit dazwischenliegenden Latenzzeiten und kommen immer wieder „in einer mehr oder weniger abgeänderten Gestalt und mit neuen Symptomen ausgestattet" zum Vorschein; das heißt, es gibt „alle Jahre" einen *Zuwachs an Beschwerden.* Die chronische Krankheit endet quasi erst mit dem Ableben des einzelnen.

Die Schulmedizin sieht zwischen den beiden Begriffen Akutkrankheit und chronische Krankheit nur einen zeitlichen Unterschied. Laut klinischem Wörterbuch Pschyrembel bedeutet Akutkrankheit eine „plötzlich, schnell, heftig verlaufende Krankheit", während unter chronischer Krankheit eine „langsam sich entwickelnde und langsam verlaufende Erkrankung" verstanden wird. Die Homöopathie sieht allerdings nicht nur diese zeitliche Dimension, sondern auch den *Charakter* und das *Wesen der Erkrankung!* Der Unterschied zwischen akut und chronisch liegt also in der *Art und Weise der Reaktion der Lebenskraft!* Und genau hier kommt der Begriff der *Miasmen* ins Spiel, der uns im folgenden ausführlicher beschäftigen soll.

2.3 Der Begriff Miasma

Miasma bedeutet soviel wie Besudelung, Verunreinigung oder Ansteckungszunder (ansteckend, kontagiös, verderbend) und umschreibt dasjenige, was hinter dem vordergründigen Leiden steckt. Um diesen so wichtigen Begriff der chronischen Homöopathie besser verstehen zu können, soll er anhand eines kleinen einprägsamen Beispiels – ein Bild sagt mehr als 1.000 Worte – näher erläutert werden.

Nehmen wir ein Kind, welches bis zu achtmal im Jahr an Mittelohrentzündungen leidet, ja sogar so schlimm, daß das Trommelfell bereits perforiert ist und sich jedes Mal ein gelbgrünes Sekret aus den Ohren ergießt, so daß sich auf dem Kopfkissen des Kindes häufig eitrige Flecken finden lassen. Solcherlei Fälle sind heutzutage leider keine Seltenheit! Nun gibt es mehrere Möglichkeiten, diesem Kind zu helfen. Die herkömmliche und am meisten praktizierte Methode besteht in der Verabreichung eines passenden Antibiotikums, damit die Entzündung sofort stoppt, das Fieber heruntergeht und die Schmerzen nachlassen. Eine andere, mehr naturheilkundliche Möglichkeit, dem armen Kind Linderung zu verschaffen, bestünde in Zwiebelsäckchen, Canthariden-pflaster, Wadenwickel, Tees oder sonstigen Anwendungen bzw. „Hausmittelchen aus Omas Überlieferungen“. Und schließlich die homöopathische Vorgehensweise, bei der das den Krankheitssymptomen ähnlichste Arzneimittel gesucht und verabreicht wird.

Allen Methoden ist eines gemeinsam: Sie behandeln die Krankheit *akut*, das heißt, eine Medizin oder Arznei wird verabreicht, um die akuten Symptome möglichst schnell zum Verschwinden zu bringen. Die schulmedizinische Vorgehensweise konzentriert sich dabei in erster Linie auf das Grobstoffliche und bekämpft Fieber, Mikroben – beispielsweise Streptokokken – und Schmerzen. Die Mittel aus dem Hausschatz der Naturheilkunde machen im Prinzip dasselbe – es handelt sich hierbei auch um ein lokales, organbezogenes Vorgehen –, nur daß diese verabreichten Mittel biologisch besser abbaubar sind und nicht so viele bzw. kaum Nebenwirkungen[1] aufweisen. Nur das homöopathische Prinzip sieht den Organismus des Kindes als Ganzes und berücksichtigt über die vordergründige Diagnose einer eitrigen Mittelohrentzündung hinaus auch Dinge wie Durstverhalten und Appetit, Höhe und Typ des Fiebers (z.B. Entzündungsfieber), trockene Hitze oder Schwitzen bei Fieber, Gesichtsfarbe, Krankheit während der Zahnungsphase, psychische Symptome wie extreme Anhänglichkeit und Weinerlichkeit oder Gehässigkeit und ständiges Fordern oder extreme Zurückgezogenheit, Schwäche und Ruhebedürftigkeit, Unruhezustände und vieles mehr oder gar eine echte Causa (Ursache) wie beispielsweise Zugluft oder Erkältung durch einen Schwimmbadbesuch, um nur einige zu nennen. Aus diesen Angaben zusammen wird nach den Prinzipien der Ähnlichkeitsregel das *Simile* – das ähnliche Mittel – bestimmt und in potenzierter Form[2] verabreicht.

So wird sich bei allen Akutbehandlungen mehr oder weniger ein recht schneller Erfolg einstellen und das Kind frei von allen krankhaften Symptomen sein. Es gibt jedoch auch Unterschiede hinsichtlich dieser verschiedenen Akutbehandlungen. Während die lokalen Vorgehensweisen eher eine

---

[1] *Echte Nebenwirkungen gibt es nicht!* Es gibt nur *Wirkungen eines Stoffes* oder einer Kombination von Stoffen (Medikament). Siehe hierzu auch Kapitel 2.8.5 *Arzneimittelmiasma.*

[2] Potenzen: Durch eine spezielle Aufbereitung stufenweise dynamisierte Arzneimittel der Homöopathie. Ein recht komplexes eigenes Thema, welches hier nicht eingehend betrachtet werden kann. Näheres hierzu siehe mein Buch *Die homöopathischen Potenzen – Ein Ratgeber aus der Praxis*, 2003.

symptomatische, unterdrückende Behandlung bedeuten, also bestenfalls die Krankheitszeichen coupieren und demnach kein echtes Ausheilen der Erkrankung beinhalten, kann man bei dem homöopathischen Ansatz von wirklicher Heilung im Akutsinne sprechen. Hier wird zum einen sehr individuell vorgegangen, so daß ein jeder Patient das für ihn passende Mittel erhält, welches darüber hinaus feinstofflicher Natur ist und den Körper nicht grobstofflich-chemisch belastet, so daß es keinerlei unerwünschte Nebenwirkungen gibt.

Doch die Mittelohrentzündungen werden mit an Sicherheit grenzender Wahrscheinlichkeit wiederkommen! Es wurde ja jeweils nur die Akutkrankheit behandelt. Die *Neigung,* so häufig an eitrigen Otitiden zu leiden, wurde in keinem Fall genommen; auch nicht bei der homöopathischen Vorgehensweise! Und hier kommt nun der Begriff *Miasma* ins Spiel. Denn die Mittelohrentzündungen können nur immer dann wieder auftreten, wenn ein entsprechender Nährboden vorhanden ist, wenn es ein Terrain für derartige Erkrankungen gibt. Und dieses Terrain umschreibt der Begriff Miasma. Miasma heißt soviel wie *Krankheit hinter den Krankheiten* oder *chronische Grundkrankheit.* In unserem Falle muß eine ausgeprägte *Tuberkulinie* (ein bestimmtes Miasma, welches nicht zu verwechseln ist mit akuter Tuberkulose und weiter unten ausführlicher behandelt wird) vorliegen, welche bereinigt werden muß. Und genau hier setzt die *chronische Vorgehensweise der Homöopathie* an: Das *Eliminieren der Miasmen* unter Berücksichtigung der jeweils individuellen Symptome des Patienten. Erst dann, wenn – wie hier in unserem Falle – die Tuberkulinie weitgehend abgetragen worden ist, stellt sich dauerhafte Gesundheit ein. So wird die Neigung zu eitrigen Otitiden mit der Zeit abnehmen und schließlich ganz der Vergangenheit angehören und damit Akutbehandlungen im obigen Sinne nicht mehr notwendig werden lassen. – Und genau das ist der chronische Aspekt in der Klassischen Homöopathie, um den es in diesem Buch gehen soll.

2.4 Grundgedanken von Hahnemanns Miasmenlehre

Mit der *Miasmenlehre* Hahnemanns fängt die eigentliche Homöopathie erst richtig an! Diese *Krankheitslehre um die chronischen Krankheiten* versetzt den Homöotherpeuten wirklich in die Lage, Krankheiten zu heilen, die nach offizieller Lehrmeinung als unheilbar gelten. So steht die moderne Hochschul- und Apparatemedizin zusammen mit dem ganzen Aufgebot der heutigen Pharmaindustrie derartigen Krankheiten weitgehend hilflos gegenüber und versucht diese mit starken und äußerst giftigen Substanzen notdürftig zu lindern. Häufig erkauft sich dabei der Patient eine solche Linderung teuer durch eine ihm neu aufgezwungene Krankheit – aufgrund der vielen schädlichen Nebenwirkungen der verabreichten Medikamente und Behandlungen.

Hahnemann veröffentlichte diese neue Krankheitslehre nach intensiver 12-jähriger Forschungsarbeit und Verifikation am Patienten und nach mehr als 30-jähriger Simileerfahrung bei den Akutkrankheiten in seinen fünf Bänden „Die chronischen Krankheiten" ab dem Jahre 1828. Dieses Werk wurde von einem Großteil der damaligen Homöopathen bis hin zu den meisten heutigen Kollegen leider nicht wirklich verstanden und demzufolge weitgehend abgelehnt und mißachtet. *Aber eigentlich dürfte sich kein Therapeut wirklich Homöopath (bzw. „ächter Heilkünstler", wie Hahnemann selbst es formuliert hat) nennen, der diese Gesetze und Regeln hinsichtlich der chronischen Erkrankungen negiert.* Sie gehen über die bloße Similebeziehung weit hinaus und sind grundlegend für die Klassische Homöopahtie bei der Behandlung chronischer Leiden. Ohne sie beschneidet sich jeder Therapeut wunderbarer Möglichkeiten und ohne sie wird er niemals die Homöopathie in ihrer gesamten Bandbreite erleben. *Homöopathie ohne die Miasmenlehre kann nur rudimentäre Akuthomöopathie bedeuten,* vielfach auch nur palliative Behandlung, also lindernd und nicht dauerhaft heilend.

Hahnemann selbst hat in seinen „Die chronischen Krankheiten" Stellung bezogen und kommt zu dem überwältigenden Schluß, daß jemand, der frei von jeglichem Miasma ist, *absolut gesund* ist und ein *Leben ohne Krankheit* und ohne Destruktion führen kann, ja daß er sich nicht einmal ernsthaft erkälten kann!

2.5 Historische Betrachtung

Laut bisheriger Geschichtsschreibung geht der Anstoß für Hahnemanns Miasmenlehre auf die Beobachtung zurück, daß die anfänglich gute Wirkung der verabreichten Arzneimittel in vielen Fällen wiederholter Akutbehandlungen langsam verlorenging und die alten krankhaften Zustände oder ähnliche Erscheinungen mit der Zeit wieder zum Vorschein kamen, jedoch mit dem Unterschied, daß diese zunehmend hartnäckiger wurden und daß die ursprünglich gut wirkenden Arzneimittel diesmal versagten. Hahnemanns Schußfolgerungen nach intensiver 12-jähriger Forschungstätigkeit und Beschäftigung mit dieser Frage: Man hat es nicht allein mit der aktuellen Krankheitserscheinung zu tun – sie ist *keine in sich abgeschlossene Krankheit, die als eigenständige Krankheit aufzufassen ist* –, sondern sie ist immer *der abgesonderte Teil eines tiefer liegenden Ur-Übels.* Mit anderen Worten: Die sichtbare Krankheit ist nur der aktive Teil einer *Krankheit hinter den Krankheiten.* Sie ist nichts weiter als die äußere Manifestation des inneren Leidens, der *chronischen Verstimmung der Lebenskraft.* Hahnemann hat diese Hintergrundkrankheiten, von denen es nur einige wenige gibt, *Miasmen* genannt.

Doch gemäß den neueren Forschungsergebnissen von Gerhard Risch *gehen die wahren Anfänge der Miasmenlehre mit Sicherheit viel weiter zurück als bislang angenommen:* Schon um 1785 beschäftigte sich der Begründer der

Homöopathie mit den beiden venerischen[1] Krankheiten Syphilis und Gonorrhoe und erkannte sie als chronische Krankheiten. Das Wort „chronisch" hatte bereits zu dieser Zeit für ihn den Sinn, den es später im Jahre 1828 noch immer haben sollte: Er bezeichnete sie als chronisch, weil die Lebenskraft bei ihnen nicht in der Lage war, sie von allein zu überwinden. *„Chronisch" hat also bei Hahnemann von Anfang an eine diagnostisch-qualitative Dimension und nicht nur eine zeitliche! „Chronisch" beschreibt den Charakter einer Erkrankung und hat primär nichts zu tun mit ihrer Dauer. Die chronische Krankheit nimmt immer weiter zu und führt schließlich in die Destruktion.* – Erst ca. 40 Jahre später reiht er den beiden venerischen Krankheiten noch die Psora hinzu, die er auch als chronische nicht-venerische Krankheit beschreibt. – Hahnemann war damals noch nicht einmal 34 Jahre alt und stand noch vor seinem berühmten Selbstversuch mit der Chinarinde, welcher weltweit immer noch als Geburtsstunde der Homöopathie gefeiert wird. Die Behauptung, seine Lehre von den chronischen Krankheiten sei die Ausgeburt eines senilen Greisenhirns, wie es von den Gegnern der Miasmenlehre immer wieder hingestellt wird, hat sich somit als historische Unwahrheit entpuppt. *Die Grundzüge dieser chronischen Krankheitslehre standen schon eher fest als die Wiederentdeckung des Ähnlichkeitsgesetzes durch ihn sowie die daraus abgeleiteten Arzneimittelprüfungen am Gesunden und die gesamte Akuthomöopathie!* Darüber hinaus ist ersichtlich, daß Hahnemann von Anfang an energetisch dachte, denn er erkannte schon 1789 – was er im „Unterricht für Wundärzte über die venerischen Krankheiten" veröffentlicht hat – Mercurius solubilis als Antisyphilitikum aufgrund seiner physikalischen Wirkung, ein sogenanntes Mercurialfieber zu erzeugen, welches die Syphilis heilt, also eine Art Kunstkrankheit, welche die eigentliche Krankheit hinwegnimmt.

Rischs logische Schlußfolgerung rückt die Miasmenlehre somit an den Platz, der ihr gebührt: *„Die Homöopathie hat also schon lange vor 1790 begonnen ... und ist viel mehr als nur das Ähnlichkeitsgesetz!"*

Etwa ein halbes Jahrhundert später haben die fähigsten Schüler Hahnemanns entdeckt, daß die *Miasmen* auch *hereditär-chronisch* sind, d. h., daß sie erblich weitergegeben werden. Oder mit anderen Worten: Sie weisen darauf hin, daß das Potential weitergegeben wird, in einer bestimmten Art und Weise pathologisch zu reagieren, wenn gewisse Bedingungen erfüllt und die Voraussetzungen dafür gegeben sind. Aufgrund ihrer langjährigen Praxiserfahrungen und minutiösen Beobachtungen haben sie der Nachwelt Regeln hinterlassen, wie diese hereditär-chronischen Miasmen in praxi zu erkennen und zu behandeln sind. *Für die Behandlung solch vererbter chronischer Grundkrankheiten gelten nämlich völlig andere Regeln als für die Behandlung von erworbenen Miasmen.* Bei Hahnemann können wir jedoch nur etwas über die erworbenen Miasmen lernen; unser großer Meister (immerhin schon über

[1] venerisch: eine Geschlechtskrankheit betreffend, durch Geschlechtsverkehr erworben.

70 Jahre alt!) stand sozusagen noch am Anfang dieser wegweisenden Lehre. Erst James Tylor Kent und allen voran John Henry Allen (beide um die vorletzte Jahrhundertwende) haben gezielte Angaben darüber gemacht, wie das homöopathische Vorgehen bei den hereditären Miasmen ist. „Besonders Allen hat die Miasmenlehre Hahnemanns vertieft und erweitert, indem er die Natur und Wirkung der Miasmen, deren Zusammenspiel untereinander und die Auswirkungen ihrer Unterdrückung erkannt und formuliert hat." (Dr. Andreas Gentner, Arzt für Kinderheilkunde) Wer diese Weiterentwicklungen nicht kennt oder therapeutisch nicht nutzt, limitiert sich selbst und bringt sich um wunderbare Erfolge hinsichtlich der Behandlung chronischer Erkrankungen (und zwar ganz besonders) in unserer heutigen Zeit.

2.6 Charakteristik der chronischen Grundkrankheiten

Die Miasmen, die *Krankheiten hinter den Krankheiten,* lassen sich folgendermaßen charakterisieren:

- Sie sind chronisch und quasi – im Sinne herkömmlicher Therapieansätze – unheilbar, führen in die Destruktion und enden erst mit dem Tod.
- Sie fressen sich unter immer wieder aufflackernden Schüben in immer zentralere Regionen des Organismus vor.
- Wenn äußere Manifestationen der Erkrankungen durch lokale Maßnahmen bekämpft und unterdrückt werden, erfolgt das Gegenteil von Heilung: Verschlimmerung.

Im Gegensatz zu den akuten Krankheiten läßt die Lebenskraft den chronischen Krankheiten ungehindert Zutritt zum Organismus. Sie kann sich von ihnen nicht selbständig befreien; *eine Selbstheilung ist also nicht möglich.* Die chronische Krankheit verläuft immer in Phasen (Stadien) oder akuten Schüben mit dazwischenliegenden Zeiten vermeintlicher Ruhe, sogenannte Latenzzeiten, welche den Eindruck einer Ausheilung erwecken und vermeintliche Gesundheit vortäuschen. Jedoch kommt sie – eventuell erst nach Monaten oder Jahren – in einer mehr oder weniger abgeänderten Gestalt oder sogar mit einem völlig neuen Gesicht wieder zurück, und zwar zumeist mit Krankheitserscheinungen, die man aus herkömmlicher Sicht nicht im entferntesten mit den vorangegangenen in Zusammenhang bringen würde, da sie klinisch wirklich nichts miteinander zu tun haben. So treibt das Miasma den Organismus zielgerichtet in die Destruktion, ohne daß dies von jedermann deutlich wahrzunehmen ist.

Die Miasmen werden immer in dem Stadium weitergegeben, in dem sich der Überträger gerade befindet. Eine Ansteckung im dritten Stadium der Sykosis beispielsweise bedeutet demnach nicht akute Gonorrhoe, sondern beschert dem Patienten hauptsächlich die Symptome des Tertiärstadiums dieses destruktiven Miasmas, wie z. B. chronische Sinusitis (Neben- oder Stirnhöhlenentzündungen), Rheumatismus, Gicht, Polyarthritis, Heuschnupfen, Asthma, Reaktionsschwäche, panische irrationale Ängste, Depressionen, psychotische Zustände und einiges mehr.

2.6.1 Antimiasmatische Behandlung

Die erste therapeutische Konsequenz aus dieser Betrachtungsweise hinsichtlich der chronischen Krankheiten ist, daß *die einzelnen Krankheitsstadien im Leben eines Menschen unter keinen Umständen als eigenständige, neue, voneinander unabhängige Krankheiten anzusehen sind.* Sie gelten im Prinzip als akute Exacerbation eines oder mehrerer wirkender Miasmen, also als ein akutes Aufflackern eines oder mehrerer chronischer Grundleiden. Das wiederum bedeutet, daß man nicht jede Krankheitserscheinung separat behandeln darf, sondern es gilt, die chronischen Grundkrankheiten schrittweise als Ganzes abzutragen. Eine *homöopathische chronische Behandlung* ist also gleichzusetzen mit einer *antimiasmatischen*[1] *Behandlung* und richtet sich nicht gegen vordergründige Symptome akuter Erscheinungsformen. Die antimiasmatische Behandlung übersieht die „schäumende Oberfläche" und blickt tiefer in den Fall hinein, indem sie nach der *prima causa morbi* forscht, nach der ursprünglichsten Ursache der Krankheit, dem zugrunde liegenden Miasma.

2.6.2 Verbot der lokalen Manipulation

Die zweite therapeutische Konsequenz betrifft die sogenannten äußeren Manifestationen. *Jegliche Manipulation an den äußeren Erscheinungen der Krankheit mit „äußerlichen Mitteln" hat zu unterbleiben* – Hahnemann verbietet dies aufs strengste: Wegschneiden, „Zuschmieren", Verätzen, ... ist „eine Todsünde des Behandlers!" –, da die Krankheit sonst sehr leicht von der Peripherie ins Innere getrieben wird und sich vom energetischen Standpunkt her (unter Umständen sogar dramatisch) verschlimmert.

Dies kann beispielsweise bedeuten, daß „aus einer Neurodermitis eine Neigung zu spastischer Bronchitis wird" oder „aus einem grippalen Infekt eine Neigung zu Herzmuskelentzündungen oder epileptischen Krampfanfällen" oder „aus einer Sinusitis chronischer Rheumatismus, z. B. in Form von Polyarthritis".

Alles, was von innen nach außen – auf die Peripherie des Organismus – getrieben wird, muß also absolut unangetastet bleiben, denn es handelt sich nicht um die eigentliche Erkrankung, sondern nur um Beschwichtigungs-

[1] Der Begriff *antimiasmatisch* hat sich in die homöopathische Nomenklatur eingeschlichen. Korrekt müßte es *homöomiasmatisch* heißen, da in der Homöopathie ausschließlich nach dem Ähnlichkeitsprinzip verfahren wird.

maßnahmen des Organismus, ein inneres, tiefer sitzendes Leiden auszubalancieren. Hahnemann spricht hier von *Lokal-Übeln*, die ein aktiver Versuch der Lebenskraft sind, einen besseren Interimszustand herbeizuführen, damit die Miasmen weder mit Sekundär- noch später mit Tertiärsymptomen hervorbrechen können. Das Wegnehmen eines Lokal-Übels von der Oberfläche, in vielen Fällen dem einzigen sichtbaren Zeichen der chronischen Erkrankung, kann Quelle vieler chronischer Leiden sein und ist laut Hahnemann „eine der verbrecherischsten Handlungen, deren sich die ärztliche Zunft schuldig machen konnte". Jegliches Herumdoktorn an den äußeren Krankheitserscheinungen ist für einen echten Heiler verboten!

2.6.3 Ausführliche Lebensanamnese

Die Aufnahme von chronischen Krankheiten zum Zwecke der Arzneimittelfindung ist sehr umfassend und zeitaufwendig. Hier geht es im wesentlichen nicht nur um die aktuellen, gegenwärtigen Zeichen und Symptome inclusive deren eventueller Ursache (Causa), sondern hier werden auch *die großen Zusammenhänge und Weichenstellungen im Leben eines Menschen* anamnestisch erforscht. Es geht immer wieder um die Frage: *„Ab wann ist etwas anders gelaufen, weshalb und wodurch?"* Dies können schwere Krankheiten gewesen sein und/oder deren Behandlung oder Impfungen, Operationen, starke Gemütsbewegungen, Schwangerschaft, Unfälle, Erlebnisschocks, die eigene Lebensweise und vieles mehr.

Um derartige Phänomene und Weichenstellungen im Leben eines Menschen entdecken zu können, ist eine ausführliche Anamnese notwendig, und zwar eine *detaillierte Lebensanamnese.* Doch damit nicht genug. Da die Miasmen auch hereditär sind, also das Potential, in einer gewissen Weise zu reagieren, erblich weitergegeben wird, kommt auch der *Schwangerschafts- und Kleinkindanamnese* sowie einer ausführlichen *Familienanamnese der Blutsverwandtschaft* eine große Bedeutung zu, denn „nichts passiert auf der grünen Wiese". Der rote Faden, der sich durch alles hindurchzieht, muß erkannt werden. Erstes Ziel neben dem Sammeln von indivuellen Zeichen und Symptomen ist demnach die Suche nach den hereditären und/oder erworbenen Miasmen – der sogenannten *Primär- und Sekundärmiasmatik* – sowie nach anderen – nach Möglichkeit *kausalen* – Zusammenhängen während des gesamten Lebens des Patienten. Erst dann ist es möglich, verschiedene Weichenstellungen genauer in Augenschein zu nehmen, um die aktuellen Symptome besser verstehen zu können. Eichelberger spricht hier von dem Erkennen der *Idee eines Falles. Jeder einzelne Fall hat seine ihm eigene innere Logik,* die es zu erkennen gilt und die therapeutisch umgesetzt werden muß; eine vordergründige „Symptomenabdeckerei" führt nie und nimmer zum Ziel einer dauerhaften Heilung.

John Henry Allen, der Professor für Haut- und Geschlechtskrankheiten in den USA war und sich als Homöopath nicht nur sehr intensiv mit den venerischen Miasmen und deren Hereditát beschäftigt hat, sondern auch das Zusammenspiel der Miasmen untereinander und die Auswirkungen ihrer Unterdrückungen klar erkannt und formuliert hat, faßt dies in seinem Buch „Die chronischen Krankheiten – die Miasmen“ sehr treffend zusammen: „Tatsache ist, daß wir das allerähnlichste Mittel nicht auswählen können, wenn wir die Phänomene der wirkenden und zugrundeliegenden Miasmen nicht kennen; denn das wahre Simile basiert immer auf den vorhandenen, zugrundeliegenden Miasmen, ob wir uns dieser Tatsache nun bewußt sind oder nicht. Das heilende Mittel ist nichts anderes als dasjenige, welches die Krankheit erzeugen kann, die durch ein bestehendes Miasma entstanden ist.“ – Das heißt, bei der chronischen antimiasmatischen Behandlung sind die *wahlanzeigenden Symptome im Sinne des § 153 von Hahnemanns Organon der Heilkunst die miasmatischen Symptome.*

Der geübte Homöotherapeut erkennt den vorliegenden miasmatischen Touch immer an den aktuellen und früher dagewesenen Symptomen des Patienten sowie an den Krankheiten und Zusammenhängen aus der Blutsverwandtschaft. Aus diesem Grunde werden bei chronischen antimiasmatischen Behandlungen häufig vorab *umfangreiche Fragebogen*[1] zu bearbeiten sein, die mehrerlei Effekte und Zielrichtungen haben. Zum einen wird der Patient gezwungen, sich mit sich selbst zu befassen und auch über Dinge und Zusammenhänge nachzudenken, an die er sich schon lange gewöhnt hat und die er mittlerweile als vollkommen unwichtig erachtet. Aber genau diese Dinge könnten für den Behandler ausschlaggebend sein, das richtige Mittel (bzw. die Abfolge richtiger Arzneimittel) zu finden. Darüber hinaus wird sein Unterbewußtsein in einer Weise aktiviert, so daß im Gespräch häufig Dinge zum Vorschein kommen, an die sich der Patient schon lange nicht mehr erinnert hat. Ein Fragebogen dient demnach in erster Linie der Vorbereitung des Patienten sowie des Therapeuten. Letzterer wird diesen ein paar Tage vor dem Gespräch durcharbeiten, um die Anamnese effizienter gestalten zu können und um Dinge dann gezielt anzusprechen, die anderweitig vielleicht sonst nicht so zur Sprache gekommen wären. – Um es abschließend noch einmal klar zu sagen: *Ein Fragebogen kann ein Anamnesegespräch nicht ersetzen!*

[1] Fragebogen für die homöopathische chronische Behandlung, welche ich in meiner Praxis einsetze (siehe auch Anhang *A.3 Fragebogen für die Anamnese*):
Erwachsenenfragebogen: Grätz, J.-F., Fragebogen für Ihre Homöopathische antimiasmatische Behandlung, 4. Auflage 2001, 32 DIN A4-Seiten
Kinderfragebogen: Plattner, I., Grätz, J.-F. Homöopathische Behandlung Ihres Kindes, 6. Auflage 2006, 16 DIN A4-Seiten
Vertrieb: Tisani Verlag, Andrea Grätz, Eyacher Straße 33, D-82386 Oberhausen i. Obb., Tel.: 08802/90 78 86, Fax: 08802/90 79 73

2.6.4 Die Potenzfrage bei der chronischen Behandlung

Ein weiterer großer Unterschied zu der Behandlung von Akutkrankheiten betrifft die Potenzgabe, die Hochpotenzen[1]. Hahnemann und viele seiner Nachfolger haben immer wieder darauf hingewiesen, daß man bei chronischen Erkrankungen mittels Tiefpotenzen wenig beziehungsweise gar nichts auszurichten vermag. An dieser Stelle sei darauf hingewiesen, daß Hahnemann erst 1828, mit der Veröffentlichung seiner „Die chronischen Krankheiten", offiziell die Potenzierung in die Homöopathie eingeführt hat. Aufgrund langjähriger Experimente und Beobachtungen kam er zu dem Ergebnis, daß sich die entmaterialisierten Arzneisubstanzen den chemischen Gesetzen entziehen und andere *physikalische* Eigenschaften annehmen. Erst durch die Dynamisierung und Entmaterialisierung können sich die verborgenen Arzneikräfte entwickeln, so daß beispielsweise reines Kochsalz, welches arzneilich völlig indifferent ist, als Hochpotenz eingenommen, eines der größten antimiasmatischen Arzneimittel der gesamten Materia medica ist (bekannt als Natrium muriaticum), auf das wir niemals freiwillig verzichten würden. Diesbezüglich äußerte sich Hahnemann 1825 als Siebzigjähriger unmißverständlich: „Die Materie hält bloß noch der Pöbel für tote Stoffe, da sie doch dahin gebracht werden können, unglaubliche, nie geahnete Kräfte aus ihrem Innern zu entwickeln." Und Allen sagt: „Nur die höheren Potenzen haben sich als ausreichend stark erwiesen; die tieferen Potenzen haben selten die gewünschte Wirkung oder können diese Arbeit vollführen." Rudolf Steiner geht 1923 sogar noch einen Schritt weiter, indem er bezüglich der „ätherisierten" Heilmittel, wie er Hahnemanns „geistartig" gemachte Hochpotenzen nannte, folgendes voraussagte: „Für die Medizin der Zukunft ist von allergrößter Bedeutung die Wirksamkeit kleinster Entitäten."

Heutzutage kommen bei der homöopathischen chronischen Behandlung in der Regel *LM- bzw. Q-Potenzen* zum Tragen, Hahnemanns Pariser Vermächtnis seiner letzten acht Jahre. Und zwar meist ab LM18 bzw. Q18 in aufsteigender Folge. Sie haben sich als die tiefgreifendsten und am sanftest wirkenden Mittel bewährt. Eine detalliertere Beschreibung hinsichtlich der nicht allzu unwichtigen Potenzfrage, nicht nur bezüglich der chronischen Therapie, sondern auch im Hinblick auf etwaig notwendig erscheinende akute Zwischenbehandlungen, sonstige akute Störungen und/oder Verschlimmerungen würde jedoch den Rahmen dieses Werkes sprengen. Der interessierte Leser sei diesbezüglich auf mein profundes Büchlein *Die homöopathischen Potenzen – Ein Ratgeber aus der Praxis* verwiesen.

---

[1] Hochpotenz: Ab der Potenz, ab welcher – statistisch gesehen – kein Molekül der Ausgangssubstanz mehr nachweisbar ist (siehe Avogadro'sche Zahl), also ca. $< 10^{-23}$. Das heißt, rein rechnerisch beginnt die Hochpotenz bei den D-Potenzen ab D23, bei den C-Potenzen ab C12 und bei den LM-Potenzen (bzw. Q-Potenzen) ab LM4 (Q4). Näheres hierzu siehe in meinem Buch *Die homöopathischen Potenzen – Ein Ratgeber aus der Praxis*, 2003.

2.6.5 Verschlimmerungszeiten der Miasmen

Da sich die Miasmen in Schüben mit dazwischenliegenden Latenzphasen vermeintlicher Ruhe weiter in den Organismus „vorfressen“, sollte man sich die berechtigte Frage stellen, wann denn solche Verschlimmerungen besonders festzustellen und/oder wodurch sie auszulösen sind. Für einen Therpeuten ist es unerläßlich, diese Verschlimmerungszeiten und -ursachen zu kennen und in der Anamnese oder auch im Verlaufe der chronischen Kur immer wieder neu zu hinterfragen. Dabei lassen sich grundsätzlich zwei Kategorien unterscheiden: Zum einen die sogenannten natürlichen Verschlimmerungszeiten und die sonstigen Verschlimmerungszeiten:

Natürliche Verschlimmerungszeiten:

- Die Zeit der ersten und zweiten Zahnung, die Pubertät, die Menarche (erste Menstruation), jede Menses, Schwangerschaft und Geburt, übermäßig lange Stillzeiten, das Klimakterium (Wechseljahre der Frau).
- Die Jahreszeiten wie Herbst, Winter, Frühjahr, Witterungseinflüsse, geographische Einflüsse, Mondeinflüsse wie Voll- und/oder Neumond, zunehmender oder abnehmender Mond.
- Akute Krankheiten jeglicher Couleur, meist jedoch schwerere Akutkrankheiten.

Sonstige Verschlimmerungszeiten:

- Mangel an Ruhe, Schlaf, Sonne, Luft, Bewegung.
- Allgemeine Belastung, körperliche und/oder geistige Anstrengung, Mangelzeiten wie beispielsweise Hungersnöte, Überernährung etc.
- Verletzungen, Unfälle, Körpersäfteverlust (z.B. höherer Blutverlust).
- Operationen, Narkosen, sonstige manipulative Eingriffe, Impfungen, Arzneimittelkonsum bzw. Arzneimittelmißbrauch, Kräutermißbrauch, Drogen, die „Pille“ und sonstige Hormoneinnahmen.
- Schreck- und Schockerlebnisse, anhaltender Kummer und Gram, viel Ärger, unterdrückte Gefühle.
- etc. pp.

2.7 Miasmenkompexität und -dominanz

Bei der homöopathischen chronischen Fallaufnahme – in der Regel einer ausführlichen Lebensanamnese inclusive einer Schwangerschafts- und Kleinkindanamnese samt abschließender Familienanamnese der Blutsverwandtschaft – und Behandlung ist es von zentraler Bedeutung, sich Klarheit hinsichtlich der akuellen Miasmenkomplexität sowie -dominanz zu verschaffen. Hierunter werden hauptsächlich verschiedene Konstellationen verstanden, ohne deren Kenntnisse dauerhafte Erfolge kaum zu erreichen sind. Dies betrifft vor allem die Unterscheidungen hinsichtlich *ein-* und *mehr-miasma-*

tischer Fälle und der übergeordneten Klassifizierung zwischen *erworbenen* und *hereditär übertragenen Miasmen* (erblich bedingt) sowie der Herausarbeitung, welche der vorhandenen Miasmen aktiv sind und welche noch einen regelrechten Dornröschenschlaf halten.

2.7.1 Ein-miasmatische Fälle

Die sogenannten ein-miasmatischen Fälle sind Fälle, denen im Prinzip nur ein Miasma zugrunde liegt, welches dann meist sehr ausgeprägt ist. Dieses Miasma ist vom Therapeuten zu erkennen und anhand der *aktuellen Symptomatik* des Patienten sowie den *Zusammenhängen aus seiner Vergangenheit* anzugehen. Die wahlanzeigenden Symptome werden in erster Linie miasmatische Symptome sein. – Das Vorgehen hier ist also dem bei den akuten Krankheiten recht ähnlich.

„Die glänzenden Heilungen im chronischen Bereich, die gelegentlich mit nur einem einzigen Arzneimittel bewirkt wurden, kommen nur dann vor, wenn ein einziges Miasma vorhanden ist." (John Henry Allen), was allerdings heute sehr selten geworden ist, da die meisten Zeitgenossen aufgrund vielerlei Faktoren (erblich bedingt, Impfungen, sonstige heroische Medizin, Unterdrückungen, Operationen etc.) meist mehr-miasmatisch sind. Die Suche nach einem vermeintlichen Simillimum, einem allerähnlichsten Mittel für den gesamten chronischen Fall, wird also in den seltensten Fällen erfolgreich sein, da es in unserer Zeit so etwas kaum noch geben kann.

Aber auch bei den ein-miasmatischen Fällen gibt es nicht immer nur ein einziges heilendes Arzneimittel, welches alle Beschwerden des Patienten abdeckt und auflöst. Dies trifft bestenfalls für einfache und weniger komplizierte Fälle zu. Schon Hahnemann schreibt zu dieser Thematik in seinem Organon: „In den unvenerischen, folglich am gewöhnlichsten, aus Psora entstandenen, chronischen Krankheiten, bedarf man zur Heilung oft mehrerer, nacheinander anzuwendender, antipsorischer Heilmittel, doch so, daß jedes folgende dem Befunde der, nach vollendeter Wirkung des vorgängigen Mittels übrig gebliebenen Symptomen-Gruppe gemäß, homöopathisch gewählt werde."

2.7.2 Mehr-miasmatische Fälle

Imponieren bei einem Fall zwei oder mehrere deutlich ausgeprägte Miasmen,[1] so spricht man von einem mehr-miasmatischen Fall. Bei dieser Art von Fällen kommen wir in der Regel nicht mit einem einzigen Simile zurecht, denn es ist notwendig, eine *Abfolge von antimiasmatischen Arzneimitteln zu verabrei-*

[1] *Eine* Nachwirkung, wie beispielsweise Hyperaktivität, kann *mehrere*, sich addierende Ursachen haben: z. B. latente hereditäre Tuberkulinie, aktive hereditäre Sykosis sowie eine erworbene Vaccinose (chronische durch Impfungen verursachte Krankheit)!

chen, die den gemischten Miasmen in der Reihenfolge und Ordnung ihrer Entfaltung entsprechen.

Hierzu gilt es, zunächst festzustellen, welche Miasmen überhaupt präsent sind – im Sinne von Primär- und Sekundärmiasmatik (welche also ererbt bzw. erworben wurden) – und welches dieser Miasmen das derzeit aktive ist, *„denn die Gesamtheit der Symptome muß um die Symptome des aktiven Miasmas herum gruppiert werden“* (John Henry Allen), was nicht immer ganz so einfach ist. Häufig offenbart sich nämlich erst im Verlaufe der chronischen Kur, wieviele und welche Miasmen gegenwärtig sind, denn durch die heutigen vielen immunsuppressiven Behandlungen, Unterdrückungen und Impfungen haben sich die Miasmen verändert; ihre Symptomatologie ist undeutlicher und verwischter geworden – man kann sie ungleich schwerer erkennen –, und sie erscheinen insgesamt zäher, tiefgreifender und destruktiver. „Oft müssen wir unsere psorischen Fälle eine Zeitlang behandeln, ehe wir wahrnehmen können, daß noch ein anderes Miasma im Organismus vorhanden ist“, so wird Hahnemann bei Allen zitiert. Und Allen weiter: „Dieses Miasma kommt an die Oberfläche oder vielmehr es beginnt, sich im gleichen Maße zu offenbaren wie das Grundelement, die Psora, anfängt zu verschwinden. Das heißt: zwei latente Miasmen werden selten zur selben Zeit aktiv. Wenn dies doch zutrifft, dann haben wir es sicher mit Malignität[1] zu tun.“ – So ist es nicht selten, daß sich ein latentes Miasma auf nur ein einziges Symptom oder einen Zustand beschränkt, welches dann in der Regel sehr hartnäckig ist! Oder es zeigen sich keinerlei zugehörige Symptome, und das latente Miasma wird beispielsweise erst in Gegenwart von akuten Krankheiten aktiv!

Für gewöhnlich ist nur ein Miasma aktiv und hält das andere im Zustand der Untätigkeit. Und genau für dieses aktive Miasma ist die erste Verschreibung anhand der entsprechenden Symptome vorzunehmen. Als kleine Hilfe fungieren die zuletzt erschienenen Symptome, da sie häufig die Einstiegssymptome des aktiven Miasmas repräsentieren. – Häufig sind diejenigen Symptome, die am hervorstechendsten sind und die den Patienten am meisten belästigen, nicht immer diejenigen, auf die man seine Verschreibung gründen sollte, da sie nicht immer von guter miasmatischer Qualität sind. – Alle anderen Symptome werden ignoriert bzw. zeitweilig zurückgestellt und kommen erst bei der Zweitverschreibung (oder noch viel später) zur Berücksichtigung, wenn das Mittel das gesamte System in den passenden und richtigen Zustand gebracht hat und ein anderes, zuvor latentes Miasma nun sein Haupt erhebt und zum aktiven avanciert!

Die Similebeziehung ist also nur zu dem jeweilig aktiven Miasma herzustellen unter einer ganz kleinen Auswahl von passenden Symptomen und niemals für alles zusammen (für das gesamte Leben)! Auch die Akutsymptomatik – bis auf ganz wenige Ausnahmen – hat außen vor zu bleiben. Diese, erstmals von

---

[1] Malignität: Bösartigkeit.

John Henry Allen formulierte Gesetzmäßigkeit wird im nachhinein vom Begründer der Homöopathie höchstpersönlich eindeutig bestätigt! Aufgrund der im Jahre 1997 veröffentlichten Forschungsarbeiten von Frau Dr. Rima Handley bezüglich *Hahnemanns letzten Pariser Krankenjournalen* steht unwiderruflich fest, daß „dieser gegen Ende seines Lebens *nicht länger nach der Gesamtheit der Symptome verschrieb,* wie er es so lange getrommelt hatte, sondern häufig *nach miasmatischen Gesichtspunkten*, bevor er zu einer individuelleren Verschreibung überging“! – Allerdings hat Hahnemann – wahrscheinlich aufgrund seines fortgeschrittenen Alters – diese Zusammenhänge nicht mehr in seine einschlägigen Werke einarbeiten und somit der Öffentlichkeit vorstellen können; seine Krankenjournale in französischer Sprache jedoch bilden ein redliches Zeugnis.

Im Verlaufe einer antimiasmatischen chronischen Kur kann es selbstverständlich zu mehrmaligen *Miasmenwechseln* kommen; das heißt, das zuvor aktive Miasma tritt zurück und ein anderes erhebt sein Haupt und muß nun anhand seiner Symptomatik behandelt werden. Dieses Wechselspiel kann – unter steter Besserung des Patienten – häufiger stattfinden und sollte sich mit der Zeit fortlaufend abschwächen, bis mit der Zeit schließlich alle Miasmen abgetreten sind und kein homöopathisches Arzneimittel mehr notwendig ist. Es ist offensichtlich, daß *bei derartigen Fällen mehrere,* den entsprechenden Gegebenheiten angepaßte, *antimiasmatische Arzneimittel nacheinander* verschrieben werden müssen. Also immer noch, linear gesehen, „unum remedium“ (nur ein einziges einfaches Mittel zu einer Zeit) entsprechend dem jeweilig aktiven Miasma und der zugehörigen Symptomatik des Patienten! *Eine Heilung mit nur einem einzigen Simile für den gesamten Fall kann hier niemals erreicht werden!*

Bei diesem Procedere ist es zwingend notwendig, mit dem Phänomen der Unterdrückung der chronischen Miasmen bestens vertraut zu sein und die Zentren zu kennen, um die sich jedes Miasma konzentriert.

2.7.3 Heredität der Miasmen

Das bisher Gesagte gilt, streng genommen, für die erworbenen Miasmen. Bei den hereditär-chronischen Miasmen[1], ob ein- oder mehr-miasmatisch, spielt die *Familienanamnese* zusätzlich noch eine gewichtige Rolle, welche für die

---

[1] Bei Hahnemann kann man nur etwas über die erworbenen Miasmen erfahren. Erst seine Nachfolger, insbesondere John H. Allen, haben beobachtet, daß die Miasmen auch heriditär weitergegen werden, und daraus wertvolle therapeutische Konsequenzen gezogen. Die Miasmen werden nicht in jedem Fall als aktive Krankheiten vererbt, sondern zumeist als *Prädisposition*; d. h., sie befinden sich häufig in der Latenz und erwachen aus dieser erst je nach Lebensart und Umständen des Patienten. Vererbt wird also gewissermaßen das *Potential*, in einer bestimmten Form zu reagieren. Bei einer Lebensweise, die sich noch einigermaßen im Einklang mit der Natur befindet, besteht durchaus die Möglichkeit, daß sich die Miasmen niemals evident bemerkbar machen.

Arzneimittelwahl oft von ausschlaggebender Bedeutung ist. Darüber hinaus ist bei Säuglingen und Kleinkindern besonderes Augenmerk auf die *Schwangerschaft und Geburt* zu legen (ausführliche Schwangerschafts- und Geburtsanamnese), welche durchaus direkten Eingang in die Arzneimittelfindung des Patienten haben kann.

Bei hereditär-miasmatischen Fällen sind also nicht nur die einzelnen Symptome des Patienten ausreichend für die Similebestimmung, sondern die primär-miasmatischen Symptome der Blutsverwandtschaft – ganz besonders die der Mutter, da sie ihr Kind in der Regel neun Monate lang austrägt – sind von ausschlaggebender Bedeutung, eine Conditio sine qua non sozusagen, denn erst sie dokumentieren den *kausalen* Zusammenhang der inneren zentralen Störung und definieren die innere Logik des Falles. Spätestens an dieser Stelle sollte jedem klar werden, daß die sogenannte Verschreibung nach Typen in der chronischen Behandlung nicht funktionieren kann! Es geht um die miasmatische Pathologie und nicht um den Typ oder den Charakter bzw. die Konstitution eines Menschen. Auch die Ansicht vieler Therapeuten, nur das zu behandeln, was sie sehen, nämlich die Symptome, führt nicht dauerhaft zum Ziel. *Wir müssen energetisch denken und die Idee des Falles aufspüren.* Eine bloße oberflächliche Symptomenabdeckerei hat nichts mit echter Homöopathie zu tun, und das gilt besonders für den chronischen Bereich! Homöopathie erfordert „Querdenken“ und das Herstellen von kausalen Bezügen. Dies wird spätestens nochmals beim Thema der Unterdrückung deutlich. Die meisten heutigen Therapeuten und Schulen begrenzen sich durch ihre Sichtweise – Homöopathie beinhalte nur die Similebeziehung –, denn die Homöopathie ist zu viel mehr fähig, wenn man die chronischen Gesetzmäßigkeiten beherzigt.

Genau mit diesen hereditär-chronischen Miasmen haben wir es heutzutage in der Praxis in den allermeisten Fällen zu tun! Das liegt nicht zuletzt an unserer orthodoxen agnostischen Hochschulmedizin, die durch ihre heroischen Medikamente, die vielen Impfungen[1] und die vielen Operationen und sonstigen Manipulationen die Menschen immer mehr miasmatisiert und in die Destruktion treibt. So kommt es, daß sich die *Miasmen heutzutage von Generation zu Generation immens verschärfen* und *schon im Säuglingsalter sehr dominant präsent* sind. Dies hat Allen bereits vor etwa 100 Jahren in Form des sykotischen Säuglings[2] beschrieben, den wir heutzutage weltweit fast überall antreffen und der von vielen Kinderärzten in Unkenntnis der Tatsachen und Zusammenhänge (leider) schon als das Normale angesehen wird. Doch nur, weil mittlerweile fast alle Säuglinge diese Erscheinungen an den Tag legen, ist es noch lange nicht die Norm im streng biologischen Sinne! Im Gegenteil: Hieraus wird ersichtlich, daß die Menschheit von Beginn ihres Lebens an

---

1 Siehe hierzu auch mein Standardwerk: *Sind Impfungen sinnvoll? – Ein Ratgeber aus der homöopathischen Praxis*, 8. Auflage 2005.

2 Siehe Kapitel *2.9.1 Der sykotische Säugling von John Henry Allen.*

immer mehr mit miasmatischen Belastungen und Prädispositionen zu kämpfen hat, die sich im Laufe des Lebens und ganz besonders durch unsachgemäße Behandlungen bis ins Unermeßliche steigern können.

2.8 Übersicht über die Miasmen

Zum besseren Verständnis der Vorgehensweise und des Beurteilens von chronischen Krankheitsfällen und „Schicksalen" durch die Brille einer sanften und auf Naturgesetzmäßigkeiten basierenden Medizin seien im folgenden alle fünf Miasmen von ihrem Wesen und ihrer Bedeutung her kurz skizziert. Dabei soll es ausschließlich um allgemeine Zusammenhänge gehen und nicht um Vollständigkeit im Detail, wenn so etwas überhaupt möglich ist. Das Thema der Miasmen an sich ist schon sehr komplex und kann an dieser Stelle nicht in allen Einzelheiten beschrieben werden. Der interessierte Leser sei an dieser Stelle auf die vorhandene Fachliteratur verwiesen.

In der heutigen Homöopathie werden grundsätzlich fünf verschiedene Miasmen unterschieden:

- Psora
- Sykosis
- Syphilis bzw. syphilitische Konstitution oder Syphilinie
- Tuberkulinie
- Arzneimittelmiasma.

Wie bereits weiter oben erwähnt, hat sich Hahnemann schon einige Zeit vor der Entdeckung der Ähnlichkeitsregel eingehend mit den beiden venerischen Krankheiten Gonorrhoe (Tripper) und Syphilis beschäftigt und erkannt, daß diese beiden viel tiefgreifender sind, als bislang angenommen, und den gesamten Organismus betreffen. Erst viel später hat er dann den beiden venerischen Miasmen Sykosis und Syphilis ein nicht-venerisches, die Psora, vorangestellt. Darüber hinaus gewann er die Einsicht, daß die herkömmliche Medizin mit ihren grobstofflichen Medikamenten – sogar chronisch gesehen – viele bleibende Schäden anrichten kann, so daß schließlich sein viertes Miasma das sogenannte Arzneimittelmiasma wurde.

Lange nach Hahnemanns Tod hat dann der Amerikaner John Henry Allen die sogenannte *Pseudo-Psora* oder *Tuberkulinie* den anderen hinzugefügt und beschreibt sie als eigenständiges Miasma, welches ausschließlich hereditär auftritt. Sie hat ihr eigenes typisches Erscheinungsbild und ist aus dem heutigen Praxisalltag nicht mehr wegzudenken.

Neuerdings versuchen einige Autoren der heutigen Zeit, wie beispielsweise Laborde, Coulter, Gienow, Scheiwiller, darüber hinaus weitere Miasmen hinzuzukreieren, als da sind: die „Kanzerinie" (Cancerinie, Karzinogenie, Krebsmiasma), die „Parasitose" (durch Parasiten verursacht) oder das „Pockenmiasma" (durch die Pockenimpfung verursacht). Unverständlicherweise setzen weitere Therapeuten häufig Nosode[1] gleich Miasma und propagieren beispielsweise auch ein sogenanntes Scharlachmiasma, welches man durch die Nosode Scarlatinum heilen könne etc. pp. Dies alles ist leider nicht korrekt und schlüssig, ja es schadet im Prinzip der eigentlichen miasmatischen chronischen Homöopathie und stiftet viel Verwirrung, gerade unter jungen Therapeuten. Allein mit den fünf oben stehenden „klassischen" Miasmen läßt sich alles wunderbar erklären und auch hervorragend therapieren.

2.8.1 Die Psora – Hahnemanns „Krätze"-Miasma

Das sogenannte *chronische Krätzesiechtum* Hahnemanns, welches jedoch nicht zu verwechseln ist mit unserer heutigen durch Krätzemilben verursachten Hautkrankheit Scabies („Krätze"). Krätze bedeutete zu Hahnemanns Zeiten – gemäß damaligem Wörterbuch – einen Sammelbegriff für *alle* nichtvenerischen Hautausschläge, die *gejuckt* haben. Und unter Psora, dem *chronischen Krätzesiechtum,* hat Hahnemann sämtliche *Folgen von Unterdrückung und funktionellen Störungen* verstanden, insbesondere von derartigen Hautausschlägen. Es geht also hauptsächlich um *lokale* Behandlungen von Krankheitsmanifestationen ohne die Gesamtzusammenhänge des Organismus im Auge zu haben. Ursprünglich hatte eine große Zahl von Hahnemanns Patienten Krätze oder andere juckende Hautleiden wie Pusteln, Ekzeme, Herpes etc., die durch äußere, lokale Behandlung beseitigt wurden. So hatte er über einen langen Zeitraum immer wieder beobachtet, daß die Symptome der chronischen Krankheit erst dann anfingen, nachdem die Hautkrankheit durch äußere Mittel gewaltsam zum Verschwinden gebracht wurde. Mit dem Wegfallen dieser äußerlichen – im Grunde genommen relativ harmlosen – Krankheitsmanifestationen ist die Krankheit ins Innere getrieben worden – dem Naturgesetz von innen nach außen völlig entgegengerichtet – und zeigt sich nun an lebenswichtigeren Organen, wie z.B. an der Lunge (beispielsweise im Form von chronischer spastischer Bronchitis oder Asthma), je nach Schwachstelle des inividuellen Organismus. Der Patient ist von einer „leichteren" Krankheit befreit; dafür hat er sich eine schwerere hinzugezogen! Im Grunde genommen handelt es sich aber um *denselben energetischen Prozeß*, dieselbe *innere Krankheit*, die sich im Organismus *nur anders äußert*, aber deutlich verheerender wirkt. Wird nun beispielswiese das Asthma homöopathisch behandelt, so muß der Hautausschlag (z.B. die Neurodermitis) wiederkommen, sofern das Lungenleiden derart – durch Unterdrückung dieses Hautleidens – entstanden ist. Jener verschwindet dann unter demselben homöopathischen Arzneimittel wie das Asthma, oder – je nach Fall und Zusam-

[1] Nosode: homöopathisches Arzneimittel, welches aus dem Produkt eines erkrankten Organs hergestellt ist wie z.B. Tuberculinum aus einer Reinkultur von Tuberkelbazillen, Lyssinum aus dem Speichel eines tollwütigen Hundes oder Scarlatinum aus dem Abstrich eines Scharlachpatienten.

menhang – wird ein passendes Folgemittel erforderlich. Hautausschlag und Asthma gehören also in diesem Fall zu ein- und derselben *Krankheit hinter der Krankheit*, dem Miasma Psora.

Laut Hahnemann gibt es fast nichts an chronischen Krankheitserscheinungen, was nicht seinen Ursprung in der Psora haben könnte. Die Psora ist das Grundübel schlechthin, sie ist „die Mutter allen chronischen Übels", der Urheber aller funktionellen und pathologischen Störungungen im Organismus. Erst auf ihrer Basis sind Sykosis und Syphilis – zunächst akut und später dann chronisch – möglich. Ein paar Symptome der Psora seien im folgenden exemplarisch angeführt: Schwindel mit kurzem Bewußtseinsverlust; Drehschwindel mit Übelkeit; Übelkeit und Erbrechen beim Autofahren, so daß schon das Kartelesen als Beifahrer problematisch wird; ständig wiederkehrender Morgenkopfschmerz; Stirnkopfschmerzen; allgemeiner Haarausfall; frühes Ergrauen der Haare; trockene Kopfhautschuppen mit starkem Jucken; trockene exematöse Ausschläge; Juckreiz, der durch Kratzen erleichtert wird; Pickel, welche schmerzhaft sind und nicht eitern; Empfindlichkeit gegenüber Licht, auffällige Lichtscheu; starkes anhaltendes Jucken in den Augenwinkeln, das nicht vom Reiben gebessert wird; trockene schorfige Gehörgänge; vermehrtes Ohrenschmalz; Überempfindlichkeit gegenüber Geräusch und Lärm; starke Empfindlichkeit gegenüber Gerüchen (wie beispielsweise Parfüms, Blumen, kochender Speisen, Kunststoffen etc.); Geruchshalluzinationen; Hitzewallungen in der Zeit der Wechseljahre; Dysmenorrhoe[1] in den Wechseljahren; trockene, pickelige, rauhe, schmutzig aussehende Haut; Geschmacksveränderungen (wie süßer, saurer, bitterer Geschmack oder Geschmack „wie verbrannt"); Hunger zu unnatürlichen Zeiten; Essen verursacht Schweißausbruch; übermäßiges Verlangen nach Süßem (besonders Zucker) oder Saurem, nach unverdaulichen Dingen, nach Stimulantien; bei Fieber häufig Abneigung gegen Süßes und Heißhunger auf Saures und Fruchtsäfte; saures oder bitteres Aufstoßen; Blähbauch mit Auftreibung des Bauches und Windabgang; Magensymptome vorübergehend besser durch heiße Getränke oder heiße Anwendungen sowie durch leichte Bewegungen und Aufstoßen; ständiges Hungergefühl; ißt über seine Verdauungskapazität hinaus; schnell satt; Blähungen und eingeklemmte Blähungen; Gefühl wie ein Stein im Bauch; wäßrige, durchfällige Stühle mit oft stinkendem, widerlichem Geruch; Durchfall vor Prüfungen und sonstigen Aufregungen; hartnäckige, anhaltende Verstopfung; Durchfall und Verstopfung wechseln einander ab; Analjuckreiz; trockener krampfhafter Husten; viele nervöse Herzbeschwerden wie z. B. heftiges Schlagen und Hämmern in der Herzgegend; funktionelle Herzbeschwerden mit viel Angst und Schmerzen; Beklemmungsgefühl in der Brust oder Herzenge; Gefühl von Zusammenschnürung der Blase; leichtes Brennen beim Wasserlassen; Harninkontinenz beim Niesen, Husten, Lachen oder bei leichter

[1] Dysmenorrhoe: schmerzhafte Regelblutung.

Erschütterung; Brennen der Fußsohlen; Taubheit oder Kribbeln der Gliedmaßen; Kälte einzelner Körperteile; ständiges Frösteln; viele Hautausschläge, insbesondere mit heftigem Juckreiz; Hautverletzungen heilen schlecht ab; mutlose und geschwächte Konstitution; Beklemmung, Unbehaglichkeit und große Ängstlichkeit; Beschwerden durch Kummer, Ärger oder unglückliche Liebe; sogenannte „als-ob-Symptome" wie z.B. „Gefühl, als ob etwas Lebendiges im Kopf wäre" oder „beim Gehen Gefühl des Gleitens in der Luft, als ob die Füße nicht den Boden berührten"; chronische Schlaflosigkeit; Gefühl von Müdigkeit und Erschöpftsein; viele Kopfschmerzsymptome; ... und vieles mehr.

Die Psora ist sehr leicht übertragbar; allein ein Hautkontakt genügt. Sie wird aber auch genetisch weitergegeben und vererbt. Das bedeutet: Ein Mensch kann trotzdem psorisch sein, auch wenn er in seinem Leben niemals Hautprobleme gehabt hat; die Reaktionsweise im Sinne von Krankheitsverschiebung (von einem Organsystem auf ein anderes) und dergleichen ist ihm jedoch eigen.

An dieser Stelle sei eine generelle Bemerkung zu dem Begriff Hautkrankheiten gestattet: Die Homöopathie kennt *keine eigenständigen Hautkrankheiten* mit der einen Ausnahme von Verletzungen, Verätzungen, Verbrennungen, Vergiftungen und dergleichen mehr. „Hautkrankheiten" sind vielmehr *Ausdruck eines oder mehrerer kombinierter Miasmen*, also nur der *sichtbare Teil eines tiefer liegenden Ur-Übels* und *fungieren als Entlastung des Organismus* für die eigentliche innere Krankheit, quasi als Ventil oder Schleuse, um schädliche Toxine auf die Peripherie zu treiben, von innen nach außen, gemäß dem allgemeinen Lebensprinzip. Hahnemann spricht von Beschwichtigung des inneren Leidens. Wird nun dieses Ventil durch äußere Manipulation von der Oberfläche genommen, so kann das zur Folge haben, daß sich der Organismus ein neues Ventil zu seiner Ausbalancierung suchen muß. Dies kann – je nach individueller Vorbelastung und Schwachstelle – durchaus ein lebenswichtigeres Organ sein, sofern er nicht mehr die Kraft hat, es an die Peripherie zu treiben. Resultat ist dann eine allgemeine Verschlimmerung des ursprünglich relativ harmlosen energetischen Grundleidens.

Bei einer Neurodermitis beispielsweise, die trotz allopathischer Behandlung immer wieder durchbricht, ist die Lebenskraft immer noch so vital, dieses zu schaffen (man sollte also „froh" sein!). Dagegen ist die Lebenskraft eines Patienten, dessen Neurodermitis durch lokale Maßnahmen verschwunden ist und nicht mehr in Erscheinung tritt, um ein Vielfaches geschwächter, da sich die innere Krankheit vom energetischen Standpunkt aus verschlimmert hat. Man darf also nicht unbedingt stolz darauf sein, daß die Hautkrankheit „erledigt" ist; sie wird gewiß wiederkommen, sobald die Lebenskraft wieder erstarkt und in der Lage ist, alles auf die Peripherie, das heißt hier Haut, zu treiben. Erst dann wird die „neue Erkrankung" abtreten können. – Hautärzte (wie auch viele andere Spezialisten) dürfte es aus diesem Grunde eigentlich gar nicht geben – jedenfalls nicht im Hinlick auf eine gezielte Therapie, bestenfalls für eine gute Diagnosefindung –, denn sie haben zumeist den Blick fürs Ganze verloren!

2.8.2 Sykosis

Das sogenannte *chronische Trippersiechtum* oder die sogenannte *Feigwarzenkrankheit.* Dieses Miasma ist das venerischste aller venerischen Krankheiten und geht sehr häufig auf eine unterdrückte Gonorrhoe (Tripper) oder ähnliches (wie beispielsweise Trichomonaden, Candida albicans, Chlamydien, Herpes genitalis oder sonstigem Fluor vaginalis [Ausfluß] einer bestimmten Qualität) zurück. Schon John Henry Allen beobachtete vor rund 100 Jahren, daß etwa 80 % aller Männer von der Sykosis befallen sind, was sicherlich bis heute stimmt, denn sie ist seit geraumer Zeit zum zweitwichtigsten Miasma aufgestiegen, wenn nicht sogar zum wichtigsten. Einer der Hauptgründe ist vor allem in den weltweiten Impfprogrammen zu sehen, die fast immer sykotisieren bzw., wie Allen es formulierte, „die gesamte Rasse sykotisch machen". Selbst die WHO (Weltgesundheitsorganisation) gibt indirekt Zeugnisse dieses Trends wieder: In einem Bericht heißt es, die (akute) Gonorrhoe verbreite sich seit 1960 wieder beträchtlich; in den USA sei sie mittlerweile die häufigste Infektionskrankheit, von den Grippeepidemien einmal abgesehen. Man muß dazu wissen, daß der Gonorrhoe immer mit Penicillin oder anderen Antibiotika unterdrückt wird. Und damit sind wir dann sofort im Chronischen, nämlich in der sykotischen Belastung mit all seinen sekundären und tertiären Folgeerscheinungen!

Die Sykosis wird durch Ansteckung erworben, allerdings nicht so leicht wie die Psora. Während jene ja schon durch Hautkontakt übertragen wird, geschieht dies bei der Sykosis via Geschlechtsweg oder – im Sinne einer Reinfektion – über die Muttermilch. Darüber hinaus wird die Sykosis heutzutage meist schon erblich weitergegeben, so daß auch bereits Säuglinge Stigmata dieses destruktiven Miasma deutlich zeigen (siehe die entsprechenden Abschnitte weiter unten). Auf der anderen Seite bedeutet dies erfreulicherweise aber auch zugleich, daß die Sykosis bereits im frühesten Kindesalter erkannt werden kann und somit mit Hilfe der chronischen Homöopathie erfolgreich eliminierbar ist, so daß die Kinder – im Sinne der Medizin – recht unauffällig aufwachsen können!

Aus dem Ganzen folgt unmißverständlich, daß nicht jeder Sykotiker eine akute Gonorrhoe gehabt haben muß. Der berühmte Homöopath und Entdecker der Heredität der Miasmen, John Henry Allen, der außerdem Professor für Haut- und Geschlechtskrankheiten am Hahnemann Medical College in Amerika war und dadurch sehr viele venerische Patienten studieren und behandeln konnte, weist in seinem Buch „Die Chronischen Krankheiten – Die Miasmen" darauf hin, daß *nicht jede Gonorrhoe sykotisch macht,* daß aber *auch nicht jeder sykotische Patient (oder jemand aus dessen Blutsverwandtschaft) eine echte Gonorrhoe gehabt haben muß.* Vielmehr kommt es auf die *Qualität des katarrhalischen Ausflusses* an, der im sykotischen Fall oft *stark oder widerlich riechend* ist – meist *muffig, säuerlich oder nach altem Fisch (Fischlake)* – und dazu häufig *schmutzig gefärbt* ist, wie *gelblich-grün bis braun,* was auch bei *Chlamydien, Trichomonaden, Mycoplasmen, Herpes genitalis* oder ähnlichem recht häufig der Fall ist. *Es ist also viel zu wenig, in der Anamnese „nur" nach der Gonorrhoe zu forschen, um vergangene akut-sykotische Belastungen festzustellen!* [1].

Die hereditäre Sykosis kann mit der Zeit dieselben Symptome hervorbringen wie die erworbene. Die erworbene verläuft – grob gesehen – in drei Stadien, unterbrochen von mehr oder weniger langen Zeiten der Latenz (Das können durchaus mehrere Jahre sein!), die oft einen Zustand vermeintlicher Gesundheit vortäuschen. In den meisten Fällen reicht allerdings eine Causa aus, um das Miasma zu aktivieren und aus der Latenz wachzurütteln, wie z.B. eine akute Krankheit, Nässe, feucht-kalte Witterung, Verkühlung, Kummer, Gram, Verletzung etc. pp.

Das erste Stadium ist das Akutstadium mit dem spärlichen – oft fischelig riechenden – katarrhalischen Ausfluß, welcher bei Frauen häufig scharf und wundmachend ist sowie zäh und klebrig, teilweise wie Uhu, teilweise auch schleimig-eitrig und begleitet wird von starkem Juckreiz und welcher heutzutage von den Medizinern – meist mittels Antimykotika (Antipilzmittel) oder Antibiotika – unterdrückt wird. – Ein derartiger Fischgeruch bleibt nicht auf die Geschlechtsorgane begrenzt. Er läßt sich meinen Beobachtungen nach auch in ganz anderen Körperregionen finden: beispielsweise bei Hautausschlägen, im Speichel, im Hals oder bei Säuglingen in der Nase, auf dem Kopf, am Bauchnabel oder im Windelbereich trotz wiederholten Waschens! – Hat eine sykotische Belastung derart begonnen – und dies kann Jahre oder sogar Jahrzehnte zurückliegen –, *so kann es keine dauerhafte Heilung geben, sofern nicht dieser Ausfluß wiederhergestellt wird!* Sobald der Ausfluß wieder da ist, verschwinden die anderen Krankheitserscheinungen der Sykosis! – *Dies ist ein Naturgesetz, welches Sie jederzeit überprüfen können!* – Das heißt beispielsweise, daß eine chronische Polyarthritis niemals bleibend verschwinden kann, wenn sie im Rahmen einer sykotischen Unterdrückung entstanden ist, es sei denn, der ursprüngliche Ausfluß kommt mit der Zeit wieder zurück. Im Sinne der *Hering'schen Regel* (siehe Kapitel *2.12 Das Phänomen der Rückspulung*) muß diese Phase wieder durchlaufen werden, um sie echt ausheilen zu können.

---

[1] Außerdem ist die heutige Diagnose *Gonorrhoe* viel zu einschränkend für die Homöotherapie, da sich diese ausschließlich auf das Vorhandensein von Gonokokken gründet, welche zu Hahnemanns Zeiten weder bekannt noch entdeckt waren. Zu jener Zeit war der Begriff Gonorrhoe viel weiter gefächert und bedeutete soviel wie „Harnröhrenausfluß". Ähnliches gilt beispielsweise auch für den modernen Begriff *Herpes*. Dieser ist in der homöopathischen Nomenklatur nicht definitiv an den Nachweis von Herpesviren gekoppelt und sollte – z.B. beim Repertorisieren – immer kombiniert werden mit dem Begriff Bläschenausschlag.

Das zweite Stadium der Sykosis ist geprägt durch die Stasis innerer Organe, insbesondere der Beckenorgane der Frau. Es zeigt sich also in erster Linie im Urogenitaltrakt, d.h., die Sexualorgane und die ableitenden Harnwege sind betroffen. Klinische Krankheitsbilder sind häufige Blasen-, Nieren-, Nierenbecken- oder Eierstockentzündungen, Eileiterverklebungen, Abszesse der Tuben, Menstruationsprobleme aller Art, Eileiterschwangerschaften, Fehl- und Frühgeburten, Unfruchtbarkeit, genitale Pilzinfektionen, Condylome oder Feigwarzen im Genitalbereich und/oder Uterus (meist verbunden mit dem Nachweis des Humanen Papillomavirus [HPV]), Gebärmutterentzündungen, Adhäsionen und muköse Zysten an den Beckenorganen und vieles mehr. Auch die sogenannte Endometriose gehört hierher. Um es kurz – gemäß John Henry Allen – in einem Satz zu sagen: *Die sogenannten chirurgischen Krankheiten der Frau sind meist sykotisch.*

Während der Schwangerschaft sind insbesondere zu nennen: exzessive Schwangerschaftsübelkeit und -erbrechen, durchaus bis zu neun Monaten (Eigentlich muß es einer Schwangeren immer gut gehen!); Ausfluß oder Pilzinfektionen; fortlaufende monatliche Regelblutungen (bis zum sechsten Schwangerschaftsmonat schon vorgekommen!); unbegründete panische Ängste vor Behinderung oder, daß mit dem Kind irgend etwas nicht stimmt; Anämie; ausgeprägtes Verlangen nach Saurem; bei Vegetariern teilweise sogar das Auftreten von intensiven Fleischgelüsten; im dritten Trimenon Wassereinlagerungen in den Beinen, Füßen und Händen; Lageanomalien des Kindes wie Steiß- oder Querlage; Nabelschnurumwicklungen; vorzeitige Wehen und/oder Blutungen; tiefliegende Plazenta wie PPT und PPP (placenta praevia totalis – sie verlegt den Gebärmutterausgang gänzlich – bzw. placenta praevia partialis mit nur teilweiser Verlegung) und vieles mehr. Auch eine sich nicht lösen wollende Plazenta nach der Geburt, die dann operativ entfernt werden muß, oder der Wochenflußstau sowie die Wochenbettdepression gehören hierhin.

Der Mann hat weniger große Schleimhautoberflächen im Becken aufzuweisen. Bei ihm imponieren zumeist Hämorrhoiden, Prostatitis, Orchitis oder Epididymitis (Hoden- oder Nebenhodenentzündung), perianale Hautausschläge (um den Anus herum), Proktitis (Mastdarmentzündung), rektale Eitertaschen und dergleichen mehr.

Darüber hinaus sind aber auch chronische Neben- und Stirnhöhlenvereiterungen, Heuschnupfen, eine Form des Asthmas, Krankheiten des rheumatischen Formenkreises, Gicht, Arthrose, Reaktionsschwäche, Diabetes (besonders der juvenile, der Typ I), endogene und manische Depressionen, panische Ängste und psychotische Zustände sowie Unverträglichkeiten von manuellen oder instrumentellen Eingriffen (Operationen), Komplikationen bei invasiven Eingriffen (z.B. endoskopische Eingriffe) diesem Typ von Miasma zuzurechnen.

Merkmale des Tertiärstadiums, des dritten Stadiums der Sykosis sind häufig diverse Hautmanifestationen. Zunächst sind die meisten warzenförmigen

Gebilde (Papillome) sykotischen Ursprungs. Bei Kindern treten sie häufig während der Zeit der zweiten Zahnung auf. Des weiteren sind die sogenannten „red moles“ zu nennen. Hierbei handelt es sich um eine Art blutroter, glatter, blanker stecknadelkopfgroßer Leberflecke, die häufig auf der Brust, dem Bauch und an den Oberschenkeln zu finden sind. Auch die „spider naevi“ in der Gegend des Jochbeins unter den Augen, eine Art spinnennetzförmiger Gefäßerweiterungen, deuten auf dieses dritte Stadium hin. Die heute sogenannte Nickelallergie, wenn Ohrringe nicht vertragen werden, ist ein hochkarätig sykotisches Phänomen. Hier eitern die Ohrringlöcher meist beim Tragen von Modeschmuck oder silbernen Ohrringen. Nicht selten ist dies auch bei den verschiedenen Goldlegierungen zu beobachten, ja es gibt auch den umgekehrten Fall, daß Gold nicht vertragen wird, während Billigschmuck keinerlei Probleme bereitet. Auch eine besondere Form der Akne wird der Sykosis zugerechnet. Sie tritt meist um die Menstruationszeit auf und besteht aus nicht-eiternden großen, roten, sehr schmerzhaften Papeln, die nicht in Gruppen auftreten, sondern einzeln. Ein anderes Hautzeichen ist das sogenannte kreisrunde Ekzem, das am Rand wie von einem Wall umgeben ist und heutzutage oft als Pilz diagnostiziert wird. Des weiteren sind der kreisrunde Haarausfall (Alopecia areata), Hämangiome, Ischiasbeschwerden, Zöliakie, Epilepsie, Herzfehler, Impetigo contgiosa (Grind- oder Eiterflechte), Gicht, Nierengrieß bei kleinen Kindern, Steinleiden (Nieren-, Gallensteine), rheumatische Beschwerden, welche sich meist bei feuchtkalter Witterung (hydrogenoide Verschlechterung) oder Wetterwechsel verschlimmern, Neigung zu Bronchitis (insbesondere zu spastischer Bronchitis), Sinusitis (Stirn- und Nebenhöhlenentzündungen) und „Kopfgrippen“, Anämie, Asthma, Nieren- und Blasenleiden Anzeichen des dritten Stadiums. Typisch für das Gemüt ist die Haltung, den „Geist an den erkrankten Punkt zu heften“, gleichgültig, wie leicht die Krankheit sein mag. Sykotiker sind meist hypochondrisch veranlagt und untersuchen sich und ihre Organe minutiös und sehr häufig und rennen von Pontius zu Pilatus, um alles abklären zu lassen, sind dann aber immer noch beunruhigt. Autoimmunerkrankungen[1], Onychophagie (Nägelkauen), teilweise sogar inclusive der Fußnägel, Legasthenie, geistige Retardierung, Idiotie, hysterische Zustände, irrationale Ängste, Panikattacken, Phobien und Todesängste sowie Depressionen, Suizid bei Jugendlichen, Alkohol- und Drogensucht, Kriminalität, Verwirrungszustände bis hin zu Manie und echtem Wahnsinn, aber auch Übersteigerung, Exzeß und Fanatismus können die psychischen Kennzeichen dieses Miasmas in ihrer stärksten Ausprägung sein.

Eine *Sykotisierung* kann in vielerlei Hinsicht erfolgen. Nachfolgend ein

---

[1] Autoimmunerkrankung: durch eine Immunreaktion auf körpereigene Substanzen verursachte Krankheit, weil das Immunsystem die Fähigkeit verlernt hat, genau zwischen „körpereigen“ und „körperfremd“ zu unterscheiden.

kleiner Überblick der wichtigsten Verursachungen, wodurch die Sykosis in unserer Zeit gesetzt und/oder verschärft wird.

- **Impfungen!** (inclusive sogenannter nicht angegangener Impfungen)
- Unterdrückung von Gonorrhoe-artigem Ausfluß
- Unterdrückung von Condylomen (Feigwarzen)
- Bluttransfusionen
- parenterale Eiweiß-Injektionen etc. (d.h. durch fast alle Prozeduren, welche die heutige Medizin am menschlichen Körper unter Umgehung seiner natürlichen Schutzvorrichtungen vornimmt)
- häufiger Arneimittelkonsum, Pille, schwere Drogen, sogenannte Hypo- oder Desensibilisierungen
- Operationen/Eingriffe wie Abtreibung, Ausschabung, Sterilisation, Entfernen von Fisteln, Adhäsionen und mukösen Zysten an den Beckenorganen der Frau
- Entfernung eines Organs (z.B. Uterus, Eierstöcke, Eileiter, sogenannter Blinddarm [Wurmfortsatz])
- Bestrahlungen
- Menstruation, Spirale, Schwangerschaft, Geburten, Fehlgeburt, Frühgeburt.

2.8.3 Syphilis oder syphilitische Konstitution (Syphilinie)

Die Syphilinie – oder Syphilis[1], wie Hahnemann sie schlicht nannte, – geht meist auf das Vorkommen einer *Syphilis in der Blutsverwandtschaft* zurück. Sie wird als „Affe unter den Krankheiten" gesehen, da sie alles imitieren (nachäffen) kann. Ihre Reaktionsweise ist primär gekennzeichnet durch Destruktion und umfaßt vor allem *Geschwüre jeglicher Art* (z.B. Magengeschwür, Ulcus cruris – offenes Bein). Besonders betroffen sind auch die *harten Gewebe* (wie Knochen samt Knochenhaut), *Nerven* (incl. Gehirn und Hirnhäute), *Kehlkopf* und *Hals im allgemeinen* sowie *Sinnesorgane*. Da es sich hier wiederum um ein venerisches Miasma handelt, das – abgesehen von dessen Heredität – nur auf dem Geschlechtswege erworben wird, kommen auch viele *Symptome und Beschwerden an den Fortpflanzungsorganen* vor. Darüber hinaus sind *Mißbildungen* aller Art sowie *schwere psychische Störungen* typisch für die syphilitische Reaktionslage.

Schon Sigmund Freud hat gegen Ende seines Lebens erkannt, daß die Syphilis Ursache vieler schwerer psychischer Störungen ist, denn fast die Hälfte seines Klientels waren Syphilitiker. In seinen „Drei Abhandlungen zur

[1] Syphilis im homöopathischen Sinne ist nicht gleichbedeutend mit der akuten Syphilis aus schulmedizinischer Sicht, sondern umschreibt ein Miasma in seiner gesamten Ausprägung. Heute bürgert sich mehr und mehr die Bezeichnung Syphilinie oder syphilitische Konstitution ein, um derartige Verwechselungen zu vermeiden.

Sexualtheorie" schreibt er: „Bei *mehr als der Hälfte* meiner psychotherapeutisch behandelten *schweren Fälle von Hysterie, Zwangsneurose etc.* ist mir der *Nachweis der vor der Ehe überstandenen Syphilis der Väter sicher gelungen,* sei es, daß diese an Tabes (Rückenmarksschwindsucht als Spätform der Syphilis) oder progressiver Paralyse (Spätform der Syphilis des zentralen Nervensystems) gelitten hatten, sei es, daß deren luetische[1] Erkrankung sich anderswie anamnestisch feststellen ließ. – *Ich bemerke ausdrücklich, daß die später neurotischen Kinder keine körperlichen Zeichen von hereditärer Lues an sich trugen.*" (erklärende Klammern und Hervorhebungen durch den Verfasser)

Deutlicher geht es schon gar nicht mehr! Der große Psychoanalytiker Freud macht explizit darauf aufmerksam, daß die *Syphilis miasmatischen Charakter* hat! Er als Nicht-Homöopath bestätigt also genau das, was Hahnemann schon ein paar Jahrzehnte zuvor gelehrt hat. Und weiter macht er deutlich, daß dieses Miasma *hereditär* ist und an die Blutsverwandtschaft weitergegeben wird, somit der Hauptverursacher vieler – erst später auftretender – psychischer Leiden ist; Beobachtungen, die seinerzeit auch schon der bekannte Homöopathieprofessor John Henry Allen, jedoch viel ausführlicher, genauer und mit therapeutischen Konsequenzen, angestellt hat. Darüber hinaus wird evident, daß der Familienanamnese eine zentrale Rolle im Hinblick auf eine erfolgreiche chronisch homöopathische Behandlung zukommt. Auf der anderen Seite läßt sich aber auch schlußfolgern, daß Depressionen, Neurosen, Hysterie und andere schwere psychische Störungen durch Psychotherapie nicht dauerhaft zu heilen sind, sondern bestenfalls palliativ, d. h. vorübergehend gelindert werden können.

Die Syphilis ist die einzige Krankheit, die auch in der Schulmedizin als chronische (systemische) Krankheit anerkannt ist. Sie als reine Geschlechtskrankheit zu bezeichnen ist fehl am Platze, denn sie ergreift mit der Zeit den gesamten Organismus. Streng genommen ist der Begriff Geschlechtskrankheit sogar falsch; richtiger müßte es heißen: Krankheit, welche über den Geschlechtsweg übertragen wird.[2]

Die Syphilis verläuft in drei Phasen: Lues I, Lues II und Lues III, welche unterschiedlich lang sind und völlig andere Erscheinungsbilder aufweisen.

Die Lues I tritt etwa drei Wochen p. i.[3] mit Symptomen in Erscheinung. Ihr Kennzeichen ist eine Papel am Ort der Ansteckung, ein *schmerzloses Geschwür*, der sogenannte harte Schanker oder Primäraffekt. Parallel dazu imponieren *schmerzlose Schwellungen regionärer Lymphknoten*, die Bubonen (bei Vorkommen in der Leistenbeuge) genannt werden. Beides zusammen macht den Primärkomplex aus. Dieser heilt etwa sechs Wochen p. i. ab und verschwindet. Im gesamten ersten Stadium sind die Spirochäten bzw. Treponema

[1] Lues: anderes Wort für Syphilis.
[2] Das gilt selbstverständlich auch für die sykotische Gonorrhoe.
[3] p. i.: post infectionem, nach der Ansteckung.

pallidum, die in der Schulmedizin als die Erreger der Syphilis angesehen werden, nachzuweisen.

Das Stadium Lues II, welches etwa acht Wochen p. i. folgt, ist deutlich ausgeprägter und von längerer Dauer. Der Beginn wird mit Prodromalerscheinungen (Vorläufern) wie Fieber, Abgeschlagenheit, Milzschwellung und generalisiertem Lymphknotenbefall eingeläutet. Ab etwa der 10. Woche treten dann *nicht-juckende Hautausschläge* (Roseola) auf. Die Eruption dieses multiformen Exanthems, das häufig aus roten Flecken besteht (Syphilide) findet besonders am Stamm, Bauch, Rücken und den Beugeseiten der Extremitäten statt. Die zugehörigen *Lymphknotenschwellungen* sind wiederum *schmerzlos! – Syphilitische Exantheme jucken nicht, sind jedoch auf Sondendruck schmerzhaft.* – Ab der 12. Woche p. i. reagieren auch die Schleimhäute mit sogenannten *Plaques muqueuses*; das sind Schleimhauteffloreszenzen (Schleimhautveränderungen) in Form von dicken weißlichen Flecken mit durchsichtigen Papeln. Darüber hinaus gibt es weißliche milchige Beläge auf den Tonsillen (Mandeln), welche abwischbar und hoch-kontagiös sind *(Angina syphilitica).* An den Fingern und Zehen und in der Nähe der Körperöffnungen imponieren die *Condylomata lata*, breit aufsitzende, nässende und treponemenreiche Papeln, besonders an Stellen mit starker Schweißbildung. Die *syphilitische Alopezie* (Haarausfall), die typischerweise diffus und mottenfraßähnlich ausgeprägt ist, wird mit etwa der 20. Woche angegeben. Und ab der 24. Woche p. i. tritt das *syphilitische Leukoderm* auf. Hierbei handelt es sich um depigmentierte Hautareale, mit häufiger Lokalisation am Hals (Collier de Venus, Halsband der Venus). Des weiteren kann es zu „wüsten Ulzerationen“ (Geschwürsbildungen) kommen, die schließlich – zusammen mit den anderen Erscheinungen – zum Tode führen. Im Falle eines Überlebens flacht das Krankheitsbild etwa zwei Jahre p. i. ab. Alle klinischen Erscheinungen des Sekundärstadiums klingen in der Regel folgenlos ab, und die Syphilis ist nur noch serologisch, d. h. im Blutserum, nachweisbar; „die Treponemen dringen nach innen“ (lange Latenzperiode, welche mehrere Jahre bestehen kann, die sogenannte Syphilis latens seropositiva).

Von der *Lues III* spricht man *ab ca. drei bis fünf Jahre p. i.*; sie ist nicht mehr infektiös und gekennzeichnet sowohl durch asymmetrische Exantheme, die nicht mehr nach außen aufbrechen, als auch durch Syphilome im Corium (Unterhaut). Diese Gummata, wie sie außerdem genannt werden, sind eine Art Gummigeschwülste, welche sich auch an den verschiedensten Organen manifestieren können. Darüber hinaus gehören die sogenannten Aneurysmen, sehr gefährliche pathologische Gefäßaussackungen – meist der Aorta (Hauptschlagader) –, welche spontan rumpieren (zerreißen) können und dadurch zum Tode führen, zum Erscheinungsbild der tertiären Syphilis (Mesaortitis luica). Weitere klinische Erscheinungen sind Aorteninsuffizienz infolge Aortenklappenbeteiligung (eine Herzklappe) und Koronarinsuffizienz infolge Verengung der Abgangsstellen der Herzkranzarterien.

Das Stadium Lues IV ist eine „Unterabteilung“ der Lues III und wird in manchen Lehrbüchern separat betrachtet. Es wird auch *Metalues* oder *Neurolues* genannt und tritt meist erst acht bis zwölf Jahre p.i. auf. Betroffen ist zunächst das *ZNS*, das *zentrale Nervensystem* (Lues cerebrospinalis), so daß es zu Hirnnervenstörungen kommt (Augen, Ohren etc.). Des weiteren werden Bewußtseinseintrübung, Delirien, epileptische Anfälle und apoplektische Halbseitenlähmungen (Schlaganfall) dazugezählt. Später kann es zu fortschreitender Hirnauflösung kommen (progressive Paralyse, Untergang grauer Hirnsubstanz) und zur Degeneration des Rückenmarks mit sogenannter Tabes dorsalis (syphilitischer Befall des Rückenmarks, sogenannte Rückenmarksschwindsucht, Rückenmarksdarre), welche sich vornehmlich in Form von sensiblen Reiz- und Ausfallerscheinungen äußert (z.B. lanzinierende, durchbohrende Schmerzen) sowie durch Ataxien (Ungeschicklichkeit im Gebrauch der Gliedmaßen), Fehlen oder Herabsetzen von Sehnenreflexen, Pupillenstörungen mit Anisokorie, Entrundung, Miosis etc. pp. Auch Gelenksdeformierungen, Hypotonie der Muskeln und spastische Lähmungen der Extremitäten, Kälte- und Berührungshyperpathie sowie verwaschene Sprache und mimische Schwäche gehören zum Erscheinungsbild der Neurolues. Schließlich wird noch das sogenannte *hirnorganische Psychosyndrom* angegeben, mit seinem Verlust des Taktes und dem Verlust des geordneten Verhaltens mit persönlichkeitsfremder Enthemmung. Auch das *euphorisch expansive Syndrom* (ständig gehobene Stimmung, Größenwahn, Affektivität, Rededrang) ist Merkmal der Lues dieses Stadiums. Darüber hinaus kann es zu Gewebsdefekten kommen wie z.B. Sattelnase, Gaumenperforation, Wolfsrachen, Hasenscharte und sogenannten Tonnenzähnen.

Die chronische Syphilis ist also alles andere als eine Geschlechtskrankheit! Sie weist nicht unbedingt Zeichen und Symptome an den Geschlechtsorganen auf, sondern umfaßt den gesamten Organismus. *Ihre Hauptansatzpunkte sind das zentrale Nervensystem (in Form von bestimmten neurologischen Erkrankungen), die Knochen (in Form von Defekten und Verformungen) und das Gemüt mit der Tendenz zur Zerstörung und/oder Selbstzerstörung bis hin zum Drang zu töten.* Typische syphilitische Zeichen im Sinne der homöopathischen Miasmen sind immer wiederkehrende Anginen (eitrige Mandelentzündungen) begleitet von starkem, zähem, metallischem Speichelfluß (auch der Scharlach gehört hierhin und ist eine Kinderkrankheit mit syphilitischem Touch); nächtliche Schmerzen in den langen Röhrenknochen (in Kindertagen oft als sogenannte Wachstumsschmerzen[1] diagnostiziert); kupferfarbene oder rohem Schinken ähnliche, nicht-juckende Hauteruptionen; Vitiligo (soge-

---

[1] „Wachstumsschmerzen" ist meiner Ansicht nach ein völlig falscher Begriff, denn Wachsen darf nicht schmerzhaft sein. Hier zeigt sich – wie so oft in der orthodoxen Medizin –, daß man diesem Phänomen vollkommen hilflos gegenübersteht, es weder einordnen kann, noch ihm therapeutisch etwas entgegenzusetzen hat. Man beschwichtigt die Eltern mit dem Begriff Wachstumsschmerzen und suggeriert Harmlosigkeit, da ja Wachsen etwas biologisch vollkommen Normales ist. Mit dieser Erklärung des Arztes ist die Mutter zufrieden,

nannte Weißfleckenkrankheit, depigmentierte Hautareale); allgemeine nächtliche Verschlimmerungszustände (schon nach Sonnenuntergang beginnend); Geschwüre (insbesondere glänzende) und Eiterungen aller Art bis hin zu Gangrän (Brand der Gewebe) und Morbus Crohn oder Colitis ulcerosa (beides degenerative, schulmedizinisch unheilbare Krankheiten des Darms); Furunkulose; Abszesse; Sehnervatrophie; unterschiedlich gefärbte Iriden; entrundete Pupillen; eine Pupille groß, die andere klein; Kolobom einer Iris (Spaltbildung); Ptosis (Lidlähmung); interstitielle Keratitis; Iritis oder Iridozyklitis; eitrige Bindehautentzündung; ungleichmäßiger Zahnstand, Zahnfehlstellung; Zähne weit auseinander; große Zähne mit großer Lücke vorne; ein Zahn zuviel angelegt; Unregelmäßigkeiten (schief, quer); keulenförmige Zähne; kleine, unterentwickelte Zähne (Mausezähne); Persistieren der Milchzähne (müssen gezogen werden, fallen nicht von alleine heraus); Zahnwurzelabszesse; Sattelnase; Säbelbein (Tibiamißbildungen); angeborene Hüftluxation infolge mangelnder Ausbildung der Pfanne; Skoliose und Lordose; Aortenaneurysma (Aussackung der Aorta); Herzmißbildungen (z. B. Septumdefekt, Vertauschung der großen Gefäße); Mißbildungen des Gaumens (Gaumenspalte, Wolfsrachen, Hasenscharte); Spina bifida („offener Rücken"); gänzliches Fehlen von Organen oder Teilen davon; partieller Riesenwuchs (kurzer Rumpf und lange Beine bzw. umgekehrt); Schwerhörigkeit mit chronischer Absonderung aus dem Ohr; zentrale Schwerhörigkeit ohne organische Befunde (Atrophie des Hörnervs); geistige Zurückgebliebenheit; Schwachsinn; Gedächtnisstörungen; alle Krankheiten des zentralen Nervensystems (beispielsweise MS [Multiple Sklerose], Morbus Recklinghausen, Morbus Parkinson, Demenz, Morbus Alzheimer, Morbus Raynaud, Morbus Ménière); Neigung zu Selbstmord (ohne Vorwarnung); eine Art geistiger Lähmung (auch Verwirrungszustände); leichte Vergeßlichkeit; Bewußtseinseintrübung; Veränderungen in Sprache und Schrift; Verlust der Urteilskraft; Tobsucht; Delirien; Größenwahn; Affektivität; Rededrang und vieles mehr. Der Syphilitiker ist in der Regel mürrisch, eigensinnig, widerspenstig, verschlossen und mißtrauisch. Mit einem Syphilitiker kann man nicht reden, er hört einem gar nicht zu! Er leidet unter einer fixierten Gemütslage: „Das ist mein Standpunkt, davon gehe ich nicht runter!" Ihn zeichnet eine gewisse geistige Hartnäckigkeit aus. Darüber hinaus zeigt sich häufig auch eine Tendenz zu Zerstörung und/oder Selbstzerstörung bis hin zum Drang zu töten, wie bereits oben gesagt.

---

und der Arzt brauchte nicht zuzugeben, daß er mit dieser Form der Schmerzen weder etwas anfangen noch diese positiv beeinflussen kann. Nur – wenn man diese Schmerzen homöopathisch beseitigen kann, kann es wohl doch nicht so normal sein, denn wachsen werden unsere Kinder weiterhin, auch ohne diese Schmerzen! Außerdem gibt es auch sehr viele Kinder, die groß werden, ohne jemals Wachstumsschmerzen gehabt zu haben. – Für mich sind diese Schmerzen pathologisch und dezente Hinweise auf miasmatische Belastungen, allerdings nicht nur auf syphilitische, sondern auch der Sykosis zugehörige (meiner Erfahrung nach frühkindliche rheumatische Beschwerden), wie sich in meiner Praxis immer wieder bestätigt hat.

In Bezug auf die Reproduktionsorgane zeigt sich die Syphilis mit Unfruchtbarkeit, Sterilität, Eileiterverklebungen, Frühgeburten, Todgeburten, gehäuftem Abortus (en série) und Zwillings- bzw. Mehrlingsschwangerschaften. Auch die Sterilität bei Männern ist oft syphilitischer Genese.

Die angeborene, erblich bedingte Syphilis ist recht schwer zu erkennen, da es eine große Zahl von Fällen gibt, wo nur ein einziges – oft auch nur sehr latentes – Zeichen vorhanden ist. Ein familienanamnestischer Hinweis auf eine bestehende connatale Syphilis wäre dann beispielsweise eine vorausgehende stattliche Anzahl von Fehl-, Früh- oder Todgeburten.

2.8.4 Tuberkulinie

Die Tuberkulinie (nicht zu verwechseln mit der akuten Tuberkulose!) ist ein Miasma, welches nicht von Hahnemann definiert wurde. Sie geht auf John Henry Allen zurück, der sie auch *Pseudo-Psora* nennt und als *aktive Psora mit latent vorhandener Syphilinie* beschreibt. Diese Kombination ist so eng verbacken, daß sie ihr eigenes ausgeprägtes, typisches Erscheinungsbild hat.

Beim Vorhandensein des tuberkulinischen Miasmas findet der Homöopath sehr häufig eine *Tuberkulose als familiäre Vorbelastung (Prädisposition)*, d. h., ein primärer Blutsverwandter des Patienten litt früher einmal an akuter Schwindsucht. Die Beschwerden des tuberkulinischen Formenkreises manifestieren sich hauptsächlich im oberen und unteren Respirationstrakt (Atmungstrakt). Es kommt häufig zu Mandelentzündungen, auffälliger Erkältungsneigung, Bronchitis bis hin zu Lungenentzündungen, Rippenfellentzündung, Krupp und Pseudokrupp, Asthma und ähnlichem mehr. Des weiteren gehören die Neigung zu Mittelohrentzündungen und/oder Mittelohreiterungen[1], Lymphdrüsenschwellungen (häufig perlschnurartige Drüsenschwellungen im Nacken- und Halsbereich), rachitische Erscheinungen, sogenannte Polypen (adenoide Wucherungen in Nase bzw. Rachenbereich) und Kropf, auch Morbus Basedow, zu diesem Miasmatyp. Darüber hinaus sind Nachtschweiße aber auch sonstiger reichlicher Schweiß, Schweißperlen und stark stinkende, häufig nach altem Käse riechende Ausdünstungen sehr typisch. Da bei der Pseudo-Psora die Syphilis mit von der Partie ist, wenn auch nur im Hintergrund, konzentrieren sich die Krankheitsmanifestationen mit Vorliebe auch auf die Sinnesorgane (Augen samt Bindehaut und Ziliarkörper, Mittelohr, Nase, Lippen, Mundschleimhäute und Hals) und das Knochengewebe (Karies der Knochen und Zähne, Rachitis, weiche Knochen, Knochenhautentzündungen, weiches Knorpelgewebe). Auch die Haut ist in vielen Fällen betroffen, ähnlich wie bei der Syphilis, oft mit nicht-juckenden, vielgestaltigen Hautausschlägen (Knötchen, Papeln, mit oder ohne Juckreiz, Urtikaria [Nesselsucht], soge-

[1] Merksatz für Therapeuten: Das Mittelohr ist das Ventil des Tuberkulinikers, besonders im Kindesalter. Im Falle von Mittelohrentzündungen bzw. -eiterungen handelt sich also um eine entlastende Eliminationskrise!

nannte Neurodermitis, Abszeßbildung, „Milchschorf" [oft nach Hühnerstall riechend] etc.).

Außerdem typisch für das tuberkulinische Miasma sind Zeichen und Symptome wie: immer wiederkehrender Herpes labialis; Herpes zoster (Gürtelrose); Schweißdrüsenabszesse; Abszesse; Fisteln; schwerwiegende Folgen von Insektenstichen („süßes Blut"); pustelartige Kopfausschläge mit dickem reichlichem Eiter; Haare kleben zusammen und sind fettig, sie riechen muffig, wie altes Heu; häufiges Nasenbluten, welches teilweise andere Symptome entlastet; Hämorrhagien (Blutungen); Blutgerinnungsstörungen; blutiger Geschmack, eitrig, faulig; Zahnfleischbluten; Morbus Boeck (Lymphogranulomatosis benigna, Sarkoidose); familiäres Vorkommen von Hüftgelenksarthrose; wandernde Gliederschmerzen; Knarren der Gelenke; eingewachsene Fußnägel, Panaritium, Nägelkauen; eine Form der Migräne; große Appetitlosigkeit; großer Appetit, bleibt aber dünn und nimmt nicht zu; Verlangen nach Speck, Fett, Eiscreme, Süßigkeiten; Verlangen nach kalter Milch; Milchunverträglichkeit; chronische Dyspepsie (Verdauungsstörungen); Galleerbrechen; Hämorrhoiden; Wurmbefall des Darms; Diabetes mellitus; große Mattigkeit; allgemein wechselnde Zustände; Zähneknirschen im Schlaf; kreisrundes Ekzem, am Rand wie Wälle aufgebaut (häufig als Pilz diagnostiziert); Borreliose; chronische Furunkel; starke Blässe; umschriebene rote Flecken auf den Wangen; durchscheinende Adern im Gesicht; ausgeprägte Neigung zu Sommersprossen; Reiselust, ist gerne unterwegs („Reiseonkel"); Angst vor Tieren, insbesondere vor großen Hunden; Bösartigkeit; Nein-Sager (sagt grundsätzlich „Nein" zu allem); Gedächtnisschwäche; Legasthenie; Idiotie; Epilepsie; Hysterie; Eigensinn; Bettnässen; unfreiwilliger Stuhlabgang, auch tagsüber; seidige lange Wimpern oder krumme, sehr gebogene Wimpern; Wimpern brechen ab; Astigmatismus (Hornhautverkrümmung); Neigung zu Gerstenkörnern; „Steckdosennase" (Skrofelnase); Zähne kariös, schon bei Erscheinen; Zahnquerstand und Zahnfehlstellungen; Zahnsteinbildung; eingezogene Brustwarzen (bei jungen Mädchen); Absonderung aus den Brustwarzen, um nur einiges zu nennen.

Die Tuberkulinie wird durch Vererbung weitergegeben und ist heutzutage auch durch vielerlei Impfungen (ganz besonders durch die BCG- und die Pertussisimpfung, also Tuberkulose- und Keuchhustenimpfung) im Vormarsch. Darüber hinaus stehen auch der Tine-Test sowie andere Tuberkulosetests in starkem Verdacht, tuberkulinisierende Auslöser zu sein.

Generell betrachtet sind *Impfungen bei Tuberkulinikern ganz besonders gefährlich,* da sie die *Gefahr der Bösartigkeit* in sich bergen, wegen einer eventuellen *Aufpfropfung einer Impfsykosis!* Somit wären alle Miasmen in dem Organismus präsent, was immer Destruktivität impliziert. Davor hat schon Allen vor mehr als 100 Jahren eindringlich gewarnt, und dies gilt heute mehr denn je zuvor!

2.8.5 Arzneimittelmiasma

„Todesursache: Nebenwirkungen – Gefahren durch unerwünschte Effekte von Arzneien unterschätzt: Einen der wichtigsten Killer in den Industrieländern haben die Statistiken offenbar lange übersehen: Tödliche Nebenwirkungen von Arzneimitteln müßten nach einer Studie an der Universität Toronto auf Platz vier unter den Todesursachen in den USA verzeichnet sein – direkt nach Herzkreislauferkrankungen, Krebs und Schlaganfall. ... Dabei geht die überraschend hohe Zahl *nicht auf Mißbrauch, Überdosierung oder falsche Verordnungen zurück.* Solche Fälle haben die Forscher bei ihrer ‚Meta-Analyse' von mehr als 153 kleineren Untersuchungen aus vier Jahrzehnten bewußt ausgeklammert. *Die meisten der erfaßten Patienten starben also, obwohl die Arzneien korrekt verschrieben worden waren.* ... Auch bei der Prüfung von Arzneien auf Nebenwirkungen durch die Pharmaindustrie gebe es Lücken. Bevor ein Mittel zugelassen werde, sei es meist an 2.000 bis 4.000 Patienten ausprobiert worden – zuwenig, um seltene Nebenwirkungen zu erkennen. ‚*Die eigentliche Testung erfolgt erst, wenn ein Mittel bereits auf dem Markt ist*', sagt Munter. Von einer wissenschaftlich fundierten ‚Anwendungsbeobachtung', wie sie das Arzneimittelgesetz ansatzweise vorsieht, könne jedoch keine Rede sein. *Solche Untersuchungen würden eher als Marketinginstrument genutzt.* ... Beim Bundesinstitut für Arzneimittel und Medizinprodukte räumt man daher ein, daß keine genaue Zahlen über Nebenwirkungen vorlägen." So stand es auf der Titelseite der „Süddeutschen Zeitung" am 24. 4. 1998. (Hervorhebungen durch den Verfasser)

Oder: „*Todes-Rezepte* – In Deutschland sterben mehr Menschen an den Folgen falsch verordneter Medikamente als im Straßenverkehr. Das sagte Bundesgesundheitsministerin Ulla Schmidt. ‚Im Schnitt erfolgen sechs Prozent aller Krankenhauseinweisungen wegen Unverträglichkeit von Arzneimitteln.'" – eine Zeitungsnotiz auf der ersten Seite des „Weilheimer Tagblatt" vom 18. 7. 2005, sieben Jahre später. Dr. Vernon Coleman, Kritiker der Pharmaindustrie, drückt dies noch präziser aus: „Die Wahrscheinlichkeit, an den Nebenwirkungen der Medikamente zu sterben, die Ihr Arzt Ihnen verordnet hat, ist *fünfmal höher* als bei einem Verkehrsunfall ums Leben zu kommen." (Hervorhebung durch den Verfasser)

Die schädigende Wirkung von allopathischen Medikamenten gelangt in den letzten Jahren also doch mehr und mehr in das Blickfeld der Öffentlichkeit und wird durchaus auch von der Bevölkerung und den Medien als echte Gefahr für die Gesundheit erkannt. Der Begriff „Nebenwirkungen", der im Grunde genommen völlig verkehrt ist, tritt zunehmend in das Bewußtsein der Menschen, die immer häufiger merken, daß allopathische „Kuren" mit der Zeit *chronisch krank* machen.

Echte Nebenwirkungen kann es überhaupt nicht geben! Es gibt nur *Wirkungen eines Stoffes* oder einer Kombination von Stoffen (Medikament). – Dies sollte eigentlich spätestens seit den homöopathischen Arzneimittelprüfungen von Hahnemann am Gesunden bekannt sein! – In der Schulmedizin wird alles, was unerwünscht ist und nicht ins Konzept paßt, als sogenannte Nebenwirkung deklariert und damit bagatellisiert. Jedoch – jeder Stoff hat seine nur ihm eigenen (typischen) Wirkungen; eine Vielzahl von Wirkungen! Davon sind manche sehr dominant; andere dagegen fallen zunächst weniger intensiv auf oder erst im Laufe der Zeit, sind aber dennoch vorhanden. Der Begriff Nebenwirkungen ist eine bewußte Verzerrung von Tatsachen und Naturgesetzen! *Im Klartext handelt es sich um nichts anderes, als um die Vertretbarkeit von Therapieschäden.*

Hahnemann spricht in diesem Fall von *Arzneimittelmiasma* und meint artifiziell hervorgebrachte Krankheiten durch den übermäßigen Konsum von Medikamenten und Drogen (Arzneimittelabusus). Was sich für seine Zeit noch relativ harmlos ausnahm, ist heutzutage exorbitant – „dank" unserer Pharmakonzerne und deren Handlanger –, fast bis ins Unermeßliche angestiegen.

Das Arzneimittelmiasma ist also *rein artifizieller Natur* bzw. *iatrogen*, d.h. im Prinzip durch den Arzt verursacht. Es geht zurück auf den Konsum von – nicht nur schweren – Medikamenten. Das beginnt heutzutage in der Regel schon im frühen Kindesalter mit fiebersenkenden Mitteln, Vitamin-D-Prophylaxe und Fluoretten, Pflegesalben für den Windelbereich mit Zinkoxid, geht über die Einnahme von Antibiotika, Cortison, Antiepileptika bis hin zu Antirheumatika, Barbituraten (Schlafmitteln), Psychopharmaka und anderen immunsuppressiven Arzneien. Aber auch nicht-rezeptpflichtige Präparate, welche häufig, regelmäßig und/oder über einen längeren Zeitraum eingenommen werden, können dieses Miasma auslösen (sogenannte Nahrungsergänzungsmittel, Stärkungsmittel, Vitaminkuren und dergleichen mehr).

In der sogenannten Naturheilkunde sagt die Bezeichnung „rein pflanzlich" nichts über die Wirkung dieser Pflanzen aus; diese können trotzdem höchst giftig sein, giftiger als alle chemischen Substanzen zusammen. Bedenken wir, daß beispielsweise der Sturmhut (Aconitum) die giftigste Pflanze Europas ist! Dennoch können wir bei den meisten pflanzlichen Mitteln feststellen, daß diese vom Organismus in der Regel besser verarbeitet und wieder ausgeschieden werden als ihre chemischen Kontrahenten; jedoch sollten wir nie vergessen, daß es sich auch hier um recht grobstoffliche Medikamente, also Drogen handelt.

Chronische Krankheiten, bei denen – neben anderen Miasmen – auch das Arzneimittelmiasma präsent ist, sind gemäß Hahnemann bei weitem schwieriger zu behandeln als natürliche Krankheiten, da die *ursprünglichen Symptome des Patienten* durch die grobe heroische Wirkung der Chemie *stark verzerrt* wurden. Wir haben *keine originalen und individuellen Symptomenbilder* mehr vor uns, sondern nur noch *verwischte Zustände*, denen jegliche Subtilität und Individualität verlorengegangen ist. Das macht die Mittelfindung in der Behandlung von chronischen Krankheiten heute oft so unendlich schwierig! Wo verläuft denn der Scharlach noch so, wie er im Buche steht? Wer kann ihn auf Anhieb richtig diagnostizieren und von anderen Krankheiten unterscheiden? Häufig wird die Diagnose nur aufgrund von mehr oder weniger aufwendigen Bluttests und Abstrichen möglich.

Ganz besonders betroffen sind unsere älteren Mitbürger. Sie werden – laut Aussagen von Rechtsmedizinern – *mit Medikamenten regelrecht vergiftet*[1]*:* „Immer häufiger ist bei alten Leuten eine schleichende Medikamentenvergiftung als Todesursache zu verzeichnen." (Professor Dr. H.-J. Wagner). Anders als bei jüngeren Menschen baue ein älterer Giftstoffe sehr viel langsamer ab, so daß es zu sich akkumulierenden Vergiftungserscheinungen komme, welche dann mit Alterserscheinungen verwechselt werden! Abgesehen von den vielen organischen Leiden sind Beobachtungen im psychischen Bereich – wie „die Oma wird immer komischer" – heute geradezu an der Tagesordnung. Laut Untersuchungen sind in unserer Zeit etwa 30% aller Krankenhauseinweisungen auf Nebenwirkungen von Medikamenten zurückzuführen!

Statistisch gesehen haben die Menschen von heute zwar eine höhere Lebenserwartung, aber ihre Lebens*qualität* ist dabei auf der Strecke geblieben. Schauen wir uns unsere heutige ältere Generation doch einmal an! Man könnte sagen, die Menschen stürben länger; häufig 20 bis 30 Jahre lang! Das fängt zunächst – von einem selbst und seinen Mitmenschen fast völlig unbemerkt – ganz schleichend an, wird mit der Zeit aber immer manifester und offensichtlicher. Zunehmend mehr „Zipperlein" und Beschwerden stellen sich ein, man konsumiert regelmäßig immer mehr Medikamente. Diese gehören einfach dazu. Schließlich kommt es zu irreversiblen Störungen und Schädigungen. So starren viele ältere Mitbürger den ganzen Tag ins Leere, weil ihre geistigen Fähigkeiten nachgelassen haben. Andere erkennen ihre Angehörigen nur noch zeitweise oder gar nicht mehr und leben ausschließlich in ihrer Erinnerung oder in der Vergangenheit oder bringen alles durcheinander. Wieder andere sind von lebenserhaltenden Maschinen abhängig oder bettlägerig und müssen rund um die Uhr gepflegt werden.

Nach Angaben der amerikanischen Ärztekammer erleiden eine Million (!) Menschen allein in den USA durch die Einnahme von Pharmapräparaten schwere Gesundheitsschäden und mehr als 100.000 Amerikaner sterben als

---

[1] Ein kurzes Beispiel aus der homöopathischen Anamnese eines 89-jährigen Mannes: Dieser nimmt wegen „Durchblutungsstörungen mit Benommenheit und Schwindel" und wegen „Verkalkung" seit sieben Wochen „blutverdünnende Medikamente" ein und darüber hinaus auch ein Mittel, „um den Blutdruck zu senken", wie er sich ausdrückt. Seit einer Woche leide er nun an „unerträglichen Muskelkrämpfen und -verspannungen am ganzen Körper; an Armen, Beinen, Schultern, ... einfach überall, welche es vorher nie gegeben hat". Darüber hinaus habe er auch „brennende Schmerzen die Waden hinauf", so daß er nur „30 bis 40 Meter am Stück" gehen könne, und seit drei Wochen extreme, zuvor nie gekannte Schwächeanfälle, wobei der „ganze Körper eiskalt" werde. Seit einer schweren Gastritis (Magenschleimhautentzündung) vor einem Jahr nehme er auch regelmäßig „Säureblockertabletten" ein.

direkte Folge davon. Die meisten Pharmapräparate sind synthetische Produkte, die unser Körper als „Gift" einstuft, welche Hirn-, Organ- und psychische Schäden sowie andere schwere „Nebenwirkungen" hervorrufen. Dazu gehören auch so degenerative Krankheiten wie Parkinson („Schüttellähmung"), bei dem die Ursachen angeblich immer noch unbekannt sind. Doch das Roche Lexikon Medizin schreibt hierzu Klartext und führt beispielsweise unter dem Begriff Neuroleptika[1] an, daß diese das Parkinson-Syndrom verursachen können. Auch ich habe in meiner homöopathischen Praxis mehrfach die Erfahrung gemacht, daß die Patienten durch schwere Medikamente regelrecht zum Parkinson getrieben werden. Der Baubiologe Thomas Klein nennt noch weitere Pharmazeutika, die Hirnzellen zerstören und so mit der Zeit die Schüttellähmung via schleichender Vergiftung begünstigen: Medikamente gegen Übelkeit und Erbrechen, Blutdrucksenker, durchblutungsfördernde Mittel, Schmerzmittel (Ibuprofen), Rheumamittel und Impfungen. – Da kann einem ganz anders werden, wenn man bedenkt, daß einige Mittel dieser Liste regelmäßig auch Kindern (ohne groß darüber nachzudenken) verabreicht werden, da die meisten Zeitgenossen jene eher als harmlos einstufen! – Analoges gilt mutatis mutandis auch für den, von vielen immer mehr, gefürchteten Morbus Alzheimer.

„Bereits 1960 wurde eingeräumt, daß mindestens 40 neue Krankheiten oder Syndrome auf die therapeutische Anwendung von Medikamenten zurückzuführen waren, und diese Zahl ist seitdem noch erheblich gestiegen." (aus einer Ansprache zum Verbraucherschutz von US-Präsident Kennedy vom 15. 3. 1962 zitiert von G. Edward Griffin in seinem Buch „Eine Welt ohne Krebs")

In der chronischen Homöopathie ist also dem fünften Miasma ganz besonderes Augenmerk zu schenken. Dr. Eichelberger sagt dazu unmißverständlich: „Die chronischen Krankheiten haben sich seit Hahnemann total verändert! *Die chronischen Fälle heute sind doch alle mißhandelt!* Erst muß dies abgetragen werden, dann zeigen sich die eigentlichen Symptome des Patienten."

2.9 Typische Miasmenbelastungen im Säuglings- und Kleinkindalter

Zum Abschluß der miasmatischen Betrachtungen nun noch ein paar Anmerkungen zu unseren ganz Kleinen, denn schon im frühesten Säuglings- und Kleinkindalter lassen sie die Bereitschaft und Neigung zu Erkrankungen – die Miasmen – sehr deutlich erkennen. Wird diese Sprache des Organismus richtig verstanden, so hat man damit eine große Chance, durch eine gezielte

[1] Neuroleptika: Gruppe von Psychopharmaka; Antipsychotika; werden v. a. zur Behandlung von psychotischen Symptomen verwandt.

homöopathische antimiasmatische Behandlung sehr frühzeitig die Weichen zu absoluter Gesundheit – wie sich Hahnemann ausgedrückt hat – zu stellen. Dies betrifft hauptsächlich die hereditäre Sykosis, Syphilis und Tuberkulinie.

2.9.1 Der sykotische Säugling von John Henry Allen

Die hereditäre Sykosis läßt sich schon im frühesten Säuglingsalter beobachten und greift von Generation zu Generation immer weiter um sich, wie wir – auch ohne Medizinstudium – immer wieder feststellen können. Dies liegt nicht zuletzt an den vielen Impfprogrammen, die in den meisten Fällen sykotisieren!

Die ersten Beobachtungen der hereditären Sykosis gehen nicht auf den Vater der Homöopathie, Samuel Hahnemann, zurück – er kannte nur die erworbenen Miasmen! –, sondern wiederum auf den homöopathischen Arzt für Haut- und Geschlechtskrankheiten, John Henry Allen, der sich von Hahnemanns Nachfolgern am intensivsten mit der Miasmenlehre auseinandergesetzt hat. Gegen Ende des 19. Jahrhunderts, also bereits vor gut 100 Jahren, beschrieb er erstmals den *sykotischen Säugling*, der „bis heute Gültigkeit hat" und von dem man – gerade in unseren Tagen – meinen könnte, er sei das Normale. Jedoch nur, weil die Kinderärzte unserer Zeit kaum noch wirklich gesunde Babys zu Gesicht bekommen, sollten wir nicht den Blick und das Gespür für wirkliche Gesundheit verlieren. *Normal ist nicht dasjenige, was am häufigsten anzutreffen ist, sondern das, wie es im Sinne der Biologie sein sollte.*

Säuglinge sykotischer Eltern leiden häufig zu Beginn ihres Lebens an der sogenannter Ophthalmia neonatorum (Gonoblennorrhoe, sogenannter „Augentripper" der Neugeborenen), was heute allerdings seltener geworden ist, denn die kreißende Mutter müßte unter der Geburt an einer akuten Gonorrhoe gelitten haben. Von dieser schrecklichen Krankheit her rührt die sogenannte Credé-Prophylaxe (Silbernitrat-Augentropfen), die lange Jahre wahllos allen Säuglingen verabreicht wurde. Diese beißenden, brennenden Tropfen können in der Regel nur deshalb wirken, weil Argentum nitricum (Silbernitrat) ein großes Antisykotikum ist.

Ein ähnlich typisch sykotisches Zeichen unserer Tage besteht in der katarrhalischen Konjunktivitis (eitrige Bindehautentzündung), die rein äußerlich obiger Augenerkrankung sehr ähnlich ist und sich häufig mit verklebten Lidern und Wimpern zeigt, wobei der kleine Erdenbürger manchmal kaum die Kraft aufbringt, beim morgendlichen Erwachen das betroffene Auge zu öffnen. Dies kann selbstverständlich auch später im Kleinkindalter hin und wieder auftreten und wird von den Müttern oft als „Schmierauge" bezeichnet. Teilweise sind auch die Tränennasengänge, landläufig auch Tränenkanäle genannt, verklebt, was zu gleichartigen Symptomen führt.

Auch die Dreimonatskoliken oder Blähungen bzw. Blähungskoliken sind typische Kennzeichen eines sykotisch belasteten Säuglings. – Wobei der Begriff Dreimonatskolik mittlerweile etwas irreführend ist, denn diese Schmerzattacken bleiben bei manchen Kindern bereits mehr als ein ganzes Jahr lang bestehen! – Die Kinder schreien sehr häufig und stundenlang und sind durch fast nichts zu beruhigen; sie krümmen und winden sich vor Schmerz, ziehen ihre Beinchen an oder überstrecken sich, um Erleichterung zu verspüren. Der Schmerz kommt in Anfällen und wird meist durch starken Druck (Reiben, über der Schulter Tragen, auf den Bauch Legen oder die sogenannte Fliegerstellung etc.) oder passive Bewegung (Herumtragen, im Kinderwagen oder Auto Spazierenfahren) gebessert. Auch Wärme tut in der Regel gut. Jede Nahrungsaufnahme – selbst Muttermilch – bringt Verschlechterung. Häufig werden Gase mit großer Kraft und lautem Ton ausgestoßen, so daß man vollkommen verwundert ist, daß so ein kleiner Organismus zu so etwas Lautem fähig ist.

Des weiteren kennzeichnen Verdauungsstörungen den sykotischen Säugling. Das sogenannte Bäuerchen macht häufig Probleme, oder die Milch wird teilweise wieder erbrochen (Speikinder) ohne ersichtliche Übelkeit, und/oder die Kinder haben sauer riechende und scharfe Stühle, die den Windelbereich wund machen (Windeldermatitis, teilweise mit offenen, nässenden Stellen bis zu rohem Fleisch; sogenannter „Pavianpo", wie ich dies häufig nenne).

Sehr oft riechen diese Kinder selbst sauer, trotz Badens, und ihre Füßchen sind schon in diesem zarten Alter richtige „Stinke-" oder „Schwitzefüßchen" und riechen so gar nicht nach Baby.

Sehr oft entgehen diese Kinder der gonorrhoischen Augenentzündung und haben stattdessen einen Säuglingsschnupfen (*„Die Gonorrhoe ist die Mutter des Katarrhs."* – ein Merksatz, der sich immer wieder bestätigt.). Bei dieser spezifischen Form des Schnupfens (sogenannte „snuffles") ist die Nase trokken und fühlt sich verstopft an; die Kinder „schniefeln" oder „schnorcheln" regelrecht, da sie noch nicht in der Lage sind, durch den geöffneten Mund zu atmen. Dies wird besonders deutlich, wenn das Kind saugt; es muß dann häufig absetzen, da es kaum Luft bekommt, und schreit vor Zorn. Auch die Nachtruhe ist gestört, denn die Kinder wachen oft auf und können kaum atmen.

Generell ist der Tag/Nachtrhythmus von sykotischen Säuglingen und Kleinkindern auf den Kopf gestellt. Tagsüber schlafen sie kaum und abends wollen sie auch nicht ins Bett. Es ist meist ein „Kampf" über mehrere Stunden, bis endlich Ruhe eingekehrt ist. Darüber hinaus „kommen" sie nachts in kurzen Abständen[1] (das extremste, was ich in meiner Praxis erlebt habe, war 1- bis 1½-stündlich bis zum Alter von 2½ Jahren!) und fordern Aufmerksamkeit sowie die Brust.

---

[1] Ein gesunder Säugling sollte ab dem Alter von circa sechs bis acht Lebenswochen durchschlafen, d.h. ab der letzten Mahlzeit gegen ca. 22.00 Uhr bis zur nächsten am frühen Morgen gegen 6.00 Uhr. Dies tun „chronisch gesunde" Babys und bei homöopathisch antimiasmatisch gut behandelten ist dies meist erreichbar.

Später reagieren die Kinder auf den geringsten Kältereiz und kränkeln ständig vor sich hin (grippale Infekte, Neigung zu Bronchitis, spastischer Bronchitis etc.), ganz besonders bei naßkalter Witterung. Sie schreien besonders nachts, sind unruhig, verdrießlich, ärgerlich und ängstlich und haben viel häufiger Kopfschmerzen, als wir denken. Ihr Kopfschmerz bessert sich durch Bewegung, wie immer bei sykotischen Erkrankungen. Man halte diese Kinder in Bewegung (Schaukeln, Kinderwagen), dann sind sie vergleichsweise ruhig.

Allens Beobachtungen wurden später durch Kent und Künzli um einige Punkte erweitert, die sich auch in meiner Praxis immer wieder bestätigt haben. Typisch für sykotische Säuglinge oder Kleinkinder ist die Neigung zu Cholera infantum (Brechdurchfälle der Säuglinge). Dieses Krankheitsbild ist nicht zu unterschätzen, da es in kurzer Zeit durch Austrocknung (Exsikkose) zum Tode führen kann. Auch die Neigung zu lienterischen Stühlen, d.h. Durchfälle mit unverdauten Speiseteilen, sowie die Tendenz zu sogenanntem Marasmus, verwelktem Aussehen und äußerst zierlicher Erscheinung bei großen Eltern gehört in diesen Formenkreis. Häufig wächst und gedeiht das Kind nicht gescheit; und dies oft schon im Mutterleib! Manche Kinder sehen wächsern und anämisch aus, andere haben von Geburt an Warzen oder später Mollusken (Dellwarzen). Meiner Erfahrung nach gehören auch der sogenannte Storchenbiß (ein blasses Feuermal im Bereich des Nackens, der Nasenwurzel oder auf den Lidern) zu den dezenten Hinweisen einer erblich-sykotischen Belastung sowie Vorhautverklebungen samt Phimose (Vorhautverengung) bei den Buben und Scheidenverklebungen bis hin zu teilweise übelriechendem, vaginalem Ausfluß oder Synechie (Scheidenverwachsung) bei den kleinen Mädchen. Auch die sogenannten Löffelnägel, Nägel, bei welchen die Längswölbung leicht nach oben gerichtet ist, sind sykotische Hinweise.

2.9.2 Der syphilitische Säugling

Der syphilitische Säugling kommt in unseren Tagen bei weitem nicht so häufig vor wie der sykotische. Er imponiert durch bullöse (blasige) und ulzeröse (geschwürige) Exantheme auf der Haut (Pemphigus syphiliticus), besonders an den Handflächen und Fußsohlen (Glanzhaut). Des weiteren kommen Papeln um Nase, Mund und im Windelbereich vor. Eine generalisierte Lymphadenopathie (Erkrankung der Lymphknoten) ist ebenfalls vorhanden, häufig auch eine chronische Hypertrophie[1] der Mandeln. An den Mundwinkeln gibt es Risse, sogenannte Mundwinkelrhagaden. Durch die narbige Abheilung der krustösen Papeln und radiären Einrisse um den Mund entstehen die Parrot-Furchen (oberflächlich weiße Narben bei angeborener

[1] Hypertrophie: Größenzunahme eines Gewebes oder Organs durch Zellvergrößerung (bei normal bleibender Zellzahl und -struktur).

Syphilis). Die Fingernägel werden meist durch Nagelfalzentzündungen bis hin zu Panaritien in Mitleidenschaft gezogen.

Syphilitische Säuglinge sowie Kleinkinder leiden häufig an Koryza syphilitica, einer bestimmten Art von Erkältung mit eitrig blutigem Nasensekret. Dieser sogenannte „schnarchende" Schnupfen ist gekennzeichnet durch große dicke Krusten, die das gesamte Nasenloch füllen und die Nasenschleimhäute geschwürig befallen. Sie müssen oft mechanisch entfernt werden, was sehr schmerzhaft sein kann, bilden sich jedoch immer wieder neu. Sie sind dunkel, grünlichschwarz oder braun und oft übelriechend bis stinkend (sogenannte Stinknase, Ozaena). Parallel dazu kommt es meist zum Befall der regionären Lymphknoten im HNO-Bereich; sie schwellen an und sind tast- und sichtbar.

Der syphilitsche Säugling gedeiht nicht recht, magert ab, wirkt zurückgeblieben und ist oft geistig verlangsamt. Des weiteren sehen diese Kinder recht blaß aus (Anämie, Blutarmut) und imponieren durch ein graues, aschfahles Gesicht. Ihre Augen sind eingesunken und von dunklen Ringen umgeben. Ähnlich wie beim sykotischen Säugling kommt es vielfach zur Blennorrhoe der Neugeborenen mit verklebten Lidern während des Schlafes. Manchmal ist auch ein Herabhängen der Oberlider zu registrieren, so daß die Augen schläfrig aussehen. Die Haut des syphilitschen Säuglings wirkt i. d. R. alt und runzelig, beinahe wie eingeschrumpft und vertrocknet, voller Falten, ähnlich denen eines Greisengesichtes. „Unser Kind wirkte nach der Geburt wie ein winzig kleiner Greis mit seinem ernsten Gesichtchen, an dem so gar nichts Babyhaftes war", kann man in Anamnesen immer wieder hören. Auch der plötzliche Tod eines Babys kann ein Hinweis auf eine connatale syphilitische Belastung sein.

Leber- und Milzschwellungen (Hepatosplenomegalie) kennzeichnen häufig den syphilitisch belasteten Säugling. Auch basale Meningitis (Hirnhautentzündung) mit Hydrocephalus internus (Wasserkopf) und Krämpfe gehören zu diesem Erscheinungsbild. Manchmal müssen die Kinder unter enormen Kopfschmerzen leiden; sie schlagen, stoßen und hämmern auf ihren Kopf mit den Fäustchen ein oder schlagen ihn vehement gegen einen Gegenstand (z. B. das Gitterbettchen). Eine bestimmte Form der Lungenentzündung und Nierenerkrankungen gehören genauso in das Erscheinungsbild, wie Ausfluß bei kleinen Mädchen und Phimose bei den Jungen.

Auch hartnäckige Durchfälle und Säuglingsbrechdurchfälle sind oft syphilitischer Genese. Sie sind begleitet durch völlige Lähmung der Verdauung (Durchfall, Erbrechen) mit Benommenheit und Betäubung bis hin zum Koma oder mit Krämpfen und Konvulsionen.

Ausgeprägte X-Beine oder O-Beine sowie Mißbildungen wie beispielsweise Klumpfuß, zugewachsener Anus oder Spina bifida („offener Rücken"), angeborene Herzfehler (Herzklappenfehler, Septumdefekt bis hin zu schwerstem Herzfehler mit Transposition der großen Gefäße), Hypospadie (angeborene Mißbildung der Harnröhrenöffnung) und ähnliches sind bei schwer syphilitsch belasteten Kindern anzutreffen. Dies umfaßt auch die Augen mit starken Brechungsabweichungen, Astigmatismus (Hornhautverkrümmung), Kolobom (Spaltbildung der Iris) etc. sowie die Ohren mit Innenohrtaubheit. Des weiteren imponieren Zwergwuchs und Infantilismus, unterentwickelte oder gar nicht angelegte Organe (z. B. rudimentäre Hoden).

Störungen hinsichtlich Wachstum und allgemeiner Entwicklung von Kindern, welche den gesamten Organismus oder nur einzelne Organe betreffen, sind an der Tagesordnung. Viele Kinder mit angeborener Syphilis verbleiben aber auch während ihres ganzen Lebens in der latenten Phase der Krankheit und entwickeln nie aktive syphilitische Erscheinungsbilder. Bei anderen keimen erst nach Jahrzehnten nach und nach Spätstigmata auf.

Im fortgeschrittenen Kindesalter wirkt sich dieses Miasma durch schwere Angriffe auf die Struktur der Augen aus wie Veränderungen der Linse, der Skleren (Lederhaut), des Ziliarkörpers sowie der Iris. Darüber hinaus kommen auch Störungen im Bereich des Tränenapparates, Keratitis parenchymatosa (zarte wolkige Trübung in den mittleren Hornhautschichten) und Opticusatrophie (Degeneration des Sehnervs), welche bis zur Erblindung führen kann, vor. Andere Erscheinungen betreffen Haut, Ohren und Zähne wie milchkaffeefarbenes Hautkolorit, Innenohrschwerhörigkeit, Tonnenzähne (halbmondförmige Ausbuchtung an den Schneideflächen und Tonnenform der beiden oberen mittleren Schneidezähnen des bleibenden Gebisses) und gezähnelte Schneiden der Schneidezähne, wie bei einem Messer mit Säge *(auch sykotisch).* Auch das Skelettsystem kann schwere Deformitäten zeigen (Säbelscheidentibia, Caput quadratum [sog. Quadratschädel, auch bei Rachitis vorzufinden], Olympiastirn [große vorgewölbte Stirn], Sattelnase, Hasenscharte, Wolfsrachen, Osteochondritis [Knochen- und Knorpelerkrankung, besonders der Epiphysen, welche eine Pseudoparalyse der Extremitäten mit charakteristischen radiologisch feststellbaren Knochenveränderungen verursacht]). Des weiteren sind spärlicher oder spät auftretender Bartwuchs, späte oder gar keine Schambehaarung, späte Entwicklung der Brüste, späte Menarche (Einsetzen der ersten Regelblutung) typisch. Selten kommt es zu Spätmanifestationen im Sinne einer Neurosyphilis oder Mesaortitis luica (Gefäßwandnekrosen im Bereich der aufsteigenden Aorta, die zu Aneurysmen führen).

2.9.3 Das tuberkulinische Kleinkind

Viele kindliche Reifestörungen gehen auf eine tuberkulinische Belastung zurück, wie z. B. Hodenhochstand (Maldescensus testis), Pendelhoden, Descensus erst durch Hormonspritzen, verzögertes Knochenwachstum oder das Vorliegen einer großen offenen Fontanelle für einen langen Zeitraum aufgrund der Unfähigkeit des Systems, knochenbildende Stoffe aus der Nahrung zu assimilieren. Darüber hinaus können die occipitalen Schädelknochen (Hinterkopf) relativ weich sein, so daß der Kinderarzt versucht ist, Richtung Rachitis zu diagnostizieren. Später fallen diese Kinder durch ihre Trichterbrust (unvollkommen vorgewölbt, eingesunken) oder Hühnerbrust auf. Auch pyramiden- oder birnenförmige Gesichter (umgekehrte Pyramide oder Birne, wobei sich der obere Kopfumfang in Höhe der Stirn deutlich verjüngt) sind anzutreffen.

Im frühen Kindesalter zeigt sich die Tuberkulinie auch durch immer wieder auftretende, unerklärliche Fieberzustände (am nächsten Tag ist alles vorbei), Delirien, Fieberkrämpfe, auch andauernde subfebrile Temperaturen, Magen-Darmstörungen, Erbrechen, Durchfall mit erschöpfenden, reichlichen Stühlen und zahlreichen Erkrankungen. Die tuberkulinischen Kinder scheinen überhaupt keine Widerstandskraft zu haben!

Bei Säuglingen kommt es meist zu Nabeleiterungen mit gelblicher Absonderung oder sogenanntem Nabelgranulom. Die Zahnung (die erste, aber durchaus auch die zweite) ist verzögert und/oder erschwert und die Zahnungsperiode häufig begleitet von Durchfällen, Fieberschüben, Erkältungen mit Bronchial-, Ohr- und/oder Lymphknotenbeteilung (häufig perlschnurartige Lymphdrüsenschwellungen im Nacken- und Halsbereich) sowie Neurodermitisschüben, wenn derartige Hautbelastungen vorliegen. Die Kinder riechen im Ganzen recht säuerlich, trotz wiederholten Waschens und Badens. Die Kopfhaut ist mit dickem, säuerlich riechendem Milchschorf bedeckt. Die Füßchen müffeln auch käselig, und sogar die Stühle in der Windel passen durch ihren sauren Geruch in das Gesamtbild.

Tuberkulinische Kinder fallen vielfach durch ausgeprägten Kopfschweiß auf, vor allem beim Schlafen oder beim Stillen. Andere schlagen mit dem Kopf gegen das Bett oder hämmern mit ihren Fäusten auf ihren Kopf ein (aufgrund von Kopfschmerzen oder Hirnreizungen). Ja sogar die Meningitis (Hirnhautentzündung) oder meningitische Reizungen sowie der Hydrocephalus (Wasserkopf) sind meist tuberkulinischen Ursprungs. Zurückgebliebene Kinder (späte statomotorische Entwicklung [z.B. spätes Laufen- und/oder Sprechenlernen], Stumpfsinnigkeit, langsames Verstehen, unsoziales Verhalten, mißmutig, mürrisch, „Nein“-Sager etc.) sind auch diesem Miasma zugehörig.

Weitere typische Symptome sind lange, seidige, oft gebogene Wimpern. Viele Kinder essen gerne Popel (wohl wegen ihres Salzverlangens), haben ein ausgeprägtes Verlangen nach Eis, kalter Milch, Geräuchertem und Fleisch (von ihrer frühesten Kindheit an), jedoch Ablehnung von fettem Feisch. Bei den Nägeln imponieren weiße Flecken, landläufig als Wölkchen bezeichnet. Auch die sogenannten Löffelnägel, Niednägel und das Näglkauen kommen bei tuberkulinisch belasteten Kindern vor. Des weiteren häufiges Nasenbluten, Zähneknirschen im Schlaf, Blässe des Gesichtes oder vielfach umschriebene rote Flecken auf den Wangen. Auch Flaum oder leichte Behaarung entlang der Wirbelsäule, übelriechende Absonderungen hinter den Ohren, Infekte wie Schnupfen, Husten, Bronchitis, Mandel- oder Mittelohrentzündung bei jeder Kälte, jedem feucht-kalten Wetter, jedem Luftzug und jedem Wetterumschwung sind Anzeichen für die tuberkulinische Prädisposition. Die Mandeln der Kinder sind häufig sehr groß, oft sogar riesig, so daß sie sich fast gegenseitig berühren. Bei akuten Infekten gibt es dann vielfach Mandeleiterungen.

Auch Polypen (sogenannte adenoide Vegetationen) sind bei Tuberkulinikern an der Tagesordnung, so daß diese Kinder durch die Nase schlecht Luft bekommen. Ihre eustachischen Tuben (Belüftungsgänge vom Mittelohr zum Rachen) sind häufig verlegt. Mit diesen sogenannten chronischen Tubenkatarrhen gehen dann schlechtes Hören und damit eine verzögerte und unsaubere Sprachentwicklung einher. Oft kommt es auch zu Mittelohrentzündungen, häufig mit Eiterungsneigung. Schließlich perforiert das Trommelfell, und grüngelber Eiter, teilweise stinkend nach altem Käse, ergießt sich aus dem Mittelohr. „Das Ohr ist ein Sicherheitsventil bei tuberkulinischen Kindern. Es erleichtert sie von vielen ernsten Beschwerden, die während des Zahnes auftreten“ (John Henry Allen) Aus diesem Grunde kann es äußerst kritsch werden, derartige Eliminationskrisen mit Antibiotika oder anderen immunsuppressiven Mitteln gewaltsam zu stoppen.

Auch Lungenentzündungen, Rippenfellentzündungen, Krupphusten und Pseudokrupp, Asthma und allgemeine Entwicklungsstörungen gehören zum Erscheinungsbild des tuberkulinischen Kindes. Vielfach ist die Vitalität des kleinen Patienten derart vermindert, daß sein Organismus kaum noch die Kraft aufbringen kann, einen (reinigenden) Ausschlag hervorzubringen.

2.10 Kinderkrankheiten miasmatisch gesehen

Wenn *Tuberkulinie und Sykosis in einem Organismus zusammentreffen*, gibt es fast immer *destruktive Erkrankungen*. Das hat schon Allen immer wieder betont. Dies ist auch nicht verwunderlich, denn im Prinzip sind alle übertragbaren Miasmen vorhanden: aktive Psora mit latenter Syphilis (zusammen als Tuberkulinie) und die so hartnäckige Sykosis mit all ihren tiefgreifenden Beschwerden. Leider ist diese *schlimmste* aller *miasmatischen Konstellationen* heutzutage keine Seltenheit und gewinnt immer mehr an Raum, sogar schon im frühesten Kindesalter. Dies liegt zum einen an der Heredität der Miasmen und zum anderen an den fatalen, immer ausgedehnteren Impfprogrammen, die obendrein zusätzlich sykotisieren und/oder tuberkulinisieren, so daß Destruktivität geradezu vorprogrammiert ist, was sich dann auch noch von Generation zu Generation immer mehr zuspitzt. – *Eine sich fortpflanzende Destruktionsspirale, wie sie es vor unserer Zeit noch nie gegeben hat!*

„Ein Gesunder wird nicht krank“, ein Zitat des großen Homöopathen Dr. med. Otto Eichelberger, welches auf den ersten Blick ein Allgemeinplatz zu sein scheint. Aber – wer kann schon von sich behaupten, wirklich vollkommen gesund zu sein? *Absolute Gesundheit ist – homöopathisch gesehen – gleichbedeutend mit „frei von Miasmen“!* Das hat schon Hahnemann so gesehen! Wer kann sich so glücklich schätzen und von absoluter Gesundheit sprechen?

Die meisten von uns haben doch irgendeine latente chronische Grundkrankheit geerbt oder erworben. Vielfach sind es sogar Kombinationen oben genannter fünf, wenn man das iatrogene Arzneimittelmiasma – ganz speziell bei unserer älteren Generation – mitberücksichtigt!

Genaugenommen sind *Krankheiten* immer ein *Korrektiv* und ihre Symptome Ausdruck einer ganz persönlichen Lebensgeschichte. Dies predigen auch die großen Psychologen und Psychotherapeuten wie Thorwald Dethlefsen und Dr. med. Rüdiger Dahlke. Krankheiten stellen eine große Chance für den einzelnen dar, die Sprache des Organismus zu hören und eine Rückmeldung vom energetischen Zentrum zu bekommen, daß im feinstofflichen Bereich etwas nicht ganz in Ordnung ist. Sie sind auf keinen Fall als etwas Schicksalhaftes, Fatalistisches anzusehen, dem man vollkommen ausgeliefert ist, etwas Unveränderliches, an dem man nichts ändern kann. Das gilt gleichermaßen für Akutkrankheiten wie für alle schweren chronischen Geschehen. *Krankheiten haben immer ihre eigene Logik.* Die Beschwerden sind ein Hinweis, sich mit sich selbst auseinanderzusetzen, sich selbst zu entdecken. Zu jedem Geschehen gibt es eine *Idee*, eine *innere Logik*, die es zu erkennen gilt, und somit auch einen Ansatzpunkt zu echter Heilung.[1]

Die *Idee der Kinderkrankheiten* liegt in der *Beschwichtigung der chronischen Miasmen!* Eine Kinderkrankheit ist sozusagen ein *miasmatischer Selbstheilungsversuch,* um dem Organismus ein *besseres Terrain für die weitere Entwicklung zu bereiten.*

Wenn ein Kind an einer *Kinderkrankheit* erkrankt, so stellt dies einen *positiven Versuch der Natur dar, sich von einem dieser ererbten oder aufgepfropften* (z. B. durch eine Impfung) *chronischen Miasmen vorübergehend* – für vielleicht fünf bis zehn Jahre – *zu befreien.* Diesen *miasmatischen Selbstheilungsversuch* beschreibt schon John Henry Allen vor über 100 Jahren in seinem Werk „Die chronischen Krankheiten – die Miasmen“ sehr treffend: „Wenn sie (die Kinderkrankheiten, Anmerkung des Verfassers) richtig mit den homöopathischen Einzelmitteln behandelt werden, verschwinden sie ohne Nachkrankheiten, wobei das ganze System weitgehend von seinem vorhandenen Miasma befreit und erneuert worden ist. Wenn aber diese Krankheiten falsch behandelt werden, können wir jede Art chronischer miasmatischer Stauung (d. h. Komplikation, Anmerkung des Verfassers) bekommen, die entweder für immer bleibt oder mit der Zeit das Leben vernichtet.“

---

[1] Beispielsweise hat sich eine Patientin von mir, etwa zwei Jahre bevor sie zur chronischen Homöopathie fand, um sich einer antimiasmatischen Kur zu unterziehen, alleine durch die Hilfe und Techniken von NLP (neurolinguistisches Programmieren) selbst vom Rollstuhl befreit, an den sie seit geraumer Zeit aufgrund ihrer ausgeprägten MS (Multiple Sklerose) gebunden war. Es sei ein sehr individueller und schwerer Weg für sie gewesen, der ihr körperlich und auch psychisch viel abverlangt habe, wobei sie ihr Leben gänzlich neu organisiert und ausgerichtet habe!

Die Kinderkrankheiten lassen sich den einzelnen Miasmen, wie folgt, zuordnen:

- Sykosis: Mumps, Windpocken; Dreitagefieber (aufgrund eigener Erfahrungen)
- Syphilis: Scharlach, Diphtherie
- Tuberkulinie: Keuchhusten, Masern, Röteln.

So gesehen, können wir nun auch besser verstehen, daß nicht jedes Kind jede Kinderkrankheit durchmacht und sich auch nicht beliebig – beipielsweise im Kindergarten – „ansteckt"! – Der Organismus braucht diese Krankheit für seine Entwicklung, und zwar gezielt, individuell! Und das nicht nur auf organischer Ebene! – Viele von uns werden schon festgestellt haben, daß ihr Kind nach einer durchgemachten Kinderkrankheit nicht nur körperlich stabiler geworden ist, sondern auch geistig reifer und verständiger. Häufig wird berichtet, daß ein Kind auf einmal ganze Sätze spricht, während es zuvor nur Ein- bis Zweiwortsätze konnte. Andere sind von Stund' an trocken und nässen nicht mehr ein. Oder sie verlieren nach überstandener Krankheit ganz spontan ihre Stolperneigung und fallen nicht mehr „unglücklich" aufs Gesicht und vieles mehr. Ja sogar große chronische Störungen und Behinderungen, wie Epilepsie oder psychomotorische Entwicklungsstörungen, haben sich nach durchgemachten Kinderkrankheiten verabschiedet! Und das kann es nur geben, weil die Kinderkrankheiten einen ganz deutlichen miasmatischen Bezug zum Ganzen haben. Sie fungieren sozusagen als *Reinigungsprozeß von einem die natürliche Entwicklung störenden Fehlprogramm.* Ich habe sogar erlebt, daß auch typische Kleinkindkrankheiten, wie die gefürchtete Stomatitis (Mundfäule) oder die „abscheuliche" Impetigo contagiosa (Eiter- oder Grindflechte) zu derartigen Reife- und Entwicklungssprüngen auffallend viel beigetragen haben.

Vielfach können auch Kinderkrankheiten *durch eine chronische homöopathische Behandlung (eine antimiasmatische Kur) geradezu „provoziert" werden,* damit das zur Zeit aktive Miasma erfolgreich abtreten kann, was gewissermaßen ein Beweis dafür ist, daß *Kinderkrankheiten einen miasmatischen Touch haben* und keinesfalls verteufelt werden dürfen. – Beispielsweise stellen die Windpocken nach den vielen sykotisierenden Impfungen im Kleinkindalter vielfach ein Entlastungsprogramm der Natur dar! – Genau das Gegenteil ist also richtig! *Die Kinderkrankheiten schaffen den Boden für eine verbesserte Entwicklungsmöglichkeit des frühkindlichen Organismus.*

In jeder Kinderkrankheit findet also ein Reifungsprozeß statt, der für die menschliche Entwicklung notwendig ist. Dies gilt aber nur dann, wenn die Krankheit in Ruhe gelassen wird. Eine Behandlung mit fiebersenkenden Mitteln, Antibiotika, Cortison oder anderen unterdrückenden Medizinen hat strengstens zu unterbleiben! Dadurch würde der Körper in seinen ausleitenden Funktionen massiv behindert werden, was der Torpedierung der miasmatischen Not- und Sonderfunktion dieser Kinderkrankheit gleichkäme. Auch bei jeglicher Form von lokalen Anwendungen ist Vorsicht geboten, denn der *Krankheitsprozeß ist ja bekanntlich energetischer Natur und nicht materieller!* Nicht der Ausschlag ist die Krankheit; diese zeigt sich nur durch ihn und jener ist notwendig für den Reinigungsprozeß.

Grundsätzlich gesehen besteht die Möglichkeit, daß eine Kinderkrankheit die Gesundheit eines Kindes verbessern oder verschlechtern kann. Die *ererbten und/oder erworbenen Miasmen* (sowohl die *Intensität* des einzelnen Miasmas als auch deren *Komplexität* im Ganzen, d. h. das Vorliegen mehrerer Miasmen), die Vitalität der *Lebenskraft des einzelnen Kindes* (abhängig davon, wie oft und intensiv schon zuvor unterdrückend bzw. lokal therapiert wurde) sowie die derzeitige *Therapie* der akuten Kinderkrankheit (ob immunsuppressiv oder mit Maßnahmen, welche die Natur der Erkrankung unterstützt) spielen dabei die zentrale Rolle, ob es aus der Erkrankung gesünder hervorgeht oder nicht. Reicht die Kraft des kindlichen Organismus nicht aus, um einen bereinigten, verbesserten Gesundheitszustand herzustellen, so kann es passieren, daß schwerwiegende Folgekrankheiten (sogenannte *Komplikationen*) auftreten (z. B. Lungen-, Herz-, Hirnhaut-, Nierenentzündungen etc.). *Diese gehen aber immer auf das Konto früherer verabreichter Impfungen, häufiger Antibiotikagaben, Cortisontherapie und dergleichen mehr, denn dadurch wird der frühkindliche Organismus in seiner Selbstregulationsfähigkeit massiv beeinträchtigt.* Ein sehr auffallendes allgemeines Zeichen, welches in diese Richtung weist, ist, daß *die meisten Kinder von heute (und Erwachsenen ebenso) kaum noch ein vernünftiges Fieber produzieren können!* Temperaturen von um die 38 °C sind leider „normal" geworden, was jedoch, rein *biologisch gesehen, als Alarmsignal der Natur* zu werten ist. Physiologisch normal wären Werte von ca. 40 °C und ewas mehr, also kurz, heftig und bereinigend, um die Krankheit quasi „auszukochen", und nicht lang anhaltend, schleppend und anstrengend.

Um es noch einmal in aller Deutlichkeit zu sagen: *Es ist nicht die Kinderkrankheit, welche etwaige Komplikationen verursacht, sondern, um es ein wenig salopp auszudrücken, der Misthaufen, der dahintersteckt, die Prädisposition also, der erblich bedingte Hintergrund, das Miasma – sozusagen die Krankheit hinter der Krankheit!*

Komplikationen entstehen in der Regel erst dann, wenn beispielsweise der Hautausschlag aufgrund einer zu geschwächten Lebenskraft nicht richtig herauskommt und/oder durch Antibiotika oder ähnliches unterdrückt wird. Da es sich hierbei um eine exanthematische Krankheit handelt, also eine Krankheit, welche über einen Hautausschlag entgiftet, besteht die große Gefahr, daß bei „Schließen des Ventils Haut" die auszuscheidenden Toxine wieder nach innen gedrückt werden und dort – je nach Schwachstelle des Organismus – entsprechende Komplikationen verursachen.

Selbstverständlich können Kinderkrankheiten durch gezielte Homöopathie unterstützt werden, so daß sie ohne Komplikationen verlaufen und bleibende chronische Schäden vermieden werden. Ein Homöopathikum wird den Organismus in seinem Ausscheidungsprozeß unterstützen und gegebenenfalls das Exanthem (den Hautausschlag) – sofern es sich um eine exanthematische Krankheit handelt, wie zum Beispiel bei Scharlach – richtig herausbringen. Durch diese Wirkungsweise – die biologischen Notfunktionen optimal zu unterstützen – kommt es nicht zu dem Phänomen der *Unterdrückung*[1]. Das Offenhalten des physiologischen Notventils zur Ausscheidung schädlicher Toxine gewährleistet, daß der Heilungsprozeß viel schneller verläuft und die Krankheit für den Patienten nicht so anstrengend empfunden wird. So dauert ein homöopathisch akut behandelter Scharlach meist nur eine Woche, wobei sich der kleine Patient sogar recht wohl fühlt (sonst meist ca. drei Wochen bei vielfach deutlich schwererem Verlauf), oder ein Keuchhusten sage und schreibe drei bis 14 Tage (gerechnet ab Behandlungsbeginn), welcher in der Literatur sowie in schulmedizinischen Praxen als sehr langwierig und hartnäckig angesehen wird (sechs Wochen bis hin zu drei Monaten, aber auch deutlich länger). An dieser Stelle sei auch nochmals an die bereits weiter oben angeführten Beobachtungen des bekannten homöopathischen Arztes Dr. Freiherr von Ungern-Sternberg erinnert, daß er und Kollegen in ihrer langjährigen homöopathischen Praxiszeit zu keinem Zeitpunkt irgendwelche schwerwiegenden Komplikationen von Scharlach erlebt haben. Dies wurde ihnen allerdings erst so richtig bewußt, als sie einmal bei einer Führung durch die Scharlachabteilung eines großen Krankenhauses mit den schlimmsten Folgeerscheinungen konfrontiert wurden. – Deutlicher kann der Unterschied zur Allopathie nun wirklich nicht sein.

All das bestätigt im Prinzip auch der bekannte anthroposophische Kinderarzt Dr. Stellmann, indem er resümiert: „Es klingt beinahe ketzerisch, aber ich behaupte, daß ein Kind *durch die Kinderkrankheiten letztlich gesünder* wird.“

2.11 Das Phänomen der Unterdrückung

Die schädigende Wirkung von allopathischen Medikamenten ist in den letzten Jahren mehr und mehr in das Blickfeld der Öffentlichkeit gelangt und als echte Gefahr für die Gesundheit erkannt. Nicht so bekannt dagegen ist, daß durch die allopathische Art zu „heilen“ natürliche Krankheiten und Vorgänge *unterdrückt* werden können, so daß vollständig neue Krankheitsbilder anstelle des alten entstehen. Das heißt, es *resultieren neue, künstliche Syndrome* durch die verwendeten Arzneimittel, sogenannte Krankheitsverschiebungen oder – laut Dr. Eichelberger – „Stellvertreterkriege“ (eine andere Störung stellvertretend für die frühere). Der Patient hat keinerlei originale Symptome der ursprünglichen Erkrankung mehr aufzuweisen; sein Symptomenbild ist verwischt bzw. unterdrückt worden. Diese Zusammenhänge sind sehr verwerflich, da sie den

[1] Siehe Kapitel *2.11 Das Phänomen der Unterdrückung*.

Patienten in der Regel in zunehmende Destruktion treiben und man sich von echter Heilung immer weiter entfernt. *Das Unterdrückungssyndrom bringt eine allgemeine Verschlechterung solchen Ausmaßes mit sich, daß schon die Wiederherstellung der alten Verhältnisse für den Kranken wünschenswert wäre.*

Unterdrückung bedeutet, daß man die Manifestation einer Krankheit (also ihre Lokal-Übel) zum Verschwinden bringt, bevor diese selbst (in ihrem Ganzen) geheilt ist.

Wir können drei Elemente am Unterdrückungsphänomen unterscheiden:

- das *unterdrückte Symptom*
- die *auslösende Ursache* und
- das *neu entstandene Unterdrückungssyndrom,* das heißt, eine allgemeine Verschlimmerung unter Verlagerung der Symptomatik auf andere Organe und Funktionsbereiche.

Eine Unterdrückung wirkt immer *auslösend* und hat eine ganz besondere Bedeutung für die homöopathische Arzneimittelwahl. Ihr kommt *immer* der Charakter eines Leitsymptoms zu, da sie eine echte Causa (Krankheitsursache) ist.

Die Auslösung einer Unterdrückung kann auf vielfältige Weise erfolgen. Es werden im Prinzip – grob betrachtet – zwei verschiedene Arten unterschieden, welche wiederum unterteilt werden können:

- *zufällige, natürliche bzw. spontane Unterdrückung*
  z. B. durch: emotionale, klimatische Schockwirkung; Kummer; nahrungsbedingte Einflüsse; Umwelteinflüsse; Verkühlung (z. B. Ausbleiben der Menses nach kaltem Baden); Unterdrückung einer Krankheit durch eine andere etc.
- *Unterdrückung durch iatrogene Manipulationen unserer modernen Medizin*
  - *medikamentöse Unterdrückung*
    lokale Behandlungen beispielsweise durch cortison- oder zinkhaltige Salben, Nasentropfen etc.; *innerlich* z. B. durch Antibiotika, Cortison, Sulfonamide, Fieberzäpfchen, Analgetika, Sedativa, Hormone, Pille etc.; bei sehr empfindlichen Menschen auch durch sog. Naturheilmittel möglich
  - *chirurgische Unterdrückung*
    Entfernen von Warzen, Leberflecken, Tonsillen (Mandeln), Polypen, Appendix (sogenannter Blinddarm), Varizen (Krampfadern), Eierstöcken etc.; Schließen von Fisteln (z. B. Analfistel); Verödung von Hämorrhoiden, Varizen; Lasern von Besenreiservarizen etc.; im Prinzip alle Operationen, Verätzungen etc.
  - *Unterdrückung durch Impfungen*
    Behinderung der natürlichen Entwicklung sowie Unterbindung von miasmatischen Selbstheilungsversuchen in Form von Kinderkrankheiten und zusätzliche Belastung bzw. Zerstörung des Immunsystems im Ganzen

- *Unterdrückung durch „homöopathische" Arzneimittel oder andere energetische Verfahren*
  z. B. bei unsachgemäßer palliativer Behandlung, bei unkritischer Verschreibung von „bewährten Mitteln" aufgrund einer klinischen Diagnose; Komplexmittelhomöopathie; Behandlungen mit potenziertem Eigenblut; Autovakzine[1]; in den meisten Fällen auch via Bioresonanz, Biotensor, Pendeln, Kinesiologie, EAV (Elektroakupunktur nach Voll) etc. ausgetestete homöopathische Mittel[2].

Es ist zu beobachten, daß Unterdrückungen energetischen Ursprungs durch das Fortschreiten der Technisierung im Medizinbereich – leider nun auch bei den sogenannten Naturheilverfahren – zunehmend häufiger vorkommen. Der homöopathische Schweizer Arzt Dr. Adolf Voegeli bezeichnete diese Form der Unterdrückung als die schlimmste und verwerflichste; und zwar mit Recht, denn es handelt sich um Unterdrückungen im feinstofflichen Bereich, die weitaus schwerer rückgängig zu machen sind als die meisten anderen, wenn man von den Impfungen einmal absieht.

Unterdrückung bedeutet einen rückwärtsschreitenden Prozeß, der im Gegensatz zum physiologischen Gesetz steht. Das Leben arbeitet immer von innen nach außen, was auch an der kleinsten Lebenseinheit, der Zelle, sichtbar wird. Selbst im Krankheitsfalle wird die Lebenskraft versuchen, alles auf die Peripherie zu treiben (z. B. Hautausschläge, Schweiß, Durchfälle), um das energetische Zentrum und die lebensnotwendigeren Organe zu entlasten. *Durch eine Unterdrückung erfolgt jedoch genau das Gegenteil. Die Krankheit wird von der Peripherie zurück ins Innere getrieben!* Die natürlichen Auswege und Ventile sind blockiert; es erfolgt eine Verlagerung des Krankheitsgeschehens in andere, für den Gesamtorganismus gefährlichere Regionen. Gemäß John Henry Allen ist das *Miasma* jedoch noch in derselben Stärke im Organismus vorhanden; nur seine *Wirkung* und *Arbeitsweise* wurde *aufgrund der Blockierung der „Krankheitsventile" in eine andere Richtung gelenkt!* – Das

---

[1] Autovakzine: therapeutische Vakzine, deren antigenes Material vom Patienten selbst stammt (z. B. Erguß, Eiter, Stuhl, Harn) und welches ihm nach entsprechender Verarbeitung reinjiziert wird.

[2] Das Verschreiben von homöopathischen Arzneimitteln in der chronischen Behandlung mittels bioenergetischem Austesten kann nicht funktionieren, was schon an einem kleinen Beispiel aus meiner Praxis sehr deutlich wird: Eine junge Mutter testete, zusammen mit ihrer Heilpraktikerin, nahezu täglich den Zustand und die daraufhin zu verabreichenden Arzneimittel ihres motorisch behinderten kleinen Sohnes aus. So erhielt der Kleine alle paar Tage ein anderes Homöopathikum, teilweise in Tiefpotenz, teilweise in Hochpotenz (!), je nachdem, was „angezeigt" war. Es kam aber auch zeitweise vor, daß das zu verabreichende Mittel überhaupt nicht gegeben werden konnte, da dieses in der vorgeschlagenen Potenz oder als seltenes Mittel nicht schnell genug zu beschaffen war und sich der Zustand des Kindes mittlerweile wieder verändert hatte, so daß die Testung nun für ein ganz anderes Arzneimittel sprach!

erste, was wir also tun müssen, ist, die unterdrückten Symptome wiederherzustellen.

Eine der wichtigsten Fragen in der homöopathischen Anamnese ist deshalb die *Frage nach dem Ursprung der Beschwerden.* Seit wann besteht das Leiden? Wie wurde damals – und selbstverständlich auch heute noch – behandelt? Was war vorher und wie wurde eventuell jenes Leiden therapiert? – Dies betrifft nicht nur ein paar Stunden oder Tage; das kann unter Umständen sogar ein paar Jahre oder Jahrzehnte zurückliegen. Hier ist echte Detektivarbeit zu leisten.

„Der Mensch ist ein *Zeitenorganismus,* und was ihm *heute* medizinisch angetan wird, kann sich und wird sich früher oder später, *in Jahren oder Jahrzehnten erst,* äußern als vorangegangene iatrogene Gewaltakte namens einer hemmungslos agierenden Sanitätstechnik. *Gröbste Chemie* auf der einen Seite, *feinste Säuren* auf der anderen Seite, nämlich im Bereich der 3,5 Milliarden Gene des Menschen – ein Irrsinn!" – so Dr. Eichelberger während eines seiner homöopathischen Kolloquien in München.

Häufig kann mit Aufhebung der Unterdrückung nicht nur der Zustand von vorher wieder hergestellt werden, sondern es verschwinden auch noch andere Beschwerden, so daß es dem Patienten deutlich besser geht. In den Fällen, bei denen nur der Zustand vor der unterdrückten Erkrankung erreichbar ist, wird eine weitere Arzneimittelwahl für dieses Beschwerdebild vonnöten sein.

Im folgenden ein paar wahllos zusammengestellte Beispiele von Unterdrückungen aus meiner homöopathischen Praxis:

- Kopfschmerzen und diffuse Schmerzen am ganzen Körper nach Unterdrückung einer Grippe mit „bewährten Naturheilmitteln"
- Tinnitus (Ohrgeräusche, Ohrensausen) aufgrund der homöopathischen Selbstbehandlung von verschiedenen „harmloseren" Symptomen
- progressive Innenohrschwerhörigkeit nach Behandlung eines schweren grippalen Infektes mit meningealen Reizungen (Hirnhautreizungen) mittels Antibiotika und Cortison
- Auftreten von übelriechendem Fluor vaginalis (Ausfluß aus der Scheide) nach operativer Unterdrückung von adenoiden Vegetationen (sogenannte Polypenoperation) im zarten Alter von nur sechs Jahren (!) bis hin ins Erwachsenenalter
- Asthma oder Neigung zu spastischer Bronchitis nach der Behandlung einer Neurodermitis mit Salben[1]

---

[1] „Mit sechs Jahren bekommen die Kinder, die Neurodermitis haben, Asthma." – Zitat eines Kinderarztes in Österreich, welcher mit dieser Begründung einem Neurodermitis-Kind 1,5 Jahre lang dreimal täglich Intal vorbeugend gegen Asthma verschrieben hat. – So weit ist es schon gekommen, daß die eigentlichen Zusammenhänge gar nicht mehr erkannt werden und man gleich noch weitere schwere Medikamente verabreicht, wo noch gar nichts ist! Sicherlich – es ist allgemein bekannt, daß aufgrund einer Neurodermitis vielfach Asthma entsteht; jedoch nur nach einer *unterdrückten* (d.h. lokal behandelten) Neurodermitis, was den wenigsten bewußt ist!

- Neigung zu jährlich mehrfachen Pneumonien (Lungenentzündungen) nach Unterdrückung eines grippalen Infektes durch Antibiotika
- akute Herzmuskelentzündung mit nachfolgender „Herzangst“ (Panikattacken mit Herzrasen) nach Behandlung eines grippalen Infektes mit Echinacin und Eigenblut
- Analfistel nach Verödung von Hämorrhoiden und späterer Operation
- irrationale panische Ängste nach operativem Schließen einer Analfistel
- Epilepsie nach Unterdrückung einer schweren Bronchitis durch Antibiotika
- Epilepsie nach Grippeimpfungen in mehreren aufeinander folgenden Jahren
- leichter Apoplex (Schlaganfall) nach wiederholten Grippeimpfungen
- Polyarthritis nach medikamentöser Behandlung von Muskel- und Sehnenüberbeanspruchung
- Neigung zu Blasenentzündungen nach Unterdrückung einer chronischen Gastritis (Magenschleimhautentzündung) durch Behandlung mittels Bioresonanztherapie
- Guillain-Barré-Syndrom nach unsachgemäßer Behandlung von Windpocken
- Chorea Huntington nach Mehrfachimpfung
- Periarteriitis nodosa (schwere lebensbedrohliche arterielle Gefäßkrankheit) der Unterschenkel nach mehrfacher antibiotischer Behandlung von grippalen Infekten
- paranoide Zustände mit nachfolgenden Depressionen nach Tetanusimpfung
- Depressionen mit Suizidneigung nach Impfung
- Ausbleiben der Menses nach Hormonbehandlung
- Meningitis (Hirnhautentzündung) nach Behandlung einer Phlegmone[1] an der Hand zzgl. eines schweren grippalen Infektes mittels Breitbandantibiotikum
- Lupus erythematodes und Nierenversagen mit Dialyse nach Behandlung eines Hautausschlages mit Cortison
- akutes Nierenversagen mit Dialyse nach mehrfacher Unterdrückung einer ursprünglichen Angina und diffusen Bauchbeschwerden.

Besonders Menschen mit psorischer Konstitution reagieren auf Unterdrückungen; deshalb gehören sehr viele Unterdrückungen der Psora an. Es kommen jedoch auch gehäuft sykotische Unterdrückungen vor, darüber hinaus auch syphilitische und tuberkulinische.

Die *moderne Chiurgie* ist oft *Quelle der Unterdrückung der Sykosis*. Durch die Operationen und Hinwegnahme von „erkrankten“ Organen oder Teilen davon wird die Lebenskraft gezwungen, einen anderen – weniger peripheren –

[1] Phlegmone: flächenhaft fortschreitende eitrige Entzündung des Zellgewebes.

Hemmpunkt zu errichten, der unter Umständen viel lebensbedrohlicher ist. Allen beobachtete schon vor mehr als 100 Jahren, daß „die Syphilis oft Jahre für das braucht, wozu die Sykosis von Anfang bis zum tödlichen Ende nur wenige Monate braucht, ja selbst nur wenige Wochen."

2.12 Das Phänomen der Rückspulung

Während einer chronisch homöopathischen Behandlung warten alle Homöopathen „sehnsüchtig" auf Ausscheidungskrisen beim Patienten und freuen sich, wenn sich diese einstellen, denn sie sind ein gutes Zeichen der Heilung und weisen darauf hin, daß wieder dauerhafte Gesundheit erreicht werden kann.

Die Heilung erfolgt nämlich unter bestimmten Naturgesetzmäßigkeiten, welche Constantine Hering (1800–1880), großer deutscher Homöopath, der Hahnemann noch persönlich kannte und in jungen Jahren nach Amerika auswanderte, um dort die Homöopathie zu verbreiten, in der sogenannten *Hering'schen Regel* zusammengefaßt hat. Mit dieser Regel kann die „Richtung", die die Symptome im Verlaufe einer Kur nehmen, beurteilt werden. Grundsätzlich gesehen darf nichts auftreten, was vorher nicht schon einmal da war, es sei denn, es ist ein Hautausschlag (im homöopathischen Sinne Ausleitung über die Haut), oder wir können es anderweitig einordnen (beispielsweise es gehört zum Arzneimittelbild des laufenden Mittels im Sinne eines Prüfungssymptoms). Die Hering'sche Regel beschreibt die zentrale Richtung des Heilungsverlaufes und gilt besonders für die Behandlung chronischer Erkrankungen. Sie lautet:

Der Patient ist *auf dem Wege der Heilung*, wenn folgende Kriterien erfüllt sind:
- Die Symptome verschwinden *von innen nach außen* und/oder
- *von oben nach unten* und/oder
- in der *umgekehrten Reihenfolge* ihres früheren Auftretens.

Der Organismus, ja sogar die kleinste Lebenseinheit, die Zelle, arbeitet von innen nach außen. Aus diesem Grunde sind Hautausschläge vergleichsweise harmlose „Krankheiten", selbst wenn sie große Beschwerden bereiten, denn der Organismus versucht schädliche Toxine über die Haut auszuleiten. Hautausschläge müssen demnach unangetastet bleiben und dürfen nicht lokal behandelt werden! Sie verschwinden von alleine, wenn das Zentrum gereinigt ist. Das heißt, unter einer homöopathischen Behandlung kann zunächst die Haut „belastet" werden, wohingegen zentralere innere Organe entlastet werden oder sich Gemütssymptome deutlich aufhellen. Wenn dann das „Ventil Haut" zur Ausscheidung nicht mehr gebraucht wird, lösen sich die Ausschläge von selbst wieder auf, ohne eine gezielte lokale Behandlung. Verläuft die Symptomenveränderung allerdings in umgekehrter Reihenfolge, das heißt, verbessern sich periphere Erscheinungen wie die Haut unter Verschlechterung zentralerer Regionen (z. B. Lunge, Herz), so wird es kaum echte Heilung geben, eher eine Verschlimmerung im Ganzen. Andere nennenswerte Toxinausleitungen bestehen in vermehrten Schweißen, Durchfällen, Eruptionen von Warzen oder akuten Erkrankungen, um nur einige zu nennen, welche selbstverständlich nicht lokal und unterdrückend behandelt werden dürfen.

Ähnlich verhält es sich bei „von oben nach unten". Eine Neurodermitis beispielsweise wird im Sinne dieser Naturgesetzmäßigkeiten gut abheilen, wenn sie sich schrittweise von oben nach unten verbessert. Das gilt auch dann, wenn vorübergehend Hautausschläge an den Beinen oder anderen unteren Körperregionen auftreten, die zuvor dort noch nie zu beobachten waren, wobei jedoch meinetwegen das Gesicht schon völlig frei geworden ist. Werden dagegen untere Körperregionen auf Kosten oberer immer besser, so läuft etwas schief und entfernt sich von echter Heilung.

Die „umgekehrte Reihenfolge ihres Auftretens" beschreibt einen *Rückspulungsprozeß*, der bei der Behandlung von chronischen Erkrankungen immer wieder festzustellen ist. Mit der Homöopathie wird ein retrograder[1] Prozeß angestoßen, der dem Patienten häufig noch einmal alle alten – noch nicht vollständig ausgeheilten – Krankheitserscheinungen und -stadien für kurze Zeit reaktiviert, um diese nun zu durchleben und endgültig echt ausheilen zu können. Dies ist immer als positives Zeichen des Heilungsverlaufes zu werten. Waren die einzelnen Lebensabschnitte des Patienten in der Vergangenheit in gesundheitlicher Hinsicht mit viel Dramatik behaftet, so wird dieser den Rückspulungsprozeß in der Regel als recht anstrengend empfinden, weil „immer etwas passiert". Je mehr akute oder entzündliche Prozesse im Leben eines Menschen vorgekommen sind, desto deutlicher wird dieser den Rückspulungsprozeß „seiner" früheren, bislang nicht wirklich ausgeheilten Beschwerden erleben. Da mit zunehmender Behandlungsdauer die Miasmen – und damit die alten Krankheitserscheinungen – immer weiter abgetragen werden, sind auch die entsprechenden Reaktionen auf das homöopathische Arzneimittel schrittweise weniger deutlich wahrzunehmen (d. h. ohne große Dramatik), da man mit der Zeit automatisch „in ruhigeres Fahrwasser kommt". – Bei früheren, wenig auffälligen Beschwerden kann diese Aufarbeitung alter Krankheitszustände völlig latent bzw. fast unbemerkt verlaufen. – Häufig kommen auch wieder Symptome zum Vorschein, welche der Patient schon längst vergessen hatte und deshalb in der Anamnese nicht zur Sprache gebracht hat, aber an welche er sich bei der Rückspulung sofort wieder erinnert. Deshalb ist der Therapeut angehalten, bei Auftreten von „neuen" Symptomen während einer chronischen Kur immer wieder zu eruieren, ob dem Patienten diese Phänomene von früher her bekannt sind. Ist dies der Fall, so kann man davon ausgehen, daß das zur Zeit „laufende" Mittel noch wirkt und weiterhin nicht gewechselt zu werden braucht.

---

[1] retrograd: rückläufig, zeitlich oder örtlich zurückliegend.

2.13 Kumulative Miasmatisierung über Generationen hinweg

Zu guter Letzt noch ein paar abschließende Worte hinsichtlich der gravierendsten Miasmatisierungen unserer Zeit: zu den Impfungen. Warum sind die Impfungen in Wahrheit so gefährlich?

Es kann nicht deutlich genug zum Ausdruck gebracht werden, daß die *Impfungen mit Abstand das Gefährlichste der gesamten Schulmedizin* sind! Sie *forcieren die miasmatischen Belastungen des einzelnen bis ins Unermeßliche*, das heißt, sie beschleunigen chronische Veranlagungen bis hin zur Destruktivität. Darüber hinaus können sie auch zusätzliche Miasmen im Organismus setzen, auch dann, wenn es in der Blutsverwandtschaft keinerlei Hinweise auf derartige Prädispositionen gegeben hat. Und was das zur Folge hat, haben wir bereits diskutiert. So tragen sie zur umfassenderen Miasmenkomplexität bei, welche dann erblich weitergegeben wird und sich somit von Generation zu Generation verschärft und bis in die Fortpflanzungsunfähigkeit münden kann. *Eine schleichende kumulative Miasmatisierung über Generationen hinweg!*

Und genau dies erleben wir heutzutage immer mehr! So müssen junge Menschen mit Kinderwunsch nicht selten die traurige Erfahrung machen, daß nichts mehr geht. Das ganze Szenario verschärft sich progressiv spiralförmig, der Strudel wird immer gewaltiger und bald wird sich ihm keiner mehr entziehen können. Es geht schon lange nicht mehr nur um den einzelnen! Nein, es wird schon recht bald um den Fortbestand der gesamten Menschheit gehen! Darüber hinaus sind kranke Menschen leichter zu manipulieren, denn sie haben ständig mit sich zu tun, sie interessiert nichts anderes mehr. *Durch das Weiterführen der Impfungen tickt also die allergrößte Zeitbombe in der Geschichte der Menschheit!* Wir alle steuern auf eine globale Katastrophe zu, wenn wir nicht mit unserem kostbarsten Gut Gesundheit eigenverantwortlich umzugehen lernen. Zwar handelt es sich hierbei um einen schleichend fortschreitenden Prozeß, doch – steter Tropfen höhlt den Stein. *Aufgrund der Heredität der Miasmen und der wiederholt aufgepfropften Vaccinosen wird jede weitere Generation noch belasteter sein als ihre vorhergehende.* Außerdem kann man auch nie sicher sein, was noch alles in den Impfstoffen enthalten ist (z.B. Abtreibungsmittel in den sogenannten Dritte-Welt-Ländern, wie Frau Dr. Milly Schär-Manzoli in dem Artikel „Menschliche Versuchskaninchen: Schwere Anschuldigungen gegen die WHO – Ein als Starrkrampf-Serum ausgegebenes Abtreibungsmittel wurde auf Millionen von Frauen ohne deren Wissen ausprobiert!“ ausgeführt hat oder wie Dr. Wolf Szmuness, hochkarätiger Impfforscher und Professor für Epidemiologie in den USA warnt: „Es ist nicht nur Impfstoff in den Ampullen!“). Das alles hat auch Higinio G. Perez aus Mexico erkannt, indem er warnt: „Es genügt nicht, sich um das flüchtige Leben des einzelnen zu kümmern; wichtiger ist es, sich des ganzen Menschengeschlechtes anzunehmen.“

2.14 Klassifikation von Gesundheit

Gesundheit hat heutzutage landläufig die Bedeutung „frei von akuter Krankheit, frei von Fieber und Unwohlsein". Fragen Sie einmal Angehörige unserer älteren Generation! Wenn sie gerade keinen grippalen Infekt oder ähnliches haben, wenn sie nichts spüren, halten sie sich für gesund und meinen, es ginge ihnen gut. Und das, obwohl sie beispielsweise keine Gallenblase mehr haben und/oder an Asthma, Migräne, Rheuma, Hüftgelenkarthrose, Vitiligo oder anderen chronischen Krankheiten leiden! Laut klinischem Wörterbuch Pschyrembel bezeichnet Gesundheit „im weitesten Sinne nach der Definition der WHO den Zustand völligen körperlichen, geistigen, seelischen und sozialen Wohlbefindens" und „im engeren Sinne das subjektive Empfinden des Fehlens körperlicher, geistiger und seelischer Störungen bzw. Veränderungen". Also weitaus mehr, als man zu denken gewohnt ist. Der Begriff ist theoretisch sehr viel weitgefaßter, als in der herkömmlichen Praxis umgesetzt. *Homöopathisch betrachtet erhebt der Begriff Gesundheit einen noch höheren Anspruch!* Hier geht es nämlich um Dimensionen, welche an fast *absolute Gesundheit* grenzen, wie sich schon Altmeister Hahnemann vor mehr als 150 Jahren ausdrückte. Und genau das muß auch das Ziel einer jeden homöopathischen chronischen Behandlung sein. So gesund, daß man steht wie der Fels in der Brandung.

Beobachtungen aus meiner homöopathischen Praxis heraus haben immer wieder bestätigt, daß wir eine *vierstufige oder gar fünfstufige „Hierarchie" von Gesundheit* definieren können, was bei der Behandlung *kinderreicher Familien* besonders gut zum Ausdruck kommt, denn hier *gelten für jedes einzelne Kind dieselben familiären miasmatischen Voraussetzungen,* sofern Vater und Mutter dieselben sind! Die *ersten Kinder* dieser Familien, die anfangs noch gegen die eine oder andere Krankheit geimpft sowie im Krankheitsfall mit immunsuppressiven Arzneimitteln (Fieberzäpfchen, Antibiotika, Cortison etc.) behandelt wurden, um dann später mit einer antimiasmatischen chronischen Kur zu beginnen, sind in jeder Hinsicht auffallend gesünder, vitaler, umgänglicher und weniger infektanfällig, als alle anderen Kinder im Kindergarten oder in der Schule, welche weitergeimpft und nicht homöopathisch (chronisch) betreut wurden. Bei den *zweiten Kindern* dieser Familien wurde dann aufgrund der guten Erfahrungen mit der chronischen Homöopathie von Anfang an auf Impfungen verzichtet und darüber hinaus im Krankheitsfalle zu keinem Zeitpunkt immunsuppressiv eingegriffen. Diese Kinder sind nochmals einen Deut gesünder als ihre zuvor beschriebenen älteren Geschwister, was allerdings meist nur von den Angehörigen und Therapeuten wahrgenommen wird. Und die *letzten Kinder* dieser Familien haben dann den besten Start ins Leben, denn vor deren Zeugung ließen sich nun auch die Eltern selbst chronisch, das heißt antimiasmatisch, vorbehandeln: zum einen die Mutter während der Schwangerschaft (homöopathische antimiasmatische Schwangerschaftsbegleitung) und zum anderen – was weitaus besser ist –

beide Elternteile gemeinsam weit vor dem eigentlichen Zeugungstermin des Kindes, so daß die hereditären Miasmen an dieses nicht mehr in jener Intensität (günstigstenfalls überhaupt nicht mehr) weitergegeben werden konnten, wie dies bei den älteren Geschwistern noch der Fall war. Diese Kinder sind – so kann man immer wieder beobachten – mit deutlichem Abstand die gesündesten und, im Sinne der Medizin, unauffälligsten (bzw. heute müßte man eher das Gegenteil sagen, denn derartige Kinder fallen aufgrund ihres liebevollen Wesens, ihrer hohen Vitalität, schnellen Auffassungsgabe und robusten Gesundheit geradezu auf!).

Mit weiteren Generationen kann man auf diese Weise sicherlich wieder zu fast *absoluter Gesundheit für alle* kommen! Insgesamt gesehen, ist nämlich zu beobachten, daß Menschen, die inzwischen in zweiter oder dritter Generation homöopathisch behandelt wurden, „chronisch gesund“ sind und nur selten akut erkranken, und wenn, dann nur kurz und heftig, aber ohne Komplikationen. Genauso, wie es Hahnemann schon damals gesagt hat.

Zusammenfassend stellt sich also die vierstufige (bzw. fast fünfstufige) Hierarchie von Gesundheit, wie folgt, dar:

- Vergleichsgruppe von herkömmlich versorgten Kindern: durchgeimpft und medizinisch herkömmlich betreut ☹
- *erste Kinder: Abbruch* der Impfungen und sonstiger Immunsuppression; homöopathische antimiasmatische Behandlung ☺
- *nachfolgende Kinder: keine* Impfungen und *keine* Immunsuppression; homöopathische antimiasmatische Behandlung von Geburt an ☺☺
- *weitere Kinder:*
  - homöopathische antimiasmatische Schwangerschaftsbegleitung; *keine* Impfungen, *keine* Immunsuppression; Homöopathie von Geburt an ☺☺☺
  - vorherige homöopathische antimiasmatische Behandlung der *Eltern*, mindestens jedoch der *Mutter*; *keine* Impfungen, *keine* Immunsuppression; Homöopathie von Geburt an ☺☺☺☺

2.15 Optimaler Startpunkt einer antimiasmatischen chronischen Kur

Mit Blick auf die Miasmen gestaltet sich demnach der *optimale Einstieg* für eine homöopathische chronische Behandlung (Kur) aus Sicht eines Kindes schon *vor der Zeugung bei den zukünftigen Eltern.* Hier kann man noch etwas hinsichtlich der miasmatischen Einflüsse beider Elternteile samt deren Blutsverwandtschaft tun. Es ist also sinnvoll, schon weit vor der Gründung einer Familie mit einer chronischen Behandlung beider (zukünftigen) Elternteile zu beginnen, damit die Miasmen beider Linien weitgehend abgetragen werden können und somit nicht mehr an den Fetus bzw. das Kind weitergegeben werden. Die Länge des Zeitraums, der dafür zu veranschlagen ist, ist sehr individuell und – wie immer in der Homöopathie – abhängig von der Komplexität und der Intensität der zugrundeliegenden miasmatischen Belastungen.

Wurde dieser Zeitpunkt für den Beginn einer chronischen Behandlung aus Sicht eines Kindes versäumt, so bietet sich als *zweitbester Einstieg die Zeit der Schwangerschaft* an, in der man viel für die werdende Mutter und damit für die Gesundheit des noch ungeborenen Kindes tun kann. Allerdings nur hinsichtlich der mütterlichen Richtung. Die väterliche Linie ist dadurch nicht abgedeckt, da man ja „nur" die Symptomatik und Zusammenhänge der Mutter behandeln kann. Dennoch sollte dieser Zeitpunkt nicht verpaßt werden, da „während der Schwangerschaft das Miasma sehr deutlich spricht" und diese in utero vorbehandelten Kinder ohne Zweifel einen besseren Start ins Leben bekommen. Doch werden in den seltensten Fällen neun Monate *homöopathische Schwangerschaftsbegleitung* dazu ausreichen, um alle Miasmen der Mutter endgültig zu eliminieren, so daß die Behandlung im Säuglings- oder Kleinkindalter fortzuführen ist, sofern die Symptome dies ermöglichen.

Der *drittbeste Einstieg* ist der *im frühen Säuglingsalter.* Und zwar aus Gründen der noch „unverdorbenen Lebenskraft", die sich weder mit Impfungen, Antibiotika, Cortisonen und/oder anderen immunsuppressiven Arzneimitteln auseinandersetzen mußte und deshalb noch unverfälscht ist und ziemlich spontan reagieren kann. Die Symptome sind in diesem Fall auch die echten Symptome des kleinen Patienten, weder verwischt durch das Arzneimittelmiasma noch verschoben durch Unterdrückungen.

Selbstverständlich kann in jedem Lebensalter mit einer homöopathischen Behandlung begonnen werden, vom Säugling bis hin zum hochbetagten Menschen. Aus Sicht eines Kindes gibt es jedoch die gerade vorgestellten prädestinierten Zeitpunkte für den optimalen Einstieg in diese sanfte Heilkunde.

Zu guter Letzt noch ein Zitat des homöopathischen Kinderarztes Dr. Andreas Gentner, welches in diesem Sinne spricht: „Da sich uns die Miasmen bereits in der Kindheit und Jugend in Form jeder noch so banalen Erkrankung zeigen, ist dies ein besonders günstiger Zeitpunkt, um die Miasmen schon in den allerersten Anzeichen zu erkennen, sie durch entsprechend antimiasmatische Behandlung zu beseitigen und dadurch weiteren schwereren Erkrankungen vorzubeugen."

3. Allgemeinmedizinische – auf Naturgesetzmäßigkeiten basierende Grundlagen

Naturgesetze *sind.* Man kann keine Kompromisse mit ihnen schließen, sie abändern oder überlisten. Naturgesetze sind 100%-Regeln, eben – Gesetze! Entweder man ist schwanger oder nicht; ein bißchen schwanger gibt es nicht.

In diesem Sinne ist es zwingend, daß nicht nur die Therapie auf der Anwendung von Naturgesetzen basiert, sondern auch das Stellen von Diagnosen[1], die Beurteilung von Krankheiten, Krankheitsverläufen und Prognosen[2], von Verschlimmerungen und Komplikationen, von Verbesserungen und Heilungsverläufen. Kurz: Auch die allgemeinmedizinischen Grundlagen sollten Gesetzmäßigkeiten unterliegen. Hierin besteht nämlich immer noch eine große Abhängikeit von der herkömmlichen Lehrmeinung der Mainstream-Medizin. Und jene kann sich alle paar Jahre ändern[3], je nach „neuesten wissenschaftlichen Erkenntnissen", was eigentlich eine moderne Umschreibung für Erklärungsmodelle, Dogmen, Glaubenssätze, Hypothesen, Vorstellungen, Annahmen und nicht zuletzt für Interessen ist. Von Naturgesetzen jedoch keine Spur.[4] Können derartige Fundamente ärztlichen Denkens für einen Homöotherapeuten wirklich tragfähig sein? Es liegt auf der Hand, daß die Homöopathie, die ja in vielen Auffassungen diametral zur orthodoxen Lehrbuchmedizin

[1] Streng genommen sind Diagnosen nur die Klassifizierung der Beschwerden durch einen Krankheitsnamen, welcher im Grunde genommen nichts weiter als die Übersetzung der Beschwerden des Kranken ins Lateinische oder Griechische ist.

[2] Prognose: auf ärztlicher Erfahrung und wissenschaftlichen Kriterien basierende Vorhersage über den Verlauf und den Ausgang einer Krankheit.

[3] Die Prinzipien der Homöopathie und deren Arzneimittel haben sich dagegen – seit ihrem über 200-jährigen Bestehen – nicht geändert!

[4] Der bekannte Medizin- und Pharmakritiker Hans Ruesch geht sehr hart mit der heutigen Mainstream-Medizin ins Gericht. In seinem Buch „Die Pharma-Story – der große Schwindel" schreibt er: „Es ist genauso leicht, die wissenschaftliche Nichtigkeit der gegenwärtigen medizinischen Forschung zu beweisen wie zu zeigen, daß 2×2 nicht 5 ergibt. Doch weil das Dogma der Modernen Medizin nicht mit den Methoden weitergegeben wurde, die für wissenschaftliche Themen gebraucht werden (intelligente, sachliche Demonstration und Diskussionsbereitschaft), sondern so, wie Religionen vermittelt werden (beweislose Behauptungen, dogmatisches Einimpfen in den jungen Verstand durch stete, starre Wiederholung), können weder Beweise noch vernünftige Argumente die wahren Gäubigen umstimmen. Wiederum Nietzsche: ‚Was der Pöbel ohne Gründe einst glauben lernte, wer könnte ihm durch Gründe das – umwerfen?' Wer überzeugt werden konnte, an etwas zu glauben, ohne zu überlegen, kann kaum durch Vernunft von diesem Gauben abgebracht werden. Verwurzelter Glaube ist weitgehend unzugänglich für Logik. Deshalb müßte die Moderne Medizin richtiger als Religion definiert werden und nicht als Wissenschaft."

steht, sich nicht blindlings darauf verlassen sollte, die Ansichten hinsichtlich der propagierten medizinischen Zusammenhänge unbesehen zu übernehmen. Aus diesem Grund ist es ein Muß, sowohl für den Therapeuten als auch für den Patienten, stets alles zu hinterfragen, und zwar schon bevor überhaupt mit der Therapie begonnen wird, aber auch während des Therapieverlaufes selber.

Es geht also in der *gesamten* Medizin – und nicht nur in der Therapie – um eine *ganzheitliche und naturgesetzliche, biologische Sicht,* wozu nicht unbedingt ein komplettes Hochschulstudium – im Grunde genommen eher die Umerziehung weg von ganzheitlichem Denken, hin zur Zelle und Teilung – notwendig ist. Dazu reicht weitgehend gesunder Menschenverstand!

Alles in allem ist es wie in der Mathematik: Man kann sich noch so bemühen und richtig rechnen, das Ergebnis bleibt falsch, sofern schon der Ansatz verkehrt ist! Übersetzt in unsere medizinische Welt, heißt dies: Therapieren wir trotz sanfter und tiefgreifender Homöopathie entgegen grundlegende Naturgesetzmäßigkeiten, weil wir von falschen Annahmen und Voraussetzungen aufgrund verkehrter „wissenschaftlicher Erkenntnisse" den Fall angehen, dann kann es keine wirkliche Heilung geben! Aus diesem Grunde ist es für den Homöotherapeuten von besonderer Wichtigkeit, neben seinen homöopathischen Naturgesetzmäßgkeiten für die Therapie auch eine solide biologische Basis als Unterbau zu haben, um sowohl das *Wesen* und den *Verlauf* (herkömmlicher Krankheitsverlauf samt Heilungsverlauf) als auch die *Kausalität vieler Erkrankungen* wirklich *verstehen* und *beurteilen* zu können, damit er auch hier – zum Wohle des Patienten – streng nach Gesetzmäßigkeiten handeln kann und nicht von irgendwelchen medizinischen Lehrmeinungen, Strömungen und Interessen abhängig bleibt.

Klassische Homöopathie ist angewandte Naturgesetzmäßigkeit und keine Theorie! Das hat schon der große Homöopath James Tylor Kent vor etwa 100 Jahren betont. Und genauso verhält es sich mit den *neuen allgemeinmedizinischen Grundlagen,* welche man als ein *auf Gesetzmäßigkeiten basierendes Diagnostiksystem* zur Beurteilung von Krankheits- und Heilungsphasen sowie ihrer Komplikationen beschreiben könnte. Es erklärt, *wie* jedes Krankheitsgeschehen auf der *biologischen Ebene* abläuft und was bei Anwendung einer jeden Heilmethode zu berücksichtigen ist. Entdeckt und exakt formuliert hat es der deutsche Arzt Dr. med. Ryke Geerd Hamer in der Zeitspanne von etwa 1981 bis 1994 unter dem Titel *Neue Medizin*[1]. Im Prinzip handelt es sich um

---

[1] Auch die Neue Medizin steht – ähnlich wie die Homöopathie – in diametralem Widerspruch zur Schulmedizin. Aus diesem Grunde weigert sich die medizinische Fakultät der Universität Tübingen bis heute – also bereits über 25 Jahre lang! –, eine Verifikationsprüfung der Erkenntnisse der Neuen Medizin vorzunehmen, und das, obwohl sie dazu gerichtlich angehalten ist. Doch seit dem Spätsommer 1998 ist die Neue Medizin nun auch von offizieller Seite für richtig befunden worden: Die universitäre Überprüfung durch die tschechische Universität Trnava am 11. 9. 1998 hat ergeben, daß „nach den naturwissen-

fünf biologische Gesetzmäßigkeiten, welche, jede für sich genommen, erhebliche Konsequenzen für die gesamte Medizin haben:

- die sogenannte eiserne Regel des Krebs (bzw. der Neuen Medizin)
- die Zweiphasigkeit der Erkrankungen
- das ontogenetische[1] System der Tumoren und Krebsäquivalenterkrankungen
- das ontogenetisch bedingte System der Mikroben[2]
- der biologische Sinn dieser „Sonderprogramme der Natur".

Das Phantastische daran ist, daß *diese Naturgesetzmäßigkeiten sehr gut mit den Gesetzen der Klassischen Homöopathie harmonieren und zusammen mit ihr eine in sich geschlossene, allumfassende sanfte Medizin darstellen.* Unter Zuhilfenahme dieses Diagnostiksystems wird der Therapeut in die Lage versetzt, bessere und sicherere Entscheidungen für seine Therapie und damit für das Wohl des einzelnen Patienten zu treffen, denn es wird ein für allemal deutlich, daß *die Natur,* und damit auch *der Körper, niemals etwas falsch machen.* Ihre Bemühungen und Maßnahmen zielen grundsätzlich daraufhin ab, das Leben zu erhalten.

Damit die Thematik und Gedankengänge einer kausalen, sanften sowie chronisch homöopathischen Behandlung schwererer Erkrankungen und Störungen bis hin zu Handicaps und schweren Behinderungen (z. B. epileptische Krampfanfälle im frühen Kindesalter, juveniler Diabetes Typ I, AD(H)S, extreme Frühgeburten oder behinderte und entwicklungsgestörte Kinder, MS und vieles mehr) im folgenden besser verstanden werden können, sollen die Kernpunkte dieses Diagnostiksystems samt seinen Gesetzmäßigkeiten kurz skizziert werden, jedoch nur soweit, wie es für die homöopathische Anwendung von Belang ist. Für eine ausführliche, detailliertere Darstellung an sich – allerdings ohne die Aspekte der Homöopathie – sei auf die einschlägige Literatur im Literaturverzeichnis verwiesen.

3.1 Die fünf biologischen Naturgesetzmäßigkeiten

Entdeckt wurden die fünf biologischen Naturgesetzmäßigkeiten vornehmlich am Krebsgeschehen. Erst nach und nach zeigte es sich, daß im Prinzip alle Krankheiten diesen Gesetzen unterliegen, wobei die Nachweise bei den

schaftlichen Regeln der Reproduzierbarkeit die Verifikation dieses Systems festgestellt werden konnte" und somit „alle Naturgesetze der Neuen Medizin erfüllt sind". Auch in Deutschland hat Professor Dr. Hans-Ulrich Niemitz von der Hochschule für Technik, Wirtschaft und Kultur Leipzig in einem „Gutachten zur Neuen Medizin" vom 18. 8. 2003 „die Neue Medizin nach derzeitigem Wissenschaftsstand und nach derzeit bestem Wissen für richtig erklärt", wie es dort abschließend wörtlich heißt.

[1] Ontogenese: Keimesentwicklung des Einzelwesens.

[2] Mikroben: Mikroorganismen, Kleinstlebewesen.

schweren Krankheiten einfacher zu führen sind, da man aufgrund ihres Schweregrades auch die entsprechenden Veränderungen der Steuerungsareale im Gehirn mittels bildgebender Verfahren (Computertomographie, CT) deutlich sichtbar machen kann. Kurz, auch jede Bagatellerkrankung (grippaler Infekt, Husten etc.) bis hin zu den Kinderkrankheiten unterliegt diesen Naturgesetzen, was die Nürnberger Kinderärztin Frau Dr. Mühlpfordt zusammen mit Professor Stemmann an der Städtischen Kinderklinik Gelsenkirchen vor einigen Jahren im Rahmen ihrer Forschungsarbeiten nachwies. Mit Kenntnis dieser Gesetzmäßigkeiten wird der Homöotherapeut in die wunderbare Lage versetzt, seine Arzneimittel auch bei schweren chronischen Erkrankungen und Diagnosen sowie im Falle von Komplikationen treffsicherer – im Sinne von echter Kausalität – einsetzen zu können.

3.1.1 Die Zweiphasigkeit der Erkrankungen und das Auftreten der Mikroben

Eine der wichtigsten Gesetzmäßigkeiten, die auch für die Homöopathie bei der Beurteilung von Krankheitsstadien und -verläufen von Bedeutung ist, ist das Gesetz der *Zweiphasigkeit der Erkrankungen* (Bild 3.1). Nach diesem Gesetz verläuft jede Erkrankung biphasig, beginnend mit der sogenannten *Dauersympathikotonie,* um schließlich über die *Dauervagotonie* zur normalen Gesundheit zurückzukehren.

3.1.1.1 Vegetative Innervierung

Betrachten wir diese Zweiphasigkeit einmal etwas genauer! Dazu zunächst ein paar Begriffserläuterungen hinsichtlich der vegetativen Innervierung. Wie allgemein bekannt, pendelt der Organismus im gesunden Zustand zwischen

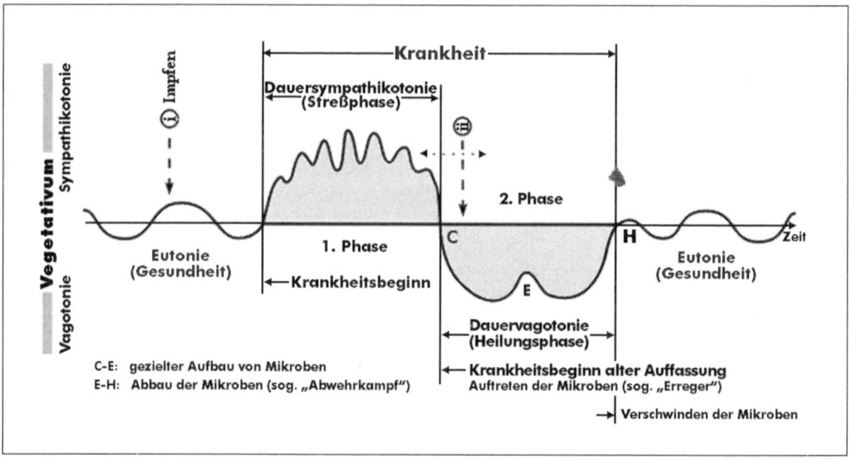

Bild 3.1: Zweiphasigkeit der Erkrankungen mit Dauersympathikotonie und Dauervagotonie

den beiden „Zügeln“ des vegetativen Nervensystems, also desjenigen Teils des Nervensystems, der den vegetativen Funktionen dient (Regelung der unbewußten und vom Willen unabhängigen inneren Lebensvorgänge und deren Anpassung an die Erfordernisse unserer Umwelt). Dieses vegetative Nervensystem setzt sich aus zwei Anteilen zusammen: dem sogenannten Sympathikus – dem Streßanteil – und dem Parasympathikus (hauptsächlich dem weitverbreiteten Nervus Vagus), auch kurz Vagus genannt, – dem Regenerationsanteil. Der Sympathikus dominiert in biologischen Situationen wie Kampf, Streß, Flucht und Abwehr und mobilisiert alle Kräfte, um – übertragend gesagt – „den Kampf“ zu gewinnen bzw. seine „nackte Haut“ in Sicherheit zu bringen, wohingegen der Vagus für die Regulation von Ruhe, Erholung und Regeneration steht. Unter dominant vagotoner Innervierung arbeiten vornehmlich die Verdauungsorgane, um Vitalstoffe aus der Nahrung zu assimilieren und wieder in die Zellen einzuspeisen, damit der nächste Tag – im vegetativen Sinne von Kraftverbrauch – erfolgreich bestanden werden kann. Global betrachtet, geht es also um den groben Tag-Nacht-Rhythmus.

3.1.1.2 Dauersympathikotonie und Dauervagotonie

Der gesunde Zustand, die sogenannte Eutonie, bedeutet normale Innervation und ist charakterisiert durch den steten natürlichen Wechsel von sympathischem und parasympathischem Anteil des vegetativen Nervensystems. Diese gleichförmige sinusartige Schwingung wird im Falle einer Erkrankung jedoch jäh gestört. Der Organismus schaltet sofort um auf *Dauersympathikotonie*, das heißt, es herrscht – nerval gesehen – Dauerstreß vor und kommt vorläufig nicht mehr zu einer vagotonen Erholungsphase. Diese vegetative Dauerstreßphase, die kalte Phase der Gesamterkrankung, welche im Prinzip die Prodromalerscheinungen[1] der Erkrankung gemäß offizieller Sichtweise umfaßt, ist häufig erkennbar an kalten Händen und Füßen, Appetitlosigkeit, Schlaflosigkeit, Unausgeglichenheit, Nörgeligkeit der Kinder – man kann ihnen nichts recht machen – und vielem mehr. Jedermann kennt derlei Situationen, wenn junge Eltern die Veränderung ihrer Kinder wahrnehmen und meinen: „Ich glaube, unser Kleiner brütet was aus.“ Wenn diese dann (im herkömmlichen Sinne) krank und bettlägerig werden, befinden sie sich in Wirklichkeit bereits in der *zweiten Phase der Erkrankung*, der warmen Phase, welche meist mit Schlappheit und Fieber einhergeht und *bislang als die eigentliche Krankheit angesehen* wurde. Sie wird durch die vagotone (parasympathische) Innervierung, den anderen Teil und Funktionszustand des vegetativen Nervensystems, bestimmt, der sogenannten *Dauervagotonie*. Hierhin gehören Erkrankungen gemäß alter Auffassung wie sämtliche Entzündungen (z. B. Bronchitis, Lungenentzündung, Mittelohrentzündung etc.), aber

[1] Prodromalerscheinung: Vorzeichen, Frühsymptom.

auch Neurodermitisschübe, epileptische Krampfanfälle, akute rheumatische Beschwerden, Ovarialzysten (Eierstockzysten) und vieles mehr! Es handelt sich im Grunde genommen um *Heilungsphasen von Erkrankungen,* welche als aktive Erkrankungen schon viel früher begonnen haben und welchen immer[1] eine Phase von Dauersympathikotonie vorausging. Bei Säuglingen kann diese durchaus sogar schon im Mutterleib bestanden haben!

3.1.1.3 Wesen und Sinn der Mikroben

Jede Erkrankung, d. h. jede Bagatellerkrankung bis hin zum Krebs, verläuft demnach – grob gesehen – nach einem ganz bestimmten Muster: Sie ist zweiphasig, sofern die zweite Phase überhaupt erreicht wird, und wird im wesentlichen geregelt durch unseren „Zentralcomputer" Gehirn. Zunächst beginnt die sogenannte Streßphase, in der der sympathische Anteil des vegetativen Nervensystems dominant ist, die Dauersympathikotonie, gefolgt von der zweiten Phase, der eigentlichen Heilungsphase, der sogenannten Dauervagotonie, welche bislang als (alleinige) eigenständige Erkrankung angesehen wurde. *Erst in dieser zweiten Phase der Erkrankung treten vermehrt die sogenannten „Erreger" (Mikroben) auf,* die somit – streng genommen – überhaupt *keine echten Verursacher der Erkrankung* sein können. Sie sind bestenfalls ihre *Anzeiger.* Also *Indikatoren* statt *Initiatoren!*

Schon Hahnemann, der für seine minutiösen Beobachtungen und Schlußfolgerungen bekannt war, sprach vor gut 200 Jahren bezüglich Ansteckung von einem krankmachenden Agens (tätiges Wesen oder Prinzip) und meinte nicht etwa materielle Verursacher, sondern ein *immaterielles geistartiges Agens!* Und auch der bekannte Homöopath und Professor für Haut- und Geschlechtskrankheiten Allen lehrte bereits vor etwa 100 Jahren, *die Mikroorganismen seien nicht die Ursache krankhafter Zustände, sondern deren Folgen,* was auch Kent in seinen „Lectures on Homoeopathic Philosophy" an der Hochschule um 1900 dozierte: „Die Mikroben sind nicht die Ursache der Krankheiten, sie erscheinen erst, wenn letztere schon deutlich ausgebrochen sind."

Mit Kenntnis des Gesetzes der Zweiphasigkeit der Erkrankungen läßt sich dieser Sachverhalt nun noch genauer formulieren: *Die Mikroben sind die Indikatoren der zweiten Phase einer Erkrankung, denn ihnen läuft immer eine sympathikotone Streßphase voraus!* Sie werden zentral dirigiert und aktiviert durch unser Gehirn und haben ganz bestimmte *Aufräumarbeiten* in Abhängigkeit ihrer *Keimblattzugehörigkeit*[2] zu erfüllen. In diesem Sinne „bearbeitet" jede der Mikroben-Gruppen jeweils nur ganz bestimmte Organgruppen, welche dieselbe Keimblattzugehörigkeit aufweisen, was *ontogenetisch* – das heißt, entwicklungsgeschichtlich – bedingt ist *(Gesetzmäßigkeit des ontogene-*

---

[1] Ausnahmen wie Verletzungen, Strahlungsschäden etc. bestätigen die Regel.

[2] In der Embryonalperiode entwickeln sich alle Gewebe der Organe aus den drei Keimblättern, dem äußeren, dem mittleren und dem inneren Keimblatt.

tischen Systems der Mikroben). So sind beispielsweise Viren immer großhirngesteuert (vom Cortex des Großhirns, der Großhirnrinde) und gehören dem Ektoderm (äußeres Keimblatt) an, während Pilze immer vom Stammhirn dirigiert werden, dem entwicklungsgeschichtlich ältesten Teil unseres komplexen Gehirns, und dem Entoderm (inneres Keimblatt) zugehörig sind. Aus dem Mesoderm (mittleres Keimblatt) entwickeln sich Kleinhirn sowie das Marklager des Großhirns, welche wiederum andere Mikrobengruppen steuern, wie z.B. Bakterien. Jedes Organ bzw. bestimmte Teile von Organen werden genau von einem dieser Hirnteile (siehe Bild 3.2) bzw. speziellen Arealen dieser Hirnteile innerviert und gesteuert und sind somit nur einem Keimblatt zugehörig, was gleichzeitig bedeutet, daß *im Krankheitsfall auch nur ganz bestimmte Mikrobengruppen zu erwarten* sind. So haben Viren die Aufgabe, Gewebe, welches in der dauersympathikotonen Phase der Erkrankung zerstört wurde im Sinne von mikroskopisch kleinen Ulcera (geschwürige Löcher; Entzündung der Haut oder Schleimhaut mit örtlichem Substanzverlust), in der vagotonen Heilungsphase unter Schwellung und Schleimabsonderung wiederaufzufüllen. Sie sind also reine Aufbau- oder Restitutionsarbeiter. Bei den Pilzen ist es genau umgekehrt; sie tragen Gewebe ab, welches in der ersten Phase der Erkrankung überschießend gewuchert hat; sie sind also Abräumarbeiter.

Dr. rer. nat. Stefan Lanka, hochkarätiger Melekularbiologe, Virologe und unabhängiger Wissenschaftler unserer Zeit, bestätigt dies und äußert sich in einem Interview hinsichtlich der Viren ganz unmißverständlich: „Ich habe Molekularbiologie studiert. Während meines Studiums habe ich das erste Virus im Meer, in einer Meeresalge nachgewiesen. Dieser Virusnachweis wurde dem naturwissenschaftlichen Standard entsprechend erstmals 1990 in einer wissenschaftlichen Publikation veröffentlicht. Das von mir nachgewiesene Virus vermehrt sich in der Alge, kann diese verlassen und sich in anderen Algen dieser Art wieder vermehren, ohne irgendeine negative Auswirkung zu haben, und dieses Virus steht in keinem Zusammenhang mit irgendeiner Krankheit. ... Biologische Strukturen dagegen, die etwas Negatives machen sollen, hat man nie gesehen. *Die Grundlage des biologischen Lebens ist das*

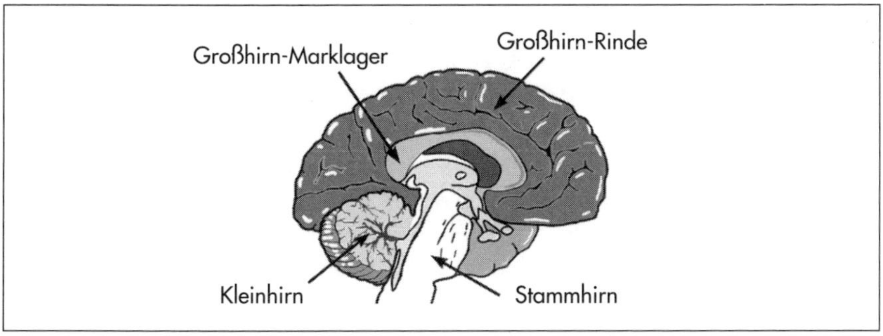

Bild 3.2: Das menschliche Gehirn mit Großhirn, Kleinhirn und Stammhirn

Miteinander, ist die Symbiose, und da gibt es keinen Platz für Krieg und Zerstörung. ... Während meiner Studien haben ich und andere nirgendwo einen Beweis für die Existenz krankmachender Viren finden können. Später haben wir das öffentlich vorgetragen und die Menschen aufgefordert, auch uns nicht zu glauben, sondern selbst zu überprüfen, ob es krankmachende Viren gibt. ... Viren sind Bestandteile der Zelle, die ihren ganzen Stoffwechsel an die gemeinsame Zelle abgegeben haben und deswegen die Zelle verlassen können. Sie helfen außerhalb der gemeinsamen Zelle anderen Zellen, indem sie Bau- und Energiesubstanz übertragen. Etwas anderes hat man nie beobachtet. *Die tatsächlichen, naturwissenschaftlich nachgewiesenen Viren üben innerhalb des hochkomplexen Geschehnisses der Zellen untereinander eine helfende, eine stützende und keinesfalls eine zerstörende Funktion aus.* Auch bei Krankheiten hat man in der Tat weder im kranken Organismus, noch in einer Körperflüssigkeit jemals eine Struktur gesehen oder isoliert, die man als Virus bezeichnen könnte. Die Behauptung der Existenz irgendeines krankmachenden Virus ist ein durchsichtiger Betrug, eine fatale Lüge mit dramatischen Folgen."

Dies hat James T. Kent mehr oder weniger schon vor über 100 Jahren seinen Studenten in den USA, wie folgt, erklärt: „Die Allopathen verwechseln Ursache und Wirkung, nehmen den Effekt für die Ursache und verfallen so einer falschen Theorie, der Theorie der bakteriellen Erreger. *Man kann die Mikroben zerstören, ohne daß stattdessen die Krankheit vernichtet wird.* Die Krankheitsempfänglichkeit bleibt dieselbe, und allein diejenigen, welche empfänglich sind, können die Krankheit bekommen. Auch die Mikroben haben ihren Daseinszweck, denn es existiert nichts in der Welt, was nicht einen bestimmten Zweck zu erfüllen hätte. Weder Mikrobe noch Virus sind auf unserer Erde versetzt mit der ausdrücklichen Bestimmung, das menschliche Wesen zu zerstören. Die Bakterientheorie will uns glauben machen, die göttliche Vorsehung hätte diese unendlich kleinen Wesen geschaffen, den Menschen krank zu machen." Und an anderer Stelle: „... hier sei es nur gestattet, noch etwas Material zum Nachdenken anzuführen. – Wir wissen, daß eine bei einer Sektion zugezogene Wunde sehr ernsthafter Natur ist, wenn der Sezierte erst kürzlich verstorben ist. Man könnte annehmen, daß dies die Wirkung irgendeines Bazillus sei, dessen Virulenz so groß sei, daß er im Organismus eine Art Streptokokkenvergiftung (erysipelatous poisoning) erzeuge, die vernichtend ins Blut einbreche und das Individuum in einer Septikämie[1] zum Erliegen bringe. In Wahrheit ist es aber anders. Sofort nach dem Tode bilden sich Ptomaine, Leichengifte von Alkaloidcharakter, während von Bakterien keine Spur nachweisbar ist. Es ist also ein Gift da, und verletzt man sich beim Sezieren, ohne der Wunde sogleich die nötige Beachtung zu schenken, so läuft man Gefahr, sehr schwer, ja vielleicht tödlich krank zu werden.

[1] Septikämie: Sepsis, sog. Blutvergiftung.

Ist hingegen der Kadaver so weit in Zersetzung übergegangen, daß alles von Bakterien wimmelt, so ist in diesem Stadium eine Verletzung beim Sezieren nicht mehr gefährlich.[1] – *Je mehr Mikroben da sind, desto weniger Toxine.* Ein frisch gelöster Typhusstuhl enthält nur wenig Bazillen, ist hingegen sehr toxisch; wenn man jedoch wartet, bis er durch und durch voll Bakterien ist, dann ist er relativ gutartig." (Hervorhebungen durch den Verfasser)

Die einzigen Mikroben, bei denen diese Zusammenhänge im Prinzip auch von der Schulmedizin anerkannt werden, sind die sog. Steinläuse. Die Gattung der gemeinen Steinlaus mit ihren „humanpathogenen Vertretern", die „zur Familie der Lapivoren[2] gehören", werden nicht als krankheitsverursachend angesehen, sondern man hat erkannt, daß sie pathologisches Gewebe im Bereich bestimmter Organe, speziell Steinbildungen, abräumen. Sie treten demnach *erst in der Heilungsphase der Erkrankung* auf! Laut klinischem Wörterbuch Pschyrembel ist das Synonym für Steinlaus Petrophaga[3] lorioti (zu gut deutsch: die Steinfressende/Steinfresserin des Loriot). Mit einer karikaturistischen Abbildung versehen (Bild 3.3) und einem Literaturverweis auf Loriot höchstpersönlich („Möpse und Menschen. Eine Art Biographie."). Es werden verschiedene Species angeführt, wie beispielsweise Petrophaga nephrotica, die für das Abtragen von Nierensteinen zuständig ist, oder Petrophaga cholerica, welche sich eher im „Gallensteinbruch" zu Hause fühlt. Wieder andere Species finden sich eigens bei Blasen- und Speichelsteinen. –

Bild 3.3: Petrophaga lorioti – die gemeine Steinlaus

(Quelle: Pschyrembel – Klinisches Wörterbuch, 255. Auflage 1986)

Diese Mikrobenvorstellung, welche allerdings hier in Form eines Jokes in das Wörterbuch aufgenommen wurde, kommt der biologischen Wirklichkeit – der Zweiphasigkeit der Erkrankungen und dem ontogenetisch bedingten System der Mikroben – sehr nahe![4] Es steckt wohl doch eine tiefere (intuitive) Bedeu-

---

[1] Kent mußte dies bestens vertraut sein, schließlich war er Professor für Anatomie an der Universität gewesen, bevor er sich der Homöopathie verschrieb!

[2] Lapivoren: von lapis (lat.) – der Stein; vorare (lat.) – fressen, hinunterschlingen.

[3] Petrophaga: von petros (griech.) – Stein; phagein (griech.) – fressen.

[4] … aber eben nur nahe, da die Steinläuse als humanpathogen bezeichnet werden (s. o.), was bedeutet, daß sie für den Menschen krankheitserregend wirken. Dies kann aber nicht stimmen und macht überhaupt keinen Sinn, denn die „Lapivoren" treten erst dann auf den Plan, wenn die Pathologie schon manifest ist und Steine wirklich abzubauen sind. Sie sind also Symbionten zur Wiederherstellung der Gesundheit!

tung dahinter, ohne daß die Autoren der Petrophaga lorioti dies beabsichtigt hätten und ohne daß es ihnen selber bewußt ist!

Gesundes lebendes Gewebe wird also in keiner Weise „angegriffen". Die Nahrung dieser Mikroorganismen besteht ausschließlich aus verbrauchten oder zerstörten, d. h. nekrotischen, organisch toten Körperzellen! Und das ist nicht nur beim Menschen so; das gilt für alles Lebendige auf unserer Welt, auch für unsere Tierbrüder, Pflanzen, ja sogar für den Boden. Eingeschlossen sind auch Insekten, „Ungeziefer", sogenannte Schädlinge und vieles mehr. Im Prinzip gilt dies für unsere gesamte Mutter Erde. All diese Entitäten haben jeweils eine bestimmte physiologische Aufgabe zu erfüllen, im Einklang zum großen Ganzen. Ein ewiger Kreislauf in der Natur! Die Mikroben bilden die unteren Bausteine für höhere Organismen, in welche diese nach dem Tod wieder zerfallen; ein Beweis für die Unendlichkeit des Kosmos und die Unsterblichkeit alles Lebendigen und dafür, daß Leben nur durch Leben erhalten werden kann. Darauf hat H. P. Rusch schon vor längerer Zeit mit seinem „Gesetz von der Erhaltung und dem Kreislauf lebendiger Substanzen" hingewiesen.

Somit unterstützen die Mikroben den Körper bei der Wiederherstellung seiner Gesundheit! – So komisch sich dies im ersten Moment auch anhört, denn wir haben es seit über 100 Jahren immer wieder anders gelernt. – Sie können ihre Aufgabe jedoch nur bei einer bestimmten Arbeitstemperatur – landläufig als Fieber bezeichnet – optimal erfüllen; deshalb verbietet es sich aufs Strengste, jegliches Fieber zu bekämpfen. Auch der Zeitpunkt, ab wann sie „bearbeiten" dürfen, hängt nicht etwa – wie bisher von der orthodoxen Medizin fälschlicherweise immer wieder „gepredigt" – von äußeren Faktoren ab, sondern wird vielmehr ausschließlich von unserem Zentralcomputer Gehirn bestimmt: ab dem Umschlagpunkt zur dauervagotonen Heilungsphase. *Die Mikroben samt Fieber haben also ihren Sinn und ihre physiologische Aufgabe.*

Es geht also nicht generell um die „bösen" Mikroben, die es auszurotten gilt, sondern jene verschwinden automatisch, wenn sie nicht mehr gebraucht werden. Der *vermeintliche Abwehrkampf*, welchen man unter dem Mikroskop immer zu sehen glaubte, ist überhaupt *kein echter Kampf*, sondern es handelt sich jeweils nur um eine andere „Momentaufnahme", um *ein anderes Phänomen immunologischer Vorgänge zu einem späteren Zeitpunkt während der Gesamtheilungsphase*. Zunächst werden die Mikroben in Abhängigkeit ihrer Keimblatt- und Organzugehörigkeit durch das dafür zuständige Gehirnareal aktiviert und aufgebaut, um bestimmte Aufräumarbeiten wahrnehmen zu können (erster Teil der Heilungsphase; beispielsweise die sogenannte Infektion gemäß alter Auffassung), und dann, wenn diese Arbeiten weitgehend erfolgreich abgeschlossen sind, werden diese Mikroben wieder aus dem Verkehr gezogen (ca. ab Zeitpunkt E in Bild 3.1), was durch die Leukoyzten, Makrophagen, Antikörper etc. pp. erfolgt, also durch den „Mitarbeiterstab", der landläufig als Abwehr oder Immunsystem bekannt geworden ist (zweiter Teil der Heilungsphase). Nur – um eine reine echte Abwehr kann es sich hierbei wohl kaum handeln, da es – von wenigen Ausnahmen einmal abgesehen – keinen echten Aggressor von außen gibt. Kommen die Mikroben doch von innen und werden zentral aktiviert durch unser Gehirn! Also – *weder Gut noch Böse!* Nur eine *andere Momentaufnahme natürlicher, rein immunologischer Phänomene!*

Die Vorstellung vom Immunsystem als dem Kampf von Gut gegen Böse kann demnach nicht mehr vollständig aufrecht erhalten werden. Das Immunsystem im bisher geglaubten Sinne gibt es nicht! Es bleiben nur die Fakten, nicht aber das vermeintliche System! Das bedeutet nicht, daß derlei Reaktionen völlig harmlos sind! Im Gegenteil – sie können unter Umständen sehr heftig ausfallen und anstrengen, im Einzelfall auch zum Tode führen! Im Grunde genommen ist aber das Auftreten der Mikroben ein Anzeichen für die zweite Phase einer Erkrankung, der vagotonen Heilungsphase.

Mit anderen Worten, *die sogenannten „Erreger" treten immer erst mit einem bestimmten Terrain auf, unter einer ganz bestimmten Innervierung!* Also niemals bei vollkommener Gesundheit, bei der sich der sympathische und der vagotone Anteil des vegetativen Nervensystems die Waage halten – in der sogenannten Eutonie. Erst die Veränderung des Terrains, des Milieus – bedingt durch die zentrale „Fehlsteuerung", eine Art *biologisches Not- oder Sonderprogramm der Natur* – begünstigt das Wachstum und die Vermehrung der Mikroben.

Dies ahnte auch der große Pasteur, als er in seinen späteren Jahren den Wahrheitsgehalt der Forschungsarbeiten seines Zeitgenossen und Kontrahenten Bêchamp[1] anerkannte und zugab, daß der Organismus zunächst in einen kranken Zustand verfällt, in dessen Folge Bakterien und Viren wuchern können. Er gestand schließlich: *„La bactérie n'est rien, le terrain c'est tout."* –

[1] Der französische Arzt und Wissenschaftler Pièrre Jacques Antoine Bêchamp, Professor für medizinische Chemie und Pharmazie in Montpellier, Professor für Physik und Toxikologie in Straßburg, Professor für Biochemie und Dekan der medizinischen Fakultät in Lille, war einer der hervorragendsten Forscher des 19. Jahrhunderts. Er gehörte zu den Vorläufern, die dem „Boden" (dem Körper) mehr Bedeutung beimaßen als dem „Samen" (der Bakterie). Offizielle Berichte beweisen, daß viele Entdeckungen, die Pasteur zugeschrieben werden, auf Bêchamp zurückgehen. Schon er lehrte, daß die pathogenetischen Bakterien oder Mikroben („irrtümlicherweise so bezeichnet") nicht die eigentliche Ursache krankhafter Zustände seien, sondern deren Ergebnis. Sie entwickelten sich von innen, aus den sog. Mikrozymen, und unterstützten den Heilungsprozeß, denn sie seien zuständig für die *Umwandlung der Krankheitsprodukte in unschädliche Stoffe.* – Eine bedeutsame Entdeckung schon vor über 100 Jahren, welche von offizieller Seite leider bis heute hartnäckig verschwiegen wird und welche die bisher besprochenen Gesetzmäßigkeiten geradzu bis ins Detail hinein bestätigt. – Der Homöopathieprofessor John Henry Allen hat sie allerdings gekannt und schon damals in sein homöopathisches Denken integriert. Krankheit entsteht im Menschen und kommt nicht von außen!

„Die Mikrobe ist nichts, das Terrain ist alles." Der Vater der Mikrobiologie war nun gegen Ende seines Lebens der Überzeugung, daß die Mikroben nur Anzeiger, keineswegs aber Verursacher von Leiden seien. Darüber hinaus wurde ihm (als Nicht-Homöopath!) sogar das Phänomen der Unterdrückung[1] bewußt: *„Wenn Sie meinen, Krankheiten einfach dadurch beseitigen zu können, daß Sie die dabei auftretenden Bakterien unterdrücken und abtöten, dann können Sie ganz schlimme Wunder erleben."* – Auch Virchow, der Begründer der Zellularpathologie – „Die Krankheit sitzt in der Zelle." – bekannte sich gegen Ende seines Lebens zur *Lebenskraft* und erkannte damit eine der zentralen Säulen der Homöopathie an. *„Dennoch verharrt die etablierte Lehrmedizin auf den ‚Jugendsünden' Virchows und Pasteurs ungerührt bis zum heutigen Tag."* (Dr. med. Otto Eichelberger)

3.1.1.4 Entwicklungskreislauf der Mikroben

Die Mikroben kommen also nicht von außen und befallen (oder gar überfallen) einen Organismus; *sie kommen von innen, aus dem eigenen Körper, und zwar ganz gezielt je nach Organ- und Gewebetyp*! Dieser Nachweis gelang Professor Dr. Günther Enderlein, der auf den Forschungsergebnissen des Franzosen Antoine Bêchamp aufbaute, schon 1916! Er besagt, daß *alle Mikroben* in ihrer vielgestaltigen Form einen *potentiellen Entwicklungskreislauf* durchmachen *(Bakterien-Cyclogenie)*, der sich morphologisch unter genau festgelegten Voraussetzungen von allerkleinsten Ursprüngen im Bereich lebender Moleküle ultramikroskopischer Größenordnung bis zu den großen, vielkernigen, hochentwickelten Stadien lückenlos erstreckt. Durch diese Bakterien-Cyclogenie zeigt sich, „daß keine Lebenseinheit im ‚Kampf ums Dasein' daran denkt, in schrankenlosem Ausbreitungs- und Vermehrungsdrang anders geartete Lebenwesen aus dem Dasein zu verdrängen. Im Gegenteil, es ist ein Streben nach dem Gleichgewicht einer Art mit anderen Arten der Umwelt zu erkennen. Das Töten und Fressen ist auf das zur Arterhaltung unumgängliche Maß beschränkt.", so Dr. med. Alfred Braun, Arzt, Bakteriologe und bekannter Schüler von Professor Enderlein. Demnach kann eine bestimmte Mikrobenart in verschiedenen Formen und Entwicklungsstadien auftreten, beispielsweise in Form von Viren, Mikrokokken, Kokken (z. B. die heutzutage so hochstilisierten und zu Unrecht gefürchteten Streptokokken!), Spirillen, Plasmodien und Stäbchen bis hin zu den Pilzphasen. Diesen Sachverhalt hat Enderlein mit dem wissenschaftlichen Namen *Pleomorphismus der Mikroben* versehen. – Die heutige Lehrbuch-Bakteriologie kennt jedoch nur dogmatisch feststehende, als „Krankheitserreger" definierte Einzelstadien aus diesem Kreislauf und teilt die Mikroben in unveränderliche Arten und Gattungen ein.

Auch die Forschungsarbeiten von Dr. E. C. Rosenow von den Mayo Bio-

[1] Siehe Kapitel *2.11 Das Phänomen der Unterdrückung*.

logical Laboratories tragen Wesentliches zu diesen Zusammenhängen bei. Bereits 1910 (vor fast 100 Jahren!) hat er nachweisen können, daß es *keine bestimmte Bakterienart* gibt und daß alle Mikroben imstande sind, ihre Struktur dem Nährboden anzupassen! Auch heute ist es möglich, einen Pneumococcus in einen Streptococcus oder Staphylococcus umzuwandeln, indem man im Labor nur den Nährboden verändert. Dies findet durch eine renommierte Persönlichkeit unserer Tage Bestätigung, durch Frau Dr. med. Veronika Carstens als Herausgeberin einer Impfbroschüre, in welcher sie schreibt: „Eine Erfahrung, die fast jeder Mikrobiologe bestätigen kann: Fast jeder Erreger benötigt einen speziellen Nährboden, damit er wachsen kann. Steht dieser nicht zur Verfügung, gedeiht er nicht oder verwandelt sich, was sich immer wieder beobachten läßt." – *Entscheidend ist also das Milieu, das den Keim bestimmt und entstehen läßt.* – Diese Zusammenhänge lassen erhebliche Zweifel an der ätiologischen (ursächlichen) Diagnose infektiöser Krankheiten entstehen.

Zwei grundlegende, sich ergänzende Erkenntnissse, die mit der Naturgesetzmäßigkeit der Zweiphasigkeit der Erkrankungen und mit dem ontogenetisch bedingten System der Mikroben im Einklang stehen, ja diese sogar bestätigen. Denn woher sollen die *Mikroben* kommen, wenn schon nicht von außen? Sie kommen *von innen* und *entwickeln sich „auf Knopfdruck" unseres Gehirns aus einer gemeinsamen Stammzelle, wenn sie gebraucht werden.* Sie sind sozusagen „milieubedingt" und treten erst dann auf, wenn die *Dauersympathikotonie beendet* ist und darüber hinaus auch *nur in ganz bestimmten, zuvor geschädigten Organbereichen.* Bei vollkommen gesunden Verhältnissen werden sie nie benötigt. – So fühlen sich bespielsweise die vielerorts verteufelten Streptokokken im Rachenbereich geradezu zu Hause, da sie diesen Organbereich seit Jahrmillionen – im Falle einer „Wiederaufarbeitung" – zu bearbeiten haben, was wir bei Kenntnis obiger Zusammenhänge auch erwarten würden. – Kurz: Die Mikroben dienen in jeder Hinsicht dem Leben.

3.1.2 Psychogenese vieler Erkrankungen

Gemäß schulmedizinischem Denken war es bislang sehr einfach, für sich und seine Gesundheit keine Verantwortung übernehmen zu müssen. Man hatte ja die „bösen" Mikroben, die für alles herhalten mußten. Doch – wenn diese nun überhaupt nicht krankheitsverursachend sind – was löst denn dann die Erkrankungen aus? – Diese Frage hat im Prinzip schon Hahnemann vor etwa 200 Jahren beantwortet, indem er von einem krankmachenden Agens sprach und nicht etwa Mikroben meinte, sondern eine Art *geistartige dynamische (immaterielle) Ansteckung.*

3.1.2.1 Biologische Konflikte

Im folgenden soll dies noch ein wenig genauer formuliert werden, und zwar aus dem Blickwinkel der Neuen Medizin. Gemäß ihren entdeckten Gesetzmäßigkeiten geht es hierbei um sogenannte *biologische Konflikte,* welche am Beginn einer Erkrankung stehen. Mit biologisch ist gemeint, daß die Art der Konflikte immer *Themen* berührt, die sich im Rahmen von *natürlichen, biologisch verankerten Bedürfnissen und Verhaltensbereichen abspielen,* wie sie bei Mensch und Tier gleichermaßen vorhanden sind. Somit bestimmen sie zwingend die emotionale und ebenfalls vegetative Reaktion anläßlich spezifischer Situationen. Es sind *die biologischen Konflikte,* die krank machen, nicht die intellektuell-psychologischen; *sie leiten sich von unserer Evolution ab.* Im Speziellen handelt es sich dabei um Konflikterlebnisschocks, die *hochakut, dramatisch* und *isolativ* sind. Das heißt, es trifft einen schockartig, unerwartet, und man steht mit seinem Problem allein da, ist völlig auf sich selbst gestellt, vertraut sich keinem anderen an und sieht auch keinerlei Möglichkeit, aus dieser Situation herauszukommen. Diese Konflikte sind *entwicklungsgeschichtlich* zu verstehende Konflikte und bei Mensch und Tier analog zu finden. Sie haben nichts gemein mit unseren Konflikten des alltäglichen Lebens. Sie sind *von der Natur eingeplante Störungsfälle im archaischen Verhaltensprogramm unseres Gehirns.*

3.1.2.2 Gehirnmanifestation

Ein solcher Konflikt verläuft gleichzeitig auf *drei „Ebenen“: der Psyche, dem Gehirn* und *dem peripheren Organ.* Auf der Ebene der Psyche kann dieser Konfliktschock eine Veränderung der Persönlichkeit bewirken (Geistes- und Gemütssymptome). Auf der Ebene des Gehirns „schlägt“ er in sogenannter Schießscheibenkonfiguration ein, und zwar immer an einer ganz bestimmten (vorhersehbaren) Stelle, welche – entwicklungsgeschichtlich bedingt – mit einem ganz bestimmten Organ in Verbindung steht und dieses steuert. Da der Organismus zu diesem Zeitpunkt schlagartig auf Dauersympathikotonie umschaltet, ändert das korrespondierende Organ augenblicklich seine Funktion (dritte Ebene) und reagiert mit den Symptomen, die wir als Krankheitserscheinungen kennen. Mittels moderner hochauflösender bildgebender Verfahren, wie Computertomographie, können die „Einschläge“ im Gehirn – in einigen Fällen darüber hinaus auch am peripheren Organ – sichtbar gemacht werden und stellen sich in Form von konzentrischen Ringen dar, wie die Kreise auf einer Wasseroberfläche, welche durch einen Steinwurf getrübt wurde; deshalb der Begriff „Einschlagen“.

Ein charakteristisches Merkmal dieses „Drei-Ebnen-Systems“ ist, daß es *überdeterminiert* ist in streng naturwissenschaftlichem Sinne. Kennen wir einen der drei Parameter, läßt sich unter Berücksichtigung von ein paar *weiteren biologischen Regeln* (z. B. Händigkeit, aktuelle Hormonlage etc.) auf die beiden anderen Ebenen schließen.

3.1.2.3 Die biologische Regel der Händigkeit

Die Händigkeit beispielsweise zeigt an, auf welcher der beiden Großhirnhemisphären der Organismus des Menschen (oder Tiers) arbeitet. Die rechte Hemisphäre ist die männliche mit den sogenannten Revierkonfliktrelais, während die linke als die weibliche mit entsprechenden weiblichen Konfliktrelais angesehen wird. Bei Linkshändigkeit ist die Adressierung der Konflikte umgepolt; vom Gehirn zum peripheren Organ läuft jedoch immer alles gleich. So kann beispielsweise ein linkshändiger Mann nach lang anhaltendem und nun überstandenem Revierverlustkonflikt niemals einen Herzinfarkt erleiden wie ein Rechtshänder, da der Konflikt auf die entsprechende linke (eigentlich weibliche) Hemisphäre einschlägt und damit außerhalb der Relais und korrespondierenden Organbereiche liegt, die eigentlich mit Revierverhalten zu tun haben.[1] *Die Linkshändigkeit zeigt uns also in ganz besonderer Weise, daß die biologischen Konflikte primär nichts mit Freud und der herkömmlichen Psychologie zu tun haben, sondern wirklich biologisch determiniert sind, denn sie machen „rein psychologisch" gar keinen Sinn.* – Diese „hirnorganische" Händigkeit wird mit Hilfe des Klatschtestes (spontanes Klatschen wie Applaudieren im Theater) ermittelt und kann durchaus verschieden von der „herkömmlichen" Händigkeit sein. Die oben liegende bzw. schlagende Hand ist dabei ausschlaggebend.

3.1.2.4 Das subjektive Empfinden

Wo, das heißt an welchen Stellen genau, „schlagen" nun diese biologischen Konflikte im Gehirn ein? Die Forschungen von Dr. Hamer haben eindeutig ergeben, daß der *Konfliktinhalt* die *Lokalisation dieses Einschlags im Gehirn* und damit auch die *Lokalisation am peripheren Organ* bestimmt. Konfliktinhalte derartiger Qualität sind uralte Konfliktmuster, die aus der Zeit stammen, in der sich der jeweilige Hirnbereich entwickelt bzw. ausdifferenziert hat, in welchem der „Einschlag" zu finden ist. Folglich entsprechen die Konfliktinhalte der jeweiligen Entwicklungsstufe unseres Gehirns zum damaligen Zeitpunkt und der speziellen Konfliktproblematik dieser Entwicklungsstufe. Je älter die korrespondierende Entwicklungsstufe ist, desto näher rückt der „Einschlagspunkt" in die Nähe der uralten vegetativen Zentren unseres Stammhirns, dem Urgehirn sozusagen, wo die Entscheidung über Leben und Tod fällt (zentraler Atemstillstand, Kreislaufversagen etc.). Unter Konfliktinhalt ist nun das *individuelle, subjektive Empfinden* des Patienten im Moment des Schockerlebnisses zu verstehen und genau dieses ist ausschlaggebend.[2] Sowohl die *Art der Krankheit* als auch der *Ort der Erkrankung im Gehirn und am Erfolgsorgan* hängen davon ab, *wie* der Patient im Augenblick des Konfliktes reagiert. Psychisch verwandte bzw. entwicklungsgeschichtlich vergeschwisterte

---

[1] Siehe hierzu auch Kapitel *3.1.2.4.1 Hirnorganische Ordnung der Revierkonflikte.*

[2] Rein subjektive Symptome spielen ja auch bei der Hierarchisierung in der Homöopathie eine besondere, oft wahlanzeigende Rolle!

Störungen liegen hirnorganisch dicht beieinander und sind Beweis für eine *wunderbare Ordnung der Natur*. – So gesehen ist das Gehirn nichts anderes als die Schaltzentrale zwischen Psyche und peripherem Organ.

3.1.2.4.1 Hirnorganische Ordnung der Revierkonflikte

Am Beispiel Revierkonflikte soll dies exemplarisch verdeutlicht werden. Ihre entsprechenden Relais sind beim rechtshändigen Mann auf der rechten Großhirnhemisphäre dicht nebeneinander lokalisiert und steuern die entsprechenden „Revierorgane" (im archaischen Sinne), welche bei längerer Konfliktdauer pathologisch reagieren. Dies sind im einzelnen (nacheinander von etwa der rechten Schläfe bis hin zum seitlichen Hinterhaupt aufgelistet):

- *Revierangst* mit Bezug zur Bronchialmuskulatur oder -schleimhaut – Auftreten kleiner Ulcera [Substanzverluste der Schleimhaut], in fortgeschrittenem Stadium Bronchialcarcinom genannt
- *Revierverlust* mit Bezug zu den Coronararterien (Herzkranzarterien) – Ulcera der Coronararterien (Angina pectoris) mit nachfolgendem Herzinfarkt auf dem Höhepunkt der Heilungsphase bei sehr langer vorausgegangener Dauersympathikotonie
- *Revierärger* mit Bezug zu Magen, Gallengängen, Bauchspeicheldrüse – Magengeschwüre, Gallengangsulcera, Bauchspeicheldrüsengangsulcera und schließlich
- *Reviermarkierungskonflikt* mit Bezug zur männlichen Blase[1] – Blasenschleimhautulcera.

3.1.2.4.2 Das Individuelle – der Dreh- und Angelpunkt

Nachfolgend nun noch ein weiteres Beispiel hinsichtlich individuellen, subjektiven Empfindens bzw. hinsichtlich des sogenannten Konfliktinhaltes: Eine verheiratete Frau mittleren Alters erwischt ihren etwa gleichaltrigen Mann mit einem jungen, hübschen Mädchen in flagranti im Bett. Nun gibt es für diese Frau verschiedene Möglichkeiten, auf dieses Ereignis zu reagieren, und sie entwickelt, je nach Intensität und persönlichem Empfinden, unter Umständen eine entsprechende Krankheit oder Kombinationen davon. Einige Reaktionen und deren Folgen könnten sich, wie folgt, darstellen:

- „Das ist mir egal; ich gehe ja selber schon lange fremd." oder „Im Grunde genommen wird er jetzt wieder begehrenswerter und attraktiver für mich." – Es passiert überhaupt *nichts* in puncto manifesten Krankheiten, welche aus dem Erlebten resultieren.
- „Mein Mann hat mich verlassen." Dieser ist quasi „aus dem (weiblichen) Revier" gelaufen. – Ein sogenannter weiblich sexueller Konflikt, ein Konflikt des „Nicht-begattet-Werdens" (gemäß biologischer Sprache) mit nachfolgendem *Gebärmutterhals(ulcus)carcinom*.

---

[1] Jeder von uns kennt das Phänomen, wie beispielsweise Rüden ihr Revier markieren und beim Gassigehen ständig ihr Beinchen heben.

- „Mein Mann hat mich verlassen." – Diesmal als hochakuter Verlustkonflikt empfunden mit nachfolgender *Ovarialnekrose* (örtliches Absterben von Gewebe eines Eierstocks); imponiert in der vagotonen Heilungsphase als *Zyste.*
- „Das kann ich ihm nicht mehr bieten." Die Patientin fühlt sich schon zu alt und resigniert; sie „taugt nicht mehr im Bett". – Ein Selbstwerteinbruch mit Bezug zu den Sexualorganen: *Osteolysen* (Entkalkung und Auflösung von Knochengewebe) *im Beckenbereich.*
- Ein generalisierter Selbstwerteinbruch auf der ganzen Linie: *Osteolysen im Wirbelsäulenbereich,* besonders der *Lendenwirbelsäule,* welche ja das ganze Skelett trägt, mit *Hexenschuß, „Ischias"* oder sogenanntem *Bandscheibenvorfall* in der Heilungsphase.
- „Das ist ja ekelig!" Die Patientin ist entsetzt, über das, was sie gesehen hat, und muß in einem fort an diese Situation denken. – Ein sogenannter Angst-Ekel-Konflikt mit nachfolgender *Hypoglykämie* (Unterzuckerung, Verminderung des Blutzuckers unter 50 mg%).
- Die Frau empfindet dies als allgemein menschlichen Konflikt zwischen zwei Partnern: ein *Brustdrüsencarcinom der rechten Brust* (sofern sie Rechtshänderin ist).
- Die Frau empfindet dies als allgemein menschlichen Konflikt zwischen „Mutter und Kind", da sie ihren Mann bislang immer als den großen Jungen gesehen und regelrecht bemuttert hat: ein *Brustdrüsencarcinom der linken Brust* (sofern sie Rechtshänderin ist).

Scheinbar dasselbe Erlebnis, jedoch jeweils völlig anders empfunden! Es kommt eben immer darauf an, *wie* der Mensch mit dem Konflikt individuell zurechtkommt, *was* er dabei empfindet! Berührt ihn das Erlebte nur peripher, das heißt, steckt er den Konflikt weg und arrangiert sich mit der neuen Situation, spricht sich mit seinem Partner aus, so passiert überhaupt nichts! Keine Krankheit, kein Krebs, gar nichts! Besteht der Konflikt nur für kurze Zeit, so wird sich dieser auch nicht als periphere Organerkrankung bemerkbar machen. Man war dann halt zeitweilig nur unter Dauerstreß, hatte keinen Appetit, konnte kaum schlafen und dachte immerfort an dieselbe eine Sache – eine typische temporäre Dauersympathikotonie! Doch wird der Konflikt groß und unlösbar, bedeutet er einen regelrechten Schock, der einen auf dem falschen Fuß erwischt hat, so heißt dies Krankheit!

All diese Zusammenhänge lassen ganz eindeutig erkennen, daß *Krankheit wirklich ein Korrektiv* ist, *rein biologisch gesehen,* und nicht nur mit der psychologischen und psychotherapeutischen Brille betrachtet!

3.1.2.5 Konfliktverlauf

Der *Konfliktverlauf* entspricht dem *Verlauf der Veränderung des „gestörten" Hirnareals* und dem *Verlauf der Erkrankung am peripheren Organ* (aktiver Konflikt: Phase der Dauersympathikotonie; Konfliktlösung: Umschlagpunkt zur dauervagotonen Heilungsphase, siehe Punkt C in Bild 3.1). *Biologischer*

Konflikt und Erkrankung verlaufen also synchron. Das gilt auch für den Heilungsverlauf, sofern der Konflikt gelöst wird.

Was geschieht nun genau während der Heilungsphase der Erkrankung, nachdem der Konflikt definitiv abgeschlossen wurde? Wie oben näher ausgeführt, schaltet der Organismus von Dauerstreßinnervierung um auf die warme Phase der Erkrankung, die Dauervagotonie, mit all den bekannten Symptomen wie Fieber, Auftreten der Mikroben etc. pp. Parallel dazu füllen sich die konzentrischen Ringe der „Störung" im Gehirn mit *heilsamem Ödem*, so daß das ganze Relais anschwillt. Der Sinn ist die erneute *Bildung von Gliagewebe* (Hirnbindegewebe, Stützsubstanz des zentralen Nervensystems), um die betroffenen Nerven der Areale, welche unter „Kurzschluß" standen, wieder zu isolieren. Parallel dazu finden auch auf der Organebene bestimmte Reparaturvorgänge statt, die die meisten eigentlichen Krankheitssymptome gemäß alter Auffassung ausmachen. Auf dem Höhepunkt dieser Heilungsphase, dem Höhepunkt des Hirnödems, kommt es dann zur sogenannten *epileptoiden Krise*[1] (Punkt E in Bild 3.1), während der sich der Organismus von seinem Hirnödem befreien will und langsam zur Normalität zurückkehrt (kleine Diurese- oder Harnflutphase). Dieser Umschlagpunkt ist der kritischste Punkt während der gesamten Heilungsphase und kann in einigen Fällen Probleme bereiten, ja sogar große Probleme, wenn die konfliktaktive Phase ausgesprochen lange bestanden hat. Deshalb ist es für den Therapeuten wichtig, diese Phänomene zu kennen, damit er gezielt darauf reagieren, oder besser noch, ihnen vorab entgegenwirken kann.

3.1.2.6 Revierkonflikte in der Tierwelt und beim Menschen

Ein kleines Beispiel aus der Natur soll helfen, diese Zusammenhänge zu verdeutlichen. Nehmen wir einen alten Hirsch, der von einem jungen Artgenossen aus seinem Revier verjagt wird und nun seine Herde verliert. Dieser Hirsch hat einen sogenannten Revierkonflikt (Revierverlust) erlitten und läuft fortan „auf vollen Touren", Tag und Nacht, unter Dauersympathikotonie. Er steht unter biologischem Dauerstreß, „denkt" nur noch an die Revierzurückeroberung, frißt nicht mehr, schläft kaum noch und irrt unter Aufbietung aller Krafreserven umher, um in einem günstigen Moment den jungen Hirsch zu stellen und den Kampf ein letztes Mal für sich zu entscheiden. Mit Beginn der Dauersympathikotonie läßt sich hirnorganisch rechts periinsulär (in der Nähe der sogenannten Insel des Großhirns, das ist in etwa über dem rechten Ohr) ein

---

[1] Die epileptoide Krise – neben der Händigkeit und der aktuellen Hormonlage – eine weitere biologische Regel von insgesamt sechs: Die epileptoide Krise entsteht immer auf der Basis eines Hirnödems (tiefste Vagotonie), meist nachts in der Abschlaffungs-, Ruhe- und Erholungsphase. Typische cerebrale Begleitsymptome sind Zentralisation, Angstschweiß, Atemnot, Brechreiz, Schwindel, Doppeltsehen, Krämpfe, Kopfschmerzen, Unruhe, Panik und vieles mehr.

Bereich in Schießscheibenkonfiguration nachweisen, sofern man ein CCT[1] anfertigen würde. Dieses Hirnrelais steht direkt mit dem Herzen in Verbindung – genauer ausgedrückt, steuert es die Herzkranzgefäße (Coronararterien) –, an denen sich mit der Zeit kleine Ulcera („Minigeschwüre") bemerkbar machen, welche Herzstiche verursachen (Angina pectoris-Symptomatik). Diese Ulcera haben die physiologische Aufgabe, das Lumen der Coronararterien derart zu weiten, daß das Herz besser durchblutet wird und mehr Leistung bringen kann, mit der Folge, daß der Hirsch mehr Kräfte mobilisieren kann als jemals zuvor. Gewinnt er den Kampf noch einmal – und das kann er durchaus, denn der junge Hirsch hat ja nicht den biologischen Vorteil der Dauersympathikotonie und damit der größeren cardialen Leistung – und ist wieder der Chef, so ist sein Revierkonflikt definitiv gelöst und die Heilungsphase mit der Dauervagotonie setzt schlagartig ein. Fortan frißt er wieder, wird müde und schlapp, bekommt heiße Extremitäten und nimmt wieder an Gewicht zu. Auf dem Höhepunkt der Heilung erleidet er dann einen Herzinfarkt (epileptoide Krise eines Revierkonfliktes dieser Art), sofern der Konflikt länger angedauert hat. Hat er diesen ohne Schaden überstanden, wird er noch für ein paar Jahre als unumstrittener Revierherr regieren können. Ist das nicht der Fall, weil der Konflikt zu lange und intensiv gewesen ist und damit außerhalb der von der Natur gesetzten Toleranzen verlief, stirbt er am Herzinfarkt (zu vehement ablaufende Heilungsphase) und muß auf diese Weise das Feld räumen. – Schafft er es dagegen nicht, sein Revier zurückzuerobern, so verbleibt er in Dauersympathikotonie und stirbt mit der Zeit an Kachexie (Ausmergelung) und wird auf diese Weise von der Natur aus dem Verkehr gezogen, um für die Jungen Platz zu machen.

An diesem Beispiel läßt sich auch der *biologische Sinn von „Erkrankungen"* (das fünfte Naturgesetz bzgl. des biologischen Sinns der „Sonderprogramme der Natur") erkennen. Global betrachtet, ist *Krankheit kein sinnloses Geschehen, sondern ein entwicklungsgeschichtlich verstehbares, sinnvolles biologisches Sonderprogramm der Natur, ein Korrektiv, um Änderungen in angemessener Zeit herbeiführen zu können.* Es ist schlichtweg gegen die Natur, starke Konflikte zu verdrängen und so zu tun, als könne man jene mit ihren Millionen Jahren Entwicklungsgeschichte einfach überlisten. Schon Johann Wolfgang von Goethe äußerste sich hinsichtlich der Genese von Krankheiten, wie folgt: „Die Krankheit als solche arbeitet nicht auf die Zerstörung schlechthin hin, die einen zufällig trifft."

Bezogen auf den Menschen gibt es viele Reviere oder „Wirkungskreise": Das kann der eigene Betrieb sein, die Familie, das Auto, der Arbeitsplatz, der Tennisclub und vieles mehr. Beispielsweise soll ein etwa 50-jähriger Mann nach dem Sommerurlaub die Abteilungsleitung übernehmen, was schon lange geplant ist. Aus den Ferien zurückgekehrt erfährt er jedoch, daß dies zum

[1] CCT: craniales Computertomogramm, Computertomogramm des Schädels bzw. Gehirns.

jetzigen Zeitpunkt noch nicht möglich ist, da unvorhergesehenerweise ein ca. 30 Jahre alter Mitarbeiter für einige Zeit diesen Posten erhalten soll, weil dieser zum Fördernachwuchs der Firma gehört und „Karriere machen soll". Für den Fünfzigjährigen kann dies einen Revierverlustkonflikt bedeuten (Verlust der versprochenen und eigentlich geistig schon vollzogenen Abteilungsleitung), sofern er nicht mit dieser Lösung zurechtkommt. Für ihn „bricht eine Welt zusammen", ja für ihn ist es ein „Gesichtsverlust", da ihm der Posten sehr wichtig war und sowohl seine ganze Verwandtschaft als auch Bekanntschaft bereits davon Kenntnis hatte. Kann er diesen Konflikt schließlich in angemessener Zeit lösen, z.B. indem er sich versetzen läßt oder mit dem neuen, jungen Chef arrangiert oder einfach zwei weitere Jahre lang abwartet, so erleidet er auf dem Höhepunkt der Heilungsphase einen mehr oder weniger schweren Herzinfarkt (u.U. auch nur abortiv), je nach Konfliktdauer und -intensität. – Hat dieser Mann allerdings die Einstellung, daß es okay sei und er nun „eine ruhige Kugel schieben" könne bei sehr gutem Gehalt, so geschieht rein gar nichts (im Sinne von Konflikten und Krankheiten). – Der Herzinfarkt als akute Heilungskrise bzw. Komplikation während der Heilungsphase setzt in der Regel etwa drei bis sechs Wochen nach Lösung des Konfliktes ein und wird als solcher empfunden, wenn der Konflikt ca. drei bis sechs Monate lang aktiv war. Bis zur Größenordnung von drei Monaten Aktivität verläuft die Heilungsphase eher harmlos und manifestiert sich als grippaler Infekt mit zeitweiligen Herzbeschwerden, wohingegen der Herzinfarkt nach einer Konfliktaktivität von mehr als neun Monaten fast immer tödlich endet (sofern nicht im vorhinein therapeutisch gegengesteuert wird).

3.1.3 Zellvermehrung in Abhängigkeit der Krankheitsphasen

Bei der letzten, für uns interessanten Gesetzmäßigkeit, dem *ontogenetischen System der Tumoren*, geht es um „überschießende" Zellvermehrung, was meist Krebs, Tumor, Zyste und dergleichen mehr genannt wird. Nun lassen sich aber grundsätzlich zwei verschiedene Arten von Zellvermehrung unterscheiden:

- *Zellvermehrung in der konfliktaktiven, sympathikotonen Phase*, welche in der konfliktgelösten Phase durch Mikroben (Pilze, Pilzbakterien) abgebaut wird, und
- *Zellvermehrung in der vagotonen Heilungsphase* nach erfolgter Konfliktlösung, um die Ulcera und Nekrosen („Löcher" im Gewebe, Gewebseinschmelzungen), welche in der sympathikotonen Phase entstanden sind, wieder aufzufüllen (Gewebsneubildung mit Hilfe von Viren und Bakterien).

Konflikte mit Zellvermehrung in der sympathikotonen Phase haben ihr korrespondierendes Hirnrelais immer im Stammhirn oder Kleinhirn, was man zusammengenommen Althirn nennt (entwicklungsgeschichtlich der älteste Teil unseres Gehirns), während Zellvermehrung in der Vagotonie eine überschießende Art der Heilung darstellt und ihr Relais immer im Großhirn – und zwar im Cortex (Großhirnrinde) oder im Marklager des Großhirns – hat (z. B. Nierenzyste, Ovarialzyste [Eierstockzyste]). *Weder die Lokalisation im Gehirn noch die Art der peripheren Reaktionen sind zufällig, sondern es ist alles logisch und einsehbar durch die Ontogenese (Entwicklungsgeschichte) vorherbestimmt.*

Es gibt also überschießendes Wachstum in der konfliktaktiven Phase und überschießendes Wachstum in der konfliktgelösten Heilungsphase, was nicht ein und dasselbe sein kann! Somit „ist es ein ungeheurer Unsinn, eine vermeintliche Krankheit rein morphologisch nach einem Zuviel oder Zuwenig irgendeiner vermeintlichen Sorte Zellen einteilen zu wollen“, so der Entdecker dieser Gesetzmäßigkeiten, Dr. Hamer. Außerdem wird dieses *überschießende Wachstum immer zentral von unserem Gehirn gesteuert,* dem „Zentralcomputer“, der die Milliarden „Kleinstcomputer“ – die Zellen – steuert. Das „Urgehirn“ allen Lebens ist der Zellkern, Träger der Chromosomen und Gene, der kleinste Computer des Lebens überhaupt. Das Gehirn steht nun mit all diesen Zellkernen in nervaler Verbindung und sendet ständig Codes entsprechend dem Programm Gesundheit oder den biologischen Sonderprogrammen Dauersympathikonie und Dauervagotonie. *Am Gehirn vorbei, in dem Sinne, daß eine Zelle völlig losgelöst und autonom wäre, läuft gar nichts.* Zellvermehrung, ob in der ersten oder zweiten Phase der Erkrankung und ob überschießend oder nicht, ist demnach etwas Gewolltes und eng verknüpft mit der Entwicklungsgeschichte des Menschen oder der jeweiligen Art. Laut Professor Dr. med. Dr. rer. nat. P. Pfitzer, Professor für Pathologie und Zyto-Pathologie und Dekan der Medizinischen Falkultät der Universität Düsseldorf, kann „in allen Organen im Prinzip immer nur die gleiche histologische Art von Gewebe gefunden werden“! Mit anderen Worten bedeutet dies, daß beispielsweise an einem Knochen keine „wildgewordenen“ Prostatazellen weiterwachsen und ein vom Knochen verschiedenartiges Gewebe hervorbringen können. Darüber hinaus besteht auch kein Unterschied zwischen den Zellen von frischem Kallusgewebe eines Knochenbruches und denen eines sogenannten Osteosarkoms („bösartiger“ Knochentumor) oder eines akuten Gelenkrheumatismus. Der Pathologe braucht immer die Verdachtsdiagnose, das Röntgenbild und die näheren Umstände, um sich hinsichtlich krankhafter Entartung entscheiden zu können! Im Grunde genommen ist alles dasselbe: Zellen während der Heilungsphase des Knochens – zum einen nach einer Fraktur (Knochenbruch) und zum anderen nach einer Osteolyse (Knochenentkalkung) während eines Selbstwerteinbruches. – Somit ist auch die herkömmliche schulmedizinische Einteilung in „gutartig“ und „bösartig“ hinfällig.

Dies soll genügen, um die Zusammenhänge aller der für uns relevanten biologischen Gesetzmäßigkeiten kurz und knapp zu umreißen, so daß sich die daraus ergebenden allgemeinmedizinischen und homöopathischen Konsequenzen und Entscheidungen leichter nachvollziehen lassen.

3.2 Homöopathische Phänomene im Lichte der naturgesetzlichen Aspekte

Lassen Sie uns im folgenden zunächst die beiden – bereits eingehend besprochenen – grundlegenden homöopathischen Phänomene der Unterdrükkung und Rückspulung unter dem Aspekt dieser allgemeinmedizinischen Naturgesetzmäßigkeiten kurz begutachten. Wie nicht anders zu erwarten, werden sich beide für den Eingeweihten als noch transparenter und einleuchtender darstellen, als sie es ohnehin schon sind. Darüber hinaus wird auch der homöopathische Begriff der Erstverschlimmerung unter diesem Blickwinkel zu beleuchten sein.

3.2.1 Unterdrückung – ein Coupieren der Heilungsphase

Das Thema der Unterdrückung ist leider nur in der Homöopathie richtig bekannt und wurde bereits weiter oben ausführlich behandelt.[1] Heutzutage spielt es in der homöopathischen Praxis eine geradezu dominante und zentrale Rolle, denn aufgrund der vielerorts praktizierten, schulmedizinischen immunsuppressiven Therapie kommt es sehr häufig zu derlei Phänomenen, und dies vielfach schon im frühesten Kindesalter!

Mit dem Gesetz der Zweiphasigkeit der Erkrankungen ist das Wesen der Unterdrückung noch viel einleuchtender und auch für den Laien recht einfach zu verstehen. Akute Erkrankungen, wie beispielsweise eine Angina, sind ja – streng genommen – überhaupt keine echten eigenständigen Erkrankungen, sondern nur ein Teil derselben, nämlich die vagotonen Heilungsphasen von Erkrankungen (siehe Bild 3.1). Im Falle einer Angina ist der Rachen entzündlich und bereitet Schmerzen, was ausschließlich in der zweiten Phase der Erkrankung unter Zuhilfenahme der Spezialarbeiter, nämlich ganz bestimmter Mikroben (meist Streptokokken), auftreten kann. Dies ist ein Zeichen dafür, daß das Gewebe, welches in der vorangegangenen sympathikotonen Phase in Mitleidenschaft gezogen wurde, zur Zeit wiederhergestellt und regeneriert wird. Parallel dazu kommt es zu einer gewissen Temperaturerhöhung, der Arbeitstemperatur dieser speziellen Mikroben, unserem bekannten Fieber, um optimale Arbeitsverhältnisse für unsere Symbionten zu gewährleisten. Wird nun das Fieber gewaltsam heruntergedrückt, so behindert man die Mikroben in ihrer Effektivität und der echte *Heilungsprozeß* wird *verlangsamt oder gar unterbrochen.* Werden darüber hinaus die Mikroben sogar gezielt bekämpft (z.B. durch Antibiotika), so wird die *Heilungsphase der Erkrankung direkt torpediert* – zurück in eine latente sympathikotone Phase! – und es verbleiben „Ruinen“ im Gewebe, die dann später wieder abzutragen sind, so daß ein Rezidiv (Rückfall) geradezu vorprogrammiert ist. Dies wäre in biologischer

[1] Siehe Kapitel *2.11 Das Phänomen der Unterdrückung.*

Hinsicht noch eine gute natürliche Reaktion und spräche für eine gewisse Vitalität des Organismus! Wenn die Lebenskraft allerdings schon zu schwach für einen derartigen „zweiten Regenerationsanlauf" ist, kann es – je nach miasmatischer Prädisposition und Konstellation des Individuums – zu Stellvertreterphänomenen kommen, welche wir *Unterdrückungssyndrom* nennen. Das heißt, die Angina verschwindet, und es tritt ein neues Leiden an ihre Stelle (der Organismus sucht sich die nächste Schwachstelle, sozusagen ein neues Ventil), beispielsweise ein akutes Nierenversagen, wie ich es schon erlebt habe.

Unterdrückung ist also – streng genommen – keine Unterdrückung von Erkrankungen (wie es in der homöopathischen Literatur seit jeher formuliert wird), *sondern es handelt sich eigentlich um die Torpedierung von Heilungsphasen von Erkrankungen.* Die zweite Phase, der vagotone Heilungsprozeß, wird unterbrochen bzw. unterdrückt. Die energetische Krankheit verbleibt jedoch noch im Innern des Körpers, sie wird nur in eine andere Richtung gedrängt, beispielsweise in Richtung Nieren. Um nun diese Krankheit ausheilen zu können, bedarf es nicht nur der Wiederherstellung der Nierenfunktion, sondern auch der Regeneration des Rachengewebes, denn diese ist ja auch noch nicht vollständig abgeschlossen gewesen. Die Notwendigkeit des *Rückspulungsprozesses* nach einer gelösten Unterdrückung ist also klar zu erkennen (*erneutes Durchlaufen der damaligen vagotonen Heilungsphase*).

3.2.2 Rückspulungsprozeß – ein schrittweises Lösen „erster" Krankheitsphasen

Und damit sind wir gleich bei dem nächsten homöopathischen Phänomen, dem der Rückspulung von Krankheitsprozessen. Auch der Rückspulungsprozeß während einer homöopathischen chronischen Behandlung – gemäß der Hering'schen Regel – läßt sich mit den besprochenen Naturgesetzmäßigkeiten anschaulich erklären. Gehen wir davon aus, daß die „Krankheitskurve" mit ihrer Dauersympathikotoniephase und anschließenden dauervagotonen Heilungsphase immer nur einen krankhaften Prozeß repräsentiert (Bild 3.1), so gibt es bei einem chronisch Kranken fast immer mehrere sich überlagernde Kurven, die jeweils für eine andere Erkrankung zuständig sind.

Wurden beispielsweise diverse Tonsillitiden (Mandelentzündungen), Bronchitiden und Mittelohrentzündungen – alles Krankheiten gemäß herkömmlicher Nomenklatur, jedoch *eigentlich Heilungsphasen von Erkrankungen* – im Kindesalter immunsuppressiv (beispielsweise mittels Penicillin oder anderen Antibiotika) behandelt, bis sie letztendlich von der aktuellen Bildfläche verschwunden sind, kann man sicher sein, daß sich alles andere als grundlegende Gesundheit eingestellt hat. Denn mit dem Verschwinden dieser Krankheitserscheinungen ist die energetische Krankheit keinesfalls wirklich gelöscht, sondern nur von ihrer jeweiligen vagotonen Heilungsphase in ihre entsprechende sympathikotone Streßphase zurückgedrängt worden.

Während einer homöopathisch antimiasmatischen Kur werden nun diese einzelnen Erscheinungen schrittweise reaktiviert und tauchen in der Folge mehr oder weniger intensiv wieder auf, um endgültig „bearbeitet“ und ausgeheilt werden zu können. Sie alle befinden sich bei Aufnahme der Behandlung immer noch in dieser ersten Krankheitsphase (also quasi in „iatrogen zementierter“ Latenz) – unter Umständen schon seit Jahren oder Jahrzehnten – und konnten bislang nie richtig reaktiviert werden, da die Lebenskraft insgesamt zu geschwächt war. Mit dem chronischen Simile wird jene mit der Zeit jedoch in die Lage versetzt, gezielte Heilungsmaßnahmen zu treffen, um die jeweilige Sympathikotonie zu überwinden. Da es auf der Zeitachse nur eine Richtung hinsichtlich Gesundung gibt, müssen diese alten Krankheitserscheinungen nochmals ihre entsprechende heilsame vagotone zweite Phase durchlaufen. Und dabei dürfen sie selbstverständlich nicht wieder mit herkömmlichen lokalen Maßnahmen bekämpft werden. Erst danach kann sich dauerhafte Heilung einstellen.

3.2.3 Erstverschlimmerung – eine „Erhöhung“ der vagotonen Heilungsphase

Zu guter Letzt noch ein paar Sätze zur sogenannten homöopathischen Erstverschlimmerung, die ja von vielen Therapeuten beinahe zur zenralen Frage erhoben wird, ob sie denn nun auftreten darf oder nicht.

Die *Erstverschlimmerung*, auch *homöopathische Verschlimmerung* genannt, ist ein typisches Phänomen bei homöopathischen Behandlungen und als positives Zeichen während der Therapie zu werten. Es bedeutet, daß das verabreichte Arzneimittel die Symptome des Patienten trifft und somit wirklich heilend wirken wird, es also paßt. *Homöopathische Verschlimmerung bedeutet eine anfängliche Verschlimmerung der (lokalen) Symptome des Patienten unter Besserung seines Allgemeinzustandes.* Der Patient wird sich in der Regel insgesamt besser fühlen, obwohl sich einige (lokale) Symptome deutlich verschlimmert haben. (z.B. „*Meinem* Magen geht es schlechter.“ jedoch: „*Ich* fühle mich [insgesamt] besser.“ oder: „*Mir* geht es besser.“) Mit anderen Worten: Der Patient verschlimmert sich weder insgesamt von seinem Zentrum her, noch tauchen neue, bisher nicht vorliegende Symptome auf. Einzige Ausnahme: Sie gehören zum Mittelbild der Homöopathikums oder resultieren von früher, sind also quasi zum Rückspulungsprozeß gehörig. Die Dauer einer Erstverschlimmerung sollte relativ kurz sein; ihr folgt dann zunehmende Besserung.

Eine Erstverschlimmerung braucht nicht in jedem Falle aufzutreten. Wenn sie jedoch vorkommt, ist sie von gutem prognostischem Wert und hat folgende Aussagekraft:

- Das verabreichte Arzneimittel paßt; es handelt sich um das Simile.
- Der Organismus hat gut reagiert, und der Patient ist auf dem Weg der Heilung.

Betrachten wir die Erstverschlimmerung unter dem Aspekt der diskutierten biologischen Gesetzmäßigkeiten, so sollten wir zunächst einmal feststellen, daß es sich bei den akuten Erkrankungen immer – und bei bestimmten chronischen Phänomenen hin und wieder – um vagotone Heilungsphasen handelt. Das heißt: Der Patient befindet sich bereits in der Vagotonie auf dem Weg zur Ausheilung, ansonsten hätte er nicht seine akuten Beschwerden!

In dieser vagotonen Heilungsphase trifft nun das Simile den Organismus, so daß es bei entsprechender Homöopathizität die aktuelle Symptomatik selbstverständlich erhöhen kann, was in der Natur der Sache liegt. Durch das passende homöopathische Arzneimittel wird ja der eigentlichen Krankheit eine Kunstkrankheit von ähnlicher Schwingung aufgeprägt. Physikalisch ausgedrückt handelt es sich dabei um eine überlagerte, phasenverschobene Schwingung, welche die ursprüngliche quasi löscht, das heißt, durch Addition der entsprechenden Amplituden beider Kurven entsteht die Nullinie. Wenn sich nun diese Phasenverschiebung nicht ganz von Anfang an einstellt, *addieren sich die Amplituden der beiden Kurvenverläufe* zu einer ausgeprägerten gemeinsamen Kurve mit größeren Amplituden, zur sogenannten *Erstverschlimmerung*. Die Krankheit läuft also kurzfristig heftiger ab, wird aber vom Patienten trotzdem als angenehmer empfunden. Da es sich um ein biologisches System handelt, verkürzt sich mit dieser Erhöhung der Symptomatik auch die Zeitspanne des Heilungsverlaufes, der Dauervagotonie, so daß die Krankheit insgesamt kürzer verläuft als herkömmlich üblich. Somit weist der allgemeine „Lehrsatz“, der in der medizinischen Ausbildung kursiert, „Mit Behandlung dauert ein grippaler Infekt zwei Wochen und ohne Behandlung 14 Tage.“ hinsichtlich der Homöopathie keinerlei Gültigkeit auf.

3.3 Die Gesetzmäßigkeiten von Geistes- und Gemütserkrankungen

Abschließend noch ein paar Sätze zu den sogenannten Geistes- und Gemütserkrankungen. Schon Hahnemann hat im Falle von psychischen Erkrankungen klare Verhaltensregeln hinterlassen und deutlich gemacht, daß man bei Geistes- und Gemütserkrankungen psychische Symptome förmlich erwartet. Diese können deshalb niemals als herausragende oder gar Leitsymptome für den Fall herangezogen werden, da sie gewissermaßen pathognomonisch[1] sind. Sie spielen – anders als bei allen übrigen Erkrankungen – hinsichtlich der Arzneimittelauswahl kaum eine Rolle und sind in den meisten Fällen völlig wertlos und zu „Lokalsymptomen“ degradiert. *Bei Geistes- und Gemütserkrankungen sind es vorwiegend die Körpersymptome, die aufgewertet werden und als Leitsymptom fungieren können.*

---

[1] pathognomonisch: für eine Krankheit kennzeichnend.

Genau dies bestätigen die biologischen Gesetzmäßigkeiten der Neuen Medizin! Geistes- und Gemütserkrankungen wie endogene Depressionen, Manie, Neurosen bis hin zu Psychosen, Boderline-Syndrom und sogenannte Schizophrenie sind ganz besondere *Konstellationen* von Konfliktschocks, in die mehr oder weniger jeder recht schnell hineingeraten kann. Eine „schizophrene Konstellation" beispielsweise hat sicherlich schon jeder einmal gesehen oder am eigenen Leib zu verspüren bekommen. Es ist genau die Situation, wenn man einmal für kurze Zeit „ausrastet" und als „verrückt" angesehen wird oder wieder einmal seinen „Rappel gekriegt hat" oder einen „Nervenzusammenbruch". So etwas dauert in der Regel nur ein paar Tage und hat sich dann meist wieder von selbst erledigt. – Ob man nun für immer den Makel des Schizophrenen behält, hängt in unserer Gesellschaft davon ab, ob diese Diagnose einmal amtlich festgestellt wird.

Im Falle von Schizophrenie z. B. bedarf es mindestens zweier aktiver Konflikte, die in verschiedene Hemisphären des Gehirns „einschlagen". – Das heißt, *für eine einzige Erkrankung sind mehrere Konflikte notwendig!* – So hat ein Konflikt beispielsweise sein hirnorganisches Areal linkshemisphärisch, während ein anderer rechtshemisphärisch lokalisiert ist (sogenanntes Hemisphärenpatt)[1]. Der Mensch ist „verrückt"; er ist in doppelter Sympathikotonie, jedoch nur, wenn beide Konflikte zur gleichen Zeit aktiv sind! Ist einer zwischenzeitlich gelöst, so ist der Patient von Sekund' an (d. h. wirklich schlagartig!) völlig unauffällig. Bei der Schizophrenie handelt es sich demnach, wie bei anderen psychischen Erkrankungen auch, um *passagere Krankheitskonstellationen* – also vorübergehende – und nicht um festzementierte Unabänderlichkeiten! Die Schizophrenie als Wesensmerkmal oder Eigenschaft gibt es nicht. Deshalb ist es sinnvoller, von schiziophrener Konstellation zu sprechen.[2] Eine echte Ausheilung kann sich allerdings erst dann einstellen, wenn beide Konflikte definitiv gelöst sind und der Patient somit in keiner Weise mehr psychisch auffällig werden kann.

Hier haben wir auch eine logische Erklärung dafür, warum die Schizophrenie (wie auch andere psychische Erkrankungen) häufig in Schüben verläuft (gleichzeitige Konfliktaktivität beider Konflikte!). Dazwischen liegt meist eine längere Latenzphase, in denen mindestens einer der Konflikte, wenn auch nur vorübergehend, gelöst ist (somit ist nur noch eine Gehirnhemisphäre konfliktaktiv) und der Patient für seine Umgebung unauffällig wirkt. Da nun jedes Hirnareal mit ganz bestimmten Organen in Verbindung steht und diese gemäß den ontogenetischen Gesetzmäßigkeiten steuert, kön-

---

[1] Dies gilt gleichermaßen für die Großhirnrinde wie für das Kleinhirn. So gibt es schizophrene cortikale Großhirn-Konstellationen und schizophrene Kleinhirn-Konstellationen mit den entsprechenden unterschiedlichen, auffallenden psychischen Symptomen.

[2] Im Hinblick auf unsere vielen verhaltensgestörten Kinder ist auch der Autismus eine bestimmte Form der schizophrenen Konstellation, welcher besonders nach Impfungen auftritt.

nen – bei längerer Konfliktdauer und/oder -intensität – minimale Organläsionen ausgemacht werden, denn diese Konflikte sind im Prinzip genau dieselben biologischen Konflikterlebnisschocks mit demselben Konfliktinhalt und denselben Organbezügen, wie wir sie oben kennengelernt haben. Nur – daß es diesmal *mehrere gleichzeitig* sind, welche darüber hinaus *in gegenüberliegenden Hemisphären* lokalisiert sind, und daß ihre jeweilige Aktivität nur recht kurz ist. Somit sind *periphere Organsymptome,* wenn man sie denn wahrnehmen kann, *deutliche Hinweise Richtung Konfliktinhalt und Lokalisation im Gehirn.* Und damit auch *Richtung Lösung des korrespondierenden Konfliktes, was eine augenblickliche Lösung der schizophrenen Konstellation impliziert.*

Die *organotropen Symptome* in der homöopathischen Behandlung von Gemütserkrankungen – so wie schon damals von Hahnemann postuliert: „Fast alle sogenannten Geistes- und Gemüths-Krankheiten sind nichts anderes als Körper-Krankheiten, bei denen …" – sind also Dreh- und Angelpunkt, um aus diesem Teufelskreis ausbrechen zu können (hochwertigste Symptome der Symptomenhierarchie bei psychischen Erkrankungen). *Aus homöopathischer Sicht macht es also großen Sinn, diese wenigen Symptome sehr ernst zu nehmen, um zunächst relativ organbezogene Arzneimittel einzusetzen.* Ist der Patient dann psychisch unauffällig geworden, d.h. aus seiner akuten schizophrenen Konstellation herausgetreten, so kann mit einer antimiasmatischen Kur begonnen werden, um das chronische Terrain zu säubern (schrittweises Abtragen der Miasmen) und eventuelle Rezidive (die Neigung, immer auf derselben „Konfliktschiene" zu reagieren) zu vermeiden. Dies hat auch der erfolgreiche Münchener „homöopathische" Psychiater Dr. Benno Wipp klar bestätigt, indem er immer wieder auf die Wichtigkeit einer gekonnten körperlichen Untersuchung hingewiesen hat!

Darüber hinaus sind die beschriebenen biologischen Gesetzmäßigkeiten der Beweis bzw. die einleuchtende Erklärung dafür, warum eine Organmanifestation ein Segen ist bei der Behandlung psychisch auffälliger Patienten, denn der Gesamtorganismus wird durch die organische Krankheitsmanifestation beschwichtigt und deutlich entlastet (z.B. durch Fluor vaginalis [Ausfluß], Otitis media [Mittelohrentzündung], Hautausschläge oder sonstige entzündliche Prozesse), was häufig mit dem Begriff Somatisierung umschrieben wird. Oder anders ausgedrückt: Laut der Gesetzmäßigkeit der Zweiphasigkeit der Erkrankungen handelt es sich hierbei, streng genommen, um die *Heilungsphasen* von Erkrankungen, die Dauervagotonie mit ihren entsprechenden Mikroben, Hirnödemen, Entzündungen, katarrhalischen Absonderungen etc. pp. Das heißt, die entsprechende konfliktaktive, sympathikotone Phase ist auf der psychischen Ebene überwunden und das korrespondierende Reparationsstadium hat begonnen, so daß der Patient psychisch völlig unauffällig wird.

Umgekehrt kann auch eine akute Unterdrückung von herkömmlichen Heilungskrisensymptomen – also organischen Krankheitsmanifestationen gemäß alter Nomenklatur bzw. einfach nur Krankheiten genannt – sehr leicht psychische Syndrome heraufbeschwören, sofern es noch mindestens einen weiteren aktiven Konflikt (sprich eine Dauersympathikotonie für einen anderen Prozeß) auf der gegenüberliegenden Hirnhemisphäre gibt. *Aus diesem Grunde kann die Unterdrückung einer „organischen Krankheit" zur Manifestation einer „psychischen Krankheit" führen,* welche im Grunde genommen zwei gleichzeitig aktive „Organkrankheiten" in der Sympathikotonie sind, eine aus der vagotonen Heilungsphase zurückgedrückte und eine, welche von Anfang an in der Streßphase bestand.

Wir haben hiermit also auch *eine klare Bestätigung des von vielen früheren Homöopathen beobachteten Gesetzes des Wechsels zwischen geistigen und körperlichen Symptomen:* Wenn sich der körperliche Zustand verschlimmert, verbessert sich der geistige Zustand, und umgekehrt.

Schon Plato hatte zu seiner Zeit – ca. 2.000 Jahre vor Hahnemann! – erkannt: „Das ist der größte Fehler bei der Behandlung von Krankheiten, daß es Ärzte für den Körper gibt und Ärzte für die Seele, wo beides doch nicht voneinander getrennt werden kann."

3.4 Konsequenzen für die Therapie

Die diskutierten fünf Gesetzmäßigkeiten sind ursprünglich am Krebs entdeckt worden, wahrscheinlich, weil sie dort am augenscheinlichsten sind und einem förmlich „ins Auge springen", denn ihre Manifestationen sind in Form von CCTs recht gut fotografierbar.[1] Sie gelten jedoch gleichwohl für alle Erkrankungen, wobei diese deutlich schwerer erkennbar sind aufgrund der mangelhaften Auflösung heutiger bildgebender Geräte. Und sie haben selbstverständlich weitreichende Konsequenzen für die Therapie; eigentlich für jegliche Therapie. Uns soll in diesem Zusammenhang allerdings nur die Klassische Homöopathie interessieren.

... bzgl. der klinischen Diagnose

Die erste direkte therapeutische Konsequenz ist, daß *nicht jede klinische Diagnose sowie Prognose „unbesehen" von der Schulmedizin übernommen werden* sollte. Aufgrund der besprochenen Gesetzmäßigkeiten und Zusammenhänge stellt sich nicht selten das Problem in einem etwas – häufig sogar völlig – anderen Licht dar.

... bzgl. der Mikroben

Eine weitere direkte Konsequenz, die den Homöopathen im Grunde genommen schon lange bekannt sein sollte, betrifft die Tatsache, daß die *Mikroben keine Krankheitsverursacher* sind, sondern, wie Allen es schon vor 100 Jahren formulierte, bestenfalls *ihre Indikatoren.* Sie treten immer gezielt durch

[1] Ein Hirn-CT erzählt das, worüber der Patient nicht sprechen kann. Es lügt nie! Es ist sozusagen das Abbild einer „interanimalischen Sprache".

„Knopfdruck unseres Gehirns“ auf in Abhängigkeit ihrer Keimblattzugehörigkeit und des zu bearbeitenden Organs. „Ohne Heilungsphase gibt es keine sogenannte ‚Infektionsgefahr‘ und damit auch keine sogenannten virulenten Mikroben und im Falle einer Heilungsphase gibt es auch nur eine ganz bestimmte Gruppe von Mikroben“,[1] so der Entdecker dieser biologischen Zusammenhänge, Dr. Hamer. Sie zu bekämpfen käme einer *Torpedierung der Heilungsphase* gleich, da sie die natürlichen Symbionten dieses Stadiums sind. Darüber hinaus besteht immer die *Gefahr einer Unterdrückung*. Antibiotika, Cortison und andere immunsuppressive Medikamente verbieten sich deshalb aufs strengste, es sei denn, es geht auf Leben und Tod und man weiß sich keinen anderen Rat. – Um es kurz und prägnant zu sagen: *In puncto Mikroben verwechselt die Schulmedizin schlichtweg Ursache und Wirkung.*

Aber auch das gezielte Einbringen von Mikroben oder Zwischenstadien aus dem oben erwähnten Entwicklungskreislauf (Bakterien-Cyclogenie), wie dies bei bestimmten Reiztherapien mit sogenannten immunbiologischen Präparaten oder Aufbaupräparaten gehandhabt wird, kann nicht im Sinne der Biologie sein, da dieses Vorgehen ein lokales ist und vorbei am Gehirn stattfindet. Der Darm beispielsweise ist „verpilzt“, und das nicht, weil die Pilze so resistent und aggressiv sind, sondern, weil der Nährboden dazu paßt und das Milieu dafür vorhanden ist. Und dieses wird zentral durch unser Gehirn gesteuert! Eine Substitution durch spezifische Untergruppen von Mikroben niedrigerer Stufe, welche „die höheren Entwicklungsformen von pathogenen Keimen“ bekämpfen, ist deshalb nicht der Weisheit letzter Schluß und schon gar nicht als ganzheitlich anzusehen. Durch das *direkte Manipulieren auf der Ebene der Mikroben, am Gehirn vorbei,* wie z. B. im Falle einer sogenannte Darmsanierung, kann es selbstverständlich auch *zu Krankheitsverschiebungen und damit zu den gefürchteten Unterdrückungen kommen,* was in der homöopathischen Praxis immer wieder festzustellen ist. – Die Natur läßt sich einfach nicht auf Dauer überlisten!

... bzgl. des Fiebers

Auch das Fieber gehört in diese Kategorie. *Fieber ist ein Symptom der Heilung!* Fieber entsteht *aufgrund eines Hirnödems im Stammhirn* unter Mitreagieren des Wärmeregulationszentrums (wobei Antibiotika die Ödembildung behindern und damit die echte Ausheilung blockieren) und ist – in den

[1] In diesem Zusammenhang erscheint die von den Medien jüngst verbreitete Panikmache und Hysterie bzgl. der sog. Vogelgrippe in einem ganz anderen Licht. Es drängt sich die Frage auf, ob nicht ganz andere Interessen hinter diesem Szenario stehen, die gar nichts mit Prävention und Medizin zu tun haben. (Siehe hierzu auch das Interview mit dem Mikrobiologen Dr. rer. nat. Stefan Lanka „Keine Panik – Die Wahrheit über die Vogelgrippe“ in Kapitel *6. Häufig gestellte Fragen – Antworten, Gedanken!*) – Außerdem dürfte hinreichend bekannt sein, daß die Mikroben artspezifisch sind, d. h., daß Tiere andere – durchaus ähnliche – Mikroben haben als wir Menschen.

meisten Fällen – weit davon entfernt, durch „Bakterienstoffwechselprodukte“ entstanden zu sein oder zu entstehen. Fieber schafft die Voraussetzungen für die entsprechenden Mikroben, sauber arbeiten zu können, und kann als *optimale Arbeitstemperatur* für diese angesehen werden. Fieber zu bekämpfen kann ähnliche Folgen heraufbeschwören wie das Eliminieren von Mikroben an sich und verlangsamt bestenfalls die Geschwindigkeit der Heilung. Es wäre eine starke Beeinträchtigung natürlicher Abläufe in der vagotonen Heilungsphase einer Erkrankung, und das *Risiko für chronische Spätfolgen* ist groß.

Dies bestätigen jedenfalls wissenschaftliche Untersuchungen des Deutschen Krebsforschungszentrums aus dem Jahre 1987, in denen auf die segensreiche, heilende Wirkung von Fieber hingewiesen wird. So wurde festgestellt, daß Menschen, die in ihrer Jugend kein Fieber hatten oder deren fieberhafte Krankheitsprozesse ständig medikamentös (z. B. durch Antibiotika, Paracetamol etc.) unterdrückt wurden, im Alter einem 8-fach erhöhtem Krebsrisiko ausgesetzt sind, im Vergleich zu denen, die Fieber „haben durften“ und deren Immunsystem deshalb noch spontan reagieren kann. Dies ist auch aufgrund der biologischen Naturgesetze zu erwarten, insbesondere des *Gesetzes der Zweiphasigkeit der Erkrankungen*, da Fieber stets in der vagotonen Heilungsphase auftritt und den Mikroben *optimale Arbeitstemperaturen garantiert*, was seit Jahrmillionen Entwicklungsgeschichte gegeben ist. Sein Wegdrükken bedeutet keinesfalls Heilung im ursprünglichen Sinne des Wortes, sondern aus der heilwirksamen Dauervagotonie zurück zur Dauersympathikotonie oder besser gesagt zu einer *Form der Regulationsstarre!* Und genau das macht ja auch den Krebs aus: Dauersympathikotonie! Der Organismus kann nicht mehr automatisch umschalten auf Erholungsinnervation, auf Vagotonie.

Laut Dr. med. Rüdiger Dahlke, Arzt und Psychotherapeut, belegen andere Forschungen hinsichtlich der Rolle des Fiebers bei Infekten, daß *die Stoffwechselrate mit jedem Grad Temperaturerhöhung um mehr als das Doppelte steigt und die Abwehrkraft sich damit ganz erheblich erhöht*. Eine sofortige Fiebersenkung müßte demnach selbst für eingefleischte Schulmediziner völlig widersinnig sein. Schon Parmenides aus Elea hat um ca. 500 v. Chr. diese heilwirksamen Vorzüge des Fieber erkannt, indem er sagte: „Gebt mir die Macht, ein Fieber zu erzeugen, und ich heile alle Krankheiten.“ In diesem Sinne gibt es heute Bestrebungen und ernsthafte klinische Versuche, bei bestimmten schweren Erkrankungen (z. B. bei Tumorgeschehen) Fieber künstlich zu erzeugen (sogenannte Hyperthermiebehandlung), in der Hoffnung, etwas bewirken zu können. Von der Erkenntnis her sicher sehr ehrenwert, allerdings in der Praxis leider nur als lokaler Denkansatz zu entlarven, wie allgemein in der Mainstream-Medizin üblich. Aufgrund der diskutierten Zusammenhänge kann dies nämlich in keiner Weise funktionieren, da es völlig gegen die Natur ist und keine positiven Auswirkungen hinsichtlich echter Heilung haben kann. *Fieber darf man nicht isoliert betrachten und ist –*

biologisch gesehen – mehr als nur eine Temperaturerhöhung. Es ist ein Mosaiksteinchen aus einer groß angelegten konzertierten Aktion des Organismus. Echtes Fieber ist nur im Einklang mit Psyche, Gehirn und Organ möglich, d.h., es tritt in der natürlichen vagotonen Heilungsphase auf, wenn der Konflikt definitiv gelöst wurde, und kann nicht losgelöst von den anderen vagotonen Heilungsphänomenen (z.B. Mikroben) betrachtet werden.

... bzgl. der sogenannten Metastasen
Eine andere Schlußfolgerung bezieht sich auf das Thema *Metastasen*[1]. Metastasen, so wie es die offizielle Medizin sieht, gibt es nicht. Metastasen sind immer *neue Krebse ausgehend von einem neuen Konfliktschock* (z.B. Diagnoseeröffnung und Prognoseschock bzgl. einer – wie es heißt – „sterbepflichtigen" Krankheit). Niemals greift ein Carcinom auf das nächst gelegene Gewebe über; niemals überspringt es die sogenannte Organschwelle! So wird beispielsweise niemals aus einem Gebärmutterhalscarcinom ein Gebärmutterkörpercarcinom, da diese beiden Teile der Gebärmutter entwicklungsgeschichtlich verschiedene Organe waren und von ganz anderen Hirnarealen gesteuert werden, ja sogar verschiedenen Keimblättern zugehörig sind, gänzlich verschiedene Epithelgewebe[2] aufweisen und damit auch ganz andere „Krebse" machen.[3] Das ontogenetische System widerlegt die Vorstellung, daß sich eine Zelle, die vorher vom Althirn gesteuert wurde und kompakte Tumoren machte (Entoderm, inneres Keimblatt), ihr zugehöriges Hirnrelais verläßt und sich nun via Blut oder Lymphe (sogenannte hämatogene oder lymphogene Aussaat) an das Großhirn ankoppelt, um plötzlich Zellschwund zu fabrizieren (Ektoderm, äußeres Keimblatt) oder umgekehrt, daß ein Plattenepithelcarcinom des äußeren Keimblattes ein Adenocarcinom des inneren Keimblattes machen soll. „Das ist vergleichbar mit einem Pferd, welches ein Kalb gebären soll."

... bzgl. der Impfungen
Auch das Thema *Impfen* – im Sinne von Impfschutz und Krankheitsverhütung – läßt sich mit Hilfe der beiden Gesetzmäßigkeiten der Zweiphasigkeit der Erkrankungen und dem ontogenetisch bedingten System der Mikroben ad

---

[1] Gemäß Pschyrembel, Klinisches Wörterbuch: metastasis (griech.) – Veränderung, Wanderung. Tochtergeschwulst; Verschleppung von Zellen einer (Primär-)Geschwulst, insbesondere einer bösartigen Geschwulst (Carcinom, Sarkom u.a.) fern von ihrem ursprünglichen Entstehungsort an eine andere Stelle im Organismus.

[2] Epithelgewebe: geschlossener ein- oder mehrschichtiger Zellverband, der innere oder äußere Körperoberflächen bedeckt.

[3] *Gebärmutterhals:* Großhirn-gesteuert (periinsulärer Bereich links), äußeres Keimblatt, Plattenepithel, Ulcus-Carcinom.
Gebärmutterkörper: Stammhirn-gesteuert (Pons), inneres Keimblatt, Adenoepithel (Zylinderepithel), Adenocarcinom.

adsurdum führen.[1] *Impfen richtet sich im Prinzip gegen die Mikroben und somit gegen die eigentliche Heilungsphase einer Erkrankung, was widernatürlich ist und schwere Folgen für das Immunsystem und die angeborene Konstitution haben kann.* Die abgeschwächten oder abgetöteten Impfmikroben zusammen mit diversen (giftigen) Zusatzstoffen werden zu einem Zeitpunkt in den Organismus gebracht, an dem dieser auf die Invasion derlei Kleinstlebewesen nicht vorbereitet ist, da er sich nicht in der Sonderprogrammphase der Dauervagotonie befindet (siehe Punkt i in Bild 3.1). Außerdem werden jene wahllos eingeführt, ungeachtet der Tatsache, daß eine jeweilige Dauervagotonie nur für die Aufräumarbeiten ganz bestimmter Organläsionen zuständig ist und aus diesem Grunde auch nur ganz bestimmte Mikroben zu erwarten sind. Durch eine Impfung wird der Organismus jedoch gleichzeitig mit bis zu fünf und mehr Antigenen überflutet (z.B. Diphtherie, Tetanus, Keuchhusten, Polio, HIB und neuerdings auch Hepatitis), was in der Natur nicht vorkommt – Man kann nicht gleichzeitig an all diesen Krankheiten erkranken! – und schwere chronische Folgen haben kann. Darüber hinaus ist es vielfach so, daß sich der Organismus gerade hinsichtlich eines bestehenden anderen Prozesses in einer dauersympathikotonen oder dauervagotonen Phase befindet, so daß das Immunsystem ohnehin schon alle Hände voll zu tun hat und die Impfungen nun genau in dieses biologische Sonderprogramm der Natur treffen (siehe Punkt ii in Bild 3.1), also nicht einmal in die gesunde, ruhige Phase der Eutonie, was selbstverständlich noch verheerendere Auswirkungen haben kann. – Aus diesen und vielen anderen Gründen sind *Impfungen der beste Weg, sein Immunsystem vollständig zu ruinieren.*

Wie unsinnig sich das Ganze anmutet, wird besonders an der Ende Juni 2006 in den USA, Mexiko und Australien – seit Oktober auch in Deutschland – brandneu auf den Markt gekommenen Impfung gegen Gebärmutterhalscarcinom[2] deutlich, mit welcher man alle jungen Mädchen ab neun Jahren – „idealerweise vor ihrem ersten Sexualkontakt" (Professor Peter Hillemanns, Gynäkologe, im NetDoktor-Interview) – erreichen will. Hierbei müßte ja die Impfung vor einem weiblichen Revierkonflikt, besser gesagt, vor einem weiblich sexuellen Konflikt, schützen, einem sog. Konflikt des „Nicht-begattet-Werdens", gemäß biologischer Sprache (siehe Kapitel *3.1.2.4 Das subjektive Empfinden*), was mehr als fragwürdig erscheint! Denn wie sollten – bitte

[1] Näheres hierzu siehe auch die Bücher des Autors:
Sind Impfungen sinnvoll? – Ein Ratgeber aus der homöopathischen Praxis, 8. Auflage 2005; sowie
Klassische Homöopathie für die junge Familie, 2 Bände, 2. Auflage 2001/2003.

[2] ad Gebärmutterhalscarcinom: Gemäß Schulmedizin sind bestimmte Stämme der über 100 Arten von Humanen Papillomaviren (HPV) die Hauptursache von Gebärmutterhalskrebs. Der Tumor entstehe aber „erst 10 bis 20 Jahre später – als Folge einer chronischen Infektion", so die propagierte herkömmliche Lehrmeinung. – Die Impfung gegen diesen Krebs zielt auf die beiden Virenstämme HPV 16 und 18 ab.

schön – abgetötete oder abgeschwächte Viren vor realen und psychisch tief empfundenen Konflikten und Problemen „immunisieren“ können?

... bzgl. der Beurteilung des Heilungsverlaufes nach Gabe des Homöopathikums

Auch die *Beurteilung des Heilungsverlaufes während einer homöopathischen antimiasmatischen Kur* gestaltet sich mit Kenntnis obiger Gesetzmäßigkeiten einfacher, sicherer und teilweise sogar anders. So kann man bei homöopathischen akuten Zwischenbehandlungen oder im Falle von therapiebegleitenden Beratungen gelassener, sicherer und überzeugender reagieren, *da System und Gesetzmäßigkeit hinter all den Phänomenen steckt.* Zum Beispiel ist das Auftreten von Zysten in den Eierstöcken während einer chronischen Behandlung nichts Dramatisches, auch wenn diese vorher noch nie bestanden haben und deshalb nicht mit der Hering'schen Regel im Sinne eines Rückspulungsprozesses erklärbar sind. Bei ihnen handelt es sich um Heilungszelltumoren, also lediglich um überschießende Heilungsphänomene von zuvor nekrotisierenden Eierstöcken, einem ganz normalen, physiologischen und erfreulichen Prozeß, der nicht unbedingt ein anderes chronisches Arzneimittel erforderlich macht (bestenfalls eine akute Zwischenbehandlung, sofern die Zysten Schmerzen verursachen oder recht groß sind), da mit diesem Mittel erstmals die Ausheilung dieser Organbereiche in Gang gesetzt wird. Auch Knochenschmerzen, leukämische Phasen, die Leukämie selber, epileptische Krampfanfälle, Psychosen und vieles mehr werden anders gesehen und entsprechend homöotherapeutisch angegangen, da diese Symptome vielfach Zeichen von entsprechenden Heilungsphasen sind bzw. ursächlich eingeordnet werden können, was selbstverständlich nicht heißt, daß sie harmlos wären und auf die leichte Schulter zu nehmen sind. Auf jeden Fall lassen sich in schwierigen, komplikationsreichen Fällen heilwirksame homöopathische Arzneimittel mit größerer Sicherheit bestimmen, ohne daß das Risiko unkalkulierbar wird, denn man kann recht häufig *von kausalen und physiologischen Zusammenhängen ausgehen.*

... bzgl. der Beurteilung von Schmerzen

Darüber hinaus bekommt das Thema Schmerzen einen anderen Stellenwert. Bislang galt in der Medizin das ungeschriebene Gesetz, der Patient dürfe keine Schmerzen haben. Eigentlich sind Schmerzen aber nur *eine vorübergehende Phase im Heilungsverlauf,* ausgelöst durch Schwellungen, Ödeme und Vernarbungen. Sie bedeuten also etwas Positives und haben den *biologischen Sinn, das betreffende Organ ruhig zu stellen,* damit die Heilung optimal erfolgen kann. Schmerzen in der konfliktaktiven Phase dagegen – z. B. beim Magengeschwür – verschwinden augenblicklich mit der Konfliktlösung und dem Eintreten in die Dauervagotonie. Sie sind sozusagen psychisch lösbar.

... bzgl. der Beurteilung von klinischen Symptomen
Bezüglich der – bei der homöopathischen Repertorisation – hinsichtlich ihrer Wichtigkeit häufig diskutierten *klinischen Rubriken* muß aufgrund der beschriebenen Naturgesetzmäßigkeiten festgestellt werden, daß diese gar nicht so unwichtig sind. In vielen Fällen *deuten sie auf eine dauervagotone Heilungsphase hin* (z.B. Otitis media, Pneumonie etc.) oder auf eine dauersympathikotone Streßphase (z.B. Mamma-Ca.). Spezifische Gewebsveränderungen sind eben nur in bestimmten Phasen einer Erkrankung möglich. Wenn sich nun gewisse homöopathische Arzneimittel bei bestimmten Krankheiten seit über 150 Jahren bewährt haben, so ist dies einfach zur Kenntnis zu nehmen bzw. dem Rechnung zu tragen. Aus diesem Grunde können die klinischen Rubriken doch von großer Relevanz sein! Darüber hinaus könnten sie beispielsweise auch Hinweise auf passende Mittel liefern, wenn entsprechende Gemütssymptome noch fehlen oder diese ad hoc nicht eruierbar sind; vorausgesetzt natürlich, daß diese Rubriken repräsentativ und nicht zu klein sind. Darüber hinaus sind *klinische Rubriken wichtig für das chronische antimiasmatische Vorgehen*, und dabei ist es von unersetzlichem Wert, über die diskutierten Naturgesetzmäßigkeiten und die dazugehörigen keimblattspezifischen Gewebsveränderungen Bescheid zu wissen.

3.5 Konventionelle Therapien in einem neuen Licht

Im folgenden noch ein paar kritische Gedanken zu den herkömmlichen, bekannten Therapien unserer Zeit, wie sie weltweit leider immer noch praktiziert werden.

Immunsuppression
Wie bereits weiter oben ausgeführt, kann der schnelle Griff zu Antibiotika, Cortison und anderen immunsuppressiven Mitteln verheerende Wirkungen anrichten – akut sowie in chronischer Hinsicht (z.B. Unterdrückung). Dasselbe gilt auch für voreilige Operationen, den Einsatz von Antiepileptika, Antidepressiva und vielem mehr. Die Vorgehensweise der herkömmlichen Medizin ist im Grunde genommen immer dieselbe: Man geht davon aus, daß das kranke Organ autonom ist und mittels Chemie oder anderen Korrekturhilfsmitteln – vorbei am Gehirn – wieder in Ordnung gebracht werden kann. Die Strategie beläuft sich dabei auf das Bekämpfen von Mikroben, Symptomen und Phänomenen, ohne Rücksicht darauf, ob diese physiologisch normal sind und zu einem Sonderprogramm der Natur – im Sinne von Reparation – gehören.

Am Beispiel von Asthma soll dies exemplarisch verdeutlich werden. Der Arzt Trevor Gunn schreibt hierzu unmißverständlich: „Asthmaanfälle können charakterisiert sein durch extreme Enge in der Brust, Giemen und infolgedessen Atemnot. Deren Behandlung bestünde nach den Regeln der orthodoxen Medizin in der Gabe von Bronchodilatatoren. Die Atemnot wird durch Medikamente gelindert, welche die Muskulatur der Atemwege relaxiert (entspannt). *Die Enge der Brust dient jedoch einem ganz bestimmten Zweck. Diese Reaktion des Organismus, den Querschnitt der Atemwege zu vermindern (welche der Kranke als Enge und Atemnot empfindet), macht es sehr viel leichter, Schleim und Toxine abzuhusten, die sich in der Lunge angesammelt haben können.* – Die Wirkung von Bronchodilatatoren, Relaxation und somit Weitung der Atemwege lindert das Gefühl von Enge und Atemnot, hat aber zur Folge, daß Schleim und Toxine schwieriger von der Lunge abgehustet werden können. – Diese Art der Behandlung läßt das Problem des Schleimauswurfes oder die Gründe, warum sich Schleim bilden konnte, und die gesteigerte Sensibilität, die an vorderster Stelle stehen, außer Acht. Sie könnte daher eher zu beständigen Atemproblemen und Abhängigkeit von Bronchodilatatoren führen, als die eigentliche Krankheit heilen. *Alternative Therapien haben zum Ziel, die Reaktion des Organismus zu stimulieren, produktiven Schleimauswurf zu unterstützen und den Patienten zu stärken, so daß er von sich aus weniger Schleim produziert.* … Asthma ist vor den Jahren 1950 keine lebensbedrohliche Krankheit gewesen. Die Asthmatodesfälle sind seitdem parallel zum Arzneimittelverbrauch angestiegen. Die meisten versterben in Krankenhäusern nach mehreren Tagen oder Wochen zunehmend aggressiver medikamentöser Behandlung. *Häufigster post mortem*[1]*-Befund sind Atemwege, die mit einem so festen Schleim verstopft sind, daß er nur mit dem Messer herausgelöst werden kann.*" (Hervorhebungen durch den Verfasser) – Klarer geht es kaum noch! Auch Professor Dr. Julius Hackethal schlägt in dieselbe Kerbe, indem er eine kanadische Forschungsgruppe zitiert, welche zu dem eindeutigen Ergebnis gekommen ist, daß „sich mit jedem zusätzlichen Dosier-Aerosol – also mit jeder zusätzlichen Asthma-Spray-Packung – das Risiko auf einen tödlichen oder einen beinahe tödlichen Anfall verdoppele".

In seiner Autobiographie „Der Wahn, der mich beglückt – Karriere und Ketzerei eines Arztes" äußert sich Hackethal, obwohl er die fünf biologischen Naturgesetzmäßigkeiten eigentlich nicht kennt und ihm auch das Phänomen der Unterdrückung, wie es die Homöopathie sieht, fremd ist, erstaunlicherweise wie folgt: „Das Unnormale ist das Normale bei Lebewesen aller Art. *Abnormsignale sind oft Heilsignale, Äußerungen ablaufender Selbstheilungsvorgänge, die man nicht stören darf, höchstens fördern sollte.*" … und an anderer Stelle: „Völlig außer acht läßt die Schulmedizin, daß *viele Signale einer Normalabweichung keine Unheilsymptome, sondern Heilsignale sind, die man nicht ‚wegbehandeln' darf.*" (Hervorhebungen durch den Verfasser) – Statements, welche unsere diskutierten Zusammenhänge geradezu bestätigen.

---

[1] post mortem: nach dem Tode (lat.).

Zum Abschluß dieser Thematik lassen wir noch einmal den großen Homöopathen James T. Kent zu Wort kommen, der vor gut 100 Jahren immer wieder klargestellt hat, daß es so etwas nicht gibt, daß ein Organ ein anderes krank macht. Krankheit ist etwas Energetisches, etwas Immaterielles! Die Lebenskraft ist verstimmt! Und diese kann man nicht grobstofflich – sprich mit Chemie – positiv beeinflussen, damit sie wieder in Harmonie schwingen kann. Vielmehr bedarf es einer feinstofflichen Methode, die gleichermaßen Auswirkungen auf Psyche, Gehirn und Organ hat. Und genau das tut die Homöopathie mit ihren entmaterialisierten Arzneimitteln!

Hormonbehandlungen

Auch die vielen synthetischen Hormone (dazu gehört auch die sogenannte Pille [Antibabypille]) sowie gezielte Hormonbehandlungen hinterlassen mit der Zeit einen bleibenden Eindruck auf die Lebenskraft. Wie gefährlich derartige Behandlungen sein können, wird ganz besonders deutlich mit Kenntnis der fünf biologischen Gesetzmäßigkeiten. Denn Behandlungen mit Sexualhormonen (Androgene, Oestrogene) können bewirken, daß die Hirnseite wechselt, auf der der Mensch arbeitet, so daß *das Gehirn überstürzt „lateralisiert“ wird.* Das bedeutet, daß beispielsweise ein weiblicher Konflikt[1] mit einem Mal auf die gegenüberliegende männliche Hemisphäre „springt“, da der Patient durch die Hormonbehandlung andersartig reagiert (männlicher anstatt rein weiblich, wegen annäherndem Ausgleich des Sexualhormonspiegels). Man spricht hier von einem hormonellen Patt. In der Folge werden dadurch zwangsläufig andere Organbereiche bzw. gänzlich andere Organe in Mitleidenschaft gezogen, so daß sich damit das eigentliche Krankheitsgeschehen dementsprechend verlagert. Dieses hormonelle Patt in Verbindung mit ganz bestimmten Konfliktinhalten (Revierkonflikte) ist die häufigste Konstellation für *tiefe Depressionen* und vielfach mit der Pille oder anderen Sexualhormongaben in Verbindung zu bringen. Selbstverständlich gibt es auch natürliche Konstellationen hormoneller Patts (z. B. vor der Menarche [erster Eintritt der Regelblutung], nach der Menopause [Aufhören der Regelblutungen in den Wechseljahren], bei Unterdrückung der Menses), bei denen Depressionen häufiger auftreten können. Die schlimmste Folge einer Lateralisation ist jedoch die *schizophrene Konstellation*, nämlich dann, wenn von zwei aktiven gleichseitigen Konflikten einer auf die andere Seite „springt“, so daß der Patient schlagartig psychisch auffällig wird und Dinge tut, die man von ihm nicht gewohnt ist und die man ihm nie zugetraut hätte.

---

[1] Weibliche oder männliche biologische Konflikte sind an den Sexualhormonspiegel gebunden.

Zytostatika (Chemotherapie)
Ähnlich verhält es sich mit der Behandlung durch Zytostatika[1]. Zytostatika töten wahllos Zellen ab. Besonders betroffen sind dabei immer die sich schnell teilenden Zellen (Tumorzellen, aber auch Blutzellen im Knochenmark und die Zellen der Fortpflanzungsorgane). Somit verursachen Zytostatika in der Regel eine Knochenmarksdepression und eine Blockade der Hormonproduktion, insbesondere der Sexualhormone, was quasi einer Kastration gleichkommt. Da das männliche/weibliche Verhalten aber sehr mit dem Sexualhormonspiegel gekoppelt ist, kann auch hier ein „Konflikt auf die gegenüberliegende Hemisphäre springen" (z. B. von der weiblichen linken Seite auf die männliche rechte), denn mit dem veränderten Sexualhormonspiegel ändert sich auch das subjektive Empfinden des einzelnen, so daß die entsprechenden Konflikte einen gewissen veränderten Inhalt erfahren. Auf diese Weise ist recht schnell eine iatrogene (durch die Therapie verursachte) *schizophrene Konstellation* erzielbar, sofern noch weitere Konflikte vorhanden sind, welche nicht an den Sexualhormonspiegel gebunden sind (z. B. Angstkonflikte) und deshalb stationär verbleiben. Dieselbe Transposition zur Gegenseite ist natürlich auch bei einer echten Kastration möglich (z. B. Totaloperation samt Ovarien [Eierstöcke]; der weibliche Organismus reagiert dadurch fortan männlicher).

Chirurgie und Bestrahlung
Ingesamt betrachtet dürfte auch klar geworden sein, daß die moderne Chirurgie hinsichtlich einer Krebstherapie nur eine lokale Maßnahme darstellt und keine kausale Therapie ist, denn durch Herausschneiden des Tumors wird keinerlei Änderung auf cerebraler bzw. psychischer Ebene herbeigeführt. Nur in Ausnahmefällen ist sie manchmal sinnvoll, und zwar fast ausschließlich aus „kosmetischen" Gründen, und dann auch nur ganz lokal begrenzt. Chemotherapie, welche stark sympathikoton wirkt, und/oder Bestrahlung machen jedoch überhaupt keinen Sinn. Der Arzt einer Patientin von mir, welche ihren Bruder durch Chemotherapie und Bestrahlung verloren hat, erklärte dies folgendermaßen: „Durch Bestrahlung entstehen innere Verbrennungen." – Sic! –

[1] „Wußten Sie, daß das erste Chemotherapeutikum ein Nebenprodukt des ersten Weltkrieges war und aus dem Kampfgas Lost (Senfgas) gewonnen wurde?", Helmut Pilhar in seinem Buch „Olivia – Tagebuch eines Schicksals". – „Wegen der Gefährlichkeit dieser Medikamente zählt das Handbook of Cancer Chemotherapy (ein bedeutenes Lehrbuch für medizinisches Personal in den USA, Anmerkung des Verfassers) 16 Arbeitsschutzmaßnahmen für das damit befaßte medizinische Personal auf. Dazu gehören das Tragen von Einmal-Gesichtsschutz und Mänteln, Schutzbrillen und *doppelten* Latexhandschuhen. Das Verfahren zur Entsorgung von Spritzbestecken und anderem in diesem Zusammenhang benutztem Gerät wird vom Umweltamt unter der Kategorie ‚Sondermüll' abgehandelt. Und gleichzeitig werden eben diese Substanzen in das Blut der unglücklichen Krebspatienten injiziert, um angeblich deren Krebs zu *heilen*!" – G. Edward Griffin in „Eine Welt ohne Krebs".

Außerdem sollte man sich stets vor Augen führen, daß jede noch so kleine Strahlendosis Zellmutationen auslösen kann. Schon „eine einzige Röntgenaufnahme schädigt insgesamt 30 Millionen Zellen durch Chromosomenmutation", wie der homöopathische Arzt Dr. Jens Wurster aufklärt. Heutzutage wird aber bei einer fünfwöchigen Bestrahlung der Brust im Falle eines Brustkrebses eine Strahlendosis von 45 bis 60 Gray verwendet, was der Strahlenbelastung von umgerechnet ca. 45.000 bis 60.000 Röntgenaufnahmen entspricht!! Daß mit Zellschäden solcherlei Ausmaßes – und im Grunde genommen überhaupt – keine Heilung zu erzielen ist, dürfte klar auf der Hand liegen. „Aus wissenschaftlicher Sicht weiß man, daß die Mitochondrien der Atmungskette nach einer Strahlenbehandlung teilweise zerstört und so geschädigt werden, daß die Zellatmung *über Jahre hinaus* gestört bleibt." (Hervorhebungen durch den Verfasser)

Sedieren

Auch die Tranquillizer zum Sedieren (Ruhigstellen) können kein wirkliches Heilmittel sein. Denken wir nur an das Beispiel des Revierkonfliktes des alten Hirsches (siehe Kapitel 3.1.2.6)! Würde man versuchen, ihn mittels Tranquillizer ruhigzustellen, so käme er niemals in den „Genuß" einer kräftemobilisierenden Dauersympathikotonie und hätte nie die leiseste Chance, sein Revier zurückzuerobern. Im Gegenteil, man müßte seine „Streßphase" eher verstärken, um sein biologisches Ziel noch einmal erreichen zu können. Das bedeutet für eine Vielzahl unserer heutigen Patienten in der Psychiatrie, daß sie mit Psychopharmaka kaum die Möglichkeit haben, jemals eine echte Ausheilung zu erreichen, da sie niemals dazu in der Lage sein werden, ihr eigentliches „Thema" aktiv zu bearbeiten.

Transplantation ...

Auch Transplantationen[1], Früherkennung (sogenannte Vorsorgeuntersuchungen) und vieles mehr machen keinen Sinn, da man immer von der Autonomie

---

[1] Transplantationen machen nur bei körpereigenem Gewebe Sinn. Bei körperfremdem Gewebe oder Organen kommt es *immer* zu Abstoßungsreaktionen, welche nur sehr schwer mittels Dauercortison und anderen immunsuppressiven Medikamenten zu „beherrschen" sind. Darüber hinaus dürfte auch der sogenannte Blaiberg-Effekt hinreichend bekannt sein, d. h., das neu implantierte Organ wird mit der Zeit, sofern man noch die Abstoßungsreaktion mittels schwerster Medikamente in Schach halten kann, genauso degenerieren und mit denselben Krankheitssymptomen reagieren, wie das ersetzte Organ. Besonders deutlich wird dies bei Knochenmarkstransplantationen: Man kann durch radioaktive Markierung des Spendermarks nachweisen, daß dieses eben nach einigen Wochen nicht mehr nachweisbar ist, d. h., es ist vom Körper vollständig abgebaut worden. Eine Knochenmarkstransplantation überleben folglich nur diejenigen, denen man das eigene Knochenmark nicht ausreichend bestrahlt und zerstört hat und bei denen sich das eigene Knochenmark nach einiger Zeit wieder mühsam erholt hat. – Zu Transplantationen siehe auch „Die Pharma Story – Der große Schwindel" von Hans Ruesch, S. 227 ff.

der Organe und Zellen ausgeht, welche aber im Sinne der Biologie nirgendwo existent ist. *Am Gehirn vorbei – und vor allem an der Psyche vorbei – kann es keine Heilung geben.* – „Das Ganze ist mehr als die Summe seiner Teile." (Aristoteles) – Wir sind mehr als ein zusammengewürfeltes Sammelsurium von Organen, mehr als nur ein Abermilliarden großer Haufen von Zellverbänden. Wir sind eine *Einheit aus Psyche, Gehirn und Organen* (Peripherie) – und genau dort setzt die Klassischen Homöopathie an. *Mittels Homöopathie wird wieder die richtige Information in den Lebensplan hineinprogrammiert,* so daß man auch bei schwersten Erkrankungen relativ viel erreichen kann. Jedenfalls deutlich mehr, als mit jeglicher anderen Therapieform. Dr. Eichelberger nennt die moderne Schulmedizin bewußt Notfallmedizin. „Die zeitgenössische Schulmedizin hat als Ergänzungsmedizin ihre Mission; da wird sie gewünscht, dankbar begrüßt und ist unverzichtbar." Seiner Meinung nach macht sie im Grunde genommen erst dann einen Sinn, wenn man schon zu lange gewartet hat und sich „im Endstadium" befindet (z. B. Blinddarmdurchbruch). Oder bei dem großen Gebiet der Unfallchirurgie und ähnlichem mehr. Dort sind wir froh, daß wir sie haben und ziehen ehrfürchtig den Hut, was heute alles möglich geworden ist. Jedoch bei der Vielzahl von „endogenen" Erkrankungen, oder besser gesagt, von chronischen Erkrankungen auf der Basis der zugrundeliegenden Miasmen, ist es ausgesprochen verkehrt, die Ursache in der Zelle zu suchen oder gar noch tiefer in den Genen zu forschen. Primäres Ziel müßte vielmehr sein, *diese mit neuer Information zu versorgen, mit biologisch reiner Information,* so daß keine Veranlassung mehr besteht, Befehle gemäß defektem Code auszusenden und krank zu sein. *Gefragt ist also nicht nur die Information, sondern auch der Informant*[1]*!* Und genau dies ist die zentrale Thematik der *Homöopathie*, die ja eine *informative, feinstoffliche ganzheitliche Heilweise* ist!

3.6 Aus dem Blickwinkel der Homöopathie

Gemäß der Neuen Medizin sind alle Erkrankungen psychosomatisch und beginnen mit einem Konflikterlebnisschock. Dies kann ich jedoch *aus meiner Praxis heraus nicht ganz bestätigen,* ganz besonders dann nicht, wenn es um grobstoffliche Manipulationen und – allen voran – um das große Thema der Impfungen[2] geht. Doch eines ist sicher: *Die Phänomene im Gehirn sind sehr*

[1] Informan*t*: jemand, der Informationen liefert (im Gegensatz zu Informan*d*, jemand, der informiert wird).

[2] Ich habe auch entwicklungsgestörte und behinderte Kinder in meiner Behandlung, die zuvor nach den Regeln der Neuen Medizin – im Sinne einer realen Konfliktlösung – therapiert wurden, ja sogar vom Begründer selbst, wo sich allerdings „nichts tat". Wie soll sich da auch etwas verändern, wenn es sich um handfeste Impfschädigungen handelt in einem so zarten Alter, in welchem man mit biologischen Konflikten sonst nicht viel zu tun hat, nimmt man einmal die neonatologische Intensivmedizin aus? Erst mit Hilfe der

wohl vorhanden, und die Verbindung vom Gehirn zum Organ stimmt ebenso! Nur der Auslöser muß nicht zwingend ein Konflikt sein. Das zeigen ganz besonders die Impfungen. Diese sind immer „hirnaktiv“ und führen fast immer zu einer mehr oder weniger ausgeprägten *demyelinisierenden Encephalitis,* einer entmarkenden Gehirnentzündung bzw. fortschreitenden Degeneration der weißen Substanz (Markscheiden) des zentralen Nervensystems, bei der das Gliagewebe zerstört wird bzw. sich nicht weiter ausbilden kann und demzufolge Kurzschlüsse zwischen den Nerven resultieren, ähnlich wie bei den hirnorganischen „Einschlägen“ der Konflikte, mit den entsprechenden schweren Störungen wie Hyperaktivität, Legasthenie, Autismus, Epilepsie, Ataxien, Sprach- und Entwicklungsstörungen und vielem mehr. Auch Strahlenbelastung kann schwer schädigen, ohne daß es zu Konflikerlebnisschocks kommen muß. Und auch im Falle von Unterdrückungen ist für mich der Zusammenhang zwischen Psyche und Gehirn nicht direkt erkennbar.[1]

Dennoch sind diese Naturgesetze für die Homöopathie eine große Bereicherung, und es ist wichtig zu wissen, daß es Zusammenhänge und biologische Grundgesetzmäßigkeiten gibt, bei denen man einen roten Faden aufnehmen kann und welche im Einklang mit der Homöopathie stehen. *Das wichtigste Gesetz im Hinblick auf die Klassiche Homöopathie bleibt die Zweiphasigkeit der Erkrankungen und die Thematik bezüglich der Mikroben zur Beurteilung von Krankheitsphasen und Heilungsstadien.* Doch vielfach können uns auch die *Konflikterlebnisschocks* deutlich weiterbringen. *Ganz besonders bei der Thematik der schweren Geburten, Mangelgeburten und Frühgeburten mit Intubation, Sondenernährung und vielem mehr.* Unter Beachtung dieser biologischen Gesetzmäßigkeiten sind sie besser zu verstehen und auch therapierbar; gerade in puncto *schwerer Behinderungen* wie Tetraplegie (spastische Lähmung aller vier Gliedmaßen) und ähnlichem. Und im Hinblick auf

---

Klassischen Homöopathie und einer antimiasmatischen Behandlung begannen wirkliche Entwicklungen stattzufinden – wie beispielsweise koordiniertes Krabbeln –, und zwar bei Kindern, deren Prognose lautete, sich niemals in ihrem Leben selbständig fortbewegen zu können.

[1] Besonders deutlich wird dies an einem Dialysefall aus meiner Praxis, bei dem auf dem CCT nachweislich keine entsprechenden Lokalisationen von „Einschlägen“ im Nierenrelais zu finden waren. Selbst nicht von Dr. Hamer persönlich – der Patient hatte ihn vor Jahren um Rat gebeten –, der dafür keinerlei Erklärung fand. Vergegenwärtigt man sich jedoch einmal die Lebensanamnese dieses Patienten, so wird einem schnell klar, daß auch dieser Dialysefall mit Unterdrückungen zu tun haben muß, und zwar mit Unterdrückungen ein ganzes Leben lang! Über 10 Jahre lang Bilharziose (tropische chronische Infektionskrankheit), immer wieder mit starken Antibiotika – häufig sogar stationär – behandelt; dann etwa zeitgleich Malaria tropica und tertiana, über viele Jahre hinweg mit Resochin gespritzt; jahrelanger Bluthochdruck, mit Betablockern und ACE-Hemmern bekämpft und last (but) not least sehr sehr viele Impfungen wegen beruflicher Auslandsaufenthalte inclusive gegen Tollwut, Typhus, Cholera, Polio, Tetanus, Malaria und Pocken. Darüber hinaus gab es noch zwei Herzinfarkte, welche auch konservativ behandelt wurden. – Unterdrückungen ohne Ende – das ist die Idee dieser Geschichte!

die große Thematik der zystischen Tumoren, wie beispielsweise Eierstockzysten oder Nierenzysten, der Beurteilung ihres Auftretens, ihrer Pathologie samt psychischen Zusammenhängen sowie ihres Heilungsfortschritts unter einer homöopathischen Behandlung kommt man auch an dem *Gesetz des ontogenetischen Systems der Tumoren* nicht vorbei.

Bei der Betrachtung von Krankheiten mit Hilfe der fünf Naturgesetzmäßigkeiten handelt es sich um eine reine *Akutbetrachtung*. Wenn jemand *gesund* ist – und das bedeutet im Sinne der Homöopathie *„frei von Miasmen"* –, wird er *in recht kurzer Zeit den erlittenen Konflikt lösen* und „die Welt ist wieder in Ordnung", ohne daß dies gesundheitlich in irgendeiner Weise aufgefallen wäre. Keiner lebt in einer konfliktfreien Welt; wir alle sind täglich Konflikten ausgesetzt. Treffen uns diese sozusagen „auf dem falschen Fuß" und handelt es sich damit wirklich um biologische Konflikte in oben beschriebener Weise, so sollten auch diese archaischen Störfälle schnellstmöglich der Vergangenheit angehören.

An dieser Stelle möchte ich ausdrücklich auf den großen Schweizer Homöopathen *Dr. Adolf Voegeli* hinweisen, der zwar keine besonderen Ergebnisse speziell bei der Behandlung von Krebskranken aufzuweisen hatte, *bei dem jedoch keiner seiner langjährigen Patienten – im Sinne einer jahrzehntelangen homöopathischen hausärztlichen Betreuung – jemals an Krebs erkrankte!* Deutlicher geht es schon gar nicht! Krebs und viele andere schwere Erkrankungen sind im Prinzip eine *Regulationsstarre* (i. e. Dauersympathikotonie), und diese Regulationsstarre kann nur verstanden werden vor dem Hintergrund der chronischen Krankheiten, den *Miasmen*, und *diese sind durch die Homöopathie schon im Kindesalter eliminierbar,* so daß ein jeder ein Leben lang „natürlich" reagieren kann. Auch die Impfungen, Antibiotika, Cortisone und andere immunsuppressive Mittel spielen hierbei eine große Rolle, daß der Organismus nicht mehr entsprechend natürlich regulieren kann, d. h. diese Regulationsstarre schon nach kurzer Zeit überwindet.

Zum Thema Krebs fragt der berühmte Kent in seinen Lesser Writings: „Warum ist Krebs unheilbar? – Was muß entdeckt werden, um zur Heilung von Krebs zu führen?" Er führt dann aus, daß in den meisten Fällen nichts an guten homöopathischen Symptomen zu entdecken sei außer denen, die der Tumor macht. Dies seien aber die Symptome des Endstadiums, man brauche die des Anfangs. Deshalb, so postuliert er, seien die Gemütssymptome des Kindes voll zu erfassen, die Symptome der Kindheit etc., um einiges zu erreichen. – Heute wissen wir, *wo* genau zu suchen ist! Wir wissen, daß *Krebs*[1]

[1] *Den* Krebs gibt es nicht! Krebs ist keine einheitliche Erkrankung. Es gibt nur *Krebs einzelner Organe*, z. B. Lungenkrebs, Blasenkrebs, Gebärmutterhalscarcinom, Brustkrebs. Es würde ja auch keiner auf die Idee kommen und von Bronchitis, Blasenentzündung oder Eierstockentzündung als einem einheitlichen Krankheitsgeschehen reden. Der Begriff Krebs ist irreführend; besser wäre es, von Mamma-Ca. (Mammacarcinom, Brustkrebs), Blasen-Ca. etc. zu sprechen. *Allen Krebsen gemeinsam ist nur die „Fehlinnervierung"*

kein primär chronisches Geschehen ist, sondern *ein hoch-dramatisch akutes auf einem miasmatisch stark belastetem Terrain.* Krebs ist eine *Regulationsstarre unter Dauersympatikotonie.* Der Patient leidet unter einem isolativen Konflikt und vertraut sich keinem an. Freiwillig erzählt er nichts (auch nicht in der Anamnese!), denn sonst hätte er ja auch keinen Tumor! Heute wissen wir also, wo gezielt zu suchen ist: in der Gemütssymptomatik des Patienten „jüngerer Vergangenheit", und zwar hinsichtlich Konfliktinhalt entsprechend der korrespondierenden Lokalisation des Krebses am peripheren Organ. Mit Kenntnis obiger Naturgesetzmäßigkeiten wird man in die Lage versetzt, *kausal zu forschen* und kann auf diese Weise u. U. gute Symptome und Zusammenhänge für eine homöopathische Rezeptur herausarbeiten. *Krebs wäre demnach zunächst akut zu behandeln und erst in zweiter Linie chronisch*, um etwaige Konfliktrezidive zu verhindern und das miasmatische Terrain zu bereinigen.

Eine derartige Vorgehensweise bestätigen übrigens auch die beiden englischen Homöopathen Dr. J. Compton Burnett und Dr. John Henry Clarke, die uns schon um die vorletzte Jahrhundertwende viel Erfahrungen mit Tumorpatienten hinterlassen haben. Sie verabreichten in der Regel kleine organotrope Arzneimittel im Wechsel mit großen antimiasmatischen und hatten sehr gute und über die Grenzen hinweg bekannt gewordene Erfolge zu verzeichnen. Als Arzt unserer Tage ist in erster Linie Dr. Jens Wurster zu nennen, der zusammen mit Kollegen an der Clinica Santa Croce in Orselina, Schweiz, unter der Leitung von Dr. Dario Spinedi Großartiges leistet. Doch bedauerlicherweise gibt es hier einen kleinen Wermutstropfen, denn seine homöopathische Onkologie fußt – wie gehabt – auf den üblichen doktrinären Hypothesen der Mainstream-Medizin, fernab der wahren Naturgesetzmäßigkeiten und kausalen Zusammenhänge, so daß sich sein Team zwangsläufig selber limitiert, indem es bisweilen zu falschen homöopathischen Schlußfolgerungen kommt, und sich demzufolge nicht immer bleibende Erfolge einstellen können.

Zusammenfassend betrachtet können die *fünf biologischen Gesetzmäßigkeiten als neuer medizinischer Unterbau* gelten für einen *medizin-therapeutischen Oberbau, die Klassische Homöopathie,* denn ihre biologischen Naturgesetzmäßigkeiten stehen im Einklang mit den Gesetzmäßigkeiten dieser tiefgreifend wirkenden, feinstofflichen Therapie. *Zusammen* bilden sie den wesentlichen Teil der *Sanften Medizin*[1]. Beide Komponenten dieser *Sanften Medizin* fördern gleichermaßen ganzheitliches und energetisches Denken. Mit

---

(Dauersympathikotonie) und Konfliktaktivität etc. Deshalb wird es auch nie ein Universalheilmittel gegen Krebs geben! – Aus diesen Überlegungen heraus kann auch die allgemeine Krebsrubrik der homöopathischen Repertorien nicht gerade als sehr sicher angesehen werden, und es macht auch keinen Sinn, ein neues Miasma zu „kreieren", ein sogenanntes Krebsmiasma, wie es heutzutage – leider Gottes – von verschiedenen Seiten propagiert wird.

[1] Die dritte Komponente der *Sanften Medizin* bildet die *Notfallmedizin.*

Anwendnung des neuen medizinischen Unterbaus kann der Homöopath nun immer *streng nach Gesetzen handeln,* und zwar *auf einer viel breiteren Basis* als jemals zuvor und mit noch größerer Sicherheit, da *sowohl das Wesen als auch die Kausalität vieler Erkrankungen besser verstehbar* sind. Dadurch hat er – gerade bei vielen schweren chronischen Erkrankungen – einen noch „größeren Hebelarm“ (als er ohnehin schon hat), denn er geht keinesfalls mehr von (teilweise) falschen medizinischen Voraussetzungen aus. Der grundlegende „Ansatz stimmt schon“! So wird der Homöotherapeut in die einmalige Lage versetzt, auch bei schwersten Krankheitsphänomenen und Heilungskrisen besonnen und wohlüberlegt zu reagieren, im Sinne der Natur und Physiologie. Darüber hinaus kann er letztendlich auch mehr Zutrauen gewinnen, sowohl in seine homöopathische Therapie als auch in die individuelle Lebenskraft seines Patienten, und kann versichert sein, daß jener durch manche Heilungsphänomene einfach „durch muß“. Und last (but) not least lernt auch der Patient seine Erkrankung zu verstehen, und kann die entsprechenden homöopathischen Maßnahmen besser beurteilen, denn er sollte sich seine Mündigkeit – im Sinne von Professor Hackethals GIMPs (*g*ut *i*nformierte *m*ündige bzw. *m*itdenkende *P*atienten) – bewahren.

4. Encephalopathie – unabdingbare Folge von Impfungen

Bevor wir uns nun der *Sanften Medizin* in der täglichen Praxis und im Detail zuwenden, zunächst noch ein paar grundlegende Bemerkungen bezüglich der Impfungen, da die angeführten Beispiele, Gedankengänge und Zusammenhänge ansonsten nicht in ihrer gesamten Tragweite verstanden werden können. Die Impfungen werden in der Presse und in den allgemeinen Medien immer als Segen und sehr positive Errungenschaft der modernen Medizin dargestellt; doch dem ist leider nicht so, wie wir dies schon weiter oben in Kapitel *1.5 Die Impfthematik* haben anklingen lassen. Vielmehr stellen sie eine große Gefahr für die Gesundheit des einzelnen dar und entpuppen sich – etwas globaler betrachtet – als Manipulationsvehikel für die gesamte Menschheit! Auffallend ist, daß von einschlägiger Seite immer wieder mit der Verbreitung von Angst und Panik operiert wird und sachliche Argumente pro Impfungen wirklich fehlen. Bei vielen hat es sich aber mittlerweile ein wenig herumgesprochen, daß Impfungen sehr gefährlich sein können und viel Schaden anrichten. Trotzdem stellt sich immer wieder die Frage, welches Risiko mit welcher Impfung eingegangen wird. Bevor aber diese Frage von jedem einzelnen zu beantworten ist, sollte zunächst die grundlegende Frage geklärt werden, ob Impfungen wirklich – im Sinne von Immunität verleihendem Schutz – gemäß den Glaubens- und Lehrsätzen der Schulmedizin zu wirken vermögen.

Im folgenden soll es also darum gehen, welche Reaktionen und Komplikationen nach Impfungen auftreten können und woran dies primär liegt. Den wenigsten ist nämlich bewußt, daß es *immer, also nach jeder Impfung, zu Hirnreaktionen kommt,* welche zu mehr oder weniger schweren Schädigungen bis hin zu motorischen und/oder geistigen Behinderungen führen können.

4.1 Impfreaktionen und -schäden

Der homöopathische Arzt Dr. med. Norbert Enders schreibt in seinem Buch „Bedrohte Kindheit – Verhaltensstörungen, Impfungen, Therapieschäden“ einleitend zu seinem Impfkapitel: „Als ich zur Vorbereitung dieses Buches meine Patientenkartei durchforstete, wurde ich erstmalig der Tatsache gewahr, daß sich mehr als ein Drittel meiner betreuten Patienten aus impfgeschädigten Kindern mit folglichen ‚Verhaltensstörungen‘ zusammenfügte. Das war ein erschütternder Studienbeginn. Emotionen kochten förmlich in mir …“ Deutliche Worte eines Arztes, welche sehr zu würdigen sind. – Eine Kinderärztin aus Garmisch-Partenkirchen teilte der Mutter einer ungeimpften kleinen Patientin von mir eine ähnliche Erfahrung mit: „Es ist immer wieder dasselbe: Die Kinder, die nicht geimpft sind, sind gesünder und viel weiter als die geimpften. Und wenn ich dann anfange zu impfen, beginnen die Krankheiten.

Die Kinder werden regelrecht dumm-geimpft!“ Diese Kinderärztin, die sich mittlerweile aus Altersgründen zur Ruhe gesetzt hat, pflegte das Impfen immer sehr weit hinauszuzögern, bis zu 1½ Jahren, und impfte nur auf ausdrücklichen Wunsch der Eltern.

Die Reaktionen auf Impfungen können vielfältiger Natur sein. Die Skala reicht von „gar keine“[1] bis hin zur schwersten Encephalitis[2] oder Meningitis[3] mit nachfolgender Demenz[4]. *Im Prinzip gibt es nichts, was nicht durch eine Impfung ausgelöst werden könnte!* Der Schweregrad der auftretenden Reaktionen ist *abhängig von den zugrundeliegenden Miasmen und der Anzahl der bereits erhaltenen Impfungen sowie von vorangegangenen Immunsuppressionen (beispielsweise durch Antibiotika oder Cortison).* Vergleichbar „harmlose“[5] Reaktionen wie Fieber, Schmerzen und Entzündungen an der Einstichstelle sowie Weinen und Quengeln sind nur der *vordergründige, sichtbare Teil der Reaktionen.* Der *unsichtbare* macht sich erst viel viel später bemerkbar in Form von Komplikationen, welche von vorübergehender Natur oder von Dauer sein können. So geht in den meisten Fällen die Ursache einer Verhaltensstörung, wie zum Beispiel das hyperkinetische Syndrom (Hyperaktivität), ADS (Aufmerksamkeitsdefizit-Syndrom), ADHS (Aufmerksamkeitsdefizit-Syndrom mit Hyperaktivität), Aggressivität[6] oder der allgemeine „Entwicklungsrückstand“ (spätes Laufen- und Sprechenlernen bis hin zur Legasthenie), auf das Konto vorausgegangener Impfungen zurück. Dies alles ist auch unter dem Akronym MCD, der minimalen cerebralen Dysfunktion (minimaler Hirnschaden), bekannt, einer Teilleistungsstörung des Gehirns. In vielen Fällen treten auch Legasthenie und Hyperaktivität kombiniert auf.[7] Auch die sogenannte Neurodermitis oder der Heuschnupfen sowie das früh-

---

[1] „gar keine“ wurde bewußt in Anführungszeichen gesetzt, um Ihre Aufmerksamkeit auf diesen – scheinbar so unbedeutenden – Punkt zu lenken, was im Verlaufe der weiteren Diskussion erläutert werden wird.

[2] Encephalitis: Gehirnentzündung.

[3] Meningitis: Hirnhautentzündung. Die Meningitis ist keine echte eigenständige Krankheit, sondern eine *Komplikation*! Nicht jeder bekommt eine Meningitis, so wie einen Schnupfen. Aufgrund vieler homöopathischer Anamnesen und der Berücksichtigung der chronischen Miasmen habe ich die Erfahrung gemacht, daß diese Form von Erkrankung *hauptsächlich nach Impfungen oder Unterdrückungen* auftritt. Das Immunsystem wurde nachhaltig oder akut geschwächt, so daß sich banale Erkrankungen in die Länge ziehen konnten und – je nach Schwachstelle des Organismus – zu Komplikationen neigten. – Dies gilt selbstverständlich auch für die Encephalitis.

[4] Demenz: Verlust intellektueller Fähigkeiten und des Persönlichkeitsniveaus infolge Hirnschädigung.

[5] „harmlos“ wurde – wie „gar keine“ – auch bewußt in Anführungszeichen gesetzt …

[6] Heute nehmen bereits 1,5 Millionen Kinder in Deutschland Psychopharmaka ein wegen sog. Hyperaktivität und der damit verbundenen Aggressivität.

[7] Der in unserer heutigen Zeit vielfach gemeldete Trend, daß deutsche Kinder immer dümmer werden, ist nur mit den Impfungen zu erklären, wird allerdings von den Medien und in der Öffentlichkeit beharrlich totgeschwiegen.

kindliche Asthma (bereits mit drei Jahren Lebensmittel-, Tierhaar-, Hausstaub- oder Pollenallergien sind heutzutage keine Seltenheit!) sind vielfach mit den Impfungen in Zusammenhang zu bringen. Andere Erscheinungen sind Schlafstörungen oder Schlafsucht[1], Interessenlosigkeit, Lähmungen, Augen-, Ohren- und Stimmdefekte sowie Defekte des Atemsystems, Charakterstörungen bis hin zu Gewalttätigkeit und Kriminalität, Wachstumsstillstand, Erkrankungen aus dem rheumatischen Formenkreis, Reaktionsstarre (unvollständige Reaktionen bei Infektionen, beispielsweise keinerlei Fieberentwicklung, wo Fieber zu erwarten wäre), stundenlanges unmotiviertes schrilles Schreien (Cri encephalique, sog. Hirnschrei, ein unverkennbares Zeichen einer akuten entzündlichen Hirnreaktion!), Krampfanfälle, Epilepsie in allen Variationen, welche mit Medikamenten kaum zu beeinflussen sind, Absencen, muskuläre Hypotonie (Schwäche der Arme und Beine), Spastizität, Autismus, elektiver Mutismus[2], Identitätsstörungen, Chorea[3], Thrombozytopenie[4], Autoimmunkrankheiten (z. B. autoimmunhämolytische Anämie, eine bestimmte Art von schwerer Blutarmut), Ataxien (Gangschwierigkeiten) bis hin zu MS (Multiple Sklerose), insulinpflichtiger Diabetes vom Typ I (sog. juveniler Diabetes), Bettnässen und vieles mehr.

Im wesentlichen geht es bei den einzelnen Impfungen gar nicht darum, welche Antigene welche Schäden verursachen! Im Gegenteil – *im Prinzip kann jede Impfung jede Reaktion auslösen,* je nach Schwachstelle des Organismus, da *das Zentralthema bei den Impfstoffen das Fremdeiweiß ist.* Bekanntlich werden die meisten Impfstoffe auf lebendigen Tieren oder Tierprodukten gezüchtet, so daß Verunreinigungen und artfremde Viren und Bakterien von dieser Seite nicht auszuschließen sind. Darüber hinaus werden den Impfstoffen meist auch nicht deklarierte Zusätze beigemischt, wie z. B. Antibiotika, Thiomersal (chemische Verbindung aus Thiosalicylsäure und Äthyl*quecksilber*; zerfällt bereits in der Impfampulle in diese Bestandteile und enthält dann zu 50% reines *Quecksilber*!), Aluminiumhydroxid, Phenol, Formaldehyd, Azeton etc., als sog. Stabilisatoren, Neutralisatoren, Träger- und Konservierungsstoffe, und um die zahlreichen toxischen Nebenwirkun-

---

[1] Schlafsucht: Zeichen wie Schlafsucht („Unser Kind hat die Impfung gut vertragen; es schläft nun viel besser als früher und ist nicht mehr so unruhig. Selbst das Einschlafen klappt jetzt ohne Probleme. Unser Kind ist richtig ‚pflegeleicht' geworden.") werden von unkundigen Eltern i. d. R. als positive Reaktion fehlinterpretiert! Leider ist das Gegenteil der Fall! *Schlafsucht ist pathologisch und weist untrüglich auf eine Hirnschädigung hin, auf eine encephalitische Reaktion.*

[2] elektiver Mutismus: zeitweilige Sprechverweigerung von Kindern in bestimmten Situationen, gegenüber bestimmten Personen.

[3] Chorea: Veitstanz mit schnellen, unwillkürlichen Kontraktionen einzelner, wechselnder Muskeln oder Muskelgruppen. Dadurch kommt das Bild der allgemeinen motorischen Unruhe mit unwillkürlichen und unkontrollierbaren ständigen Bewegungen der Extremitäten, verbunden mit Grimassieren, Schnalzen etc. zustande.

[4] Thrombozytopenie: Blutungsneigung durch Armut an Blutplättchen.

gen und krankmachenden Eigenschaften unter Kontrolle zu halten. Ein solcher „Cocktail“, bestehend aus einer Vielzahl artfremder Eiweiße und Gifte, wird dann *unter Umgehung sämtlicher physikalischer Abwehrbarrieren und Entgiftungsinstanzen des Körpers* – wie z. B. Haut, Schleimhäute, Mandeln, Magen/Darmtrakt, Leber – direkt in den Muskel und damit in den Blutkreislauf gespritzt, was *widernatürlich* ist! – Eigentlich müßte man so einen „Cocktail“ eher trinken, um wenigstens noch den Abwehr- und Neutralisationsinstanzen des Organismus wie der Salzsäure im Magen, dem lymphatischen Gewebe der Peyerschen Plaques im Darm, dem sog. Blinddarm (Appendix) oder der Leber eine Chance zum Entgiften zu geben. Aber allein bei dem Gedanken, so ein Giftgemisch freiwillig zu konsumieren, kann einem schon ganz anders werden! – *Derartige Verletzungen sind in der Natur nicht einprogrammiert, da es sie schlichtweg nicht gibt!* Folge muß doch sein, daß der Organismus – je nach miasmatischer Vorbelastung – mehr oder weniger bzw. total überfordert wird. Vor allem bei *Kindern im Entwicklungsstadium* können allein schon die vielen Impfzusatzstoffe einen sehr nachhaltigen Schaden anrichten; das haben wir schon durch die in Kapitel 1.5 kurz skizzierten sog. Wirksamkeitsstudien (besser eigentlich: Verträglichkeitsstudien) erfahren.

Die (verschiedenen) Antigene (nicht-körpereigene Substanzen) sind also gar nicht das alleinige Thema bei den Impfungen! *Aus diesem Grunde sind die vorkommenden Impfreaktionen und -schäden i. d. R. nicht unbedingt spezifisch für einen ganz bestimmten Typ von Impfung.* Deshalb kommen auch so viele ähnliche Reaktionen und Schäden bei ganz unterschiedlichen Impfungen vor! Und somit macht es auch keinen Sinn, diese und jene Reaktion bzw. Komplikation bestimmten Impfungen zuschreiben zu wollen oder zu fragen, mit welcher Impfung gehe ich welches Risiko ein. Es hat sich zwar erwiesen, daß manche Impfungen gefährlicher sind als andere, aber trotzdem sind die anderen nicht ungefährlich! Darüber hinaus ist das Reduzieren von „Impfnebenwirkungen“, „Impfunverträglichkeiten“ oder sog. „Impfversagern“ auf das Auftreten derjenigen Krankheiten, gegen die geimpft wird, die man also mit einer Impfung eigentlich gar nicht bekommen sollte, wie beispielsweise „Impfmasern[1] mit

---

[1] Impfmasern: nicht zu verwechseln mit den echten, natürlichen Masern! Impfmasern verlaufen i.d.R. als *atypische Masern* mit einem mäßigen Hautausschlag und etwas Fieber. Die Komplikationsrate ist – im Gegensatz zu den natürlichen Masern – sehr hoch: Lungenentzündung mit Pleuraerguß (Rippenfellerguß), Mittelohrentzündung, Encephalitis (Gehirnentzündung) bis hin zu SSPE (subakute sklerotisierende Panencephalitis), einer schweren Erkrankung des Gehirns mit bleibenden Behinderungen, atypische Verteilung eines schweren hämorrhagischen Ausschlags (d. h. ein Ausschlag mit Blutungen) an Händen und Füßen bis hin zu einer erhöhten Sterblichkeit! Alles in allem der Krankheitsverlauf in einer der Hering'schen Regel entgegengesetzten Richtung, woran man schon erkennen kann, daß diese Art von Masern keine natürliche ist! *Die Masernimpfung sensibilisiert für atypische Masern,* was gleichbedeutend ist mit dem Hineintreiben der Krankheit in den Körper, hin zu lebenswichtigeren Organen! Darüber hinaus verleihen die Impfmasern keine dauerhafte Immunität wie die natürlichen Masern. – Analoges gilt auch für andere Impfungen.

mäßigem Fieber", worüber derzeit (Mitte 2005) in der Presse immer wieder zu lesen ist, völlig an den Tatsachen vorbei und eher als Verniedlichung oder gezieltes Ablenkungsmanöver bzw. Verschleierungstaktik – weg von den eigentlichen Zusammenhängen – zu sehen.

Von Impfschäden spricht man bei den Behörden im allgemeinen erst dann, wenn es um dramatische Schäden geht, die für jedermann offensichtlich sind und bei denen sich der Impfzusammenhang nicht mehr abstreiten läßt. Nur diese werden offiziell anerkannt! – Und das auch nicht immer, wie ich vielfach in meiner homöopathischen Praxis erleben mußte! – „Das ist aber nur die Spitze des Eisbergs!", meinen viele Kritiker, und auch die Homöopathen wissen es aus ihrer Praxis heraus. Jene können unmittelbar auf die Impfung folgen oder sie treten erst nach einigen Tagen bis Wochen auf, vielfach sogar erst nach Monaten oder Jahren! Zeiträume, welche von den Impfbefürwortern – wissenschaftlich verpackt[1] – lanciert werden, um festzulegen, innerhalb welcher Frist nach erfolgter Impfung welche Reaktionen oder gar Schäden aufzutreten haben, um als Impfschaden anerkannt zu werden, wenn es diese denn überhaupt gibt, sind rein willkürlich und entbehren jeglicher Grundlage der Gesamtzusammenhänge.[2] Aus der homöopathischen Praxis heraus läßt sich nämlich immer wieder beobachten, daß es vielfach *Zusatzauslöser* bedarf, um das durch die früheren Impfungen gesetzte hochpathologische Potential in seiner ganzen Bandbreite abzurufen bzw. zu verschärfen (z.B. durch Akutkrankheiten, Streß, schwere Verletzungen, anhaltenden Kummer und Sorgen, Immunsuppression, weitere Impfungen und vieles mehr), so daß im Falle von Spätschädigungen der Impfzusammenhang für den homöopathisch nicht Vorgebildeten nicht immer auf Anhieb zu erkennen ist.

Ein prägnantes Beispiel hierzu aus meiner Praxis betrifft einen tragischen Polioimpfschadensfall[3]. Dieser begann – retrospektiv betrachtet – im Grunde genommen schon akut im Kleinkindalter von etwa einem Jahr mit einem therapieresistenten, 41 °C hohen, eine Woche anhaltenden Fieber, worauf ca. 18 Jahre vermeintlicher relativer Gesundheit folgten, bis schrittweise deutliche Symptome einer sog. „Friedreich'schen Ataxie" zutage traten. Bei genauer Analyse des Falles sind jedoch sehr typische Symptome des sog. PPS, des PostPolioSyndroms klar zu erkennen. Die heutige Mutter von zwei ungeimpften Kindern, die früher aktive Ballettänzerin war, ist mittlerweile 41 Jahre alt und kann seit geraumer Zeit nur noch mit einer Gehhilfe laufen. Natürlich wird von seiten der Ärzte – damals wie heute – jeglicher Impf-

[1] Die öffentlich auftretenden sog. Impfexperten kommen vielfach aus der Pharmaindustrie und arbeiten dort in der Forschung. Sie haben zwar einen Professorentitel oder sind von ihrer Ausbildung her Kinderarzt, führen aber keine eigene Praxis.

[2] Siehe hierzu auch die Arbeit von Professor Dr. Wolfgang Ehrengut „Pertussis-Impfenzephalopathie: Wende der Akzeptanz in den USA" in der Zeitschrift „Der Kinderarzt" (1995), welche weiter hinten (Kapitel 4.2) noch genauere Erwähnung findet.

[3] Siehe auch Anhang *A.2.4 Statistische Tricks am Beispiel der Poliomyelitis.*

zusammenhang abgestritten. Interessant in diesem Zusammenhang ist jedoch die Tatsache, daß sich sämtliche Labors unter Angabe von fadenscheinigen Argumenten weigern, genetische Gutachten der Eltern und Kinder dieser Frau zu erstellen, um dieser für den Fall einer Klage kein Beweismaterial hinsichtlich einer Impfschädigung an die Hand zu geben.

Leider ist dies bei weitem kein Einzelfall, wie der Fall einer kleinen Patientin von mir mit der Diagnose „spinaler Muskelschwund" exemplarisch zeigt. Das 15 Monate alte Mädchen hatte vier Mehrfachimpfungen erhalten, bevor dieses lebensbedrohliche Syndrom ausbrach. Die Prognose der Kleinen ist erschütternd: „Ihr Kind wird nie laufen können, und seine Lebenserwartung ist nicht hoch", so die behandelnden Ärzte der Universitätsklinik. Die besorgte Mutter, die sich mittlerweile intensiv mit der Impfthematik auseinandergesetzt hat, sah in dem Ganzen aber eher eine Verschleierungstaktik einer akuten Impf-Polio, wie sie mir zu verstehen gab. Auch hier weigerten sich die Ärzte, ein genetisches Gutachten der Eltern erstellen zu lassen, ein Gutachten, mit dem doch eigentlich eine Menge Geld zu verdienen wäre!

Auch Todesfälle gehören immer wieder zu Impfreaktionen! – Das zeigte sich bereits bei den „wissenschaftlichen" Wirksamkeitsstudien, wie in Kapitel 1.5 beschrieben. – Häufig stellt sich dann heraus, daß die Krankheit atypisch verlaufen ist und eigentlich gar nicht hätte auftreten dürfen, da das Todesopfer gegen sie geimpft worden war (z. B. Masern). Auch der „plötzliche Kindstod" oder Krippentod (SIDS – *S*udden *I*nfant *D*eath *S*yndrome), der sehr gefürchtet ist und – aus schulmedizinischer Sicht – nach wie vor unerklärlich zu sein scheint, wird von vielen Forschern in einem offensichtlichen Zusammenhang mit Impfungen – insbesondere gegen Pertussis (Keuchhusten) – gesehen.[1]

---

[1] In Japan ist die Zahl der plötzlichen Kindstode nach dem Zweiten Weltkrieg rapide gestiegen. Das war, als auch dort mit den Massenimpfungen begonnen wurde. Nachdem Japan dann das Mindestalter für die DPT-Impfung auf zwei Jahre festgesetzt hatte und die Babys nun nicht mehr im ersten Lebenshalbjahr geimpft wurden, ging die Zahl der Krippentode stark zurück, ja dieser wurde sogar zur Seltenheit. – Auch Dr. Robert Mendelsohn, berühmter Kinderarzt aus den USA, äußerte sich folgendermaßen: „Mein Verdacht, der mit anderen Kollegen geteilt wird, ist, daß die nahezu 10.000 jährlichen SIDS-Fälle in den Vereinigten Staaten mit der einen oder anderen Impfung, die routinemäßig gegeben wird, zu tun haben. Die Keuchhustenimpfung ist der wahrscheinlichste Missetäter, aber es könnte auch eine andere sein." – Und genau dies kann man immer wieder erleben. So ist erst vor ein paar Jahren das Kind von Verwandten einer befreundeten Familie im Alter von 3½ Monaten ganz unerwartet an plötzlichem Kindstod verstorben. Auf die Frage hinsichtlich Impfungen stellte sich im nachhinein dann heraus, daß das Kind vier Tage zuvor frisch geimpft wurde! Die wahre Diagnose müßte demnach korrekterweise heißen: iatrogen (d. h. durch Verschulden der Mediziner) verursachte Atemlähmung mit Todesfolge – durch Impfung. Und, streng genommen, kann in den meisten Fällen das Auftreten von Krupphusten, Pseudokrupp – teilweise mit Atempausen von bis zu 20 Sekunden! – und/oder spastischer Bronchitis bereits ein Vorstadium solcher Ateminsuffizienz sein, welches bei sehr kleinen Kindern eben ziemlich schnell und fast gänzlich unbemerkt zum Atemstillstand und damit zum plötzlichen Tode führt.

In der jüngsten Vergangenheit sind in Deutschland mehrere Todesfälle jeweils nach einer Sechsfachimpfung bekannt geworden, die sich nicht weiter vertuschen ließen. Laut der Fernsehsendung *Frontal 21* (ZDF, 27. 9. 2005) vermutet Professor Dr. Randolph Penning, Rechtsmediziner der Universität München, der in den letzten sechs Jahren sieben Säuglinge obduziert hat, die unmittelbar nach einer Sechsfachimpfung gestorben sind, einen kausalen Zusammenhang. Ende Sommer 2005 wurde dieser Impfstoff schließlich – dem Himmel sei's gedankt – zurückgezogen. Den „wahren" Grund dieser Rücknahme erläuterte der Moderator der Sendung allerdings ganz anders; wortwörtlich: „Der Impfstoff ist inzwischen aus anderen Gründen vom Markt: der ‚Hepatitis B-Schutz' war zu schwach."[1] Die offizielle Begründung der European Agency for the Evaluation of Medical Products lautet wörtlich: „Es handelt sich um eine Vorsichtsmaßnahme aufgrund von aktuellen Studien, die Hinweise auf eine herabgesetzte Immunogenität der Hepatitis B-Komponente mit der möglichen Folge eines verminderten ‚Langzeitschutzes' gegen Hepatitis B ergeben haben." (Markierung durch den Verfasser) – Soll man da eher weinen oder lieber lachen? Das ist doch absurd! Wieso sollte man ein Produkt vom Markt nehmen, welches nicht schadet und mit welchem man immer noch leicht sehr sehr viel Geld verdienen kann? Man könnte schließlich damit warten, bis ein verbessertes Produkt verfügbar wäre, um jenes zu ersetzen, denn Eile scheint keinesfalls geboten zu sein. Außerdem – wie kann man, bitte schön, nachweisen, ob ein Schutz zu schwach ist oder, anders herum, ob dieser überhaupt vorhanden ist, wenn es keinerlei qualifizierte Wirksamkeitsstudien gibt (und geben kann)? Und dann noch „verminderter Langzeitschutz", das ist doch mehr als absoluter Hohn! – Über die Glaubwürdigkeit obiger Aussage, „der Hepatitis B-‚Schutz' sei zu schwach", dürfte sich gewiß auch Otto Normalverbraucher schon lange keine Illusionen mehr machen.

Andere Beispiele kommen von amerikanischen GIs, die vor ihren Auslandseinsätzen in der Regel bis zu 23 Impfungen erhalten. Kriegsveteranen und Truppenärzte berichten einstimmig und klagen gemeinsam an, daß sie mehrfach erlebt haben, wie GI's nach erhaltenem „Schuß" im Flur kollabierten oder sogar noch im Impfzimmer tot umfielen. Besonders seit dem Golfkrieg geistert in den USA das sog. Golfkrieg-Syndrom herum, bei dem, ähnlich wie damals bei den Contergankindern, schwere kongenitale[2] Miß-

---

[1] An diesem Beispiel, stellvertretend für viele andere, ist auch für den Laien sehr deutlich zu erkennen, daß Informationen manipulativ via Medien verbreitet werden, um die Interessen derjenigen zu wahren, die gewöhnlich im Hintergrund bleiben. So entpuppt sich vieles, was als „objektive Berichterstattung" bezeichnet wird, als gezielte Desinformation, Halbwahrheit oder sogar als Lüge. – Darüber hinaus dürfte anhand dieses Fernsehbeitrages (zur besten Sendezeit) klar zu erkennen sein, daß *ein jeder gut beraten ist, sich um seine eigene Gesundheit und die seiner Familie selber zu kümmern* und sich nichts aus der Hand nehmen zu lassen. *Die grundlegende Thematik um Krankheit und Gesundheit sollte man niemals delegieren* oder den großen Meinungsmachern überlassen!!

[2] kongenital: angeboren; entsprechend der Erbanlage bei der Geburt vorhanden.

bildungen dominieren. Damals haben die werdenden Mütter Talidomid während ihrer Schwangerschaft eingenommen, nichtahnend, daß diese Droge beim Menschen teratogene (d. h. mißbildende) Eigenschaften besitzt; sie waren also selbst „aktiv“. Heute jedoch sind die Väter all dieser Kinder die „Verursacher“, denn sie haben vor und während ihres Wüsteneinsatzes eine Vielzahl von Impfungen über sich ergehen lassen und mußten sich darüber hinaus noch mit der Ölpest, diversen Insektiziden und chemischem Kampfmaterial direkt auseinandersetzen. Circa neun Monate nach ihrer Heimkehr aus dem Kriegsgebiet traten die ersten Mißbildungen in diesen Familien auf! – Zufall? – Das Golfkrieg-Syndrom wird selbstverständlich in der Öffentlichkeit totgeschwiegen.

Was muß in den Köpfen von Leuten vorgehen, die sich keinerlei Gedanken darüber machen, was sie überhaupt tun, und fleißig weiterimpfen, vielleicht auch noch selbst Vater oder Mutter von eigenen Kindern sind bzw. schon Großvater oder Großmutter von Enkelkindern, ohne die Reaktionen und/oder Schäden, welche durch die Impfungen verursacht werden, direkt wahrzunehmen und therapeutische Konsequenzen daraus ziehen? Irgendwann wird auch sie einmal das schlechte Gewissen drücken, wie vielen Menschenkindern und jungen ahnungslosen Familien sie Unglück gebracht und diese in Kummer und Leid gestürzt haben, ganz zu schweigen von den Millionen leichten Schäden wie der Neigung zu Infekten (z. B. Mittelohr- und Mandelentzündungen, Bronchitis, Polypen, Krupphusten etc.) oder Hyperaktivität, Konzentrationsstörungen und leicht ausgeprägte Legasthenie, die ja bislang kaum jemand mit den Impfungen in Zusammenhang bringt.

4.2 Impfreaktionen im Kleinkindalter

Bei Säuglingen und Kleinkindern sind Impfschäden, die eine Gehirnschädigung und damit eine geistige Behinderung oder sog. Teilleistungsstörungen des Gehirns zur Folge haben, in der Regel schwer erkennbar, da in diesem Lebensalter Krankheitszeichen nicht gezielt geäußert werden können – das Kind kann in der Regel weder laufen noch sprechen – und bestimmte spezifische Krankheitszeichen auch noch nicht auftreten. *Das Gehirn ist wegen seiner Unreife – bis etwa zum Ende des dritten Lebensjahrs – nicht in der Lage, auf die durch die Impfung gesetzte Schädigung in einer bestimmten Art, nämlich in einer akuten Entzündung mit all ihren typischen Zeichen und Symptomen, zu reagieren.* Das liegt darin begründet, daß der sog. *Myelinisierungsprozeß im Gehirn noch nicht abgeschlossen* ist, das heißt, die einzelnen Nervenstränge im zentralen Nervensystem sind noch nicht vollständig ummantelt mit Myelin, einem wichtigen Baustoff im Gehirn, der sog. weißen Substanz, welche die Nervenbahnen als eine Art Isolierung umgibt, also quasi „gegen Kurzschluß isoliert“. – Wenn zuwenig Myelin vorhanden ist, werden die Signale der Nerven nicht normal weitergeleitet. Dies kann später zu

Störungen auf dem Gebiet der Bewegung, des Sehens, Hörens, Sprechens und kognitiven Denkens führen. – Erst danach, wenn diese „Isolierung“ weitgehend vervollständigt worden ist und stabil bleibt, lassen sich alle zu einer „postvaccinalen[1] Encephalitis“ (Impf-Gehirnentzündung) gehörigen Symptome eindeutig nachweisen!

Bei uns in Deutschland werden aber die Kinder sehr früh geimpft, sozusagen vor Erreichen des „Encephalitisalters“ bzw. vor Erreichen der erfolgreich beendeten Myelinisierung! Die mögliche Reaktionsform kann daher „nur“ in einer *„postvaccinalen Encephalopathie[2]“* (diffuse Gehirnerkrankung nach Impfung) bestehen, welche *in ihrem akuten Stadium relativ symptomlos*[3] verläuft und deshalb schwer zu erkennen ist. Sie hat außerdem in einem *viel größeren Maße Spätschäden zur Folge* (Hyperaktivität, AD(H)S, Autismus, Lernstörungen aller Art, retardierte Entwicklung, Sprachverzögerung, Intelligenzdefekte, Epilepsie, Absencen, Fettsucht, Abmagerung, Erkältungsneigung, Aggressivität, Diabetes etc.), bedingt durch die Unterbrechung des Myelinisierungsprozesses im Gehirn, was Coulter in seinem Buch „Impfungen – der Großangriff auf Gehirn und Seele“ eindeutig nachweist und als Formen des *„postencephalitischen Syndroms“* beschreibt, ein Sammelbegriff für die nach einer mehr oder weniger stark ausgeprägten Gehirnerkrankung auftretenden körperlichen, seelischen und geistigen Schäden! – Früher traten derartige Erscheinungen sehr selten auf; eine Häufung gab es ausschließlich im Gefolge der epidemischen Encephalitis (wie z.B. zwischen 1919 und 1928), auf die derartige bleibende Schäden zurückgingen. – Das Tückische und Erschreckende daran ist, daß *schwere langfristige neurologische Folgen nicht unbedingt verknüpft sein müssen mit heftigen akuten Reaktionen auf vorangegangene Impfungen.*

Für die homöopathische chronische Anamnese bedeutet dies, daß die von vielen Eltern oft mit Erleichterung gemachte *Aussage „Alle Impfungen wurden gut vertragen“ völlig wertlos* ist. Die miasmatische Stigmatisierung kann längst in aller Stille erfolgt sein und erst viel viel später, unter Umständen erst nach Jahren oder Jahrzehnten, in ihrem vollständigen Ausmaße in Erscheinung treten. Beispielsweise legt Professor Dr. Wolfgang Ehrengut, ehemaliger Direktor des Instituts für Impfwesen und Virologie, Hamburg, sowie medizinischer Sachverständiger und Gutachter in Sachen Impfschäden, in seiner

---

[1] postvaccinal: nach einer Impfung auftretend.

[2] Encephalopathie: laut Pschyrembel ein Sammelbegriff für nicht-entzündliche Erkrankungen oder Schädigungen des Gehirns.

[3] An dieser Stelle kommen wir – wie versprochen – auf die beiden oben gemachten Anmerkungen in Anführungszeichen „harmlos“ und „gar keine“ in puncto Reaktionen nach Impfungen zurück. Vielleicht sind das auftretende Fieber, auch wenn es überhaupt nicht hoch ist, und das Unleidlichsein oder Quengeln der Kinder kleine, jedoch sehr wichtige Symptome, welche gar nicht so harmlos sind? Sie könnten als einzige dezente Hinweise auf eine reaktive Encephalopathie hindeuten, deren Folgen in ihrem Gesamtausmaß i. d. R. erst viel viel später erkannt werden können.

Arbeit „Pertussis-Impfenzephalopathie: Wende der Akzeptanz in den USA" (Der Kinderarzt, 1995) anhand einer Stellungnahme des Institute of Medicine der National Academy of Sciences in Washington D. C. (1994) zu den Nebenwirkungen der Keuchhustenimpfung unzweifelhaft dar, daß *eindeutig Dauerschäden zehn Jahre nach der Pertussisimpfung* (!) in der englischen NCES-Studie (National Childhood Encephalopathy Study) bei Kindern festgestellt wurden, die *in der akuten Situation keine Schädigungen erkennen ließen.* Und bezüglich der Pockenimpfung hat Professor Lucksch aus Prag schon 1924 (!) den zweifelsfreien Nachweis des *Zusammenhangs zwischen Impfungen und Hirnschädigung* geführt. Auch Professor Koch, seinerzeit Vorsitzender der Ständigen Impfkommission am Robert-Koch-Institut (STIKO), äußerte sich am 25. 1. 1992 im Süddeutschen Rundfunk ganz unverblümt: „Die Pockenimpfung hatte *ganz erhebliche Nebenwirkungen,* und man kann auch heute immer nur beklagen, daß wir die Pockenimpfung so spät erst abgeschafft haben. Wir hätten sie mit etwas mehr Mut schon sehr viel früher einstellen können."

Impfungen sind also immer hirnaktiv! Ob wir uns dessen bewußt sind oder nicht. Sie unterbrechen den Myelinisierungsvorgang bzw. können diesen durchaus auch rückgängig machen. Das bedeutet, daß *Impfreaktionen bis hin zu schweren Impfschäden primär neurologischer Natur* sind *(demyelinisierende Encephalitis)*[1] – also quasi mit einem Hardwarefehler vergleichbar – und sich kaum durch Psychotherapie und dergleichen nennenswert beeinflussen, geschweige denn heilen lassen (was eher dem Ausbessern von Softwarefehlern entspräche). So gesehen, erscheinen Syndrome wie Hyperaktivität, Legasthenie, AD(H)S, Aggressivität, elektiver Mutismus, Autismus und vieles mehr in einem ganz anderen Licht. Für mich handelt es sich hierbei um *neurologische Störungen des Gehirns in einem unterschiedlichen Manifestationsgrad.* Im Prinzip ist alles „dasselbe", nur sind gewissermaßen andere Hirnareale betroffen und verschieden stark in Mitleidenschaft gezogen, teilweise sogar mehrere gleichzeitig. Die Übergänge, was nun hyperaktiv, verhaltens- und/oder wahrnehmungsgestört oder autistisch ist, sind fließend. Genaugenommen, bestehen *nur akademische Unterschiede*, indem man einzelne Symptome unterschiedlichen Krankheitsbegriffen zuordnet, ohne auf deren *Kausalität* zu achten. So kann man beispielsweise in der Literatur sehr viele Schattierungen von Autismus finden, so daß schon dieser Begriff, für sich genommen, ein weit gefächertes Spektrum von Verhaltensstörungen umfaßt. Das Akronym MCD, minimale cerebrale Dysfunktion, differenziert lediglich hinsichtlich „leichterer" partieller Hirnreifungsstörungen, wohingegen POS (psycho-organisches Syndrom) unter Umständen eher alle Formen beinhalten könnte. Bei genauem Studium wird man aber immer wieder feststellen, daß

[1] Unterstrichen wird dies – wie bereits in siehe Kapitel 1.5 erwähnt – durch die Tatsache, daß in der medizinisch-pharmazeutischen Forschung *Impfstoffe, speziell Keuchhusten-Impfstoffe, dazu benutzt werden, um bei Labortieren eine Encephalomyelitis (akute Entzündung der Gehirns und Rückenmarks) künstlich „für Forschungszwecke" herbeizuführen!*

hyperaktive Kinder durchaus auch mehr oder weniger dezent ausgeprägte Zeichen von Autismus erkennen lassen und umgekehrt. Nichtsdesdotrotz gehören all diese Krankheitsbilder ursächlich zusammen, denn ihnen liegt eine *gemeinsame Kausalität* zugrunde: die *Entmyelinisierung von Hirnarealen.* Hirnorganisch gesehen, handelt es sich um dasselbe Phänomen: *neurologische Kurzschlüsse im Gehirn durch mangelnde Myelinisierung*, jedoch in unterschiedlichen Regionen und Schweregraden.

Bei Kenntnis dieser Zusammenhänge bekommen *kleinste Auffälligkeiten* wie z. B. geringfügiges Fieber, vermehrtes Schlafen, das Herumnörgeln und Quengeln der Kinder, ein leichtes Zucken mit Armen und/oder Beinen, das Verdrehen von Augen oder eine ausgeprägtere Schreckhaftigkeit seit erfolgter Impfung eine *ganz andere Wertigkeit.* Sie erscheinen, wie bereits weiter oben angedeutet, als *die einzigen Hinweise auf eine postvaccinale Encephalopathie (Gehirnerkrankung nach einer Impfung),* welche bekanntermaßen relativ symptomlos verläuft, und sind somit in keinster Weise zu bagatellisieren! – Dies bestätigt auch die australische Forscherin Dr. Viera Scheibner, indem sie darauf hinweist, daß im Kleinkindalter Symptome wie Hypotonie, unkontrollierte Bewegungen, Krämpfe, Anfälle, Erbrechen, dauerndes Weinen, schrilles Schreien, Reizbarkeit, Schläfrigkeit, Schlafsucht und ähnliches „im allgemeinen auf eine *Schwellung des Gehirns* oder eine *Encephalitis* hinweisen“! – Der schnelle Griff zum Antibiotikum oder Fieberzäpfchen entspräche demnach der Vogel-Strauß-Methode „Kopf in den Sand“. Selbst wenn sich diese Symptome mit der Zeit verlieren, kann es später doch noch ein „böses Erwachen“ geben. Spätestens dann, wenn die Kinder in den Kindergarten oder in die Schule gehen, wenn sie mit vielen gleichaltrigen zusammen sein müssen bei erhöhtem Lärmpegel, Disziplin und Konzentration, wird offenbar, daß sie große Probleme haben. Sie benehmen sich auffällig, häufig hyperaktiv, spielen den Klassenkasper, sind aggressiv oder sehr zurückgezogen, haben Lernprobleme aller Art und machen es sich und ihrer Umwelt sehr schwer. Sie werden dann meist abgestempelt als „schwer erziehbare Kinder“ oder es wird den Eltern angelastet, daß diese in der Erziehung gravierende Fehler gemacht hätten. Das ist aber falsch! Diese Kinder können nicht anders! Sie sind Opfer des Systems und benehmen sich aufgrund der vielen Impfungen verhaltensgestört! Mit Erziehung hat dies wenig zu tun. *Ungeimpfte, gesunde Kinder sind i. d. R. sehr leicht zu führen* und bedürfen relativ selten „wirklich durchgreifender Maßnahmen“.

4.3 Apokalypse durch Impfungen?

Aus der homöopathischen Praxis wissen wir, daß Impfreaktionen und -schäden besonders dann auftreten, wenn in der Familie gehäuft chronische Erkrankungen vorliegen, oder anders ausgedrückt, wenn eine ausgeprägte miasmatische Prädisposition gegeben ist. Es ist also stets eine *Frage der persönlichen Vorgeschichte!* Darüber hinaus wissen wir, daß sich Impfungen immer auf das Gehirn auswirken, d. h., sie fördern den Demyelinisierungsprozeß, welcher schleichend vor sich gehen kann und deshalb i. d. R. erst sehr viel später bemerkt wird (und zwar indirekt durch entsprechende Beschwerden). Aber auch dann ist es äußerst selten, daß die durch Impfungen entstandenen chronischen Leiden in einen eventuellen Impfzusammenhang gebracht werden. *Impfungen richten aus diesem Grunde sehr viel mehr an, als bislang angenommen; ja sie sind durchaus mit als Hauptfeind unserer heutigen Gesellschaft zu betrachten.*

Besonders deutlich wird dies immer wieder, wenn wir uns die zunehmende Sykotisierung der Menschheit ansehen, welche bereits im Säuglingsalter evident ist, aber heutzutage von den meisten Kinderärzten als „normal" angesehen wird, weil sie nichts anderes mehr zu Gesicht bekommen und weil diese Zusammenhänge in der orthodoxen Medizin nicht bekannt sind. Schon John Henry Allen hat vor ca. 100 Jahren von der *Sykotisierung breiter Bevölkerungsschichten* gesprochen: „Impfung macht die ganze Rasse sykotisch … und ist besonders gefährlich für Kinder und ganz besonders für das tuberkulinische Kind", da durch die zusätzliche Sykotisierung zwei sehr destruktive Miasmen (Tuberkulinie und Sykosis) im kindlichen Organismus zusammenkommen. Wer kennt heutzutage nicht die vielen sykotischen Säuglinge, die mit sog. Blähungskoliken, wunden „Pavian"-Popos (Windeldermatitis, Windelsoor, Windelmykose[1]), eitrig verklebten Augen, Schlafschwierigkeiten, Säuglingsschnupfen, Vorhaut- oder Scheidenverklebungen bis hin zu Phimose oder Synechie zu tun haben? Handelt es sich doch um die ersten Hinweise auf eine sehr tief liegende chronische Störung, die sich mit der Zeit immer weiter in den jungen Organismus vorfrißt. Später gibt es dann meistens Probleme im Urogenitaltrakt wie Pyelonephritiden oder Cystitiden (Nierenbecken- oder Blasenentzündungen), Harnleiterstrikturen (Harnleiterverengungen), genitale Pilzinfektionen inclusive Trichomonaden, Chlamydien etc., Condylome (Feigwarzen) und vieles mehr. – Man kann es nicht oft genug wiederholen! – Aber auch Stirn- und Nebenhöhenvereiterungen, Heuschnupfen, Asthma, Krankheiten des rheumatischen Formenkreises, Depressionen und Angstzustände gehören hierhin. Darüber hinaus die vielen Krankheiten, die mit unseren Reproduktionsorganen in direktem Zusammenhang stehen, wie Menstruationsbeschwerden aller Art, Eierstockentzündungen, Komplikationen während der Schwangerschaft, Eileiterschwangerschaften, Fehl- und Frühgeburten, Samenunbeweglichkeit sowie Sterilität.

Das alles hat es in der letzten bzw. in der vorletzten Generation in diesem Ausmaß noch nicht gegeben! Die Impfungen forcieren dieses Szenario bis ins Unermeßliche, da sie zumeist die bereits vorhandene Sykosis, zu der diese Krankheiten allesamt gerechnet werden müssen, verschärfen, und u. U. weite-

---

[1] Mykose: Pilzinfektion.

re Miasmen setzen. Die Menschen *werden also von Generation zu Generation zunehmend kränker* (kränker *gemacht*, müßte man eigentlich korrekterweise sagen). – Eine Spirale, die sich immer schneller dreht und immer gewaltiger wird und letztendlich alles mit sich nach unten zieht!

Das heißt im Klartext: *Wenn wir so weitermachen und unsere Kinder und Kindeskinder fleißig weiterimpfen, dann kommt es in Kürze zur allergrößten biologischen Katastrophe auf diesem Planeten, denn dann wird sich die Menschheit recht bald ihrer eigenen Fortpflanzungsfähigkeit berauben,* was schlimmer ist als alle bisher geführten Kriege zusammengenommen.

Gemäß Aussage eines Gynäkologen einer mir anvertrauten Patientin endet – statistsch gesehen – heute schon jede 14. Schwangerschaft mit einem Abort! Es geht also schon lange nicht mehr um den einzelnen Menschen, sondern es geht um uns alle hier auf dieser Welt; es geht *ums Überleben der gesamten Menschheit,* wie bereits in Kapitel *2.13 Kumulative Miasmatisierung über Generationen hinweg* dargestellt. – Und das auch ohne gentechnisch manipulierte Impfstoffe! Nur – daß mit der Gentechnik die Geschwindigkeit hin zu diesem Desaster progressiv zunimmt!

Dem Konzept der Impfungen liegt eine völlig falsche Vorstellung darüber zugrunde, *wie* unser Immunsystem arbeitet. Spätestens seit der Entdeckung der biologischen Naturgesetzmäßigkeiten, wie der Zweiphasigkeit der Erkrankungen, dem ontogenetisch bedingten System der Mikroben und der miasmatischen Zusammenhänge der chronischen Erkrankungen, ist dieses Gedankengebäude als rein theoretische Konzeption entlarvt. *Impfungen sind eine grobe Mißachtung dieser Naturgesetze!* Ein Training des Immunsystems, wie man sich dies bislang vorstellte, kann es nicht geben![1]

Von der heutigen Ärzteschaft kann man das Wissen um diese Zusammenhänge leider nicht erwarten, denn in punkto Impfungen werden die Ärzte von ihrer Ausbildung her (bewußt?) unwissend gehalten. Die einzige Information, welche ihnen zuteil wird, ist die von der Pharmaindustrie! Wenn sie also zu einem eigenen unabhängigen Urteil kommen wollen, bleibt ihnen nichts anderes übrig, als sich selbständig um diese schwierige Thematik zu kümmern. *– Allerdings ist die Impfthematik ohne ein gewisses Grundverständnis hinsichtlich der Miasmen nicht in ihrer gesamten Tragweite zu verstehen!*

4.4 Materieller und immaterieller Aspekt

Die Idee der Impfungen, daß man den einzelnen vor einer bestimmten Krankheit schützen will, ist von seiner Grundidee her genial und ehrenwert. Nur – es kann so nicht funktionieren, denn jede Krankheit hat auch einen geistartigen Aspekt, einen Aspekt, der immaterieller Natur ist. *Die organische Krankheit*

---

[1] Genaueres siehe mein Buch: *Sind Impfungen sinnvoll? – Ein Ratgeber aus der homöopathischen Praxis*, 8. Auflage 2005.

ist ja nur die Körpersprache des immateriellen Zentrums, ein Korrektiv sozusagen, ein Hinweis, etwas zu verändern, wieder in Ordnung zu bringen. Impfungen zielen aber ausschließlich auf die Mikroorganismen ab, die sog. Mikroben, bzw. auf die sog. Antikörper[1], also auf etwas rein Materielles, auf Mikroben, welche – wie wir gesehen haben – nicht die eigentlichen Krankheitsverursacher sind, sondern – diametral entgegengesetzt – Helfeshelfer in der vagotonen Heilungsphase eines bereits bestehenden Krankheitsvorganges!!

Somit geht die Idee der Impfungen vorbei an der *Einheit „Körper, Seele, Geist"*, welche in unserer physischen Welt gewissermaßen untrennbar sind, und ist nur am materiellen Körper orientiert. Das kann niemals funktionieren! Mit und ohne Gentechnologie, niemals! Die Klassische Homöopathie dagegen beinhaltet alles, auch den geistartigen Aspekt, ist selbst ja auch dynamisch mit ihren entmaterialisierten Arzneimitteln, basiert auf Schwingungen und agiert bzw. wirkt rein physikalisch und nicht grobstofflich chemisch!

4.5 Beispiel – West-Syndrom, eine Form von Encephalopathie mit psycho-motorischer Behinderung

Abschließend sei zur Verifikation der beschriebenen Zusammenhänge ein prägnantes Beispiel eines Impfschadens aus meiner homöopathischen Praxis skizziert, welches stellvertretend für so viele steht.

Die kleine acht Monate alte Ines leidet seit gut vier Monaten unter epileptischen Krampfanfällen, sog. BNS-Krämpfen[2]. Begonnen – so daß es den Eltern richtig auffiel – hat alles nach der zweiten Mehrfachimpfung (DPT zusammen mit HIB). Seitdem gibt es öfter „Schreckanfälle", wie die Eltern ursprünglich meinten. Allerdings konnte schon nach dem ersten Impftermin eine vermehrte

---

[1] Zur Zulassung von Impfstoffen in Deutschland genügt es, „wenn sie Antikörper in vitro („im Reagenzglas", d. h. im Versuch, außerhalb des lebenden Organismus; Anmerkung des Verfassers) bilden sowie die Krankheit, gegen die sie gerichtet sind, nicht hervorrufen. Das heißt, *der Hersteller muß nicht den Schutz belegen können,* sondern lediglich beweisen, daß die Krankheit nicht ausbricht. *Als Wirksamkeitsnachweis gilt die Bildung von Antikörpern.* Der ganze Schutz einer Impfung basiert also lediglich auf unbewiesenen Hypothesen und Spekulationen und hat mit einer seriösen und ehrlichen Wissenschaft rein gar nichts zu tun." – so die bekannte Schweizer Impfkritikerin Anita Petek-Dimmer in einem Zeitschriftenartikel.

[2] BNS-Krämpfe: Blitz-Nick-Salaam-Krämpfe; eine oft mit fortschreitendem geistigen Verfall kombinierte Epilepsie-Manifestation beim Kleinkind, und zwar als blitzartiges Zusammenfahren des Körpers mit Nachvorneschleudern der Arme und Beine (Blitzkrampf), als Vorbeugen des Rumpfes (Propulsiv-Petit-Mal), als Kopfneigung und Zusammenführen der Arme vor dem Brustkorb (Salaam-Krampf) oder als nickende Kopfbewegung (Nick-Krampf).

„Schreckhaftigkeit" festgestellt werden, um welche sich die Eltern anfangs jedoch keine ernsthaften Sorgen machten, da diese nicht als Krampf identifiziert wurde.

Richtige Krampfanfälle wurden dann später nach dem Schlaf beobachtet. Weiterhin gab es Zuckungen beim Einschlafen; manchmal nur einmal am Tag, dann wieder mehrmals, meistens vor, nach oder während des Schlafens. Seit etwa sechs Wochen „gehe es rapide bergab" mit der Gesundheit. Ines wirke apathisch und folge einem Gegenstand nur kurz mit ihren Augen, der Blickkontakt werde immer weniger. Kein Lachen mehr, kein „Singen". Sie reagiere nicht mehr auf Ansprache. Starrer Blick. Ihre Lebhaftigkeit nahm ab. Dafür wurde sie zappeliger. Auch keinerlei koordiniertes Greifen mehr. Sie drehe sich immer seltener. Bei Hitze im Auto werde sie unruhig, schreie und krampfe. Die Zustände träten teilweise in Serien bis zu 7-mal hintereinander auf. Auf der anderen Seite seien aber auch manchmal über Tage hinweg keine Anfälle zu verzeichnen. Die Krämpfe seien vielfältiger Natur und hätten bisher folgendes Aussehen: Beine und Arme gestreckt, Augen starr; Beine über Kreuz, Arme über Kreuz, Augen starr; Kopfnicken; Zittern des ganzen Körpers; Hände zur Faust geballt mit innenliegendem Daumen; seit einer Woche auch Zuckungen am Mund mit Prusten, Schreien und Lachen vor und nach dem Anfall oder den Mund zusammengepreßt. In letzter Zeit habe sich das Anfallsbild insofern erweitert, daß hochfrequente generalisierte Kloni[1] den beschriebenen Zuständen für 2–3 Sekunden folgten, anschließend Wimmern für ein paar Sekunden. Wurde in der Kinderklinik mit Sabril (Antiepileptikum) eingestellt und mit „gutem EEG" entlassen (zuvor schwer pathologisches EEG entsprechend dem Bild einer Hypsarrhythmie[2], was ein Zeichen einer zentralen cerebralen Störung, einer Großhirnstörung, ist). Schon eine Woche später mußte die Sabrildosis auf das Doppelte erhöht werden, da die Krampfanfälle wieder verstärkt auftraten.

Die Diagnose lautete „West-Syndrom", eine erstmals von dem englischen Arzt W. J. West beschriebene Encephalopathie beim Kleinkind, gekennzeichnet durch die Trias: 1. generalisierte kleine Anfälle (Petit mal) fokaler[3] und multifokaler Genese (BNS-Anfälle); 2. Hypsarrhythmie (diffuse gemischte Krampfpotentiale) im EEG (diagnostisch wegweisend); 3. psycho-motorische Entwicklungsstörungen; ... Die Prognose ist insgesamt ungünstig und im wesentlichen durch die Art der zugrundeliegenden Encephalopathie bestimmt mit später evtl. großen epileptischen Anfällen. – Im Falle der kleinen Ines hieß das explizit: *psycho-motorische Behinderung*, d.h. geistige und motorische Behinderung ein Leben lang. Sie würde nie sitzen, geschweige denn stehen und laufen können; von kognitiven Fähigkeiten ganz zu schweigen. ...

---

[1] Kloni: schüttelnde Krämpfe.

[2] Hypsarrhythmie: Besonderer Typ eines schwer pathologischen EEG, meist bei schweren Behinderungen und BNS-Krämpfen.

[3] fokal: von einem Herd ausgehend.

Soweit der Bericht zum aktuellen Zustand der Kleinen. Auffällig, daß dies alles nach den Impfungen begonnen hat; vorher war das Kind „völlig unauffällig" und „kerngesund", wie mir die Eltern versicherten und auch anhand von Bildern und Videos zeigen konnten. Und dieser Fall ist – dem Himmel sei's geklagt – bei weitem *kein* Einzelfall! *Derartige Komplikationen und Impfschäden sind in der letzten Zeit immer öfter an der Tagesordnung!* Sie häufen sich geradezu in der homöopathischen Praxis, *ganz besonders seit den vielen Mehrfachimpfungen. Und ausnahmslos – zumindest in meiner Praxis – ließ sich bislang immer ein eindeutiger Impfzusammenhang herstellen!*

Das soll genügen, um einen kleinen Eindruck von postvaccinalen encephalopathischen Reaktionen zu erhalten. Mehr davon bei den verschiedensten Fällen im nächsten Kapitel. – Wer daran interessiert ist, wie es der kleinen Ines weiter ergangen ist, der sei auf mein zweibändiges Werk *Klassische Homöopathie für die junge Familie,* zweiter Band, verwiesen; darin ist die vollständige Anamnese samt Werdegang ausführlich beschrieben. Nur soviel sei an dieser Stelle verraten: Ines erfreut sich heute bester Gesundheit; sie kann laufen, sprechen und alles, was Kinder in ihrem Alter tun können. Das schönste Geschenk für mich als Therapeuten war allerdings – man höre und staune –, daß Ines vorzeitig (!!) eingeschult worden ist, und zwar auf eine ganz normale Schule! Sie wollte unbedingt mit ihren Freundinnen aus dem Kindergarten zusammenbleiben. Mittlerweile besucht sie die fünfte Klasse und ist eine beliebte sowie ausgezeichnete Schülerin; allein in ihrem letzten Zeugnis hatte sie fünf Einser!! – Ist das nicht phantastisch, so eine segensreiche Heilmethode mit der Homöopathie zu haben? So gezielt, so sanft, so dauerhaft und ohne jegliche Nebenwirkungen …

5. Sanfte Medizin – Hilfe für die Menschen im 3. Jahrtausend

Die *Sanfte Medizin* in der täglichen Praxis. Zusammenhänge, Wissenswertes, Therapiemöglichkeiten sowie Prognosen und Heilungen. Im folgenden also eine Zusammenstellung von Krankheitsbildern unserer Zeit anhand von einprägsamen und eindrucksvollen Beispielen und Schicksalen[1], die heutzutage (leider) immer wieder auftreten und keinesfalls als Ausnahmen oder gar seltene, an den Haaren herbeigezogene Fälle anzusehen sind. Die Liste der präsentierten Krankheitszustände erhebt keinen Anspruch auf Vollständigkeit; ihre gewählte Reihenfolge ist rein willkürlich und nicht etwa nach Auftreten, Häufigkeit oder Schweregrad klassifiziert.

Grundsätzlich gesehen, kann ich nur für meine Praxis sprechen. Aufgezeichnet sind also meine persönlichen Erfahrungen, welche ich aus den vorgestellten Naturgesetzmäßigkeiten gewonnen habe, zusammengenommen mit der Verifizierung in der Praxis, i. e. den täglichen Beobachtungen am Kranken und dessen Rückmeldungen sowie den daraus resultierenden Konsequenzen für die Therapie. Ich behaupte nicht, daß alles immer so ist und nur so ist; jedoch drängt sich aufgrund der Erfahrungen in meiner homöopathischen Praxis in fast atemberaubender Klarheit auf, daß *hinter allem System steckt – Gesetzmäßigkeit.* Es gibt immer einen roten Faden, eine echte Ursache, eine *prima causa morbi*, auch bei den schwersten Krankheitsbildern. Und genau dies gilt es zu erkennen, zu erfassen und zu therapieren.

Die in den folgenden Kapiteln abgehandelten Schwerpunktthemen werden soweit dargestellt, wie es für unsere Belange der präsentierten Naturgesetzmäßigkeiten und der daraus abgeleiteten Therapie notwendig ist. Dabei wird auch die eine oder andere Sichtweise der orthodoxen Medizin Erwähnung finden, denn nur so erhält der Leser den bestmöglichen Einblick in die Gegensätze heutiger medizinischer Auffassungen. Darüber hinaus soll keiner an den Pranger gestellt werden; es sollen also keinerlei Vorhaltungen in irgendeiner Weise gemacht werden. Weder gegenüber einzelnen noch im allgemeinen. Im Gegenteil! Es geht ausschließlich um das sachliche Aufzeigen ganzheitlicher, naturgesetzmäßiger Zusammenhänge und deren Umsetzung in der täglichen Praxis. Und selbstverständlich um die Nachvollziehbarkeit von Gedankengängen und Entscheidungen. Nachvollziehbar für jedermann, auch ohne Medizinstudium oder Heilpraktikerausbildung, nur mit gesundem Menschenverstand.

Das Ziel der präsentierten Kasuistik ist es, jetzt, zu Beginn des Wassermannzeitalters, ein allgemeines Umdenken zum Positiven zu fördern, damit

---

[1] Bei den vorgestellten Fällen handelt es sich um authentische Beispiele aus meiner homöopathischen Praxis; nur die Namen wurden verändert.

ein sanfter Schwenk zu einer *menschenwürdigen sanften Medizin zum Wohle aller* erfolgen kann, nicht nur des Menschen, sondern *zum Wohle unseres gesamten Planeten Erde*. Denn es gilt nach wie vor der lateinische Leitsatz: „Mens sana in corpore sano“, was soviel heißt wie „Ein gesunder Geist steckt in einem gesunden Körper.“ Voraussetzung für einen gesunden Körper ist also ein gesunder Geist, ein gesundes, positives, liebevolles Denken und Handeln! Es gibt demnach keine Trennung von Körper, Seele und Geist! Alles gehört zusammen und bedingt einander. Das Bewußtsein für die kosmischen Zusammenhänge, das Miteinander in der Natur – all das wird mit einem gesunden Geist wieder präsent! Der Mensch ist doch nur Teil der Natur, des Alles-was-da-ist, und steht keinesfalls über ihr. Somit dürfte, mittelfristig gesehen, die Achtung und Liebe vor und zu unserer Mutter Erde – einem lebendigen Wesen in der Unendlichkeit unseres Kosmos – wieder ansteigen und deren rücksichtslose Ausbeutung und Zerstörung durch uns Menschen ein absehbares Ende finden, da ein jeder wieder beginnt, sich auf die Ursprünge zu besinnen und Verantwortung zu übernehmen sowie versucht, im Einklang mit den kosmischen Gesetzmäßigkeiten zu leben.

Bevor wir nun in medias res steigen und die einzelnen Krankheitsbilder unserer Zeit vertiefen, noch ein paar erklärende Worte zu den teilweise mitgelieferten *Repertorisationen*, welche als Arbeitsgrundlage in der Klassischen Homöopathie üblich sind, besonders bei komplexen Fällen im chronischen Bereich. Hierbei handelt es sich um das *Zusammenstellen und Hierarchisieren* der wichtigsten und u. U. wahlanzeigenden Symptome eines Falles mit dem Resultat einer in Frage kommenden Arzneimittelübersicht, einer sogenannten *Arzneimittelmatrix*, um den Weg zum heilenden Simile (bzw. der Abfolge der heilenden Similia) besser erarbeiten zu können[1]. Mit Hilfe einer solchen Repertorisation wird der interessierte Leser in die Lage versetzt, den Fall in übersichtlicher, transparenter Form zu visualisieren, um ihn dadurch besser nachvollziehen zu können. Ganz besonders derjenige unter Ihnen, der aus didaktischen Gründen die Anstrengung unternimmt, anhand der beschriebenen Fallschilderungen vorab eine eigene „Nachrepertorisation“ zu erstellen, um im Anschluß daran vergleichen zu können, ob er hinsichtlich seiner Arzneimittelwahl zu demselben Ergebnis gekommen ist und in wieweit er den Fall auch wirklich „durchdrungen“ hat, wird die mitgelieferten Repertorisationen als unerläßliche Ausbildungsstütze zu schätzen wissen. Der weniger Interessierte mag diesen Teil getrost übergehen; der Verlauf und das Gesamtverständnis des jeweiligen Falles werden dadurch in keiner Weise beeinträchtigt.

Für den Einsteiger in die Homöopathie seien an dieser Stelle noch ein paar Hinweise gegeben, wie so eine Repertorisation zu lesen ist (siehe hierzu das

[1] Für detailliertere Angaben siehe hierzu mein zweibändiges Werk *Klassische Homöopathie für die junge Familie*, 2. Auflage 2001/2003.

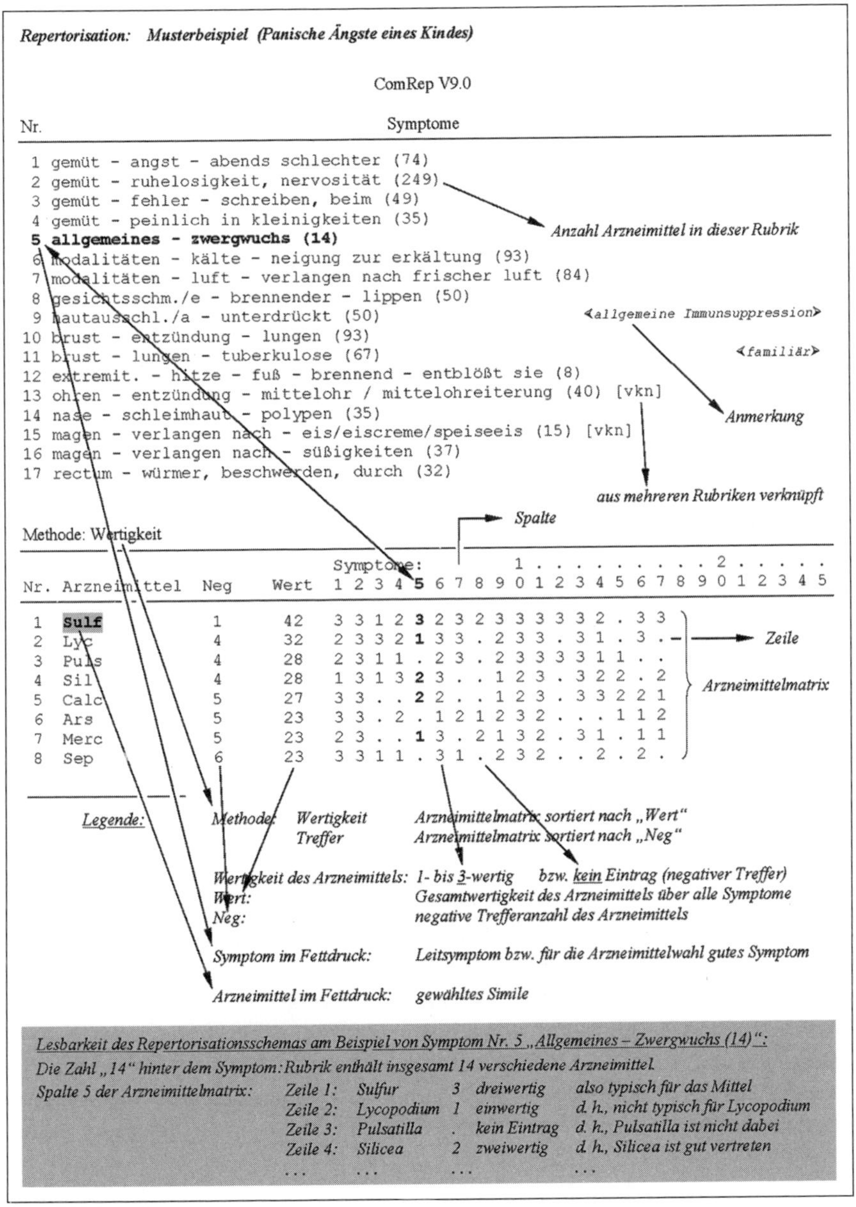

Bild 5.1: Repertorsisationsschema

selbsterklärende Bild 5.1). Grundsätzlich gilt: *Jede Repertorisation kann nur eine grobe Hilfe für den Einstieg in die Arzneimittellehre sein,* nicht mehr und nicht weniger! Der nicht zu unterschätzende Vorteil einer Repertorisation via

Computersoftware[1] liegt – im Gegensatz zu der Vorgehensweise per manum – in der *Handhabbarkeit der großen Rubriken*[2] und dem Durchspielen von *Varianten* und last (but) not least in der Geschwindigkeit hinsichtlich der Erstellung der relevanten Unterlagen für die Arzneimittelwahl bei sehr umfangreichen, komplexen chronischen Fällen. Trotzdem ist der Computer nicht in der Lage, das heilende Mittel automatisch zu bestimmen. Den Menschen, den denkenden Homöopathen, kann er nicht ersetzen und wird dies auch nie tun können! Mit der Auswertung der erstellten Arzneimittelmatrix beginnt nämlich erst das eigentliche Denkgeschäft des Homöotherapeuten hinsichtlich seiner Similewahl, denn nicht immer ist das an erster Stelle ausgewiesene Arzneimittel auch das zu verschreibende heilende Mittel! Der Rechner kann einen nur hinsichtlich der *Quantität* der Daten entlasten; die *Qualität* der Symptome, das Hierarchisieren, das Erfassen der *Idee des Falles* und das *Überprüfen dieser Idee mit dem Geist des zu wählenden Arzneimittels* – das kann einem keine Software abnehmen! Somit kann der Computer die „Logik" eines Falles, d.h. die Gesetze der Homöopathie, angewandt auf ein Individuum, nicht beherrschen! Er ist vielmehr nur ein „stupides" Hilfsmittel, um zu einer übersichtlichen Synopsis der relevanten Symptome und Daten zu kommen.

Und schließlich noch ein allerletzter Hinweis in Form einer kleinen, jedoch eindringlichen Warnung. Die vorgestellten Fälle und Zusammenhänge sollen den Leser in keiner Weise dazu animieren, sich selber oder seine eigene Familie homöopathisch zu therapieren. *Eine homöopathische chronische Behandlung gehört immer in die Hände eines erfahrenen Therapeuten,* der die Zusammenhänge um die Miasmen und – in vielen Fällen auch um die anderen präsentierten Naturgesetzmäßigkeiten – kennt und umzusetzen versteht. Das kann nicht deutlich genug herausgestellt werden. „Die Klassische Homöopathie ist die anspruchsvollste und schwierigste Therapieform der gesamten Medizin. Sie ist sehr schwer zu erlernen und erfordert ein gänzlich anderes Denken." Das hat Dr. med. Otto Eichelberger, bekannter homöopathischer Arzt unserer Tage, der sich um die Anwendung der Miasmen und das Publikmachen der LM- bzw. Q-Potenzen sehr verdient gemacht hat, in seinen Seminaren und langjährigen Münchener Kolloquien immer wieder betont. „Bewahren Sie sich die Achtung vor dieser sanften, aber tiefgreifenden Heilweise!" Falsch angewandte Homöopathie kann auch schaden, dessen muß man sich stets bewußt sein! Akute Fälle allerdings kann ein jeder selbst

---

[1] Verwendete Repertorisationssoftware: *ComRep*; Entwicklung und Vertrieb: ComRep GmbH, Franz Simbürger, Viecht, Bussardstraße 7, D-84174 Eching, Tel.: 08709/16 91, Internet: www.comrep.de

[2] Grundlage nachfolgender Repertorisationen ist der *Kent (3 Bände)* und ergänzend dazu das *Synthetische Repertorium* von Barthel/Klunker sowie das *Complete Repertory (deutsch)*. Darüber hinaus wurden aber auch einige Ergänzungen bzw. Erweiterungen aus dem Erfahrungsschatz meiner homöopathischen Praxis mit aufgenommen.

übernehmen, sofern er sich dies zutraut und im Tiefpotenzbereich agiert. Darüber hinaus sollte er sich ein wenig in die entsprechende Literatur eingelesen und auch einige Grundlagen über die Miasmen und das Wesen der Potenzen angeeignet haben.[1] Schon Hahnemann höchstpersönlich hat seinerzeit seine Patienten zur Eigenbehandlung in gewissem Ausmaß – vorzüglich in akuten Zuständen – ermutigt; das geht eindeutig aus dem Studium seiner Pariser Krankenjournale hervor.

Zu guter Letzt noch ein weiterer Rat des bekannten Dr. med. Adolf Voegeli aus der Schweiz, welchen er einmal einer lieben Kollegin mit auf den Weg gegeben hat und welchen man sich sehr zu Herzen nehmen sollte: „Keine Kompromisse in der Homöopathie!“ – Dasselbe gilt übrigens auch für die Impfthematik! – Eben aufgrund der Naturgesetzmäßigkeiten, denn Naturgesetze *sind*!

5.1 Neurodermitis – eine Krankheit, die es vor 50 Jahren kaum gab

Wer kennt das Wort Neurodermitis heutzutage nicht? Schon die Kinder im frühesten Kindesalter werden mit diesem Begriff groß. Vor gut 50 Jahren war dieses Krankheitsbild der Haut jedoch noch eine Seltenheit, ja man mußte sich diesen Begriff von den Betroffenen meist erklären lassen.

Im heutigen Klinischen Wörterbuch Pschyrembel ist der Begriff Neurodermitis für sich genommen gar nicht mehr zu finden. Hier ist die Neurodermitis atopica aufgeführt. Dabei handelt es sich um die Neurodermitis constitutionalis bzw. um ein endogenes Ekzem, welches häufig mit einer allergischen Komponente verbunden ist. Oft findet es sich auch in Gesellschaft mit „Heuschnupfen, allergischem Bronchialasthma, Rhinitis allergica u. a.“, so das renommierte Medizinwörterbuch. „Autosomal-dominante[2] prädisponierte Erbkrankheit. Beginn meist in früher Kindheit mit Juckreiz, Rötung, Schuppung, Nässen und Krustenbildung besonders an den Wangen (sogenannter Milchschorf). Nach dem zweiten Lebensjahr entspricht das Bild im wesentlichen der Neurodermitis des Erwachsenen, jedoch sind im Kindesalter meist die Gelenkbeugen und nicht selten das Gesäß befallen; beim Erwachsenen sind Gesicht, Hals, Nacken, Brust, Schulter und Gelenkbeugen bevorzugter Sitz. Hauptsymptom der Neurodermitis atopica ist der quälende

---

[1] Hierzu sehr empfehlenswerte Informationen in meinem Buch *Die homöopathischen Potenzen – Ein Ratgeber aus der Praxis*, 2003.

[2] autosomal-dominanter Erbgang: „Autosomaler Erbgang, bei dem das (heterozygote) Vorhandensein des Merkmal-prägenden Gens auf einem der beiden homologen Chromosomen genügt, um das Merkmal in Erscheinung treten zu lassen.“ (Roche Lexikon der Medizin). Autosom – nicht geschlechtsgebundenes Chromosom; heterozygot – mischerbig; homolog – gleichlautend, übereinstimmend, entsprechend.

Juckreiz, besonders mit nächtlichen Juckattacken. Talg- und Schweißdrüsen arbeiten auffallend träge. Die erkrankte Haut ist glanzlos, trocken, ihr Oberflächenrelief vergröbert. Pruriginöse (juckende Knötchen mit zentraler Kruste) und erythemato-squamöse[1], ekzemartige Veränderungen können hinzutreten. Im Bereich der Erytheme tritt nach kräftigem Strich mit dem Fingernagel ein Dermographismus albus[2] auf. Die Nägel sind durch das ständige Kratzen abgenutzt und glänzen, die Augenbrauen sind abgerieben. Mit zunehmendem Alter nimmt die Neurodermitis atopica an Intensität ab und verschwindet oft um das 60. Lebensjahr. 17 % der Kranken leiden gleichzeitig an einem Bronchialasthma, 11 % an einer vasomotorischen Rhinitis[3]. Selten kommt es zu Linsentrübung. ... Seelische Traumen können die Neurodermitis atopica verschlimmern oder bessern. Oft Verschlechterung im Winter oder im Frühjahr."

In einer fast 30 Jahre älteren Ausgabe dieses Wörterbuches sind noch Erklärungen hinsichtlich des Stichpunktes Ursachen zu finden: „Nervöse Störungen, Einfluß psychischer Faktoren, Allergie (Nahrungs-, Inhalationsallergene), Einfluß von Jahreszeit, Witterung, Klima (durch Klimawechsel Besserung), bevorzugt bei Stadtbewohnern, meist bei Leptosomen[4], erblich."

Das Roche Lexikon für Medizin schreibt unter dem Stichwort Neurodermitis: „Ursprünglich Sammelbegriff für stark juckende Dermatosen[5] (Pruritus, Prurigo[6]), bei denen eine Beteiligung des Nervensystems vermutet wurde. Heute als Neurodermitis constitutionalis auf Ekzema atopicum beschränkt, das bei Säuglingen als Milchschorf, später vor allem an Ellenbeugen, Kniekehlen, Hals und Kopfhaut auftritt (stark juckende, gerötete, verdickte ‚licheninfizierte'[7] Herde; Kratzspuren)."

Nur reine Beschreibungen von Hauteffloreszenzen[8] sowie Aufzählungen, Beobachtungen und Vermutungen hinsichtlich Einflüssen. Keine Erwähnung von fundierten, echten, kausalen Krankheitsursachen und Zusammenhängen! Kein Warum bzw. Warum nicht! Mit keinem Wort werden Impfungen erwähnt oder andere immunsuppressive Behandlungen. Ja es wird sogar vermutet, daß die Neurodermitis erblich bedingt ist (dann kann man ja „sowieso"

---

1 Erythem: entzündliche Rötung der Haut. – squamös: geschuppt, schuppenreich.
2 Dermographismus albus: Blaßwerden nach Hautstrich mit einem stumpfen Gegenstand.
3 Rhinitis vasomotorica: sogenannter nervöser Schnupfen; Anfälle von wäßriger Absonderung aus der Nase, zum Unterschied von dem gewöhnlichen Schnupfen plötzlich auftretend und verschwindend, oft nur stundenweise am Tage.
4 leptosom: schmalwüchsig.
5 Dermatose: allgemeine Hautkrankheit.
6 Pruritus: Juckreiz. – Prurigo: Obergriff für Dermatosen mit juckenden, urtikariellen, oft mit Krusten bedeckten Papeln.
7 Lichen: Sammelbegriff für akute und chronische Hautkrankheiten mit Bildung kleiner, flacher oder zugespitzter, einzeln oder gruppiert stehender, evtl. leicht schuppender Knötchen („Knötchenflechte").
8 Effloreszenzen: Formen krankhafter Hautveränderungen.

nichts machen). Aber woher soll diese, bitte schön, kommen, wenn es sie früher überhaupt nicht gegeben hat und schon gar nicht in der einen oder anderen Familie? Was hat es da mit der Heredität auf sich?

Dann weiter – die angeführte Beobachtung hinsichtlich der Stadtbewohner, daß diese bevorzugt befallen werden. Genau dies läßt einen „Insider" erahnen, daß diese schlimmen Hautmanifestationen meist doch etwas mit den exzessiven Impfprogrammen unserer Zeit zu tun haben müssen. Erinnert sei zunächst an die stetig zunehmende, exorbitant aggressive Impfpropaganda in den Medien, die sich ausweitenden Impfempfehlungen der STIKO[1] und die Umsetzung in Impfroutine (häufig mittels Angst- und Panikmache) seitens der niedergelassenen Ärzte während der letzten Jahrzehnte. Darüber hinaus sei an den von Dr. med. Artur Braun erforschten Zusammenhang des ersten Auftretens von Heuschnupfen (Pollinosis) und Impfungen vor gut 200 Jahren hingewiesen. Die allerersten Berichte bezüglich Pollinosis kamen nämlich Anfang des 19. Jahrhunderts aus England, und zwar nicht aus den ländlichen und bäuerlichen Regionen, dort wo die meisten Pollen flogen, sondern aus den Städten, besonders von den privilegierten Schichten in London, dort wo man das Geld hatte, dort wo man sich Impfungen überhaupt leisten konnte und dort wo am meisten gegen Pocken geimpft wurde! Der Heuschnupfen ist demnach noch gar nicht so alt! Er ist eindeutig eine Zivilisationskrankheit der Neuzeit! Wenn wir uns außerdem noch vergegenwärtigen, daß Hahnemann zu den bestorientiertesten Ärzten seiner medizinischen Epoche gehörte und in seinem Schrifttum weder Heuschnupfen noch ähnliche Symptome irgendwo Erwähnung finden und er auch in seinen späteren Schriften kein einziges Wort über allergische Erkrankungen, so wie wir sie kennen, verliert, spricht das eine deutliche Sprache. – Somit ist es nicht weit hergeholt, aufgrund dieser Zusammenhänge auch die Neurodermitis in einem anderen Licht zu sehen.

„Die Behandlung des endogenen Ekzems gehört zu den schwierigsten Aufgaben der dermatologischen Therapie. Bei akuten Exazerbationen ist die Beseitigung des Juckreizes wichtigstes Gebot, da durch das Kratzen eine Impetiginisierung[2] begünstigt wird. Durch Antihistaminika[3] ist nur selten eine eindrucksvolle Besserung zu erreichen. Nur in schwersten Fällen sind systemische Kortikoide[4] in mittleren Dosen für wenige Tage zu vertreten, wenn damit ein schwerer Schub abgefangen werden kann. Meist sind Kortikoide für die stark entzündeten Partien ausreichend, während die geringer befallene oder bereits abgeheilte Haut mit blanden[5] Salbengrundlagen behandelt wird. Zur Nachbehandlung vor allem licheninfizierter Herde haben sich Teerpräparate bewährt. Die Auswahl des in jedem Moment notwendigen Medikamentes

---

1 STIKO: Ständige Impfkommission am Robert-Koch-Institut.
2 Impetigo: Eiterflechte, Grindflechte.
3 Antihistaminikum: antiallergisches Mittel, welches juckreizstillende Wirkung hat.
4 Kortikoide: Cortisonpräparate.
5 bland: mild, reizlos, nicht infiziert.

verlangt vom Patienten und vom Arzt viel Fingerspitzengefühl und Geduld. Klimakuren sind während des Aufenthaltes im Hochgebirge oder an der See oft sehr gut wirksam, ein Langzeiteffekt ist jedoch nicht zu erwarten. Eine Diät ist nur sinnvoll, wenn durch Testung und wiederholte Exposition eindeutig der Zusammenhang zwischen Allergenen und Erkrankung nachgewiesen werden kann. Sie besteht dann ledigleich in der strengen Ausschaltung des schuldigen Nahrungsmittels." So die Empfehlungen für die schulmedizinische Therapie, entnommen dem 20-bändigen Werk „Praxis der Allgemeinmedizin". – Lokale Behandlung und Unterdrückung par excellence; durch Cortison oder Teesalben zuzüglich Klimawechsel oder diätetischen Maßnahmen bei Nahrungsmittelunverträglichkeiten!

Jeder, der sich lange genug mit der homöopathischen antimiasmatischen Behandlung von chronischen Krankheiten unserer Zeit beschäftigt, wird gewahr, daß die Neurodermitis sehr viel mit den Hahnemann'schen Miasmen zu tun hat. Und zwar nicht nur vordergründig im psorischen Bereich im Sinne von juckendem Hautausschlag, sondern ganz besonders hinsichtlich *einer überlagerten, ausgeprägten sykotischen aber auch tuberkulinischen Komponente,* teilweise sogar oft beide miteinander vergesellschaftet. Die Neurodermitis ist also nicht als eigenständige Hautkrankheit zu sehen, die es gilt, lokal oder akut zu behandeln. Sie durch Antibiotika, Cortison, Teersalben oder sonstige lokale therapeutische Maßnahmen (beispielsweise Eigenbluttherapie oder mittels Bioresonanz, Biotensor, Pendeln, Kinesiologie, EAV [Elektroakupunktur nach Voll] und dergl. mehr ausgetestete homöopathische Mittel) zu bekämpfen ist „eine Todsünde des Behandlers", so der Begründer der Homöopathie, da die Krankheit sehr leicht ins Innere getrieben wird und sich, insgesamt gesehen, verschlimmert. *Die Neurodermitis ist der akute Ausdruck von schwerwiegenden inneren miasmatischen Belastungen, welche über die Haut sichtbar werden.* Im Kleinkindalter imponieren häufig parallel dazu Entwicklungsstörungen unterschiedlicher Ausprägung bis hin zu schwersten Verhaltensstörungen und Behinderungen. Die Neurodermitis ist also in jedem Fall als *systemische Erkrankung* anzusehen und in diesem Gesamtkontext zu therapieren. Sie gehört keinesfalls in die Hände eines Dermatologen, der ja nur lokal durch sein kleines organisches „Sichtfensterchen Haut" blickt. Man wird also immer weitere Symptome und Zusammenhänge bezüglich anderer Organsysteme oder der Psyche finden, was auch obige Beschreibungen der klinischen Wörterbücher, die ja den aktuellen schulmedizinischen Wissensstand widerspiegeln, bestätigen.

Es kann nicht oft genug wiederholt werden: Eine der häufigsten Ursachen, oder besser gesagt Auslöser, um derartige Hautreaktionen abzurufen, sind die heutigen Impfungen, welche die bereits vorhandenen miasmatischen Prädispositionen enorm verstärken oder gar neue, zusätzliche setzen. Sie stehen an vorderster Front und sind mit Abstand der Hauptverursacher aller Neurodermitiden; so jedenfalls habe ich dies in meiner Praxis immer wieder erfahren müssen. Die heutigen Impfprogramme sind bei weitem aggressiver und umfassender als diejenigen vor 30 oder 50 Jahren. Denken Sie nur an die vielen Mehrfachimpfungen (derzeit bis zu 6-fach und der Trend geht zu noch mehr!) und die Panikmache via Presse und sonstigen Medien, ja bis in die Schulen hinein. Außerdem befinden wir uns bereits ein bis zwei Generationen weiter, so daß sich die hereditären miasmatischen Belastungen des einzelnen akkumulieren, wenn nicht sogar potenzieren! *Jede Generation wird noch belasteter sein als ihre Vorgängergeneration; das ist nun einmal eine miasmatische Gesetzmäßigkeit,* welche wir in Kapitel 2.7.3 eingehend besprochen haben! – Selbstverständlich gibt es auch Neurodermitisfälle ohne Impfungen, doch diese sind extrem selten. Hier findet man allerdings auch stets eine stark ausgeprägte miasmatische Prädisposition und viele Impfungen oder Impfunverträglichkeiten in den Generationen davor.

5.1.1 Schwere Neurodermitis mit Entwicklungsretardierung

Ein dreijähriger Junge namens Ben wird wegen schwerer Neurodermitis in der Praxis vorgestellt. Er kratzt sich tagsüber weniger, nachts ist es dafür besonders schlimm, so die Eltern. Befallen sind vor allem seine Armbeugen, Kniekehlen, Wangen, Stirne und Oberschenkel. Im Laufe der Jahre haben sich die Hauterscheinungen gesteigert. Seit 1½ Jahren sind noch beide Arme, Schultern, Brust und Nacken dazugekommen. Außerdem sind das Gesicht und beide Ohren befallen. Zum Zeitpunkt der Anamnese waren die Ohrläppchen total aufgekratzt und stark verkrustet. Bens Hände sind seit dem letzten Jahr auch noch betroffen. Windelbereich und Füße blieben aber stets ausgespart.

Begonnen habe alles nach der HIB-Impfung mit vier Monaten. Da habe Ben nach nur drei Tagen am ganzen Körper reagiert. Die Haut wurde rot, und es gab juckende Pünktchen und Flecken, welche nie vollständig abgeheilt sind. Einen Monat zuvor erhielt der Junge eine Dreifachimpfung gegen Diphtherie, Tetanus und Polio, welche aber „gut vertragen" wurde, so die besorgten Eltern.[1] Später habe es dann noch weitere Impfungen gegeben incl. der kombinierten Masern-Mumps-Röteln-Impfung. Zum Kindergarteneintritt erfolgte dann der sogenannte Tine-Test, ein Multipunkturstempeltest zur Austestung der Tuberkulin-Schwelle, wie es im Pschyrembel erklärt ist.

Ben war schon immer recht klein und zart. „Letztes Jahr ist er fast gar nicht gewachsen!" Und das, obwohl beide Eltern recht groß sind (Vater: 1,83 m; Mutter 1,70 m). Ben ist vier Monate lang voll gestillt worden, danach noch ein wenig teils. Die ersten zwei Monate litt er unter einer mehr oder weniger stark ausgeprägten Gelbsucht, „brauchte aber nie unter die Lampe". Weiterhin gab

---

[1] Die von Eltern häufig gemachte Aussage „Alle Impfungen wurden gut vertragen" ist für die Homöopathie im Prinzip völlig wertlos. Die *miasmatische Stigmatisierung* kann *längst in aller Stille erfolgt* sein und erst viel viel später, unter Umständen sogar erst nach Jahren oder Jahrzehnten, in ihrem vollständigen Ausmaße in Erscheinung treten.

es drei Monate lang „die schlimmsten Blähungskoliken". Ben hat sehr viel geschrien, besonders von 18.00 Uhr bis Mitternacht war er kaum zu beruhigen. Es gab auch hin und wieder einen wunden Po; dieser war aber nie ernsthaft offen bzw. es wurde kein Windelpilz diagnostiziert. Allerdings „blühte" das Gesicht für ein paar Wochen mit sog. Säuglingsakne. Anfangs hatte Ben auch relativ viel Kopfgneis und hinter den Ohren Schuppen, was mit Viola tricolor in Tiefpotenz behandelt wurde. Zur Zeit der chronischen Anamnese hatte er noch eine starke Schuppung auf dem Kopf, welche jedoch keinerlei Juckreiz verursachte. Zum Zeitpunkt der Kleinkinduntersuchung „U4" trug der Kinderarzt „allgemeine Hypertonie" in das Untersuchungsheftchen ein, was soviel bedeutet wie: „Bens Muskeltonus ist erhöht." Mit etwa einem Jahr bekam Ben eine eitrige Augenentzündung zeitgleich mit einer Halsinfektion. Das Augensekret war grün-gelb und verklebte des Morgens beide Lider. Behandelt wurde mittels Antibiotikum und Augentropfen. Außerdem erhielt der Bub bis zum Ende des zweiten Lebensjahres regelmäßig Vitamin D in Form von D-Fluoretten, später gefolgt von Fluoretten.

Gleich nach der Geburt imponierten zwei Storchenbisse im Bereich des Nackens und der Nasenwurzel, welche sich allerdings bereits verflüchtigt hatten. Der Bauchnabel ist spät abgefallen. Er hat lange Zeit genäßt; „die Blutkruste ist ewig aufgebrochen". Mit fünf Monaten fiel Ben den Eltern vom Wickeltisch. Die Röntgenaufnahme des Kopfes ergab einen Schädelbruch (Sprung) auf der rechten Seite; die graphische Aufzeichnung der Hirnstromwellen, das sog. EEG (Elektroencephalogramm), war unauffällig. Die Zahnung verlief weitgehend normal. „Jeder Zahn nur eine Nacht", so die Mutter. Mit 5½ Monaten kam der erste. Ben hat im Unterkiefer einen Zahn zuviel.

Der Junge ist laut Eltern nicht öfter krank als andere. Allerdings schniefelt er in der kalten Jahreszeit immer vor sich hin. An Kinderkrankheiten gab es bislang nur das Dreitagefieber mit Hautausschlag im Alter zwischen zwei und drei Jahren. Bislang zweimal Gastroenteritis (Brechdurchfall) und „ab und zu Durchfall". Im allgemeinen neigt Ben zu breiigen Stühlen.

Mit zwei Jahren hat der Kleine beim Erwachen sehr viel geschrien. Zur Zeit schläft er auch relativ schlecht. Er kratzt sich ständig und schreit nach Creme. Ganz besonders oft gegen 22.00 Uhr und um Mitternacht. Zur Linderung seiner Juckattacken haben sich die Eltern zu einer Diät entschlossen, welche allerdings auch keine großen Veränderungen gebracht hat.

Mit etwa 8½ Monaten hat Ben immer mit dem Kopf an sein Bett geschlagen. Zwischen dem ersten und zweiten Lebensjahr gab es beim Einschlafen regelmäßig Kopfrollen (Jactatio capitis nocturna). Heute noch liegt er häufig in „Gebetsstellung", der sogenannten Knie-Ellenbogenlage, einer Bauchlage mit unter den Bauch geklemmten, angezogenen Beinen, so daß der Po in die Höhe steht. Diese Schlaflage kam früher viel öfter vor.

Ben ist sehr schüchtern, zu Hause jedoch sehr wild und ein regelrechter Zappelphilipp. Konzentration war noch nie seine Stärke. Ben hat verzögert mit dem Sprechen begonnen. Manche Laute gehen immer noch nicht. So sagt er beispielsweise „Snee“ statt „Schnee“. Ben ißt gerne Süßes, Salziges, Scharfes und vor allen Dingen Eier. „Zitrone leckt er ‚bis zum Geht-nicht-mehr‘.“ Des weiteren kann er sich an Käse und unreifem Obst erfreuen. Auch ist er ganz gierig auf Butter, am liebsten pur. „Manchmal geht er an den Kühlschrank, holt sich die Butter raus und beißt ein Stück ab.“ Kartoffeln mag er überhaupt nicht. Während einer Mutter-Kind-Kur hat man ein Herzgeräusch festgestellt, welches die Eltern recht bald im Herzzentrum weiter abklären lassen möchten. Einen Termin gibt es bereits.

Im Garten niest der Bub des öfteren. Er leidet wohl schon an einer Form des Heuschnupfens, wie die Mutter – selbst heuschnupfengeplagt – meinte. Bei einem Test sprach er u. a. auf Gräserpollen und Katzenhaare an. Ben hat sehr oft kalte Hände und Füße. Trotzdem findet ihn die Mutter des Nachts häufig aufgedeckt. Als er noch kleiner war, hatte er extreme Angst vor Hüten. Darüber hinaus bekommt er noch heute Panik, wenn er schon in der Ferne einen Hund sieht. Ben ist leicht erregbar, „leicht aus dem Häuschen“ und „kann auch mal einen Zorn- und Wutausbruch bekommen“.

An Medikamenten hatte Ben schon sehr viel erhalten. Viele Cremes, homöopathische Mittel in D6 und D12, hin und wieder ein Antibiotikum und viele naturheilkundliche Verschreibungen. Die Eltern überreichten mir eine DIN-A4-seitenlange Auflistung aller Medikamente. Auf Cortison wurde bislang erfolgreich verzichtet.

Während der Schwangerschaft mit Ben hatte die Mutter auf einer Reise einen massiven Brechdurchfall. In der Schwangerschaft nach Ben gab es gleich dreimal heftige Gastroenteritiden. Eine gewisse Anfälligkeit der Mutter für solche Magen-Darm-Infektionen bestehe schon sehr lange. Ansonsten ca. vier Monate lang Schwangerschaftsübelkeit mit Erbrechen, einmal einen starken grippalen Infekt. Fluor vaginalis (Ausfluß) mit starkem Juckreiz ca. drei Wochen lang, welcher allerdings weder abgeklärt noch behandelt wurde. Wahrscheinlich handelte es sich um einen Scheidenpilz. Nach der Geburt litt die Mutter an ausgeprägten Nachwehen. Außerdem traten etwa für drei Monate immer wieder Blutungen auf, „Schmierblutungen, welche fischelten“, wie sich die junge Frau ausdrückte. Dieser Geruch sei ihr nicht fremd; ihn gab es schon des öfteren bei früheren Monatsblutungen.

Die Familienanamnese ergab noch folgende Belastungen: Bei der Mutter Stirn- und Nebenhöhlenentzündungen, eitrige Mandelentzündungen, Heuschnupfen, chronische Müdigkeit, Neigung zu Migräne, Mensesschmerzen bis hin zu Erbrechen, ein Abort, Fluor vaginalis, häufiger mit fischigem Geruch, Zuwachsen der Ohrringlöcher, um die wichtigsten zu nennen. Beim Vater gab es vor allem furunkelartige Entzündungen, Warzen, Samenunbeweglichkeit, Kniegelenkprobleme und Zysten an den Hoden zu verzeichnen. Ansonsten sind noch familiär Hüftgelenksarthrose, Frühgeburten, Allergien, Schlafstörungen, eine Lungentuberkulose, Krampfadern, nicht näher bezeichnete Prostataprobleme, Hämorrhoiden, gehäuft Migräne, Asthma, erhöhte Harnsäure im Blut, Depressionen, Rheuma, Gicht, Multiple Sklerose und Gallensteine zu nennen.

Alles in allem eine ausgeprägte miasmatische Belastung, welche der Junge als Prädisposition mitbekommen hat. Die *Sykosis vergesellschaftet mit der Tuberkulinie*, was immer in Richtung *Destruktion* geht, da *im Prinzip alle Miasmen vorhanden* sind.[1] So betrachtet, erscheint es ganz folgerichtig, daß Ben auf die Impfungen, gleich welcher Art, reagiert hat.

Oberflächlich gesehen handelt es sich nur um eine handfeste Neurodermitis; so jedenfalls haben es die Eltern gesehen und genau deshalb kamen sie ja auch mit Ben in die homöopathische Behandlung. Durch die homöopathische Brille betrachtet geht es jedoch um viel mehr. Der miasmatisch erfahrene Homöotherapeut erkennt bereits während der Anamnese, daß schon von Anbeginn des Lebens des kleinen Ben gravierende Auffälligkeiten imponieren, wie z.B. der Kleinwuchs trotz großer Eltern, die fast bilderbuchmäßigen Phänomene des sykotischen Säuglings, welcher erstmals vor über 100 Jahren von John Henry Allen beschrieben wurde, das Kopfschlagen und Kopfrollen, was als dezente Hinweise hinsichtlich neurologischer Störungen zu werten ist, die ausgeprägten Gelüste nach Saurem schon in diesem zarten Alter und die frühkindliche Allergieneigung, um nur die wichtigsten zu nennen. Sie alle sprechen eine deutliche Sprache. Sie sprechen dafür, daß die Hautphänomene, Neurodermitis genannt, im Prinzip gar nicht das zentrale Problem sind, sondern nur sekundärer Natur. Das *Hauptproblem*, worauf eine antimiasmatische homöopathische Behandlung abzielen muß, besteht in der *ausgeprägten Entwicklungsretardierung*. Sie ist die behandlungsbedürftige wahre Nummer eins; alles andere hat vor diesem Hintergrund zurückzutreten! Die Hautausschläge sind „nur" der aktive Versuch des Organismus, diese exorbitanten Belastungen, welche seinerzeit durch die Impfungen drastisch verstärkt wurden, auszuleiten.

Dieses wollten die Eltern, insbesondere die Mutter, zum Zeitpunkt der Anamnese jedoch nicht wahrhaben; ihnen ging es primär nur um die Haut und die vordergründige Juckerei. Es war ihnen unangenehm, daß sie von jedermann darauf angesprochen wurden, zu Hause, bei Besuch, bei Freunden und in der Stadt. Die Haut sollte schnellstmöglich besser werden; jedoch wollte man von Cortison oder anderen unterdrückenden Maßnahmen vorerst Abstand nehmen. – Erst Jahre später, als die Neurodermitis schon lange verschwunden war und sich in der Schulzeit, trotz hoher Intelligenz, *allmählich eine handfeste Legasthenie offenbarte*, erkannten Bens Eltern die wahren Zusammenhänge und Ausmaße der Krankheitsmanifestationen ihres Sohnes.

Somit dürfte einleuchtend sein, daß es bei Ben *kein Simile für den gesamten Fall* geben kann. Diejenigen, die meinen, man könne in der Homöopathie mit

---

[1] Erinnert sei daran, daß die Tuberkulinie eine eng verbackene Kombination aus aktiver Psora mit latenter Syphilis und einem eigenen ausgeprägten, typischen Erscheinungsbild ist.

nur einem einzigen Arzneimittel in unterschiedlichen Potenzen immer alles komplett lösen, haben das Wesen der chronischen Miasmen und ihrer Therapie nicht verstanden oder sich damit noch nie ernsthaft auseinandergesetzt. Ein Arzneimittel für alles kann bestenfalls bei akuten Erkrankungen funktionieren, gegebenenfalls auch bei einmiasmatischen Belastungen, aber selbst da kommt dies relativ selten vor. *Die Miasmen müssen schrittweise – je nach Dominanz und Aktivität – abgetragen werden;* und welches mit welcher Symptomatik gerade sein Haupt erhebt und aktiv wird und demzufolge zu behandeln ist, *läßt sich erst im Laufe der chronischen Behandlung festlegen.*

Zur Ausheilung seiner chronischen Belastungen erhielt Ben mehrere antimiasmatische Arzneimittel in unterschiedlichen Potenzen, nacheinander wohlgemerkt, mit jeweiligen Laufzeiten von teilweise bis zu vier Monaten. Auf Einzelheiten können wir an dieser Stelle allerdings nicht eingehen, da der Fall bei weitem zu komplex und langwierig ist und uns zu viele Details von der Gesamtaussage abbringen. Es kamen hauptsächlich Mittel wie Medorrhinum LM18, LM24 und LM30 (zu Anfang und später „zwischendrin" noch einmal in den Potenzen LM18 und LM24), Malandrinum LM18 und LM24, Natrium muriaticum LM18 und LM24, Baryum carbonicum LM18, Calcium carbonicum LM18, Lycopodium LM18 bis LM30, Sulfur LM18 und LM24, Phosphorus, Tuberculinum, Silicea, Calcium phosphoricum, Thuja und schließlich nochmals Phosphorus, jeweils in der LM18, über einen mehrjährigen Zeitraum zum Tragen. Darin enthalten sind außer der Behandlung der Neurodermitis, welche nach ca. 1¾ Jahren gänzlich verschwunden war, die allgemeine Entwicklungsretardierung, fein- und grobmotorische Defizite, Ängste (vor Tieren – ja sogar im Zoo –, vor ungewohnten Situationen, vor Alleinsein, vor Gespenstern etc.), Schlafstörungen, die sich manifestierende Legasthenie, der Kraftakt, trotz vieler gesundheitlicher Widerwärtigkeiten und ausgeprägter, chronischer Belastungen den Sprung aufs Gymnasium doch noch zu schaffen, die eindeutige Entwicklung der Händigkeit[1], die Ausbildung eines gewissen Selbstbewußtseins, guter Konzentration sowie eines ausgezeichnteten Sprachverständnisses und einer ebenso guten Redegewandtheit,

---

[1] *Eine mangelnde Ausbildung der Händigkeit*, ob Rechtshänder oder Linkshänder, ist eine *Hirnreifestörung*. Wenn sich keine Hand so richtig anfühlt, wenn sich beispielsweise das Kind nicht recht „entscheiden" kann, ob es mit links oder rechts malen soll, wenn also alles „weder Fisch noch Fleisch ist", spricht das – den Erfahrungen aus meiner Praxis heraus – meist für einen Trend zur Linkshändigkeit. Von einem Umerziehen zur „guten" oder „schönen" Hand, so wie es früher üblich war, ist dringend abzuraten, weil die *Händigkeit angeboren* ist und im Prinzip nicht vom Training abhängt. Außerdem fördert dies eindeutig die Legasthenie, denn das Kind bekommt quasi einen „Knoten im Gehirn". Ein eventuelles späteres Zurückschulen – von rechts auf links – sollte aber auch sehr sorgfältig und behutsam vorgenommen werden, da dies nachhaltige Auswirkungen auf die Psyche des Kindes (oder Erwachsenen) haben kann. – Die Linkshändigkeit ist, biologisch gesehen, etwas Besonderes, eine Ausnahmeregelung zur Erhaltung der Art. Siehe hierzu die Ausführungen in Kapitel *3.1.2.3 Die biologische Regel der Händigkeit.*

die Neigung zu Allergien und viele weitere „Kleinigkeiten“ wie beispielsweise Phimose, Mittelohrentzündungen, die große Eifersucht auf seinen Bruder, Rot-Grün-Schwäche der Augen, akute Vorhautentzündungen mit Eiterungen, grippale Infekte, Brechdurchfälle, eitrige Bindehautentzündungen und vieles mehr, welche selbstverständlich auch Akutmittel, wie Belladonna, Pulsatilla, Arnica und ähnliche, in Tiefpotenz (D12 oder LM6) zur Zwischenbehandlung auf den Plan riefen.

5.1.2 Schwerste Neurodermitis von Kopf bis Fuß

Dieser Fall von Neurdermitis handelt von einem kleinen Jungen namens Linus. Zum Zeitpunkt der Anamnese war Linus knapp 2½ Jahre alt. Er war extrem von seinen Hautausschlägen geplagt, die über seinen ganzen Körper verteilt waren. Es gab fast keine einzige Stelle, die ausgespart war und an der er sich nicht blutig gekratzt hatte. Ein regelrechter lebendiger Klumpen rohen Fleisches, könnte man sagen!

Schon bei der telefonischen Anmeldung erzählte mir die Mutter, daß sie mit ihrem Sohn schon seit geraumer Zeit in homöopathischer Behandlung war. So habe Linus „wegen der Impfungen“ bereits Thuja C30 und später C200 (jeweils eine Gabe pur) erhalten, was aber den Hautausschlag drastisch verschlimmert hatte. Darüber hinaus habe sich Linus’ Schlafverhalten sehr zum Negativen verändert, und er habe eine ausgeprägte Verstopfung bekommen. Nachts wache er auf, kratze sich unentwegt an seinem kleinen Körper und ließe sich durch nichts beruhigen. Vor ein paar Tagen habe er dann Calcium carbonicum C200 erhalten, ein paar Wochen zuvor dasselbe Mittel in der C30. Seitdem gab es jedoch zusätzlich viel Blähungen; die Verstopfung blieb. Auch die Hauteruptionen hätten sich nicht geändert. „Er kratzt sich dumm und dusselig. Den ganzen Tag und auch des Nachts.“ Und nun kam auch noch „ein komisches Atmen dazu, so ein Rasseln beim Luftholen“, wie es die junge Mutter beschrieb. Außerdem quäle Linus zur Zeit ein persistierender Reizhusten, welcher schon seit einem halben Jahr bestehe und „sich besonders bei Tiefdruckgebieten verschlimmere“. Auch niese er recht häufig. Ein paar Tage lang schaukelte sich der Husten zu richtigen Hustenattacken mit Erbrechen auf, „wie bei Pseudokrupp“, welchen er schon früher einmal gehabt hatte.

Wir vereinbarten, dem Buben bis zu unserem Anamnesegespräch keine weiteren chronischen Arzneimittel in C-Potenz mehr zu geben und zunächst das Auswirken des laufenden Mittels abzuwarten, da die Wirkungsdauer eines derartigen Antimiasmatikums recht lange ist und im Falle einer C200-Potenz bei etwa acht Wochen liegt.

Schließlich konnten wir den Fall chronisch aufnehmen. Der Verlauf der Neurodermitis stellte sich wie folgt dar: Mit ca. zwei Monaten gab es einen starken Michschorf, teilweise nässend, welcher sich durch das wöchentliche Babyschwimmen nach und nach abgelöst hat. Mit drei Monaten traten dann die ersten offenen, nässenden Ekzeme unter den Wangen auf. Dazu eine markstückgroße Stelle auf der linken Wade, welche mittels einer Cortisonsalbe behandelt wurde, aber trotzdem „nicht abgeheilt ist". In der Zeit zwischen sieben und zwölf Monaten verbrachte die Familie viel Zeit an der Ostsee (ca. 1½ Autostunden von zu Hause entfernt), was Linus' Haut sichtlich gut tat. „Alles war weg, bis auf die Stelle an der Wade." Durch Sonnenmilch gab es jedesmal eine Verschlechterung in Form von Quaddeln und Juckreiz. Am besten ging es ohne jegliches Cremen. Seit Linus ein Jahr alt ist, wurde seine Haut immer schlimmer. „Längeres Aussetzen von Milch und Zitrusfrüchten brachte keine Verbesserung. Die Ekzeme bildeten sich zuerst an den Beinen, dann an den Händen, Armen, dann im Gesicht und zum Schluß an Brust und Bauch sowie Rücken. Hier entweder trocken wie Schmirgelpapier und/oder in Form von Quaddeln. Ebenso starker Juckreiz", so die Aufzeichnungen der jungen Mutter. Am Anfang half noch eine Cortisonsalbe recht gut, doch mit der Zeit wurde die Wirkung immer geringer. „Es bestand am Ende nahezu Therapieresistenz! Auch alle möglichen Pflegecremes halfen nur eine bestimmte Zeit; danach schienen sie die Haut nur noch zu reizen." Mit zwei Jahren hat die Mutter die Cortisonbehandlung eingestellt. Die Haut wurde zusehends schlechter, aber dafür besserte sich Linus' Laune! „Er konzentrierte sich nicht mehr so sehr aufs Kratzen."

Mit 13 Monaten begann man schließlich mit einer homöopathischen Behandlung: Thuja C30, nach einem Monat in C200 und dasselbe mit Calcium carbonicum, wie bereits erwähnt. Seitdem schlief Linus keine Nacht mehr durch. Außerdem schwitze er jetzt nachts im Schlaf, die Haut verschlechterte sich sehr, und der Juckreiz nahm zu. „Seit Calcium carbonicum läuft alles chaotisch", so die frustrierte Mutter. „Er wacht jede Nacht auf und läßt sich nicht wieder zu Bett bringen, kratzt wie verrückt und riecht nach Blut." Dazu diese rasselnde Atmung und der nahezu tägliche Reizhusten. „Er meckert gleich nach dem Aufwachen und klagt machmal über Bauchweh. Der Appetit ist wechselhaft; sein Stuhlgang mal fest, mal „Murmeln", mal viel, mal wenig, mal weich, mal gar nicht. Bis heute geschwollene Lymphknoten am Hals und an den Leisten."

Ansonsten bekommt Linus sehr oft Infekte mit „bellendem Husten". Häufig vergesellschaftet mit einem Stockschnupfen und einer eitrigen Bindehautentzündung. Den ersten Schnupfen bekam der Bub schon gegen Ende des ersten Lebensmonats! – „Die Gonorrhoe ist die Mutter des Katarrhs."[1] J. Compton Burnett läßt grüßen! – Manchmal sind auch rasselnde Lungengeräusche festzustellen. Meist hat er eine „unerträgliche Laune". Er ist häufig zornig und wütend, besonders beim An- und Ausziehen.

An Impfungen hat der Junge fast alles bekommen, „was derzeit empfohlen wird". Die ersten „ab Ende des zweiten Lebensmonats". – Sic! Besteht da

[1] Siehe Kapitel *2.9.1 Der sykotische Säugling von John Henry Allen.*

nicht ein zeitlicher Zusammenhang? Im Alter von drei Monaten traten die esten Ekzeme auf! Ist das vielleicht nicht doch mehr als nur ein zeitlicher Zusammenhang? Unter Umständen sogar ein kausaler? – Jedenfalls berichtet die Mutter, daß die Booster-Impfungen[1] mit 15 Monaten „eine dramatische Verschlechterung der Haut mit sich brachten: trockene, stark juckende Quaddeln an den Beinen, Händen, Bauch, Rücken und später noch im Gesicht." Darüber hinaus habe Linus nach den Impfungen öfter dauerhaft die Zunge herausgestreckt.

In den ersten vier Lebensmonaten machten Linus starke Blähungskoliken zu schaffen. Er mußte dauernd herumgetragen werden, sonst kam er nicht zur Ruhe oder zum Schlafen. Eine Zeitlang während des Stillalters bestand auch eine gewisse Stuhlträgheit; manchmal war die Windel nur alle fünf Tage voll. Auch jetzt noch gebe es hin und wieder Verstopfung mit hartem Stuhl. Die Entleerung sei zur Zeit sehr schmerzhaft. Der Stuhl bestehe häufig aus kleinen festen Kugeln. Darüber hinaus gab es zeitweise eine handfeste Windeldermatitis, richtig offene, wunde Stellen, wie ein Pavian-Popo, welche mit der zinkoxidhaltigen Salbe Penaten-Creme behandelt wurden. Die ersten zwei Lebensmonate konnte Linus morgens nur mit allergrößter Mühe die Augen öffnen, so verklebt waren sie. Diese sog. katarrhalische Konjunktivitis (eitrige Bindehautentzündung) – ein weiteres typisches Erscheinungsbild des *sykotischen Säuglings* wie alle anderen Symptome dieses Abschnittes auch – wurde durch Auswaschen und mittels antibiotischer Augentropfen behandelt.

Die Schwangerschaft der Mutter war geprägt von starken Ängsten, besonders hinsichtlich Toxoplasmose und „daß was passiert" oder „vor Behinderung". Die ersten beiden Monate dominierte eine ausgeprägte Übelkeit, jedoch ohne Erbrechen. Zwischendurch wurde eine Bronchitis mit Mucosolvan und Gelomyrtol behandelt. Die letzten beiden Schwangerschaftsmonate waren gekennzeichnet durch starke Wassereinlagerungen, vor allem in den Füßen und Unterschenkeln. „Keiner meiner Schuhe paßte mehr", so die Mutter von Linus.

Zu Beginn seines Lebens hatte Linus einen Nabelbruch, welcher jedoch nicht operiert zu werden brauchte, sich allmählich verwachsen hatte und nun als sog. Hautnabel[2] in Erscheinung trat. Bei der Nachsorge stellte die Hebamme fest, daß der Nabel „nur schwer abging" und behandelte die Stelle mit „Silberpuder" (gemeint ist wohl hier Puder mit dem Wirkstoff Silbernitrat).

Bei Wetterumschwung verschlimmerten sich Linus' Befindlichkeiten. Dagegen ging es ihm am Meer immer sehr gut, jedenfalls an der Ostsee; an der

---

[1] Booster-Effekt: Sekundärantwort, Erinnerungsreaktion. Wirkt ein spezif. Antigen nach einer Latenzzeit erneut auf den Organismus ein, so bilden sich die Antikörper früher und steigen schneller und höher an. Prinzip der Auffrischungsimpfung. (Pschyrembel)

[2] Hautnabel: Eine meist harmlose Form von Nabelanomalie, bei welcher der Nabel ein wenig hervorsteht.

Nordsee war dies weniger der Fall. Übrigens galt dasselbe auch für die Mutter; Meer hat für sie schon immer absolutes Wohlbefinden bedeutet.

Linus hält schon seit geraumer Zeit kaum noch einen Mittagsschlaf. Trotzdem schläft er abends nicht gut ein. Die Tür muß immer einen Spalt geöffnet bleiben, offensichtlich hat er Angst im Dunkeln. Sein Schlaf ist sehr unruhig, seine Schlaflage besteht meist in der Bauchlage; früher kam auch vielfach die Knie-Ellenbogenlage vor, „wobei er seinen Kopf dermaßen in das Kissen drückte, daß ich Angst hatte, er bekomme keine Luft". „Man hört ja so viel vom plötzlichen Kindstod", so Linus' Mutter. Beim Schlafen ist der Mund immer wieder offen.

Die Füße des Kleinen sind warm. Früher war das Gegenteil der Fall. Schwitzen geht generell sehr schlecht. Sein Ohrschmalz ist vermehrt. Früher gab es Risse hinter den Ohren, welche allerdings seit der homöopathischen Behandlung verschwunden sind. Fieber höchstens bis ca. 38,5 °C, maximal 39,2 °C. Linus ißt nicht so gut; am liebsten jedoch Süßigkeiten, Salz, Kartoffeln und Nudeln. Auch Eier und Käse nehmen einen hohen Stellenwert ein. Dafür trinkt er sehr viel; teilweise bis zu einem halben Liter auf einmal. Er hat schnell kalte Hände. Besonders betroffen sind die Finger; diese werden dabei auch schnell rot. Die Zehennägel gehen leicht nach oben, sog. Löffelnägel. Und Lymphknoten sowohl in der Leistenbeuge als auch am Hals bestehen seit dem ausgeprägten Ekzem.

Linus ist leicht erregbar. „Er bringt einen oft zur Weißglut" und wirft vor Wut mit Gegenständen um sich. Er ist sehr wechselhaft, „meist überwiegt jedoch die schlechte Stimmung, ganz besonders seit Calcium". „Alles ist verkehrt! Man kann es ihm selten recht machen." Am Tisch macht er „lauter Blödsinn", ist ein regelrechter Zappelphilipp und bleibt keine zwei Minuten still sitzen.

Die Familienanamnese mütterlicher- wie väterlicherseits ergab noch folgende miasmatischen Aspekte: Angstzustände, insbesondere Flugangst, Angst im Dunkeln und Angst vor Unglück. Erkältungsneigung mit Mandelentzündungen bzw. Stirn- und Nebenhöhlenentzündungen. Im Kindesalter Neigung zu spastischer Bronchitis und Pseudokrupp. Magen-Darm-Infekte, diverse Blasenentzündungen. Nierensteine, Pollinosis (Heuschnupfen), Nickelallergie (Jeansknöpfe, Ohrringe), Neigung zu genitalen Pilzinfektionen, Phimose, Kniegelenkbeschwerden, sog. Ischias, verlangsamte Wundheilung, depressive Verstimmungen, cholerische Anfälle und einiges mehr, was jedoch keine weitere Bedeutung für uns hat.

Beurteilung: Linus zeigt eine *ausgeprägte sykotische Belastung*, welche sich durch die Impfungen drastisch verschlimmert hat. Die Hautausschläge in Form der ausgeprägten Neurodermitis sind als der aktive Versuch des Organismus zu werten, sich von diesen zusätzlichen miasmatischen Belastungen zu befreien, diese also über die Haut auszuleiten. Alles begann quasi mit der ersten Mehrfachimpfung gegen Ende des zweiten Monats und steigerte sich so richtig mit den Boosterimpfungen ab dem 15. Lebensmonat. Und die vordergründig ausgewählten homöopathischen Arzneimittel haben Linus „den Rest gegeben“. Thuja stereotyp bei Impffolgen zu verschreiben, ist absolut verkehrt und hat nichts mit echter Klassischer Homöopathie zu tun. Thuja wurde in der Vergangenheit besonders nach den Pockenimpfungen empfohlen, doch auch schon zu dieser Zeit konnte sich die Homöopathie auf einige weitere potente Impffolgemittel stützen, wie beispielsweise Arsenicum album, Malandrinum, Medorrhinum, Silicea und Sulfur, um nur die wichtigsten zu nennen. „Impf-

Repertorisation:* *Schwerste Neurodermitis von Kopf bis Fuß

ComRep V9.0

Nr.	Symptome
1	gemüt - reizbarkeit (245)
2	gemüt - stimmung - abwechselnd (60)
3	gemüt - furcht - dunkelheit, vor (22)
4	schlaf - lage - bauch, auf dem (27)
5	schlaf - lage - bauch - knie-ellenbogenlage (13)
6	schlaf - unruhig (215)
7	allgemeines - reaktionsmangel (84)
8	modalitäten - kälte - erkältungen, neigung zu (145)
9	modalitäten - impfung, nach (13)
10	haut - untätig, inaktiv (65)
11	extremit. - kälte - finger (50)
12	extremit. - kälte - hände (185)
13	extremit. - nägel - löffelnägel (3)
14	augen - lider - verklebt - morgens (76)
15	ohren - ohrschmalz - vermehrt (25)
16	schnupfen - schniefen der kinder (18)
17	husten/e - trocken (253)
18	husten/e - klang - rasselnd (73)
19	magen - verlangen nach - salzigen sachen (30)
20	magen - verlangen nach - süßigkeiten (37)
21	magen - durst - extrem stark (187)
22	bauchschm./m - diarrhoe - während d. (kolik) (81)
23	rectum - obstipation (213)
24	anus - haut - hautausschläge um den anus (26)
25	stuhl - form - bällchen (28)

Methode: Wertigkeit

				Symptome:									1	.	.	.	.	.	.	.	.	.	2	.	.	.	.	.
Nr.	Arzneimittel	Neg	Wert	1	2	3	4	5	6	7	8	9	0	1	2	3	4	5	6	7	8	9	0	1	2	3	4	5
1	Sulf	5	49	3	2	.	.	.	3	3	2	3	2	2	3	.	3	1	.	3	2	1	3	3	2	3	2	3
2	Lyc	4	47	3	3	2	2	2	3	2	3	.	3	1	3	.	1	1	3	2	2	.	3	2	2	3	1	.
3	Calc	4	44	3	1	2	1	.	2	3	2	.	2	2	2	.	3	2	.	3	2	2	2	3	1	3	2	1
4	**Med**	2	42	2	1	2	3	3	1	3	3	3	.	1	2	1	3	.	1	1	1	2	2	2	1	1	1	2
5	Nat-m	8	38	3	1	.	.	.	2	1	3	.	1	.	3	.	2	.	1	3	2	3	1	3	.	3	3	3
6	Sep	5	38	3	1	.	2	1	2	2	3	.	1	2	3	.	2	1	1	2	3	.	2	2	1	3	1	.
7	Kali-c	9	36	3	2	.	.	.	2	2	3	.	3	3	3	.	2	1	.	3	.	.	2	2	2	2	1	.
8	Caust	8	34	3	1	2	.	.	2	1	1	.	1	1	2	.	2	3	.	2	3	2	.	3	.	3	2	.
9	Phos	7	34	3	1	2	2	2	1	2	2	.	1	.	2	.	1	.	.	3	1	3	.	3	1	3	.	1
10	Ars	8	33	2	1	.	1	.	3	2	1	2	2	.	3	.	2	.	1	3	.	.	1	3	2	3	1	.
11	Carb-v	9	33	3	.	2	.	.	2	3	2	.	1	.	3	.	2	.	.	2	2	3	2	2	1	2	1	.
12	Graph	11	31	3	2	.	.	.	3	2	2	.	1	3	3	.	3	.	.	1	.	.	.	2	1	3	2	.
13	Merc	7	31	2	1	.	.	.	1	2	3	.	1	1	3	.	2	.	1	2	1	.	1	3	1	2	1	3
14	Nit-ac	11	31	3	.	.	.	.	2	.	3	.	2	.	2	2	1	.	.	2	.	2	.	2	1	3	3	3
15	Alum	10	30	3	3	.	.	.	2	2	3	.	1	.	1	.	2	.	1	3	1	.	.	1	1	3	.	3
16	Puls	10	30	3	2	2	2	.	3	.	2	.	1	.	3	.	2	.	1	3	2	.	.	1	1	2	.	.
17	Thuj	8	30	3	.	.	.	.	2	2	2	3	1	3	2	.	1	1	.	2	.	1	.	1	1	3	1	1
18	Bry	11	29	3	.	.	1	.	2	1	3	.	2	.	1	.	1	.	.	3	2	.	2	3	2	3	.	.

folge gleich Thuja“ geht also an der eigentlichen Sache vorbei und spricht eher in Richtung Schubladendenken. Welches Mittel im Einzelfall zum Tragen kommt, ist immer etwas sehr Individuelles und hängt von mehreren Faktoren ab wie den *aktuellen Symptomen und Zusammenhängen* des Patienten sowie von dem *zugrunde liegenden aktiven Miasma*. Die Ähnlichkeitsregel darf also keinesfalls außer Acht gelassen werden. Darüber hinaus wird am Fall Linus auch deutlich, daß das Erscheinungsbild einer Neurodermitis keine separate Hauterkrankung ist und lokal behandelt werden darf (Verschlimmerung seines Gemütszustandes durch die unterdrückende Behandlung mit Cortison), sondern der *äußere sichtbare Teil eines tieferliegenden Urübels*. Und zwar hier einer extrem ausgeprägten Sykosis. Jeder, der aufgrund der „extremen Juckerei“ in dieser schlimmen Hautgeschichte nur die reine Psora vermutet, denkt zu vordergründig und hat das Wesen sowie die Kompexität und Verschlimmerungen der Miasmen nicht verstanden. Das wird besonders deutlich an der Wahl des Arzneimittels Calcium carbonicum, welches vordergründig zu passen scheint, dem Jungen jedoch alles andere als geholfen hat.

Arzneimittelwahl: Medorrhinum LM18, 1 Tropfen auf einen halben Liter Wasser, gut (d. h. mit Wirbel) umrühren (kein Metalllöffel!), nur einen Löffel voll einnehmen, den Rest verwerfen, alle drei Tage morgens. Die ersten Wochen einschleichend beginnen (d. h., zunächst nur einen viertel Teelöffel voll, später einen halben und schließlich einen ganzen Teelöffel voll, sofern keine größeren Reaktionen auftreten). Das Fläschchen vor Gebrauch 10-mal kräftig schütteln, beispielsweise gegen den Handteller klopfen.

Verlauf: Noch bevor wir überhaupt mit dem chronischen Mittel beginnen konnten, wurde Linus – wieder daheim – von einem heftigen Brechdurchfall heimgesucht. Sogar Wasser kam gleich wieder hoch und wurde erbrochen. Linus spuckte viel Flüssigkeit bis hin zu Galle; das Ganze war begleitet von einem penetrant stinkendem, wäßrigen Durchfall, kalten, fast blauen Händen und Lippen. „Er kratzt sich wie noch nie z. Zt.; alles ist nässend“, so die verzweifelte Mutter. Wir vereinbarten, Arsenicum album D12, 2 Globuli nach Bedarf, zu geben, und bei einem Arzt vorstellig zu werden zur Abklärung hinsichtlich des Risikos einer Exsikkose (Austrocknung). Parallel dazu gab es die Empfehlung, sofort mit Medorrhinum zu beginnen, allerdings zunächst einschleichend über einen ganzen Liter Wasser.

Der Arzt konnte nichts Gravierendes finden. Auch die Gefahr einer Exsikkose schien bislang nicht gegeben. So machten wir in der besprochenen Weise weiter. Schon einen Tag später ging es dem Jungen deutlich besser; auch der Juckreiz hatte wieder ein wenig abgenommen.

Zwei Wochen nach Medorrhinum-Beginn gab es dann die erste Erkältung mit Schnupfen, Husten und Fieber. Die Nase war total verstopft. Das wenige Sekret, das man zu Gesicht bekam, war durchsichtig und mild, die Atmung keuchend. Zeitweise Würgen. Linus kratzte sich verstärkt an den Beinen und im Gesicht und ließ sich kaum beruhigen. Sulfur D12, nach Bedarf 1 Globulus auf der Zunge zergehen lassen, brachte die gewünschte Erleichterung.[1] Die Ausatmung war zwar immer noch keuchend, aber „bei der Einatmung geht's". Der Husten war fast verschwunden und auch das Würgen besser. „Linus erzählt ununterbrochen, er redet wie ein Buch." – Wir fuhren allmählich mit der Einnahme des chronischen Mittels fort.

Einen Tag später berichtete mir die Mutter, daß die Atmung ihres Sohnes nun weniger keuchend sei. Auch der chronische Reizhusten sei zurückgegangen; dieser sei nun ein wenig verschleimt. Linus selber sei recht freundlich. Nachts habe er noch Juckattacken, aber er hätte die letzte Nacht sogar geschlafen! – Medorrhinum war nach Bedarf weiterzugeben.

Der Bericht zwei weitere Wochen später: „Es ist alles total chaotisch", so die Mutter. Dann führte sie ihre Beobachtungen genauer aus. Die ersten 14 Tage litt Linus an der bereits besprochenen Magen-Darm-Grippe. Die beiden Wochen danach war der Stuhl sehr gut. Danach wurde er wieder schlechter: entweder kleine Kugeln oder ausbleibend. Vor ein paar Tagen hat man dann sogar ein Klistier gebraucht. Doch nun gehe es wieder mit zweimal am Tag. Manchmal gebe es aber noch kleine „Knicker". Linus mache auch zeitweise wieder in die Hose. Außerdem habe er schmerzhafte Einrisse am After. „Wenn er seinen Willen nicht bekommt, kratzt er nicht mehr! Jetzt kratzt er hauptsächlich nur noch nachts und an Körperstellen, die frei sind." Allerdings weigere er sich nun abends, ins Bett zu gehen. Er wolle bei den Eltern auf dem Sofa im Wohnzimmer bleiben. Vor Dunkelheit habe er Angst. Auch vor dem Fernseher, wenn dieser nicht eingeschaltet ist. Die Nacht nach der Tropfeneinnahme – Linus war immer noch beim Einschleichen und erhielt immer noch einen viertel Löffel voll von einem Tropfen, angesetzt auf einem Liter Wasser – wurde der Hautausschlag zunächst schlimmer, der Blähbauch dagegen besser. Linus' Augenausdruck war deulich besser; er wirkte viel wacher. Den Reizhusten gab es auch noch, allerdings war er mal für einen Tag verschwunden. „Linus' Laune wird zunehmend besser trotz Verschlimmerung der Haut. Beim An- und Ausziehen ist er weniger zornig." Der Junge schwitzte jetzt nachts im Schlaf. Sein Appetit war gut; er verlangte weniger nach Süßem; sogar Eier habe er neulich übersehen! Auch sein Durst habe sich normalisiert. „Bei Erkältungen kam mehr aus der Nase als sonst." Noch jetzt gebe es Popel, Linus wolle aber nicht schneuzen. Im Gesicht sei seine Haut auf dem Wege der Besserung. Sie sei weicher und heile nach dem obligatorischen „Beackern" schneller ab. Linus rieche nicht mehr nach nässender, blutiger Haut! Auch seine Haare seien weicher und glänzten. „Linus fährt seit der Kur Dreirad und spielt alleine!" Außerdem habe der Junge zwei der letzten vier Backenzähne bekommen. – Alles in allem doch nicht so chaotisch, wie die Mutter meinte, da sich zentrale Regionen deulich besserten, periphere dage-

[1] Während einer akuten Zwischenbehandlung wird das chronische Mittel i. d. R. ausgesetzt. Wenn der Patient wieder genesen ist und auch etwa drei Tage danach kein Akutmittel mehr braucht, es also keinen Rückfall gibt, kann mit der chronischen Kur einschleichend fortgefahren werden.

gen zeitweilig verschlimmerten. Wir konnten also, wie gehabt, weitermachen.

Schon eine Woche später gab es wieder einen akuten leichten Husten, der sich unter Pulsatilla D12 sehr schnell besserte. Die Medorrhinum-Gaben beliefen sich jetzt auf einen halben Löffel voll, alle drei Tage. Linus schlafe viel besser, habe aber auch wieder einmal Verstopfung gehabt. Stirne und Gesicht waren nach wie vor besser; Beine, Hände und Hals dagegen schlimmer. – Der Verlauf *klar im Sinne der Hering'schen Regel: von oben nach unten*!

Die nächten drei Wochen hörte ich nichts mehr von Linus. Die Familie war wieder zweimal an der Ostsee gewesen, was dem Jungen sichtlich gut tat. Er hatte sogar zwei Tage lang keinen Husten. Und die Haut besserte sich auch diesmal. – Dies bestätigt gewissermaßen auch unsere Arzneimittelwahl, denn Medorrhinum weist in seinem Arzneimittelbild hochkarätig „Verbesserung am Meer" auf. – Die Atmung war jetzt wieder in Ordnung. Der Stuhlgang schwankte aber noch: Mal gab es Verstopfung, aber nicht mehr vier Tage lang. „Es quält ihn nicht mehr so." Der chronische Reizhusten wird langsam weniger, er ist teilweise nur noch einmal am Tag zu vernehmen. „Das Gesicht sieht zwischendurch fast sehr gut aus. Hin und wieder gibt es Krusten. Die Haut ist weicher und heilt auch zügiger wieder ab." In 1½ Wochen wolle die ganze Familie Urlaub für vier Wochen an der Nordsee machen, in Norddänemark; speziell zum Wohle ihres kleinen Linus.

Zwei Monate später erhielt ich einen Brief mit Bildern von Linus am Sandstrand. Dazu ein paar weitere vom Zeitpunkt unseres Behandlungsbeginns. Ein Unterschied wie Tag und Nacht! „… Auf jeden Fall hat Linus der lange Urlaub an der Nordsee sehr gut getan. Schon nach drei Tagen, die auch noch verregnet waren, war eine positive Entwicklung zu sehen. Wenn dann noch Sonne dazukam und Baden im Salzwasser, konnte man kaum noch Ekzeme erkennen. Auch sein Stuhlgang bereitete ihm dort keinerlei Probleme. Leider hat sich hier alles wieder etwas verschlechtert, insbesondere der Stuhlgang. …" – Die positive Wirkung von Medorrhinum verstärkt durch die positive Kraft der salzhaltigen Meeresluft! Wir waren auf dem richtigen Weg.

In den letzten vier Monaten ist Linus fünf Zentimeter gewachsen. Sein Schlaf hat sich verbessert und der Stuhlgang geht „mit Androhen der kalten Dusche". Sonst will er nicht drücken, denn es gibt vielfach noch harte Kotkugeln. Linus schläft jetzt sogar im Auto ein, was früher undenkbar gewesen ist. Die Neurodermitis sei schon viel besser geworden. Die derzeitige Einnahme von Medorrhinum war bereits bei einem halben Liter Wasser angekommen. Wir beschlossen jetzt, die Gaben zu steigern, indem die Flüssigkeitsmenge zum Ansetzen schrittweise weiter zu reduzieren war, bis hin zu einem Tropfen auf ein Glas Wasser (200 ml).

Doch dies ging nicht auf Dauer gut, da die Hautreaktionen wieder zunahmen. Schließlich pendelte sich die Flüssigkeitsmenge zum Ansetzen des Arzneimitteltropfens bei 750 ml ein. Trotzdem kam es immer wieder zum

Einnässen an den Einnahmetagen. Zwischedurch gab es wieder eine Erkältung mit Heiserkeit, bei der Phosphorus D12 angezeigt war. Dann eine weitere mit Fieber, Schnupfen, leichter Bronchitis und Ohrenschmerzen links, wo sich Pulsatilla wieder bewährte.

Nach insgesamt fünf Monaten Medorrhinum LM18 in vorsichtigen Dosen führten wir eine Folgeanamnese zur Durchsprache der chronischen Kur durch. Insgesamt ist Linus sechs Zentimeter gewachsen! „Er spricht sehr gut, auch grammatikalisch, und ist recht weit nun. Das ‚Sch' geht auch. Nur ein wenig Lispeln ist noch zu hören." Alle vier Backenzähne sind jetzt da; der Juckreiz war bei deren Durchbrechen extremer. Linus' Motorik hat sich sehr verbessert. Er trinkt aus einem Glas, fährt Dreirad und macht eine Rolle vorwärts. Seit drei Monaten ist er trocken, nachts seit vier Wochen. Am Tag der Medorrhinum-Einnahme nässe er aber ab und zu noch ein. Linus geht seit ein paar Wochen in den Kindergarten. Es klappe ganz gut; er mache jedoch oft das Gegenteil von dem, was verlangt wird, wie zu Hause auch. Früher war er bei zunehmendem Mond extremer; jetzt ist es nur noch kurz vor, während und nach Vollmond. Seine Haut ist wunderbar geworden; das Gesicht vollkommen frei. Auch an Bauch und Rücken sind kaum merkliche Stellen von Neurodermitis zu sehen. Ellenbeugen und Kniekehlen sind ebenfalls besser. Nur an den Füßen und Händen gibt es noch größere Effloreszenzen. Der Juckreiz, der sonst die ganze Nacht anhielt, konzentriert sich jetzt hauptsächlich nur noch auf die Zeit von ca. 22.00 Uhr bis 23.00 Uhr. Er kratze aber auch dann nicht immer und wenn, dann nur selten blutig. Und nachts schreie er nicht mehr so rum. Auch das Einschlafen gehe deutlich besser. Tagsüber brauche er noch seinen Mittagsschlaf; bekommt er diesen nicht, ist er abends „völlig überdreht und kaum ins Bett zu bringen". Der Kleine bevorzugt noch die Bauchlage; die Knie-Ellenbogenlage kam zwischendurch immer wieder vor, jetzt allerdings nicht mehr. Nachts im Schlaf schwitze er noch an Rumpf und Beinen. Linus' Verstopfung hat sich auch verflüchtigt. Sein Stuhl ist weich und normal, kommt aber noch relativ schwer heraus. Linus muß kräftig drükken. Auch der Blähbauch ist deutlich besser. Von der Händigkeit her tendiert der Junge wohl eher zu links. Von Kuscheln hält er immer noch nichts. Am Eßverhalten hat sich nicht viel geändert: gerne Eier, allerdings weniger extrem, sehr gerne Käse, lutscht Zitrone pur, ohne die Miene zu verziehen, und nach wie vor ein ausgeprägtes Süßigkeitsverlangen. Seine Haare sind weich und glänzend; der hartnäckige Milchschorf ist zurückgekommen. Seine Gesichtsfarbe ist frisch, ja sogar gut gebräunt. Anfangs gab es unter dem Mittel „dickflüssigen Tränenfluß, das war richtig extrem". Sein Ohrschmalz ist noch vermehrt; die Risse hinter den Ohren weg. Husten habe Linus kaum noch, „nur mal zwei ‚Hüsterer' am Tag". Die Phimose, welche bislang nie richtig angesprochen wurde, gebe es noch. Linus' Stimmung sei noch wechselhaft; er spiele jetzt wieder weniger allein. „Das war schon mal deutlich besser." Wenn er böse ist, werfe er wieder mit Gegenständen um sich. Trotzdem habe sich seine Laune insgesamt wesentlich verbessert gegenüber dem Zustand vor einem halben Jahr. Auch das Zappelphilipp-Syndrom habe sich ein wenig vermindert.

Noch ehe wir mit einem Nachfolgemittel für die chronische Kur beginnen konnten, gab es einen weiteren Infekt mit Ohrenbeteiligung und Fieber. Auch die Verstopfung nahm wieder zu und im Gesicht begannen wieder kleine rote juckende Flecken aufzutauchen, ganz besonders nach Heulen und Aufregung. Auch diesmal konnte das bewährte Mittel Pulsatilla Abhilfe verschaffen, allerdings nur hinsichtlich des akuten Infektes; die flüchtigen Hauteruptionen blieben.

Alles in allem ein exzellenter Verlauf, wie man ihn sich nur erträumen kann. Und mit einer solchen Geschwindigkeit, die selbst erfahrene Therapeuten immer wieder überrascht, denn nicht jede Neurodermitis geht in derart kurzer Zeit zurück. Linus' Zustand war aber noch alles andere als stabil, das zeigen die neuerlichen Hautreaktionen und die Gesamtheit seiner Restsymptome. Als Folgemittel wurde nochmals Medorrhinum gewählt, diesmal jedoch in der LM24, 1 Tropfen auf einen Liter Wasser, alle fünf Tage, wieder einschleichend zu beginnen.

Vierzehn Tage später berichtete mir die Mutter von einem nächtlichen Pseudokruppanfall mit akuter Atemnot. Sie sei mit Linus deswegen gerade im Krankenhaus gewesen. Erst vor drei Tagen sei sie mit ihm von einem weiteren zweiwöchigen Urlaub aus Gran Canaria zurückgekehrt, welcher ihm von der Haut her und von seinem Stuhlgang sehr gut getan habe. Schon nach nur drei Tagen habe er nachts nicht mehr gekratzt. Allerdings habe er am zweiten Urlaubstag einen heftigen Brechdurchfall bekommen, welcher wohl auf das immense Fleischessen zurückgeführt werden könne. Doch nach durchstandenem Brechdurchfall war ein deutlicher sprachlicher Schub zu verzeichnen! – Da kann man wieder einmal sehen, daß *akute Krankheiten* häufig *Heilungskrisen* sind und keinesfalls unterdrückt werden dürfen! – Auf dem Rückflug habe der Kleine wenig geschlafen, dann der enorme Temperaturwechsel – auf den Kanarischen Inseln war es extrem trocken und heiß und jetzt zu Hause naßkalt. „Streß pur“ für den Kleinen. Gestern abend wurde Linus dann sehr unruhig. Kurz vor Mitternacht habe er bellend gehustet, es kam zu Atemnot, er habe sich nicht beruhigen lassen, „steigerte sich da förmlich rein“. Trotz einer Gabe Spongia D12, worauf seine Unruhe etwas nachließ, rief die Mutter nach dem Notarzt, der Linus ins Krankenhaus einwies. Dort habe er dann schulmedizinische Medikamente erhalten und inhaliert, ca. eine halbe Stunde lang. Wieder daheim, gab sie ihm erneut eine Gabe Spongia, worauf es ihm noch einen Tick besser ging. Linus hustete aber weiterhin, sein Rachen war gerötet, es gab auch „eitrige Beläge“. Gestern in der Früh habe er die erste Gabe Medorrhinum in der neuen Potenz erhalten, so die Mutter. Wir vereinbarten, akut Spongia weiter zu geben, nach Bedarf, und u. U. – im Falle von akuter Panik – auf Aconitum C30 zu wechseln.

Vierzehn Tage später trat ein erneuter Pseudokruppanfall auf. Zwei Tage zuvor hatte Linus sein chronisches Mittel erhalten. Wieder kam der Notarzt;

diesmal aber kein Krankenhausaufenthalt. „Linus war auch weniger panisch als das letzte Mal." Die Haut habe sich insgesamt wieder etwas verschlechtert, nächtliche Juckattacken blieben aber aus. Das Wetter war am Tag zuvor sehr windig und wechselhaft. So erhielt der Kleine Aconitum, was ihm Erleichterung brachte. Mit Medorrhinum sollte für den Zeitraum von zwei Wochen ausgesetzt werden. Trotzdem kam es zu weiteren Atemnotanfällen. „Er ‚zieht ein' beim Atmen, so daß es pfeift." Aufgrund der Akutsymptomatik versuchten wir noch Arsenicum album und später Phosphorus, was beides linderte aber den Akutprozeß nicht komplett heilte. So nahm die verängstigte Mutter Zuflucht zu Sultanol, einem Dosier-Aerosol zur Behandlung obstruktiver Atemwegserkrankungen wie Asthma, chronische Bronchitis etc. Die konsultierte Ärztin diagnostizierte eine spastische Bronchitis. – Wir wechselten zurück zu Medorrhinum LM18, 1 Tropfen auf 750 ml Wasser, was Linus sichtlich gut tat. Das „Luftziehen" verschwand, er hustete jedoch noch ein paar Mal am Tag. Manchmal kam es auch noch zu leichten Erstickungsanfällen. Ich ließ Coccus cacti D12, 2 Globuli nach Bedarf, geben; Medorrhinum LM18 einmal am Tag wurde beibehalten.

Dann war zwei Wochen „Sendepause". Erst danach meldete sich die Mutter zurück. Linus gehe es bestens. Es sei alles weg. Auch die Haut habe sich regeneriert. Heute morgen allerdings sei der Kleine zu ihr ins Bett gekommen, habe viel geniest und auch wieder etwas erschwert geatmet. Aber nach einer Gabe „Med." war wieder alles ok. Zuvor habe die Mutter Medorrhinum nur noch alle drei Tage auf 700 ml verabreicht. „Linus war die letzten zwei Wochen sehr lieb und kuschelig." – Sic! Früher wollte er davon nie etwas wissen! – „Er macht ständig Entwicklungsschübe!", so die überglückliche Mutter. „Das Mittel ist für mich sensationell!" Coccus cacti habe sie übrigens neulich kaum noch gebraucht. Sie selbst hatte aber zu dieser Zeit auch eine handfeste Nebenhöhlenentzündung, eine Halsentzündung mit Husten bis hin zu Stimmlosigkeit, worauf ihr Arzt auch bei ihr eine Spastik auf den Bronchien konstatierte. – Wir blieben bei Medorrhinum LM18, wollten aber die Konzentration steigern, von 700 ml auf etwa 250 ml Wassermenge.

Nach einer Weile kam es wieder zu Husten und Kruppgeräuschen, so daß Sultanol auf den Plan trat. Die Ärztin gab aber „Entwarnung", da nur wenig Geräusche auf den Bronchien zu hören waren, keinesfalls spastisch. Linus war wieder streitsüchtig, zappelig und nervös, „gehorcht überhaupt nicht; alles läuft über Verhandlung oder Erpressung, er kann einen zur Weißglut bringen." Auch seine Haut hat an den Händen und Beinen wieder reagiert, so daß er sich dermaßen gekratzt hat, bis es genäßt hat. „Allerdings kann ich seine Kratzanfälle jetzt zählen, was früher nie möglich gewesen ist." Außerdem war seine Penisspitze hin und wieder rot und schmerzhaft entzündet. – Wir kamen nun schließlich doch auf die höhere Potenz von Medorrhinum zurück (LM24), 1 Tropfen auf einen Liter Wasser, nur einmal die Woche, wieder einschleichend zu beginnen.

Zwei Wochen später war der trockene Reizhusten endgültig weg. Auch die

Verdauung klappte gut, Linus ging freiwillig und selbständig auf die Toilette. Der Junge schlief durch und hatte kaum noch Juckattacken. „Man kann ihn sogar hochnehmen und zudecken, was früher nie möglich war; da war er sofort wach." Einen Monat später, nach weiteren kleineren Infekten mit Husten und Fieber oder Brechdurchfall, war die Bilanz immer noch positiv. „Die Haut sieht sehr gut aus." Wenn es Reaktionen gab, dann an den Händen, Füßen und im Gesicht. „Aber wesentlich besser als früher, und es verheilt nach Schlaf." Linus ißt besser, ja eigentlich sogar alles. Auch mal Butter pur, „ist aber nicht mehr so wild auf Eier". Er trinkt jetzt gerne Wasser; sein Verlangen nach Kakao hat abgenommen. Früher hatte der Bub keinerlei Temperaturempfinden, „in den letzten Wochen ist ihm auch mal kalt".

Und so zog sich die Behandlung weiter. Schritt für Schritt gab es Fortschritte und teilweise auch wieder kleinere Einbrüche. Doch unter dem Strich war eine stetige Richtung zur kompletten Ausheilung zu erkennen. Nach wieder aufflackernden „Juckreizattacken" haben die Arme fast wieder geblutet, „aber es heilt tierisch schnell ab", berichtete die Mutter zwischendurch. Ab und zu gab die Mutter das chronische Mittel auch in der LM18, sozusagen als Akutmittel, was dem Kleinen dann gut tat. Mit der Zeit konnte dieser aber die LM24 sogar in der Konzentration eines halben Liters vertragen. Trotzdem bestand noch eine ausgeprägte Erkältungsneigung. Hin und wieder eine eitrige Konjunktivitis mit verklebten Augen, Entzündungen am Penis und Magen-Darm-Infektionen. Linus spielte auch wieder weniger gut alleine, hatte Wutanfälle und machte es seinen Eltern schwer mit den ständigen Diskussionen. – Wir wechselten schließlich nach ca. 14 Monaten Gesamteinnahmezeit von Medorrhinum zu Lycopodium LM18, was ebenso sehr positiv wirkte. Seine Haut wurde wieder besser; „sie sieht toll aus", so die Mutter. Er schläft gut durch, hat ein starkes Selbstbewußtsein entwickelt, auch gegenüber anderen, was sogar der Ärztin auffiel, und ist „überwiegend freundlich".

Auf weitere Einzelheiten wollen wir nun nicht mehr eingehen, da es den Gesamtrahmen dieses Werkes sprengen würde. Es gab noch ein paar kleinere akute Zwischenbehandlungen, bis wir Lycopodium in der LM24 folgen ließen; diese waren jedoch weniger gravierend und mit der Zeit seltener. Später erhielt Linus noch Sulfur LM18, LM24 und LM30 (LM30 – eine Gabe nur alle zwei Wochen). Die Infekte gehörten nun seit längerem der Vergangenheit an, die Verdauung war einwandfrei, die Vorhautentzündungen samt Phimose waren verschwunden und seine Haut war zart und makellos wie die Oberfläche eines reifen Pfirsichs. Alles war komplett abgeheilt, ohne Narbenbildung! Kaum vorstellbar, wenn man es nicht selbst miterlebt hat. Die Mutter wurde sogar von Passanten auf der Straße angesprochen, die Linus auch früher schon gekannt haben und nun völlig sprachlos waren. – Alles in allem dauerte die Behandlung 3½ Jahre.

Interessant sind auch die beiden kleineren, ungeimpften (!) Schwestern von Linus, welche trotz desselben hereditären Hintergrundes gesundheitlich kaum Probleme hatten. Jedenfalls keine gravierenden und schon gar keine in Richtung Neurodermitis. Auch sie wurden homöopathisch antimiasmatisch behandelt, um die ererbten Prädispositionen abzubauen. Und auch sie zeigten beide zu Beginn ihres Lebens Zeichen des sykotischen Säuglings wie einen aufgeblähten Bauch, grüne wäßrige Stühle aber auch mehrtägige Säuglingsverstopfung mit schafskotartigen Kügelchen, Blähungskoliken, Windeldermatitis, Speien der Muttermilch und Schreckhaftigkeit. Darüber hinaus gab es noch sog. Löffelnägel (Daumen und große Zehen), einen Hautnabel, vermehrtes Ohrschmalz, etwas Milchschorf, leichte Zahnungsprobleme, Angst vor Dunkelheit, ausgeprägtes Fremdeln und eine gewisse Unausgeglichenheit sowie hin und wieder leichte Erkältungen. Auch sie erhielten anfangs – trotz unterschiedlicher Symptomatik zu ihrem Bruder – Medorrhinum in unterschiedlichen LM-Potenzen, was sie sehr stabilisierte.

Das Beispiel von Linus und seinen Schwestern zeigt deutlich, daß die Impfungen die Primärmiasmatik, also die weitervererbten Miasmen, extrem verstärken können und die allgemeine gesundheitliche Lage eindeutig in Richtung Destruktion verschieben. Und zwar alle Impfungen, nicht nur die eines bestimmten Antigens. Nur sind heutzutage manche Impfungen noch gefährlicher als andere; doch passieren kann nach jeder Impfung etwas, je nach miasmatischer Belastung!

5.1.3 Schwerste Neurodermitis mit konsekutiver Umkehrung des Tag-Nacht-Rhythmus

Das 16-jährige Mädchen Noemi leidet seit etlichen Jahren an Neurodermitis. Besonders der Rücken war betroffen; ihre linke Seite schon des öfteren aufgekratzt und nässend. An den Armen und Beinen hatte sie zum Zeitpunkt der Anamnese Knötchen. Begleitet waren diese Hauteffloreszenzen von einem anhaltenden, extrem starken Juckreiz, besonders nachts. Deswegen könne sie seit längerem gar nicht mehr schlafen. Sie schlafe jetzt tagsüber, ab 6.00 Uhr in der Früh; nachts sei sie wach. Aus diesem Grunde haben ihre Eltern sie von der Schule abgemeldet. Zuvor hatte sie schon des öfteren wochenlang gefehlt oder wegen absoluten Schlafmangels kaum am Unterricht teilnehmen können. Vor ihren Menses steigerte sich der Juckreiz jedes Mal bis ins Unermeßliche. Und auch um Vollmond herum war alles noch unerträglicher.

„Vor 2½ Jahren ist die Hautgeschichte so schlimm geworden; kurz nach einer Zahnarztspritze und Noemis Menarche[1]“, erklärte ihre Mutter. „Als Baby hat sie schon extrem nach einer DT-Impfung[2] reagiert. Doch später wurde dann alles besser und einigermaßen akzeptabel.“ Die Neurodermitis sei 13 Jahre lang nur noch latent da gewesen mit Stellen an den Augen und Ellenbeugen. Doch jetzt sei der gesamte Tag-Nacht-Rhythmus auf den Kopf

[1] Menarche: erster Eintritt der Regelblutung.
[2] DT-Impfung: Kombinationsimpfung „gegen“ Diphtherie und Tetanus.

gestellt, und die ganze Famile leide sehr darunter. Es sei ein regelrechtes Martyrium. Alles in allem hätten die Eltern mit ihrer Tochter bereits eine Odyssee von Behandlungen hinter sich. Sie seien schon bei 52 Behandlern gewesen, wie sie mir versicherten.

Im Notfall müsse man immer wieder auf Cortison zurückgreifen, z. Zt. etwa einmal im Monat. Die vielen Behandlungen, welche Noemi schon erhalten hat, umfassen die Schulmedizin incl. mehrwöchigen Klinikaufenthalten mit Antibiotika-Salben und anderen unterdrückenden dermatologischen Therapien, Holopathie, Bioresonanz, Darmsanierung, Komplexmittelhomöopathie, Medikamente von Sanum-Kehlbeck nach Professor Enderlein und homöopathische Ampullen von Heel, Craniosacraltherapie, „Homöopathie nach Hahnemann", allerdings ohne die chronischen Miasmen zu berücksichtigen, mit Mitteln wie Graphites C30, Rhus toxicodendron C30, Totes Meersalz D33, Yucca LM30, Calcium carbonicum C200 und andere, Schüßlersalze, ayurvedische Medikamente, Eigenblut- und Eigenharntherapie, „potenzierte Allergie- und Hautampullen", Infusionen mit Vitamin B und hochdosiertem Vitamin C, Zappen, Parasitenbehandlung und einiges mehr. „Der Juckreiz wird aber nach jeder Entgiftungs- und Darmreinigungskur schlimmer!", so die auf den Punkt gebrachte Zusammenfassung der Mutter.

Später – während der homöopathischen Kur – erinnerte sich die Mutter, daß Noemi auch schon vor zwei bis vier Jahren homöopathische Mittel wie Morbillinum LM24, Sanicula LM12 sowie Pulsatilla LM45 und Silicea LM45 über einen längeren Zeitraum erhalten hat.

Als Kind hatte Noemi oft fieberhafte Infekte. Die Mandeln waren recht häufig betroffen. Und Hautausschläge kamen immer wieder vor. Im Alter von fünf Jahren gab es Scharlach, allerdings ohne Exanthem. Da hatte das Mädchen das erste Mal in ihrem Leben ein Antibiotikum erhalten. Später trat noch ein weiteres Mal Scharlach auf. Mit 15 Monaten Masern und im Kindergartenalter Windpocken, auch beides mit sehr wenig bzw. keinem Hautausschlag.

Früher litt Noemi häufig unter Nasenbluten, teilweise stundenlang, wie mir die Mutter versicherte. Jetzt sei dies selten geworden. Lymphknoten am Hals und im Unterkieferbereich gebe es häufiger. Dabei sei die linke Halsseite deutlich mehr betroffen. Das Mädchen hatte eine leichte Skoliose; seine Hüfte schmerzte manchmal. Noemi liege sehr viel und gehe überhaupt nicht mehr raus an die frische Luft. „Ich fühle mich öfter müde und krank. Mamchmal gibt es Schüttelfrost. In letzter Zeit habe ich höchstens 38,5 °C Fieber. Aber bei Fieber wird die Haut immer besser." – Ein Phänomen, welches sehr häufig anzutreffen ist.

Auch die Linksbetonung ist bei Noemi, wie bei vielen anderen Impfgeschädigten, vorhanden. Damals nach der DT-Impfung bekam sie rote Wangen. „Unter dem linken Auge wurde es rot, dann an der Stirne, den Händen und Armbeugen. Es hat immer alles links begonnen", so ihre Mutter. – Trotz alledem wurde sie „nach Plan bzw. Empfehlungen der Ärzte" weitergeimpft.

Als Säugling hatte das Mädchen einen Soor auf der Mundschleimhaut. Später auch im Windelbereich; beides unbehandelt. Darüber hinaus gab es einen aufgeblähten Bauch und häufig Bauchschmerzen. Noemi habe immer viel geschrien; nur im Kinderwagen und Auto ging es mit dem Schlafen gut. „Sie hat nie vor 12.00 Uhr nachts geschlafen.“ Außerdem brauchte sie immer ein „Schlummerlicht“ zum Einschlafen. – Eine gewisse Angst vor Dunkelheit bestünde heute immer noch. – In der Einschlafphase habe sie auch öfter gezuckt. Wegen seines ausgeprägten Refluxes mußte das Mädchen in diesem Alter mit dem Kopf etwas erhöht liegen. Die ersten paar Monate hatte Noemi Sichelfüßchen, welche sich mit Massage besserten. Ihren ersten Zahn bekam sie im Alter von acht Monaten.

Seit letztem Jahr gibt es Heuschnupfen, ja sogar fast mit einer asthmatischen Komponente. Noemi konnte „weniger gut durchschnaufen“. Mittels einer Bioresonanzbehandlung waren diese Erscheinungen nun allerdings weg, ohne daß man sich Gedanken darüber machte, ob nicht vielleicht auch hier wieder eine Unterdrückung stattgefunden hat. Laut Bluttest reagiere Noemi auf 67 Lebensmittel allergisch. Ferner sei sie bislang viermal ohnmächtig geworden: vor Fieber, beim Blutabnehmen und bei einer „Bauchgrippe“. Auch bei schnellem Aufstehen könne es ihr schwarz vor Augen werden. Nach einem längeren Spaziergang stelle sich zeitweise leichter Schwindel ein. Außerdem gab es auch manchmal Übelkeit ohne ersichtlichen Grund.

Das Mädchen hat meist kalte Hände und Füße. Auch die Nasenspitze sei häufig kühl. Gleichzeitig schwitze es aber oft. Früher war Noemi geräuschempfindlich. Temperaturwechsel reize die Haut, dagegen verursache Essen, z.B. etwas Süßes, keine Hautreaktionen. Bei Erdbeerkonsum gebe es allerdings ein verstärktes Jucken. Oft bestehe das Gefühl eines leeren Magens, auch nach dem Essen; sie könne dann schon bald wieder etwas zu sich nehmen. Als Säugling gab es ein paar Mal verklebte Augenlider; „jetzt nur mal ‚Schlafkörnchen‘ in den Augenwinkeln“. Das Ohrschmalz sei auch zeitweise vermehrt; man mußte die Ohren schon einmal durchspülen lassen. Zweimal eine Gehörgangsentzündung links. Beide Ohrläppchen sind gestochen, links hat es lange geeitert, später ist es wieder zugewachsen. Seit dem erneuten Durchstechen trägt Noemi nur noch Gold, welches gut verträglich ist. Die Menses kommen regelmäßig, im Abstand von ca. einem Monat. Nur ein leichtes Ziehen am ersten oder zweiten Tag sei zu beklagen, ansonsten sei alles normal. Ein wenig Ausfluß um die Eisprungzeit war auch nicht weiter auffällig. „Allerdings war als Baby die Scheide öfter rot und entzündet“, konnte sich die Mutter erinnern. Im Leistenbereich imponierten hin und wieder Lymphknoten, als der Hautausschlag so schlecht wurde; doch z.Zt. war dort alles unauffällig.

Als weitere kleinere Symptome waren Aphthen, morgendlicher Mundgeruch, etwas Fußschweiß und eine Warze am Fuß, zeitweises Einreißen sowie Trockenheit der Lippen zu verzeichnen. Ab und zu gab es auch für einen Moment ziehende oder stechende Herzschmerzen, die aber keinen Anlaß zur

Besorgnis gaben. Nackenverspannungen traten immer wieder aufgrund der krummern Haltung auf. Früher kam es hier und da zu sog. Wachstumsschmerzen in den Oberschenkeln. Schon als Kind bestand eine gewisse Stolperneigung, welche immer noch ein wenig existierte. Nachts schliefen Noemi öfter die Hände ein. Das Mädchen hatte Angst vor Hunden, allerdings hat es auch mehrere unschöne Erlebnisse gegeben, und panische Angst vor Spritzen, „schon als kleines Kind". Ansonsten war Noemi, laut Mutter, sehr positiv eingestellt und fröhlich, „wenn es ihr einigermaßen gut geht".

Kurz vor ihrer ersten Monatsregel und kurz vor dem schweren Ausbruch der Neurodermitis hatte sich ihre langjährige Freundin von ihr getrennt. „Das ging ein ganzes Jahr lang. Ich habe sie ja jeden Tag in der Schule gesehen! In dieser Zeit gab es auch zusätzlich viel Streß mit den anderen Mitschülern. Alle waren gegen mich", erklärte Noemi selbst. Doch nun sei es fast gut, sie denke nur noch zeitweilig daran. Nach Beendigung jenes Schuljahres, lange bevor sie gänzlich von der Schule abgemeldet wurde, was sie ebenfalls sehr belaste, denn sie wolle weiterhin zum Unterricht gehen, habe sie die Schule gewechselt und wieder Anschluß und gute Freundinnen gefunden.

Die Schwangerschaft der Mutter mit Noemi verlief recht unauffällig. Außer über eine Bronchitis mit Husten gab es wenig zu berichten. Ab und zu traten nächtliche Wadenkrämpfe auf, und das Verlangen nach Süßem war, wie immer, ungebrochen groß. Die Geburt mußte mit einer Saugglocke unterstützt werden, „da sich Noemi falsch gedreht hatte".

Die familiäre Belastung bestand in der Neigung zu Bronchitis, Depressionen und Ängsten, Erschöpfungszuständen, Reizmagen, Abszeßneigung, Fettleber, Bluthochdruck, Arthrose eines Kniegelenkes, grauer Star, Venenleiden, Allergieneigung, Gicht und Gallensteinen. Eine Fehl- und eine Totgeburt waren auch zu verzeichnen, allerdings in der etwas weiter entfernteren Blutsverwandtschaft.

Die primäre *Idee dieser Geschichte* ist wieder einmal die *Impfbelastung*. Wiederholte Impfungen auf einem *stark miasmatisch belasteten Terrain*. Und dann *Unterdrückungen par excellence, ein Leben lang*, obwohl selten durch schulmedizinische Maßnahmen, so doch mittels vieler naturheilkundlicher Therapien, teilweise auch energetischer Verfahren, welche – wovor Voegeli schon vor einigen Jahrzehnten immer wieder gewarnt hat – ganz schwer rückgängig zu machen sind. Alles andere als ein gezieltes individuelles Vorgehen! *Schulmedizinisches Denken mit naturheilkundlichen Anwendungen*, um es auf den Punkt zu bringen. Darüber hinaus gipfelt das Ganze in einer ausgeprägten *Kummersymptomatik*, welche sicherlich ein Zusätzliches an Verschlimmerung beigetragen hat.

Unter den antimiasmatischen Mitteln Medorrhinum LM12, Natrium muriaticum LM18 und Sulfur LM18, alle ganz vorsichtig und über einen längeren Zeitraum einschleichend dosiert, machte Noemi insgesamt sehr gute Fortschritte. Sowohl ihre Psyche, viele Allgemeinsymptome als auch ihre Haut verbesserten sich kontinuierlich von Anbeginn des ersten Mittels. Natürlich mit den einen oder anderen kleineren Einbrüchen, welche jeweils eine Zwischenbehandlung erforderlich machten, und einigen akuten Infekten. Noemis Neurodermitis wurde aber mit der Zeit – gemäß der Hering'schen Regel – von oben nach unten schwächer. „Ihre Haut ist schöner und stabiler geworden", so die Mutter. „Gesicht und Rücken sind besser, Beine schlimmer. Jedoch besteht nach wie vor noch der extrem starke Juckreiz, besonders nachts, welcher der ganzen Familie zu schaffen macht." Trotzdem heilte die Haut nach den heftigen Kratzattacken unglaublich schnell ab. Ein paar Monate später kratzte sich das Mädchen weniger häufig auf, doch der Juckreiz schien nach wie vor ungebrochen.

Leider gibt es nach einem Jahr Behandlungszeit nicht mehr zu berichten. Die Haut wurde kontinuierlich besser, jedoch der Juckreiz blieb. Und Noemi änderte auch nichts an ihrem sturen Verhalten. Sie ließ sich weder von mir noch von ihren Eltern dazu überreden, an die frische Luft und Sonne zu gehen, tief ein- und auszuatmen und sich überhaupt zu bewegen, was für die Erhaltung eines intakten Immunsystems imminent wichtig ist. Die Therapie konnte zu meinem großen Bedauern leider nicht fortgeführt werden und wurde – für mich unerklärlicherweise – abgebrochen. Noemi war doch auf so gutem Wege! Es hatte sich sehr viel getan, nicht nur bezüglich der Haut. Und diese ist immer wieder sehr gut und schnell abgeheilt, auch nach vermehrtem Kratzen. Doch leider stand die sehr unsicher wirkende Mutter auch unter dem Einfluß anderer Ärzte, die von den Miasmen und deren Zusammenhängen wenig oder rein gar nichts verstanden und der Mutter suggerierten, daß zuerst die Juckerei verschwinden müsse, was aber entgegen aller biologischen Gesetzmäßigkeiten und meinen persönlichen Erfahrungen bei derartig schweren Hautgeschehen ist. *Das Jucken zeigt in Fällen wie diesem Heilungsvorgänge an (Phase der Dauervagotonie)* und nimmt erst viel viel später ab, und zwar erst dann, wenn die Haut optisch schon lange in Ordnung und das Reparationsstadium nahezu beendet ist. Erst dann wird der Juckreiz langsam weniger bis er schließlich ganz verschwindet. Zu bemängeln wäre eher die starke Ungeduld seitens der Mutter sowie die Unvernunft des Kindes, sich nur in seinem Zimmer zu verkriechen und mit seinem Schicksal zu hadern. Eine Neurodermitis solchen Ausmaßes kann nie und nimmer in einer solch kurzen Zeit gänzlich ausgeheilt sein!

5.1.4 Neurodermitis – Ursachen und Zusammenhänge anhand von Fallbeispielen

Nachfolgend seien noch ein paar weitere, für sich sprechende Fallbeispiele von Neurodermitis skizziert, ganz besonders unter dem Aspekt von Kausalbezügen, wie diese schlimme „Hautkrankheit" jeweils begonnen hat. Aufgrund der oben erarbeiteten Naturgesetzmäßigkeiten und Zusammenhänge wird der Leser gewiß in der Lage sein, sich selber ein Bild davon zu machen, warum die Neurodermitishäufigkeit mit den Jahren so progressiv angestiegen ist und warum dies weiterhin der Fall sein wird, wenn sich nicht einiges in unserem Gesundheitswesen grundlegend verändert. Außerdem sollte anhand der präsentierten Kasuistik, welche bei weitem keine an den Haaren herbeigezogenen Einzelfälle darstellt, sondern vielmehr geradezu typisch für unsere heutige Epoche ist, für jedermann klar erkennbar sein, daß es sich um weit mehr handelt, als um Schicksal oder nur eine „ätzend" juckende Hautgeschichte. *Die Hauptursachen sind in den vielen Impfungen und immunsuppressiven therapeutischen Maßnahmen unserer heutigen heroischen Medizin auf einem stark miasmatisch belastetem Terrain zu sehen.*

Im ersten Beispiel leidet eine 34-jährige Frau seit dem Säuglingsalter an diesem schweren Hautleiden. Zunächst gab es Milchschorf und ab ca. sechs Monaten, nach den Impfungen, war der ganze Körper betroffen. Diagnose der damaligen Ärzte: Neurodermitis. Noch heute besteht ein ausgeprägter Juckreiz im Gesicht verbunden mit Augenjucken und sehr trockenen Augenlidern, besonders morgens und bei Müdigkeit auch abends. Den Hautausschlag gibt es noch oberhalb der Oberlippe, in den Armbeugen und an den Unterschenkeln. Früher waren Gesicht, beide Arme, die Halsfalten, Décolleté und die Oberschenkelinnenseiten betroffen. Die Therapie bestand meist in Cortison und Antihistaminika über einen längeren Zeitraum. Im Alter von 13 sowie 15 Jahren traten richtig schwere Neurodermitisschübe auf, welche einen stationären Aufenthalt in einer Hautklinik erforderlich machten. Die Haut des gesamten Körpers war extrem angeschwollen, rot und heiß. „Wasser unter der Haut", wie sich die junge Frau erinnerte. „Morgens konnte ich die Arme nicht aufklappen, die Augenlider waren wie Elefantenhaut, meine Augenbrauen fast vollständig verschwunden. Ich bin nicht mehr in die Schule gegangen." In der Klinik wurde dann wiederum mit Cortisonsalben und Antibiotikagaben, aber auch mittels Diät, behandelt. Später, mit den Jahren, habe sich die Haut ein wenig beruhigt. In der Schwangerschaft bestand wieder vermehrter Juckreiz, allerdings nie mehr so stark, wie es früher einmal der Fall gewesen ist. In der Stillzeit war wieder eine leichte Besserung zu verzeichnen, bis vor ca. einem halben Jahr. Doch nach dem Abstillen ihres kleinen Kindes habe sie sich vom Kinderarzt dazu überreden lassen, auch ihren Impfstatus zu überprüfen und sich, zusammen mit ihrem Kind, eine Mehrfachimpfung verabreichen lassen. Seither sei die Haut wieder im wahrsten Sinne des Wortes explodiert. – Ansonsten gab es häufige Blasenentzündungen im Alter von 16 bis 18 Jahren, „mit Tabletten behandelt". Später mehrmals Scheidenpilz mit Jucken, Brennen, Rötungen und einem milchig-gelblichen, fischig riechendem Ausfluß. Des weiteren phasenweise alle paar Jahre Gelenkentzündungen, auch im Sommer, Dellwarzen (sog. Mollusken) am ganzen Körper mit 12 Jahren, welche unter Narkose (!) „rausgezupft" wurden. Heuschnupfen, Tierhaarallergie (Katzen und Hunde waren am schlimmsten), Eiweißallergie und Migräne waren auch keine Fremdworte für die Frau. Neigung zu Verstopfung seit frühester Kindheit. Mit 25 Jahren Depressionen und Panikattacken etc. pp. – Die Auflistung geht noch weiter, doch das soll genügen, um einen Einblick in die Zusammenhänge dieses Falles zu erhalten. Ein weiterer Kommentar hinsichtlich Miasmen und kausalen Zusammenhängen erübrigt sich im Prinzip.

Der nächste Fall handelt von einer jungen Frau von 25 Jahren. Sie kam wegen Epilepsie seit ihrem 16. Lebensjahr, Heuschnupfen und Neurodermitis in die chronische Behandlung. Insgesamt hatte sie erst vier große Anfälle gehabt, alle paar Jahre einen. Circa ein Jahr vor ihrem ersten epileptischen Anfall hatte sie sich „gegen Zecken impfen lassen" (FSME-Impfung). Seither klagte sie des öfteren über eine Art Muskelkater, jedoch ohne sich sportlich oder körperlich verausgabt zu haben. Laut Vermutung der Mutter, die während der Anamnese zugegen war, u. U. aufgrund unbemerkter nächtlicher Anfälle in dieser Zeit. Die Neurodermitis trat etwa um das fünfte Lebensjahr in Erscheinung, und zwar zunächst an den klassischen Stellen wie Armbeugen und Kniekehlen. Im Alter von zehn Jahren kam dann noch eine Waschmittelallergie hinzu, bei der die Haut insgesamt reagierte. In dieselbe Zeit fiel auch der Beginn ihres Heuschnupfens mit Niesattacken, Nasejucken, Naselaufen bis hin zu nächtlicher Verstopfung der Nase sowie Augen- und Gaumenjukken, welcher immer wieder – allerdings ohne Erfolg – mittels Bioresonanz, Eigenbluttherapie, Ohr- und Laserakupunktur zu behandeln versucht wurde. Im Winter gab es öfter eingerissene Mundwinkel. In frühester Kindheit viele Warzen an den Händen und Füßen, welche teilweise vereist oder mittels speziellem Pflaster behandelt wurden. Ihre Händigkeit – ob Rechts- oder Linkshänder – war auch nie ganz eindeutig, was auf eine partielle Hirnreifungsstörung schließen läßt. Manchmal wurde der jungen Frau schwarz vor Augen, besonders bei zu schnellem Aufstehen. Und so weiter und so fort … – Primär ging es der jungen Frau um die sporadisch auftretende Epilepsie, denn sie nahm immer noch regelmäßig Antiepileptika ein. Aber insgesamt gesehen war dieses Leiden nur eine andere Facette miasmatischer Belastungen, welche durch Impfungen – die junge Frau wurde zu Beginn ihres Lebens mehrfach „gut durchgeimpft" – und lokale unterdrückende Maßnahmen entstanden ist. Die Neurodermitis war jedenfalls das erste größere Warnsignal, und dazu auch das harmloseste, denn Hautgeschichten spielen sich ja bekanntermaßen in der Peripherie des Gesamtorganismus ab. Der Heuschnupfen signalisierte dann schon die nächste Stufe des Fortschreitens miasmatischer Belastungen in zentralere Regionen des Organismus mit der Option, sich später u. U. in asthmatische Beschwerden auszuweiten, und die Epilepsie bedeutete schließlich die allerhöchste Alarmstufe. Im Verlaufe der homöopathischen chronischen antimiasmatischen Behandlung kamen wir gut voran. Vieles besserte sich im Laufe der Zeit, jedoch getraute sich die junge Frau leider Gottes nicht, die Antiepileptika langsam auszuschleichen, da sie Angst vor erneuten Anfällen hatte und nicht bereit war, sich mit dem Warum und den Naturgesetzmäßigkeiten auseinanderzusetzen. Schließlich bekam sie – nach mehrfachen längeren Behandlungspausen (sie nahm die homöopathische Therapie nicht so ernst, wie sich ihre Mutter dies wünschte, und meldete sich für einen gewissen Zeitraum einfach nicht mehr) – einen erneuten Anfall, allerdings bei weitem viel harmloser und kürzer als alles bislang Dagewesene. Daraufhin besprachen wir nochmals alle Zusammenhänge hinsichtlich der Rückspulung von alten Krankheitsprozessen sowie betreffs der hirnorganischen Phänomene samt Kausalität von epileptischen Krampfanfällen[1] zuzüglich der herkömmlichen antikonvulsiven schulmedizinischen Sichtweise mit ihren Risiken, was wir selbstverständlich alles schon einmal, damals während der Erstanamnese, getan hatten, und die Notwendigkeit, die Antiepileptika schrittweise abzusetzen. Ansonsten könnte es keine echte Heilung geben. Trotzdem wollte die Frau an der Einnahme ihrer antikonvulsiven Medikamente festhalten, denn sie hatte erst kürzlich geheiratet und wünschte sich nun sehnlichst ein Kind, hatte jedoch – berechtigterweise – große Angst vor einem erneuten Krampfanfall während der Schwangerschaft. Daß Antiepileptika aber dem Ungeborenen nachhaltig schaden könnten und daß das Risiko recht groß sein würde, demzufolge schlagartig mit schwereren gesundheitlichen Problemen konfrontiert zu werden, damit wollte sie sich nicht auseinandersetzen. Nein, sie wünschte, am besten gleich schwanger zu werden, und mit ihren Antipileptika fuhr sie ja bislang recht gut. Zeit für die eigene Gesundheit und damit auch für die ihres werdenden Kindes schien sie nicht zu haben. – Eine typische Vogel-Strauß-Haltung: Kopf in den Sand! – Sie stellte sich das (mit ihrem – lt. der Formulierung ihrer Mutter – „bockigen“ kindlichen Gemüt) so vor, daß wir ihren Heuschnupfen samt Neurodermitis weiterbehandelten, die Epilepsie aber außen vor ließen. Das so etwas biologisch und damit homöopathisch überhaupt nicht möglich ist, da es jeglichen Naturgesetzmäßigkeiten widerspricht, wollte sie nicht wahrhaben. Im Falle von Epilepsie handelt es sich nämlich um ausgeprägte Komplikationen persönlicher miasmatischer Belastungen und keinesfalls um eigenständige Akutkrankheiten, welche sehr wohl alleine zu behandeln wären. Auch ihre Mutter, die die Gesamtzusammenhänge sehr gut verstand und die eigentliche treibende Kraft hinsichtlich einer sanften Behandlung ihrer Tochter war, konnte zu ihrem eigenen großen Bedauern keinen positiven Einfluß geltend machen. So mußten wir die so gut begonnene Therapie leider für längere Zeit ad acta legen.

Eine Neurodermitis der schwersten Art betraf einen 15-jährigen Jungen. Betroffen waren vor allem das ganze Gesicht, besonders die Partie um die Augen und den Mund bis hin zu den Wangen. Die Haut war dort großflächig rot und aufgeschwollen, so daß sich der arme Junge kaum nach draußen oder in die Schule traute. Im Kleinkindalter hatte alles an den Handgelenken und am Handrücken begonnen, allerdings zunächst recht harmlos. Und wieder sind die Impfungen im Spiel, was hier nicht im einzelnen aufgeführt werden soll! Außerdem gab es auch Darmsanierungen mit etwa zehn Jahren wegen angeblicher Candida, jedoch ohne Symptome. Ansonsten war man seit etlichen Jahren in homöopathischer Behandlung mit einer Unmenge von homöopathi-

[1] Genauere Einzelheiten hinsichtlich Kausalität von epileptischen Krampfanfällen siehe Kapitel *5.16 Epilepsie*.

schen Potenzen, inclusive Komplexmittelhomöopathie, welche jedoch das Hautgeschehen nicht wirklich einzudämmen vermochten. Im Frühjahr und Herbst kam dieses immer wieder arg zum Vorschein. Des weiteren gab es in letzter Zeit sehr viel Kopfschmerzen, fast migräneartig, teilweise sogar täglich. Ab der dritten Schulklasse stellten sich schließlich auch Zwangsstörungen ein (wie z.B. „Ist der PC ausgestellt?", „Angst, daß es brennt.", „Angst, daß jemand im Haus ist, wenn ich für eine Minute vergessen habe, die Türe zu schließen.", „Was ist, wenn ich mir mit der Schere meinen Hals aufschlitze? Ich finde mich dann öfter vor dem Spiegel und halte die Schere an meinen Hals.", „Angst, daß ich beim Trinken aus einer Flasche Glassplitter mittrinke." etc. pp.), welche dem Jungen sehr zu schaffen machten, und darüber hinaus extreme Ängste um die eigene Gesundheit. Schon in diesen jungen Jahren machte sich der Bub Gedanken über Krebs, über Blutvergiftungen, wenn er sich einmal leicht verletzt hatte, über Schmutz und Unreinheiten – er wusch sich ausgesprochen häufig die Hände, was sich im Laufe der Jahre zu einem ausgeprägten Waschzwang ausweitete. Dann Angst, daß er nachts stirbt und morgens nicht mehr aufwacht und vieles mehr. Seine Sprachentwicklung war die ersten vier Jahre verzögert und nicht altersgemäß, so daß eine Sprachtherapeutin zu Rate gezogen werden mußte. Später fiel er durch zeitweises Stottern auf. Mit den Jahren entwickelte er sich aber zu einem sehr guten Schüler, der sogar von der Schulleitung ausgezeichnet wurde (dies allerdings erst während unserer mehrjährigen homöopathischen antimiasmatischen Behandlung). – Gemäß dem „U-Untersuchungsheft" bestand im zarten Alter von ein paar Monaten, zum Zeitpunkt der U3, ein leichtes Sonnenuntergangsphänomen, ein pathologisches Frühzeichen bei kindlichem Hydrocephalus (Wasserkopf), bei welchem die unteren Anteile der Cornea (Hornhaut des Auges) hinter dem Unterlid „versinken", was sich aber zum Zeitpunkt der U4 bereits wieder verloren hatte und nicht behandelt zu werden brauchte. Also zusätzliche handfeste miasmatische Belastungen zu den ausgeprägten (fast überall üblichen) Blähungskoliken und Windelpilzphänomenen. Zum Zeitpunkt der Geburt hatte der Junge auch blaue Lippen. Die APGAR-Werte[1] waren entsprechend nur 7/9/10. – Das soll genügen, um einen Einblick zu bekommen, daß auch hier die Neurodermitis kein eigenständiges Hautgeschehen ist, sondern *nur ein Mosaiksteinchen im Kontext eines komplexen miasmatischen Belastungsmosaiks*, welches nur schrittweise zu eliminieren

[1] APGAR: nach der amerikanischen Ärztin Virginia Apgar (1953) benanntes Akronym für „*A*tmung, *P*uls (Herzschlag), *G*rundtonus (Muskeltonus), *A*ussehen (Hautfarbe), *R*efexe (Reaktion auf Nasenkatheter)". Ein Punktsystem zur Vitalitätsbeurteilung von Neugeborenen anhand bestimmter Befunde unmittelbar nach der Geburt. Der erste Wert wird eine Minute nach der Entbindung ermittelt; eine Wiederholung erfolgt nach fünf und zehn Minuten. Ein optimal lebensfrisches Kind erhält 10 Punkte; weniger als 7 Punkte zeigen einen Depressionszustand des Neugeborenen an, welcher häufig mit Behinderungen einhergeht.

ist. Eine lokale Behandlung der Haut, ohne das Zwangsverhalten, die Ängste und all die anderen gravierenden Symptome miteinzubeziehen, kann – auch wenn diese homöopathisch wäre – nicht zu bleibendem Erfolg führen.

Des weiteren imponieren Neurodermitiden, die durch alle möglichen Nahrungsmittel ausgelöst und/oder verschlimmert werden. Sehr häufig sind Milch und Milchprodukte, Weizen, Zitrusfrüchte und vieles mehr die Hauptverursacher. So jedenfalls sehen es die Ärzte und sehr viele betroffene Eltern. Aus diesem Grunde werden die Kinder dann „ausgetestet" und haben eine mehr oder weniger strenge Diät einzuhalten, um das Hautgeschehen einigermaßen einzudämmen, was natürlich nichts mit echter Heilung gemein hat, denn bei jedem Diätfehler kommen die Symptome und Beschwerdebilder in alter Frische zurück. Darüber hinaus reagieren viele Menschen auch auf Tierhaare (Hunde, Katzen, Pferde etc.), Hausstaub, Schimmelpilze, Chemikalien (z. B. bei einem neuen Kleidungsstück, welches noch nicht gewaschen wurde), Pollen und vieles mehr mit ihrer Haut, häufig sogar so stark und extrem, daß sie nachts gar nicht mehr zur Ruhe kommen und deshalb gezwungen sind, regelmäßig zu Antihistaminika und/oder Cortison zu greifen.

Streng genommen gibt es jedoch *keine echten Allergene*, sondern *nur empfindliche Personen*, die auf alles Mögliche reagieren. Und diese atopischen[1] Reaktionen können sich im Form von Hautausschlägen manifestieren. Häufig damit verbunden sind auch Heuschnupfen und allergisches Asthma, letzteres aber meist erst dann, wenn die Neurodermitis oder der Heuschnupfen unterdrückend behandelt wurden. Dies erkennt die heutige Schulmedizin mit ihrem Spezialistentum allerdings nicht. So kommt es immer wieder zu Auswüchsen wie dem, daß beispielsweise ein Kinderarzt in Österreich einem Neurodermitis-Kind 1,5 Jahre lang dreimal täglich Intal, ein Antiasthmatikum, „vorbeugend" gegen Asthma verschrieben hat, da, seiner Aussage zufolge, „die Kinder, die Neurodermitis haben, mit sechs Jahren Asthma bekommen". Sicherlich trifft dies in vielen Fällen zu, doch zwischen beiden Krankheiten besteht kein zwingender ursächlicher Zusammenhang. Und auch kein Zufall, müßte man außerdem sagen! Das liegt bei weitem nicht primär an der Neurodermitis, sondern an der *behandelten* Neurodermitis, und zwar an der lokal, mittels immunsuppressiver Maßnahmen, behandelten Neurodermitis! Unterdrückung wäre hier der richtige Begriff. Unterdrückung durch lokale Maßnahmen, durch grobstoffliche Medikamente, ohne das Feinstoffliche, das Geistartige und Warum zu berücksichtigen. Diese eigentlichen Zusammenhänge werden von der Mainstream-Medizin gar nicht mehr erkannt. Man ist geneigt, gleich noch weitere schwere Medikamente zu verabreichen, wo noch gar nichts ist, in dem irrigen Glauben, gezielt etwas Schlimmeres vermeiden

[1] Atopie: Bereitschaft, gegen Substanzen aus der natürlichen Umwelt, wie Gräserpollen, Sporen, Hausstaub, Nahrungsmittel u. a., eine Überempfindlichkeit vom Soforttyp zu entwickeln. (Pschyrembel)

zu können! Ein fehlerhafter therapeutischer Ansatz, der sich früher oder später bitter rächen wird.

Die atopischen Empfindlichkeiten wurden – wie bereits weiter oben erwähnt – meist durch Impfungen und/oder immunsuppressive Therapien (beispielsweise durch häufige antibiotische Behandlungen von spastischen Bronchitiden) erst möglich, natürlich auf einem miasmatisch belasteten Terrain, meist auf einem mehrmiasmatischen, kombiniert aus Sykosis und Tuberkulinie. Selbstverständlich kommen auch Neurodermitisfälle ohne Impfungen vor. Diese sind jedoch recht selten, und man wird in der Anamnese immer eine starke familiäre miasmatische und/oder nachhaltige intensive seelische Belastung vorfinden. *Wenn derartig prädisponierte Kinder dann doch noch geimpft werden, kann es sehr schnell zu den schwersten Komplikationen bis hin zu Behinderungen kommen,* was sich in meiner Praxis immer wieder gezeigt hat.

Zum Schluß noch die Beobachtung eines Vaters, dessen ungeimpftes Kind Neurodermitis seit dem frühesten Säuglingsalter hatte und unter der chronischen Homöopathie sehr gute Fortschritte machte: „... ist Jacob ein herausragendes Kind mit prächtiger Entwicklung. Im Kindergarten wird seine geistige Entwicklung und charakterliche Reife bereits mit Vorschulkindern verglichen (Er ist erst 3½ Jahre alt. – Anmerkung des Verfassers). Vielleicht sehen Sie das ja auch als positives Feedback an, denn immerhin ist er nicht nur homöopathisch antimiasmatisch behandelt, sondern auch nicht geimpft."

5.2 Psoriasis, eine autosomal-dominant erbliche Dermatose?

Unter Psoriasis oder Schuppenflechte versteht man, laut klinischem Wörterbuch Pschyrembel, „scharf begrenzte, erythematöse, mit silberweißen Schuppen bedeckte, zuweilen juckende Herde verschiedener Größe und Gestalt". Ihr Sitz umfaßt bevorzugt die Ellenbogen, Knie, Kreuzbeingegend, Handteller, Fußsohlen, Körperfalten, über dem Gesäß, Nägel (sog. „Ölflecken", Tüpfelnägel und Krümelnägel) und den behaarten Kopf, teilweise sogar auch Schleimhäute (z.B. im Mund als Leukoplakie), eventuell mit wechselnder Lokalisation und Ausdehnung. Die Schuppen treten beim Kratzen deutlicher hervor. Darunter liegt ein dünnes Psoriasishäutchen, nach dessen Entfernung eine punktförmige Blutung auftritt. „Der Verlauf ist in Schüben oder chronisch", wie im Roche Lexikon Medizin zu lesen ist. Der typische Verlauf besteht aus chronischen Remissionen[1] und Rezidiven[2] oder gelegentlich akuten Verschlimmerungen, bei denen Häufigkeit und Dauer variieren. Der Er-

[1] Remission: (vorübergehendes) Zurückgehen von Krankheitserscheinungen.
[2] Rezidiv: Wiederauftreten einer Krankheit nach Abheilung.

krankungsbeginn liegt meist zwischen dem 10. und dem 40. Lebenjahr, dann kann die Psoriasis in jedem Alter auftreten. Bei Kindern ist die Psoriasis recht selten. Wenn sie vorkommt, so tritt sie meist nach fieberhaften Infekten (Angina, Masern u. a.) auf. Die Psoriasis ist neben dem Ekzem die häufigste Hautkrankheit. Etwa 2 bis 4 % der weißen Bevölkerung erkranken an Schuppenflechte, Schwarzafrikaner weitaus seltener.

Laut Schulmedizin ist die Ursache unbekannt, aber die massive Schuppung beruht wahrscheinlich auf einer gesteigerten Vermehrung der Epidermiszellen[1]. Es handelt sich offensichtlich um eine epidermale Stoffwechselstörung mit überstürzter Epidermisbildung: Keratinozytenwanderzeit[2] (normalerweise 28 Tage) bei der Psoriasis etwa 4 Tage, bei der es zu starker Schuppenbildung kommt. Die Bereitschaft, psoriatisch zu reagieren, wird autosomal-dominant vererbt; familiäres Vorkommen ist häufig. Die Psoriasis wird manifest durch verschiedene sog. Anlasser, z. B. Klima, mechanische, thermische, chemische Irritation, Infekte (Grippe, Angina u. a.), Traumen, bei Stoffwechselstörung, durch Menarche, Gravidität, Laktation, Menopause[3]. Die Schwere der Erkrankung variiert von einer oder zwei Läsionen bis hin zu einem mehr oder weniger generaliserten, schuppenden Ausschlag, unter Umständen mit einer schweren entstellenden Arthritis einhergehend. Die herkömmliche Therapie besteht hauptsächlich in Sonnenbädern und der lokalen Behandlung mittels Dermatika wie Salizylsäure, Teersalben, der keratolytischen Entfernung der Schuppen, teilweise Cortison, in schweren Fällen sogar auch Zytostatika. – Soweit die Angaben aus dem Klinischen Wörterbuch Pschyrembel, dem Roche Lexikon Medizin und dem MSD-Manual der Diagnostik und Therapie.

Anhand dieser Beschreibungen kann der aufmerksame und homöopathisch vorgebildete Leser schon erkennen, daß die *Psoriasis alles andere als eine reine Hautkrankheit* ist. Nicht nur, daß sie gravierende Veränderungen im Nagelwachstum mit sich bringen kann, nein, sie wird selbst von der offiziellen Hochschulmedizin in Zusammenhang mit anderen schwerwiegenden Krankheiten gebracht, wie einer „schweren entstellenden Arthritis“, also Gelenkentzündungen mit schweren Deformationen der betroffenen Gelenke. Darüber hinaus werden „Anlasser“ angeführt, wie die Menarche, Gravidität, Laktation und Menopause. Daß derartig natürliche und biologisch normale Phasen im Leben eines Menschen nichts Schlimmes sind und keineswegs als pathologisch angesehen werden können, weiß jedes Kind. Also, echte Auslöser können diese Zeitspannen wirklich nicht sein. Man erkennt vielmehr an diesen – von der Schulmedizin selbst beobachteten – Anlassern die *natürlichen Verschlimmerungszeiten der Miasmen* (siehe Kapitel *2.6.5 Verschlimmerungszeiten der Miasmen*)! Die genannten Ursachen sind also keinesfalls echte Ur-

1 Epidermis: Oberhaut; gefäßlose, äußerste Schicht der Haut.
2 Keratinozyten: Epidermiszellen; Horn-, Körner-, Stachel- und Basalzellen.
3 Menarche, Gravidität, Laktation, Menopause: die erste Regelblutung, Schwangerschaft, die Zeit des Stillens, das Aufhören der Regelblutung in den Wechseljahren.

sachen; sie sind nur der Tropfen, der das Faß zum Überlaufen bringt, der letzte Auslöser, der das Miasma an die Oberfläche bringt und dramatisch aktiviert. Auch die genannten klimatischen Einflüsse sowie die mechanischen, thermischen und chemischen Irritationen, die Traumen und Infekte gehören in den Bereich der allgemeinen miasmatischen Verschlimmerungszeiten.

Darüber hinaus wird die Psoriasis, so wie die Neurodermitis auch, meist erblich bedingt dargestellt. Das heißt für den Patienten im Klartext: „Man kann nichts machen, das ist halt so. Die Familie ist schuld." Kein Wort von beispielsweise Unterdrückungen, Impfungen, Operationen. Und kein Wort davon, daß in der Familienanamnese der Blutsverwandtschaft nie derartige Phänomene oder Krankheiten aufgetreten sind. Das paßt doch alles nicht zusammen, oder? Gezielte Desinformation, eingepackt in wissenschaftliche Erkenntnisse? Dr. Eichelberger spricht bei ähnlich gelagerter Thematik häufig von gezielter „Volksverdummung", um von den wahren Zusammenhängen abzulenken.

5.2.1 Psoriasis aufgrund Psychostreß und Grippeimpfung

Eine 63-jährige Frau kommt wegen Psoriasis in die chronische Behandlung. Psychisch sei sie „ganz unten gewesen", so der Beginn ihrer Anamnese. Vor drei Jahren sei ihr Mann verstorben, und nun habe sie einen neuen Mann kennengelernt, der sie ganz vereinnahme. „Er wollte schon nach ein paar Wochen bei mir einziehen, stellen Sie sich das vor!" Allerdings sei er dann nach etwa einem halben Jahr „abgehauen". Später habe er dann versucht, die Frau zu erpressen. „Das hat mich furchtbar aufgeregt. Ich habe dann wieder die Schuppenflechte bekommen. Zuvor war fünf Jahre lang Ruhe!" „Der Typ versucht mich regelrecht zu terrorisieren durch Briefe, anonyme Anrufe, teilweise sogar mitten in der Nacht. Er ruft an und legt auf, um 3.00 Uhr nachts." Die Frau empfinde eine regelrechte Wut und habe seither auch schlaflose Nächte; manchmal liege sie vier Stunden wach und könne nicht mehr einschlafen.

Zur Zeit waren ihre Oberschenkel, das Gesäß und der Rücken betroffen: „Kleine juckende Pünktchen seit einem halben Jahr". Vor einem Jahr war die Frau schon einmal stationär in einer Hautklinik aufgenommen worden und habe Therapien in Form von Sitzbädern, Cremes – „aber ohne Cortison", wie sie mir versicherte – sowie UV-Bestrahlungen erhalten. „Nach knapp 14 Tagen war alles weg."

Vor sieben Jahren kam es erstmals zu den psoriatischen Erscheinungen. Betroffen waren dieselben Hautstellen wie jetzt. Anfangs habe man mit Cortison behandelt und später in einer Hautklinik ohne.

Außerdem gab es seit ein paar Monaten „Galleprobleme". „Die Galle staut sich", so die Frau. „Ich habe dann trockene Lippen, Kopfschmerzen und will keinen mehr sehen. Mein Stuhl ist dann gelblich-grün gefärbt und durchfällig." Hierbei habe sie sich schon des öfteren mit Chamomilla D12 und Nux vomica D12 geholfen. Bis vor zwei Jahren habe sie zwei- bis dreimal im Monat Galle erbrochen, und das schon etwa 10 Jahre lang! Vor etwa acht Jahren habe sie sich von ihrem Blinddarm getrennt. In den letzten 15 bis 20 Jahren zuvor hatte es dort immer wieder Reizungen gegeben. Mit der Operation stellte sich dann heraus, daß der Blinddarm verwachsen war und es aus diesem Grund immer wieder zu akuten Beschwerden kam. In der Folge, direkt nach der OP, traten innere Blutungen auf samt 40 °C Fieber, welches mittels Antibiotikum beherrscht wurde. „In der Narbe sticht oder brennt es aber heute immer noch manchmal."

Die Frau berichtete weiter, daß sie sich öfter zurückziehe und keinen mehr sehen möchte. Sie habe lange Zeit ihre Mutter gepflegt, die an einen Rollstuhl gebunden war. „All' meine Geschwister haben mich damals ‚fertiggemacht' in der Annnahme, ich würde nur ‚abzocken'." So empfand sie gegen diese eine innere große Wut, welche sich aber jetzt gelegt hätte. In dieser Zeit kam es auch zu der ersten Schuppenflechte. Darüber hinaus gab es früher immer wieder „Reibereien zwischen meinem Mann und mir". Dieser sei „sehr rabiat" und „kaltschnäuzig" gewesen und habe „viel getrunken". Es habe viel Streit und Ärger gegeben. Die letzten zehn Jahre ging es jedoch besser; er hörte auf zu rauchen und zu trinken, litt dann später aber an Lungen- und Nierenkrebs. „Ich habe ihn die letzten Jahre gepflegt bis zu seinem Tod vor drei Jahren, gleichzeitig sieben Jahre lang zusammen mit meiner Mutter". Zu all diesem Leid gebe es auch ein impfgeschädigtes, schwerbehindertes Enkelkind in der Familie eines ihrer Kinder. „Enttäuschungen beschäftigen mich Tag und Nacht. Ich habe immer alles mit mir selber ausgemacht, habe niemanden, der mich tröstet. Und ich fühlte mich Zeit meines Lebens wie eingesperrt, bin nie rausgekommen."

Des weiteren litt die schicksalsgeprüfte Frau seit über 25 Jahren an ausgeprägter Migräne mit Stirnkopfschmerzen, dicken Augen, einem Leeregefühl im Kopf, Schwindel und Übelkeit, weshalb sie vielfach Antibiotika erhalten habe. Außerdem gab es häufiger Nebenhöhlenentzündungen, insbesondere im Frühjahr, Unruhezustände, Beklemmungen mit Engegefühl in der Herzgegend, weshalb sie zeitweise Herz-Kreislauf-Tropfen einnehme. Der Stuhlgang sei gut; früher habe es aber oft Verstopfung gegeben, auch Durchfälle kamen immer wieder vor. Vor zehn Jahren kam es aufgrund einer „langwierigen Grippe" zu einer Rippenfellentzündung samt Lungenbeteiligung, welche antibiotisch versorgt werden mußte. Aus diesem Grunde habe sich die Frau vor knapp zwei Jahren gegen Grippe impfen lassen, was sie allerdings nie wieder tun wolle. Denn daraufhin konnte sie ihren Arm für ein paar Tage nicht mehr hochheben und erkrankte in der Folge an einer handfesten „Grippe" (welche sie ja eigentlich vermeiden wollte!). „Es war die schlimmste Grippe meines Lebens!", wie sie beteuerte. Fieber habe sie sehr selten, wenn, dann höchstens um die 38 °C; an ein richtiges Fieber könne sie sich nicht mehr erinnern.

Im Alter von 16 Jahren gab es einmal Hautausschläge am Rücken, welche für zwei bis drei Monate mit Eigenurin behandelt wurden. Ansonsten spüre die Frau bei Streß und Ärger „oft Magenschmerzen". Auch gebe es immer wieder depressive Phasen, in denen sie plötzlich „zu nichts Lust habe, ganz plötzlich, ohne Grund". „Manchmal ist alles sinnlos." Dies etwa zweimal im Monat, zuzüglich bei naßkalter Witterung. Aufgrund der Wechseljahresbeschwerden mit immensen Hitzewallungen und Schweißausbrüchen habe sie sich in ihren 40er Jahren zu einer Totaloperation überreden lassen. Ansonsten mache ihr der Föhn zu schaffen; da habe sie regelmäßig Kopfschmerzen. Und bei Vollmond einen unruhigen Schlaf. Zum Essen gibt es nicht viel zu sagen, außer ihrer Vorliebe für Fleisch. In früheren Jahren habe es einmal einen Bandwurm gegeben. An Ohrringen vertrage sie nur echtes Gold, sonst gebe es Entzündungen im Ohrringloch.

Als Jugendliche litt die Frau häufiger an Mandelentzündungen, und es gab irgendwann einmal Warzen um die Fingernägel. Die Jahre davor vielfach Mittelohrentzündungen. Mit 17 Jahren eine Mittelohreiterung mit Mastoiditis, einer gefürchteten – meist eitrigen – Knochenentzündung hinter dem Ohr. Als Kind sei sie öfter ohnmächtig geworden, beim Sport in der Schule. Ihre Menstruationsblutung war immer sehr stark und dunkel und begleitet von tagelangen Bauchschmerzen. Vor etwa zehn Jahren gab es eine Curettage wegen starker, anhaltender Blutungen. Früher auch einmal Trichomonaden mit juckendem, übelriechendem Ausfluß. Zwei Schwangerschaften ohne nennenswerte Probleme. Des Nachts müsse sie i. d. R. zweimal wegen Harndrang aufstehen.

Die Frau klagte auch über ein schlechtes Gedächtnis, speziell hinsichtlich Namen. Bei schlechten Nachrichten neige sie zum Grübeln und liege nachts stundenlang wach. Sie habe auch immer den Drang, anderen zu helfen, stelle sich selber seit jeher hinten an. „Das war schon als Kind so", bekräftigte sie. Von ihrer Mutter habe sie „keine Liebe empfangen"; trotzdem war das Verhältnis recht gut. Vor ihrem Vater hatte sie „starke Ängste". „Er war sehr ausdrucksstark mit Stimme und Mimik." Er sei sehr aggressiv gewesen und hätte sie öfter geschlagen, auch für Dinge, die ihr Bruder „verzapft hatte". „Ich habe als Kind sehr gelitten, wollte von der Arbeit nicht heim, um zu Hause mitzuhelfen." Im Alter von etwa 40 Jahren litt die Frau unter massiver Platzangst, z. B. im Festspielhaus, was sie zuvor nie gekannt hatte. Sie war dann „bei Nervenärzten in Behandlung" und hatte – „bestimmt zehn Jahre lang" – Psychopharmaka genommen, später auch Betablocker, welche sie vor ein paar Jahren selbständig abgesetzt habe.

Soweit die Lebensgeschichte dieser Frau. An Impfungen gab es, außer besagter Grippeimpung vor zwei Jahren, die damals noch gesetzlich verordnete Pockenimpfung und weitere Impfungen gegen Polio, Tetanus und „Zecken" (FSME) sowie ein paar Tuberkulinproben. Und von Seiten ihrer Blutsverwandtschaft waren hauptsächlich Krampfadern, Kniearthrose und Multiple Sklerose zu nennen. Jedenfalls keine Psoriasis oder andere schwerwiegende Hautkrankheiten! Eigentlich sogar überhaupt keine Hautkrankheiten.

Beurteilung: Eine ausgeprägte *Kummersymptomatik*, aktuell und in der jüngeren Vergangenheit, ja sogar trendmäßig gewissermaßen *schon von Kindesbeinen an*. Und die Psoriasis kam erstmals genau nach dem äußerst intensiven *Psychostreß* innerhalb der Familie (die langjährige Pflege von Mutter und Ehemann und die daraus resultierende totale Aufopferung mit dem Gipfel von böswilligen Unterstellungen seitens ihrer Geschwister). Diese wurde dann *mehrfach medikamentös unterdrückt* und meldete sich erst wieder nach der *Grippeimpfung* zurück, zusammen mit einem *erneuten Psychostreß*, diesmal verursacht durch besagten neuen „Verehrer", welcher sich als sehr aufdringlicher und unseriöser Mensch entpuppte. Und das alles auf einem *miasmatisch stark ausgeprägtem Terrain von sykotischer und tuberkulinischer Belastung*. Nicht zu vergessen der *langjährige Arzneimittelkonsum* (Cortison, Antibiotika, Herz-Kreislauf-Tropfen, Psychopharmaka, Betablocker) sowie die ope-

Repertorisation: Psoriasis aufgrund Psychostreß und Grippeimpfung

ComRep V9.0

```
Nr.                              Symptome

 1 gemüt - kummer (32)
 2 gemüt - kummer - beschwerden durch kummer (32)
 3 gemüt - trösten verschlechtert (25)
 4 gemüt - raserei, wut (72)
 5 gemüt - zorn - beschwerden nach zorn, ärger usw. (66)
 6 gemüt - zorn - beschwerden nach zorn - mit stillem kummer (18)
 7 gemüt - erregung - gefühlserregung verursacht beschwerden (39)
 8 gemüt - schwermut, depression, traurigkeit (250)
 9 gemüt - gedanken - hartnäckig (64)
10 schlaf - schlaflosigkeit - gedanken, überwach durch (61)
11 allgemeines - ohnmachten, ohnmachtsgefühl (189)
12 allgemeines - sykotische konstitution (52)
13 modalitäten - impfung, nach (13)
14 modalitäten - kälte - neigung zur erkältung (93)
15 modalitäten - narkotika verschlechtern (48)
16 modalitäten - kälte - wetter, naßkaltes verschlechtert (90)
17 hautausschl./a - psoriasis (incl. CR) (109) [vkn]      <incl. Complete Repertory>
18 magen - erbrechen/a - galle (132)
```

Methode: Treffer

```
                                 Symptome:          1 . . . . . . . . . 2 . . . . .
Nr. Arzneimittel  Neg      Wert  1 2 3 4 5 6 7 8 9 0 1 2 3 4 5 6 7 8 9 0 1 2 3 4 5

 1  Puls          2        36    3 2 . 2 2 1 3 3 2 3 3 1 . 2 2 2 2 3
 2  Lyc           2        34    2 1 1 3 2 3 1 3 . 2 2 2 . 3 2 2 3 2
 3  Ars           2        32    1 1 2 2 2 1 . 3 2 3 3 . 2 1 1 3 2 3
 4  Nat-m         3        34    3 3 3 2 2 2 2 3 3 2 2 . . 3 1 . 1 2
 5  Staph         3        30    2 3 1 . 3 3 3 2 1 2 1 3 . 1 1 1 3 .
 6  Calc          3        27    1 . 1 1 1 . 2 3 2 3 1 2 . 2 1 3 2 2
 7  Nux-v         4        31    2 2 1 . 3 1 2 2 2 3 3 . . 3 3 1 . 3
 8  Sep           4        30    1 . 3 . 1 . 1 3 1 2 3 3 . 3 2 1 3 3
 9  Sulf          4        28    . . 1 2 1 . . 3 2 2 3 2 3 2 1 2 2 2
10  Ign           5        29    3 3 3 . 3 3 1 3 2 1 3 . . 1 1 . . 2
11  Nit-ac        5        22    . 1 1 2 . . 1 3 1 . 1 3 . 3 1 2 2 1
12  Graph         6        24    2 2 . 1 . . . 3 2 2 2 2 . 2 2 2 2 .
13  Merc          6        22    2 . 1 2 . . . 3 1 . 1 1 . 3 1 2 2 3
14  Verat         6        22    1 1 . 3 1 1 2 3 . . 3 . . 1 1 2 . 3
15  Phos          6        21    . . . 2 2 1 2 2 1 . 2 . . 2 1 1 2 3
```

rativen und medikamentösen Unterdrückungen. Ohne diese Prädispositionen würde es gar keinen Sinn machen, mit derart heftigen Krankheitsbildern, wie einer Psoriasis, zu reagieren, ja es wäre gänzlich unmöglich. Von autosomal-dominanter Vererbung kann also hier wirklich keine Rede sein.

Arzneimittelwahl: Natrium muriaticum LM18, 5 Tropfen auf ein Glas Wasser, gut (d. h. mit Strudel) umrühren (kein Metallöffel!), nur einen Löffel voll einnehmen, den Rest verwerfen, alle drei Tage morgens. Die ersten Wochen doppelt einschleichend beginnen (d. h., zunächst nur einen einzigen Tropfen auf einem halben Liter Wasser ansetzen; ab der zweiten Woche dann schrittweise die Dosis um einen weiteren Tropfen erhöhen, sofern keine größeren Reaktionen auftreten, bis schließlich 5 Tropfen erreicht sind; im folgenden dann die Wassermenge zum Ansetzen sukzessive verringern [400 ml, 300 ml bis 200 ml]). Das Fläschchen vor Gebrauch 10-mal kräftig schütteln, beispielsweise gegen den Handteller klopfen.

Verlauf: Einen guten Monat nach Mittelbeginn meldete sich die Frau hinsichtlich eines ersten Zwischenberichtes zurück. In den ersten beiden Wochen gab es eine leichte Besserung. Sie sei ruhiger geworden, hätte weniger gegrübelt und besser geschlafen. Ab der Einmahme von 3 Tropfen sei dann das Herzklopfen wieder aufgetreten – „das gab's früher schlimm" – zuzüglich Kopfdruck und einem Engegefühl auf der Brust. Sie habe die Tropfen dann trotzdem weiter gesteigert, und mit 4 Tropfen kam es wieder zum Galleerbrechen, bislang dreimal. Darüber hinaus seien auch „Brustbeschwerden auf der rechten Seite aufgetreten, zusammen mit nächtlicher Angst". Sie habe sich dann aufgesetzt bis sich alles wieder beruhigt habe. „Das gab's vor circa zwei Jahren schon einmal!" (Nach der Grippeimpfung? – war mein spontaner Gedanke.) Am nächsten Tag hätte sie über Kopfschmerzen geklagt und wieder erbrochen. Gestern merkte sie „Stiche im rechten Knie", nach vielem Laufen, und „Schmerzen in der Herzgegend". Und heute wieder Kopfschmerzen, „wie bei den Stirnhöhlenkatarrhen als Kind". – Die Einnahmedosis bestand z. Zt. in 4 Tropfen auf einem halben Liter Wasser. Wir vereinbarten für die Dauer einer Gabe zu pausieren und danach mit 2 Tropfen fortzufahren, da die Frau sogar bei dieser vorsichtigen Verdünnung offensichtlich noch sehr empfindlich reagierte.

Zwei Monate später: Es ging zunehmend besser. Die Herzschmerzen traten nur noch hin und wieder auf, wurden aber weniger. Die letzten zehn Tage hatte die Frau Kopfschmerzen „aufgrund des heißen Sommerwetters" und weil sie zu wenig getrunken hatte, wie sie mir versicherte. Auch das Erbrechen von Galle kam etwa einmal wöchentlich noch vor. Doch nach der Einnahme der Tropfen „ging es den ganzen Tag ruhig". – Ich ließ die Dosierung wieder erhöhen auf 3 bis 5 Tropfen, je nach Befinden.

Zwischendurch gab es einen unglücklichen Sturz mit einer größeren Verletzung am Kopf, so daß die aufgetretene Platzwunde genäht werden mußte, selbstverständlich ohne Tetanusimpfung. Aber mit Arnica LM18, täglich 5 Tropfen auf einem Teelöffel voll Wasser, etwa zwei bis drei Wochen lang.

Und Luft sollte unbedingt an die Wunde, d. h., jene durfte nicht „zugekleistert" und luftdicht abgeschlossen werden! Mit dem chronischen Mittel war in dieser Zeit auszusetzen.

Schon ein paar Tage danach war die Wunde gut abgeheilt. Mit der Psyche ging es auch bergauf; es gab kein Heulen mehr und kein Grübeln. Und es gab nun auch Tage ohne Kopfschmerzen. Das nächtliche Herzklopfen war lange nicht mehr so stark wie früher. Sogar die Psoriasis war verschwunden bis auf ein paar ganz kleine juckende Fleckchen am Gesäß und Oberschenkel. Das Galleerbrechen kam „nur noch ab und zu" vor; laut Arzt bestehe wohl „ein Knick in der Gallenblase". Ärger empfand die Frau in letzter Zeit weniger. „Ich bin gelassener, rege mich nicht mehr auf." Und allgemein: „Ich bin zufrieden."

Nach Ablauf von etwa fünf Monaten Gesamteinnahmezeit war die Haut komplett abgeheilt. Auch Gesäß und Beine waren ohne Befund. Stellenweise gab es noch rauhe Areale mit Juckreiz, welche „kommen und gingen". Aber die Psoriasis war weg. Auch das Galleerbrechen war seit längerem verschwunden. Seit drei Wochen trat hin und wieder eine Verstopfung auf, ohne Stuhldrang. Der Stuhl bestand dann aus kleinen harten Kügelchen, etwa zweimal die Woche („wie damals"). Und die Depressionen, das Heulen sowie die Herzbeschwerden gab es hauptsächlich nur noch bei Ärger, „wenn dieser Typ sich wieder meldet und anruft". Dann war wieder Streß für die Frau angesagt. Trotzdem traten keinerlei Hauteruptionen mehr auf.

Die Behandlung ging selbstverständlich noch weiter, denn die Miasmen konnten in dieser kurzen Zeit keinesfalls als gänzlich eliminiert angesehen werden. Das war auch an dem Rückspulungsprozeß alter Symptome und Beschwerden deutlich zu erkennen. Die Frau erhielt im Laufe der Zeit noch Medorrhinum LM18, später ein weiteres Mal Natrium muriaticum, allerdings in der Potenz LM24, alle fünf Tage einzunehmen, und Sulfur LM18. Die gemütsmäßigen Reaktionen durch die Unannehmlichkeiten des sie zeitweise weiter „verfolgenden" Mannes haben wir des öfteren erfolgreich mit Ignatia C30 akut zwischenbehandelt und die aufflackernden Herzschmerzen mit Cactus LM6. Die psoriatischen Hauterscheinungen flackerten allerdings später unter Sulfur nochmals kurzzeitig auf, um dann endgültig für immer zu verschwinden.

5.2.2 Psoriasis auf der Basis einer ausgeprägten Sykosis

Dieser Fall von Schuppenflechte handelt von einen etwa 58-jährigen Mann. Seine Hautbeschwerden begleiteten ihn schon seit 20 bis 25 Jahren, wie er sich erinnert. „Es kommt und geht." Sonne und Meer besserten ein jedes Mal; nach nur zwei Wochen gehe alles langsam weg, komme aber – wieder daheim – nach ein paar Wochen leider schrittweise zurück. Betroffen waren vor allem der Bauchraum, die Ellenbogen und beide Unterschenkel. Außerdem gab es hier und da kleine Stellen an der Hand; zur Zeit waren diese aber nicht vorhanden. Seit seiner Ernährungsumstellung kam es des öfteren zu Juckreizattacken an verschiedenen Stellen des Bauchraumes, besonders links neben dem Nabel, welche sich teilweise bis zu einem halben Jahr lang hartnäckig hielten.

Seit zwei Jahren gab es auch rote, stark juckende Stellen in der Leistengegend bis hin zum Oberschenkelansatz, welche allerdings nichts mit der Psoriasis zu tun hatten. Hierbei handelte es sich höchstwahrscheinlich um ein sogenanntes Erythrasma[1], was wir jedoch nicht gesondert beim Dermatologen abklären ließen. Darüber hinaus war der Mann noch von einem ausgeprägten Fußpilz geplagt. Die Haut ging zwischen den Zehen auf und juckte teilweise unerträglich. „Ich tue nichts dagegen“, versicherte er, denn er stand der Schulmedizin sehr skeptisch gegenüber. Stattdessen achtete er auf eine gesunde, vitalstoffreiche Ernährung, konnte aber bislang die Hautgeschichten nicht überzeugend eindämmen.

Im Alter von 28 Jahren mußte er beruflich für vier Jahre nach Afrika gehen. Zu dieser Zeit gab es einige „psychische Belastungen“, auf welche er seine damaligen Stiche in der Herzgegend zurückführte. Auf die Frage hinsichtlich Impfungen für diesen Aufenthalt stellte sich dann aber heraus, daß er sich vorab „medizinisch vorbereitet“ hatte, und zwar rein schulmedizinisch durch Impfungen gegen Gelbfieber und Polio sowie durch die Malaria-Prophylaxe mittels Resochin-Tabletten! Gegen Ende seines Afrikaaufenthaltes hatte er sich noch eine akute Go[2] zugezogen und gleichzeitig eine Blutvergiftung im rechten Arm aufgrund einer Verletzung. Beides mußte damals hochdosiert mit Antibiotika behandelt werden.

Knapp ein Jahr später, zurück in Europa, trat ein massiver Heuschnupfen mit Niesanfällen auf, der so noch nie dagewesen war. Dieser verschwand dann aber unbehandelt und trat die darauffolgenden Jahre nicht mehr in Erscheinung. Ein halbes bis ein Jahr später kam es aber zu den ersten Psoriasisphänomenen, zunächst am rechten Unterschenkel, später dann auch an den Ellenbogen.

Der Mann klagte seit sechs Jahren über Probleme im Bauchraum. Starkes Aufgetriebensein, Blähungen mit Bauchschmerzen in der Nabelgegend machten ihm besonders morgens zu schaffen. Seit der Ernährungsumstellung sei dies aber alles auf ein einigermaßen erträgliches Maß zurückgegangen. Mit ca. 42 Jahren ließ er sich wegen einer Phimose operieren, welche „früher in der Jugend nie vorhanden war“. Später gab es dann noch einmal einen operativen Eingriff wegen eines Atheroms (Grützbeutel) am Kopf. Als Kleinkind gab es einen Nabelbruch, welcher auch operativ behoben wurde.

---

[1] Erythrasma: eine Pseudomykose der Haut (eine Art Pilz), bei der scharf und großbogig begrenzte, braun- bis kupferrote, kaum schuppende, flächenhafte Erytheme (Hautrötungen) v. a. an den Oberschenkelinnenseiten (der Hodensack bleibt frei), in den Leistenbeugen und Achselfalten auftreten.

[2] Go: (sprich: „G o“), Kurzform für Gonorrhoe, Tripper.

Vor der Ernährungsumstellung kam es mindestens zweimal im Jahr zu Erkältungen mit Schnupfen, Halsweh, Bronchitis mit Auswurf, Stimmbandbeteiligung bis hin zu extremer Heiserkeit. Allerdings immer ohne Fieber. Als Kind regelmäßig Mandelentzündungen und in der Pubertät „über Monate hinweg eitrige Bindehautentzündungen mit verklebten Augen". Schwellungen unter den Augen bestanden heute noch. Zugluft empfand er schon immer als sehr unangenehm. Früher auch häufige Zahnarztbesuche. Mit etwa 18 Jahren Nesselsucht, welche durch Spritzen gelindert wurde.

Der Stuhl sei jetzt normal; in früheren Jahren allerdings recht schwergängig, später zu weich. Vor ein paar Jahren kam es häufiger zu Blasenschmerzen, welche mit dem Einstellen von Kaffeegenuß für immer verschwanden. In vergangenen Jahren gab es auch öfter kalte Füße; da habe er leichter gefroren. Seit drei bis vier Monaten kam es in seiner linken Achillessehne zu leichten Reizungen, und seit etwa zehn Jahren tat es bei Belastung links neben dem Schulterblatt weh. Ab und zu traten auch Reizungen entlang des linken Ischiasnervs bis hinab in das Bein auf, weshalb sich der Mann von seinem Hausarzt Spritzen verabreichen ließ. Zu seinem Schlaf gab es nichts Auffälliges zu vermelden, außer, daß er immer gerne in Bauchlage schlief und nach einem Mittagsschlaf sich immer unwohl fühle und gereizt sei. Ansonsten galt er in seinem Umfeld als ausgeglichen; daheim sei er „impulsiver" und werde „schon mal schneller wütend und schimpfe". An Impfungen könne er sich nicht mehr recht erinnern, bis auf die bereits erwähnten und die obligatorische Pockenimpfung. Zur Geburt hatte er auf der linken Wange einen „roten Fleck, wie ein Brandmal", welches „schnell abgeheilt" sei. Vermutlich handelte es sich hierbei um ein leichtes Feuermal.

Als familiäre Belastungen sind folgende Beschwerden und Krankheitsbilder zu nennen: Blähungen, Heuschnupfen, allergisches Asthma, „Unterleibskrebs", Tod durch Lungenembolie, Harnröhrenstriktur und Menstruationsbeschwerden.

In diesem Fall drängt sich ganz klar die *sykotische Seite der Psoriasis* auf.[1] Die Schuppenflechte des Mannes begann erst nach den „Afrika-Impfungen" und der unterdrückten Gonorrhoe, was ja beides – schon für sich genommen – sykotisieren kann. Zuvor waren ihm Hautprobleme gänzlich fremd. Auch die vorübergehende Pollinosis, welche in dieselbe Zeit fiel, deutet in diese Richtung, wie der homöopathische Arzt Dr. Artur Braun sehr eindrucksvoll anhand der Pockenimpfung bewiesen hat. Und die so spät auftretende Phimose, die ja „als Erwachsener aus heiterem Himmel kam" und unerklärlich

[1] Ein weiteres, sehr deutliches Beispiel für eine ausgeprägte sykotische Komponente der Psoriasis (Auszug aus einem Brief einer anderen Patientin): „Ich bin 26 Jahre alt, studiere seit sechs Jahren Medizin und habe seit ca. 16 Jahren Psoriasis. … Meine Mutter hatte acht Frühaborte (!) und drei Eileiterschwangerschaften (!) (Ich kam mit Hilfe von Hormonen!!), Gallensteine und gutartige Knoten in der Brust. " – Natürlich hatte die junge Frau auch „sehr sehr viele Impfungen" erhalten, wie sie bei der Anamnese zu Protokoll gab.

schien, spricht für den in die Miasmen Eingeweihten Bände. Darüber hinaus gab es schon in der Jugend leicht sykotische Stigmata, die wir hier nicht weiter aufzählen wollen.

Nach Auswertung aller Daten samt Repertorisation erhielt der Mann zunächst Medorrhinum in aufsteigenden chronischen Potenzen (LM18, LM24 und später LM30), und zwar, weil nach der jeweiligen Durchsprache des Verlaufs dieses Mittel immer noch angezeigt war. Mit der Zeit besserten sich schrittweise viele seiner Symptome, wie beispielsweise der Fußpilz, das Erythrasma, die Achillessehnenreizungen, der innere Bauchraum samt Verdauung, die Hautausschläge inclusive Juckreiz, seine Reizbarkeit, seine Anspannung im Gesicht, welche wir oben nicht gesondert erwähnt haben, und vieles mehr, wobei wir an dieser Stelle nicht weiter auf Einzelheiten eingehen können. Auch seine Leistungsfähigkeit nahm kontinuierlich zu, wie der Mann ausdrücklich betonte. Schließlich verschwand die Schuppenflechte gänzlich unter dem Homöopathikum Acidum nitricum LM18, 5 Tropfen in einem Glas Wasser, alle drei Tage, einem guten Folgemittel von Medorrhinum. Seither hat der Mann in puncto Hautausschlägen bleibend Ruhe.

Notabene: *Auch bei diesem Fall gab es keinerlei Hautprobleme innerhalb der Blutsverwandtschaft!*

5.3 Multiple Sklerose – „eine Krankheit, die jeden zu jeder Zeit treffen kann“

MSi – Multiple Sklerose international, Deutschland: „*Stellen Sie sich vor, es würde Sie treffen* – Lieber Leser, liebe Leserin, stellen Sie sich vor, Sie würden eines Tages aufwachen und Ihr Nervensystem würde nicht mehr so wie gewohnt funktionieren. Stellen Sie sich vor: Ihre Glieder würden taub werden, Ihr Sehvermögen wäre nur noch verschwommen, Ihre Sprache würde undeutlich, Sie würden immerzu das Gleichgewicht verlieren und hinfallen, Sie hätten keine Kontrolle mehr über Ihre Blase, Sie wären gelähmt. – *In dem Moment, in dem ich diesen Brief schreibe, wissen mehr als 120.000 Menschen in Deutschland, wie sich das anfühlt.* – Sie haben Multiple Sklerose, eine unvorhersehbare Krankheit, die jeden ohne Vorwarnung treffen kann. – Die meisten der MS-Patienten erhalten die Diagnose in der Blüte ihres Lebens – zwischen 20 und 40. Für Frauen ist die Wahrscheinlichkeit, von der Krankheit betroffen zu sein, sogar noch größer: Sechs von zehn MS-Patienten sind Frauen. – Bei MS-Patienten entzünden sich überall die Nervengewebe im Gehirn und im Rückenmark. Die Entzündung zerstört die Decke der Nervenzellen und hinterläßt Narben. Die bleibenden Narben verlangsamen oder blokkieren den Durchgang der Nervenimpulse. So kommt es zu den MS-Symptomen. – Wir brauchen dringend Geld, um MS-Kranken ein besseres Leben zu schenken, um ihren Alltag zu erleichtern! *Deshalb schreibe ich Ihnen heute diesen dringenden Brief.* – Heute kennen etwa 120.000 Menschen in Deutschland und ihre Familien den Schmerz, die Angst und das Gefühl der Hoffnungslosigkeit, die die Diagnose von MS bedeutet. – Und die wirkliche Zahl der MS-Fälle in Deutschland ist wahrscheinlich noch viel höher, denn es ist schwierig, die Krankheit zu diagnostizieren. Weil die Symptome im Anfangsstadium bei einigen Patienten zunächst schwach sind und anderen Beschwerden ähneln, kann es sein, daß viele Menschen aus Ihrem engsten Umfeld mit MS leben, ohne es selbst überhaupt zu wissen! – *MS kann jeden zu jeder Zeit* treffen und die Patienten und ihre Familien von einer Sekunde zur anderen ihrer Wünsche und Träume berauben. – *Wir möchten Patienten helfen, die von dieser schrecklichen Krankheit betroffen sind, ihr Leid zu lindern.* Bitte unterstützen Sie unsere Organisation um – Tausenden Deutschen und ihren Familien zu helfen, mit dem Alptraum MS umzugehen. *Ihr Beirag von … wird uns in unserem Ziel unterstützen, das Leid der MS-Kranken zu lindern und alternative Therapien anzuwenden.* – Wir brauchen Ihre Hilfe! Zusammen können wir es schaffen! – In Dankbarkeit …" So ist es in einem Brief zu lesen, welcher bundesweit an viele Haushalte im Mai 2005 aus Köln versandt wurde. (kursive Hervorhebungen ursprünglich im Fettdruck)

Sicherlich eine sehr ehrenwerte Sache, Menschen mit MS zu helfen. Und noch dazu hinsichtlich alternativer Therapien. Doch mit welchen Argumenten?

Hier wird wieder einmal, wie generell bei schweren Erkrankungen auch so oft in der Presse und im Fernsehen, mit Angst und Panikmache operiert. Es wird ein entsprechendes Szenario heraufbeschworen. „Stellen Sie sich vor, es würde Sie treffen!" und „MS kann jeden und zu jeder Zeit treffen … von einer Sekunde zur anderen …, ohne Vorwarnung". Ist das wirklich so? Entspricht dies der Realität? Gibt es wirklich keine Zusammenhänge und Ursachen für diese schwere Erkrankung? Muß man wirklich glücklich sein, wenn es einen selbst nicht „erwischt"? Ist das alles Kismet? Oder kann man etwa doch vorsorgen oder bei den ersten Anzeichen der Krankheit u. U. sogar kausal therapieren, so daß man wieder komplett gesundet? – Fragen über Fragen …

Die Schulmedizin sieht in der Multiplen Sklerose „eine der häufigsten Nervenkrankheiten mit unbekannter Ätiologie[1]". Das Roche Lexikon Medizin schreibt dazu: „Relativ häufige Entmarkungskrankheit des Zentralnervensystems (herdförming, regellos verteilter Markscheidenzerfall …) mit Manifestation vorwiegend im 20. bis 50. Lebensjahr. Die Ätiologie ist möglicherweise vielfältig; angenommen wird u. a. eine wahrscheinlich im Kindesalter eintretende latente sog. Slow-Virus-Infektion[2], die erst nach Jahren klinisch

[1] Ätiologie: Lehre von den Krankheitsursachen; i. w. S. die Krankheitsursache selbst.

[2] Slow-Virus-Infektion: durch Sigurdsson 1954 eingeführter Begriff für eine Gruppe von Viruserkrankungen, die im Gegensatz zu den akuten Infektionen durch eine sehr lange Inkubationszeit (von ein paar Monaten bis zu über 20 Jahren) und einen chronisch-progredienten, oft tödlich verlaufenden Krankheitsprozeß charakterisiert ist. Es handelt sich in vielen Fällen um Erkrankungen des zentralen Nervensystems.

faßbare Ausfallerscheinungen hervorruft durch die aus ihr resultierende Autoaggressionskrankheit[1] …" Als Symptome werden angeführt: zunächst uncharakteristische Vorbotensymptome wie allgemeine Erschöpfung und pseudorheumatische Erscheinungen, später dann Hirnnervenausfälle (Entzündungen des Sehnervs, Doppeltsehen, Gesichtsfeldausfälle, Augenmuskellähmungen, skandierende Sprache), spastische Lähmungen, Kleinhirnsymptome (z. B. Intentionstremor[2]), Sensibilitätsstörungen (Prickeln, Ameisenlaufen, Spannungs- und Taubheitsgefühle, seltener auch Schmerzen), Blasen- und Mastdarmstörungen, Schwindel, Euphorie, später sogar Demenz. Gemäß dem Klinischen Wörterbuch Pschyrembel sind „die symptomarmen Formen der Erkrankung häufiger als die klassischen". Der Verlauf ist nach meist „schleichendem, selten subakutem oder akutem Beginn am häufigsten chronisch-progredient[3] oder als schubweiser Verlauf mit Neigung zu Remissionen" gekennzeichnet. Die Therapie besteht i. d. R. neben Cortison und ACTH[4] auch „in Versuchen" mit Immunsuppressiva und Interferon[5]. „Im Vordergrund jeder Behandlung stehen physikomechanische Maßnahmen, in erster Linie Krankengymnastik."

Betrachtet man obige Aussage des Roche Lexikon hinsichtlich der Ätiologie von MS als einer „wahrscheinlich *im Kindesalter* eintretenden *latenten sog. Slow-Virus-Infektion,* die erst *nach Jahren klinisch faßbare Ausfallerscheinungen hervorruft* durch die aus ihr resultierende *Autoaggressionskrankheit*" einmal etwas kritischer, so kann man schon aus diesen paar Statements einiges mit gesundem Menschenverstand herauslesen. Da ist zunächst die Rede vom Kindesalter. Sofort denkt der homöopathisch Vorgebildete und in chronischen Krankheiten Erfahrene unserer Tage an die vielen *Impfungen* und sonstige *Immunsuppressionen.* – Dann die Sache mit der Slow-Virus-Infektion, die zunächst sehr wissenschaftlich klingt, bei längerem Nachdenken aber durchaus den Anschein erweckt, sich als Ablenkungsmanöver herauszukristallisieren, um die wahren Zusammenhänge und Ursachen der Erkrankung zu verschleiern. Streng genommen könnte sie sogar einen Offenbarungseid der Hochschulmediziner bedeuten, eine Ausrede dafür, daß man im Grunde genommen nichts weiß. Alles erscheint zwar auf den ersten Blick recht logisch, *doch widerspricht es klar den Naturgesetzmäßigkeiten*, insbesondere der Zweiphasigkeit der Erkrankungen und dem ontogenetisch bedingten System

---

[1] Autoaggressionskrankheit: Autoimmunkrankheit.

[2] Intentionstremor: Zittern – z. B. der Hände – bei Willkürbewegungen.

[3] progredient: fortschreitend.

[4] ACTH: ein Hormon der Hypophyse (Hirnanhangsdrüse), welches auf die Nebennierenrinde einwirkt (Anregung ihres Wachstums sowie Bildung und Absonderung der Glucocorticoide wie beispielsweise Cortison). Wird therapeutisch angewendet etwa wie Cortison. Als umstrittene Indikation gilt u. a. die Multiple Sklerose. (stark gekürzte Wiedergabe aus dem Roche Lexikon)

[5] Interferon: Glykoproteine (bestimmte Eiweiße), die in menschlichen und tierischen Zellen gebildet werden und insbesondere eine gegen Viren gerichtete Wirkung entfalten.

der Mikroben samt letzterem Auftreten in der Dauervagotonie. Die Mikroben, und damit auch die Viren, sind – so haben wir weiter oben erfahren – keine wirklichen Krankheitsverursacher! Sie treten erst unter bestimmten Bedingungen im Organismus auf. Und außerdem: Welcher Forscher unserer heutigen schnellebigen Zeit hat überhaupt 20 Jahre lang (!) Zeit, derartig angeblich langsame Prozesse beobachten zu können? Klingt das nicht ein wenig unrealistisch? Ein halbes Berufsleben lang! Klingt das nicht nach aufgestellter Hypothese bzw. Wunschtheorie, so, wie man sich das u. U. vorstellen könnte „im Kampf gegen die ‚bösen' Krankheiten"? – Und last (but) not least die Autoaggressions- oder Autoimmunkrankheit. Dazu an dieser Stelle nur ein kurzes, selbstsprechendes Zitat von Dr. Leuchte: „Autoimmunerkrankungen – ein Witz der Schulmedizin, denn der menschliche Körper wird sich niemals selbst zerstören *ohn*e Ursache!" Was uns wieder zu den Impfungen und sonstigen Immunsuppressionen führt, womit sich der Kreis abermals schließt. Autoaggressionskrankheit, eine Erkrankung, bei der das Immunsystem gezielt körpereigene Substanzen angreift und gewissermaßen bekämpft. Nur der Begriff – auf dieser untersten Ebene betrachtet – ist korrekt, jedoch nicht im Sinne der übergeordneten Interpretation der Schulmediziner und auch nicht im Sinne der therapeutischen Empfehlungen der Psychologen, man müßte etwas an seiner Haltung ändern, damit man sich nicht selber „zerfleischt".

In diesem Zusammenhang ist es vielleicht wichtig zu wissen, daß *Frankreich* die *Hepatitis B-Impfung für alle Jugendlichen zwischen 11 und 15 Jahren* seit Ende 1998 an den Schulen *eingestellt* hat. Der Grund: nicht etwa, weil MS-Fälle aufgetreten sind (wie das immer wieder bei allen möglichen Impfungen passiert), nein! – sondern weil *zu viele Fälle von Multipler Sklerose* unter den Schulkindern aufgetreten sind! Das muß man sich einmal vorstellen! Zu viele!! Und das muß einem doch auch zu denken geben! Im übrigen steht die Hepatitis B-Impfung auch in dem dringenden Verdacht, Hauptverursacher von Diabetes mellitus Typ I zu sein, also dem juvenilen Diabetes, welcher immer insulinpflichtig ist und schon im Kleinkindalter auftreten kann. – Trotzdem muß man aus Sicht der Homöopathie, insbesondere mit Kenntnis der *Miasmen* und den *anderen Naturgesetzmäßigkeiten* sowie dem Stichwort *postvaccinale Encephalopathie*[1] immer wieder betonen, daß jede Impfung, egal gegen welche Krankheit, alles hervorrufen kann, je nach Schwachpunkt und miasmatischer Prädisposition des Organismus. Dem-

[1] postvaccinale Encephalopathie: eine diffuse Gehirnerkrankung, welche nach einer Impfung auftritt. – Wie bereits in Kapitel 4 eingehend besprochen, sind *Impfungen immer hirnaktiv!* Sie *unterbrechen* den *Myelinisierungsvorgang* (Isolierung der Nervenfasern mit Hirnbindegewebe) bzw. können diesen durchaus auch *rückgängig machen*. Das bedeutet, daß *Impfreaktionen bis hin zu schweren Impfschäden primär neurologischer Natur* sind *(demyelinisierende Encephalitis)*. Hirnorganisch gesehen, handelt es sich immer um dasselbe Phänomen: *neurologische Kurzschlüsse im Gehirn durch mangelnde Myelinisierung*, jedoch – je nach Krankheitsbild – in unterschiedlichen Regionen und Schweregraden!

nach kann es beispielsweise auch nach Tetanus- oder Polioimpfungen zu MS kommen, oder nach MMR-Impfungen[1] etc., was sich aus meiner Praxis heraus immer wieder bestätigen läßt.

5.3.1 Beginnende MS nach Unterdrückung einer Angina

Eine Mutter meldet ihre knapp 21-jährige Tochter Désirée mit der Diagnose „Multiple Sklerose“ zur chronisch homöopathischen Behandlung an. Ob man da noch etwas machen könne. Begonnen habe alles vor ein paar Monaten. Da habe das Mädchen eine Angina gehabt, welche antibiotisch behandelt wurde. Später sei sie auf einem Auge blind geworden, und zwar zu 100 %. Anfangs hätte sie noch wie durch einen Schleier gesehen; laut Augenklinik betrug ihre Sehkraft auf dem betroffenen rechten Auge zu dieser Zeit aber nur noch etwa 20 %. Dann habe sie hochdosiert Cortison erhalten, und nun sehe sie wieder normal, „schon nach ein paar Tagen war alles wieder gut“.[2] In der Klinik gab es viele Untersuchungen inclusive einem cranialen Computertomogramm (CCT, Computertomogramm des Kopfes) und einem Liquortest (Gehirn-Rükkenmark-Flüssigkeit), welcher „positiv für MS war“. Mit der Motorik von Désirée sei – laut den neurologischen Untersuchungen – noch alles in Ordnung. Trotzdem empfahl die betreuende Ärztin eine Behandlung mit Interferon. „Eigentlich war unsere Tochter vorher nie krank, bis auf die Mandelentzündungen früher“, so die besorgte Mutter. – Das klang auf den ersten Blick sehr verdächtig nach Unterdrückung einer Angina auf einem stark miasmatisch belastetem Terrain. Jedoch beteuerte die Mutter, daß ihre „Dési“, wie sie in der Familie liebevoll genannt wurde, eigentlich zuvor immer gesund war. So vereinbarten wir einen vorgezogenen Anamnesetermin innerhalb der nächsten drei Monate. Bis dahin sollte sie, zusammen mit ihrer Tochter, den homöopathischen Fragebogen bearbeiten und dazu war zunächst täglich Sulfur LM18, 5 Tropfen in einem Glas voll Wasser, einzunehmen, und zwar jeweils nur einen Löffel voll von dieser Lösung. Bei irgendwelchen unklaren Reaktionen, nicht nur hinsichtlich des Augenlichtes, war eine sofortige telefonische Anzeige erbeten.

Nur drei Wochen später ein kurzer Bericht der Mutter. Dési ginge es sehr gut, der potenzierte Schwefel tue gut. Sie könne 100 % sehen und auch mit ihrer Motorik war „alles in Ordnung“. Am fünften oder sechsten Tag habe sie allerdings eine „Fieberblase“ in der Nase bekommen. „Das gab’s vor einem Jahr sehr häufig.“ Hier wurde ich ein wenig hellhörig, da ja ihre Tochter eigentlich nie krank gewesen sei. Natürlich erkundigte ich mich gleich nach der damaligen Behandlung, und prompt stellte sich heraus, daß die Fieberblasen regelmäßig mit Zovirax unterdrückt wurden! – Klingt schon ein wenig

[1] MMR-Impfung: Impfung gegen Masern, Mumps und Röteln.
[2] Eine tolle Leistung der Schulmedizin, jedoch leider keine echte Heilung! Eher Unterdrückung, denn mit der Zeit kann der pathologische Zustand wiederkehren.

nach Rückspulungsprozeß, nicht wahr? Aus diesem Grunde vereinbarten wir nun, den Sulfur weiterzunehmen, jedoch die Gaben zu reduzieren auf eine dreitägliche Einnahme.

Es dauerte keine zwei Wochen, da berichtete Désirées Mutter, ihre Tochter hätte „wieder einen Schub gehabt" und sei auf einem Auge blind geworden, diesmal allerdings auf dem anderen, dem linken Auge. Darüber hinaus sei auch ihre rechte Hand eingeschlafen. Sie habe wieder Cortison erhalten, 1 g (1.000 mg) per Infusion! Nach nur zwei Tagen kam das Augenlicht wieder zurück. Und nun müsse sie täglich 40 mg Cortison einnehmen, in Tablettenform. Meine Vertretung – ich war zu dieser Zeit gerade für eine Woche im Urlaub – riet dazu, den Sulfur wieder täglich einzunehmen, in unserer ursprünglichen Dosis, was sie dann auch parallel zur der Kortikoidtherapie getan hat. Derzeit gehe es Désirée wieder sehr gut. – Wir behielten den Sulfur bis zu unserer Anamnese bei.

Einen Monat später konnten wir dann über alles im Detail sprechen. Die Cortisontabletten wurden nach etwa eineinhalb Wochen abgesetzt, so daß Désirée seit ein paar Wochen ohne diese Hormongaben war. Allerdings bestand der Vater, der „absolut für die Schulmedizin ist", auf Interferon, welches sie nun zwei Jahre lang nehmen sollte, so daß sie seit etwa 1½ Wochen jeden zweiten Tag 0,5 ml Interferon spritzte. Den Sulfur nahm sie noch immer ein, wieder jeden dritten Tag. Zuvor habe sie ca. eine Woche lang über Schwindel und Übelkeit geklagt, was sich seit der Sulfur-Einnahme gegeben habe.

Des weiteren ergab die Anamnese, daß Dési in ihrem ersten Lebensjahr häufig Verstopfung und einen sehr harten Stuhl hatte. Teilweise mußte die Mutter den After mit einem Fieberthermometer oder Wattestäbchen stimulieren, damit überhaupt etwas herauskam. Außerdem gab es während der ersten drei bis vier Monate „starke Blähungskoliken". Bis zu ihrem siebten Geburtstag litt das Mädchen sehr oft unter Bronchitis mit starkem Husten und Mandelentzündungen, was fast immer Antibiotika auf den Plan rief. Das Fieber war nie sehr hoch; 40 °C wurden zu keiner Zeit erreicht. Im Alter von sieben Jahren ließen die Eltern Désis Mandeln entfernen. Darüber hinaus gab es mit fünf Jahren einen „sehr starken Harnwegsinfekt", welcher abermals antibiotisch behandelt wurde. Ab dem dreizehnten Lebensjahr trat dann, wie bereits erwähnt, regelmäßig (ca. drei- bis viermal im Jahr) dieser Herpes an Nase und Lippen auf, welcher sehr oft Zovirax erforderlich machte.

In der letzten Zeit gab es „viel Streß". Désis Schulabschluß und nun der Beginn mit der Arbeit. Außerdem das Zusammenziehen zu ihrem Freund, das Wohnungseinrichten, das Jobben zwischendurch als Kassiererin und einiges mehr. Désirée war schon immer ein sehr schüchternes Mädchen, so daß ihr all diese Umstände relativ zu schaffen machten.

Seit etwa zehn Jahren gab es keine Erkältungen mehr, doch vor etwa zwei bis drei Wochen für einen Tag einen Anflug von leichten Halsschmerzen. – Unter Umständen ein kleiner Hinweis Richtung Rückspulungsprozeß aufgrund von Sulfur! – Der Schlaf sei gut; nur morgens brauche Dési eine halbe Stunde Ruhe, sonst sei sie aggressiv. Am liebsten schlafe sie in Bauchlage. Etwa zwei- bis dreimal die Woche habe sie ein wenig Speichelfluß in der Nacht, so daß es teilweise zu Flecken auf dem Kopfkissen komme. Außerdem träten hin und wieder nächtliche Wadenkrämpfe auf, schubweise; das letzte Mal vor etwa zwei Jahren, früher allerdings sehr oft. Stuhlgang etwa alle drei Tage nur, früher sogar nur einmal die Woche. Bis vor einem Jahr war die Konsistenz des Stuhls recht hart und hatte die Form von kleinen Kugeln. Im Auto hinten kam es immer zu Übelkeit und Schwindel. Das Mädchen fror seit jeher recht leicht, kalte Hände und Füße, besonders die Finger und Zehen. Häufig sei auch seine Nase kühl. Bei Kälte kam es zu Kopfschmerzen im Schläfenbereich. Früher am Meer war Désirée nie krank, was auch nach der Rückkehr nach Hause noch für ein paar Wochen anhielt.

Zum Essen gab es nichts Auffälliges zu sagen. Nur, daß Dési immer essen könnte und gerne Salziges esse. Ihre Zähne seien nicht die besten; bereits eine Wurzelspitzenresektion und ein toter Zahn. Schon ihre Milchzähne waren kariös. Ab und zu ein paar Aknepickelchen, besonders zur Menseszeit. Jene seien regelmäßig, alle 28 Tage, mit starken Bauch- und Brustschmerzen am ersten Tag, wobei sie des öfteren eine Schmerztablette nehmen müsse. Im Winter hatte sie im Alter von achtzehn Jahren eine ausgeprägte Heiserkeit, was sich fast monatelang hinzog. Laut Logopädin bestanden „Knötchen auf den Stimmbändern“. Sie habe lange Zeit inhalieren müssen. Seit vier Jahren kam es „manchmal für ein paar Stunden zu einer Art Krampf im Kehlkopf, als ob dieser nicht am richtigen Platz wäre, mehr links“. Und seit etwa einem Jahr hatte das Mädchen zeitweise das Gefühl, nicht richtig durchatmen zu können, manchmal einmal die Woche, manchmal seltener. Bei schnellem Aufstehen kam es regelmäßig zu Schwindelphänomenen.

Die Haltung von Désirée war leicht nach vorne gebeugt. Ihre Nägel waren weich und blätterten teilweise in Schichten ab (Onychoschisis), „wie Schiefer“, und ihre Zehennägel wuchsen ein. Früher gab es auch schon einmal einen Nagelpilz. Ihre Fußsohlen waren sehr empfindlich beim Barfußgehen über Steine, „in der Karibik war dies allerdings okay“. Modeschmuck in den Ohrringlöchern vertrug sie überhaupt nicht; da kam es schon nach ein paar Stunden zu Eiterungen. An Kinderkrankheiten gab es außer „Schafblattern“ (Windpocken) keine. Und an Impfungen hatte das Mädchen so „ziemlich alles erhalten, was gemacht werden mußte“ (BCG, Diphtherie, Tetanus, Pertussis, Polio, MMR – „regelmäßig und rechtzeitig“, so die Mutter). Diese hätten „nie Beschwerden gemacht“. Die letzte Impfung war die „gegen Zecken“ (FSME) vor vier Jahren.

Désirée war trotz ihrer Schüchternheit recht leicht erregbar und ungeduldig. Es bestand eine gewisse Angst vor Insekten und vor der Zukunft, das allerdings wegen ihrer unbefriedigenden Arbeitssituation. Erwartungsangst, besonders hinsichtlich bevorstehender Prüfungen, war sehr ausgeprägt. Selbstbewußtsein sei kaum vorhanden, doch seit Sulfur leicht besser. Und mit der

Konzentration klappe es auch nicht optimal. Ansonsten sei sie ein fröhliches Mädchen.

Die Schwangerschaft ihrer Mutter mit ihr war gekennzeichnet von rezidivierenden genitalen Pilzinfektionen, welche sogar bis zu der Schwangerschaft danach, etwa sechs Jahre lang angedauert haben. Zu Beginn zwei- bis dreimal Erbrechen, sonst nicht weiter nennenswert. Und gegen Ende der Schwangerschaft, ab ca. dem siebten Schwangerschaftsmonat, kam es zu überdurchschnittlich ausgeprägten Fußödemen.

Die Familienanamnese stichpunktartig: Mandelentzündungen, Fluor vaginalis und genitale Pilzinfektionen bei der Mutter, unregelmäßige Menstruation, Bein- und Fußschwellungen, Ohrringunverträglichkeit bezüglich Modeschmuck bei Mutter und Schwester, Ischialgie, Depressionen, Gallenblasen-OP, Arthrose, mit 22 Jahren lange Zeit Harnröhrenausfluß beim Vater („kein Tripper", wie er ausdrücklich versicherte), Hämorrhoiden, Zwölffingerdarmgeschwür, Atemnot, Warzen, Diabetes mellitus Typ II, Herpes simplex, Herzrhythmusstörungen und ein Herzinfarkt.

Soweit die Gesamtanamnese von Désirée. Klingt, mit der homöopathischen Brille betrachtet, ganz anders als „nie krank". *Dieses „Nie krank" ist die typische Auffassung unserer Tage im angehenden 21. Jahrhundert; nur die akute, augenblickliche Situation wird betrachtet.* Aber die Dinge von früher, die nie wirklich ausgeheilt wurden, sondern immer munter mit dem „Holzhammer" einen Schlag von oben bekommnen haben, sind *energetisch noch im Organismus vorhanden* und präsent. – Das zeigt beispielsweise die Wirkung von Sulfur, dem hochkarätigsten aller Unterdrückungslöser, in Form des wiederauftretenden Herpes und dem Aufblinken der früheren Halsschmerzen. – Es bedarf im Grunde genommen nur eines kleinen Auslösers, und das Faß läuft über! – Jedenfalls zeigte das Mädchen Désirée von Beginn seines Lebens an deutliche Belastungen der beiden Miasmen *Tuberkulinie* und *Sykosis*, welche fortan *immer wieder unterdrückt* wurden. Aber irgendwann ist die Hahnemannische Lebenskraft am Ende – *biologische Gesetzmäßigkeiten lassen sich nicht beliebig lange ungestraft überlisten* –, und es treten gravierendere Komplikationen auf. Ganz besonders bei Konstellationen mit sykotischer samt tuberkulinischer Belastung, was schlichtweg zur Destruktion führen kann, wie eben zu dieser beginnenden MS.

Wir beschlossen, den Sulfur für einen Monat weiterzunehmen, alle drei Tage, und dann kurz über die Veränderungen zu berichten. – In dieser Zeit ging es Désirée „eigentlich gut". Es gab „immer wieder Fieberblasen in der Nase" und „eine Angina", die mittels Propolis und selbst verordneten naturheilkundlichen Lutschtabletten gelindert wurde. „Désis Augen sind in Ordnung", so die besorgte Mutter. „Nur einen Tag lang traten dort Schmerzen auf, bei Bewegung." Schwindel sei nicht mehr vorgekommen, ihr Stuhlgang noch sehr unregelmäßig, „mal gehe fünf bis sieben Tage gar nichts". – Ein sehr erfreulicher Anfang, zumal sich sowohl Augen als auch die Angina wieder zurückgemeldet hatten. Wir hörten mit Sulfur auf und vereinbarten eine einwöchige Pause bis zur neuen Mittelwahl.

Repertorisation: Beginnende MS nach Unterdrückung einer Angina

ComRep V9.0

Nr.	Symptome
1	gemüt - reizbarkeit (245)
2	gemüt - ungeduld (82)
3	gemüt - konzentration - fällt schwer (162)
4	gemüt - beschwerden infolge - erwartungsspannung, voreмpfinden, ahnung (64)
5	allgemeines - sykotische konstitution (52) <insb. *Vater und Mutter*>
6	allgemeines - reaktionsmangel (84)
7	empfindungen - lebenswärme, mangel an (kälteempfindlich, dauerndes frieren) (108)
8	modalitäten - impfung, nach (13)
9	modalitäten - kälte - neigung zur erkältung (93)
10	modalitäten - fahren im wagen oder in der bahn verschlechtert (43)
11	modalitäten - luft - seeluft - bessert (3)
12	gesicht - hautausschläge - herpes - lippen und lippenrand (34)
13	hautausschl./a - unterdrückt (50)
14	extremit. - krampf - muskelkrampf - wade - nachts (35)
15	augen - lähmung - einfache - sehnerv (erblindung) (72)
16	sehen - blindheit - vorübergehende blindheit (109)
17	mund - speichelfluß - schlaf, im (7)
18	zähne - schlechte zähne - caries, hohle zähne (87)
19	kehlk./trachea - stimme - heiser (211)
20	magen - verlangen nach - salzigen sachen (30)
21	bauchschm./m - diarrhoe - während d. (kolik) (81)
22	stuhl - konsistenz - hart (164)
23	stuhl - form - bällchen (28)
24	harnblase - schleimhaut - entzündung (71)
25	genital/w - menses - schmerzhaft (dysmenorrhoe) (127)

Methode: Wertigkeit

Nr.	Arzneimittel	Neg	Wert	Symptome: 1	2	3	4	5	6	7	8	9	10	11	12	13	14	15	16	17	18	19	20	21	22	23	24	25
1	**Sulf**	3	51	3	3	2	.	2	3	2	3	2	2	.	1	3	3	3	2	.	2	2	1	2	3	3	2	2
2	Sep	5	47	3	3	3	1	3	2	2	.	3	3	.	3	2	1	2	2	.	3	2	.	1	3	.	3	2
3	Lyc	6	44	3	2	3	3	2	2	2	.	3	1	.	.	2	3	2	2	.	2	2	.	2	3	.	3	2
4	Calc	5	43	3	2	.	3	2	3	3	.	2	1	.	.	1	3	2	2	.	2	3	2	1	3	1	2	2
5	Sil	8	40	3	2	3	3	2	.	3	3	3	2	.	1	1	.	3	3	.	2	2	.	.	3	.	.	1
6	Merc	6	39	2	1	2	1	1	2	2	.	3	.	.	.	1	.	2	3	3	3	3	.	1	2	3	2	2
7	Nat-m	7	38	3	2	2	1	.	1	2	.	3	1	1	3	.	.	3	2	.	1	3	3	.	3	3	.	1
8	Phos	8	38	3	.	3	3	.	2	3	.	2	1	.	.	1	.	3	2	.	2	3	3	1	3	1	.	2
9	**Med**	6	37	2	2	2	3	3	3	2	3	.	1	1	2	.	1	.	.	.	1	2	2	1	.	2	2	2
10	Ars	5	36	2	2	1	3	.	2	3	2	1	1	.	2	2	1	2	1	.	1	2	.	2	2	.	2	2
11	Nit-ac	7	36	3	1	2	.	3	.	3	.	3	.	.	.	1	2	1	1	.	2	2	2	1	3	3	2	1
12	Nux-v	9	36	3	3	3	1	.	.	3	.	3	.	.	.	.	2	2	2	.	2	2	.	1	3	2	2	2
13	Caust	7	35	3	.	3	2	2	1	3	.	1	.	.	1	2	1	2	2	.	1	3	2	.	2	.	2	2
14	Kali-c	6	35	3	2	2	1	1	2	3	.	3	1	.	.	1	2	1	.	1	2	2	.	2	2	.	1	3
15	Puls	8	35	3	2	2	3	1	.	.	.	2	1	.	.	2	.	3	3	1	2	2	.	1	2	.	3	2

Arzneimittelwahl: Medorrhinum LM18, 5 Tropfen auf ein Glas voll Wasser, gut (d. h. mit Wirbel) verrühren (kein Metalllöffel!), davon nur einen Löffel voll einnehmen, den Rest verwerfen, alle drei Tage morgens. Die ersten Wochen einschleichend beginnen (d. h., zunächst nur einen Tropfen ansetzen, später dann zwei, drei etc. bis schließlich 5 Tropfen erreicht sind, sofern keine größeren Reaktionen auftreten). Das Fläschchen vor Gebrauch 10-mal kräftig schütteln, beispielsweise gegen den Handteller klopfen.

Verlauf: Nach einem Monat Einnahme von Medorrhinum folgender Stand: Einmal gab es Nackenschmerzen, ein anderes Mal Halsschmerzen. Die letzten Menses verliefen ohne Schmerzen; dafür gab es nachts allerdings recht starke Blutungen, so daß „das ganze Bett rot war". Désirée habe es gar nicht gemerkt. Im Gesicht habe sie viele Pickel bekommen, worüber sie recht verzweifelt sei. Gestern habe sie geweint, sie habe „von allem genug". Ein Arbeitskollege habe ihr nämlich aus der Hand gelesen und erklärt: „Du wirst noch drei Operationen im Leben haben und zwei Kinder, eins davon wird sterben." „Und sie glaubt daran! – So ein Blödsinn", ereiferte sich ihre Mutter. Désis Stuhlgang sei noch unregelmäßig, allerdings komme es zeitweise auch vor, daß sie täglich gehen könne. „Das ist dann abhängig vom Streß und vom Essen." Das Interferon nehme sie leider immer noch, darauf bestehe ihr Vater. – Ich ließ Ignatia D12, 5 Globuli nach Bedarf, geben, damit das Mädchen ein wenig aus dem seelischen Tief komme. Mit Medorrhinum war drei Monate lang fortzufahren.

Gegen Ende der Einnahmezeit rief eine begeisterte Mutter an, um einen Termin für die Durchsprache des Mittels auszumachen. „Es gibt sehr positive Veränderungen! Auch seelisch. Unserer Dési geht es ausgezeichnet. Ich bin entzückt." – Zwei Wochen später dann der genauere Verlaufsbericht. Dési fühle sich „super". Sie sei lustig, rede viel, habe eine positive Stimmung. „Ich habe meine Tochter noch nie so gut erlebt. Sie hat sich richtig geöffnet." Sie wolle sich nun auch um eine andere Arbeitsstelle kümmern. „Das hat es zuvor noch nie gegeben!" Désirée sei auch nicht mehr traurig. Ihre Pickel seien weg und haben „einer wunderschönen, ganz sauberen Haut" Platz gemacht. Noch einmal habe es eine leichte Angina gegeben, kaum nennenswert, wiederum mit Propolistropfen selbst behandelt. Mensesschmerzen gebe es noch zu Beginn „ihrer Tage", jedoch nur für vier Stunden. „Und das mit dem Handlesen, das hat sie vergessen", so die überglückliche Mutter. Désirée halte sich nun einen Hund, gehe viel spazieren, laufe auch viel und sehe bei weitem weniger fern als früher. Ihre Augen seien o. k. Der Stuhlgang wechsele noch, aber es sei schon viel besser als früher. Es gab höchstens mal für drei Tage einen Aussetzer; früher konnte das teilweise bis zu zehn Tagen vorkommen. Ihre Tochter ernähre sich viel bewußter, esse nun auch viel Obst. Kopfschmerzen, Schuppen und der Schwindel seien gänzlich verschwunden. Ihre Haare seien viel schöner geworden, „glänzend, wunderschön". Der Kehlkopf habe sich nicht mehr gemeldet, und die Sache mit dem Durchatmen sei auch gut. Das Kopfkissen weise keinerlei Flecken mehr auf; Modeschmuck habe sie nicht weiter probiert. „Désirée schweigt nicht mehr; sie sagt ihre Meinung." Die Angst vor der Zukunft sei besser; auch ihre Erregbarkeit. „Es ist alles viel positiver geworden", faßte die von der Homöopathie überzeugte Mutter zusammen. Dési mache z. Zt. sogar ihren Führerschein und habe keinerlei Angst, auch nicht vor der Fahrschulprüfung! Das Interferon nehme sie allerdings weiterhin; alle drei Monate gehe sie zur Kontrolle; alle Blutwerte seien gut. – Das Medorrhinum war weiterzunehmen, und zwar fortan in der Potenz LM24,

3 Tropfen auf ein Glas Wasser, alle 5 Tage, wieder einschleichend zu beginnen.

Etwa zehn Tage nach Mittelbeginn traten wieder Schleier vor dem linken Auge auf. Und zur Zeit des letzten Eisprungs klagte das Mädchen wieder für ein bis zwei Tage über Brustschmerzen. – Medorrhinum war für eine Gabe auszusetzen und danach vorübergehend auf einen halben Liter Wasser verdünnt weiterzunehmen. Akut sollte Désirée nochmals auf die LM18 zurückgreifen, 1 Tropfen auf ein Glas Wasser, täglich einen Schluck, nur für ein paar Tage.

Dann war für etwa 2½ Monate „Ruhe“. Désirée ging es recht gut. Anfangs war sie sehr müde. Einmal gab es Durchfall, begleitet von Fieber, aber nur 37,4 °C. Ansonsten sei ihr Stuhl nun sehr regelmäßig. Zwischenzeitlich sei sie depressiv gewesen, habe viel geweint; sie „hatte genug von der Arbeit und eine neue Stelle war noch nicht in Sicht“. Wieder half Ignatia aus der akuten Situation heraus.

Nach ca. sechs Monaten Gesamteinnahmezeit von Medorrhinum LM24 war die Bilanz insgesamt äußerst positiv. Die Stimmung war gut, das Selbstbewußtsein zunehmend besser, sie hatte ihre Arbeitsstelle verlassen und wollte nun für zwei Monate Urlaub am Meer machen. Eine Untersuchung der Augen in der Augenklinik sei sehr positiv ausgefallen, alles sei in Ordnung. „Der Sehnerv hat sich zu 100 % erholt!“ Und eine „neuer Arzt“, der Désirée vorher noch nicht behandelt hatte, wunderte sich, daß „MS aufgrund der damaligen Befunde überhaupt diagnostiziert wurde“.[1] Auf jeden Fall war der Stand der Dinge, daß es dem Mädchen bestens ging, „besser als je zuvor“, wie die Mutter beteuerte. Zu ihrer großen Erleichterung hatte Désirée auch das Interferon aus eigenem Antrieb abgesetzt und wolle nach ihrem Urlaub mit einem neuen Job beginnen. „Ich glaube, sie ist glücklich darüber. Sie fühlt sich so richtig wohl jetzt, so richtig gesund.“ – Seither gab es keinen einzigen Rückfall mehr.

5.3.2 MS im frühen Kindesalter

Der achtjährige ausländische Junge Amir leidet seit einem halben Jahr an multipler Sklerose. Zur Zeit erhält er noch regelmäßig Cortison, „5 Tropfen am Tag“; anfangs – kurz nach seinem ersten deutlichen „Schub“ waren es 100 Tropfen!

Begonnen hatte alles vor etwa sieben Monaten nach einer Sechsfachimpfung. „Ihm ging es dann nicht so gut mit der rechten Hand“, so sein besorgter Vater, der der deutschen Sprache nicht ganz mächtig war und deshalb einen Freund zum „Übersetzen“ mitgebracht hatte. Auch die Koordination der Beine bereitete Amir ernsthafte Probleme. Er hatte zunehmende Gleichgewichtsstö-

[1] Soll das etwa heißen, daß man zu einem MS-Patienten erst gemacht wird? (Siehe hierzu auch Kapitel *5.3.3 Manifeste, schwere Fälle von MS.*)

rungen und verminderte Kraft, einen „richtigen Charly-Chaplin-Gang". Nach zehn Tagen Untersuchung in einem „Kinderspital" inclusive MRI[1] wurde die Diagnose zunächst auf „Nervenentzündung" unklaren Ursprungs festgesetzt, allerdings wenig später auf „erster Schub einer Multiplen Sklerose" revidiert. Wieder ohne Kausalität. In einem späteren Arztbrief war ferner zu lesen: „Aggressive Multiple Sklerose mit demyelinisierenden Herden (laut Kernspin); es handelt sich um zentromedulläre Entmarkungen mit sehr diskreter Raumforderungseinwirkung ..." und an anderer Stelle: „Zunehmende Ataxie[2] mit Betonung der Arme (rechts mehr als links). Babinski[3] beidseits positiv. Gangschwierigkeiten. Generelle Hyperreflexie[4]. Visusstörung[5]."

Der Junge bekam sofort Infusionen mit hochdosiertem Cortison und – wieder zu Hause – Cortison in Tropfenform zum Einnehmen. „Beim Ausschleichen der Tropfen wurde es gleich wieder schlechter", berichtete Amirs Vater. „Da gab es auch Schmerzen in und über seinem linken Auge." Später habe der Bub dann auf dem linken Auge schlechter gesehen und „zwei Wochen danach gar nichts mehr; alles war nur noch schwarz". Daraufhin gab es abermals Infusionen und auch die Tagesdosis wurde erneut erhöht. Jetzt sei Amirs Augenlicht glücklicherweise wieder zurückgekehrt; der Junge sehe wieder recht gut, auch seine Motorik sei etwas besser. Mit dem Ausschleichen gehe man nun – unter Anleitung der Ärzte – behutsamer vor. Zur Zeit belaufe sich die Tagesdosis noch auf die oben angeführten 5 Tropfen. Insgesamt habe sich Amirs Zustand gebessert, sei „aber noch nicht 100%ig so wie früher". Seit der Cortisonbehandlung habe der Junge deutlich zugenommen und zeige Symptome eines angehenden sog. Cushing-Syndroms[6]. Darüber hinaus sei sein linkes Auge „immer etwas zugeschwollen"; er reibe häufig daran.

Vor fünf Wochen seien Vater und Sohn schon bei einem Homöopathen in ihrer Nähe gewesen, welcher Amir Gelsemium C200 verschrieben habe und Geranium robertianum in Urtinktur, beides jedoch ohne erkennbare Wirkung.

Ansonsten war folgendes in der Anamnese zu erfahren: Schwangerschaft und Geburt verliefen weitgehend unauffällig, bis auf drei Monate tägliches Schwangerschaftserbrechen. Im Säuglingsalter kam es ein paar Mal zu einer Windeldermatitis, „einem hochroten Feuerpopo, fast offen", welche mit herkömmlichen Cremes behandelt wurde. Außerdem war Amir ein sog. Speikind.

---

[1] MRI: Magnetic Resonance Imaging, Kernspin(resonanz)tomographie (MRT), ein bildgebendes Verfahren.

[2] Ataxie: Störung der Bewegungskoordination, des geordneten Zusammenwirkens von Muskelgruppen mit der Folge, daß z. B. der Gang torkelnd (Gangataxie), der Stand unsicher (Standataxie) wird.

[3] Babinski: ein Pyramidenbahnzeichen (im ersten Lebensjahr noch physiologisch).

[4] Hyperreflexie: Steigerung und Verbreiterung der Reflexe, Ausfall der Hemmung.

[5] Visus: Sehen, Gesichtssinn, Sehschärfe.

[6] Cushing-Syndrom: Krankheitsbild gekennzeichnet durch ein Überangebot von Glucocorticoiden (Cortison, Cortisol etc.).

Im Alter von etwa neun Monaten mußte ein Leistenbruch rechts operativ behoben werden. „Zwei Jahre danach ging es auch links los, wobei Eis half, so daß er diesmal nicht operiert zu werden brauchte." Auf Orangen reagierte Amirs Haut zeitweise mit einem roten, leichten Hautausschlag an den Wangen. Die oberen Schneidezähne seiner Milchzähne „waren schwarz", es gab schon frühzeitig Caries. Seine neuen Zähne waren in Ordnung, wiesen jedoch eine Zähnelung an den Schneidekanten auf, wie bei einem Messer mit Säge. Der Junge war eigentlich immer gesund und selten erkältet. „Er hatte noch nie hohes Fieber", wußte sein Vater zu berichten. „Höchstens mal erhöhte Temperatur." Er trinke gerne Eistee und gehe noch lieber zu McDonald's. Sein Schlaf sei gut; er bevorzuge die Rückenlage und halte die Hände nach oben. Bis zum Alter von sieben Jahren habe er nachts regelmäßig eingenäßt, was nun endgültig vorbei sei. Beim Einschlafen müsse im Korridor immer ein kleines Licht brennen, sonst fürchte er sich. Amir trug früher einen Ohrring aus Silber, welcher jedoch wegen des MRI herausgenommen werden mußte. Nun sei das Ohrringloch zugewachsen. An einem Fingerendglied gab es seit längerem eine Warze. Etwas Fußschweiß nur bei festem Schuhwerk. Amir habe auch öfter heftiges Nasenbluten, ganz spontan, ohne erkennbaren Grund, so wie sein Vater früher auch. Er besuche die erste Schulklasse und sei ein sehr guter Schüler, ja sogar der beste seiner Klasse. Er sei sehr ehrgeizig und wolle immer der Schnellste oder Beste sein, auch im Sport. An Impfungen gab es viele; alles Mehrfachimpfungen bis hin zu besagter Sechsfachimpfung vor gut einem halben Jahr.

Familiär kamen Migräne und sonstige Kopfschmerzen sowie Hautausschläge an den Händen mütterlicherseits vor und Rheumatismus väterlicherseits. Seine zwei Jahre jüngere Schwester fiel durch ihre kleine Körpergröße auf. An weitere Einzelheiten konnte sich der Vater nicht erinnern.

Das Ganze sieht – auch ohne detaillierte Medizinkenntnisse – ganz klar nach einem Impfschaden aus. Zum einen besticht der zeitliche Zusammenhang, und zum anderen sprechen die Formulierungen des zitierten Arztbriefes eine deutliche Sprache: „Aggressive Multiple Sklerose mit demyelinisierenden Herden; es handelt sich um zentromedulläre Entmarkungen mit sehr diskreter Raumforderungseinwirkung". Zu gut deutsch: *demyelinisierende Herde* – also mittels bildgebender Verfahren sichtbar gemachte hirnorganische Bereiche, welche eine *Rückbildung der die Nervenfasern schützenden Myelinschicht* (eine Art Hirnbindegewebe) aufweisen, was eindeutig auf eine *Encephalopathie* hinweist. Darüber hinaus die explizite Erwähnung von Entmarkungen in einem bestimmten Bereich des Gehirns (zentromedulläre Entmarkungen). Deutlicher geht es also nun wirklich nicht! *Unterbrechung und/ oder Rückbildung der Myelinschicht!* Woher sollte diese – bitte sehr – kommen als von den Impfungen? Und aus welchem Grunde sollte sich diese speziell so schnell manifestieren als durch die letzte Sechsfachimpfung? Erinnern wir uns, daß *Impfreaktionen bis hin zu schweren Impfschäden primär neurologischer Natur* sind und eine *demyelinisierende Encephalitis* zur Folge haben, also quasi einen Hardwarefehler im Gehirn provozieren. Der Fall von Amir ist so ein typischer Fall von demyelinisierender Encephalitis mit dem traurigen Resultat MS, weil eben hier die zentralen motorischen Regionen im Gehirn und der Sehnerv betroffen sind! Mit anderen Worten: Hier handelt es sich um eine *postvaccinale Encephalopathie*, eine Gehirnerkrankung, welche kausal im Gefolge von Impfungen entstanden ist. (Siehe hierzu auch das Kapitel *4.2 Impfreaktionen im Kleinkindalter.*)

Repertorisation: MS im frühen Kindesalter

ComRep V9.0

```
Nr.                              Symptome
 1 gemüt - furcht - dunkelheit, vor (22)
 2 allgemeines - sklerose - multiple (53)
 3 allgemeines - reaktionsmangel (84)
 4 modalitäten - impfung, nach (13)
 5 augen - lähmung - einfache - sehnerv (erblindung) (72)
 6 sehen - blindheit - vorübergehende blindheit (109)
 7 nase - nasenbluten (201)
 8 zähne - form, gezähnelte schneiden (5)
 9 abdomen - bauchdecken - hernie, leistenhernie (39)
10 anus - haut - hautausschläge um den anus (26)
11 harnblase - entleerung - unwillkürlich - nachts (bettnässen) (96)
```

Methode: Wertigkeit

```
                                   Symptome:          1 . . . . . . . . . 2 . . . . .
Nr. Arzneimittel  Neg     Wert     1 2 3 4 5 6 7 8 9 0 1 2 3 4 5 6 7 8 9 0 1 2 3 4 5
 1  Sulf          2       22       . 1 3 3 3 2 3 . 2 2 3
 2  Calc          2       19       2 1 3 . 2 2 3 . 2 2 2
 3  Caust         3       17       2 2 1 . 2 2 3 . . 2 3
 4  Nat-m         4       17       . 3 1 . 3 2 2 . . 3 3
 5  Phos          3       17       2 2 2 . 3 2 3 . 1 . 2
 6  Sil           4       17       . 1 . 3 3 3 2 . 2 . 3
 7  Lyc           2       16       2 1 2 . 2 2 2 . 3 1 1
 8  Med           3       16       2 1 3 3 . . 3 1 . 1 2
 9  Thuj          2       15       . 1 2 3 2 1 2 . 1 1 2
10  Merc          4       14       . 1 2 . 2 3 3 . . 1 2
11  Puls          6       14       2 . . . 3 3 3 . . . 3
12  Stram         5       14       3 . 2 . 3 3 1 . . . 2
13  Ars           4       13       . . 2 2 2 1 2 . . 1 3
14  Carb-v        5       13       2 . 3 . . . 3 . 2 1 2
15  Con           5       13       . 2 3 . 3 2 2 . . . 1
```

Arzneimittelwahl: Sulfur LM18, 1 Tropfen auf ein Glas Wasser, gut (d. h. mit Wirbel) umrühren (kein Metalllöffel!), davon nur einen Löffel voll einnehmen, den Rest verwerfen, alle drei Tage morgens. Die ersten Wochen einschleichend beginnen (d. h., zunächst nur einen viertel Teelöffel voll, später einen halben und schließlich einen ganzen, sofern keine größeren Reaktionen auftreten). Das Fläschchen vor Gebrauch 10-mal kräftig schütteln, beispielsweise gegen den Handteller klopfen.

Verlauf: Der erste Zwischenbericht nach fünfwöchiger Einnahme von Sulfur war ermutigend. Amir gehe es recht gut; er sei stabil und habe auch „schon ein paar Kilogramm verloren". „Er hat fast wieder Normalgewicht", so der erfreute Vater. Das Ausschleichen von Cortison sei seit zwei Wochen erfolgreich abgeschlossen. Amirs rechte Hand habe sich erholt und sei wieder „gut“, nur seine linke sei noch ein wenig schwächer, „aber auch schon besser als vorher“. Bislang habe es dreimal Nasenbluten gegeben; allerdings bescherte der Sommer in dieser Zeit gerade eine ausgeprägte Hitzewelle. Manchmal blinzele Amir mit seinem linken Auge. Ansonsten waren keine Beobachtungen zur Mittelwirkung zu verzeichnen.

Auch der Bericht nach vier Monaten Sulfureinnahme las sich durchweg positiv. „Es geht ihm gut. Zwar nicht zu 100 %, aber doch deutlich besser!“, so Amirs Vater. Zeitweise sei morgens ein Auge ein wenig verklebt. Auf dem linken Auge sehe der Junge nicht so gut; manchmal tue dieses auch weh, „alle zwei bis drei Wochen“. Aber trotzdem sei es besser als zu Beginn der Behandlung. In der Schule habe er etwas nachgelassen und sei nun nicht mehr der Klassenbeste. Das liege aber auch daran, daß er die deutsche Sprache nicht so gut beherrsche; er müsse öfter nachfragen. In „Mathe“ sei er jedoch weiterhin führend. Amir laufe jetzt wieder „normal“. Seine linke Hand sei aber noch nicht so stark wie seine rechte, doch die Koordinationsstörungen des linken Arms und Beins seien verschwunden. Allerdings habe er auf der ganzen linken Seite noch weniger Kraft. Die Krampfstellung seiner Hände sei weg. Amir könne wieder gut Fußball spielen und sei in seiner Vereinsmannschaft „voll im Einsatz“. Das Blinzeln mit dem linken Auge sei noch zeitweilig vorhanden, habe aber insgesamt nachgelassen. Nasenbluten trete nur noch ca. einmal im Monat auf. Amirs Haut sei sehr schön. Er habe auch seit längerem sein Normalgewicht wieder erreicht. Ein paar neue Zähne kämen unproblematisch durch. Das Ohrringloch sei noch zugewachsen, und ein wenig Fußschweiß gebe es immer noch.

Alles in allem eine sehr erfreuliche Entwicklung. Von manifester MS konnte jedenfalls keine Rede mehr sein. Trotzdem konnte die bisherige Behandlung noch nicht als abgeschlossen gelten. Aufgrund des Impfzusammenhangs und der stark sykotischen Belastung, welche sich auch familiär in dem Rheumatismus der väterlichen Blutsverwandtschaft und dem Zwergwuchs seiner kleineren Schwester manifestierte, wechselten wir nun zu Medorrhinum LM18, 1 Tropfen auf ein Glas Wasser, alle drei Tage; Einnahme analog zu Sulfur.

Auf weitere Einzelheiten des Gesamtverlaufs können wir hier leider nicht weiter eingehen. Auf jeden Fall tat ihm diese große sykotische Nosode mit stark ausgeprägtem tuberkulinischem Touch auch sehr gut. Wir ließen sie noch in der Potenz LM24 folgen und kamen anschließend nochmals auf Sulfur zurück, auch in der 24. LM-Potenz. Alle Symptome verloren sich schrittweise mit der Zeit. Nur einmal – gegen Ende von Sulfur LM24 – gab es noch ein letztes Aufblinken von motorischer Schwäche auf der linken Seite, von Kopf bis Fuß; „da konnte er für ein paar Tage sein linkes Bein und seinen linken Arm nicht so gut kontrollieren, und auch die linke Seite seines Bauches schien wie gelähmt zu sein“. „Wir dachten zunächst, es sei Grippe“, berichtete der

Vater. Doch Lachesis LM18, in chronischer Dosierung, brachte alles wieder in Ordnung. Monate später kam die gute Nachricht: „Jetzt ist wieder alles wie zuvor! Er ist wieder der Alte!"

5.3.3 Manifeste, schwere Fälle von MS

Zum Abschluß nun noch ein paar Werdegänge von manifesten, schweren Multiple-Sklerose-Fällen, mehr oder weniger stichpunktartig skizziert, ohne auf alle Details und die Behandlung einzugehen. Die Fälle werden nur insoweit beschrieben, wie sie für das Gesamtverständnis und die zentralen Aussagen dieses Werkes relevant sind.

Der erste Fall, den man als „Werdegang einer MS oder ‚wie man dazu gemacht wird'" bezeichnen könnte, handelt von einer Frau mittleren Alters, deren MS nunmehr seit ein paar Jahren progredient zunahm. Früher habe es immer einen schubförmigen Verlauf gegeben mit dazwischenliegenden Erholungsphasen, so die bedrückte Patientin. Bis vor knapp zehn Jahren habe sie regelmäßig Imurek[1], 100 mg täglich, genommen, ca. zehn Jahre (!) lang, davor auch längere Zeit Cortison! Und bis vor zwei Jahren sei sie noch voll erwerbsfähig gewesen und habe regulär gearbeitet; sie sei über die Jahre nur ganze dreimal wegen einer akuten Krankheit ausgefallen. – Beim Sprechen fiel ihr vermehrter Speichel in den Mundwinkeln auf.

Im Alter von 22 Jahren mußte sie wegen einer akuten Sehnerventzündung für zwei Wochen stationär mit Cortison behandelt werden. Zuvor war sie nach einem anstrengenden Nachtdienst Skifahren in gleißender Sonne. Am nächsten Tag konnte sie dann an den Geräten an ihrem Arbeitsplatz nichts mehr ablesen ohne dabei Schmerzen zu empfinden. Beim Augenarzt habe sie schließlich nur noch hell und dunkel sehen können.

Im darauffolgenden Jahr kam es zu „schlimmem stundenlangen Erbrechen wie nie zuvor in meinem Leben". Sogar jedes bißchen Flüssigkeit kam postwendend wieder hoch, so daß sich die Einweisung in eine Klinik nicht vermeiden ließ. Laut den Ärzten bestand der Verdacht auf Morbus Ménière[2], was sich später dann nicht bestätigt hat. Jedenfalls bestand die Therapie aus mehrtägigen Infusionen.

Drei Jahre später sei sie Mutter geworden. Nach der Geburt überkam sie eine große Schwäche in den Armen, welche ca. ein halbes Jahr lang anhielt. „Ich hatte Panik, denn ich dachte immer, ich lasse mein Kind fallen." Sie war in dieser Zeit froh, wenn sie sich hinsetzen konnte, denn sie war seitdem auch

[1] Imurek: Ein sog. Immunmodulator, d. h. ein Medikament, welches Abstoßungsreaktionen verhindern soll und bei Organtransplantationen sowie Autoimmunkrankheiten eingesetzt wird oder wenn eine Cortison- oder andere Standardtherapien nicht ausreichend wirksam sind. (gemäß Arzneimittelverzeichnis „Rote Liste 2005")

[2] Morbus Ménière: anfallsweiser Drehschwindel mit Übelkeit und Erbrechen, fluktuierender Innenohrschwerhörigkeit und subjektiven Ohrgeräuschen. Vestibularisschwindel.

von ihrem Allgemeinbefinden her relativ schwach. In demselben Jahr traten auch Mißempfindungen in den Beinen auf, „wie ein Belag oder Schutzschild über den Beinen hoch bis zur Hüfte“. Darüber hinaus beschrieb sie ein „Gürtelgefühl um ihren Bauch und Hüften, wie eine Einschnürung“. Beides währte ein viertel Jahr lang und kam jeweils ein bzw. zwei Jahre später kurzzeitig zurück.

Später – bei einer erneuten leichten Sehnerventzündung – gab es dann die Diagnose MS und zunächst Cortison, im weiteren Verlauf, wie bereits erwähnt, das „Immunsuppressivum“ Imurek. In den folgenden Jahren traten „alle drei Jahre kleinere Schübe auf mit Stolpern und Schwierigkeiten beim Gehen“. Meistens kurz vor Weihnachten und im Frühjahr. „Nach einen Schub ging es dann wieder, aber insgesamt habe ich an Kraft und Ausdauer verloren.“ Jahrelang war nur die linke Seite betroffen; jetzt sei die Ataxie rechts verstärkt.

Im Juli vor vier Jahren kam es dann „unerklärlicherweise“ ganz spontan zu einem großen Schub mit Teillähmungen, von dem sich die Frau nicht mehr erholte. „Von nun an gings’s bergab“, wie sie sich mit dem bekannten Knef-Zitat ausdrückte. Doch bei der homöopathischen Lebensanamnese stellte sich dann heraus, daß sich die gute Frau einen Monat zuvor, im Juni, gegen Hepatitis A hatte impfen lassen! Und weitere drei Jahre davor gegen Hepatitis B! Des weiteren gab es in der Vorgeschichte Antibiotikabehandlungen wegen einer Lungenentzündung, einer Nierenbeckenentzündung und einiger Blasenentzündungen. Außerdem plagte die Frau „zwischen Herbst und Frühjahr“ regelmäßig eine rezidivierende Bronchitis mit anhaltendem Husten, bis hin ins Erwachsenenalter, selbstverständlich nicht unbehandelt. Darüber hinaus lange Zeit schwere Migräneattacken etc. pp. – Alles in allem also *Immunsuppression par exellence seit jeher* und dazu die akuten *Impfungen in der jüngsten Vergangenheit*, die das Faß endgültig zum Überlaufen brachten. … Jedenfalls konnte sich die Frau seit ein paar Monaten ohne Gehhilfe kaum noch in der Senkrechten halten und war auf einen Rollstuhl angewiesen.

Die kurz skizzierte Geschichte einer anderen Patientin, 37 Jahre alt: Diagnose MS seit etwa zehn Jahren. Im Februar vor zehn Jahren, während einer extrem stressigen Zeit mit beruflicher Umorientierung und Weiterbildung sowie Hausbau, Hörsturz, mit Infusionen behandelt. Im August dann erstmals Kribbeln in den Beinen und Doppelbilder beim Sehen. Hochdosierte Cortison-Stoßtherapie. Zwei Jahre später wieder Doppelbilder; wieder Cortison. Weitere zwei Monate später erneut Kribbeln in den Beinen; nochmals Cortison. Ende desselben Jahres Kribbeln in der linken Hand; Cortison. Ein halbes Jahr später Koordinationsstörungen im linken Bein, „es war etwas unkontrolliert“; erneut Cortison. Während der Schwangerschaft, zwei Jahre später, Parästhesien beider Beine, mit 1.000 mg Corison behandelt. Nach der Geburt ihres Kindes erneute Sensibilitätsstörungen mit „weniger Gefühl in den Beinen“. Ein Jahr später auf dem rechten Auge fast blind, was mit fünf Gaben hochdosiertem Cortison (jeweils 1.000 mg) wiederum unterdrückt und unauffällig wurde. Ein weiteres Jahr später starke Gangstörungen mit ausgeprägter Fußheberschwäche links; deshalb Absetzen des Medikamentes Copaxone[1], welches die Frau bereits neun Monate lang genommen hatte. Denn *erst seit Copaxone wurden sowohl die Koordination der Beine als auch der Gang schleichend schlechter*, wie die Frau mir versicherte. Zuvor habe es ein jedes Mal – wie in dem obigen Fall auch – „nur Schübe gegeben, danach war aber alles wieder o. k.“.

Ein Jahr nach dem Absetzen dieses Immunmodulators dann das Interferon-Präparat Avonex, einmal die Woche eine Spritze, nunmehr seit etwa sieben Monaten, mit dem fragwürdigen Erfolg: „Am Tag darauf geht es immer deutlich schlechter, schwere Beine, Gangstörungen …“. Zu Anfang der Behandlung kam es auch zu akutem Schüttelfrost nebst Fieber, was mit Paracetamol beherrscht wurde. „Aus diesem Grund erhalte ich jetzt vorsorglich eine halbe Paracetamol vor jeder Interferonspritze und außerdem jeden Abend vor dem Ins-Bett-gehen.“

Vor vier Monaten Verkehrsunfall mit dem Bruch beider Sprunggelenke. „Das Gehen wurde erst seit dem Unfall kontinuierlich schlechter, so daß ich jetzt immer noch auf Krücken angewiesen bin“, so die Patientin. Sie war der festen Überzeugung, daß ihre MS erst durch den Autounfall so richtig manifest ausgebrochen sei. Deshalb erhielt sie unlängst eine vorerst letzte Cortison-Stoßtherapie von 1.000 mg. Und so weiter und so fort … – Doch der Unfall war und kann es nicht gewesen sein! Wirklich nicht! Höchstens indirekt, denn die unglückliche Frau erhielt *nach ihrem Unfall* – wie kann es anders sein – eine *Tetanusimpfung*! Genauer gesagt sogar eine Tetanus-Passivimpfung mit Immunglobulinen und gleichzeitig eine Tetanus-Diphtherie-Impfung als „Aktivimmunisierung[2]“; also im Prinzip drei Impfungen gleichzeitig! Seither wurde alles so dramatisch schlimm, d. h., seither verlief alles nicht mehr in kleinen reversiblen Schüben, die nach alter Manier immer wieder „niedergebügelt“ wurden, sondern jetzt gab es eine *Verschlechterung auf der ganzen Linie, ohne jegliche Remissionen*!

Wie empfindlich die Frau auf jegliche grobstoffliche Medikamente reagierte, zeigt sich auch daran, daß sich ihr linkes Bein nach einer Zahnwurzelbehandlung, bei der ihr der Zahnarzt eine lokale Betäubungsspritze verabreichte, schlagartig verschlimmerte und deutlich an Kraft verlor! Die Frau sprach hierbei schon wieder von „Schub“, wobei sie offensichtlich vergaß, daß die Medikamentenwirkung für die Verschlechterung ihres Zustandes verantwortlich zeichnete. … Und schließlich offenbarte der nachträglich vorgelegte Impfpaß außerdem, daß die Frau etwa zwei Jahre vor ihrem anfängli-

---

[1] Copaxone: Immunmodulator bei „schubförmig remittierender Multipler Sklerose“. Hat gemäß Arzneimittelverzeichnis „Rote Liste 2005“, wie alle Immunmodulatoren, extrem viele Nebenwirkungen.

[2] Immunisierung: Hier (und an späterer Stelle) bewußt in Anführungsstrichen gesetzt, da dieser Begriff suggeriert, daß eine Immunisierung via Impfungen möglich sei.

chen Hörsturz eine Dreifachimpfung gegen Diphtherie, Tetanus und Polio wegen einer Reise in die Karibik erhalten hatte. Also auch dort – zu Beginn des gesamten Krankheitsverlaufes – ein wohl kausaler Zusammenhang, der sich kaum verleugnen läßt.

Und nun die vorläufig letzte Geschichte, die Geschichte eines jungen Mannes von 39 Jahren. Er war Sportler und fuhr jeden Winter ausgiebig Ski. Er hatte vor 13 Jahren das erste Mal eine Schwäche gefühlt, im Februar beim Skifahren in den Beinen. Und im Sommer beim Joggen „kippten beide Beine im Sprunggelenk nach innen". Auf gerader Fläche tendierte er unerklärlicherweise zum Stolpern. Ein Jahr später war das Skifahren bereits „eine Katastrophe". „Ich hatte keine Kraft mehr in den Beinen und hatte deshalb eine Pause in der Sonne eingelegt. Danach konnte ich nicht mehr abfahren", erinnert sich der junge Mann. Dazu kam ein Brennen in den Oberschenkeln. Noch in demselben Monat stand die klinische Diagnose fest: Multiple Sklerose. Daraufhin Konsultation bei einer Gesundbeterin; es wurde nach ein paar Monaten vorübergehend etwas besser. Jedoch kontinuierlich schleichende Verschlechterung von Jahr zu Jahr. Zwei Jahre später massiver Drehschwindel („Vestibularissymptomatik", Morbus Ménière), sogar im Liegen, hochdosiert mit Cortison behandelt. Vor ein paar Wochen abermals.

In der Anamnese stellte sich dann heraus, daß der Mann unmittelbar vor dem ersten Schwächeanfall vor 13 Jahren zwei FSME-Impfungen erhalten hatte, eine im Dezember und eine im Januar, ca. drei Wochen vor besagtem Skiurlaub! – Es klingt ja schon fast langweilig; aber so ist nun leider einmal der Werdegang und die Kausalität, die es in der homöopathischen Praxis immer wieder zu erfahren gibt! – Darüber hinaus gipfelt das Ganze noch dahingehend, daß der Patient sieben Jahre zuvor schon einmal Sensibilitätsstörungen an seinen Händen gehabt hatte. Wie er sich erinnern konnte, fühlten sich jene damals für längere Zeit pelzig an, was aber nicht weiter über Gebühr beachtet, geschweige denn behandelt wurde. Und auch schon damals gab es einen Impfzusammenhang, kristallisierte sich jetzt heraus! Und zwar bezüglich einer Hepatitis B-Impfserie (drei Impfungen innerhalb eines halben Jahres) und einer zwei Monate zuvor verabreichten Tetanusimpfung!!

Damit dürfte wohl auch dem letzten Mohikaner klar geworden sein, daß sich *die Impfungen über das gesamte Leben hinweg akkumulieren* (ähnlich wie das bei der Röntgenstrahlenbelastung der Fall ist), indem sie die *Miasmen* – dramatisch akut oder aber zunächst kaum wahrnehmbar schleichend – *exorbitant verschärfen*. Aus diesem Grunde kann mit der Zeit schon eine einzige Impfung das Faß zum Überlaufen bringen und die Miasmen aus ihrem Dornröschenschlaf, ihrer natürlichen Latenzphase, reißen.

Jedenfalls konnte der Mann zwei Jahre nach Diagnosestellung nur noch mit einer Einhandgehstütze laufen. Auch auf zwischenzeitliche Cortisonstoßtherapien (fünfmal 500 mg bzw. später auch fünfmal 1.000 mg) bei akuten Schüben sowie eine einjährige Interferontherapie konnte er zurückblicken, welche ihm „gar nicht gut getan hatte". In deren Gefolge traten nämlich zusätzlich psychische Probleme auf mit „Traurigsein, Weinen und Sichhineinsteigern“, welche er vorher nie gekannt hatte. Und Copaxone, mit der gleichen Erfahrung wie bereits oben beschrieben, nämlich daß sich nach der Spritze die Ataxie am nächsten Morgen deutlich verschlimmerte, erhielt er seit nunmehr vier Jahren. Des weiteren litt der Mann an akuten Empfindungsstörungen im Genitalbereich und an einer „erektilen Dysfunktion“, wie er sich ausdrückte.

Auch in diesem Fall erfreute sich der Mann vor den Impfungen – bei oberflächlicher, nicht-homöopathischer Betrachtung – guter Gesundheit. Doch die Miasmen befanden sich nur in einer (recht tückischen) Latenzphase, waren also in ihrer gesamten Intensität dennoch vorhanden. Erst durch die verabreichten FSME-Impfungen wurden sie überdimensional aktiviert.

Selbstverständlich gab es in allen drei Fällen noch diverse miasmatisch relevante Symptome, welche allerdings hier nicht weiter verfolgt werden können. Es ging uns ja primär nur darum, ob MS wirklich zufällig und unvorhergesehen, quasi über Nacht, über einen hereinbricht, also einen regelrecht überfällt, wie in dem eingangs angeführten Brief behauptet wurde.

Grundsätzlich gesehen sind derart schwere Fälle von Multipler Sklerose ungleich schwerer mit bleibendem Erfolg zu behandeln, ganz besonders wenn sie schon sehr lange bestehen und weit fortgeschritten sind sowie Gewebszerstörungen eingetreten sind. Denn dann handelt es sich – gemäß der Kent'schen Terminologie – um sog. „Endzustände“, bei denen man nur noch palliativ helfen kann, jedoch kaum die Möglichkeit einer echten, vollständigen Heilung, einer Restitutio ad integrum, besteht.

5.3.4 MS – doch eine Krankheit mit System?

Wenn man all diese Beispiele, die exemplarisch für viele andere stehen, Revue passieren läßt, kann man sich des Eindruckes nicht erwehren, daß eigentlich alles recht ähnlich und schleichend begonnen hat und darüber hinaus anfänglich auch relativ „harmlos“ war – wie in den beiden zuvor ausführlich behandelten Fällen von Désirée und Amir. Die aufgetretenen Beschwerdebilder wurden bei den letzten Kasuistiken jedoch stets konventionell behandelt und mittels grobstofflicher Medikamente regelrecht „niedergeprügelt“ bzw. – mit der homöopathischen Brille betrachtet – fortwährend unterdrückt, so daß die ganz schwerwiegenden Störungen einer manifesten MS erst in der Folge auftreten konnten. So läßt sich immer mehr erahnen, daß die Betroffenen durch die doktrinäre, heroische Therapie *mit der Zeit erst zum richtigen MS-Patienten, im klassischen Sinne, „künstlich“ gemacht werden*, mitsamt seinen sensiblen und motorischen Störungen, mit seinen Lähmungen und diversen anderen Ausfallerscheinungen.

Vor einem miasmatisch ausgeprägten Hintergrund wird fleißig geimpft und weitergeimpft, ohne Rücksicht auf Verluste, und damit ohne Ende zusätzlich miasmatisiert bzw. miasmatisch verschlimmert, sowie weitere Immunsuppression durch schwer verträgliche Medikamente mit vielen Nebenwirkungen betrieben. Je nach miasmatischer Prädisposition und individueller Schwachstelle des einzelnen kann somit eine handfeste MS – oder erste Ansätze und Vorboten derselben – schrittweise manifest werden oder nicht. So jedenfalls lesen sich all die Anamnesen, Beobachtungen, Gespräche und Erlebnisberichte aus meiner homöopathischen Praxis heraus, ohne Ausnahme.

Die schulmedizinischen Eingriffe und schweren Medikamente verschärfen und verschlimmern die jeweilige Situation; das kann man bei jedem einzelnen Fall eindeutig nachempfinden! Erst mit der Zeit, mit zunehmend grobstofflicher Behandlung, kommt es zu diesen Lähmungen und im weiteren Verlauf auch zu den allerseits so gefürchteten *Schüben*, die ja eigentlich – *gemäß der Zweiphasigkeit der Erkrankungen – vom Prinzip her Heilreaktionen sind*, so fremd sich dies im ersten Moment auch anhört. Sie sind zwar äußerst unangenehm mit ihren Mißempfindungen und Schmerzen sowie ihrer einhergehenden großen Schwäche, aber während dieser Zeitspanne imponiert stets eine deutlich bessere Beweglichkeit der Extremitäten. Das haben mir jedenfalls die Patienten immer wieder berichtet.

Vielleicht sollten wir einmal der Frage nachgehen, was es mit so einem MS-Schub – im biologischen Sinne – eigentlich auf sich hat. Laut herkömmlicher Medizin wird der MS-Schub ja stets als etwas Negatives und Verschlimmerndes angesehen, was es zu bekämpfen gilt. Aber stimmt diese Ansicht wirklich? Ist so ein sog. Schub wirklich eine Verschlimmerung des Gesamtzustandes? – Das Gegenteil scheint der Fall zu sein, wie sich aufgrund von vielen Fallanalysen immer wieder erahnen läßt! Auf genaues Nachfragen bei den verschiedensten Patienten ging es diesen während eines Schubes hinsichtlich ihrer Motorik und Beweglichkeit stets besser. („Meine Spastik hat sich gelockert".) Sie hatten jedoch Schmerzen vergesellschaftet mit einer extrem großen Mattigkeit, Müdigkeit und Schwäche, teilweise so stark, daß sie sich kaum auf den Beinen halten konnten, was zusammen jedes Mal hemmungslos und unerbittlich mit Cortison oder ähnlichem unterdrückt wurde! Gemäß der Zweiphasigkeit der Erkrankungen scheint es sich jedoch hierbei um einen Heilungsversuch des Körpers in der tiefsten Dauervagotonie zu handeln, womit auch die extreme Schlappheit gut zu erklären ist! Das bedeutet ein Sich-Aufbäumen des Gesamtorganismus Richtung Gesundheit und ist der Ansatz einer echten Remissionsphase, die nicht torpediert werden darf. Die Mißempfindungen (beispielsweise ein starkes Hitzegefühl in den Füßen: „Ich laufe nur noch barfuß zu Hause!") und Schmerzen sind Indikator dafür, daß die einzelnen Extremitäten und Organbereiche langsam wieder mit Leben erfüllt werden. Und genau dies kann nun einmal nicht ganz ohne Schmerzen, Parästhesien und ähnlichem ablaufen, denn die Schwannschen Nervenscheiden, die Myelinscheiden der Nerven, müssen sich wieder schrittweise ausbilden, um mit der Zeit ihre natürliche Funktion (z. B. die saltatorische Reizweiterleitung) übernehmen zu können.

Diese zarten Versuche der Wiederbelebung dürfen selbstverständlich keinesfalls grobstofflich oder anderswie unterdrückt werden! „Da muß man durch", ist man geneigt zu sagen, u. U. mit homöopathischer Begleitung, um den Organismus in seiner Regulationsfähigkeit gezielt zu unterstützen bzw. zu stärken. Nach einem mit Cortison behandelten Schub resultiert dagegen fast immer eine Verschlechterung des Gesamtzustandes („Nach Cortison habe ich mich immer schlechter gefühlt.") – die Schwäche verschwindet, dafür werden aber die Gliedmaßen wieder spastischer, u. U. mehr als je zuvor, etc. pp. –, da die vagotone Heilungsphase unerbittlich niedergedrückt und somit das zarte Pflänzchen eines Heilungsversuchs grausam zertreten wird. Was bedeutet: Zurück in die Dauersympathikotonie, d. h. zurück zum Anfang; Heilungsversuch ade!

Somit kann es ohne das Durchlaufen von sog. Schüben – welche in Ruhe gelassen werden müssen, d. h. nicht unterdrückt werden dürfen, bzw. welche, neben einer chronisch homöopathischen Behandlung höchstens akut-homöopathisch unterstützt werden sollten – keine echte Heilung geben, weil es sich ja eigentlich um gar keine echten MS-Schübe – im Sinne von stetiger Verschlechterung – handelt, sondern um *Heilungsschübe mit ihren typischen vagotonen Symptommanifestationen* in den entsprechenden Organbereichen. Dies wird jedoch von den meisten heutigen Medizinern leider nicht verstanden und demzufolge als schlimm fehlinterpretiert! Mit der Zeit – nach vielen derartigen Schüben, die jeweils mit den entsprechenden immunsuppressiven Mitteln unterdrückt wurden – kann es dem Patienten nur zunehmend schlechter gehen und ab irgendeinem Zeitpunkt gibt es kaum ein Zurück mehr. Gehhilfe bzw. Rollstuhl für immer! – Eine strenge Logik, die nur schwer zu widerlegen ist, kommt sie doch indirekt von den Betroffenen selber (wenn man nur genau zuhört).

Möge ein jeder selbst urteilen und sich eine eigene Meinung bilden! Aufgrund der langjährigen Beobachtungen aus meiner homöopathischen Praxis heraus erhalte ich aber eine immer klarere Vorstellung davon, daß die Leute erst durch die vielen Impfungen und immunsuppressiven Behandlungen (wie Cortison, Antibiotika, Interferon, Immunmodulatoren etc.) zu wirklichen MS-Patienten werden. Die MS kommt somit doch nicht so urplötzlich, zumindest nicht ohne Logik und ohne Ursachen und Zusammenhänge! Der panikmachende Satz „MS – eine Krankheit, die jeden zu jeder Zeit treffen kann" scheint also nicht so ganz der Wahrheit zu entsprechen, um es vorsichtig bzw. moderat auszudrücken. Es müßte aller Wahrscheinlichkeit nach eher heißen: „MS – eine artifizielle Krankheit der Moderne".

Allein ein Blick in das Arzneimittelverzeichnis „Rote Liste" genügt, um etwas Klarheit bzgl. der Nebenwirkungen von Interferon-Präparaten und MS-Zusammenhängen zu erhalten. Schon hier müßte einem einiges klarer werden, selbst einem Laien, ohne über große Kenntnisse der Medizin zu verfügen! Denn hier sind an Nebenwirkungen u. a. aufgeführt: zentralnervöse Störungen wie tiefste Depressionen, Verwirrtheit, Benommenheit, Koma, zerebrale (durch das Gehirn ausgelöste) Anfälle, aber auch Sensibilitätsstörungen wie Verminderung des Tastgefühls, Parästhesien (krankhafte Empfindungen wie beispielsweise Kribbeln, Taubsein), Sehstörungen, Haarausfall, Kopfschmerzen, Herzinsuffizienz, Herzarrythmie, Veränderungen des Blutdruckes und vieles mehr. Im Prinzip alles Symptome, die bei der Multiplen Sklerose im späteren Stadium auftreten! – Ich denke, allein diese Aufstellung, die bei weitem umfangreicher wäre, wenn man die Corticoide (Cortison etc.) und die Sparte der Immunmodulatoren mit hinzunähme, spricht eine deutliche Sprache und beantwortet schon eine Vielzahl von immer wieder kehrenden Fragen.

Vor all diesem Hintergrund klingt die Zeitungsmeldung („Weilheimer Tagblatt" vom 14. 9. 2005) „Pille schützt vor Multipler Sklerose – US-Forscher haben herausgefunden, daß die Antibabypille nicht nur Schwangerschaften verhütet, sondern auch das Risiko senkt, an Multipler Sklerose zu erkranken. Durch die Östrogene reduziere sich die MS-Gefahr um etwa 40 %, hieß es. Untersuchungen an mehr als 1.000 Frauen hätten ergeben, daß die Östrogene die Entstehung und den Verlauf der Krankheit verzögern, schreiben Wissenschaftler von der Harvard[1] School of Public Health in Boston in der Fachzeitschrift ‚Archives of Neurology' ..." mehr als fragwürdig, ja sogar geradezu lächerlich. – Schade, daß noch keiner auf die Idee gekommen ist, auch Männern systematisch die Pille zu verschreiben!

5.4 Neigung zu Infekten

Ein anderes, sehr ernst zu nehmendes Thema unserer Zeit ist die Neigung zu Infekten. Diese Thematik betrifft zunehmend mehr Menschen, ob Jung oder Alt. Neigung deswegen, weil es sich hierbei nicht um irgendwelche singulären Krankheiten handelt, welche nur sporadisch auftreten und dann nie wieder in Erscheinung treten, sondern um immer wiederkehrende Unpäßlichkeiten, bei denen nur ein kleiner Auslöser genügt, um das Faß zum Überlaufen zu bringen. Beispielsweise sind Mittelohrentzündungen oder Mittelohreiterungen im frühen Kindesalter – durchaus bis zu 10-mal im Jahr und mehr – oder rezidivierende eitrige Mandelentzündungen mit extrem schmerzhaften Schluckbeschwerden, so daß Antibiotika – die Standardmedikation der heutigen pharmahörigen Hochschulmedizin – „erforderlich werden", keine Seltenheit. Auch der Krupphusten oder die spastische Bronchitis gehören hierhin. Die Erwachsenen haben vielfach mit ihren Nasenneben- und/oder Stirnhöhlen (Sinusitis) oder mit ihren Bronchien zu tun, teilweise sogar bis hin zu gravierenden Beschwerden hinsichtlich ihrer Lungen. Auch das häufige Auftreten von Blasenentzündungen – beispielsweise beim geringsten Kältereiz – nimmt progressiv zu, ja diese sind sogar schon im zarten Kindesalter recht häufig anzutreffen. Oder sog. aufsteigende Infekte, von der Blase hin zu den Nieren

[1] Harvard: eine der renommiertesten Elite-Universitäten der USA, notabene.

(Nieren- oder Nierenbeckenentzündung); weiterhin Eierstockentzündungen, Bindehautentzündungen bei jedem Luftzug oder rezidivierende fieberhafte Infekte ohne weitere Symptome. Andere Mitmenschen „husten sich in der kalten Jahreszeit monatelang regelrecht die Lunge aus dem Hals“ oder sie „erwischt es“ alle paar Wochen mit einem handfesten, sehr hartnäckigen Schnupfen bis hin zu fiebrigen, grippalen Infekten mit Kopfschmerzen, Gliederschmerzen, teilweise sogar mit Urtikaria (Nesselsucht) und extremem Juckreiz und vielen weiteren einschlägigen unangenehmen Symptomen. Oder es treten gehäuft Magen-Darm-Beschwerden auf mit Durchfällen, Erbrechen oder gar Brechdurchfällen, im Kindesalter häufig mit einer Blinddarmreizung vergesellschaftet. „Es geht ein Virus um“ oder „ich habe ein Virus aufgeschnappt“ bzw. „mein Kind hat es aus dem Kindergarten mitgebracht und nun die ganze Familie angesteckt“ oder „wir alle sind extrem anfällig für alles, was in der Luft liegt“ bekommt man dann oft zu hören. Doch – es wird mitnichten jeder krank! Manche Zeitgenossen sogar nie, obwohl diese auch Kontakt zu dem „bösartigen Virus“ gehabt haben müssen, da sie beispielsweise mit derselben S-Bahn oder demselben Bus gefahren sind bzw. an demselben Arbeitsplatz waren oder in denselben Kindergarten bzw. dieselbe Schule gegangen sind.

Genaue Beobachtungen zeigen, daß dieses Szenario sich nicht immer so abspielte und daß ein derart gehäuftes Auftreten von Infektionen mit grobstofflicher Manipulation zu tun hat, also hauptsächlich artifizieller Natur ist. Das heißt im Klartext: Die Vielzahl der Impfungen und das Thema der Unterdrückung zeichnen verantwortlich für den exorbitanten Rückgang unserer Volksgesundheit. – Das Coupieren von Krankheitserscheinungen durch lokale Maßnahmen ist ja heutzutage leider immer noch gang und gäbe! – Dies alles ist nur vor dem Hintergrund ausgeprägter miasmatischer Belastungen zu verstehen, welche durch die modernen Errungenschaften unserer Hochschulmedizin verschärft werden, wie wir weiter oben hinreichend genug diskutiert haben. Es ist immer wieder dasselbe Lied: eine gewisse, erblich bedingte, miasmatische Grundbelastung, welche durch obige Manipulationen verschärft oder sogar um zusätzliche miasmatische Komponenten erweitert wird und sich nun – je nach Schwachstelle des jeweiligen Organismus und je nach Miasmenkomplexität und -dominanz – hier oder dort mehr oder weniger dramatisch manifestiert.

Versuchen Sie einmal der Sache auf den Grund zu gehen und hinterfragen Sie alles, was mit der Neigung zu Infekten in Zusammenhang zu bringen ist! Beispielsweise in Ihrem kleinen Umfeld: in Ihrer Verwandtschaft oder Bekanntschaft. Gutes Beobachten, besonders der Wochen oder Monate um den Zeitpunkt ihres Beginns, helfen da häufig weiter und lassen kausale Zusammenhänge in Erscheinung treten. Sie werden feststellen, daß schon im frühesten Kindesalter, aber durchaus auch in jedem anderen Alter, Antibiotikumtherapien und andere immunsuppressive Behandlungen sowie vorschnelle Operationen (z. B. der Mandeln, Polypen oder des „Blinddarms“) und ganz besonders die heutigen Impfungen eine zentrale Rolle hinsichtlich Kausalität bzgl. einer Infektneigung spielen. Auch wenn Sie nicht gleich mit „kausal“ konform gehen können, so wird sich Ihnen aber auf jeden Fall ein enger zeitlicher Zusammenhang aufdrängen. Achten Sie einmal darauf, was sich beispielsweise bei Säuglingen ab dem dritten Lebensmonat in gesundheitlicher Hinsicht oder hinsichtlich ihres Wesens (wie Fröhlichkeit, Ausgeglichenheit, Kontaktaufnahme, Blickkontakt, guter Appetit, guter Schlaf, ausgewogener Tag-Nacht-Rhythmus, Ängste, koordinierte Bewegungen etc. pp.) verändert, ab dem Zeitpunkt, an dem die Impfprogramme ihren Lauf nehmen!

Selbstverständlich lassen sich all diese akuten Krankheiten durch die Klassische Homöopathie gut behandeln. Der Vorteil gegenüber dem – leider heute noch üblichen – herkömmlichen lokalen Therapieansatz ist der, daß *mit der Natur* geheilt und nicht gegen natürliche Abläufe grobstofflich opponiert wird, wodurch es kaum zu Unterdrückungen kommen kann, welche – man kann es nicht oft genug wiederholen – das chronische Gesamtgeschehen verschärfen würden, da sie die eigentliche Ursache für weitere Komplikationen sind. Doch auch bei einer sanften homöopathischen Akutbehandlung wird sich die Krankheit nach einer gewissen Zeit wieder zurückmelden, denn bei dieser handelt es sich ja – streng genommen – um eine *akute Exacerbation eines tieferliegenden chronischen Geschehens,* eines Miasmas. Eine akute Similebehandlung kann demnach nur palliativ wirken, dem Patienten also nur für einen relativ kurzen Zeitraum Ruhe verschaffen, und nicht grundlegend heilend; die Neigung zu erkranken wird hierdurch in keiner Weise genommen. *Eine echte Heilung ist nur dann zu erzielen, wenn die zugrundeliegenden chronischen Grundkrankheiten, die Miasmen, mittels einer chronischen antimiasmatischen Kur abgetragen werden.* Erst dann wird sich mit der Zeit dauerhafte Gesundheit von Grund auf einstellen, so daß es zu keinen weiteren akuten Exacerbationen kommt. Oder anders ausgedrückt: Durch das Eliminieren der vorliegenden Miasmen mittels einer chronisch-homöopathischen Behandlung wird die Neigung zu bestimmten Krankheiten vollständig getilgt, so daß Akutbehandlungen in dieser Hinsicht nicht mehr erforderlich werden.

5.4.1 Neigung zu eitrigen Mittelohrentzündungen

Sepp, ein Junge von 7 Jahren, leidet seit Jahren an rezidivierenden Mittelohrentzündungen und grippalen Infekten, mehrmals im Jahr. Schon im Alter von sechs Monaten hat er das erste Mal Antibiotika erhalten, doch ohne anhaltenden Erfolg. Das heißt, die Antibiotika haben den jeweiligen akuten Prozeß sehr wohl zum Stoppen gebracht, doch die Neigung zu Mittelohrentzündungen war damit keinesweg genommen. Im Gegenteil! Seit vier Jahren gab es nun Flüssigkeit hinter dem Trommelfell, einen sog. Paukenerguß, beidseitig und dauerhaft. „Sepp hat dann Buchstaben nachlernen müssen, weil er so schlecht hören konnte“, so die besorgte Mutter. Ein Jahr später dann die erste Operation: das Einsetzen von Paukenröhrchen zwecks Paukenhöhlendrainage. Diese wurden später, nach etwa drei Monaten, vom HNO-Arzt wieder entfernt; dabei wurde der verbliebene Erguß abgesaugt, „doch nach dem nächsten Schnupfen sind Sepps Ohren wieder vollgelaufen".

Die nächsten Versuche, der Sache Herr zu werden, bestanden in Heilmagnetismus, Komplexmittelhomöopathie sowie Ohrkerzen, was jeweils ein wenig half, jedoch das chronische Problem in keiner Weise berührte, denn der nächste Erguß stellte sich mit dem nächsten Schnupfen wieder ein. So sollte erneut operiert werden. Daraufhin Arztwechsel und andere schulmedizinische Behandlungen. Ohne Erfolg. Zurück zum ersten Arzt. Auf einer Seite war das Trommelfell mittlerweile eingezogen, „sozusagen festgepappt", wie die Mutter mir erklärte. Aus diesem Grund ließ sie sich erneut zu einer Operation überreden, wobei die eingesetzten Paukenröhrchen diesmal ein halbes Jahr drin bleiben sollten. Stand der Dinge war also der, daß Sepp seit etwa vier Monaten wieder Paukenröhrchen hatte.

Bei jeder Erkältung verschlechterte sich sein Zustand zusehends, und das, obwohl Sepps Erkältungen gar nicht so heftig abliefen und „kaum merkbar waren"! Kein Fieber, kein gelber Nasenschleim; nur eine verstopfte Nase. Dafür jedoch im Gefolge immer ein langwieriger Erguß im Ohr, so daß sein Hörvermögen stark eingeschränkt war. Insgesamt gesehen hatte die Anfälligkeit für Erkältungen allerdings seit ca. dem 5. Lebensjahr etwas abgenommen.

Ansonsten war der Bub sehr empfindlich auf kalten Wind; da fror es ihn leicht. Als Säugling hatte er immer nachts geschwitzt. „Oft hatte er ganz nasse Haare." Mit einem halben Jahr gab es den ersten Schnupfen mit gelbem Sekret. Kurz danach gelb verklebte Augen, eine eitrige Bindehautentzündung. Dies sei die ersten Lebensjahre des öfteren vorgekommen. Schon kurz nach der Geburt, mit 1½ Tagen, die erste Infektion, jedoch unklarer Genese, d. h., die Ärzte wußten nicht, was es war und woher diese kam. „Sepps Blutwerte stimmten nicht. Er war blaß, sehr schwach, hatte abgenommen und fast nichts mehr getrunken und neigte zu grünlichem Stuhl." So erhielt er für ein paar Tage drei verschiedene Antibiotika gleichzeitig, wie mir die junge Mutter mit bedrückter Miene erzählte. Aufgrund eines Blickes in das U-Untersuchungsheftchen stellte sich auch heraus, daß Sepps Fontanelle ziemlich lange vergrößtert war. Von seinem Wesen her machte der Junge einen sehr schüchternen Eindruck, was auch die Mutter bestätigte, besonders gegenüber Erwachsenen.

Soweit die Subakutanamnese und vorläufigen Zusammenhänge bezüglich Sepps Mittelohrproblematik. Wir vereinbarten einen weiteren Termin für die chronische Anamnese, um die miasmatische Präsens der *Tuberkulinie* – denn um eine derartig ausgeprägte Belastung handelte es sich bei dem Jungen – und eventuell anderer latenter Miasmen in ihrer Gesamtheit aufzunehmen und therapeutisch angehen zu können. Bis zu diesem Zeitpunkt sollte Sepp aber schon einmal mit Calcium carbonicum LM6, 3-mal täglich 1 Tropfen auf einem Teelöffel voll Wasser, beginnen (das Fläschchen vor Gebrauch 10-mal kräftig schütteln). Bei steter Besserung war das Arzneimittel langsam zu reduzieren (zunächst 2-mal täglich, dann 1-mal täglich und schließlich 1-mal alle zwei Tage). Calcium carbonicum, ein chronisches Mittel, allerdings in einer akuten Potenz.

Repertorisation:* *Neigung zu eitrigen Mittelohrentzündungen (subakut)

ComRep V9.0

Nr.	Symptome
1	kopf - kopfschweiß - schlaf, während (11)
2	empfindungen - lebenswärme, mangel an (kälteempfindlich, dauerndes frieren) (108)
3	modalitäten - kälte - neigung zur erkältung (93)
4	modalitäten - gehen - wind, gehen im wind verschlechtert (27)
5	augen - lider - verklebt (65)
6	augen - lider - verklebt - morgens (76)
7	ohren - entzündung - mittelohr (34)
8	ohren - inneres ohr - mittelohreiterung (21)
9	ohren - inneres ohr - tubenkatarrh (24)
10	schnupfen - verstopfung der nase (162)
11	schnupfen - schnupfen - absonderung, ohne (stockschnupfen) (93)

Methode: Wertigkeit

Nr.	Arzneimittel	Neg	Wert	1	2	3	4	5	6	7	8	9	10	11	12	13	14	15	16	17	18	19	20	21	22	23	24	25
1	Calc	0	30	3	3	2	2	3	3	3	2	3	3	3														
2	Sil	1	25	2	3	3	.	2	1	3	3	3	3	2														
3	Lyc	1	22	2	2	3	2	3	1	3	1	.	3	2														
4	Caust	2	21	.	3	1	.	3	2	2	2	2	3	3														
5	Puls	2	21	.	.	2	2	2	2	3	2	3	3	2														
6	Merc	2	20	2	2	3	.	.	2	3	3	2	2	1														
7	Phos	3	19	.	3	2	2	3	1	.	.	2	3	3														
8	Sep	3	19	2	2	3	3	3	2	.	.	.	2	2														
9	Cham	3	18	2	.	3	2	3	2	3	.	.	2	1														
10	Graph	4	18	.	3	2	2	3	3	.	.	.	3	2														
11	Kali-bi	4	18	.	3	2	.	.	2	3	3	2	3	.														
12	Nux-v	4	18	.	3	3	3	2	1	.	.	.	3	3														

Verlauf: Einen Monat später meldete sich Sepps Mutter wegen eines akuten Schnupfens ihres Filius'. Dieser bestand seit ungefähr vier Tagen – gelblich, teilweise ein bißchen wäßrig, viel Schleim und mild. Der Arzt habe ein gerötetes Trommelfell festgestellt. Es tue aber nichts weh. Seit zwei Wochen sei Sepp sehr empfindlich; er schreie bei jeder Kleinigkeit, sei weinerlich, in letzter Zeit hin und wieder auch aufbrausend. Hinsichtlich seiner chronischen Beschwerden gab es aber nur Erfreuliches zu vermelden! Die beiden Paukenröhrchen hätten sich von selber gelöst und seien herausgefallen. Und – das Schönste überhaupt: ihr Junge höre wieder besser! „Ich höre gut", das habe er schon mehrmals von sich aus gesagt. Außerdem schlafe er durch, was auch neu und für die Mutter sehr angenehm sei. – Wir vereinbarten für den akuten Schnupfen Pulsatilla D12, 1 Globulus nach Bedarf, zu geben. Mit dem Calcium war in dieser Zeit auszusetzen; in der Folge, d. h. nach dem Verschwinden des Schnupfens, sollte es dann nur noch alle zwei Tage weitergenommen werden.

Die chronische Anamnese – drei Wochen später – ergab dann noch die nachfolgenden Symptome und Zusammenhänge. Doch zunächst berichtete mir die strahlende Mutter, daß jener Pulsatilla-Schnupfen schnell vorüberging. „Und bei diesem Schnupfen hatte unser Seppi das erste Mal keinen Paukenerguß mehr!“ Ihr Sohn höre wieder sehr gut; die Trommelfelle würden, lt. HNO-Arzt, sogar wieder normal schwingen und ihre Rötung sei weg. – Ein untrügliches Zeichen, daß wir auf dem richtigen Weg waren.

Kurz vor ihrer Schwangerschaft mit Sepp, so ca. drei Monate zuvor, hatte die Mutter eine Psychose, welche mittels Psychopharmaka bekämpft wurde. – Aus diesem Grunde mußte sogar die Hochzeit abgesagt werden. Ihre Beziehung hatte für eine längere Zeit stark gelitten; beide Partner steckten in einer handfesten Krise. – Die junge Frau hatte „die schweren Medikamente bis in die ersten drei Schwangerschaftswochen hinein eingenommen“. Doch als die Schwangerschaft dann „amtlich“ feststand, habe sie sofort alle Medikamente auf eigene Verantwortung abgesetzt. Trotzdem stellten sich anhaltende Ängste ein, ob jene das Kind nachhaltig geschädigt haben könnten. Außerdem gab es permanent ein wenig Ausfluß, welcher allerdings nicht behandelt wurde. Darüber hinaus: nächtliche Wadenkrämpfe und erhöhten Blutdruck sowie Wasser in den Händen und im Knöchelbereich der Füße. Die Geburt ihres Sohnes verlief „normal“ und unauffällig.

Im Windelbereich war Seppi bis zum Ende der Zahnungsphase öfter rot und wund, teilweise sogar offen und nässend. Einmal wurde vom Kinderarzt ein Windelpilz diagnostiziert. Der zarte Popo wurde deshalb regelmäßig mit einer Zinkoxidsalbe abdeckend eingeschmiert. Innerhalb des ersten Lebensjahres gab es auch einmal Mundsoor. Im weiteren Verlauf des öfteren Erkältungen, welche, wie bereits besprochen, auf die Ohren schlugen, und stets antibiotisch versorgt wurden. Die ersten Lebensmonate eine Hydrocele[1] links, welche mit der Zeit von alleine verschwand. An Kinderkrankheiten hatte Sepp Windpocken mit wenig Ausschlag und kurz danach Scharlach, auch antibiotisch niedergedrückt. Weiterhin: viele Impfungen (lt. Arzt „vorbildlich“) und häufig leichtes Fieber. Der Junge fror leicht und hatte ständig kalte Hände und Füße. Bei Zugluft und kaltem Wind kam es meist zu Heiserkeit und Schnupfen.

Sepps Schlaf war sehr unruhig, teilweise von Alpträumen unterbrochen, insbesondere mit Träumen von Feuer, Abgründen und anderen Gefahren. Auch das Einschlafen war ein Problem: Ohne Nachtlicht ging gar nichts. Der Junge deckte sich nachts immer auf. Als Baby imponierte, wie gesagt, nächtlicher Kopfschweiß. Zum Essen gab es nicht viel zu berichten: insgesamt wenig; kaum Gemüse, dafür aber „süchtig nach Süßem und Eis“. „Für Süßes

---

[1] Hydrocele: Wasserbruch. Serösentzündliche Flüssigkeitsansammlung des Hodens (Hydrocele testis) mit starker Schwellung des Hodens.

würde er seine Eltern verkaufen", behauptete die Mutter. Auch Saures und kalte Getränke wurden von ihm bevorzugt.

Im Säuglingsalter mußte Sepp wegen einer leichten Hüftgelenksdysplasie breit gewickelt werden. Der Junge hatte auch Milchschorf auf dem behaarten Kopf und die ersten drei Monate Säuglingsakne im Gesicht. Als Kleinkind waren seine Augen öfter so verklebt, daß er sie morgens aus eigener Kraft kaum öffnen konnte. Sepps Fingernägel und Fußnägel waren flacher und breiter als gewöhnlich. Vor ein paar Jahren wurde schon einmal Eisenmangel festgestellt, ohne Behandlung. Bei Müdigkeit und Anstrengung, besonders montags nach der Schule, litt der Junge häufiger an Kopfschmerzen im Stirnbereich. Seppis Zähne ließen lange auf sich warten und kamen auch sehr langsam durch. Von den bleibenden hatte er erst zwei unten, von denen einer etwas schief stand.

Bei akuten Infekten traten immer wieder Lymphknotenschwellungen im Ohr- und Halsbereich auf. Bei einer früheren U-Untersuchung wurden Herzgeräusche festgestellt. Eine Nachuntersuchung in der Universitätsklinik ergab jedoch keinen Hinweis auf irgendwelche Herzklappenfehler oder andere Vitien. Allerdings waren zeitweise noch immer Extrasystolen zu vermerken. Etwa zweimal die Woche kam es zu abendlichen Bauchschmerzen unklarer Genese.

Sepp war von seiner Gemütsanlage her recht ungeduldig, „öfter auch richtig wütend, so daß Sachen durch die Gegend flogen". Bei Aufregung und Verlegenheit hatte er sich seit seinem dritten Lebensjahr das Nasebohren angewöhnt. Insgesamt gesehen bestand ein gehöriger Selbstwertmangel, wie mir die Mutter versicherte.

Aus der Familienanamnese war noch folgendes zu erfahren: mütterlicherseits Depressionen, Diabetes mellitus, Bluthochdruck, Gesichtsrose, Angina pectoris, Hepatitis, Rheuma, Gicht, Hörsturz, Herzmuskelentzündungen. Die Mutter selbst: zweimal Psychose, Ohrringunverträglichkeit (Eiterungen), klumpige Menstrualblutungen, mehrmals Scheidenpilzinfektionen, Schilddrüsenunterfunktion, Neigung zu Ohrentzündungen und Besenreisern. Der Vater von Sepp war ein Zwilling (Mangelgeburt), litt als Kind gehäuft unter Mandelentzündungen und hatte als Erwachsener arterielle Hypertonie und Migräne, ferner als Säugling gleich nach der Geburt eine Lungenentzündung. Ansonsten väterlicherseits: Nierenversagen, Magenkrebs sowie Diabetes. Zwei weitere Generationen zurück, bei den Ururgroßeltern, eine Lungentuberkulose.

In der Gesamtschau also doch keine rein tuberkulinische Belastung. Eher eine *syko-tuberkulinische Prädisposition und Reaktionsweise*, wobei die *tuberkulinische Komponente* von Anfang an *dominant aktiv* war (Das Mittelohr ist das Entlastungsventil des tuberkulinischen Kindes!) und therapeutisch zuerst angegangen werden mußte.

Arzneimittelwahl: Der Junge erhielt also Calcium carbonicum LM18 als chronisches Mittel. Die LM6 war fortan abzusetzen und nur die LM18 ein-

Repertorisation: Neigung zu eitrigen Mittelohrentzündungen (chronisch)

ComRep V9.0

Nr. Symptome

1 gemüt - ungeduld (82)
2 kopf - kopfschweiß - nachts (9)
3 kopf - kopfschweiß - schlaf, während (11)
4 kopfschm./a - schulmädchen, bei (8)
5 allgemeines - sykotische konstitution (52)
6 allgemeines - reaktionsmangel (84)
7 allgemeines - anämie (89)
8 empfindungen - lebenswärme, mangel an (kälteempfindlich, dauerndes frieren) (108)
9 modalitäten - kälte - neigung zur erkältung (93)
10 modalitäten - impfung, nach (13)
11 hautausschl./a - unterdrückt (50)
12 brust - herz - geräusche (58)
13 augen - lider - verklebt - morgens (76)
14 ohren - entzündung - mittelohr (34)
15 ohren - inneres ohr - mittelohreiterung (21)
16 ohren - inneres ohr - tubenkatarrh (24)
17 zähne - zahnung - langsam (6)
18 magen - verlangen nach - süßigkeiten (37)
19 magen - verlangen nach - eis/eiscreme (11) [vkn]
20 magen - verlangen nach - saurem (77)
21 magen - verlangen nach - kalten getränken (97)
22 anus - haut - hautausschläge um den anus (26)
23 genital/m - samenstränge - hydrocele (30)

Methode: Wertigkeit

				Symptome:									1	.	.	.	.	.	.	.	.	.	2	.	.	.	.	.
Nr.	Arzneimittel	Neg	Wert	1	2	3	4	5	6	7	8	9	0	1	2	3	4	5	6	7	8	9	0	1	2	3	4	5
1	**Calc**	22	52	2	3	3	2	2	3	3	3	2	.	1	2	3	3	2	3	3	2	2	2	2	2	2		
2	Sulf	16	38	3	.	.	.	2	3	3	2	2	3	3	.	3	3	1	.	.	3	.	2	1	2	2		
3	Sil	15	35	2	2	2	.	2	.	1	3	3	3	1	.	1	3	3	3	3	.	.	.	.	.	3		
4	Merc	17	34	1	2	2	.	1	2	3	2	3	.	1	2	2	3	3	2	.	1	.	.	3	1	.		
5	Nat-m	17	32	2	1	.	2	.	1	3	2	3	.	.	2	2	2	1	2	.	1	.	2	1	3	2		
6	Lyc	15	29	2	.	2	.	2	2	1	2	3	.	2	2	1	3	1	.	.	3	.	.	2	1	.		
7	Puls	14	29	2	.	.	2	1	.	3	.	2	.	2	1	2	3	2	3	.	.	.	2	1	.	3		
8	Ars	15	28	2	.	.	.	.	2	3	3	1	2	2	2	2	.	.	.	.	1	1	2	3	1	1		
9	Hep	13	28	2	.	.	.	1	.	.	3	3	1	2	1	2	3	3	.	.	.	.	3	.	2	2		
10	Sep	13	28	3	.	2	.	3	2	2	2	3	.	2	.	2	.	.	.	.	2	.	2	2	1	.		
11	Psor	13	27	2	.	.	.	.	3	1	3	3	2	3	2	2	2	.	.	.	.	.	1	1	.	2		
12	Kali-c	13	26	2	.	.	.	1	2	3	3	3	.	1	2	2	2	.	.	.	2	.	2	.	1	.		
13	Med	11	26	2	.	.	.	3	3	3	2	.	3	.	.	3	.	.	.	.	2	2	2	.	1	.		
14	Phos	12	25	.	.	.	.	.	2	3	3	2	.	1	2	1	.	.	2	.	.	3	2	3	.	1		
15	Carb-v	13	24	1	.	.	.	1	3	2	2	2	.	2	.	2	2	2	.	.	2	.	2	.	1	.		

zunehmen, 1 Tropfen auf ein Glas Wasser, alle 3 Tage, abends (Fläschchen vor Gebrauch 10-mal kräftig schütteln; den Tropfen mit Wirbel in das Glas einrühren (kein Metalllöffel!); davon nur einen Löffel voll einnehmen und den Rest verwerfen).

Verlauf: Während der viermonatigen Einnahme des Tropfens in abgeschwächter Form hatte der Bub keine Erkältungen mehr. „Das ist unglaublich, das sind wir gar nicht gewohnt!“, freuten sich seine Eltern. Auch seine Ohren hatten sich stark verbessert, der Erguß war weg und der Hörtest fast normal. Von erneuten Paukenröhrchen war nun keine Rede mehr. „Vor ein paar

Wochen hatte sich mit einem Mal viel Schleim gelöst, ohne Schnupfen und Erkältung. Seppi konnte viel schneuzen; es kam alles gut heraus. Das war wohl was Altes, was sich gelöst hat", berichtete mir die Mutter. Das unkontrollierte Verlangen nach Süßem war glücklicherweise auch zurückgegangen. Sepp lese jetzt viel. Er sei sehr ordentlich; teilweise auch sehr aggressiv und wütend, ja richtig explosiv. Sein Schlaf sei gut. Kopfschmerzen gebe es noch bei Übermüdung und Überforderung, besonders nach der Schule. Sein Selbstwert habe sich aber deutlich verbessert; er habe sogar alleine an einem Skikurs teilgenommen, was früher undenkbar gewesen sei. Ansonsten habe sich nichts Wesentliches verändert.

Wir konnten mit dem Beginn der homöopathischen Kur zufrieden sein und wechselten nun – aufgrund der veränderten Lage – zu Sulfur LM18, welches ihm auch sehr gut tat. Auf weitere Einzelheiten und den gesamten Verlauf wollen wir allerdings nicht weiter eingehen, da die uns interessierenden Kernaussagen bereits getroffen sind und uns Einzelheiten nur mit Details belasten würden. Erwähnenswert ist vielleicht noch, daß sich Seppi unter Sulfur in der zweiten Schulklasse recht unterfordert fühlte, „besonders im sprachlichen Bereich und logischen Denken", so daß die Lehrer zu einem „sofortigen Springen in die dritte Klasse" geraten haben, was – im Nachhinein – auch die richtige Entscheidung war. Seppi bekam mit der Zeit ein sehr gutes Selbstbewußtsein und war deutlich weniger zurückhaltend bei Fremden. Auch sein Verhalten wurde einwandfrei; „er ruht nun in seiner Mitte, ist nicht mehr aufmüpfig und so anstrengend". Darüber hinaus gehörten die Kopf- sowie Bauchschmerzen der Vergangenheit an. – Insgesamt erhielt Sepp drei chronische Arzneimittel in der LM18-Potenz in Folge, inclusive Silicea zum Abschluß, welches ihm auch sehr gut tat. Die Neigung zu Paukenergüssen, Mittelohrentzündungen sowie zu grippalen Infekten war – aufgrund des Zurückdrehens der miasmatischen Belastungen – vollständig gelöscht.

Nicht immer geht es in so kurzer Zeit so schnell so gut. Häufig treten die alten Beschwerden im Sinne eines Rückspulungsprozesses zeitweilig wieder auf, so daß des öfteren akute Zwischenbehandlungen erforderlich werden. Aber im Verlaufe der chronischen Kur nehmen sowohl Häufigkeit als auch Intensität der akuten Exacerbationen stetig ab, bis letztendlich die Neigung zu solchen Erkrankungen eliminiert ist. Ich erinnere mich unlängst an eine Mutter, bei deren Kind eine heftige, sehr schmerzhafte akute Mittelohrentzündung im Verlaufe einer antimiasmatischen homöopathischen Behandlung wieder aufflackerte, welche sich „innerhalb von nur zehn Minuten buchstäblich in Luft auflöste" (Zitat der Mutter), so schlagartig und „super" half der verordnete Globulus Belladonna C30. Natürlich geht es nicht immer dermaßen zügig; jedoch kann die Akuthomöopathie in fast allen Fällen gewissenhaft, sanft und ohne Nebenwirkungen helfen. In einem anderen Fall „fing das eine Ohr an zu laufen; eine Woche später kam das andere hinzu". Dieser Zustand einer eitrig grün-gelblichen Otorrhoe, wie dies im medizinischen Fachjargon heißt, hielt – selbstverständlich mit homöopathischer Begleitung und ohne jegliche Schmerzen für das Kind, ja diesem ging es regelrecht gut dabei! – sage und schreibe sechs volle Wochen an! Danach war alles wie weggeblasen und kam auch nie wieder, d.h., das Kind litt nie wieder an einer eitrigen Mittelohrentzündung, welche früher als Komplikation bei fast jedem Infekt auftrat! Ebenso gehörten einfache Mittelohrentzündungen fortan der Vergangenheit an. – Auch so etwas ist möglich und – da muß man dann durch (Das darf keinesfalls unterdrückt werden; Streptokokke hin oder her!), aber nur unter Aufsicht eines erfahrenen Homöopathen, der die chronischen miasmatischen Zusammenhänge kennt und entsprechend chronisch und akut zu therapieren versteht.

Zum Thema Paukenröhrchen sollte abschließend nicht unerwähnt bleiben, daß diese nicht ganz ungefährlich sind. Zum einen werden sie operativ eingesetzt unter Verletzung der Trommelfelle, denn jene müssen perforiert werden, um eine Verbindung zur Paukenhöhle herzustellen, und zum anderen habe ich schon erlebt, daß ein Röhrchen im Verlaufe von Mittelohreiterungen, laufenden Ohren und Ergüssen hinter das Trommelfell (!) gerutscht ist, so daß dieses nunmehr als Fremdkörper in der Paukenhöhle zu liegen kam und zu einem späteren Zeitpunkt operativ entfernt werden mußte. Und zwar mit einem noch größeren Schnitt ins Trommelfell als je zuvor! Jedermann sollte klar sein, daß jegliche Trommelfellverletzungen Vernarbungen zur Folge haben und damit dickeres Gewebe, welches dann weniger elastisch ist und somit weniger gut schwingt, so daß das Hörvermögen dauerhaft beeinträchtigt werden kann!

5.4.2 Neigung zu Bronchitis und Lungenentzündungen

Eine Mutter stellt ihre fast 8-jährige Tochter Julia in der Praxis vor wegen häufiger Infekte, insbesondere Bronchitiden und Lungenentzündungen. Die Neigung zu Bronchitis begann schon im zarten Alter von sechs Monaten und wurde sofort antibiotisch behandelt, worauf es immer zu Erbrechen kam, d.h. bei jeder Antibiotikumgabe. Mit ca. zwei Jahren steigerte sich schließlich ein heftiger Bronchialinfekt zu einer handfesten Lungenentzündung, welche sich mit den Jahren insgesamt viermal wiederholte. Darüber hinaus wurde das arme Mädchen auch ein paar Mal von Mittelohrentzündungen, Anginen, „Magen-Darm-Grippen" und sonstigen fieberhaften Infekten, welche stets mittels Antibioselenkung coupiert wurden, gebeutelt. Allerdings stieg Julias Quecksilbersäule nie über 38 °C hinaus an, was schon, für sich genommen, recht auffällig ist (heute hingegen leider schon „fast wieder die Norm", da kaum jemand mehr wirklich biologisch normal reagiert). Im Alter von nur 1¼ Jahren litt Julia an einer hartnäckigen Blasenentzündung, welche wiederum ein Antibiotikum auf den Plan rief. – „Bekommt Ihr Kind auch mal etwas anders zu essen als Antibiotika?", wunderte sich irgendwann einmal die Apothekerin.

Ein weiteres Problemfeld bestand in Julias Langsamkeit. Ob beim Essen oder in der Schule: Sie war „immer hintendran". „Besonders vom Kopf her;

sie ist so oft abwesend", erklärte Julias Mutter. „Anstrengendes ist ihr zu anstrengend. Sie macht alles langsam und gemütlich, so daß es einen schon mal zur Weißglut bringen kann." Ansonsten ginge es mit der Schule recht gut. „Und beim Essen: Julia ißt – und plötzlich geht nichts mehr, sonst muß sie würgen und sich erbrechen. Früher war dies jedoch noch viel ärger."

Als Neugeborenes war Julia recht schwach. Sie hatte anfangs fast nicht gesaugt, wurde allerdings dann doch 5½ Monate lang voll gestillt, von insgesamt 11½ Monaten. In dieser Zeit hat sie viel geweint. Ob der Blähungen, vermochte die Mutter nicht zu sagen. Die ersten zwei Monate ist sie schwer eingeschlafen und mußte „viel herumgefahren werden". Im Windelbereich gab es des öfteren Rötungen; der Stuhl war häufiger grau und fiel durch einen deutlich schlechten Geruch auf. An Impfungen „das Übliche". „Nach der ersten Impfung hat sie sehr geschrien, hatte hohes Fieber und war so komisch, so richtig wesensverändert", erinnerte sich die Mutter. „Sie war sehr unruhig, hat sich gewunden, ca. zwei Tage lang." Des weiteren litt die Kleine ein paar Mal unter Säuglingsschnupfen. Ihre Zahnung war erschwert (Fieber, Durchfall, Unleidlichkeit und schließlich ein Zäpfchen) und begann deutlich verspätet, d.h., mit ca. elf Lebensmonaten spitzte der erste Zahn durch. Frei gelaufen ist sie erst im Alter von 16 Monaten.

Ab dem Alter von sechs Monaten hat Julia viel gebrochen, besonders beim Insbettlegen. Mit 9½ Monaten wurde eine Tachycardie[1] festgestellt, was man dann in einem „Spital" abklären ließ mit dem Ergebnis, daß das Mädchen für ein paar Monate Betablocker (!) erhielt. – Hat man dafür noch Worte? – „Im Spital fing sie sich dann noch ein Rotavirus[2] ein, so daß sie alle paar Stunden ein Zäpfchen erhielt." Und – gegen Ende der Anamnese erwähnte die Mutter fast beiläufig, daß ihre Tochter bei Infekten immer starkes Herzklopfen hatte. Sollte die Tachycardie vielleicht gar nicht so pathologisch gewesen sein, wie angenommen? Das Mädchen war ja fast ständig krank und somit war sein Herz auch recht belastet!

Julia war verhältnismäßig häufig müde, empfindlich und gereizt. Sie weinte auch leicht. Außerdem fiel ihre Schreckhaftigkeit auf. Sie war zaghaft und zurückhaltend; es fehlte ihr an dem nötigen Selbstvertrauen. Aufgrund ihrer Müdigkeit konnte sie sich nicht so lange konzentrieren wie andere Gleichaltrige. Früher – als Ein- bis Zweijährige – hatte sie des öfteren gebissen.

Ansonsten imponierten recht große Mandeln und Halslymphknoten. Julias Schlaf war unruhig; es gab hin und wieder Angstträume und Träume, „daß etwas passiert". Sie deckte sich nachts meist auf, blieb aber trotzdem angenehm warm. Sie war empfindlich gegen Gerüche. Darüber hinaus bestanden Milchunverträglichkeit (sofortiges Erbrechen), Übelkeit im Auto, Nackenver-

---

1 Tachycardie: Steigerung der Herzfrequenz, Herzrasen.

2 Rotaviren: sog. Durchfall-Viren. Sie kommen speziell bei Säuglingen und Kleinkindern bei akuten Durchfallerkrankungen vor, meiner Erfahrung nach insbesondere bei Krankenhausaufenthalten.

spannungen, Kopfschmerzen nach der Schule und Wachstumsschmerzen. Die bleibenden unteren Schneidezähne wiesen eine deutliche „Säge“ bzw. „Zähnelung“ auf. Bei Infekten hörte sie schlechter, ihre Ohrtuben schienen dann völlig verstopft zu sein (sog. Tubenkatarrh). Außerdem kam es im Zuge von Infekten teilweise zu flüchtigen Hautausschlägen, „nur für eine halbe Stunde mal“. Seit dem vierten Lebensjahr klagte Julia bisweilen über brennenden Ausfluß. Ihre Scheide wurde dabei rot und tat sehr weh, so daß sie sich fast weigerte, auf die Toilette zu gehen.

Im Alter von 1¼ bis 2 Jahren hatte Julia mit einem Mal („ohne ersichtlichen Grund“) extrem viel getrunken, was sich „mit den Monaten von alleine wieder normalisierte“. Die Eltern hatten sich damals – zum Glück – „nichts weiter dabei gedacht“ und dies deshalb auch nicht ärztlich abklären lassen. Sehr zum Wohle ihrer Tochter, wie mir scheint, denn so konnte der Kelch eines u. U. zu diagnostizierenden beginnenden Diabetes mellitus vom Typ I an dieser vorübergehen. Vom Zeitraum der damals erhaltenen Routineimpfungen betrachtet, würde das plötzliche Auftreten einer sog. Polydipsie jedenfalls sehr gut als Reaktion hineinpassen, und ich habe viele Fälle kennengelernt, bei denen Kinder in vergleichbaren Fällen aufgrund ihrer erhöhten Blutzuckerwerte vorschnell mit Insulin eingestellt und so erst zum wirklichen Diabetiker gespritzt wurden.

Die Schwangerschaft von Julias Mutter verlief, laut betreuendem Arzt, „normal“. Doch aus homöopathisch-miasmatischer Sicht fiel zunächst eine ausgeprägte dreimonatige Übelkeit auf, dann die Ängste während des gesamten Schwangerschaftsverlaufes und – gegen Ende – gehäuft auftretende, nächtliche Wadenkrämpfe, so daß die Einnahme von Magnesium angeraten wurde, sowie einmal heftiges Nasenbluten, „wie seit der Kindheit nicht mehr“. Im siebten Schwangerschaftsmonat gab es noch eine schwere Grippe, allerdings „ohne große Behandlung“. Schlußendlich war Julia ein „Sterndlgucker“, d. h., es handelte sich hier um eine geringfügige Lageanomalie während der Geburt, denn das Mädchen kam in der Hinterhauptslage zur Welt. Fast unmittelbar vor ihrer Gravidität hatte die Mutter eine Blasenentzündung.

Die Familienanamnese bestätigte Julias Beschwerden geradezu, denn schon hier gab es vermehrt Bronchitiden, Anginen, Blasenentzündungen, Lungenentzündungen, Magen-Darm-Beschwerden bis hin zu Dickdarmentzündungen, Neigung zu Erkältung, Scheidenpilzinfektionen, Prostataentzündungen und vieles mehr. In der entfernteren Verwandtschaft sogar eine Lungentuberkulose, eine Meningitis (Hirnhautentzündung), ein paar Herzinfarkte und Bronchialasthma.

Alles in allem eine klar ausgeprägte *tuberkulinische Belastung* zuzüglich einer *Vielzahl von Unterdrückungen* sowie einem *zusätzlichen sykotischen Hintergrund.* Da kann man sich eigentlich noch glücklich schätzen, daß die Kleine nicht viel schwerere Erkrankungen davongetragen hat; jedenfalls hat sich das Damoklesschwert eines Diabetes ansatzweise schon gezeigt! Und „vom Kopf her“, die häufige Abwesenheit samt Langsamkeit, deutet vieles darauf hin, daß Julia – bei Fortführung der immunsuppressiven Therapien und des herkömmlichen Impfprogrammes – vom Psychischen her recht gefährdet war. Ich möchte den Teufel nicht an die Wand malen, aber die Erfahrung aus der homöopathischen Praxis heraus zeigt in bestechender Klarheit, daß Kinder, die mit der Zeit zunehmend verhaltensauffällig wurden – und das gilt sehr wohl auch für den Autismus (!) –, anfangs nur „dezente" Aufälligkeiten an den Tag legten, und zwar derart, wie Julia sie zeigte, allerdings meist schon in einem früheren Alter.

Wem es noch nicht aufgefallen sein sollte: Auch bei diesem Beispiel passiert nichts ohne Grund, ohne äußere Ursache, ohne der Natur ins Handwerk gepfuscht zu haben. Zunächst sind da die vielen Impfungen zu nennen, insbesondere die akute Reaktion auf die allererste Impfung mit temporärer Wesensveränderung, einem Alarmsymptom erster Klasse, bei dessen Auftreten jegliche weitere Immunsuppression strengstens zu unterbleiben hat. Dann die über neun Monate anhaltende Polydipsie, die in die gleiche Kerbe schlägt, und zu guter Letzt die beständige Unterdrückung von leichten und schweren Infekten mittels Antibiotika. Und das alles zusammen vor einem gemischt miasmatischen Hintergrund! *Bösartigkeit ist hier meist vorprogrammiert*, worauf schon John Henry Allen vor über 100 Jahren immer wieder hingewiesen hat. *Tuberkulinie plus Sykosis*, d. h., *alle Miasmen* sind mehr oder weniger ausgeprägt vorhanden, und dann die *miasmatisierenden Impfungen* und *beständige Symptomenbekämpfung* obendrein!!

Nach Durchsicht und Auswertung aller Unterlagen erhielt Julia schließlich Sulfur LM18, gefolgt von Sufur LM24 und später Medorrhinum LM18. Sie machte eine sehr erfreuliche Entwicklung durch und wurde zunehmend kräftiger und selbstsicherer. Auch die Neigung zu Infekten nahm recht geschwind ab, selbstverständlich nicht ohne die eine oder andere wieder auftretende Akutkrankheit im Zuge des obligatorischen chronischen Rückspulungsprozesses, welchen wir leider aus Platzgründen hier nicht im einzelnen verfolgen können.

5.4.3 Anmerkungen zu Ursachen und Ursachenverschleierung

Die präsentierten Beispiele stehen stellvertretend für eine Vielzahl heutiger Einzelschicksale. Was meine Praxis betrifft, so sind diese durchaus als repräsentativ zu sehen, denn es ist offensichtlich, daß die Neigung zu Infekten wirkliche Ursachen hat und keinesfalls schicksalhaft aus heiterem Himmel kommt. *Ursachen und Zusammenhänge drängen sich einem geradezu auf, wenn man alles gut beobachtet und unvoreingenommen unter die Lupe nimmt.* Dabei wird sich bei dem Löwenanteil der Fälle zeigen, daß die Impfungen mit Abstand die Hauptverursacher sind, gefolgt von dem großen Feld immunsuppressiver Therapien. Hierbei handelt es sich nicht um zufällige zeitliche Zusammenhänge, sondern der aufmerksame Beobachter wird mit der Zeit davon überzeugt, daß diese Zusammenhänge wirklich kausaler Natur sind. Das soll auf der anderen Seite aber nicht heißen, daß beispielsweise Infektneigungen bei ungeimpften Kindern nicht vorkommen. Das ist selbstverständlich auch der Fall, nur viel viel seltener! Und dies ist wiederum davon abhängig, welche Miasmenkonstellation und Miasmendominanz in dem jeweiligen Organismus vorliegt, d. h. in welcher Ausprägung die ererbte miasmatische Prädisposition gegeben ist. – Gut beobachten und analysieren kann ein jeder selber, auch ohne Hochschulstudium!

Am Beispiel der Berufsgruppe der Flugbegleiter wird dieser Zusammenhang mehr als deutlich. Ich jedenfalls kenne keine Stewardess in meiner Praxis, die nicht irgendwie mit den Nebenhöhlen und sonstigen oberen Atemwegen Probleme hat. Bislang litten alle „meine" Flugbegleiterinnen am sog. „Flugbegleitersyndrom", wie ich es nennen möchte, d. h., sie hatten ausnahmslos regelmäßig Stirn- und Nasennebenhöhlenentzündungen, sind teilweise operativ „gefenstert" worden, ja in manchen Fällen hat man ihnen sogar die ganze Nasennebenhöhlenschleimhaut operativ entfernt, und/oder sie konsumierten häufig Antibiotika oder waren regelrecht süchtig nach abschwellenden Nasentropfen, da das Fliegen sonst kaum noch zu ertragen gewesen wäre. Fast alle waren der Annahme, das Ganze „komme vom Fliegen" und habe mit der Klimaanlage (Zugluft) in den Flugzeugen zu tun und sei aus diesem Grunde unvermeidlich. Doch bei den Anamnesen stellte sich dann immer wieder heraus, daß sich diese Probleme erst bei den gehäuften Einsätzen von Auslandsflügen eingestellt haben, bei denen diverse Impfungen obligat sind. Flugbegleiter auf „Nur-Inlandsrouten" sind in dieser Hinsicht meist viel gesünder. Zusätzliche Beschwerden bei Flugbegleitern sind vielfach Magen- und Verdauungsprobleme, Blasenbeschwerden, gynäkologische Probleme aller Art und häufig auch Beschwerden aus dem rheumatischen Formenkreis – alles hochkarätige sykotische Phänomene, die auf einen sykotisierenden Impfzusammenhang hinweisen.

Um von den wahren Ursachen, insbesondere denen des Impfzusammenhangs und der Unterdrückungen, abzulenken, bedient sich die moderne Medizin Verschleierungstaktiken und Ablenkungsmanövern, könnte man sagen. Dazu zähle ich wissenschaftlich klingende Krankheitsbezeichnungen wie Immundefekte oder Immunmangelkrankheiten, Immunglobulinmangel, z. B. IgA-Mangel, um nur einige zu nennen. Das hört sich für den Laien auf den ersten Blick sehr wissenschaftlich und kompliziert an und ist sicherlich auch korrekt, zumindest auf der untersten Ebene, wenn man durch das Mikroskop schaut. Doch – hiermit gehen die echten Zusammenhänge und Ursachen der Erkrankungen nicht nur für den Laien sehr leicht verloren und damit auch entsprechende Therapiemöglichkeiten, die das Übel an den Wurzeln packen. Der Betroffene ist geneigt zu glauben, er hätte etwas ganz Schlimmes und Seltenes, was (vielfach) genetisch bedingt sei. *Damit nimmt man ihm jede Möglichkeit, kausale Zusammenhänge selbständig zu erkennen und abzustellen bzw. etwas in seinem Leben zum Positiven hin zu verändern.* Aber auch junge Ärzte, die noch nicht über jahrelange Praxiserfahrung verfügen, sind nicht mehr in der Lage, wirkliche Zusammenhänge zu erfassen, da nur noch „in der Zelle gesucht wird"; für das Ganze interessiert sich ja keiner mehr, denn das wird an den Hochschulen schon seit langem nicht mehr gelehrt. Ein mir bekannter Arzt hat es einmal so formuliert: „Unser Medizinstudium ist heute zu einer regelrechten Gehirnwäsche verkommen, denn es führt die Studenten weg vom ganzheitlichen Denken, hin zur Zelle und damit zur Manipulation auf der untersten Ebene durch grobstoffliche, schädigende Chemie."

Ein Beispiel soll helfen, das Thema Verschleierungstaktik zu verdeutlichen: Eine junge Frau leidet seit ein paar Jahren an chronisch rezidivierenden Bronchopneumonien[1] bzw. sie kommt wegen „der Neigung zu Lungenentzündungen" in die Praxis. Begonnen hatte alles nach einer verschleppten Grippe vor etwa zehn Jahren. Diese hatte sich über Wochen hingezogen und ist schließlich in eine Lungenentzündung übergegangen. Seitdem hatte sie mindestens einmal im Jahr eine Pneumonie! Erst etwa zwei Jahre nach der Initialerkrankung wurde an der Universitätsklinik die Diagnose eines „hereditären Antikörper-Mangelsyndroms" (Erniedrigung der IgA-, IgG- und IgM-Antikörper) gestellt, was man nun als die primäre Ursache dieses Leidens ansah. Seither erhielt die junge Frau in regelmäßigen Abständen Antikörpersubstitutionstherapien[2], doch trotzdem ist es immer wieder zu chronisch rezidivierenden Atemwegsinfektionen gekommen, welche letztendlich „jedesmal antibiotisch behandelt werden mußten", so die Kurzfassung der Krankengeschichte der jungen Frau. – Das hereditäre Antikörper-Mangelsyndrom wurde hier bewußt in Anführungszeichen gesetzt, da es aus homöopathischer Sicht wirklich mehr als fraglich erscheint, denn die Patientin war bis zum Zeitpunkt ihrer ersten Pneumonie eigentlich recht gesund. Vom Werdegang dieses Krankheitsgeschehens sieht es eher nach einem *klassischen Verschleppungsprozeß* aus, der darüber hinaus *durch Antibiotika massiv unterdrückt* wurde und die Komplikation einer Pneumonie heraufbeschwor. In der Folge sind dann die Bronchopneumonien immer wieder regelmäßig als akute Exacerbationen aufgetreten und ebenso häufig mittels Antibioselenkung „niedergemacht worden". Im Grunde genommen handelt es sich bei diesen Lungenentzündungen stets um die *rezidivierende vagotone Heilungsphase jenes ursprünglich nicht vollständig auskurierten Krankheitsprozesses* (verschleppte Grippe), demnach also um biologisch vollkommen normale und logische Reaktionsabläufe. Durch das ständige Bekämpfen und Niedermachen der dabei auftretenden Mikroben und der für den Heilungsvorgang notwendigen Fieberschübe wird der jeweilige Heilungsversuch jedesmal aufs Neue torpediert, so daß damit das

---

[1] rezidivierende Bronchopneumonien: immer wieder auftretende Lungenentzündungen, die nicht streng an die anatomische Begrenzung der Lungenlappen gebunden sind und mit einer Bronchialbeteiligung einhergehen.

[2] Behandlung durch Verabreichen der entsprechenden fehlenden Immunglobuline.

nächste Rezidiv vorprogrammiert ist, denn – *einen anderen Weg zu einer echten biologischen Ausheilung gibt es nicht als den durch die Dauervagotonie!* Um diesen Teufelskreis zu durchbrechen, wird die Patientin – gemäß dem Gesetz der Zweiphasigkeit der Erkrankungen – also mindestens noch einmal eine vagotone Heilungsphase durchlaufen müssen und mit einem mehr oder weniger deutlichen Atemwegsinfekt reagieren, was eine chronisch homöopathische Behandlung gewollt zu provozieren vermag. Aus diesem Grunde ist der Begriff der Heredität, also der erblich bedingten Anlage, völlig unzutreffend! – Außerdem gab es in der gesamten Blutsverwandtschaft der jungen Frau keinen einzigen Hinweis zu einem nur annähernd ähnlichen Syndrom! – Und auch die Diagnose des sog. Antikörper-Mangelsyndroms kann hier niemals kausalen Charakter haben; jenes umschreibt lediglich die Phänomenologie auf der untersten Ebene, und zwar auf der materialistischen (grobstofflichen) Ebene (wenn man durchs Mikroskop schaut), läßt aber jegliche Ätiologie und Gesamtzusammenhänge außer Acht. Die wahre Idee dieser chronischen Erkrankung, die prima causa morbi, war schlicht und ergreifend *Unterdrückung*! – Die Patientin wäre in jedem Fall besser beraten gewesen, wenn man von Anfang an nur von rezidivierenden Lungenentzündungen gesprochen hätte. Aber ein hereditäres Antikörper-Mangelsyndrom klingt selbstverständlich viel wissenschaftlicher! Es führt auf der anderen Seite jedoch weg vom eigentlichen Thema samt Kausalität der Erkrankung. Dr. Eichelberger würde hier mit Recht von gezielter Volksverdummung, Desinformation oder Halbwahrheiten sprechen, um den Anschein objektiver Informationen zu erzeugen. Dem Patienten wird damit nämlich jegliche Chance zur eigenen Verantwortung und Eigeninitiative genommen. Mit dieser Diagnose, sofern er diese glaubt, ist er der ärztlichen Willkür hoffnungslos ausgeliefert, da er meint, an einem unheilbaren Syndrom zu leiden, welches sich – kausal gesehen – eigentlich viel einfacher darstellt.

Dieses einfache Beispiel zeigt unmißverständlich, mit welch *„neuen“ raffinierten Diagnosen* die Schulmedizin bereits „operiert“. Junge Mütter, deren Kinder anfällig für Infekte sind, laut Kinderarzt aber den Stempel eines „erblich bedingten IgA-Mangels“ tragen, werden kaum noch in der Lage sein, irgendwelche Zusammenhänge selber zu erkennen – beispielsweise zu den Impfungen!! Und sie werden dann auch kaum imstande sein, genauer zu beobachten, da ja „alles doch keinen Zweck hat“, weil es eben „erblich ist“.

Teilweise geht die Volksverdummung sogar so weit, daß es die Patienten doch bemerken, wie sie „für dumm verkauft werden“, ja manchmal sogar für „saudumm“, wie die Bayern zu sagen pflegen. So erzählte mir unlängst eine Mutter, die ihre Ärztin wegen des chronischen Schnupfens ihres Sohnes um Rat gefragt hatte, folgende Geschichte. Jene hätte sie hinsichtlich „des biologischen Sinns eines Schnupfensekrets“ folgendermaßen „aufzuklären versucht“: „Das Sekret des Schnupfens ist dazu da, daß die Nase verstopft und einen Pfropf bildet, um auf diese Weise Schutz zu bieten vor dem Eindringen anderer virulenter Krankheitserreger wie Viren und Bakterien, so daß es nicht zu noch schwereren Krankheiten kommen kann.“ – Soll man da lachen oder eher weinen? Der Rotz in der Nase als segensreiche Bremse für weitere Superinfektionen! Soviel Ignoranz und Arroganz bei einem studierten Menschen kann sich Otto Normalverbraucher in seinen kühnsten Phantasien nun doch kaum vorstellen. Oder war das nur als Offenbarungseid zu werten, daß die Medizinerin mit ihrem Latein am Ende war und in ihrer Behandlung nicht mehr weiter wußte, dies aber nicht zugeben wollte? Die junge Mutter jedenfalls, nicht auf den Kopf gefallen, wollte daraufhin von ihrer Ärztin wissen, ob sie nun selber hochgradig gefährdet sei, schwerere Krankheiten davonzutragen, da sie zu diesem Zeitpunkt keinen („segensreichen“) Schnupfen aufzuweisen hatte.

Ein anderes Beispiel von Ablenkmanöver betrifft das Thema plötzlicher Kindstod, auch Krippentod genannt (SIDS – Sudden Infant Death Syndrome)[1]. Es ist noch gar nicht lange her, da hat man den jungen Eltern geraten, ihre Säuglinge nicht in Bauchlage schlafen zu legen, da diese dann ersticken könnten. So ein „Blödsinn“, entschuldigen Sie bitte, als ob die Babys keine Sinne und Gefühle für das Überleben hätten! (Lesen Sie hierzu einmal das Buch von Jean Liedloff „Auf der Suche nach dem verlorenen Glück – Gegen die Zerstörung unserer Glücksfähigkeit in der frühen Kindheit“! Sie werden aus dem Staunen nicht mehr herauskommen.) Sie – die Babys – legen den Kopf ja auf die Seite; von Ersticken kann da sicherlich keine Rede sein, … und sie haben sehr wohl äußerst viel Kompetenz fürs Überleben und vieles mehr! – Eine andere Variante hinsichtlich einer Erklärung für den plötzlichen Kindstod seitens schulmedizinisch ausgebildeter Ärzte ist, daß sich die Eltern nachts auf ihr Baby legen, ohne es zu merken, und es quasi erdrücken. Stellen Sie sich das einmal vor! So eine respektlose Behauptung, die jeglichen gesunden Menschenverstand entbehrt! „Quatsch mit Soße“, wie unser früherer Mathematiklehrer bei falschen Antworten zu sagen pflegte. Denjenigen Vater oder diejenige Mutter möchte ich sehen, welche nicht schon davon wach werden, wenn sich ihr Kind nachts auch nur irgendwie ein klein wenig anders verhält, beispielsweise anders atmet oder leicht stöhnt und „maunzt“, schmatzt oder dezent hustet! Von einem Drauflegen und Erdrücken samt Ersticken, ohne dies zu merken, kann niemals die Rede sein! Das geht gegen jegliches Naturverständnis! (Mit der einen Ausnahme, daß der Betroffene „sternhagelvoll“ ist, also nicht nur leicht angetrunken.) Der natürliche Mutterinstinkt (und der des Vaters selbstverständlich auch) machen dies generell unmöglich! Viele stillende Mütter werden bereits einschlägige Erfahrungen gemacht haben, daß sie das nächtliche Erwachen und Schreien ihrer Babys sofort gehört, aber das ihrer etwas älteren Geschwister nicht mehr wahrgenommen haben, da es in diesem Fall der Vater – aufgrund vereinbarter Aufgabenteilung – übernommen hat, sich um jene zu kümmern, wenn sie sich des Nachts meldeten. So

[1] plötzlicher Kindstod, Krippentod, SIDS: Siehe auch Fußnote in Kapitel *4.1 Impfreaktionen und -schäden*.

wurde dieser bei einem Rufen oder sonstigen kleinen Muckser sofort wach; die Mutter aber schlief ruhig weiter, ohne etwas zu merken, und umgekehrt. Instinkt – Verabredung – biologische Uhr ... das alles funktioniert bestens! Somit ist es naturbedingt vollkommen undenkbar, daß sich jemand aus Versehen des Nachts auf sein Baby legt, ohne dies zu realisieren!! Eine derartige Behauptung entpuppt sich als plumpes Ablenkungsmanöver von den wahren Ursachen des Krippentods: den Impfungen.

Besonders deutlich wird dieser Zusammenhang durch die Arbeiten der australischen Forscherin Viera Scheibner, die zusammen mit Leif Karlsson in den 80er Jahren einen sog. *Wiegenwächter* – speziell für Impfbelastungen – entwickelte, einen elektronischen Mikroprozessor, der die Atemmuster der Säuglinge vor und nach einer Impfung unmißverständlich aufzeichnen und graphisch darstellen konnte. Auf diese Weise waren die beiden in der Lage, einwandfrei und – im Sinne der Schulmedizin – auch „echt" *wissenschaftlich nachzuweisen, wie schädlich Impfungen wirklich sind.* Mit dem Wiegenwächter ließ sich immer wieder eineindeutig aufzeigen, daß Streßfaktoren, und ganz speziell die Impfungen, die frühkindliche Atmung stark negativ beeinflußten. Besonders nach den damaligen DPT-Impfungen konnten hohe Ausschläge streßbedingten Atmens registriert werden. Von besonderer Bedeutung waren jeweils die Tage 2, 5, 6, 8, 11, 13–16 und 18–21 nach erfolgter Impfung[1]. Und der 16. postvaccinale Tag kristallisierte sich als existentieller Krisenpunkt heraus und verlief oftmals tödlich: SIDS! – Diese klinischen Beobachtungen zeigen sehr deutlich und objektiv eine *Kausalbeziehung* zwischen den Impfinjektionen und dem plötzlichen Kindstod auf, die nicht mehr wegzudiskutieren ist. Hier handelt es sich um *echtes wissenschaftliches Beweismaterial: Erstmalig können die fatalen Auswirkungen der Impfungen im Säuglingsalter sichtbar gemacht und auf dem Monitor graphisch dargestellt werden!*[2] – Als man demzufolge Anfang der 1990er Jahre allen Kliniken und

---

[1] „Um von der Gefährlichkeit und den Nebenwirkungen der Impfstoffe abzulenken, läßt man sich einiges einfallen", so Vlado Petek-Dimmer in einem Bericht über neueste amerikanische Gepflogenheiten hinsichtlich des plötzlichen Kindstods in seinem impfkritischen Heftchen *Impuls*. Besonders in den USA nehme das Ganze schon derartig abstruse Formen an, daß sich immer mehr junge Eltern gegenüber der Justiz zu verantworten hätten, ihr Kind mißbraucht und ermordet zu haben. So berichtet der engagierte Impfkritiker, daß ihn fast wöchentlich Meldungen erreichten, denen zufolge Menschen viele Jahre lang unschuldig im Gefängnis säßen. „Ein besonders tragischer Fall von Justizirrtum wurde an Alan Yurko begangen. Sein Sohn verstarb knapp zwei Wochen nach einer Sechsfachimpfung, die er mit acht Wochen erhielt. Da Alan Yurko der einzige anwesende Erwachsene zum Zeitpunkt des Todes war, wurde er zu lebenslanger Haft plus 10 Jahre (insgesamt 35 Jahre) verurteilt, weil er angeblich seinen Sohn getötet hatte." – Die ausführliche Geschichte lesen Sie bitte in dem Magazin *Impuls*, Heft 9, 2002 nach.

[2] Wie unseriös die heutige offizielle Forschung dagegen sein kann und wie weit die Machenschaften hinsichtlich Volksverdummung bereits fortgeschritten sind, läßt sich unschwer an dem Beispiel einer Zeitungsmeldung vom Januar 2006 im „Münchner Merkur" mit der groß aufgemachten Überschrift „Kindstod durch Öko-Matratzen" erkennen: „Dresden –

vielen Kinderärzten in Australien diesen Wiegenwächter kostenlos (!) zur Verfügung stellen wollte, konnte man keine Interessenten bzw. Abnehmer finden! – Hat man dafür noch Worte? Makaberer geht es nun wirklich nicht mehr …

Vor diesem Hintergrund sollten auch der Krupp und Pseudokrupp, Formen von Kehlkopfentzündung mit heiserem, bellendem Husten und bedrohlicher Atemnot, vor allem des Nachts, kritisch betrachtet werden. Ganz besonders im frühem Säuglingsalter kommen diese häufig postvaccinal, d. h. nach Impfungen, vor. Und in diesem Alter sind sie besonders gefährlich, weil die Babys häufig Gefahr laufen, daran zu ersticken, ohne daß es jemand großartig bemerkt, da die Kleinen ja heutzutage meist schon im eigenen Kinderzimmer schlafen. Hustenstöße geschwächter Babys, besonders nach den Impfungen in den ersten Lebensmonaten, die nicht gehört werden und eine große Erstikkungsgefahr heraufbeschwören. Mit zunehmendem Alter werden diese Hustenformen dann deutlich weniger kritisch, klingen jedoch für den Beobachter immer noch sehr furchteinflößend.

Zu guter Letzt noch ein paar abschließende Bemerkungen zum Thema Fieber, welches ja gemeinhin immer noch verteufelt wird und welches heutzutage – dem Himmel sei's geklagt – „dank“ der Impfungen und Antibiotika kaum noch richtig in Erscheinung tritt. Seitens der meisten Ärzte wird ja schon Panik bei Temperaturen von um die 39 °C gemacht und sofort ein Zäpchen verabreicht. – *Fieber ist ein Heilungssymptom!* Eine Heilreaktion eines in der Dauervagotonie steckenden Organismus, der zweiten Phase einer Erkrankung. Fieber ist *nur ein Mosaiksteinchen in einer groß angelegten konzertierten Aktion des Körpers*, zur Normalität zurückzukehren. Diese Heilungsphase – und damit das Fieber – ist die Voraussetzung dafür, daß bestimmte Mikrobenarten ihre physiologische Aufräumfunktion wahrnehmen können, Gewebe in Abhängigkeit ihrer Keimblattzugehörigkeit wieder aufzufüllen oder abzutragen, um mikroskopisch kleine Organschädigungen wieder in Ordnung zu bringen. Fieber ist sozusagen die optimale *Arbeitstemperatur der Mikroben*,

---

Schlafen auf Öko-Matratzen kann für Babys lebensgefährlich sein. Kinderschlaf-Forscher (was immer das auch ist – Anmerkung des Verfassers) der Technischen Universität Dresden haben herausgefunden, daß eine Öko-Matte kaum das ausgeatmete Kohlendioxid durchläßt. Sollte ein Baby auf dem Bauch schlafen, bestehe Gefahr, daß das Kind das Kohlendioxid aus der eigenen Atemluft wieder einatmet. 2004 starben 323 Babys den plötzlichen Kindstod. Im Vorjahr gab es 375 Todesfälle (Sind 2003 mehr Öko-Matten verkauft worden? – Anmerkung des Verfassers). Die Ergebnisse teilten die Forscher auf einer Tagung am Sonntag in Dresden mit. Das Nachrichtenmagazin ‚Der Spiegel‘ und die ‚Sächsische Zeitung‘ hatten am Vortag darüber berichtet. Die Zeitschrift Öko-Test hatte die Öko-Babymatratze zuvor mit dem Prädikat ‚sehr gut‘ ausgezeichnet. – Der plötzliche Kindstod ist die häufigste Todesursache bei Kindern unter zehn Jahren (womit wir wieder bei den Impfungen sind – Anmerkung des Verfassers).“ – Wie lange wollen wir uns noch an der Nase herumführen lassen? Offensichtlicher und zynischer geht es kaum noch! Wachen wir doch – bitte sehr – einmal alle auf und lassen uns nicht mehr alles bieten!

welche erst nach scheidender Dauersympathikotonie auftreten kann. – Durch das Verabreichen von sog. Fieberzäpfchen wird nun die biologisch optimale Arbeitstemperatur dieser Symbionten nachhaltig gestört. Die Mikroben können nicht mehr effektiv arbeiten; alles, d. h. die komplette Ausheilung zieht sich in die Länge. Unter Umständen bleiben auch Gewebsruinen stehen, welche nicht abschließend restauriert werden können. Und die Gabe von Antibiotika wirkt noch rigoroser. Diese torpedieren die gesamte Heilungsphase, so daß sogar die Mikroben – als Symbionten zur Wiederherstellung der Gesundheit – in ihrer Gesamtheit eliminiert werden. Damit sind Rezidive der Erkrankung vorprogrammiert, sofern der Organismus noch kräftig genug ist, eine erneute Vagotonie herzustellen. Ansonsten droht eher die *Gefahr einer Unterdrückung* und damit eine Verschärfung der Gesamtsituation hin zu Problemen in anderen Organbereichen; Bereiche, welche gar nichts mit dem anfänglichen zu tun haben (je nach miasmatischer Prädisposition). Und damit sind wir sofort im Chronischen! Oder es kann der Anfang eines regelrechten „Infektkarussells“ sein, wie sich eine Patientin einmal ausdrückte. Auch das Niedermachen des Fiebers mittels Wadenwickel usw. muß – streng genommen – als Störung physiologischer Abläufe gelten, da das Fieber nie allein betrachtet werden darf! Wie gesagt, es ist nur ein einziges Mosaiksteinchen … Hohes Fieber ist normal im frühen Kindesalter! Temperaturen von bis zu 40,5 °C oder etwas mehr gehören zum Gesamtheilungsprozeß, sind nur ein Symptom von vielen. Darüber hinaus sagt die Fieberhöhe nicht notwendigerweise etwas über den Schweregrad einer Erkrankung aus. Geht es einem Kind mit über 40 °C Fieber relativ gut und spielt sogar im Bett, so ist dies weniger bedenklich als bei einem Kind mit subfebrilen Temperaturen, welches fast apathisch auf dem Sofa liegt und nach nichts verlangt.

Lassen wir zusammenfassend den international bekannten amerikanischen Kinderarzt Dr. Mendelsohn zu Wort kommen: „Eine Senkung der Temperatur trägt nichts zur Gesundung des Patienten bei. Unser Körper verfügt über einen eingebauten, nicht ganz erforschten Mechanismus, der ein Ansteigen von infektionsbedingtem Fieber auf Werte über 40,5 °C verhindert. Nur bei jenem Fieber, das durch Hitzschlag, Vergiftung oder anderen äußeren Ursachen hervorgerufen wird, ist dieser Körpermechanismus überfordert und versagt daher. Allein in diesen Fällen steigt die Temperatur auf 41 °C oder darüber.“ Und an anderer Stelle: „Die Fieberphobie ist eine Krankheit der Kinderärzte, nicht der Eltern.“ – Wie bereits erwähnt, hat schon Parmenides aus Elea vor etwa 2.500 Jahren (!) das Fieber als heilwirksam erkannt: „Gebt mir die Macht, ein Fieber zu erzeugen, und ich heile alle Krankheiten.“ – Das sollte uns zu denken geben.

5.5 Verletzungen, Notfälle, Operationen etc.

Verletzungen, Unfälle, Notfälle, Erste Hilfe, Operationen, Intensivmedizin und so weiter – ein wohl bekanntes Thema, welches uns alle betrifft, ganz besonders dann, wenn (kleinere) Kinder mit im Hause sind. Diesen Part der Versorgung durch die *Sanfte Medizin* wird ein Teil der uns bekannten Schulmedizin übernehmen mit ihren Fachgebieten der Notfallmedizin, Chirurgie, Intensivmedizin, Zahnmedizin etc., um nur einige wenige zu nennen. Allerdings nicht den gesamten Part vollständig alleine, denn jener kann durch gezielte begleitende homöopathische Maßnahmen zu noch mehr Erfolg verholfen werden. Was das im einzelnen bedeutet, soll anhand ausgewählter übersichtlicher Fallbeispiele im folgenden Kapitel exemplarisch dargestellt werden.

Die herkömmliche, grobstoffliche, notfallmäßige Versorgung wird also durch feinstoffliche, energetische Hilfe, speziell durch die *Klassische Akuthomöopathie*, unterstützt, so daß die Heilungsgeschwindigkeit deutlich zunimmt und sich damit auch die Zeitdauer der Ausheilung – im Vergleich zur herkömmlichen, ausschließlich schulmedizinischen Behandlung – bis auf etwa die Hälfte verkürzt sowie Komplikationen im Heilungsverlauf vermieden werden und vieles mehr. Im Einzelfall besteht sogar die Möglichkeit, auf den Einsatz von Notfallmedizin, Gerätemedizin oder ähnlichem gänzlich zu verzichten, sofern man entsprechend den energetischen Gesetzen richtig handelt. Grundsätzlich gesehen bedarf nicht alles sofort der chirurgischen Versorgung; auch dann nicht, wenn dies von der Mainstream-Medizin heute noch so propagiert wird. Das bestätigt auch Dr. Edmund Carleton, ein gestandener Praktiker sowie „ein ausgezeichneter Chirurg und überaus gelehrter und geschickter homöopathischer Arzt“ (Dr. André Saine).[1]

Somit ist bei jedem einzelnen Fall stets zu differenzieren, was von vorneherein chirurgisch und/oder grobstofflich-medikamentös zu behandeln ist, ganz besonders dann, wenn es um Leben und Tod des betreffenden Patienten geht. Und genau hier können wir uns glücklich schätzen, daß sich die moderne Gerätemedizin so fortschrittlich entwickelt hat mit all ihren vielfältigen High-Tech-Möglichkeiten. Dazu gehören diagnostische hoch-technisierte bildgebende Verfahren wie beispielsweise Röntgenaufnahmen, Computertomographie (CT), Kernspintomographie bzw. Magnetresonanztomographie (MRT), Positronenemissionstomographie (PET), Sonographie (Ultraschall) incl. der Dopplersonographie etc. pp., als auch hochtechnologische Geräte zur Behandlung schwererer und schwerster Krankheitsbilder wie z. B. Hämodialysator (Gerät für die Dialyse, „künstliche Niere“), Herz-Lungen-Maschine sowie sämtliche Apparaturen zur intensivmedizinischen Überwachung eines Patien-

[1] Siehe hierzu das Buch von Dr. Edmund Carleton: *Homöopathie in Praxis und Klinik*, 2007.

ten und vieles mehr. Aber auch weniger spektakuläre Apparaturen und Errungenschaften der Medizintechnik gehören hier hin (beispielsweise das Skalpell, das Mikroskop, die Anästhesie [Narkoseverfahren und Lokalanästhesie], endoskopische Möglichkeiten und Operationstechniken, Kaltlicht und Glasfaseroptik, Katheter etc., um nur ein paar bekannte zu nennen). Auch der sinnvolle Einsatz von Antibiotika, Cortison, Insulin, Bronchospasmolytika und ähnlicher Medikamente soll an dieser Stelle nicht unerwähnt bleiben, allerdings ausschließlich in äußerst prekären Notfällen und nicht routinemäßig, so wie wir es von den heute praktizierenden Schulmedizinern her kennen.

Darüber hinaus kommen auch manuelle und physikalische Therapien und Anwendungen zum Einsatz, wie beispielsweise die Chiropraktik, die Dorn-Therapie etc., sowie weitere Verfahren der breit gefächerten Naturheilkunde. Auf alle können wir an dieser Stelle leider nicht eingehen, denn es geht in diesem Werk ja nur um die Prinzipien der *Sanften Medizin*, und nicht um die Erarbeitung einer vollständigen Liste, was alles dazu gehören könnte. *Sanfte Medizin bedeutet das Verstehen natürlicher Vorgänge und Gesetzmäßigkeiten und deren sinnvolle Unterstützung bei etwaigen gesundheitlichen Störungen.* Kein Bekämpfen, kein Agieren gegen einzelne Symptome oder Beschwerden, denn alles hat seine ihm innewohnende Logik und seinen Sinn und gehört zu einem übergeordenten sinnvollen Ganzen.[1] Und genau dies sollte sich in jeglichen medizinischen Maßnahmen widerspiegeln.

Erwähnenswert hinsichtlich Verletzungen und Operationen ist vielleicht noch ein interessantes Phänomen, welches sich im Verlaufe einer homöopathischen chronischen, d.h. antimiasmatischen Kur immer wieder beobachten läßt: der Hinweis auf alte, lang zurückliegende Verletzungen, die zum damaligen Zeitpunkt u.U. nicht richtig ausgeheilt wurden. So kann man relativ häufig erleben, daß sich derartige alte Verletzungen kurz zurückmelden und sozusagen für einen Moment wieder „aufmucken". Das heißt, unter dem Rückspulungsprozeß einer antimiasmatischen Behandlung wird der Patient durch irgendeine Sensation noch einmal für kurze Zeit an das eine oder andere

---

[1] Die Anwendung von naturheilkundlichen Mitteln und/oder Methoden sollte sich selbstverständlich auch *an den Gesetzen der Natur orientieren*. Naturheilkunde heißt ja nicht, nur auf chemische Mittel zu verzichten! Beispielsweise macht ein Topfenwickel (Quarkwickel) nicht immer Sinn bei entzündlichen und/oder eitrigen Prozessen, wie z.B. einer Mastitis (Brustdrüsenentzündung), denn die betroffene Stelle sollte nicht auf Biegen und Brechen heruntergekühlt werden, was wider die Natur ist. Gemäß der Homöopathie wäre eher das Gegenteil viel richtiger. Und wenn man unsere Tierbrüder nur ein wenig besser beobachtet, die ja im Prinzip instinktiv alles richtig machen, so bestätigen sie dies geradezu. Beispielsweise berichtete mir unlängst eine Patientin, die ich wegen ihrer hoch-akuten eitrigen Mastitis auf diese Zusammenhänge aufmerksam machte, daß sich ihre Katze im Zuge einer schweren eitrigen Entzündung in die pralle Sonne (!) gelegt habe und abends dann an den heißen Ofen, um Linderung zu erfahren. – Das ist angewandte Homöopathie in der Natur! Ähnliches durch Ähnliches! Man muß nur richtig die Augen aufhalten und gut beobachten; dann kann man vieles lernen bzw. sich bestätigen lassen.

Trauma oder an einen bestimmten chirurgischen Eingriff erinnert (z.B. weil die Operationsnarbe wieder weh tut, gerötet ist oder juckt), auch wenn diese mit dem gegebenen chronischen Mittel eigentlich gar nichts zu tun haben. Beispielsweise gab es bei einer Bauersfrau vorübergehende „Probleme mit dem Knöchel am linken Fuß“; später erinnerte sie sich, daß sie dort als Kind einmal einen Unfall erlitten hatte, den sie längst vergessen hatte. Einer anderen Frau tat für ein paar Stunden – und dann nie wieder – der kleine Zeh weh, auf welchen vor über 20 Jahren einmal eine Kuh gestiegen ist. – Ein kurzes Aufblinken für ein paar Stunden bis ein paar Tage und dann nie mehr scheint also nicht nur für echte Krankheiten zu gelten, sondern durchaus auch für alte Verletzungen sowie für Operationsnarbengewebe, was als positives Zeichen eines gut wirkenden chronischen Arzneimittels zu werten ist.

Und noch ein weiterer wichtiger Punkt im Hinblick auf Verletzungen und ähnliche Notfälle sei hier angeführt: Das sog. „unum remedium“, eines der Grundprinzipien der Homöopathie – es darf immer nur ein einziges Arzneimittel, das sog. Simile, verabreicht werden – gilt nicht für den Fall von *Verletzungen und operativen Eingriffen*, denn diese sind *nicht als echte, eigenständige Krankheiten aufzufassen*. Somit kann es auch kein Simile – kein besonders ähnliches Mittel – für den gesamten Zustand geben. Deshalb ist es rechtens, mehrere homöopathische Mittel „gleichzeitig“ parallel zu verabreichen, um die verschiedenen betroffenen Organ- und Gewebsbereiche gezielter anzusprechen und zu versorgen. Zum Beispiel bei Verstauchung eines Fußgelenkes mit Schwellungen und Bluterguß Arnica – zzgl. Rhus toxicodendron wegen des guten Bezuges zu den Sehnenansätzen und Bändern – und vielleicht noch Ruta, wenn darüber hinaus auch die Knochenhaut betroffen ist. Dabei wird man die in Frage kommenden Mittel i.d.R. ein wenig zeitlich versetzt einnehmen.

5.5.1 Kleine anschauliche Beispiele

Prinzipiell ist es sinnvoll, kleinere körperliche Eingriffe bis hin zu Operationen homöopathisch zu begleiten, oder genauer ausgedrückt, einer homöopathischen Nachsorge zu unterziehen. Das gilt gleichermaßen für Zahnextraktionen, Kaiserschnitte, Dammschnitte und vieles mehr. Zunächst sollte die medikamentöse Belastung durch die Narkose oder Lokalanästhesie ausgeleitet werden. In den meisten Fällen kann dies sehr effizient durch Nux vomica geschehen. Bei lokal wirkenden Betäubungen in der D12, zwei- bis dreimal täglich 5 Globuli, ca. 2 bis 3 Tage lang. Bei Vollnarkosen in der LM18, 5 Tropfen auf ein Glas Wasser, davon 1 Teelöffel täglich einzunehmen, zuvor jedesmal kräftig umrühren; Dauer ca. 5 bis 7 Tage. Außerdem kann man hinsichtlich einer schnelleren Wundheilung Arnica D12, C30 oder LM18 geben; Dosierung und Dauer der Medikation je nach Schweregrad des Eingriffes. Bei chirurgischen Wunden, welche vom Typ her zu den Schnittwunden gehören, empfiehlt es sich, auch Staphisagria, das Hauptmittel für Schnittverletzungen, anzuwenden, damit Komplikationen bei der Wundheilung – beispielsweise Wiederaufbrechen oder Eiterungsneigung – weitgehend ausgeschlossen werden können. – Die Betonung bei diesen homöopathischen Maßnahmen liegt auf Nachsorge. Das heißt, nicht vor einem Eingriff oder einer Spritze bzw. Narkose Nux vomica, Arnica oder Staphisagria einnehmen, sondern erst danach! Denn sonst könnte es sein, daß es zu unliebsamen Reaktionen kommt. Beispielsweise, daß die gute Wirkung der Narkose nicht recht anhält oder daß die chirurgische Schnittwunde während der Operation extrem blutet und kaum zu stillen ist; daß also genau das Gegenteil von dem gefördert wird, was man eigentlich erreichen möchte.

Betrachten wir im folgenden das Beispiel einer komplizierten Mittelfußfraktur einer jungen Frau in den Mittdreißigern. Es handelt sich um einen Trümmerbruch infolge eines schweren Autounfalls, der mittels Drähten operativ gerichtet werden mußte. Die Operation war perfekt gelungen, so daß alle Knochen und Splitter wieder an ihren ursprünglichen Platz zu liegen kamen. Allerdings war der Fuß der jungen Frau noch extrem stark angeschwollen, äußerst schmerzhaft und schillerte in allen Farben. Die Zehen waren vor lauter Schwellung kaum zu sehen. Der ganze Fuß erinnerte an eine fette Wurst in einer viel zu engen Pelle. Gemäß behandelnden Ärzten und OP-Team war aber alles „normal". Die Aussicht, diesen Fuß in demselben Jahr ohne Schmerzen irgendwie ein wenig belasten zu können, war „gleich Null", so die Aussage des betreuenden Ärzteteams. Doch Arnica LM18, Ruta und Calcium phosphoricum, jeweils in der Potenz D12, brachten der Frau – entgegen allen Unkenrufen – die ersehnte Erleichterung und eine deutliche Heilungsbeschleunigung. Arnica zur besseren Wundheilung des Muskelgewebes für etwa zwei bis drei Wochen; Ruta, welches einen sehr guten Bezug zu lädierter Knochenhaut hat, welche aufgrund ihrer sensiblen Innervierung die extrem starken Schmerzen verursachte, und Calcium phosphoricum zur Beschleunigung der Knochenfrakturheilung, der Bildung und Härtung von frischem Callusgewebe, bis der Gips entfernt wurde bzw. noch ein paar Tage länger. Die junge Frau erholte sich zusehends und konnte noch in demselben Jahr – sehr zum Erstaunen aller Beteiligten – wieder ohne Schmerzen und ohne Krücken gut laufen und entgegen der Prognose des behandelnden Chirurgen und Orthopäden darüber hinaus sogar auch wieder Tennis spielen, den betroffenen Fuß also wieder schonungslos belasten, so als ob nichts gewesen wäre!

Ein anderes kurzes Beispiel: Im Zuge einer umfassenden Zahnsanierung kam es immer wieder zu gravierenden Beschwerden durch die verabreichten Spritzen und zahnheilkundlichen Eingriffe, wie Kopfschmerzen, Übelkeit, Zittern, Schweißausbrüche, Schwindel und dergleichen mehr. „Die Spritzen beim Zahnarzt habe ich noch nie gut vertragen", so die junge Frau. Nux vomica und Arnica konnten auch hier schnell Abhilfe verschaffen. – Grundsätzlich gesehen können diese beiden Mittel im Anschluß einer jeden Zahnextraktion oder -operation zunächst gegeben werden. Im Falle von Komplikationen oder schwierigeren Einfgriffen kommen selbstverständlich noch andere Homöopathika in die engere Wahl, wie beispielsweise Silicea und Hepar sulfuris bei Eiterungsneigung oder Calcium phosphoricum und Symphytum zur Förderung der Knochenheilung, wenn z.B. die noch nicht vorhandenen Weisheitszähne aus dem Kiefer herausoperiert werden müssen, etc. pp., um nur einige zu nennen. – Anhand einer kleinen Nachrepertorisation des obigen Falles soll veranschaulicht werden, daß Nux vomica zur Ausleitung von Medikamentenbelastungen geradezu prädestiniert ist.

Repertorisation: Ausleitung einer Medikamentenbelastung

ComRep V9.0

Nr.	Symptome
1	**modalitäten - narkotika verschlechtern (48)**
2	schwindel - schwindel (283)
3	kopfschm./a - schmerz (nicht näher bezeichneter art) (258)
4	kopfschm./a - arzneimitteln, nach mißbrauch von (1)
5	kopfschm./a - narkoticis, nach mißbrauch von (13)
6	allgemeines - zittern, äußerlich (170)
7	schweiß/e - schweiss (nicht näher bezeichneter art) (190)
8	magen - entzündung - verdauungsstörung - arzneimittel, nach mißbrauch von (1)
9	magen - übelkeit (273)
10	magen - übelkeit - kopfschmerz, bei (116)

Methode: Wertigkeit

				Symptome:									1	.	.	.	.	.	.	.	.	.	2	.	.	.	.	.
Nr.	Arzneimittel	Neg	Wert	1	2	3	4	5	6	7	8	9	0	1	2	3	4	5	6	7	8	9	0	1	2	3	4	5
1	Nux-v	0	24	3	3	3	1	1	2	3	3	3	2															
2	Puls	2	18	2	3	3	.	1	3	1	.	3	2															
3	Sep	2	18	2	2	3	.	1	2	3	.	3	2															
4	Bell	3	17	3	3	3	.	1	2	2	.	3	.															
5	Cocc	4	17	.	3	3	.	.	3	2	.	3	3															
6	Lach	2	17	3	2	3	.	1	3	1	.	2	2															
7	Nat-m	3	17	1	3	3	.	.	2	3	.	3	2															
8	Sulf	3	17	1	3	3	.	.	3	2	.	3	2															
9	Ars	3	16	1	2	3	.	.	3	2	.	3	2															
10	Phos	3	16	1	3	3	.	.	2	3	.	2	2															

Die Möglichkeiten, den Heilungsprozeß bei Verletzungen drastisch zu beschleunigen und auf Operationen u.U. gänzlich verzichten zu können, sind vielfältiger Art. Einige weitere Beispiele sollen hier kurz skizziert werden, um einen kleinen Einblick in das große Spektrum derartiger wunderbarer Möglichkeiten zu erhalten: Sehneneinrisse am Arm einer älteren Frau, die während ihrer Arbeit als Altenpflegerin eine Patientin aufgefangen hatte, mit „bestialischen Schmerzen", wodurch dieser kaum noch beweglich war. Hier konnte Anacardium LM12 sehr gut Abhilfe verschaffen. Zahnverletzungen bei Kindern, die auf den Mund gestürzt sind, wodurch sich ein Schneidezahn gelockert hat und in der Folge drohte, abzusterben. Eine leichte Verfärbung in Richtung Rosa war schon zu erkennen, was ein untrügliches Zeichen dafür war, daß es bei dem Zahn zu inneren Blutungen gekommen ist. Arnica LM18, täglich ein Tropfen auf einem Teelöffel voll Wasser, ein paar Wochen lang, hat alles wieder in Ordnung gebracht. Der Zahn saß nicht nur wieder „bombenfest“, sondern war auch wieder optisch völlig unauffällig, d. h. schneeweiß, wie seine Nachbarzähne. Und so weiter und so fort.

Auch in der Gynäkologie, speziell bei der Geburtsvorbereitung, während der Geburtsphase selbst oder nach einer Geburt, kann man mittels Homöopathie vieles erleichtern und lindern. Die Anwendungsbereiche umfassen ineffektive und unregelmäßige Wehen, Wehenschwäche, Lageanomalien, Nachbehandlung eines Kaiserschnittes, eines Dammschnittes oder Dammrisses, eine bessere Rückbildung der Gebärmutter, heftige Nachwehen, zurückbleibende Plazenta, Cephalhämatom (Bluterguß am Kopf des Neugeborenen) bei Saugglockengeburt, Neugeborenengelbsucht, Stillprobleme aller Art, Wochenflußstau und vieles mehr. Auf diese Weise ist man in der Lage, auf größere Eingriffe, seien diese operativer, hormoneller oder anderer medikamentöser Natur, zu verzichten. Beispielsweise können homöopathisch begleitete Kaiserschnittkinder von Anfang an gestillt werden, sofern die Mutter ihre Narkose- oder PDA-Belastung (Periduralanästhesie) mittels Nux vomica LM18 ausleitet. Auf diese Weise braucht das so wichtige Colostrum, die Vormilch, wegen der Medikamentenbelastung nicht verworfen zu werden, denn sowohl Mutter als auch Kind entgiften gleichzeitig. Die Information von Nux vomica erhält das Neugeborene bekanntlich energetisch über die Muttermilch.

Wie bereits oben angedeutet, kann auch die Chiropraktik und verwandte Therapiemethoden wie die Dorn-Therapie und ähnliche für Akutsituationen sinnvoll sein. So hatte sich eine Patientin von mir seit Jahren „zu Spitzenzeiten“ bis zu zweimal die Woche einrenken lassen, weil „der Halswirbel immer wieder heraussprang“ und ihr arge Probleme im Sinne von Verspannungen und Schmerzzuständen bereitete. Mit der Zeit übernahm dann ein befreundeter Nachbar die manuelle Therapie, die der Frau immer wieder für ein paar Tage Entlastung brachte. Doch diese Vorgehensweise kann auf Dauer nicht der Weisheit letzter Schluß sein, da die echten Ursachen nicht behoben werden und diese darüber hinaus auch nicht ganz ungefährlich ist. Erst durch eine chronisch homöopathische Behandlung, unter der Berücksichtgung der zugrunde liegenden Miasmen, verloren sich diese Akutzustände schrittweise, so daß eine manuelle Akuttherapie immer seltener erforderlich wurde und mit der Zeit gar nicht mehr nötig war, weil die Rückenmuskulatur der Frau mittlerweile so gestärkt war, daß die Wirbel nicht mehr aneinander vorbeigleiten konnten.

Ein anderes sehr beeindruckendes Beispiel stammt von der Intensivstation eines größeren Unfallkrankenhauses in Oberbayern: Ein etwa acht Jahre altes Mädchen lag seit zwei Wochen im Koma auf besagter Station. Es war bei einer Bergwanderung ein Geröllfeld ca. 50 m hinabgestürzt und auf der Stelle bewußtlos. Seither ist es nicht mehr aufgewacht. Neben diversen massiven Prellungen und einer schweren Gehirnerschütterung konnten bei genauen

Untersuchungen auch „minimale Einblutungen im Gehirn“ festgestellt werden. Jedoch scheiterten bislang alle getroffenen Maßnahmen auf der Intensivstation, die Kleine wieder zu vollem Bewußtsein zu erwecken, und man war mittlerweile sowohl rat- als auch hoffnungslos. „Manchmal hat sie zwar kurz ihre Augen geöffnet, aber die Pupillen bleiben ganz starr. Dann schreit sie wieder, nimmt aber nichts wahr. Sie sagt auch mal ‚ja‘ und ‚ich weiß nicht‘, fällt aber sofort zurück in den unfreiwilligen Tiefschlaf“, so die Beschreibung der völlig verzweifelten Mutter. – Ich ließ unter Zustimmung des behandelnden Oberarztes Arnica LM18 geben, täglich zweimal 3 Tropfen in einem Teelöffel voll Wasser. Darüber hinaus eine Einmalgabe Aconitum C30, 5 Globuli unter die Zunge, um die immense Schockwirkung besser abbauen zu können. „Und kurz darauf geschah das Wunder“ (Worte der Mutter): Nach nur 12 Stunden erlangte das Mädchen wieder sein normales Wachbewußtsein und öffnete vorsichtig seine Augen, um seine besorgte, ständig am Bettrand wachende Mutter kurz anzulächeln. Mit den Tagen konnte es dann, sehr zum Erstaunen des gesamten involvierten Krankenhauspersonals, schnell genesen, so daß es recht bald bis zu seiner endgültigen Entlassung auf eine normale Station verlegt wurde. Aufgrund des schweren Schädel-Hirn-Traumas und der vielen Prellungen kamen wir überein, Arnica LM18 auch noch zu Hause für ein paar Wochen in verminderter Dosierung weiterzugeben.

Der Segen heutiger Operationsmöglichkeiten und -techniken wird besonders in der Unfallchirurgie deutlich und in der Möglichkeit, ohne große Schnitte schonend und sehr effizient arbeiten zu können durch die sog. operative Endoskopie. Aber auch technische Wunderwerke wie künstliche Hüften, wenn die Coxarthrose schon zu weit fortgeschritten ist und Knochen auf Knochen reiben, was kaum auszuhaltende Schmerzen verursacht, können den Betroffenen noch jahrelang in den Genuß schmerzfreien Laufens bringen. Antimiasmatische Bestrebungen, im Sinne einer kompetten Ausheilung, sind im Falle von solchen sog. Endzuständen selbstverständlich natürliche Grenzen gesetzt, da sich das Gewebe aufgrund der fortdauernden Krankheit schon dermaßen pathologisch umgebildet hat, daß es kein Zurück mehr gibt. Hier könnte die Homöopathie nur noch palliativ helfen, also akute Schmerzspitzen coupieren und lindern. Ferner lassen sich Notoperationen, wie beispielsweise im Falle eines akuten Blinddarmdurchbruches, nur selten vermeiden, da die Akutsituation schon zu weit fortgeschritten ist. Hier sind wir froh um die ausgereiften technischen Möglichkeiten unseres Jahrhunderts!

Auch bei angeborenen schweren Herzfehlern sind die Möglichkeiten der heutigen Chirurgie eine echte Chance für Eltern und Kind. Beispielsweise kann einem kleinen elf Monate alten Mädchen wie Elena, dessen Herz eine seltene Positionsanomalie der großen ins Herz führenden Gefäße aufweist, einem sog. „DILV – Double inlet left ventricle“ mit Mündung aller großen Gefäße in ein und dieselbe (linke) Herzkammer, wobei das gesamte rechte Herz (Vorhof samt Herzkammer) nur äußerst rudimentär ausgebildet ist, mittels mehrerer (weiter auseinanderliegender) Operationen (zunächst eine sog.

PCPC – partielle cavapulmonale Connection und später eine sog. TCPC – totale cavapulmonale Connection) zu einem funktionstüchtigen Herzen und damit zu einer qualitativen Lebensverlängerung verholfen werden – wenn alles gut verläuft. Allerdings gestalten sich solcherlei Konstellationen i.d.R. nicht immer als einfach und komplikationslos. Das liegt nicht zuletzt daran, daß der Organismus solcher Kinder – aufgrund der anatomischen Verhältnisse eines „einkammerigen Herzens“ – ständig mit Sauerstoff unterversorgt ist und demzufolge eine gewisse Abwehrschwäche vorliegt, weshalb die Infektanfälligkeit des Betroffenen progressiv zunimmt. – So jedenfalls sieht es die Schulmedizin. Der Homöopath betrachtet dies alles natürlich auch mit der miasmatischen Brille, denn solch schwerwiegende Organfehler gibt es nicht per Zufall! – Dies führt dann erfahrungsgemäß zu einer ausgedehnteren Herzschwäche mit den entsprechenden Schwierigkeiten und Komplikationen, so daß meist mehrere Antibiotika auf den Plan treten zuzüglich Diuretika (entwässernde Medikamente) sowie ACE-Hemmer (blutdrucksenkende Medikamente), speziell um den Blutdruck in den Lungen zu senken, und einiges mehr.

So geschehen auch bei dem Mädchen Elena, das nun schon seit drei Wochen im Krankenhaus lag und wegen eines drohenden Ausfalls vitaler Funktionen gerade auf die Intensivstation verlegt wurde. Elenas Herzkraft sei seit kurzer Zeit besorgniserregend niedrig, der Lungengefäßwiderstand deutlich zu hoch, berichteten die besorgten Eltern. „Die Fachleute hier im Herzzentrum können beides nicht wirklich erklären und hoffen, die Situation mit Medikamenten zu verbessern.“ Zwei erfolgreiche Operationen lagen bereits hinter dem Kind, zum einen ein arteriopulmonaler Shunt, um den Lungendruck zu reduzieren, und dann die PCPC-Operation als erster Schritt zur Kreislaufumstellung. Diese große Operation, bei der die obere Hohlvene vom Herzen abgetrennt und direkt in die Pulmonalarterie geführt wurde, so daß das sauerstoffreiche Blut immer noch mit sauerstoffarmem Blut vermischt war (besonders zu sehen an den extrem blauen Händen und Füßen, welche allerdings warm waren), erfolgte bereits vor einem halben Jahr. Das Resultat war für alle Beteiligten recht zufriedenstellend. Doch nun dieser plötzliche lebensbedrohliche Zustand! Der zweite Schritt, die TCPC-Operation, welche erst bei ca. 10 kg Körpergewicht geplant war, erschien nun mehr als fraglich. „Heute nacht ging es Elena so schlecht, daß sie fortan Sauerstoff bekommt und zudem zusätzlich sediert wird. Die Ärzte sprechen von einer Infektion, aber keiner weiß, was es ist. Derzeit geben sie ein Breitbandantibiotikum.“ Einen Tag zuvor waren es noch drei verschiedene („einfache“) Antibiotika gleichzeitig gewesen. Trotz alledem wurde Elenas Herzfunktion – oder vielleicht besser gesagt „gerade deshalb“ – immer schwächer.

Mit diesen und wenigen weiteren Angaben nebst dem Placet der intensivmedizinischen Ärzteschaft („Schulmedizinisch gibt es z.Zt. keine Perspektive! Die Ärzte hätten mich alles machen lassen, soweit waren sie schon“, wie die Mutter die unheilvolle Situation einen Tag später rückblickend beschrieb) sowie fundierten Erfahrungen bei derartigen miasmatischen Zusammenhängen erhielt die Kleine Sulfur LM6, täglich 1 Tropfen auf einem Teelöffel voll Wasser (mit einer Spritze in die Wangentasche zu träufeln) und Nux vomica LM6, 3-mal täglich die analoge Prozedur. Sulfur aufgrund der miasmatischen und unterdrückenden Zusammenhänge und Nux vomica, um die horrenden Arzneimittelbelastungen der jüngsten Vergangenheit besser abtragen und ausscheiden zu können. Schon am frühen Morgen des darauffolgenden Tages kam der erleichterte Anruf einer überglücklichen Mutter: „Es geht ihr viel viel besser. Alles hat sich total stabilisiert. Schon der erste Tropfen Sulfur hat eine schlagartige Besserung gebracht und mit Nux vomica scheidet Elena nun gut aus." Die Herzfunktion war allerdings nach wie vor „noch nicht so gut", doch die „Sauerstoffsättigung schon um einiges besser". Ein Anfang war jedenfalls gemacht. Wir besprachen das weitere Procedere und vereinbarten mit Billigung der betreuenden Ärzte, die allerdings „nicht so recht wußten, warum sich der Zustand des Mädchens mit einem Mal so verbessert hatte", zunächst die schweren Diuretika auszuschleichen unter Beibehaltung der homöopathischen Medikation und im weiteren Verlauf die Antibiose schnellstmöglich zu reduzieren etc. pp.

Anhand dieses Beispiels wird wieder einmal mehr deutlich, daß man auch bei schweren intensivmedizinischen Konstellationen sowie bei Komplikationen als auch bei der Operationsnachsorge stets sanft vorgehen sollte, im Einklang mit den Naturgesetzen und unter Berücksichtigung der vorhandenen miasmatischen Prädisposition. *Mit der Chirurgie alleine, ohne die zugrunde liegenden miasmatischen Zusammenhänge solcher schwer-pathologischen organischen Befunde miteinzubeziehen, bleiben die Erfolge deutlich zurück, ja können sogar gänzlich zunichte gemacht werden.*

5.5.2 Beispiele unter Berücksichtigung miasmatischer bzw. ganzheitlicher Aspekte

Doch nicht in jedem Fall macht es Sinn, sich einer Operation zu unterziehen. Im Beispiel von Krampfadern verschiebt ein Veröden, Stripping, Weglasern und dergleichen mehr, das aktuelle Problem nur in die Zukunft. Auch uralte Hausmittel wie die Blutegeltherapie und neuere, ganz moderne Verfahren machen keinen Sinn, da es sich vom Prinzip her stets um dasselbe handelt: um lokale Manipulationen an den eigentlichen Ursachen vorbei. Das wahre Problem betrifft nämlich die mangelnde Funktionstüchtigkeit der Venenklappen, so daß das venöse Blut in der Peripherie regelrecht versackt, die großen Gefäße immer dicker werden und schließlich unansehnlich hervortreten. Aber – das periphere Blutvolumen der unteren Extremitäten muß bekanntlich zum Herzen zurück, damit es via Lungen wieder mit Sauerstoff angereichert wird, um abermals in die Peripherie gepumpt zu werden. Ein ewiger Kreislauf! Werden nun die großen Hauptgefäße aufgrund eines operativen Eingriffs aus dem Organismus gewaltsam entfernt, so müssen sich gezwungenermaßen kleinere Venolen[1] mit der Zeit immer mehr weiten, wofür diese aber anatomisch gar nicht ausgelegt sind. Da das Problem mit den Venenklappen ein grundsätzliches Thema von Bindegewebsschwäche ist, werden nun diese neuen, aus den Venolen entstandenen größeren Gefäße wiederum Schwierigkeiten bereiten, und zwar in einem deutlich großflächigeren Ausmaß als jemals zuvor, so daß sich der Gesamtzustand der Beine – abgesehen von einem anfänglichen kosmetischen Erfolg – letztendlich insgesamt eher verschlechtert. Von Thrombophebitiden (Venenentzündungen) einmal ganz zu schweigen. „Meine jetzigen Krampfadern sind meine Besenreiser[2] von damals", wie es eine Patientin einmal auf den Punkt brachte.

Fazit: In einem derartigen Fall ist es sinnvoll, die miasmatischen Belastungen durch eine homöopathische chronische Kur schrittweise abzutragen und bei Auftreten von Akutbeschwerden, wie Schmerzen und Entzündungen, mittels Akuthomöopathie lindernd einzuwirken. Natürlich liegt es auf der Hand, daß sich die Optik von Krampfaderbeinen, wenn dieser Zustand schon sehr weit fortgeschritten ist, nicht sonderlich verändern wird; jedoch sollte die Funktiontüchtigkeit der Venen mit der Zeit wieder gewährleistet sein.

Grundsätzlich gesehen gilt es immer wieder abzuwägen, welche medizinischen Maßnahmen getroffen werden. Dies ist selbstverständlich immer eine sehr individuelle Frage, die ein jedes Mal neu zu beantworten ist. Sanft sollten die Maßnahmen allemal sein und Risiko minimierend dazu, denn es gelten seit jeher die Leitsätze: „Primum non nocere! (Vor allem nicht schaden!)" und „Salus aegroti suprema lex. (Das Wohl des Kranken ist oberstes Gebot.)".

Betrachten wir eine Augenverletzung durch zu schweres Heben: Bei einem älterern Bauern kam es demzufolge zu inneren Einblutungen „hinter der Hornhaut", so daß er auf diesem Auge fast nichts mehr sehen konnte. „Man sieht es allerdings nicht", so seine Frau bei der Erstkonsultation. Die Ärzte der Universitätsaugenklinik rieten zu einem sofortigen „Absaugen des Hämatoms", also einem kleinen operativen Eingriff, doch der Bauer wollte diesbezüglich nicht einwilligen. Stattdessen versuchte er es auf die sanfte Weise, mit der Homöopathie. Bereits nach knapp zwei Wochen zweitäglicher Einnahme von Arnica LM18 hatte sich seine Sehfähigkeit um 30% verbessert! Das ergaben jedenfalls die Messungen der kontrollierenden Ärzte in der Augenklinik, bei welcher er sich immer noch regelmäßig vorstellte. Alles sei schon viel heller geworden, jedoch war laut Untersuchung der Ärzte noch Blut zu sehen. Der Bauer selber beschrieb seinen Zustand folgendermaßen: „Es schwirren noch Teilchen im Auge herum, aber bei Helligkeit kann ich schon wieder ganz gut sehen." Einen Monat später konnte er sogar schon wieder Zeitung lesen! Mit der Zeit wechselten wir zu den homöopathischen Mitteln Phosphorus, gefolgt von Lachesis, beides in der Potenz LM6. Die Sehfähigkeit

1 Venolen: kleine venöse Gefäße.

2 Besenreiser: eigentlich Besenreiservarizen; dicht unter der Haut fast parallel verlaufende, erweiterte kleinste Venen.

kehrte allmählich gänzlich zurück, so daß sich der Mann auch wieder Traktor zu fahren getraute und das auch bei „ganz normalen Tageslichtverhältnissen“.

Eine weitere interessante Geschichte im Augenbereich betraf einen jungen Vater von drei Kindern. Dieser hatte seit mehreren Jahren eine „pflaumengroße Mukozele[1]“ hinter seinem rechten Augapfel, welche schon einmal operativ entfernt worden ist. „Aber etwa nach einem halben Jahr kam es zu einer Neubildung“, so daß die Augenfehlstellung, bei welcher das betroffene Auge deutlich nach vorne gedrückt wurde, in alter Frische wieder präsent war. Versuchte homöopathische Bemühungen, diese Protrusio bulbi[2] akut zu beheben, hatten bisher nur kurzfristige Verbesserungen gebracht.

Der Schlüssel zu diesem Leiden lag in den vielen Kopfschmerzen „wegen wiederholt auftretender Stirnhöhlenvereiterungen“, welche den Mann schon seit mehr als zehn Jahre beutelten und welche zunächst mittels symptomatischer Akupunktur sowie physischer Therapie und schließlich wiederholt applizierter starker Antibiotika bekämpft wurden. Aufgrund der chronischen Gesamtanamnese mitsamt all seinen anderen Beschwerden, die viel mit Unterdrückung zu tun haben schienen, erhielt der Mann Sulfur LM18 in chronischer Dosierung. – Akut, im Sinne einer Begleittherapie speziell für das Auge, haben wir nichts unternommen! – Innerhalb von nur vier Monaten war „die Verdickung hinter dem Auge gänzlich verschwunden, von einem Tag auf den anderen“, so der begeisterte junge Mann. „Sie kam nur noch einmal ganz kurz für ein paar Tage zurück, zum Schulbeginn nach den großen Ferien (der Mann war Lehrer), war dann aber gleich wieder weg.“ In dieser Zeit habe er ein paar Mal „morgens leichte Doppelbilder“ gesehen, „für zwei bis drei Minuten“, die dann aber nie wieder aufgetreten seien. Der potenzierte Schwefel hat bei diesem Mann natürlich auch anderweitig im chronischen Bereich aufgeräumt, so daß – neben seinem Exophthalmus – mit der Zeit auch seine chronischen Stirn- und Nebenhöhlenentzündungen und vieles mehr endgültig der Vergangenheit angehörten. Die Hauptsache aber war, daß der rechte Augapfel nie wieder aus der Augenhöhle hervortrat!

Eine andere, hochdramatisch akute Augengeschichte betraf eine Mutter von zwei Kindern. Sie klagte über ein eigenartiges Fremdkörpergefühl, Augentränen und etwas Kopfschmerzen. Darüber hinaus ein dumpfes schmerzhaftes Gefühl im Auge, etwas stechend. Ein paar Tage zuvor sei das Auge sogar eitrig verklebt gewesen, jetzt träne es nur noch. Darüber hinaus war an dem unteren Lid „eine Art Knubbel“ zu sehen, „u. U. ein kleines Gerstenkorn“, welches allerdings schon wieder verschwunden sei. Das Auge sei insgesamt gerötet und geschwollen, so daß nur noch trübes, nicht ganz scharfes Sehen

---

[1] Mukozele: Scheimansammlung in einem zystischen Hohlraum, z. B. in der Nasennebenhöhle.

[2] Protrusio bulbi: Exophthalmus; Glotzauge; Vordrängung des Augapfels mit Bewegungseinschränkung.

möglich sei, „wie durch einen milchigen Schleier“. Staphisagria D12 und Euphrasia Augentropfen brachten schon etwas Linderung, doch morgens waren sowohl Lid als auch Wimpern ihres betroffenen Auges immer noch recht verschmiert. Ihr Augenarzt diagnostizierte schließlich einen Herpes auf der Hornhaut in der Nähe der rechten Pupille und beschrieb die Erscheinungen als einen „größeren milchigen Fleck mit fünf Verästelungen“. Er riet dringend zu antibiotischen Augentropfen, obwohl es sich gemäß seiner Diagnose um eine virale Geschichte handelte und Antibiotika nicht auf Viren wirken. Wir kamen überein, zunächst Sulfur D12, 5 Globuli täglich, einschleichend zu nehmen.

Ein paar Tage später waren das Fremdkörpergefühl und die Schmerzen vollkommen verschwunden. Die fünf Stellen auf der Hornhaut waren für den Augenarzt jedoch noch zu sehen; er sprach jetzt erstmals von der Gefahr von Vernarbungen. Gleichzeitig bestand immer noch die Sehbeinträchtigung. Wir erhöhten die Potenz auf LM18, 3 Tropfen auf ein Glas Wasser, täglich einen Löffel davon. Einen Tag später berichtete die Frau erleichtert: „Ich habe das Gefühl, es zieht sich zurück. Es war richtig unheimlich, wie es zunehmend

Repertorisation: Herpesbefall der Hornhaut des rechten Auges

ComRep V9.0

Nr.	Symptome
1	**augen - hornhaut - flecke (41)**
2	**augen - hornhaut - flecke - narben (8)**
3	augen - absonderung von schleim oder eiter (76)
4	augen - lider - gerstenkörner (39)
5	augen - entzündung - bindehaut (59)
6	augen - entzündung - bindehaut - granuliert (15)
7	augen - bindehaut - granuliert (36)
8	augen - empfindungen - wimper, gefühl einer w. im auge (4)
9	augen - lider - verklebt (65)
10	augen - lider - verklebt - morgens (76)
11	augen - absonderung - gelb (25)
12	**augen - hornhaut - geschwüre (56)**
13	augen - hornhaut - trübung (41)
14	augenschm./e - stechender schmerz (heftig) (139)
15	augenschm./e - sand, schmerz wie von s. in den augen (89)
16	augenschm./e - fremdkörper, schmerz wie von einem (49)
17	sehen - schwachsichtigkeit - trübsehen (180)

Methode: Wertigkeit

Nr.	Arzneimittel	Neg	Wert	Symptome: 1	2	3	4	5	6	7	8	9	10	11	12	13	14	15	16	17	18	19	20	21	22	23	24	25
1	Sulf	2	37	2	.	2	3	3	2	2	.	2	3	2	2	3	3	3	2	3								
2	Calc	5	33	3	.	3	.	3	.	.	.	3	3	2	3	3	2	3	2	3								
3	Apis	3	32	3	2	2	2	3	2	2	.	1	.	.	3	2	3	2	3	2								
4	Puls	2	32	2	.	3	3	2	.	2	2	2	2	3	2	1	2	2	1	3								
5	Sil	2	31	2	2	2	2	.	2	2	.	2	1	3	2	2	2	2	2	3								
6	Merc	3	29	2	2	3	2	2	2	.	.	.	2	2	2	2	2	1	2	3								
7	Arg-n	5	28	.	.	2	.	3	3	2	.	3	3	2	2	3	2	1	.	2								
8	Euphr	3	28	2	1	2	.	3	2	2	.	.	2	2	3	2	2	2	2	1								
9	Lyc	4	28	1	.	2	3	2	.	3	.	3	1	2	.	2	2	2	2	3								
10	Caust	5	26	2	.	3	1	.	.	2	.	3	2	1	.	2	2	3	2	3								

besser wurde. Bis jetzt war ich noch nicht wieder beim Augenarzt." – Der Sulfur war weiter zu nehmen, allerdings jetzt zweimal am Tag.

Eine Woche später die obligatorische Kontrolle beim Augenarzt. „Auf der Hornhaut haben sich jetzt 3 Punkte gebildet mit dem dringenden Verdacht auf Vernarbungen." Die Frau hatte aber das subjektive Gefühl, daß sie insgesamt besser sehen konnte; der milchige Schleier hatte sich aufgelöst, allerdings war ihre Sehschärfe noch nicht so wiederhergestellt wie früher. – Nach Durchsicht aller Unterlagen wechselten wir nun zu Apis LM6, 3-mal täglich ein paar Tropfen auf einem Teelöffel voll Wasser (siehe Repertorisation).

Die augenärztliche Kontrolle ein paar Tage später ergab eine deutliche Besserung des Zustandes. Es waren aber noch Narben auf der Hornhaut zu erkennen, jedoch nicht mehr erhaben! Und auch rein subjektiv ging es der Frau „viel besser". Der Augenarzt riet nun „unverständlicherweise" zu Cortison „wegen der Möglichkeit bleibender Schäden". „Er weiß freilich nicht, daß ich seine verordneten Antibiotikatropfen nicht genommen habe, und ich habe ihn auch nicht von unserer homöopathischen Behandlung in Kenntnis gesetzt, da er mir schon des öfteren zu verstehen gegeben hatte, daß ich ‚eine schwer zu führende Patientin' sei! Aufmüpfig und nicht mit allem einverstanden, weil ich alles hinterfrage und unbequem bin." – Apis mellifica, die Honigbiene in potenzierter Form, war noch weiterzunehmen.

Zwei Wochen später waren zwei Narben gänzlich verschwunden. Die größten waren aber noch zu sehen, aber ihre Oberfläche hatte sich erfreulicherweise verändert. Sie seien dünner geworden, so daß schon wieder Hornhaut darunter zu erkennen sei. Sonst gab es nichts zu beklagen. Die Sehkraft der Frau sei wieder gut, und mit Apis habe sie heuer keinen Heuschnupfen bekommen, „nur mal ein leichtes Gaumenjucken, aber kein Vergleich zu früher". – Wir wechselten schließlich zu dem antimiasmatischen Arzneimittel Silicea in der Akutpotenz LM6, alle zwei Tage 5 Tropfen auf einem Teelöffel voll Wasser, einschleichend beginnen, welches den Rest innerhalb von nur drei Wochen vollständig in Ordnung brachte. Alle Narben hatten sich komplett und bleibend aufgelöst! – Schade nur, daß der behandelnde Augenarzt nie richtig informiert wurde, denn er wird mangels Kenntnis um alternative, sanfte und schonende therapeutische Möglichkeiten bei seinen anderen Patienten sicherlich dieselbe unterdrückende Therapie (Antibiotika, Cortison) vorschlagen wie bisher, da er sich in dem falschen Glauben wiegt, wirklich geholfen zu haben.

Das Thema Wundheilung, im Sinne von Aufbrechen von Wunden oder Eiterungsneigung, ist auch kein rein lokales. Hier wirken immer die Miasmen, so daß es dadurch erst zu derartigen Komplikationen kommen kann, speziell nach operativen Eingriffen, d.h. bei chirurgischen Wunden. Im Falle einer Darmlähmung als Spätfolge einer Bestrahlung eines Gebärmutterhalskrebses kam es bei der Mutter einer Patientin zu einer Darmoperation, wobei dieser 40 cm Dünndarm entfernt wurden. „Die Naht hat jedoch nicht gehalten, so daß in der Folge Speisebrei in den Bauchraum eindringen konnte und nun eine beginnende Bauchfellentzündung (Peritonitis) vorliegt", so die sichtlich besorgte Tochter. Bei einer erneuten Operation vor einem Tag habe man ihrer Mutter schließlich nochmals ein Stück Darm entfernt. „Sie liegt nun auf der Intensivstation und der Darm schweigt, trotz der vielen Infusionen und weiterer intensivmedizinischer Bemühungen." – Wir vereinbarten, drei verschiedene homöopathische Arzneimittel zu verabreichen: Nux vomica LM18 wegen der Narkose- und Medikamentenbelastung, Opium LM18 wegen der fehlenden Darmmotilität, welches aber auch einen guten Bezug zu Medikamentenabusus[1] hat (ähnlich wie Nux vomica), und Staphisagria LM18, dem Hauptmittel bei Schnittwunden, wozu ja die chirurgischen Schnitte zählen. Außerdem sind sowohl Nux vomica als auch Opium für die Ausheilung einer Peritonitis wahlanzeigend. – Eine Woche später berichtete mir die Tochter, daß der Darm ihrer Mutter wieder arbeite. Insgesamt gehe es langsam besser. „Vorgestern hatte sie das erste Mal Stuhlgang und jetzt zwei- bis dreimal täglich, allerdings noch durchfällig." Auch seelisch ginge es bergauf. Wir vereinbarten, Nux vomica solange weiterzunehmen, bis alle Schmerzmittel abgesetzt seien, Opium nur noch für ca. fünf Tage, vorausgesetzt, der Darm bleibe weiterhin aktiv, und Staphisagria so lange, bis die Wunde gut verheilt sei. – Selbstverständlich müßte hier eine antimiasmatische Kur folgen, um die gesamten Belastungen und miasmatischen Prädispositionen abzutragen, damit es nicht später wieder zu ähnlichen oder anderen schweren gesundheitlichen Problemen kommen kann.

Außerdem kann es nicht Sinn der Sache sein, 40 cm und mehr Darm herauszuschneiden, in der Annahme, wir hätten genug Darm, der verbleibende Rest würde schon den nun fehlenden Part übernehmen. Dem ist leider nicht so, denn jeder Teil des Darmes hat seine eigene Aufgabe, welche nur er erledigen kann, und ist alles andere als austauschbar. – Das gilt selbstverständlich analog für alle Organe des Körpers, das Gehirn mit eingeschlossen! – Nur daß unsere Wissenschaftler noch nicht alles im Detail erforscht haben und deshalb auch nicht sagen können, wer was wann und wo genau tut. Aus diesem Grunde ist es auch nicht in Ordnung, beispielsweise im Falle von Krebs oder bei anderen schweren Erkrankungen, weit im Gesunden zu operieren. Genau das Gegenteil wäre richtig: nur lokal begrenzt, gerade so weit, um z. B. die Darmpassage zu gewährleisten. Gemäß den weiter oben besprochenen Naturgesetzmäßigkeiten kann selbst im Falle von Krebs nichts ausstreunen oder gar metastasieren, so daß auch diese Argumentation bzgl. einer großen Operation kläglich versagt. Es ist nur so sanft und minimal zu operieren, daß die Funktion des betroffenen Organs wieder hergestellt ist.

Das sollte eigentlich auch für die Gelenke und dergleichen mehr gelten. So wurden einer jungen Frau sukzessive mehrfach beide Knie operiert und sämtliche Menisken und Korpelschichten entfernt, „da alles kaputt war". Die

---

[1] Abusus: Mißbrauch; mißbräuchliche Anwendung von Arzneimitteln ohne medizinische Indikationen oder in übermäßiger Dosierung.

frühere aktive Marathonläuferin war seither nicht mehr imstande, ihrem beliebten Sport zu frönen oder auf andere Sportarten zu wechseln, so stark waren ihre Schmerzen. Selbst Schwimmen bereitete ihr große Probleme. Erst mit Hilfe der chronischen Homöopathie und dem schrittweisen Abtragen der zugrunde liegenden Miasmen konnte sie wieder schmerzfrei laufen. Ja es konnte sich mit den Jahren sogar wieder eine dünne Knorpelschicht aufbauen (was gemäß Schulmedizin eigentlich vollkommen unmöglich ist!), so daß sich diese Frau und Mutter von mehreren Kindern auf ein Neues getraute, sportlich aktiv zu werden, und zwar mit Mountainbiken im Gebirge, denn sie lebte ohnehin in der Schweiz. Das Lauftraining hat sie allerdings nie wieder aufgenommen – ich hatte ihr auch dringend davon abgeraten wegen der permanenten Stöße in die Kniegelenke. Aber ihre Knie samt neuem inneren Knorpelüberzug schienen ohne Schmerzen zu halten, und das trotz ihrer neu gewählten Sportart, die ja ebenfalls nicht gerade schonend war.

Ein letztes, abschließendes Beispiel, welches sehr seltsam erscheint und sicherlich nicht alle Tage vorkommt, betrifft einen jungen Mann, der aus ca. 5 m Höhe kopfüber von einem Klettergerüst gefallen ist und ein schweres Schädel-Hirn-Trauma erlitten hat. Wegen dieses Unfalls kam es bislang zu elf Operationen (!), davon mehrere große Kopf-OPs, aufgrund der immensen Schwellungen und des daraus resultierenden unerträglichen Hirndrucks. Damit das „Hirnwasser“ besser abfließen konnte, wurde zunächst ein sog. Shunt gelegt, eine künstliche, operativ angelegte Drainage mittels Schlauch vom Gehirn bis hin in die freie Bauchhöhle, wie es auch bei Hydrocephalus[1]-Kindern häufig gemacht wird. Doch der Erfolg war nur mäßig. Aufgrund der ausgeprägten Schwellung hat man dann – man höre und staune – die komplette Schädeldecke durch Aufsägen des Knochens in drei Teile eröffnet und zur Druckentlastung gänzlich abgenommen (und für längere Zeit – ca. 7 Wochen lang! – in einem „Kühlschrank“ konserviert), so daß das Gehirn des Mannes für diese Zeit relativ frei lag (natürlich mit den entsprechenden Vorsichtsmaßnahmen, auf die wir hier nicht näher eingehen wollen)! Später wurde die aufbewahrte knöcherne Schädeldecke wieder eingesetzt, doch nun sollte es mit dem Zusammenwachsen und Verheilen Probleme geben. Die Knochen ließen sich nicht recht fixieren, so daß es zu geringfügigen Verschiebungen und damit zu sichtbaren Stufen an der Stirne kam. Eine erneute Operation war die Folge. Dabei wurde der Shunt wieder aus dem Bauchraum „gezogen“ (dieser hatte dem jungen Mann des öfteren Entzündungen im Bauchraum beschert) und die Schädelknochen mittels Draht zueinander ausgerichtet und fixiert. Und und und …

Das ging einige Male so hin und her, man kann es sich kaum vorstellen! Wiedereröffnung der Schädels, erneutes Legen eines Shunts, späteres Wiederherausoperieren usw. Schließlich bewegte sich die Schädelkalotte des öfteren

---

[1] Hydrocephalus: sog. Wasserkopf mit Erweiterung der Liquorräume im Gehirn, ohne daß das Zuviel an Liquor cerebrospinalis (Gehirn-Rückenmark-Flüssigkeit) abfließen kann.

und „verkeilte sich", wie es die Ärzte beschrieben. Nochmaliges Eröffnen, erneutes Zusammenfügen etc. pp. Ein ewiges Hin und Her ohne absehbares Ende, wie es schien. Jedenfalls nahm der Hirndruck keineswegs ab! Wieder zu Hause, wurde der junge Mann häufiger bewußtlos, so daß er nicht zuletzt deshalb recht gefährlich lebte. Der letzte Stand zum Zeitpunkt der Anmeldung für eine homöopathische Behandlung war schließlich ein erneuter Shunt, der diesmal nur bis zur Vena jugularis interior führte, der großen Vene im Hals, so daß das überschüssige Hirnwasser nicht mehr in die freie Bauchhöhle abgeleitet wurde. Außerdem war zwischen den Schädelknochen in der Stirn immer noch ein deutlicher Absatz zu erkennen, der besonders abends klar in Erscheinung trat. „Die Schädelkalotte scheint ein wenig geschrumpft zu sein; sie war ja auch einige Wochen ab", so die Erklärung der Mutter des jungen Mannes. Die Hinterseite dagegen schien gut zusammenzupassen und verheilte ohne Probleme. Im Röntgenbild stellte sich die vordere Schädeldecke grau meliert dar, am Hinterkopf dagegen war alles normal weiß. Die Frage, welche die Ärzte nun heiß diskutierten, war, „ob sich die Schädeldecke an diesen Stellen zersetzte" und ob man besser eine Titanplatte zum Ausgleich einsetzen sollte oder ob die körpereigene knöcherne Schädelkalotte gar durch eine Titanschädeldecke komplett zu ersetzen sei. – Bei einem solchen Szenario kann einem ganz anders werden!!

Soweit die Anamnese bezüglich des schweren Schädel-Hirn-Traumas. Wir vereinbarten, zunächst Arnica und Hypericum zu nehmen, beides in der Potenz LM18, zweimal täglich 5 Tropfen in einem Teelöffel voll Wasser, um erst einmal die schwere Gehirnerschütterung und die daraus resultierende immense Schwellung – ein Teil der vagotonen Heilungsphase – homöopathisch anzugehen. Angesichts der Tatsache, daß die Ärzte zu dem Schluß gekommen sind, daß „die Knochen nicht mehr gescheit zusammenwachsen", besprachen wir darüber hinaus die Möglichkeit, die Schädelkalotte ein allerletztes Mal operativ entfernen zu lassen, um sie dann auch vorne an der Stirne – beispielsweise mittels Schrauben – ohne Stufe fixieren zu lassen (bislang wurde jene immer nur oben mittels Draht zusammengehalten). In diesem Fall sollte postoperativ für ein paar Tage Nux vomica LM18 zur Ausleitung der Narkose- und Medikamentenbelastung genommen werden. Darüber hinaus waren Arnica und Hypericum auch nach der Operation weiterhin angesagt zuzüglich dem tuberkulinischen Mittel Calcium phosphoricum zur besseren Knochen- und „Frakturheilung".

Ein paar Monate später gab es zum Glück sehr viel Erfreuliches zu vermelden. Der junge Mann hatte sich zu der besprochenen Operation durchgerungen, welche schließlich auch gut gelungen ist. Die Knochen konnten zufriedenstellend fixiert werden und sind das erste Mal ohne Komplikationen gut zusammengewachsen! „Die Stirn ist wie gebügelt, so glatt ist sie. Zur Fixierung wurden seitlich Schrauben angebracht. Diese OP, zusammen mit der Homöopathie, – das war die richtige Entscheidung", triumphierte ein sichtlich glücklicher und erleichterter junger Mann. Kopfschmerzen gäbe es seither deutlich weniger, und die Farbe im Gesicht sei auch wieder zurückgekommen. Bei einer Kontrolluntersuchung im Krankenhaus seien die Ärzte ausnahmslos zufrieden, die drei Knochenteile seien endgültig festgewachsen und unbeweglich. – Wir kamen überein, Arnika und Hypericum ausschleichend noch ein wenig weiterzunehmen, im zweitäglichen Wechsel für etwa einen Monat; Calcium phosporicum dagegen war nicht mehr nötig, es hatte seine Schuldigkeit getan, denn alle Schädelknochen waren jetzt okay.

Sicherlich ein unrühmliches Beispiel von Chirurgie, bzw. besser gesagt, ein unrühmlicher Entschluß, diesen Fall mittels Chirurgie lösen zu wollen! Hätte man bei den auftretenden Hirndruckphänomenen gleich sanft und energetisch begonnen, d.h. mit der Klassischen Homöopathie, so hätte man sich vieles ersparen können. Mit an Sicherheit grenzender Wahrscheinlichkeit wäre dann keine einzige Operation erforderlich gewesen, kein Shunt und kein Eröffnen des kompletten Schädels mit all seinen enormen Risiken. Und dazu die Folgeerscheinungen des Nicht-Heilen-Wollens, was ja stark miasmatisch geprägt ist. Die beiden wichtigsten Rubriken des Kent-Repertoriums für diese Konstellation lauten: „Folgen von Kopfverletzungen" und „Gehirnerschütterung". Und diese gelten auch für schwerste Zustände und Folgeerscheinungen, wie wir schon bei dem oben beschriebenen Mädchen mit Koma nach Sturz ein Geröllfeld hinunter gesehen haben. Darüber hinaus kam in diesem Fall auch ein antimiasmatisches Mittel, speziell hinsichtlich der mangelnden Knochenheilung (Rubrik: „Knochen – langsame Frakturheilung"), zum Tragen.

5.5.3 Kurzer Hinweis für eine Haus-, Urlaubs- und Notfallapotheke

Gerade hinsichtlich Verletzungen und Notfällen ist es sinnvoll, sich eine kleine homöopathische Haus-, Urlaubs- und/oder Notfallapotheke anzulegen. Dann jedenfalls ist man zu einem gewissen Grade jederzeit, wo immer man sich in dieser Welt auch aufhält, in der Lage, selber zu helfen. Das erfordert nicht unbedingt tiefe Kenntnisse bzgl. der Klassischen Homöopathie. Man kann ja auch – beispielsweise in einem Notfall – seinen Therapeuten oder jemanden, der sich in der Homöopathie ein bißchen auskennt, anrufen und seinen Fall schildern, um Hilfe in Form einer Empfehlung für ein passendes Homöopathikum samt Einnahmemodalitäten zu erhalten. Wenn das empfohlene Mittel dann auch verfügbar ist, lassen sich vielfach traumhafte Resultate erzielen und zumeist Komplikationen vermeiden. Das gilt für banale Verletzungen, Zeckenbisse, Insektenstiche, Nahrungsmittelvergiftungen, Kollaps, Völlerei, Quallenzwischenfällen, Sonnenbrand, Sonnenstich, Verbrennungen[1] und schwerste Zustände, wie beschrieben, und vieles mehr. Ja sogar

[1] Ein kurzes Beispiel bzgl. einer Verbrennung 2. Grades der Hand bei einem zweijährigen Kind durch einen Wasserkocher im Urlaub: „Die ganze Haut der halben Hand ist weg." Die konsultierte Klinik weigerte sich zu behandeln, ohne zuvor gegen Tetanus geimpft zu

Husten, Schnupfen, Fieber, Heiserkeit, Magen-Darm-Infektionen und einiges mehr lassen sich so im Urlaub sicher und erfolgreich therapieren. Auf diese Weise ist man unabhängig von Zeit und Raum, d.h., es ist weitgehend völlig egal, ob dies oder jenes an einem Feitertag, des Nachts oder sonstwann in einem weit entfernten Land passiert. Sofern man selber einigermaßen Bescheid weiß oder zumindest jemanden telefonisch um Rat fragen kann, besteht die Möglichkeit einer schnellen adäquaten und sanften Hilfe, aus der Haus- oder Urlaubsapotheke. – Für mehr Information in dieser Hinsicht sei auf mein Büchlein *Die homöopathischen Potenzen – Ein Ratgeber aus der Praxis* verwiesen.

5.6 Die Lyme-Borreliose

Wer kennt sie nicht, die kleinen Tierchen, vor denen heutzutage fast jedermann Angst und Panik hat, die Zecken? Ich jedenfalls habe erstmals im jungen Erwachsenenalter von ihnen gehört, denn damals gab es die hausgemachte Hysterie[1] um diese „gefährlichen" Insekten[2] noch nicht. Laut Lehrmeinung sind diese für die Übertragung von FSME (FrühSommerMeningoEncephalitis, einer bestimmten Art von Gehirnhaut- und Gehirnentzündung) sowie für die Lyme-Borreliose (kurz: Borreliose) verantwortlich. Mittlerweile hängen seit langem in vielen Apothekenschaufenstern und Arztpraxen Plakate mit Abbildungen eines idyllischen Waldausschnittes und einer etwa 1.000-fach vergrößert überdimensionalen Zecke samt eindringlichen Warnungen, sich doch vor diesen Tieren „schützen", sprich impfen, zu lassen. Komisch nur, daß unsere Haustiere, selbst wenn sie im Sommer im Schnitt vier bis fünf Zecken wöchentlich (!) haben, und dazu noch große, die schon so richtig mit Blut vollgesogen sind, nie an FSME oder Borreliose erkranken! Das müßte uns doch wirklich nachdenklich stimmen.

---

haben, was die Mutter empört ablehnte. Darüber hinaus sollte ihr Kind in der Klinik bleiben, um unter Vollnarkose den Verband wechseln zu können. „Die Ärzte machten mir Angst und redeten sogar von Hauttransplantation." So ging die Mutter mit ihrem Kind unverrichteter Dinge und mit einem tiefen Groll wieder heim. – Homöopathische Therapie: Causticum C30 (aus der Hausapotheke), 3 Globuli auf ein Glas Wasser, gut umrühren, täglich einen Löffel voll einnehmen; dazu Luft an die Wunde lassen! Erste Rückmeldung nach sechs Tagen: „Die Haut sieht recht gut aus, es bildet sich sogar schon zarte neue Haut." (Der Urlaub brauchte nicht abgebrochen zu werden!) Die begeisterte Mutter nach drei Wochen: „Die Hand ist total gut!"

[1] Frau Monika Falkenrath hierzu: „Diese ekelhaften Zecken sind schuld! Die kann man gar nicht oft und widerlich genug den Leuten vorführen, so etwas prägt sich ein, macht Angst, und eine richtig schön geschürte Zeckenhysterie hält die Leute beschäftigt, von der Natur fern und vom Nachdenken ab!"

[2] Streng genommen handelt es sich bei den Zecken um blutsaugende parasitäre Spinnentiere, welche zur Überfamilie der Milben gehörig sind.

In diesem Kapitel soll es also – anhand von ein paar Beispielen – um scheinbar kleine Auslöser durch einen Zeckenbiß gehen und um die daraus resultierenden großen Reaktionen, jedenfalls in der Art, wie uns das bislang immer wieder verkauft wird. Doch bei genauem Hinsehen und Studieren eines jeden Falles wird immer wieder offensichtlich, daß die wahren Ursachen doch nicht immer mit dem vorgegebenen Auslöser identisch und teilweise ganz woanders zu suchen sind.

5.6.1 Wirklich Folge von Zeckenbiß?

Genau so verhält es sich bei der jungen Frau Mayr. Sie klagte schon seit etwa sieben Jahren über sehr starke Magenschmerzen und hatte bereits alles Mögliche an Therapie über sich ergehen lassen. Auch eine Magenspiegelung und sogar Biopsie brachten kein Licht in ihren Fall. „Eigentlich hat nichts an Behandlung geholfen", sagte eine völlig frustrierte junge Frau in der homöopathischen Anamnese. Sie litt immer noch an Übelkeit nach dem Essen, Magendruck, Völlegefühl, Abgeschlagenheit und Müdigkeit. Zeitweise war sie auch recht kurzatmig. Im Sommer vor einem Jahr wurde dann eine akute Gastritis festgestellt; da stand sie auch „voll im Prüfungsstreß für ihr Diplom".

Ein Jahr vor dem ersten Auftreten ihrer Magensymptomatik gab es einen Zeckenbiß, der nicht weiter behandelt wurde. „Später erkrankte ich dann an einer Sommergrippe mit extremen Kopfschmerzen, Halsschmerzen und Schnupfen, aber ohne Fieber." Der behandelnde Arzt diagnostizierte sofort eine Borreliose, als er von der Zecke hörte, und verschrieb für drei bis vier Wochen Antibiotika. Somit „liefen die Magenschmerzen auch unter Borreliose", versicherte mir die Patientin. – Doch was wäre, wenn bei identischen Symptomen keine Borrelien oder kein Zeckenverdacht nachzuweisen wären? Dann hieße die Krankheit ganz anders und würde auch anders behandelt werden!

Zwei Jahre nach Auftreten der Magenproblematik gab es immer wieder Erkältungen mit Husten, Niesen, Schnupfen und Abgeschlagenheit, jedoch ein jedes Mal ohne Fieber. „Dazu mal ein Stechen in der Lunge" und im Gefolge öfter depressive Verstimmungen. Die Erkältungen wurden zeitweise antibiotisch versorgt. Im Laufe von drei Jahren spitzte sich diese Häufung von Erkältungen dermaßen zu, daß es zu Antriebslosigkeit, erheblicher Konzentrationsschwäche, Übelkeit, permanenten Kopfschmerzen, Schwindel, Kurzatmigkeit und Herzrasen beim Treppensteigen, starker Gewichtsabnahme und einem Druck auf den Lungen kam. – Das alles lief bei den Ärzten unter Borreliose, nur weil Frau Mayr damals die Zecke erwähnt hatte, welche sie aber nicht akut gestört hatte und im Grunde genommen ihrer Aufmerksamkeit entgangen war.

Aufgrund unserer Anamnese – in der Homöopathie muß man ja immer sehr gewissenhaft und minutiös vorgehen und alle Krankheitserscheinungen samt zugehörigen Behandlungen und sonstige Eingriffe chronologisch genau verfolgen – stellte sich dann heraus, daß die junge Frau unmittelbar vor ihrer Serie heftiger Erkältungen eine Hepatitis B-Impfung erhalten hatte! Und zwar gleich dreimal hintereinander (zur Auffrischung)!! Und weiter: Im weiteren Verlauf noch eine Rötelnimpfung, worauf sie prompt mit einer akuten Nasennebenhöhlenentzündung reagierte. Darüber hinaus konnten wir herausarbeiten, daß die anfänglichen Magenbeschwerden genau in die Zeit ihres Schulabschlusses zur Mittleren Reife fielen, ähnlich wie die akute Gastritis vor einem Jahr zur Diplomprüfungszeit.

Dies alles liest sich nun gar nicht mehr wie „Folge von Zeckenbiß". Dieser scheint wirklich nichts mit dem ganzen Szenario zu tun zu haben. Sogar die anfängliche Sommergrippe, die ja in keinem echten zeitlichen Zusammenhang zu dem Zeckenbiß gestanden hat, hat nichts mit Borreliose gemein. Vielmehr handelt es sich hier um *miasmatische Prädispositionen mit ihren zugehörigen akuten Exacerbationen*, welche durch den *psychischen Streß* der jeweiligen Prüfungssituationen angefacht wurden und welche sich durch die fortlaufenden Unterdrückungen mittels Antibioselenkung und die späteren Impfungen deutlich verschärft haben.

So jedenfalls haben wir den Sachverhalt gewertet samt den anderen miasmatischen Hinweisen wie Pollinosis (Heuschnupfen) seit dem 14. Lebensjahr, Neigung zu Stirn- und Nebenhöhlenentzündungen, Pfeifferschem Drüsenfieber, Darmträgheit und einigem mehr. Schließlich gab uns der homöopathische antimiasmatische Therapieansatz recht, denn der jungen Frau konnte sanft und nachhaltig geholfen werden.

5.6.2 Keine Zecke weit und breit

Ähnlich war es auch bei einer anderen Patientin von etwa 50 Jahren. Auch bei ihr hieß die Diagnose chronische Lyme-Borreliose. Sie litt seit einem Jahr an einem erheblichen Erguß im rechten Knie und hatte diesen mittlerweile schon 10-mal punktieren lassen. Drei Jahre zuvor gab es einen Stich an ihrer rechten Wade, welche in der Folge anschwoll und mit Salben behandelt wurde. „Dies wurde damals zu keinem Zeitpunkt als Borreliose diagnostiziert, obwohl eine typische Wanderröte, das Erythema migrans, an der Einstichstelle vorhanden war." Eine Zecke konnte jedenfalls nie entdeckt werden, das wußte die Frau noch ganz genau.

Die Sache mit dem Knie begann, so erinnerte sich die Frau, wie eine „Grippe", mit Gelenkschmerzen, Abgeschlagenheit usw., jedoch ohne Fieber. „Das Übliche", wie sie sich ausdrückte. Behandelt wurde mit Vitaminen und Schmerzmitteln. Alles wurde wieder gut, nur das rechte Knie schwoll an und blieb dicker. Seither war dieses auch heißer, besonders bei Bewegung, was deutlich auf eine Entzündung hindeutete. Die konsultierten Ärzte spritzten Cortison in das Gelenk, teilweise recht hoch dosiert, gaben mehrere Wochen lang Antibiotika in der Annahme einer Lyme-Arthritis, einer Gelenkentzündung, die nicht selten in ein rheumatisches Krankheitsbild mit chronisch-erosiver Arthritis übergeht, alles jedoch ohne Erfolg. Weder die anberaumte Arthroskopie noch die Untersuchung mittels MRT (Magnetresonanztomographie) brachten irgendein Ergebnis. Die derzeitige Dauermedikation bestand in 10 mg Cortison täglich.

„Eigentlich war ich nie krank", so die geplagte Patientin während ihrer homöopathischen Anamnese. Doch es stellte sich heraus, daß sie vor ca. 12 Jahren des öfteren an Erkältungen litt und im Zuge dieser Erkältungen eine „Blutarmut" festgestellt wurde, weswegen sie für längere Zeit Vitamine eingenommen hatte. Diese nehme sie bei jedem neuzeitlichen Erkältungsanflug wieder, so daß es gar nicht erst zu einem Ausbruch komme. Und noch eines kam ans Tageslicht: Ein Jahr vor der Knieschwellung nach besagtem grippalen Infekt hatte die Frau einen Fahrradunfall, bei welchem sie genau auf ihr rechtes Knie gestürzt ist. „Das tat dann drei Tage lang weh, das war alles."

Also – mit der homöopathischen Brille betrachtet, eine *Folge von Verletzung*, die mehr oder weniger gut verheilt ist und wieder aufflackerte im Gefolge eines akuten Schubes von grippalem Infekt, oder besser gesagt, eines behandelten *grippalen Infektes*, welcher ja mittels höher dosierter Vitamin-Gaben *coupiert* wurde. Ein gewisses Reaktionsunvermögen war auch seit jeher in der Unfähigkeit, überhaupt Fieber zu bekommen, zu erkennen. Alles in allem deutliche miasmatische Zeichen und Zusammenhänge, die außerdem noch durch die fortdauernden Vitamin-Gaben und später massiv mittels Antibiotika und Cortison *unterdrückt* wurden. Also – keine direkte Folge eines Zeckenbisses, zumal zu keinem Zeitpunkt eine Zecke gesichtet wurde. Nur eine Röte und eine Einstichverletzung in deren Mitte, was aber auch von einer Mückenart oder sonst etwas herrühren konnte. Im Grunde genommen auch schon ein Beweis dafür, daß es keine Zecke gegeben haben kann, eben nur die Vermutung eines Arztes, denn diese Tierchen werden ja bekanntlich recht groß, wenn sie lange gesessen und sich richtig mit Blut vollgesogen haben, so daß es sehr schwerfallen dürfte, sie zu übersehen. Und das an dieser exponierten Stelle!

Eine ähnlich überzeugende Beobachtung stammt von der Mutter eines kleinen oberbayrischen Patienten von mir, dem aufgrund einer Hautrötung Anfang 2006 eine „handfeste Borreliose" diagnostiziert wurde, und zwar mitten im Winter, zu einer Zeit, wo seit vielen Wochen überall in Bayern mehr als ein halber Meter Schnee lag! – Da kann man gewiß nur staunen, oder? Ja man ist sogar versucht zu sagen – frei nach Werner Schwier aus den 60er Jahren: „Es darf gelacht werden."

5.6.3 Borreliose und FSME nach Zeckenbiß

Welche Macht über Gesundheit und Krankheit die heutige Medizinwelt diesen kleinen Tierchen andichtet, wird ganz besonders aus dem nachfolgenden Beispiel eines kleinen Jungen deutlich. Dieser Junge hatte im Sommer 1997, im Alter von vier Jahren, einen Zeckenbiß samt der üblichen lokalen Hautrötung, welche für eine Borreliose spricht. In Anbetracht der großen Gefahr, die von solcherlei Bissen auszugehen scheint, wurde die Zecke von der damaligen Hausärztin mit einer Pinzette fachmännisch entfernt, die Bißstelle desinfiziert und ein Antibiotikum für zehn Tage verschrieben. So lief alles routinemäßig und recht normal. Doch der Schein trügte, denn im Laufe der nächsten Monate kränkelte das Kind auffallend lange vor sich hin und wollte sich nicht recht erholen. Dies führte man auf die Virulenz und Tücken der sich eingenisteten Borrelien zurück. Der Bub hatte sich eben eine handfeste Borreliose zugezogen.

Im Frühjahr 1998 kam es auf einmal zu einem erheblichen Brechdurchfall mit starken Kopfschmerzen und einem fast kollapsähnlichen Zustand, der die sofortige Einweisung in ein Krankenhaus unumgänglich machte. Laut Angaben der Klinikärzte wäre das Kind beinahe ausgetrocknet, stand also kurz vor der Exsikkose, welche lebensbedrohlich ist, so weit war es schon gekommen. Das Ganze gipfelte schließlich in einer handfesten Meningitis, einer Hirnhautentzündung. Aufgrund der Krankenvorgeschichte des Jungen korrigierte man schließlich die Diagnose in Richtung FSME, einer sog. FrühSommerMeningoEncephalitis, einer Hirnhautentzündung mit Beteiligung des Gehirns, welche – laut Schulmedizin – zeitweilig im Frühjahr oder Sommer als Komplikation aufgrund von Zeckenbissen auftritt. Man sah also die Meningitis im Grunde genommen als Spätfolge des Zeckenbisses vor neun Monaten an; so jedenfalls die ärztliche Interpretation. Natürlich wurde auch hier wiederum streng schulmedizinisch behandelt, mit einer zweiwöchigen Spritzenkur.

„Mein Kleiner war dann für längere Zeit richtig wesensverändert, ja regelrecht depressiv“, erinnerte sich die Mutter an die damalige Zeit. „Doch zum Glück hat sich das mit den Jahren wieder verwachsen.“ Ungefähr zwei Jahre danach, im Alter von knapp sieben Jahren, bekam der Bub plötzlich Lähmungserscheinungen in den Beinen, so daß er nicht mehr laufen konnte. Diese hielten sich so ausgeprägt für etwa drei bis vier Wochen, erst danach wurde es ganz langsam besser. Darüber hinaus traten in der ersten Schulklasse vermehrt Kopfschmerzen auf; der Junge konnte nicht mehr richtig schreiben, verdrehte die Buchstaben, seine Konzentration ließ zu wünschen übrig, das Rechnen fiel ihm sichtlich schwer. „Die Borrelien haben nun auch das Gehirn beeinträchtigt“, gab die besorgte Mutter die Meinung der beratenden Ärzte wieder.

Soweit die Anamnese des Jungen hinsichtlich seiner Borreliose und FSME. Die Zusammenhänge scheinen klar auf der Hand zu liegen und klingen sehr überzeugend, zumindest auf den ersten Blick: Zeckenbiß – Borreliose – Behandlung, doch leider zu spät – die Borrelien dringen weiter in der Körper ein – es kommt als Spätfolge sogar zu einer FSME und noch später zu Lähmungserscheinungen in den Beinen und einem psychomotorischen Syndrom, wie man dies nennen könnte. Ein klarer Fall von schwerster Borreliose und eine

Bestätigung für die schulmedizinische Therorie, daß die Borrelien – und damit auch die Zecken – mehr als gemeingefährlich sind.

Doch der Schein trügt! Die Logik des Falles gibt der Schulmedizin nur bei flüchtigem Hinsehen recht. Bei näherer Analyse und bei richtig geführter homöopathischer Anamnese – die homöopathische Anamnese ist eine regelrechte Detektivarbeit und versucht, Kausalitäten des Krankheitsgeschehens ans Tageslicht zu bringen – ergeben sich auf einmal gänzlich andere Beziehungen und Sichtweisen.

Zunächst einmal ließ ich mir die Impfdaten von der Mutter des Jungen geben. Daraus ging eindeutig hervor, daß der Kleine eine ganze Reihe von sog. Grundimmunisierungen erhalten hatte, und zwar gegen Diphtherie, Tetanus, Keuchhusten, Polio sowie gegen Masern, Mumps und Röteln (MMR), welche sein Immunsystem nachhaltig beeinträchtigten. Mit dem Tine-Test (Tuberkulosetest) waren dies, alles zusammengenommen, 14 Stück. Und die letzte MMR-Impfung erfolgte – man höre und staune – etwa sechs bis sieben Wochen vor besagten Lähmungserscheinungen in den Beinen! Hier zeigte sich also schon ein sehr enger zeitlicher Zusammenhang, der, wenn man so etwas in der Praxis immer und immer wieder erlebt, mit an Sicherheit grenzender Wahrscheinlichkeit als echter kausaler Zusammenhang zu sehen ist. *Bei den Lähmungen handelte es sich also um eine Impfschädigung!* Auch das ewige Kränkeln zu Beginn der sog. Borreliose ist wohl kaum auf den Zeckenbiß selber zurückzuführen, sondern eher auf die *10-tägige Antibiose*, die das durch die Vielzahl der vorangegangen Impfungen ohnehin beeinträchtigte Immunsystem des Kleinen noch einmal gehörig niederdrückte. – Das homöopathische Stichwort lautet hier: *Unterdrückung!*

Somit gab es schon zwei plausible Erklärungen, die eine ganz andere Sprache sprechen und darüber hinaus auch ohne Hypothesen und fadenscheinige Argumente wirklich Sinn machen, denn *es gibt keinen Nachweis, daß die Borrelien, die man bei den schulmedizinischen Untersuchungen gefunden hat, wirkliche Krankheitsverursacher sind.* Das ist reine Interpretation! Denken Sie an die Zweiphasigkeit der Erkrankungen! Und denken Sie auch einmal darüber nach, wieviele Zecken bei unseren Haustieren vorzufinden sind und was jene dadurch davontragen! Nichts! Zum Beispiel bei den Hunden, Katzen und Pferden. Unser Hund beispielsweise hat im Sommer jede Woche im Schnitt etwa 4 Zecken – teilweise sogar gehörig große, weil sie nicht immer gleich entdeckt werden oder an exponierter Stelle saugen, wie z. B. in unmittelbarer Nähe des Auges, so daß es schwierig ist, diese zu entfernen – und das schon über Jahre hinweg, ohne jemals an einer Krankheit zu erkranken! Ähnliches gilt auch für die Tiere in freier Wildbahn, aber auch für Menschen, die viel im Wald zu tun haben; jedenfalls haben mir meine Patienten dies immer wieder berichtet. „Ich habe schon Hunderte von Zecken ernährt", so ein älterer Diplom-Forstingenieur aus dem Gebiet der ehemaligen DDR während seiner homöopathischen Anamnese.

Doch die Meningitis des Jungen ließ sich bislang immer noch nicht vernünftig erklären. Die Analyse der Impfdaten ließ hier keinerlei engen zeitlichen Zusammenhang erkennen. Und eine FSME neun Monate nach erfolgtem Zeckenbiß erscheint auch aus schlumedizinischer Sicht ein wenig weit hergeholt und damit unglaubwürdig. Aber sei's drum! – Erst im Verlaufe der weiteren Lebensanamnese für die chronische antimiasmatische Behandlung des Jungen kristallisierte sich dann doch noch das letzte fehlende Mosaiksteinchen heraus, nämlich als die Mutter des Buben fast beiläufig erwähnte, der Kleine hätte ab dem Alter von vier Jahren „*massiv an einem Darmpilz gelitten*, mit ständigen Durchfällen und permanenter Übelkeit, besonders nach dem Essen", welcher schließlich *antibiotisch und mittels Antimykotika*[1] erfolgreich behandelt wurde. Und zwar, zeitlich gesehen, relativ kurz vor besagter Meningitis! – Aha! Da haben wir es! Die extreme Gastroenteritis (Brechdurchfall) als Lösung nach einer massiven Unterdrückung des Darmpilzes, welcher dann aufgrund des großen Flüssigkeitsverlustes und der wiederum unterdrückenden Behandlung in einer Meningitis gipfelte. *Unterdückung par excellence* ist die Idee dieses Krankheitsgeschehens und hat nun rein gar nichts mit einem Zeckenbiß zu tun!

Somit liest sich der Fall absolut anders: Zeckenbiß – Unterdrückung mittels Antibiotika – dadurch Schwächung des ohnehin schwachen Immunssystems des Jungen – rezidivierender Darmpilz – wiederum mehrfache Antibiose samt Pilzbehandlungen – die Schwächung spitzt sich exorbitant zu – Brechdurchfall bis hin zur Exsikkose – Krankenhausbehandlung mit weiterer Unterdrückung – Gipfelpunkt Meningitis – Unterdrückung der Meningitis mit grobstofflichen Medikamenten – Wesensveränderung bis hin zu depressiven Verstimmungen – spätere MMR-Impfung – daraufhin Lähmungserscheinungen samt kognitiven Gehirnbeeinträchtigungen! Also doch keine Borreliose auf der ganzen Linie, wie es die Ärzte der Mutter bislang weisgemacht haben. Bestenfalls nur das anfängliche Erythem, die typische Wanderröte, wobei eigentlich nie von einer echten Wanderröte die Rede war! Und auch keine FSME! Eher eine mehrfache Impfbelastung im Sinne einer miasmatisch ausgeprägten Prädisposition zuzüglich mehrfacher akuter Unterdrückungen. Obendrein dann die akuten motorischen Komplikationen bzw. Schädigungen nach erneuter MMR-Impfung bis hin zu einer manifesten postvaccinalen Encephalopathie. Das jedenfalls war meine Diagnose – und die begonnene homöopathische antimiasmatische Therapie hat uns mit der Zeit recht gegeben.

5.6.4 Die Behandlung der Borreliose mittels Homöopathie

So ist bei jedem einzelnen Fall eine anamnestische Detektivarbeit zu leisten, um den roten Faden und die Idee der Erkrankung zu erspüren. Zeckenbiß gleich Borreliose ist zu wenig, auch dann, wenn Borrelien im Blut nachzu-

---

[1] Antimykotikum – das Pilzwachstum beeinflussendes Mittel.

weisen sind. „Wann und wo ist eigentlich jemals ein wissenschaftlich einwandfreier Beweis dafür erbracht worden, daß Borrelien tatsächlich alle diese als ‚Borreliose' bekannten Symptome auslösen?", fragt Frau Monika Falkenrath zu recht. Diese – wie auch alle anderen Arten von Mikroben – sind ja nicht krankheitsverursachend, wie wir schon eingangs ausführlich besprochen haben. Und die vielfach praktizierte Methode, im Falle von Zeckenbissen einfach die Zeckenbiß- bzw. Borreliennosode in C200 oder sonst einer Hochpotenz zu geben, macht keinen Sinn und hat nichts mit echter Homöopathie zu tun.[1] *Nosode ist nicht gleichzusetzen mit Krankheitsvorbeugung!* Mittel wie diese sind weder am Gesunden geprüft, noch haben sie sich am Krankenbett verifizieren lassen. Es gibt also keine umfassenden Aufzeichnungen und Dokumentation der Wirkungsweise derartiger potenzierter Arzneimittel. Wir wissen also nicht, welche Symptome und Zusammenhänge eine solche Nosode aufweist und was bei ihrer Gabe auf uns zukommt; und dann noch in einer Hochpotenz! Darüber hinaus liegt dem vorschnellen Verschreiben einer Zeckenbißnosode der Denkfehler zugrunde, die Mikroben seien die eigentlichen Bösewichter, die es zu bekämpfen gilt.

Homöopathie ist Individualtherapie und funktioniert nur in einer Similebeziehung, und nicht in Pauschalverschreibungen! Das heißt, wir brauchen in-

---

[1] Unter Umständen hat der Wirkungsbereich einer Zeckenbißnosode nichts mehr mit dem Zeckenbiß gemein. Die Gabe einer solchen Nosode geht in jedem Fall am eigentlichen Thema vorbei, denn erstens sind diese Mittel nicht vollständig geprüft – man weiß also nicht, was mit der Gabe einer Nosode auf einen zukommt; demnach ist der Therapieverlauf überhaupt nicht kalkulierbar! – und zweitens wird hier eine gewisse Form der Isopathie propagiert, die so nicht richtig sein kann und nur Behauptung bzw. Wunschdenken ist. Das würde andersherum ja auch bedeuten, daß z. B. Tuberculinum in jedem Falle bei akuter Tuberkulose helfen müßte, was jedoch nicht sein kann und allein schon daran zu erkennn ist, daß es eine ganze Reihe von Rubriken für die akute Tuberkulose gibt, welche darüber hinaus auch noch recht viele andere Arzneimittel enthalten! Im Kent-Repertorium sind allein 18 Rubriken für die Lungentuberkulose mit insgesamt 99 Arzneimitteln aufgeführt, wobei die Nosode Tuberculinum Koch alt nur ganze zwei Mal (!) vertreten ist, während beispielsweise die klassisch-sykotische Nosode Medorrhinum dagegen sogar sechsmal genannt wird! Und Pulsatilla, eher ein kleines amiasmatisches Akutmittel, führt die Liste demgegenüber mit acht Treffern an. Somit dürfte klar sein, daß nicht alle Tuberkulosefälle nach Tuberculinum verlangen. – Das gilt mutatis mutandis auch für die Zeckenbißnosode, nur daß dieses Mittel obendrein – wie bereits gesagt – nicht einmal richtig geprüft ist. – Schon Dr. Henry C. Allen, Professor für Materia Medica am Hering Medical College and Hospital (1892–1909) und Autor des umfassenden homöopathischen Zentralwerkes *Nosoden*, äußerte sich vor mehr als 100 Jahren ganz unmißverständlich zu dieser Thematik: „Es ist töricht, zu glauben, man könne Symptome einer bestimmten Krankheit mit ihrer eigenen Nosode behandeln, und diese Unsinnigkeit wird noch deutlicher, wenn wir uns klar machen, daß der Charakter der Nosode sich im Prozeß des Potenzierens wesentlich verändert. *Die einzige Möglichkeit, eine Nosode anzuwenden, besteht, wie bei jedem anderen Mittel, darin, sie am Gesunden zu prüfen und ihre Symptome in der üblichen Weise zusammenzustellen.*" (Hervorhebungen durch den Verfasser) – Das gilt selbstverständlich auch für die sog. Impfnosoden, mit denen leider immer mehr viel Unsinn getrieben wird.

dividuelle Symptome und Zusammenhänge, um das ähnliche Mittel für den Fall auswählen zu können.

Bei Zeckenbissen ist man i.d.R. gut beraten, als Akutmittel zunächst Ledum zu verabreichen, das Hauptmittel bei Insektenstich- und Bißverletzungen. Wenn jedoch ausgeprägte individuelle Symptome beispielsweise für Lachesis oder Arsenicum album sprechen, dann wird man nicht zögern, diese antimiasmatischen Mittel – auch hochkarätige Folgemittel bei „Bissen von giftigen Tieren“, wie es im Repertorium heißt – zu geben. Darüber hinaus kann die Einstichstelle zusätzlich äußerlich mit Calendula-Tinktur, Teebaumöl oder Rescue-Creme behandelt werden. Sollte beim Herausdrehen der Zecke ein Teil, wie z.B. der Kopf, steckengeblieben sein, so tritt das antimiasmatische Arzneimittel Silicea auf den Plan, welches die hervorragende Wirkung hat, durch Anregung der lokalen Produktion von Eiter Fremdkörper aus dem Körper herauszubefördern. Ansonsten, wenn all diese Maßnahmen zu keinem akzeptablen Ergebnis führen und sich die Umgebung der Bißstelle pathologisch verändert sowie zusätzliche Symptome auftreten, führt kein anderer Weg daran vorbei, diese neuen individuellen akuten Symptome gezielt aufzunehmen, um ein ähnliches Arzneimittel für den aktuellen Zustand zu erarbeiten. Doch diese Konstellation kommt äußerst selten vor und hängt von der miasmatischen Belastung des einzelnen ab.

5.6.5 Neigung zu Zeckenbissen – kein Zufall

Abschließend zum Thema Zecken noch eine Beobachtung aus meiner homöopathischen Praxis, die es mir wert erscheinen läßt, hier veröffentlicht zu werden: Ein junges Ehepaar, wohnhaft am sog. „Bayrischen Meer“, dem Chiemsee, ging allabendlich zusammen mit seinem angeleinten Hund, einem hübschen Collie, für ca. anderthalb Stunden spazieren, und zwar immer dieselben Wege. Das Interessante daran war nun, daß der Hund in der warmen Jahreszeit wöchentlich immer ein paar Zecken aufzuweisen hatte, die junge Frau ebenfalls, ihr Mann aber nie. Wie kann das sein? Aufgrund einer homöopathischen antimiasmatischen Kur der beiden, die eine Zeitlang wegen ganz anderer Gegebenheiten durchgeführt wurde – der Hund ist nicht mitbehandelt worden – änderte sich das Verhältnis mit der Zeit dahingehend, daß auch die junge Frau keinerlei Zecken mehr bekam! Sie war wohl infolge der Änderung ihrer Ausdünstungen für die kleinen Tierchen weniger interessant geworden. Der Collie hingegen wurde nach wie vor regelmäßig heimgesucht.

Zu guter Letzt noch eine interessante Meldung hinsichtlich der vermeintlichen Gefährlichkeit von Zeckenbissen, welche für sich spricht und keines weiteren Kommentars bedarf. Ich kann mich diesbezüglich sehr gut an einen jungen Patienten erinnern, der aufgrund seines Berufes als Forstbeamter immer wieder in deutschen Wäldern zu tun hatte und, wie er selber sagte, „im Leben schon dreistellige Zahlen von Zeckenbissen“ aufzuweisen hatte, „ohne daß jemals etwas passiert wäre“!

5.7 Hörsturz

Laut klinischem Wörterbuch Pschyrembel ist der Hörsturz „eine akute Ertaubung bzw. eine plötzliche, meist einseitige Hörminderung oder Taubheit". Als Ursache wird gemutmaßt (man weiß es nicht so genau): „Vermutlich Spasmen[1] kleiner arterieller Gefäße des Innenohrs, Infektionskrankheiten, Erkrankungen der Halswirbelsäule, akustisches Trauma, Schädeltrauma, physischer und psychischer Streß sowie ototoxische Pharmaka[2]". Die Therapie wird mit strenger Bettruhe, gefäßerweiternden Medikamenten, meist per Infusion, Stellatumblockade[3], Beruhigungsmittel, Antibiotika und Cortison angegeben. Das Roche Lexikon Medizin schreibt zu Hörsturz: „Plötzlich auftretende Innenohrschwerhörigkeit (bis Ertaubung); im engeren Sinne der idiopathische[4] Hörsturz infolge von Durchblutungsstörungen (Gefäßspasmen, Mikroembolien)."

Gemäß dem MSD-Manual kann sich der Hörsturz innerhalb weniger Stunden oder noch kürzerer Zeit entwickeln. „Er ereignet sich bevorzugt bei Kindern und jungen bis mittleren Erwachsenen ohne Zeichen einer Gefäßerkrankung." Und an anderer Stelle heißt es weiter: „Es handelt sich meist um einen hochgradigen Hörverlust; erfreulicherweise normalisiert sich das Hörvermögen in den meisten Fällen wieder spontan. ... (Es) hat sich keine Therapie als wirksam erwiesen." – Hier wird also von der offiziellen Medizin sogar im Klartext zugegeben, daß man dem Hörsturz ratlos gegenübersteht, daß man eigentlich nichts machen kann! (Und trotzdem wird immer sehr viel gemacht!)

5.7.1 Ursachen aus ganzheitlicher Sicht

Gemäß den biologischen Gesetzmäßigkeiten der Zweiphasigkeit der Erkrankungen stellt sich der Hörsturz ganz anders dar. Demzufolge handelt es sich bei ihm um die vagotone Heilungsphase nach einem abgeschlossenen dramatischen oder lang anhaltenden Konflikt des Nicht-Hören-Wollens: „Ich höre wohl nicht recht?" oder „Das darf doch wohl nicht wahr sein (was ich da höre)!" bzw. „Ich kann's langsam nicht mehr hören!" Die sympahikotone Dauerstreßphase mit ihren spezifischen Zeichen der Streßinnervierung wie Appetitlosigkeit, Gefäßverengung und daraus resultierend kalte Hände und

---

[1] Spasmus: vermehrter Spannungszustand der Muskulatur; Krampf.

[2] ototoxische Pharmaka: Medikamente, die das Gehörsystem, besonders dessen neuralen Anteil, schädigen können.

[3] Stellatumblockade: Halsgrenzstrangblockade durch Injektion eines Lokalanästhetikums (z. B. Novocain) in oder an das entsprechende Ganglion zur Unterbrechung der vegetativen Leitungsbahnen zu den Spinalnervenwurzeln C6 bis Th1, d. h. zur Ausschaltung des Kopf-Anteils des Sympathikus.

[4] idiopathisch: ohne erkennbare Ursache entstanden; Ursache nicht nachgewiesen.

Füße, Schlaflosigkeit, Gewichtsabnahme, Unausgeglichenheit etc. ist vorüber. In die entsprechenden Hirnareale zur Steuerung des Innenohres sowie in das Innenohr selbst „schießt heilwirksames Ödem ein", um die betroffenen, in der sympathikotonen Phase lädierten Steuerungsrelais und Organteile wieder in Ordnung zu bringen. – Hier haben wir auch die einzig sinnvolle, weil biologische Erklärung für das „spontane" und so plötzliche Auftreten des Hörsturzes mit seinem sich sehr schnell entwickelndem Hörverlust! – In dieser Phase „ersäuft" das Innenohr regelrecht im Ödem, sofern der Konflikt lange genug angedauert hat oder äußerst intensiv war, so daß die daraus resultierende Hörminderung sehr ausgeprägt ausfallen kann und nahezu an Taubheit grenzt. Ist die Reparationsphase weitgehend abgeschlossen, so vermindert sich das Ödem schrittweise und das Hörvermögen kehrt mit der Zeit wieder zurück, was die Schulmediziner dann meist achselzuckend als „Spontanheilung"[1] abqualifizieren, im Grunde genommen aber nur System und Logik ist, eben biologische Normalität.

Diese Gesetzmäßigkeiten zeigen in bestechender Klarheit auf, daß die herkömmlichen Therapieansätze der orthodoxen Medizin völlig daneben sind. Die Erklärungsversuche hinsichtlich Durchblutungsstörungen oder Mikroembolien in den Ohrgefäßen muten geradezu abwegig an, denn um echte, autonome Störungen kann es sich hierbei nicht handeln, sondern lediglich um die vagotone Heilungsphase einer vorangegangenen Streßphase, in welcher es völlig normal ist, daß heilwirksames Ödem im Innenohr auftritt. Eine Therapie in Form von gefäßerweiternden Medikamenten ist demzufolge alles andere als sinnvoll, da ja hierdurch im Prinzip noch mehr Flüssigkeit in den Ohrbereich gelangt. Vielmehr müßte Volumen abgezogen werden, um zu einer Entlastung des Innenohres zu kommen! Auch am Therapieansatz mittels Beruhigungsmitteln oder der sog. Stellatumblockade durch gezieltes Ausschalten des Halsgrenzstrangs des Sympathikus mittels Lokalanästhetika zeigt sich deutlich, daß die Schulmedizin Ursache, Wesen und Verlauf des Hörsturzes in keiner Weise perzipiert hat! Was sollen Beruhigungsmittel oder das Ausschalten des Sympathikus, wenn sich der Patient bereits in der vagotonen Phase befindet, d. h., wenn er sich seit längerer Zeit überhaupt nicht mehr aufregt und wenn der Sympathikus schon längst den Stab an den Nervus vagus abgegeben hat?

5.7.2 Hörsturz infolge Streß bei anhaltender depressiver Verstimmung

Zwei kleine Beispiele sollen dies veranschaulichen. Das erste Beispiel handelt von einer 43-jährigen Frau, bei welcher von einem Tag auf den anderen ein Hörsturz diagnostiziert wurde. Sie klagte über „heftiges Rauschen im Ohr,

---

[1] Naturgesetze wirken immer und überall gleich. „Spontanheilungen" können logischerweise nur nach der Natur – mit ihren Gesetzen – erfolgen, also niemals per Zufall.

rechts schlimmer als links". Teilweise auch „Singen" und „Pfeifen". Ihr HNO-Arzt hatte ihr sofort eine Infusion verabreicht, doch „danach ging es insgesamt noch schlechter". Die Frau hatte das Gefühl, als ob sie einen Wattebausch im Ohr hätte und hörte nur noch einen „dumpfen Ton". Darüber hinaus hörte sie auch ihren eigenen Blutkreislauf, was sehr unangenehm war. Drei Tage zuvor wurde sie von einer Migräne heimgesucht, mit starken Kopfschmerzen, Kälte, Übelkeit und Erbrechen. „Die erste seit längerer Zeit", wie sie mir versicherte. Früher gab es derlei monatlich. Dazu Verspannungen im oberen Rückenbereich, besonders links. Beruflich hatte die Frau „schon das ganze Jahr viel Streß – toujours". Sie war selbständig im medizinischen Bereich tätig und führte zusammen mit ihrem Ehemann mehrere gehobene Ladenlokale. „Dazu viel Ärger mit der Krankenkasse, dem Steuerberater, mit Ärzten und einiges mehr … Ich kann's bald nicht mehr hören!" Außerdem wurde der Frau beim Umdrehen leicht schwindelig, was sie sonst nicht kannte. In letzter Zeit grübelte sie viel, allerdings „nicht so schlimm wie im letzten Jahr". Sie sah „überall nur Probleme" und stellte sich immer wieder die Frage nach dem Sinn des Ganzen. „Völlige Mutlosigkeit und Aussichtslosigkeit", wie sie sagte. „Ich empfinde keine Freude mehr für irgend etwas, bin etwas depressiv, sehe schwarz mit dem Geschäft und meinem Beruf. Das alles macht keinen Spaß mehr! Ununterbrochen nur noch Geschäft, Geschäft, Geschäft …"

Repertorisation: Hörsturz

ComRep V9.0

Nr.	Symptome
1	gemüt - grübeln (26)
2	gemüt - schlechte nachrichten, beschwerden durch (23)
3	gemüt - schwermut, depression, traurigkeit (250)
4	kopfschm./o - hinterkopf (231)
5	modalitäten - seiten - links (102)
6	rücken - empfindungen - spannung - cervicalregion (72)
7	hören - ohrgeräusche/a - rauschen (69)
8	hören - schwerhörig (171)
9	hören - schwerhörig - blatt oder membran vor dem ohr, wie (31)

Methode: Treffer

				Symptome:									1	.	.	.	.	.	.	.	.	.	2	.	.	.	.	.
Nr.	Arzneimittel	Neg	Wert	1	2	3	4	5	6	7	8	9	0	1	2	3	4	5	6	7	8	9	0	1	2	3	4	5
1	Gels	1	18	2	3	3	3	1	2	2	2	.																
2	Sulf	1	18	1	2	3	2	3	2	2	3	.																
3	Calc	1	17	.	3	3	2	2	1	1	3	2																
4	Graph	2	16	.	.	3	2	3	1	2	3	2																
5	Phos	2	16	.	1	2	2	3	.	3	3	2																
6	Nit-ac	2	15	.	.	3	2	2	1	3	3	1																
7	Caust	2	14	1	.	3	3	1	2	1	3	.																
8	Chel	2	13	.	.	2	2	2	2	2	2	1																
9	Cocc	2	12	1	.	2	3	1	.	2	2	1																
10	Mez	2	12	1	.	3	2	3	1	1	1	.																
11	Verat	2	12	3	.	3	1	.	1	1	2	1																
12	**Med**	2	10	.	2	1	2	2	1	.	1	1																
	. . . .																											
21	**Ign**	3	12	3	2	3	2	1	.	.	1	.																

Hier also ein akuter Hörsturz, eingebettet in *ein paar weitere miasmatische Exacerbationen* samt viel *Streß* und einer gewissen *Kummersymptomatik* bzw. *depressiven Verstimmung*. Aus diesem Grunde erhielt die Frau akut Ignatia LM6, 5 Tropfen auf einem Teelöffel voll Wasser, nach Bedarf, und subakut Medorrhinum LM18, 5 Tropfen auf ein Glas Wasser, davon nur einen Schluck, alle zwei Tage, welches sie schon einmal chronisch, vor ein paar Jahren, mit großem Erfolg eingenommen hatte.

Drei Monate später berichtete sie mir freudestrahlend, daß ihr Ohr innerhalb kürzester Zeit wieder in Ordnung gekommen sei. Sie höre seit längerem wieder sehr gut, und ihr Arzt habe bei einer Kontrolluntersuchung, ein paar Tage nach unserer homöopathischen Verordnung, sehr erstaunt festgestellt, daß alles okay sei. Der Hörsturz war nicht mehr nachzuweisen. Auch der „Weltuntergangsschmerz" und das Depressive haben sich damals „sehr schnell in Wohlgefallen aufgelöst". Medorrhinum habe sie nur dreimal nehmen müssen, dann war „der ganze Spuk vorbei". Ignatia dagegen habe im Prinzip nichts zur Ausheilung beigetragen; das habe sie dann einfach weggelassen. – So schnell, so gut. Ohne Komplikationen, ohne Nebenwirkungen von Medikamenten, ohne körperliche Eingriffe! Die Frau war begeistert (und der Therapeut ebenso).

5.7.3 Hörsturz infolge akutem Streß und Ärger

Im zweiten Beispiel geht es um eine Frau von 49 Jahren mit akutem Hörsturz. „Das Ohr ist zu, als ob ich Oropax drin hätte. Ich höre nur noch ein starkes Rauschen." Dazu kam zwischenzeitlich ein leiser Pfeifton. „Jegliche Geräusche sind mir äußerst unangenehm", beschrieb sie ihren Zustand. „Es kam ganz plötzlich, ohne Vorankündigung." Darüber hinaus war ihre Ohrsymptomatik vergesellschaftet mit einem ausgeprägten Drehschwindel, welchen sie „noch nie in ihrem Leben gehabt" hatte. Ein paar Monate zuvor habe es schon einmal ähnliche Symptome gegeben, für zwei bis drei Tage, aber viel weniger intensiv. Und jene seien dann auch von alleine wieder verschwunden. „Doch diesmal ist alles anders." Diesmal sei alles viel heftiger und anhaltender, so daß die Frau und Mutter von zwei Kindern langsam in Panik geriet und sich um ihre Hörfähigkeit ernsthafte Sorgen machte. Ihr Ohrenarzt wollte sie schon mit der Diagnose Hörsturz ins Krankenhaus einweisen; sie habe aber abgelehnt, wollte es zunächst alternativ versuchen.

Die ganze letzte Zeit war sehr hektisch und stressig für die Frau. Neben ihrem Haushalt und ihren zwei Kindern arbeitete sie sehr hart im familieneigenen Betrieb mit; sie hatte die Buchführung unter sich. So gab es sehr viel zu tun und auch einigen Ärger obendrein. Seit Monaten war sie tagtäglich bis spätabends im Büro, oft ohne Pause und ohne Essen, teilweise auch am Wochenende. „Ich bin ständig unter Strom und geschafft, komme kaum noch zur Ruhe." Darüber hinaus hatte sie „seit Ewigkeiten" sehr wenig und überdies auch noch schlecht geschlafen. Das ging nun schon seit Anfang des Jahres so, und ein Ende schien nicht in Sicht zu sein.

Wir vereinbarten, zunächst Nux vomica LM12 zu nehmen, 5 Tropfen in einem Glas Wasser, davon nur einen Löffel voll, täglich einmal. Nux vomica, ein Arzneimittel, welches nicht allzuviel Bezug zum Ohr hat, dafür aber hinsichtlich *Streß, exzessiver Arbeitsbelastung und Überforderung* sowie „vielen anderen Zuständen, die mit dem modernen Leben zusammenhängen" (William Boericke), eins der Mittel par excellence ist. Schon am Tag der ersten Einnahme ging es der Frau „viel besser", und nach ein paar Tagen war „alles wieder gut", wie sie später berichtete. So nahm sie die Tropfen der Brechnuß noch ein wenig ausschleichend weiter, d. h. mit der Zeit nur noch alle zwei Tage, dann alle drei Tage usw. bis diese wirklich nicht mehr nötig waren.

5.8 Herz/Kreislauf-Erkrankungen

Es ist hinreichend bekannt, daß die Herz/Kreislauf-Erkrankungen in der zivilisierten Welt einen zunehmend größeren Raum einnehmen und bei älteren Bürgern eine sehr häufige Todesursache sind. „Woran dies letztendlich liegt, liegt auf der Hand", so jedenfalls müßte der aufmerksame Leser jetzt selber urteilen. Es ist nämlich immer wieder dasselbe: *falsche Ernährung, Streß und Hektik ohne Ende* in unserer modernen schnellebigen Welt, *Unterdrückungen* durch Medikamente und Operationen, da man es sich ja nicht leisten kann, einen banalen Infekt auszukurieren, und last (but) not least *Impfungen* und *sonstige grobstoffliche Eingriffe in das Immunsystem.* Im einzelnen können und wollen wir an dieser Stelle nicht auf all die Zusammenhänge im Detail eingehen, das würde den Rahmen dieses Buches sprengen, sondern wir lassen stattdessen – frei nach Archimedes – ein typisches Beispiel aus der homöopathischen Praxis, stellvertretend für viele, sprechen.

Eine 72-jährige Dame, Frau Steiner, kommt Anfang 2004 in die chronische Behandlung, da sie sich viel von einer antimiasmatischen Kur verspricht und bereits einiges darüber gelesen hat. Diese sei ihre „letzte Hoffnung" zur vollständigen Gesundung, teilte sie mir voller Überzeugung mit, denn sie hatte schon vieles in ihrem Leben an Therapie mitgemacht. Sie hatte es „mit dem Herzen zu tun, Herzrhythmusstörungen mit Vorhofflimmern". Doch lassen wir sie zunächst selber zu Wort kommen mit ihrer in Stichpunkten zusammengefaßten chronologischen Krankengeschichte:

1960/1961: Grippale Infekte.

1962: Gallensteine wurden festgestellt, keine Behandlung.

Ende 1963: Längere Krankschreibung wegen nicht klärbarer Herz- und Kreislaufprobleme, Bluthochdruck und Schwäche. Konsultation mehrerer Ärzte. Ohne Erfolg. – Einweisung ins Bezirkskrankenhaus, Abteilung Psychotherapie!

1964: Schwere „Grippe" mit Fieber. Medikamentös behandelt. Drei Wochen lang.

1966: Nasennebenhöhlenvereiterung nach Erkältung. Behandelt.

1967–1973: Immer wieder Krankschreibungen wegen Herz-Kreislaufbeschwerden mit Beteiligung des Magens. – Ursachen weiterhin ungeklärt.

1974: Operation – Entfernung des rechten Eierstocks und der Gebärmutter wegen Zysten.

1978–1980: Herz-Kreislaufbeschwerden, die jedoch nicht sonderlich ernst genommen werden, da im EKG[1] außer ein paar Extrasystolen nichts festgestellt wird. – Alles läuft auf Einbildung hinaus.

1980: Blasenentzündung nach Sitzen auf kalter Parkbank.

1982–1987: Immer wieder Anfälle von Herzrasen, wie üblich nachts. Werde nicht ernst genommen.

1987/1988: Grippale Infekte und Herzrasen. Behandelt.

12/1989: Schweres Herzrasen. Behandlung in der SMH[2]. Es wird das erste Mal von einer Arrhythmie gesprochen. Medikamente (Digitoxin).

1990–1992: Mehrere kleinere Anfälle von Herzrasen. Überweisung zur Internistin. Stellte Schilddrüsenüberfunktion mit Adenomen fest. Überweisung zum Facharzt. Radiojodtherapie[3] wird angeraten. Ein weiterer Arzt wird konsultiert, rät ebenfalls zu dieser Therapie. Ich stimmte zu. Leider, aus heutiger Sicht. Der in Aussicht gestellte normale Herzrhythmus stellte sich nicht ein, die Medikamente blieben ebenfalls.

1995: Krankenhausaufenthalt wegen Herzrhythmusstörungen. Jetzt wurde absolute Arrhythmie mit Vorhofflimmern festgestellt. Außerdem Herzschwäche. Noch mehr Medikamente. – Die Anfälle hörten trotzdem nicht auf.

1996: Erneuter Krankenhausaufenthalt. Danach Überweisung in Klinik „E. Bergmann“, Potsdam, zur weiteren Behandlung. Herzkatheter-Untersuchung, danach Cardioversion[4] und Biopsie. Ohne Erfolg, d. h., 14 Tage nach normalem Herzrhythmus wieder absolute Arrhythmie mit Vorhofflimmern. – Inzwischen nahm ich an Gewicht zu, 10 kg. Ich soll Diät halten. Ich bin überzeugt, kommt nicht vom Essen.

11/1966: Überweisung zum Klinikum in Berlin Buch. Diverse Vorstel-

---

[1] EKG: Elektrokardiogramm; Aufzeichnug der bei der Herztatigkeit entstehenden elektrischen Vorgänge (Aktionsströme bzw. -spannungen).

[2] SMH: *S*chnelle *M*edizinische *H*ilfe (ehemals in der DDR ärztlicher Notdienst).

[3] Radiojodtherapie: Strahlentherapie von Schilddrüsenerkrankungen durch orale Verabfolgung von Jod-131.

[4] Cardioversion: intensivmedizinische Maßnahme zur Regularisierung des Herzrhythmus durch Elektrotherapie mittels Defibrillator (Gleichstrom) oder geeigneter Medikamente (Antarrhythmika).

lungen und Gespräche bei diversen Ärzten. Viele Medikamente, dann Rat zur erneuten Cardioversion. Die Ärzte leisten gute Überzeugungsarbeit, ich stimme zu. Alles wiederholt sich. Also ohne Erfolg. Eine dritte Cardioversion lehne ich ab.

1998: Notaufnahme Klinikum in Berlin Buch. Resultat: viele neue und stärkere Medikamente. Die Ratlosigkeit der Ärzte wird mir deutlicher. Ich werde immer schwächer, die Kurzatmigkeit immer gravierender. Ich habe Mühe, in meine Dachwohnung zu gelangen. Die Beine werden immer schwerer und schmerzen. – Ich suche nach Alternativen.

11/1999: Operation linkes Auge. Die länger bestehende Katarakt[1] muß operiert werden. Neue Linse.

2000: März Operation rechtes Auge. Katarakt, neue Linse. – Stoße auf Bücher von Dr. M. O. Bruker. Er überzeugt mich. Ich fange an, meine Ernährung umzustellen. Lese auch Bücher von Dr. Bircher-Benner. Nehme Kontakt zum Bruker-Haus auf und bitte um einen Konsultationstermin bei Dr. Bruker. Inzwischen stirbt Dr. Bruker.

2001–2003: Erhalte im September 2001 einen Termin zur Konsultation bei Herrn Dr. Birmanns. Resultat: Völlige Umstellung der Ernährung. Teilweise Umstellung der Lebensweise. Ausschleichen aller Medikamente. Erhalte homöopathische Mittel. Gehe jetzt wieder einmal wöchentlich in die Sauna, beginne mit Armwechselbädern nach Kneipp, mache morgens Bürstenmassage, kalte Waschungen und Yoga. Nach ca. sechs Wochen ging es mir allmählich immer besser. Die Herzanfälle hörten auf. Die Treppen waren wieder besser zu bewältigen. Mein Gewicht reduzierte sich um die zugelegten 10 kg ohne mein Zutun. – Mein Hausarzt ruft mich an. Er habe die Blutabnahme für den Quickwert versäumt. Ich berichte; er ist entsetzt. Ein Schlaganfall würde drohen ohne Medikamente. Ich muß unterschreiben, daß ich die Mittel auf eigenen Wunsch abgesetzt habe. – Es geht mir in den kommenden Monaten insgesamt gesehen immer besser.

4/2003: Plötzliches Nasenbluten. Wir bekommen es nicht zum Stillstand. Mein Mann ruft nach einer halben Stunde die SMH. Auch die Ärzte dort richten nichts aus. Ich werde massakriert. Der Facharzt stellt eine geplatzte Ader fest und verschweißt sie.

8/2003: Plötzlich heftige Rückenschmerzen, wie Hexenschuß. Immer heftigere Schmerzen mit Übelkeit. Nehme nach Dr. Bruker Nux vomica D4 und Bryonia D3 gemischt alle zwei Stunden den ganzen Tag und den Heublumensack. Bis zum Abend sind die

[1] Katarakt: sog. grauer Star; Trübung der Linse des Auges.

Schmerzen gebessert und klingen in den nächsten Tagen vollkommen ab.

10/2003: Ich muß nachts zur Toilette und habe heftige Schmerzen in der Blase. Übelkeit und Erbrechen folgen. Ich bin vor Schmerzen wie betäubt. Nehme Dulcamara C12, 5 Globuli, nach Dr. Bruker. Hilft nicht. Später Aconitum C30, 5 Globuli. Danach insgesamt ruhiger, jedoch die Schmerzen bleiben. Stunden vergehen, wir suchen nach dem geeigneten Mittel. Entscheiden uns für Belladonna C12, 5 Globuli auf ein Glas Wasser in Schlucken alle 5 Minuten. Nach einer Stunde kann ich aufatmen, die Schmerzen lassen nach. Bis zum Abend bin ich schmerzfrei. Einen Tag später der gleiche Ablauf, nur verkürzt. Belladonna C12 hilft wieder, heilt aber nicht. – Ich will nicht zum Hausarzt, rufe Dr. Birmanns an. Der rät, den Hausarzt aufzusuchen, aus der Ferne will er nicht behandeln. Er fürchtet auch Nierenkomplikationen. Also Hausarzt, Antibiotika natürlich, was sonst (sogar Breitbandantibiotikum wegen der großen Schmerzen). Urinuntersuchung vor Antibiotikum voller Bakterien, nach Medikament o. B.[1] Aber ich bin am nächsten Tag erkältet. Husten und Heiserkeit. Große Schmerzen habe ich keine mehr, aber ein Piken, Stechen und Druck in der Blase bleiben über zwei Wochen. Ich nehme drei Tage Cantharis C12, 5 Globuli auf ein Glas Wasser. Ohne Erfolg. – Dann bekomme ich eine lange verabredete Massage nach der Dorn-Methode. Danach sehr müde. Schlafe eine Stunde, erwache und muß zur Toilette. Eine Sekunde fürchterlicher Schmerz, ein Plumpsen im Toilettenbekken, der Schmerz verliert sich innerhalb kurzer Zeit. Ich bin schmerzfrei. Kein Stechen, kein Druck, alles ist gut. Leider konnte ich nicht feststellen, was sich da gelöst hatte.

Soweit der authentische schriftliche Bericht von Frau Steiner. Herz/Kreislauf-Beschwerden ohne Ende, und das seit über 40 Jahren! Anfänglich nie ernst genommen, ja sogar als spinnert abgetan und selbst einer Psychotherapie im Krankenhaus unterzogen! Später dann die akuten Exacerbationen bis hin zum nicht ungefährlichen Vorhofflimmern samt intensivmedizinischer Therapie, die allzu deutlich bestätigen, daß sich die arme Frau zu keinem Zeitpunkt nur etwas eingebildet hat.

Das Anamnesegespräch brachte noch folgendes zu Tage: In Alter von 25 Jahren eine Nierenbeckenentzündung, welche antibiotisch behandelt wurde. Später nochmals zwei- bis dreimal, immer rechts. Bereits mit ca. 19 Jahren eine Nierenkolik und ein wenig später eine Gallenkolik. Bislang dreimal Blasenentzündung, einmal mit 18 Jahren, ein anderes Mal etwa 34 Jahre später

[1] o. B.: ohne (pathologischen) Befund.

und das letzte Mal vor kurzem, wie oben geschildert. Mit 20 Jahren Geburt der Tochter, die die Nabelschnur um den Hals hatte, genau wie sie selber, als sie 1932 zur Welt kam. Auffällig war auch, daß die Plazenta operativ gelöst werden mußte. Zum Ende der Schwangerschaft Knöchelödeme und gegen Anfang für ca. zwei Monate Übelkeit und Erbrechen. Seit der Eierstockoperation wegen einer – laut Klinikbericht – „mannsfaustgroßen Zyste" relativ häufig Migräneanfälle, jeweils für drei Tage, auf der rechten Seite über dem Auge, mit Übelkeit, alle vier bis sechs Wochen. Früher chronische Verstopfung samt Hämorrhoiden und Analfissuren, was seit der Nahrungsumstellung völlig verschwunden ist.

Das Herz sei zur Zeit „so weit in Ordnung"; die Arrhythmie allerdings noch da, ebenso das Vorhofflimmern, jedoch nicht merkbar. „Ich komme wieder gut die Treppe hoch, aber mal geht es auch schwerer." Frau Steiner liebte die frische Luft, aber es fror sie leicht. Früher hatte sie des Nachts viele Alpträume. „Ich hätte Krimi-Autorin werden können." Ab und zu nächtliches Wasserlassen. Seit etwa zwei Jahren leichte Harninkontinenz beim Husten oder Niesen. Früher habe sie sehr gerne Eis gegessen, Schokolade und auch Kuchen.

Die Lippen von Frau Steiner schimmerten häufig bläulichrot, „schon lange". Mal gab es Aphthen, mal Herpes an den Lippen. An Ohrringen vertrug sie nur Gold und Silber; bei etwas anderem habe es schon mal geeitert. Bei Erkältungen komme es auch fast immer zu einer ausgeprägten Heiserkeit. Fieber kenne sie dagegen kaum, und wenn, dann nicht sehr hoch. Bei den Zähnen gab es noch Amalgamfüllungen; der linke untere Weisheitszahn wurde in den fünfziger oder sechziger Jahren wegen Vereiterung gezogen.

Die Menses der Frau waren bis zur Hysterektomie[1] immer regelmäßig und kaum beschwerlich, „nur ein leichtes Ziehen in Bauch und Brust". Die Farbe der Blutung war anfangs „fast immer schwarz", später dann ein helles Rot. Und Ausflluß gab es immer ein wenig. Teilweise auch leichte Pilzinfektionen, wobei der Ausfluß dann nach einer alten Fischkonserve roch.

Die Frau klagte weiterhin über kalte Füße, auch des Nachts. „Bis vor kurzem auch nächtliche Wadenkrämpfe, fast immer links." Beim Laufen müsse sie immer vorsichtig sein, denn sie knicke seit Jahren leicht im Knöchelbereich um. Früher habe sie nie schwitzen können; das gehe seit der Ernährungsumstellung besser. Sie bekomme auch leicht blaue Flecken, „auch mal ohne Stoß".

Des weiteren hatte Frau Steiner Angst vor Unglück. „Daß meinen Angehörigen etwas passiert", wie sie sagt. Früher auch ausgeprägte Prüfungsangst. Ansonsten sei sie leicht „auf die Palme zu bringen", ähnlich wie ihr Vater. Ihre Konzentration ließ zu wünschen übrig: „Gelesenes hält nicht mehr so."

Das war das Wichtigste aus der Lebensanamnese von Frau Steiner. Ganz

[1] Hysterektomie: Entfernung der Gebärmutter.

am Schluß kamen wir dann noch auf das Thema Impfen zu sprechen, wo sie natürlich „alle üblichen und vorgeschiebenen ‚Grundimmunisierungen' der damaligen DDR erhalten hatte". Zusätzliche Grippeimpfungen gab es in den Jahren 1974, 1975 und 1976! Und häufig auch Impfungen gegen Tetanus: 1967 (gleich zweimal), 1968, 1969, 1975, 1985 und 1995 (zusammen mit Polio), insgesamt also siebenmal zuzüglich Polio!

Ich habe hier bewußt all diese zeitlichen Details aufgeführt, nicht etwa um Sie zu langweilen, sondern weil sich hier ein echter kausaler Zusammenhang ergibt, der nicht zu übersehen ist! Nun vergleichen Sie bitte einmal selbst! Am besten, *Sie ordnen die Impfdaten den angeführten Zeitangaben des eingangs vorgestellten schriftlichen Berichtes der Frau hinsichtlich ihrer Erkrankungen zu,* und zwar speziell hinsichtlich der grippalen Infekte, der Herz/Kreislaufbeschwerden und der Krankenhauseinweisungen bzw. -aufenthalte aufgrund absoluter Arrhythmie und Vorhofflimmern! – Eine *klare Sache*, nicht wahr!!? Das paßt alles gut zusammen, „wie die Faust aufs Auge", würde der Berliner sagen. Mit Zufall hat das nichts mehr gemein; wer so etwas behauptet, dem ist auch nicht mehr zu helfen …

Schließlich ergab die Familienanamnese nicht viel Neues, im miasmatischen Sinne gemeint. Auch die Mutter litt unter leichten Herzrhythmusstörungen. Außerdem gab es in ihrem Leben „viele Ohnmachten, so aus heiterem Himmel". Und eine Rippenfellentzündung, Magengeschwüre und drei Kataraktoperationen. Der Vater war ein cholerischer Typ, „davon habe ich etwas geerbt". Ansonsten ein Diabetes mellitus bei einem Opa und eine Totgeburt bei einer Tante mütterlicherseits.

Arzneimittelwahl: Sulfur LM18, 5 Tropfen auf ein Glas Wasser, gut (d. h. mit Wirbel) umrühren (kein Metallöffel!), nur einen Löffel voll einnehmen, den Rest verwerfen, alle drei Tage morgens. Die ersten Wochen einschleichend beginnen (d. h., zunächst nur einen Tropfen ansetzen, später dann zwei etc., sofern keine größeren Reaktionen auftreten). Das Fläschchen vor Gebrauch 10-mal kräftig schütteln, beispielsweise gegen den Handteller klopfen. – Die Wahl fiel auf Sulfur wegen der vielen *Unterdrückungen seit jeher* und wegen seines *sehr guten Bezuges zu den Impfungen*; selbstverständlich auf der Basis der individuellen Symptome von Frau Steiner.

Der Zwischenbericht nach etwa vier Wochen Einnahme von Sulfur klang ermutigend. „Es hat sich einiges von früheren Jahren gezeigt." Ein schwarzer Punkt vor dem Auge; jetzt wieder weg. Vermehrte Träume, einmal ganz schlimm und einmal ein alter Traum von früher. „Am dritten Tag nach drei Tropfen ging es mir super, wie Jahrzehnte nicht mehr, ein richtiger Jungbrunnen", so Frau Steiner. Das Herz sei ruhiger geworden, „mal ist es ganz toll!" „Die Sauna bekommt mir besser als je zuvor und auch beim Yoga bin ich leistungsfähiger." Einmal habe es aus der Scheide ganz intensiv nach Fisch gerochen; „es war entsetzlich, am ersten Tag nach 2 Tropfen Sulfur", ohne Ausfluß. Der Darm war zeitweilig aufgebläht, es gab Winde. „Nach einem Tag Durchfall war's wieder gut." Im Sonnengeflecht habe Frau Steiner zweimal eine starke Unruhe gespürt, „wie früher“, „Quirrel im Bauch“, wie sie sich ausdrückte. Bei Hungergefühl mußte sie zeitweilig schnell etwas zu essen haben, wie zur Zeit der Radiojodtherapie für die Schilddrüse damals, 1993. „Das kam insgesamt aber nur zwei- bis dreimal vor“. – Alles in allem konnten wir zufrieden sein. Sulfur tat gut; ein Rückspulungsprozeß war in Gang gekommen, was als sehr positives Zeichen zu werten war, und die Herzbeschwerden waren besser denn je, auch besser als „seit der Nahrungsumstellung“. Aus diesem Grunde brauchten wir weder an der Dosierung noch an dem Arzneimittel etwas zu ändern.

Nach nur vier Monaten Sulfur war das Herz von Frau Steiner „entschieden ruhiger und der Herzschlag deutlich regelmäßiger“. Beim Yoga merke sie es überhaupt nicht mehr! „Nur noch bei Last oder vielem Treppensteigen, doch auch da geht es besser. Die Beine werden ‚lahm‘, das hält aber nur kurz an.“ Nachts gab es zeitweilig Angst, dann Übelkeit, „wie früher, aber nur ganz leicht“, und eine Darmentleerung. Nach dem Aufstehen sei alles sofort wieder weg. Zur Zeit schlafe sie nicht so gut; in den Händen und Füßen gebe es Ameisenkribbeln, und die Beine seien teilweise sehr unruhig. „Das gab's auch schon vor Sulfur.“

Das Frieren habe sich verstärkt. „Unter Umständen wegen des Frischkornbreis“, vermutete die Frau. Bei Wetterwechsel werden die Beine schwer, schlimmer als früher. Eine Nacht und einen Tag gab es einen leichten Erkältungsanflug mit Halsschmerzen, Schnupfen und Aphthen. Später wieder eine heisere Stimme für einen Tag, was früher viel öfter und viel länger der Fall war. Einmal Schmerzen im linken Hüftbereich, später auch rechts. „Ich merke es öfter morgens.“ – Alle weiteren Details sollen hier nicht ausgiebig diskutiert werden, da sie nicht wesentlich zum Verständnis des Falles beitragen. Die Folgerezeptur bestand schließlich nochmals aus Sulfur, diesmal jedoch in der Potenz LM24, 3 Tropfen auf ein Glas Wasser, alle fünf Tage morgens, einschleichend beginnen.

Der Zwischenbericht nach vier Wochen sowie die Durchsprache nach vier Monaten Gesamteinnahme des Mittels in der höheren Potenz waren sehr eindeutig: „Es geht stetig aufwärts! Mein Herz hat sich sehr gut erholt; das Treppensteigen klappt wunderbar. Das Frieren hat nachgelassen und mein Allgemeinbefinden ist viel besser als vor einem Jahr!“ Was will man mehr? Als einziger nennenswerter Punkt im Sinne von Rückspulung unter der anfänglichen Einnahme von Sulfur LM24 war nur ein hochgradiges Ischias-Syndrom zu nennen, welches „sehr heftig und regelrecht betäubend“ war, so daß sich die Frau kaum bewegen konnte. Die zwei Wochen vorher gab es schon immer leichte Rückenschmerzen, „an derselben Stelle wie damals bei diesem Hexenschuß im August 2003“. Bryonia half diesmal überhaupt nicht und Rhus toxicodendron C12, 5 Globuli auf ein Glas Wasser, nur unwesentlich. Erst als wir zu Rhus toxicodendron LM18, nach Bedarf 5 Tropfen direkt in einem Teelöffel voll Wasser, wechselten, lösten sich diese Rückenschmerzen innerhalb nur eines Tages vollkommen auf und kamen nie wieder. – Wir besprachen den genauen Werdegang der letzten vier Monate in allen Einzelheiten durch und kamen überein, das Mittel zu wechseln, hin zu Medorrhinum LM18, in der gleichen Dosierung wie eingangs angegeben.

Doch hierauf kam es zu heftigeren Reaktionen auf der ganzen Linie, weshalb wir die dreitägliche Gabe ausdünnten, und zwar in einem halben Liter Wasser anstatt einem Glas. Dies sollte eigentlich so beibehalten werden mit der Maßgabe, die Tropfen im Falle von weiteren unliebsamen Reaktionen u. U. sogar in einem ganzen Liter Wasser anzusetzen. Doch leider hat sich die gute Frau diese Anweisungen nicht notiert und so ging sie später wieder dazu über, die Tropfen in der ursprünglichen Konzentration einzunehmen, so daß sie sehr lange Zeit regelrecht „leiden" mußte, denn die Reaktionen, insbesondere durch den Rückspulungsprozeß angestoßen, nahmen wieder an Heftigkeit zu. – Man ist geneigt zu sagen: „Wer nicht hören will, muß fühlen", was nicht bös' gemeint sein soll, aber hier im wahrsten Sinne des Wortes zuzutreffen scheint. – „Es wurde ordentlich gearbeitet im Körper, doch jetzt geht es wieder gut. Die massiven Reaktionen gehören seit längerem der Vergangenheit an. Sogar das Bläuliche der Lippen hat sich verflüchtigt; das gab es noch nie! Die Leute sagen, ich sehe gesund aus, wie das blühende Leben." Frau Steiner war mehr als zufrieden. Trotz viel Ärger mit ihrer pflegebedürftigen und „recht schwierigen" Mutter hat sie gute Fortschritte gemacht. „Der Ärger mit meiner Mutter belastet mich nicht mehr! Ich leide nicht mehr darunter, darüber bin ich auch sehr froh!"

Wir wechselten die Potenz von Medorrhinum LM18 zu LM24, 3 Tropfen in einem halben Liter Wasser, alle fünf Tage, was der Frau weiterhin sichtlich gut tat. Im Zwischenbericht gab sie sogar dankbar zu Protokoll: „Ich bin jetzt 73 Jahre alt, fühle mich aber wie 50!" – Ist das nicht eine schöne Aussage? Eine Verjüngung von nahezu einem Drittel ihres Lebens! Die Tropfen wurden gut vertragen, es gab kaum nennenswerte Reaktionen, so daß wir sogar die Konzentration langsam steigern konnten Richtung einem Glas Wasser. Auch der Gleichwichtssinn hatte sich wieder normalisiert, „früher bin ich ja immer geschwankt". Ein paar Monate später berichtete mir die Frau ganz glücklich, daß sie in ihrem Urlaub recht mühelos mehrere Bergwanderungen von 10 km Länge bergauf unternommen habe und es auch beim Abstieg keinerlei Probleme gab!

Als nächstes Mittel erhielt Frau Steiner Nux vomica LM18, wodurch sich alles noch weiter stabilisierte. „Mein Herz ist richtig gut geworden. Nur bei sehr großer Aufregung, wenn es mir auffallend nahe geht und ich einen halben oder ganzen Tag damit zu tun habe, geht's noch durcheinander; aber es ist dann nur kurz merkbar." Ansonsten konnte sie auch wieder ihre „alte Kreislaufgymnastik" aufnehmen, welche sie schon seit über zehn Jahren nicht mehr habe machen können, berichtete sie in einem ihrer Zwischenberichte. Und am Ende von Nux vomica, nach Durchsprache des Verlaufes dieses Mittels, Anfang April 2006, gab es nur Positives: „Vor ein paar Tagen habe ich sechs (!) Stunden durchgehend im Garten gearbeitet, das erste Mal nach langer Winterpause (eines für Deutschland sehr extremen Winters), ohne den leisesten Hauch irgendwelcher Beschwerden! Auch das Treppensteigen, sogar mit vollen Einkaufstaschen und ohne Pause bis in den zweiten Stock hinauf, geht jetzt wieder vollkommen normal! Absolut kein Schwächegefühl mehr! Darüber bin ich ausgesprochen glücklich!" Eine andere interessante „Kleinigkeit", die es wert ist, hier kurz festgehalten zu werden, besteht in dem zeitweiligen Auftreten eines „kleinen Ekzems" am rechten Unterschenkel, „ca. 2 cm im Durchmesser, trocken, rauh und juckend", welches sich langsam wieder verflüchtigte. Frau Steiner ließ sich aber dadurch in keiner Weise beunruhigen – sie hatte sich mit großer Begeisterung anhand von guter Literatur in die Gesetzmäßigkeiten der Miasmen und chronischen Homöopathie eingearbeitet – und wertete dies zu Recht als positives Zeichen einer Rückspulung, denn schrittweise kam die Erinnerung an eine ähnliche Hautgeschichte in ihrer Kindheit zurück, welche sie längst vergessen hatte. „Damals – 1945 – wurde mein ganzes Gesicht mit Jod bepinselt, es gab ja nichts anderes."

An diesem Beispiel zeigt sich wieder einmal sehr deutlich, wie tiefgreifend und nachhaltig die Klassische Homöopathie wirkt und was diese alles zu heilen vermag. Die Betonung liegt hier auf „Heilen". Nach über 40 Jahren „Herzklabaster" nun ein fast jungfräuliches Herz! Von den anderen Verbesserungen und Ausheilungen gar nicht erst zu sprechen. Die Ernährungsumstellung und sonstigen naturheilkundlichen Maßnahmen, welche in meinen Augen allesamt als sehr sinnvoll und wichtig erachtet werden, hatten die Reaktionsschwelle schon deutlich nach oben verschoben, konnten jedoch nicht wirklich heilen. Und das werden sie auch nie können! Bei den entsprechenden Diätfehlern würden sich nämlich die alten Probleme wieder in alter Frische zurückmelden. *Eine vitalstoffreiche Ernährung im Sinne von Vollwertkost und einem hohen Rohkostanteil ist die Grundvoraussetzung, die Gesundheit zu erhalten.* Soll heißen: Ohne Impfungen, ohne grobstoffliche Medikamente und Manipulationen, zusammen mit einer gesunden „artgerechten" Ernährung ist es kaum möglich, wirklich ernsthaft zu erkranken.

5.9 Asthma bronchiale

Wie bereits weiter vorne erwähnt, leidet – gemäß den Angaben von Frau Dr. Milly Schär-Manzoli und Herrn Dr. Friedrich P. Graf – heutzutage schon jedes 15. Kind an Asthma bronchiale, kurz: Asthma. Diese schwere Krankheit der Bronchiolen und Lungen mit plötzlichen Anfällen oft hochgradiger Atemnot ist bereits zur häufigsten chronischen Kinderkrankheit auf der ganzen (westlichen) Welt avanciert! – Wie kann das sein bei so viel medizinischem Fortschritt? Vor etwa 50 Jahren war diese Atemwegserkrankung gewissermaßen noch eine Seltenheit und bei Kindern sowieso kaum anzutreffen! Weshalb kann sich innerhalb einer so kurzen Zeitspanne soviel zum Negativen verändern und noch dazu im frühkindlichen Alter?

Beim Asthma bronchiale handelt es sich um eine Enge der Atemwege – der großen und kleinen Luftwege in der Lunge – infolge Verkrampfung, Schleimhautödem und Entzündungsreaktion in der Schleimhaut der Bronchialwand samt krankhafter, zäher Schleimsekretion, kombiniert mit Steigerung des Tonus der Einatmungsmuskeln, vor allem des Zwerchfells. Seine typischen Symptome sind: plötzlich einsetzendes Gefühl von Brustenge mit hochgradiger, eventuell zum Aufsitzen zwingender Atemnot mit erschwerter Ein- und/oder Ausatmung und in- und/oder expiratorischem Stridor, einem pfeifenden Atmen bzw. einer Art von ziehendem Geräusch bei der Ein- und Ausatmung. Möglicherweise auch mit Zyanose[1], ferner mit Aushusten zähen Schleims. Der Anfall kann oft bis zu Stunden anhalten, manchmal sogar tagelang dauern, was dann als Status asthmaticus bezeichnet wird.

Asthma bronchiale als Dauerasthma dagegen umschreibt eine dauernde Atemerschwernis ohne Anfälle von akuter Atemnot bzw. Dyspnoe[2]-Zustände im Zusammenhang mit einer Bronchitis oder aber das Bild der spastischen Bronchitis.

Die Therapie der Wahl besteht hauptsächlich in der Bronchodilatation, d. h., es wird durch Bronchospasmolytika, also bronchialerweiternde Substanzen (meist in Form von Aerosolen), medikamentös versucht, das Lumen der Atemwege zu vergrößern, so daß das Gefühl der Brustenge und Atemnot verschwindet. Auch Corticosteroide (sprich: Cortison) sind „außerordentlich wirksam, jedoch wegen der möglichen Nebenwirkungen für die Behandlung schwieriger Fälle reserviert“, so die Ausführungen des MSD-Manual der Diagnostik und Therapie.

Eine Therapie auf der untersten Ebene also, wenn man so will, ausschließlich auf der organischen, ohne die eigentlichen Ursachen und sonstigen Zusammenhänge miteinzubeziehen und ohne den leistesten Hauch von echter Heilung. Denken Sie hierbei an die bereits angeführten Aussagen des alternativen Arztes aus dem englisch-sprachigen Raum, Dr. Trevor Gunn (siehe Kapitel *3.5 Konventionelle Therapien in einem neuen Licht*), welche aufgrund ihrer Wichtigkeit hinsichtlich der Bronchodilatatoren an dieser Stelle teilweise wiederholt werden sollen: „Die Atemnot wird durch Medikamente gelindert, welche die Muskulatur der Atemwege relaxiert (entspannt). Die Enge der Brust dient jedoch einem ganz bestimmten Zweck. Diese Reaktion des Organismus, den Querschnitt der Atemwege zu vermindern (welche der Kranke als Enge und Atemnot empfindet), macht es sehr viel leichter, Schleim und

[1] Zyanose: blaurote Färbung an Lippen, Bindehäuten des Auges und Nagelbetten infolge mangelnder Sauerstoffsättigung des Blutes.

[2] Dyspnoe: jede Form der Atemstörung; meist subjektiv empfundene Mehrarbeit der Atmung; das Bewußtwerden vermehrt Atemtätigkeit leisten zu müssen mit Atemnot, Lufthunger, Kurzatmigkeit.

Toxine abzuhusten, die sich in der Lunge angesammelt haben können. – Die Wirkung von Bronchodilatatoren, Relaxation und somit Weitung der Atemwege, lindert das Gefühl von Enge und Atemnot, hat aber zur Folge, daß Schleim und Toxine schwieriger von der Lunge abgehustet werden können. – Diese Art der Behandlung läßt das Problem des Schleimauswurfes oder die Gründe, warum sich Schleim bilden konnte, und die gesteigerte Sensibilität, die an vorderster Stelle stehen, außer Acht. Sie könnte daher eher zu beständigen Atemproblemen und Abhängigkeit von Bronchodilatatoren führen, als die eigentliche Krankheit heilen. ... Asthma ist vor den Jahren 1950 keine lebensbedrohliche Krankheit gewesen. Die Asthmatodesfälle sind seitdem parallel zum Arzneimittelverbrauch angestiegen. Die meisten versterben in Krankenhäusern nach mehreren Tagen oder Wochen zunehmend aggressiver medikamentöser Behandlung. Häufigster post mortem Befund sind Atemwege, die mit einem so festen Schleim verstopft sind, daß er nur mit dem Messer herausgelöst werden kann." – Ein Phämomen, welches bei noch lebenden Patienten mittels bildgebender Diagnoseverfahren, beispielsweise MRT (Magnetresonanztomographie), durchaus schon als Lungentumor fehldiagnostiziert worden ist; jedenfalls habe ich Derartiges in meiner Praxis bereits erlebt, mit allen Konsequenzen der herkömmlichen Therapie!

5.9.1 Die wahren Ursachen des Asthmas

Warum tritt nun das Asthma heutzutage immer häufiger auf, wo doch jedermann die Errungenschaften der heutigen Mainstream-Medizin mit all ihren Möglichkeitem so hochlobt? Und warum schon im frühen Kindesalter? An den Umweltbelastungen, der feuchtkalten Witterung oder dem viel geschmähten Ozonloch und ähnlichem mehr kann es primär kaum liegen, wie dies von offizieller Seite und den Medien so oft propagiert wird, denn all diese Phänomene lassen sich – streng genommen – nicht wegtherapieren, selbst nicht durch die Klassische Homöopathie. Auch der immer wieder angeführte Streß und andere emotionale Faktoren oder körperliche Anstrengungen sowie sog. Allergene und dergleichen mehr scheiden als echte Ursachen für ein hyperreaktives Bronchialsystem aus. All diese Dinge bringen das Faß zwar zum Überlaufen, doch die wirklich tiefgreifenden, kausalen Zusammenhänge sind ganz woanders zu suchen. Dies wird besonders dadurch evident, daß sich – all dieser von offizieller Seite bemühten Ursachen zum Trotz – immer wieder beobachten und darüber hinaus auch eindeutig verifizieren läßt, daß Menschen durch die chronische Homöopathie von ihrem Asthma dauerhaft (!) geheilt werden – und das, obwohl das Ozonloch dort bleibt, wo es ist, ja sich u. U. sogar noch vergrößert, obwohl noch mehr Pollen fliegen, obwohl sich das Klima nicht verändert hat, obwohl die Umweltbelastungen stetig zunehmen, obwohl ... etc. pp.! –, sofern der Therapeut chronisch, i. e. antimiasmatisch, zu therapieren versteht und die Zusammenhänge klar zu erkennen sind.

Der klassische Beginn von asthmatoiden Beschwerden in der heutigen Zeit liegt im Umfeld von den routinemäßig durchgeführten *Impfungen im Kleinkindalter* (aber durchaus auch später, in jedem Erwachsenenalter) und dem *Phänomen der Unterdrückung von Krankheitserscheinungen*[1], ohne diese wirklich auszuheilen. Häufig beginnt es mit Krupphusten, welcher unterdrückend behandelt wurde, oder mit gehäuften Bronchitiden, die jedesmal mittels Antibiotika oder anderen immunsuppressiven Medikamenten „niedergemacht" wurden. Später entwickelt sich daraus nicht selten die Neigung zu spastischer Bronchitis, einer Bronchitisart mit Bronchospasmen, d. h. mit Zusammenkrampfen der Bronchialmuskulatur, so daß es durch die Engstellung der Bronchiolen zu pfeifenden Geräuschen bei der Ein- und/oder Ausatmung mit viel Husten und Schleimproduktion kommt, was zusammengenommen das Bild einer erschwerten Atmung ausmacht. Das kann im Einzelfall teilweise bis zu lebensbedrohlichen Erstickungsanfällen gehen, mit Geräuschen „wie bei einer Seerobbe, so richtig laut ziehend", wie es eine Mutter einmal formulierte. Zwecks schneller Erleichterung erfolgt dann der Griff zu Bronchodilatatoren in Form von Inhalieren oder Sprays. Später geschieht dies nicht selten auch schon bei leichten Infekten oder Infektbeginnen, denn bei jeder neuen Erkältung sitzt einem die Angst förmlich im Nacken. Erschwerte Atmung, akute Atemnot, Asthma, Spray, Erleichterung, jedoch keine Heilung – ein Teufelskreis, aus dem schwer herauszukommen ist.

Auch lokal behandelte Hautausschläge, beispielsweise durch Salben, Tinkturen, ausgeteste und nicht wirklich individuell ausgesuchte Arzneimittel usw., wie die heutzutage so weit verbreitete Neurodermitis, führt häufig zu ernsthaften Beschwerden des Respirationstraktes bis hin zu handfestem Asthma. Weiterhin unterdrückte Mittelohrentzündungen, coupierte Mandelentzündungen und vieles mehr – die Liste könnte beinahe endlos weitergeführt werden.

Das Hauptthema ist jedenfalls immer eine wiederholte, unsachgemäß behandelte und somit unterdrückte Krankheitsmanifestation auf dem Boden einer miasmatischen, insbesondere einer tuberkulinischen oder sykotischen Vorbelastung. Meist stellt sich eine solche Infektneigung, die als behandlungswürdig erachtet wurde, erstmalig nach erfolgten Impfungen ein. Diese eskaliert dann durch die aufgepfropften heroischen Behandlungen, so daß es schlußendlich, je nach miasmatischer Vorbelastung und individueller Schwachstelle, zu Asthma oder anderen Folgeerscheinungen kommen kann.

Asthma ist also keine Krankheit, die man „mal so eben bekommt, wie einen grippalen Infekt", sondern eher als Komplikation zu werten, als *Komplikation bzw. Folge unserer westlichen grobstofflichen Medizinen.*

---

[1] „Babys, die mit Antibiotika behandelt werden, leiden häufiger unter Asthma. Laut einer Studie aus Kanada verdoppelt die Einnahme von Antibiotika in den ersten zwölf Monaten das Risiko einer späteren Atemwegserkrankung", heißt es in einer Zeitungsmeldung vom März 2006. Somit scheint dieses Phänomen erfreulicherweise langsam nun auch den Schulmedizinern bewußt zu werden.

Beobachten Sie einmal die Kinder in Ihrer Umgebung (Nachbarschaft, Freundeskreis, Verwandtschaft), zu welchem Zeitpunkt die meisten Auffälligkeiten beginnen und ab wann ihr jeweiliges Asthma seinen Lauf genommen hat! Sie werden immer wieder feststellen, daß Kinder, die zuvor gänzlich unauffällig bzw. „pflegeleicht" waren, wie viele dies heute nennen, sich nach Impfungen von Stund' an veränderten, unausgeglichen und infektanfällig wurden, allergisch reagierten, nicht mehr gut geschlafen haben, sogar aggressiv wurden, ja gänzlich wesensverändert waren, wie viele junge Eltern immer wieder berichten. Und irgendwann, nach nicht allzu langer Zeit, hat dann auch ihr Asthma eingesetzt. Aus derlei zeitlichen Zusammenhängen läßt sich mit der Zeit, d. h. nach Beobachtung vieler solcher Schicksale, mit an Sicherheit grenzender Wahrscheinlichkeit die eigentliche Kausalität des Asthmas erkennen. Darüber hinaus *kann das homöopathische Phänomen der Rückspulung als Beweis für die Kausalität herangezogen werden,* denn sobald die chronischen Atemwegsprobleme verschwinden, tauchen die alten, ursprünglichen (unterdrückten) Krankheitszustände mehr oder weniger intensiv wieder auf!

Dies – gemeint sind die zeitlichen Zusammenhänge des erstmaligen Auftretens von Asthma im Kindesalter – bestätigt auch (wohl eher unbewußt) der bereits weiter oben erwähnte Kinderarzt in Österreich, der versuchte, die Mutter eines späteren kleinen Patienten von mir hinsichtlich Beginn und Ursache von Asthma „aufzuklären". Aufgrund seiner langjährigen Erfahrungen aus der pädiatrischen Praxis heraus kam er zu dem Schluß, daß die meisten Kinder, die an Neurodermitis leiden, mit sechs Jahren Asthma bekommen. Somit verschrieb er, im festen Glauben etwas Gutes zu tun, und dies nicht nur besagtem kleinen Kind im Vorschulalter, sondern auch vielen anderen jungen Neurodermitikern, 1½ Jahre lang ein spezielles Antiasthmatikum, dreimal täglich (!), laut dem Arzneimittelverzeichnis „Rote Liste" „zur vorbeugenden Behandlung asthmatischer Beschwerden bei allergischem und nicht-allergischem Asthma". – Ein Medikament gegen Asthma also mit einer Fülle von Nebenwirkungen, 18 Monate lang, dreimal täglich (Das sind in toto rund 1.640 Einnahmen!), bei einem zarten Kind, welches diesbezüglich keinerlei Beschwerden aufwies!! – Es sei angemerkt, daß besagter Kinderarzt selbstverständlich Arzt der orthodoxen Schule war und in seiner pädiatrischen Praxis zeitlebens fleißig geimpft hat sowie mit Cortison, Antibiotika und anderen grobstofflichen Medikamenten sicherlich nicht zimperlich umgegangen ist, wie heutzutage allgemein üblich. Somit dürften seine zeitlichen Beobachtungen vollkommen korrekt sein, jedoch sind seine daraus abgeleiteten Schlußfolgerungen alles andere als zutreffend. Auf der anderen Seite bestätigen diese aber unsere obigen Betrachtungen geradezu bis ins Detail, *denn dieser Arzt hat, ohne es selber zu merken, ganz klar zugegeben, daß er selbst, und mit ihm seine ganze ärztliche Zunft, der eigentliche Hauptverursacher von Asthma ist.* Folglich ist unverkennbar, daß die Krankheitsneigung hin zu Asthma, so wie es Dr. Graf und Dr. Schär-Manzoli aufgezeichnet haben, spiralförmig zunimmt, ja geradezu zunehmen muß, und dies schon im frühen

Kindesalter. Aufgrund der miasmatischen Gesetzmäßigkeiten – jede Generation wird noch belasteter sein als ihre vorhergehende, und jede Impfung sowie jede Unterdrückung verschärfen die miasmatische Prädisposition – ist das mehr als einleuchtend.

5.9.2 Zwei kleine Beispiele

Im folgenden nun zwei kurz skizzierte Beispiele zur Verdeutlichung dieser Zusammenhänge. Im ersten Fall geht es um einen Jungen von 13 Jahren mit sog. Anstrengungsasthma, d. h., schon bei den geringsten Anstrengungen in der Schule oder beim Radlfahren bergauf „kommt er sofort in akute Atemnot" und ist deshalb seit Jahren auf ein die Bronchien erweiterndes Spray angewiesen. Begonnen hat sein Leiden mit der Neigung zu spastischer Bronchitis mit „extremen, Angst einflößenden Hustenanfällen", wobei er häufiger Sultanol zum Inhalieren erhielt. Ein früherer Versuch mit der „Homöopathie" war nicht von Erfolg gekrönt, jedoch handelte es sich hierbei nicht um eine antimiasmatische Behandlung im klassischen Sinne, sondern um ein Austesten von ernergetisierten Mitteln (Potenzen), was natürlich nichts mit echter Homöopathie gemein hat. Bevor es das erste Mal zur Spastizität in den Bronchien kam, litt der Junge jahrelang an Neurodermitis, welche sich gegenüber vielen Behandlungen, darunter auch Cortison, Akupunktur und andere Naturheilverfahren, als recht therapieresistent erwiesen hat. Erst nach einem Versuch mit der *Bioresonanz* war diese Hautgeschichte „wie weggeblasen". Doch nicht lange danach stellten sich jene Schwierigkeiten mit der Atmung ein. Und die Neurodermitis – wie kann es anders sein – trat das erste Mal nach der dritten *Mehrfachimpfung* auf, zuerst ganz leicht in den Ellenbeugen und Kniekehlen und später generalisiert über den ganzen Körper verteilt!

Der andere Fall handelt von einem etwa 68 Jahre alten Mann, der unter extremster Atemnot litt, schon „bei der kleinsten Kleinigkeit körperlicher Anstrengung" und „wenn ich unter Druck stehe". Zu Hause brauchte er immer ein paar Minuten, um in seine Wohnung zu kommen, so viel Schwierigkeiten bereitete ihm das Treppensteigen. Teilweise mußte er nach jeder Stufe eine längere Verschnaufpause einlegen! Darüber hinaus war sein Schlaf seit Jahren ausgesprochen schlecht. Er wachte des Nachts häufig auf, wälzte sich ständig hin und her, stand schließlich auf und ging in der ganzen Wohnung herum. Ihn plagten Angstzustände, „Todesangst", wie er sagte, manchmal mit und beizeiten ohne akute Atemnot. Er hatte regelrecht Angst vor der Nacht und Angst, überhaupt abends ins Bett zu gehen, so fürchtete er diese Zustände. Desweiteren gab es eine ganze Menge anderer schwerwiegender Krankheiten und Symptome, die er im Laufe seines Lebens gehabt hatte, wie sich bei der chronischen Anamnese herausstellte, uns jedoch hier nicht im Detail interessieren soll (beispielsweise eine Prostata-OP, eine Nierenzyste, ein vor kurzem operativ behandelter Dünndarmtumor samt Chemotherapie, grüner Star des Auges, eine Krampfader-OP und einiges mehr). Interessant im Zusammenhang mit seinem Asthma war jedoch eine Lungenentzündung vor drei Jahren, die *antibiotisch behandelt* wurde, denn vor dieser Lungenentzündung hatte der gute Mann, eigenen Angaben zufolge, „noch nie den leisesten Hauch von Atemnot verspürt“! Ja bis zum damaligen Zeitpunkt spielte er sogar noch regelmäßig Tennis, und das nicht nur zum Spaß, sondern auch aktiv in einer erfolgreichen Seniorenmannschaft, wo ihm sowohl beim Training als auch bei den Punktspielen körperlich einiges abverlangt wurde. Erst im Gefolge jener Lungenentzündung trat die Atemnot auf, anfangs relativ schleichend und später progressiv, mit der herkömmlichen, wiederum *immunsuppressiven Behandlung* und den weiteren unterdrückenden Behandlungen zusätzlicher schwerwiegender Erkrankungen incl. erwähnter *Chemotherapie.*

Zwei Fallbeispiele, welche an Transparenz und Deutlichkeit nichts zu wünschen übrig lassen. Und – dem Himmel sei's geklagt – leider keine Einzelfälle. Die meisten anderen Asthmaerkrankungen, und hier kann ich selbstverständlich wieder nur für meine homöopathische Praxis sprechen, sind ähnlich gelagert und haben analog begonnen bzw. einen ähnlichen Verlauf genommen.

5.9.3 Auf dem Weg der Heilung

Abschließned noch ein allerletzter Aspekt, der besondere Beachtung verdient. Im Hinblick auf eine erfolgreiche heilwirksame Behandlung von Asthma durch die chronische Homöopathie ist das weiter oben angeführte Phänomen des *Rückspulungsprozesses* von besonderem Interesse. Dieser Erscheinung ist im Verlaufe der Kur besondere Aufmerksamkeit zu schenken, denn hier zeigt sich, wie der Stand des Therapieverlaufes ist. Beispielsweise sollte sich unter einer antimiasmatischen Behandlung in dem Fall des Jungen dessen alte Bronchitis wieder zurückmelden und später dann auch noch dessen Neurodermitis zeigen oder in anders gelagerten Fällen andere unterdrückte Krankheitsmanifestationen. *Diese haben dann im wahrsten Sinne des Wortes unangetastet zu bleiben und dürfen auf keinen Fall wieder lokal bzw. unterdrückend behandelt werden, was sämtliche Heilungschancen abrupt torpedieren würde.* Je nach Schweregrad und Ausprägung dieses *Aufblinkens alter Krankheitszustände* kommt bestenfalls eine homöopathische Akutbehandlung in Frage. Im Grunde genommen aber sind derartige Zeichen und Symptome (höchst) erfreulich, weisen sie doch auf den Silberstreif am Horizont, nämlich daß man bereits an der Weichenstellung von damals angekommen ist, und zwar dort, wo das Asthma begonnen hat. Darüber hinaus deuten sie auch darauf hin, daß man in absehbarer Zeit wirklich von echter Ausheilung dieses chronischen Atemwegleidens sprechen können sollte.

5.10 Allergien

„Jedes fünfte Kind leidet unter Allergien. Darauf haben Wissenschaftler beim Welt-Allergie-Kongress 2005 in München hingewiesen. Auch bei Erwachsenen würde das Allergierisiko steigen", so eine erschreckende Zeitungsnotiz im Juni 2005. Anderen Quellen zufolge ist bereits jedes zweite bis dritte Kind, das eingeschult wird, betroffen und hat mit irgendwelchen Allergien zu kämpfen.

Der Begriff „Allergie" stammt aus dem Griechischen und wurde 1906 durch den Wiener Kinderarzt Dr. Clemens Peter Johann von Pirquet in die Medizin eingeführt. Dieser bezeichnete erstmals alle von der Norm abweichenden Reaktionen des menschlichen Organismus auf von außen einwirkende Stoffe[1] als Allergie (griechisch „allo" – fremd, anders, anomal und „ergon" – Tätigkeit, Reaktion), d. h. als „Andersempfindlichkeit", als verminderte oder gesteigerte Reaktionsweise des Organismus. Daraus läßt sich eine Einteilung des allergischen Geschehens nach dem Grad der Ergie, also der Reaktionsweise und Empfindlichkeit ableiten. Von der „Normergie", der natürlichen, normalen Reaktion, ausgehend, wird eine eingeschränkte Reaktion als „Hypergie" bezeichnet, die völlige Reaktionslosigkeit als „Anergie" und jede übersteigerte, überschießende Reaktion auf einen Reiz als „Hyperergie". Heutzutage verwendet man den Begriff Allergie allerdings nur noch synonym für Überempfindlichkeitsreaktionen, also ausschließlich für Hyperergie (z. B. allergischer Schnupfen, allergisches Asthma, allergische Neurodermitis etc.).

5.10.1 Formen und Trigger von Allergien

Streng wissenschaftlich gesehen werden vier verschiedene Typen von Überempfindlichkeitsreaktionen unterschieden, die wir hier nicht näher untersuchen wollen, da sie für unsere Belange zu sehr ins Detail führen und eine solche Klassifizierung hinsichtlich der Therapie mittels Klassischer Homöopathie kaum eine Rolle spielt. Für unsere Belange genügt es zu wissen, daß eine Allergie im engeren Sinne eine zu einer krankhaften Immunreaktion (Überempfindlichkeitsreaktion) führende Reaktionsänderung des Organismus ist, aufgrund einer Sensibilisierung durch sog. Allergene.

Formen von heutigen Allergien mit ihren klinischen Krankheitsbildern sind Hautreaktionen mit oder ohne Juckreiz wie Erytheme (Rötungen der Haut), Quaddelbildung bis hin zu Urticaria (Nesselsucht, Quaddelsucht), eitrige Pikkel, Neurodermitis, Purpura[2] und vieles mehr. Als Schleimhautreaktionen kommen vor allem der sog. Heuschnupfen (Pollinosis), die allergische Rhini-

---

[1] Diese von außen einwirkenden Stoffe wurden dann als sog. Allergene bezeichnet.

[2] Purpura: spontane, kleinfeckige („petechiale") Kapillarblutungen in Haut und Schleimhaut bei hämorrhagischer Diathese (Blutungsneigung).

tis (ein allergischer Schnupfen, der nicht unbedingt mit Pollen in Verbindung zu bringen ist), die chronisch verstopfte Nase, rezidivierende akute Nasennebenhöhlenentzündungen, Lippen- und Zungenbrennen, Bronchitis, spastische Bronchitis, allergisches Asthma bzw. Heuasthma und ähnliche Atemnoterscheinungen vor, sowie Magen-Darm-Probleme im Sinne von Blähungen, Übelkeit, Erbrechen, Durchfall, diffusen Bauchschmerzen, Koliken, um nur einige wenige zu nennen. Auch Kopfschmerzen, bestimmte Formen von Migräne, lang anhaltende oder rezidivierend auftretende kontinuierliche Müdigkeit, Mattheit und Abgeschlagenheit, neuerdings häufig als Burnout-Syndrom[1] oder chronisches Fatigue-Syndrom[2] bezeichnet, sowie Stimmungsschwankungen und Depressionen können allergischer Genese sein. Weiterhin kann es zu Blut- und Organschädigungen kommen, ja sogar Schocksymptome wie die lebensbedrohliche und sehr gefürchtete Anaphylaxie (anaphylaktischer bzw. allergischer Schock, z. B. nach Wespen- oder Bienenstichen, durchaus aber auch nach „falschem“ Essen) oder das sog. Quincke-Ödem, einem angioneurotischen[3] Ödem vor allem im Gesichtsbereich mit zum Teil lebensbedrohlicher Mitbeteiligung von Schleimhäuten im Mund-, Rachen- und Kehlkopfbereich, sind möglich.

Auch sog. Autoimmunkrankheiten, das sind Erkrankungen, bei denen das Immunsystem körpereigene Substanzen „irrtümlicherweise“ als nichteigen erkennt und demzufolge Antikörper gegen sie bildet, sie also gewissermaßen bekämpft, mit der Folge von Gewebs- oder Organschädigungen und Zellzerstörungen, können allergischen Ursprungs sein. Beispiele hierfür sind die Thrombozytopenie (Blutplättchenmangel, so daß es zu Spontanblutungen kommen kann), die perniziöse Anämie (eine Anämie durch verminderte Vitamin-B12-Resorption), der Lupus erythematodes (eine schwere, prognostisch sehr ungünstige systemische Erkrankung), bestimmte Fälle von Diabetes mellitus Typ I (der sog. juvenile Diabetes, welcher Insulin-pflichtig ist), einige Fälle von Infertilität (die Unfähigkeit, eine Schwangerschaft bis zu einem lebensfähigen Kind auszutragen), die Glomerulonephritis (eine schwere Erkrankung der Nieren), Colitis ulcerosa (eine chronisch-entzündliche Darmerkrankung), Hashimoto-Thyreoiditis (eine Form von Entzündung der Schilddrüse), Impfencephalitis (Gehirnentzündung nach Impfung) und viele weitere.

Als Trigger[4] für Allergien gelten viele Substanzen. Im Prinzip kann dies „alles oder nichts“ sein. Trigger wirken zwar allergieauslösend, sind aber,

---

[1] Burnout-Syndrom: (engl.) Ausgebranntsein, eine Art neumodische Diagnose unserer Zeit für den Zustand eines chronischen Erschöpfungszustandes mit einer verminderten Leistungsfähigkeit.

[2] Chronisches Fatigue-Syndrom (CFS): Chronic Fatigue Syndrome (engl.); chronisches Erschöpfungs- oder Ermüdungssyndrom. In den USA teilweise auch als Chronic Fatigue Immune Dysfunction Syndrome (CFIDS) bezeichnet.

[3] angioneurotisch: nervale funktionelle Störungen die Gefäßregulation betreffend.

[4] Trigger: (engl.) Auslöser; z. B. ein Mechanismus (Vorgang, Reiz oder eine Substanz), der eine Reaktion oder einen Vorgang auslöst („triggert“). (Roche Lexikon Medizin)

streng genommen, nicht als die echten, hintergründigen Ursachen anzusehen. Sie stoßen oberflächlich nur eine Reaktion an und lösen letzendlich den immunologischen Vorgang aus, mehr aber nicht. Warum der eine Organismus so überreagiert und der andere nicht, läßt sich durch diese Substanzen nicht erklären, zumal jene in den meisten Fällen als relativ harmlos einzustufen sind. Das fängt an bei unverträglichen Nahrungsmitteln wie Milch und Milchprodukten, Eiern, Fisch, tierischem Eiweiß, Hülsenfrüchten, Obst (beispielsweise Pfirsiche, Citrusfrüchte, Äpfel, Birnen, Pflaumen, Ananas, Kiwi, Erdbeeren), Nüsse, Gemüse (z.B. Tomaten), Honig, Getreide, Vollkornprodukte, Gluten, und geht über Zusatzstoffe wie Konservierungsmittel, Stabilisatoren und ähnliches in Lebensmitteln, Süßigkeiten, Schokolade, Zucker, bestimmte Säuren, Fette in Großküchen oder Restaurants, hin zu Pollen (Frühblüher, Spätblüher oder beides), Wiesenpflanzen, Primeln, Bäumen, Gräsern, bis hin zu Schimmelpilzen, Federn, Wolle, Baumwolle, Seide, Pelze, Hausstaub, Tierhaaren (z.B. Katzen, Hunde, Pferde) und vieles mehr, und endet mit unserer lebensspendenden Sonne selbst, ohne die kein Leben auf diesem Planeten möglich wäre, in Form von Sonnenstrahlen oder Hitze. Auch Rauch und Abgase sowie Medikamente, z.B. in Form der sog. Penizillinallergie, welche sich oft mit einem generalisierten Hautausschlag zeigt, jegliche Form von Chemie oder chemischen Substanzen wie Waschmittel, Weichspüler, Gummihandschuhe, Kosmetika, Deos, Sprays, Benzin, Ausdünstungen von Klebern, Kunststoffen in Autos oder Bahnwaggons, Gerüche derselben oder bei deren direktem Kontakt, Haarfärbemittel, Quecksilber, Desinfektionsmittel, Chlor usw. usf. werden immer wieder als sog. Allergene angeführt. Auch der bloße Hautkontakt zu ganz natürlichen Substanzen wie Eierschalen, Apfelsinen etc. kann Reaktionen provozieren. Nickelhaltiger Schmuck, ja sogar edle Metalle wie Gold und Silber können allergieauslösend wirken. Desgleichen Kälte oder Wärme, wie es von der Kälteurticaria bzw. Wärmeurticaria her bekannt ist. – Zusammenfassend gesagt gibt es quasi nichts, was nicht irgendwo bei irgendwem als sog. Allergen auftreten könnte. Ich habe sogar bei einem Hund eine hochgradige Allergie gegen Fleisch (!) miterlebt, seinem eigentlichen, zur Lebens- und Arterhaltung wichtigsten Hauptnahrungsmittel, denn Hunde sind bekanntlich Fleischfresser.

Da muß man sich berechtigterweise fragen, woran dies alles liegt. Noch dazu, weil die Allergien, egal im welcher Form und in welchem Ausmaß, keinen Halt vor unseren Kindern (und sogar Haustieren) machen. Ja genau das Gegenteil scheint der Fall zu sein: Immer mehr Kinder leiden schon im zarten Kindesalter an schwerwiegenden Überempfindlichkeiten irgendeiner Form mit heftigen bis hin zu schwersten, dauerhaften Reaktionen. Und ein Ende ist bislang kaum in Sicht! Tendenz steigend, allerdings nicht linear, schleichend, sondern progressiv, d.h. immer schneller, ja fast atemberaubend schnell in Form eines spiralförmigen Strudels, wie obige Zahlen deutlich vermelden! – Aber – *es gibt nichts ohne Ursache, nichts ohne echte Kausalität!* An den sog. Allergenen kann dies alles im Prinzip nicht liegen, jedenfalls nicht ursächlich, denn jene sind im Grunde genommen recht harmlos und hat es schon (fast) immer, teilweise seit Millionen von Jahren, gegeben. Sie können bestenfalls wieder einmal der berühmte Tropfen sein, der das Faß zum Überlaufen bringt.

Abschließend noch ein paar Worte zu den praktizierten Allergietests und der herkömmlichen Therapie. Schulmedizinisch wird vielfach via Haut getestet, mit einem sog. Pricktest zum Beispiel. Das Resultat kann jedoch nicht mehr als fraglich sein, denn was hat die Haut mit den Schleimhäuten zu tun und umgekehrt? Erinnern wir uns daran, daß jedes Organ und damit jede einzelne Zelle von einem ganz bestimmten Hirnareal gesteuert wird. Somit dürfte einleuchtend sein, daß bestimmte Hautregionen sowie Schleimhäute unterschiedlicher Organe ganz andere Steuerungszentren im Gehirn aufweisen, welche diese dirigieren. Und somit *läßt sich nicht von einer Hautreaktion auf eine Schleimhautreaktion schließen*, wie das bei derartigen Tests gemacht wird, da diese Oberflächentypen grundsätzlich nichts miteinander zu tun haben. Auch bei anderen Tests, inclusive der alternativen Bioresonanzmethode, sind vielfach *Fehler und Falschmeldungen* an der Tagesordnung. So habe ich Patienten mit einer angeblichen Milchallergie betreut, die täglich einen Liter Kuhmilch zu sich nahmen, ohne im Entferntesten allergisch oder sonstwie pathologisch darauf zu reagieren. Andere jedoch, die laut Testung von jeglicher Allergie freigesprochen wurden, durften nicht einmal ein paar Tropfen davon erwischen, ohne mit sämtlichen Schleimhäuten des oberen Respirationstraktes heftig zu reagieren; sprich – es gab binnen ein paar Stunden die allerschwerste Nebenhöhlenentzündung samt Fieber, Gliederschmerzen und anderen grippalen Symptomen mit Bettlägerigkeit für mindestens eine ganze Woche!

Die schulmedizinische Therapie von Allergien besteht zumeist im Meiden der „ausgeguckten“ Allergene, soweit dies überhaupt möglich ist. Von echter Heilanstrengung kann also keine Rede sein. Vielfach kommen auch Allergie-Diäten (Ausschluß bereits nachgewiesener Allergene aus der Nahrung), Cortison, Antihistaminika und andere unterdrückende Mittel, De- oder Hyposensibilisierung via einer teilweise monatelang andauernden Spritzenkur „zur Schwächung bis Aufhebung der allergischen Reaktionsbereitschaft durch qualitative oder quantitative Veränderungen des Antikörperbestandes“ zur Anwendung, was jedoch nicht immer den gewünschten Effekt bringt, wie ich an unzähligen Patienten studieren konnte. Vielfach kommt es zu Verschiebungen, hin zu anderen Allergenen bzw. anderen Zielorganen, Reaktionsmangel, ohne wirklich gesundet zu sein, oder sogar zu den gefürchteten Unterdrückungen.

5.10.2 Ursprung der Allergien

Wie bereits im Kapitel über Neurodermitis erwähnt, gibt es im Prinzip keine wirklichen Allergene, sondern nur empfindliche Menschen, bzw. besser gesagt, *überempfindliche Menschen*, die bei allen möglichen harmlosen Substanzen anomal bzw. anders reagieren, wie die ursprüngliche Bedeutung des Begriffes Allergie gemeint war. Bei diesen propagierten Allergenen handelt es sich eigentlich fast immer um relativ neutrale Stoffe, die im Grunde genommen gut verträglich sein sollten. Und viele Mitmenschen von heute reagieren auch (noch) nicht auf derartige Substanzen. Doch läßt sich zunehmend beobachten, daß in den letzten Jahrzehnten immer mehr Menschen, unsere Jüngsten im frühen Kindesalter miteingeschlossen, empfindlicher werden, Tendenz drastisch steigend. *Dies ist jedoch ein Phänomen unserer Neuzeit und existiert erst seit kurzem, im Gegensatz zu den besagten Substanzen, welche bis zu einige Millionen Jahre existent sind!* Schon dieser Sachverhalt müßte einem zu denken geben! Darüber hinaus wird bei genauer Analyse unserer derzeitigen medizinischen Gesamtsituation immer augenscheinlicher, daß das Phänomen der Allergien „hausgemacht“ zu sein scheint! Das klingt sehr ketzerisch und gegen jegliche herkömmliche Lehrmeinung, doch es lohnt sich, diese These einmal etwas genauer unter die Lupe zu nehmen.

Allergien gibt es noch gar nicht so lange. Im Prinzip erst seit gut 200 Jahren. Und zwar erst seit der Pockenimpfung! Auf den ersten Blick scheint dies eine kühne Behauptung zu sein. Doch bei genauerer Untersuchung entpuppt sich dies als alleinige Wahrheit. Der deutsche homöopathische Arzt Dr. med. Artur Braun hat jedenfalls diesen Zusammenhang vor fast 20 Jahren zweifelsfrei erarbeitet, wie bereits an anderer Stelle erwähnt. Gemäß seinen Recherchen traten die ersten Fälle von Allergie in Form von Pollinosis auf, dem Heufieber, wie man damals zu sagen pflegte. Und zwar in England, mitten in London.

Wie allgemein bekannt, gehörte Hahnemann zu den bestorientiertesten Ärzten seiner medizinischen Epoche. Dennoch werden in seinen Schriften – und er hat uns einige Tausend Seiten medizinischen Schrifttums hinterlassen – Heuschnupfen oder ähnliche Symptome nirgends erwähnt! Auch in seinen späteren Schriften steht kein einziges Wort über irgendeine Form von allergischen Erkrankungen. Somit dürfte es Allergien zu seiner Zeit noch nicht gegeben haben. Die ersten Berichte kamen aus England, und zwar nicht aus den ländlichen und bäuerlichen Regionen, dort wo die meisten Pollen flogen, sondern aus London und den anderen größeren Städten, besonders von den privilegierten Schichten, dort wo man es sich leisten konnte, sich gegen Pocken impfen zu lassen, wie Dr. Braun zweifelsfrei aufzeigen konnte.

Die Allergien haben also ca. um das Jahr 1800 (plus etwas) mit der Pollinosis begonnen und stehen in einem unmittelbaren Zusammenhang mit der damaligen Pockenimpfung! Mit den zunehmenden Impfgepflogenheiten schwappte dann – ein paar Jahre später – dieses neuartige Phänomen Allergie auf den Kontinent über und nahm seinen verheerenden Lauf. Bereits in dieser ersten Zeit, schon nach ein paar Jahren angewandter Pockenimpfung, erkannten große Homöopathen, allen voran Constantine Hering (1831) und J. Compton Burnett (1897), das große Gesundheitsrisiko der Impfungen und haben auf ihre Schädlichkeit sowie auf ihren chronischen Zusammenhang hinsichtlich der Miasmen hingewiesen.

Die Impfbelastungen, und damit der Heuschnupfen, das Heuasthma und viele andere allergischen Erscheinungen unserer Zeit, sind also sykotischen Ursprungs, da die Pockenimpfung sykotisierte. Aufgrund der Vielzahl von andersartigen Impfungen kommen *heutzutage meist auch tuberkulinische Reaktionen* in Betracht, so daß sich die allergische Situation von heute weitaus komplexer darstellt als in ihrer damaligen Anfangszeit. Darüber hinaus werden die *Miasmen* – und *damit auch die Impfbelastungen – weitervererbt*, so daß in vielen Fällen eine gewisse allergische Prädisposition bereits bei der Geburt vorhanden ist. Und wenn dann in so eine heriditäre Belastung „hineingeimpft wird", kann es zu sehr schweren Reaktionen bis hin zu handfesten Allergien und sog. Autoimmunkrankheiten (und vielem mehr) kommen, da sich die vorhandenen Miasmen verkomplizieren und/oder neue hinzutreten. Und dies wird *von Generation zu Generation zunehmend schlimmer*. Welches Organsystem in welchem Zeitraum zum „symptomatikprägenden Schockorgan" wird, hängt zum größten Teil von der jeweiligen miasmatischen Prädisposition, dem Typ und der Anzahl der verabreichten Impfungen sowie der akuten körperlichen Verfassung zum Impfzeitpunkt ab und darüber hinaus auch von weiteren medizinischen Manipulationen, wie beispielsweise von vorangegangenen Unterdrückungen.

Wenn man also die Impfungen, die Antibiotika und weitere Immunsuppression hinsichtlich der Genese von Allergien mit in Betracht zieht und die zeitlichen Zusammenhänge und Einflüsse, wann diese medizinischen Errungenschaften flächendeckend Anwendung fanden, und das Ganze über ein paar Generationen hinweg begutachtet, dann ergibt alles plötzlich einen Sinn. Die Spirale dieser erschreckenden Entwicklung ist erklärbar, das frühe Kindesalter, kein Ausweg aus dieser Misere etc. pp. – alles wird plötzlich sonnenklar. Man sieht förmlich den kausalen Zusammenhang; es fällt einem wie Schuppen von den Augen, der Gordische Knoten ist gelöst. Denn nichts passiert durch Zufall. Hinter allem steckt System und Gesetzmäßigkeit, und hier leider im streng Negativen.

5.10.3 Ablenkungsmanöver von den wahren Ursachen durch die Medien

„Wenn Oma raucht, droht Enkeln Allergie – Rund 30 Millionen Europäer haben Asthma – Viele werden nicht richtig behandelt", so die Überschrift im Fettdruck einer Zeitungsmeldung vom Juni 2005. „Wenn die Großmutter raucht, sind die Enkel viel häufiger allergiekrank. Das ist eines der überraschenden Ergebnisse einer internationalen Studie, die derzeit beim Welt-Allergie-Kongreß in München diskutiert wird. – Der Einfluß auf die Nachkommen sei unerwartet und schwer zu erklären, meinte Professor John Warner von der Medical School der Universität Southhampton, möglicherweise seien

Genschäden die Ursache. – Bestätigt hat die Studie auch, daß Rauchen in der Schwangerschaft und der häufige Kontakt werdender Mütter zu Allergieauslösern (Allergenen) das Allergierisiko der Kinder erhöht. Zum Ausbruch der Allergie, entweder als Hautausschlag oder auch als ‚Heuschnupfen' kann es schon bei Zwei- bis Dreijährigen kommen. – Mehr als 30 Millionen Menschen in Europa sind nach Schätzungen Asthmatiker. Bei 85 Prozent von ihnen steckt eine Allergie dahinter, in den meisten Fällen ist es eine Pollenallergie. …"

Gezielte Volksverdummung? *Für alles, was nicht stimmig ist und bei dem die Gelehrten eine Erklärung schuldig bleiben, müssen die Gene herhalten.* Das klingt jedenfalls für die meisten wissenschaftlich und kann sowieso von keinem normal Sterblichen überprüft werden. So verbirgt man auf elegante Weise, daß man nichts weiß oder aber mit der unbequemen Wahrheit nicht herausrücken möchte. Dazu spricht der Begriff „Allergieauslöser" und „Allergene" Bände. Und darüber hinaus das Meiden jeglicher Diskussion eines etwaigen Impfzusammenhangs! Ja dieser wird nicht einmal ansatzweise angesprochen, geschweige denn untersucht, auf keinem einzigen Kongreß weltweit!

In einer anderen Meldung betreffs Allergien heißt es: „Noch hat es sich nicht genug herumgesprochen, daß jeder Heuschnupfen behandelt werden sollte, damit es nicht nach einigen Jahren zum ‚Etagenwechsel' in den Atemwegen und damit zum Asthma kommt. Immerhin leiden die meisten Asthmatiker auch an einer Pollenallergie. … Auch Feinstaub in der Wohnung oder am Arbeitsplatz kann Allergikern schwer zusetzen. Eine Studie über 100 Haushalte in Nordrheinwestfalen hat der Deutsche Allergie- und Asthmabund (DAAB) vorgestellt. Das Problem werde unterschätzt, so der DAAB. – Die durchschnittliche Feinstaubkonzentration in Innenräumen mit Glattböden war doppelt so hoch wie bei Teppichböden und außerdem deutlich oberhalb des gesetzlichen Grenzwertes, so ein überraschendes Ergebnis. Räume mit Parkett und anderen Glattböden müßten öfter gereinigt werden, so eine Schlußfolgerung für die Prävention. …"

Hat man da noch Worte? Kann man dies als seriöse Wissenschaft bezeichnen? Ja wie lange gibt es überhaupt Teppichböden als Auslegware? Ist das nicht eine Errungenschaft der Neuzeit, der letzten 40 bis 50 Jahre? Unsere Großeltern oder vielleicht auch Eltern kannten derartig verlegte Böden in ihrer Kindheit jedenfalls noch nicht. Bis vor 50 Jahren hat man meist noch Holzdielenböden, Linoleum oder ähnliches gehabt mit ein paar kleineren Teppichen darauf, die man des öfteren über der Teppichstange ausklopfen mußte, da es noch keine Staubsauger gab. Und damals war die Allergierate kaum nennenswert, ja eher eine Seltenheit im Vergleich zu ihrem heutigen Auftreten. Demnach kann eine derartig angelegte Studie keine echten Ursachen zutage fördern, höchstens wertvolle Steuergelder verschwenden! Eine solche Betrachtung, das Thema Allergien anzugehen, kann nur als Verschleierungsaktion gewertet werden, bestenfalls als Maßnahme, um deren Erscheinungen und

Auswirkungen zu beschwichtigen, und dazu ausnahmslos auf der untersten Ebene. Allein schon der Begriff Etagenwechsel spricht Bände. Als ob dieser einfach so, rein zufällig, vonstatten ginge, ohne Ursache!

Welche Blüten das Thema Überempfindlichkeit bereits angenommen hat, zeigt auch eine Meldung vom 18. 11. 2005 bezüglich des Deklarierens von sog. Allergenen auf Verpackungen von Nahrungsmitteln (wo es doch streng genommen nur empfindliche Menschen gibt!): „Allergie-Enthüller: In Europa müssen ab 25. November allergieauslösende Zutaten auf Verpackungen von Lebensmitteln gekennzeichnet werden, teilte das Europäische Verbraucherzentrum mit. Die künftig gekennzeichneten Stoffe verursachten in rund 90 Prozent der Fälle Hautirritationen." – Davon einmal abgesehen, daß derartige Stoffe in wirklichen *Lebens*mitteln nichts zu suchen haben (und auch nicht zu finden sind), wird der Bürger hinsichtlich der wahren Genese von Allergien wieder einmal mehr hinters Licht geführt.

Den Gipfel des „Hohns", wie es Dr. med. Georg Kneißl formuliert, beschreibt die „öffentlich gehörte Meinung eines Professors für Kinderheilkunde", der zu der Frage, warum denn die Allergien so enorm zunehmen, folgendermaßen Stellung bezieht: „Dadurch, daß wir so viel und so früh impfen und wir die Infekte so konsequent behandeln, hat unser Immunsystem so wenig zu tun, daß es sich in der Abwehr der Allergene übt." – Das verschlägt einem nun vollständig die Sprache. Ein Hochschulprofessor, also ein hochrangiger Vertreter der offiziellen medizinischen Wissenschaft, macht derartige Aussagen! Ein völlig falsches Verständnis von Immunsystem! Allein die Vorstellung vom Üben des Immunsystems und seiner immensen Langeweile obendrein! Ein Immunsystem, welches sich ständig neue Aufgaben sucht, da ihm sonst langweilig wäre. Völlig abwegig und absurd! Was ist eigentlich mit unseren gesunden Mitmenschen oder mit den Tieren in freier Wildbahn? Das müßte doch heißen, daß die meisten Allergiker zu gesund sind. Gesünder als die Gesunden. – Deutlicher kann es nun wirklich nicht gehen. Allein dieser Aussage zufolge müßte sich auch das Impfen verbieten (sofern man unterstellte, daß Impfungen krankheitsverhütend wirken), damit unser Immunsystem wieder bei den banalen Krankheiten etwas zu tun hat und nicht aus Langeweile den Körper chronisch schädigt!

5.10.4 Beispiele aus der homöopathischen Praxis

Eine junge Mutter von zwei Kindern klagt über immer wieder auftretende, kaum auszuhaltende allergische Hautausschläge ihrer Hände. Diese seien besonders in der kalten Jahreszeit sehr trocken, rauh und rissig, teilweise sogar richtig offen und nässend. Auf alle Fälle sehr schmerzhaft, besonders wenn sie mit Wasser zu tun habe, und genau das ließe sich mit zwei kleinen Kindern samt Haushaltsführung nicht vermeiden. Teilweise gebrauche sie sogar Cortisoncreme, so schlimm sei ihr Zusatnd. Ihre Schrunden imponierten einige Millimeter tief und täten schon bei der geringsten Berührung weh. Begonnen habe dies alles nach der Desensibilisierung ihres Heuschnupfens 1998. Auch bei diesem habe sie zu Spitzenzeiten Cortisontropfen nehmen müssen, so stark sei das Augen-, Rachen- und Nasejucken gewesen. Auf den Skleren[1] ihrer Augen habe sich eine verschiebliche gallertartige Masse befunden, die das Sehen sehr beeinträchtigt habe. Darüber hinaus sei sie, parallel zu ihrem Heuschnupfen, seit etwa Ende 1996 sehr allergisch gegen Äpfel, Nüsse und Kirschen geworden, welche sie allerdings sehr gerne esse. Hierbei schwelle ihr Hals dermaßen zu, daß sie zu ersticken drohe. Teilweise habe es auch eine Enge in den Bronchien gegeben, so daß ihr Heuschnupfen schon ins Asthmatische ginge. Auf die Frage, was in den Monaten zuvor gewesen sei, stellte sich dann heraus, daß die junge Frau zur Vorbereitung auf einen längeren Aufenthalt in Südafrika Anfang des Jahres 1996 Ende November 1995 *mehrere Impfungen erhalten* hatte!

Eine andere Patientin kam wegen eines ausgeprägten Heuschnupfens mit leichten asthmatischen Beschwerden in die homöopathische antimiasmatische Behandlung. Bei ihr hatte alles nach einer *lebensbedrohlichen Lungenentzündung im Kindesalter* von etwa sieben Jahren begonnen, bei welcher „sie fast gestorben wäre". Jedenfalls habe sie damals *„alle Viertel Stunde ein anderes Antibiotikum"* in ihrem Tropf erhalten, so schlecht sei es ihr gegangen. Ihr Heuschnupfen, der nach wie vor präsent war (sie war mittlerweile um 30 Jahre älter geworden), betraf vornehmlich ihre Augen mit Juckreiz und Tränen sowie ihre Nase mit einem brennenden, wäßrig-tropfenden Schnupfensekret, meist im Zeitraum April bis Juni. In die Anfangszeit ihrer Pollinosis fiel aber auch ihre damalige erste *Polio-Schluckimpfungsserie*, welche zu jener Zeit in Form von Massenimpfaktionen an den Schulen verabreicht wurde. Auf jeden Fall könne sie sich noch genau daran erinnern, wie sie sich, zusammen mit ihren Mitschülern, in ihrem Klassenzimmer in Reihe und Glied aufstellen mußte, um vom Amtsarzt das „begehrte" Stückchen Zucker zu erhalten. „Schluckimpfung ist süß, Kinderlähnumg ist bitter", so der damalige Werbeslogan.

Ein weiteres Beispiel von schwerster Allergie: Ein etwa 42-jähriger Mann leidet unter einer ausgeprägten „Chemieunverträglichkeit", wie er es nennt. – Gemeint ist die sog. Multiple Chemische Sensibilität oder Multiple Chemikalien-Sensibilität (MCS), welche, gemäß klinischem Wörterbuch Pschyrembel, eine erworbene Erkrankung mit unklarer Ätiologie ist: „Die Patienten reagieren auf unterschiedlichste, alltägliche und geringgradige Fremdstoffeinflüsse mit unspezifischen Symptomen im Bereich mehrerer Organsysteme." – „Deos, Lösungsmittel, Sprays, ..., ja bei allem, was Chemie ist, gibt es Schwierigkeiten", erklärte der Mann. „Ich reagiere auf alles, was riecht. Das kann auch der Innenraum eines Autos, die Plastikauskleidung in der S-Bahn oder das Wohnzimmer von Freunden sein." Dann habe er ein Kribbeln und

---

[1] Sklera: Lederhaut des Auges; äußere feste Hülle des Auges; das Weiß der Augen.

Gefühl von Pelzigkeit auf der Zunge und an deren Spitze rote Punkte. Auch am Gaumen bestehe dieses Taubheitsgefühl und ein Gefühl „wie verbrannt". Darüber hinaus existiere eine ausgeprägte Gereiztheit und Nervosität sowie eine Neigung zu depressiven Verstimmungen „nach Chemikalien". Zorn- und Wutausbrüche, wenn ein anderer ihn „nerve". „Ich kann dann richtig eklig werden, reagiere dann ‚italienisch'", so der Mann bei der Anamnese. Rauchen und Abgase seien auch schlimm. Sogar Zeitungen und Zeitschriften beeinträchtigten sein Wohlbefinden. Unausgeglichenheit, gedrückte Stimmung, geräusch- und geruchsempfindlich; „alles ist dann zuviel". „Ich bin dann depressiv, lustlos, fühle mich ‚ausgebrannt' und habe einen enormen Druck im ganzen Körper." Teilweise verspüre er auch Panik mit Schweißausbrüchen, „als ob ich nicht mehr atmen könnte". In letzter Zeit gebe es auch Schmerzen in Schultern und Nacken, ein Kribbeln im rechten Fuß und der rechten Hand sowie „auf dem Kopf Hitze, manchmal unerträglich".

Seit gut vier Jahren nehme der Mann Selen, Zink, Folsäure, Vitamin B und andere „naturheilkundliche Mittel" ein. Das Selen und die anderen Mittel habe er damals wegen seiner Zähne bekommen, erinnerte er sich, „zur Amalgambzw. Quecksilberausleitung". Eine komplette Zahnsanierung erfolgte zuvor über Jahre hinweg, anfangs ohne diese sogenannte Ausleitung. „Und seinerzeit gab es noch keine Reaktionen auf Chemie", ergab die Chronologie seiner Krankengeschichte. Mit Zink, Selen und „Konsorten" verschwanden erfreulicherweise seine starken nächtlichen Magenkrämpfe, die er von Kindesbeinen an gehabt hatte. Erst nach einer Darmreinigung mittels Glaubersalz und einer Fastenkur „entstand diese Geruchsempfindlichkeit gegen Chemie; dazu kamen der kalte Fuß rechts und die taube Hand".

Aufgrund einer ausgeprägten Infektneigung mit extremen Stirn- und Nebenhöhlenbeschwerden, weshalb er jahrelang Zuflucht zu Antibiotika genommen habe, hatte der arme Mann vor etwa sieben Jahren „leider" in eine Nasennebenhöhlenoperation eingewilligt samt Entfernung von „Polypen" und Begradigung der Nasenscheidewand. „Diese OP hat mich mein Riechvermögen gekostet; seither habe ich meinen Geruchssinn fast vollkommen verloren. Ab und zu rieche ich mal was, aber nur kurzzeitig", so der völlig entmutigte Mann. Des weiteren habe es früher häufig Nierenschmerzen gegeben, eine akute Hepatitis, Ekzeme an den Händen, die selbstverständlich mit Salben unterdrückend behandelt wurden, eine Meningitis im Erwachsenenalter, Schwindel beim Aufstehen mit Augenflimmern, sporadische Gichtanfälle im rechten großen Zehengrundgelenk, Herpes an den Lippen, das ganze Leben hindurch jene bereits erwähnten starken Magenbeschwerden und hin und wieder „Ischias" und einiges mehr. An Impfungen alles, „was in der damaligen DDR vorgeschrieben war", und das war nicht gerade „von schlechten Eltern", denn in der ehemaligen Deutschen Demokratischen Republik bestand Impfpflicht für viele Impfungen. Familiär sind insbesondere eine Tuberkulose und eine Gonorrhoe zu nennen. – Soweit die kurzgefaßte Krankengeschichte dieses bedauernswerten Mannes.

Auf den ersten Blick klar zu erkennen: die *Impfbelastungen* über viele Jahre hinweg, die *tuberkulinische Prädisposition*, die durch die familiäre Belastung geradezu bestätigt wird, gemischt mit einer *stark ausgeprägten sykotischen Komponente*, welche letztendlich nicht nur durch die Go[1] in der Familie gekennzeichnet ist, sowie die vielfältigen *Unterdrückungen* samt *Arzneimittelbelastungen*, wobei auch hier die jahrelang verschriebenen, eigentlich gut gemeinten „Ausleitungsmittel" der jüngsten Vergangenheit eine große Rolle spielen (quasi im Sinne einer schleichenden Vergiftung und Arzneimittelprüfung, sozusagen hinsichtlich der *Präsens des fünften Miasmas*). Und dazu die massive grobstoffliche Entgiftung mittels „Glaubern" samt Fastenkur, so daß der Körper durch die zirkulierenden alten Schadstoffe und gelösten Schlacken geradezu überfordert wird. – Kurzum: von der miasmatischen Seite so ziemlich alles, was überhaupt aufzubieten ist.

Dem Mann konnte mit Sulfur, Arsenicum album, Nux vomica und anderen antimiasmatischen Mitteln in recht kurzer Zeit geholfen werden, ja seine Multiple Chemikalien-Sensibilität wurde bereits innerhalb des ersten halben Jahres homöopathischer Behandlung deutlich gemildert, worüber er sehr glücklich war! Somit war ein guter Anfang gemacht, doch ein weiteres Stück Weg lag noch vor uns.

Im Verlaufe der chronisch homöopathischen Kur rückte der Mann schließlich auch mit verhältnismäßig *ausgeprägten psychischen Problemen* heraus, speziell wegen seines Vaters, der ihm „schon lange die Hölle heiß machte", was er bis dato als unwichtig erachtet und deshalb nie erwähnt hatte. Auch hinsichtlich der Beziehung zu seiner Frau „war in der letzten Zeit nicht mehr alles im Lot". Diese hatte vor ein paar Monaten im Verlaufe eines Streits – sie hatte selber sehr gravierende Probleme und litt seit ihrer Jugend äußerst häufig an starker Migräne, die sich teilweise über mehrere Tage hinzog und ihre Lebensqualität und die ihres Umfeldes beeinträchtigte – einmal den Gedanken an Trennung geäußert, was für ihn „einen förmlichen Absturz bedeutete". „Damit hätte ich nie gerechnet. Das hat mich hart getroffen." Darüber hinaus schlug sich der Mann mittlerweile auch mit Erbstreitigkeiten hinsichtlich eines Grundstückes herum, welche ihm sehr zu schaffen machten und zusätzliche körperliche Symptome bescherten, wie beispielsweise einen hochfrequenten Tinnitus. Auf all dieses haben wir zwischenzeitlich versucht, jeweils eine homöopathische Antwort zu finden, und konnten den meisten Widerwärtigkeiten die Stirne bieten.

Doch leider ließ sich der Mann – nach ca. zwei Jahren erfolgreicher homöopathischer Behandlung – von einem Bekannten eine reine Quecksilbervergiftung („verursacht durch das Amalgam in meinen Zähnen damals") einreden und dazu ein „Patentrezept" aus Amerika aufschwatzen, dieses Quecksilber gezielt ausleiten zu können, noch besser als zuvor. (Ich hatte gedacht, es wäre

---

[1] Go (sprich: „G o"),: Kurzform für Gonorrhoe, Tripper.

schon erfolgreich ausgeleitet worden! Das hatte mir der Mann während der Anamnese jedenfalls versichert.) Somit brach er die so vielversprechend begonnene, chronisch homöopathische Therapie kurzerhand ab, um sich bei dem Mediziner anzumelden, „der besagte Ausleitung aus erster Hand in den USA erlernt hatte“, eine Therapie, welche 18 Monate dauern sollte[1] und zudem äußerst kostenintensiv war. Meine Skepsis und meine damals geäußerten Warnungen hinsichtlich der drohenden Gefahren bezüglich erneuter Unterdrückungen und Verschlimmerungen der miasmatischen Präsens und alles bereits Erreichten wurden leider nur allzu gut bestätigt, denn aus anderen Quellen kam mir verläßlich zu Ohren, daß es dem Mann nach zusammengenommen drei Jahren „Ausleitung“[2] und nachfolgender Komplexmittelhomöopathie samt Austesten von Arzneimitteln mittels Testgerät[3] schlechter ging als jemals zuvor, schlechter noch als damals, bevor wir überhaupt mit unserer antimiasmatischen Behandlung angefangen hatten!

5.10.5 Ein Fall von Pollinosis (Heuschnupfen)

Betrachten wir zum Abschluß dieses Kapitels nun noch einen Fall von Pollinosis ein wenig detaillierter, um eine erfolgreiche, sinnvolle homöopathische Vorgehensweise hinsichtlich der Behandlung von Allergien näher unter die Lupe zu nehmen. Beim Heuschnupfen geht es ja in erster Linie darum, die Neigung, allergisch auf Pollen oder dergleichen zu reagieren, zu eliminieren.

---

[1] Wie kann man überhaupt voraussagen, wann eine Therapie beendet sein wird? Dies ist doch eine sehr individuelle Angelegenheit und hängt zum größten Teil von den chronischen Belastungen des einzelnen sowie von dessen aktueller Reaktionsfähigkeit ab!

[2] Quecksilberausleitung: *Im Prinzip kann es keine gezielte Quecksilberausleitung geben*, jedenfalls nicht so, wie es die meisten propagieren. Das gilt auch für die sog. biologische Ausleitung. Ob DMPS, DMSA, EDTA, hohe Vitamin C-Infusionen, Viatmin B12, Chlorella, Spirulina, Selen etc., *die Idee ist immer dieselbe, denn alles agiert auf chemischer Basis in dem Wunsche, das im Körper vorhandene Quecksilber zu binden und auszuscheiden.* Allein dieser Gedanke ist streng schulmedizinisch und rein lokal orientiert. Das bestätigen auch die vielen Nebenwirkungen dieser Methode und die Unpäßlichkeiten vieler Patienten bei solcherlei Entgiftungsaktionen. Das beste ist es, physikalisch zu agieren mittels chronischer Homöopathie, also im Zuge einer antimiasmatischen Behandlung alle Belastungen schrittweise zu eliminieren und somit auch die Quecksilberbelastung zurückzudrehen. – Siehe hierzu auch Anhang *A.4 Gezielte Quecksilberausleitung möglich?*

[3] Austesten von Arzneimitteln mittels Testgerät: Eine moderne Unart, die Homöopathie zu vereinfachen, welche sich als nicht praktikabel erwiesen hat. Mittels Austesten von Arzneimitteln lassen sich nämlich keine *kausalen Zusammenhänge* erfassen wie z. B. Unterdrückungen, Schockerlebnisse, Verletzungen, Behandlungen, Impfungen, familiäre Causae (Ursachen) etc. Dies alles ist nur mittels Gedankenarbeit eines erfahrenen Homöotherpeuten zu erreichen, kann also niemals automatisiert werden! Mittels Austesten ist die „Logik“ eines Falles, d. h. die Gesetze der Homöopathie angewandt auf ein Individuum, nicht zu erkennen! Darüber hinaus birgt ein Austesten von Arzneimitteln immer die große Gefahr von Unterdrückungen in sich. – Näheres hierzu siehe mein zweibändiges Werk *Klassische Homöopathie für die junge Familie*, 2. Auflage 2001/2003.

Dies erfolgt in althergebrachter Weise mittels einer längerfristigen, antimiasmatischen, d. h. homöopathischen chronischen Kur samt Rückspulungsprozeß und allem, was dazugehört, wobei neben den Akutbeschwerden sowohl die ursächlichen Zusammenhänge als auch die chronische Disposition mit abgedeckt sind. Dadurch, daß es sich bei der Pollinosis um die *Manifestation akuter Exacerbationen einer tiefgreifenden chronischen Störung* handelt, wird ihr Verschwinden nicht von heute auf morgen zu erwarten sein. Aus diesem Grunde empfiehlt es sich, im Falle eines saisonbedingten Wiederaufflackerns der Heuschnupfensymptomatik – parallel zur chronischen Kur – ein Akutmittel für den jeweiligen Zustand zu verschreiben, so daß sich der Patient in der Hochzeit seiner allergischen Beschwerden mittels Akuthomöopathie einigermaßen „über Wasser halten kann" und nicht auf irgendwelche chemisch grobstofflichen Antiallergika (Sprays, Nasentropfen etc.) zurückgreifen muß. Somit lassen sich die akuten Spitzen symptomatisch (nicht ursächlich) „kappen", so daß der Betroffene von Beginn an schon ein wenig Erleichterung verspürt. Diese begleitende Akutbehandlung ist vergleichbar mit der Behandlung eines akuten Infektes und erfolgt i. d. R. mittels amiasmatischer „kleiner" Mittel in Tiefpotenzen. Mit der Zeit sollte es dann so sein, daß keinerlei Akutmittel mehr notwendig werden, da durch die chronische antimiasmatische Behandlung die entsprechenden Miasmen abgetragen sind und somit die Neigung, allergisch zu reagieren, erfolgreich gelöscht wurde. – Dieses Prinzip gilt selbstverständlich nicht nur für die Behandlung der Pollinosis, sondern kann auch auf andere Krankheitsbilder, wie beispielsweise Asthma, Angstattacken, Migräne etc., angewandt werden.

Kommen wir nun zu unserem ausführlicheren Fall: Herr Norman, 40 Jahre alt und Vater von zwei kleinen Kindern, leidet „seit Ewigkeiten" an Heuschnupfen und einem allergischen Reizhusten. Laut Arzt handelte es sich bei letzterem um eine „allergisch bedingte, spastische Bronchitis", welche nachts am schlimmsten sei. „Mal huste ich eine ganze Stunde lang durch." Vor knapp 14 Jahren kam es sogar zu einer Rippenfellentzündung „aufgrund dieses intensiven Reizhustens". Der Auswurf sei klar bis weiß und schleimig. Der Heuschnupfen mache sich in Form von Juckreiz im Hals, Augentränen und -jucken mitsamt Nasenfluß bemerkbar. Auffallend sei, daß er sich bei Regen und Wind verschlechtere, ganz im Gegensatz zu dem seiner Kollegen. Beides zusammen, Heuschnupfen und Reizhusten, beginne Ende Februar und klinge erst Mitte Mai wieder ab.

Darüber hinaus gebe es seit ein paar Jahren eine Lebensmittelallergie, speziell auf Nüsse, Pfirsiche, Äpfel, Kiwis, Ananas und rohe Möhren. Hier reagiere Herr Norman immer mit seinen Augen, welche unter starkem Juckreiz rot und ödematös anschwöllen. Außerdem bestehe dann ein äußerst unangenehmes Jucken im Hals sowie ein Völlegefühl im Bauchraum.

Vor etwa 15 Jahren habe sich der Mann hinsichtlich seines Heuschnupfens über die Wintermonate ca. ein halbes Jahr lang desensibilisieren lassen, mit mäßigem Erfolg. Ja jener verschlimmerte sich sogar danach! „Und genau in dieser Zeit begann meine Lebensmittelallergie; ich bekam sie erst nach dem Desensibilisierungsversuch", wie Herr Norman mit einem Mal die Zusammenhänge erkannte. Später habe er zu Spitzenzeiten auch Antihistaminika versucht, danach auch einige homöopathische Mittel, teilweise drei Arzneimittel auf einmal, zum Teil „in sehr hohen Potenzen"; alles habe nichts genützt. „Im Laufe der Zeit habe ich überaus viele Mittel eingenommen." Seit ein paar Jahren verspüre Herr Norman nun etwas Linderung durch TCM[1], Akupunktur und Phytotherapie[2], jedoch von Heilung könne bislang keine Rede sein.

Soweit die Anamnese hinsichtlich der Allergien dieses Mannes. Im Herbst und Winter, so berichtete er weiter, leide er des öfteren unter Nasennebenhöhlen- und Stirnhöhlenentzündungen. Seine linke Nebenhöhle sei „häufig dicht". Dabei gebe es „die üblichen Stirnkopfschmerzen", und es laufe auch ständig zäher Schleim den Rachen hinunter, was sehr unangenehm sei. Abgelöst werde diese winterliche Nebenhöhlensymptomatik schließlich durch beschriebene Pollinosis im beginnenden Frühjahr, „was allerdings auch nicht viel besser sei". Diese Sinusitiden, wie der medizinische Begriff dafür lautet, gebe es schon sehr viele Jahre, viel länger als den Heuschnupfen. Beides zusammengenommen beutele den Mann jedes Jahr etwa acht Monate lang, was äußerst kräftezehrend und zermürbend sei.

An Kinderkrankheiten konnte Herr Norman zweimal Masern und zweimal Windpocken vorweisen, was eigentlich recht ungewöhnlich ist. Keuchhusten hatte er auch gehabt, und zwar drei Monate lang, unmittelbar nach einer Keuchhustenimpfung. (Sic!) Mit acht Jahren wurde er wegen eines sogenannten Pendelhodens[3] operiert. Im Alter von 15 Jahren gab es eine „schwere Virusinfektion mit sehr hohem Fieber und teilweise schmerzhaften Herzbeschwerden", wobei sich aber eine vermutete Herzmuskelentzündung nicht bestätigte. Als Jugendlicher fielen seine Hände durch einen Intentionstremor auf, das heißt, sie zitterten des öfteren, besonders morgens, wenn er gezielt Bewegungen ausführte. „Dies fing allerdings schon in der Grundschule an, insbesondere bei Prüfungen, ist jetzt aber besser." Und als Kleinkind sei Herr Norman sehr ängstlich gewesen.

Ansonsten sollen die weiteren Symptome aus Platzgründen nur noch stichpunktartig aufgelistet werden: zeitweilig Schulterschmerzen, welche in den Arm ausstrahlten und mit Procainspritzen behandelt wurden; parallel dazu Schmerzen im Leistenbereich; unregelmäßiger Stuhlgang, mal hart und träge, „mal lauter kleine Kugeln", mal durchfällig, „während der Allergien eher Durchfall"; als Jugendlicher bis zum 18. Lebensjahr ein dumpfes Gefühl im Kopf; extremes Schwitzen bei Hitze und bei körperlicher Betätigung sowie

---

1 TCM: traditionelle chinesische Medizin.

2 Phytotherapie: Behandlung mit pflanzlichen Substanzen.

3 Pendelhoden: Hoden, der teilweise aus dem Hodensack nach oben in den Leistenkanal aufsteigt und nicht mehr zu tasten ist.

des Nachts; Schlafen ohne Decke; unerquicklicher Schlaf, d.h., „ich komme morgens schwer in die Gänge"; besonderes Wohlfühlen am Meer; phasenweises Verlangen nach Schokolade, ißt dann eine ganze Tafel auf einmal; „Fieber seit Jahrzehnten nicht mehr"; Kopfschuppen; Lichtempfindlichkeit, braucht eine Sonnenbrille; als Kind ab und zu eine Bindehautentzündung, so daß die Augen morgens ganz verquollen waren; ein paar Mittelohrentzündungen in dieser Zeit; weiß belegte Zunge, häufiger Aphthen und Herpes an den Lippen; Zahnfleischbluten; antibiotisch behandelte Mandelenzündungen in der Pubertät; bis zum Alter von 14 Jahren immer wieder Wachstumsschmerzen in den Knien; Nierenreizung bei Kälte; leicht erhöhte Harnsäure im Blut; ein Ziehen im Nebenhodenbereich und eine herkömmlich behandelte Pilzinfektion am Genitale nach Coitus mit seiner Frau vor ein paar Jahren; eine auffallend verminderte Libido, „durchaus monatelang: Still ruht der See"; als Kind Nägelkauen und ein paar weitere Symptome mehr, welche uns nicht weiter interessieren sollen. Dazu Impfungen gegen Pocken, Polio, Pertussis (wie bereits erwähnt) und Tetanus.

Nach außen hin wirkte Herr Norman stets ruhig, „doch gebe es im Grunde genommen eine innerliche Aufruhr". Noch heute träume er von Prüfungssituationen, „als ob ich mich vor einer Prüfung drücken wollte". Früher sei er sehr schüchtern gewesen, jetzt jedoch habe er ein gutes Selbstbewußtsein. Auf Widerspruch reagiere er „sauer und empfindlich"; auch sein Sinn für Ordnung sei recht ausgeprägt.

Soweit die Komplettanamnese des Mannes. Die Schwangerschaft seiner Mutter verlief ziemlich unauffällig bis auf drei Monate Übelkeit, Anämie und die Tatsache, daß er 2½ Wochen zu früh auf die Welt kam. Sein Vater habe sich vor ein paar Jahren das Leben genommen, „er war ein schwieriger Mensch". „In meiner Herkunftsfamilie wurden Konflikte grundsätzlich mit Schweigen ausgetragen", so Herr Norman. Des weiteren gab es familiär Gallensteine, Schilddrüsenprobleme, Herzmuskelentzündungen, Depressionen, Parkinson, Hüftgelenkarthrose, Hyperurikämie[1], Zöliakie[2], Gastritis, Diabetes, mehrfache Selbstmordversuche und auch Selbstmorde, eine Frühgeburt mit Todesfolge und Lungenkrebs.

Arzneimittelwahl: Sulfur LM18, 5 Tropfen auf ein Glas Wasser, gut, d.h. mit Wirbel, verrühren (keinen Metalllöffel verwenden!), nur einen Löffel voll einnehmen, den Rest verwerfen, alle drei Tage morgens. Die ersten Wochen einschleichend beginnen (d.h., zunächst nur 1 Tropfen ansetzen, später dann um einen weiteren Tropfen steigern bis schließlich 5 Tropfen erreicht sind, sofern keine größeren Reaktionen auftreten). Das Fläschchen vor Gebrauch 10-mal kräftig schütteln, z.B. wie ein Fieberthermometer herunterschlagen.

Und zwar Sulfur deswegen, weil seit Jahren, um nicht zu sagen Jahrzehn-

---

1 Hyperurikämie: Erhöhung der Harnsäure im Blut.
2 Zöliakie: eine Erkrankung der Dünndarmschleimhaut im Säuglings- und Kleinkindalter.

ten, *stetig unterdrückt* wurde und es somit zu *Krankheitsverschiebungen* bzw. *Verschlimmerungen auf der ganzen Linie* gekommen ist. Als erstes zu nennen wäre hier die Desensibilisierung über ein halbes Jahr hinweg. Des weiteren die fortlaufend unterdrückende Wirkung der Antihistaminika während der akuten Heuschnupfenzeit, die früheren antibiotischen Behandlungen von Mittelohr- und Mandelentzündungen und Pleuritis[1], dann unter Umständen noch die früheren Hochpotenzen und Komplexmittelhomöotherapeutika sowie die seit ein paar Jahren praktizerte TCM, Akupunktur und Phytotherapie, welche zwar die Akutsymptomatik linderten, nicht aber wirklich heilten und somit eine nachhaltige Wirkung auf die Lebenkraft hatten. Darüber hinaus selbstverständlich auch wegen weiterer Sulfur-typischer Symptome, die aber aus Platzgründen nicht näher genannt werden sollen.

Verlauf: Begonnen wurde mitten im Herbst, im naßkalten November. Nach nur zwei Wochen Einnahme von Sulfur, noch mitten in der Einschleichphase von 2 Tropfen, traten mit einem Mal (Ende November!) „Beschwerden wie in der akuten Heuschnupfenphase" auf, mit Tränenfluß und starkem Augenjucken sowie „stinkenden Blähungen und sehr übelriechendem Stuhlgang". „Auch der Mundgeruch ist wieder da, besonders nachts", gab der Mann seine Beobachtungen wieder. Euphrasia D3 Augentropfen taten wahre Wunder. Nach nur zweimaliger Einnahme war schon alles viel besser, insbesondere die Heuschnupfensymptomatik, welche sicherlich als Beginn eines Rückspulungsprozesses zu werten war. Ab Mitte Januar stellte sich dann besagter Reizhusten erneut ein, „mit ein bißchen Auswurf und einem Spannungsgefühl in der Brust, allergisch, wie immer". Auch dieser bei weitem zu früh und untypisch für die naßkalte Jahreszeit! Phosphorus D12, 5 Globuli nach Bedarf, halfen hierbei sehr gut. Ein paar Wochen später gab es dann nochmals „Probleme mit Reizhusten und der Brust", doch diesmal linderte der potenzierte Phosphor nicht. Erst Rumex D12 brachte die gewünschte Erleichterung.

Die ganze Zeit, d.h. den ganzen Winter hindurch – der Sulfur wurde als chronisches antimiasmatisches Mittel alle drei Tage weitergenommen –, kam es zu keinerlei Nebenhöhlenbeschwerden! Erst Ende Februar meldete sich die linke Nasennebenhöhle wieder zurück und füllte sich mit einem zähflüssigen Sekret von „fast gummiartiger Konsistenz". „Es sitzt weiter hinten im Nasenbereich, wie ein Pfropfen", so Herr Norman. Die Farbe des Schleims, wenn dieser denn einmal ausgeschneuzt werden konnte, war „weiß bis transparent". Auffallend war auch ein Druck im Nasenwurzelbereich und unter dem linken Auge. Bei dieser akuten Exacerbation konnte Kalium bichromicum D12 in Globuli seinen Dienst erfolgreich antreten.

Vier Monate nach Sulfur-Beginn konnte sich schon eine „gravierende Verbesserung" sehen lassen, welche für die Jahreszeit (Mitte März) „absolut ungewöhnlich ist". „Es geht mir von Tag zu Tag besser", berichtete der

---

[1] Pleuritis: Rippenfellentzündung.

glückliche Mann. Der Husten war komplett weg und die morgendliche Schleimabsonderung fast auch. Sogar der Stuhlgang hatte sich „wesentlich verbessert“; Winde gab es nicht mehr. „Und ich habe ein mir seit Jahren unbekanntes freies Körpergefühl zurückgewonnen, fühle mich nicht mehr so, als ob ich Vollgas mit angezogener Handbremse fahre. Ich bin viel leistungsfähiger.“ Wir besprachen die Änderung der weiteren Symptome und kamen überein, den Sulfur ca. vier Monate lang weiter zu nehmen, diesmal in der Potenz LM24, 3 Tropfen in einem Glas Wasser, alle fünf Tage.

Doch unter Sulfur LM24 kam der Heuschnupfen Anfang April wieder „kräftig durch“. Augenbrennen, scharfer, aggressiver Tränenfluß, der „so richtig weh tat“ und eine gelblich rote Farbe der Augen. Dazu ein heftiger Fließschnupfen, schleimig, gelegentlich von wäßriger Konsistenz. Euphrasia Augentropfen hatte Herr Norman bereits eigenmächtig probiert, ohne die geringste Wirkung. Erst Euphrasia C30, 5 Globuli nach Bedarf, brachte vorübergehende Erleichterung. Allerdings nur zeitweilig, für ein paar Stunden.

Eine knappe Woche später berichtete der Mann von starken abendlichen Beklemmungsgefühlen in der Brust. Die Nase wurde dicht, der Mund trockener, „wegen der Mundatmung nachts“. Natrium muraticum in der D12 hatte er schon selbständig versucht, doch die Beklemmungen abends blieben unbeeindruckt. Darüber hinaus hatte der Husten wieder eingesetzt, diesmal tagsüber. Demgegenüber hätten die Augenprobleme deutlich nachgelassen. Wir wechselten zu Arsenicum album D12, was die Beklemmung und die weitere Heuschnupfensymptomatik buchstäblich eliminierte. Der Reizhusten aber blieb. Das Nasensekret wechselte zu eitrig, gelb und bitter. Den Bereich der Nasenwurzel empfand Herr Norman nun als brennend und stechend. „Bei diesem, zur Zeit vorherrschenden, naßkalten Wetter ist sowieso alles viel schlimmer.“ Damit hatte sich also wieder die alt bekannte Nebenhöhle aktiviert, was Silicea D12 akut auf den Plan rief und dem gebeutelten Mann auch für längere Zeit sichtlich Ruhe bescherte.

Drei Wochen später meldeten sich Heuschnupfen samt Husten nochmals zurück; wieder half Phosphorus akut. Später nochmals die Nebenhöhle, welche sich diesmal unter Mercurius solubilis LM6 besserte. Und schlußendlich trat der Husten ein weiteres Mal auf, allerdings nur noch ganz leicht, dafür aber „mit stechenden Schmerzen im Kopf“. Dazu gab es eine große Müdigkeit, „wie ein Erschöpfungszustand“, der „jeden Abend ab 20.00 Uhr extrem schlimm wird“, so daß Herr Norman auf der Stelle einschlafen könnte, „aber es geht nicht, wenn ich es tun würde“. Hier half Bryonia alba LM6, 5 Tropfen auf einem Teelöffel voll Wasser, nach Bedarf, sehr gut. Die Beklemmung verschwand, und auch die Erschöpfung ließ sofort nach.

So verlief die Heuschnupfenzeit des Mannes unter Sulfur LM18 und LM24 recht ungewöhnlich und teilweise sehr turbulent; jedoch konnte stets auf die akuten Spitzen zufriedenstellend reagiert werden. Der Heuschnupfen „war pünktlich zu Beginn des Monats Mai weg, etwas früher als sonst die Jahre“, faßte Herr Norman erleichtert den damaligen Stand der Therapie zusammen.

Unter der chronischen Behandlung mit Sulfur LM24 traten dann nochmals juckende Hautausschläge im Bereich der rechten Handwurzel auf, von denen ich gar nichts wußte und an welche sich der Patient auch erst jetzt wieder erinnern konnte, daß er diese schon zwei- bis dreimal früher gehabt hatte und welche damals mittels Salben verschwunden waren. Des weiteren berichtete er von einer derzeitigen „größeren Streßanfälligkeit". Seit einigen Monaten sei seine Toleranzgrenze für äußere Reize merklich gesunken.

Auf weitere Einzelheiten bei der Druchsprache von etwa sechs Monaten Einnahme Sulfur LM24 muß an dieser Stelle leider verzichtet werden, da alles zusammengenommen bei weitem zu umfangreich würde. Auf jeden Fall hatte der Mann unter diesem Mittel gute Fortschritte gemacht, und das nicht nur bezüglich seiner allergischen Belastungen. Sein nächstes ausgearbeitetes chronisches Mittel hieß Lycopodium LM18, in alt bewährter Dosierung.

Dieses Arzneimittel rüttelte noch einmal an dem alten unterdrückten Prozeß der Mandeln, welcher noch ein paarmal aufflackern sollte und mit verschiedenen Mitteln wie Hepar sulfuris, Sulfur in Tiefpotenz und Phytolacca jeweils „in den Griff zu bekommen war". Darüber hinaus traten hin und wieder Gelenkschmerzen auf, die an die Wachstumsschmerzen aus der Kindheit des Mannes erinnerten. Die Nebenhöhlen waren den zweiten Winter über – seit seiner homöopathischen Behandlung – „deutlich besser" und rührten sich kaum noch; und so weiter und so fort. Alles in allem tat Herrn Norman das Lycopodium sehr gut, so daß wir auch hiermit einen guten Schritt voran gekommen sind. Somit sollte er dieses Mittel ebenfalls in der Potenz LM24, der nächst höheren Potenzstufe, über den Zeitraum von weiteren vier Monaten einnehmen.

Erfreulicherweise traten die allergischen Beschwerden, d.h. die Heuschnupfensymptome, unter Lycopodium LM24 nicht mehr auf. Immerhin schrieben wir bereits den Monat März. Doch es gab einen Wermutstropfen, denn der Mann fühlte sich unter diesem Mittel in dieser Potenz mit zunehmender Tendenz „nicht so recht wohl". Dies betraf sowohl sein Allgemeinbefinden als auch die immer wieder aufkommenden Gelenkbeschwerden, insbesondere am Tag der Einnahme. Parallel dazu trat ein zuvor nicht gekanntes Kältegefühl in den Füßen auf. Auch ein leichter Geschmack nach Eiter im Mund nahm mit der Zeit stetig zu. Herr Norman verspürte sogar eine gewisse Abneigung gegen dieses Mittel, und das, „obwohl die Beschwerden unter der LM18 deutlich heftiger waren". Auch ein Ausdünnen der Gaben, mit nur einem Tropfen in einem halben Liter Wasser, brachte keine positiveren Ergebnisse. So kamen wir überein, von Lycopodium LM24 vorzeitig Abstand zu nehmen und nach einem passenderen Antimiasmatikum Ausschau zu halten.

Nach Durchsprache des Gesamtverlaufs und Durchsicht aller Unterlagen erhielt Herr Norman schließlich Medorrhinum LM18, 5 Tropfen in einem Glas Wasser, wie gehabt, einschleichend zu beginnen. Unter diesem anitsykotischen Mittel mit starkem antituberkulinischen Anteil blinkte der Heuschnupfen nun doch noch einmal „in einer extrem abgeschwächten Form" wieder auf, „aber bei weitem kein Vergleich zu früher". Auch die Gelenkschmerzen, die während der Mittelpause nahezu verschwunden waren, traten wieder ganz leicht in Erscheinung, doch Herr Norman nahm das neue Mittel sichtlich gerne! Und dazu schien auch keine Akutbehandlung erforderlich zu sein! Aufgrund der Verlaufsanalyse dieses ersten Zwischenberichts von vier Wochen Medorrhinum-Einnahme vereinbarten wir, vorübergehend mit einer reduzierten Tropfenanzahl von nur zwei bis drei Tropfen fortzufahren, um der Mittelwirkung ein wenig die Power zu nehmen. Erst später, wenn sich die Symptome wieder beruhigt hätten, sollte mit der ursprünglichen Maximaldosis fortgefahren werden. Diese Vorgehensweise erwies sich als goldrichtig, so daß die geschilderten Beschwerden (und auch andere) mit der Zeit stetig abnahmen. Im Herbst berichtete mir ein freudestrahlender Mann, daß er nun auch wieder Obst essen könne, ja sogar Pfirsiche, Kiwis, Ananas und Äpfel! „Und mein Selbstbewußtsein ist deutlich gestiegen. Ich sage mehr meine Meinung." – Wir konnten mehr als zufrieden sein.

An diesem Beispiel wird die *Zweigleisigkeit des homöopathischen Vorgehens bei Behandlung von Allergien* sehr deutlich. Zum einen die antimiasmatische Schiene, um die erblich bedingten sowie die erworbenen miasmatischen Belastungen schrittweise abzutragen, und zum anderen die Schiene der jeweiligen akuten Zwischenbehandlungen im Falle von heftig auftretenden Exacerbationen, um diese ohne schwere schulmedizische Medikamente durchstehen zu können.

5.11 Schwangerschaft, Geburt und Kleinkindbetreuung

Hinsichtlich der überaus wichtigen Thematik Schwangerschaft, Geburt und Kleinkindbetreuung können wir uns recht kurz fassen, da schon vieles in meinem zweibändigen Werk *Klassische Homöopathie für die junge Familie – Kinderwunsch, Schwangerschaftsbegleitung und Geburt, Kleinkindbetreuung, Entwicklungsstörungen und Behinderungen, natürliche Entwicklung* ausführlich gesagt wurde und an dieser Stelle nicht wiederholt werden soll. Der interessierte Leser möge die ihn ansprechenden Themen dort nachlesen, insbesondere die Kapitel 5 bis 7 des ersten Bandes und die Kapitel 2 und 3 einschließlich des Anfangs von Kapitel 4 des zweiten Bandes, das sind zusammengenommen etwa 240 Seiten.

5.11.1 Zweigleisigkeit der homöopathischen Betreuung

Eine sinnvolle homöopathische Betreuung in diesem biologisch so bedeutsamen Zeitraum – Schwangerschaft, Geburt und Kleinkindalter – stellt sich ähnlich dar, wie die Behandlung von allgemeinen chronischen Erkrankungen, denn auch hier geht es im wesentlichen darum, die zugrunde liegende miasmatische Disposition schrittweise aufzulösen, so daß es in der Folge zu keinerlei Komplikationen bzw. beginnenden chronischen Beschwerden oder Exacerbationen kommen kann. Das heißt, es empfiehlt sich grundsätzlich auch hier, *antimiasmatisch* zu therapieren und im Falle von akut auftretenden Problemstellungen *homöopathisch akut zwischenzubehandeln*. Sicherlich lassen sich im Verlaufe einer Schwangerschaft nicht alle Miasmen abtragen, dazu reicht die Zeit einfach nicht aus. Aber dennoch sind vielfach deutliche Verbesserungen zu erzielen, und das auch bei schon fortgeschrittener Schwangerschaft, wenn man beispielsweise erst in der 30. Schwangerschaftswoche zur Klassischen Homöopathie findet.

In meiner Praxis mündet jede homöopathische Schwangerschaftsbegleitung automatisch in eine ausführliche *homöopathische Geburtsvorbereitung*. Darunter ist jedoch kein besonderes homöopathisches Arzneimittel zur Einleitung der Geburt zu verstehen, was leider allzu oft von vielen Therapeuten und Hebammen in ihrem Unverständnis von Homöopathie standardmäßig empfohlen wird[1], sondern eine gezielte Durchsprache einer sogenannten *Geburtsapotheke* mit der werdenden Mutter (und dem der Geburt beiwohnenden, zukünftigen Vater). Hier geht es im Prinzip um Eventualitäten, um das eine oder andere schon einmal gehört zu haben und im Falle eines Falles homöopathisch akut gut gewappnet zu sein. So werden Beschwerden und/oder Komplikationen während der bevorstehenden Wehen, der Geburt und kurz danach besprochen und deren homöopathische Antwort darauf dargestellt. Auf diese Weise läßt es sich besser abwägen, was zu tun ist (u. U. sogar in Eigenregie, wenn weder Therapeut noch eine homöopathisch erfahrene Hebamme zu erreichen sind), und kann besser von seinem Mitspracherecht Gebrauch machen, so daß man mündig bleibt und sich „nicht so ausgeliefert fühlt“, wie mir viele Mütter häufig berichtet haben. Bei der Geburtsapotheke geht es im wesentlichen um unerträgliche Wehenschmerzen, unregelmäßige Wehen, zu kurze oder sehr heftige Wehen, „falsche“ oder ineffektive Wehen, Wehenschwäche, aufhörende Wehen, einen rigiden Muttermund, lang anhaltende „spastische“ Schmerzen, Lageanomalien unter der Geburt (beispielsweise: der Kopf sitzt auf dem kleinen Becken fest und rutscht nicht in den Geburtskanal), Förderung der Wundheilung nach gelöster Plazenta, eine sich nicht lösende Plazenta, eine bessere Rückbildung, eine auftretende Gelbsucht beim Kind, Wochenflußstau, Stillprobleme aller Art (z. B. verzögerter Milcheinschuß, mangelhafte Milchbildung, Milchstau, Wegbleiben der Milch infolge Kum-

[1] Dies hat nichts mit echter Homöopathie zu tun! *Homöopathie ist nur in einer Similebeziehung möglich,* d. h., wir können nur auf Symptome und Zusammenhänge reagieren, die vorhanden sind. Ohne individuelle Zeichen, Symptome und Zusammenhänge läßt sich kein adäquates Arzneimittel bestimmen, und schon gar nicht vorab! Man kann es nicht oft genug wiederholen: *Homöopathie ist Individualtherapie!* Jeder braucht sein eigenes, persönliches Mittel; somit kann es keine Standardverschreibungen geben.

mer, Sorgen und Streß etc.), Brustdrüsenentzündungen (z. B. mit sehr hohem Fieber), Dammriß, Dammschnitt, Kaiserschnittnachsorge, Narkose- oder PDA[1]-Ausleitung und einiges mehr. Selbstverständlich kann die homöopathische Geburtsapotheke keinen Arzt ersetzen! Das soll sie auch gar nicht. Sie ist vielmehr als persönliche Akutapotheke für eventuelle „Notfälle“ gedacht und hat darüber hinaus die psychologisch positive Wirkung, daß sich die jungen (werdenden) Mütter geborgener fühlen, ganz besonders die (noch unerfahrenen) Erstgebährenden.

Beispiele von typischen Anwendungsbereichen hinsichtlich einer antimiasmatischen (chronischen) Schwangerschaftsbegleitung samt ihren möglichen akuten Zwischenbehandlungen wären: Schwangerschaftsübelkeit und -erbrechen, Fluor vaginalis (Ausfluß), genitale Pilzinfektionen, Herpes genitalis, Trichomonaden, Chlamydien, Condylome (Feigwarzen), Blutungen während der Schwangerschaft, vorzeitige Wehen, Placenta praevia (tiefliegende Plazenta), drohende Frühgeburt, unerfüllter Kinderwunsch, Sterilität, Neigung zu Fehl-, Tot- und Frühgeburten und/oder Eileiterschwangerschaften, Insemination[2] wie GIFT[3], IVF[4], ICSI[5], Polyhydramnion (zu viel Fruchtwasser), Oligohydramnie (zu wenig Fruchtwasser), in der Schwangerschaft auftretende Depressionen, Lageanomalien, Zervixinsuffizienz (klaffender äußerer Muttermund), Wehenschwäche, Komplikationen unter der Geburt, Sauerstoffmangel, Mangelgeburt, Neugeborenengelbsucht, sog. Neugeborenenkrämpfe, Geburtsverletzungen, Windeldermatitis, Blähungskoliken, Säuglingsverstopfung, katarrhalische Conjunctivitis (eitrige Bindehautentzündung mit Verklebungen der Lider), Torticollis (Schiefhals), Hodenhochstand, Pendelhoden, Phimose, Scheidenverklebung, Synechie, offene weite Fontanellen, vorzeitiger Fontanellenschluß, Hydrocephalus (Wasserkopf), sog. Hirnblutungen, BNS-Krämpfe (epileptische Krampfanfälle), Absencen, Spastiken, Rachitis, Nabel- und/oder Leistenbruch, Stillprobleme aller Art, Milchstau, Lochialstauung (Wochenflußstau), Wochenbettdepression, Mastitis (Brustdrüsenentzündung), Impfreaktionen und vieles mehr. Natürlich sind auch leichtere Auffälligkeiten beim Neugeborenen wie Kopfschweiß, Handteller- und Fußschweiß, Nabelgranulom oder -eiterungen, Hautunreinheiten, Säuglingsakne, „erhöhte Entzündungswerte“ etc. pp. gut therapierbar. All diese genannten Symptome sind Ausdruck leichter bis schwererer miasmatischer Belastungen,

---

[1] PDA: Periduralanästhesie, „Rückenmarksspritze“.

[2] Insemination: die auf andere Weise als durch Geschlechtsverkehr erfolgte Befruchtung einer Frau.

[3] GIFT: intratubarer Gametentransfer; Einbringen laparoskopisch aus dem Ovar (Eierstock) entnommener Eier – zusammen mit frisch gewonnenem Sperma des Mannes – in den Eileiter zur künstlichen Befruchtung.

[4] IVF: *I*n-*V*itro-*F*ertilisation; extrakorporale Befruchtung „im (Reagenz-)Glas“, d. h. im Versuch außerhalb des Organismus.

[5] ICSI: (engl.) *i*ntra*c*ytoplasmatic *s*permia *i*njection (intrazytoplasmatische Spermieninjektion); spezielle Methode der In-Vitro-Fertilisation.

welche sich nur durch eine chronisch homöopathische, antimiasmatische Kur bleibend beheben lassen.

Eine *chronisch antimiasmatische Behandlung für den Säugling kann im Prinzip schon während seiner ersten Lebenstage* beginnen, sofern handfeste und gut ausgeprägte miasmatische Symptome vorhanden sind, welche dem Kleinen – und damit indirekt auch der ganzen Familie – das Leben erschweren (z.B. Trinkschwäche, Erbrechen der Muttermilch, Blähungskoliken, Windeldermatitis, Säuglingsobstipation[1], verstopfter Tränennasenkanal, eitrig verklebte Lider, Hautirritationen, Schlafstörungen und vieles mehr). Hierbei hat allerdings eine vollständige Anamnese samt genauer Untersuchung zu erfolgen, insbesondere eine Schwangerschafts- und Geburtsanamnese sowie eine ausführliche Anamnese der Blutsverwandtschaft. – Eine reine Akutbetrachtung ist auch hier bei weitem zu wenig, da die genannten Symptome wiederum Ausdruck miasmatischer Dispositionen sind! – Darüber hinaus ist es wichtig zu wissen, daß *im Falle von gestillten Kindern auf die chronische Behandlung der jungen Mutter so lange zu verzichten ist, wie diese stillt*, da es bei den Kleinen ansonsten zu „Confusion" kommen würde, also zu einem Mitteldurcheinander. Die homöopathische Information der mütterlichen Therapie würde nämlich von dem Baby über die Muttermilch aufgenommen werden, so daß dieses letztendlich zwei antimiasmatische Homöopathika erhielte. Dies gilt aber nur für den Fall, wenn Mutter und Kind verschiedene chronische Mittel bräuchten. *Bei Mittelgleichheit genügt es, wenn die Mutter das heilende Simile einnimmt;* ihr Säugling bekäme die Information dann via Muttermilch. Kurz – sofern Mutter und Kind verschiedene chronische Arzneimittel brauchen, sollte die Mutter so lange mit ihrer eigenen Behandlung aussetzen, bis sie weitgehend abgestillt hat.

Das soll genügen, um die Vorgehensweise der Homöopathie in dieser Lebensphase von Mutter und Kind kurz zu umreißen. Weitere Einzelheiten, wie gesagt, in oben erwähntem Werk. Abschließend vielleicht noch drei kleine homöopathische Schmankerl, die ohne Kenntnis miasmatischer Zusammenhänge kaum zu lösen sind.

5.11.2 Nierenstau bei Fetus im Mutterleib

Eine Mutter von zwei Kindern ist erneut schwanger, und zwar in der 31. Schwangerschaftswoche (SSW). Bislang verlief alles relativ unauffällig, so daß die junge Frau es nicht als notwendig erachtet hatte, für sich selbst eine chronische Behandlung zu beginnen. So hatten nur ihre beiden ersten Kinder bis vor kurzem antimiasmatische Arzneimittel erhalten. Doch diese Situation änderte sich schlagartig, als die Mutter in der Praxis anrief und aufgeregt berichtete: „Gestern ist bei meinem Baby laut Ultraschalluntersuchung ein Nierenstau festgestellt worden. Kann man da etwas machen?"

[1] Säuglingsobstipation: Säuglingsverstopfung.

Das war nun schwierig, denn außer dem Nierenstau, der *Ausdruck einer deutlich ausgeprägten miasmatischen Belastung* ist, hatten wir keinerlei Symptome des Fetus. In der Regel kann man jenen auch gar nicht separat behandeln, da er kaum (oder gar keine) eigenen Symptome zeigt und durch die Schwangerschaft fest in das System Mutter-Kind eingebunden ist. Außerdem gibt es im ganzen Repertorium keine einzige Rubrik mit Eintrag „Nierenstau", „Reflux" oder ähnlichem, so daß dieses Symptom sowieso nicht repertorisierbar ist. Somit blieb uns nichts anderes übrig, als nach ein paar miasmatischen Symptomen der schwangeren Mutter zu forschen und ihr ein adäquates Mittel zu verabreichen, in der Hoffnung, damit auch dem noch Ungeborenen zu helfen.

Die Mutter hatte bis vor ein paar Tagen hin und wieder über nächtlichen Schwindel im Liegen geklagt, besonders bei Vollmond. Tagsüber war dagegen alles unauffällig. Des weiteren gab es Krampfadern im linken Oberschenkel; diese gingen von den Labien aus bis hin zur Kniekehle. Die ersten drei Monate der Schwangerschaft waren gekennzeichnet durch Durchfall, „wegen Aufregung in der Arbeit". Die junge Frau aß gerne Süßes und Eis – es war mitten im Winter. Zwischen den Zehen flackerte zeitweilig ein altbekannter Fußpilz auf, der früher schon einmal viel schlimmer gewesen war. Ausfluß gäbe es auch, „ziemlich viel, weiß bis gelblich, leicht säuerlich riechend". Ansonsten leide die Frau in den Sommermonaten regelmäßig unter einem allergischen Schnupfen mit heftigen Niesattacken, Augenjucken und einem wäßrigen Nasensekret, „bis ca. in den November hinein", wobei sie sich öfter mit Natrium muriaticum D12 behelfe. „Vor kurzem war dieser wieder für zwei Tage da." Auf Nachfrage stellte sich dann heraus, daß jener manchmal auch ein wenig asthmatisch verlief, zumindest am Anfang vor etwa drei Jahren. – Mehr konnten wir akut nicht eruieren.

Aus der Familienanamnese ihrer Kinder ergaben sich für die Frau noch folgende Daten: mit drei Monaten schwere Windeldermatitis, welche im Krankenhaus über ca. 8 Wochen mit Cortison behandelt wurde; recht späte Menarche (erst mit 15 Jahren), dann Menses nur alle drei Monate; später Pille, nach deren Absetzen mit 22 Jahren für ein dreiviertel Jahr keine Regel mehr, diese mit Hormonen wieder eingeleitet; vor ein paar Jahren Scheinschwangerschaft, welche mit einer Ausschabung beendet wurde; zwei Genitalpilzinfektionen; als Kind „immer Bronchitis"; viele Impfungen, „die in der ehemaligen DDR vorgeschrieben waren"; früher Warzen an den Händen und ein Hühnerauge am Fuß.

Die beiden ersten Schwangerschaften verliefen, den Angaben der Frau zufolge, problemlos. Allerdings stellte sich heraus, daß sie damals „ständig Angst hatte, das Kind zu verlieren und Angst vor Behinderung". Sie habe auch (routinemäßig) Jod eingenommen und Magnesium, „weil der Bauch öfter so hart wurde". Dazu gab es nächtliche Wadenkrämpfe und einen vermehrten Ausfluß, der aber nicht weiter behandelt wurde. Außerdem kam es im dritten Trimenon zu einer heftigen Magen-Darm-Grippe und einer Bronchitis mit Fieber.

Bei den Eltern und Geschwistern der jungen Frau waren überdies noch Bluthochdruck, Lungenentzündungen, Nickelallergie, Dellwarzen, Blinddarmoperationen, Pilzinfektionen, Zysten am Eierstock, Myome, Wechseljahresbeschwerden, Schilddrüsenvergrößerungen, Gallensteine, ein „Harnröhrengeschwür", Dickdarmkrebs, allergisch bedingtes Asthma und eine Katzenallergie zu nennen.

Aufgrund all dieser Angaben und Zusammenhänge kam ich nach reichlicher Überlegung zu dem Schluß, mit Medorrhinum LM12, 5 Tropfen auf ein Glas Wasser, alle zwei Tage morgens, einschleichend zu beginnen. Zwei Wochen später gab es dann die erste Rückmeldung: Der Nierenstau sei noch da, aber „mein Kind ist viel ruhiger geworden und zappelt deutlich weniger". Darüber hinaus „kommt auch der allergische Schnupfen wieder etwas durch", mit abendlichen Niesanfällen. „Ansonsten geht es mir blendend", strahlte eine sichtlich beruhigte Mutter ins Telefon. Sogar die Ärztin habe gesagt, es sei alles nicht so schlimm; die Harnblase des Kleinen sei gefüllt. Die anfangs „angedrohte" Dopplersonographie an der Uni-Klinik war damit vom Tisch. Schließlich berichtete mir die Mutter noch von ihrem juckendem Fuß, der sich auch verbessert hätte. Nur am Ausfluß habe es keine Veränderungen gegeben. – Das Mittel war weiterzunehmen.

In der 37. SSW gab es nur noch Positives zu vermelden. „Laut Ultraschall ist alles erheblich besser." Der Nierenstau sei deutlich zurückgegangen! Wir waren erleichtert, besprachen den Verauf der restlichen Symptome und änderten auch diesmal nichts an der Medikation; das Mittel war weiterzunehmen. Für die bevorstehende Hausgeburt erörterten wir jedoch noch eingehend die obligatorische Geburtsapotheke.

Und so gebar die junge Frau einen gesunden Buben, der die Nabelschnur leicht um den Hals gewickelt hatte – was wiederum zeigt, daß man schon viel früher Richtung Abtragen der Miasmen hätte beginnen sollen –, trotzdem aber APGAR-Werte von 9/10/10 aufwies und recht fidel war.

Laut den ersten U-Untersuchungen bei der Kinderärztin zeigte sich noch ein „leichter Nierenstau links, aber nicht bedenklich". Ansonsten ging es dem kleinen neuen Erdenbürger sehr gut; er trank ausgezeichnet, die Ausscheidungen funktionierten bestens und auch sein Schlaf war zufriedenstellend. Nur ein paar Blähungen, ab und zu ein roter Popo und sehr dünner, wäßriger Stuhl, jeweils ein Storchenbiß im Nacken und an der Nasenwurzel sowie ein leichtes Schnorcheln wegen einer verstopften Nase waren als weitere miamatische Stigmata zu erkennen. Aus diesem Grunde, und selbstverständlich weil das Medorrhinum schon im Mutterleib so gut getan hat, fuhren wir bei dem Kleinen mit der weiteren Einnahme gleich nach seiner Geburt fort, und zwar 1 Tropfen auf ein Glas Wasser, alle drei Tage. Der Erfolg gab uns recht, denn bei der nächsten kinderärztlichen Untersuchung war von Nierenstau keine Rede mehr.

Dieses Beispiel zeigt in bestechender Klarheit auf, daß das System Schwangerschaft, zusammen mit Mutter und werdendem Kind, eine ganzheitliche

Einheit ist und daß *eine chronische antimiasmatische Behandlung der Mutter in jedem Fall auch das noch ungeborene Kind erreicht.* In diesem Fall war es gewissermaßen umgekehrt, denn eigentlich ging es primär nur um den Fetus. Da jener jedoch nur indirekt therapierbar ist, mußte die schwangere Mutter antimiasmatisch behandelt werden.

5.11.3 Schwerer bakterieller Infekt von Gesicht und Kopf

Eine andere junge Frau, 36 Jahre alt und bereits Mutter von drei Kindern, ist in der 34. Woche schwanger. Von Seiten der Schwangerschaft ginge es ihr sehr gut, wie sie mir versicherte, doch seit etwa neun Wochen leide sie ständig unter „Ohrläppchenentzündungen“. Sie hatte im Urlaub vor zwei Monaten mehrere Modeohrringe gekauft, die sie nicht vertrug. „Seitdem gibt es ein rotgelbliches Sekret und viel Grind, aber nur rechts.“ Vor etwa 10 Tagen trat dann auch eine Schwellung hinter ihrem rechten Ohr auf. Daraufhin habe sie die Ohrringe herausgenommen, doch „am nächsten Tag wurde mein ganzes rechtes Ohr rot, heiß und sehr druckempfindlich“. Die Schwellung hinter dem Ohr nahm dermaßen zu, daß sich die Ohrmuschel sogar nach vorne bog und regelrecht abknickte. In der Folge sind sowohl Schwellung als auch Rötung gewandert. Es gab eine Entzündunng unter dem rechten Auge, „gleichzeitig ist es auch in den rechten Hinterkopf gegangen“, wie sich die junge Frau ausdrückte, welcher nun auch sehr druckempfindlich sei. Tendentiell tue schon ihr ganzer Kopf oben weh. „Nachts ist alles besonders schlimm.“ Der konsultierte Arzt diagnostizierte einen bakteriellen Infekt und riet zu Penizillin.

Ansonsten gehe es der Frau sehr gut. Hinsichtlich ihrer derzeitigen Schwangerschaft, welche wir nicht homöopathisch begleitet haben, da sich auch hier wieder nur die Kinder in homöopathischer Behandlung befanden, waren die Gynäkologen zufrieden. Auf Nachfrage berichtete die Frau allerdings von nächtlichen Wadenkrämpfen, Stützstrümpfen wegen Beschwerden durch schwangerschaftsbedingte Krampfadern, Fluor vaginalis mit einem zu Beginn der Schwangerschaft unangenehmen Geruch und leichten Bauchschmerzen, „wahrscheinlich, weil ich vor ein paar Tagen so schwer getragen habe“. „Und – Modeschmuck habe ich eigentlich immer vertragen“, versicherte mir die dreifache Mutter.

So stellte sich die derzeitige Situation dar. Viele Akutsymptome hinsichtlich Entzündung und recht wenige in puncto Miasmen. Doch daß es sich um eine ausgeprägte miasmatische Störung handelte und nicht um eine reine Akutsache, wie beispielsweise bei einem grippalen Infekt, dessen war ich mir sicher. Warum sollte sich die Frau mit einem Mal eine so schwere bakterielle Infektion eingefangen haben, ohne ersichtlichen Grund? Die Lösung konnte im Grunde genommen nur in den Ohrringen zu suchen sein, auch wenn sie Modeschmuck bis zu diesem Zeitpunkt immer gut vertragen hatte.

So begutachtete ich nochmals die Fragebogen ihrer Kinder, speziell hinsichtlich der dokumentierten Familienanamnese mütterlicherseits, ob sich nicht doch noch ein paar weitere Anhaltspunkte für das chronische Arzneimittel Medorrhinum finden ließen, denn an dieses dachte ich besonders bei einer derartig ausgeprägten Ohrringunverträglichkeit[1], wenn es denn eine solche war. Hierin war unter anderem zu finden: als Kind Lungenentzündung; Blinddarmoperation; Menses früher sehr unregelmäßig, dann zehn Jahre lang die Pille genommen, danach stark verlängerte Zyklen, teilweise bis zu sechs Wochen; „schon mal unangenehmer Ausfluß, teilweise mit Juckreiz", „Sextanerblase" (häufiger Harndrang), „Ohrringlöcher schon mal entzündet gewesen, doch seit vielen Jahren keine Probleme mehr". Seitens ihrer Verwandtschaft, d. h. ein bis zwei Generationen zurück, gab es noch Depressionen mit Selbstmord, Parkinson, rezidivierende Mandelentzündungen und die Neigung zu Bronchitis. Ihre Schwester litt unter Panikattacken. – Soweit die Sichtung der Unterlagen.

Wie sich zeigt, eine durchaus sykotische Dominanz mit guten Medorrhinum-Symptomen. Dazu auch noch die frühere Ohrringunverträglichkeit, von welcher mir die Frau damals, vor gut zwei Jahren, während der Ananmnese ihrer Kinder erzählt hatte, sich an diese jetzt aber nicht mehr zu erinnern vermochte. Somit sollte die junge Frau Medorrhinum LM12 nehmen, 5 Tropfen in einem Glas voll Wasser, aufgrund des akuten Aspektes der Beschwerden anfangs zweimal täglich. – Das war Ende März, zu Beginn des Frühlings. Erst Ende Juli, mitten im Sommer, meldete sie wieder zurück, allerdings wegen der Weiterbehandlung ihrer Kinder. Die Sache mit dem „bakteriellen Infekt" hatte sie schon längst vergessen. Als ich mich nach diesem erkundigte, antwortete sich lachend: „Ihr Mittel hat damals überwältigend geholfen; nach nur zwei Tagen (!) war alles erledigt."

Das ist Homöopathie, wenn man chronisch zu denken gelernt hat! – Mit Akutmitteln inclusive Eiterungsmitteln hätte man hier nie und nimmer bleibend heilen können! Es hatte sich nämlich um eine *schwer ausgeprägte Exacerbation einer sog. Nickelallergie* gehandelt, welche *Ausdruck einer zugrunde liegenden Sykosis* ist. Schon Dr. Eichelberger hatte in seinen Münchener Kolloquien immer wieder darauf hingewiesen, daß, „wenn die jungen Frauen jeglichen Schmuck in ihren Ohrringlöchern vertragen, auch alles im gynäkologischen Bereich in Ordnung ist". Nicht, daß die Ohrringlöcher einen direkten Kausalbezug zum Unterleib hätten; aber beides sind hochkarätige Symptome einer ausgeprägten sykotischen Belastung im Hintergrund. Somit kann der Adept Hahnemanns anhand einer Ohrringunverträglichkeit bis zu einem gewissen Grad einiges ablesen (was ja auch bei der jungen Frau hier der Fall war)![2]

---

[1] Die entsprechende Rubrik für Ohrringunverträglichkeit im Kent-Repertorium heißt: „Ohren – Geschwüre – Ohrläppchen, im Loch für Ohrring".

[2] Formen von Ohrringunverträglichkeit, landläufig als Nickelallergie bezeichnet, welche jedoch nicht immer mit Nickel zu tun haben muß, können sich folgendermaßen darstellen: Modeschmuck wird nicht vertragen. Bei anderen ist nur Gold verträglich, Billigschmuck

Aus diesem Grunde sei für den Praktiker an dieser Stelle noch folgende wichtige Anmerkung zum Arzmittel Medorrhinum gemacht: *Medorrhinum* ist ein *ganz bedeutsames Schwangerschaftsbegleitmittel* sowie ein *Impffolgemittel par excellence* unserer Zeit und speziell *bei der sykotischen Prädisposition* aus der heutigen homöopathischen Praxis nicht mehr wegzudenken. An diesem Mittel kommt keiner vorbei, der erfolgreich chronisch, d.h. tiefgreifend antimiasmatisch, therapieren will.

5.11.4 Drohender Abort bei Zwillingsschwangerschaft

Die Mutter eines kleinen Patienten von mir ruft an wegen Blutungen in der Schwangerschaft. Es handelte sich um ihre zweite Schwangerschaft, um eine Zwillingsschwangerschaft. Die Frau habe sich vor zwei Tagen abends im Bett umgedreht, als es einen ziehenden Schmerz von rechts nach links gegeben habe, „in der Blinddarmgegend". Sie befand sich in der 7. Schwangerschaftswoche und war schon bei ihrer Ärztin, die zu Progesteron[1], Folsäure und Magnesium riet. Der Schmerz im Unterleib war der Frau allerdings nicht ganz fremd, denn „zur Zyklusmitte hin, um den Eisprung herum, hat es auch immer rechtsseitig gezogen". Sie verglich den jetzigen Schmerz mit dem bei ihrer ersten Entbindung, „wie beim Rausziehen der Plazenta". Dazu habe sie bis gestern heftig an Schwangerschaftsübelkeit gelitten, doch jetzt sei es ein wenig besser.

Wir vereinbarten, zunächst mit Sepia LM12 zu beginnen, 5 Globuli auf einen halben Liter Wasser (die Frau hatte Sepia LM12 in Globuliform daheim), gut umrühren, bis sich die Globuli aufgelöst hätten, täglich einen Löffel voll davon einnehmen, und sich ein paar Tage später in der Praxis vorzustellen.

Genau das tat sie dann auch und berichtete, daß es vor zwei Tagen erneut zu Blutungen und rechtsseitigen Schmerzen gekommen sei. Zur Zeit gebe es noch „ein bräunliches Geschmiere", das eher an einen Ausfluß erinnerte. Ihre Ärztin habe per Ultraschall „Risse oberhalb des Muttermundes festgestellt". „Ich bin super-psychosomatisch veranlagt", gab die junge Frau zu Protokoll,

---

und Silber gehen nicht. Bei manchen geht sogar nur hochkarätiges Gold; selbst 333er Gold führt schon zu Problemen. Einige Frauen können sich sogar nicht einmal Gold in die Ohrringlöcher stecken; bei ihnen kommt es immer zu entzündlichen Reaktionen. Aber auch der umgekehrte Fall kommt vor, daß es bei Gold zu Entzüdungen und Eiterungen kommt, wohingegen „Blech", sprich Modeschmuck samt Nickel, gut verträglich ist. (Das ist dann billig für die Ehemänner!) Ja, ich habe sogar erlebt, daß Frauen Ohrringe tragen mußten, um Ruhe zu haben; erst nach dem Herausnehmen näßten ihre Ohrringlöcher in einem fort. – In einem anderen extremen Fall von Ohrringunverträglichkeit sind die Ohrringe „mit den Jahren sogar die ganzen Ohrläppchen hindurch heruntergeeitert", so daß sich die Ohrringlöcher zu nach unten offenen Schlitzen deformierten und somit keine Ohrringe mehr getragen werden konnten!

[1] Progesteron: Gelbkörperhormon.

„wenn mir jemand sagt, es ist alles in Ordnung, dann ist auch für mich wieder alles okay". Seit Sepia sei die Schwangerschaftsübelkeit weniger ausgeprägt, besonders unmittelbar nach der Gabe. Mit der Einnahme des Gelbkörperhormonpräparates habe sie vor ein paar Tagen begonnen; dieses solle sie noch in reduzierter Dosis 1½ Wochen lang weiternehmen, so ihre Ärztin. Als Nebenwirkung traten aber gleich migräneartige Kopfschmerzen auf. (Migräne gab es schon sehr lange nicht mehr und nur ganze fünf Mal in ihrem Leben überhaupt.)

Der Verlauf ihrer letzten Schwangerschaft, welche aus miasmatischen Gesichtspunkten auch für die jetzige interessant war, stellte sich wie folgt dar: drei Monate Übelkeit und Erbrechen; nächtliche Wadenkrämpfe, parallel dazu wurde der Bauch öfter hart, die Frau hat deswegen sehr viel Magnesium erhalten; Eisensubstitution; die Plazenta kam nicht richtig heraus, „die Hebamme zog dann an der Nabelschnur, trotzdem fehlte ein Stück, so daß ich ausgeschabt werden mußte"; „nach der Entbindung dicke Hände und Füße, ein Ruhepuls von 120 und ca. eine Woche lang nächtliche Migräneanfälle"; genitale Pilzinfektionen mit gelblichem Fluor vaginalis, welcher leicht jukkend war; Pilzinfektion sogar „unter der Geburt"; „das Kind lag schon sehr früh sehr tief im Becken, so daß Kopfdrehungen des Kindes äußerst unangenehm waren".

Darüber hinaus berichtete die Schwangere von „ständigen Milchabsonderungen seit dem Absetzen der Pille im Alter von 19 Jahren". Immerhin war sie jetzt bereits 36 Jahre alt. Dies habe sich auch nach dem Abstillen ihres ersten Kindes nicht geändert.

Die Menses der Frau waren seit der ersten Schwangerschaft regelmäßiger, meist ca. alle 26 Tage (früher zwischen 24 und 30 Tagen) und schmerzlos. Früher eher dunkelrot und klumpig, jetzt heller und dünnflüssiger. „Mit Pille gab es immer heftige Krämpfe." Im Sinne eines PMS[1] war die Frau „weinerlich und aggressiv". „Ich bin dann sehr gereizt; mich regt alles auf, meine ganze Familie. In dieser Zeit möchte ich allein sein, laufe oft 10 km mit unserem Hund." Zwischen beiden Schwangerschaften habe es drei Pilzinfektionen gegeben, die herkömmlich behandelt wurden. Und „bis Mitte 20 jede Menge Blasenentzündungen, fast immer antibiotisch versorgt". Modeschmuck in den Ohrringlöchern eitere; sie trage nur Gold.

Wir blieben zunächst bei Sepia in derselben Dosierung. Eine Woche später berichtete die Frau erfreut, daß ihre Übelkeit „viel besser" sei als in der ersten Schwangerschaft. Sie spüre aber hin und wieder ein leichtes Brennen in ihrer Blase. – Ein Ansatz von Rückspulung! – Zur Zeit sei sie ständig müde und

[1] PMS: prämenstruelles Syndrom; zyklisch wiederkehrende Beschwerden ein paar Tage vor der Menstruation infolge hormonaler Veränderungen wie Brustschmerzen, Unterleibsschmerzen, Kopfschmerzen, Migräne, seelische Verstimmungen (z. B. weinerlich, traurig, aggressiv, reizbar, empfindlich, unausgeglichen), Ödeme, Völlegefühl, Verdauungsbeschwerden, „Putzfimmel" etc.

würde am liebsten immer schlafen. Der Ausfluß war noch bräunlich, wurde mit der Zeit ein wenig gelblicher und weniger. Laut Ärztin handelte es sich hierbei um „altes Restblut“ und war „nicht weiter beunruhigend“. – Aufgrund der ausgeprägten Müdigkeit sollte die Frau nun – parallel zu ihrem chronischen Sepia – das anthroposophische Mittel Levico compositum D3 einnehmen, dreimal täglich 5 Globuli bei Bedarf, was sich bei Schwangerschaftsanämie sehr bewährt hat und in jedem Fall irgendwelchen Eisentabletten vorzuziehen ist.

Die weiteren Zwischenberichte der Frau waren unauffällig. Die Gelbkörperhormone hatte sie schon lange abgesetzt, die Übelkeit war weg, und die Müdigkeit seit einiger Zeit kaum noch nennenswert vorhanden. Ihr ging es seit geraumer Zeit „einfach gut“. Deshalb hatte sie auch mit Sepia und Levico pausiert. Doch nun trat wieder der Ausfluß auf, säuerlich riechend und etwas brennend. Laut Abstrich waren Bakterien vorhanden. Stimmungsmäßig ging es auch nicht mehr so gut; die Frau war öfter weinerlich und hatte zeitweilig „ein leichtes Angstgefühl“. Den Gipfel bildete die letzte Nacht, als sie über ziehende Schmerzen im Liegen klagte und dazu das Gefühl hatte, als ob alles durch die Scheide nach außen drängen wollte. – Sofort war Sepia weiterzunehmen und zwar mehrmals täglich nach Bedarf, d. h., solange es besser ging, nichts einnehmen, erst wieder, wenn es drohte, schlechter zu werden.

Zwei Tage später ihr Bericht; wir schrieben immerhin die 20. SSW: „Gestern ging es besser, so als ob nichts gewesen wäre. Doch heute ist es wieder schlimmer. Seit heute Mittag zieht es runter bis an die Schamlippen. Ein richtiges Reißen am Muttermund. Eines der beiden Kinder drückt stark ins Becken rein.“ Sepia hatte sie eingenommen, gestern nur einmal, heute jedoch schon zweimal. Die Schmerzen im Bauchraum beschrieb sie als wehenhaft. – Wir wechselten die Potenz zu LM18 und als Dilution[1]. Davon sollte die Frau nun 3 Tropfen in einem Glas Wasser ansetzen, gut umrühren und nach Bedarf einen Teelöffel davon einnehmen.

Einen Tag darauf kam die erhoffte Entwarnung. Die Frau hatte Sepia LM18 erst zweimal genommen, und es ging ihr stetig besser. Allerdings trat nach der ersten Einnahme eine homöopathische Erstverschlimmerung auf, die zum Glück nicht lange anhielt. „Die ganze Nacht war's gut“, so die erleichterte Mutter. Auch ihre Stimmung hellte sich zunehmend auf. Das Damoklesschwert einer drohenden Frühgeburt schien ein weiteres Mal abgewendet. – Wir beschlossen, Sepia nach Bedarf weiterzunehmen, solange der Zustand noch relativ akut sein würde. Später sollte sie dann zu einer zweitäglichen Einnahme übergehen.

In der 25. Schwangerschaftswoche trat dieser Druck nach unten „ganz spontan“ wieder auf. Und zwar recht heftig. Die Frau hatte panische Angst, ihre Kinder zu verlieren. Geistesgegenwärtig hatte sie das Mittel sofort wieder

[1] Dilution: Verdünnung, Tropfenform.

in akuter Dosis, mehrmals am Tag, eingenommen, was auch auf der Stelle eine sehr positive Wirkung zeitigte. Doch genau genommen war dieser Zwischenfall so ganz spontan nun auch wieder nicht, denn „es hatte auf der Arbeit sehr viel Streß gegeben und dazu sei ihr kleiner Sohn erkrankt und habe die ganze Nacht durchgehustet". Also brauchten wir uns nicht nach einem anderen Arzneimittel umzusehen und konnten getrost bei Sepia LM18 bleiben! – In der 27. SSW gab es „dasselbe in Grün", diesmal nach einer fast ganztägigen, sehr anstrengenden Sitzung in der Firma, dazu noch die fast einstündigen Autofahrten hin zum Arbeitsplatz und zurück; die erschöpfte und total gestreßte Frau war erst abends gegen 19.00 Uhr wieder daheim. Wir besprachen die anderen relevanten Schwangerschaftssymptome und fuhren abermals mit Sepia fort. Darüber hinaus riet ich dringend zu einer sofortigen Krankschreibung durch ihre Ärztin bis hin zum Geburtstermin, und zwar aufgrund der Erfahrung, daß Zwillinge meistens sowieso ein paar Wochen früher zur Welt kommen (das ist jedenfalls die Erfahrung bei schulmedizinsch begleiteten Zwillingsschwangerschaften) und weil die Frau obendrein durch ihre stressige Arbeit förmlich eine Frühgeburt riskierte.

Somit kehrte endlich die ersehnte Ruhe für Mutter und Kinder (und den Therapeuten) ein. Später kam es zwar noch zu einem behandlungsbedüftigen Schnupfen mit Nebenhöhlenbeteiligung, der zunächst Kalium bichromicum D12 erforderlich machte, gefolgt von Silicea D12, jeweils 5 Globuli nach Bedarf, was sich aber als vergleichsweise harmlos ausnahm. Ein paar Wochen vor der Niederkunft besprachen wir dann eingehend die Geburtsapotheke. In dieser Zeit traten erneut leichte Stimmungsschwankungen auf, die sich aber mit Pulsatilla LM12, 5 Tropfen auf einem halben Glas Wasser, nach Bedarf, buchstäblich in Luft auflösten.

So verging die Zeit ohne weitere größere Beschwerden. Sepia wurde beibehalten und „wegen der Psyche" hin und wieder mit Pulsatilla akut zwischenbehandelt. Die Frau war beruhigt und zuversichtlich; sie hatte weitgehend zu ihrem Urvertrauen zurückgefunden. Nur die betreuende Gynäkologin wurde mit der Zeit immer ungeduldiger, denn sie war es nicht gewohnt, daß Zwillinge „so gar nicht auf die Welt kommen wollten". Immerhin schrieben wir die 37. Schwangerschaftswoche. Aber der Muttermund der Hochschwangeren war zu dieser Zeit schon 3 cm offen! Allerdings ohne jegliche Wehentätigkeit.

Bei dem Gedanken an die bevorstehende Geburt keimten bei der Frau hin und wieder doch noch Ängste hinsichtlich ihrer Plazenta auf, „daß sich jene ein weiteres Mal nicht richtig lösen würde", denn sie wollte diesmal „auf keinen Fall eine Hormonspritze erhalten". Meines Erachtens brauchte sie sich diesbezüglich keine allzu großen Sorgen zu machen, da das Homöopathikum Sepia, welches sie ja während eines Großteils ihrer Schwangerschaft erfolgreich begleitet hatte, in seinem Arzneimittelbild hochkarätig das Symptom „Plazenta bleibt zurück" aufweist und somit prädestiniert ist, solche Zustände zu normalisieren.

Erst in der 39. SSW öffnete sich der Muttermund um einen weiteren Zentimeter auf nunmehr 4 cm, so daß „für die Ärztin schon ein Köpfchen fühlbar" wurde. Diese wollte die Frau sogleich zu einem Belastungstest überreden und Oxytocin[1] verabreichen, um sie am liebsten – im Anschluß daran – ins Krankenhaus zu schicken, zwecks Anregen der Wehentätigkeit samt Geburtseinleitung, „damit es endlich losgehen kann". – Meines Erachtens nicht deshalb, weil Gefahr im Verzug war, sondern wohl eher deswegen, weil sich die Ärztin somit endgültig aller weiteren Verantwortung entledigen konnte. – Die junge Frau lehnte jedoch diese Manipulation höflich ab; sie hatte schon so lange durchgehalten und wollte nun auch zum Schluß der Natur nicht mehr „ins Handwerk pfuschen".

Nach Durchsprache der aktuellen Situation vereinbarten wir schließlich, Sepia ab sofort abzusetzen. Es hatte seine Schuldigkeit getan: Der errechnete Zeitpunkt der Geburt, plus/minus 14 Tage, wie es in der Schwangerschafts- und Geburtshilfe heißt, war erreicht; somit könnten die Kinder getrost auf die Welt kommen. Hinsichtlich erneut auftretender Stimmungsschwankungen und zur direkten Geburtsvorbereitung war ab sofort regelmäßig Pulsatilla LM12, 5 Tropfen auf ein halbes Glas Wasser, davon ein Löffel voll, täglich einzunehmen. – Pünktlich zum geplanten Termin (laut Hebamme exakt auf den Tag genau bzw. laut Ärztin vier Tage früher) gebar die junge Frau dann in einem Krankenhaus mit „sanfter Geburt" einen gesunden Sohn und später, nach einer etwa dreißigminütigen Wehenpause, eine gesunde Tochter – ohne jegliche Komplikation.

5.12 Nierenversagen und Hämodialyse

Laut klinischem Wörterbuch Pschyrembel handelt es sich bei einer „Niereninsuffizienz" um die „eingeschränkte Fähigkeit der Nieren, harnpflichtige Substanzen, vor allem die stickstoffhaltigen Endprodukte des Eiweißstoffwechsels, auszuscheiden. In fortgeschrittenen Stadien geht auch die Regulationsfähigkeit des Elektrolyt-, Wasser- und Säure-Basen-Haushalts verloren. Niereninsuffizienz ist ein funktioneller klinischer Begriff, der die Ursache nicht beinhaltet." Man unterscheidet zwischen akuter Niereninsuffizienz (akutes Nierenversagen, Schockniere, Schockanurie) und chronischer Niereninsuffizienz, deren Ursachen vielfältiger Natur sein können.

Unter „akutem Nierenversagen" versteht man einen plötzlichen partiellen oder vollständigen Verlust der ausscheidenden Nierenfunktion mit dem Anstieg der harnpflichtigen Substanzen im Blut als Folge einer meist reversiblen Nierenschädigung, welche eventuell zu akuter Urämie (Harnvergiftung) und

---

[1] Oxytocin: Hypophysenhormon, d.h. ein Hormon der Hirnanhangsdrüse. Es wirkt auf die Gebärmutter und steigert deren Kontraktionskraft. Therapeutische Anwendung in der Geburtshilfe.

damit zur Vergiftung des Organismus fortschreiten kann, was schließlich zum Tode führt. Häufigste Ursache im Sinne der Schockniere sind toxische Schädigungen (z.B. durch Chemikalien, Schwermetallsalze, Tetrachlorkohlenstoff etc., aber auch durch Medikamente, wie – laut Pschyrembel – Barbiturate[1] und bestimmte Antibiotika), Traumata, Operationen, Sepsis, allergischer oder anaphylaktischer Schock, Lungenembolie, Kreislaufstillstand und verschiedene akute Nierenerkrankungen sowie Abstoßungsreaktionen bei Nierentransplantierten, um nur einige zu nennen. „Trotz der vielen verschiedenartigen Ursachen ist der klinische Verlauf des akuten Nierenversagens relativ gleichartig." (Pschyrembel)

Die „chronische Niereninsuffizienz" dagegen ist irreversibel und kann sich bei bestimmten schweren Nierenerkrankungen sowie bei verschiedenen systemischen und generalisierten chronischen Krankheiten, aber auch nach „Medikamentenmißbrauch" (z.B. Phenacetin[2]) entwickeln. Sie geht terminal in die Urämie über und ist dialysepflichtig, da es sonst zum Coma uraemicum mit baldigem Tode kommt.

Die Dialyse ist ein physikalisches Verfahren zur Trennung gelöster Teilchen, d.h. hochmolekularer und kristalliner (niedermolekularer) Körper. Unter der Dialyse des Blutes versteht man die Entfernung von ausscheidungspflichtigen Stoffwechselschlacken oder aufgenommener Gifte und Wasser aus dem Blut über eine körpereigene oder künstliche Membran. Die *Hämodialyse*, die sogenannte Blutwäsche als wichtigste Form der künstlichen Niere, ist eine extrakorporale Dialyse, d.h. die Dialyse findet außerhalb des Körpers (extrakorporal) in einem sogenannten Hämodialysator statt, der eigentlichen künstlichen Niere. Bei der *Peritonealdialyse* dagegen findet die Blutreinigung innerhalb des Körpers statt, in der Bauchhöhle des Patienten unter Verwendung des gut durchbluteten Peritoneums (Bauchfell) als Membran. Beide Dialyseformen werden heute i.d.R. im Krankenhaus unter intensiver ärztlicher und pflegerischer Überwachung durchgeführt und dauern jeweils ein paar Stunden.

Die Dialyse ist mit Sicherheit ein Segen für die Betroffenen und als großartige Errungenschaft und technische Meisterleistung der heutigen Gerätemedizin zu werten. Früher waren Patienten mit akutem oder chronischem Nierenversagen ziemlich bald dem Tode geweiht und konnten nicht mehr gerettet werden. Doch heute können Dialysepatienten noch jahrelang relativ gut leben, nur daß sie alle paar Tage ins Krankenhaus müssen, um ihr Blut von den harnpflichtigen Stoffen reinigen zu lassen.

Doch leider gibt es einen „kleinen" Wermutstropfen bei der ganzen Sache. Das medizinisch höchste Ziel, nämlich von der Dialyse wieder loszukommen, ist heutzutage leider nicht immer zu erkennen, denn seitens der Mediziner und Gerätehersteller hat kaum jemand ein wirkliches Interesse daran, den Patien-

[1] Barbiturate: eine Kategorie von Schlafmittel.
[2] Phenacetin: Im Medizinischen gibt es sogar den Begriff der Phenacetin-Niere!

ten von der Dialyse wegzubekommen. So werden die Leute teilweise „mißbraucht und in Abhängigkeit gehalten“, wie mir einige Patienten ganz frustriert versicherten. Beispielsweise wollten ein paar Hämodialysepatienten zu der schonenderen Bauchfelldialyse wechseln, weil es angeblich leichter ist, diese mit der Zeit schrittweise zu reduzieren und von ihr loszukommen; doch – „abgelehnt Euer Ehren“! Keine Chance. Entweder Hämodialyse oder gar nichts, so wurde diesen armen Menschen die Pistole auf die Brust gesetzt!

Außerdem gilt in der Medizin das „ungeschriebene Gesetz“: Einmal Dialyse – immer Dialyse. Betrachtet man einmal die Krankenhäuser unter rein wirtschaftlichen Aspekten, dann wird man feststellen, daß diese im Grunde genommen auch Profitcenter sind, ähnlich wie andere Unternehmen. Und somit braucht es wenig Phantasie, um zu erkennen, daß diese äußerst wenig daran interessiert sein können, einen „Goldesel zu verschenken“. Im Prinzip sind Dialysepatienten für die Krankenhäuser dasselbe, wie insulinpflichtige Diabetespatienten für die Pharma: Beide brauchen sie Hilfe, ihr Leben lang, und kommen fast täglich zurück, vollkommen freiwillig, ohne Diskussion und ohne krank zu sein (krank gemäß herkömmlichem Sprachgebrauch).

Daß die schulmedizinische Hypothese „einmal Dialyse – immer Dialyse“ keine wirkliche Gültigkeit hat, geht schon aus der Gesetzmäßigkeit der Zweiphasigkeit der Erkrankungen hervor. Denn wenn das Nierengewebe in der sympathikotonen Phase in Mitleidenschaft gezogen wird, kann es sich selbstverständlich auch in der vagotonen Heilungsphase wieder zur vollen Funktionstüchtigkeit regenerieren, sofern jene erreicht wird und das chronische Nierenversagen nicht schon zu lange besteht, so daß sich das Parenchym[1] des Nierengewebes bereits umgewandelt hat.

Im folgenden nun ein paar Fälle von dialysepflichtigen Patienten und wie es dazu gekommen ist. Denn – man kann es nicht oft genug wiederholen – es gibt *immer eine Logik und Kausalität*; zu jedem Fall! Nichts bleibt dem Zufall überlassen; *überall steckt System dahinter.*

5.12.1 Absolutes Nierenversagen eines Kindes

Dieser Fall handelt von einem kleinen Mädchen und wurde bereits in meinem Werk *Klassische Homöopathie für die junge Familie,* erster Band, veröffentlicht. Er soll jedoch an dieser Stelle nochmals wiederholt werden, da er so wichtig und einprägsam ist und darüber hinaus auch ganz klar vermittelt, daß schon jemand von der Dialyse dauerhaft losgekommen ist. Es ist also doch *möglich, die Nierenfunktion wieder zu ihrer vollständigen Leistung anzuregen*, selbst wenn zuvor kaum ein Tropfen Harn produziert werden konnte, so daß schließlich eine künstliche Blutwäsche überflüssig wird!

---

[1] Parenchym: die speziellen Zellen eines Organs, die dessen Funktion bedingen, im Gegensatz zum interstitiellen oder Gerüstgewebe, das aus Bindegewebe mit Gefäßen und Nerven besteht.

Der Hilferuf des besorgten Vaters eines 11-jährigen Mädchen, Kim Kira, erreicht mich von weither zu mitternächtlicher Stunde. Die Kleine liege seit ein paar Tagen mit akutem Nierenversagen in einem großen, international bekannten „Spital". Eine Biopsie wurde bereits veranlaßt und eine mehrmalige Hämodialyse vorgenommen. Zur Zeit bestehe die Therapie in einer sog. Cortison-Stoßtherapie und einer einmaligen Gabe von Endoxan (Cyclophosphamid-Pulstherapie), einem Zytostatikum (Chemotherapie!), „um die weißen Blutkörperchen zu minimieren, damit diese nicht weiter gegen die Niere vorgehen können", da es sich um eine Autoimmunkrankheit handele, so die behandelnden Ärzte des Großklinikums. Die genaue Diagnose laute Panarteriitis nodosa (knotige Entzündung aller Schichten der arteriellen Gefäßwand [der Niere]) vergesellschaftet mit Hypertonie (Bluthochdruck). Selbstverständlich werde wegen dieses Vorgehens das Infektionsrisiko steigen (die Immunabwehr wird ja vollständig zerstört [Leukozytenabfall, Thrombozytenabfall, Knochenmarksschädigungen lt. Arzneimittelverzeichnis „Rote Liste" und vieles mehr!]), so daß – gemäß orthodoxer Hochschulmedizin – parallel eine Antibioseprophylaxe zu erfolgen hat. Beide Eltern des Mädchens waren von dieser Situation völlig überrascht worden, da bislang keine schweren Krankheiten vorgelegen hätten und man sich „eigentlich immer bester Gesundheit erfreute". Sie fragten nun, ob es mit Hilfe der Homöopathie eine Möglichkeit gäbe, aus dieser Misere ohne größere Schäden wieder herauszukommen und ob Kim Kira überhaupt Chancen hätte, ein Leben ohne Dialyse zu führen, „ob man da überhaupt was machen könne". Der Hochschulmedizin standen beide sehr skeptisch gegenüber, da sich auch unter der dargebrachten Therapie der Allgemeinzustand ihrer Tochter zunehmend verschlechtere.

Die etwa halbstündliche homöopathische Anamnese ergab folgenden Werdegang und Zusammenhänge: Vor etwa drei Wochen erkankte Kim Kira an einer leichten Angina. Meine Frage nach eitrigen Tonsillen (Mandeln) wurde verneint. Zunächst versuchte der behandelnde Arzt diesen HNO-Infekt homöopathisch zu behandeln, jedoch ohne Erfolg, so daß er nach ein paar Tagen zu einem Antibiotikum riet. Die ganze Sache schien nun binnen zwei Tagen sehr schnell erledigt zu sein. Allerdings klagte das Mädchen ca. eine Woche später über massive Bauchschmerzen, die wiederum antibiotisch behandelt wurden, jedoch diesmal ohne Ergebnis. Im Gegenteil, das Antibiotikum „wurde nicht vertragen" und Kim Kira bekam Schwellungen an den Händen sowie einen generalisierten Hautausschlag. Die sofortige Einweisung in ein Spital schien zwingend. Dort konnte ein „Blinddarmverdacht" nicht bestätigt werden. Anhand der Blutwerte wurde nun die Vermutung eines Harnwegsinfektes geäußert und ad hoc mit einer „massiven Antibiotikumbehandlung" (Breitbandantibiotikum) begonnen. Daraufhin gingen die Schmerzen zwar zurück, aber das Blutbild verschlechterte sich dramatisch, und es kam letztendlich zur Harnverhaltung und akutem Nierenversagen, so daß sofort eine Hämodialyse durchgeführt werden mußte. Seither hat das Mädchen keinerlei Harnausscheidung mehr gehabt. Es folgte die Verlegung in die nahe gelegene Universitätsklinik, in der sie immer noch liege. Dort sei man nun auf der Suche nach den Erregern und habe oben angedeutete Therapie eingeleitet.

Nach Einschätzung des Sachverhaltes lautete meine homöopathische Diagnose: *mehrfache Unterdrückung durch Antibiotika.*[1] Die schulmedizinische Diagnose der „Autoimmunerkrankung" wurde jedoch keinesfalls in Abrede gestellt oder auf die leichte Schulter genommen! Auf der untersten Ebene – wenn man durchs Mikroskop schaut – ist diese Diagnose sicherlich absolut korrekt. Jedoch *kausal* betrachtet, betreffend der Gesamtzusammenhänge, müssen wir hier eindeutig von einer mehrfachen Unterdrückung banaler Infekte sprechen, welche letztendlich erst zu diesem schweren Zustand geführt hat.

Die Medikation aufgrund der geschilderten Zusammenhänge lautete Sulfur LM18, zweimal täglich 3 Tropfen auf ein Glas voll Wasser, mit einem Plastiklöffel kräftig umzurühren und davon nur einen Löffel voll einzunehmen.

Ein Gespräch mit dem behandelnden Arzt der Kinderklinik – dieser zeigte sich erfreulicherweise ausgesprochen kooperativ –, in welchem ich die Ansichten und Vorgehensweise der Klassischen Homöopathie erläuterte, ergab, daß man mit derartigen Fällen keinerlei Erfahrung habe (Vasculitis und Dialyse eines Kindes!) und daß man, wenn es schulmedizinisch klappen sollte, frühestens nach zwei Wochen wieder mit dem Beginn einer Harnproduktion rechnen könne. Im Prinzip gelte aber die Erfahrung: „Einmal Dialyse – immer Dialyse". Zur Zeit versuche man sowohl das Cortison als auch die Antibiotikagaben zu reduzieren. Man sei damit einverstanden, bei eventuellen Verschlechterungen des Allgemeinzustandes das weitere Vorgehen mit dem Vater sowie mit mir als Homöotherapeuten abzustimmen und einen moderateren Weg in der Therapie der Kleinen zu beschreiten.

Zwei Tage später kam es zu einer dramatischen Komplikation. Der Zustand von Kim Kira verschlechterte sich dermaßen, daß die Eltern berichteten: „Wir haben geglaubt, sie stirbt." Der Grund dafür lag in der „stärkeren Dialyse" (Dialyse in ca. nur einer Stunde!), bei der sie „völlig weggetreten sei". Sie lag für gewisse Zeit im Koma; alle Körperfunktionen waren verlangsamt, und es gab Gedächtnislücken und Muskelkrämpfe. Doch nun habe sich der Zustand wieder normalisiert und man wolle die weiteren Dialysen im Bauchraum durchführen, was schonender und weniger gefährlich sei als die homogene Dialyse.

Es war jedoch auch eine positive Nachricht zu verzeichnen. Seit der Nacht

---

[1] Ein Vergleich aus dem täglichen Leben: Sie fahren mit Ihrem Auto mit 180 km/h über die Autobahn. Plötzlich leuchtet die Öllampe auf und zeigt an, daß sich zu wenig Öl im Motorraum befindet. Sie fahren sofort rechts ran, drehen das rote Kontrollämpchen los und weiter geht's, so als ob nichts gewesen wäre. Es dauert gar nicht lange, da fängt der Wagen an zu ruckeln und will nicht so recht weiter. Sie lenken wieder rechts ran und – sind zunächst ratlos, denn keinerlei Warnsystem macht Sie darauf aufmerksam, was nun schon wieder los ist. Glücklicherweise hält ein freundlicher „Brummifahrer" direkt neben Ihnen und will helfen. Doch dann bricht die Hiobsbotschaft über Sie herein: Kolbenfresser! Der Motor im Ganzen ist hin. Jegliche schnelle Hilfe kommt zu spät und ist witzlos.

dieses schicksalsträchtigen Tages gibt es wieder geringfügig Harn! In etwa „eine Handvoll“, so der Vater. Auch spiele nun Kim Kiras Magen wieder „verrückt“ und schmerze sehr. Sie klage unter ständigem Unwohlsein, was sich mit Nahrungsaufnahme verstärke. Des weiteren gab es zweimal ein kurzzeitiges Halskratzen! – Beides dezente, aber deutliche Anzeichen eines beginnenden *Rückspulungsprozesses*, der durch Sulfur angestoßen wurde (Hering'sche Regel). Der Beginn der Ausheilung des Unterdrückungsphänomens! Wir vereinbarten, für den Hals nichts zu geben, jedoch die gastritischen Zustände wegen ihrer Heftigkeit mit Nux vomica D12, bei Bedarf 3 Globuli im Munde zergehen lassen, zwischenzubehandeln. Sulfur für den chronischen (bzw. subakuten) Bereich wurde selbstverständlich beibehalten. Darüber hinaus wies ich darauf hin, daß bei einem eventuell auftretenden Durchfall schulmedizinisch nicht eingegriffen werden dürfe, da der Sulfur dafür bekannt sei, Toxine über den Darm auszuleiten und dieses Ventil lebensnotwendig für die bereits eingesetzte Heilungsphase wäre.

Drei Tage danach bekam ich die Meldung, der Kleinen gehe es immer besser. Im Knochenmark bildeten sich wieder Erythrozyten und die Ärzte seien der Ansicht, „die Niere könnte wieder gut werden“. Das Halsweh bestünde nur noch beim Schlucken, die Bauchschmerzen waren dagegen viel besser und der Allgemeinzustand recht gut. Nux vomica wurde noch beibehalten, jedoch wirklich nur selten gebraucht.

Ein paar Tage später berichtete die Mutter, es gehe der Kleinen so gut wie früher. „Sie ist verblüffend gut beinander.“ Das Blutbild sei jedoch noch schlechter (z.B. Hb 7.4 g/dl, Tendenz fallend). Auf der anderen Seite steige die Harnproduktion erfreulicherweise kontinuierlich. Eine Bluttransfusion, die von den Ärzten bereits ins Auge gefaßt worden sei, wurde von den Eltern abgelehnt, da sich die gesamte Familie zu den Zeugen Jehovas zählte. – Ich ließ Nux vomica absetzen und verordnete Levico compositum D4, um die anämische Zwischenphase besser überbrücken zu können. Zusätzlich sollte nach Möglichkeit mit dem Ausschleichen des Cortisons begonnen werden (was leider nicht erfolgte).

Der Kommentar einer involvierten Krankenschwester war typisch, nicht nur bezüglich des Zustandes von Kim Kira, sondern auch für das betreuende Personal (Ärzte und Pflegepersonal): „Es ist unglaublich, wie gut es ihr geht bei diesen Blutdruckwerten und dieser Diagnose; das habe ich noch nie gesehen.“

Knapp zwei Wochen später hatte Kim Kira bereits wieder 1½ Liter Harn am Tag! Auch gab es keine weitere Dialyse mehr! Der Blutdruck war auf Normalwerte zurückgegangen, die Blutwerte ohne Befund (bis auf Hb 8,4 g/dl; das niedrigste war damals 6,1 g/dl!); das Knochenmark arbeitete – laut Angabe der Ärzte – wieder exzellent. Trotzdem sei der Zustand „noch ernst“ und „die Entzündung noch da“.

Dies sahen wir – mit der homöopathischen Brille betrachtet – jedoch vollkommen anders. Der *Rückspulungsprozeß* – im Sinne der Hering'schen Regel – war *abgeschlossen* und der *kausale Zusammenhang* der Vasculitis *gelöscht*. Skylla und Charybdis lagen somit bereits weit hinter uns. Nun war es nur noch eine Frage der Zeit, bis auch der Hb-Wert wieder völlig unauffällig werden sollte; man bedenke, es wurde ja parallel immer noch immunsuppressiv mit Cortison „behandelt", was auch eine Knochenmarksdepression zur Folge hat. Das sukzessive Ausschleichen dieser heroischen Medizin war demnach oberstes Gebot! Aus diesem Grunde wurde auch die Empfehlung der Klinik, nochmals für einen gewissen Zeitraum vorbeugend das Zellgift Endoxan zu geben, um ein eventuelles Rezidiv zu verhindern, in den Wind geschrieben. Hier zeigt sich – wie so oft in der doktrinären Medizin –, daß die ursächlichen Zusammenhänge überhaupt nicht perzipiert werden und man vollkommen im Dunkeln stochert, unsicher ist und sogar Angst hat, es könnte wieder alles schlimmer werden (weil man eben kein System erkennt). Diese Haltung unterstreicht auch die Diagnose, die ja nur die mikroskopisch kleinen Details umschreibt, nicht jedoch die eigentlichen biologischen Gesamtzusammenhänge! Die richtige Diagnose müßte lauten: *iatrogene* Panarteriitis nodosa, d. h. ein durch schulmedizinische Therapie verursachtes Nierenleiden!

Der Sulfur wurde im folgenden noch solange beibehalten, bis das Cortison endgültig ausgeschlichen war, und zwar ab jetzt nur noch alle drei Tage einzunehmen.

Die komplette Ausheilung erfolgte – trotz massiver Behinderung durch immunsuppressive Behandlungen mit schwersten Medikamenten – innerhalb von nur drei Wochen – *„Eine Hochpotenz läßt sich von keinem rohem Arzneimittel stören!"* (Dr. Eichelberger) –, was für alle beteiligten Ärzte bis hin zum Klinikvorstand vollkommen unverständlich war und ein wahres Rätsel blieb, da sie so etwas noch nie erlebt haben. – Erst etwa ein halbes Jahr später erzählte mir eine mit den Eltern des Kindes befreundete Patientin, die Ärzte hätten ihr damals zu verstehen gegeben, daß es so etwas nicht gibt, daß Kinder von der Dialyse wieder loskommen.

Im übrigen ist „interessant", als Kim Kira später wieder einmal einen Halsinfekt hatte, daß ihr ihre Hausärztin wieder dasselbe Antibiotikum verschrieb, mit dem damals alles begonnen hatte. Kann man so etwas noch verstehen? Kim Kira dürfte nie mehr in ihrem Leben Antibiotika erhalten, egal welche, mit der einzigen Ausnahme, wenn es um Leben oder Tod geht; jedoch niemals bei Bagatellerkrankungen! Die Mutter sowie die behandelnde Ärztin haben beide „nichts" begriffen, aber auch rein gar nichts![1] Darüber hinaus ist

[1] Das scheint übrigens symptomatisch für die gesamte Schulmedizin zu sein, denn in dem Abschlußbericht der Klinik wurde die homöopathische Behandlung mit keinem einzigen Wort erwähnt! Es ist deshalb sehr fraglich, ob der (wegen der Weigerung einer etwaigen Buttransfusion) über diesen Fall informierte Klinikvorstand überhaupt davon Kenntnis erlangte, daß es nicht die zerstörerischen schulmedizinischen Medikamente waren, welche den Erfolg brachten. Man wiegt sich nun u. U. in der vermeintlichen Sicherheit, auch bei anderen Patienten etwas bewirken zu können. Darüber hinaus wird auf diese Weise die Statistik (wissentlich) gefälscht und viele andere Patienten werden weiterhin fatalerweise fehltherapiert, da den anderen Ärzten die wahren Zusammenhänge nicht zugänglich sind.

zu beklagen, daß die Eltern keine chronische Therapie im Sinne von Abtragen der Miasmen eingeleitet haben, welche zwingend erforderlich gewesen wäre, um dem Kind derartige Risiken in Zukunft zu ersparen; bislang wurde ja „nur" die Unterdrückung gelöscht, jedoch nicht die zugrundeliegenden Miasmen (Kim Kira litt früher hin und wieder an Harnwegsinfekten, was meist auf eine sykotische Belastung schließen läßt.), die Voraussetzung dafür sind, daß so etwas überhaupt passieren konnte. Glücklicherweise ging der Kelch des Antibiotikums diesmal an der Kleinen vorüber; allerdings wohl nur deswegen, weil die Freundin der Mutter erfolgreich intervenierte.

5.12.2 Chronische Niereninsuffizienz

Frau Remann, eine dialysepflichtige Frau von 37 Jahren, kommt wegen Infektneigung und der Diagnose Systemischer Lupus erythematodes (SLE), „bei dem man ja sowieso nichts machen kann", in die Praxis.

Vor elf Jahren hatte sie „einen kleinen roten Fleck im Gesicht", welcher vom Dermatologen mit Creme behandelt wurde und „dann weg war". Aber er kam in der Sonne wieder. Daraufhin hatte sie es mit Tabletten probiert; „die wirken auch gegen Malaria", wie die Frau ihre damalige Medizin charakterisierte. Später gab es dann wieder „eine Creme, diesmal mit Cortison".

Ein halbes Jahr danach, im Mai 1990, traten „wechselnde Gelenkschmerzen" auf. Mal spürte sie es in ihren Handgelenken, mal in den Kien, mal waren die Ellbogen betroffen, kurz, „die Schmerzen sprangen ohne System hin und her". Ein anderer konsultierter Arzt diagnostizierte schließlich einen Lupus erythematodes[1], zumal zur damaligen Zeit eine sogenannte Schmetterlingsflechte[2] im Gesicht bestand. Die Frau wurde in ein Krankenhaus eingeliefert und erhielt neben hochdosiertem Cortison auch noch Imurek, einen Immunmodulator, welcher, wie bereits weiter oben erwähnt, Abstoßungsreaktionen verhindern soll und bei Autoimmunkrankheiten sowie bei Organtransplantationen eingesetzt wird oder wenn eine Cortisontherapie nicht ausreichend wirksam ist. Mit anderen Worten: Frau Remann bekam zwei äußerst schwere Geschütze gleichzeitig, mit einem ganzen Sack von schwersten Nebenwirkungen.

Bis 1991 sei es ihr recht gut gegangen, trotz dieser schweren Medikamente. Doch dann habe sie eine schwere „Grippe" ereilt, mit Schnupfen, Husten, Fieber (39,5 °C) und Gliederschmerzen, welche von ihrem Hausarzt „mit einer Spritze" behandelt wurde. „Ein paar Wochen später gab es dann Nierenprobleme. Ich hatte auf einmal Wasser in den Füßen und Schwellungen um die Augen zuzüglich einer großen Müdigkeit." Eine Nierenpunktion im Kranken-

---

[1] Lupus erythematodes: eine schwere, prognostisch sehr ungünstige, systemische Autoimmunerkrankung des Gefäßbindegewebssystems; Abkürzung: SLE.

[2] Schmetterlingsflechte: symmetrische Hautveränderungen im Jochbogen-Wangen-Bereich mit schmaler Verbindung über den Nasenrücken.

haus ergab eine „schleichende Niereninsuffizienz“, „duch den Lupus bedingt“. Es gab wieder Cortison und Imurek „und Infusionen“. „Ich bekam dann Haarausfall, der Kreatinin[1]-Wert stieg rapide an.“

Im November 1993 kam Frau Remann dann erstmals an die Dialyse, sie hatte „sehr viel Wasser überall, welches im Liegen gegen die Lunge drückte“. Ein guts Jahr später erhielt die Frau „eine Spenderniere“, was eine erneute andauernde Immunsuppressionstherapie zur Folge hatte. Sie wurde dann anfällig für Infekte, hatte häufig Husten, Schnupfen, ca. 38 °C Fieber, später sogar zwei- bis dreimal im Jahr eine Nasennebenhöhlenentzündung.

„Wieder ging es mir eine Zeitlang recht gut bis zum Jänner 1999, als ich erneut eine schwere ‚Grippe‘ bekam, diesmal allerdings mit wenig Fieber. Jeder Gedanke, jede Bewegung taten weh, und mein Gehirn fühlte sich ‚wund‘ an.“ Diese Grippe wurde natürlich abermals unterdrückend behandelt. „Danach war meine Niere wieder ‚kaputt‘, ich hatte Wasser überall.“ Somit wurde schließlich die Dialyse zur Pflicht, und zwar ab August 1999, regelmäßig dreimal die Woche für jeweils vier Stunden.

„Seit einem Jahr nehme ich keine Immunsuppression mehr, nur noch ein bißchen Cortison wegen des Lupus, 2,5 mg täglich, und Lasix für die Niere“, ein Diuretikum zum Entwässern. Die ANA[2] seien jetzt bei Werten zwischen 50 bis 80, zuvor gab es Spitzenwerte von über 1.000!

Soweit der ein wenig gelenkte Spontanbericht bezüglich der bisherigen Krankenhistorie der Frau. Erst im Laufe der weiteren Lebensanamnese stellte sich heraus, daß sich Frau Remann im Herbst 1989 gegen Grippe habe impfen lassen, und zwar noch „vor dem roten Fleck im Gesicht“! Und „wegen der Dialyse jetzt bekam ich vor kurzem eine Impfung gegen Hepatitis; vor ein paar Jahren auch schon einmal“. In ihrer Kindheit habe es die üblichen Impfungen gegen Polio, Diphtherie und Tetanus gegeben und von der Pockenimpfung wußte sie zu berichten, daß diese nicht angegangen ist![3] – Nun – das sieht ja jetzt doch „ein wenig“ anders aus! Hier gibt es mit einem Mal zeitliche Zusammenhänge, die wohl auch kausal zu werten sind.

---

[1] Kreatinin: ein harnpflichtiges Stoffwechselprodukt im Blut.

[2] ANA: Abkürzung für *anti**n**ukleäre* *A*ntikörper. Diese bilden sich im Serum, wenn Fremdeiweiß im Körper eine immunologische Reaktion in Gang setzt. ANA sind bisher mit Gelenkrheumatismus, rheumatischer Arthritis, Mitralklappen-Prolaps, Lupus erythematodes und anderen Erkrankungen in Zusammenhang gebracht worden.

[3] *Das Nicht-Angehen von Impfungen zeigt dem Homöopathen einen möglichen Impfzusammenhang an.* Gerade eine *nicht-angegangene Impfung* – wenn keinerlei lokale Erscheinungen aufgetreten sind, mit denen sich der Organismus mehr oder weniger von den eingebrachten Toxinen zu befreien versuchte – *greift tief in die Konstitution des Menschen ein* und kann der Schlüssel zu vielen chronischen Folgegeschehen sein. Speziell bei der Pockenimpfung wurden in einem solchen Fall Wiederholungsimpfungen anberaumt. Nach zwei weiteren Fehlschlägen *durfte* jedoch *nicht weitergeimpft* werden! *Nicht-angegangene Impfungen können wegweisend für die homöopathische Mittelwahl bei einer chronischen Kur sein!*

Somit liest sich die Krankengeschichte der Frau ganz anders: Kein Lupus von irgendwoher und keine Dialyse durch den Lupus! Am Anfang steht erst einmal besagte *Grippeimpfung* im Herbst '89! Dann das Erythem im Gesicht, welches *fortlaufend unterdrückt* wurde, ja sogar mittels Malariamittel und schließlich durch Cortison. Daraufhin rheumatoide Beschwerden aller Gelenke als Reaktion auf die fortwährende Unterdrückung. Diese Gelenkbeschwerden mitsamt Gesichtserythem und den Ergebnissen weiterer Diagnostik zog ein anderer Arzt zusammen zu der schicksalhaften Diagnose „Systemischer Lupus erythematodes". Dies implizierte die *schwerste Medikation*, die man sich nur denken kann. Nach ein paar Jahren vermeintlicher Ruhe dann schwere „Grippe", zu werten als ein Sich-Aufbäumen des Körpers (tiefe vagotone Heilungsphase!), etwas zum Positiven zu wenden, abermals *medikamentös „niedergeknüppelt"*. Mit der Folge eines akuten Nierenversagens samt erstmaliger Dialyse! Ein Jahr später dann die *Nierentransplantation* und die nachfolgend obligatorische, *erneute Immunsuppression*. Daraufhin Anfälligkeit auf Infekte inclusive Nebenhöhlenentzündungen mit nur noch mäßigem Fieber. Der Körper wird immer reaktionsschwächer! Ein erneuter Versuch des Organismus, alles in Ordnung zu bringen mittels tief-vagotoner Akutphase in Form einer weiteren schweren „Grippe", diesmal jedoch nur noch mit kaum nennenswertem Fieber. So schwach war mittlerweile der Körper der Frau! Erst danach, nach der *Behandlung dieses grippalen Infektes*, erneutes Nierenversagen, von welchem sich die Frau dann nicht mehr erholte. Die *regelmäßige Dialyse* wird zur Routine. Während der ganzen Zeit immer noch die begleitende Cortisontherapie.

Kann man da noch annähernd gesund sein? Muß da nicht früher oder später irgendein Organ oder Organsystem kapitulieren? Die *Impfungen* haben alles ins Rollen gebracht und die *fortlaufenden Unterdrückungen* haben dann den Rest gegeben. Aus dieser Sicht, wenn man derartige kausale Zusammenhänge sieht, braucht man sich nicht mehr von Diagnosen wie Lupus erythematodes zu fürchten, ja man weiß geradezu, daß alles wieder gut werden kann, wenn man kausal und homöopathisch antimiasmatisch vorgeht.

Die weiteren Daten der Anamnese nur noch in Stichpunkten: ausgeprägter Drang nach frischer Luft; mit 14 Jahren Bauchfellentzündung nach längerer Phase von Bauchschmerzen, die „wohl vom Blinddarm herrührten", vier Wochen lang Infusionen; in dieser Zeit auch eine Blasenentzündung, später nochmals, „ungefähr in der Transplantationszeit", antibiotisch versorgt; in den Jahren 1978/79 des öfteren Stirnhöhlenentzündungen, antibiotisch behandelt; seit zwei Jahren sehr empfindlich und erkältungsanfällig auf Zugluft; schnelles Frieren; Ohnmacht beim Sehen von Blut; Kreislaufprobleme bei Wetterwechsel; Meeresklima tut gut, beispielsweise habe sich dort die Stirnhöhle immer schnell und anhaltend verbessert; seit der Transplantation häufiger Träume von Toten; vermehrter Durst, sie dürfe aber wegen der Dialyse leider nicht so viel trinken; leicht blaue Flecken; in der Jugend sehr starke Akne, welche mit einer „scharfen Lotion" behandelt wurde; die ganze Kindheit hindurch, bis ca. zum 20. Lebensjahr, jeden Morgen Halsweh mit Heiserkeit; bei Nervosität und Streß häufiger Bauchschmerzen, „wie ein Krampf“; „schon ewig ein Kollern und Rumpeln im Darm“; vor einem halben Jahr „immer nach dem Essen Durchfall, der seit der Einnahme von Bachblüten weg ist“; seit ein paar Jahen harnsaure Diathese (Harnsäure im Blut 19,2 mg/dl; normale Werte bei Frauen wären 2,4 bis 5,7 mg/dl); Menses unregelmäßig, „mal nach 20 Tagen, mal nach 40“, dunkel und „mit Fetzen“; PMS: „ein bißchen angegriffen, Bauchschmerzen und nächtliche Wadenkrämpfe“; seit zwei Jahren eine Eierstockzyste rechts, aber relativ klein; vor 10 Jahren Eierstockentzündung, antibiotisch behandelt; ein Schwangerschaftsabbruch wegen des Lupus, ihr Arzt hatte dazu geraten; früher Spirale zur Schwangerschaftsverhütung, „die ich dann verloren habe, sie war auf einmal weg“[1]; sehr empfindliche Fußsohlen, „schon beim Wandern über Steine“; die Nägel brechen recht leicht; als Kind extremes Nägelkauen und viele Warzen an den Händen, „bestimmt mehr als 10 Stück“; öfter Herpes labialis, mit Zovirax unterdrückt; vor der ersten Dialyse einmal Gürtelrose, 14 Tage lang herkömmlich behandelt; des weiteren Prüfungsangst mit „nassen Händen und teilweisem Blackout“.

Die Familienanamnese ergab kaum zusätzliche nennenswerte Anhaltspunkte: Zwei Fehlgeburten der Mutter und eine Unterleibsoperation wegen zu starker Blutungen, eine Hüft-OP seitens des Vaters, die Schwester verträgt nur goldene Ohrringe, und die Oma väterlicherseits ist mit 36 Jahren an Lungenentzündung verstorben.

Arzneimittelwahl: Sulfur LM18, 5 Tropfen auf ein Glas Wasser, gut (d.h. mit Wirbel) umrühren, dabei keinen Metallöffel verwenden, nur einen Löffel voll einnehmen, alle drei Tage morgens. Die ersten Wochen einschleichend beginnen. Das Fläschchen vor Gebrauch 10-mal kräftig schütteln.

Verlauf: Nach gut sechs Wochen Einnahme von Sulfur kam der erste Verlaufsbericht. Frau Remann gehe es gut. Eine Warze im Gesicht links unten hätte sich gebildet und am Po ein Abszeß, „wie früher“, von dem in der Anamnese allerdings nie die Rede war. Und auch die Warze habe es früher schon einmal an ähnlicher Stelle gegeben; „sie wurde damals entfernt“, kam es aus der Erinnerung wieder hoch. „Ich war nicht mehr krank wie sonst in dieser Jahreszeit (es war mittlerweile Ende Oktober) und bin ‚super drauf‘, fühle

---

[1] ad Verlieren der Spirale: Die eingesetzte Spirale war nach ein paar Monaten „einfach weg“, sie konnte bei der gynäkologischen Untersuchung nicht mehr gefunden werden. Dies vermochte keiner zu erklären, weder die Patientin selbst, noch der betreuende Gynäkologe. Somit wurde einfach behauptet, die Patientin habe sie verloren. Doch wie soll man, bitte schön, eine Spirale, immerhin ein harter, kupferbeschichteter Kunststoffkörper, verlieren, ohne es zu merken? – In meiner Praxis hatte ich schon einmal einen so ähnlichen Fall. Auch hier hatte sich die Sprale selbständig gemacht und war nicht mehr aufzufinden. Schließlich konnte mittels Laparoskopie (Bauchspiegelung) festgestellt werden, daß sie in den Bauchraum gewandert war, sich unterhalb der Leber verhakt hatte und mittlerweile festgewachsen war. Sie wurde dann unter einer dreistündigen Narkose operativ entfernt! – Somit klingt das Statement, „die Spirale wäre einfach weg“, gar nicht mehr so abwegig.

Repertorisation: Chronische Niereninsuffizienz

ComRep V9.0

Nr. Symptome

1 gemüt - beschwerden infolge - erwartungsspannung, vorempfinden, ahnung (64)
2 schlaf - träume - toten, von den (42)
3 allgemeines - krebsartige - lupus (35)
4 allgemeines - sykotische konstitution (52) <selbst und *familiär*>
5 allgemeines - kollaps/ohnmacht (195) [vkn]
6 empfindungen - lebenswärme, mangel an (kälteempfindlich, dauerndes frieren) (108)
7 modalitäten - kälte - erkältungen, neigung zu (145)
8 modalitäten - luft - freien, im - verlangen nach frischer luft (127)
9 modalitäten - luft - zugluft verschlechtert (71)
10 modalitäten - luft - seeluft - bessert (3)
11 modalitäten - impfung, nach (13)
12 gesicht - hautausschläge - akne (41)
13 gesicht - hautausschläge - herpes - lippen und lippenrand (34)
14 haut - farbe - bläulich/grüne - flecke (54) [vkn]
15 haut - warzen (65)
16 hautausschl./a - unterdrückt (50) <*allgemeine Immunsuppression*>
17 hautausschl./a - herpes - zoster, zona (42)
18 extremit. - modalitäten - empfindlich - fuß - sohle (11)
19 mund - modalitäten - nägelkauen, nägelbeißen (26)
20 magen - durst - extrem stark (187)
21 abdomen - peritoneum - entzündung, peritonitis, enteritis usw. (66)
22 nieren/harnleiter - harnsperre (78)
23 genital/w - menses - unregelmäßig (intervalle verschieden lang) (61)

Methode: Treffer

Nr.	Arzneimittel	Neg	Wert	1	2	3	4	5	6	7	8	9	10	11	12	13	14	15	16	17	18	19	20	21	22	23	24	25
1	**Sulf**	3	45	.	2	1	2	3	2	2	3	3	.	3	2	1	2	3	3	2	.	2	3	2	2	2		
2	Ars	4	44	3	3	3	.	3	3	1	2	2	.	2	2	2	2	2	2	2	.	1	3	3	3	.		
3	Sil	3	42	3	1	2	2	2	3	3	.	3	.	3	3	1	1	1	1	2	.	2	3	2	2	2		
4	Lyc	5	41	3	1	3	2	2	2	3	3	2	.	.	.	.	2	1	2	.	3	2	2	3	3	2		
5	Calc	5	34	3	2	1	2	1	3	2	1	3	.	.	2	.	1	3	1	.	.	1	3	2	1	2		
6	Lach	5	34	1	.	1	2	3	2	1	2	2	.	.	2	1	3	2	1	2	.	.	1	3	3	2		
7	**Med**	6	34	3	2	.	3	2	2	3	1	2	1	3	1	2	1	2	.	.	3	1	2	.	.	.		
8	Sep	7	33	1	.	1	3	3	2	3	1	2	.	.	3	3	1	2	2	2	.	.	2	.	.	2		
9	Carb-v	7	32	2	.	2	1	3	2	2	3	.	.	.	3	1	2	1	2	.	1	.	2	2	3	.		
10	Caust	6	32	2	1	1	2	3	3	1	1	2	.	.	3	1	.	3	2	1	.	.	3	.	1	2		
11	Hep	7	30	.	.	1	1	2	3	3	1	2	.	1	3	2	2	2	2	2	.	.	2	.	1	.		
12	Phos	8	30	3	2	.	.	2	3	2	1	2	.	.	.	.	3	1	1	.	.	1	3	3	2	1		
13	Thuj	8	29	1	3	3	3	1	2	2	1	.	.	3	2	.	.	3	1	2	.	.	1	1	.	.		
14	Graph	9	28	3	2	1	2	2	3	2	2	2	.	.	.	2	.	1	2	2	.	.	2	.	.	.		
15	Nit-ac	9	27	.	.	2	3	1	3	3	.	2	.	.	2	.	1	3	1	.	.	1	2	.	1	2		

mich fit." Nur einmal habe es einen kurzen „Grippeanflug" gegeben, „der aber sofort wieder weg war". „Neulich ein bißchen Schnupfen mit grünlichem Nasensekret, aber keine Nebenhöhlenbeteiligung!" Die Magenkrämpfe seien auch „weg". Und einmal einen „Anflug von Fieberblase", welche sich aber nicht entwickelt habe. – Alles in allem ein sehr positver Beginn, so daß der Sulfur weiterzunehmen war.

Die Durchsprache nach knapp fünf Monaten Einnahme war weiterhin durchgehend positiv. „Mir geht es richtig gut; auch die Müdigkeit ist verschwunden." Vor kurzem gab es den einzigen Infekt in dieser Saison, „eine leichte Verkühlung mit Schnupfen und Husten, aber kein Vergleich zu früher". „Ich habe nichts einnehmen müssen, und nun ist alles wieder weg." Die Flecken an den Wangen, „wie beim Lupus damals", seien auch wiedergekommen; „sie kommen und gehen derzeit". An der linken Hand gebe es ebenfalls einen ganz kleinen, „wie Schuppenflechte". Die Warze im Gesicht sei dagegen wieder weg und der Abszeß am Gesäß dito. Der Zahnfleischschwund der Frau sei gestoppt (in der Anamnese auch nicht erwähnt), ihr Zahnfleisch tue aber noch weh, was schon immer der Fall gewesen sei. Die Gelenke hätten sich nicht zurückgemeldet, von dieser Seite gab es keinerlei Beanstandungen. Auch Zugluft und Wetterwechsel verursachen keine Beschwerden mehr. Das Frieren sei unauffällig, „trotz der kalten Wintersaison" (die Frau lebte in den Bergen). Ihre Träume hätten sich sehr zum Positiven verändert, von Toten träume sie nur noch ganz selten. Ihr Durst sei immer noch vermehrt. Aber – „ich kann jetzt schwitzen", was vorher wohl „noch nie ging". Blaue Flecken bekam sie immer noch leicht. „Und ich mache mir keinen Streß mehr, bin lockerer und gelassener geworden." Der Durchfall sei verschwunden, Stuhlgang habe sie zweimal am Tag. Doch ihre Menses seien immer noch unregelmäßig; die letzten beiden Male kamen sie nach nur 24 Tagen. Die Blutung sei aber heller, und es gebe auch weniger Wadenkrämpfe in dieser Zeit. „Die Nägel brechen noch leicht, durch die Arbeit", wie die Frau meinte, und ihre Haut sei weiterhin ziemlich trocken und empfindlich, „wegen der Dialyse". „Ich rede jetzt viel mit meinem Freund, bin weniger verschlossen."

Das beste aber war, zumindest aus Sicht des Therapeuten: „Der Harn geht wieder! Ich kann täglich bis zu einem halben Liter Wasser lassen! Vorher kam es immer nur tröpfchenweise; mit der Zeit ist es immer mehr geworden." Darüber hinaus lag der Kreatinin-Wert „nur noch" bei 9,3 mg/dl (vorher: 14 mg/dl; normal wären 0,5 bis 0,9 mg/dl) und die Harnsäure im Blut erfreulicherweise bereits bei 8,4 mg/dl. Zur Dialyse ginge die Frau allerdings noch dreimal die Woche, wie gehabt. Allerdings dürfe sie nun etwas mehr trinken, worüber sie sehr glücklich sei.

Eine äußerst positive Entwicklung, mehr als wir in dieser kurzen Zeit zu erwarten gehofft hatten. Die Patientin kam ja eigentlich nur wegen ihrer Infektneigung in die homöopathische Behandlung, dem Therapeuten ging es in erster Linie aber auch um den Lupus und die Nierenfunktion! *Denn beides kann man, homöopathisch gesehen, nicht voneinander trennen, da beides denselben miasmatischen Ursprung samt Unterdrückungsphänomenologie hat.* Die Infektanfälligkeit der Frau hat unter dem potenzierten Schwefel schnell nachgelassen, ja sogar die Niere hat sich innerhalb von nur ein paar Monaten so gut erholt, daß wir mehr als zufrieden sein konnten. Die primäre Vision, nämlich von der Dialyse fortzukommen, war in greifbarere Nähe gerückt. – Wir besprachen eingehend die Zusammenhänge inclusive der renalen[1] Aussichten und vereinbarten, daß Frau Remann mit den Ärzten spre-

[1] renal: die Niere betreffend.

chen sollte, die Dialyse schrittweise zu reduzieren. Parallel dazu sei mit der Einnahme von Sulfur in der Potenz LM24 einschleichend fortzufahren, 3 Tropfen in einem Glas Wasser, alle fünf Tage, um dann später – vom derzeitigen aktuellen Stand beurteilt – die Therapie eventuell mit Medorrhinum fortzuführen (siehe Repertorisation).

Doch leider hörte ich von Frau Remann nie mehr etwas. Sie schien mit ihrer gelösten Infektanfälligkeit zufrieden gewesen zu sein oder sie ist von der Dialyse schneller losgekommen als erwartet und hat somit keinen Grund mehr gesehen, homöopathisch weiterzumachen.

5.12.3 Ein weiterer Fall von Dialyse

Diesen letzten Fall von Dialyse wollen wir nur kurz skizzieren, um einen Eindruck zu erhalten, wie es zu der Dialysepflicht gekommen ist, denn – wie schon so oft gesagt – nichts passiert durch Zufall und niemals wird jemand einfach „heimgesucht" oder hat nur Pech. Alles ist Gesetz, alles hat einen Zusammenhang, und zwar einen kausalen!

Ein etwa 60-jähriger Mann leidet seit Jahren an chronischer Niereninsuffizienz mit Verdacht auf Nephrosklerose[1] und schwerer arterieller Hypertonie[2]. Seit sieben Jahren ist er nun endgültig dialysepflichtig. „Vor 17 Jahren wurde Bluthochdruck bei mir festgestellt. Da fing es auch mit meinen Nieren an", erinnerte sich der leidgeprüfte Mann. Seit der Dialyse verspüre er einen sehr starken Juckreiz am ganzen Körper, besonders abends im Bett, weshalb er schon „x" Salben, Medikamente incl. Bestrahlung versucht habe. „Das ist wohl wegen der Toxinausscheidung." Begonnen habe man damals mit der sanften Peritonealdialyse, zwei Jahre lang. Doch dann kam es zu einer lebensbedrohlichen Peritonitis[3], die eine Antibiose unumgänglich machte. „Seitdem gibt es für mich nur noch die extrakorporale Hämodialyse, dreimal die Woche", so der resignierte Mann. Und seither habe er auch „Null Harnausscheidung", „vorher, bei der Peritonealdialyse, waren es noch 1½ l am Tag"! – Also eine Verschlechterung auf der ganzen Linie, und das nicht nur durch die antibiotische Behandlung, sondern wohl auch durch die radikalere Dialyseform. – „Ein paar Jahre bevor die Nieren aufhörten zu arbeiten, hatte ich eine Nierenentzündung links mit akuter Harnverhaltung. In der Klinik wurde die Niere ‚gepikst', dann kam wieder Harn." Dabei handelte es sich wohl um den operativen Eingriff einer sog. Nephrostomie, dem Anlegen einer Nieren-Fistel durch das Nierenparenchym mittels Katheter zur Ableitung des Urins aus dem Nierenbecken bei Harnstauung.

Die weiteren krankheitshistorischen Zusammenhänge lesen sich, fast wie

---

1 Nephrosklerose: allgemeine Gefäßerkrankung der Nieren mit entzündlicher Komponente und extremer Blutdrucksteigerung.
2 arterielle Hypertonie: Bluthochdruck.
3 Peritonitis: Bauchfellentzündung.

gewohnt, gewissermaßen nach Schema F, und sollen nur noch stichpunktartig vorgetragen werden: Mit 20 Jahren Beginn einer 10-jährigen Bilharziose[1] bei langjährigem Tropenaufenthalt in Afrika; in dieser Zeit immer wieder starke Antibiotika erhalten; darüber hinaus in Summe viermal im Tropenkrankenhaus stationär behandelt. „Ich war wohl eher Versuchskaninchen", konstatierte der arme Mann. – Bluthochdruckbehandlung, wie gesagt, seit 17 Jahren; sehr viele Medikamente genommen; z. Zt. noch Betablocker und ACE-Hemmer. „Die Sache mit meinem Blutdruck fing zu Beginn meiner Selbständigkeit an." Des weiteren zweimal Malaria, „und zwar Malaria tropica und tertiana gleichzeitig"; viele Spritzen (Resochin) erhalten. Vor elf Jahren „große familiäre Aufregung, nachdem mein Vater erdrosselt wurde", kurz danach Schlaganfall mit Hemiparese[2] links „für zwei bis drei Tage"; zehn Tage Krankenhaus. Impfungen gegen Pocken und mehrfach gegen Cholera, Typhus, Malaria, Polio, Tetanus und Tollwut, „durch die fortwährende Auslandstätigkeit immer wieder aufgefrischt". „Früher gerne mal was getrunken." Längere Zeit Nebenhodenentzündung, über Jahre hinweg deswegen Antibiotika erhalten; „ich habe sie gegessen wie Vitamine". Zwei Herzinfarkte gehabt, „einen drei und den anderen ein Jahr vor der initialen Dialyse, während der Bypass-Operation ein dritter". Vor zwei Jahren eine „Blasenhalshebung" und eine „Prostataresektion", „ich habe aber keine Erinnerung mehr, weshalb." Manchmal Ohnmacht, aber erst seit der Dialyse. Vor 18 Jahren Hämorrhoiden-Operation. Zur Zeit nehme der Mann an den Dialyse-freien Tagen „Aspirin 100 zur Blutverdünnung" und seit zwei Jahren regelmäßig „Adumbran zum Einschlafen".

Soweit die Zusammenhänge, die für sich sprechen. *Medikamentenvergiftung par excellence, Impfungen und Unterdrückungen ohne Ende!* – Auf die restlichen Symptome, die für eine homöopathische Behandlung von Interesse wären, wie besipielsweise Verdauungsschwierigkeiten in Form von Verstopfung, Verlangen nach Fleisch und Saurem, Müdigkeit und Schlappheit bei Föhnwetterlage, schlechterer Schlaf bei Vollmond usw., soll nicht im Detail eingegangen werden, da wir hier weder Mittelwahl noch Verlauf besprechen können. Es ging vielmehr darum aufzuzeigen, daß man nicht per Zufall zu einem Nierenversagen kommt und abhängig von der Dialyse wird. – Für den Interessierten sei allerdings noch die Anfangsrepertorisation dieses Falles beigefügt, zum besseren Nachvollziehen des homöopathischen Therapieansatzes, aber ohne weiteren Kommentar.

---

[1] Bilharziose: Schistosomiasis. Eine epidemische Krankheit vieler warmer Länder, wo bei exponierten Populationen Befallsraten bis zu 90 % und durch fortgesetzte Reinfektion hohe Befallsdichten erreicht werden, mit einer entsprechend großen Häufigkeit irreversibler Organschäden. Auch wenn schon ein kurzer Aufenthalt in verseuchtem Wasser für die Invasion ausreicht, führen Gelegenheitsinfektionen nie zu diesen schweren Verlaufsformen. (Praxis der Allgemeinmedizin, Band 19, Infektionskrankheiten)

[2] Hemiparese: Lähmung einer Körperhälfte.

Repertorisation: Ein weiterer Fall von Dialyse

ComRep V9.0

Nr.	Symptome	
1	hautausschl./a - unterdrückt (50)	*<allgemeine Immunsuppression>*
2	modalitäten - narkotika verschlechtern (48)	<fortwährender *Medikamentenabusus*>
3	modalitäten - verlangen nach - fleisch (37)	
4	modalitäten - mond - vollmond* (21)	
5	modalitäten - impfung, nach (13)	
6	fieber/t - intermittierendes fieber - chronisch (34)	*<Malaria>*
7	nase - äußere - rot (56)	
8	magen - verlangen nach alkoholischen getränken (57)	
9	magen - verlangen nach - saurem (77)	
10	abdomen - peritoneum - entzündung, peritonitis, enteritis usw. (66)	
11	anus - hämorrhoiden - unterdrückt (durch äußere mittel) (9)	
12	nieren/harnleiter - harnsperre (78)	
13	harnblase - lähmung, harnverhaltung (115)	
14	genital/m - entzündung - einfache - hoden - nebenhoden (15)	

Methode: Wertigkeit

				Symptome:									1	.	.	.	.	.	.	.	.	.	2	.	.	.	.	.
Nr.	Arzneimittel	Neg	Wert	1	2	3	4	5	6	7	8	9	0	1	2	3	4	5	6	7	8	9	0	1	2	3	4	5
1	**Sulf**	0	33	3	1	2	3	3	3	3	3	2	2	3	2	2	1											
2	Ars	1	27	2	1	.	1	2	3	2	3	2	3	1	3	3	1											
3	Calc	2	21	1	1	2	2	.	3	2	1	2	2	2	1	2	.											
4	Lyc	6	20	2	2	.	2	.	3	.	2	.	3	.	3	3	.											
5	Bell	6	18	2	3	.	2	.	.	2	.	1	3	.	2	3	.											
6	Lach	6	18	1	3	.	.	.	1	2	3	2	3	.	3	.	.											
7	**Nux-v**	6	18	.	3	2	.	.	1	.	3	.	2	3	1	3	.											
8	Phos	4	18	1	1	.	.	.	2	3	2	2	3	1	2	1	.											
9	Puls	5	17	2	2	.	.	.	.	.	2	2	2	1	1	2	3											
10	Hep	5	16	2	1	.	.	1	2	2	2	3	.	.	1	2	.											
11	Apis	7	14	.	.	.	.	1	1	1	.	2	3	.	3	3	.											
12	Carb-v	6	14	2	1	.	.	.	2	1	.	2	2	1	3	.	.											
13	Psor	7	14	3	.	.	2	2	3	1	2	1	.	.	.	.	.											
14	Sil	7	14	1	.	.	3	3	2	.	.	.	2	.	2	1	.											
15	Acon	8	12	1	1	.	.	.	.	.	1	.	3	.	3	3	.											

5.12.4 Akute Harnverhaltung

Zu guter Letzt noch ein kleines Akutbeispiel, welches zwar nicht die Dialyse zum Thema hat, sich dafür aber mit akuter Harnverhaltung beschäftigt. Eine junge Mutter, selber Homöopathin und angehende Ärztin, ruft an, weil sie kein Wasser mehr lassen kann. Sie habe deswegen einen regelrechten Panikanfall bekommen und nun Angst, daß ihre Niere ernsthaft „kaputt" sei und sie nun „sterben müsse". Sie empfinde einen gewissen Druckschmerz, ein Brennen und Ziehen in der Harnröhre. Am Tag zuvor ging das Wasserlassen schon recht langsam, „aber es kam noch eine Menge". „Mit der Blase habe ich eigentlich schon seit Wochen zu tun; ein ständiges Brennen und Stechen in Harnröhre und Scheide, besonders nach dem Wasserlassen."

Außerdem lebte die junge Frau in regelrechter Angst vor MS. Unlängst hatte sie sich selber behandelt „wegen eines grippalen Infektes mit Lahmheitsgefühl in den Armen und Beinen, mit Nackenschmerzen, Steifheit, Schwächegefühl, Schwindel, Benommenheit, Nachtschweiß, tagsüber Frieren, Halsschmerzen und Fieber von 39,1 °C“. Sie hatte Angst, ihre Beine wären gelähmt und steigerte sich da so richtig rein, mit großer Unruhe und Schweißausbrüchen. „Ein Gefühl, als wenn meine Beine nicht dazugehörten.“ Die Frau hatte es mit Gelsemium und Eupatorium perfoliatum probiert, doch die Lähmigkeit blieb. Erst Agaricus entschärfte die Situation ein wenig, heilte aber nicht den gesamten Zustand.

Und nun die akute Harnverhaltung obendrein! Die junge Frau steigerte sich dermaßen in ihre prekäre Situation hinein, daß es zusätzlich zu einer Atembeklemmung kam. Sie dachte fortwährend an MS. Bis vor ein paar Wochen hätte sie schon lange nichts mehr mit ihrem Unterleib gehabt, doch mit ihrem neuen Freund fing alles wieder an. Außerdem arbeite sie zur Zeit „auf der Neuro-

Repertorisation: Akute Harnverhaltung

ComRep V9.0

Nr.	Symptome
1	gemüt - angst - qualvoll (49)
2	gemüt - ruhelosigkeit, nervosität (249)
3	allgemeines - schwäche (309)
4	modalitäten - narkotika verschlechtern (48)
5	schweiß/z - nachts (141)
6	hautausschl./a - unterdrückt (50)
7	extremit. - lähmung - lähmigkeit (lähmungsartige schwäche) (33)
8	extremit. - lähmung - lähmigkeit/schwäche - arme (137) [vkn]
9	extremit. - lähmung - lähmigkeit/schwäche - beine (133) [vkn]
10	harnblase - entleerung - schwacher strahl (langsam) (67)
11	harnblase - lähmung, harnverhaltung (115)
12	schm. - harnröhre/e - brennender schmerz (124)
13	schm. - harnröhre/e - brennender - urinieren - nach (65)
14	schm. - harnröhre/e - stechender, scharf st. schmerz (73)
15	schm. - harnröhre/e - stechender - urinieren - nach (13)

Methode: Wertigkeit

Nr.	Arzneimittel	Neg	Wert	Symptome: 1	2	3	4	5	6	7	8	9	10	11	12	13	14	15	16	17	18	19	20	21	22	23	24	25
1	**Caust**	2	29	3	2	2	1	3	2	2	2	3	2	3	2	2	.	.										
2	Sulf	4	29	.	3	3	1	3	3	.	2	3	3	2	3	.	3	.										
3	Ars	4	28	3	3	3	1	3	2	2	2	3	.	3	3	.	.	.										
4	Merc	2	27	.	3	3	1	3	1	3	.	1	3	1	3	2	2	1										
5	Bell	3	26	3	3	1	3	1	2	.	3	2	2	3	1	.	2	.										
6	Calc	3	26	3	3	3	1	2	1	.	3	3	.	2	2	1	2	.										
7	Lyc	3	25	.	3	2	2	2	2	.	2	2	1	3	2	2	2	.										
8	Sep	3	25	1	3	3	2	3	2	.	2	2	2	1	2	.	2	.										
9	Apis	3	24	2	2	3	.	.	.	2	2	2	2	3	2	1	2	1										
10	Con	3	24	.	1	3	.	3	1	2	3	3	.	3	1	2	1	1										
11	Rhus-t	3	24	.	3	3	1	2	2	2	2	3	2	2	1	1	.	.										
12	Sil	4	24	.	3	3	.	3	1	2	3	3	1	1	3	.	1	.										
13	Nat-c	2	22	1	2	2	1	2	2	1	1	3	.	.	2	3	1	1										
14	Thuj	4	22	.	2	2	.	3	1	.	2	2	1	2	3	2	2	.										
15	Zinc	2	22	.	3	2	1	1	3	2	1	3	1	2	1	1	1	.										
16	Chin	3	21	.	2	3	1	2	.	2	2	2	1	1	2	1	2	.										
17	Hep	5	21	3	.	3	1	3	2	.	1	.	3	2	1	.	2	.										
18	Nit-ac	3	21	.	2	3	1	2	1	.	1	2	2	2	2	2	1	.										
19	**Nux-v**	5	21	.	2	2	3	1	.	.	2	3	.	3	3	1	1	.										
20	Ph-ac	4	21	.	2	3	1	1	3	.	2	2	2	1	2	.	2	.										

logie" und habe täglich mit MS-Patienten und einem Fall von Morbus Parkinson zu tun. Seit dem grippalen Infekt habe sie wenig Appetit. „Aber ich trinke recht viel Bitterlemon die letzten Wochen".

Die Frau erhielt Causticum LM6, nach Bedarf 5 Tropfen auf einem Teelöffel voll Wasser. „Die absolute Panik war ziemlich schnell weg", kam die erleichterte Rückmeldung drei Tage später. In den Armen und Beinen gebe es kein Lähmungsgefühl mehr, und auch die Blase sei wieder ohne Befund. Sie tue nur noch etwas weh. Ein paar Tage später ließen wir noch Nux vomica C30 folgen, 5 Globuli auf ein Glas Wasser, schluckweise einzunehmen, weil wir beide das Gefühl hatten, daß es sich hier auch um zusätzliche „Arzneimittelreaktionen" gehandelt haben könnte. Denn mit dem Absetzen des Bitterlemongetränkes (chininhaltig!), wozu ich dringend geraten hatte, nahm auch das Zungenbrennen der Frau deutlich ab, worunter sie seit ein paar Wochen permanent gelitten hatte, obwohl ihre Zunge nicht entzündlich gerötet war. – Das homöopathische Arzneimittel China hat bekanntlich dreiwertig Zungenbrennen in seinem Arzneimittelbild! (Siehe auch Repertorisation „Symptome des Arzneimittels China".) – Auf jeden Fall war die Sache mit der Harnverhaltung und der Panik vor MS damit ein für alle Mal erledigt.

Dies ist eigentlich – im nachhinein betrachtet – ein recht harmloser Fall, der wahrscheinlich *aufgrund des vermehrten Konsums von Bitterlemon provoziert* wurde, selbstverständlich *vor dem Hintergrund einer ausgeprägteren miasma-*

Repertorisation: Symptome des Arzneimittels China

ComRep V9.0

Nr.	Symptome
1	gemüt - Angst, Bangigkeit, banges Gefühl (203)
2	gemüt - angst - Furcht, mit (85)
3	gemüt - Ruhelosigkeit, Nervosität (249)
4	gemüt - Benommenheit, Betäubung, Stupor (115)
5	gemüt - furcht - Unheil, Übel, vor (82)
6	schwindel - Taumel, Wanken, mit (55)
7	allgemeines - Schwäche (309)
8	allgemeines - schwäche - froststadium im fieber - während (9)
9	schweiß/z - Nachts (141)
10	extremit. - empfindungen - Steifheit (106)
11	extremit. - schwäche - einfache - Beine (128)
12	extremit. - schwäche - Erschlaffung (22)
13	extremit. - taubheit - Pelzigsein (109)
14	zunge - schmerz - brennender Schmerz, Rohheitsgefühl (126)
15	harnblase - entleerung - schwacher Strahl (langsam) (67)
16	harnblase - harndrang - vergeblich (97)
17	harnblase - Lähmung, Harnverhaltung (115)
18	schm. - harnröhre/e - brennender Schmerz (124)
19	schm. - harnröhre/e - brennender - urinieren - nach (65)

Methode: Expert-Analyse

Nr.	Arzneimittel	Neg	Wert	Symptome: 1 2 3 4 5 6 7 8 9 1 0 1 2 3 4 5 6 7 8 9 2 0 1 2 3 4 5
1	**Chin**	0	37	3 2 2 1 2 2 3 2 2 2 2 2 2 2 3 1 2 1 2 1

tischen Belastung! Nun stellen Sie sich aber vor, man ersetzte Bitterlemon durch vielfache Impfungen, durch Antibiotika, Resochin und andere Tropenmedizin, durch Cortison, diverse Salben, Betablocker, ACE-Hemmer, Diuretika, Antimykotika sowie weitere schwere Medikamente, wie in obigem Dialysefall! Wenn die Lebenskraft schon bei einfachem Bitterlemon über ein paar Wochen hinweg dergestalt reagieren kann, was kann dann erst durch die immensen Vergiftungserscheinungen der heroischen schulmedizinischen Mittel über Jahre hinweg entstehen? Und wenn dann das sykotische Miasma dominant vorhanden ist, braucht man sich nicht zu wundern, daß auch die Nieren schwer geschädigt werden, so daß zuviele harnpflichtige Stoffe ins Blut gelangen und mit der Zeit die Dialyse an die Tür klopft.

5.13 Wurm- und Läusebefall

Der Wurm- und Läusebefall unserer Tage hat nicht unbedingt etwas mit Hygiene oder unsauberen Nahrungsmitteln zu tun. „Das kommt in den besten Familien vor“, wie es immer so schön heißt. Finden diese kleinen Tierchen zum Gedeihen jedoch nicht das geeignete Milieu, so werden sie sich auch nicht recht halten können. Beispielsweise kann man im Kindergarten immer wieder beobachten, daß sich manche Kinder „eine derartige Chance nie entgehen lassen“, während andere das völlig „cool“ läßt; sie stehen da wie der Fels in der Brandung und haben nie Würmer, nie Läuse, nie Durchfallerkrankungen oder Brechdurchfall etc. pp., selbst dann nicht, wenn es den halben Kindergarten „erwischt hat“. Das hat etwas mit chronischen Belastungen zu tun, mit miasmatischem Terrain, und *das miasmatische Terrain für derartiges Getier ist die Tuberkulinie.*

Daraus ergibt sich, daß man einen Befall zwar akut lösen kann, damit aber noch lange nicht die Neigung dazu gelöscht ist, so etwas wieder zu bekommen. Man kann bei der nächstbesten Gelegenheit wieder dabei sein. Und so sehen wir heutzutage, daß viele Kinder (aber durchaus auch Erwachsene) Probleme damit haben. Das macht auch nicht Halt vor unseren Tieren. Denken Sie nur daran, daß in den meisten Reitställen sog. Wurmkuren zur Pflicht geworden sind und sich auch viele Hunde- oder Katzenhalter derartiges Procedere von ihrer Umgebung aufschwatzen lassen. Und diese „Kuren“ sind gar nicht so harmlos, wie es scheint! Sie beeinträchtigen und schwächen das Immunsystem immens, haben also eine ganze Reihe von Nebenwirkungen! Schon der große Homöopath Constantine Hering hat sich vor über 170 Jahren folgendermaßen dazu geäußert: „Man hüte sich, bei Kindern die sogenannten Wurmmittel anzuwenden, als wenn es weiter nichts wäre.“ Analoges gilt für das herkömmliche Bekämpfen von Läusen, Milben etc. mittels scharfer Substanzen.

Die Neigung zu Läusebefall oder Würmern verschwindet bleibend erst durch eine antimiasmatische chronische Kur mit Hilfe gut ausgewählter antituberkulinischer Arzneimittel! Erst dann kann man sich sicher und glücklich schätzen, von so etwas verschont zu bleiben, auch „wenn es gerade irgendwo wieder einmal umgeht“.

5.13.1 Helminthiasis

Bevor wir nun auf ein paar Hinweise beim Vorgehen akuter Zustände von Helminthiasis, wie der medizinische Begriff für Wurmkrankheit heißt, eingehen wollen, zunächst noch ein paar allgemeine Erfahrungen Herings, die es wert sind, weitergegeben zu werden, und die auch heute noch, nach über 1½ Jahrhunderten, nichts von ihrer Gültigkeit eingebüßt haben:

„Von den Würmern soll immer viel herkommen, was ganz andere Ursachen hat, z.B. wenn man die Kinder mit verkehrten Dingen füttert, viel Brei in sie hineinstopft, ihnen den ganzen Tag Kuchen zu naschen gibt, oder die Mutter während des Stillens viel Fleisch, Fisch, Salziges und Fettgebackenes und dergl. genießt, wodurch die Kinder natürlich krank werden müssen oder doch dazu geneigt, so daß sie später krank werden. Auch wenn man die Kinder zu warm einwickelt, nicht in die frische Luft bringt. Kommen zu allen diesen Fehlern noch die vielen Arzneien der Würmer wegen, recht viel Klystiere und Abführmittel, dann können die Würmer gar nicht ausbleiben, sondern müssen vermehrt werden. – Man sorge also vor allen Dingen, wenn man Würmer vermuthet bei den Kindern, für eine vernünftige Lebensweise, dabei mindern sich die Würmer schon von selbst, und bleiben noch Beschwerden, so können dann die Mittel (Gemeint sind die homöopathischen Mittel. – Anmerkung des Verfassers) besser wirken. – Man hat viel zu große Furcht vor den kleinen Thierchen, die lange nicht so schlimm sind, als die Mittel dagegen, besonders die vielen Geheimmittel. Gutmüthige Leute glauben das und bezahlen dieses Zeug; wüßten sie aber, was sie damit verschlucken, oder ihre Kinder verschlucken lassen, so würden sie lieber das doppelte Geld bezahlen, um es nur nicht ins Haus zu bekommen, geschweige denn in den Leib. Allerdings helfen diese Dinge zuweilen die Würmer umzubringen; das thut am Ende jedes Gift, aber es bringt nicht selten auch die Kinder um, oder ruiniert doch den Unterleib so, daß die Folgen oft noch nach vielen Jahren kommen. Erstens muß man bedenken, daß alle Kinder Würmer haben, zuweilen sogar schon im Mutterleibe, daß es oft ein Zeichen einer schlimmen Krankheit ist, wenn sie von selbst abgehen; zweitens bedenke man, daß diese Würmer sich von Stoffen nähren, die außerdem mehr Schaden anrichten würden, als die Würmer selbst. Fast alles, was man auf die Würmer schiebt, ist eine allgemeine Krankheit (Hier klingt das Miasma durch. – Anmerkung des Verfassers), durch welche sich die Würmer ungebührlich vermehren, besonders bei einer verkehrten Lebensweise. Sind ihrer dann auf diese Weise sehr viele geworden, so machen sie allerdings verschiedene Zufälle (Das, was einem „zufällt“; gewissermaßen der damalige Begriff für Infektion. – Anmerkung des Verfassers), die zu denen der ersten Krankheit hinzukommen und dadurch mitunter sogar gefährlich werden. Werden die Würmer weggetrieben, so lassen allerdings jene Zufälle nach, welche durch dieselben entstanden waren, aber die wirkliche Krankheit (d.h. das Miasma, Anmerkung des Verfassers) nimmt um desto mehr zu. Manchmal entstehen auch nun Krankheiten, die schlimmer werden, als die erste, wenn sie auch langsamer Art sind, wie dies oft gegen das zehnte und spätere Jahre geschieht. Das Wegtreiben der Würmer hilft an und für sich nichts Wesentliches. Durch die hier angegebenen Mittel (d.h. die homöopathischen Mittel, Anmerkung des Verfassers) wird man sehr oft die Krankheit selber heilen können, und wo wirklich zu viel Würmer da sind, was sehr selten der Fall ist, so werden sie auch weggehen. Dabei gebe man den Kindern genug zu essen, aber nicht zuviel Brot, und wenig oder gar keinen Kuchen und dergl., und lasse sie frisches oder gekochtes oder gedörrtes Obst essen. ..." In der Folge geht er dann auf die einzelnen in Frage kommenden homöopathischen Arzneimittel bei den verschiedenen Formen von Helminthiasis ein.

Soweit die Ausführungen Constantine Herings in seinem „Homöpathischen Hausarzt[1]". Schon damals erkannte er die miasmatischen Zusammenhänge sehr deutlich, die obendrein durch eine falsche Lebensführung verstärkt werden. Um wieviel schlimmer muß das in unserer heutigen Zeit sein, wenn sowohl die Schleimhaut des Darms als auch andere Organsysteme durch die vielen grobstofflichen Manipulationen, wie Medikamente, Impfungen, Klistiere, Zucker und Weißmehl, scharfes Essen etc., nachhaltig gereizt und bleibend geschädigt werden, mehr denn je zuvor. *Nicht die Würmer befallen den Darm, sondern diese sind da, weil der Darm geschädigt ist, und versuchen, wieder einen besseren Interimszustand herzustellen!*

Das homöopathische Kent-Repertorium hält 10 Rubriken für den Wurmbefall bereit mit einer Auflistung einer Vielzahl, sich über 200 Jahre bewährter Akutmittel sowie antimiasmatischer Homöopathika, welche für den chronischen Zusammenhang bestimmt sind im Sinne einer chronisch antimiasmatischen Kur (Anzahl der Gesamtmittel in Klammern).

- Kopfschmerzen (Allgem. und Mod.) – Würmern, bei Anwesenheit von (10)
- Allgemeines – Chorea – Würmer, durch (2)
- Allgemeines – Konvulsionen – Würmer, durch (7)
- Brust – Herzklopfen – Würmer, durch (1)
- Magen – Erbrechen (Art des Erbrochenen) – Würmer (17)
- Magen – Erbrechen (Art des Erbrochenen) – Würmer – Ascariden (4)
- Rectum – Würmer, Beschwerden, durch (32)
- Rectum – Würmer – Oxyuren (45)
- Rectum – Würmer – Ascariden (32)
- Rectum – Würmer – Taenien (29)

[1] „Constantin Hering's Homöopathischer Hausarzt" oder „Homöopathischer Hausarzt Hering (HHH)", wie er in Fachkreisen auch genannt wird. Ein sehr umfangreicher, 400-seitiger Leitfaden für an der Homöopathie interessierte Laien, welcher erstmalig 1835 erschien und es bis 1946 zu insgesamt 33 Auflagen gebracht hat.

Im Klartext heißt das, daß Würmer keinesfalls durch schwere Wurmmittel unterdrückt werden dürfen. Sie sind vielmehr *Anzeiger dafür, daß einiges falsch läuft im Organismus*, und zwar nicht nur lokal im Darm! „Der Wurm ist drin“, und zwar im gesamten System. Demzufolge empfiehlt es sich, dem Betroffenen, neben einer sanften homöopathischen Akutbehandlung, eine antimiasmatische chronische Behandlung angedeihen zu lassen.

Zusätzliche, bewährte Hausmittel bei Wurmbefall, begleitend zu einer homöopathischen Behandlung, sind unter anderem:

- Knoblauch, Kürbiskerne, Zwiebeln
- täglich rohes Sauerkraut essen bzw. rohe oder gekochte Karotten
- rote Bete, Möhrensaft trinken.

Darüber hinaus empfiehlt der Homöopath Werner Stumpf, den Kindern die Nägel kurz zu schneiden, damit sich darunter keine Eier ablagern können, denn Kinder nehmen öfter ihre Finger gedankenlos in den Mund, wenn sie mit Sand oder Erde spielen oder sich an den Po gefaßt haben.

Abschließend noch ein kurzes Beispiel bezüglich unserer jungen Hündin Biene. Biene ist sozusagen ein Findelkind und durch eine oberbayerische Rettungsaktion von den Kanarischen Inseln nach Bayern gelangt. Wir haben sie mit drei Monaten bekommen, und niemand weiß Genaueres hinsichtlich ihrer ersten Lebenswochen. Außer der Tatsache, daß ihre Papiere „Schäfermix“ ausweisen und sie damals (leider) zweimal geimpft wurde. Jedenfalls beobachteten wir bei Biene im Alter von ca. 1½ Jahren einen roten After, der uns seit ein paar Wochen auffiel und uns „komisch“ vorkam. Keiner dachte sich aber etwas dabei, zumal sich Biene daran auch nicht sonderlich zu stören schien. Zumindest leckte oder biß sie diese Körperpartie nicht auf, so daß man von keinerlei Juckreiz ausgehen konnte. Bis zu dem sonnigen Tag, an dem Biene auf der Wiese in unserem Garten ihr großes Geschäft erledigte, was selten vorkam, da sie dieses i. d. R. beim Gassigehen machte. So wollten wir „die Wurst“ mit einer Schippe beseitigen, als unsere Tochter mit einem Mal entdeckte, daß es dort „nur so wuselte“ vor Abertausenden von kleinen weißen Würmchen. Biene hatte also wohl schon seit längerer Zeit Würmer, ohne daß wir das mitbekommen haben! Die andere interessante Entdeckung war, daß alle Würmer nach ca. einer halben Stunde tot waren! Der zuvor recht lebendige Kot war zu einer absolut leblosen Masse geworden. Die Würmer hatten ihren Lebensraum verloren, das lebensspendende Milieu des Darms war fort. – Wir gaben Biene akut einen Globulus Cina C30, was wir eine Woche später wiederholten. Parallel dazu führten wir die bereits begonnene chronische Behandlung fort und wechselten aufgrund des entdeckten Wurmbefalls und wegen der früheren Impfungen sowie anderer Symptome und Zusammenhänge, auf die wir hier nicht weiter eingehen wollen, das Arzneimittel. Sie erhielt nun das chronische Mittel Sulfur LM18, 1 Tropfen in einer 10 ml-Spritze voll Wasser, alle drei Tage etwas zwischen die Lefzen geträufelt, was ihr sichtlich gut tat, auch insgesamt gesehen, von ihrem Wesen her.

Jedenfalls nahmen mit den Wochen auch die Würmer in ihrem Kot deutlich ab bis schließlich nie wieder einer zu entdecken war.

5.13.2 Läuse, Milben und anderes Getier

Bei Läusen, Milben etc. gilt das Analoge. Auch bei diesem Thema handelt es sich im Prinzip um miasmatisch belastete und geschwächte Organismen, die für derartiges Getier einen außerordentlich guten Nährboden abgeben. So kann man immer wieder beobachten, daß nicht jeder Läuse bekommt, selbst dann nicht, wenn dieser sogar das Bett mit einem Lausbefallenen teilt, beispielsweise im Zuge eines Matratzenlagers in den Sommerferien; das spricht dann für eine ausgesprochen gute Gesundheit im Sinne von frei von tuberkulinischem Miasma.

Bei unserem ersten Hund Profi, von dem in meinem Buch *Klassische Homöopathie für die junge Familie,* zweiter Band, in Bezug auf die homöopathische Behandlung der Arthrose seines Schultergelenkes schon eingehend die Rede war, mußten wir mit zunehmendem Alter feststellen, daß er langsam aber sicher schwächer wurde und sich somit des öfteren Milben und Läuse „einfing", was vorher im Prinzip nie der Fall gewesen war, wenn überhaupt, dann nur ganz kurzfristig und ohne Probleme. Doch der bereits fünfzehneinhalb Jahre alte Herr war mittlerweile recht altersgeschwächt; ansonsten funktionierte zum Glück alles noch sehr gut, die Nahrungsaufnahme und auch seine Ausscheidungen, nur sehr bequem ist unser Profi geworden.

Eine „Roßkur" mittels externer antiparasitärer Medikamente, wie Goldgeist, Jacutin und andere, wirkt bei Läusen, Milben etc. zwar gründlich und radikal, aber eben auch nur rein lokal und ist tunlichst zu vermeiden, da nur besagte Tierchen und Nissen brutal abgetötet werden (und sicherlich auch noch eine Vielzahl weiterer gutartiger Mikroben), an der wirklichen Ursache jedoch nichts verändert wird. Eine schonende Behandlung bringt auf eine viel sanftere Weise gute Ergebnisse und zieht nicht den gesamten Organismus nachhaltig in Mitleidenschaft, so daß es zu keinen Unterdrückungs- oder sog. Stellvertreterphänomenen kommen kann.

In Folgenden seien ein paar bewährte „Hausmittelchen" aufgelistet, mit welchen man sich relativ leicht behelfen kann, ohne Zuflucht zu einer Radikalkur zu nehmen und ohne die Haare abschneiden zu müssen, was bei Mädchen ja immer sehr traumatisch sein kann.

- Stahlnissenkamm: Den Kopf täglich nach Nissen absuchen und auskämmen. – Ein unbedingtes Muß!
- Tea-Tree (Teebaumöl, ätherisches Öl aus den Blättern des australischen Teebaums): Hat antiseptische Wirkung (z.B. hinsichtlich Pilzen, Viren, Milben). Äußerlich pur auftragen. Bei Kopfläusen und Nissen; durchaus auch mal bei Zecken- und Insektenstichen.
- Hepar sulfuris bei Scabies (durch Milben verursacht), laut Hahnemann:

Waschen mit „schwefelleberhaltigem Wasser“ (beispielsweise Hepar sulfuris D2 in Wasser lösen und dann waschen).

- Spülungen mit Essig, ätherischen Ölen, Kaisernatron.
- Lavendelöl hinter die Ohren schon bei Anflug.
- Sabadilla Urtinktur-Spülung auftragen: Nissen werden hart und sterben ab. Später Spülung aus 1 Tasse Apfelessig, 1 Zitrone, 1 Tasse warmes Wasser; Mezereum D12: Krusten heilen ab.
- ätherisches Öl auf der Basis von Olivenöl (100 ml Olivenöl, 25 Tropfen Lavendel, 25 Tropfen Rosmarin, 13 Tropfen Eucalyptus, 12 Tropfen Rosengeranien).
- Betupfen mit einem in Weingeist (Alkohol, Anmerkung des Verfassers) getauchten Finger alle Tage mehrere Male hilft sicher, laut Hering, wenn keine neuen Läuse auf demselben Wege herbeikommen. „Wenn alles das nicht hilft, ein wenig eingeweichten Tabak oder Schnupftabak in die Haare gerieben.“

5.13.3 Allgemeine Verpilzung und Parasitenbefall

Zum Schluß noch ein paar abschließende Worte zu den „neuen Mode-Diagnosen“, die seit einigen Jahren leider wie Pilze aus dem Boden schießen: Der ganze Körper, inclusive Blut und Gehirn, seien „verpilzt“ oder eine Vielzahl von Parasiten[1] seien im Blut oder Darm zu finden etc. pp. Deshalb leide man an der und der Krankheit oder deshalb bestehe zur Zeit Therapieresistenz.

Das sind Behauptungen vieler Heilpraktiker und naturheilkundlich orienterter Ärzte unserer Zeit, welche mittels Austestung von Leiden und Arzneimitteln durch neuzeitliche Testgeräte zustande kommen. Derartig „moderne Errungenschaften“ haben an den Pforten deutscher Naturheilpraxen leider keinen Halt gemacht. Auch hier beginnt sich eine gewisse Gerätehörigkeit zu etablieren, ohne zu hinterfragen, wie so etwas überhaupt funktioniert und ob es im Sinne der Biologie richtig läuft. Man bedient sich solcher energetischer Meßverfahren in der Hoffnung, an zeitintensiven Anamnesen sowie an der aufwendigen Ausarbeitung kausaler Zusammenhänge und heilender Arzneimittel vorbeizukommen. Man schließt den Patienten einfach an ein Gerät an und hat das Ergebnis, um es einmal etwas salopp und überspitzt zu formulieren. Weder eine jahrelange Ausbildung hinsichtlich der Gesetzmäßigkeiten der Homöopathie unter der speziellen Berücksichtigung und Umsetzung der Miasmen, noch profunde Praxiserfahrung sind dabei Voraussetzung. Erst seitdem solche Geräte den medizintechnischen Markt regelrecht überfluten, gibt es derartig fragwürdige Diagnosen! Die angebotenen Therapien bestehen dann

---

[1] Parasiten: Mitesser, Schmarotzer. Ein- oder mehrzellige Lebewesen, die sich ganz oder teilweise, ständig oder zeitweilig auf oder in einem anderen Lebewesen („Wirt“) – z. B. in Körperhöhlen, im Gewebe, im Blut – auf dessen Kosten ernährt, und zwar mit oder ohne Verursachung von Krankheitserscheinungen.

i.d.R. in einem gezielten „Löschen“ dieser ausgetesteten Phänomene (was immer man darunter auch verstehen mag), beispielsweise mittels spezieller Programme dieser Geräte oder mittels ausgetesteter „homöopathischer“ Mittel (teilweise längere Listen von Arzneimitteln in Tief- und Hochpotenz, täglich einzunehmen, was niemals heilend wirken kann!), ohne die eigentlichen Ursachen zu berücksichtigen. (Hinsichtlich Austesten von Arzneimitteln mittels Testgeräten siehe auch die Fußnote des letzten Beispiels von Kapitel *5.10.4 Beispiele aus der homöopathischen Praxis.*)

Hierbei handelt es sich im Grunde genommen also wieder um „dasselbe“ alte Denken wie bei der orthodoxen Schulmedizin. Verpilzung und Parasitenbefall seien die Ursachen und müßten separat behandelt werden, ohne sich dessen bewußt zu sein, daß man auch hier wiederum nur unterdrückend oder krankheitsverschiebend vorgeht. Nicht der Pilz oder die Parasiten, wenn es denn jene wirklich gibt, sind die eigentliche Ursache, sondern dies alles ist da, weil etwas im Gesamtorganismus defekt ist, weil dieser chronisch geschwächt und belastet ist! – *Die Miasmen sind die prima causa morbi,* nicht die Verpilzung oder die Parasiten! – So *verwechseln viele Therapeuten und Homöopathen Ursache und Wirkung* und stehen auf dem Standpunkt: Zuerst die Parasiten und Pilze bekämpfen, dann erst die Homöopathie, ansonsten wirkten ihre ausgewählten Mittel nicht recht. Doch sie denken rein lokal, „beten darüber hinaus ihre Geräte an“ und können nicht chronisch therapieren! Es ist eben nur ein weiterer Versuch mittels Lückenstopfen und zeugt von keinem Verständnis für globale Zusammenhänge! Mit Akutmitteln und -potenzen kann man ja bekanntlich nicht antimiasmatisch erfolgreich sein! Daher kommen wohl diese nicht haltbaren Behauptungen und daher auch die „Erfahrung“ oben erwähnter angeblicher Therapieresistenz, die, mit der chronisch homöopathischen Brille betrachtet, gar keine ist.

Im ganzen Kent-Repertorium gibt es beispielsweise keinerlei Rubrik für Pilz (z.B. Fußpilz, Vaginalpilz, Hautpilz, Darmpilz) und *doch sind solcherlei Phänomene mittels Homöopathie heilbar, und zwar chronisch, unter der Berücksichtigung der Miasmen*! Auch ohne spezifische Rubrik!! Und genauso verhält es sich mit dem Parasitenbefall. Auch hier können wir nirgends gezielt nachschlagen, welche Arzneimittel in die engere Wahl kommen. Doch es gibt bei jedem einzelnen Fall mit Sicherheit eine Fülle individueller miasmatischer Symptome, die für eine erfolgreiche antimiasmatische Kur herangezogen werden können! *Die Parasiten können nämlich erst deswegen gedeihen, weil der Organismus deutlich miasmatisch belastet ist;* und hierbei sind wir gleich wieder bei den Auswirkungen der vielen Impfungen unserer Zeit sowie bei denen der schulmedizinischen und/oder naturheilkundlichen (wie gerade aufgezeigt) Unterdrückungen und sonstigen Medikamentenbelastungen, welche das Immunsystem über Jahre hinweg nachhaltig schädigen.

Gezielte Parasitenbehandlung, im Sinne von Löschfrequenzen, bedeutet also sehr lokale Behandlung! *Parasiten* sind meist vorhanden *bei einem geschwächtem Immunsystem*, speziell *bei allergischer Diathese*, sprich – *bei einem entsprechenden Nährboden!* Sie sind aber nicht die eigentlichen Ursachen der Erkrankung! Sie kommen weder von alleine, noch sind sie schwerpathologisch! Sondern sie haben eine spezielle Funktion! Aus diesem Grunde *dürfen sie auch nicht separat eliminiert werden*, da dann der *Organismus mit seiner Miasmatik von seinem energetischen Gesamtzustand verschlimmert* würde. Bei einer späteren chronisch homöopathischen Behandlung kämen diese zuvor heroisch eliminierten Parasiten mit Sicherheit wieder zurück, um dann nachher, wenn sich das Terrain geändert hat, nochmals von selber zu verschwinden (Rückspulung!), und zwar dauerhaft. Das habe ich immer wieder erleben können bei Patienten, die wegen „Parasitenbefall" eine homöopathische chronische Behandlung begonnen haben.

5.14 Rheumatismus, Polyarthritis

Wie schon eingangs im Kapitel über die Miasmen eingehend besprochen, gehören der Rheumatismus[1] und speziell die Polyarthritis[2] zu den Zeichen des Tertiärstadiums der Sykosis. Wenn sie noch nicht allzu weit fortgeschritten sind, können beide durch die Homöopathie bleibend geheilt werden. Man muß das Übel jedoch an der Wurzel packen mittels einer antimiasmatischen chronischen Kur. Mit homöopathischen Akutmitteln oder herkömmlichen grobstofflichen Medikamenten lassen sich zwar zwischenzeitliche Erfolge, im Sinne von Linderung bzw. zeitweiser Schmerzunterdrückung, erreichen, eine echte Heilung rückt jedoch damit in immer weitere Ferne, da sich das zugrunde liegende sykotische Miasma abermals verschlimmert. Und häufig melden sich die Schmerzen später dann doch wieder zurück, und zwar stärker als je zuvor, so daß schwerere Medikamente erforderlich werden, welche noch mehr Nebenwirkungen haben und den Organismus in die Destruktion treiben.

Rheumatismus und Polyarthritis im fortgeschrittenen Stadium, wenn schon Gelenkdeformationen eingesetzt haben, gelten als „Endstadium", auch homöopathisch gesehen. Man wird hier nie wieder „jungfräuliche" Gelenke erreichen können, da sich derartige Knochenumbildungen nicht mehr rückgängig machen lassen. Die Pathologie ist schon zu weit vorangeschritten. Trotzdem läßt sich mit der sanften Heilweise der Homöopathie noch viel erreichen. Schmerzfreiheit, oder zumindest eine erhebliche Schmerzminde-

---

[1] Rheumatismus: symptomatologischer Gruppenbegriff (ohne diagnostische Wertigkeit) für „schmerzhafte und funktionsbeeinträchtigende" Zustände des Muskel-Skletett-Systems unter Einschluß der sie begleitenden oder auch isoliert auftretenden Vorgänge an anderen „Organsystemen". ... Unterschieden werden der „entzündliche Rheumatismus" an Gelenken und Weichteilen, Muskelrheumatismus, Gelenkrheumatismus, und zwar als idiopathischer bzw. infektiöser bzw. allergischer Rheumatismus, und der degenerative Rheumatismus. (Roche Lexikon Medizin)

[2] Polyarthritis: gleichzeitig oder nacheinander in mehreren Gelenken auftretende akute oder chronische, unspezifische oder spezifische Arthritis (Gelenkentzündung).

rung, ohne die vielen zusätzlichen Nebenwirkungen durch heutige Medizinen, und das Stoppen des eingesetzten Degenerierungsprozesses und vielleicht auch ein bißchen Zurückdrehen „dieser Schraube“ sind doch auch schon ein großer Therapieerfolg, so daß auf spätere Operationen verzichtet werden kann.

Im folgenden nun ein Beispiel aus der homöopathischen Praxis, stellvertretend für viele, um aufzuzeigen, wie es zu solchen Phänomenen gekommen ist. Denn ohne Ursache gibt es keine Polyarthritis, wie bei allen anderen Erkrankungen auch, und ganz besonders bei den schweren degenerativen.

Frau Damaris, eine kinderlose Mittdreißigerin, leidet seit drei Jahren unter schwerstem Gelenkrheuma. „Brustbein, Hände, Zehengelenke, einfach alles tut weh. Oft ist auch alles so steif.“ Die Knöchel ihrer Hände würden häufig rot und heiß werden, und sie habe deutlich weniger Kraft in den Händen. Selbst das Halten einer Kaffeekanne bereite Probleme. „Ich schone meine Gelenke und trage wenig.“ Bei naßkaltem Wetter sei alles viel schlimmer.

Das rechte Großzehengrundgelank war besonders betroffen. Dieses hatte sie unlängst operieren lassen, es war stark angeschwollen und „total kaputt“. „Man hat die Knochenhaut entfernt, alles Entzündliche aus dem Gelenk herausgenommen und dann den Knochen verkürzt“, so ihr selbst erzählter Operationsbericht. Zwei weitere Zehen wurden gleich mitverkürzt. Doch es bestünden „noch Probleme nach der Operation“. „Um den Knochen arbeitet es noch, ich habe dort starke Schmerzen.“ Der Heilungsprozeß innen sei noch nicht abgeschlossen, hätten ihr die Ärzte zu verstehen gegeben. Deswegen nehme sie jetzt eine gewisse Schonhaltung ein, woraus Verspannungen im Rückenbereich resultierten. Seit 2½ Jahren nehme die Frau Cortison, 7,5 mg täglich, und seit sechs Wochen die erhöhte Dosis von 10 mg! Trotzdem sei ihr Zustand nicht befriedigend. „Ich wünsche mir manchmal, ich könnte in einen anderen Körper wechseln.“ Anfangs habe es auch andere Medikamente gegeben, unter anderem Resochin, eigentlich ein Malariamittel, welches auch häufig bei „chronischer Polyarthritis und bei juveniler Arthritis“ eingesetzt wird.

Den Grund ihrer Polyarthritis wüßte die junge Frau nicht. Sie habe keinerlei Vermutung, denn bis vor drei Jahren ging es ihr immer seht gut, auch mit ihren Gelenken. So gab es für sie keine Causa, die für ihre Gelenkbeschwerden in Frage kommen könnte. Im Prinzip fühlte sie sich sonst recht wohl; sie habe eine gute Partnerschaft und einen tollen Beruf. – Doch von richtig Gutgehen war sie Lichtjahre entfernt, da war ich vollständig anderer Auffassung.

So führten wir die Lebensanamnese fort, um die Gesamtheit ihrer Symptome und Lebensgeschichte als Basis für die Ausarbeitung eines homöopathischen chronischen Arzneimittels zu erforschen. Das Weitere sei hier allerdings nur noch in Stichpunkten vermerkt, in der Reihenfolge des Gesprächsverlaufs: öfter mal Halsschmerzen, mit Echinacin behandelt; vor ein paar Wochen Scheidenpilzinfektion mit weißlichem Ausfluß, juckend, mit Obstessig behandelt, früher schon öfter mal gehabt; seit der Kindheit häufig

Kopfschmerzen, zwei- bis dreimal die Woche, teilweise mit Übelkeit, Erbrechen, „so eine richtige Migräne“, seit sechs Jahren nur noch selten; Erkältungsneigung; friert leicht; oft kalte Füße, Hände und Nase, besonders die Zehen und Finger; nachts auch mal warme Füße, „ich strecke sie dann unter der Bettdecke hervor“; sehr geräuschempfindlich; Heuschnupfen als Kind, ab 12 Jahren mit Spritzen desensibilisiert, drei Winter lang, trotzdem noch Probleme, aber seit dem Cortison nur noch relativ wenig; im Alter von ungefähr 15 und 16 Jahren „recht oft Nesselfieber“ mit dicken Lippen, geschwollenen Augen und Zunge sowie starker Quaddelbildung auf der Haut; vor zwei Jahren Blinddarm-OP, „fast Durchbruch, er war nach hinten verwachsen“; sehr empfindliche Fußsohlen, „ich kann überhaupt nicht barfuß laufen“; mit 25 Jahren Windpocken; unerfüllter Kinderwunsch, ein Abort vor einem Jahr; „seit einigen Jahren eine vergrößerte Leber, vor drei Jahren erstmals festgestellt“; früher Zähneknirschen im Schlaf; großer Durst, gerne Eiswürfel in Getränken; Verlangen nach Butter und Salzigem; ungeheurer Kaffeekonsum; recht schnell Fieber, bis zu 39 °C; hin und wieder recht viel Haarausfall; früher Akne; lichtempfindliche Augen, braucht schnell eine Sonnenbrille; als Kind oft Mittelohrentzündungen, antibiotisch behandelt; Herpes in der Nase, ums Nasenloch herum, besonders bei Schnupfen und grippalem Infekt; empfindliche Zähne bei Heiß und Kalt; oft Heiserkeit bei Infekt, bislang war zweimal komplett die Stimme weg; Schilddrüse etwas vergrößert, „angeblich zwei kleine Knoten dort“; als Kind öfter mal Würmer, mit Helmex behandelt; vor 10 Jahren Salmonellen; selten Afterjucken und Hämorrhoiden; im Alter zwischen 14 und 19 Jahren immer wieder Blasenentzündungen, antibiotisch behandelt; seit zwei Jahren ab und zu ein leichtes Brennen dort, viel Trinken hilft; Menses sehr stark, früher mit „wahnsinnigen Kopfschmerzen“ und Übelkeit und „wahnsinnigen Bauchschmerzen, wie von einem Messer, teilweise auch Krämpfe bis zur Bewußtlosigkeit“, alle 24 Tage, Mönchspfeffer half; als Baby Hüftgelenkdysplasie, bekam eine Plastikhüftschale; Stolperneigung, „auch jetzt noch, ich ziehe diese Stellen einfach an“, so ihre Erklärung; die Nägel brechen leicht; früher als Kind Nägelkauen; ein paar Krampfadern an den Waden; früher Hühneraugen; mit 15 Jahren ein Lipom am linken Ellbogen „wegoperiert“; einige sog. red moles am Bauch, ca. acht bis zehn Stück; Mückenstiche geben immer größere Quaddeln; schnell blaue Flecken, in allen Farben; „ich blute lange und intensiv, meine Blutgerinnung ist gestört“.

An Gemütssymptomen gab es noch: leichte Erregbarkeit, Angst vor Krebs und AIDS – „man hört so oft was darüber“, Angst vor Spinnen und Schlangen, eine ausgeprägte Prüfungsangst mit Schweißausbrüchen, ja sogar mit Schwindel, „auch heute noch bei großen, wichtigen Terminen“, Perfektionismus, früher Legasthenie und Lernprobleme, „ich kann mich des öfteren nicht an gerade Gelesenes erinnern“, Ungeduld.

Aus der Babyzeit von Frau Damaris waren außerdem Blähungskoliken bekannt (vier Monate lang. „Täglich abends drei bis vier Stunden rumgebrüllt; mein Vater ging sogar nachts mit mir im Kinderwagen spazieren, damit ich einschlief!"), ein Storchenbiß im Nacken und daß sie nicht gekrabbelt ist. Darüber hinaus „die üblichen Impfungen als Kind und Jugendliche". „Nach der gesetzlichen Pockenimpfung bekam ich 40 °C Fieber, hatte einen blauen Arm und war apathisch; das war wohl knapp an einem Impfschaden vorbei." Und während der Schwangerschaft mit ihr hatte ihre Mutter im vierten bis fünften Monat vorzeitige Wehen; „es bestand die Gefahr einer drohenden Fehlgeburt".

Soweit die Daten aus der Anamnese von Frau Damaris, ohne auch die Daten aus ihrer Blutsverwandtschaft weiter zu verfolgen. *Eine deutlich sykotische Prädisposition!* Schon im frühesten Säuglingsalter. Allein die Blähungskoliken und das Nicht-Krabbeln sprechen eine deutliche Sprache (sykotischer Säugling). Dazu dann der „Beinahe-Pockenimpfschaden", wie sich die Frau ausdrückte, der sicherlich nicht nur beinahe einer war! Erinnert sei in diesem Zusammenhang an die spätere Legasthenie, an die Lernprobleme, an die Stolperneigung, an die Windpocken im Erwachsenenalter, die vielen Scheidenpilzinfektionen und Blasenentzündungen, den vergeblichen Kinderwunsch, den Abort, die beschwerliche Menstruation, die jahrzehntelang wiederkehrende Migräne, die Verwachsungen im Bauchraum, um nur einiges zu nennen.

Schließlich kamen wir noch auf den Beruf von Frau Damaris zu sprechen: Frau Damaris war außerordentlich erfolgreich und glücklich. Ihr Beruf machte ihr viel Spaß, ja sie hatte gewissermaßen „Karriere gemacht", was sie eingangs schon erwähnte. Vor ein paar Jahren ist sie sogar zur Vertriebsleiterin für Südamerika befördert worden, worüber sie sehr stolz war. Und nun mußte sie des öfteren in diesen großen Subkontinent jetten, was ihr im Prinzip keine größeren Probleme bereitete, bis „teilweise auf das Lampenfieber bei größeren Sitzungen". „Ich reise aktiv seit drei Jahren", sagte die erfolgreiche Frau. – Wieder diese drei Jahre! Ihre Polyarthritis begann ja auch vor drei Jahren! – Im Verlaufe unseres Gesprächs stellte sich dann heraus, daß sich Frau Damaris *vor jenen erstmaligen Reisen, vor gut drei Jahren, hatte impfen lassen, und zwar „gegen sehr viele Krankheiten"*, da „dort unten" Impfzwang bestehe. Allerdings nicht, wenn man von Deutschland her einreise, sondern Impfzwang nur unter einigen südamerikanischen Staaten untereinander, wenn man sich innerhalb dieses Kontinentes grenzüberschreitend bewege. Und genau das tat die junge Frau recht häufig, denn sie wollte ja für die nächste Grenzüberschreitung nicht extra nach Deutschland zurückfliegen, um dann stante pede ungeimpft in das südamerikanische Nachbarland zurückzukehren. Die immensen Kosten und die Faktoren Zeit und Streß bei einem solchen Vorgehen! Das würde einem keiner bezahlen. So hatte sie sich im guten Glauben, sich komplett zu schützen und sich und ihrer Firma etwas Gutes angedeihen zu lassen, ein „ganzes Impfpaket" einverleiben lassen und bekam dann etwa fünf Monate später prompt „die Quittung dafür", in Form ihrer Polyarthritis (zumindest wurde diese da „erstmals amtlich festgestellt"; die ersten dezenten Beschwerden traten bereits früher auf)!

Hier war also das lang gesuchte, fehlende Mosaiksteinchen zu dem ganzen Gesundheitspuzzle. Ein neuerlicher schwerer Impfschaden, nachdem der aus der Kindheit nie richtig erkannt worden ist, zuzüglich zu den vielen Verschärfungen durch die unzähligen Maßnahmen, um die schon lange zuvor bestehenden sykotischen Phänomene zu unterdrücken (z.B. das Desensibilisieren des Heuschnupfens, die Antibiotika bei den Blasenentzündungen etc.).

In einem ähnlich gelagerten Fall brauchte es kein ganzes „Impfpaket", sondern „nur" eine Einzelimpfung, die den Ausschlag zu einer PCP gab, einer progredient-chronischen Polyarthritis[1], und zwar war es hier der dritte Teil der sog. Zeckenimpfung. Gleich ein paar Monate danach, nach besagter FSME-Impfung, kam es zu wiederholten Blasenentzündungen, Scheidenpilz- und Chlamydieninfektionen, die teilweise antibiotisch behandelt wurden, sowie zu den ersten rheumatischen Beschwerden. Nicht viel später fand sich die betroffene junge Frau im Alter von nur 20 Jahren für drei Wochen im Spital wieder und erhielt hochdosiertes Cortison und Penicillin, ohne sichtlichen Erfolg. In der Folge dann „diverse Rheumamittel", die allesamt „nichts brachten". Über Jahre hinweg probierte sie „so ziemlich alles an Therapie aus, was es gab, wie Bioresonanz, Kinesiologie, Akupunktmassage, homöopathische Komplexmittel, Ernährungsumstellung" und einiges mehr, doch „nichts half". Erst nachdem sie mit ihrem Mann in die Karibik auswanderte, ging es ihr zunehmend besser. „Das dortige Klima war so angenehm, daß ich nach ein paar Monaten keine Symptome mehr hatte und vollkommen schmerzfrei war,[2] und das trotz leichter Gelenkdeformationen an meinen Fingern! Selbst meine Muskeln bauten sich langsam wieder auf."[3] Sechs Jahre später kehrte die Frau dann doch wieder in ihr Heimatland Österreich zurück, und all die Beschwerden ihrer bislang fort geglaubten PCP begannen sich allmählich wieder zu manifestieren. Der diesmalige Verlauf war allerdings dermaßen progressiv, daß es auch, neben den immensen Schmerzen in so ziemlich allen Gelenken, innerhalb von nur 2½ Jahren (!) zu viel ausgeprägtereren irreversiblen Gelenkdeformationen an ihren Fingern und Handgelenken kam, welche man eigentlich erst im fortgeschrittenen Alter erwarten würde; etc. pp.

---

1 PCP, progredient-chronische Polyarthritis: rheumatoide, in mehreren Gelenken auftretende Arthritis.

2 homöopathisch gesehen: „Verbesserung am Meer".

3 Weitere herausragende Beispiele für „Verbesserung am Meer", wie sie mir von anderen Patienten berichtet wurden, sind: Besserung der Neigung zu Bronchitis und Nebenhöhlenentzündungen, des Asthmas, der Neurodermitis („Nach Aussteigen aus dem Flugzeug – zurück in Deutschland – war wieder alles da!"), des Durchfalls, des Taubheitsgefühls der linke Hüfte bis in die Zehen hinein, morgendlich verklebter Augen, der rheumatischen Kopfschmerzen, der Migräne, der chronischen Verschleimung von Lunge und Bronchien mit zähem, grüngelbem Schleim und vieles mehr. Eine ältere Patientin, die „von 1987–1990 auf den Kanaren gelebt hatte", gab sogar an, daß sie „dort nach einiger Zeit keine Brille mehr benötigt" habe! – Wobei, meinen Beobachtungen zufolge, die Nordsee, der Atlantik und die Karibik viel mehr Kraft haben als beispielsweise das Mittelmeer.

Wie bereits gesagt, hier genügte eine einzige Impfung, um das ganze pathologische Potential der miasmatischen Prädisposition in seiner gesamten Tiefe unerbittlich abzurufen und ins Unermeßliche zu steigern. Somit kann es jeden von uns treffen, bei einer entsprechenden latenten miasmatischen Belastung sogar mit nur einem einzigen „Schuß", dessen sollte man sich bewußt sein.

Das soll genügen, um einen kleinen Einblick in die Welt des Rheumatismus mit seinen Zusammenhängen zu erhalten. Ein jeder Fall ist einzigartig, wie immer in der Homöopathie. *Aber bei einem jeden Fall gibt es einen roten Faden, eine tiefe, innere Logik und eine Causa!* Von alleine bekommt man jedenfalls keine Polyarthritis! Und um Zufall kann es sich auch nicht handeln. „Ein Gesunder wird nicht krank", wie Dr. Eichelberger in seinen Kolloquien immer wieder predigte, was soviel heißt wie, jemand, der frei von Miasmen ist, kann keinerlei Erkrankungen bekommen, und schon gar keine schweren, degenerativen.

Auf die Darstellung der Behandlung von Frau Damaris und der anderen jungen Frau sowie auf weitere Beispiele muß hier aus Platzgründen leider verzichtet werden. Verwiesen sei abermals auf mein Werk *Klassische Homöopathie für die junge Familie,* in welchem ein weiterer Fall von chronischer Polyarthritis samt Heilungsverlauf ausführlich beschrieben ist. Darüber hinaus wird in jenem Werk anhand eines anderen Falles auch sehr schön aufgezeigt, wie sich das sykotische Miasma durch eine ganze Familie hindurchzieht, über drei Generationen hinweg, mit jeweils ganz anderen „Gesichtern". Und zwar bei dem Kind als sykotischer Säugling, bei der Mutter in Form von Nebenhöhlenentzündungen, Eileitertorsion, Kinderlosigkeit und angeblicher Sterilität, und bei der Oma mit schwerem Gelenkrheuma. Eine Durchgängigkeit, die – didaktisch gesehen – ihresgleichen sucht.

Zum Schluß noch ein Zitat des großen John Henry Allen, welches sicherlich nicht nur bei chronischer Polyarthritis Gültigkeit hat: *„Die Anwendung des Similegesetzes auf das aktive Miasma ist die einzige Methode zur Heilung der Krankheit, selbst wenn diese das pathologische Stadium erreicht hat."*

5.15 Migräne

Und nun zu einem anderen schweren Krankheitsbild unserer modernen Zivilisation im Zeitalter des zwanzigsten und einundzwanzigsten Jahrhunderts, der Migräne. Schon in frühester Kindheit bin ich mit diesem Krankheitsbild hautnah konfrontiert worden: Und zwar litt die Mutter eines treuen Spielkameraden von mir mit ziemlicher Regelmäßigkeit unter Migräne inclusive zwei Tagen Bettlägerigkeit. Diese äußerte sich mit einem unerträglichen Kopfschmerz, „als ob der Kopf zerspringen wollte", Übelkeit, Erbrechen und Sehstörungen, so daß der Raum immer abgedunkelt werden mußte. Jegliche Geräusche verschlimmerten ihre elendige Situation. Nur ein kalter Waschlappen auf der Stirn und absolute Ruhe brachten minimale Erleichterung. In solchen Situationen wußte die arme Frau nicht, ob sie leben oder sterben sollte, wie sie mir des öfteren im nachhinein Jahre später erzählte. Ich erinnere mich noch gut daran, wie der gerufene Hausarzt, seines Zeichens Internist und auch Mitglied in unserem Tennisclub, immer recht hilflos an ihrem Bettrand stand und nicht wußte, was er tun sollte, denn die Spritze, die er dann und wann gab, hatte eigentlich nie geholfen. Die Migräne trat in der Regel nach einer Familienfeier auf, nach ein paar Glas Sekt oder Wein, in der Folge von nachbarlichen Einladungen, Kartenabenden oder Feierlichkeiten im Tennisclub mit Ausgelassensein, Fröhlichsein und Lustigsein, etc. Relativ regelmäßig, alle paar Wochen. Die Neigung dazu verschwand erst mit den Wechseljahren, wie ich später beobachten konnte, so daß man davon ausgehen kann, daß ein gewisser Rhythmus damals sicherlich auch durch den Menstruationszyklus geprägt war.

5.15.1 Ätiologie unbekannt – laut Schulmedizin

Der Begriff Migräne, eigentlich Migraine, kommt aus dem Französischen und bedeutet ursprünglich soviel wie Kopfschmerzen. Im Medizinischen ist darunter aber eine ganz bestimmte Form von Kopfschmerz zu verstehen. Laut dem klinischen Wörterbuch Pschyrembel und dem Roche Lexikon Medizin handelt es sich bei der Migräne um anfallsweise, sich periodisch wiederholende oder unterschiedlich häufig auftretende, Stunden oder Tage andauernde meist halbseitige Kopfschmerzattacken (teilweise auch generalisierte Kopfschmerzen), und zwar mit oder ohne begleitende neurologische Funktionsstörungen, z.B. visuelle (Flimmerskotom[1], Gesichtsfeldeinschränkungen, Doppelbilder, Licht- und Lärmscheu), sensorische, motorische und Sprachstörungen, sowie mit vegetativen Reiz- und Ausfallerscheinungen, meist von Übelkeit, Brechreiz und Erbrechen begleitet. Als auslösende Faktoren werden Wettereinflüsse (z.B. Wetterumschwung oder Föhnwetterlage im Voralpenland), verschiedene Gewürze, Genußmittel und die Psyche angeführt. „Ätiologie unbekannt“, heißt es weiter im Pschyrembel, d.h. zu Deutsch, die wirklichen Krankheitsursachen der Migräne sind unbekannt. Auch das MSD-Manual der Diagnostik und Therapie schreibt: „Die Ursache ist unbekannt“, fügt aber noch hinzu: „aber es gibt Hinweise dafür, daß es sich um eine genetisch[2] vermittelte

[1] Flimmerskotom: sogenannte Augenmigräne als Symptom der allgemeinen Migräne mit Symptomen wie anfallsweise auftretende Lichterscheinungen (Funken, Blitze Flimmern) und vorübergehendem abgeschwächtem zentralem Sehen sowie Hemianopsie (Halbseitenblindheit).

[2] genetisch bedingt: Immer wenn man nicht mehr weiter weiß und Zusammenhänge nicht vernünftig erklären kann oder gar etwas verschleiern will, ist man relativ schnell mit dem Begriff „genetisch“ bei der Hand. Das kann ja sowieso kaum jemand überprüfen, und die meisten sind zufrieden damit. Das heißt aber für Otto Normalverbraucher: unabänderlich. Für ihn ist es klar, daß keinerlei Hilfe zu erwarten ist, nicht von der Schulmedizin noch von

funktionelle Störung der Hirndurchblutung[1] handelt." Die Migräne kann in jedem Alter auftreten, beginnt aber gewöhnlich zwischen 10 und 30 Jahren. Sie kann nahezu täglich bis zu einem Abstand von mehreren Monaten in Erscheinung treten. Frauen sind weit häufiger betroffen als Männer. Oft ist die Migräne an die Änderungen des Hormonhaushaltes gekoppelt und tritt vor oder während den Menses auf, teilweise auch danach. Die Neigung zu Migräne endet in solchen Fällen meist erst richtig mit dem Klimakterium, kann im Einzelfall aber auch dann noch fortbestehen.

5.15.2 Ursachen aus homöopathischer Sicht

Homöopathisch gesehen ist die Migräne alles andere als ein akuter Kopfschmerz. Sie äußerst sich zwar primär durch diesen, ist aber *Ausdruck einer akuten Exacerbation miasmatischer Belastungen* und somit auch nur über eine chronische Therapie dauerhaft zu heilen. Natürlich läßt sich die Ausprägung der Schmerzen samt Begleiterscheinungen im Akutstadium mittels homöopathischer Akutmittel dämpfen, doch – anders als bei herkömmlichen Kopfschmerzen – ist eine solche Akutbehandlung nicht immer von Erfolg gekrönt.

Die Migräne basiert also auf einer miasmatischen Prädisposition, einem tieferliegenden Grundübel, welches i. d. R. durch heroische Arzneimittelbelastungen (ganz besonders die Pille und die sog. Hormonspirale[2]), Unterdrückungen und Impfungen verschärft und/oder gesetzt wird, so daß es in der Folge nur kleiner individueller Auslöser bedarf, das Faß zum Überlaufen zu bringen.[3] Somit ist auch bei der Behandlung einer Migräne der Aufwand einer kompletten Lebensanamnese zu betreiben, samt Schwangerschaftsanamnese und Anamnese der Blutsverwandtschaft, um die einzelnen vorhandenen miasmatischen Belastungen und Weichenstellungen im Leben des Patienten chronolo-

---

alternativen Verfahren, denn genetisch wird gleichgesetzt mit: „Es ist eben so, da kann man nichts machen; Pech gehabt." Somit wird die Suche nach den echten Ursachen und Zusammenhängen schon im Keim erstickt!

[1] Störung der Hirndurchblutung als Ursache: Das könnte aber nur eine Ursache auf der untersten Ebene sein, der materiellen, der organischen. *Doch es gibt immer höhere Instanzen bis hin zur feinstofflichen Ebene, die die organischen steuern.* Selbst die Durchblutung funktioniert nicht autonom. Auch sie unterliegt einer Steuerungshierarchie. Und genau hier müßte man ansetzen, die Ursachen zu suchen, die ursächlichste Ursache!

[2] Hormonspirale: gestagenhaltige Spirale mit protrahierter Hormonabgabe (Form der zeitlichen Dosisverteilung, bei der eine bestimmte Gesamtdosis kontinuierlich, jedoch innerhalb einer langen Zeit mit geringer Dosisleistung appliziert wird). – Ich erinnere mich noch gut an einen Behandlungsfall, bei welchem sich die junge Frau die Hormonspirale hatte entfernen lassen, und seither kein einziges Mal mehr Migräne während ihren Menses hatte!

[3] Wenn man – im Sinne der Miasmen – wirklich „chronisch gesund" ist, kann es im Grunde genommen nicht vorkommen, daß „ein kleiner Tropfen das Faß zum Überlaufen bringt". Vielmehr sollte es so sein, daß es „mindestens einen Liter und mehr braucht, das Faß zum Überlaufen zu bringen", sprich, daß der Körper erst nach langer intensiver Schädigung – gegen die Natur – mit größeren Reaktionen auf sich aufmerksam macht und rebelliert.

gisch zusammenzutragen und schlußendlich die Idee der Erkrankung zu erfassen. *Es bringt also absolut nichts, nur die einzelnen akuten Symptome der Migräne mit all ihren Modalitäten homöopathisch anzugehen, wie bei der Behandlung reiner Akutkrankheiten.* Das führt nie und nimmer zum Ziel, d. h., so könnte die Neigung, immer wieder Migräne zu bekommen, nicht eliminiert werden.

Ein erfolgreiches Vorgehen hat demnach stets antimiasmatisch zu erfolgen, so daß die Gesamtzusammenhänge klar erkannt werden können. Und meist kristallisiert sich dann auch ein *Impfzusammenhang*, ein *Unterdrückungszusammenhang* und/oder *Arzneimittelbelastungen* oder Kombinationen aus denselben als echte Causa heraus. Häufig liegt diese so weit zurück, daß sich der Betroffene kaum daran zu erinnern vermag; jedenfalls ist die Kausalität für den Laien nicht immer auf Anhieb zu erkennen. Vordergründige Auslöser wie Föhn, Wetterwechsel, Sommerhitze, Alkohol, Streit, seelische Belastungen, Streß, Menses, Feiereien etc. können niemals echte Ursachen einer Migräne sein. Diese treten nur als individuelle Trigger in Erscheinung, also als Reize, die eine Migräne beim einzelnen herbeiführen. *Doch ohne Miasmatik können solcherlei Auslöser nicht pathogen wirken!* – Umgekehrt wird es vielleicht noch deutlicher, denn Ungeimpfte und Menschen, die ohne Unterdrückungen und grobstoffliche Medikamente groß werden und im Einklang mit den Naturgesetzen aufwachsen dürfen, werden nie an solcherlei Kopfschmerzattacken zu leiden haben!

5.15.3 Fallbeispiele aus der Praxis

Daß die Sichtweise bezüglich der miasmatischen Belastungen auch bei Krankheitsbildern wie Migräne richtig ist, konnte ich schon recht früh in meinem Leben erfahren, ohne daß ich damals irgendwelche homöopathischen, geschweige denn miasmatischen Kenntnisse hatte. Von der oben erwähnten Mutter meines damaligen Spielkameraden erfuhr ich nämlich mit den Jahren, daß sie außer ihren regelmäßigen Migräneattacken auch vielerlei andere Beschwerden hatte, die ihr das Leben schwer machten und die, mit der miasmatischen Brille betrachtet, eine deutliche Sprache sprechen. Mittlerweile ist jene über 80 Jahre alt und kann auf einen beachtlichen Leidensweg zurückblicken. So litt sie schon in jungen Jahren, kurz nach der Geburt ihres ersten Kindes, monatelang an Furunkulose, hatte eine „Fistel im Unterleib", Jahre später einen schweren Hörsturz mit wochenlangem stationären Aufenthalt im Krankenhaus, ein paar Mal kreisrunden Haarausfall, weitere Jahre danach Gallensteine, die einer Operation bedurften, welche von Komplikationen begleitet war, litt jahrzehntelang an Nasennebenhöhlenentzündungen, weshalb sie schließlich einer Fenestration[1] zustimmte, welche ihr aber keinen dauerhaften Erfolg einbrachte, dafür aber den Verlust ihres Geruchssinnes bescherte, und an Asthma bronchiale („halbe Ewigkeiten" mit Sprays und Cortison behan-

[1] Fenestration: Fensterungsoperation; Gewebsausschneidung in Form einer Operation als Kieferhöhleneröffnung.

delt), rheumatischer Arthritis der Fingergelenke bis hin zu ausgeprägten Gelenkdeformationen, unterzog sich später einer sog. Totaloperation wegen massiver Wechseljahresbeschwerden und Jahre danach zwei weiteren Operationen angesichts eines tischtennisballgroßen Blasenvorfalls, ließ sich im Alter zwei künstliche Hüftgelenke einsetzen, später dann noch einen Herzschrittmacher, und einige kleinere Wehwehchen mehr. – Anhand dieses Beispiels aus meiner früheren unmittelbaren Nachbarschaft wird schon unmißverständlich deutlich, *daß eine Migräne niemals komplett allein betrachtet werden kann*, sondern nur ein kleines Mosaiksteinchen einer groß angelegten konzertierten Aktion auf der miasmatischen Klaviatur ist.

Im folgenden nun ein Beispiel aus der homöopathischen Praxis: Eine 42-jährige Frau kommt wegen Migräne und Infektneigung in die Praxis. „Ich habe meine Migräne seit ungefähr 30 Jahren. Früher fast jede Woche und jetzt nur noch etwa sechs- bis achtmal im Jahr." Sie beschrieb ihre Kopfschmerzattacken als „pulsierend" vorne in der Stirne und im Hinterkopf, einseitig, „links, manchmal auch rechts". Teilweise tat auch ihr ganzer Kopf weh, „das ist dann wie ein Gewitter im Kopf", ein bis zwei Tage. Augenbewegungen verschlimmerten. „Manchmal ist auch eine starke Übelkeit, zum Teil mit Erbrechen, dabei, zeitweise auch kalte Schweißausbrüche, doch in letzter Zeit ist dies seltener geworden." Beim ersten Mal, im Alter von 13 Jahren, gab es auch „Seh- und Sprachstörungen". „Ich konnte beispielsweise nicht das Wort Neapel sagen, und Teile des Gesichtsfeldes sind ausgefallen; da gab es einen undeutlichen Fleck." Die Migräne trat „nur nachmittags oder abends in Erscheinung, nach Anspannung" und wurde nie großartig behandelt. Auch bei trüber Witterung, besonders in der naßkalten Jahreszeit und „bei winterlichem Rheumawetter", kam es des öfteren zu Migräne, im Gefolge von depressiven Verstimmungen. Auf Nachfrage konnte sich die Frau daran erinnern, kurz vor ihrer allerersten Migräneattacke ihre Menarche gehabt zu haben. „Schon in meiner Schulzeit hatte ich häufig Kopfschmerzen."

Ansonsten gab es noch viele weitere Symptome, die für eine homöopathische antimiasmatische Behandlung von großer Wichtigkeit sind, hier aber aus Platzgründen nicht näher genannt werden können. Zum allgemeinen Verständnis seien nur noch ein paar davon in aller Kürze skizziert: allgemeine Verfrorenheit; Angstträume; Verlangen nach unreifem Obst; „eigentlich nie Fieber", also eine gewisse Reaktionslosigkeit des Organismus bei Infekten; eine Lungenentzündung, antibiotisch kuriert; Nickelallergie; hin und wieder Tinnitus im rechten Ohr; ein paar Mal Blasenentzündung, antibiotisch behandelt; Hautpilz; dunkle, klumpige Menstruationsblutung, etwas verkürzter Zyklus, früher sehr starke krampfartige Schmerzen dabei; ein paar genitale Pilzinfektionen; einmal Konisation[1] wegen auffälligem gynäkologischem Ab-

[1] Konisation: Portiokonisation, Zervixkonisation. Entnahme eines konusförmigen Gewebestückes aus dem Gebärmutterhals zur histologischen Untersuchung oder auch therapeutisch bei schwersten Zellveränderungen und Präcancerose (Krebsvorstufe).

strich (Pap III D[1]); Blähungen, eine Zeitlang Einnahme von Symbioflor zur „Darmsanierung"; Angst vor Alleinsein; verschiedene Impfungen etc. Hinsichtlich der Migräne sind vielleicht noch die Fingerwarzen von Interesse, welche im Alter von 13 (!) Jahren aufgetreten sind und mit Salzsäure unterdrückt wurden.

Unter der antimiasmatischen Behandlung (Medorrhinum LM18 und LM24, Sulfur LM18, Sepia LM18) nahm die Neigung zu Migräne mit der Zeit kontinuierlich ab, die zeitweise auftretenden Kopfschmerzen wurden zunehmend leichter und kamen immer seltener vor („kein Vergleich mehr zu früher") – ja sie konnten sogar zeitweise akut mit Spigelia gelindert werden –, bis sie schließlich nie wieder in Erscheinung traten. Natürlich besserten sich auch all die anderen miasmatischen Beschwerden der Frau parallel dazu. Die Gesamttherapie, insbesondere hinsichtlich ihrer verbleibenden Restbeschwerden, wurde noch eine gewisse Zeitlang fortgeführt und rief weitere antimiasmatische Mittel auf den Plan, wie beispielsweise Natrium muriaticum, was uns aber hier nicht weiter interessieren soll.

Abschließend noch ein etwas ausführlicheres Beispiel extremster Migränebelastung einer 40-jährigen Mutter von drei Kindern mit Namen Aich. Bei dieser bedauernswerten Frau weigerte sich der langjährig behandelnde Arzt mittlerweile sogar, weiterhin Rezepte für die bislang verschriebenen schweren Migränetabletten auszustellen, weil er „Angst vor den vielen Nebenwirkungen" hatte und weil sich der Konsum dieser Tabletten, die im übrigen sehr sehr teuer waren (6 Stück kosteten damals ca. DM 180,–!), während der letzten sieben Jahre dermaßen gesteigert hatte, daß er jegliche weitere Verantwortung dafür ablehnte. Frau Aich hatte ihre Migräne nämlich zweimal die Woche, zuzüglich zu den periodisch wiederkehrenden Rhythmen um die Zeit ihrer Menstruation! Und die Neigung dazu bestand bereits seit mehr als 25 Jahren! „Schon in der Schule habe ich immer Kopfschmerzen gehabt und viele Tabletten eingeworfen", so die geplagte Frau während ihrer chronischen Lebensanamnese.[2] Seit einer Quecksilberausleitung vor etwa drei Jahren habe sie die Migräne deutlich heftiger empfunden.

---

1 Pap: Einteilung und Bewertung zytologisch-gynäkologischer Befunde des Gebärmutterhalses nach Papanicolaou. Einteilung in Pap I (regelrechtes Zellbild) bis Pap V (massenhaft eindeutig maligne, d. h. bösartige, Tumorzellen). (lt. Pschyrembel, Klinisches Wörterbuch)

2 Chronische Kopfschmerzen bereits im Kindesalter, wie auch schon beim vorherigen Beispiel! Diese sind heute leider keine Eintagsfliege mehr. Ganz im Gegenteil! Laut einer Zeitungsmeldung vom Februar 2005 haben 300.000 Schüler chronisch Kopfschmerzen: „Neustadt – In Deutschland leiden nach Schätzung des Kinderneurologen Raymund Pothmann etwa 300.000 Schüler unter Dauerkopfschmerzen. Sie würden von seelischer Überlastung und einem falschen Lebenswandel verursacht, sagte der Leiter der Kinderschmerzambulanz am Hamburger Klinikum Nord in Neustadt. Chronische Kopfschmerzen seien auf dem Vormarsch und machten etwa ein Fünftel der Kopfschmerzen bei Schulkindern aus, erläuterte er am Rande des 7. Kurpfälzer Schmerzkongresses. Diese Dauerkopfschmerzen machten den Medizinern Sorgen, weil sie keine eindeutige Antwort darauf finden könnten." (Weilheimer Tagblatt) – *Typisch wie immer, „seelische Überlastung und*

Nachfolgend der schriftliche Bericht von Frau Aich, welchen sie für die Ausarbeitung ihres homöopathischen Fragebogens, im Sinne eines chronologischen Werdegangs, verfaßt hat: „Kopfschmerzen schon als Schulkind, als Jugendliche schon heftig. Mit 16 Jahren gynäkologische Operation, ‚die Öffnung nach außen war nicht da, es hatte bei der ersten Regel nach innen geblutet', danach lange Zeit Unmengen Penicillin-Spritzen. Als Erwachsene oft genitale Pilzinfektionen, Blasenentzündungen und vereiterte Zähne. Letzteres begann schon im jugendlichen Alter. Seit meinem 19. Lebensjahr Galleschmerzen mit Erbrechen, vor allem in neuen Situationen und Konfliktsituationen. Oft bei Unsicherheit und Angst. Aus den Kopfschmerzen wurde Migräne, während der Regel am schlimmsten. Ich habe lange Zeit die Pille genommen, und mit den Jahren wurde die Migräne immer schlimmer. Viele Tabletten, Psychopharmaka und Eigenbluttherapie. Eigentlich nichts, was ich nicht schon versucht hätte. Seit meinem 36. Lebensjahr krampfartige, fürchterliche Schmerzen im Hinterkopf und Nackenbereich, meist nach Eisprung, aber bevor die Regel da ist. Seit sieben Jahren Einnahme dieser schweren Tabletten bei Migräne. Viele Jahre Neigung zu Bronchitis, immer Antibiotika genommen. Mit 26 Jahren massive Angstzustände. Nächtliches Erwachen mit Panik, Schweißausbrüchen, Kribbeln an Armen und Beinen, Galleschmerzen mit Erbrechen und Durchfall; das Ganze jeden Morgen. Ich konnte nicht mehr essen, magerte auf 44 kg ab, hatte keine Kraft mehr. Die Regel kam nicht mehr. Irgendwann in dieser Zeit Suizidversuch mit Tablettenüberdosis. Dieser Zustand hielt ganze vier Jahre an, dann ging es auf einmal wieder besser, ich konnte wieder essen, das Gewicht normalisierte sich und unser Leben auch. Die Migräneattacken wurden schlimmer. Die Angst kam seltener, aber sie war immer irgendwo schleichend im Hinterkopf. Es waren die schwersten Tage in meinem Leben, danach nahm ich 35 kg an Gewicht zu. – Die letzten drei Jahre: Die Schulmedizin konnte mir offensichtlich nicht helfen. Ich versuchte es bei zwei Heilpraktikern, da bin ich in falsche Hände geraten. Dann fand ich einen Arzt, der Akupunktur und Chiropraktik beherrschte und naturheilkundlich arbeitete. Vor drei Jahren Entfernen aller restlichen Zähne; Quecksilberausleitung durch tägliche hohe Selengaben und Zinkeinnahme. Entsorgung aller Wohngifte soweit es möglich war; Ernährungsumstellung. Gewichtsabnahme 20 kg. Colon-Hydro-Therapie, zweimal im Jahr Fasten, regelmäßig Akupunktur. Die Angstzustände waren mit dem Herausnehmen der Zähne weg, doch die Migräne wurde noch schlimmer! Mit der Zeit kamen leider auch die Angst und Panik wieder, doch auf einem abgeschwächten Niveau. – Eigentlich habe ich immer Kopfschmerzen, wenn keine Migräne da ist. Richtig klar ist mein Kopf nie!"

---

falscher Lebenswandel", aber kein einziges Wort von Impfungen und Medikamentenkonsum schon im frühesten Kindesalter als Ursache dieses erschreckenden Szenarios in unserer zivilisierten Welt! So kann man auch „keine eindeutige Antwort darauf" finden, nie und nimmer.

Soweit die schriftlichen Aufzeichnungen von Frau Aich. Ihre Migräne beschrieb sie als: „Mal rechts, mal links über dem Auge. Ein Drücken. Ein reißender Schmerz, dort wo die vereiterten Zähne einmal waren, die seit drei Jahren heraußen sind. Es zieht, besonders beim Bücken. Dann auch stechend; es wechselt ständig. Ich würde meinen Kopf am liebsten abnehmen." Eine Tablette hielte etwa 12 Stunden, dann sei der Kopfschmerz wieder da, oft auf der anderen Seite. Manchmal gebe es auch Panik dabei. Bei den Krämpfen im Hinterkopf helfe das Migränemittel nicht, da schlucke die arme Frau vermehrt Selen. Diese Krämpfe habe sie etwa einmal im Monat, und zwar vor oder während ihren Menses; die Migräne etwa zweimal die Woche; das seien ganz verschiedene Dinge.

„Seit die Zähne weg sind, reagiert alles mit. Die linke Hüfte, das linke Knie und die linke Ferse tun weh. Und die Migräne ist viel doller geworden." Weitere Symptome aus unserem Anamnesegespräch waren: häufige Blasenentzündungen, „schon als kleines Mädchen", immer antibiotisch versorgt, „fast bei jeder Regel das Gefühl, es geht wieder los"; zwei Nierenbeckenentzündungen mit starker Blutung, davon eine in einer Schwangerschaft, antibiotisch behandelt; „als Kind oft Würmer", als Erwachsene auch einmal und ein Bandwurm in einer Schwangerschaft, jeweils „konservativ behandelt". „Ich war Spätzünder, war klein; es kam alles zu spät". Immer viel Fluor gehabt, öfter Trichomonaden und Candida albicans mit fischig riechendem Ausfluß; bei den Schwangerschaften nächtliche Wadenkrämpfe und Wassereinlagerungen in den Füßen; rheumatische Schmerzen in der linken Ferse und den Zehen. „Ich war ein unbeachtetes Kind, wurde in ein Wochenheim gegeben; meine Großmutter hat mich da rausgeholt und großgezogen. Bis heute ist nie darüber geredet worden. Es gab viel Streß mit meinen Eltern, als ich mit 15 Jahren zu ihnen zurückziehen wollte. Bin dann nach zwei Jahren mit meinem Freund zusammengezogen." Bis zum Alter von 15 Jahren Bettnässer; bei Menses förmlich krank, diese extremen Nackenschmerzen, auch Bauchschmerzen und große Blutfetzen bei der Blutung, dann Todesangst; zwei Fehlgeburten; extrem geräuschempfindlich und lufthungrig; „Depri" bei Wetterwechsel (gemeint war eine depressive Verstimmung, welche bis zu einer mehr oder weniger ausgeprägten Depression gehen konnte); Verlangen nach Süßem, Salz und Kaffee; „nie Fieber". „Auch positiver Streß, wie Freude und Erwartung, kann zu Migäne führen." Heuschnupfen. „Unechter Schmuck in den Ohrringlöchern eitert schon nach einer halben Stunde." Bei Rollkragen bekommt die Frau keine Luft, wie sie sagt, ein Schal draußen ginge. Starke Gelenkschmerzen, alles links, „schon immer die letzten Jahre"; als Kind und junge Frau jahrelang Verstopfung mit hartem Stuhl und „Hasenköttel". Ansonsten sei der Stuhl jetzt eher breiig. „Die Nägel brechen leicht, die Nagelhäute wachsen mit." Trockene Haut, besonders Gesicht und Hände; als Kind eine Warze am Fuß; schnelles Schwitzen.

Von ihrem Gemüt her sei Frau Aich leicht erregbar. „Ich bin ein sehr explosiver Mensch". „Vor meiner Regel habe ich eine ‚Saulaune', welche mein Familienleben vergiftet. Mein Mann reagiert dann sauer, ich fühle mich daraufhin verletzt.“ Ihr Mann habe viele Jahre lang Verständnis gezeigt für ihre Situation, doch „nun sei der Pott voll“. „Es ist ihm zuviel; ich ziehe mich dann zurück.“ „Ich habe auch eine ‚Stinkwut‘ gegenüber meinen Eltern, würde gerne mal über alles reden.“ Bei Kritik sei Frau Aich leicht beleidigt: „Ich werde dann gemein, versuche zu verletzen.“ Schon morgens nach dem Schlaf habe sie schlechte Laune; auch wenn sie lange geschlafen habe, sei sie nicht ausgeschlafen. Außerdem sei sie ruhelos und ungelduldig. „Ich kann auch unglaublich schwer Streß oder Ärger im Alltag abbauen, dann habe ich nachts Alpträume. Auch große Verantwortung möchte ich nicht übernehmen, sie belastet mich. Ich muß immer alles ordnen, sonst überblicke ich es nicht mehr. Jede Unebenheit, jede Veränderung macht mir Probleme, macht Angst, Übelkeit, Hautkribbeln, bringt mich ins Ungleichgewicht.“

An Impfungen habe es so ziemlich alles gegeben, was zu DDR-Zeiten damals üblich bzw. Pflicht war. Genauere Daten konnten wir mangels Unterlagen leider nicht mehr eruieren. Von der Pockenimpfung waren jedoch noch „Riesenbeulen“ in Erinnerung.

Die Daten aus der Blutverwandtschaft sind auch sehr umfangreich und sollen aus diesem Grunde nicht allesamt genannt werden. Hier nur ein paar wenige Angaben zum Abrunden des Gesamtbildes: Diphtherie des Vaters und seiner Mutter; drei Fehlgeburten seitens der Mutter; eine Syphilis der Oma mütterlicherseits durch Vergewaltigung in jungen Jahren und zeitlebens schweres Asthma sowie ständig vereiterte Zähne (im Alter von 30 Jahren schon eine Prothese!), Ohnmnachtsneigung; genitale Pilzinfektionen und Migräne der Oma väterlicherseits. Ansonsten chronische Bronchitis, Bluthochdruck, „ungewöhnlich kleiner Körperwuchs“, Menstruationsbeschwerden, Nägelkauen, Multiple Sklerose und einiges mehr.

Soweit die Gesamtanamnese der Frau, die eigentlich nur wegen ihrer Migräne kam. Aber aus der Migräne wurde – rein anamnestisch gesehen – ein erdrückender Berg von Symptomen und gravierenden Beschwerden, bei welchem man kaum weiß, wo man – in Bezug auf eine sinnvolle Behandlung – überhaupt beginnen soll. Der homöopathisch vorgebildete und in die Miasmen eingeweihte Leser wird unschwer erkennen, daß es hier keineswegs um die Kopfschmerzattacken alleine gehen kann und daß diese auch nicht therapeutisch herausdividiert und separat behandelt werden können. Vielmehr sind diese ausschließlich im Gesamtzusammenhang der miasmatischen Belastungen zu sehen, samt der *erblich bedingten Prädisposition* sowie der durch die herkömmliche Medizin verschärfenden Maßnahmen, wie *Impfungen, Unterdrückungen* und eine *Vielzahl von Analgetika*[1] mit immensen Nebenwirkungen. *Somit wird man niemals mit bleibendem Erfolg rein akut behandeln können, auch dann nicht, wenn die Mittel via energetischer Verfahren „fein*

[1] Analgetika: schmerzstillende Medikamente.

säuberlich" ausgetestet werden. Dies alles kann nur weitere Verschlimmerungen und Krankheitsverschiebungen mit sich bringen, da solcherlei Therapieansätze – wir sprachen bereits darüber – rein lokal ausgerichtet sind und weder Causae noch andere Zusammenhänge gebührend berücksichtigen. Es liegt auch auf der Hand, daß eine global ausgerichtete, antimiasmatische Therapie, die alles miteinbezieht, mehrere Jahre dauern wird, ehe man die Patientin wirklich als geheilt aus der homöopathischen Praxis entlassen kann, da *hier im Prinzip alle Miasmen vorhanden und eng miteinander verwoben* sind.

Ein detallierter Verlaufbericht dieses Falles würde fast eine eigenes Buch beanspruchen, so umfangreich und komplex gestaltete sich die homöopathische Behandlung samt allen akuten Exacerbationen und entsprechenden Zwischenbehandlungen, die selbstverständlich auch sehr interessant und spannend waren. Darüber hinaus gab es auch eine Vielzahl von weiteren Einflüssen, die der Frau zu schaffen machten und auf welche wir zwischenzeitlich homöopathisch zu reagieren hatten (z. B. Streß und Mobbing am Arbeitsplatz, Probleme mit ihrem Vater und ihren Schwiegereltern, Erbstreitigkeiten, zeitweise eskalierende Eheprobleme, starke nervliche Belastung durch ihre Kinder [Tochter will unbedingt ein Piercing, hat ihren ersten Freund und nimmt seit kurzem die Pille, welche sie nicht allzu gut verträgt; „sie soll eigentlich ihre Ausbildung machen"; sie ernährt sich nur von Junk-food[1] und hat schon ähnliche Probleme mit ihren Zähnen wie ihre Mutter und Oma in jungen Jahren; Sohn ist andauernd krank und schluckt am laufendem Band Antibiotika etc.]. „Ich nehme mir alles so zu Herzen, alles belastet mich immens." Akute Migräneattacken; Magen-Darm-Infekte; akute „Zahnschmerzen", obwohl alle Zähne draußen sind; depressive Verstimmungen; Angstzustände; Blasenentzündung; grippaler Infekt etc.). Aus diesem Grund können wir nur einige Highlights der Therapie stichpunktartig zusammentragen; alles andere würde den Rahmen dieses Werkes bei weitem sprengen. Im folgenden also eine kleine zeitliche Übersicht des Heilungsverlaufs mit Schwerpunkt Migräne und Hinterkopfschmerz (Selbstverständlich gab es auch sehr positive Entwicklungen bezüglich der anderen vorgetragenen Beschwerden und Symptome, doch diese müssen wir hier leider unter den Tisch fallen lassen.):

nach 6 Wo.: ausführlicher Zwischenbericht: zehn Tage vor den Menses Nackenschmerzen, „ungewöhnlich, wie ganz früher mal; am nächsten Morgen keine Migräne!" „Silvester keine Migräne gehabt, sonst immer!" …; ab und zu Migräne …; akute Fußbeschwerden …

nach 4 Mo.: wieder akute Nackenschmerzen …; vorher jedoch „schon neun Tage keine Migräne mehr gehabt"!

---

[1] Junk-food: Nahrung von geringem Nährwert aber von hoher Kalorienzahl (z. B. Süßigkeiten, Pommes frites, Cola etc.).

nach 7 Mo.: viel Kopfschmerzen im letzten Monat, viele Tabletten „gefressen"; bräunlicher Ausfluß; ...; Kieferschmerzen, wo die Zähne mal waren; Silicea LM12 besserte (sowohl die Zähne als auch die Migräne) ...

nach 10 Mo.: Urlaub – dort 18 Tage lang Kopf o. B.! „Kam mit den Menses wieder zurück!" Angstattacken. „Veränderung ist nicht gut für mich; fahre im Urlaub deswegen immer an dieselbe Stelle!" Versuch, bei Migräne die Tabletten wegzulassen, ging nach 15 bis 17 Stunden nicht mehr, wieder Einnahme der Tabletten; ... Gemeinsame Vereinbarung, die Tabletten mittelfristig abzusetzen!

nach 12 Mo.: „Seit 24 Tagen keine Migräne mehr!"

nach 13 Mo.: Menses pünktlich nach 28 Tagen! „Seit drei Monaten keine Migränetabletten mehr!" „Silicea LM12 hilft akut für die Migräne." Migräne beginnt immer mit „Reißen in den Zähnen" (die ja nicht mehr da sind) ...

nach 15 Mo.: „Seit einem halben Jahr ohne Tabletten!" „Es gab viel Streß, auch familiär." Auseinandersetzung mit Mann gehabt. „Habe gesagt, daß ich mal Gedanken hatte, ihn zu verlassen! Hat ihn sehr getroffen. Wir haben nun Grundstück gekauft ..., war extrem stressige Zeit für uns."

nach 16 Mo.: ... wieder Flechte an der Hand bekommen, „wie früher"; diesmal keinen Eisprung gemerkt („sonst immer sehr schmerzhaft"); Migräne – Silicea half mal, mal Lycopodium. Kein steifer Nacken bei letzten Menses! „Gab's seit Jahren nicht mehr!" Ängste seit längerem weg; noch Galleschmerzen; Reißen Zähne deutlich weniger ...

nach 18 Mo.: vier Tage lang Migräne gehabt, zweimal leichte Kopfschmerzen; den Monat drauf: viel besser, nur einmal einen Tag Migräne! ...; Flechte an Hand weg; Menses – wie immer; Eisprung auch schmerzhaft. „Letzte Migräne völlig anders als sonst. Mittags (nach zwei Stunden) war alles weg, das gab's noch nie!" ...; „auf Arbeit: Streß, Mobbing", ... „belastet mich" ...

nach 21 Mo.: Blasenentzündung gehabt; Galleschmerzen latent, ständig; „Heuschnupfen diesmal nur ganz wenig, trotz blühender Wiesen!" Menses – recht entspannt, nur ein Migränetag dabei! Keine Nackenschmerzen diesmal! Bei Eisprung verspannter Nacken. ...; Summe aller Migränetage im Monat: nur 2–3 Tage!! Noch viel Mobbing auf Arbeit; Tinnitus immer mal kurz, nicht mehr oft! ...

nach 22 Mo.: Erschöpfungszustände; im Urlaub wieder leichte Angstzustände gehabt; Flechte der Hand wiedergekommen, „wie früher"; schlimme Nackenschmerzen vor den Menses; danach Migräne

> für zweieinhalb Tage; ...; bräunlicher Ausfluß; beißender Schweißgeruch. „Migräne konzentriert sich jetzt nur noch auf die Menses, zweieinhalb Tage!“ „Nackenschmerzen jetzt ein Tag im Monat, auch nur zur Regelzeit!“ „Vor ein paar Wochen schon ein ganzes Jahr tablettenfrei gewesen!!“ „Immer wieder Streß und Mobbing am Arbeitsplatz.“ „Stelle mal meine Ehe in Frage; es ist ein Rumgebrülle ... bin sehr ungeduldig.“ ...

Soweit der erfreuliche Werdegang des angehenden Heilungsprozesses von Frau Aich „in Stenographie“. Die bislang verschriebenen chronischen Arzneimittel beliefen sich auf Medorrhinum LM18, Natrium muriaticum LM18 und LM24, Lachesis LM18, Sulfur LM18 und LM24 zuzüglich diversen Akutmitteln in unterschiedlicher Potenz bei einer Vielzahl akuter Zwischenbehandlungen.

Sicherlich kann eine chronische Kur bei dieser Größenordnung von Belastungen nach einer nur zweijährigen Behandlungsdauer lange noch nicht abgeschlossen sein, doch die gute Frau begann nun ein wenig selber „herumzuexperimentieren“. „Die letzten vier Wochen habe ich mit Sulfur pausiert; ich wollte mal gucken“, wie sie mir überraschenderweise am Telefon berichtete. Und prompt ging es mit ihrem Kopf auch wieder schlechter, den ganzen Monat hindurch! – Die Miasmen und die dazugehörige Symptomatik konnte ja noch nicht als abgetragen und vollständig eliminiert gelten! – Und dazu hatte ihr irgend jemand „den Floh ins Ohr gesetzt“, „die Heilung durch eine gezielte Quecksilberausleitung beschleunigen“ zu können, „ganz neu mittels Vitalfeldtherapie, Algen und Koriander sowie dem Austesten von homöopathischen Arzneimitteln“, was mich „sehr viel Geld kosten wird und eineinhalb Jahre in Anspruch nimmt“. Offensichtlich empfand Frau Aich die chronische antimiasmatische Behandlung als zu langedauernd und den Heilungsfortschritt als zu langsam[1]. Schade, dabei hatte sich schon so viel getan! Somit schrieb sie meine berechtigte Skepsis und meine Warnungen hinsichtlich der drohenden Gefahren einer „gezielten Quecksilberausleitung“, welche es im Prinzip so nicht geben kann, unbegreiflicherweise in den Wind. (Siehe hierzu auch Anhang *A.4 Gezielte Quecksilberausleitung möglich?)* Bei einer solchen Vorgehensweise wird es nämlich mit an Absolutheit grenzender Wahrscheinlichkeit erneut zu Unterdrückungen kommen sowie zu Verschlimmerungen der miasmatischen Belastungen auf der ganzen Linie, so daß das

[1] ad Dauer einer chronischen Kur: Hahnemann selbst gibt uns hier einen gewissen Anhalt. Schon damals hat er darauf hingewiesen, daß die Dauer einer chronischen Behandlung als schnell verrichtet anzusehen sei, wenn die Heilung innerhalb von drei Jahren erfolgt. Um wieviel mehr muß das für unsere heutige Zeit gelten, denn die Miasmen werden bekanntlich weitervererbt und verschärfen sich – nicht zuletzt durch die vielen miasmatisierenden Impfungen und unterdrückenden medizinischen Maßnahmen – von Generation zu Generation progressiv, nahezu bis ins Unermeßliche!

bislang Erreichte schrittweise aber sicher schwinden wird. Und so geschah es leider Gottes auch, dem Himmel sei's geklagt, denn von einem anderen Patienten mußte ich erfahren, daß es der Frau nach ein paar Jahren Ausleitung samt Austesten von Arzneimitteln wieder sehr schlecht ging und sie nun völlig demoralisiert und „am Boden zerstört" sei. Ihr Zustand sei sehr viel ernster als zum damaligen Zeitpunkt, an welchem sie nach unserer zweijährigen, so vielversprechend begonnenen, antimiasmatischen Behandlung auf eigenen Wunsch aufgehört hatte!

5.16 Epilepsie

Bis vor ein paar Jahren hatte ich noch keine richtige Vorstellung davon, was Epilepsie eigentlich ist und wie sie sich genau äußert. Noch während meiner Ausbildung zum Homöopathen dachte ich, ich käme kaum oder eher nie in Berührung mit Krankheiten wie Epilepsie, das sei etwas ganz Seltenes, denn ich hatte noch nie jemanden gesehen, der epileptische Anfälle hatte, geschweige denn einen Anfall selbst. Doch jetzt, seit mehr als 18 Jahren chronischer Homöopathie, ist die Epilepsie zu einem der zentralsten Themen in meiner Praxis geworden. Und ich bin zu der Überzeugung gekommen, daß diese weit häufiger vorkommt, als die meisten Menschen zu ahnen geneigt sind. Vor allem aber: Es ist wie bei all den anderen schweren Erkrankungen unserer Zeit, es wird immer mehr! – Worin ist dies nur begründet?

Schon in meiner Kindheit lernte ich die Epilepsie kennen, jedoch nur äußerst flüchtig durch ein paar Szenen aus dem Film „Der Idiot" des russischen Schriftstellers Fjodor M. Dostojewski (1821–1881). Mir wurde damals erklärt, daß das gewissermaßen mit Idiotie zu tun hätte! – Erst jetzt, im Laufe meiner homöopathischen Praxis, machte ich die Erfahrung, daß das ganz und gar nicht stimmt! Viele Patienten, die krampfen, sind sonst völlig normal! Es gibt aber auch viele, die zusätzlich andere auffällige Störungen aufweisen, ja geradezu entwicklungsverzögert oder -gestört sind bis hin zu schwersten Behinderungen. – Woran liegt das? Warum gibt es da so große Unterschiede? Warum ist der eine Epileptiker sonst fast völlig gesund, der andere aber nahezu ein „Hirnkrüppel" mit schwerwiegenden geistigen und/oder motorischen Störungen? – Oder kurz: Was ist Epilepsie wirklich?

5.16.1 Epilepsie aus herkömmlicher Sicht

„Der Epilepsie, einer Nervenkrankheit, deren Hintergründe auch heute noch nicht restlos aufgeklärt sind, haftet traditionell eine Aura des Geheimnisvollen an; sie galt schon in der Antike als Morbus sacer, als ‚heilige Krankheit'. Mystische Ereignisse, wie die Vision des Paulus in der Bibel oder die Paradiesreise Mohammeds im Koran, wurden und werden in diesem Sinne ausgelegt: In der medizinischen Literatur zur Zeit von Dostojewski betrachtete man den christlichen Apostel und den islamischen Propheten als Epileptiker." (Neil Stewart in „Das Buch der 1.000 Bücher") – Im Mittelalter war man dagegen der Ansicht, ein Dämon habe von dem Erkrankten Besitz ergriffen, und versuchte, diesen auf brutalste Art und Weise durch Trepanation (Schädeleröffnung mittels Knochensäge) auszutreiben. Demgegenüber war der altgriechische Arzt Hippokrates (ca. 460 bis 377 v. Chr.) seiner Zeit sehr weit voraus, indem er – gemäß seiner Abhandlung „Über die sogenannte heilige Krankheit" – eine natürliche Ursache der Epilepsie annahm, welche vom Gehirn ausginge.

Laut den klinischen Wörterbüchern Pschyrembel und Roche Lexikon Medizin handelt es sich bei der Epilepsie um die sog. Fallsucht oder heilige Krankheit, wie sie in der Antike genannt wurde (Morbus sacer[1]), und in engerem Sinne – rein wissenschaftlich ausgedrückt – „um eine plötzlich einsetzende Funktionsstörung des Gehirns, der eine Entladung der Neuronen mit exzessiv gesteigerter Frequenz und abnormer Synchronie zugrunde liegt". Das Krankheitsbild ist charakterisiert durch das wiederholte Auftreten „zerebraler"[2] Anfälle, die mit allgemeinen (generalisierte Epilepsie, Grand mal) oder aber mit begrenzten, „nichtgeneralisierten" Krämpfen (partielle oder fokale Epilepsie) einhergehen oder aber ohne Krämpfe (Epilepsie nonconvulsiva) verlaufen bzw. nur mit Anfällen kurzer Dauer (Petit mal). Die Krampfanfälle sind meist gekennzeichnet durch Bewußtlosigkeit und tonische oder klonische[3] Zuckungen der Extremitäten. Nicht selten geht ihnen eine sog. Aura[4], eine fokale Manifestation des Anfallsleidens, voraus. „Im Krankheitsverlauf kommen Übergänge von einer zur anderen Anfallsform oder wechselndes Auftreten vor, oft z. B. eine sekundäre Generalisation, sowie epileptische Wesensveränderungen. Das EEG[5] zeigt mehr oder weniger rhythmische Folgen von Spitzen, steilen Wellen oder Spitze-Welle-Komplexen, deren örtliche Verteilung generalisierte von nichtgeneralisierten Krankheitsformen zu unterscheiden und deren Dauer kurze, ohne klinische Begleitzeichen auftretende ‚Paroxysmen'[6] und epileptische Sta-

---

1 Morbus sacer: nach Bachhofen nicht heilige (sanctus) Krankheit, sondern „dämonische" (sacer, Attribut der Erdgötter bzw. Dämonen) Krankheit. – Pschyrembel, Klinisches Wörterbuch

2 zerebral: das Gehirn, i. e. S. das Großhirn, betreffend.

3 tonische Krämpfe: Kontraktionen von starker Intensität und langer Dauer.
klonische Krämpfe: rasch aufeinanderfolgende kurzdauernde Zuckungen gegenwirkender Muskeln.

4 Aura: kurze Zeit währende Initialsymptome (Vorbotenzeichen, Prodromi), die generalisierten Krämpfen unmittelbar vorausgehen; allgemeine Kurzbezeichnung für die epileptische Aura, welche auch alleiniges Anfallssymptom sein kann.

5 EEG: Elektroencephalogramm; graphisches Resultat einer Methode zur Registrierung von Potentialschwankungen des Gehirns (Hirnstromwellen).

6 Paroxysmus: „Anfall"; plötzliche, kurzdauernde und reversible Änderung wesentlicher Körperfunktionen.

tusformen[1] mit Verhaltensstörungen oder Dämmerzuständen zu erkennen hilft."[2]

Eine international anerkannte Einteilung der verschiedenen Formen von Epilepsie nach nosologischen[3] Gesichtspunkten unterscheidet partielle oder fokale Anfälle (die Anfälle beginnen lokal), generalisierte Anfälle (bilateral symmetrisch und ohne lokalen Beginn), Halbseitenanfälle und unklassifizierte epileptische Anfälle. Aufgeführt wird unter anderem die spezifische Symptomatik der jeweiligen Epilepsieform, die Anfallsdauer, das häufigste Erkrankungsalter und die vermutete Ätiologie. Sehr bekannte Formen von Epilepsie, welche wir aber hier nicht näher einordnen wollen, sind der Grand mal, der Petit mal (teilweise mit Absencen), die Rolando-Epilepsie, das West-Syndrom, Blitz-Nick-Salaam-Krämpfe (BNS-Krämpfe), Jackson-Anfälle und das Lennox-Syndrom. Manche Anfallsarten können in jedem Lebensalter auftreten, andere hingegen werden beispielsweise in den ersten fünf Lebensjahren bevorzugt beobachtet. Der Beginn der Konvulsionen[4] liegt im allgemeinen „zwischen dem zweiten und vierzehnten Lebensjahr". „Bei über 75 % der Erwachsenen kann keine direkte Ursache gefunden werden, ebensowenig bei einer geringeren Anzahl von Kindern unter drei Jahren." (MSD-Manual der Diagnostik und Therapie) Und weiter: „Anfälle vor dem zweiten Lebensjahr beruhen normalerweise auf Entwicklungsstörungen, Geburtsverletzungen etc." Gemäß der Aufstellung „Epilepsie – Nosologische Klassifikation" im Pschyrembel werden als Ursache „genetische Disposition von entscheidender Bedeutung" angeführt, teilweise auch Tumoren, Gefäßprozesse, Abszesse und Mißbildungen im Gehirn, degenerative Erkrankungen, „exogene Schädigungen, die das kindliche Gehirn in der Schwangerschaft, während der Geburt oder in der frühen Säuglingszeit treffen" oder auch so schwammige Formulierungen wie „frühkindliche Hirnschäden aller Art". Allerdings stellt sich die berechtigte Frage, woher all diese Schädigungen kommen sollen. Doch darüber schweigt des Sängers Höflichkeit, darüber erfahren wir nichts, jedenfalls nichts Einleuchtendes.

Die herkömmliche Therapie der Epilepsie „dient dazu, die Anfälle unter Kontrolle zu halten" (MSD-Manual), also gewissermaßen zurückzudrängen bzw. zu unterdrücken; von Heilungsbestreben ist keinesfalls die Rede. Nach der chirurgischen Entfernung eines zerebralen Herdes, sofern „eine faßbare

---

[1] Status epilepticus: Wiederholung von mindestens drei großen generalisierten Krampfanfällen innerhalb von Minuten bis zu wenigen Stunden mit Bewußtlosigkeit, die auch in den Intervallen fortbesteht, bzw. Serie epileptischer Anfälle mit nur kurzen anfallsfreien Intervallen (ohne Erreichen des Ausgangsverhaltens).

[2] „Typische EEG-Bilder kommen bei Epileptikern jedoch nur in etwa 30 % der Erkrankungsfälle vor; bei 30 % findet man nur uncharakteristische Veränderungen, bei weiteren 20 % sind Störungen provozierbar." (Roche Lexikon Medizin)

[3] Nosologie: systematische Beschreibung der Krankheiten; Zweig der Pathologie.

[4] Konvulsionen: ein sich in Serien wiederholendes klonisches oder tonisches Krampfgeschehen der Körpermuskulatur.

Hirnerkrankung“ nachgewiesen werden kann, ist gewöhnlich eine Langzeittherapie mit antikonvulsiven Medikamenten[1] erforderlich, teilweise mit mehreren gleichzeitig, welche durchaus ein ganzes Leben lang bestehen bleiben kann.

Epilepsie ist also etwas ganz Böses, etwas, das es auszurotten gilt. Teilweise bekomme ich in der homöopathischen Anamnese von Eltern betroffener Kinder sogar zu hören, die Ärzte hätten sie dahingehend „aufgeklärt“, daß bei jedem Krampfanfall so und so viel Tausend Hirn- und Nervenzellen absterben und ihr Kind mit der Zeit „deppert“ wird. Aus diesem Grunde müßten jegliche Konvulsionen massiv und, wie mir scheint, um jeden Preis, medikamentös unterdrückt werden. Doch bislang hat noch nie jemand wirklich gesehen, daß so etwas passiert, daß tatsächlich Hirn- und Nervenzellen in großen Mengen (oder auch nur eine einzige) absterben! Wie sollte man auch? Die modernen bildgebenden Verfahren (z.B. MRT, CT, PET)[2] sind viel zu ungenau und lassen nur Hell- und Dunkelschattierungen erkennen, und mittels Chirurgie müßte man zunächst den Schädel operativ eröffnen, um dann alle Abermillionen von mikroskopisch kleinen Zellen durchzuzählen und zu vergleichen, um zu einem eindeutigen Resultat zu kommen; ein Ding der Unmöglichkeit! Eine reine Interpretation also. Nichts als Vermutung oder Wunschdenken, damit alles in die doktrinäre Krankheitslehre und Therapie hineinpaßt. Es handelt sich um ein reines Postulieren ex cathedra, ohne sich Gedanken hinsichtlich natürlicher Vorgänge und Zusammenhänge zu machen.

Die Wahl der herkömmlichen Therapie sind schwere, chemisch wirkende Medikamente, sog. Antikonvulsiva oder Antiepileptika. Diese unterdrücken die Anfälle, ohne auf die einzelnen hirnorganischen Phänomene Rücksicht zu nehmen, auf Phänomene, die von der Schulmedizin alles andere als erforscht sind. Teilweise werden auch mehrere Antiepileptika gleichzeitig appliziert, welche sich gemäß Beipackzettel oder Arzneimittelverzeichnis „Rote Liste“ eigentlich gar nicht vertragen, ja häufig sogar untereinander ausschließen. Von diesen Anwendungsbeschränkungen einmal abgesehen, ist darüber hinaus bekannt, daß Antiepileptika extrem viele Nebenwirkungen haben. Laut Apothekerbuch handelt es sich um Arzneimittel mit den am meisten und schwersten verlaufenden Nebenwirkungen überhaupt (Nebenwirkungen bei Kindern: 75%!). Bei kleinen, in der Entwicklung befindlichen Kindern kann dieses nahezu fatal sein, denn nicht selten bleibt dabei die biologisch normale Entwicklung auf der Strecke. Man spricht dann von Entwicklungsstörungen oder Retardierungen und merkt gar nicht, daß diese überhaupt nicht von der Epilepsie selber kommen, sondern iatrogen verursacht sind aufgrund der massiven Nebenwirkungen der antikonvulsiven Therapie, wenn sie nicht aus irgendwelchen anderen Ursachen vorher schon bestanden haben.

---

[1] antikonvulsive Behandlung: Behandlung mit Antiepileptika.

[2] Kernspintomographie bzw. Magnetresonanztomographie (MRT), Computertomographie (CT), Positronenemissionstomographie (PET).

5.16.2 Unter dem Aspekt der Naturgesetzmäßigkeiten

Um die Epilepsie von ihrem biologischen Ablauf her in ihrer Gesamtheit zu verstehen, müssen wir uns die in Kapitel 3 erörterten biologischen Naturgesetzmäßigkeiten ins Gedächtnis zurückrufen, insbesondere die Zweiphasigkeit der Erkrankungen mit ihren Anteilen der Dauersympathikotonie und Dauervagotonie sowie die sogenannte epileptoide Krise.

Wie bereits eingehend dargestellt, schaltet der Organismus im Krankheitsfall von der gesunden vegetativen Innervierung, dem natürlichen Rhythmus und stetigem Wechsel zwischen sympathischem und parasympathischem oder vagotonem Anteil, um auf Dauersympathikotonie. Das heißt, nerval gesehen, herrscht nun Dauerstreß vor, so daß es zu keiner vagotonen Erholungsphase mehr kommt. Diese vegetative Dauerstreßphase, die konfliktaktive kalte Phase der Gesamterkrankung, wird ab dem Augenblick der Konfliktlösung abgelöst durch die zweite Phase der Erkrankung, die Dauervagotonie, das Reparationsstadium bzw. die Heilungsphase der Erkrankung. Während dieser warmen Phase mit all ihren bekannten Symptomen, wie Fieber, Müdigkeit, Schlappheit, Auftreten der Mikroben etc. pp., wird das Gewebe, welches in der ersten Phase in Mitleidenschaft gezogen wurde, wieder schrittweise restauriert. Gewebe, welches zuvor gewuchert hat, wird abgetragen, und Gewebe, welches „eingeschmolzen" wurde, wird nun unter Schleimabsonderung wieder aufgebaut, was, wie gesagt, häufig mit Fiebersymptomen einhergeht und heutzutage Infekt genannt wird. Dies alles ist ontogenetisch bedingt, läuft somit seit Millionen von Jahren so ab und ist determiniert durch die jeweilige Keimblattzugehörigkeit eines jeden Gewebes bzw. Organs sowie durch das entsprechende Steuerungsrelais im Gehirn.

Hirnorganisch gesehen kommt es in der sympathikotonen Phase der Erkrankung zu einer *regionären Entmarkung des Gehirns*, und zwar an der betreffenden Stelle des „Einschlags" des Konfliktes, welcher im Computertomogramm als Schießscheibenkonfiguration imponiert. – Das korrespondierende Organ ändert augenblicklich seine Funktion und reagiert mit den Symptomen, die wir als Krankheitsprodromalerscheinungen[1] kennen. – In der vagotonen Heilungsphase füllen sich diese konzentrischen Ringe eines solchen Relais dann mit *heilsamem Ödem*, so daß der entsprechende Bereich, in Abhängigkeit der Dauer der vorangegangenen Sympathikotonie, anschwillt und sich im Computertomogramm als raumfordernder Prozeß darstellt. Der Sinn dieses hirnorganischen, biologisch völlig normalen Prozesses ist die *Neubildung von Gliagewebe*[2], um die betroffenen Nerven der Areale, welche unter „Kurzschluß" standen, wieder zu isolieren. – Parallel dazu finden auch auf der korrelierenden Organebene bestimmte Reparaturvorgänge statt, die uns aber an dieser Stelle nicht weiter interessieren sollen. – Auf dem Höhe-

---

[1] Krankheitsprodromalerscheinungen: Vorzeichen oder Frühsymptome einer Erkrankung.
[2] Gliagewebe: Neuroglia, Hirnbindegewebe, Stützsubstanz des zentralen Nervensystems.

punkt der vagotonen Heilungsphase, der mit der maximalen Ausprägung des Hirnödems identisch ist, kommt es dann zur sogenannten *epileptoiden Krise* (siehe Punkt E in Bild 3.1), während der sich der Organismus von Teilen seines Hirnödems zu befreien versucht und langsam zur Normalität zurückkehrt. – *Und genau dieser Umschlagpunkt, die maximale Raumforderung des Hirnödems, ist bei der Epilepsie der epileptische Krampfanfall!* Die epileptische Krise im eigentlichen Sinne, welche bei anderen Erkrankungen als Analogon epileptoide Krise genannt wird.

Somit gehört die Epilepsie zu einem Teil der Heilungsphase einer Erkrankung bzw. sie ist der hirnorganische Teil des eigentlichen Höhepunktes eines Not- und Sonderprogramms der Natur, um Dinge wieder in Ordnung zu bringen, so seltsam sich dies fürs Erste auch anhören mag. *Die Epilepsie ist also keine eigenständige Krankheit, sondern nur Ausdruck und Symptomatik extremer Druckverhältnisse im Gehirn* durch ein außergewöhnlich stark angestautes Ödem, welches auf das motorische Zentrum in der Großhirnrinde, den *Gyrus praecentralis*, einwirkt. Dieses Ödem tritt ausschließlich in der vagotonen Heilungsphase auf und fördert die Reparationsvorgänge im Gehirn. Somit handelt es sich, streng genommen, gar nicht um eine Funktionsstörung des Gehirns im eigentlichen Sinne, welche es zu bekämpfen gilt! Und schon gar nicht um ein massives Absterben von Hirnzellen! Und von „Deppertwerden" bei bestehender Neigung zu Konvulsionen kann auch keine Rede sein!

Der epileptische Anfall resultiert aufgrund reiner Druckphänomene! Das Relais im Großhirn ist dermaßen angeschwollen, daß es sich zu einem *raumfordernden Prozeß* ausgeweitet hat. Nun kann aber die angrenzende weiche Hirnmasse nicht beliebig ausweichen; dies geht nur in Richtung Mittellinie (Trennung der beiden Großhirnhemisphären) oder Liquorräume (Ventrikel). Auf der anderen Seite befindet sich ja die harte, unnachgibige knöcherne Schädelkalotte, so daß die entsprechende Hirnmasse dort komprimiert wird. Wenn nun das motorische Rindenzentrum betroffen ist, welches die Willkürmotorik als „Zielorgan" hat, resultiert der *epileptische Krampfanfall.*[1] Dieser ist *generalisiert*, wenn der *Gyrus praecentralis in seiner Gesamtheit betroffen* ist. Im Falle von *fokalen Krämpfen* dagegen und *Absencen* oder einem leichten Muskelzucken des Mundes beispielsweise (wie bei der *Rolando-Epilepsie*) etc. ist das *Ödem nur in bestimmten kleinumschriebenen Hirnregionen loka-*

[1] Damit dürfte auch klar sein, daß es *bei epileptischen Krampfanfällen kaum zu lebensbedrohlichen Atemdepressionen kommen kann,* da – abgesehen von der Atemhilfsmuskulatur – die Atemmuskeln von ganz anderen Hirnarealen gesteuert werden, welche nicht der Großhirnrinde zugehörig sind. Die Atemdepressionen, die ich bislang erlebt habe, traten ausnahmslos aufgrund der massiven Dosen der vielen, akut gegebenen, krampflösenden Medikamente auf, zzgl. Beruhigungsmitteln, wie Valium, und Antibiotika, was die behandelnden Ärzte den betroffenen Eltern immer wieder zu verstehen gegeben haben. – Ein Beispiel eines extremen Status epilepticus, welcher erfolgreich akut homöopathisch begleitet wurde, ist in meinem zweibändigen Werk *Klassische Homöopathie für die junge Familie*, 2. Auflage 2001/2003, nachzulesen.

lisiert und tritt in verminderter Ausprägung in Erscheinung. Im Prinzip handelt es sich aber um dieselben hirnorganischen Phänomene, nur daß sich diese weniger generalisiert und intensiv darstellen: epileptischer Anfall – Druckentlastung.

Folglich lohnt es sich eigentlich nicht, die verschiedenen Epilepsien nosologisch zu unterscheiden, da sie, kausal bzw. hirnorganisch gesehen, im Grunde genommen ein und dasselbe sind. Kleinkinder reagieren eben bevorzugt mit generalisierten Krämpfen, da die Hirnreifung bis zum Ende des dritten Lebensjahres noch nicht abgeschlossen und somit meist sofort das ganze Gehirn betroffen ist, während bei Erwachsenen die fokale Epilepsie dominiert. Hochtrabende, über mehrere Zeilen gehende Diagnosen, wie „kryptogen-fokale rechtshemisphärische Epilepsie mit unspezifischen Auren, absenceartigen komplex-fokalen Anfällen sowie sekundär-generalisierten tonisch-klonischen Anfällen" bei einer Patientin von mir, klingen zwar sehr wissenschaftlich, sind aber nichts weiter als ein Versteckspiel einfacher Beschreibungen hinter wissenschaftlich klingenden Namen in lateinischer Sprache, was dem medizinischen Laien natürlich Kompetenz suggeriert, so als ob man alles im Griff hätte. Man hat jedoch keine vernünftige Therapie zu bieten, eben nur lateinische Begriffe für das, was man sowieso schon weiß oder sieht. Im Prinzip eine weitere Bestätigung von Dr. Eichelbergers „Gigantomanie in der Diagnostik – Zwergwuchs in der Therapie".

Die einzelnen hirnorganischen Phänomene sind also biologisch völlig „normal". Sie gehören zu einem *Not- und Sonderprogramm der Natur*, weil „Aufräumarbeiten" zu verrichten sind, und sie lassen sich als Herde mittels Jodkontrastmittel anfärben und im Computertomogramm sichtbar machen, weil sie deutlich stoffwechselaktiver sind als das umgebende Nachbargewebe. Bei der Betrachtung solcher CCTs resultiert dann ein Bereich, der wie eine kompakte Masse aussieht, obwohl dies nicht der Fall ist, zudem noch raumfordernd ist und in Unkenntnis der biologischen Zusammenhänge häufig als Hirntumor fehldiagnostiziert wird. In dem einen oder anderen Fall wird dann kurzerhand operiert[1], wobei „Rezidive" geradezu vorprogrammiert sind, weil man „nicht alles erwischt hat" und/oder weil „der Tumor wieder nachwächst". Aufgrund der Naturgesetzmäßigkeiten muß aber genau dies geschehen, denn man hat ja im Prinzip gar nichts erwischen können, weil eben kein wirklicher Tumor vorhanden war. – Im Grunde genommen hat man versucht, Erscheinungen der Heilungsphase in Form eines heilwirksamen Hirnödems herauszuoperieren und riskiert damit, aus einem relativ gesunden Kind einen absoluten Hirnkrüppel mit schwersten motorischen und/oder geistigen Behinderungen zu machen! – Somit muß es geradezu zu einem Rezidiv kommen, weil die Heilung noch nicht komplett abgeschlossen ist und weil aufgrund des

[1] Heutzutage gibt es dazu schon den Fachbereich der Neuropädiatrie, den es eigentlich gar nicht geben dürfte, denn echte Hirntumoren kann es schon per definitionem nicht geben, da sich Nervenzellen nach der Geburt bekanntlich nicht mehr teilen.

operativen Eingriffes ein zusätzlicher Heilungsprozeß auf einer anderen Ebene in Gang gesetzt wurde, nämlich aufgrund der chirurgischen Verletzung von Hirngewebe, so daß folglich ein weiteres Ödem entsteht und nachfolgende Vernarbungen. Was dann in seiner Gesamtheit wieder als noch größerer und „aggressiverer" Tumor fehlgedeutet wird. – Ein Teufelskreis!

Die *Hauptverursacher der Epilepsie* sind mit Abstand die *Impfungen.*[1] Durch sie kann es während der dauersympathikotonen Phase zu einer *Unterbrechung des Myelinisierungsprozesses im Kleinkindalter* kommen, ganz besonders bei Kindern unter drei Jahren, da die Hirnreifung erst gegen Ende des dritten Lebensjahres weitgehend abgeschlossen ist, oder gar zu einer *Demyelinisierung in fokalen Bereichen im fortgeschrittenen Alter*. Das ist jedenfalls meine Erfahrung aus der homöopathischen Praxis heraus. Auch *unterdrückende Maßnahmen durch heroische Medikamente*, wie z.B. durch Antibiotika oder Cortison, können rezidivierende epileptische Krampfanfälle auslösen; dies ist allerdings bei weitem seltener zu beobachten. Des weiteren treten solche Anfälle auch nach *schweren Schädel-Hirn-Traumata* auf, ebenfalls bei *postoperativen Vernarbungen im Gehirn*[2]. Darüber hinaus sind auch *anhalten-*

---

[1] „Epilepsie und Impfungen – ein Zusammenhang?" – so sollte der Titel lauten, welchen ich 1995, also vor mehr als 10 Jahren, der Redaktion einer Fachzeitschrift, die von sich selber sagt, ein Magazin „für und von Menschen mit Epilepsie, deren Angehörige und alle, die sich für ein selbstbestimmtes Leben mit Epilepsie interessieren" zu sein, auf Wunsch eines Betroffenen eingereicht habe. Nachdem ich monatelang keine Antwort erhalten hatte, versuchte ich es erneut auf schriftlichem Wege. Erst nach mehrmaliger Nachfrage erhielt ich schließlich die lapidare Antwort, der Beitrag müßte noch von den ärztlichen Beratern der Selbsthilfegruppe geprüft werden, man würde dann wieder von sich hören lassen. Immerhin war aber schon mehr als ein halbes Jahr vergangen! Und danach hat sich auch nie wieder jemand gemeldet; nicht einmal eine Absage habe ich erhalten. – Das klingt doch nicht nach Beratern, sondern eher nach Aufpassern, damit die Gruppe auch ja unter sich bleibt und nicht etwa auf kausale Zusammenhänge kommt und gar mit der Wahrheit an die Öffentlichkeit geht. Diese sollte wohl weiterhin unterdrückt werden. Jedenfalls kam es nie zu einer Veröffentlichung meines Beitrages in besagter Zeitschrift, die hier namentlich nicht explizit genannt werden soll. – „Wichtig ist natürlich, die Selbsthilfegruppen unter Kontrolle zu halten, damit jedes Grüppchen auch brav unter sich bleibt. Denn wo kämen wir hin, wenn die Betroffenen merken würden, daß sie ja alle an demselben leiden? Daß es gar keine Unterschiede in ihren Symptomen gibt? Da könnten sie ja anfangen, nach gemeinsamen Ursachen zu fragen – und gemeinsam nach ganz neuen Therapieansätzen zu suchen! – Nein, nein, jede Gruppe muß sich schön sauber von jeder anderen abgrenzen und ihr eigenes Süppchen kochen." (Monika Falkenrath) – Und weiter: Kleinere Zahlen für eine jede Krankheit „geben eine andere Optik ab als eine halbe Million Impfschäden! Man stelle sich vor, die würden sich alle zusammentun und laut und öffentlich Fragen nach der Verantwortung für einen derartigen Impfskandal stellen. Oder gar Schadensklagen und Wiedergutmachung verlangen! ..."

[2] Ein Beispiel aus der homöopathischen Praxis: Die im Schnitt alle drei bis vier Wochen auftretenden epileptischen Krampfanfälle eines 64-jährigen Mannes begannen nach einer Kopfoperation im Alter von 18 Jahren wegen zweimaligen Auftretens von „plötzlichen, Stunden anhaltenden, sehr starken Kopfschmerzen, als ob der Kopf platzen würde". „Es wurde ein Teil Hirnmasse entfernt; heute sind immer noch zwei Metallklammern drin", so

de Angst- und Panikattacken zu nennen sowie *sehr schwere Geburten* oder *Frühgebuten* (aufgrund motorischer und/oder Schreck-Angst-Konflikte, welche ihre hirnorganische Lokalisation u. a. im motorischen Rindenfeld haben)[1], wobei die Krämpfe aber hier schneller wieder vorübergehen und keinesfalls von rezidivierendem Bestand sind, im Sinne einer chronischen Epilepsie. Die bei Kleinkindern bisweilen auftretenden Affektkrämpfe[2], bei denen i. d. R. keine neurologischen Auffälligkeiten bestehen, gehören nicht zur Epilepsie.

All diese Beobachtungen hinsichtlich der Neigung zu Epilepsie sind im übrigen deckungsgleich mit den zeitlichen Angaben der Schulmediziner, wonach viele Epilepsiearten während der ersten fünf Lebensjahre auftreten und der Beginn der meisten Konvulsionen im allgemeinen „zwischen dem zweiten und vierzehnten Lebensjahr" liegt, also in dem Lebenszeitraum, in welchem fleißig geimpft wird. Darüber hinaus lassen sich auch die häufigen Entwicklungsstörungen, die „frühkindlichen Hirnschäden aller Art", die sog. „genetische Disposition" oder die „degenerativen Erkrankungen", welche häufig mit einer Epilepsie einhergehen, gut erklären.

Demzufolge ergibt sich eine grundsätzlich andere Sichtweise hinsichtlich der Epilepsie. Die Aura des Geheimnisvollen und das Mystische lösen sich gewissermaßen in nichts auf, wenn man die biologischen Gesetzmäßigkeiten verstanden hat. *Die Epilepsie ist ein Mosaiksteinchen eines groß angelegten Reparationsprogramms der Natur nach schweren hirnorganischen Schädigungen, welche jedoch reversibel sind, sofern man nicht andauernd grobstofflich dazwischenfunkt.* Trotz dieser neuen Sichtweise darf man die Epilepsie weder unterschätzen noch bagatellisieren. Sie ist auch bei einer homöopathischen antimiasmatischen Therapie sehr ernst zu nehmen. Doch – es sterben keinerlei Hirnzellen ab! Und man kann wieder ganz gesund werden, so als ob nie etwas gewesen wäre; das ist die neue Message!! Voraussetzung ist allerdings, daß nicht allzu viel grobstofflich manipuliert wurde, und vor allem, daß

---

die Beschreibung mit seinen eigenen Worten. Teilweise komme es zu kleineren Anfällen, teilweise auch zu großen, generalisierten mit Bewußtlosigkeit, wobei er den ganzen Körper verdrehe, mit einer Dauer von 10 bis 12 Minuten.

[1] Näheres hierzu siehe mein zweibändiges Werk *Klassische Homöopathie für die junge Familie*, 2. Auflage 2001/2003, insbesondere das Kapitel *Entwicklungsgestörte und behinderte Kinder.*

[2] Affektkrämpfe: Bei Kindern (zwischen Ende des ersten Lebensjahres und dem vierten Lebensjahr) als „hysterischer" Anfall vorkommende Krämpfe im Gefolge einer zornigen Erregung mit Geschrei, gelegentlich auch nach Schreck vorkommend. Dem anfänglichen „Schreiweinen" folgt ein exspiratorischer Atemstillstand, verbunden mit Zyanose, Augenverdrehen und Umsichschlagen sowie mit Nachhintenumfallen, kurzer Bewußtlosigkeit und Krämpfen. Die recht bedrohlich erscheinenden Symptome schwinden jedoch rasch nach einer tiefen Inspiration. (Roche Lexikon Medizin) – Gemäß den Angaben eines Spezialisten der Universitätsklinik in München können Affektkrämpfe auch durch Streß, geringfügige emotionale Ereignisse, Müdigkeit und Übernächtigung ausgelöst werden, was sich mit meinen Erfahrungen aus der homöopathischen Praxis heraus deckt.

keine Operationen erfolgten, das Anlegen eines Shunts[1] inbegriffen. Darüber hinaus sind bei einer chronisch homöopathischen Behandlung akute Krankheiten zuzulassen, egal welcher Natur, da diese meist Ausdruck vagotoner Heilungsphasen sind, was für den chronischen Gesamtheilungsprozeß von großer Wichtigkeit sein kann, somit also auch für die Ausheilung der Neigung zu Epilepsie. Das heißt, es verbietet sich aufs Strengste, akute Krankheiten regelmäßig mittels Fieberzäpfchen, Antibiotika oder durch sonstige heroische Maßnahmen wegzudrücken oder diese auch schon im Anflug mittels „Hausmittelchen“ im Keime zu ersticken, da der Körper durch solcherlei Maßnahmen zur Reaktionsunfähigkeit erzogen wird.

Zusammenfassend läßt sich also sagen, daß die Epilepsie ein hirnorganisches Phänomen in der vagotonen Heilungsphase ist, basierend auf einem Ödem, welches im motorischen Rindenfeld lokalisiert ist oder bis in dieses hinaufreicht. Mit dem Voranschreiten des Heilungsprozesses wird der Druck dieses Ödems auf den Gyrus praecentralis immer größer, was mit der Zeit zunehmende Krampftätigkeit bedeutet. Diese ist jedoch laut herkömmlicher Schule nicht erwünscht, ja sie wird in Unkenntnis der biologischen Zusammenhänge als etwas Fatales angesehen. Also werden Antiepileptika verschrieben, um diesem – an sich begrüßenswerten – Interimszustand Herr zu werden. Das heißt, die moderne, konventionelle Medizin behindert massiv die natürlich-biologische Funktion des Ausschwemmens des Hirnödems und zementiert den Staus quo fest, ja verschiebt diesen sogar ins Chronische hinein.

Im einzelnen sieht das so aus: Die Antiepileptika blockieren das Ausschwemmen des Hirnödems mit dem Resultat, daß es vorübergehend zu keinem weiteren Anfall mehr kommt oder nur noch zu kleineren, recht unscheinbaren. Somit gibt es keine Möglichkeit einer echten biologischen Ausheilung, denn das überschüssige Ödem bleibt regionär bestehen, wo es ist. Mit der Zeit allerdings wird der Organismus, unter Aufbietung all seiner Kraftreserven, doch noch versuchen dagegen anzukämpfen, so daß im Gehirn irgendwann soviel Flüssigkeit angestaut ist, daß es nach einer längeren anfallsfreien Phase trotz mehrfacher schwerster Antiepileptika mit einem Mal – „unerklärlicherweise“ – wieder zu heftigeren Krampfanfällen bzw. einem generalisierten Anfall kommt, durchaus auch zu einem *Status epilepticus*[2]. Da

[1] Shunt: eine künstliche, operativ angelegte Drainage mittels Schlauch vom Gehirn bis hin in die freie Bauchhöhle, um überschüssige Hirnflüssigkeit abzuführen, wie es vielfach auch bei einem Hydrocephalus (Wasserkopf) gemacht wird.

[2] Laut Arzneimittelverzeichnis „Rote Liste 2005“ ist unter der Auflistung der *Nebenwirkungen von Antiepileptika* u. a. auch der bemerkenswerte Satz zu finden: „Wie bei anderen Antiepileptika möglicherweise *Erhöhung der Anfallshäufigkeit einschließlich Status epilepticus*!“ Und an anderer Stelle: „*Chronische Encephalopathie unklarer Pathogenese* (Krankheitsentstehung, Anmerkung des Verfassers) *mit neurologischer Symptomatik* sowie Störungen höherer cortikaler Funktionen (d. h. vom Großhirn gesteuerte Funktionen, Anmerkung des Verfassers)“! Und das bei Medikamenten, von denen man eigentlich erwarten sollte, daß sie das Gegenteil bewerkstelligen!

die schulmedizinische Reaktion darauf ist: „Das darf nicht sein", erhöht sie die Dosen ihrer krampfunterdrückenden Medikamente oder gibt noch schwerere „Hämmer", teilweise auch zusätzliche Antiepileptika, so daß der kleine Patient wieder zurück in die Dauersympathikotonie befördert wird und förmlich „im Hirnödem ertrinkt". Heilung ade! Es folgt ein ewiges Herumprobieren mit der Dosierung und/oder weiteren Antiepileptika unter dem Risiko zusätzlicher schwerer Nebenwirkungen, ein Registrieren der Anfälle, ein Abschätzen von zumutbaren Nebenwirkungen und deren separate Behandlung, das wiederholte Erstellen eines Blutbildes und anderer Laborparameter, insbesondere das Überprüfen der Leberwerte und vieles mehr. „Einstellen"[1] wird dies in der medizinischen Fachsprache genannt, und die wenigsten registrieren die damit verbundene fortschreitende Stagnierung jeglicher biologisch normalen Entwicklung. Im Grunde genommen ein Circulus vitiosus[2]. Irgendwann ist man dann bei drei (oder sogar noch mehr) simultan zu gebenden Medikamenten angelangt, in immer höheren Dosen[3], welche mit der Zeit zu handfesten Entwicklungsstörungen führen, was dann später nur schwer zu korrigieren ist.[4] Um nämlich zu einer echten Ausheilung zu kommen, müßte der Patient ja

---

1 Der Begriff „Einstellen" hat für mich immer einen „kleinen" Beigeschmack von Maschine, dem Einstellen einer Maschine. Laut Roche Lexikon Medizin umschreibt er „die bei langzeitiger Behandlung mit Arzneimitteln (‚Dauermedikation') auf Erprobung basierende Festlegung der wirkungsvollsten Dosis und Verabreichungsart (z.B. von Insulin, Digitalis)".

2 Circulus vitiosus: Teufelskreis.

3 ad hohe Dosis von Antiepileptika: Der kleine dreijährige Jonathan erhält – gemäß den Angaben seiner Eltern – seit etwa 1½ Jahren dreimal täglich 300 mg Orfiril (also insgesamt 900 mg täglich!), „weil die Krämpfe anders nicht in den Griff zu bekommen sind", wobei die zulässige Maximaldosis dieses Mittels bei zusammengenommen 450 mg am Tag liegt. Laut dem Arzneimittelverzeichnis „Rote Liste" werden 150–450 mg/Tag für diese Altersgruppe empfohlen. – Leider ist Jonathan bei weitem kein Einzelfall.

4 ad antikonvulsive Therapie und Entwicklungsstörungen: Der Vater eines kleinen Patienten von mir hatte einige Wochen vor dem Beginn unserer homöopathischen Behandlung einen *Selbstversuch* unternommen. Sein Kind mit der Diagnose Epilepsie und Absencen erhielt mehrere antiepileptische Mittel gleichzeitig. „Ein paar Tage nach der initialen Gabe dieser Mittel waren die Absencen verschwunden, das EEG war unauffällig, nur unser Kleiner wurde zunehmend hypoton." Der Junge, welcher zuvor schon im fortgeschrittenen Krabbelalter war, „krabbelte mit einem Mal nicht mehr; er robbte nur noch durch die Wohnung, setzte seine unteren Extremitäten nicht mehr ein". Der besorgte Vater, selber Physiotherapeut, wollte nun wissen, ob dies an den verabreichten Antiepileptika lag und entschied sich ganz mutig zu einem Selbstversuch. Er nahm aber nur die Dosis seines elfmonatigen Kindes ein (und das auch nur einmal) – eigentlich hätte er, umgerechnet auf sein Körpergewicht, etwa die sechsfache Menge benötigt – und stellte innerhalb eines Tages fest, daß bei ihm „alles sehr verlangsamt wurde". „Ich hatte das Gefühl, als ob meine Beine nicht mehr zu mir gehörten, und meine Arme fühlten sich so an wie in Watte!" – Und das schon bei einer so geringen Dosis und noch dazu bei einem Gesunden bzw. bei einem Menschen, der sich nicht mehr in der Entwicklung befindet!! – Auf weitere Einzelheiten brauchen wir wohl hier nicht näher einzugehen; der aufmerksame Leser wird die Aussagekraft, Bedeutung und Brisanz dieses Selbstversuches sofort erkennen.

erneut durch die Dauervagotonie hindurch, so daß der Teufelskreis perfekt ist. Bei trotz alledem persistierender Anfallstätigkeit kann es zu guter Letzt auch dazu kommen, daß einem schließlich der Stempel „austherapiert“ aufgedrückt wird, was einem therapeutischen Offenbarungseid gleichkommt. Die Hochschulmediziner wissen nicht mehr weiter; sie haben alles Mögliche und „in ihrer Macht Stehende“ versucht, jedoch ohne zufriedenstellende Ergebnisse; „da kann man nichts mehr machen“; „unheilbar“, wie sie dies dann nennen.

Mit den vorgestellten biologischen Hintergrundinformationen betrachtet, ist die orthodoxe antikonvulsive Therapie alles andere als sinnvoll, ja geradezu verwerflich. Natürliche Phänomene von kritischen Heilungsphasen, wie epileptische Krampfanfälle, sollten gänzlich anders eingeordnet und therapeutisch angegangen werden als bisher. Therapeutisch müßte nämlich genau das Gegenteil von dem erfolgen, was heutzutage „Stand der Technik“ ist. Man dürfte die Bereitschaft zu krampfen nicht unterdrücken (Unterdrückung der Heilungsphase!), sondern müßte diese eher fördern und unterstützen, womit wir auch gleich wieder bei den homöopathischen Gesetzmäßigkeiten sind, welche schon Hahnemann vor annähernd 200 Jahren beschrieben hat (siehe Thema Erstverschlimmerung). Erst dadurch kann man schrittweise Rezidive, welche beispielsweise häufig durch Träume (z. B. Angst- und Panikträume, Alpträume) verursacht werden, abschwächen und bei fortgeschrittener Therapie schließlich verhindern, so daß eine positive Entwicklung zu erwarten ist. Und erst dadurch wird der Organismus bestärkt, sich von dem so groß gewordenen Hirnödem schrittweise zu verabschieden, so daß er allmählich zur Normalität – im Sinne der Natur – zurückfindet.

5.16.3 Das initiale Auftreten von Epilepsie anhand von Fallbeispielen aus der Praxis

„Paul hatte sich in seinem ersten Lebensjahr normal entwickelt; in den ersten Monaten war er sogar ein wenig weiter als der Durchschnitt. Er war auffallend fröhlich, voller Tatendrang, ohne unruhig zu sein, ausgeglichen, offen gegenüber Fremden. Er hat nie gefremdelt, nicht einmal vor Dunkelhäutigen. Im Alter von 14 Tagen begrüßte ich ihn mit ‚Hey, kleines Baby!‘. Paul antwortete mir mit einem klaren ‚Hay‘. Mit vier Monaten besuchte ich zwei Freundinnen, die ich im Krankenhaus nach meiner Entbindung kennengelernt hatte. Wir legten unsere drei Babys auf den Boden. Paul lag das erste Mal neben einem gleichaltrigen Kind. Er drehte bald freudig den Kopf zu dem anderen Baby und griff nach seinem Bauch. – Mit 15 Monaten erreichte er bei einem Entwicklungstest (Münchner Brückentest) die unterste Toleranzgrenze. Er gab einem bei Aufforderung gezielt seinen Schnuller. Er stand alleine frei. Gegenüber anderen Kindern war er offen und gab gerne sein Spielzeug ab. Paul konnte einen kreisförmigen Baustein in eine Steckbox stecken. Mit 18 Monaten zeigte er gezielt auf Gegenstände, konnte acht Schritte frei laufen und sprach einmal einen Zweiwortsatz. Er konnte 12 Wörter in der Babysprache. Er spielte auffallend gerne mit Bällen. Wollte ein anderes Kind ebenfalls mitspielen, rotte er ihm gerne den Ball zu."

Soweit der Beginn des schriftlichen Berichtes einer Mutter zur zunächst fast völlig normal erscheinenden Entwicklung ihres Epilepsie-kranken Kindes während seiner ersten Lebensmonate. Doch heute – Paul ist mittlerweile vier Jahre alt – entspricht sein aktueller Entwicklungsstand „etwa dem eines 15-monatealten Kindes"!

Im Alter von 4½ Monaten hatte Paul seinen „ersten Grand mal-Anfall[1] mit einer Dauer von 15 bis 20 Minuten", einen Monat nach der zweiten Sechsfachimpfung, auf die er ansonsten nicht auffällig reagierte. Der Krankenhausaufenthalt mit „Durchführung einer 30-minütigen Rückenmarkspunktion" brachte zunächst keine konkreten Ergebnisse. Etwa einen Monat später, vier Tage nach der dritten Sechsfachimpfung, kam es dann „wie aus heiterem Himmel" zu einer heftigen Lungenentzündung und weiteren Grand mal-Anfällen, welche sofort stationär behandelt wurden und welchen später weitere große, bis zu 36 Minuten andauernde Anfälle in Serie folgten. Nun wurde erstmals die Diagnose Epilepsie amtlich festgehalten, und Paul in der „Epilepsieklinik für Kinder und Jugendliche in Kehl-Kork[2] eingestellt". Man experimentierte mit verschiedenen Antiepileptika herum; zeitweise bekam Paul sogar drei Antikonvulsiva gleichzeitig. Schließlich erhielt der Junge über Jahre hinweg zwei krampfunterdrückende Präparate, von welchen eines in 3,25-fach überhöhter Dosierung verabreicht wurde, wie es für sein Alter eigentlich nicht zulässig ist, um den Krämpfen einigermaßen Herr zu werden.

„Seither ist Pauls Entwicklung rückläufig", erinnert sich die Mutter. Anfänglich schleichend, später progressiv. Der Junge konnte nicht mehr frei stehen, zitterte am ganzen Körper, hatte einen Tremor. Zeitweise war er apathisch. Bereits gesprochene Wörter hatte er verlernt. „Die Entwicklung stagnierte für ein ganzes Jahr", so die völlig verzweifelten Eltern. „Im Alter von zwei Jahren begannen wir dann eine homöopathische Behandlung bei einem Arzt. Nachdem wir in Zusammenareit mit der behandelnden Neuropädiaterin eines der beiden Antiepileptika reduzierten und schließlich ausgeschlichen hatten, verbesserte sich Pauls Allgemeinzustand leicht. Mit 2½ Jahren lernte er zum zweiten Mal das Laufen." Doch zur Zeit stagniere seine Entwicklung wieder, und man komme nicht weiter. Der behandelnde Homöopath schien „mit seinem Latein am Ende" zu sein, ja laut Pauls Eltern lehnte er es sogar explizit ab, die Behandlung des Jungen fortzuführen.

„Paul lebt in seiner eigenen Welt. Er ist nur auf bestimmte Gegenstände fixiert, dic ihn magisch anziehen. Alle anderen Dinge blendet er aus. Er guckt

---

1 Grand mal: (franz.) – „großes Übel"; generalisierte Epilepsie mit tonisch-klonischen Krämpfen, „großer Anfall".

2 Daß es heutzutage schon ganze Kliniken gibt, welche sich auf Epilepsie im Kindes- und Jugendalter spezialisiert haben, muß einen doch sehr nachdenklich stimmen!

weg, nimmt keinen Kontakt mit einem auf. Mit anderen Kindern kann er nichts anfangen, beachtet sie in der Regel nicht. Paul ist sehr unruhig und springt ständig hin und her. Seit einigen Wochen schüttelt er manchmal für etwa fünf Sekunden den Kopf oder rollt ihn mehrmals hin und her. Er läßt sich häufig mit dem Rücken gegen das Sofa ‚knallen', in einem fort, immer und immer wieder, so richtig stereotyp. ... Seit einigen Monaten hat er einen schwankenden Gang. Er stolpert oft über seine eigenen Beine und kann sich kaum halten. ... Zeitweise grinst er recht dümmlich. Ein Bekannter, der viel mit behinderten Kindern arbeitet, meinte, Paul habe autistische Züge."

Mit der Zeit hat der kleine Bub mehr als acht mehrtägige bis mehrmonatige Krankenhausaufenthalte hinter sich gebracht, einmal sogar wegen eines Status epilepticus, und das trotz minutiöser Einstellung mittels Antiepileptika! (Oder gerade deswegen?) Zum Zeitpunkt unseres homöopathischen Anamnesegespräches kam es immer noch regelmäßig zu Krampfanfällen, allerdings nicht mehr zu 30-minütigen großen, sondern zu „relativ kurzen, die nur ein paar Minuten anhalten, dafür aber tagtäglich präsent sind". Grand mal-Anfälle habe es schon länger nicht mehr gegeben. Doch Paul erhielt immer noch das eine antikonvulsive Medikament in mehr als 3-facher Überdosierung!

Soweit der Auszug aus der Anamnese des bedauernswerten, kleinen Paul. Ein *eindeutiger Impfzusammenhang*, dem eine *Unterdrückung aufgepfropft* wurde samt einer *immensen Arzneimittelbelastung*, so daß die Entwicklung des kleinen Jungen förmlich auf der Strecke bleiben mußte und es darüber hinaus auch nicht den leisesten Hauch einer Chance gab, die Neigung zu Krampfanfällen wirklich auszuheilen. Nimmt man dazu noch die weiteren miasmatischen Symptome aus seiner Kleinkindzeit auf, damals, als es ihm noch relativ gut ging und er sich noch recht unauffällig entwickelte, und berücksichtigt dazu auch die familiäre Prädisposition, wird man schnell erkennen, daß in diesem Fall *schwere Pathologie, Destruktion und Komplikationen geradezu vorprogrammiert* sind, ganz besonders dann, wenn eklatant und wiederholt gegen Naturgesetze verstoßen wird. – Ein Gesunder wird eben nicht krank!

Später, im Verlaufe der chronisch homöopathischen Kur, informierte mich die Mutter telefonisch dahingehend, daß – laut Blutuntersuchung – neuerdings die Vermutung geäußert wurde, bei Paul „liege ein Gendefekt vor". – Hat man dafür noch Worte? Ein Gendefekt bei Paul, der sich „die ersten Wochen ganz normal entwickelt" hatte? „Unser Sohn war teilweise weiter als andere und ein sehr fröhliches Baby; das fiel sogar der Kinderärztin auf!" Auch Pauls Geschwisterchen war von Anfang an vollkommen unauffällig, im medizinischen Sinne, versteht sich, und ist es auch geblieben. „Allerdings ist es auch niemals in den ‚Genuß' einer Impfung gekommen!" – Genaueres dazu konnte die Mutter allerdings nicht ausführen, da sie noch keine schriftlichen Unterlagen hatte. Jedoch sei eine etwaige Gehirnoperation, welche seitens der Ärzte bislang immer noch im Raum gestanden hatte, plötzlich in den Hintergrund getreten. „Wir waren sichtlich zufrieden, denn damit wurde nun auch dieser enorme Druck endgültig von uns genommen und die ewigen Diskussionen darüber beendet", resümierte Pauls Mutter erleichtert, zumal sich bereits sehr viel getan hatte mit unserer begonnenen homöopathischen antimiasmatischen Behandlung – trotz angeblichem (oder besser gesagt: angedichtetem) Gendefekt.

Ein anderer Fall von Epilepsiebeginn: Ein junges Mädchen vom Lande hatte im Alter von 15 Jahren zum ersten Mal zwei epileptische Grand mal-Krampfanfälle, ohne Vorwarnung. „Das erste Mal bin ich beim Sport, beim Basketballspielen, umgekippt. Ich war total verkrampft und habe am ganzen Körper gezittert. Dazu gab es einen Zungenbiß. Das Ganze dauerte etwa fünf Minuten." Die Tage zuvor sei das Mädchen erkältet gewesen, was in letzter Zeit häufiger vorkomme, sei aber trotzdem noch Ski gefahren und habe am Abend vorher Glühwein getrunken. Medikamentös wurde nichts gemacht.

Der zweite Grand mal ereignete sich etwa sieben Monate später beim „Inliner-Fahren". „Ich bin gerade losgefahren", erinnerte sich das Mädchen. „Später hat mich dann ein Bauer auf dem Fahrradweg gefunden. Das Krampfen hat er aber nicht gesehen, nur daß ich bewußtlos dalag. Ich kann mich an nichts weiter erinnern und weiß eigentlich nicht, wie und was genau passiert ist." Auch bei diesem Anfall war der Zungenbiß sicher, denn das Mädchen hatte enorme Schmerzen und eine blutige Verletzung in seiner Zunge, welche insgesamt sehr angeschwollen war, genauso wie beim ersten Mal. „Bei diesem Krampf hatte ich gerade meine Menses", ergänzte das Mädchen.

Zur Zeit – seit etwa einem Jahr – sei sie auf Orfiril long 500 mg eingestellt. Das Jahr davor habe sie ein ähnliches Valproinsäure-Präparat eines anderen Herstellers genommen, sei dann aber immer so müde und schlapp gewesen, habe fast 10 kg zugenommen und sich schlecht konzentrieren können.

Während der Anamnese stellte sich dann heraus, daß das Mädchen vier Monate vor dem zweiten Grand mal eine *Tetanusimpfung wegen einer Knieverletzung* erhalten hatte. Die anderen Impfungen lagen schon drei Jahre und mehr zurück, beliefen sich aber auf summa summarum 14 Stück. Seit der letzten Impfung sei das Mädchen auch recht häufig deprimiert, hege Selbstzweifel, fühle sich des öfteren „als fünftes Rad am Wagen", sei „mal unten, mal oben" und habe zu nichts Lust. Dann kämen zeitweise sogar Gedanken an Selbstmord auf. Und seit ein paar Jahren gebe es immer wieder grippale Infekte, die das Mädchen in dieser Häufigkeit und Ausprägung früher nicht gekannt hatte.

Ein klarer Fall von *Sykosis*. Zum einen an der organischen Manifestation in Form der zunehmenden grippalen Infektneigung zu erkennen, und zum anderen an der destruktiven Wirkung dieses venerischen Miasmas auf das Gemüt, im Sinne von depressiven Verstimmungen bis hin zu handfesten Suizidgedanken. Die Impfungen haben die – hier nicht weiter beschriebene – miasmatische Prädispositition des jungen Mädchens intensiviert und nochmals obendrein sykotisiert, besonders in die Psyche hinein. Somit haben sie auch hirnorganisch einiges durcheinander gebracht, denn selbst Depressionen haben ihre korrespondierenden Relais im Cortex des Großhirns[1], welche eine Demyelinisierung erfahren haben, so daß es schließlich als Interimslösung zu den beiden singulären Krampfanfällen kommen konnte.

Und noch ein weiterer Fall: Bei der 3½ Jahre alten Lena traten die Krämpfe erstmalig im Alter von zehn Monaten bei einer „Herpesinfektion“ auf. Lena hatte 40,7 °C Fieber und „sonst keinerlei Symptome“, wie die Eltern erzählten. Auch die bei Herpes üblichen Bläschen waren nicht zu sehen. Nur viel geschrien habe die Kleine, „so richtig schrill (!), wie mit Kopfstimme“. Sie war kaum zu beruhigen, habe auch wenig getrunken. Die Diagnose wurde einzig und allein aufgrund des Blutbefundes gestellt. Lena erhielt in der Klinik zehn Tage lang Zovirax-Infusionen; darüber hinaus wurde das Fieber gesenkt. „Schließlich wurde sie schläfrig und war nicht mehr zu wecken, bis es mit einem Mal den ersten großen Krampfanfall gab. Es war furchtbar! – Zusätzlich hatte sie sich auch noch ein Rotavirus[2] eingefangen und mußte antibiotisch behandelt werden.“ Später krampfte das Mädchen in einem fort. Lena erhielt „zig Medikamente“, doch sie krampfte immer weiter. „Seit drei Jahren wurde sie nun auf die verschiedensten Antiepileptika eingestellt.“

Lena war eine Frühgeburt; sie kam einen Monat zu früh auf die Welt und wog nur 1790 g. Schon eine Woche nach ihrer Geburt erhielt sie für zwei Wochen Antibiotika, „wegen des Verdachts auf Sepsis“. Aber so richtige Krankheitszeichen gab es auch zum damaligen Zeitpunkt nicht. Lena war nur recht schläfrig und hatte schlecht getrunken; ansonsten ging es ihr gut. Eine Woche nach dieser Behandlung imponierten dann „leichte Zuckungen an Händen und Körper im Schlaf“, was etwa vier Wochen lang immer wieder zu beobachten war und von den Ärzten im Krankenhaus als „benigne Neugeborenenkrämpfe“ klassifiziert wurde, demnach also gutartig und recht harmlos war.

Im Alter von vier Monaten wurde Lena dann zum ersten Mal geimpft: eine Sechsfachimpfung bestehend aus einem Diphtherie-, Tetanus-, Pertussis- (Keuchhusten), HIB-, Hepatitis B- und Polio-Anteil. Das Mädchen reagierte daraufhin „mit leichtem Fieber“. Einen Monat später kam die zweite Sechsfachimpfung und einen weiteren Monat danach der dritte Durchgang. Zur damaligen Zeit habe Lena noch „schön gespielt“, „sie hat alles in den Mund genommen“, ihre Kopfkontrolle war gut, sie ist gerobbt, hat sich aufgestützt und konnte sitzen. „Heute liegt sie nur noch rum, kann ihren Kopf nicht selbständig halten, hat keine Koordination, spricht nicht und hat bis zu 12 Absencen täglich!“ Und so weiter und so fort.

„Die Ärzte lachten, als ich sie auf die Impfungen ansprach. ‚So etwas kann

---

[1] Cortex des Großhirns: Großhirnrinde.

[2] Rotaviren: moderne Umschreibung von bestimmten Brechdurchfällen oder ausgeprägten Durchfallerkrankungen bei Säuglingen und Kleinkindern mit der Gefahr von Exsikkose (Austrocknung), wobei im Labor Rotaviren nachzuweisen sind. – Kommen, meiner Erfahrung nach, häufig bei Krankenhausinfektionen vor.

nicht vom Impfen her kommen. Da ist wohl eher etwas im Mutterleib passiert.', erhielt ich zur Anwort", so die von Selbstvorwürfen geplagte Mutter. Doch dem Kind ging es vor der dritten Sechsfachimpfung noch recht gut. Es entwickelte sich, im Sinne der Medizin, bis dahin völlig unauffällig! – Sehen es die heutigen Mediziner nicht oder wollen sie es nicht wahrhaben oder ist dies Teil einer groß angelegten, konzertierten Vertuschungsaktion? „Das sieht doch ein Blinder mit einem Krückstock", ist man geneigt zu sagen. Jedenfalls werden die Eltern unserer Zeit diesbezüglich regelrecht für dumm verkauft.

Also auch hier ein *ganz klarer Impfbezug samt massiver Unterdrückung*. Schon die anfängliche Antibiose, welche die benignen Neugeborenenkrämpfe provozierte, gehört dazu. Und dann die sog. Herpesinfektion, die wohl eher Ausdruck einer relativ späten, dafür aber sehr akuten *postvaccinalen Encephalopathie* (diffuse Gehirnentzündung nach Impfung) mit Reizung der Meningen (Hirnhäute) gewesen zu sein scheint. Ein unverkennbarer Hinweis hierfür ist das anhaltende, sehr hohe Fieber und der *Cri encephalique*, der Fachbegriff für das nicht zu beruhigende, schrille Schreien des Mädchens, einem sog. Hirnschrei. Diese akute Hirnreizung wurde mittels heroischer Medizin „brutal niedergeknüppelt". Als Folge dieser grobstofflichen Manipulation im Sinne einer Unterdrückung trat dann die – eigentlich heilwirksame – Durchfallerkrankung auf, die sog. Rotaviren, welche einem letzten Aufbäumen des Organismus, sich von den massiv eingeflößten Schadstoffen doch noch zu befreien, gleichkommt. Doch auch dieses sinnvolle Unterfangen der Natur wurde falsch verstanden; die Schulmediziner deuteten es als schlimmen Hospitalkeim und fanden wiederum die passende Antwort in Form einer weiteren Unterdrückung, der Antibioselenkung. Somit war die akute Ausheilung endgültig torpediert, so daß es bei der zunehmenden Krampftätigkeit blieb. In der Folge dann eine fortwährende, jahrelange medikamentöse Unterdrückung dieser Krampfanfälle durch äußerst schädliche Substanzen, mit dem Ergebnis: chronische Epilepsie, Zustand nach nicht ausgeheilter Gehirnentzündung als Impffolge mit extremer Entwicklungsretardierung, ja sogar Verlernen bereits erreichter Entwicklungsmeilensteine und schließlich bleibenden Behinderungen.

Der Fall eines weiteren Kindes, des Mädchens Sarina: Sarinas Krampfanfälle begannen vor 1¾ Jahren im Alter von 7 Monaten, „drei Wochen nach der zweiten Dreifachimpfung (DTP: Diphtherie, Tetanus, Pertussis) zusammen mit Polio", wie seine Mutter erzählte. Dem Krampfanfall unmittelbar voraus ging eine Behandlung von Sarinas Haut wegen akuter Exacerbationen einer atopischen Dermatitis. Die Haut des Mädchens, die schon „seit seiner Geburt" in Richtung Neurodermitis auffällig und behandlungsbedürftig war, man hatte schon des öfteren pflanzliche Salben inclusive Cortison angewendet, schien nämlich immer schlechter zu werden, so daß man sich schließlich zu einer mehrtägigen stationären antibiotischen Behandlung entschlossen hatte. „Und genau am vierten Tag dieser Behandlung fing unser Kind an zu krampfen."

Sarinas Entwicklung war schon vor dieser Impfung leicht verzögert. Die Ärzte diagnostizierten eine „geringe statomotorische Entwicklungsverzögerung". Sarina konnte beispielsweise keinen Blickkontakt halten, hatte leicht autistische Züge, sie war nur mit sich beschäftigt. Ihre Händchen waren sehr häufig gefaustet, sie war recht schreckhaft und litt an muskulärer Hypotonie. Im Schlaf schreckte sie immer wieder hoch und hatte panische Angstzustände. „In der Entwicklung der Spontanmotorik ist Sarina um einen Monat zurück; es gibt drei abnorme Lagereaktionen", so der behandelnde Arzt bei der Untersuchung im Alter von acht Monaten. Ein wenig später, mit 16 Monaten, war das Stehen nur noch mit Halten möglich, und auch das Sprechen von einfachen Worten, wie „Mama" und „Papa", hatte Sarina verlernt.

Darüber hinaus zeigte das Mädchen schon zu Beginn seines Lebens fast alle nur denkbaren Phänomene eines sykotischen Säuglings, wie Windeldermatitis bis hin zu einem ausgeprägtem Windelpilz mit offenen, roten Stellen mit Substanzverlust der Haut, einen Blähbauch, leicht verklebte Augenlider, eine sog. Babyakne, als Säugling schon Schnupfen, Labiensynechie, um nur einige zu nennen. Im zarten Alter von drei Tagen wurde die Kleine bereits BCG-geimpft, was natürlich zu einer solch extremen Sykotisierung wesentlich beigetragen haben könnte.

Im Alter von sieben Monaten wurde Sarina, wie eingangs erwähnt, wegen ihrer Haut stationär behandelt, und zwar wegen „Impetigo-Herden[1] im Gesicht, an der linken Schulter und an der linken Ellenbeuge", mittels Antibiotikum und einer Salbe. „Da beim Vater ein Herpes labialis bestand, wurde Sarina auch über fünf Tage mit Zovirax 3 × 75 mg i. v. behandelt", obwohl bei ihr – von den Hautreaktionen her – nichts auf einen Herpes hingedeutet hatte. Während dieses Krankenhausaufenthaltes kam es dann erstmalig zu leichten Konvulsionen. „Sarina verdrehte die Augen, zuckte mit beiden Armen und war dabei ganz schlapp. Sie hat nicht geatmet und nicht geschrien. Anfangs gab es drei solcher Episoden", so steht es im Krankenhausbericht. Man hat daraufhin gleich mit einer antikonvulsiven Therapie begonnen, mit Luminal, Sabril und Ergenyl, „die Anfälle nahmen jedoch eher an Stärke und Schwere zu", ist im Bericht zu lesen. „Auch nach Erreichen von therapeutisch wirksamen Plasmaspiegeln kam es zu einer Zunahme der Anfallsfrequenz." Deshalb wurden immer mehr Mittel ausprobiert, wie z. B. Ospolot und Liskantin, teilweise auch mit anderen Mitteln kombiniert; trotzdem traten weitere Anfälle auf und ihr Schweregrad nahm zu. – Die aktuelle Anfallshäufigkeit bei Aufnahme in die homöopathische Therapie lag durchschnittlich bei einem größeren Anfall pro Tag.

„Bei stärkeren Anfällen in der Einschlafphase öffnet Sarina die Augen, und es kommt zur Blickdeviation nach oben mit starrem Blick. Oft geht ein Aufschrei voraus. Sie ist dabei nicht ansprechbar. Die Arme sind während des

---

[1] Impetigo: Eiterflechte, Grindflechte.

Anfalls gebeugt und die Hände gefaustet. Dabei kommt es bis zu 12 Zuckungen der Hände und Arme. Die Beine sind nicht betroffen. Sarina ist während des Anfalls eher hypoton und in Armen und Beinen zyanotisch. Nach dem Anfall schläft sie dann für ein bis zwei Stunden. Oft ist sie auch sehr schreckhaft, und man hat z. T. den Eindruck, daß die Anfälle durch Geräusche auslösbar sind. Die Anfälle treten v. a. in der Einschlaf- und Aufwachphase auf. Auch unter der Therapie kam es zu keiner Normalisierung des EEGs." (Auszug aus dem Krankenhausbericht) Und weiter unter in der Zusammenfassung heißt es: „Bei Sarina liegt ein bisher ätiologisch nicht geklärtes zerebrales Anfallsleiden vor."

Zerebrales Anfallsleiden, das ist richtig. Aber ätiologisch ungeklärt? Kann man das so sagen? Stimmt das wirklich? Gibt es wirklich keine ätiologischen Zusammenhänge? – Der aufmerksame Leser wird gemerkt haben, worauf zu achten ist. Da sind zunächst die *BCG-Impfung* am dritten Lebenstag und die anfängliche leichte Entwicklungsverzögerung zu nennen. Und dann die Neurodermitis „von Geburt an". Dann deren *unterdrückende Behandlungen*, teilweise mit Cortison. Dann die *erste Mehrfachimpfung*, die nicht weiter auffiel, jedoch sicherlich die Entwicklungsverzögerung „zementierte". Ein wenig später dann die *zweite Mehrfachimpfung*. Daraufhin die akute Exacerbation der Hautgeschichte mit einer aufgepfropten Impetigo contagiosa, einer Eiterflechte, welche schließlich *antibiotisch „nach innen gedrückt"* wurde. Darüber hinaus die *Herpesbehandlung*, „nur weil der Vater der Kleinen einen Lippenherpes hatte" und weil sich die Ärzte nicht darüber im klaren waren, wie die akute Hauteruption einzuordnen war. Und dann – die nächst höhere Hierarchiestufe der Reaktionen in Form eines kleineren Grand mals, der durch die *schwere antikonvulsive Therapie* geradezu „immer größer gemacht wurde" (wie durch die Krankenhausberichte zugegeben), vergesellschaftet mit den massiven Entwicklungsrückschritten auf der ganzen Linie. – Da kann man doch wirklich nicht behaupten „ätiologisch nicht geklärt", oder?

Und schließlich ein letztes Beispiel, welches von einem 41-jährigen Mann mit Grand mal-Anfällen handelt, der Mitte 2003 in die homöopathische Praxis kam. „Die letzten großen Anfälle mit generalisierten tonisch-klonischen Krämpfen, Zungenbiß, Einnässen und Schaum vor dem Mund dauerten jeweils eine halbe Stunde an und liegen schon sieben Jahre zurück", so der Mann. Doch in letzter Zeit sei es wieder zu einem vermehrten Auftreten von Auren ohne Bewußtseinsverlust gekommen, mit starken Angstgefühlen und innerer Unruhe, „in Abhängigkeit von Streß", was dem Mann sehr zu schaffen mache, denn er war Zahnarzt und könne sich solche Paroxysmen während der Ausübung seines Berufes nicht leisten. Zur Zeit habe er etwa eine Aura die Woche, teilweise auch einmal jede Nacht. „Vorher kam dies nur noch relativ selten vor, so einmal im halben Jahr." Im Zeitraum von 1991 bis 1995 habe er Timonil eingenommen und später dann, bis ca. 1997, Ergenyl. Die Krampfanfälle seien erstmalig 1988 auf einer Reise nach China aufgetreten, bei einer mehrtägigen Wanderung im chinesischen Hochgebirge auf 3.500 m Höhe, und dann erst wieder 1991 in Canada beim Wandern in den Rocky Mountains. Ab diesem Zeitpunkt wurde dann mit der antikonvulsiven Therapie begonnen. „Unter Umständen hatte ich aber schon einmal als Kind im Vorschulalter nächtliche Konvulsionen, da mir des öfteren morgens die Zunge weh tat, total geschwollen war und ich nichts essen konnte."

Der Mann beschreibt eine seine Auren wie folgt: „Eine Aura in der Nacht im Mai 2003 im Campervan/Alkoven, neben meinem Sohn Freddy. Träumen, Aufschrecken. Ich sehe ein kleines Tier an meinem Kopfende, wie eine Maus oder kleine Ratte. Es will auf Freddys Seite. Ich will das Tier davon abhalten und halte meine Hand davor. In Wirklichkeit was das ein Stofftier meines Sohnes. – Jetzt beginnt das Hämmern und Rasseln in meinem Kopf. Ich begreife jetzt erst die Situation, lege mich auf den Fußboden und bereite mich auf einen Anfall vor, der jedoch nicht eintritt. Die Aura klingt recht schnell wieder ab. Es bleiben leichte Kopfschmerzen in der regio frontalis links[1]. Ich schlafe nur langsam wieder ein, der folgende Schlaf ist jedoch tief. – Am Tag nach der Aura fühle ich mich schlapp, schwach, unzufrieden und gereizt. Die Nächte vorher habe ich nicht so gut geschlafen, es bestand jedoch keine Schläfrigkeit. Alkohol wurde ca. zehn Tage nicht getrunken. Zwei Tage vor der Aura kam es zu einem massiven Hautpilzausbruch zwischen und unter den Zehen beider Füße, sowie zwischen dem Zeige- und Mittelfinger der rechten Hand, die ich mit Teebaumöl behandelt habe, so daß die Hauterkrankung am folgenden Tag deutlich verschwunden war."

In letzter Zeit kämen zeitweise auch kleine Anfälle vor, sog. Petit mals. Einen dieser Anfälle beschreibt der Mann exemplarisch wie folgt: „Sonntag, 15.00 Uhr. Die Nacht vorher wegen Streß nicht geschlafen, sondern durchgearbeitet. Mittags wegen Müdigkeit und Lustlosigkeit hingelegt. – Sonst stecke ich das Nichtschlafen besser weg. – Aus dem Schlaf hochgeschreckt, ganz leichtes Krampfen, Stöhnen, völliger Hörverlust. Kein Bewußtseinsverlust, kein Zungenbiß, kein Einnässen! Ursachen: massiver körperlicher und seelischer Streß, Schlafentzug, nur wenig Alkohol (eine Flasche Bier)."

Und die Grand mal-Anfälle von früher erlebte der Mann folgendermaßen: „Erwachen in den frühen Morgenstunden gegen 3.00 Uhr, weil mich ein schwerer Alptraum plagte. Ich schrecke hoch und habe starke Angstgefühle, finde mich in meiner Umgebung nicht gleich zurecht. Es folgt ein generalisierter tonisch-klonischer Anfall von mehreren Minuten bis zu einer halben Stunde, zum Teil mit Zungenbiß und/oder Einnässen. Danach Muskelkater, Abgeschlagenheit, teilweise Verwirrtheit. Auslösende Faktoren: manchmal Schlafentzug, psychischer Streß, Alkoholexzesse."

Wie gesagt, der erste Gand mal-Anfall passierte auf der Chinareise 1988. Auf die Impfungen angesprochen hinsichtlich der Vorbereitung auf diese Reise, stellte sich heraus, daß sich der Mann 1987 und '88 *gegen eine Vielzahl*

[1] regio frontalis links: linke Stirnhälfte.

von Krankheiten hatte impfen lassen, als da sind: Hepatitis A und B, Cholera und Typhus, teilweise sogar mehrmals. Und nach der Chinareise gab es noch *drei weitere Wiederholungsimpfungen* von Hepatitis B, die letzte im Januar 1994. Alle Impfungen in seinem Leben zusammengenommen machten 27 Stück aus! – Kann man da noch annähernd gesund sein?

„In meinem dritten Dezennium[1] wurden alle meine somatischen Beschwerden, wie grippale Infekte, spastische Bronchitis etc., geringer. Dafür traten Epilepsie und Depressionen an ihre Stelle, mit grundlosen Stimmungsschwankungen, Reizbarkeit, Zurückziehen, Einkapseln und teilweise sogar Gedanken an Suizid. Manchmal ein paar Tage lang, manchmal wochenlang."

Darüber hinaus gab es eine weitere, für die Homöopathie sehr bedeutsame, Begebenheit, denn 1997 litt der gute Mann auf einer Reise nach Thailand am Dengue-Fieber[2] „mit schwersten Kopfschmerzen, Übelkeit, Nackensteife und anhaltendem, sehr hohem Fieber". „Vielleicht war auch eine Meningitis dabei", so die damalige Eigendiagnose des Mannes. Er habe das Dengue-Fieber tagelang selbst behandelt mit *hochdosiertem Aspirin* und *fiebersenkenden Mitteln.*

Das soll genügen, um einen kleinen Eindruck bezüglich des Epilepsiebeginns dieses Mannes zu erhalten. Und auch hier wieder die schulmedizinische Diagnose einer Universitätsklinik: „Epilepsie mit Grand mal-Anfällen unklarer Ätiologie". Und die einer radiologischen Praxisgemeinschaft: „Cerebrale Krampfanfälle unklarer Genese", was im Prinzip dasselbe bedeutet. – Hat man dafür noch Worte?

Diesen Fall brauchen wir nun wirklich nicht mehr zu kommentieren, da er sich hinsichtlich der Ätiologie kaum von den anderen Fällen unterscheidet. Nur das Alter ist vielleicht noch interessant, was uns klar vor Augen führt, daß es jeden „erwischen" kann, sofern er nur mit der orthodoxen grobstofflichen, gegen die Natur gerichteten Therapie allzu lange fortfährt, wobei die Impfungen mit Abstand „die Nase vorne haben".

Zu guter Letzt sei noch erwähnt, daß auch Tiere an Epilepsie leiden können. Jedenfalls haben wir diesbezüglich Erfahrungen mit einem Hund aus der Nachbarschaft gemacht. Woher soll wohl diese Krampfneigung bei den Tieren kommen, wenn nicht von den Impfungen (Tollwut, Staupe[3] etc.)?

---

[1] Dezennium: Jahrzehnt.

[2] Dengue-Fieber: akute Infektionskrankheit der Tropen und Subtropen, die durch das Dengue-Virus „hervorgerufen" und durch Mücken der Gattung Aëdes übertragen wird.

[3] Staupe-Virus: verursacht bei Hunden das akute Krankheitsbild der Staupe mit Encephalopathien (!) oder perakuten Symptomen, die Alte-Hunde-Krankheit genannt wird. Das Virus wird aufgrund einer Reihe von Hinweisen, vor allem epidemiologischer Art, in ätiologischen Zusammenhang mit der Multiplen Sklerose (!) gebracht. (Pschyrembel, Klinisches Wörterbuch) – (Ausrufezeichen vom Verfasser) Das müßte einem doch zu denken geben, oder? Allein die beiden Begriffe Encephalopathie und MS sind ja ohne die Impfungen kaum existent!

5.16.4 Die homöopathische Behandlung der Epilepsie

Da die Epilepsie primär als chronisches Geschehen zu sehen ist, hat deren homöopathische Behandlung in erster Linie chronisch antimiasmatisch zu erfolgen samt Berücksichtigung aller erfaßbaren Ursachen und Zusammenhänge. Trotzdem wird man nicht umhin kommen, zwischenzeitlich auch akute Homöopathika einzusetzen, welche einen starken Bezug zu Konvulsionen haben. Ganz besonders bei wiederholtem Auftreten von längeren Krampfanfällen oder ganzen Serien von Krämpfen kommen derlei Akutmittel zum Tragen. Im Grunde genommen kann man den *akuten Krampfanfall als akute Exacerbation einer chronischen Belastung* sehen, so daß einerseits das *Akutgeschehen therapiert* wird, *um die Spitzen akut zu coupieren* – beispielsweise bei einem Status epilepticus – und somit auf schwere schulmedizinische Medikamente verzichtet werden kann, und andererseits der *miasmatische Hintergrund, um die Neigung zu krampfen mit der Zeit zum Verschwinden zu bringen.* Bei der reinen Akutbetrachtung spielen – wie immer – nur die aktuellen Symptome des akuten Geschehens für die homöopathische Arzneimittelfindung eine Rolle, während bei der chronischen Behandlung auch Impfzusammenhänge, Unterdrückungen, Angstzustände und andere bislang vorgekommene Krankheiten, Höhen und Tiefen im Leben des Patienten und pathologische Verhaltensweisen sowie die Modalitäten derselben relevant sind. Hier ist also – genauso wie bei der Betrachtung anderer chronischer Krankheiten – eine komplette Lebensanamnese zu erheben samt Familienanamnese der Blutsverwandtschaft.

Ich erinnere mich noch gut an den mitternächtlichen Anruf eines jungen Vaters, dessen ganze Familie bei mir in homöopathischer Behandlung war. Es ging um seinen zweijährigen Sohn, ein schwerst behindertes Frühchen, welches in der 27. Schwangerschaftswoche das Licht der Welt erblickt hatte und unter den klinischen Diagnosen spastische Tetraplegie[1], Mikrocephalie[2], Absencen und epileptische Krampfanfälle lief, und nun vor einem beginnenden Status epilepticus stand.

Einen solchen hatte es schon einmal gegeben, wobei zum damaligen Zeitpunkt leider rein schulmedizinisch vorgegangen wurde. Das heißt: zehn Tage Intensivstation in einer Universitätsklinik, davon allein drei Tage ohne Bewußtsein, anhaltendes, sehr hohes Fieber (41,3 °C), die Tortur einer Rückenmarkspunktion und „darüber hinaus auch noch eine Lungenentzündung, aber erst in der Klinik“. Des weiteren „Unmengen von Antikonvulsiva samt Valium und Antibiotika“. „Unser Junge stand kurz vor der Beatmung, so bedrohlich war sein Zustand.“ Laut den Ärzten im Klinikum „aber nur aufgrund der Vielzahl von schwersten Medikamenten, welche atemdepressiv machen“, ver-

---

[1] spastische Tetraplegie: spastische Lähmung aller vier Gliedmaßen.

[2] Mikrocephalie: pathologische Verkleinerung von Umfang und Inhalt des Schädels im Vergleich zu den altersmäßigen Größenverhältnissen der übrigen Körperteile.

sicherten mir die Eltern. Die Situation damals wurde als dermaßen ernst betrachtet, daß die Ärzte eine unmittelbar bevorstehende Reanimation nicht mehr ausschlossen! Danach war der Junge „wie verändert". Seine Spastik, welche sich aufgrund der bereits angefangenen homöopathischen Therapie schon ein wenig zu lösen begonnen hatte, war schlimmer als je zuvor, und der Bub lachte nicht mehr. Er wirkte sehr ernst, teilweise richtig apathisch. Die Kopfkontrolle war aufgehoben und vieles mehr. Sogar der Schluckreflex wurde wieder zum Problem. Kurzum – das, was wir innerhalb eines halben Jahres chronischer Homöotherapie erreicht hatten, war mit einem Schlag zunichte gemacht. Entlassen wurde der Kleine mit fünf schweren Medikamenten, davon allein drei Antiepileptika (Orfiril, Epanutin, Sabril), welche sich eigentlich – laut Roter Liste – widersprachen und nicht gleichzeitig verabreicht werden durften.

Der Vater des Kleinen beschrieb nun den aktuellen akuten Zustand seines Sohnes sehr detailliert. Er wußte bereits, worauf es ankam, denn wir hatten schon einmal einen Status epilepticus von fünf Tagen Dauer erfolgreich mit wiederholten Stramonium-Gaben homöopathisch begleitet. Insbesondere besprachen wir den Verlauf der zur Zeit wieder aufkeimenden Anfälle und den Allgemeinzustand seines Kindes sowie die Entwicklung dessen Krankheitszustandes im Verlaufe der letzten paar Tage. Aufgrund der akuten Symptomatik riet ich schließlich zu Belladonna C30, nach Bedarf einen Globulus unter die Zunge. Wir unterhielten uns dann noch ein wenig weiter über den chronischen Werdegang seines Sohnes während der letzten Wochen, als mich der Vater mit einem Mal mit folgenden Worten unterbrach: „Jetzt entspannt er sich!" Ich war ganz perplex, da ich gar nicht mitbekommen hatte, daß er seinem Sohn noch während unseres Gespräches den Globulus Belladonna verabreicht hatte. Nach nur einer viertel Minute Wirkungszeit kam dann diese erfreuliche Meldung!

So schnell kann die Akuthomöopathie wirken, wenn es sich um das wirkliche Simile handelt, i. e. wenn das Mittel paßt (und die Reaktionsfähigkeit des Patienten gut ist)! Selbstverständlich war der Status damit noch nicht abgewendet; der Kleine brauchte dieses Mittel noch öfter, nach Bedarf, d. h., er erhielt Belladonna immer dann, wenn dieses ausgewirkt hatte und die Krämpfe wieder zurückkamen. Aber der Verlauf der Krämpfe und der Gesamtzustand des Kindes sprachen eine deutliche Sprache: Gleich nach der Einnahme sei es bewußter geworden, die Intensität und Häufigkeit seiner Krämpfe sei zurückgegangen, und der Junge sei in einem wesentlich besseren Zustand gewesen als damals im Krankenhaus. Von Atemdepression konnte keine Rede sein, nicht einmal ansatzweise. Ja der Kleine hatte sogar ziemlich bald danach wieder gelacht und fühlte sich offensichtlich wohl!

Soweit das Beispiel einer Akutbehandlung von epileptischen Krampfanfällen. Im folgenden nun noch ein Beispiel einer chronischen Behandlung mit dem Ziel, die Neigung zu Epilepsie zum Verschwinden zu bringen.

Der kleine einjährige Bub Leonard ist ein Adoptivkind, von dem so gut wie keine Angaben hinsichtlich der miasmatischen Belastung seiner Herkunftsfamilie vorliegen bis auf die Tatsache, daß Leonard selbst eine Frühgeburt ist und in der 37. Schwangerschaftswoche in Beckenendlage zur Welt kam und daß seine leibliche Mutter geraucht hat und an Bluthochdruck litt. Alles andere verschwindet im Dunklen der Vergangenheit. Leonard kam wegen Absencen, epileptischen Krampfanfällen, Hypsarrhythmie[1] und allgemeinem Entwicklungsrückstand in die homöopathische Praxis. Zum Zeitpunkt der telefonischen Anmeldung war er auf ein Antiepileptikum und ein Sedativum[2], welches zur „Kurzzeitbehandlung bei Schlafstörungen oder bei BNS-Krämpfen der Säuglinge und Kleinkinder" eingesetzt wird, eingestellt.

Leonards Vater, selber Therapeut im deutschsprachigen Ausland, hatte sich in Sachen Klassische Homöopathie weitergebildet und aus meinen Büchern über geheilte Fälle von West-Syndrom erfahren. Er war sehr beeindruckt von den Möglichkeiten dieser sanften Heilkunst, zumal bei seinem adoptierten Sohn dieselbe Diagnose gestellt wurde. Doch meines Erachtens traf diese nicht ganz den Kern der Sache, da bei Leonard weder generalisierte Krämpfe vorlagen noch eine geistige und/oder motorische Behinderung. Bei ihm waren hauptsächlich „nur" Absencen, seltenere Streckkrämpfe („keine Beugekrämpfe"), welche die Ärztin beschrieb, Leonards Eltern jedoch nie selber gesehen haben, Hypsarrhythmie und eine deutliche Entwicklungsverzögerung zu verzeichnen. Trotzdem – die Diagnose wurde nun einmal seitens der Ärzte gestellt und sollte ernst genommen werden! (Was nicht ist, kann ja noch werden, und das ganz besonders bei der Verarbreichung schwerster Medikamente!) Bei der Anmeldung für den Anamnesetermin wollte der Vater sogleich das seit einem Monat täglich verabreichte Antiepileptikum selbständig ausschleichen und fragte an, ob dies ohne Risiko möglich sei. Ich ließ mir von ihm den aktuellen Stand von Leonards Entwicklung beschreiben, und zwar vor und seit diesem Medikament, und bestärkte ihn schließlich in seinem Vorhaben, so daß der Bub bei Therapiebeginn nur noch das Sedativum einzunehmen hatte.

Leonards Absencen begannen im Alter von sechs Monaten. „In dieser Zeit kam auch die Zahnung in Gang." Zum Zeitpunkt der Anamnese hatte er sechs Zähne, zwei unten, vier oben. Der Junge war ein sehr ruhiges Kind, krabbelte noch nicht, robbte aber schon durch die ganze Wohnung. Mit sieben Monaten wurde er im Krankenhaus auf die bereits beschriebenen zwei Medikamente eingestellt und „wirkte gleich recht apathisch". „Drei Tage später war die

[1] Hypsarrhythmie: Ein sehr auffälliges, stark pathologisches EEG, „wie bei schwer behinderten Kindern". Die EEG-Kurve imponiert durch generalisierte irreguläre hochgespannte Aktivitäten mit multifokal eingestreuten polymorphen Krampfpotentialen (z.B. bei BNS-Krämpfen).

[2] Sedativum: Beruhigungsmittel; wirkt – im Gegensatz zu den Tranquillizern – relativ unspezifisch auf alle Funktionen des zentralen Nervensystems und dämpft die sensorischen, vegetativen und besonders die motorischen Zentren.

Hypsarrhythmie weg inclusive der Absencen; Leonard war aber mit einem Schlag völlig hypoton." Der Vater beschrieb die Absencen als „Augenverdrehen, fünf Minuten lang, etwa zweimal am Tag, in einem Zeitraum von drei Tagen". Dann war man mit ihm schon im Krankenhaus.

Leonard ist ungeimpft! Gleich nach der Geburt hatte er einen Ikterus neonatorum prolongatus, eine ausgeprägte Neugeborenengelbsucht, die eine siebentägige Fototherapie („Lampe") erforderlich machte. Mit fünf Monaten sei er vom Wickeltisch gefallen, „mit dem Rücken und Hinterkopf, zum Glück nur auf den Teppich". Vor einer Woche noch einmal dasselbe, worauf er abends Fieber bekommen habe, „bis zu 39,8 °C, drei Tage lang und einen leichten Hautausschlag danach, was wohl das Dreitagefieber gewesen sein könnte. Seither sei er weinerlicher. Die Nase des Kleinen sei oft verstopft, „eigentlich von Anfang an". – Schon hier deutliche Zeichen eines *sykotischen Säuglings*! – Seine Hände habe er meistens noch zur Faust geschlossen und seine Zehen ziehe er des öfteren an. Beim Robben setze er seine Beine nicht ein und vom Krabbeln sei er noch weit entfernt. Im frühen Säuglingsalter gab es auch Blähungen. „Besonders nach dem Essen mußten wir ihn immer eine dreiviertel Stunde herumtragen." Zeitweise hatte er auch für drei bis vier Tage keinen Stuhlgang, „aber erst seit dem Spitalaufenthalt". Der Po war zeitweise gerötet, aber nie offen. „Wir haben das Gefühl, daß man schwer seine Aufmerksamkeit bekommt", so die Eltern. Der Blickkontakt ging, war aber für Leonard nicht immer so leicht, wie ich mich in der Praxis vergewissern konnte. Zu Beginn seines Lebens imponierte eine beidseitige Hydrocele am Hoden, welche sich jetzt verloren hatte, ohne medizinischen Eingriff. Die Fontanelle war noch offen. Auf Kuhmilch reagierte Leonard immer mit Durchfall, und auch sein Säuglingsschnupfen verstärkte sich danach. Zu Anfang seines Lebens war der Bub sehr geräuschempfindlich. Bei Vollmond schlief er unruhiger, ansonsten war sein Schlaf unauffällig. Nur die Haare waren meist hinten an der Auflagefläche vom Liegen verfilzt. Leonard war ein ausgesprochen warmes Kind. „Vor ein paar Monaten hatte er einen Mundsoor; er war ganz weiß am Gaumen und auf der Zunge." Sein Stuhl stinkt. Manchmal gab es kleinere Kugeln, „besonders seit den schweren Medikamenten". Leonard hatte nur alle zwei Tage Stuhlgang. Auch der Urin roch scharf, was der Vater aber auf die Medikamentenwirkung schob: „Ausscheidung von Toxinen". Seine großen Zehennägel waren leicht nach oben gehend, ansatzweise wie sog. Löffelnägel.

Das war alles an Symptomatik, was zu erfahren war. Wie gesagt, hinsichtlich der erblich bedingten Primärmiasmatik gab es keine klaren Aussagen. Bis auf die Steißlage und Frühgeburtlichkeit, welche eine deutliche Sprache sprechen. Und das andere, was ein wenig Rückschlüsse hinsichtlich der hereditären Prädisposition zuläßt, ist die Tatsache, daß die leibliche Mutter von Leonard ihr Kind gleich nach der Geburt zur Adoption freigab. Welche Mutter gibt schon ihr Kind freiwillig her? Hier zeigen sich die Miasmen ganz klar in der Psyche und meist ist es das sykotische, wie mich die Erfahrung aus der Praxis lehrt!

Und dann die Diagnose West-Syndrom. Wobei ich diese regelrecht anzweifele; dazu habe ich schon zuviele andere Kinder mit dieser Diagnose gesehen und behandelt. Jene hatten „um Welten mehr Probleme“, waren motorisch viel auffälliger, krampften in einem fort, und machten einen regelrecht debilen Eindruck, so daß man ihnen eine geistige Behinderung förmlich ansah. Das alles war bei dem kleinen Leonard nicht der Fall. Bei ihm gab es ursprünglich nur ein paar Absencen, und das nur ca. zweimal am Tag und noch dazu nur für drei Tage. Wahrscheinlich wäre damit alles erledigt gewesen, hätte man ihn nicht antikonvulsiv eingestellt. Wie gesagt, Leonard war ursprünglich ein Frühchen und hatte mit an Sicherheit grenzender Wahrscheinlichkeit gewisse traumatische Erfahrungen bei seiner Geburt durchgemacht. Frühchen werden ja immer auf der neonatologischen Station, welche einer intensivmedizinischen Abteilung sehr nahe kommt, betreut, was von den Kindern in ihrem tiefsten Inneren als sehr bedrohlich empfunden wird.[1] Somit ist es nicht verwunderlich, wenn dann später kleinere passagere Krampfanfälle auftreten, gewissermaßen als Lösung von Angst- und Panikattacken des frühgeburtlichen Umfeldes.

Zu den angeblichen Streckkrämpfen, welche die behandelnde Ärztin im Krankenhaus gesehen haben will, ist zu sagen, daß diese den Eltern selbst nie aufgefallen sind, und das, obwohl sie Tag und Nacht mit ihrem Sohn zusammen waren. Die Ärztin dagegen hat den Bub höchstens für ein paar Minuten am Tag beobachten können! Somit muß die Richtigkeit dieser Aussage ein wenig angezweifelt werden. Jedenfalls haben Leonards Eltern – immerhin war der Vater selber Therapeut und wußte, worauf er zu achten hatte – zu keinem Zeitpunkt richtige, rezidivierende Krampfanfälle registriert, nicht vor und nicht nach der Einstellung auf die antikonvulsive Therapie! Trotzdem gab es eine gewisse Krampfbereitschaft; dafür sprechen alleine die Absencen und das pathologische EEG samt Hypsarrhythmie.

Was meinen Sie, wenn man „da hinein geimpft“ hätte, was dann passieren würde? *Allein die Frühgeburtlichkeit ist eine absolute Kontraindikation hinsichtlich Impfungen!* Und zwar aufgrund der *hochkarätigen sykotischen Belastung*, welche Leonard ja auch anhand „dezenter“ Zeichen wie Blähungen, Säuglingsschnupfen, leichte Windeldermatitis, Säuglingsobstipation sowie Hydrocele gezeigt hat. Und dann das Phänomen der Absencen, der auffälligen Hirnströme in Form einer Hypsarrhythmie, die Hypotonie seiner Skelettmuskulatur und die allgemeine Entwicklungsretardierung. Impfungen verschärfen derartige Belastungen bis ins Unermeßliche und/oder setzen neue dazu, so daß es sehr schnell zu Komplikationen und schwersten Störungen bis hin zu Behinderungen kommen kann! Eine antimiasmatische Behandlung von Leo-

[1] Näheres hierzu siehe mein zweibändiges Werk *Klassische Homöopathie für die junge Familie – Kinderwunsch, Schwangerschaftsbegleitung und Geburt, Kleinkindbetreuung, Entwicklungsstörungen und Behinderungen, natürliche Entwicklung*, 2. Auflage 2001/2003, insbesondere das Kapitel *Entwicklungsgestörte und behinderte Kinder*.

nard wäre also in jedem Fall wichtig gewesen, auch ohne Absencen und ohne Hypsarrhythmie.

***Repertorisation:** Absencen, epileptische Krampfanfälle, Hypsarrhythmie, Entwicklungsrückstand bei Adoptivkind*

ComRep V9.0

Nr.	Symptome	
1	gemüt - trägheit, geistes-, schwerfälligkeit, schwer von begriff, stumpfsinn (179)	
2	gemüt - empfindlich - geräusch, gegen (91)	
3	kopf - fontanellen, offene (9)	
4	allgemeines - konvulsionen - epileptiform (92)	*‹Absencen›*
5	allgemeines - konvulsionen - epileptisch (91)	
6	allgemeines - sykotische konstitution (52)	*‹Frühgeburt, Adoption etc.›*
7	allgemeines - erschlaffung der muskeln (63)	
8	allgemeines - trägheit des körpers (45)	
9	allgemeines - entwicklungsstillstand, entwicklungshemmung (20)	
10	modalitäten - mond - vollmond* (21)	
11	modalitäten - nahrungsmittel - milch verschlechtert (57)	
12	haut - farbe - gelb, gelbsucht usw. (107)	
13	extremit. - haltung - faust, finger krampfhaft zur f. gebeugt (30)	
14	extremit. - nägel - löffelnägel (3)	
15	schnupfen - schniefen der kinder (18)	
16	schnupfen - verstopfung der nase (162)	
17	bauchschm./m - diarrhoe - während d. (kolik) (81)	
18	rectum - obstipation (213)	
19	stuhl - form - bällchen (28)	
20	stuhl - geruch - übelriechend (135)	
21	urin - geruch - übelriechend (91)	
22	genital/m - samenstränge - hydrocele (30)	

Methode: Treffer

				Symptome:									1	.	.	.	.	.	.	.	.	.	2	.	.	.	.	.
Nr.	Arzneimittel	Neg	Wert	1	2	3	4	5	6	7	8	9	0	1	2	3	4	5	6	7	8	9	0	1	2	3	4	5
1	Calc	3	43	3	2	3	3	2	2	3	1	2	2	3	2	.	.	.	3	1	3	1	2	3	2			
2	**Sulf**	4	44	3	.	2	3	3	2	2	2	1	3	3	2	.	.	.	2	2	3	3	3	3	2			
3	Sep	5	37	3	3	2	2	1	3	2	2	.	2	3	3	.	.	1	2	1	3	.	1	3	.			
4	Lyc	5	36	3	2	.	2	2	2	2	1	.	2	2	3	1	.	3	3	2	3	.	1	2	.			
5	Phos	5	33	3	2	.	1	2	.	3	1	2	.	2	3	1	.	.	3	1	3	1	2	2	1			
6	Ars	5	32	1	2	.	2	2	.	2	1	.	1	2	2	2	.	1	3	2	3	.	3	2	1			
7	Merc	5	29	2	2	2	1	1	1	2	1	.	.	.	3	2	.	1	2	1	2	3	1	2	.			
8	Nux-v	6	35	2	3	.	2	2	.	.	1	.	.	2	3	2	.	3	3	1	3	2	2	2	2			
9	Puls	6	30	3	2	.	2	2	1	1	1	.	.	2	2	.	.	1	3	1	2	.	2	2	3			
10	Sil	7	37	3	3	3	2	3	2	1	.	2	3	1	2	.	.	.	3	.	3	.	3	.	3			
11	Nit-ac	7	35	2	3	.	2	1	3	.	1	.	.	3	3	.	2	.	3	1	3	3	2	3	.			
12	Kali-c	7	27	3	3	.	2	1	1	3	1	1	.	2	1	.	.	.	2	2	2	.	1	2	.			
13	Nat-m	8	28	3	2	.	2	2	.	.	1	.	.	2	2	.	.	1	3	.	3	3	1	1	2			
14	Chin	8	26	2	3	.	1	2	.	1	.	1	.	3	3	2	.	.	2	2	2	.	1	1	.			
15	Cupr	8	23	1	.	.	3	3	.	1	.	1	.	2	1	3	.	1	2	2	1	.	1	1	.			
16	**Med**	8	21	1	2	.	2	2	3	.	.	.	.	.	1	2	1	1	1	1	1	2	.	1	.			
17	Con	9	27	2	3	.	1	2	1	2	2	.	.	3	3	.	.	.	3	.	3	.	1	.	1			
18	Lach	9	26	3	2	.	2	2	2	1	.	.	.	1	3	1	.	.	2	.	3	.	3	1	.			
19	Op	9	26	3	3	.	1	2	.	1	2	.	.	.	2	1	.	.	1	.	3	3	3	1	.			
20	Carbn-s	9	23	2	2	.	1	1	1	.	.	.	.	1	1	.	.	.	3	1	3	.	3	2	2			

Arzneimittelwahl: Sulfur LM18, 1 Tropfen auf ein Glas Wasser, gut mit Wirbel verrühren (keinen Metalllöffel verwenden), nur einen Löffel voll einnehmen, alle drei Tage morgens, einschleichend beginnen. Das Fläschchen vor Gebrauch 10-mal kräftig schütteln.

Verlauf: Fünf Wochen nach Therapiebeginn gab der Vater den ersten Verlaufsbericht ab. Zunächst habe es ein paar Pickelchen am Bauch und Po gegeben, „nur für ein paar Tage". (Toxinausleitung über die Haut.) Dann rötliche Flecken im Gesicht. Mit dem Sedativum habe man selbständig ausgeschlichen; dieses sei jetzt seit einer Woche gänzlich abgesetzt. Der Kleine sei „deutlich aktiver, zappeliger", z.B. in seinem Stuhl oder beim Wickeln. „Er ist auch viel interessierter." Einmal habe es einen Schnupfen gegeben. Seine Nase sei eigentlich immer noch verstopft, so wie immer. „Jede Nacht schreit er mal auf, wahrscheinlich wegen der Zahnung." Der Blickkontakt funktioniere zusehends besser, und Leonard robbe besser, seinen Po halte er schon deultich mehr nach oben." So weit die erfreulichen Anfangsmeldungen. Der Sulfur war weiter zu nehmen.

Knappe drei Monate später meldete sich der Vater wegen Problemen mit „Erschrecken und Wehtun". Leonard sei sehr auffallend empfindlich gegen Schmerzen, er schreie gleich hysterisch, steigere sich richtig rein und halte „schon mal" die Luft an, bis zu 20 Sekunden und länger, so daß er zyanotisch (blau) anlaufe. Das habe er eigentlich schon immer gemacht, sei jedoch jetzt schlimmer geworden. Im Anschluß daran sinke er „in sich zusammen, fast wie ohnmächtig". Ansonsten entwickele er sich prächtig. Abscencen habe es keine mehr gegeben. – Wir vereinbarten im Falle von Schreck und Aufregung akut einen Globulus Aconitum C30 zu verabreichen.

Die Durchsprache nach etwa vier Monaten Sulfur-Einnahme war sehr positiv. Alle schweren Medikamente waren abgesetzt, der Bub war wacher, stand auf und lief bereits an der Couch entlang. Auch das richtige Krabbeln funktionierte gut. „Er ist schnell wie ein Wiesel", so der überglückliche Vater. Leonard lautierte nun auch, er „sagte" schon „Mam-Mam-Mam-Mam". Der Blickkontakt sei „perfekt", und das EEG, welches man vor gut zwei Monaten habe anfertigen lassen, sei völlig normal! „Das ist sensationell! Ein paar Monate zuvor waren noch reichlich epileptogene Aktivitäten zu verzeichnen." Seit sechs Wochen schüttelte der Junge ca. einmal am Tag mit dem Kopf, so als ob er „Nein" sagen wollte, alle paar Sekunden immer wieder mal. Die Zahnung sei eher verlangsamt, was ihn aber nicht groß beeinträchtige. Die Nase sei freier, ja sie sei nie wieder verstopft gewesen. Auch die Verdauung ließ nichts zu wünschen übrig; Kugeln gab es schon lange nicht mehr. Hin und wieder sei der Windelbereich gerötet gewesen, wobei man etwas „draufgeschmiert habe". – Ich riet hierbei, keine unterdrückenden Salben mit Zinkoxid zu verwenden. – „Man bekommt jetzt sogar seine volle Aufmerksamkeit." Die Fontanelle sei unauffällig, und auf Kuhmilch reagiere der Junge nicht mehr. Im Schlaf liege er meist auf dem Rücken. Bei Seitenlage sei der Kopf häufig überstreckt, in den Nacken gezogen. Auf Vollmond reagiere er unauffällig. Leonards Haar verfilze sich noch immer am Hinterkopf. Seine großen Zehennägel hätten sich auch noch nicht verändert. – Soweit der sehr erfreuliche Bericht. Nach Durchsicht aller Unterlagen erhielt der Bub nun Medorrhinum LM18, die Dosierung analog zu Sulfur.

Für lange Zeit hörte ich nichts mehr von dem Kleinen. Ein Zwischenbericht wurde nicht abgegeben. Erst nach sechs Monaten Medorrhinum-Einnahme meldete sich Leonards Vater wieder zur Durchsprache des Mittels. Leonard ginge es sehr gut. Er entwickele sich stetig weiter. Er laufe, sei aber nicht so wagemutig. Er spreche die ersten richtigen Worte wie „Mama", „Papa" und „Wauwau" und verstehe alles. Das Luftanhalten sei völlig verschwunden, „nur seit etwa zwei Wochen käme es dann und wann wieder ein paar Mal vor, da habe er sich erneut in etwas hineingesteigert". Kopfschütteln, Haut, Nase und Ohren seien „ohne Befund". Die Verdauung sei „sehr rege", seit zwei Wochen eher dünn und breiig, etwa zwei bis dreimal am Tag (früher nur einmal pro Tag). Seit fünf Tagen wache der Bub manchmal zweimal des Nachts kurz auf. Seine großen Zehennägel hätten sich sehr verbessert, seien „weniger hochgehend". „Es war wie ein Schnitt! Die Nägel sind glatt und wohlgeformt nachgewachsen." Appetit und Durst seien völlig normal. Vor drei Monaten habe es wieder ein Kontroll-EEG gegeben, welches völlig ohne Befund ausgefallen sei. Zu diesem Zeitpunkt habe der Arzt nur noch „einen harmonischen Entwicklungsrückstand von etwa vier Monaten" konstatiert. Vor gut einem Monat seien einmal „kleinere Krampfanfälle" aufgetreten, wobei Leonard „mit einem Arm eingeknickt sei", sein Körper kurz gezuckt und er selbst gelächelt habe. Alles zusammen nur etwa 30 Sekunden lang. Eine Woche später gab es dann hohes Fieber, ca. 40 °C, drei Tage lang, ohne weitere Symptome. – Nach Durcharbeiten aller Unterlagen riet ich, die chronische Kur mit Medorrhinum LM24 fortzusetzen, 1 Tropfen auf einen halben Liter Wasser, alle fünf Tage, wiederum einschleichend beginnen. Dieses war Leonards letztes Mittel; seither ist er gesund und entwickelt sich völlig normal.

Ich habe bewußt ein kurzes übersichtliches Beispiel gewählt, da alles andere den Rahmen dieses Buches sprengen würde. Für ein paar weitere, ausführlichere chronische Kasuistiken sowie hinsichtlich der homöopathischen Behandlung eines Status epilepticus sei der interessierte Leser auf meine drei Bücher *Sind Impfungen sinnvoll? – Ein Ratgeber aus der homöopathischen Praxis* und *Klassische Homöopathie für die junge Familie,* 2 Bände, verwiesen.

5.16.5 Anmerkungen zum Wert eines EEGs bei Konvulsionen

Abschließend noch ein paar allgemeine Worte zum Thema EEG, zu seinem diagnostischen Wert bei Epilepsie oder epilepsieähnlichen Phänomenen überhaupt. Das Anfertigen eines EEGs „während" epileptischer Krampfanfälle ist eigentlich relativ witzlos, da bei Krämpfen immer ein sichtbares Krampfpotential zu erwarten ist, allein aufgrund der aktuell auftretenden Hirndruckphänomene. Mit anderen Worten, während Phasen, in welchen es häufiger zu epileptischen Anfällen kommt, sind pathologische EEGs einfach da! Das weiß man auch vorher. Man sieht ja förmlich, daß Krämpfe vorhanden sind, und diese gehen immer von „krankhaften Hirnveränderungen im Gyrus praecentralis“ aus, folglich müssen sie auch in Form einer Kurve zu visualisieren sein. Das Ergebnis ist also keinesweg neu und überraschend, sondern bestenfalls eine graphische Bestätigung von dem, was man ohnehin schon kennt! Somit „verkommt“ das Anfertigen eines EEGs häufig zu einem wissenschaftlich getarnten Versteckspiel, weil man ungerne zugibt, daß man nicht viel weiß, trotzdem aber etwas mittels moderner Technik unternehmen möchte, allerdings leider nur hinsichtlich Diagnostik, nicht Richtung Therapie! Insofern wird der mehr oder weniger hoffnungsvolle Patient regelrecht irregeführt, da das Ergebnis eigentlich vorherbestimmt ist.

Nur bei länger ausbleibender Krampftätigkeit ist das Anfertigen eines Kontroll-Elektroencephalogramms einigermaßen sinnvoll, um (meinetwegen) die Therapie zu beurteilen und/oder nachzuforschen, ob bei dem Patienten noch ein gewisses Restkrampfpotential vorhanden ist. Doch auch hier kann es gewissermaßen zu Fehlinterpretationen kommen, da *niemals das ganze Gehirn mittels der auf der Schädeldecke angebrachten Elektroden gescannt werden kann*, denn diese dringen meines Wissens höchstens bis zu etwa zwei Zentimeter in die Tiefe. *Hirnstromaktivitäten, die sich mehr im Inneren des Gehirns abspielen, lassen sich also nicht erfassen,* können somit weder registriert noch graphisch sichtbar gemacht werden.[1] Dessen sollte man sich immer bewußt sein.

Jedenfalls *darf man das EEG nicht zur zentralen Säule einer antikonvulsiven Therapie erheben,* wie dies bis dato in der Schulmedizin immer noch gang und gäbe ist, bei welcher es gilt, den patholgischen Kurvenverlauf unter allen Umständen auf die Norm zu drücken, ohne Rücksicht auf Verluste. Und das nicht nur aus den gerade genannten Gründen. Eine naturheilkundlich orientierte Ärztin aus Österreich hat dies einmal hinsichtlich Hypsarrhythmie und frühkindlichen BNS-Krämpfen folgendermaßen auf den Punkt gebracht: „In der Schulmedizin wird nur das EEG-Bild therapiert und nicht der kleine Patient.“ Treffender kann man dies wirklich nicht ausdrücken.

5.17 Hirnschädigungen

Bei Hirnschädigungen allgemeiner Art verhält es sich – hirnorganisch gesehen – ähnlich wie bei der Epilepsie, nur daß hierbei nicht das motorische Rindenfeld, der Gyrus praecentralis, betroffen ist, sondern andere Hirnregionen bzw. Kombinationen derselben. Je nach Lokalisation im Gehirn sowie Ausprägung und Schweregrad der Schädigung kann es zu Ausfallerscheinungen unterschiedlicher Manifestation kommen, was bei leichteren Formen in der Wissenschaft unter dem Akronym *MCD, minimale cerebrale Dysfunktion* (mini-

---

[1] Hinsichtlich „typischer EEG-Bilder“ siehe auch die Anmerkungen aus dem Roche Lexikon Medizin in einer der Fußnoten des Kapitels *5.16.1 Epilepsie aus herkömmlicher Sicht.*

maler Hirnschaden), bekannt geworden ist, einer Teilleistungsstörung des Gehirns bzw. „leichterer" partieller Hirnreifungsstörungen. Andere Autoren sprechen in diesem Zusammenhang von *POS (psycho-organisches Syndrom)*, was in etwa dasselbe bedeutet. Hierzu – und zu noch schwereren Ausprägungen von Hirnschädigungen – zählen unter anderem: körperliche, motorische und/oder geistige Retardierung, häufig als allgemeiner „Entwicklungsrückstand" bezeichnet (beispielsweise spätes Laufen- und Sprechenlernen, Ungeschicklichkeit, Legasthenie, schwere Auffassungsgabe etc.), Ataxien[1], Stolperneigung, Wachstumsstillstand (teilweise auch nur eine Körperseite betreffend, die sog. Hemiatrophie), Kleinwuchs, Verhaltensstörungen (Hyperaktivität, Interessenlosigkeit, Aggressivität, Distanzlosigkeit, Gewalttätigkeit, Raptus-Anfälle[2]), ADS (Aufmerksamkeitsdefizit-Syndrom), ADHS (ADS mit Hyperaktivität), Autismus, elektiver Mutismus[3], Spastik der Extremitäten (Tetraplegie), Cerebralparesen[4], Chorea[5] und vieles mehr.

Bei all diesen Krankheitsbildern handelt es sich *um neurologische Störungen des Gehirns in einem unterschiedlichen Manifestationsgrad*, denn hirnorganisch ist im Prinzip alles „dasselbe", nur sind jeweils andere Hirnareale in unterschiedlichem Schweregrad betroffen. – In unserem heutigen Computerzeitalter könnte man dies gewissermaßen als „Hardwareschäden" im Gehirn bezeichnen. – Auch wenn sich die Krankheiten in so mannigfacher Weise äußern und verschiedenartige Wirkungen auf den Gesamtorganismus zeitigen, gehören sie doch alle ursächlich zusammen, denn ihnen liegt eine *gemeinsame Kausalität* zugrunde: die *Demyelinisierung von Hirnarealen.* Es geht also um dasselbe Phänomen in Form von *neurologischen Kurzschlüssen durch mangelnde Myelinisierung,* einer fortschreitenden Degeneration der weißen Substanz des zentralen Nervensystems, der sog. Markscheiden, nur eben in unterschiedlicher Ausprägung und in verschiedenen Hirnregionen. Und da gehört selbstverständlich die Epilepsie mit dazu, die einerseits völlig

---

[1] Ataxie: Störung der Bewegungsabläufe und der Haltungsinnervation mit Auftreten unzweckmäßiger Bewegungen infolge gestörter funktioneller Abstimmung der entsprechenden Muskelgruppen.

[2] Raptus: plötzlich aufretender und rasch abklingender Wutanfall. – Ich habe allerdings schon Fälle in meiner homöopathischen Praxis behandelt, bei denen dieser Zustand vier Stunden lang angehalten hat, mit beständigem Schreien und heftigem Umsichschlagen.

[3] Mutismus: beharrliches Schweigen bei intaktem Sprechorgan; absichtlich oder als Folge einer Geistesstörung. – elektiv: auswählend.

[4] Cerebralparese: Sammelbegriff für Folgen eines frühkindlichen Hirnschadens mit Lähmungen, Bewegungsstörungen, und/oder Intelligenzminderung, Sprachentwicklungsverzögerung und Persönlichkeitsstörung bis zu Debilität.

[5] Chorea: Veitstanz mit schnellen, unphysiologisch-arrhythmischen, unwillkürlichen Kontraktionen einzelner bzw. wechselnder Muskeln oder Muskelgruppen in fast allen Körperregionen; dadurch das Bild der allgemeinen motorischen Unruhe mit unwillkürlichen und unkontrollierbaren ständigen Bewegungen der Extremitäten, verbunden mit Grimassieren, Schnalzen, Beeinträchtigung des Sprechens, Muskeltonusverminderungen, Reflexabschwächungen etc.

separat auftreten kann, wenn es sich ausschließlich um den Gyrus praecentralis handelt[1], andererseits aber auch in Kombination mit weiteren Hirnreifestörungen bzw. Hirnschädigungen vorkommt.

Kinder relativ gesunder Eltern reagieren niemals mit derart schweren Krankheitsbildern und Syndromen, ganz besonders dann nicht, wenn sie ungeimpft bleiben! Denn die Impfungen sind es, wie bereits mehrfach diskutiert, welche sich als Hauptverursacher von demyelinisierenden Encephalopathien herauskristallisiert haben. Entmarkende Gehirnentzündungen, bei denen sich das Gliagewebe zurückbildet, demzufolge Kurzschlüsse zwischen den einzelnen Nervenfasern resultieren, welche im Prinzip Grundlage derartiger Phänomene sind und zu solch schweren Krankheitsbildern führen.

5.17.1 Leichtere Formen – Hyperaktivität, ADS, ADHS u. ä.

Das Aufmerksamkeitsdefizit-Syndrom, kurz ADS oder auch ADHS (im Zusammenhang mit Hyperaktivität), ist eine der „neuartigen Seuchen in den zivilisierten Ländern“, könnte man sagen, die sich immer mehr verbreitet. „Etwa eine Million Kinder in Deutschland, davon etwa 80 % Jungen, sind vom ADS-Syndrom betroffen“, so Barbara Simonsohn, welche ein Buch zum Thema Hyperaktivität und Ritalin[2] verfaßt hat. „Schätzungen gehen davon aus, daß zwischen 12 und 20 % aller Schulkinder betroffen sind.“ Auch die Tageszeitungen befassen sich immer wieder mit dieser Thematik, warten allerdings mit geringeren Zahlen auf: „Bis zu fünf Prozent aller Schulkinder sind zappelig: Sie leiden nach Angaben von Bayerns Solzialministerin Stewens unter Aufmerksamkeits- und Hyperaktivitätsstörungen (ADS oder ADHS).“ (Zeitung vom 7. 6. 2005)

Die Hauptsymptome des ADS oder ADHS sind Konzentrationsprobleme, eine kurze Aufmerksamkeitsspanne, Ablenkbarkeit, Zerstreutheit, Nervosität, Vergeßlichkeit, Impulsivität, häufig vergesellschaftet mit der Neigung zu Aggressivität und Gewalt gegen Sachen und Personen. Die schulischen Leistungen lassen in der Regel deutlich zu wünschen übrig, ja diese sind meist nur unter enormen Kraftanstrengungen zu realisieren. ADS-Kinder werden unter gleichaltrigen gemieden, haben nur wenige Spielkameraden, werden beispielsweise zu Kindergeburtstagen selten eingeladen. Folglich mangelt es ihnen am nötigen Selbstbewußtsein, womit der Teufelskreis perfekt ist. Die Eltern solcher Kinder machen sich oft Vorwürfe hinsichtlich Umgang und Erziehung ihrer Sprößlinge, fühlen sich vielfach als Versager.

---

1 Ungeachtet ihrer Neigung zu Epilepsie sind diese Kinder oder Erwachsenen ansonsten – medizinisch gesehen – völlig unauffällig; sie können das Gymnasium besuchen, studieren und/oder einen ganz normalen Beruf ergreifen oder ausüben.

2 Ritalin ist wohl das derzeit populärste Psychopharmakon bei ADS. „In Amerika bekommt schon jedes fünfte Kind regelmäßig Psychopharmaka.“ – Jo Conrad.

Im Prinzip könnte man dieses „neuartige“ Syndrom eher AWS nennen, als Akronym für „Alter Wein in neuen Schläuchen“, denn vor noch gar nicht allzu langer Zeit hat man derartige Phänomene schlicht als Hyperaktivität oder hyperkinetisches Syndrom bezeichnet, vergesellschaftet mit Konzentrationsschwäche, Ablenkbarkeit und/oder Legasthenie[1], oder so ähnlich. Man hat es halt umschrieben, da es noch keinen eigenständigen Namen für diese Phänomenologie gab. – Mir scheint, es mußte ein einheitlicher Fachbegriff her, um das Psychopharmakon Ritalin besser verkaufen zu können. – Im Grunde genommen handelt es sich aber um *ein in medizinischen Fachkreisen schon lange bekanntes MCD-Phänomen, um ein hirnorganisches Syndrom von Demyelinisierung*, welches von Impfschädigungen oder sonstigen gehirnentzündlichen Reaktionen herrührt, als *Form eines postencephalitischen Syndroms*[2], und das hat es schon vor Einführung des Namens AD(H)S in die medizinische Nomenklatur gegeben!

Genau aus diesem Grunde kann man auch nichts „Weltbewegendes“ von der Psychotherapie, von besonders einfühlsamer Erziehung bzw. ganz besonderer Aufmerksamkeit diesen Kindern gegenüber oder von guter Ernährung[3] erwarten, denn hierbei handelte es sich nur um den Versuch einer Linderung der Symptomatik mittels den Möglichkeiten von „Software“, könnte man sagen. Repariert werden müßte dagegen aber der Hardwareschaden im Gehirn! Was nützt einem eine noch so gute Software, wenn die Hardware defekt ist und nicht richtig funktioniert? Rein gar nichts; Fehlcodes sind weiterhin vorprogrammiert! Das heißt, gute Ernährung ist zwar hilfreich, man erzielt auch sichtbare positive Effekte, doch sie kann die echte Ursache des Defektes nicht rückgängig machen. Sie ist zwar lebensnotwendig zum Erhalten der Gesundheit und verschiebt die Latte der pathologischen Reaktionsschwelle deutlich nach oben, doch wirklich heilen kann sie nicht. Bei etwaigen

---

[1] Welch dramatische Dimensionen das Ganze mittlerweise angenommen hat, geht aus einer beängstigenden Pressemeldung vom Juli 2006 hervor, welche uns alle wachrütteln sollte, denn mit Zufall, schlechter Erziehung, unfähigen Lehrern oder gar neuen Schülergenerationen hat dies primär nichts zu tun: „Das Rechtschreibniveau der deutschen Schüler ist in den vergangenen Jahrzehnten offenbar drastisch gesunken. Verglichen mit den 60er Jahren müßten heute drei Viertel aller Kinder als Legastheniker gelten, heißt es in einer neuen Studie der Max-Planck-Gesellschaft und der Universität Würzburg.“ Obwohl diese Studie für den deutschen Raum erstellt wurde, kann man mit ziemlicher Sicherheit davon ausgehen, daß diese Entwicklung für die gesamte westliche „zivilisierte“ Welt typisch ist, ja daß so manch anderes Land u. U. sogar noch stärker betroffen ist.

[2] postencephalitisches Syndrom: ein Sammelbegriff für die *nach einer mehr oder weniger stark ausgeprägten Gehirnerkrankung* auftretenden bleibenden körperlichen, seelischen und geistigen Schäden. – Früher traten derartige Erscheinungen äußerst selten auf; eine Häufung gab es ausschließlich im Gefolge der epidemischen Encephalitis, wie beispielsweise zwischen 1919 und 1928.

[3] Die Zustände der meisten Kinder mit Hyperaktivität, Konzentrationsmangel etc. verschlimmern sich i. d. R. durch Schokolade, Zucker und andere Süßigkeiten sowie durch Weißmehl- und Milchprodukte und einigem mehr.

Ernährungsfehlern stellen sich nämlich die ursprünglichen Probleme in alter Frische wieder ein.

Analoges gilt auch hinsichtlich Erziehung und Zuwendung. Die Kinder reagieren ja nicht extra so auffällig und pathologisch! Jedenfalls nicht deswegen, weil sie sich vernachlässigt fühlen! Nein, *sie können nicht anders!* Ihnen selbst kann man da keinen Vorwurf machen! Bei ihnen läuft gewissermaßen ein Film ab, „sie werden sozusagen geritten", können in bestimmten Momenten nicht anders reagieren, weil eben bestimmte Hirnareale unter Kurzschluß stehen und hardwaremäßig nicht so funktionieren, wie es von der Biologie her sein sollte. Bei ihnen hat sich nämlich die Myelinisierung, die Ummantelung der Nervenfasern im Sinne einer Isolierung, an bestimmten Stellen zurückgebildet bzw. erst gar nicht ausgebildet! Und das kann man mit solcherlei Maßnahmen bestenfalls besänftigen, aber niemals wirklich heilen.

Eine echte Ausheilung des ADS oder ADHS kann nur im feinstofflichen, energetischen Bereich erfolgen, mittels chronischer Homöopathie, durch das Abtragen der zugrundeliegenden Miasmen unter Einbeziehung einer Impfbelastungsausleitung! Nur auf diese Weise hat man wirklich die Chance, auch den Myelinisierungsprozeß im Gehirn wieder zu aktivieren und in Gang zu setzen.

In puncto Ursachen und Behandlung von Hyperaktivität, ADS und dergleichen werden mittlerweile so viel Desinformationen gestreut, daß ich mich vor vielen Jahren dazu entschlossen hatte, all diese äußerst wichtigen Zusammenhänge dem ersten Vorsitzenden der bundesweiten Elterninitiative zur Förderung hyperaktiver Kinder aus Sicht der Klassischen Homöopathie schriftlich mitzuteilen, damit er entsprechend agieren und weiterinformieren kann. Doch auch hier, ähnlich wie in dem Fall der Selbsthilfegruppe bei Epilepsie, habe ich nie eine Antwort erhalten! Frau Falkenrath scheint wohl recht zu behalten, wenn sie sagt, „jede Gruppe müsse sich schön sauber von jeder anderen abgrenzen und ihr eigenes Süppchen kochen".

5.17.2 Das Phänomen der Indigo-Kinder

Bevor wir uns ein paar Fallbeispielen zuwenden, noch ein paar klärende Worte zu den sog. Indigo-Kindern[1] aus meiner Sicht, aus Sicht einer umfangreichen homöopathischen Praxis heraus. *In meinen Augen sind fast alle heutigen Kinder Indigo-Kinder!* Sie sind hochgeistige Wesen mit vielen herausragenden Qualifikationen! Zu beobachten ist, daß sehr viele Kinder, die heute auf

---

[1] Indigo-Kinder: Der Begriff „Indigo-Kinder" wurde von der amerikanischen Buchautorin Nancy Ann Tappe eingeführt, als sie vor mehr als 20 Jahren erstmals mit Kindern konfrontiert wurde, in deren Aura die zuvor nicht beobachtete Farbe Indigo sichtbar wurde. – Indigo ist die Bezeichnung für eine tiefblaue, ins Violette gehende Farbe und stand ursprünglich für einen aus Ostindien stammenden pflanzlichen Farbstoff der sog. Indigopflanze.

unserer Erde inkarnieren, ein ausgeprägtes spirituelles Bewußtsein haben, sehr empfindsam und feinfühlig für Impulse aus ihrer Umgebung reagieren, ganz außergewöhnliche Fähigkeiten an den Tag legen und sich von ihrer inneren Stimme leiten lassen. Sie gelten als besonders intuitiv, haben besondere Kreativität, denken schneller und selbständiger, sehen, hören und fühlen teilweise Dinge, die andere nicht oder nur kaum wahrnehmen können, sind sich sogar teilweise Begebenheiten aus einem ihrer früheren Leben bewußt[1] und verfügen bereits seit ihrer Geburt über diese Fähigkeiten. Nur werden solcherlei Fähigkeiten meist schon sehr früh unterdrückt, herabgewürdigt, teilweise sogar gezielt zerstört. Letzteres ganz besonders durch die vielen grobstofflichen medizinischen Manipulationen, insbesondere durch die Kinderimpfungen!

Aus herkömmlicher Sicht wird unter Indigo nicht nur die besondere Intelligenz, Spiritualität und gute Verbindung zur inneren Stimme dieser Kinder verstanden, sondern auch das damit verbundene, auffallend gehäufte Auftreten von Hyperaktivität, Konzentrationsstörungen, Vergeßlichkeit, Verhaltensstörungen, Aggressivität, Besserwisserei, Distanzlosigkeit, depressiven Verstimmungen (beispielsweise: „Warum bin ich nicht einfach tot? Ich mag nicht mehr leben!"), Suchterkrankungen und Drogenmißbrauch im jugendlichen Alter, ja sogar von Vergewaltigung, Mord und Totschlag! „Die Kinder, die in jungen Jahren ihre Mitschülerinnen und Mitschüler oder ihre Eltern umbringen – jedes einzelne von ihnen, das mir bislang vor Augen gekommen ist – waren Indigos." – Nancy Ann Tappe, die das Indigo-Phänomen in ihrem Buch „Understanding Your Life Through Color" vor mehr als 20 Jahren erstmalig benannte und darüber schrieb.

Wir können dies hier nicht in allen Einzelheiten weiter vertiefen, doch in meinen Augen gilt es als sicher, daß es sich hierbei wieder einmal um eines der vielen Täuschungs- und Ablenkungsmanöver im Sinne einer Irreführung der Öffentlichkeit handelt. Um ein Ablenkungsmanöver zum einen davon, daß sich diese Kinder pathologisch verhalten, und zum anderen, warum dies so ist. *Denn besondere Intelligenz muß nicht verknüpft sein mit so vielen pathologischen Phänomenen! Und schon gar nicht von Geburt an.* Wenn man die

---

[1] Beispielsweise berichtete mir eine Mutter, daß sich ihr Bub sehr genau an Einzelheiten aus mehreren früheren Leben zurückerinnern konnte und teilweise „große Sehnsucht nach seinem damaligen Zwillingsbruder hatte", so daß er deswegen manchmal abends im Bett weinte. Darüber hinaus konnte er sogar die Burg benennen, in der er damals gehaust hatte, inclusive detailliert deren bauliche Einzelheiten beschreiben, welche sich später, beim Abstatten eines Besuches dieser Burg, als absolut korrekt herausstellten. Der Junge übernahm sogar die Führung durch dieses mittelalterliche Bauwerk und zeigte seinen erstaunten Eltern alle Räumlichkeiten mit entsprechenden Erklärungen und Hinweisen zu Details und Hintergründen, die er in diesem Leben – er war gerade erst fünf Jahre alt – gar nicht in Erfahrung gebracht haben konnte, denn keiner in seiner Familie und Bekanntschaft hatte je für derartige Dinge Interesse gezeigt und besagte Burg lag weit von zu Hause entfernt und wurde von keinem der Familie, geschweige denn von dem Bub selber, jemals zuvor besichtigt.

Fallbeispiele aus der Literatur und aus der homöopathischen Praxis heraus mit der miasmatischen Brille betrachtet, wird man schnell gewahr, daß solcherlei Kinder, welche von bestimmten Autoren als Indigo-Kinder klassifiziert werden, *miasmatisch sehr stark belastet* sind, meist sogar *mehr-miasmatisch*!

Viele Fallbeschreibungen beginnen sogar explizit mit dem Phänomen des *sykotischen Säuglings*[1]! – Sic! – Doch dieses wird bei den Psychologen, welche sich weltweit mit Indigo-Kindern beschäftigen, als normal und typisch für diese Kinder gesehen. – Das ist aber ist absolut verkehrt!! – *Somit scheint das Phänomen Indigo-Kinder vermischt zu sein mit Impfschadenspathologie!* Erkennen und trennen kann man dies wohl erst dann, wenn man eine homöopathische Ausbildung hat und die wahren Zusammenhänge hinsichtlich der Miasmen und Impfschäden im Sinne von Verschärfung der Miasmen versteht. Dr. Eichelberger würde in diesem Falle sicherlich wieder von gezielter Volksverdummung sprechen bzw. von Manipulation, um von anderen Dingen und wesentlichen Zusammenhängen abzulenken.

Da werden Frühgeburten und Probleme während der Schwangerschaft angeführt, da werden extrem frühe Zahnung, Durchschlafstörungen, Infektanfälligkeit, Muskeldystrophien, Konzentrationsprobleme, Unruhezustände, Wutausbrüche, Legasthenie, Dyskalkulie[2], Integrationsprobleme, autistische Verhaltensweisen, Eisenmangel, Nachtschweiße, ADS und vieles vieles mehr als typisch für diese Kinder deklariert. Eltern sollten sich – bitte schön – mit ihrem ADS-Kind zufriedengeben, auch wenn es sehr anstrengend ist, ja unter Umständen auch noch stolz darauf sein, ein Indigo-Kind großziehen zu dürfen, weil es eben hochintelligent ist, gewissermaßen „anders denkt" und ein außergewöhnlich gutes Gespür für wahr und falsch hat. Doch was nutzt es, wenn das Kind mit sieben Jahren im Tausenderraum alles haargenau im Kopf ausrechnen kann, inclusive der Multiplikation und Division von Dezimalzahlen mit mehreren Stellen hinter dem Komma, wenn es diese Intelligenz nicht sinnvoll einsetzen, kanalisieren und nutzen kann? Weil eben dies alles nur Inselbegabungen sind! Und weil es ansonsten extrem hyperaktiv und zügellos aggressiv ist, ja teilweise sogar eindeutig autistische Züge aufweist, so daß es aufgrund seines Aufmerksamkeitsdefizits dem Unterricht nicht folgen und sich auch sonst nicht in eine Gruppe eingliedern kann, nicht einmal zu Hause. Im Grunde genommen gibt es heutzutage Unmengen von solchen Indigo-Kindern, von Kindern, die durch die vielen Impfungen regelrecht „kaputt gemacht" werden und dadurch ihrem Auftrag hier auf der Erde wahrscheinlch nicht recht nachkommen können.

Genau genommen hat Indigo primär weder etwas mit Hyperaktivität noch mit anderen pathologischen Erscheinungen zu tun. *Indigo-Kinder sind äußerst intelligente und spirituelle Kinder, die durch ihr Verhalten niemals negativ auffallen würden, wenn sie nicht geimpft würden!!* Doch wie der Begriff in die

---

[1] sykotischer Säugling: Siehe Kapitel *2.9.1 Der sykotische Säugling von John Henry Allen.*
[2] Dyskalkulie: Rechenschwäche infolge Leseschwäche oder Folge einer Hirnerkrankung.

Literatur eingeführt wurde, handelt es sich um deutlich impfgeschädigte Kinder im Sinne einer ausgeprägen MCD, einem sog. minimalen Hirnschaden, was wiederum eine moderne Umschreibung bereits bekannter Phänomene ist. Welche Ausmaße diese Desinformation bereits angenommen hat, kann man schon an der Fragestellung in dem Buch „Die Indigo-Kinder" erkennen: „Kann es wirklich sein, daß wir an unseren Kindern heute einen nächsten Schritt in der Menschheitsevolution beobachten?" – Sicherlich nicht im Sinne einer Weiterentwicklung der Menschheit, wenn Indigo so verstanden wird, wie bisher, denn hierbei handelt es sich nicht um einen neuen Typus von Kindern, sondern um hoch-intelligente, jedoch impfgeschädigte Kinder, die um ihr ganzes Leben betrogen werden. Bei Indigo nach bisherigem Verständnis wird eine bestimmte Spiritualität, Begabung verbunden mit Verhaltensstörungen etc. verwechselt mit Folgen von Impfschaden.

Indigo gemäß dieser Sichtweise scheint es bei ungeimpften Kindern nicht zu geben, da bei diesen Kindern solcherlei Verhaltensauffälligkeiten nicht an der Tagesordnung sind. Doch meine homöopathische Erfahrung lehrt mich das Gegenteil! Indigo-Kinder gibt es überall! Und es werden immer mehr! Ganz besonders jetzt, zu Beginn des Wassermannzeitalters, des Beginns einer vermehrten Spiritualität und einem Sprung zu einer erhöhten Bewußtseinsstufe. Doch die Pathologie gehört nicht zu ihnen und ist nicht typisch für sie! Diese ist hausgemacht durch unsere herkömmliche Medizin und das Establishment, um die geistige Weiterentwicklung und Bewußtseinserweiterung der Menschheit zu verhindern! *Kinder, die sich weitgehend frei von Miasmen entwickeln können, entfalten ihr natürliches Potential auf wunderbare Weise und fallen heutzutage regelrecht auf, im positiven Sinne!* Auch mit ihren außergewöhnlichen Gaben und Fähigkeiten, wie sie bei den „pathologischen" Indigo-Kindern beschrieben sind, jedoch ohne irgendwelche schweren Krankheitsbilder, ohne negative Verhaltensauffälligkeiten und ohne soziale Schwierigkeiten, einfach völlig natürlich und problemlos! Es ist eben nicht so, daß diese Kinder, „weil sie so viel besser sind als das Mittelmaß und niemanden haben, der sie wirklich verstehen und angemessen mit ihnen umgehen könnte, im Laufe der Zeit beginnen, absonderliche Verhaltensweisen an den Tag zu legen"! – *Mens sana in corpore sano!*

Es ist ein typisches Phämomen für unsere Zeit, daß im Zusammenhang mit Indigo-Kindern – gemäß herkömmlicher Definition – mit keinem einzigen Wort Impfungen erwähnt werden. Genauso wie bei den vielen Allergien, MS, Epilepsie und anderen schweren Erkrankungen der letzten 50 Jahre. Und es scheint, daß die Psychologen Indigo-Kinder nur dann erkennen, wenn sie verhaltensauffällig oder sonstwie gestört sind oder anhand ihrer Pathologie in körperlicher Hinsicht!

5.17.3 Schwerere Formen – Entwicklungsverzögerung, Wahrnehmungs- und Koordinationsstörungen, Behinderungen, Autismus

Bei schweren Formen von Hirnschädigungen gilt analog dasselbe wie bei den leichteren Formen, nur daß hierbei die *Pathologie im Gehirn um ein Vielfaches ausgeprägter* ist und teilweise auch *mehrere Hirnareale gleichzeitig betroffen* sind. Darüber hinaus läßt sich häufig schon allein von den schulmedizinischen Begriffen her auf eine *Encephalopathie* – also quasi eine „fortschreitende chronische Gehirnentzündung im Kleinkindalter" – schließen, die ja niemals ohne Grund erworben wird, „einfach so, wie man sich einen Schnupfen holt"! Miasmatisch gesehen handelt es sich bei derartig schweren Fällen immer um *sehr komplexe Geschehen*, bei denen die *Psora*, die *Sykosis* und *Tuberkulinie* (eine hereditäte Verquickung von aktiver Psora und latenter Syphilis, siehe Kapitel *2.8.4 Tuberkulinie*) gleichzeitig angetroffen werden, wobei meist noch das *fünfte Miasma der Arzneimittelbelastungen* hinzu kommt, und somit alle Miasmen mehr oder weniger dominant präsent sind.

Nachfolgend nun eine kurze Auflistung von Beispielen für Formen von Hirnschädigungen in diesem Sinne, welche mir unter vielen anderen in meiner homöopathischen Praxis vorgestellt wurden. Genannt werden hier nur die Begriffe und Beschreibungen, so wie sie die offizielle Hochschulmedizin definiert.

- Louis-Bar-Syndrom: progressive cerebellare[1] Ataxie bei Kleinhirnatrophie[2].
- metachromatische Leukodystrophie: sog. Hirnsklerose; eine fortschreitende Degeneration der weißen Substanz (Markscheiden) des Zentralen Nervensystems; eine diffuse Entmarkung des Gehirns; Myelinuntergang; als infantile, juvenile und adulte Hirnsklerose (wg. der Gliawucherung) bezeichnet; … Muskelhypotonie, später fortschreitende spastische Tetraplegie; ferner Sprachverfall, Gehörstörung, Schluckbeschwerden, usw.; Verlauf in wenigen Jahren tödlich.
- Leukencephalopathie: Sammelbezeichnung für krankhafte Veränderungen der weißen Hirnsubstanz; chronische Entmarkungsencephalitis (Gehirnentzündung, bei der die Markscheiden untergehen), mit ähnlichen Beschwerden wie bei der Leukodystrophie.
- Lennox-Gastaut-Syndrom: bei infantiler epileptischer Encephalopathie Anfälle mit langsamen, diffusen S/W-Komplexen („Spitze/Welle-Komplex" im EEG).
- Tourette-Syndrom: Maladie des tics[3]; striäre allgemein extrapyramidal-

[1] Cerebellum: das Kleinnhirn.
[2] Kleinhirnatrophie: Zellschwund des Kleinhirns.
[3] Maladie des tics: (franz.) – Tick-Krankheit.

motorische Erkrankung[1] mit blitzartigen Zuckungen vorwiegend im Gesichtsbereich (Augenzwinkern, Mundverzerren, Zungenschnalzen), aber auch im Bereich des Halses (ruckartige Kopfdrehungen) und der Schultern (Schleudern); gelegentlich gesteigert bis zu einem choreatischen Bewegungssturm des gesamten Körpers, verbunden mit Zwangshandlungen; als Ursache werden postencephalitische Residualzustände[2] genannt.

- Chorea: „Veitstanz“; eine extrapyramidale Bewegungsstörung nach Schädigung des Striatum[3] und zugeordneter Strukturen; unwillkürliche, unphysiologisch-arrhythmische, schnelle Kontraktionen von Muskelgruppen in fast allen Körperregionen; „choreatische Hyperkinese“; in leichten Fällen nur ungeschickt und faxenhaft wirkend.
- Rett-Syndrom: frühkindlich beginnende und langsam fortschreitende Encephalopathie (z. B. Hirnatrophie) mit Demenz, autistischen Verhaltensweisen, Stereotypien, Zurückbleiben des Kopfwachstums, später mit epileptischen Krampfanfällen, ... Muskelschwund und Spastik.
- Kinsbourne-Syndrom: frühkindliche Encephalopathie mit allgemeinen blitzartigen Muskelzuckungen (Myoklonien) einschließlich der Augenmuskeln („tanzende Augen“).
- Tetraparese: inkomplette Lähmungen mit Befall sämtlicher Extremitäten.
- Tetraplegie: vollständige spastische Lähmung aller vier Extremitäten.
- Hemiparese: Halbseitenschwäche, leichte Halbseitenlähmung.
- Friedreich'sche Ataxie: Kleinhirn-Rückenmarks-Erkrankung mit fortschreitendem Schwund der Hinterstränge und der Rückenmark-Kleinhirn-Bahnen ... mit nachfolgender Störung der Bewegungsabläufe.
- West-Syndrom: BNS-Krämpfe (generalisierte kleine Anfälle [petit mal] fokaler und multifokaler Genese), aber auch Grand mals mit psychomotorischen Entwicklungsstörungen (geistige und motorische Behinderung) und Hypsarrhythmie (schwer pathologisches EEG); die Prognose ist insgesamt ungünstig und im wesentlichen durch die Art der zugrunde liegenden Encephalopathie bestimmt.
- Hypsarrhythmie: EEG-Kurve mit generalisierten irregulären hochgespannten Aktivitäten mit multifokal eingestreuten polymorphen Krampfpotentialen, wie sie hauptsächlich bei Behinderungen, BNS-Krämpfen und schweren Epilepsien vorkommen.
- Mikrocephalie: pathologische Verkleinerung von Umfang und Inhalt des Schädels im Vergleich zu den altersmäßigen Größenverhältnissen der übrigen Körperteile.

---

[1] striäre, extrapyramidale Syndrome: Symptomenkomplex mit Störungen des Bewegungsablaufs, die sich aus spastischen oder aus cerebellaren Erscheinungen ableiten lassen und entweder durch eine Einbuße oder ein Übermaß der motorischen Abläufe geprägt sind.

[2] postencephalitische Residualzustände: Zustände, welche nach einer Gehirnentzündung zurückgeblieben sind.

[3] Striatum: Streifenhügel; Bezeichnung für einen Teil der basalen Stammganglien des Gehirns.

- muskuläre Hypotonie: Tonuserniedrigung der Muskulatur; teilweise sogar so schlimm, daß nicht einmal die Kopfkontrolle oder der Mundschluß funktionieren.
- spinale Muskelatrophie: Muskelschwund, deren Ursache in einer Degeneration der Vorderhornzellen[1] liegt.
- Mucopolysaccharidose: MPS; eine schwere Stoffwechselanomalie mit Veränderungen des Skelettsystems, des zentralen Nervensystems, innerer Organe, der Haut und des Endokards (Innenhaut des Herzens) sowie sehr auffälligem Verhalten.
- schwere Entwicklungsretardierungen und Mehrfachbehinderungen.
- schwerer Autismus: das extreme Sich-Zurückziehen in die eigene Erlebnis- und Gedankenwelt bei Unfähigkeit zur Kontaktaufnahme mit der Außenwelt.

5.17.4 Fallbeispiele von leichteren und schweren Hirnschädigungen

Die nachfolgende Kasuistik zu leichteren Hirnschädigungen, wie ADS, ADHS, Indigo, MCD, POS etc., sowie schweren Hirnschädigungen in obigem Sinne aus meiner homöopathischen Praxis soll einen kleinen Eindruck vermitteln, wie wann und in welchem Schweregrad was bei den einzelnen kleinen Patienten entstanden ist, ohne den Schwerpunkt allzu sehr auf die *homöopathische Therapie* zu lenken, denn das Vorgehen ist im Prinzip immer dasselbe: *antimiasmatisch, Lebensanamnese, Schwangerschaftsanamnese, Anamnese der Blutsverwandtschaft; das Aufspüren von Unterdrückungen, Impfzusammenhängen und anderen immunsuppressiven Therapien; das Suchen nach psychischen Auslösern sowie schweren Konflikten, Schockerlebnissen, Ängsten* und vielem mehr samt deren *bisherigen Behandlungen*; dann das Beurteilen des Ganzen hinsichtlich der *vorhanden Miasmen* sowie des zur Zeit *aktiven Miasmas*; das *Hierarchisieren der miasmatischen und individuellen Symptome* und schließlich die *Auswahl* und Verschreibung des *antimiasmatischen Similes für das aktive Miasma.*

Auch hier gilt immer wieder: *Je früher* man mit einer chronischen homöopathischen Behandlung beginnt, desto eher kann man das Ziel „Restitutio ad integrum[2]" auch wirklich erreichen. Zugegeben, ein sehr hoch gestecktes Ziel, aber in vielen Fällen doch immer wieder realisierbar, wenn nicht allzu lange abgewartet wurde und/oder durch schwere Medikamente oder Operationen Fakten geschaffen wurden, die nur schwer rückgängig zu machen sind. Je

[1] Vorderhörner des Rückenmarks: die nach vorn, ventralwärts gelegenen Teile der grauen Masse des Rückenmarks, woraus die vorderen Wurzeln mit den motorischen Nerven entspringen.

[2] Restitutio ad integrum: völlige Heilung, Wiederherstellung der Gesundheit, so als ob nie etwas gewesen wäre.

später man mit einer solchen antimiasmatischen Kur beginnt, desto mehr Umbildungen haben bereits im Gehirn stattgefunden, so daß eine komplette Ausheilung unwahrscheinlicher wird. Doch auch in solchen Fällen läßt sich noch viel Positives erzielen, so daß das Leben des Betroffenen selbst und die der (pflegenden) Angehörigen merklich einfacher werden.

Das wird ganz besonders bei einem kleinen Mädchen deutlich, welches mir seinerzeit im zarten Alter von neun Monaten vorgestellt wurde, vollgestopft mit Antiepileptika und Cortison, bzw. vorher mit ACTH (Corticotropin), einem cortisonähnlichen Hormon der Hypophyse, der Hirnanhangsdrüse. Das Kind befand sich in einem äußerst desolaten Zustand mit der fachärztlichen Prognose, nie sitzen, laufen und sprechen zu können sowie geistig und motorisch behindert zu bleiben. Aufgrund der massiven corticoiden Therapie war sein ganzer Körper extrem aufgedunsen; sein Gesicht sah schlimmer aus als ein überdimensionales Mondgesicht, mit kaum zu beschreibenden Hängebacken. Das Mädchen war, im Vergleich zu früheren Fotos, nicht wiederzuerkennen. Darüber hinaus krampfte es in einem fort, hielt keinen Blickkontakt, ja konnte überhaupt keinen Kontakt zu seiner Außenwelt aufnehmen. – Heute ist es über zehn Jahre alt und völlig normal entwickelt! Ja, Sie hören richtig, völlig normal!! Es kann sitzen, laufen, Fahrrad fahren, auf einem Bein stehen, ja es geht in eine ganz normale Regelschule und gehört zu den Besten in seiner Klasse! Allerdings war es ein längerer Weg, den wir gemeinsam gegangen sind, mit vielen chronischen antimiasmatischen Arzneimitteln und vielen akuten Zwischenbehandlungen. Mit einem inneren Schmunzeln erinnere ich mich noch gut an eine längerfristige Episode, bei welcher die Kleine im Alter von etwa drei bis vier Jahren – sie war zu dieser Zeit schon motorisch und geistig ganz unauffällig – immer ihren Kopf durchsetzen wollte, und zwar dergestalt vehement, daß sie heftige Tobsuchtsanfälle bekam (hysterische Schreiattacken – teilweise stundenlang, sich auf den Boden werfend, wild mit Sachen um sich schmeißend, mit dem Kopf gegen die Wand schlagend, hauend, beißend etc.). Wenn sie dann unterwegs war, beispielsweise beim Spazierengehen oder Einkaufen mit ihrer Mutter, pflegte sie sich sogar bäuchlings gezielt in Pfützen zu werfen, so daß sie von Kopf bis Fuß naß und voller Dreck war und ihre völlig verzweifelte Mutter hilflos daneben stand! Wir haben natürlich versucht, dies homöopathisch akut zu lösen, doch die Neigung zu derartigen Anfällen hielt mehr oder weniger ein halbes Jahr lang an, bis sich die Miasmen auch in psychischer Hinsicht schrittweise aufgelöst hatten. Heute, seit geraumen Jahren, ist das Mädchen selbst in dieser Beziehung gänzlich unauffällig und gleichermaßen sehr umgänglich! Keiner seiner Mitschüler und Freundinnen weiß von seiner gesundheitlichen Vergangenheit im Säuglings- und Kleinkindalter, so daß niemand auf die Idee kommen würde, so etwas Schwerwiegendes zu vermuten.

Beginnender Autismus nach MMR-Impfung: Der kleine 2½-jährige Marc kam „wegen autistischer Züge nach einer MMR-Impfung“ in die Praxis. Seine Eltern hatten beobachtet, daß sich das Verhalten ihres Sohnes zwei bis drei

Wochen nach erfolgter Impfung geändert hat. „Er hat das Interesse am Spielen verloren; er spielt nicht mehr so wie früher." Auch seine Sprache habe sich gewandelt. „Das ‚Mama' und ‚Papa' ist weg. Er wiederholt es nur noch beim Vorsprechen." Darüber hinaus fehle ihm nun auch der Blickkontakt; Marc schaue jetzt durch einen hindurch oder woanders hin. Er sei in seiner eigenen Welt, richtig autistisch. „Man kann nur noch schwer Kontakt mit ihm aufnehmen." Und seit der Impfung habe der Bub „ständig erhöhte Temperatur, zwischen 37,5 °C und 37,8 °C, über Wochen schon, und das trotz Antibiotika". Marc schlafe auch wieder viel nachmittags, dafür sei er dann abends um so wacher.

Etwa zehn Tage nach besagter Impfung habe Marc mit einem generalisierten Hautausschlag am ganzen Körper reagiert, sein Gesicht ausgenommen; lauter rote Flecken für ein paar Tage. „Und zwei Tage nach der Impfung hatte er 39 °C Fieber, ohne weitere Symptome." Auf die vier DPT-Impfungen zuvor, welche des öfteren wegen Infekten (Husten, Schnupfen) verschoben werden mußten, habe der Junge auch schon jeweils reagiert, und zwar habe er „an der Einstichstelle einen ganz dicken Po bekommen". Die Stelle sei heiß angeschwollen und war hart. „Nach jeder dieser Impfungen." Das Ganze ging immer eine Woche lang. Bei dem begleitend aufgetretenen Fieber habe der Kinderarzt jedesmal zu einem Zäpfchen geraten. Auch die Zähne von Marc hätten sich sehr verschlechtert. „Der Zahnschmelz, 2 mm vom Zahnfleischrand, ist weggegangen; die Zähne haben sich dort braun verfärbt, sehen regelrecht zerfressen aus, innerhalb von nur zwei bis drei Wochen."

Soweit der Ursprung dieses beginnenden Autismus. Zuvor habe sich Marc „ganz normal entwickelt". Doch als Homöopath sieht man da ein wenig mehr das Absolute hinsichtlich Gesundheit und Krankheit, ganz besonders mit der miasmatischen Brille. So waren neben seiner *aktuellen tuberkulinischen Belastung* (häufige Infekte im HNO-Bereich, erschwerte Zahnung, nächtliches Schwitzen am Kopf) auch deutliche Hinweise für eine *ausgeprägte sykotische Prädisposition* zu Beginn seines Lebens zu finden, wie Windelpilz, Mundsoor, Durchschlafstörungen, mehrmalige eitrige Bindehautentzündungen mit verklebten Lidern, das erste Mal gleich nach der Geburt am linken Auge, Säuglingsschnupfen und Säuglingsverstopfung. Darüber hinaus hatte Marcs Mutter vor der Schwangerschaft mit ihm eine Fehlgeburt gehabt und während derselben eine behandlungsbedürftige vaginale Pilzinfektion. Der Muttermund hatte sich bei allen drei Schwangerschaften – Marc hatte auch noch eine (recht gesunde) zwei Jahre ältere Schwester sowie einen 13 Jahre alten, geistig behinderten Bruder – zwei Monate vor Termin um ca. 3 cm geöffnet. „Das damals mit unserem ersten Sohn begann ähnlich wie bei Marc, im Alter von etwa drei Jahren, wohl auch durch die Impfungen", meinten die Eltern jetzt, seit sie sich mit dieser Thematik auseinandergesetzt haben. „Die ersten drei Jahre war auch Marcs Bruder kerngesund", wie der Vater voller Verbitterung resümierte. Er schien total am Boden zerstört, da er nun schon zum zweiten Male seinen „Stammhalter" zu verlieren glaubte. – Die Familie kam ursprünglich aus dem kleinasiatischen Kulturkreis.

Auf weitere Einzelheiten müssen wir hier leider verzichten, sowohl hinsichtlich Marcs Restsymptomatik als auch hinsichtlich seiner Familienanamnese sowie aller Einzelheiten der homöopathischen Behandlung. Marc geht es heute sehr gut; „er entwickelt sich ganz normal, wie andere Kinder auch", so seine überglückliche Mutter. Im einzelnen erhielt der Junge Medorrhinum LM18 (nur für einen Monat), dann jeweils etwa vier Monate lang Sulfur LM18, Silicea LM18 und LM24, Medorrhinum LM18, Tuberculinum LM18 und LM24 und Lycopodium LM18, zusammengenommen knappe drei Jahre lang. Natürlich waren zwischendurch Heilungskrisen wie eitrige Mittelohrentzündungen, Bronchitiden, Mandelentzündungen und dergleichen akut zu behandeln, wobei aber streng darauf geachtet wurde, diese nicht mittels Antibiotika zu unterdrücken. Marc besucht heute die vierte Grundschulklasse und möchte zum Ende des Schuljahres gerne auf eine weiterführende Schule wechseln.

Wenn man Derartiges in der Praxis immer und immer wieder erlebt, kann man bestimmte Pressemeldungen beim besten Willen nicht mehr ernst nehmen. Beispielsweise war im „Münchner Merkur" vom 12. 3. 2005 zu lesen: „Kein Autismus nach Impfung – Der von Impfgegnern ins Feld geführte Verdacht, daß die kombinierte MMR-Impfung, die gleichzeitig gegen Masern, Röteln und Mumps schützt, bei Kindern Autismus fördern könnte, ist jetzt in einer japanischen Großstudie widerlegt worden. Der Autismusverdacht hatte 1993 Japan mit einer Welle von Impfaussetzern überschwemmt. Die Studie, in der die Gesundheitsdaten von 30.000 Kindern ausgewertet wurden, zeigt, daß nach der Impf-Auszeit von 1993 sogar mehr Autismusfälle auftraten als davor. Die Kombi-Impfung und die Behinderung können somit nicht zusammenhängen. Bevölkerungsmediziner meinen, daß der Anstieg der Autismus-Fälle in Japan auf die verbesserte Diagnostik zurückzuführen ist." – „Wer's glaubt, wird selig", könnte man sagen. Wir wollen diese Meldung an dieser Stelle jedoch nicht im einzelnen „auseinandernehmen"; nur soviel sei zumindest angemerkt: Hier wird u. a. wieder einmal „meisterhaft" suggeriert, daß Impfungen schützen. Allein das Wort „schützt" entlarvt diesen Beitrag und die darin angeführten wissenschaftlichen Studien als unseriös. Schon aus diesem Grunde erübrigt sich jeder weitere ernsthafte Kommentar. Darüber hinaus wird mit keinem einzigen Wort auf die anderen Impfungen eingegangen, die ja fleißig weitergeführt worden sind.

Mit zwei Jahren plötzlich „Turbokind": „Hannes ist unser erstes Kind, auf das wir fünf Jahre warten mußten. Nach mehreren mißglückten Inseminationen wurde ich endlich schwanger. ... Es begann eine sorgenfreie, föhliche Zeit zu dritt. Bis zu seinem zweitem Geburtstag war Hannes völlig unauffällig, sowohl körperlich als auch psychisch. Kurz danach bemerkten wir dann verstärkte Trotzanfälle, Wutausbrüche auf dem Fußboden und verspätetes Einschlafen am Abend. Anfangs führten wir all dieses noch auf die ‚terrible two's-Phase' zurück." – So steht es im Bericht einer jungen Mutter zu ihrem verhaltensauffälligen Kind. – „Im Kindergarten fiel Hannes durch große Ablöseschwierigkeiten von mir und durch schwaches Sozialverhalten auf. Auch später in der Schule beschrieb ihn seine Lehrerin als zappelig, ungehorsam, teilweise respektlos und albern, aber auch als guten Schüler im Rechnen, eifrig im Lesen und Schreiben, sehr gut im Malen, viel besser im Zweierunterricht als in der Gruppenarbeit, alleine in den Pausen, wirkt ausgegrenzt beim Spiel, eher ernst, traurig und still." Es folgten Gespräche mit der Schulpsychologin, „eine Odyssee zu Ärzten, Neurologen, Psychologen, Mal- und Spieltherapeuten". „Ein Termin folgte dem anderen, und ohne uns richtig bewußt zu werden, standen wir mit der ersten Packung Ritalin auf der Straße". Die Diagnose lautete Hyperaktivität und ADS. Über die Zeit mit Ritalin wurde Hannes „insgesamt ruhiger bis passiv am Tage, appetitlos und aufgedreht am Abend und hatte die größten Einschlafprobleme". Im Familienleben machte er die gleichen Aktionen wie vorher, viele Frustanfälle und Streitereien mit dem Bruder. „Nach 1½ Jahren setzten wir eigenmächtig Ritalin ab, nachdem ich mich vom Laien zum Profi bezüglich ADS entwickelt hatte und die Nebenwirkungen nicht mehr hinnehmen wollte."

Hannes sei ein sehr sensibels, emotional „wackeliges", hochintelligentes, kreatives und besonders einfühlsames Kind, wie ihn seine Mutter beschreibt. „Hannes und ich verstehen uns oft ohne Worte." Seine Launenhaftigkeit, seine extremen Stimmungsschwankungen, seine grenzenlose Eifersucht, seine teilweise Traurigkeit, „die eigentlich nur Hilflosigkeit kaschiert", und vor allem die Respektlosigkeit seinen Eltern gegenüber überschatteten oft sein eigentlich liebenswürdiges, zärtliches, fröhliches Wesen. „Auf Anraten der Psychologin, bei der Hannes eine Therapie macht, wurden mehrere Hochbegabtentests durchgeführt. Ergebnis: IQ[1] zwischen 128 und 138 in der Spitze! Teilweise wurden die Tests sogar erst abends durchgeführt, obwohl er müde war."

Hannes ist „leicht eingeschnappt", „geht schnell hoch", schreit oft „bei Ungerechtigkeiten" oder knallt mit den Türen. In der Schule, jetzt Gymnasium, ist er dominant und möchte immer der Chef sein. Sein Selbstwertgefühl ist aber eher schlecht. Zeitweise sei er sogar depressiv verstimmt und sage schon mal, er möchte nicht mehr leben.

Bis zum Alter von zwei Jahren hatte der Bub bereits 23 Impfungen erhalten (DPT, samt HIB und Polio, MMR, BCG). Und kurz nach seinem zweiten Geburtstag einen Tuberkulintest (Tine-Test), der sich bekanntermaßen genauso verheerend wie eine BCG-Impfung auswirken kann und der später noch dreimal wiederholt wurde. Alles in allem – bis zum Zeitpunkt seiner Vor-

---

[1] IQ: Intelligenzquotient; der Quotient aus Intelligenz und Lebensalter (× 100). Ergebnis eines Intelligenztestes. Das Ergebnis wird an der Abweichung (nicht Prozentsatz!) vom Mittelwert der Bevölkerung gemessen. Der Mittelwert beträgt 100 und bezeichnet altersentsprechend die durchschnittliche Intelligenzreife; die Standardabweichung beträgt 15. Der IQ gibt nur bedingt das intellektuelle Leistungsvermögen eines Kindes oder Erwachsenen wieder, da er wesentliche Persönlichkeitseigenschaften nicht erfaßt.

stellung in der homöopathischen Praxis – gab es, sage und schreibe, 34 Impfungen (inclusive FSME, Hepatitis A und B) und 4 Tine-Tests! – Da muß doch jeder kleine Körper – und sicherlich auch die Psyche – irgendwie pathologisch oder sonstwie auffällig reagieren, je nach miasmatischer Schwachstelle und familiärer Prädisposition eben mit ADS, MS, Epilepsie, Angstzuständen, Diabetes, Infektanfälligkeiten oder sonstigen mehr oder weniger schweren chronischen Störungen! Und miasmatische Vorbelastungen gab es auch bei Hannes zuhauf, das kann man schon an den vielen vergeblichen Inseminationen der Mutter ablesen, d. h. an der Tatsache, daß diese im gynäkologischen Bereich erhebliche Probleme hatte, welche eine deutliche miasmatische Sprache sprechen.

Später, noch während unserer antimiasmatischen Behandlung, die im übrigen von dauerhaftem Erfolg gekrönt war – „Hannes ist viel ruhiger geworden, und unsere Ehe auch nicht gescheitert. Alles ist bestens, super! Wir standen ja wegen der unruhigen Kinder im Dauerstreß. Ich bin so glücklich. Wir verstehen uns alle sehr gut jetzt; wenn wir das vorher gewußt hätten, hätten wir uns vieles ersparen können!“ –, hat der Vater von Hannes diesen gegen den Willen seiner Mutter einer Grippeimpfung unterzogen. „Er wollte das so; er selbst läßt sich schon seit Jahren regelmäßig gegen Grippe impfen, wundert sich dann aber, warum er im Herbst bzw. Winter immer so extrem heftig erkrankt“, so die wutentbrannte und fassungslose Mutter. Hat man dafür noch Worte? Können sich die Herren Väter nicht auch einmal die Zeit nehmen für die ihnen von Gott anvertrauten Kinder und sich mit dieser gesundheitlichen Thematik intensiv und unvoreingenommen beschäftigen, bevor sie eine so gewichtige und folgenschwere Entscheidung treffen?

Schwere Mehrfachbehinderung: Die Diagnose der kleinen Melina lautete ursprünglich „zystische Leukodystrophie“ und wurde später auf „psychomotorische Entwicklungsstörung von stationärem Charakter mit Leukencephalopathie, Mikrocephalie, Innenohrschwerhörigkeit und atypischen Absencen“ umgeändert, natürlich „ungeklärter Genese“, versteht sich. Mit anderen Worten: *schwere Behinderung aufgrund der Entmarkung der Markscheiden im Gehirn*, was praktisch *nur Folge einer Gehirnentzündung sein kann.* Seitens der Ärzte geht man davon aus, daß es sich hierbei um einen Residualzustand, z. B. nach intrauteriner oder perinataler Infektion, handelt, d. h. zu gut Deutsch, es müßte etwas während der Schwangerschaft oder kurz danach passiert sein, daß es zu einer solch schweren Schädigung des Gehirns kommen konnte. „In der Schwangerschaft müßte Melina einen Virusinfekt gehabt haben, der diesen Schaden angerichtet hätte“, zitierte die Mutter ihre behandelnden Mediziner der Universitätsklinik während unserer homöopathischen Anamnese. „Hörte sich für mich nicht glaubwürdig an.“

Da war aber nichts, jedenfalls nichts Außergewöhnliches. Nur das Übliche, wie es bei so vielen sykotisch belasteten Frauen heutzutage vorkommt: drei Monate Übelkeit, zeitweilig Unterleibskrämpfe bzw. ein Ziehen in diesem Bereich, was ärztlicherseits abgeklärt und für in Ordnung befunden wurde, eine Blasenentzündung, großer Appetit auf Orangen („Ich habe zwei Netze Orangen gekauft, kam aber häufig mit nur noch einem Netz nach Hause!") und schließlich Wassereinlagerungen, besonders in den Beinen. „Ich hatte Füße wie ein Elefant", so die junge Mutter, „und habe insgesamt 24 kg zugenommen." Die Geburt erfolgte spontan, eine Woche vor dem errechneten Termin.

Und dann die typischen Zeichen des *sykotischen Säuglings*! „Melina war sehr klein. Die ersten drei Monate hat sie nur geschrien, stundenlang. Wir waren so fertig. Meistens fing es abends um 20.00 Uhr an. Die Dreimonatskoliken, wie man so schön sagt. Sie hatte Blähungen, aber die Blähungen kamen als Aufstoßen vom Magen und Mund raus und waren laut und gewaltig." Beim Zufüttern mit der Flasche im Alter von drei Monaten hörte das Schreien endlich auf, „sie war dann ein Engel auf Erden". „Die Vorsorgeuntersuchungen U1, U2 und U3 waren alle ok. Dann wurde im Rahmen der U4 festgestellt, daß Melina ihren Kopf nicht halten konnte, und mittels Sonographie des Kopfes, daß sie erweiterte Seitenventrikel[1] und einen vergrößerten dritten Ventrikel hatte." Dies wurde vom Spezialisten im Krankenhaus bestätigt, aber solange kein Hirndruck vorhanden sei, sei dies nicht weiter schlimm, meinte dieser. „Mir ist nur aufgefallen, als Melina fünf Monate alt war, daß sie öfter hintereinander gezuckt und sich erschreckt hat. Das hat sie ein bis zweimal die Woche gehabt", erinnerte sich die Mutter. „Im Nachhinein hat sich herausgestellt, daß Melina gekrampft hat. Sie bekam dann das Antiepileptikum Orfirl …"

Jetzt, im Alter von fast zwei Jahren, kann Melina immer noch nicht den Kopf gut halten. Sie reagiert kaum auf Reize, „nur auf ganz starke". „Sie hat einen totalen Entwicklungsrückstand, entwickelt sich nur im Schneckentempo." Sie konnte nicht einmal sitzen, so hypoton war sie von ihrer Muskulatur her. Und von Blickkontakt oder Sprechen konnte keine Rede sein. Melina litt an cerebralen Bewegungsstörungen mit einem erniedrigten Grundtonus und Koordinationsstörungen in jeder Hinsicht.

Angefangen hatte alles im Alter von drei bis vier Monaten, aber nur ganz dezent. Da hat sie mit beiden Armen gezuckt, auch mal mit den Augen, „aber nur ein bis zweimal die Woche, und nur ein paar Mal". Ansonsten war sie zu diesem Zeitpunkt noch ganz normal entwickelt; sie lachte, nahm Kontakt mit ihrem Umfeld auf, strampelte koordiniert und war ein fröhliches Baby. Somit hätten sich diese Zuckungen, die bei Säuglingen recht häufig anzutreffen sind, sowie die noch mangelnde Kopfkontrolle bei der U4, ein Zeichen einer angeborenen, leichten zentralen Koordinationsstörung mit einer Verzögerung der motorischen Entwicklung, mit der Zeit von selber wieder verloren; das ist jedenfalls meine Erfahrung aus der homöopathischen Praxis heraus. Doch in diese passageren Störungen, die ja Ausdruck einer deutlicheren miasmati-

[1] Seitenventrikel: seitlicher Hirnventrikel, Gehirnwasserkammer, Liquorraum im Gehirn.

schen Prädisposition sind, wurde nun mehrfach „hineingeimpft“, und zwar jeweils mit einer Sechsfachimpfung (!) und später auch noch mit einer MMR-Impfung. Erst danach kam die vollständige Entgleisung von Melinas Entwicklung auf der ganzen Linie! – Anders läßt sich dieser Fall nicht einleuchtend erklären, denn *„Kinder mit zentralen Koordinationsstörungen sind prädestiniert für neurologische Reaktionen bei ungewöhnlicher Belastung des Gehirns“*, wie sich der Kinder- und Jugendarzt für Homöopathie, Dr. med. Herbert Pfeiffer, in einem „Gutachten wegen Verdacht auf Impfschaden“ ausdrückt.

Ein anderer Fall von Hirnschädigung mit Myoklonien[1], motorischen und sprachlichen Reaktionen und autistischem Verhalten, wie sich die Mutter ausdrückte: Der kleine Andi hatte im Alter von 2½ Jahren, Anfang Mai 2001, eine FSME-Impfung erhalten. „In der Nacht danach war er sehr unruhig. Tags darauf auffällig schrilles Sprechen, häufige Wiederholungen, ‚unleidlich‘. Zwei Tage danach kirschgroße Lymphknotenschwellungen an Kopf und Hals, die monatelang anhielten. Daraufhin Antibiotikumgabe.“ Andis weitere Entwicklung – innerhalb des folgenden dreiviertel Jahres – beschreibt die Mutter in ihrem schriftlichen Bericht für die homöopathische Anamnese wie folgt: „Sehr unruhige Nächte; heftige Myoklonien; Weinen, Schreien; Angstzustände mit Schreiattacken bis zu drei Stunden; Verfall der Sprachqualität (lispelt, spricht verwaschen); Gedächtnisstörungen, manchmal vollkommen verwirrt; starke Gleichgewichtsprobleme; Verlernen von motorischen Fähigkeiten, die Feinmotorik betreffend (Andi konnte beispielsweise keine Bausteine mehr übereinander setzen oder nicht mehr Dreirad fahren), wirkt ‚ungeschickt‘; schwacher Muskeltonus; kann nicht mehr rückwärts laufen; torkelnder Gang; Blick sehr verhangen, wie bei debilem Kind; schaut keinen mehr an, weicht Blickkontakt aus; antwortet oft nicht, sondern wiederholt Gesagtes[2]; sehr sehr wechselhafte Stimmung.“ Vorher sei Andi „sehr ausgeglichen“ gewesen, „er hatte die Sonne im Gesicht, hat meist gelächelt“. Und jetzt: „Schrille Sprache, Wiederholungen von Gesagtem immer schriller werdend; schnell ermüdbar, lustlos; ‚Nein!‘, ‚Nein!‘, ‚Nein!‘; Kleinigkeiten können Zusammenbruch bedeuten; manchmal extrem ‚überdreht‘, läßt sich dann nicht anziehen, wickeln, fällt einfach schlaff auf den Boden und lacht; manchmal sehr aggressiv, haut oder tritt ins Gesicht; Zuckungen tags und nachts und kein Nachweis im EEG; manchmal Mißempfindungen im Mund, beißt sich auffallend oft auf die Zunge oder in die Wange (ein weiterer Hinweis auf

---

[1] Myoklonie: unwillkürliche, blitzartige, arrhythmische Einzelzuckung von Muskeln, Muskelgruppen oder von Muskelteilen, eventuell eines großen Körperbereiches; physiologisch beim Einschlafen oder Erwachen, krankhaft v.a. bei Vergiftungen, nach Geburtstrauma oder frühkindlichem Hirnschaden, im Früh- und Spätstadium der Encephalitis und Multiplen Sklerose. (Roche Lexikon Medizin)

[2] sog. Echolalie: Nachsprechen vorgesprochener oder gehörter Worte und Sätze ohne Rücksicht auf deren Inhalt und die augenblickliche Situation.

Koordinationsstörungen!); verdreht häufig die Augäpfel nach oben für den Bruchteil einer Sekunde, meistens beim Essen oder beim Nachobengucken, hatte Phasen dreimal pro Minute, wurde dann ca. 200-mal am Tag." Soweit der schriftliche Vorabbericht der Mutter, welchen sie dem homöopathischen Fragebogen beigelegt hatte.

Vor diesem und ähnlichen Szenarios – erinnern Sie sich beispielsweise auch an den oben geschilderten Fall einer PCP, einer progredient-chronischen Polyarthritis – klingt die Antwort des „Impfspezialisten" Dr. Christian Groffik bei einer Frageaktion der süddeutschen Tageszeitung „Münchner Merkur" vom 31. 3. 2006 hinsichtlich der Nebenwirkungen von FSME-Impfungen wie der blanke Hohn: „Das können Rötungen an der Haut rund um die Impfstelle sein. Auch leichte Schwellungen am Muskel können auftreten oder leichtes Fieber. Im allgemeinen sind die Nebenwirkungen aber harmlos." – Wenn sich jemand zu solchen Statements hinreißen läßt, dann geben derartige Experten, seien sie nun Ärzte, Virologen oder sonstige promovierte und/oder habilitierte Spezialisten, nur ihre eigene Ignoranz und Unseriosität kund. Der französische Arzt Dr. Jacques Kalmar würde sagen: „Wissenschaftlich ist dies ein Skandal."

Weitere Details können hier leider nicht angemessen vertieft werden, denn Schwerpunkt und Sinn des Ganzen ist es, auf die Ätiologie und Zusammenhänge solch schwerer Störungen hinzuweisen, damit ein jeder diese selbständig erkennen kann. Vielleicht seien doch noch ein paar Hinweise aus der Schwangerschaft mit Andi angeführt, aus denen hervorgeht, daß dieser Junge auch schon vor der fatalen FSME-Impfung miasmatisch kein unbeschriebenes Blatt war: Vor seiner Schwangerschaft gab es nämlich schon drei Fehlgeburten mit starken Blutungen und zwei Frühgeburten in der 36. SSW! „Ich mußte damals viel liegen." Und gegen Ende seines vierten Schwangerschaftsmonats kam es auch hier zu heftigen Blutungen. „Darüber hinaus hatte ich die ganze Schwangerschaft über Wehen." Des weiteren gab es nächtliche Wadenkrämpfe, eine genitale Pilzinfektion, Eisen wurde substituiert, und die Mutter hatte insgesamt 23 kg zugenommen. Zu Beginn von Andis Leben dann die „üblichen" Blähungskoliken, eine gewisse Schreckhaftigkeit, Windeldermatitis, einmal eine hartnäckige Windelmykose, verspätetes Einschlafen und eine eitrige Bindehautentzündung als Säugling. – Sie sehen schon, daß da wieder einmal System dahintersteckt: *Die Sykosis läßt grüßen;* die Sykosis, die dann durch besagte Impfung – selbstverständlich wurde Andi vorher schon mehrere Male gemäß gültigem Impfkalender durchgeimpft! – dramatisch verschärft wurde.

Ein Fall von schwerstem Autismus: „... in tiefer Verzweiflung wende ich mich heute nochmal an Sie, mit der Bitte, uns zu helfen. Ich habe letztes Jahr schon einmal mit Ihnen telefoniert. Ihr letzter Satz war: ‚Spricht Ihr Kind denn noch?', und ich meinte: ‚Ja, natürlich.' Jetzt spricht mein Sohn aber mittlerweile nichts mehr. Er ist aus meiner Sicht – und ich habe mich viel mit der Sache beschäftigt – impfgeschädigt durch eine Hepatitis A und B-Impfung (Twinrix)." ... Und weiter hinten: „Martin verlor innerhalb einer Woche seine

Sprechfähigkeit. Seitdem lallt er nur noch irgendwelche Laute". – So beginnt die schriftliche Anfrage einer verzweifelten Mutter ihres vierjährigen autistischen Kindes hinsichtlich einer homöopathischen antimiasmatischen Behandlung.

Den aktuellen Zustand ihres Kindes beschreibt sie weiter: „Völlig persönlichkeitsverändert (von hochintelligent bis zum demenzartigen Zustand); autistisch (spielt nicht, kann nicht mit anderen Kindern spielen, würde aber gerne); kann sich überhaupt nicht konzentrieren; wahrnehmungsgestört; steckt sich häufig die Finger in die Ohren; völlig hyperaktiv (rennt im Wohnzimmer den ganzen Tag hin und her); leidet an Verstopfung (von Geburt an); ist süchtig nach Süßem und nach Weißmehlprodukten; kann nicht mehr sprechen, nur auf Aufforderung wiederholt er manchmal das gesagte Wort; ist aber trotzdem fröhlich und lustig; ist schwer zum Schlafen zu bringen, schläft dann aber 10 bis 11 Stunden durch." Des weiteren wurde eine „visuelle Epilepsie" bei Martin festgestellt, die sich „für uns nur mit Augenzwinkern bemerkbar macht". Deswegen erhielt der Junge das Antiepileptikum Timonil. „Das EEG ist aber noch unverändert schlecht bzw. pathologisch, d. h., es ist nicht im Griff." Eine Ärztin habe auch eine starke Candidabelastung im Darm diagnostiziert und eine Nahrungsmittelallergie auf Weizen, Walnüsse, Tomaten, Eier und Zucker. Außerdem bestünden bei Martin diverse Ängste, z. B. vor Hunden, fremden Personen, Dunkelheit und vielem mehr. … „Der betreuende Neurologe in der RWTH Klinik Aachen, ein Spezialist auf seinem Gebiet, vermutet eine Neurotransmitterstörung, insbesondere des Neurotransmitters Serotonin. An der Uni-Klinik in Leuven, Belgien, hat der Professor, einer der zehn größten Stoffwechselspezialisten in Europa, zuvor einen sehr hohen ADP-Wert gefunden und diagnostizierte einen Blutplättchen-Signalübertragungs-Defekt. Dieses Ergebnis korrespondiert auch mit den Vermutungen in Aachen. … *Aus meiner Sicht sind das alles Folgen, aber nicht die Ursache!*" – Soweit die Angaben und Stellungnahme der Mutter in ihrem Schreiben.

Eine Heilpraktikerin habe bei Martin „eine Störung der Myelinbildung nach der Twinrix-Impfung, eine Störung des Wachstums der Axone im zentralen und peripheren Nervensystem, einen gestörten Eiweiß-Zellstoffwechsel und eine erhöhte Quecksilberbelastung" durch Austestung festgestellt, was meines Erachtens der ganzen Sache sehr nahe kommt.

Die klinische Beobachtung von Martin zeigte ein stark auffälliges Verhalten: „Er scheint in einer eigenen Welt zu leben. Er hielt nur kurz Blickkontakt, es scheint, als schaute er die Beobachter durch einen Schleier an. Sein Spielverhalten entsprach dem eines eineinhalbjährigen Kindes. Auffallend waren seine kurze Aufmerksamkeitsspanne und seine Umtriebigkeit. Anhand von Viedeoaufnahmen vor und nach der Erkrankung wurde eindrucksvoll deutlich, in welchem Ausmaß er sich verändert haben muß." So ist es in dem Bericht des Kinderhospitals Frankfurt zu lesen. Gemäß dem Fachbereich Kinderheilkunde Wiesbaden wurde schließlich die Diagnose „schwere psychomentale Entwicklungsregression ungeklärter Ursache" gestellt, wobei zeitliche Zusammenhänge mit den zwei Twinrix-Impfungen eingeräumt wurden.[1] Laut dem Autismusinstitut Langen lagen bei Martin „autistische Züge" vor wegen „Defiziten in der kommunikativen Sprache, panikartigen Ängsten, kaum Rollenspielen und gelegentlichen stereotypen und rituellen Verhaltensweisen". Eine andere Kinderklinik bestätigte diese Diagnose, indem sie „eine autistiforme Verhaltensstörung bei Verdacht auf visuelle Krampfanfälle (Terror fits)" feststellte.

Der Krankheitsverlauf des kleinen Martin im einzelnen: Einen Tag nach der ersten Twinrix-Impfung beobachteten die Eltern bei Martin ein Schielen, das nur kurz anhielt. Drei Tage vor dieser Impfung wurde der Bub noch wegen einer starken Erkältung vom selben Kinderarzt behandelt. Die Wiederholungsimpfung fand dann einen Monat später statt. Vier Tage danach trat für eineinhalb Monate ein Stottern auf und eine leichte Gleichgewichtsstörung. Martin verhielt sich auffällig ruhig, wurde schwieriger, er wollte sich nicht mehr von seiner Mutter trennen und zur gewohnten Tagesmutter gehen. In den folgenden Monaten traten mehrere hochfieberhafte Infekte mit Fieber bis zu drei Tagen und eine Mittelohrentzündung auf.

Ein halbes Jahr nach der zweiten Twinrix-Impfung kam dann der dritte Durchgang. Eine Woche vor dieser Impfung hatte Martin eine starke Erkältung mit Fieber und am Tag der Impfung noch leichte Infektzeichen. Unmittelbar nach diesem Kinderarzttermin kam der Junge zu seinen Großeltern. Diesen fiel dann auf, daß er auffallend abwesend und interessenlos war, sie nicht mit ihm spielen konnten, er den ganzen Nachmittag schlief, schwer zu wecken und weinerlich war. Martin sei schwieriger und anders als sonst gewesen, habe nicht gehört, sei nicht mehr folgsam. Er hatte einen starren und leeren Blick und ein Zucken der Augen. Die Tagesmutter beobachtete einen Monat später, daß er sich ständig über das Auge wische und zuckte. Kurz darauf bekam der Junge wieder eine Mittelohrentzündung mit Halslymphknotenschwellungen.

Seit dieser dritten Hepatitisimpfung hatte Martin ständig Husten und Schnupfen mit zwei bis sieben Tagen Pause, ohne Fieber. Er hat sich schlecht gefühlt. Er hatte häufig rote Backen, hat sich immer mit den Händen an die Ohren gefaßt. Im Abstand von zwei Wochen hat er sich regelmäßig übergeben. Bei leichter körperlicher Betätigung traten Schwitzanfälle auf. Darüber hinaus beobachteten Martins Eltern häufiges unbegründetes nächtliches Erwachen, Bohren mit dem Kopf in den Kissen und Hände-vor-die-Augen-und-Ohren-Halten. Er schaute auch die Mutter nicht mehr richtig an. Den Er-

[1] „Bei Folgeerkrankungen oder Folgeschäden nach Impfungen ist der zeitliche Zusammenhang wesentlich, da es keine spezifischen Untersuchungen gibt, die einen sogenannten Impfschaden beweisen könnten. Wenn kein anderes Krankheitsbild zu diagnostizieren ist und keine andere Kausalität im Zusammenhang mit dem Auftreten von Symptomen nach einer Impfung festzustellen ist, dann sind die Gesundheitsstörungen als eine Impffolge anzunehmen." – Dr. med. Herber Pfeiffer in einem Gutachten eines anderen Impfschadenfalls.

zieherinnen im Kindergarten fiel dann auf, daß Martin sich nur schwer integrieren konnte, interessenlos war und sich offenbar nicht wohl fühlte. Sie beoachteten „autistoide" Züge.

Seit seinem zehnten Lebensmonat neigte Martin zu trägem Stuhlgang. Er machte teilweise nur kleine Kugeln, hart wie Stein, „teilweise kommt es auch in einem Klops, manchmal auch breiig und stinkt". „Nach der dritten Impfung ging dann rein gar nichts mehr." Der Bub litt pausenlos unter massiver Verstopfung und hatte nur noch alle fünf bis sieben Tage Stuhlgang. Während seiner ersten Lebensmonate imponierten starke „Dreimonatskoliken", bei welchen er durch nichts zu beruhigen war.

„Die neurologischen und psychischen Auffälligkeiten hielten weiterhin an. Sie äußerten sich in Kommunikations- und Kontaktproblemen mit den Eltern, mit anderen Erwachsenen und mit Kindern. Martin hatte Konzentrationsstörungen, er gab keine Antwort auf Fragen, wiederholte Laute, Silben und Worte; er war ängstlich, redete wirres Zeug, träumte häufig tagsüber, wirkte wie in seiner eigenen Welt und hielt kaum noch Blickkontakt. Er hatte ticartige Muskelzuckungen (Blinzeln, seltsame Armbewegungen) und wiederholt Erbrechen und Kopfschmerzen." – So die Formulierungen in dem Gutachten eines Arztes hinsichtlich Anerkennung auf Impfschaden.

Soweit die traurige Geschichte des armen Martin, die wohl keines weiteren Kommentars bedarf, denn die Fakten sprechen für sich. Darüber hinaus können wir getrost auf weitere anamnestische und familiäre Zusammenhänge verzichten, da diese nichts Wesentliches zum Verständnis der Autismus-Genese dieses Falles beitragen.

In Anbetracht des Umfangs einer homöopathischen antimiasmatischen Behandlung schweren Autismusses sei hier nur der Therapiebeginn stichpunktartig skizziert, nicht zuletzt deshalb, um aufzuzeigen, daß auch bei derartig gravierenden Störungen noch recht viel zu erreichen ist: Innerhalb eines halben Jahres wieder täglicher Stuhlgang; „Martin geht sogar alleine auf die Toilette". Guter, ganz normaler Blickkontakt; spielt alleine, umarmt andere Kinder; hat Ausdauer beim Radeln und Rutschen; spricht wieder einzelne Wörter! Besseres Sozialverhalten, mehr Interesse und deutlich weniger Unruhe. Schläft durch und ist recht fröhlich. Aussage der betreuenden Logopädin nach einem dreiviertel Jahr homöopathischer Behandlung: „Martin macht jede Woche weitere Fortschritte. Bei ihm ist mittlerweile alles deutlich besser als bei anderen Autisten!"

Im folgenden nun noch in aller Kürze *ein Fall von Mucopolysaccharidose (MPS)*, einer schweren Stoffwechselanomalie mit Veränderungen des Skelettsystems, des zentralen Nervensystems sowie sehr auffälligem Verhalten. MPS wird meist als erbliche Krankheit „verkauft". Ich habe jedoch den Eindruck, daß sich auch hier, wie bei den anderen schweren Behinderungen, ein Impfzusammenhang herauskristallisiert.

So jedenfalls bei dem siebenjährigen Jungen Louis, der die ersten zwei Jahre und zehn Monate seines Lebens, medizinisch gesehen, recht unauffällig war! Er hatte nur schon sehr früh neurodermitisartige Stellen im Gesicht und Grind hinter beiden Ohren, extreme Blähungskoliken von einem halben Jahr Dauer, ausgeprägte Windeldermatitiden bis hin zu offenen Stellen am Po, Säuglingsschnupfen, später dann Neurodermitis am ganzen Körper und viele Allergien, besonders auf bestimmte Nahrungsmittel, samt Heuschnupfen mit asthmatischen Beschwerden (also hauptsächlich *sykotische Phänomene*, u. U. kombiniert mit *tuberkulinischen Symptomen*). Darüber hinaus mehrere Mittelohrentzündungen, des öfteren Stirn- und Nebenhöhlenentzündungen und eine Lungenentzündung (*tuberkulinische Phänomene*), alles „fein säuberlich" antibiotisch immunsuppressiv behandelt. Und natürlich diverse Impfungen, insbesondere gegen Polio, Diphtherie, Tetanus und HIB, einschließlich gegen Masern, Mumps und Röteln (MMR). Außerdem gab es Scharlach und andere „Streptokokkeninfekte" zu vermelden (*syphilitische Phänomene*) und Windpocken sowie die Neigung zu Bronchitis, allerdings stets ohne das segensreiche Fieber. Des weiteren eine Phimose-OP und eine Operation wegen Polypen. Entlang seiner Wirbelsäule hatte er schon im Säuglingsalter eine ausgeprägte Behaarung (*tuberkulinsches Symptom*). … Und einiges an „Kleinigkeiten" und „homöopathischen Auffälligkeiten" mehr.

Trotz all dieser Krankheiten, deren *Unterdrückungen* und der *vielen Impfungen* fiel der Bub über 2½ Jahre lang medizinisch nicht sonderlich auf, jedenfalls nicht hinsichtlich einer schweren geistigen, körperlichen und/oder motorischen Störung. Doch dann wurde er immer unruhiger, konnte sich mit einem Mal nicht mehr konzentrieren, nicht mehr richtig sprechen, nicht mehr spielen, seine Motorik wurde zunehmend grobschlächtiger, ja er veränderte sich von seinem ganzen Wesen her und wurde hochgradig hyperaktiv, aggressiv und wechselhaft. Louis' Lippen wurden auffallend wulstig und von intensiver roter Farbe; „morgens waren sie allerdings häufiger blau verfärbt". Mit den Jahren litt der Junge tagsüber sowie des Nachts an intensivem Speichelfluß, wie dies bei den meisten schwer behinderten Kindern der Fall ist. Es folgten viele Untersuchungen bei den unterschiedlichsten Ärzten, Spezialisten und „Kapazitäten", in Praxen und an Universitätskliniken, bis man schließlich mit der Diagnose Mucopolysaccharidose aufwartete, einer „genetisch bedingten Erkrankung, die durch variable Manifestationen gekennzeichnet ist, wozu typische Gesichtsveränderungen, Skelettdysplasien[1], mentale Defekte, Hornhauttrübungen und Hepatosplenomegalien[2] zählen" (MSD-Manual der Diagnostik und Therapie).

Die klinischen Merkmale der MPS seien bei der Geburt meistens noch nicht ausgeprägt, heißt es im MSD-Manual! – Soll man das wirklich glauben? Warum sollte sich eine so schwere Erkrankung erst so spät manifestieren? Zumal bei Louis' Eltern und Verwandtschaft kein diesbezügliches erbliches Leiden nachweislich bekannt war! Und dann noch die recht aufschlußreiche

---

1 Dysplasie: Mißgestalt, Fehlbildung.

2 Hepatosplenomegalie: gleichzeitige Vergrößerung der Leber und der Milz.

Formulierung bei der Definition dieser Erkrankung: „durch variable Manifestationen gekennzeichnet“, welche ja geradezu auf *kein einheitliches Krankheitsbild* schließen läßt. Könnte dies alles nicht eher mit der *schleichenden Manifestation einer frühkindlichen Encephalopathie* zu erklären sein, die ja bei Kleinkindern wegen mangelnder Hirnreife bis zum Ende des dritten Lebensjahres recht schwer zu erkennen ist? In diesem Sinne ist auch der explizite Hinweis im MSD-Manual interessant, nach dem sich die Mucopolysaccharidose im Säuglingsalter „durch Kleinwuchs, Knochendysplasien, Hirsutismus[1] und abnorme Entwicklung bemerkbar mache“.

Aus homöopathischer Sicht sind dies alles *hochkarätige miasmatische Zeichen und Symptome*, welche eine *absolute Kontraindikation für Impfungen* darstellen, eben wegen der Gefahr einer postvaccinalen Encephalopathie, einer diffusen Gehirnerkrankung infolge einer Impfung! Und wenn bei einer derartigen Konstellation dann obendrein auch noch *immunsuppressiv behandelt* und/oder *operiert* wird, kann der ohnehin schwerer belastete Organismus vollends entgleisen, so daß es gewissermaßen zum „GAU“ kommt, zum größten anzunehmenden Unfall; was – übertragen auf den gesundheitlichen Bereich – bedeutet, daß es zu den schwersten gesundheitlichen Störungen, Krankheitsbildern und Syndromen überhaupt kommt, welche aus schulmedizinischer Sicht unheilbar sind, teilweise sogar zum Tode führen. Die Gefahr einer exorbitanten Verschlimmerung der Miasmen – sowohl durch Impfungen als auch durch immunsuppressive Behandlungen – schwebt bei einer derartigen Konstellation demnach wie ein Damoklesschwert beständig über dem Betroffenen.

Somit könnten sich also auch Louis’ Probleme mit solcherlei radikalen Eingriffen gegen die Natur erklären, denn bei ihm waren mit Sicherheit *alle Miasmen in mehr oder weniger ausgeprägter Intensität vertreten*. Zur Beurteilung des Gesamtausmaßes seiner miasmatischen Belastung ist es vielleicht noch wichtig zu wissen, daß seine Mutter, die ihre gesamte Kindheit im Iran verbracht hat, bis etwa zu ihrem 14. Lebensjahr 45 Impfungen (!) erhalten hat, davon allein 6 Pocken- und 12 Polioimpfungen – und im Gefolge davon „logischerweise“ auch eine handfeste Meningitis, also Hirnhautentzündung, davontrug! – Notabene: Mir ist bislang kein einziger Fall von MPS ohne Impfungen und Immunsuppression bekannt geworden, einfach so, aufgrund der (angeblichen) hereditären Veranlagung.

Heute lebt Louis in einer Einrichtung für schwer behinderte Kinder; zu Hause oder bei einer Tagesmutter könnte man ihn nicht großziehen, so verhaltensauffällig ist er. Auch während der Anamnese in meiner Praxis war der Junge nicht ruhig zu halten. Aus diesem Grunde hatte sich die Mutter vorsorglich „Verstärkung“ mitgebracht, jemanden, den Louis kannte, der ihn beschäftigte und einigermaßen ruhig hielt, was natürlich trotzdem nicht immer

---

[1] Hirsutismus: verstärkte Sexual-, Körper- und Gesichtsbehaarung bei Frauen; bei Säuglingen oder Kleinkindern z.B. entlang der Wirbelsäule.

klappte. Louis hatte nämlich immer Angst in neuen Situationen, und dann kannte seine Hyperaktivität und Tobsucht keinerlei Grenzen mehr. Denn sein Bewegungsdrang war dermaßen massiv, daß er pausenlos durch den Raum raste und nur zeitweise innehielt, um sich zu bücken und dann gleich wieder mit Bauklötzen oder anderem Faßbaren durch die Gegend zu werfen oder diese mit dem Fuß umherzuschießen oder lautstark auf etwas einzuhämmern, dabei immer hämisch lachend. Nur das machte ihm Spaß.

Verdachtsdiagnose „neuronale Ceroidlipofuszinose" (nach BCG-Impfung): „Meine Tochter Laura wurde nach einer normalen Schwangerschaft geboren (APGAR 9/10/10). Am zweiten Tag nach der Entbindung kam eine Schwester in das Zimmer und sagte, daß mein Kind dringend geimpft werden müßte. Nebenwirkungen gäbe es keine beim Impfen. Ich war eine junge Mutter und habe mich auf das Wort des Pflegepersonals (Stellvertreter des Arztes) verlassen. Informationen zur Impfung, die über die Auskunft des Personals hinausging, standen mir nicht zur Verfügung, und eventuelle Folgen konnte ich in diesem Moment in keiner Weise abschätzen.

Am fünften Lebenstag fiel mir auf, wie Laura kurzzeitig bläulich im Mundbereich anlief. Aber als anschließend die Abschlußuntersuchung ein gesundes Kind bestätigte, verließen wir beruhigt das Krankenhaus.

Laura schlief in der Folgezeit immer fester und tiefer und länger. Ich mußte sie immer massiv (mit einem kalten Waschlappen) aufwecken, da mein Busen voll Milch war und sie nicht von allein aufwachte. Nach 10 Tagen war das, was beim Wecken folgte, für mich als Krampfanfall (Dauer etwa 10 Sekunden) ersichtlich. Ich suchte unsere Kinderärztin auf, die uns ins Krankenhaus überwies. Dort wurde bei der Aufnahme ein Krampfanfall beobachtet. Leider war der zuständige Oberarzt im Urlaub. Der junge Stationsarzt war scheinbar nicht in der Lage, ein EEG zu lesen, und unser Kind wurde auch nicht mehr angeschaut.

Die Krampfanfälle nahmen drastisch zu. Die Medikamente (Rivotril und Luminaletten) sprachen nicht an. Ich notierte die Anzahl der Anfälle, aber das Pflegepersonal glaubte mir nicht. Bei einem Krampfanfall läutete ich meist nach der Schwester, doch bis die kam, war der Krampfanfall schon längst vorbei, und Laura schrie nur noch. Mit blöden Bemerkungen, daß Kinder eben manchmal schreien, gingen die Schwestern dann wieder. Der Arzt glaubte nur seinem Serumspiegel (Labor), wobei es aber mindestens fünf Tage dauerte, bis das Ergebnis vorlag. Meine Verzweiflung diesbezüglich wurde nicht ernst genommen. Es fanden wohl Blutuntersuchungen statt, auch versuchte der Arzt zweimal an Liquor durch eine Lumbalpunktion zu kommen, doch das erbrachte nur einen blutigen Liquor, der weggeworfen wurde.

Nach zwei Wochen tauchte dann der Oberarzt auf, mit der Bitte, so einen Krampfanfall sehen zu dürfen. Was kein Problem war, Laura hatte bis zu diesem Zeitpunkt bereits mindestens 80 Stück pro Tag (von anfänglich drei pro Tag). Daraufhin wurden die Krampfanfälle mit Erfolg behandelt. Laura war aber auch so voll mit Medikamenten, daß sie sich kaum mehr regte. Die

Muskulatur war stark hypoton, und Laura hatte am ganzen Körper einen Hautausschlag.

Vier Wochen nach unserer Entlassung waren wir dann wieder in der Klinik. Laura konnte nicht mehr trinken. Sie wußte nicht mehr, wie sie ihren Hunger stillen konnte. Als ich sah, daß sie apathisch wurde, gingen wir wieder ins Krankenhaus. Diesmal ohne Mutter, in der Hoffnung, daß das Pflegepersonal dann dem Kind etwas mehr Interesse widmen würde.

Eine Schülerin des ersten Ausbildungsjahres (mit sechswöchigem Grundkurs) versorgte dieses Kinderzimmer. Medikationen wurden oft unterlassen. Das Trinkverhalten bzw. die Unfähigkeit zu schlucken änderte sich während des zweiwöchigen Aufenthaltes nicht. Einmal pro Tag schaffte es meist die Nachtschwester, Laura eine Flasche Milch zu geben. – Mir sagte der Arzt, es sei Trinkunlust aufgrund zu langen Stillens!

Als die Krankengymnastin bei ihrer KG (Krankengymnastik) einen Krampfanfall der Schülerin zeigte, soll diese gesagt haben: ‚Wenn das ein Krampfanfall ist, hat sie schon oft einen gehabt.' Daraufhin nahmen wir Laura mit nach Hause.

Unser Versuch, einen anderen Arzt zu finden, der das Problem erkannte, schlug fehl. Es wurden Appetitanreger verschrieben, die das Problem nicht lösten. Frau Z., Krankengymnastin und Tochter von Professor Hellbrügge, Kinderzentrum München, zeigte uns Mundmassageübungen und Vojta-Krankengymnastik, um das sehr schlaffe Kind in Bewegung zu bringen. Das Trinkverhalten zog sich aber über Monate hinweg, 12 Stunden Fütterversuch, um eine Flasche hineinzubringen, fünfmal täglich Vojta-Turnen und Ausschlag am ganzen Körper, der mit verordneten Salben und Säuglingsmassage sowie Nahrungsumstellung auf Sojamilch auch ohne großen Erfolg behandelt wurde.

Da alle Untersuchungsergebnisse bis dahin ohne Befund waren, stellte Frau Dr. B. aus der Universitätsklinik Tübingen die Verdachtsdiagnose ‚neuronale Ceroidlipofuszinose'[1], aufgrund ihres ‚Puppengesichtes'. – Viel Leben war im ganzen Kind nicht, unter der hohen Medikamentengabe. – Frau Dr. B. bat in einem ausführlichen Gespräch um den Leichnam nach dem Tode Lauras, für Forschungszwecke!

Nun mußte sich kein Arzt mehr Gedanken über die Ursache der Krampfanfälle machen, die Diagnose stand fest. Doch leider kann sie, wie das Kinderzentrum München bestätigt, nicht stimmen. Laura müßte schon mindestens zehn Jahre tot sein. Laura ist heute 17 Jahre alt und auf dem Entwicklungsstand einer Dreijährigen. Mir fiel immer wieder auf, daß die Ärzte hellhörig wurden, wenn ich die BCG-Impfung erwähnte. Aber keiner wagte, etwas schriftlich zu fixieren!

---

[1] Neuron: Nervenzelle mit all ihren Fortsätzen. – Ceroidlipofuszinose: Lipidspeicherungskrankheit mit elektronenmikroskopisch sichtbaren Ceroidlipofuszin-Pigmenteinschlüssen in den Lysosomen aller Organe (Pschyrembel). Weitere Symptome sind u. a.: psychomotorische Retardierung, Myoklonien, Sehstörungen, Krampfanfälle, Idiotie.

Mir ist heute schleierhaft, wie unsere Kinderärztin – die muß es doch wissen –, mir weiterhin so dringend zu jeder weiteren Impfung geraten hat. ‚Es wäre doch schlimm, wenn Laura zu den Krampfanfällen auch noch Masern, Mumps oder Polio bekommen würde.' Darf denn ein Krampfkind mit Entwicklungsverzögerung, cerebraler Bewegungsstörung, chronisch entzündlichen Hautveränderungen, Schluckstörungen und Allergie überhaupt weitere Impfungen erhalten?

Durch eine Anzeige in der Zeitung merkte ich, daß noch mehr Eltern die Auswirkungen der BCG-Impfung zu spüren bekamen. Doch da die Impfung in der ersten Woche nach der Geburt stattfindet, ist die Beweisführung sehr schwer. Nur wenige Eltern schauen ihren Kindern beim Aufwachen zu, und wenn Laura schrie, war der Krampfanfall schon vorbei. Eine Mutter, mit der ich aufgrund meiner Anzeige sprach, erlebte es gleichermaßen. Bei ihr wurde das Kind aber sofort behandelt und ist heute ein gesunder junger Mann. Die Tochter einer anderen Mutter reagierte mit Durchfall und Schreien, statt zu schlafen. Mit der Aufforderung, ihrem Säugling Heilnahrung zu geben, war auch sie mit ihrem Problemkind allein. Die meisten anderen Betroffenen bemerkten erst viel später die Entwicklungsverzögerung und Allergien. Noch kein Arzt hat je die Ursache bei der Impfung gesucht, da es angeblich keine Hirnschäden mit Krampfanfällen bei der BCG-Impfung gibt. Und es gibt sie doch!"

Ein erschütternder Brief einer sehr verzweifelten Mutter, die das dringende Bedürfnis hatte, mir im Zuge einer Anfrage in meiner Praxis ihre einschlägigen Erfahrungen mitzuteilen. Die Zusammenhänge und das diesbezügliche schulmedizinische Procedere sprechen eine so deutliche Sprache, daß sich jeglicher Kommentar erübrigt.

Wie weit es mit Behinderungen gehen kann, wird an dem bedrückendem Beispiel eines 22-jährigen jungen Mannes sichtbar, der seit Jahren an den Rollstuhl gefesselt war, kaum imstande, seinen eigenen Kopf zu halten, und sich im Ganzen nicht mehr selbständig bewegen konnte. – „Früher, als Kind, ist er sogar Schlittschuh gelaufen!" – Seine Diagnose bestand in einer *Tetraspastik*[1], einem *schweren Anfallsleiden* („im Schnitt ca. drei bis sechs Grand mals die Woche, zusammengenommen etwa 8.500 große Anfälle in seinem ganzen Leben!", so die Mutter anhand ihrer Aufzeichnungen) und einer *hochgradig psychomotorischen Behinderung*. Völliger Sprachverlust im Alter von 9 Jahren und 10 Monaten. – „Die Monate vorher konnte er noch sprechen, war aber schon geistig behindert." Zu dieser Zeit hatte er heftige Zorn- und Wutanfälle und Halluzinationen. Er hat immer wilde Tiere gesehen, die ihn fressen wollten, oder Menschen, die ihn verbrennen wollten. „Doch ganz früher, als kleines Kind, war er immer sehr kontaktfreudig, fröhlich, heiter und von anderen ein heißgeliebtes Kind." – Seine Hände waren bereits dermaßen

[1] Tetraspastik: pathologische Vermehrung des Spannungszustandes der Muskulatur aller vier Gliedmaßen.

stark mißbildet, daß sie in den Handgelenken zu den Unterarmen einen Winkel von 90° bildeten. Er konnte sie kaum noch bewegen. Ähnlich deformiert imponierten seine unteren Extremitäten.

Der junge Mann war mittlerweile bis auf Haut und Knochen völlig abgemagert und außerordentlich hypoton, so daß nicht einmal sein Mundschluß funktionierte. Sein Kinn bzw. Kiefer mußte permanent gehalten werden, und das seit mehr als zehn Jahren! Einer seiner aufopfernden Geschwister tat dies rund um die Uhr, „damit er besser atmen kann". Meist schaute er starr, machte auffällige Schluckbewegungen, „dann ist er wieder verkrampft und bekommt keine Luft", sog. „stille Anfälle", wie seine Eltern erklärten. Seit zwei Jahren konnte er nur noch über eine PEG-Sonde[1] künstlich ernährt werden. Sein Allgemeinzustand wurde über die letzten Jahre hinweg kontinuierlich schwächer.

Begonnen hatte alles *nach den ersten Impfungen*. Im Alter von elf Monaten gab es den „ersten Krampfanfall mit Fieber bis zu 41,3 °C, ‚Medikamentenresistenz' und Atemstillstand für ca. fünf Minuten", was meines Erachtens auf eine *deutliche encephalitische Reaktion* hindeutet. Der Mann war eine *Frühgeburt* („wahrscheinlich fünf Wochen zu früh") und hat in den ersten Lebensmonaten sehr viel geschrien (Blähungskoliken). Mit zwei Jahren gab es „unerklärliche" nächtliche Angst- und Panikattacken, „die ihn wie einen Verrückten haben aussehen lassen". Mit drei Jahren wurde er dann verhaltensgestört und aggressiv, hat gebissen, alles angefaßt, jeden Schalter betätigt, ja er war richtig enthemmt und hyperaktiv.

Die Vorstellung beim „Kinderneuropsychiater" brachte die Diagnose „Erethismus", was laut klinischem Wörterbuch Pschyrembel „ein typisches Syndrom im Kleinkindalter mit gesteigertem Bewegungsdrang, psychomotorischer Unruhe und Intelligenzstörung" ist. – Ein typisches Syndrom im Kleinkindalter! Merken Sie etwas? Typisch für was? Für das Alter? Hier handelt es sich doch um eine pathologische Störung, um eine encephalitische Reaktion! – Die Vermutung einer Quecksilbervergiftung als Ursache wurde auch geäußert. Quecksilbervergiftung – aber woher? Mit dem Thiomersal[2] aus den Impfampullen hat das damals leider niemand in Verbindung gebracht!

Jedenfalls folgte mit der Zeit eine sprachliche Retardierung und später die Einschulung auf eine Sonderschule. Und schließlich die *Tetanusimpfung nach einem Fahrradsturz* mit 7½ Jahren. „Die hat ihm den Rest gegeben. Danach wurde er immer schwächer, stolperte nur noch, fiel hin und drehte sich schließlich in der Nacht nicht mehr um." Seine Wahrnehmungs- und Koordinationsstörungen wurden manifester. „Mit neun Jahren dann Nierenversagen nach einer unterdrückenden Behandlung im Spital wegen eines hoch fieberhaften

---

[1] PEG: *p*erkutane *e*ndoskopische *G*astrostomie; operative Eröffnung des Magens zwecks künstlicher Ernährung.

[2] Thiomersal: chemische Verbindung aus Thiosalicylsäure und Äthyl*quecksilber*; zerfällt bereits in der Impfampulle in diese Bestandteile und enthält dann zu 50% reines Quecksilber! (wie bereits dargestellt).

Infektes mit acht Tagen Koma. Danach war er komplett gelähmt (oder nur zu schwach?)", so seine ratlose Mutter. – Und so weiter und so fort. Natürlich gab es auch einige Operationen, wie die der Mandeln und Polypen. Und auch die Schwangerschaft war nicht ganz so bilderbuchartig, wie es von „Mutter Natur" her sein sollte. Allein drei Monate Erbrechen, eine Cerclage[1], da der Muttermund schon recht früh geöffnet war, „so wie auch bei meinen ersten beiden Kindern". Und dann noch zwei vorausgegangene Fehlgeburten. Und natürlich die Frühgeburtlichkeit selbst, etwa fünf Wochen, wie bereits erwähnt.

Die Miasmen waren also auch bei diesem jungen Mann von Anfang an stark präsent, allen voran die *Sykosis*. Und dann die *Impfungen*; sie haben nochmals *obendrein sykotisiert und/oder tuberkulinisiert* und damit das Faß zum Überlaufen gebracht. Dazu die häufigen *Immunsuppressionen* mittels Antikonvulsiva, Operationen, Antibiotika bis hin zum akuten Nierenversagen! – Also Zusammenhänge, die man nicht so einfach wegdiskutieren kann.

Dieser junge Mann ist schließlich ruhig und sanft eingeschlafen „mit einem Lächeln im Gesicht", wie mir seine Mutter erleichtert mitteilte. „Er hat auf das homöopathische Mittel gut angesprochen, aber wir hätten mehr Zeit haben sollen. Seine Zeit war abgelaufen. Er hat sein Karma abgetragen und ist frei." Ihr Sohn habe auch die letzten Tage mit ihr gekuschelt und gelächelt, und er habe besser atmen können als noch vor einem Jahr! „Vor einigen Monaten (noch vor der homöopathischen Behandlung) waren wir bei einem indischen Heiler. Bevor dieser unseren Sohn sah, spürte er seine intensive Ausstahlung ‚wie bei Gandhi, M. L. King, Mandela etc.'. Er spürte auch, daß er ‚in einem Käfig' gefangen war."[2] Die Mutter war außerordentlich dankbar für alles. „Es

---

[1] Cerclage: Kreisnaht; gebraucht für den operativen Verschluß des Zervikalkanals (Gebärmutterhalskanal) in der Schwangerschaft bei Zervixinsuffizienz (klaffender äußerer Muttermund).

[2] „Ebenso wie die Geist-Seele eines noch ungeborenen Kindes alles weiß und versteht, *so weiß auch die Geist-Seele eines geistig Behinderten alles*. Sie braucht kein Gehirn, deshalb ist ein gestörtes Gehirn kein Hindernis für sie. Es gibt Sensitive, die mit Ungeborenen und kleinen Kindern geistig reden können, da die Geist-Seele ja vom ersten Augenblick an voll aktionsfähig ist. Dies vollzieht sich auf dem Weg der Gedankenübertragung. Auf die gleiche Art ist die Verständigung mit geistig Behinderten möglich, wenn der Sensitive sich ihnen in Liebe zuwendet. Was diese ihm geistig sagen, ist in keiner Weise durch ihre Behinderung geprägt, sondern *sehr klar und vernünftig*. Qualitätsunterschiede entstehen lediglich dadurch, daß die Seelen der Behinderten auf verschiedenen Entwicklungsstufen stehen. Aber auch jede Mutter und jeder Vater kann mit dem geistig Behinderten in Gedanken so sprechen, als wenn er gesund wäre, *denn die Geist-Seele ist es ja, nur der irdische Körper ist behindert*. Die Geist-Seele hungert nach innerer Verständigung. Die Eltern sollten diesen Kontakt auch dann pflegen, wenn sie die geistige Antwort nicht hören." (aus dem Buch „Der entschleierte Tod" von G. Weigl und F. Wenzel; Hervorhebungen durch den Verfasser) – „Viele Behinderte, die Todesnähe-Erlebnisse haben, stellen fest, daß ihre Behinderung nicht mehr vorhanden ist. In der spirituellen Welt sind sie heile und außerordentlich bewegliche Wesen." (Dr. med. Raymond Moody in „Das Licht von drüben")

ist befindet sich alles in göttlicher Ordnung. Ich bin dankbar für die Zeit, in der wir sein Leben mit ihm teilen durften, lernen konnten und viel, viel Liebe fließen spürten."

„Für die meisten ist Tod bloß Zerstörung. Das Leben endet aber nicht, sondern kehrt erneut zu seinem Ursprung zurück. Es kehrt in anderer Form und um neuer Erfahrungen willen in diese Welt zurück. Erfahrungen und Weiterentwicklung sind das Wesen aller Dinge." – Ein Zitat von Dora Kunz aus ihrem Buch „Im Reich der Naturgeister".

5.18 Degenerative Darmerkrankungen, Erkrankungen der Leber und Galle

Die chronisch entzündlichen Erkrankungen des Verdauungstraktes, insbesondere die des Darms, wie Colitis ulcerosa[1] und Morbus Crohn[2], gelten in der offiziellen Medizin als degenerativ und unheilbar. Sie sind gekennzeichnet durch in Schüben verlaufende geschwürige Darmwandzerstörungen mit blutigen Durchfällen und starken Schmerzen sowie durch „persistierende strukturelle, gewöhnlich unheilbare pathologische Veränderungen" und „lebenslange Exacerbationen" (MSD-Manual der Diagnostik und Therapie). Ja sie können sogar zum Tode führen: „Bei schweren Schüben zeigen sie (gemeint sind die Colitis ulcerosa-Patienten) eine Mortalität von über 25 %." Die herkömmliche Therapie der Wahl basiert meist auf Cortison, Salofalk und anderen immunsuppressiven Medikamenten.

Diese degenerativen Darmerkrankungen und viele sonstige Störungen des Gastrointestinaltraktes[3] sind seit den letzten Jahrzehnten – ähnlich wie die bereits besprochenen allergischen Erkrankungen und viele andere – ganz klar auf dem Vormarsch. Teilweise werden sogar schon kleinere Kinder befallen. Woran dies liegt, darauf weiß die offizielle Hochschulmedizin keine Antwort. So schreibt das MSD-Manual diesbezüglich ganz eindeutig: „Die Ätiologie dieser Krankheitsgruppe ist unbekannt." Demgegenüber gibt es aus der homöopathischen Praxis heraus jedoch die Erfahrung, daß „chronisch" gesunde Menschen, d.h. Menschen, die ohne Impfungen, Antibiotika und sonstige Immunsuppression aufwachsen dürfen, niemals von derlei Erkrankungen „heimgesucht" werden. Somit sind auch hier wieder *die heriditären Miasmen*,

---

[1] Colitis ulcerosa: eine chronische, unspezifische, entzündliche und geschwürige Erkrankung des Dickdarms, die meist durch sehr schmerzhafte blutige Durchfälle charakterisiert ist.

[2] Morbus Crohn: Enteritis regionalis; eine vor allem bei jüngeren Erwachsenen vorkommende, meist schubweise-chronisch verlaufende entzündliche Erkrankung, die fast immer das distale Ileum (die unteren ca. 5/8 des Dünndarms) und das Colon (Dickdarm) betrifft, jedoch auch in jedem anderen Abschnitt des Magen-Darmtraktes, vom Mund bis zum Anus und der Perianalregion, auftreten kann.

[3] Gastrointestinaltraktes: Magen-Darmtrakt.

die *durch äußerliche Manipulationen verschlimmert* werden, die eigentliche Ursache solcher Entartungen. Und daraus ergibt sich erfreulicherweise auch unmißverständlich, daß derartige Krankheitsbilder, die als sehr schwerwiegend und bislang als vollkommen unheilbar, teilweise sogar als lebensgefährlich galten, mittels chronischer Homöopathie wirklich dauerhaft ausgeheilt werden können, im wahrsten Sinne des Wortes, und zwar für immer!

Im folgenden dazu einige kurze Beispiele, zum einen hinsichtlich ihrer homöopathischen antimiasmatischen Therapie, und zum anderen hinsichtlich der wirklichen Ätiologie.

5.18.1 Colitis ulcerosa

Eine junge Frau von 26 Jahren leidet an Colitis ulcerosa, einer entzündlichen Darmerkrankung, die schulmedizinisch als unheilbar gilt und mit Cortison niedergehalten wird. Diese dauert nun schon seit ca. 1½ Jahren an und äußert sich durch akute Durchfälle, schlimme nächtliche Krämpfe, Blähungen des gesamten Bauchbereiches und blutigem Stuhl. Eine Darmspiegelung brachte die Diagnose zusammen mit Stenosen[1], Ödemen und starken Entzündungen im unteren Darmbereich. Nachts – insbesondere nach Mitternacht bis in die frühen Morgenstunden hinein – sei es besonders schlimm mit Schüttelfrost und begleitenden panischen Ängsten mit Weinkrämpfen. Tagsüber habe sie weniger Beschwerden. Der Durchfall sei mehr blutig, ohne viel Stuhl. Tee und eine Wärmflasche linderten die Krampfattacken. Die Frau sei „sehr aufgewühlt, unruhig und nervös" und habe „Angst vor Bösartigkeit".

Als die Patientin 15 Jahre als war, hatte sie schon einmal derartige blutige Durchfälle, jedoch nicht so arg wie dieses Mal. Damals sei ihr Vater an Bauchspeicheldrüsenkrebs verstorben. Auch die damalige Diagnose lautete schon Colitis ulcerosa, wurde jedoch nicht weiter behandelt. „Ich habe es mit (gesunder) Ernährung wegbekommen." Ein paar Jahre später gab es nochmals ähnliche Erscheinungen auf einer Reise durch Amerika, welche mittels Salofalk gelindert wurden. Doch diesmal käme sie ohne Cortison nicht mehr aus.

Vor drei Jahren machte die junge Frau eine Psychose durch: drei Monate Aufenthalt in einer geschlossenen Station, danach drei Monate in einer Klinik und drei weitere Monate bei ihrer Familie daheim. Insgesamt habe sie ein Jahr und neun Monate Psychopharmaka nehmen müssen. Doch nun habe sie alles überstanden und sehr viel Selbstvertrauen, mehr als je zuvor. Sie fahre sogar allein in den Urlaub, was sie sich früher nie zugetraut hatte. Unter der Psychose wurde auch eine Darmspiegelung durchgeführt, welche allerdings zum damaligen Zeitpunkt keinerlei entzündliche Prozesse, sondern nur Vernarbungen zeigte.

---

[1] Stenose: angeborene oder erworbene Verengung; Enge, Einengung von Hohlorganen oder Gefäßen.

Der Vater der Patientin, ein stiller Alkoholiker, habe ihre um etwa 12 Jahre ältere Schwester mißbraucht, u.U. sogar „regelmäßig vergewaltigt“[1], unter Mitwisserschaft und Duldung durch die Mutter. Darüber hinaus habe er ihre Mutter auch anderweitig betrogen. Dies habe ihr Vaterbild „total zersprengt“. Ein paar Jahre später sei auch sie selbst einmal – als etwa 16-Jährige – knapp einer Vergewaltigung durch einen Fremden entgangen.

Die junge Frau war das sechste und letzte Kind in der Familie. Ihre Mutter wollte sie ursprünglich nicht haben, was sie ihr auch deutlich zu verstehen gegeben habe. Als Schulkind litt sie des öfteren unter eitrigen Mandelentzündungen, häufig begleitet von Gelenkschmerzen. Des weiteren kam es immer wieder zu eitrigen Bindehautentzündungen, wobei die ganzen Augen morgens immer heftig verklebt waren. An Impfungen habe sie „die üblichen“ bekommen (Pocken, DPT, Polio) und dabei nie auffallend reagiert.

Die Patientin leide auch unter Heuschnupfen, welcher vor etwa sechs Jahren mittels Eigenbluttherapie gebessert wurde, sowie unter Nebenhöhlenentzündungen. Letztere waren besonders ausgeprägt vor und während ihrer Psychose und träten bei Erkältungen immer wieder mit dickem gelblichem Schleim in Erscheinung, trotz „ambulanten Durchstechens der Nebenhöhlen“. Außerdem reagiere sie allergisch auf Äpfel mit Schnupfen und Juckreiz im Hals. Die Haut sei recht trocken und schuppe sich zeitweilig an den Fingern. Dies könne unter Umständen mit Ölen im Zusammenhang stehen, mit welchen sie aufgrund ihres Berufes ständig in Berührung käme. Unechter Schmuck, wie nickelhaltiger Modeschmuck an den Ohren, werde überhaupt nicht vertragen; die Ohrlöcher würden ziemlich bald eitern. Laut Hörtest höre sie hohe Töne schlechter. Bei engen Rollkragen „bekomme sie Zustände“; Kettchen trage sie im Halsbereich auch nicht gerne; „nur weg“ sei die Devise.

Seit ca. zwei Jahren hat die Patientin eine Spirale; zuvor verhütete sie lange Zeit mittels Pille, welche sie „gut vertragen habe“. Allerdings fällt das Ende der Pillenzeit direkt in den Zeitraum der Psychose und wird – meinen Erfahrungen nach – sicherlich etwas damit zu tun haben! Die Menses seien sehr schwach ausgeprägt und dauerten deutlich länger als eine Woche. Durch die Psychopharmaka habe sie ein Jahr lang keine Menstruation mehr gehabt, welche dann mit Hormonen wieder eingeleitet wurde. Der Rhythmus liege zur Zeit in dem des Mondes von 28 Tagen; die Blutung selber sei hellrot bis sehr dunkel und gehe in eine Schmierblutung über. Einmal gab es eine genitale Pilzinfektion mit brennendem, juckendem Ausfluß. Kalte Füße seien das Normale, und bei Aufregung bekomme die junge Frau rote Flecken am Hals sowie schwitzige Hände. In der Schule früher konnte sie „vor ‚Mathe‘ nicht schlafen“, sie stand immer schlecht, „zwischen 4 und 5“. Insgesamt reagiere sie sehr sensibel und habe auch noch Angst vor einer erneuten Psychose.

---

[1] Dies ist leider keine Seltenheit und tritt bei chronischen Anamnesen sowie bei Familienanamnesen öfter zutage; insbesondere dann, wenn die venerischen Miasmen recht ausgeprägt vorhanden und mit anderen Miasmen verkompliziert sind.

Früher sei sie sehr verschlossen gewesen und habe „vieles in sich reingefressen“. „Alle kamen zu mir, um sich auszuheulen.“ Zwischen dem 15. und 20. Lebensjahr gab es immer wieder depressive Phasen. Außerdem habe sie ihr Leben lang Schuldgefühle gehabt. Seit zwei Jahren lehne sie Alkohol „total ab“ und rühre nichts dergleichen mehr an. Zur Zeit seien Urlaub und Reisen das höchste.

Die Familienanamnese ergab ein gehäuftes Auftreten von Scharlach; alle fünf Geschwister hatten diese Kinderkrankheit durchgemacht, inclusive der beiden Zwillinge. Des weiteren gab es Schweißdrüsenabszesse, Blinddarmabszesse und rezidivierende eitrige Mandelentzündungen. Die Mutter hatte eine Totgeburt und ein weiteres Kind starb im Alter von zwei Monaten an sog. plötzlichem Kindstod. Darüber hinaus gab es bei ihr eine Varicenoperation sowie eine Totaloperation. Der Vater litt an Pancreaskrebs[1] und war, genau wie die Mutter, Diabetiker. Weiterhin werden in der Familienanamnese der Blutsverwandtschaft Gallenoperationen, „Gelbsucht“ (Hepatitis A und B), Psoriasis, Depressionen und Suizidversuche angeführt.

Eine *dominant syphilitische Erkrankung* vor einem *latent ausgeprägten, sykotischen Hintergrund.* Wahlanzeigend für das verabreichte chronische antisyphilitische Arzneimittel waren hauptsächlich folgende Symptome:

- die Angstzustände mit der Ruhelosigkeit
- die nächtliche Verschlimmerung
- die entzündlichen Darmsymptome samt allen Begleitsymptomen sowie die familiär gehäuften Blinddarmentzündungen (incl. Abszesse)
- der „Kummer“ aufgrund der Erlebnisse mit dem Vater und wegen der ursprünglichen Ablehnung durch die Mutter
- die ausgeprägte Reiselust
- die familiäre Anhäufung von Scharlach, einer syphilitischen Kinderkrankheit
- die Vergangenheit mit der Psychose
- die übermäßig langen Mensesblutungen
- die Neigung zu Sinusitis (Nebenhöhlenentzündungen)
- das totale Ablehnen von Alkohol
- sowie die lebenslangen Schuldgefühle.

Arzneimittelwahl: Die Patientin erhielt Mercurius solubilis LM18, 5 Tropfen auf einen Teelöffel voll Wasser, alle zwei Tage morgens. Das Cortison war noch so lange beizubehalten, bis eine deutliche Wirkung zu verzeichnen sein würde.

Nach sechs Wochen Einnahmezeit meldete sich die Patientin mit der Botschaft, ihr gehe es recht gut. Sie habe sogar das Cortison vor fünf Tagen eigenmächtig abgesetzt. Doch nun gebe es einen akuten Halsinfekt mit starken

[1] Pancreas: Bauchspeicheldrüse.

Repertorisation: Colitis ulcerosa

ComRep V9.0

Nr. Symptome

1 gemüt - angst - furcht, mit (85)
2 gemüt - ruhelosigkeit, nervosität (249)
3 gemüt - kummer (32)
4 gemüt - angst - gewissensangst (als ob man ein verbrechen begangen hätte) (42)
5 gemüt - reisen, will (12)
6 gemüt - fehler - rechnen, beim (11)
7 modalitäten - nachts (176)
8 modalitäten - mitternacht - nach m. schlechter (87)
9 hautausschl./a - scharlach (30)
10 extremit. - kälte - fuß (195)
11 extremit. - schweiß - hand - handteller (62)
12 augen - lider - verklebt - morgens (76)
13 schnupfen - schnupfen - nebenhöhlen/stirnhöhlen (22)
14 innerer hals - tonsillen - eiterung (37)
15 äußerer hals - modalitäten - kragen, kleidung verschlechtert (21)
16 magen - abneigung gegen alkoholische getränke (11)
17 abdomen - flatulenz - blähungen (166)
18 abdomen - darm, entzündung, appendicitis (22)
19 abdomen - darm - entzündung - typhlitis (24)
20 bauchschm./e - krampfender, kneifender schmerz (230)
21 bauchschm./e - krampfender - nachts (27)
22 rectum - schleimhaut, entzündung (11)
23 stuhl - blutig (134)
24 stuhl - schleimig - blutig (68)
25 genital/w - menses - lang andauernd, zu (92)
26 genital/w - menses - spärlich (101)

Methode: Wertigkeit

				Symptome:									1	.	.	.	.	.	.	.	.	.	2	.	.	.	.	.	.
Nr.	Arzneimittel	Neg	Wert	1	2	3	4	5	6	7	8	9	0	1	2	3	4	5	6	7	8	9	0	1	2	3	4	5	6
1	**Merc**	3	51	2	3	2	2	1	1	3	2	3	3	2	2	3	3	.	1	2	2	3	2	.	2	.	3	2	2
2	Sulf	7	44	1	3	.	2	.	.	3	2	2	3	3	3	.	2	.	.	3	.	1	3	2	2	2	2	2	3
3	Ars	8	42	3	3	1	3	.	.	3	3	2	3	.	2	2	.	.	1	3	.	2	2	.	.	3	2	2	2
4	Lyc	8	41	2	3	2	.	.	2	2	.	3	3	1	1	3	2	.	.	3	2	2	3	.	.	2	.	3	2
5	Sil	10	41	.	3	.	2	.	.	3	3	.	3	3	1	3	3	.	.	3	3	2	3	.	.	2	.	2	2
6	Calc	9	39	2	3	1	.	.	.	3	2	2	3	2	3	2	1	.	.	3	.	.	3	3	.	2	.	3	1
7	Nux-v	8	39	1	2	2	2	.	2	2	3	.	2	3	1	2	.	.	1	2	.	.	3	.	.	3	3	3	2
8	Rhus-t	9	38	2	3	.	2	.	1	3	3	3	2	.	3	.	.	.	2	1	.	3	2	2	.	2	1	3	.
9	Lach	9	37	1	2	2	.	1	.	3	.	3	3	.	.	.	2	3	.	2	2	3	2	.	.	1	2	2	3
10	Puls	11	36	2	3	3	1	.	.	3	2	.	3	.	2	2	.	.	.	2	.	.	3	.	.	2	2	3	3
11	Sep	10	35	2	3	1	.	.	.	3	1	.	3	3	2	.	2	2	.	2	.	2	2	.	.	2	.	2	3
12	Phos	10	34	2	1	.	1	.	.	3	3	2	3	2	1	.	.	.	.	2	3	2	1	.	.	3	.	2	3

Schluckbeschwerden, besonders nachts. Dazu Kopfschmerzen, Schnupfen (dünnflüssig, wäßrig, nach hinten runterlaufend) und Ohrenschmerzen. Die Halslymphknoten seien geschwollen, der Kopf sei heiß und rot; sie glühe regelrecht. Außerdem habe sie viel Durst auf Wasser und Tee (lauwarm), trinke jedoch nur lauter kleine Schlucke. Es bestehe durchaus ein Verlangen nach frischer Luft, jedoch müsse sie sich sehr warm anziehen, sonst fröstele es sie. Arsenicum album LM6 – auch wieder eine antisyphilitische Arznei – als Akutmittel brachte sie recht schnell wieder auf die Beine. Später gab es nochmals eine handfeste Nebenhöhlenentzündung, die unter Kalium bichromicum D6 gelindert werden konnte. – Beides, im Sinne der Hering'schen Regel, ganz normale und erfreuliche Erscheinungen eines Rückspulungsprozesses.

Dann hörte ich für längere Zeit nichts mehr von der Patientin. Nach etwa fünf Monaten meldete sie sich schriftlich anläßlich der Zusammenstellung einer Haus- und Reiseapotheke. In ihrem ausführlichen Verlaufsbericht war unter anderem zu lesen: „Übrigens, war da nicht irgendwann mal was mit dem Darm? Ich habe auf jeden Fall keinerlei Beschwerden mehr und bin sehr glücklich darüber." Weitere drei Monate später war der Zustand immer noch derselbe, so daß dieser Teil der Behandlung als abgeschlossen gelten konnte. Später – etwa ein ganzes Jahr danach, denn die Patientin kam aus dem fernen Ausland – haben wir noch eine antisykotische Behandlung folgen lassen; der Darm jedoch – und bislang sind mehr als 12 Jahre vergangen – machte nie wieder Beschwerden, so daß die – ansonsten als unheilbar geltende – Colitis ulcerosa fortan als ausgeheilt angesehen werden konnte.

5.18.2 Morbus Crohn im Kindesalter

Die Mutter der 15-jährigen Miriam, welche wegen eines seit etwa sechs Jahre bestehenden „atypischen Morbus Crohn" Mitte November 1998 in die chronische Behandlung kam, gab mit dem homöopathischen Fragebogen ihrer Tochter folgenden schriftlichen Krankenbericht ab: „Seit ca. 1992 treten in Abständen von zwei bis drei Monaten Bauchschmerzen auf. Diese dauerten anfänglich ein bis zwei Tage, zur Zeit vier bis sechs Wochen, wobei mehrtägige Phasen mit geringeren Schmerzen feststellbar sind. Während am Anfang der Abstand zwischen den Schmerzperioden ziemlich exakt drei Monate betrug, sind zur Zeit nur noch ein bis zwei Monate schmerzfrei. Während dieser Phase macht Miriam einen vollkommen gesunden Eindruck. Sie ist dann fröhlich und ausgeglichen. – Die Schmerzphase beginnt mit Erbrechen (war früher wesentlich stärker). Dann treten anhaltende Bauchschmerzen mit starken kolikartigen, krampfigen Schmerzattacken auf. Auch nachts ist es sehr schlimm. Miriam krümmt sich dann zusammen, liegt ganz verwunden im Bett und hat Angst. Zur Zeit lassen sich ca. fünf Schmerzhöhepunkte feststellen. Nach dem letzten Höhepunkt klingen die Bauchschmerzen sehr rasch ab (ein bis zwei Tage), teilweise bleiben sie sogar schlagartig aus. Miriam kann dann wieder alles essen. Je länger die Schmerzen dauern, desto mehr verändert sich Miriams psychische Verfassung. Sie wird stark depressiv und kann die Schmerzen kaum mehr ertragen. Bei starken Schmerzzuständen gerät sie in einen fast als ‚hysterisch' bezeichenbaren Zustand. – Seit Juli 1998 erhält Miriam das Cortison-Präparat Urbason und Tramal-Schmerztabletten. Bei einer Dosierung von 3 × 40 mg verschwinden die Beschwerden innerhalb einer halben Stunde. Die Cortison-Gaben wurden Ende Juli 1998 mit dem Nachlassen des Schmerzes beendet und Ende September mit dem Beginn des neuesten Schmerzzustandes wieder aufgenommen und bis heute fortgesetzt.

Miriam war mehrere Male stationär im Krankenhaus. Befund: Verdacht auf atypischen Morbus Crohn."

Begonnen habe alles im Alter von neun Jahren, im Sommer 1992, nach einer sechswöchigen Bali-Reise. Da habe Miriam ca. acht Wochen lang Resochin junior als Malaria-Prophylaxe eingenommen. Ab September '92 habe sie dann häufiger Bauchschmerzen bekommen, viel erbrochen, bis hin zu Galleerbrechen mit Acetongeruch. „Anfangs ein bis zwei Tage, später im Dreimonatsrhythmus." Untersuchungen im Tropeninstitut blieben jedoch ohne Ergebnis. Miriams Vater hatte zu dieser Zeit eine Herzmuskelentzündung, „unter Umständen auch aufgrund der wochenlangen Resochin-Einnahme".

Seit zwei Monaten nehme Miriam nun regelmäßig Cortison. Seither blieben auch ihre Bauchschmerzen beständig, und seither habe sie auch gehörig an Gewicht zugenommen und ein sog. Cushing-Syndrom entwickelt.

Ansonsten ginge es dem Mädchen recht gut; es sei relativ gesund. „Doch nach diesen Phasen hat Miriam häufig Erkältungen in Form einer Angina mit mäßigem Fieber (so um 37,5 °C bis 38 °C) und Schnupfen bekommen, welche teilweise mit Antibiotika behandelt wurden." An Impfungen habe sie die damals übliche Dreifachimpfung DPT (Diphtherie, Pertussis [Keuchhusten], Tetanus), einzelne Tetanusimpfungen und weitere gegen Polio, Masern, Mumps, Röteln sowie FSME erhalten. Ein Tine-Test (Tuberkulosetest) im November 1994 und die letzte FSME-Impfung Anfang 1995 bildeten den Abschluß. Oktober 1994 litt Miriam an einer „Nierenbeckenentzündung ohne Schmerzen mit bis zu 41 °C hohem Fieber", welche wiederum antibiotisch versorgt wurde.

Die Schwangerschaft mit Miriam war nicht ganz unauffällig: sechs Monate lang Erbrechen, „wie in meiner ersten Schwangerschaft auch", und vorzeitige Wehen, die aber – außer Bettruhe – nicht weiter medikamentös behandelt wurden. Miriam wurde sechs Monate voll gestillt und bis zum Ende des ersten Lebensjahres noch teils. „Sie war immer ein ‚Wonneproppen' und sehr zufrieden." Wegen ihrer Hüften mußte sie breit gewickelt werden. Ihre Zähne kamen relativ spät, waren aber gesund. Gelaufen sei sie schon mit zehn Monaten. Als Miriam ein Jahr alt war, hatte sich die ganze Familie eine Hepatitis A zugezogen. „Wir brauchten ein Jahr, bis wir uns so richtig davon erholt hatten." Auch Miriam müsse eine solche gehabt haben, „die aber nicht bemerkt und somit auch nicht behandelt wurde". Windpocken mit zwei Jahren, Röteln mit ca. vier und Scharlach fünf Jahren. Als Kleinkind ein paar Mal Pseudokrupp und spastische Bronchitis, jedesmal im Gefolge irgendwelcher Impfungen, und regelmäßig Übelkeit beim Autofahren.

Ansonsten hatte das Mädchen schon dreimal Läuse gehabt, „aus der Schule mitgebracht", und einmal Würmer, beides mit heroischen Mitteln konventionell unterdrückt. Es war eher blaß und „ein verfrorener Typ". Mitte 1998 gab es eine Mittelohrentzündung, welche eine Antibioselenkung erforderlich machte. „Daraufhin eine Scheidenpilzinfektion mit Ausfluß und starkem Juckreiz", bei welcher eine „Pilzcreme" verabreicht wurde. Miriams Ohrringlöcher waren mittlerweile zugewachsen; sie trug schon lange keinen Ohrschmuck mehr, da sich ihre Löcher sogar schon bei Gold entzündeten und eiterten. Ihre Menarche hatte sie vor gut zwei Monaten, „aber harmlos“. Seither sei ihre Regel jedoch ausgeblieben, „es müsse sich alles noch einspielen“. Auf Insektenstiche reagierte das Mädchen ziemlich heftig; sie kratze sich regelrecht auf. Und vor Wespen habe sie eine panische Angst, „da werde ich richtig närrisch“. Ansonsten rege sich Miriam relativ schnell auf, sie habe ein „energisches Temperament“, wie es ihre Mutter formulierte.

In der Familie gab es gehäuft eitrige Mandelentzündungen, Blinddarmentzündungen samt Operationen, Heuschnupfen, Nebenhöhlenentzündungen, chronische Venenentzündungen, genitale Pilzinfektionen, eine Totgeburt, eine Totaloperation, Mißbrauch im jugendlichen Alter, Gallenblasenoperationen, Bauchspeicheldrüsenentzündungen, Psoriasis, eine Herzmuskelentzündung, Diabetes mellitus, Hepatitis A, Alkoholsucht, schwere Depressionen, eine Psychose und Selbstmordversuche.

Repertorisation: Morbus Crohn im Kindesalter

ComRep V9.0

Nr.	Symptome
1	gemüt - reizbarkeit (245)
2	allgemeines - reaktionsmangel (84)
3	allgemeines - sykotische konstitution (52)
4	empfindungen - lebenswärme, mangel an (kälteempfindlich, dauerndes frieren) (108)
5	modalitäten - impfung, nach (13)
6	gesicht - farbe - blaß (233)
7	haut - farbe - gelb, gelbsucht usw. (107)
8	ohren - geschwüre - ohrläppchen, im loch für ohrring (3)
9	magen - erbrechen/a - galle (132)
10	magenschm./m - heftig (32)
11	magenschm./e - krampfschmerz, greifender, zusammenschnürender schmerz (168)
12	rectum - diarrhoe - cholera - ch. infantum (45)
13	nieren/harnleiter - schleimhaut - entzündung (80)
14	genital/w - empfindungen - jucken - fluor, durch (29)

Methode: Wertigkeit

				Symptome:									1	.	.	.	.	.	.	.	.	.	2	.	.	.	.	.
Nr.	Arzneimittel	Neg	Wert	1	2	3	4	5	6	7	8	9	0	1	2	3	4	5	6	7	8	9	0	1	2	3	4	5
1	Sulf	2	28	3	3	2	2	3	3	2	.	2	.	2	1	3	2											
2	Ars	2	26	2	2	.	3	2	3	2	.	3	2	3	2	1	1											
3	Calc	4	26	3	3	2	3	.	3	2	.	2	.	3	2	.	3											
4	**Med**	1	26	2	3	3	2	3	3	1	1	1	3	1	2	.	1											
5	Sep	4	25	3	2	3	2	.	3	3	.	3	.	2	.	1	3											
6	Lyc	5	23	3	2	2	2	.	3	3	.	2	.	3	.	3	.											
7	Phos	4	23	3	2	.	3	.	2	3	.	3	1	2	2	2	.											
8	Carb-v	4	21	3	3	1	2	.	3	2	.	1	.	3	1	.	2											
9	Merc	3	21	2	2	1	2	.	2	3	.	3	1	1	.	2	2											
10	Nux-v	6	21	3	.	.	3	.	2	3	.	3	2	3	.	2	.											
11	Sil	5	21	3	.	2	3	3	2	2	.	1	.	3	2	.	.											
12	Lach	4	20	2	2	2	2	.	2	3	2	2	1	2	.	.	.											
13	Thuj	3	20	3	2	3	2	3	1	1	.	1	.	1	1	2	.											
14	Caust	5	19	3	1	2	3	.	2	2	.	.	.	3	.	1	2											
15	Nat-m	5	19	3	1	.	2	.	3	2	.	2	.	3	1	.	2											

„Vor drei Jahren haben wir es schon einmal mit der Homöopathie probiert. Miriam hat damals Calcium carbonicum LM30 und einen Monat später Mercurius solubilis D15 erhalten, diese Mittel aber nicht länger genommen." – Soweit die Anamnese des geplagten Mädchens.

Arzneimittelwahl: Miriam erhielt Medorrhinum LM18, 2 Tropfen in einem Glas voll Wasser, davon einen Teelöffel voll einzunehmen, alle drei Tage morgens, einschleichend beginnen, und für die akuten Zustände Arsenicum album D12, 3 Globuli nach Bedarf, durchaus mehrmals am Tag. Mit dem Cortison sollte noch so lange weitergemacht werden, bis eine deutliche Linderung durch die homöopathischen Mittel zu beobachten sei.

Nur einen Tag später berichtete die Mutter, Arsenicum album habe gut angschlagen. Miriam habe es anfangs alle halbe Stunde genommen, zwei Stunden lang. Danach habe sich der Darm so beruhigt, daß die Arsenicum-Gaben nur noch ca. alle drei Stunden erforderlich wurden. „Es ist erstaunlich! Wir sind mit nur 10 mg Cortison ausgekommen; vorher waren es 40 mg!" Darüber hinaus habe sich am Bauch ein Hautausschlag gezeigt, „wie bei einer Erdbeerallergie oder Röteln", was sicherlch als positives Zeichen einer Ausleitung von Toxinen zu werten ist. – Wir vereinbarten, zunächst Arsenicum album akut weiterzugeben und mit dem chronischen Mittelbeginn noch ein wenig abzuwarten.

Doch ein paar Tage später kam es wieder zu einer heftigeren Exacerbation mit „allerschwersten Krämpfen, Übelkeit, Erbrechen und ein wenig Fieber". „Wir mußten wieder 20 mg Cortison geben und eine Schmerztablette." Die Nacht war dann relativ gut. Es stellte sich heraus, daß das Röhrchen Arsenicum album (1 g-Röhrchen aus der Hausapotheke) ausgegangen und so schnell kein neues Fläschchen zu besorgen war. Somit wechselten wir zur Potenz LM12, nach Bedarf 1 Tropfen auf einem Teelöffel voll Wasser.

Zehn Tage später ging es wieder sehr schlecht. Miriam hatte „fürchterliche Schmerzen, Krämpfe mit Übelkeit". „Wir haben Arsenicum nicht weiter gegeben; die LM12 half nicht mehr." Miriam war zwei Tage im Krankenhaus und hat Glukose sowie Schmerzmittel erhalten; jetzt sei das Schlimmste vorbei. Mit dem Medorrhinum wurde bislang immer noch nicht begonnen, unter anderem auch deswegen nicht, weil sich die Mutter sehr unsicher fühlte und nochmals alles genauestens schulmedizinisch abklären lassen wollte. „Wir wollen eine weitere Untersuchung in der Universitätsklinik vornehmen lassen und hoffen auf eine eindeutige Diagnose; wir haben Angst, etwas zu versäumen", so ihre Erklärung. Zur Zeit sei ihre Tochter bei 5 mg Cortison täglich, der Stuhl sei aber ganz normal. – Wir vereinbarten, im Falle von erneuten Krämpfen akut Colocynthis C30, 3 Globuli pur, zu verabreichen und die Ergebnisse der Uniklinik abzuwarten.

Mitte Dezember stand dann die Diagnose fest: Morbus Crohn, aber „nicht ganz klassisch", wie es Miriams Mutter formulierte. Auf dem Klinikbericht stand: „dringender Verdacht auf Morbus Crohn". Man war also genauso „schlau" wie vorher bei der Diagnose „atypischer Morbus Crohn". Empfohlen wurde nun die regelmäßige Einnahme von drei schweren Medikamenten, erstens von Decortin, einem Prednisolon-Präparat, das, wie Prednison, etwa vier bis fünfmal so stark wirkt wie das natürliche Cortison und zu den synthetischen Corticoiden zählt, zweitens von Imurek, einem sog. Immunmodulator, welches u. a. häufig begleitend bei einer „nicht ausreichend wirksamen Cortisontherapie“ eingesetzt wird, und schließlich Salofalk, einem herkömmlichen Standardmittel zur Behandlung von Colitis ulcerosa und Morbus Crohn. „Die Schmerzen nehmen zur Zeit langsam ab, aber schon seit ein bißchen vor dem Cortisonbeginn“, so die Mutter. – Wir vereinbarten nun, endlich mit der chronisch homöopathischen Medikation zu beginnen und Medorrhinum einschleichend zu nehmen.

Bis Anfang Februar gab es dann erfreulicherweise eine „schmerzfreie Zeit“. „Aber jetzt geht es wieder los. Heute hatte Miriam wieder Bauchschmerzen; seit einer Woche sporadisch.“ Sie nehme noch Salofalk, Decortin und Imurek. Die Ärzte der Universitätsklinik hätten sich nun doch auf Morbus Crohn festgelegt. Die diesmaligen Beschwerden führte die Mutter auf Streß in der Schule zurück. „Das löst es wohl offensichtlich aus.“ Miriam wolle es immer besonders gut machen. Das Medorrhinum nehme sie seit sechs Wochen regelmäßig ein, derzeit die Maximaldosis von 2 Tropfen, wie besprochen. – Ich ließ nun an den Medorrhinum-freien Tagen Nux vomica LM12 geben, 2 Tropfen in einem Glas Wasser, davon einen Löffel voll, und zwar wegen der Streßsituationen in der Schule und zum besseren Ausleiten der grobstofflichen Medikamentenbelastung.

Etwa drei Wochen später gab es wieder „heftigere Anfälle, trotz aller Medikamente“. Miriam erwache wieder einmal pro Nacht infolge Übelkeit und starker Schmerzattacken. „Das Cortison hat keinen Nutzen mehr!“ Die Mutter wolle dieses nun nach Rücksprache mit der Klinik absetzen. – Arsenicum album zum Dämpfen der akuten Situationen habe sie ihrer Tochter (unerklärlicherweise) nicht gegeben. – Miriams heftige Bauchkrämpfe beschrieb sie als wehenartig, ihre Übelkeit war geringer als früher, und es gab diesmal kein Blut im Stuhl! „Der histologische Befund ist nach wie vor unklar; es geht aber in Richtung Morbus Crohn“, so die letzte Untersuchung. – Zusammengenommen mit der anfänglichen längeren schmerzfreien Zeit sind dies wohl die ersten dezenten Hinweise, daß das homöopathische antimiasmatische Grundmittel Wirkung zeigt und mit den Aufräumarbeiten begonnen hat! – Nux vomica war begleitend weiter zu nehmen, ab sofort jedoch 5 Tropfen auf ein Glas Wasser.

Anfang März hat der behandelnde Professor es noch einmal stationär mit „hochdosiertem Cortison“ versucht, jedoch „hat dies nicht angesprochen“. „Das Cortison wird jetzt ausgeschlichen“, so Miriams Mutter. „Ich glaube, die Mediziner sind mit ihrer Weisheit am Ende.“ Es sei wohl „doch ein Crohn“, habe man ihr zu verstehen gegeben. Miriam habe immer noch Schmerzen, krümme sich zusammen, schreie fast vor Schmerz, die ganze Zeit, immer begleitet von starker Übelkeit. „Dieser Schub dauere nun schon fast einen

Monat an." Seit ein paar Tagen gab es auch „diese leichte Erkältung" wieder, aber erst jetzt. Früher tat eine Wärmflasche immer gut, heute lehne Miriam Wärme ab. Das Mädchen trinke recht viel, eher Kaltes. Sie habe eine „arg trockene Haut", was typisch sei bei all ihren Schüben. Nachts im Schlaf decke sie sich auf, besonders die Beine strecke sie aus dem Bett. Zeitweilig gebe es auch Zeiten ohne Krämpfe.

Und dann „gestand" mir die Mutter, daß sie das Medorrhinum ihrer Tochter seit einem Monat nicht mehr gegeben hatte. Miriam habe es nur bis Anfang Februar eingenommen, sechs Wochen lang. Warum? – Darauf gab es keine befriedigende Antwort. Auf jeden Fall wurde auf diese Art und Weise ein sauberes antimiasmatisches Arbeiten nachhaltig torpediert, und das nicht nur im chronischen Bereich, sondern auch bei den akuten Exacerbationen. Denn auch hier hatte die Frau ihrer Tochter das vereinbarte Arsenicum nicht mehr verabreicht, sondern ständig mit den schweren schulmedizinischen Medikamenten dazwischengefunkt. Und das, obwohl Miriams damalige, recht schmerzfreie Zeit deckungsgleich war mit den ersten sechs Wochen Medorrhinum-Einnahme! – Wir kamen trotzdem überein, mit Medorrhinum weiterzumachen und die Tropfen zunächst auf einen halben Liter anzusetzen, denn vieles sprach weiter für dieses Mittel, u. a. auch die heißen Füße im Bett. Und für die heftigen Akutzustände riet ich, Chamomilla LM12 zu nehmen, 3 Tropfen in einem Teelöffel voll Wasser, nach Bedarf.

Eine Woche später kam dann eine sehr positive Rückmeldung. Chamomilla wirke ausgesprochen gut. Miriam habe bestens geschlafen und könne auch wieder alles essen. „Das erste Mal seit langer Zeit!" Derzeit habe sie keinerlei Beschwerden mehr.

Dann hörte ich lange Zeit nichts mehr von dem Mädchen. Erst Mitte Juni meldete sich seine Mutter zurück. Miriam habe „eigentlich andauernd Bauchschmerzen, ziemlich durchgehend, aber eher verwaschen nun". Im Urlaub am Meer habe es „hohe Entzündungswerte" gegeben und auch Schmerzen, „aber weniger lang und ohne Erbrechen". Miriam habe auch weiterhin in die Schule gehen können! Insgesamt sei ihr Wohlbefinden besser geworden. Imurek und Cortison nehme ihre Tochter aber immer noch ein; dagegen habe man Salofalk vor vier Wochen abgesetzt. Bei den akuten Schmerzattacken habe Chamomilla anfangs gut geholfen, doch später sei es unwirksam geworden, wie es so häufig bei akuten Exacerbationen zu beobachten ist, denn so richtig gelöst sind derartige Zustände erst dann, wenn das Miasma endgültig eliminiert ist.

Seit einer Woche habe ihre Tochter nun eine „sehr gute Phase". Die Entzündungswerte seien zurückgegangen, und mit dem Cortison habe man auf 5 mg reduziert. Auch das Imurek wolle die Hausärztin nun ausschleichen. Ansonsten waren keine akuten Krankheiten zu verzeichnen. Nachts müsse Miriam ca. zwei bis dreimal auf die Toilette. Sie decke sich noch immer häufig auf; tagsüber friere sie allerdings eher. Bislang habe sie immer noch keine weitere Menstruation gehabt. Insektenstiche bekomme sie zur Zeit weniger und vor Wespenstichen habe sie nur noch leichte Panik. … Und einige weitere „Kleinigkeiten“ mehr.

„Wir gehen alle 14 Tage zum Blutabnehmen. Ich will gerne alles abklären und untersuchen lassen“, so die verängstige Mutter. „Wenn Miriam selbst entscheiden könnte, würde es mir besser gehen! Ich traue mich nicht ohne Schulmedizin.“ – Nach Durchsicht des gesamten Werdegangs samt allen Unterlagen vereinbarten wir schließlich, mit Medorrhinum fortzufahren, und zwar in der Potenz LM24, 2 Tropfen in einem Glas Wasser, alle 5 Tage.

Drei Wochen später berichtete mir Miriams Mutter, daß ihre Tochter derzeit medikamentenfrei sei und auch Salofalk und Cortison abgesetzt sind. Ihr Mann hätte darauf bestanden. Zur Zeit gebe es allerdings wieder leichtes Fieber und ein wenig Bauchkrämpfe, „es wirft sie aber nicht so nieder wie früher; sie geht trotzdem zur Schule“. Mit dem neuen Mittel habe man deshalb noch nicht begonnen.

Das war die Geschichte von Miriam. Leider eine unvollendete, wobei sie doch recht vielversprechend begonnen hatte. Ich hörte nie wieder etwas von ihr oder ihrer Mutter. Ob Miriam Medorrhinum LM24 eingenommen hat oder nicht, habe ich nie in Erfahrung bringen können. Ich kann mir aber doch vorstellen, daß sie es schlußendlich gemacht haben muß, denn Jahre später berichtete mir eine ihrer Tanten, die bei mir längere Zeit in Behandlung war, beiläufig, daß es jener wieder recht gut ginge.

Bemerkenswert an diesem Fall ist die immerwährende Unsicherheit von Miriams Mutter, welche alles schulmedizinisch genauestens abklären lassen und kontrollieren wollte, wohl aber mehr deshalb, um ihr eigenes Gewissen zu beruhigen, weil sie eben selber keine Verantwortung übernehmen mochte. So ließ sie sich immer wieder Angst einflößen, ohne sich einmal mit den wahren Ursachen und Zusammenhängen von Krankheit und Gesundheit zu beschäftigen, und torpedierte durch dieses Verhalten nachhaltig den zügigen Fortschritt der antimiasmatischen Therapie. *Entzündungswerte andauernd kontrollieren zu lassen, ist völlig überflüssig und absurd!* Diese müssen doch geradezu hoch sein bei einem Schub! Das ist doch zu erwarten; man kennt ja sogar den Ort der Entzündung! Wozu dann also dieses Abklären? Und therapeutisch gesehen hat dieses Abklären gar keine Auswirkung! Und dann noch die Stoßtherapie mit den hochdosierten Gaben Cortison! Das kann doch nur unterdrückend wirken, so daß man später homöotherapeutisch auch dieses noch obendrein wieder lösen muß. Und dann das wochenlange Aussetzen des chronischen Mittels. Und und und …

Auf jeden Fall hatte alles *ursprünglich mit der Einnahme der Resochin-Tabletten begonnen*; dies dürfte, glaube ich, klar geworden sein. Obwohl diese Art von Malaria-Prophylaxe nicht mit einer regulären Impfung zu vergleichen ist, kann sie auch sehr verheerend wirken, wie ich in meiner homöopathischen Praxis immer wieder erfahren mußte. Das bestätigt im übrigen auch Miriams Vater mit seiner Herzmuskelentzündung, wie bereits erwähnt.

5.18.3 Neigung zu Gallenkoliken

Zum Abschluß dieses Kapitels noch ein kurzer subakuter Fall bezüglich der Neigung zu Gallenkoliken. Subakut deswegen, weil wir noch weit vor dem Termin einer chronischen Anamnese versucht haben, die regelmäßig akut auftretenden Probleme der Frau in den Griff zu bekommen, obwohl es sich eigentlich um eine Neigung handelte und damit in den chronischen Bereich gehörte. Und subakut nicht zuletzt auch deswegen, weil wir uns bemüht haben, gewisse chronische Komponenten während der Akutaufnahme von vorneherein mit zu berücksichtigen.

Eine Frau von 42 Jahren hat sich wegen Gallenbeschwerden angemeldet. Diese träten meist nachmittags auf, durchaus „auch mal abends und des Nachts". Es handelte sich um starke Krämpfe mit begleitendem Erbrechen. Vor und während ihren Menses seien diese Koliken immer ganz extrem. Die Frau versuche es dann stets mit Bachblüten-Notfalltropfen, Pfefferminzöl und „ein paar anderen Hausmittelchen", was ihr aber nur marginale Erleichterung bringe.

Begonnen haben diese Beschwerden im Oktober 2004 mit „Krämpfen und Erbrechen den ganzen Tag". Der konsultierte Arzt habe per Ultraschall einen Gallenstein festgestellt, welcher Ursache für ihre Koliken sei. „Und richtig schlimm wurde es dann seit Mai 2005." Öle, Fett und Fleisch seien total unverträglich. Aber die Beschwerden träten teilweise auch unabhängig vom Essen auf. „Schon früher hatte ich des öfteren Erbrechen, wenn ich was nicht vertragen habe; mein Vater übrigens genauso." Schon damals habe die Frau „es leicht mit der Galle zu tun" gehabt. Völlegefühl und Aufstoßen seien ihr bereits aus dieser Zeit sehr wohl bekannt. Darüber hinaus verstärke auch Streß die ganze Situation. „Beruflich mache ich mir seit jeher viel Druck und Streß in meiner Position." Bei Ereignissen, Unruhe, Erwartungsspannung und vielen Terminen neige sie schon immer zu Durchfall. Heute könne es bei derartigen Gelegenheiten aber auch mit den Koliken losgehen, und das nicht nur bei „negativem Streß". „Zum Beispiel auch unlängst vor der Taufe unseres kleinen Kindes." Urlaub am Meer tue immer recht gut. „Da ist es weniger, aber bei der Regel ist es trotzdem." Wie sich die Frau erinnerte, hatte sie 1996 einen „extremen Schnupfen, acht Wochen lang", der zweimal hintereinander mit Antibiotika behandelt wurde. Was wohl eher auf eine Nebenhöhlenentzündung schließen läßt! Ansonsten fiel noch auf, daß sie seit langem kein vernünftiges Fieber mehr bekam.

Im folgenden nun der chronologische Werdegang der Cholelithiasis[1] mit ihren eigenen Worten: „Im Jahre 1996 bekam ich eine Brücke und unterzog mich einer längeren Zahnbehandlung. Dabei wurden viele Zähne mit Amalgam gefüllt. Im Anschluß an diese Behandlung bekam ich zunächst Zahnfleischentzündungen und schließlich Schmerzen im Gesicht, vorwiegend in

[1] Cholelithiasis: Gallensteinleiden.

der rechten Gesichtshälfte. Ich versuchte diese mit Aspirin und anderen Schmerzmitteln zu bekämpfen. Als die Schmerzen stärker wurden, ließ ich mich zum Nervenarzt überweisen, bekam aber erst im Oktober 1997 einen Termin. Dort wurde mir Carbamazepin[1] verschrieben, welches ich überhaupt nicht vertrug. Ich reagierte mit einer Lymphknotenschwellung und grippeähnlichen Symptomen. Daraufhin verlangte ich Akupunktur, welche auch sofort anschlug. Im Juni 1998 wechselte ich zu einer Heilpraktikerin, welche mich weiterhin mit Akupunktur und Fußreflexzonenmassage behandelte. Die Schmerzen verschwanden nicht völlig. Auch hatte ich immer wieder mit Migräneattacken zu kämpfen. Deshalb suchte ich im Sommer 2001 einen Energetiker auf. Dieser fand die Ursachen in den Amalgamfüllungen und einer Entzündung im Darm. Seit dem Besuch bei ihm wurden die Migräneattacken seltener. Die ersten Amalgamfüllungen wurden im Frühjahr 2002 entfernt. – Im Herbst 2003 wurde ich schwanger. Während der Schwangerschaft ging es mit sehr gut. Ich hatte weder Schmerzen im Gesicht noch Migräne. Nach der Schwangerschaft im Herbst 2004 bekam ich die erste Gallenkolik. Ein Internist stellte einen Gallenstein und Gallenschlamm fest und riet zu einer Operation. Im Januar 2005 begannen die Probleme im Gallenbereich erneut und verschlimmerten sich ständig. Ich suchte eine Heilpraktikerin auf; die Medikamente schlugen aber nicht an. Im Sommer 2005 erbrach ich fast täglich und hatte mittlerweile 10 kg abgenommen."

Auf meine Frage hinsichtlich einer früheren Einnahme von irgendwelchen homöopathischen Arzneimitteln konnte sich die Frau noch vage daran erinnern, schon mehrmals „Lycopodium C10 bis C10.000 gemischt" erhalten zu haben, „um meine Erwartungsspannung abzubauen" und „in der Schwangerschaft". Außerdem 1998 Nux vomica C30 wegen der Migräne und Galle, später auch hier die „C10 bis C10.000 gemischt", wie sie sich ausdrückte. „Das hat aber nicht viel gebracht; nur das Erbrechen war etwas erleichtert, es ging schneller." Die Gesichtsschmerzen seien geblieben. „Und Pulsatilla D6 jahrelang wegen meiner Mensesbeschwerden".

Das waren also die aktuellen Symptome und Beschwerden der Frau samt Krankenhistorie, ohne die ganze Lebensgeschichte durchzugehen, was wir dann etwa ein ¾ Jahr später in Angriff nahmen. Die zentrale Frage war nun, ob man an einer Operation vorbeikommen würde oder nicht. – Wir kamen überein, zunächst noch ein paar Monate zuzuwarten und es mit einem tiefgreifenden homöopathischen Mittel zu versuchen.

Arzneimittelwahl: Sepia LM12, fünf Tropfen in einem Glas voll Wasser, davon einen Teelöffel voll einzunehmen, alle zwei Tage morgens, einschleichend beginnen.

[1] Carbamazepin: ein Antiepileptikum, welches strukturell und pharmakologisch trizyklischen Antidepressiva ähnlich ist und auch zur Behandlung von Trigeminusneuralgien (Gesichtsneuralgie im Bereich des Trigeminus-Nervs) eingesetzt wird.

Repertorisation:* *Neigung zu Gallenkoliken

ComRep V9.0

Nr.	Symptome
1	gemüt - beschwerden infolge - erwartungsspannung, vorempfinden, ahnung (64)
2	gemüt - ruhelosigkeit, nervosität (249)
3	allgemeines - reaktionsmangel (84)
4	allgemeines - luft - seeluft, am meer - amel. (36)
5	modalitäten - menses, vor den m. schlechter (75)
6	modalitäten - menses - während der m. schlechter (89)
7	modalitäten - nahrungsmittel - fett verschlechtert (51)
8	gesichtsschm./o - seiten - rechts (50)
9	hautausschl./a - unterdrückt (50)
10	abdomen - leber - krankheiten der leber und der leberregion (102)
11	bauchschm./o - leber - gallenkolik (35)

Methode: Wertigkeit

Nr.	Arzneimittel	Neg	Wert	1	2	3	4	5	6	7	8	9	10	11
1	Lyc	1	24	3	3	2	1	3	2	.	2	2	3	3
2	**Sep**	0	24	1	3	2	1	3	3	2	2	2	3	2
3	Puls	2	22	3	3	.	.	3	3	3	3	2	1	1
4	Sulf	3	22	.	3	3	.	3	3	2	2	3	3	.
5	Calc	3	19	3	3	3	.	3	1	.	.	1	3	2
6	Carb-v	2	19	2	2	3	.	2	1	3	2	2	2	.
7	Bell	3	17	.	3	.	.	1	1	1	3	2	3	3
8	Kali-c	2	17	1	2	2	.	2	3	1	.	1	3	2
9	Merc	1	17	1	3	2	.	2	1	1	2	1	3	1
10	Ars	3	16	3	3	2	.	.	1	2	.	2	2	1

Sechs Wochen nach Beginn der Einnahme von Sepia LM12 kam dann der erste Zwischenbericht, der sehr kurz verlief und außerordentlich erfreulich war, denn alle Beschwerden waren buchstäblich wie weggeblasen. „Keine Schmerzen mehr, keine Übelkeit. Ich versuche, wieder normal zu essen. Ich bin begeistert! Schon nach dem ersten Tropfen Sepia war alles viel viel besser." Am Anfang habe sich zwar der „Gesichtsnerv nochmals kurz zurückgemeldet", aber nicht weiter schlimm. „Er hat sich dann recht bald wieder verabschiedet." Die Frau fühlte sich auch im Ganzen „ruhiger, sicherer und deutlich weniger gehetzt". – Was will man mehr? Und das alles ohne OP, ohne Risiken und Nebenwirkungen, nur mittels reiner Energie aus einem kleinen unscheinbaren Fläschchen! – Jedenfalls hielt dieser Gesundheitszustand an bis zu unserer chronischen Lebensanamnese und natürlich auch noch weiter darüber hinaus.

5.19 Ischias-Syndrom, Hexenschuß, Bandscheibenvorfall und ähnliches

Wirbelsäulenprobleme in Form von Hexenschuß[1], Ischias-Syndrom[2], HWS-Syndrom[3], Bandscheibenprolaps[4] und ähnliches kommen in unserer heutigen schnellebigen Zeit immer wieder vor. Nicht selten sind auch bereits jüngere Leute davon betroffen, so daß degenerative Wirbelsäulen- und Bandscheibenveränderungen als alleinige Causa nicht in Frage kommen. Patienten berichten immer wieder von Streß-, Kummer- und Ärgersituationen als auslösende Ursache ihrer Beschwerden, von schwerer körperlicher Arbeit, wie schweres Heben oder häufiges Arbeiten in kniender oder gebückter Stellung, von „einer komischen oder ‚blöden' Bewegung", von „einem Verreißen", von Zugluft und naßkalter Witterung und einigem mehr. Doch bei vielen geht es mittlerweile auch ins Chronische. Sie haben schon lange eine Neigung und auffallende Anfälligkeit für derartige akute Beschwerden, ohne dafür bestimmte Dinge verantwortlich machen zu können; jedenfalls haben sie keine einleuchtende Erklärung mehr für ihre diesbezüglichen Leiden parat.

Gemäß den oben beschriebenen Naturgesetzmäßigkeiten, welche durch die Neue Medizin bekannt geworden sind, handelt es sich bei all den genannten Wirbelsäulenproblemen und anderen Knochenbeschwerden mehr oder weniger um ein und dasselbe: streng genommen um *Heilungsphasen nach einer bestimmten Form von Selbstwerteinbruch*. Das heißt, der Hexenschuß, das Ischias-Syndrom, das HWS-Syndrom und auch der Bandscheibenvorfall sind vom Prinzip her sehr ähnliche Phänomene, nur eben in verschiedenen Lokalisationen des Haltungs- und Bewegungsapparates und in unterschiedlichem Ausprägungsgrad. Ihnen liegen mehr oder weniger stark ausgebildete Selbstwerteinbrüche unterschiedlichen Inhaltes zugrunde, denn diese bestimmen den Ort des organischen Geschehens. Ist der Selbstwerteinbruch mehr intellektuell-moralischer Natur, so ist die Halswirbelsäule betroffen; bei einem

---

[1] Hexenschuß: Lumbago, Lumbalgie. Es handelt sich meist um degenerative Wirbelsäulen- insbesondere Bandscheibenveränderungen mit Rückwirkung auf den Muskelbandapparat.

[2] Ischias-Syndrom: ein Wurzelreizsyndrom im unteren Teil der Lendenwirbelsäule (LWS) durch lokale Kompression der Nervenwurzeln des Ischiasnervs mit anfallsweise sich verstärkenden Schmerzen, Sensibilitätsstörungen, vegetativen Symptomen (Ödem, vasomotorische [die Gefäßnerven betreffende] Störungen) und Muskelhartspann. Meist angekündigt durch einen Hexenschuß und hervorgerufen durch einen Bandscheibenvorfall.

[3] HWS-Syndrom: Halswirbelsäulensyndrom; ähnlich wie Ischias-Syndrom, nur an der HWS.

[4] Bandscheibenprolaps: Bandscheibenvorfall. Herausquellen und Austreten des degenerierten Bandscheibenkerns durch den Bandscheibenfaserring über den Wirbelkörper hinaus, zeitweilig („pendelnd") oder als Dauerprolaps. Dadurch Komprimieren der durch die Wirbelkörper hindurchtretenden Nervenwurzeln, so daß es zu heftigen Schmerzen kommt.

Sportlichkeitsselbstwerteinbruch reagiert beispielsweise eine Schulter, eine Hüfte oder ein Schienbein, je nach Schwerpunkt der sportlichen Betätigung; im Falle eines sexuell angehauchten Selbstwerteinbruchs das Schambein usw. Betrifft der Selbstwerteinbruch eher die gesamte Persönlichkeit des einzelnen und ist generalisierter Natur, so wird die Lendenwirbelsäule angesprochen, die ja die Last des ganzen Körpers trägt.

Während der Akutphase eines solchen Selbstwerteinbruches – vegetativ gesehen in der sog. Dauersympathikotonie – kommt es zu Osteolysen, beispielsweise in den Wirbelkörpern, d. h. zur schrittweisen Auflösung und zum Abbau von fester Knochensubstanz. Der Knochen wird an den entsprechenden Stellen schleichend entkalzifiziert. In dem Augenblick, in dem es einem wieder besser geht und psychisch alles gelöst ist, also mit dem wiedererstarkenden Selbstwert und dem damit verbundenen Eintritt in die dauervagotone Heilungsphase, beginnt die heilwirksame Ödembildung sowohl an den korrespondierenden Schaltzentralen des Gehirns, im Marklager des Großhirns (was uns aber hier nicht weiter interessieren soll), als auch am peripheren Organ, und zwar hier an den entsprechenden Wirbelkörpern der betroffenen Stellen der Wirbelsäule. Bei diesem peripheren Ödem handelt es sich nicht um vasomotorische Störungen, wie es die Schulmedizin sieht (siehe Fußnote zu Ischias-Syndrom), sondern in Wahrheit ist dieses als positives Zeichen eines vagotonen Erholungszustandes zu erkennen, bei welchem die Knochen an den lädierten Stellen wieder „restauriert" werden. Die gelösten Knochenbestandteile werden nämlich zunächst verflüssigt, um dann mit der Zeit rekalzifizieren zu können, damit sie sich als kompakte Knochensubstanz wieder verfestigen. Durch diesen Prozeß wird das Periost, also die Knochenhaut, die jegliche Knochensubstanz ummantelt und viele sensible Nerven enthält, hart gespannt und passager gedehnt, was, je nach Ausprägungsgrad der Reparationsphase, mit mehr oder weniger starken Schmerzen verbunden ist. Bleibt diese relativ lokal und wenig umfassend, so ist sie beispielsweise als Hexenschuß wahrzunehmen. Bei entsprechender Größe dieses raumfordernden Prozesses kann es jedoch auch zu Druckphänomenen auf die durch die Wirbelkörper hindurchtretenden spinalen Nervenwurzeln kommen, so daß jene irritiert, stärker gereizt oder gar erheblich komprimiert werden, was sich in der Folge durch Symptome, wie beispielsweise als Ischias-Syndrom oder ähnliches, manifestiert und höllische Schmerzen verursacht, teilweise über das Gesäß hinaus bis weit hinunter ins Bein.

Einen Bandscheibenvorfall wird man in den meisten Fällen immer dann diagnostizieren, wenn es sich um einen vorangegangenen, sehr lang anhaltenden Selbstwerteinbruch gehandelt hat, bei welchem die Entkalzifizierung einzelner benachbarter Wirbelkörperknochen sehr intensiv war, so daß es in der Heilungsphase zu massiven Ödemen kommt, welche die dazwischenliegende Bandscheibe gleichzeitig von oben und unten zusammendrücken, so daß sich diese verformt und nach außen hervortritt. Derartige Knochenphänomene, die auch Auswirkungen auf den nahe gelegenen Muskelbandapparat des Rückens haben, werden von der offiziellen Schule nicht selten als degenerative Wirbelsäulen- und Bandscheibenveränderungen interpretiert. Interessanterweise steht im Hinblick auf die Lokalisation dieser sog. Bandscheibenvorfälle im MSD-Manual der Diagnostik und Therapie: „Betroffen sind meist lumbosakrale[1] oder zervikale[2] Zwischenwirbelscheiben." „Interessanterweise" deswegen, weil dieses schulmedizinische Statement hervorragend mit den oben angeführten Lokalisationen von Selbstwerteinbrüchen intellektuell-moralischer Natur bzw. mit denen, die gesamte Persönlichkeit des einzelnen betreffend, korrespondiert.

Es ist wichtig zu wissen, daß die auftretenden Schmerzen bei solchen Prozessen ihren biologischen Sinn haben und nicht um jeden Preis (durch lokale Betäubung) weggenommen werden dürfen. Durch sie wird das Individuum nämlich gezwungen, eine Druckentlastung mittels Ruhigstellung und Liegen des Skelettsystems herbeizuführen, so daß nicht mehr das volle Körpergewicht auf die mit Ödem verflüssigten und durch das gespannte Periost zusammengehaltenen Wirbelkörper lastet und „dieser mit Wasser gefüllte Ballon" nicht noch mehr komprimiert wird. Somit wird die Gefahr einer Ruptur dieser hochempfindlichen „Flüssigkeitshaut" minimiert, bei welcher die gesamte flüssige Spongiosa[3] ausliefe, was natürlich einen schlagartigen Stopp der Schmerzen bedeutete, bei entsprechender Ausprägung jedoch die Gefahr einer Querschnittslähmung mit sich brächte. Darüber hinaus würde sich die ausgelaufene flüssige Knochensubstanz mit der Zeit im Gewebe verfestigen und einen kompakten Knochenklumpen ohne glatte Oberfläche – denn es handelt sich ja um Knochenmasse ohne Periost – bilden, was nicht selten Reibungs- und Druckschmerzen auf das umliegende Gewebe verursacht und häufig als Sarkom, also als Knochenkrebs oder Knochenwucherung, fehlgedeutet wird.

Eine ähnliche Gefahr geht übrigens auch von der neuraltherapeutischen Behandlung solcher Krankheitsbilder aus, bei welcher die „aufgeblasene" Knochenhaut durch die Injektionskanüle verletzt werden kann, so daß es auch hier teilweise zum Auslaufen von flüssiger Spongiosa kommen kann. Darüber hinaus sind Operationen sowie gezielte medikamentöse Schmerztherapien nicht der Weisheit letzter Schluß, da damit, zum einen an den organischen Manifestationen der Heilungsphase gewissermaßen in grober Manier mit dem Skalpell „herumgedoktert" würde, und zum anderen, im Falle einer medikamentösen Behandlung, die Schmerzen genommen würden, ohne daß sich an den biologisch sinnvollen Zuständen insgesamt etwas verändert hätte. Denn „Schmerz hat primär einen alarmierenden, warnenden Charakter. Er veranlaßt, daß sich der Körper schnell und gezielt von einer Gefahr fortbewegt, um einen größeren Schaden für den Organismus abzuwenden, und sorgt im Krankheits-

---

[1] lumbosakral: den Lenden- und Kreuzbereich betreffend.
[2] zervikal: den Hals betreffend.
[3] Spongiosa: die schwammartige Bälkchenschicht als innere Knochenschicht.

fall für ausreichende Schonung. Eine völlige Analgesie[1] ist daher kontraindiziert." – Dr. Jochen Schleimer, naturheilkundlich orientierter Arzt in München. Es würde also die große Gefahr heraufbeschworen, daß man seinem Körper mit einem Mal zuviel zumutet, ohne daß dieser eigentlich wieder gesund und damit voll belastbar wäre; es wurde ja ausschließlich das Warnsymptom „Schmerz" eliminiert, ohne Rücksicht auf die biologischen Zusammenhänge. Somit kann es auch hierbei zum Zerplatzen des Periosts kommen und in der Folge davon flüssiger Knochen austreten, so daß unangenehme irreparable Zustände resultierten.

5.19.1 Die homöopathische Behandlung von Schmerzzuständen des Bewegungsapparates

Grundsätzlich gesehen kann man derartige Schmerzzustände, oder besser gesagt, derartige Organfolgezustände von Selbstwerteinbrüchen, homöopathisch gut behandeln. Dies geschieht i. d. R. zunächst akut, also in der Phase des akuten Schmerzzustandes, und sinnvollerweise in der Folge dann auch chronisch, d. h., man versucht, die Neigung zu solchen immer wiederkehrenden Selbstwerteinbrüchen zu eliminieren, was gleichbedeutend ist mit dem Stabilisieren der Psyche durch eine homöopathische antimiasmatische Kur. Selbstverständlich wird eine Akutbehandlung nicht in jedem Fall schlagartige oder dauerhafte Wirkung haben, ganz besonders dann nicht, wenn der Fall schon zu weit fortgeschritten ist. Es liegt auf der Hand, daß sowohl die Ödembildung als auch der Rekalzifizierungsprozeß des entkalkten Knochenbereiches ein gewisses Maß an Zeit brauchen, denn es handelt sich um biologische Not- und Sonderprogramme der Natur, welche nicht ad hoc, von einer Minute auf die andere, abgeschlossen sein können.

Ich kann mich noch sehr gut an eine junge Mutter von fünf Kindern erinnern, welche vor mehr als zehn Jahren ständig mit ihrer Halswirbelsäule zu tun hatte, so daß sie sich vor Schmerzen mehrere Tage lang kaum bewegen konnte. „Mein Wirbel springt immer wieder heraus", so ihre Aussage. Anfangs hatte sie sich des öfteren von einem Chiropraktiker behandeln lassen, was ihr auch stets Erleichterung brachte. Mit den Jahren übernahm dann ein netter Nachbar diesen Part, der sie fortan „im Schnitt zweimal die Woche einrenkte"! – Doch auf Dauer sind derartige manuelle Eingriffe nicht ganz ungefährlich. Am ehesten macht da noch die Dorntherapie Sinn, da sie sehr schonend, nur mit sanftem Daumendruck und viel Gefühl vorgeht.

Schließlich haben wir es homöopathisch versucht und im Akutzustand unter anderem häufiger Rhus toxicodendron LM6 eingesetzt, was der Frau auch immer wieder temporäre Linderung verschafft hat, womit sie schon recht zufrieden war. Aber erst mit dem Voranschreiten unserer antimiasmatischen

[1] Analgesie: Aufhebung der Schmerzempfindung.

chronischen Kur – die geplagte junge Mutter nahm lange Zeit Sulfur und Medorrhinum in verschiedenen chronischen LM-Potenzen ein – ließen diese Schmerzzustände sowohl hinsichtlich Intensität als auch Häufigkeit deutlich nach, bis sie schließlich gänzlich der Vergangenheit angehörten. Selbst Zugluft, naßkaltes Wetter oder schweres Heben bzw. ruckartige Bewegungen konnten ihr nichts mehr anhaben. Somit war die Neigung zu HWS-Syndromen endgültig getilgt, und für den Nachbarn gab es nichts mehr zu tun. Selbstverständlich erfreute sich die Frau nun auch eines zuvor nie gekannten soliden Selbstvertrauens, so daß die Zeit der Selbstwerteinbrüche endgültig vorbei war.

In einem anderen Fall hatte eine Frau sehr starke Rückenschmerzen. „Es begann morgens beim Aufstehen", wie sie ihre akuten Beschwerden beschrieb. Sie hatte schon schlecht geschlafen und sich viel herumgewälzt. Vor drei Wochen sei sie beim Skifahren gestürzt, jedoch ohne größere Probleme. Jedenfalls habe sie ihre Wirbelsäule nicht gespürt. Doch letzte Woche sei sie kaum noch aus dem Auto gekommen. „Selbst das Niesen tat im Rücken extrem weh!" Daraufhin habe sie sich von ihrem Orthopäden eine Spritze geben lassen.

Die Frau war freiberuflich als Hebamme tätig und hatte für ein paar Tage eine Vertretung übernommen und somit eine zusätzliche Arbeitsbelastung. In der letzten Zeit gab es aber auch „viel Streß mit meinem Ex-Mann", der fast täglch anrief wegen der Buben, die mittlerweile auch schon 20 Jahre und mehr alt waren, allerdings nicht allzu viel von ihm wissen wollten. „Das geht nun schon ein paar Monate so, und ich bin immer der Mittler. Das stört mich einfach." Darüber hinaus bereitete ihr jüngster Sohn, er war gerade 20, Probleme. Ansonsten habe sie viel geträumt, „von ausweglosen Situationen und sogar von meinem Ex-Mann". Die Rückenschmerzen seien durch Bewegung erträglicher; am Morgen seien sie ganz schlimm.

Wir begannen zunächst mit Rhus toxicodendron LM18, 5 Tropfen in einem Teelöffel voll Wasser, und Arnica C30, 5 Globuli, aufzulösen in einem Glas voll Wasser, jeweils täglich einen Löffel voll einzunehmen. Dann hörte ich erst zwei Wochen später wieder etwas von der Patientin. Sie lag mittlerweile seit drei Tagen unter starken Schmerzen im Krankenhaus mit einem diagnostizierten „ausgeprägten Bandscheibenvorfall im unteren Lendenwirbelbereich, der auf den Nerv drückte". Es sei nicht mehr anders gegangen. Sie habe nicht mehr arbeiten, geschweige denn sich überhaupt in der Senkrechten halten können.

Demzufolge konnten die LWS-Beschwerden der Frau nicht von dem Skiunfall herrühren! Das war nun klar. Deshalb erörterten wir nochmals den gesamten Werdegang ihrer Rückenprobleme und weitere aktuelle Aspekte aus ihrer jüngeren Vergangenheit. Es stellte sich schließlich heraus, daß die Frau unlängst viel Schnee zu schippen hatte, und zwar recht schweren nassen Schnee, wobei sie sich u. U. überbeansprucht habe. Darüber hinaus habe sie seit einiger Zeit „auch eine andere schwere Last zu tragen". Sie sei alleinerziehend mit zwei mittlerweile erwachsenen Söhnen, die noch weitgehend ihrer Unterstützung bedurften, aber auch gewisse Ansprüche stellten. Sie habe für alle drei den Lebensunterhalt zu verdienen, was in der letzten Zeit recht hart sei. „Mein ältester Sohn leiht mir schon manchmal etwas Geld", gab sie unumwunden zu.

Durch diese Betrachtung ergibt sich gleich ein ganz anderes Bild. Mit dem Selbstwert der Frau stand es in der letzten Zeit gar nicht so gut wie sonst, so daß es zu Osteolysen der entsprechenden Wirbelkörper ihrer Lendenwirbelsäule kam. Jene haben sich dann wohl jüngst ödematisiert – die Patientin scheint eine Lösung ihres Selbstwerteinbruchs erfahren zu haben –, so daß nun die Knochenhaut der entsprechenden Wirbelpartien unter Spannung stand. Das Ganze wäre vielleicht gar nicht so aufgefallen, vielleicht hätte die Frau zeitweise nur ein bißchen Rückenschmerzen verspürt, wenn nicht, ja wenn nicht dieses Schneeschieben erfolgt wäre, bei welchem sie sich so verausgabt hatte. Durch die fortwährenden Drehbewegungen der Wirbelsäule mit dem vollen Schneeschieber konnte es dann zu dieser Verklemmung und schließlich zum Vorfall der Bandscheibe durch die beiden angrenzenden ödematisierten Wirbelkörper kommen. Somit war das Schneeschieben nur der berühmte Tropfen, welcher das Faß (unglücklicherweise) zum Überlaufen brachte, ein kleiner mechanischer Auslöser, nicht aber die eigentliche Ursache. Und somit dürfte auch klar sein, daß „Ruhe die erste Bürgerpflicht zu sein hatte" und daß es nicht galt, die Schmerzen unter allen Umständen zu eliminieren.

Jedenfalls erhielt die gute Frau jetzt Silicea C30, 5 Globuli auf ein Glas Wasser, davon täglich einen Teelöffel voll einzunehmen. Und natürlich weiterhin absolute Bettruhe und keinerlei Spritzen in den betroffenen Bereich hinein. – Sie lag ja immer noch im Krankenhaus! – Silicea hauptsächlich wegen ihres Selbstwerteinbruchs, wegen der Osteolysen und der Überbeanspruchung ihres Rückens durch das Schneeschieben. – Der Übersichtlichkeit halber und zum besseren Allgemeinverständnis sei aus didaktischen Gründen eine entsprechende Repertorisation mitangegeben, wobei dieser Fall eigentlich im Kopf zu lösen ist.

Die Bestätigung, daß wir auf dem richtigen Weg waren, kam schon ein paar Tage nach Einnahmebeginn der potenzierten Kieselsäure unter folgender Meldung: „Silicea festigt mich. Gestern ging es mir schon relativ gut." So war es nur noch eine Frage der Zeit, bis alles wieder in Ordnung sein würde, eine Zeit, die sich allerdings mittels Homöopthie deutlich verkürzt darstellte, ohne Operation und ohne Schmerzmittel, versteht sich.

Da derartige Zustände (Wirbelausrenken, Wirbelgleiten, Lumbago, Ischialgie, Bandscheibenvorfall etc.) i. d. R. einen starken miasmatischen Bezug haben – Sie werden es an den antimiasmatischen Arzneimitteln Sulfur, Medorrhinum und Silicea in den obigen Beispielen bemerkt haben –, liegt es auf der Hand, daß diese primär auch auf Impfungen, Unterdrückungen und dergleichen mehr zurückgehen, welche die jeweilige miasmatische Prädisposition unsanft aus ihrem Dornröschenschlaf wachrüttelen, eklatant verstärken

Repertorisation: Bandscheibenvorfall

ComRep V9.0

Nr. Symptome

1 gemüt - selbstvertrauen, mangel an (52)
2 schlaf - träume - ängstlich (187)
3 schlaf - träume - ereignissen, von früheren (50)
4 allgemeines - knochen - erweichung (27)
5 modalitäten - anstrengung, körperliche - verschlechtert (125)
6 modalitäten - heben, überanstrengung der muskeln und sehnen durch h. verschlechtert (50)
7 rückenschm./m - aufstehen vom sitzen, beim (42)
8 rückenschm./m - aufstehen - nach langem sitzen ist das a. fast unmöglich (9)
9 rückenschm./m - bewegung - bessert (46)
10 rückenschm./o - lumbalregion (213)

Methode: Wertigkeit

Nr.	Arzneimittel	Neg	Wert	1	2	3	4	5	6	7	8	9	10	11	12	13	14	15	16	17	18	19	20	21	22	23	24	25
1	Rhus-t	1	24	1	3	2	.	3	3	3	3	3	3															
2	Calc	2	20	1	3	.	3	3	3	2	2	.	3															
3	Puls	2	20	2	3	.	2	2	.	3	3	2	3															
4	**Sil**	2	20	2	3	3	3	2	3	2	.	.	2															
5	Phos	0	19	1	3	1	2	2	1	3	2	1	3															
6	Sulf	1	18	1	3	1	2	3	1	3	.	1	3															
7	Bry	2	16	2	2	2	.	3	2	1	.	1	3															
8	Lyc	2	16	2	3	.	2	2	2	1	.	3	1															
9	Sep	2	15	.	2	1	2	3	1	1	.	2	3															
10	Kali-c	3	14	2	3	1	.	2	2	.	.	2	2															

bzw. durchaus auch neu setzen, was sich in meiner homöopathischen Praxis immer wieder bestätigt hat. Aufgrund ihrer *intensiven Wirkung auf die Psyche* – beispielsweise in Form von Angstzuständen, Panikattacken, Hypochondrie, Erwartungsspannung, depressiven Verstimmungen, Mangel an Selbstvertrauen und vielem mehr –, können die *Miasmen* solch schweren organischen Krankheitsbildern Vorschub leisten. So habe ich mehr als einmal sogar den anamnestisch einwandfreien Zusammenhang eines Morbus Bechterew[1] zu Polio- und FSME-Impfungen sowie der medikamentösen Unterdückung einer Gonorrhoe feststellen können!

5.19.2 Beispiel akuter Hüftgelenkschmerzen

Abschließend noch ein kleines Beispiel einer 28 Jahre alten Studentin der Medizin, die eigentlich wegen ihrer Psoriasis und anderer Beschwerden in die homöopathische Behandlung kam. Sie hatte aber zeitweilig auch Probleme mit ihrer linken Hüfte, die hin und wieder ein wenig schmerzte, „wie ein

[1] Morbus Bechterew: chronisch entzündliches Leiden des Knochengelenksystems mit Befall der Wirbelsäule, so daß es mit der Zeit zu einem Buckel kommt. Gemäß Klinischem Wörterbuch Pschyrembel: „Ursache unbekannt.“

Knochenschmerz“, so ihre Schilderung. Im Verlaufe der chronischen Kur, genauer gesagt, während der Einnahme ihres dritten antimiasmatischen Arzneimittels, berichtete sie nun im Rahmen eines Zwischenberichtes nach achtwöchiger Simileeinnahme, daß ihre Hüfte „tierisch weh“ täte. Der Schmerz habe vor etwa vier Wochen kontinuierlich begonnen, sei aber anfangs nicht weiter schlimm gewesen. Doch jetzt halte sie es kaum noch aus. „Beim Heben und Strecken meines ‚Fußes‘[1] tut es stark weh. Es ist so ein brennendes Gefühl.“ Allerdings könne sie ihr Bein nach außen und innen bewegen, ohne Schmerzen.

Mit ihren Menses gab es keinerlei Probleme mehr. Es bestünde nur noch ein zäher, krustiger, süßlich riechender vaginaler Ausfluß. Des weiteren gebe es persistierende Kopfschmerzen, den Nacken hoch, auf der linken Seite. „Eine gewisse Nackensteife, als ob etwas verschoben sei.“ Die Haut ihrer Arme und Beine hinsichtlich ihrer Psoriasis habe sich ein wenig verschlechtert, die ihres Körpers sei eher besser. „Das ist wieder durch den Streß auf der Station“, meinte sie, denn sie arbeitete seit einiger Zeit im Krankenhaus.

Repertorisation: Akute Hüftgelenkschmerzen

ComRep V9.0

```
Nr.                          Symptome

 1 kopfschm./o - hinterkopf (231)
 2 empfindungen - schmerz - brennend - äußerlich (148)
 3 empfindungen - schmerz - brennend - innerlich (163)
 4 rücken - empfindungen - spannung - cervicalregion (72)
 5 gliederschm./o - hüfte (151)
 6 gliederschm./o - hüfte - links (22)
 7 gliederschm./e - brennender - hüfte (21)
 8 genital/w - fluor (143)
 9 genital/w - fluor - zäh, klebrig, fadenziehend (21)
```

Methode: Wertigkeit

```
                                    Symptome:       1 . . . . . . . . . 2 . . . . .
Nr. Arzneimittel  Neg     Wert  1 2 3 4 5 6 7 8 9 0 1 2 3 4 5 6 7 8 9 0 1 2 3 4 5

 1  Caust         1        20   3 3 2 2 2 3 . 3 2
 2  Ars           3        16   2 3 3 . 3 . 2 3 .
 3  Sulf          2        16   2 3 3 2 2 1 . 3 .
 4  Carbn-s       3        15   3 3 3 2 1 . . 3 .
 5  Puls          3        15   2 2 3 2 3 . . 3 .
 6  Rhus-t        2        15   2 3 3 2 3 . 1 1 .
 7  Sep           3        15   3 3 3 1 2 . . 3 .
 8  Sil           3        15   3 3 2 1 3 . . 3 .
 9  Bry           3        14   3 3 3 2 2 . . 1 .
10  Carb-v        3        14   3 3 2 2 . . 2 2 .
```

[1] ad Fuß: In Bayern ist vom Therapeuten immer die Frage „Wo genau?“ zu stellen, da nach dem „bayerischen“ oder „anatomischen Fuß“ zu unterscheiden ist. Denn wenn der Bayer von Fußschmerzen spricht, kann es sein, daß er seinen Fuß, sein Bein oder seine Hüfte meint. Der „bayerische Fuß“ geht nämlich vom Fuß hoch bis zum Hüftgelenk! – Somit war hier das Bein der Patientin gemeint.

Soweit die Angaben aus dem kurzen Zwischenbericht. Wir vereinbarten, zunächst mit dem chronischen Mittel fortzufahren, denn einen direkten Einfluß hinsichtlich einer etwaigen verschlimmernden Wirkung, beispielsweise in einem bestimmten Rhythmus zur Einnahme hin, konnte die junge Studentin nicht erkennen. Ihre Hüftschmerzen waren beständig; es gab keinerlei Tagesschwankungen, ob sie das chronische Mittel nun gerade genommen hatte oder nicht. Der Einnahmetag und die einnahmefreien Tage unterschieden sich in keiner Weise voneinander. – Aus diesem Grunde war noch ein Akutmittel für die akuellen Hüftbeschwerden der jungen Frau mittels Repertorisation auszuarbeiten.

Arzneimittelwahl: Causticum C30, 5 Globuli auf ein Glas Wasser, kräftig umrühren, bis sich alle Kügelchen aufgelöst haben, davon einen Teelöffel voll einzunehmen, täglich nach Bedarf.

Einen Monat später, bei einem Anruf wegen eines hoch-fieberhaften akuten Infektes (übrigens ein sehr positives Zeichen hinsichtlich einer langsam wiederkehrenden Reaktionsfähigkeit des Organismus, da schon „seit Ewigkeiten", d. h. sehr lange vor der chronischen Behandlung, kein Fieber mehr bei Infekten vorgekommen ist), berichtete mir die junge Frau dann beiläufig, daß sie das Causticum nur wenige Male gebraucht hätte, weil ihre Hüfte, ihre Hinterkopfschmerzen und auch die Nackensteife gleich gut waren. „Schon nach der ersten Gabe war alles o. k." – Kaum zu glauben, nicht wahr? Da staunt selbst der Therapeut nicht schlecht, der ja doch einiges an Erlebnissen gewohnt ist. Wenn man jedoch ähnliches in der Praxis immer und immer wieder erlebt, weiß man, daß es stimmt.

5.20 Geistes- und Gemütserkrankungen

Gemäß einer Pressemeldung des Jahres 2005 ist „die Zahl der Krankschreibungen wegen psychischer Probleme" seit 1997 um sage und schreibe 70 % gestiegen. „Angststörungen, Depressionen werden immer mehr zu Volkskrankheiten der Zukunft, über alle Branchen und Berufe hinweg", klagte der DAK-Vorstandschef Herbert Rebscher (Deutsche Angestellten Krankenkasse) in besagter Meldung. Auch immer mehr junge Leute litten unter psychischen Problemen. Im Prinzip wisse man nicht, worauf diese dramatische Entwicklung zurückzuführen sei. – Solcherlei Hiobsbotschaften liest man heutzutage immer wieder und den Offenbarungseid gleich mit dazu. Doch ist dies wirklich ein Offenbarungseid oder handelt es sich nicht vielleicht eher um einen Meineid? Dieser Frage soll u. a. in den folgenden Ausführungen ein wenig nachgegangen werden.

„Fast alle sogenannten Geistes- und Gemüths-Krankheiten sind nichts anderes als Körper-Krankheiten, bei denen das, jeder eigenthümliche Symptom der Geistes- und Gemüths-Verstimmung, sich unter Verminderung der Körper-Symptome (schneller oder langsamer) erhöhet und sich endlich bis zur auffallendsten Einseitigkeit, fast wie ein Lokal-Uebel in die unsichtbar feinen Geistes- und Gemüths-Organe versetzt." Worte, die Hahnemann schon vor fast 200 Jahren in seinem Organon der Heilkunst niedergeschrieben hat und bis heute nichts an ihrer Gültigkeit eingebüßt haben. Derartige Krankheiten seien „auf dieselbe Art und gar nicht anders als alle übrigen Krankheiten zu heilen", so der Begründer der Homöopathie, nämlich aufgrund des Ähnlichkeitsprinzips mit Hilfe der Simile-Medizin. Darüber hinaus zeigt uns unser großer Meister auch auf, daß *Geistes- und Gemütskrankheiten in ihrer Akutphase zunächst durch homöopathische Akutmittel anzugehen* sind, um in der Folge dann *die Neigung zu diesen mittels einer antimiasmatischen chronischen Kur* zu beseitigen; im Prinzip genauso, wie schon bei den anderen chronischen Krankheiten mit ihren akuten Exacerbationen.

Nachfolgend seien nun einige psychische Störungen, wie endogene Depressionen, Psychosen, Angstsyndrome, Schizophrenie und Zwangserkrankungen, anhand ausgewählter Fallbeispiele aus der Praxis sowie weiterer Beobachtungen, Gesetzmäßigkeiten und Zusammenhänge beschrieben. Besonderer Wert wurde auch hierbei wieder auf die Darstellung der sich aufdrängenden Ursachen, die sog. Ätiologie, gelegt. Teilweise wird auch die homöopathische Vorgehensweise und Therapie angerissen, kann jedoch mangels Platz leider nicht in voller Gänze und in all ihren Einzelheiten ausgeführt werden, da – es liegt auf der Hand – solch schwere Fälle nicht von heute auf morgen zu heilen sind und viel Zeit sowie Zwischenbehandlungen in Anspruch nehmen, demnach also deutlich zu umfangreich wären. Der Leser sollte jedoch einen tieferen Einblick in dieses weite Feld segensreicher homöopathischer Therapie erhalten, denn diese sanfte Heilweise ist nicht nur bei banalen Infekten, wie Husten, Schnupfen, Fieber und Heiserkeit, anzuwenden, sondern geradezu prädestiniert bei den schweren und allerschwersten gesundheitlichen Problemen. Zum besseren Verständnis der vorgestellten Fallbeispiele sei deshalb noch einmal auf die in Kapitel *3.3 Die Gesetzmäßigkeiten von Geistes- und Gemütserkrankungen* gemachten Ausführungen verwiesen.

5.20.1 Endogene Depressionen

Gemäß der schulmedizinischen Definition handelt es sich bei endogenen Depressionen um innerhalb des Organismus entstandene Depressionen, die aber nicht durch erkennbare körperliche Erkrankungen (wie bei exogenen Depressionen) oder äußeren seelischen Anlaß (wie bei psychogenen Depressionen) begründbar sind. Ihre Symptome imponieren durch traurige Verstimmung, Gefühl der Hoffnungslosigkeit und inneren Leere, Willens-, Denk- und Antriebshemmung, welche eventuell vorwiegend körperlich empfunden werden, beispielsweise als Schwäche oder Herzangst. „Bei sonst guter Prognose muß eine häufig drohende Selbsttötung (Suizid) verhindert werden", so die Aussage in einem medizinischen Wörterbuch. „Die herkömmliche Therapie erfolgt mittles Antidepressiva, die Prophylaxe mit Lithium", d. h., der Patient wird ruhiggestellt, „vegetiert nur noch vor sich hin"; von Lösung oder gar echter Heilung kann demnach keine Rede sein.

„Depressionen entwickeln sich nach Expertenmeinung weltweit zu einer Volkskrankheit". Unter dieser Überschrift eines anderen Beitrages in einer Tageszeitung vom Dezember 2004 wird weiter ausgeführt: „‚Elf Prozent aller Hausarztpatienten haben eine behandlungsbedürftige Depression', sagte der Augsburger Psychiater und Depressions-Experte Professor Dr. Schmauß. Prominentester Patient sei derzeit der Fußballer Sebastian Deisler. Viele Patienten würden ihre Krankheit verschweigen. Schmauß: ‚Da heißt es von Deisler lernen und sich behandeln lassen. Viele Patienten können wieder gesund werden.' – Von 100 Depressiven kommen nach Schmauß' Angaben nur 50 Patienten zum Arzt und nur bis zu 15 Prozent würden richtig behandelt werden. Ursache für Depressionen sei eine ‚biopsychosoziale Veranlagung' mit genetischem Hintergrund. Symptome seien Schlafstörungen, Appetitlosigkeit, Konzentrationsstörungen und ein geringeres Interesse beim Sex. – Schmauß: ‚Es ist nicht so sehr die Trauer, was Depressive empfinden, sondern Antriebshemmung, Lust- und Freudlosigkeit. Viele empfinden gar nichts, eine große Leere.' Frauen seien vor allem in der Altersklasse von 45 bis 60 Jahren doppelt so oft betroffen wie Männer."

Soweit die Zeitungsmeldung. Erschreckend, nicht wahr? Ein Horrorszenario! Da ist von Volkskrankheit die Rede, und keiner weiß warum. Als Ursache werden wieder einmal die Gene angeführt; die alte Masche, wenn es etwas zu vertuschen gibt. „Biopsychosoziale Veranlagung", das hört sich jedenfalls sehr wissenschaftlich an. Aber warum sind die Gene gerade jetzt, d.h. seit 1997, also seit nicht einmal zehn Jahren, mit einem Mal falsch programmiert, so daß es zu 70 % mehr Krankschreibungen wegen psychischer Probleme kommt? Wenn es wirklich die Gene wären, dann müßte sich ja etwas von früher her fortpflanzen, etwas, das gewissermaßen schon da ist. Aber nicht alle Menschen stammen von denselben Eltern ab, und schon gar nicht in der angeführten kurzen Zeit und darüber hinaus auch nicht weltweit und über alle sozialen Schichten hinweg. Das mit den Genen ergibt also ganz und gar keinen Sinn! Das kann man sich auch ohne Medizinstudium, ja selbst ohne Abitur und ohne „höhere Bildung" sehr leicht klar machen. Dazu braucht es, weiß Gott, keine Experten; nur gesunden Menschenverstand.

Die Häufung von endogenen Depressionen in unserer Zeit hat etwas mit unserem *derzeitigen medizinischen System* zu tun, mit den vielen Impfungen, mit den Unterdrückungen durch heroische Medikamente, mit Operationen, mit der Pille und anderen Hormontherapien etc. pp.! Beobachten Sie einmal die Kinder unserer Zeit! Schon hier sind Depressionen an der Tagesordnung, ja sogar frühkindliche Depressionen. Immer mehr Kinder machen einen sehr ernsten Eindruck, lachen selten, kommen kaum aus sich heraus, wälzen gewissermaßen schon Probleme. Eigentlich sollten sie vollkommen unbeschwert, fröhlich und zufrieden sein sowie ihr Urvertrauen haben!

Beispielsweise hat mir neulich erst wieder eine Mutter während der Anamnese berichtet, daß ihr 10-jähriger Sohn unlängst Bilder von seinem eigenen Tod gemalt hat, von Särgen, Monstern und einer Todesvision, sehr zu ihrem großen Erschrecken. Ja, er hat sogar ein diesbezügliches Datum genannt, das in nicht allzu weiter Ferne lag, was die Mutter nun sehr beunruhigte und weshalb sie mit einer antimiasmatischen Kur beginnen wollte! – So etwas gibt es leider immer öfter, viel öfter als man denkt, und es wird mit den Jahren immer mehr. Immer wieder kommen Kinder in die homöopathische Praxis, die „nicht mehr leben wollen", die ihren Eltern Vorwürfe machen wie: „Warum bin ich nur geboren?" oder so ähnlich. „Am besten, ich wäre einfach nicht mehr da", bekommt man dann vielfach zu hören.

Hier spiegeln sich die *Miasmen* deutlich *in der Tiefe der Psyche* wider, und man wird während der Anamnese feststellen können, daß auch noch andere, organische miasmatische Symptome zum Vorschein treten! Meist sind mehrere Miasmen gleichzeitig präsent, die das Leben des kleinen Erdenbürgers zum Problem machen. Und diese miasmatische Dominanz wird nun einmal – wir haben es schon x-mal anhand der vielen anderen schweren Erkrankungen unserer Zeit gesehen – mit Abstand am meisten durch die vielen Impfungen sowie fortgesetzte Immunsuppression gesetzt und/oder festzementiert.

Aber auch in der Zeit des Klimakteriums und danach kann es heutzutage gehäuft zu depressiven Verstimmungen oder handfesten Depressionen kommen. Mit dem Ausbleiben der regelmäßigen Menses verändert sich nämlich der Sexualhormonspiegel dergestalt, daß ein sog. hormonelles Patt[1] resultiert. Werden nun in dieser Phase ganz bestimmte Konflikte erlitten, sog. Revierkonflikte, so ist die Konstellation für eine tiefe Depression gegeben, was schon in den Kapiteln 3.3 und 3.5 angesprochen wurde und streng genommen nur für den Rechtshänder gilt. Andere natürliche Konstellationen eines hormonellen Patts sind z.B. die Zeit vor der Menarche (erster Eintritt der Regelblutung) und bei Unterdrückung der Menses, wenn also die Monatsblutung ausbleibt, ohne schwanger zu sein. Vielfach sind jene auch mit der Pille oder anderen Sexualhormongaben in Verbindung zu bringen. Desgleichen haben Impfungen, Antibiotika und sonstige schwere Medikamente einen großen Einfluß bzw. können Ursache derartiger hormoneller Entgleisungen sein. – Auch hier können Psychopharmaka keine echte Lösung sein, denn durch sie würden alle Konflikte einfach nur „zugeschüttet", der Patient im Ganzen ruhig gestellt, ohne er selbst sein zu dürfen, so daß es niemals zu Konfliktlösungen kommen kann. Biologisch gesehen, müßte der Konflikt ja zunächst eher verstärkt werden (Denken Sie nur an das Beispiel mit dem Hirsch in Kapitel *3.1.2.6 Revierkonflikte in der Tierwelt und beim Menschen*!), damit eine reale Lösung überhaupt realisierbar ist. Und genau da setzt die Klassische Homöopathie an, energetisch, versteht sich.

Das soll vorerst genügen, um die im folgenden skizzierten Fallbeispiele aus

[1] hormonelles Patt: annähernder Ausgleich des Sexualhormonspiegels zwischen männlichen und weiblichen Sexualhormonen.

meiner homöopathischen Praxis besser nachvollziehen bzw. verstehen zu können, insbesondere deren Kausalität.

Eine Frau von 33 Jahren ist, gemäß schulmedizinischer Diagnose, manisch depressiv[1]. Seit etwa vier Jahren nimmt sie nun drei verschiedene Psychopharmaka ein und dazu auch noch zwei blutdrucksenkende Medikamente. In dieser Zeit habe sie dermaßen zugenommen, daß sie jetzt 108 kg wiege. Früher war sie sehr schlank und athletisch, hatte ein Gewicht von 68 kg bei einer Körpergröße von 1,78 m und war eine überaus erfolgreiche Hochleistungssportlerin im Skifahren (im deutschen Kader). Doch nun sei mit Sport „schon lange nichts mehr drin" bei „ein bis zweimal im Jahr Depressionen, teilweise mit paranoiden Zügen und vielen Ängsten".

Begonnen habe alles in der Zeit als aktive Hochleistungssportlerin, so ca. ab dem 16. oder 17. Lebensjahr. Da habe sie mit einem Mal einen „starken Leistungsabfall erlebt", mit starkem Schwindel und Schwächesymptomen, „zwei bis drei Jahre lang". Später dann alle vier bis fünf Wochen grippale Infekte, ein jedes Mal mit Antibiotika behandelt; bis schließlich die Mandeln im Alter von 18 Jahren herausgenommen wurden. „Allein vor dem Abitur hatte ich 60 Fehltage in der Schule! Aber mit 14 oder 15 Jahren gab es schon regelmäßig Nebenhöhlenentzündungen, immer ein bis zwei Monate lang, auch stets antibiotisch niedergehalten." Außerdem hatte die Frau schon zu Schulzeiten häufiger Migräne, ganz besonders bei Streß. Diese trat bereits in der dritten Klasse auf, mit heftigen Schmerzen über dem linken Auge, zusammen mit Sehstörungen. „Ich konnte dann nicht mehr richtig fokussieren", erinnerte sie sich. – Natürlich wurden auch hier wieder regelmäßig Schmerzmittel eingenommen. Dann mit 9 und 14 Jahren jeweils eine Tetanusimpfung „wegen eines Skiunfalls" und mit 14 die „normale Impfung gegen Röteln". Mit 20 und 26 Jahren nochmals Impfungen gegen Tetanus infolge von Sportverletzungen.[2]

---

[1] manisch-depressive Leiden: „Man nennt solche Leiden endogen – im Inneren entstehend. Aber das heißt doch nur, daß bislang keiner weiß, wo sie wirklich herkommen." Liv Bode, Entdeckerin der Borna-Viren im Blut von manisch-depressiven Menschen. – „Die Ursachen von manisch-depressiven Krankheiten sind noch gänzlich unbekannt." Joel Gelernter, Psychiater der renommierten Yale-Universität.

[2] Ähnliches bestätigten auch andere Leistungssportler während ihrer chronischen Anamnese, insbesondere eine hochkarätige alpine Skirennfahrerin aus Österreich, die in ihrer aktiven Zeit etliche Male um den Weltcup gefahren ist und auch einzelne Rennen für sich verbuchen konnte. Somit scheint es bei den Weltklassesportlern – speziell in der Skisparte – analog der Berufsgruppe der Flugbegleiter zu sein, daß sich immer wieder ähnliche gesundheitliche Probleme einstellen, welche letztendlich auf Impfungen zurückzuführen sind. Zum einen aufgrund von Verletzungen (Tetanusimpfung) und zum anderen bedingt durch die vielen Trainingsaufenthalte im schneereichen Ausland, speziell während des europäischen Sommers in Südamerika: „Wir erhielten damals immer wieder diverse Impfungen, fast alle Jahre erneut, gegen Hepatitis B und einiges mehr", so die ehemalige Weltcupskifahrerin. Die Topathleten werden also erst einmal ordentlich geschwächt und chronisch krank gemacht – im Sinne der chronischen Miasmen der Homöopathie –, ehe sie dann

Für den Homöopathen interessant und aufschlußreich war auch die Aussage der Frau bezüglich ihrer ersten *Pockenimpfung*, seinerzeit in ihrer Kindheit. Diese schien *nicht angegangen* zu sein, und es gab bis heute keinerlei auffindbare Narbenbildung. Für den Homöotherapeuten ein untrügliches Zeichen, daß man eigentlich nie wieder hätte geimpft werden dürfen – ganz gleich, gegen was – wegen der außerordentlich großen Gefahr von ausgeprägten Folgeschäden bis hin zu Behinderungen. Denn gerade eine nichtangegangene Impfung – wenn keinerlei lokale Erscheinungen auftreten, mit denen sich der Organismus mehr oder weniger von den eingebrachten Toxinen befreit – greift tief in die Konstitution des einzelnen ein; das „Angehen" wird zu einem chronischen Prozeß, der sog. chronischen Vaccinose, und verschärft die vorhandene miasmatische Belastung exorbitant bzw. setzt noch eine zusätzliche obendrauf.

„Seit meinem sportlichen Leistungsabfall trug ich öfter ‚schwarze Klamotten'[1]; schon da begann es mit meinen Depressionen", gab die Frau zu Protokoll. Die erste handfeste Psychose trat dann im Alter von 28 Jahren auf, „mit visuellen und auditiven Halluzinationen, Angstzuständen, Schlaflosigkeit und extremer Appetitlosigkeit". In der Folge war sie vier Monate lang stationär in einer Klinik, anfangs in einer geschlossenen Abteilung, und wurde auf die oben erwähnten Medikamente eingestellt. „Zunehmende Depressionen hatte ich aber schon jahrelang vorher, auch während des Studiums. Meine Eltern haben davon nichts mitbekommen, weil ich nicht mehr zu Hause gewohnt

---

Höchstleistungen vollbringen sollen! – Ähnlich ergeht es übrigens auch unseren geliebten Reitpferden beim Turniersport (Trabrennen, Galopprennen, Dressur), denn ohne den ausgefüllten Impfpaß darf ein Pferd überhaupt nicht starten! – Die Nachfolgetherapie besteht dann in der Regel aus Antibiotika oder sonstigen immunsuppressiven Maßnahmen, was einer weiteren Schwächung des Immunsystems und Chronifizierung Vorschub leistet. So treten mit der Zeit vermehrt Leistungsabfälle, Schwächezustände sowie chronische organische und/oder psychische Störungen auf und vieles mehr. Dadurch bedingt auch Stürze mit Knochenbrüchen, Gelenkkapsel-, Bänder- und Symphysenrissen (Riß der knorpeligen Knochenverbindung beider Schambeine) sowie sonstigen Verletzungen, was nicht selten den nächsten „Tetanusschuß" nach sich zieht. Ein Teufelskreis, dem ohne Kenntnis der Zusammenhänge schwer zu entrinnen ist!

[1] Ein kurzes Statement zu „schwarzen Klamotten": Diese haben nicht immer ausschließlich einen modischen Aspekt. Häufig ist schwarze Kleidung das nach außen sichtbare Zeichen depressiver Verstimmungen im Inneren. Ich habe nicht nur einmal ein junges Mädchen in homöopathischer Behandlung gehabt, welches partout nur schwarz trug und teilweise so schwer depressiv war, daß es sich sogar mehrfach die Pulsader (allerdings recht halbherzig) aufgeschnitten hat, ohne daß seine Eltern dies groß mitbekommen hätten. Kurz vor seiner Matura (Abitur) hat es dann die Schule „hingeschmissen", weil es mit sich und der Welt nicht mehr zurecht gekommen sei. Durch eine chronische antimiasmatische Behandlung jedoch fand dieses Mädchen später wieder zu neuer Lebensfreude, trug mit einem Mal farbenfrohe Kleider (wie innen, so außen!), zeigte Interesse für dieses und jenes und hatte Pläne für seine Zukunft! Es wollte nun nicht nur seinen Schulabschluß nachholen, sondern später auch studieren … etc. pp. – Sehr zur Freude seiner Eltern und ohne, daß diese es in irgendeine Richtung gedrängt hätten.

habe." Ungefähr achtzehn Monate vor der Psychose gab es schon einmal „heftige Panikzustände mit Selbstmordgedanken, Einschlafprobleme, Versagensängste und einiges mehr". Damals steckte sie gerade in einer „sehr stressigen Prüfungsphase" ihres Studiums. „Nach der schriftlichen Prüfung ging es dann wieder relativ gut."

Fünf Monate vor der Psychose hatte die Frau allerdings noch einen hochfieberhaften Infekt mit einem Nierenabszeß links, welcher eine fiebersenkende Therapie erforderlich machte. „Da ging gerade eine Grippewelle um", so die hoffnungslose Frau. Zwei Wochen danach kam es zu beständigen Nierenschmerzen, so daß man sie schließlich zur Entfernung besagter Niere überredete.

Während der Anamnese stellte sich indes noch heraus, daß die Frau „so ab dem Alter von 20" immer wieder Abszesse hatte, an den Oberschenkeln und am Rücken, die „allesamt geschnitten und antibiobitisch behandelt wurden". Und unmittelbar einen Monat vor besagtem Nierenabszeß hatte sie sich zwei große Abszesse am Rücken wegmachen lassen!!

Deutlicher geht es nun wirklich nicht mehr! *Unterdrückung par excellence!* Die Selbstreinigungsversuche des Organismus, um die schweren Belastungen durch die *Impfungen* und *vielen Antibiotika*, unter welchen ja der damalige Leistungsabfall begonnen hatte, auf natürlichem Wege abzubauen, wurden schon von jeher, zu Beginn des ganzen sich aufschaukelnden Prozesses, unterminiert, immer und immer wieder. Und schließlich mit „bleibendem Erfolg", so daß sich alles aufs Innere schlug, auf innere Organe und zu guter Letzt auch auf die Psyche. Das zeigt sich ebenfalls daran, daß die gute Frau kurz nach ihrer Psychose schon wieder ins Krankenhaus eingeliefert werden mußte, weil es „zu einer Stieldrehung ihres Eierstockes, der Tube, kam", wie sie sich ausdrückte. Sie habe sehr starke Schmerzen gehabt und sei an einer Operation nicht mehr vorbeigekommen.

Seit ihrer Psychose sei sie aber „nie wieder krank gewesen", berichtete sie voller Stolz. Krank im herkömmlichen Sinne, versteht sich. Doch von Gesundheit konnte hier leider keine Rede sein! Phänomene solchen Zusammenhangs zeigen dem Homöotherapeuten eher *Reaktionslosigkeit des Organismus* an, nicht Gesundheit. Reaktionslosigkeit in der Hinsicht, daß der Organismus es nicht mehr schafft, in eine vagotone Heilungsphase einzuschwenken. Da sollte vielmehr die grundlegende Frage erlaubt sein, was denn nun wirklich krankhaft ist: die schweren psychischen Symptome incl. der Psychose, den Depressionen und Angstzuständen oder ab und zu mal ein Infekt als kleine akute Heilungskrise in einer vagotonen Phase bei sonst guter Lebensqualität.

Im Hinblick auf unsere einleitenden Worte hinsichtlich eines hormenellen Patts sei zum Schluß dieses Fallbeispiels noch erwähnt, daß die Menses dieser Frau schon „immer unregelmäßig" waren, „manchmal alle zwei bis drei Monate nur, bis zum Alter von Mitte 20". Und Fluor vaginalis (Ausfluß) habe es früher auch immer wieder gegeben, „so komisch riechend".

Das soll genügen, um ein Gefühl dafür zu bekommen, wie es zu den rezidivierenden endogenen Depressionen kommen konnte. *Also – so ganz endogen scheinen derartige Depressionen nun doch nicht zu sein, wenn man die Impfungen und die immunsuppressiven Therapien samt Operationen mitberücksichtigen würde!*

Ein anderer Fall betrifft eine 39-jährige Mutter von sieben Kindern. Sie leidet an „gnadenlos tiefen Depressionen" mit täglichen Selbstmordgedanken, „ganz massiv seit fünf Jahren". Nach dem letzten Abstillen vor sechs Wochen sei alles noch massiver geworden. Mit Antidepressiva gehe es auch nicht besser, im Gegenteil, sie verschlimmerten alles noch viel mehr. Die Frau sei „nur noch schlaflos, appetitlos, habe Panikattacken und ständig Selbstmordgedanken". Nur ihre Kinder hielten sie davon ab, es nicht zu tun. „Sie sind ein Segen für mich." Die arme Frau empfinde gar nichts mehr – keine Freude, keine Gefühle, „rein gar nichts". „Ich kann überhaupt nichts fühlen, bin wie tot und doch lebendig. Ich lebe nur tageweise. Das ist so kein Leben!"

Die Mutter hatte schon das ganze Repertoire der Neurologie hinter sich gebracht: diverse Schlafmittel und Psychopharmaka, häufig auch in Kombination. „Anfangs half mal ein Mittel für etwa zwei Wochen, doch dann waren die Depressionen noch schlimmer als vorher. Von einem Mittel wurde ich sogar abhängig; das haben wir dann sofort wieder abgesetzt. Später hat nie mehr wirklich etwas gegriffen." Zur Zeit nehme sie noch 25 mg Saroten, doch helfen tue dies auch nicht. Des weiteren habe sie viel mit Ernährung versucht. „So konnte ich wenigsten einigermaßen leben."

Früher beschrieb sich die Frau als „aufgeschwemmt, mit viel Wasser im ganzen Körper". – Heute wiege sie jedoch nur noch knappe 50 kg! – Dies habe sich in der ersten Schwangerschaft verstärkt, zusammen mit Angstzuständen und Hyperventilationstetanien[1]. Die Angstzustände beschrieb sie als Panikattacken, besonders nach dem Einschlafen. Da erwache sie wieder und könne nicht mehr einschlafen. Teilweise schlafe sie nachts mit einem Brotmesser unter dem Kopfkissen, wenn ihr Mann geschäftlich fort sei![2] In den ersten drei Schwangerschaftsmonaten gesellte sich dann regelmäßig auch ihre alte Migräne dazu, welche sie seit etwa dem elften Lebensjahr (!) begleitete. „Mit jeder Schwangerschaft wurde dies immer schlimmer." Des weiteren gab es morgens zeitweise eine „Schlaflähmung", wie dies die Frau nannte: „Ich will erwachen, und es geht nicht. Ich kann mich dann nicht rühren und bekomme innerlich Panik." Abends nach dem Einschlafen komme es nicht selten zu „Reißen", zum Auffahren ihres ganzen Körpers, wie von einem elektrischen

---

[1] Hyperventilationstetanie: tetanische Krämpfe durch übermäßige Abatmung von CO_2.

[2] Derartige Ängste kommen öfter vor, als man denkt, sowohl im Kindesalter als auch bei Erwachsenen. So kenne ich Kinder, die sich beim Schlafenlegen regelmäßig ein Plastikschwert in Reichweite ihres Bettchens legten. Das hört sich vielleicht lustig an, ist jedoch sehr ernst zu nehmen! Oder – ein erwachsener Patient berichtete, er habe als Kind überall im Haus Messer deponiert, damit er, wenn er abends bzw. nachts allein im Haus war, etwaige Räuber oder Einbrecher hätte überwältigen können.

Schlag. „Beides trat schon als Kind im Alter von ungefähr sechs Jahren auf, speziell nach Impfungen und ‚Grippen', die antibiotisch behandelt wurden", beteuerte die bedauernswerte Frau.

Nach der *Pockenimpfung* im Kindesalter sei sie „schwerst krank geworden". Diese sei *nicht angegangen*; dasselbe bei ihrer Schwester. Sie habe lange Zeit extrem hoch gefiebert, habe schrill geschrien und war nicht zu beruhigen. – Sicherlich eine Hirnreizung bzw. ein Hinweis auf eine *Encephalopathie*, wie wir schon mehrfach besprochen haben. – Ihre Mutter hatte sich dann mit Erfolg geweigert, ihr eine Wiederholungsimpfung geben zu lassen. Weitere *Impfungen, „im übrigen sehr viele"*, bestanden in Impfungen gegen Polio, Diphtherie und Tetanus zusammen, Scharlach und FSME. Darüber hinaus gab es häufige Tetanuswiederholungsimpfungen, „wegen meines Reitens", das letzte Mal vor sechs (!) Jahren. Und die letzte „Zeckenimpfung" lag nur 5½ (!) Jahre zurück. – Erinnern Sie sich? Die „gnadenlos tiefen Depressionen" mit den täglichen Selbstmordgedanken begannen in dieser Heftigkeit vor fünf Jahren! – „Die Impfstelle nach dieser Impfung hat ein ganzes Jahr lang geeitert. Seitdem habe ich mich nicht mehr gefangen. Seitdem habe ich mich nicht mehr freuen können!" Das konnte mir die gute Frau mit absoluter Bestimmtheit sagen.

Ihre Schwangerschaften waren allesamt nicht ganz einfach. Alle sieben Kinder wurden drei Wochen nach dem errechneten Termin geboren. In ihrer dritten Schwangerschaft kam es zu einer Gestose[1] mit Eiweiß im Urin, Kopfschmerzen, Übelkeit, Neigung zu Krämpfen, Bluthochdruck und Ödemen; eine sog. Eklampsie. Während der fünften Schwangerschaft, vor etwa neun Jahren, gab es schon Depressionen der leichten Form, wobei ihr Sepia C30 des öfteren half, „da raus zu kommen". Doch heute funktioniere dies allerdings nicht mehr. Alle sieben Schwangerschaften waren geprägt durch „massive Übelkeit, Wassereinlagerungen, drei Monate lang panische Ängste und Schlaflosigkeit, wobei die Frau immer wieder zu Saroten Zuflucht genommen hat, Freudlosigkeit, Heißhunger auf Süßes, Fluor vaginalis mit Juckreiz und vorzeitigen Wehen. Teilweise kamen auch eine Venenthrombose, Steißlagen, extreme Wehenschwäche unter der Geburt und schwere grippale Infekte vor, mit asthmatischen Beschwerden und einer beidseitigen Lungenentzündung. Einmal, während der zweiten Schwangerschaft, war sogar „die ganze Scheide voller Condylome[2], wohl wegen der vielen Pilzbehandlungen". „Das ging ewig, bis zum vierten (!) Kind. Alles war blutig und offen und hatte einen extrem fischigen Geruch. In dieser Zeit ging es mir aber psychisch besser! Sobald alles weitgehend weg war, wurde die Psyche jedoch wieder schlim-

---

[1] Gestose: Schwangerschaftstoxikose. Oberbegriff für die schwangerschaftsspezifischen Krankheiten als Ausdruck einer Stoffwechselentgleisung unter der Belastung der Gravidität. Bei sog. Spätgestosen meist jenseits der 30. Schwangerschaftswoche auftretend, wie beispielsweise Präeklampsie, Eklampsie, EPH-Gestose, HELLP-Syndrom.

[2] Gemeint sind hier die Condylomata acuminata, die Feig- oder Feuchtwarzen.

mer!!" – Da sieht man wieder einmal, *daß sich der Körper mittels Lokalübel, wie Hahnemann dies nennt, von dem chronischen Miasma beschwichtigt und daß man dieses Lokalübel auf keinen Fall vorschnell, mittels lokaler Maßnahmen, zum Verschwinden bringen darf, ohne die gesamte chronische Krankheit geheilt zu haben!* – Im Gefolge aller sieben Schwangerschaften gab es dann jeweils eine ausgeprägte Wochenbettdepression. „Der Wochenfluß ist nie richtig geflossen. Ich habe viele Medikamente erhalten."

Wie man sieht, eine *hochgradig sykotische Disposition* verbacken mit einem *stark tuberkulinischen Anteil.* Zum besseren Verständnis sollen noch ein paar weitere herausragende miasmatische Symptome an dieser Stelle genannt werden, als da sind: Stirn- und Nebenhöhlenentzündungen; als Kind häufige Blasenentzündungen; eine Ausschabung nach dem dritten Kind, „weil die Mensesblutung nicht mehr aufhören wollte"; schwere Migräne mit Erbrechen, Sehstörungen, immer drei Tage lang, um die Eisprungzeit und Menstruation; Milchunverträglichkeit; „von Kartoffeln bekomme ich Gelenkschmerzen, von Getreide Hitzewallungen, bei Fettem habe ich das Gefühl, ich muß ersticken, und bei Vitamin B, synthetischen Vitaminen und Hefe bekomme ich Atemnot"; Verlangen nach Salzigem und Fleisch, einst auch nach Saurem, was aber nicht mehr vertragen wird; früher häufige Blinddarmreizungen und Mittelohrentzündungen; im Alter von 16 Jahren Trichomonaden und Pilzinfektionen; ein ganz ausgeprägtes PMS (prämenstruelles Syndrom); Unverträglichkeit der Pille; häufig langjährige Hautallergien mit Quaddelbildung als Jugendliche, welche im Alter von 18 Jahren mittels Fenistil, einem Antiallergikum, endgültig unterdrückt wurden („Später gingen die Depressionen massiver los! Vorher gab es das nicht in diesem Ausmaß!"); Schlafstörungen seit der Kindheit; Ohrringunverträglichkeit, „bei allem anderen als 585er Gold kommt es zu Eiterungen in den Ohrringlöchern"; häufig eitrige Bindehautentzündungen und Entzündungen der Regenbogenhaut des Auges (Iritis) bis zum Alter von ca. 28 Jahren; Herpes; als Kind Gelenkrheuma in den Knien und Handgelenken; viele Warzen früher; Angst vor Krankheiten, schon als Kind, insbesondere vor Krebs; und einiges mehr.

Von Gesundheit kann also auch in diesem Fall keine Rede sein. *Die beständigen Depressionen bilden nur den Gipfel des Ganzen in Form von psychischen miasmatischen Symptomen.* Und miasmatische Symptome an sich gibt es mehr als genug. Von allen Miasmen! Und wieder zeichnen *diverse Unterdrückungen* und *Impfungen* verantwortlich für die gesamte Miasmatik dieser Frau, sicherlich auf einer *hereditären Prädisposition*, die wir aber nicht weiter zu vertiefen brauchen, da der Fall im Ganzen recht klar ist. Aber nicht nur das: jene sind auch die wahre Causa für ihre akuten Dauerdepressionen samt beständiger Suizidneigung.

Endogene Depression – der Begriff wird zu überdenken sein, auch dahingehend, *ob es endogene Depressionen, also Depressionen ohne wirklichen Anlaß, überhaupt gibt.*

Der nächste Fall handelt von der 18-jährigen Schülerin Nadine, welche seit einer Hepatitis A und B-Impfung manisch-depressiv erkrankt ist, mit dem phasenhaften Wechsel zwischen ausgeprägt manischen und depressiven Zuständen. Vor zwei Jahren sei sie wegen einer USA-Reise von der Schule aus auf die allgemeine Empfehlung hin gegen Hepatitis A und B sowie gegen Tetanus und Diphtherie geimpft worden. „Nach der Reise war sie dann total verändert", wie die Eltern ihre Tochter charakterisierten, welche bei der Anamnese auch zugegen waren. „Ich bin regelrecht in ein Loch gefallen", wie es Nadine selbst ausdrückte. „Alle meine Noten haben sich rapide verschlechtert; ich habe im Unterricht nichts mehr gesagt."

Später habe sie sich eine Zeitlang des öfteren mit ihren Lehrern und Mitschülern angelegt, weshalb sie vielfach Probleme bekommen habe. Deshalb habe sie vor einem Jahr dann „ein wenig unfreiwillig" die Schule gewechselt. „Da war sie anfangs Feuer und Flamme; doch mit einem Mal ging es von vorne los", so ihre verzweifelten Eltern. „Nadine war total am Boden zerstört, wollte nicht mehr in die Schule gehen". Es sei ihr alles über den Kopf gewachsen. „Wir wußten nicht, was wir machen sollten." – Im Verlaufe der Anamnese stellte sich schließlich heraus, daß das Mädchen unmittelbar vorher – es handelte sich nur um ein paar Wochen – eine Auffrischungsimpfung erhalten hatte, eine Impfung gegen Hepatitis A und B!

Jetzt, ein Jahr danach, war sie in der letzten Klasse und sollte in absehbarer ihr Abitur machen. Während des letzten halben Jahres hatte sie mittlerweile bis zu 15 kg an Gewicht zugenommen. Sie esse viel Fleisch, was ungewöhnlich für sie sei, denn sie war seit langem überzeugte Vegetarierin und hatte sich immer biologisch bewußt ernährt. „Nadine ist neuerdings auch viel unterwegs." Sie esse viel „Junk-food wie ‚Pommes', Chips, Alete-Fertigbrei" und trinke Cola. Außerdem rauche sie, was sie früher regelrecht verabscheut habe. Derzeit kratze sie sich ihre ganze Haut auf, bis sie blutig sei. Außerdem habe sie ihre ganzen Ersparnisse aufgebraucht und kaufe vieles ein, was sie gar nicht benötige. „Sie ist in einem regelrechten Kaufrausch." Zur Zeit gehe Nadine „auf Kreditkarte einkaufen". Dabei buche sie auch Reisen ins ferne Ausland, die sie gar nicht bezahlen könne. Die Rechnung ginge immer per Post nach Hause. Ihre Eltern fielen dann aus allen Wolken, würden alles wieder stornieren und sie zur Rede stellen, doch alles umsonst. – Bei dieser Thematik entbrannte ein wortstarker Streit zwischen Eltern und Tochter während der Anamnese hier in der Praxis. Beide „Parteien" machten sich gegeneinander heftige Vorwürfe. – Nadine habe keinerlei Maß und Ziel mehr; sie sei sehr aufgedreht, aufgebracht und schnell aggressiv, dann auch wieder verschlossen, was früher nie vorgekommen sei. „Ich bin ziemlich extrovertiert", gab das Mädchen freimütig zu. „Aber über meine Person rede ich wenig." Ansonsten wurde sie seit jeher als sehr sensibel und schnell verletzbar beschrieben. „Derzeit ist sie nicht mehr so offen wie früher", sagte der Vater.

Während einer anderen manischen Phase habe Nadine vieles „aus ihren Schubladen und Schränken aussortiert" und aus dem Fenster geworfen oder in der Toilette hinuntergespült, auch feste Accessoires wie Ketten und Ohrringe sowie BHs. Ein anderes Mal sei sie ständig von zu Hause „ausgebüchst", mit ein paar Taschen voll, habe sich nächtelang ohne feste Bleibe in einer entfernten Großstadt herumgetrieben, ohne zu schlafen, sei mehrfach von der Polizei aufgegriffen und in Verwahrsam gebracht, später dann wieder nach Hause geschickt worden.

„Zu Hause klappt es hinten und vorne nicht mehr. Meine Eltern kommen nicht klar mit sich. Sie lassen dann ihre Wut an mir aus. Ich will jetzt ausziehen." So jedenfalls stellte es Nadine während unseres Anamnesegespräches dar. Vor ein paar Wochen habe sie auch mit ihrem Freund Schluß gemacht, der habe sie „zu sehr genervt". In der naßkalten Jahreszeit, im Herbst und Winter, seien ihre Depressionen verstärkt. Da seien auch ihre Menses für ein paar Monate ausgeblieben; seit besagten Impfungen ein jedes Mal, die letzten beiden Jahre. „Zur Zeit träume ich viel von Schlangen, habe Angst und Panik, träume vom Krieg, daß allen etwas passiert". Auch hellsichtige Träume seien dabei. Laut ihren Eltern sei sie des Nachts sehr unruhig, stehe immer wieder auf und laufe viel umher. In den letzten Wochen leide Nadine „unter heftigen Magen- und Bauchkrämpfen, wie bei meinen ‚Tagen'". Mit jenen habe es im übrigen schon immer deutliche Beschwerden gegeben.

Soweit die Subakutanamnese von Nadine. Auf weitere Details der kompletten Lebensanamnese kann hier wiederum nicht eingegangen weden. Jedenfalls ist das Mädchen früher, vor der USA-Reise, immer eine gute Schülerin gewesen, war sehr beliebt und fühlte sich in seiner Familie sehr wohl. Auch seine Eltern hatten viel Freude an ihm. Doch nach den *Impfungen* sollte sich diese Kleinidylle jäh ändern! Anfangs hatte man noch keinen Zusammenhang zu den Impfungen gesehen; da schob man Nadines verändertes Verhalten eher auf die vielen Eindrücke und Erlebnisse der Auslandsreise. Doch bei dem *zweiten Durchgang*, eineinviertel Jahre später, welcher um ein Vielfaches heftiger ausfiel als der erste, dämmerte es den Eltern um den eigentlichen kausalen Zusammenhang. Sie hatten sich nämlich mittlerweile aktiv mit der Impfthematik auseinandergesetzt. Deshalb wollten sie nun mittles chronischer Homöopathie einen Rückspulungsprozeß in Gang setzen, um die erworbenen Impfbelastungen sowie die weitere miasmatische Prädisposition dauerhaft zu eliminieren.

Zum Abschluß dieses Kapitels noch ein etwas ausführlicheres Beispiel von Depressionen, welches einigermaßen kurz aber doch so übersichtlich und klar ist, daß es hier in voller Länge wiedergegeben werden kann. Es handelt sich um eine noch stillende 33-jährige Mutter von drei Kindern mit Namen Merrz, die seit etwa Mitte ihrer letzten Schwangerschaft unter anhaltenden schwersten Depressionen mit täglichen Suizidgedanken leidet. Sie kam Anfang Dezember 2004 zur homöopathischen Anamnese.

„Begonnen hat es Anfang 2004 mit Schlafstörungen und Unruhe. Ich konnte weder einschlafen noch durchschlafen, habe mich ständig hin und her gewälzt. Mein Baby im Bauch war auch extrem aktiv. Die letzten zwei Monate habe ich nur ganze zwei bis drei Stunden geschlafen!" Ab der 27. Schwangerschaftswoche gab es dann vorzeitige Wehen, welche mit Partusisten, einem der gängigsten wehenhemmenden Mittel, per Tropf niedergehalten wurden. „In der 18. SSW war das schon einmal so; da hat mir noch absolute Bettruhe gut getan." Frau Merrz berichtete auch von einem ständigen Kloßgefühl im Hals, ihr Rachen sei „total verschleimt". Sie empfinde einen Druck auf die Speiseröhre, „als ob da was ist". Dabei habe sie Angstgefühle, daß alles zuschwillt, und Übelkeit mit Brechreiz.

Während ihrer gesamten Schwangerschaft hatte sie „großen Streß" mit ihrem Arbeitgeber. Sie war „wegen der Schwangerschaft" entlassen worden, mußte aber schließlich wieder eingestellt werden; Frau Merrz hatte vor Gericht in erster Instanz gewonnen. Mit ihren Eltern habe sie sich vor fünf Jahren überworfen. Ein Jahr zuvor wurde ihre Scheidung vollzogen. „Meine Eltern mochten meinen neuen Partner und jetzigen Ehemann nicht. Sie wohnen nebenan und haben noch nie richtig unsere Kinder gesehen!"

In ihrer zweiten Schwangerschaft sei das auch schon so gewesen; „damals waren meine Depressionen allerdings viel leichter; das war im August 2000". Als die Frau dann wieder arbeiten gegangen sei, „ging es wieder". „Jetzt habe ich jeden Tag Angst, ich nehme mir das Leben." Dieses Gefühl bestehe seit der letzten Entbindung ganz stark. Frau Merrz war schon bei vielen Ärzten und Behandlern, „es ist nie etwas gefunden worden". „Anfang August 2004 habe ich mich dann selber in die Psychiatrie eingewiesen. Erst dort wurde die Diagnose ‚Depression' gestellt, und Tavor[1] war nach Bedarf einzunehmen. Tavor dämpft die Angst, aber der Kloß bleibt." Bis heute nehme Frau Merrz keinerlei sonstige Medikamente; das Tavor sei nur für den Notfall.

Vor drei Wochen habe sie mit dem homöopathischen antisyphilitischen Mittel Aurum metallicum C30 begonnen, 3 Globuli jeden zweiten Tag. „Aurum beruhigt mich ein wenig. Seither habe ich keine Selbstmordgedanken mehr." Trotzdem habe sie Angst vor dem nächsten Tag. Sie bekomme dann Magenschmerzen, es gehe hoch bis in die Speiseröhre, „wie Sodbrennen ohne Brennen". Der Kloß sei auch relativ gleichbleibend, etwas linksseitig. Des weiteren bestanden noch eine große Unruhe und „schlimmste Ängste, daß ich nicht mehr gesund werde". „Ich steigere mich da richtig rein." Die Schlafstörungen seien jetzt besser, allerdings schon vor der Aurum-Einnahme. Des Nachts schrecke Frau Merrz öfter hoch. Sie habe unangenehme Träume, „teilweise von meinen Eltern, teilweise von der Arbeit".

In der Schwangerschaft gab es, wie gesagt, vorzeitige Wehen. Der Muttermund habe sich bereits in der 36. Schwangerschaftswoche geöffnet; fünf Tage danach sei ihr Kind schon gekommen. Die ersten paar Monate ihrer Gravidität waren gekennzeichnet von „viel Übelkeit mit wenig Erbrechen". Des weiteren, zu fortgeschrittenerer Zeit, Eisenmangel, nächtliche Wadenkrämpfe und gegen Ende Wassereinlagerungen in den Waden und im Knö-

[1] Tavor: ein Psychopharmakon für die symptomatische Kurzzeitbehandlung von Angst-, Spannungs- und Erregungszuständen und dadurch bedingten Schlafstörungen.

chelbereich, „wie in den anderen Schwangerschaften auch“. Zeitweilig auch eine Pilzinfektion mit Juckreiz und Ausfluß, weißlich, dickflüssig, fischelig riechend. „Das gibt es auch sonst öfter mal. Einmal wurde Candida albicans diagnostiziert.“ Das Wochenbett war durch starkes Schwitzen zwischen den Brüsten und am Hinterkopf gekennzeichnet, „acht Wochen lang sehr intensiv, dann schleichend nachlassend“. Ihre Menses seien pünktlich, „alle 27 Tage“, vier Tage lang. Am ersten Tag mit heftigen Krämpfen. Vor ihren Menses klagte Frau Merrz stets über einen Blähbauch und verspürte stärkeres Brustspannen. Sie merkte auch ihren Eisprung mit einem Ziehen oder Stechen, „mal links, mal rechts“. Ihr linker Eileiter sei, laut ihrem Gynäkologen, etwas verwachsen. „Ich spüre ihn mal beim Stuhlgang.“ Früher gab es einmal Zysten in den Eierstöcken, links sowie rechts, die auch „mal unter Laparoskopie[1] abgesaugt wurden“. „Seit meiner Jugend sind die Lymphknoten meiner Leisten zu tasten. Bei Infekten werden sie bohnengroß. Allerdings bin ich auch schlank und wiege nur 45 kg.“ Seit ihren Depressionen sei ihre Libido gleich Null.

Vor zwei Wochen habe Frau Merrz eine Keuchhustenimpfung erhalten und eine Impfung gegen Tetanus in Kombination mit Diphtherie und Polio im August 2002. Die anderen Impfungen lagen schon weiter zurück (1987, 1979, 1978, 1977, 1973, 1972, 1971) und beliefen sich auf zusammengenommen 30 Stück!

Im Alter von 7 bis 14 Jahren hatte die Frau – im übrigen Jahrgang 1971 (vergleiche hierzu auch die Impfdaten!) – eine Schuppenflechte. „Auch jetzt noch habe sie manchmal eine kleine Stelle am Kopf, alle halbe Jahr mal.“ Mit 12 Jahren kam der Blinddarm heraus, „wegen ständiger Bauchschmerzen in der Schule“. Einmal war sie deswegen sogar ohnmächtig geworden. „Selbst in meiner ersten Schwangerschaft bin ich noch drei bis viermal umgekippt!“ Schwindel, wenn sie aus der Hocke hochkomme oder bei zu schnellem Aufstehen, gebe es heute noch.

Seit acht Wochen habe Frau Merrz „Herzrasen mir Schnurren“ und verspüre dabei eine Brustkorbenge. „Immer morgens, ca. eine halbe Stunde lang; seit dem Aurum aber etwas besser werdend.“ Insgesamt empfinde sie Freudlosigkeit, Traurigkeit, fehlenden Lebensmut und Optimismus. Sie habe kalte Hände und Füße und friere recht schnell. Frische Luft brauche sie schon immer, allerdings sei sie empfindlich gegen Zugluft; da bekomme die Frau Verspannungen in Nacken und Schultern oder auch Ohrenschmerzen. Seit dem Kloß sei sie am Hals sehr berührungsempfindlich. „Selbst ein Schal ist unerträglich.“ Ansonsten imponiere eine gewisse Schreckhaftigkeit und Wehleidigkeit gegenüber Schmerzen.

Bei Vollmond schlafe sie schlechter. Ansonsten sei ihr Schlaf ruhig und erholsam. Ihre Füße strecke sie meist unter der Decke hervor; die Bauchlage

[1] Laparoskopie: Bauchspiegelung; Besichtigung der Bauchhöhle mit einem Endoskop.

sei ihr am liebsten. Als Kind habe sie beim Einschlafen mit dem Kopf gerollt, wie sie sich erinnern konnte. In dieser Zeit nahm sie wohl auch häufiger die sog. Knie-Ellenbogenlage ein. Am Meer fühlte sich die Frau immer wohl; früher habe dieses Klima auf ihre Schuppenflechte einen sehr positiven Einfluß gehabt.

Der Appetit von Frau Merrz sei normal, doch esse sie seit vier Wochen Fleisch und Wurst, was deswegen auffallend sei, weil sie seit 1992 überzeugte Vegetarierin sei. Vor der Erkrankung habe sie auch sehr gerne Süßes gegessen, was sie sich jetzt jedoch abgewöhnt habe, „wegen der Verschleimung".

Frau Merrz bekomme schwer Fieber. Als Kind habe sie bei Infekten öfter Antibiotika erhalten. Im Jahre 2001 gab es vereiterte Mandeln, „in meiner Stillzeit". Da habe sie sogar einmal ca. 39,5 °C Fieber gehabt.

Ansonsten gab es Haarausfall seit acht Wochen; blaue Schatten um die Augen, „eigentlich schon immer"; Herpes simplex; als Kind öfter Gerstenkörner; seit dem 21. Lebensjahr eine Pollenallergie, teilweise mit zugeklebten Augen in der Früh; eine Nickelallergie bei den Ohrringen, „nur echter Schmuck geht, sonst wird es dick, heiß, entzündet sich und beginnt zu eitern"; eine kalte Nasenspitze; Speichelfluß nachts; immer wieder Caries; restliche Amalgamfüllungen; Räusperneigung und zeitweise Atemnot seit dem Kloß im Hals; Hämorrhoiden seit der ersten Schwangerschaft; als Kind ein paar Mal Blasenentzündung; häufigen Harndrang; extrem großen Durst, bis zu drei Liter am Tag, auch ohne zu stillen; oft einen eingeklemmten Nerv am Rücken unter dem Schulterblatt; Wachstumsschmerzen als Kind; trockene Haut; Onychoschisis[1], „die Nägel lösen sich wie beim Blätterteig in Schichten ab"; rissige blutende Fersen aufgrund von übermäßiger Verhornung; Verschlimmerung der Krampfadern in den Schwangerschaften, so daß das Tragen von Kompressionsstrümpfen erforderlich wurde; eine Thrombophlebitis[2] im rechten Bein und die schnelle Bildung von blauen Flecken, welche später braun und grünlich wurden.

An Gemütssymptomen gab Frau Merrz leichte Erregbarkeit an, Angst vor Spinnen und Schlangen und einen gewissen Respekt vor Hunden. Außerdem hatte sie große Angst um Angehörige, daß diesen etwas passiert, Angst vor Unglück und vor der Zukunft. „Vor meinem inneren Auge sehe ich oft, daß mein Kind vom Wickeltisch fallen würde oder daß jemand meinen Kimdern etwas antut." Gegenüber ihrer Mutter empfinde die Frau mittlerweile Haß. Zu ihrem Bruder bestehe keinerlei Kontakt mehr; er habe sich auf die Seite ihrer Eltern geschlagen. Frau Merrz habe immer unter Leistungsdruck gestanden. „Wenn ich etwas geschafft habe, geht es mir relativ gut." Sie habe auch ein ausgeprägtes Mitgefühl. Auf schlechte Nachrichten reagiere sie „hysterisch".

---

[1] Onychoschisis: schichtweise Aufsplitterung der Nägel parallel zur Oberfläche.

[2] Thrombophlebitis: Entzündung der Venenwand, die mit einer Thrombose in diesem Bereich einhergeht.

Sie beschrieb sich als „außerordentlich empfindlich“, aber erst jetzt, „seit den Depressionen“. Sie zermartere sich zeitweise unter Selbstvorwürfen, „wegen der Scheidung, weil ich damit meinem Sohn den Vater genommen habe“. Ansonsten sei die Frau sei sehr ordentlich. Seit ihrem Arbeitsverlust sei ihr Selbstvertrauen weniger gut ausgeprägt.

Als Säugling habe Frau Merrz einen Nabelbruch, je einen Storchenbiß im Nacken und an der Stirne und einmal Mundsoor gehabt. Sie sei nicht gekrabbelt und erst mit 20 Monaten gelaufen. Ihre Kinder übrigens ebenso.

Familiär gab es mütterlicherseits chronische Mittelohrvereiterungen, eine Diphtherie, Fehlgeburten und eine Frühgeburt im siebten Schwangerschaftsmonat mit anschließender Meningitis (Hirnhautentzündung), Nickelallergie sogar bei hochkarätigen Goldohrringen und Wechseljahresbeschwerden, sowie väterlicherseits Schuppenflechte, Diabetes mellitus Typ II, chronische Lidrandentzündungen und Herzinfarkte zu nennen.

Interessant an diesem Fall – was ebenfalls die miasmatische Disposition dieser Frau deutlich unterstreicht – war auch die Tatsache, daß Frau Merrz' kleine Tochter Maya ein typischer sykotischer Säugling war, mit deutlichen Zeichen und Symptomen wie Säuglingsschnupfen mit beständigem Schniefen, mit monatelangen ausgeprägten Blähungskoliken, so daß man sie ständig herumtragen mußte, mit eitrigen Augenentzündungen und verklebten Tränennasengängen[1] von Geburt an, mit „viel Brüllen beim Stillen, sie krümmt sich, übersteckt sich und dockt von der Brust ab, weil sie schlecht Luft bekommt“, und einigem mehr. – Insofern sollte das chronische Mittel auch einigermaßen zu Mayas Beschwerden passen, denn diese würde die Information ja über die Muttermilch mitbekommen!

Arzneimittelwahl: Frau Merrz erhielt zunächst Medorrhinum LM18, 5 Tropfen in einem Glas Wasser, davon einen Teelöffel voll einzunehmen, alle drei Tage morgens, einschleichend beginnen.

Bereits nach zwei Gaben meldete sich die Frau schon wieder zurück. Sie weine sehr viel; ihre Traurigkeit und Ängste hätten insgesamt zugenommen. „Ich bin in ein tiefes Loch gefallen.“ Nach der ersten Gabe Medorrhinum war es jedoch leichter für einen Tag, gab sie an; aber nach der zweiten dann schlimmer als vorher. Auch der Kloß im Hals und der Schleim hätten sich verstärkt. Darüber hinaus habe sie ihre Eierstöcke gespürt, beidseitig. – Wir schwächten die Medorrhinum-Gaben ein wenig ab, indem Frau Merrz die Tropfen zunächst vorübergehend auf einen halben Liter Wasser ansetzen sollte. Für ihren akuten Zustand war Pulsatila LM6, 5 Tropfen auf einem Löffel voll Wasser, einzunehmen, wie immer – nach Bedarf.

Eine Woche später, kurz vor Weihnachten, ging es glücklicherweise schon etwas besser. „Alles in allem ist es leichter geworden.“ Ab und zu gab es noch flüchtige Unterleibsschmerzen in den Eierstöcken, die eingeklemmte Stelle

[1] Tränennasengang: Ductus nasolacrimalis, landläufig auch Tränenkanal genannt.

Repertorisation: Schwerste Depressionen seit der Schwangerschaft

ComRep V9.0

Nr.	Symptome
1	gemüt - angst - gewissensangst (als ob man ein verbrechen begangen hätte) (42)
2	gemüt - auffahren - schlaf - aus dem schlaf (82)
3	gemüt - empfindlich, überempfindlich (111)
4	gemüt - ruhelosigkeit, nervosität (249)
5	gemüt - ruhelosigkeit - nachts (169)
6	gemüt - schwermut, depression, traurigkeit (250)
7	gemüt - selbstmord, neigung zum (70)
8	gemüt - selbstmord - gedanken (15)
9	schlaf - unruhig (215)
10	allgemeines - ohnmachten, ohnmachtsgefühl / kollaps (195) [vkn]
11	allgemeines - reaktionsmangel (84)
12	allgemeines - sykotische konstitution (52)
13	modalitäten - impfung, nach (13)
14	brust - beklemmung (224)
15	brust - herzklopfen (204)
16	brust - herzklopfen - heftig, ungestüm (93)
17	extremit. - schwellung - unterschenkel (68)
18	extremit. - schwellung - knöchel (57)
19	innerer hals - empfindungen - klumpen, kloß, pflock, usw. globus hystericus (102)
20	genital/w - empfindungen - jucken - fluor, durch (29)
21	genital/w - menses - schmerzhaft (dysmenorrhoe) (127)
22	genital/w - ovarien - schwellung (30)
23	genital/w - ovarien - tumoren - cysten (16)
24	genital/w - schwangerschaft - abort - neigung zum abort (26)
25	genital/w - sexualtrieb, coitus, abneigung gegen (47)

Methode: Wertigkeit

				Symptome:									1	.	.	.	.	.	.	.	.	.	2	.	.	.	.	.
Nr.	Arzneimittel	Neg	Wert	1	2	3	4	5	6	7	8	9	0	1	2	3	4	5	6	7	8	9	0	1	2	3	4	5
1	Sulf	3	50	2	2	3	3	3	3	1	.	3	3	3	2	3	3	3	2	1	1	2	2	2	.	.	2	1
2	Sep	5	48	.	2	2	3	2	3	2	.	2	3	2	3	.	3	3	3	2	1	2	3	2	.	.	2	3
3	Ars	5	47	3	2	2	3	3	3	2	.	3	3	2	.	2	3	3	2	3	2	1	1	2	2	.	.	.
4	Puls	5	44	1	2	3	3	3	3	2	2	3	3	.	1	.	3	3	3	2	2	1	1	2	.	.	1	.
5	Calc	7	42	.	.	2	3	2	3	2	.	2	1	3	2	.	3	3	3	2	2	2	3	2	.	.	2	.
6	Lach	6	42	.	.	2	2	1	3	2	.	2	3	2	2	.	2	3	2	2	2	3	.	2	3	2	.	2
7	**Med**	4	40	2	2	2	2	2	1	1	.	1	2	3	3	3	1	2	.	2	3	1	1	2	2	.	.	2
8	Caust	7	38	2	3	2	2	3	3	1	.	2	3	1	2	.	2	2	.	2	.	2	2	2	.	.	.	2
9	Merc	5	38	2	2	2	3	3	3	2	2	1	1	2	1	.	2	3	.	2	1	1	2	2	.	1	.	.
10	Lyc	8	37	.	1	3	3	3	3	.	.	3	2	2	2	.	2	3	.	3	2	.	.	2	1	.	1	1
11	Psor	9	36	3	.	1	2	.	3	2	3	1	2	3	.	2	2	2	.	.	2	3	.	3	.	.	.	2
12	Sil	7	36	2	2	3	3	1	2	1	.	3	2	.	2	3	2	2	.	3	1	2	.	1	.	.	1	.
13	Graph	8	35	2	1	.	2	2	3	.	.	3	2	2	2	.	2	2	.	2	2	2	.	2	2	.	.	2
14	Aur	9	33	3	1	2	2	1	3	3	3	2	.	.	1	.	3	3	2	2	.	1	.	.	.	.	1	.
15	Carb-v	7	33	2	1	2	2	2	2	1	.	2	3	3	1	.	3	2	2	.	.	1	2	1	.	.	1	.

am Rücken unter dem Schulterblatt sei wieder da, „wird aber besser“, und an der Nase habe sie zur Zeit einen Herpes. Pulsatilla habe sie nur einmal gebraucht. Ihre Stimmung sei noch nicht optimal, aber die Tendenz doch ein wenig steigend. Sie sei zur Zeit noch bei einem Tropfen des chronischen Mittels.

Mitte Januar 2005 hatte sich Frau Merrz’ „Allgemeinbefinden schon stark gebessert“. „Seit 5 Tropfen geht es mir deulich besser, auch psychisch. Das Tavor nehme ich seit Anfang des Jahres nicht mehr.“ Allerdings vermeldete die Frau „große Probleme mit ihrem Unterleib", Schmerzen am linken Eierstock oder Eileiter. Außerdem merkte sie „Flüssigkeit im Douglas-Raum[1]", wie sie sich ausdrückte, „zwischendurch auch mal starken Juckreiz in der Scheide". Darüber hinaus gab es einen Ausfluß, der weißlich bis klar war und ohne Geruch. Zeitweise traten auch noch Unruhezustände auf mit „Angst, daß es nicht weggeht". – In letzterem Fall sollte Frau Merrz akut Aconitum C30, 5 Globuli nach Bedarf, auf der Zunge zergehen lassen, d. h., wenn es ihr besser ginge, nichts nehmen, erst wieder bei einem erneuten Aufflackern dieser Angstattacken. Und für ihre akuten Unterleibsbeschwerden war Lachesis LM6 gedacht, 5 Tropfen auf einem Teelöffel voll Wasser, nach Bedarf, also auch nur dann einzunehmen, wenn die Beschwerden kaum auszuhalten waren.

Dann hörte ich längere Zeit nichts mehr von der jungen Mutter. Erst nach vier Monaten Medorrhinum-Einnahme meldete sie sich wieder und – brach die Behandlung schließlich ab. Nicht etwa, weil alles nichts genützt hatte, sondern aus rein finanziellen Nöten. Ihr ginge es „soweit gut", ihre Depressionen, ihre Ängste und das Kloßgefühl hätten sich vollkommen aufgelöst! Sie war hochzufrieden und könne wieder voller Freude mit ihrer Familie leben. – Das war ja auch das erklärte Ziel der Behandlung aus ihrer Sicht, das Eliminieren ihrer Depressionen! – Die anderen miasmatischen Zusammenhänge wollte Frau Merrz später weiterbehandeln lassen, wenn sie wieder regelmäßig zur Arbeit ginge und sich ihre finanzielle Situation dadurch entschärft hätte.

Ein klarer Fall von *primär sykotischer Belastung*, bei welchem schließlich die *Schwangerschaft – als natürliche Verschlimmerungszeit der Miasmen* – den Anstoß zu den schwersten Depressionen gegeben hat; natürlich maßgeblich getriggert vor dem Hintergrund einer jüngst gesteigerten Impfbelastung.[2]

5.20.2 Schizophrenie

Die Bezeichnung Schizophrenie kommt aus dem Griechischen und ist zusammengesetzt aus den beiden Wortstämmen schizein (spalten) und phren (Geist, Seele). Gespaltener Geist also, oder – wie es das klinische Wörterbuch Pschyrembel nennt: „Spaltungsirresein". Und weiter: „Dementia praecox, Jugendirresein (frühere Bezeichnungen); eine endogene Psychose, deren Genese

[1] Douglas-Raum: Excavatio recto-uterina; der hintere Douglas-Raum; die breite Bauchfelltasche zwischen Mastdarm und Gebärmutter einschließlich der Eierstöcke und Tuben, die bis in Höhe des hinteren Scheidengewölbes in das kleine Becken hinabreicht.

[2] Anmerkung: Aus diesem Grunde konnte das homöopathische Mittel Aurum metallicum C30, zu welchem Frau Merrz anfangs Zuflucht genommen hatte, nur palliativ wirken, d. h. nicht dauerhaft heilend, da es sich hierbei um ein hochkarätiges antisyphilitisches Arzneimittel handelt.

noch völlig ungeklärt ist. Die in der Bezeichnung enthaltene seelische Spaltung i. S. des Neben- und Miteinanders von gesunden und krankhaften Empfindungen und Verhaltensweisen ist chrakteristisch für diese Krankheit. ... Der Verlauf ist uneinheitlich, Gesetzmäßigkeiten für bestimmte Erkrankungsformen lassen sich nur z. T. finden. Schubweise rezidivierend mit der Möglichkeit eines Stillstandes zu jeder Zeit ...“ – Dementia praecox oder Dementia infantilis[1], was soviel bedeutet wie vorzeitige oder kindliche „Verblödung“ bzw. früher geistiger Verfall. Da denkt man doch unwillkürlich gleich an Impfungen, denn *ohne äußere Einflüsse gegen die Natur und ohne Grund gibt es keine solch schweren Krankheitsbilder*, und schon gar nicht „nach zunächst normaler Entwicklung“, wie selbst im Pschyrembel bestätigt wird!

Wenn man diese schulmedizinische Definition und Beschreibung genauer studiert und analysiert, wird schnell deutlich, daß der Mainstream von Medizin und Wissenschaft dem Phänomen Schizophrenie nahezu hilflos gegenübersteht, ja daß er eigentlich gar nicht genau weiß, was dieses ist und wodurch es entsteht. Ziehen wir allerdings die Naturgesetzmäßigkeiten der Neuen Medizin und die bereits erörterten Impfzusammenhänge zu Rate, so wird schnell offenbar, daß auch *hinter diesen Krankheitserscheinungen System steckt.* – Siehe hierzu die bereits gemachten Angaben in Kapitel *3.3 Die Gesetzmäßigkeiten von Geistes- und Gemütserkrankungen.*

Wie bereits ausgeführt, ist es bei weitem sinnvoller, von *schizophrener Konstellation* zu sprechen (und nicht von Schizophrenie), da diese Konstellation kein unveränderliches Wesensmerkmal ist, sondern passagerer Natur. Nach den biologischen Gesetzen der Neuen Medizin bedarf es im Falle einer solchen Konstellation mindestens zweier Konflikte auf gegenüberliegenden Hirnhemisphären, so daß ein Konflikt sein hirnorganisches Areal linkshemisphärisch hat, während ein anderer rechtshemisphärisch lokalisiert ist. Psychisch wirklich auffällig ist man aber nur dann, wenn beide Konflikte gleichzeitig aktiv sind, d. h., wenn man in doppelter Sympathikotonie ist. Ist einer der Konflikte zwischenzeitlich gelöst oder in Latenz, so ist die schizophrene Konstellation augenblicklich nicht mehr gegeben; der Patient ist von einer Sekunde auf die andere psychisch unauffällig.[2] Demnach kann es sich nicht um festzementierte Unabänderlichkeiten handeln! Außerdem haben wir hier auch eine logische Erklärung dafür, warum die sog. Schizophrenie häufig in *Schüben* verläuft: Ihre psychischen Auffälligkeiten sind nur bei gleichzeitiger

[1] Dementia infantilis: von dementia (lat.) – Wahnsinn. Akut oder schleichend im dritten bis vierten Lebensjahr beginnend nach zunächst normaler Entwicklung; Charakteränderung, Sprachstörungen und Demenz (erworbene sog. Verblödung, geistiger Verfall). – Pschyrembel, Klinisches Wörterbuch

[2] Die *echte Ausheilung einer schizophrenen Konstellation* ist allerdings erst dann gegeben, *wenn beide Konflikte definitiv gelöst sind* und der Patient dadurch in keiner Weise mehr psychisch auffällig werden kann.

Aktivität beider Konflikte gegenwärtig, anderweitig ist dem Betroffenen nichts anzumerken; er verhält sich völlig normal wie jeder andere auch! Und weiter: Der Verlauf der „Schizophrenie“ ist deswegen „uneinheitlich“, und „Gesetzmäßigkeiten für bestimmte Erkrankungsformen“ lassen sich deswegen nicht erkennen, weil besagte Konflikte verschiedene Konfliktinhalte haben können und demnach auch andere Organmanifestationen. Somit sind viele und völlig verschiedene Kombinationen möglich, was sich in den unterschiedlichen psychischen Erscheinungen niederschlägt, wie akustische Halluzinationen in Form von „Stimmenhören“, optische Halluzinationen, Gedankeneingebungen, Wahnwahrnehmungen, Verworrenheit des Denkens, wirre Assoziationen, verbunden mit dem Gebrauch eigenartiger, sinnloser Wörter und Ausdrücke, Störungen des Fühlens und Verhaltens, Panikattacken etc. pp., wodurch der Betroffene zunehmend in die Isolation gerät und zu niemandem mehr eine sinnvolle Beziehung herstellen kann. Außerdem können mehr als zwei Konflikte gleichzeitig präsent sein und durchaus auch aktiv, was sich dann selbstverständlich verheerender auswirkt.

Vielleicht sei an dieser Stelle noch darauf hingewiesen, daß es gar nicht immer unbedingt Konflikte sein müssen, welche Dreh- und Angelpunkt von schizophrenen Konstellationen sind, sondern daß es vielmehr *auf die hirnorganischen Konstellationen ankommt.* Und diese hirnorganischen Konstellationen werden *heutzutage hauptsächlich durch die vielen Impfungen verursacht*!! Und es werden – dem Himmel sei's geklagt – andauernd mehr. Jedenfalls habe ich diese Erfahrung in meiner homöopathischen Praxis immer wieder machen können. Kleine Babys oder Kinder, die wohlbehütet in intakten Familien aufwachsen, frei von tiefgreifenden biologischen Konflikten, bei welchen sich aber nach einer bestimmten Impfung alles geändert hat, sprechen eine deutliche Sprache! Das Stichwort hierzu ist wieder einmal die *postvaccinale Encephalopathie*, also eine diffuse Gehirnerkrankung nach Impfungen, durch welche ja bleibende hirnorganische Schäden an unterschiedlichen Lokalisationen im Gehirn gesetzt werden; und diese können eben auch schizophrene Konstellationen provozieren, wenn ihre Zentren auf gegenüberliegenden Seiten zu liegen kommen. Ich denke, der ganze Impfzusammenhang findet indirekt auch eindeutig Bestätigung durch die Beschreibung des Begriffes „Dementia infantilis“ im klinischen Wörterbuch: „Akut oder schleichend *im dritten bis vierten Lebensjahr beginnend nach zunächst normaler Entwicklung*.“ (Hervorhebung durch den Verfasser) – Von nichts kommt eben nichts!

Im folgenden soll es um ein kleines Mädchen türkischer Eltern gehen, mit Namen Selenia. Selenia ist sechs Jahre alt, stark verhaltensgestört, unruhig, deutlich entwicklungsverzögert und schwer autistisch. Sie spricht nicht mehr, stößt nur noch Laute aus, hat aber mit zwei Jahren schon Zweiwortsätze, später sogar sehr gut Dreiwortsätze gesprochen! Während der Anamnese rannte sie unentwegt in der Praxis herum, war aggressiv und laut. Ihr Vater mußte zwischendurch zweimal mit ihr spazieren gehen, da sie so unruhig und dickköpfig war, sich von ihrer Mutter nichts mehr sagen ließ, so daß sich diese nicht recht konzentrieren konnte.

Selenia hat in ihren ersten Lebensjahren insgesamt über 20 Impfungen erhalten, inclusive dreimal gegen Grippe, und ist, gemäß den Beobachtungen ihrer Mutter, nach einer Impfung im Alter von etwa zwei Jahren so extrem unruhig, aggressiv und stur geworden. „Ab diesem Zeitpunkt hat ihre Entwicklung einen regelrechten Knick gemacht.“ Zeitweise beiße sie auch. Schon seit ihrem neunten Lebensmonat habe die Kleine immer wieder fieberhafte Infekte gehabt, die meistens antibiotisch behandelt wurden. Doch nun könne sie kein Fieber mehr bekommen. Ihr Organismus war also schon in dieser Hinsicht vollkommen reaktionsunfähig.

Das nur in aller Kürze zu Selenias chronischem Hintergrund. Auch ihre Mutter war stark sykotisch mit sehr unregelmäßigen, schmerzhaften Menses, Nebenhöhlenentzündungen, Nickelallergie und zweimaligen Kaiserschnitten; ihre Oma mütterlicherseits hatte zwei Fehlgeburten.

Selenia selbst schien sehr intelligent zu sein. Sie ging in die erste Klasse einer Förderschule für geistig und körperbehinderte Kinder und fühlte sich deutlich unterfordert. Das jedenfalls konnte sie ihrer Mutter via „FC-Schreiben“, einem speziell in den USA entwickelten System einer „gestützten Lesekommunikation“, mitteilen. „Selenia kann gut rechnen, sogar Prozentrechnung! Sie schreibt auch Türkisch auf einmal“, so ihre erstaunte Mutter, denn das habe ihr niemand beigebracht. Und sie schreibe ihren eigenen Namen. Von Anfang an langweile sich Selenia in der Schule. Sie rechnete bereits im Hunderterraum und konnte im Kopf sehr schnell multiplizieren und dividieren. „Sie schreibt: ‚Ich bin wie ein Computer.‘ Und ein anderes Mal, daß sie viel lieber in eine Regelschule gehen wolle“, berichtete ihre Mutter.

Später kam sie dann probeweise in die heiß ersehnte Regelschule in Begleitung eines Zivi[1], und zwar – wegen ihrer extemen Begabung in Mathematik – stundenweise gleich in die vierte Klasse. „Es war der Wunsch ihrer Lehrerin“, so Selenias Mutter. Dort war sie auffallend stiller als in ihrer eigenen Klasse und „rechnete schnell im Kopf, sogar mit Komma“. „Selenia kann sogar bis 1.000 rechnen, inclusive Multiplikation und Division von mehrstelligen Dezimalzahlen!“ Ein Phänomen, welches fast mehr als unglaublich erschien. „Heute hat sie geschrieben: ‚Ich will sprechen lernen.‘ Sie leidet sehr, daß sie nicht sprechen kann.“ Ein anderes Mal schrieb sie, sie fühle sich wie in einem (autistischen) Gefängnis und möchte gerne heraus.

Insgesamt wurde das Mädchen mittels chronischer Homöopathie deutlich ruhiger, weniger hyperaktiv und störte ihre Mitschüler nicht mehr so arg. „Ihr Verhalten wird immer besser; wenn das so weiter geht, kann Selenia bald in der vierten Klasse ganztags bleiben“, so ihre begeisterte und hochmotivierte Lehrerin. Selenia schrieb mittlerweise Deutsch und Türkisch fast fehlerfrei.

[1] Zivi: Zivildienstleistender.

Auch privat setzte sich dieser erfreuliche Trend fort. „Wir konnten sogar für zwei Stunden bei einer Nachbarin Kaffee trinken; Selenia hat gemalt!“ Mit der FC-Methode schrieb sie zeitweise, daß sie merke, wie ihr das homöopathische Mittel guttue. Mit der Zeit – bislang war etwa ein Jahr Behandlungszeit vergangen – kamen dann auch die ersten Worte zurück! Das fiel sogar ihrem Zivi und der Ergotherapeutin ganz deutlich auf. Insbesondere „Mama“, „Papa“, Tiernamen, Namen von Bekannten und einige Begriffe. „Draußen ist es allerdings oft noch peinlich mit ihr. Selenia faßt alles an, belästigt Leute, ist extrem neugierig, umarmt wildfremde Personen. Besonders Warten ist fürchterlich für sie. Selenia fängt dann an zu beißen.“

Soweit der kurze Überblick zur Grundproblematik dieses armen Mädchens, welche wir hier allerdings nicht weiter verfolgen. Uns soll es bei diesem Fall um etwas ganz anderes gehen, nämlich um Selenias rezidivierende starke Kopfschmerzen, die ihr neuerdings immer wieder zu schaffen machten. „Kopfschmerzen überall“, wie sie „sagte“. Das Mädchen schlief deswegen sehr „wild“, drehe und wälze sich sehr oft im Bett. Außerdem berichtete es des öfteren von Doppelbildern beim Sehen. Belladonna D12, 2 Globuli nach Bedarf, hatte eine sehr gute Wirkung. „Die fürchterlichen plötzlichen Kopfschmerzen sind weg. Selenia hat auch keine Depressionen mehr danach!“

Doch die Kopfschmerzen kamen immer wieder. Sie steigerten sich mit der Zeit dermaßen, daß Selenia wieder extrem unruhig wurde. Sie warf sich deswegen öfter auf den Boden. „Bei den Kopfschmerzen habe ich Depressionen, kann mich nicht mehr halten, nicht mehr zusammenreißen, kann nicht mehr denken“, schreibt das Mädchen via FC-Methode. Seit einer Woche kämen die Kopfschmerzen immer häufiger vor, Selenia schreie dann vehement. Im Urlaub in Istanbul sei es der Kleinen sehr gut gegangen; dort war sie ruhig, hatte keine Kopfschmerzen und war recht zufrieden. Einmal schrieb sie sogar: „In meinem Körper tut sich was“, womit sie ihrem Gefühl Ausdruck verlieh, daß ihr die antimiasmatische Kur guttat.

Einen Monat später teilte Selenia ihrer Mutter via FC-Methode mit: „Ich werde von einem Geist verfolgt.“ Dann beschrieb sie ihn genau. Er sei als Soldat vor einigen Hundert Jahren in England gefallen und hätte viele Narben im Gesicht. Er hätte sie schon einige Male geschlagen. Er könne sich auch in eine Schlange oder in einen Bären verwandeln. Das mache ihr Angst. Ihre Mutter habe dann Gebets-Suren in ihrem Zimmer „aufgehängt“, „dann ging es besser“. „Ich bete seit zwei Wochen, dann kann er nicht sprechen“, sagte sie. Trotzdem weine Selenia öfter, denn sie habe Angst. Der Geist spreche mit ihr Englisch. „Selenia kann Englisch!“, sagte die Mutter. Insgesamt habe ihre Tochter mehr Mut, mehr Selbstvertrauen und sei viel gesünder seit der Homöopathie. „Wenn ich bete und der Geist nicht da ist, ist Selenia sehr ruhig.“ Der Geist schlage ihr öfter auf den Kopf. Er habe ihr auch sechs Mäuse auf diesen gesetzt, welche dann gebissen hätten. Das verursache diese starken Kopfschmerzen. Außerdem gebe der Geist Selenia Anweisungen. Diese schreie dann voller Panik. Er sage auch, er werde ihren Vater und ihre Mutter umbringen. Darüber hinaus hindere er sie daran, ihre Hausaufgaben zu machen; dabei lege er sich als Schlange auf den Tisch und mache alles nach. Selenia habe dann große Angst. Der Geist sei Engländer und heiße Geoffrey. Manchmal weine und leide er auch, so daß Selenia Mitleid mit ihm habe. Sie „sage" in letzter Zeit des öfteren: „Ich werde verrückt." Seit zwei Wochen habe sie nun keine Kopfschmerzen mehr, „seitdem ich bete". „Seit der Homöopathie ist ihr dies alles bewußt geworden. Geoffrey war wohl aber vorher auch schon da!" Außerdem habe die Mutter beobachtet, daß Selenia auch Italienisch könne.

Repertorisation: Kopfschmerzen durch Wesenheit Geoffrey

ComRep V9.0

Nr.	Symptome
1	gemüt - geisteskrankheit, verrücktheit (112)
2	gemüt - schwermut, depression, traurigkeit (250)
3	gemüt - schwermut - kopfschmerz, bei (5)
4	gemüt - sprache - fremder sprache, in (2)
5	gemüt - wahnideen - gespenster, geister, dämonen, sieht (42)
6	gemüt - wahnideen - nachgestellt - geistern, von (3)
7	gemüt - wahnideen - spricht - mit geistern (1)
8	kopfschm./a - anfallsweiser schmerz (62)
9	kopfschm./a - heftiger schmerz (66)
10	kopfschm./a - wildmachender schmerz (20)
11	sehen - sehfehler - doppeltsehen (77)

Methode: Wertigkeit

				Symptome:									1	.	.	.	.	.	.	.	.	.	2	.	.	.	.	.
Nr.	Arzneimittel	Neg	Wert	1	2	3	4	5	6	7	8	9	0	1	2	3	4	5	6	7	8	9	0	1	2	3	4	5
1	Bell	4	19	3	2	.	.	3	.	.	3	3	3	2														
2	**Stram**	1	19	3	2	.	2	2	1	1	2	2	2	2														
3	Nat-m	5	14	2	3	.	.	2	.	.	.	2	2	3														
4	Ars	5	13	3	3	.	.	1	.	.	2	2	2	.														
5	Lach	5	13	2	3	.	1	1	.	.	3	3	.	.														
6	Hyos	6	12	3	2	.	.	2	.	.	.	2	.	3														
7	Lyc	5	12	3	3	.	.	1	.	.	1	2	.	2														
8	Gels	7	11	.	3	.	.	.	.	.	.	2	3	3														
9	Sulf	6	11	2	3	.	.	2	.	.	.	2	.	2														
10	Merc	6	10	3	3	.	.	1	.	.	.	2	.	1														

Wir schwächten die Wirkung des chronischen Mittels in einem zweiten Glas Wasser ab, alle 5 Tage. Für ihren akuten Kopfschmerzzustand erhielt Selenia Stramonium D12, nach Bedarf 2 Globuli in ihrem Munde zergehen zu lassen. Darüber hinaus sollte ihre Mutter aber auch mit der Wesenheit Geoffrey direkten Kontakt aufnehmen und diesen bitten, sie an die Hand zu nehmen und von ihrer Tochter Selenia wegzuführen, um ihm den rechten Weg zum Licht zu zeigen. Bei Geoffrey handelte es sich sicherlich um einen sog. erdgebundenen Geist, um eine alte Seele, die sich im Jenseits – in der nächsten Dimension – verirrt hatte, nicht genau auskannte und ihren endgültigen Weg noch nicht gefunden hatte. Sie war wahrscheinlich noch der illusorischen Annahme, in Erdnähe verbleiben zu müssen. Aus diesem Grunde sollte mit Geoffrey nicht geschimpft werden, denn auch er brauchte meines Erachtens genauso viel Hilfe wie die kleine Selenia und keine Schelte; das bestätigten gewissermaßen ja auch die Äußerungen des Mädchens, als es schrieb, daß der Geist des öfteren ebenso leide und weine. – Zum besseren Veständnis dieser nicht-homöopathischen Ratschläge sei der interessierte Leser gerne auf das Buch des amerikanischen Arztes Dr. med. Carl Wickland verwiesen, mit dem Titel „Dreißig Jahre unter den Toten", auf welches im nachfolgenden noch ein wenig einzugehen ist.

Selenias Mutter hatte zwischenzeitlich noch weitere Hilfe bei einem türkischen Pfarrer in ihrer Heimat gesucht, der mit solcherlei Phänomenen Erfahrung hatte. Dieser versicherte ihr, Geoffrey sei ein guter Geist. Trotzdem war alles für Mutter und Kind sehr anstrengend. Nach ein paar Tagen sprach der Geist nur noch mit dem Mädchen; er konnte sich ihr nicht mehr zeigen. „Er ist hinter der Tür", so der Pfarrer. Mit der Zeit stellte sich dann heraus, daß Selenia viele Geister sehen konnte und insgesamt acht Sprachen beherrschte! Und das schnelle Rechnen – „der Geist sagt mir die Ergebnisse von komplizierten Matheaufgaben", so Selenia selber.

Der potenzierte Stechapfel (Stramonium) tat dem Mädchen sichtlich gut. Regelmäßig nahm es zwei Globuli davon ein. „Alles ist schon viel besser geworden", wie die Mutter nach ein paar Wochen berichtete. Der Geist sei zwar noch nicht ganz weg, könne aber nicht mehr in die Wohnung kommen. Er belästige Selenia zeitweilig immer noch. „Er kann mich steuern", schrieb die Kleine. „Er läßt mich nicht sprechen. Er schluckt meine Worte im Kopf." Wenn er weg war, waren auch die Kopfschmerzen weg und Selenia weniger unruhig. Sie könne dann viele Wörter viel deutlicher aussprechen. Doch an manchen Tagen wache sie des Morgens auf und höre vermehrt Geisterstimmen. Wie sich ihre Mutter nun erinnerte, hatte Selenia mit etwa drei Jahren „schon öfter so geredet, als wenn sie mit einem Geist gesprochen hätte, so als ob sie in einer anderen Welt leben würde". „Das haben wir schon damals beobachtet; da gab es aber noch keine Kopfschmerzen." Und ein paar Tage später wußte sie zu berichten: „Der Geist verfolgt mich schon lange, im Grunde genommen seit Jahren. Eigentlich will er etwas von mir. Nur – er kommt nicht an mich heran; deshalb benutzt er Selenia, um mich zu stören, um mir zu schaden."

Schließlich war die Sache mit dem Geist endgültig erledigt; er trat nicht mehr in Erscheinung. Und auch Selenias Kopfschmerzen waren fortan kein Thema mehr. Stramonium brauchte also nicht mehr eingenommen zu werden.

Sie mögen mich für verrückt halten oder sagen, „jetzt hebt er völlig ab"; doch ich berichte hier nur das, was ich in meiner Praxis wirklich erlebt und auch behandelt habe. Und Selenia ist bei weitem kein Einzelfall! In meiner Praxis gibt es einige Patienten, die – beispielsweise nachts – von Wesenheiten besucht werden.[1] Ich habe lange überlegt, ob ich diesen Fall in dieser Weise veröffentlichen soll. Doch schließlich habe ich mich dafür entschieden, auch auf die Gefahr hin, daß mich manche als spinnert abtun. – Ich werde damit leben müssen. Wer Augen hat zu sehen, der sehe, und wer Ohren hat zu hören, der höre! – Die Wahrheit darf nicht unterdrückt werden, selbst wenn viele damit (noch) nichts anfangen können. Nur weil sie nicht mit den akzeptierten und beglaubigten Methoden der heutigen Wissenschaft vereinbar ist, sollte sie nicht bezweifelt oder übergangen werden. *Unsere Welt ist multidimensional!* Es gibt *viele Realitäten und Parallelwelten*, darüber bin ich mir sicher. Wir hier unten auf unserer Erde, am Rande des Universums, leben im Dreidimensionalen, doch andere Welten existieren zeitgleich im Hier und Jetzt, von denen wir manchmal einen Hauch erfahren dürfen, wenn wir es nur zulassen. Wer sich mehr dafür interessiert, der sei auf Bücher von Autoren verwiesen wie Dr. med. Carl Wickland (Dreißig Jahre unter den Toten), Dr. med. Raymond Moody (Leben nach dem Tod; Leben vor dem Leben; Das Licht von drüben etc.), Kenneth Ring, einem Psychologieprofessor an der Universität von Connecticut (Den Tod erfahren – das Leben gewinnen), und viele mehr.

Abschließend – wie versprochen – noch ein paar Worte zu dem Buch von Carl Wickland, einem hochkarätigen amerikanischen Arzt und Leiter des National Psychological Institute in Kalifornien vor gut 80 Jahren. Der Titel „Dreißig Jahre unter den Toten", in den USA erstmalig herausgegeben im Jahre 1924, täuscht auf den ersten Blick, denn Wickland hat sehr wohl im Lebendigen gewirkt. Er berichtet in seinem Werk hauptsächlch von „Besessenheit und Besessenheitsheilungen". Dabei hat er nicht direkt die Patienten selbst behandelt, sondern gewissermaßen nur indirekt, via Medium. Seine Gattin hat ihn hierbei tatkräftig unterstützt, denn sie war es, die in Trance Kontakt mit „Geistern Verstorbener, meist unwissenden, irrenden Seelen von Menschen" aufgenommen hat. „Menschen, die, von ihrem Körper endgültig getrennt, sich in ihren neuen Lebensverhältnissen nicht zurechtfinden konnten, weil sie, auf diese Wandlung ihrer Lebenslage nicht richtig vorbereitet oder durch falsche Vorstellungen irregeleitet, sich in ihrer Ratlosigkeit und Verlassenheit nicht anders zu helfen wußten, als daß sie bei medial veranlagten Menschen Anschluß und Anhalt suchten, weil gerade diese ihnen besonders leicht zugänglich sind." – Und das nicht nur bei medial veranlagten

[1] So z. B. auch in dem Fall einer 36-jährigen Frau nach der zweiten bzw. – in deutlich verstärktem Ausmaß ein Jahr später – nach der dritten Grippeimpfung. Bei ihr begannen sich schleichend „psychotische Zustände des Nachts" zu entwickeln – „Tagsüber war sie völlig unauffällig!" –, die sich immer mehr steigerten, so daß sie schließlich zu Psychopharmaka greifen mußte. In ihrem Schlafzimmer erschienen nämlich regelmäßig Wesenheiten zu mitternächtlicher Stunde, welche sie sehen und hören konnte und ihr den Schlaf raubten, und gegen welche sie sich lautstark zu wehren versuchte, indem sie vehement zu schreien und schimpfen begann, um diese zu vertreiben.

Menschen, wie anhand der Fülle von Beispielen deutlich hervorgeht und wie ich es auch in meiner homöopathischen Praxis immer wieder erfahren konnte, sondern auch *bei Menschen, bei denen die Aura defekt ist* und gewissermaßen Löcher aufweist, wie bei *Alkoholikern, Drogensüchtigen, schwer Impfgeschädigten* (Schizophrenie, Depressionen, Angst- und Panikattacken, Autismus etc.), um nur einige zu nennen. – „Bei dieser beiden Teilen unbewußten Zugesellung komme es dann zu Belästigungen und schließlich zu einer völligen Inbesitznahme des Menschen von seiten des Verstorbenen." Wickland hat dann nichts anderes gemacht, als diesen armen Seelen den Weg zum Licht gezeigt, um es ihnen zu ermöglichen, in ihrer neuen Welt Fuß zu fassen und nicht im Stadium „niederer erdgebundener Geister" verhaftet zu bleiben. Er hat sie zu ihren bereits früher verstorbenen Angehörigen geführt, natürlich via den medialen Fähigkeiten seiner Frau in Trance, welche sie dann weiter mit der Dimension ihrer geistigen Welt vertraut gemacht und in ihre heimatlichen Gefilde mitgenommen haben.

Wickland hat also primär die Geister Verstorbener „behandelt" und gar nicht seine eigentlichen Patienten, könnte man sagen. Doch diese sind dann auch „so nebenbei" vollständig gesundet; zumindestens akut. Wicklands Patienten waren fortan von ihrer Schizophrenie, ihren Depressionen, ihrer Trunksucht etc. befreit. *Mit der homöopathischen Brille betrachtet, war damit der eigentliche Defekt deren Aura sicherlich nicht komplett ausgeheilt,* so daß weiterhin die Möglichkeit eines erneuten Besuchs von Wesenheiten bestanden haben muß. *Hier müßte man dann mittels chronischer Homöopathie diese Lücke schließen,* so daß die Aura der Betroffenen wieder vollkommen intakt und stabil werden würde und damit keine (zeitweise) Übernahme ihrer Körper durch andere Wesenheiten mehr erfolgen könnte.

Hiermit dürfte klar sein, warum Geoffrey keinen Besitz von Selenias Mutter ergreifen konnte. Diese war zu gesund; ihre Aura wies keinerlei Loch auf, durch welches jener hätte „hineinschlüpfen" können, so daß jeglicher Versuch, den Körper zu übernehmen oder den Menschen in gewisser Hinsicht auch nur zu stören, scheitern mußte. Dagegen war die Aura von Selenia alles andere als intakt. Bei *Menschen mit Autismus, schweren Verhaltensstörungen und anderen Hirnschädigungen* ist dies immer so, in mehr oder weniger ausgeprägter Form; sie *haben defekte Auren.*

Mit diesen Betrachtungen haben wir eine andere Facette der Realität angerissen, und zwar eine äußerst interessante, welche die homöopathische Betrachtungsweise gut ergänzt und ihr Vorgehen, akut wie chronisch, geradezu bestätigt. Wir sollten stets in Erinnerung behalten, *daß gerade die Homöopathie mit ihren Hochpotenzen im Feinstofflichen wirkt und sehr tiefgreifend in Sphären eindringt, in welche keine andere Heilweise vorzudringen vermag,* so daß sich vieles, teilweise sogar Unglaubliches, verändern kann.

In einem anderen Fall von schizophrenen Schüben hörte die Mutter eines etwa 15 Jahre alten Sohnes zeitweilig Stimmen, welche ihr große Angst machten. Darüber hinaus war sie ausgesprochen depressiv und wurde von extrem ausgeprägten Panikattacken heimgesucht, insbesondere hatte sie „Angst vor der Zukunft" und „vor dem Leben", wie sie sagte, so daß sie nicht einmal in der Lage war, ihren Haushalt zu führen oder „einen Schritt vor die Türe zu tun". Sie „verbarrikadiere" sich zu Hause und nehme seit geraumer Zeit Antidepressiva ein, welche sie hin und wieder eigenmächtig versuche zu reduzieren. Doch bei jedem diesbezüglichen geringfügigen Versuch meldeten sich die Stimmen sofort wieder zurück. Darüber hinaus stellten sich auch ihre panischen Angstattacken in alter Intensität gleich wieder ein. In diesen Phasen träume sie des öfteren, daß sie sterben müsse, von Jesus Christus, der Dornenkrone und von Gott.

Zeitweilig habe sie das Gefühl, daß jemand bei ihr sei, daß Dämonen sie „beherrschten oder mitnehmen wollten". Ein paar Tage später höre sie dann Stimmen von Engeln, vom Heiligen Geist, von Christus oder Gottvater. „Ich solle beten und Buße tun, sonst nehme man mir meinen Sohn. Das macht mich völlig fertig." Die Frau fühlte sich schuldig und meinte, ihr würde „nicht verziehen werden", sie sei „zu ewigem Tode verurteilt". In solchen Phasen lebte sie in dem ständigen Gefühl, sie sei das „Ziel von Gottes Zorn", „er verfolge sie und wolle sie beseitigen". Sie könne dann mindestens eine Woche lang nicht schlafen, leide an Appetit- und Durstlosigkeit und fühle sich „wie der letzte Dreck". Ihre Depressionen nähmen in dieser Zeit auch wieder zu, so daß sie ständig Selbstmordgedanken habe, „auch noch lange Zeit nach einer solchen Phase". Sie fühlte sich total überfordert und hatte zu nichts mehr Lust. „Ich bin wie leer und ausgebrannt." Darüber hinaus sei sie seit diesen Stimmen sehr hellsichtig geworden, was ihr zusätzliche Angst einflößte, denn sie getraute sich nicht, diese göttliche Gabe positiv für sich zu nutzen.

Neben dem chronischen antimiasmatischen Mittel für ihren Gesamtzustand, welches die Frau schon seit geraumer Zeit mit zunehmendem Erfolg einnahm, erhielt diese nun für ihre akuten „Stimmenhör-Phasen" Kalium bromatum in der Potenz LM12, 3 Tropfen in einem Löffel voll Wasser, nach Bedarf, einschleichend einzunehmen, d. h. durchaus mehrmals täglich, wenn es die Situation erforderlich machte und das Mittel ihr helfe.

Dieses tat ihr dann auch sichtlich gut, denn ein paar Wochen danach berichtete sie hocherfreut, sie sei mit Kalium bromatum gut zurecht gekommen, es gehe ihr „blendend". „Alles ist sehr gut gelaufen; das hat mich selber überrascht." Daraufhin habe sie eigenmächtig ihre Antidepressiva stark reduziert und nehme nun seit längerem keinerlei schulmedizinische Medikamente mehr ein. Alle neurologischen Auffälligkeiten, das paranoide Syndrom mit den Angstzuständen, dem Stimmenhören, der Logorrhoe[1] und den Depressionen, seien komplett verschwunden, ebenso ihre übermäßig ausgeprägten religiösen Gedanken.

---

[1] Logorrhoe: Redesucht, als unaufhörliches, oft überschnelles Sprechen und partiellem oder totalem Verlust des gedanklichen Zusammenhangs (Ideenflucht), z. B. bei manischen Krankheitsbildern.

Repertorisation: Stimmenhören

ComRep V9.0

Nr.	Symptome
1	gemüt - schwermut, depression, traurigkeit (251)
2	gemüt - furcht (143)
3	gemüt - geisteskrankheit, verrücktheit (112)
4	gemüt - wahnsinn, manie (79)
5	gemüt - wahnideen, einbildungen, halluzinationen, sinnestäuschungen (92)
6	gemüt - wahnideen - gespenster, geister, dämonen, sieht (42)
7	gemüt - wahnideen - gott, er unterliegt göttlicher rache (1)
8	gemüt - wahnideen - rache, glaubt, er sei erkoren für gottes (1)
9	gemüt - wahnideen - stimmen, hört (30)
10	gemüt - selbstmord, neigung zum (70)
11	gemüt - hellsehen (19)
12	schlaf - schlaflosigkeit (229)

Methode: Wertigkeit

Nr.	Arzneimittel	Neg	Wert	Symptome: 1 . . . . 2 . . . . . 1 2 3 4 5 6 7 8 9 0 1 2 3 4 5 6 7 8 9 0 1 2 3 4 5
1	**Kali-br**	2	24	3 2 2 3 2 . 3 3 2 2 . 2
2	Bell	3	22	2 3 3 3 3 3 . . 1 1 . 3
3	Hyos	2	22	2 2 3 3 3 2 . . 1 2 1 3
4	Stram	2	21	2 3 3 3 3 2 . . 1 2 1 1
5	Ars	4	19	3 2 3 3 2 1 . . . 2 . 3
6	Lach	2	19	3 1 2 2 3 1 . . 1 2 1 3
7	Merc	4	19	3 2 3 3 2 1 . . . 2 . 3
8	Phos	3	19	2 3 2 2 2 . . . 2 1 2 3
9	Aur	4	18	3 3 2 2 2 1 . . . 3 . 2
10	Calc	4	18	3 3 2 2 2 . . . . 2 1 3

Zusätzlich interessant an diesem Fall war auch die Tatsache, daß sich zwischenzeitlich wieder die „alte“ Migräne der Frau zurückgemeldet hatte, was eine außerordentlich erfreuliche Nachricht im Sinne eines *Rückspulungsprozesses* unter dem chronischen Arzneimittel war. – Selbstverständlich hatte dies nichts mit der Akutbehandlung mittels Kalium bromatum zu tun. – Erfreulich nicht zuletzt auch deshalb, weil sich hieran wieder einmal mehr die besprochenen *biologischen Gesetzmäßigkeiten mit ihren hirnorganischen Zusammenhängen* anschaulich aufzeigen ließen. „Keine Migräne“ bedeutete in diesem Fall nämlich nicht „Heilung der Migräne“, sondern eher deren Unterdrückung! – Während ihrer Erstanamnese hatte die Patientin u. a. berichtet, daß sie seit ihrem Stimmenhören und ihren sonstigen „religiösen Wahnzuständen“ „glücklicherweise“ keine Migräne mehr gehabt habe, unter welcher sie seit vielen Jahren so stark zu leiden hatte! – Somit handelte es sich, unter dem chronischen Aspekt gesehen, doch wohl eher um eine unerfreuliche Verschlimmerung des Ganzen in Form eines hängenden Prozesses, d. h. die korrespondierenden Phänomene im Gehirn waren noch nicht endgültig in Ordnung gebracht worden, die „Migräne schlummerte nur vor sich hin“.

Tritt nun in solch einem Fall ein weiterer hirnorganischer Prozeß zu dem bereits vorhandenen hinzu, welcher auf der entgegengesetzten Hirnhemisphäre lokalisiert ist, so ist sofort die *schizophrene Konstellation* perfekt! Und genau darum ist das *Wiederauftreten der akuten Migräne* der Frau als *Segen* zu werten, denn im Grunde genommen basiert *jede Migräne* auf lokal ausgeprägten *Hirnödemen* in einer entsprechenden *vagotonen Heilungsphase*, welche aufgrund ihrer Druckphänomene diese höllischen Schmerzen verursachen.[1]

Mit dem Wiederauftreten der Migräne war die Frau also endgültig aus der akuten schizophrenen Konstellation herausgetreten! Und zwar dauerhaft. Es liegt auf der Hand, daß im folgenden die Neigung zu dieser Art von Kopfschmerzen auch noch chronisch homöopathisch anzugehen war, um dann später von echter, bleibender Heilung – auch hinsichtlich des Stimmenhörens – sprechen zu können. Und genau das haben wir natürlich auch in die Tat umgesetzt.

5.20.3 Psychosen

Psychose – gemäß dem Roche Lexikon Medizin – bedeutet eine „vorübergehende oder sich stetig verschlechternde psychiatrische Erkrankung oder Abnormität mit erheblicher Beeinträchtigung psychischer Funktionen mit v. a. gestörtem Realitätsbezug, mangelnder Einsicht und Fähigkeit, üblicher sozialer Norm bzw. Lebensanforderungen zu genügen. Die strenge Abgrenzung gegenüber Neurose[2] und Psychopathie[3] ist nicht immer möglich." Psychosen verlaufen i. d. R. in Schüben und werden meist stationär behandelt, zum Teil in geschlossenen Abteilungen, mittels Einstellung durch Psychopharmaka, teil-

---

[1] In diesem Zusammenhang sei auch die Tatsache erwähnt, daß in der konservativen Mainstream-Medizin „zur Prophylaxe von Migräne-Kopfschmerzen bei Erwachsenen, wenn eine Therapie mit Betablockern nicht indiziert ist, nicht erfolgreich war oder nicht vertragen wurde", durchaus auch Antiepileptika verwendet werden! Jedenfalls sind die Medikamente „Topamax Migräne" und „Topamax" als Antiepileptikum nahezu identisch auf der Basis des Wirkstoffes Topiramat und damit auch in der Beschreibung all ihrer immensen Nebenwirkungen; siehe „Rote Liste". „In der Akutbehandlung von Migräne-Kopfschmerzen ist Topiramat nicht untersucht worden", heißt es in jener weiter, was im Klartext bedeutet, daß dieses Mittel in einer bestehenden vagotonen Heilungsphase keine Wirkung zeigt. Vielmehr blockiert es dauerhaft den positiven Versuch des Organismus, aus einer sympathikotonen Phase in die vagotone Heilungsphase zu gelangen! – Dies alles bestätigt, daß das Phänomen Migräne ähnlich gelagert ist, wie das der Epilepsie, und daß, hirnorganisch gesehen, im Grunde genommen beides dasselbe ist, nur in unterschiedlichen Lokalisationen und mit gänzlich anderen peripheren Erscheinungsformen und Symptomen.

[2] Neurosen: Erkrankungen, bei denen spezifische – gewöhnlich Ich-fremde – und quälende neurotische Symptome auftreten: Angstzustände, Phobien, Zwangsvorstellungen, Getriebensein, hysterische Affektumwandlung sowie dissoziative Erscheinungen und bestimmte Symptome, die mit Streß nach einem Trauma zusammenhängen. – MSD-Manual der Diagnostik und Therapie

[3] Psychopathen: abnorme Persönlichkeiten, d. h. solche, die außerhalb einer angenommenen biologischen Durchschnittsnorm einzuordnen sind. (Pschyrembel, Klinisches Wörterbuch)

weise auch durch Antiepileptika[1] und Barbiturate[2], welche langfristig einzunehmen sind.

Die Psychosen gehören zu den schwersten akuten Geistes- und Gemütskrankheiten und stehen genauso im Einklang mit den bereits besprochenen Naturgesetzmäßigkeiten hinsichtlich Psyche und Gehirn, wie die bereits besprochene Schizophrenie. Bei ihnen handelt es sich im Prinzip auch um eine *ganz besondere Konstellation von mehreren synchronen Organkrankheiten* bzw. ihren *übergeordneten Konflikterlebnisschocks* oder *anderweitigen residualen Hirnschädigungen*, beispielsweise als Folge von Unterdrückungen oder einer postvaccinalen Encephalopathie. Desgleichen bedarf es bei Psychosen auch mindestens zweier hirnorganischer Relais auf beiden gegenseitigen Großhirnhemisphären. Nur bei deren gleichzeitiger Aktivität, d. h. beide Herde müssen sich in der dauersympathikotonen Phase befinden, kommt es zu pathologischen Schwingungen über das gesamte Gehirn hinweg und damit zu den bekannten psychischen Auffälligkeiten.

„In der Psychiatrie wird, grob gesagt, alles, was nicht mehr einfühlbar ist, als psychotisch bezeichnet, alles aber, was exzentrisch oder sogar hochexzentrisch, aber irgendwo noch halbwegs einfühlbar ist, als neurotisch“, so Dr. med. Ryke Geerd Hamer, der Entdecker dieser Gesetzmäßigkeiten. „Wer aber die biologischen Gesetzmäßigkeiten begriffen hat, der weiß, daß das eine rasch in das andere übergehen kann, je nachdem, ob ein neuer Konflikt hinzukommt oder ein Konflikt in Lösung geht.“ Oder wenn derartige hirnorganische Phänomene durch weitere *Impfnoxen, Unterdrückungen oder grobstoffliche Medikamenteneinnahme* (beispielsweise durch Hormone[3]) herbeigeführt werden, wie sich dies in der homöopathischen Praxis anhand ausführlicher Lebensanamnesen immer wieder bestätigen läßt, möchte man ergänzen. Wobei die Fallbeschreibungen, auch in all den anderen Kapiteln, Beweis genug sind! Hier haben wir also eine plausible Erklärung dafür, warum die von der orthodoxen Hochschulmedizin definierten Grenzen oftmals fließend erscheinen und die Zuordnung von Namen zu einzelnen Krankheitserscheinungen und Syndromen nicht immer stimmig ist.

So gesehen können *akute Psychosen* sehr wohl als *akute Exacerbationen der zugrunde liegenden chronischen Miasmen* des einzelnen verstanden werden. Das jedenfalls zeigt meine homöopathische Praxis ein jedes Mal aufs Neue, denn bei allen Psychosen habe ich ausnahmslos ein *stark ausgeprägtes miasmatisches Terrain* antreffen können. Darüber hinaus ließ sich in fast allen Fällen ein *eindeutiger Impfzusammenhang* oder aber eine *handfeste Unterdrückung* nachweisen, akut und/oder in chronischem Zusammenhang.

---

[1] Einstellung durch Antiepileptika: Das habe ich jedenfalls mehrfach in meiner homöopathischen Praxis erlebt (z. B. mittels Orfiril).

[2] Barbiturate: eine Kategorie von Schlafmitteln.

[3] Siehe hierzu auch Kapitel *3.5 Konventionelle Therapien in einem neuen Licht* unter dem Stichwort „Hormonbehandlungen“.

Als bester Zeitpunkt für eine homöopathische Behandlung von Psychosen bietet sich zunächst ein schubfreies Intervall an, da der Patient dann selber gut mitarbeiten kann. – Es geht ja grundsätzlich darum, daß dieser nicht wieder ein Rezidiv bekommt und in einen erneuten psychotischen Schub abrutscht. – Mitten in einer psychotischen Akutphase zu beginnen ist deutlich schwieriger, da der Patient hier aufgrund seiner psychisch ausgeprägten Symptomatik und meist wegen der Einnahme schwerer Psychopharmaka sowie der Betreuung in einer – u. U. geschlossenen – Abteilung/Anstalt kaum in der Lage sein dürfte, selber objektiv mitzuwirken. Beispielsweise würde er kaum gute Körpersymptome benennen können oder sich dahingehend selbst beobachten, wie es für eine erfolgreiche homöopathische Behandlung erforderlich wäre. In diesem Fall müßte man zusätzlich mit den Angehörigen des Betroffenen in intensivem Kontakt stehen.

Nachfolgend nun zwei Beispiele von Psychosen und deren Ätiologie aus der homöopathischen Praxis heraus, ohne allzu sehr in die Tiefe zu gehen. Bei dem ersten Fall handelt es sich um einen Mann von 45 Jahren mit der Diagnose *Borderline-Syndrom*, einem psychiatrischen Krankheitsbild, welches gemäß klinischem Wörterbuch im Grenzbereich „zwischen neurotischer und psychotischer Persönlichkeitsstörung" liegt. Seit mehr als 15 Jahren nehme der Mann regelmäßig schwere Psychopharmaka ein, insbesondere ein Antidepressivum und „ab und zu auch ein Neuroleptikum[1]". „Damit ich arbeiten kann. Sie nehmen die Spitze, holen mich aus der Starre heraus." Und seit vielen Jahren befinde er sich in psychotherapeutischer Behandlung.

„Seit meiner Kindheit habe ich Depressionen, welche sich in der Pubertät verstärkt haben", so der arme Mann weiter. Doch so schlimm, daß er irgendwelche Medikamente hätte einnehmen müssen, war es damals nicht. „Meinen ersten psychotischen Schub hatte ich im Alter von 20 Jahren, seidem habe ich damit zu tun." Bei der chronischen Anamnese konnten wir dann herausarbeiten, daß diese erste handfeste Psychose, mit der sein langer chronischer Leidensweg begann, bei der Bundeswehr auftrat. Und zwar etwa drei Wochen nach einer *Tetanusimpfung*! „Ich hatte panische Angst- und Unruhezustände und ständig das Gefühl, ich falle auseinander, schnappe über." Es erfolgte die sofortige Einweisung in eine geschlossene Anstalt von mehrmonatiger Dauer und entsprechender unterdrückender Behandlung.[2]

---

[1] Neuroleptikum: psychotrope Substanzen mit charakteristischer Wirkung auf Psychosen und andere psychische Störungen.

[2] Wie menschenunwürdig es teilweise in solchen Einrichtungen zugehen kann, wird an dem Bericht eines anderen Patienten deutlich, der seit seiner Jugend unter starker Epilepsie zu leiden hatte, seit dieser Zeit die verschiedensten Antiepileptika einnahm und schließlich mit 56 Jahren wegen einer akuten Psychose „in eine Nervenheilanstalt" eingeliefert wurde. Während seiner chronischen Anamnese gab er folgende traumatische Erinnerung zu Protokoll: „Wir wurden damals wie Vieh behandelt. Alle paar Tage wurden wir in einer großen Gemeinschaftsdusche splitternackt von einem ‚Wärter' mit einem Schlauch und kaltem Wasser von weitem abgespritzt!"

„Später traten dann auch Zukunftsängste, Angst, nicht zu genügen, nicht genug zu leisten, Orientierungslosigkeit, Leistungsschwäche und das Gefühl einer Lähmung auf, wie Kaugummi im Gehirn." Der Mann würde heute am liebsten nur noch im Bett liegen bleiben und Ruhe haben, ohne denken zu müssen. Des weiteren gab es immer noch häufig panische Angstattacken, „nichts Konkretes", wie er sagte, das Gefühl des Nicht-denken-Könnens, Herzrasen und Schweißausbrüche. Auch Angst vor Dunkelheit und Angst verrückt zu werden, „das ist immer so ein Grundgefühl". Manchmal auch Angst vor dem Autofahren. Aber jeden Tag – jahraus, jahrein – Angst, morgens aus dem Haus zu gehen, den Tag zu bestehen!

Seit der Bundeswehrzeit habe der Mann auch immer mit Kopfschmerzen zu tun, „mittig, tief im Gehirn, ein Spannungs- und Krampfschmerz", teilweise mit einer „Bewußtseinseintrübung", wie „ich bin nicht klar". Des weiteren gab es häufig grippale Infekte, welche sich lange hinzögen, ohne Fieber, „höchstens mit leichter Temperaturerhöhung". „Ich bekomme schon lange kein Fieber mehr", konnte sich der Mann erinnern. Früher, bereits vor seiner Teenyzeit, wurden jegliche Infekte antibiotisch behandelt, was er erst seit fünf Jahren anders handhabe. ... Und so weiter und so fort. – Ein klarer Fall von unbestechlichen Zusammenhängen, nicht wahr?

Interessant an diesem Fall war auch die Tatsache, daß der Mann selbst bei dichtestem Schneetreiben, mitten im bayrischen Winter, nur mit Sandalen in die Praxis kam, dort angekommen, dann seine Schuhe und Socken ausgezog und in mitgebrachte Schlappen schlüpfte, weil er immer so heiße Fußsohlen hatte! Des Nachts müsse er manchmal seine Füße kalt abduschen, weil er sonst nicht schlafen könne. Auch im Winter pflege er stets kurzärmelig herumzulaufen und draußen vielfach barfuß in normalen sommerlichen Straßenschuhen. – Na, wenn das kein hochkarätiges Symptom für die chronische antimiasmatische Behandlung ist!

An dem nächsten, sehr interessanten Fall wird deutlich, *wie eng Psychosen und Epilepsie beieinander liegen können,* handelt es sich doch – rein hirnorganisch gesehen – um ähnliche Phänomene! Es geht um eine 40-jährige Frau, die seit langem unter Epilepsie leidet und neuerdings auch unter rezidivierenden Psychosen.

Die Epilepsie begann im Alter von 23 Jahren. Da hatte sie ihren ersten großen Grand mal-Anfall. Die Frau berichtete, daß sie früher zu DDR-Zeiten bis zu ihrem 17ten Lebensjahr regelmäßig geimpft wurde. „Nach dem Wechsel zur Oberschule, im Alter von ca. 12 Jahren, traten bei mir erstmalig gesundheitliche Störungen auf in Form von Verlangsamung und Lernschwierigkeiten." Keiner wußte damit etwas anzufangen. Die anfängliche Diagnose hinsichtlich ihrer Anfälle lautete „Epilepsie mit komplex-partiellen sowie tonisch-klonischen Anfällen", welche später zu einer viel wissenschaftlicher klingenden umgemünzt werden sollte. In ihrer schriftlichen Anfrage für einen Termin zur chronischen antimiasmatischen Behandlung erläuterte die Frau ihre aktuelle Situation folgendermaßen: „Ich lag viele Monate in Krankenhäusern und wurde mit den Wirkstoffen Carbamazepin, Valproat, Lamotrigin, Oxcarbazepin, Levetiracetam und Topiramat behandelt, leider ohne Erfolg. Deshalb wurde mir eine Operation vorgeschlagen, aber ich wählte einen anderen Weg. Seit etwa einem Jahr schlich ich auf Anraten meiner Ärztin die Tabletten aus, und diese Ärztin behandelt mich seit Anfang des Jahres mit homöopathischen Mitteln. Die Anfallshäufigkeit hat sich dadurch etwas verringert, aber die Psyche und das Selbstwertgefühl sind durch die jahrelange Behandlung stark in Mitleidenschaft gewogen worden."

Gemäß ihrem homöopathischem Fragebogen und dem Anamnesegespräch stellte sich der Leidensweg dieser armen Frau wie folgt dar: „Erster großer Anfall im März 1988 im Auto. Weiter gearbeitet bis November 1994. Danach bis März 1996 arbeitsunfähig durch Krankschreibung. Seit Mitte März dann erwerbsunfähig. Ab November 1995 Einstellung auf Tegretal im Krankenhaus; stationär bis Mitte Januar 1996. – Ab 1997 begann für mich ein langer Weg durch die Krankenhäuser. Insgesamt über 140 Tage, immer mit der Diagnose ‚kryptogen-fokale rechtshemisphärische Epilepsie mit unspezifischen Auren, absenceartigen komplex-fokalen Anfällen sowie sekundärgeneralisierten tonisch-klonischen Anfällen und ängstlich vermeidende Persönlichkeit'. Im April 2003 unter dem Antiepileptikum Topamax schwere Psychose mit Einlieferung in die Psychiatrie (Medikament Tavor; Tablettenumstellung). Oktober 2003 fünf Rippen gebrochen durch Sturz bei Anfall; im Durchschnitt 15 Anfälle im Monat, mit Orfiril 450-0-450 mg. Ab Mai 2004 langsames Ausschleichen von Orfiril bis Mitte Juli, ausgelöst durch Behandlung mit Holopathie. – Bisher eingenommene Antiepileptika und Psychopharmaka (ohne chronologische Reihenfolge): Diazepam, Orfiril, Tegretal, Lamictal, Trileptal, Keppra, Topamax und Gabapentin. – August 2004: einwöchige Psychose (Diazepam). Beginn der Behandlung mit Stramonium XM. September desselben Jahres: Hautrötungen im Gesicht; Anfälle im Monat nach wie vor 15 Stück. November: Trance-Zustand mit Beinezittern und Durchfall. Dezember: Apathie; Helleborus Q6. Januar 2005: zehn Tage Psychose mit 21 Anfällen; nach wie vor Hautirritationen. März 2005: Verwirrtheitszustand. Mai: schwere Psychose über zehn Tage; Cicuta C200 und C1.000. Juni: vier Anfälle, immer nur nachts. Juli 2005: sieben Anfälle." – Soweit der schriftliche Bericht.

Die erste Psychose der Frau, die immer noch bei ihren Eltern wohnte, da man sie nicht dauerhaft alleine lassen konnte, „trat nach dem Verschreiben des Antiepileptikums Topamax auf", so ihr Vater, der seine Tochter bei der Anamnese begleitete. „Sie bestand nur noch aus Lachen. Ihre Psyche war nicht mehr in Ordnung. Sie war völlig abgetreten, schlief dann zwei Tage nicht, redete nur aus der Vergangenheit. Und dann dieses undefinierte Lachen dabei; sie machte Tanzübungen wie beim Ballett. Später wußte sie nichts mehr von alledem. Wir haben sie damals in die Psychiatrie gebracht. Sie drohte, sich umzubringen, wollte nicht dableiben und wurde schließlich zwangseingewiesen. Nach drei Tagen haben wir sie aber wieder herausgeholt." Früher habe seine Tochter auch häufig Absencen gehabt, welche sich schließlich seit dem Ausschleichen der schulmedizinischen Medikamente verloren hätten.

In diesem Zusammenhang sei an die korrigierte schulmedizinische Diagnose einer „kryptogen-fokalen rechtshemisphärischen Epilepsie" erinnert, welche besagt, daß ein klar umschriebener Herd auf der rechten Großhirnhälfte existiert, der für die Epilepsie der Frau verantwortlich zeichnet. Somit bedurfte es im Grunde genommen „nur noch" eines zusätzlichen linkshemisphärischen Herdes, um augenblicklich in eine sog. schizophrene cortikale Großhirn-Konstellationen zu geraten, in Form der Manifestation einer handfesten Psychose. Und genau dies wurde *durch das Antiepileptikum Topamax provoziert!* Ein Blick in die Rote Liste genügt, um sich der vielen sog. Nebenwirkungen zu vergegenwärtigen, als da u. a. sind: „Psychose (!), psychotische Symptome, aggressives Verhalten, Nervosität, Depressionen, Suizidgedanken und Selbstmordversuche, Halluzinationen etc. pp.", um nur einige aus einer extrem langen Aufzählung herauszupicken, welche in diesem Fall interessieren. – Darüber hinaus hat die gute Frau jahrelang regelmäßig dermaßen viele Antiepileptika konsumiert – man lese sich einmal alle Nebenwirkungen dieser Medikamente durch! –, daß man schon von dieser Warte aus kaum noch eine Chance hat, annähernd gesund zu werden!

Es gäbe noch vieles aus der Gesamtanamnese dieser Frau zu berichten, vieles, was weder mit ihrer Epilepsie noch mit ihren rezidivierenden Psychosen zu tun hat, sondern allgemeine miasmatische Aspekte ihres ganzen Lebens abdeckt, welche für eine erfolgreiche antimiasmatische Kur unumgänglich sind. Doch dazu bleibt hier leider nicht der Raum, so daß wir an dieser Stelle nur noch ein paar ergänzende Worte zu den bisher gegebenen homöopathischen Arzneimitteln verlieren können, als da sind: Stramonium, Helleborus und Cicuta. Sicherlich Homöotherapeutika, die der Frau recht gut getan haben, aber ausnahmslos reine Akutmittel, welche zwar einen Bezug zu epileptischen Krampfanfällen aufweisen, jedoch keinerlei Bezug zu irgendwelchen Miasmen, Impfzusammenhängen oder Medikamentenbelastungen und deswegen den Fall in seiner Gesamtheit auch niemals zur Heilung bringen können. Erst durch das systematische chronische Angehen der ererbten und auf der ganzen Linie artifiziell verschärften miasmatischen Disposition konnte die geplagte Frau sehr gute Fortschritte auf dem Weg zu einer echten Ausheilung machen, zum einen hinsichtlich ihrer rezidivierenden Psychosen und der bestehenden Epilepsie und zum anderen auch hinsichtlich ihrer gesamten körperlichen sowie mentalen Verfassung.

5.20.4 Zwangserkrankungen

Gemäß dem klinischen Wörterbuch Pschyrembel handelt es sich bei Zwangsvorstellungen um „Ideen, die sich gegen den Willen der betroffenen Person ständig aufdrängen, deren Inhalt jedoch als unsinnig erkannt werden, obgleich sie nicht persönlichkeitsfremd sind. Dadurch kommt es oft zur Einengung des Gedankenreichtums auf bestimmte Fragen (Grübelsucht), oder der Kranke leidet an Befürchtungen (Phobien), die (obgleich sie als unsinnig erkannt werden) nicht abzustellen sind. Die Folge ist Angst. Vorkommen bei Postencephalitikern (!) und Zwangsneurosen."

Und unter dem Begriff Zwangsneurose ist zu lesen: „Neurose, bei der Zwangsphänomene (vgl. Zwangsvorstellungen) im Vordergrund stehen; wichtige Neuroseform, bei der u. U. schwerste Zwangsphänomene alle Handlungen des Patienten beherrschen. Dadurch auf lange Sicht arbeits- und kommunikationsunfähig. ... Verlauf langwierig, Prognose ungünstig (meist nur partielle Heilung in höchstens 50% der Fälle)."

Wie wir sehen, also auch hier wieder *ein Bezug zu Gehirnentzündungen*!! Das Stichwort liefert uns sogar der Pschyrembel „höchstpersönlich" in Form von „Postencephalitiker", was soviel heißt wie „Patient, der früher einmal eine Encephalitis hatte". Woher sollte man sich, bitte schön, eine solche Gehirnentzündung zuziehen? Wie allgemein bekannt, sind *Gehirnentzündungen sowie Hirnhautentzündungen Komplikationen anderer Erkrankungen*, besonders dann, wenn wider die Natur herummanipuliert wurde, oder *Reaktionen auf Impfungen*. – Der Kreis schließt sich also immer wieder aufs Neue! – Einfach mal eben so eine Encephalitis zu bekommen, wie einen Schnupfen oder einen Husten, geht nicht! Daraus folgt unmißverständlich, daß wohl auch die Zwangsvorstellungen und Zwangsneurosen unserer Zeit in den meisten Fällen auf das Konto von Impfungen und Unterdrückungen gehen.

Somit kann auch die von der Schulmedizin empfohlene Therapie in Form von Psychoanalyse, von Antidepressiva und v. a. Verhaltenstherapien mittels „lerntheoretisch konditionierten Reaktionen auf Angst", die darauf „abzielen, den Patienten mit Gewalt an der Vornahme von Zwangsritualen zu hindern", keine ursächliche Lösung sein und zeugt von Ignoranz der wahren Zusammenhänge, handelt es sich doch um „Hardwareschäden" im Gehirn durch eine Demyelinisierung von Hirnarealen! Auch wohlwollende Ratschläge von Zeitgenossen oder Psychotherapeuten, man solle sich „nicht so anstellen", man „bilde sich dieses oder jenes nur ein", man brauche sich ja nur dazu zu zwingen, Dinge ganz bewußt zu tun oder zu unterlassen, sind eine Verkennung von Tatsachen und alles andere als hilfreich, da dieses empfohlene Verhalten wiederum traumatisch ist, und selbst ein Zwangsverhalten beinhaltet – einen bewußten Zwang gegen einen bereits vorliegenden Zwang –, demnach also keine echte Heilung sein kann!

Schon in meiner Jugend bin ich mit „Zwängen" konfrontiert worden, wie dies von Patienten häufig genannt wird, und habe meine ersten Erfahrungen mit solchen Verhaltensmustern sammlen können. Die zwei Jahre ältere Schwester Verena einer sehr guten Bekannten von mir, namens Mona – heute sind übrigens beide Schwestern selber Ärztinnen –, legte nämlich dieser gegenüber gravierende Zwänge an den Tag, denn sie wollte immer, daß Mona gut ißt und nicht an Gewicht verliert, obwohl diese eine ausgesprochen gute

Sportlerin war, sich vollkommen normal ernährte und Verena absolut keinen Grund zu einem solchen Verhalten gab. So hat Verena dann mit der Zeit selber immer weniger gegessen, ja teilweise quasi sogar gehungert, um ihre jüngere Schwester dadurch zu zwingen, mehr zu essen. „Wenn du noch etwas ißt, esse ich auch noch ein bißchen." Ständig hat Verena Mona am Tisch beobachtet, „gut zugeredet" und sich „Sorgen gemacht", bis es ihren Eltern schließlich zuviel wurde, so daß es häufiger zu Ermahnungen und Diskussionen kam. Doch nichts half; mit Logik und gutem Zureden war da nichts auszurichten; Verena machte sich nur selber das Leben schwer. – Wie sollte sich da auch allein durch gutes Zureden etwas ändern, wenn es sich um *postencephalitische, hirnorganische Phänomene* handelte, sozusagen um Hardwareschäden!? – Des Nachts war es dann Verena, welche es vor quälendem Hunger nicht mehr aushielt und häufig aus dem Bett trieb, um klammheimlich in die Küche zu schleichen und sich dort noch das eine oder andere Käsebrot zu schmieren! Dieses Verhalten ging über viele Jahre hinweg; es war auch keine Marotte oder irgendeine Laune, nur um ihre „kleine" Schwester zu schikanieren, weil sie etwa eifersüchtig war oder so ähnlich (Verena war ja selber gertenschlank!), sondern dies ist – mit meinen jetzigen Kenntnissen hinsichtlich der Zusammenhänge von Hirnschädigungen – ganz klar *als Impfschaden einzureihen*. Heute, mehr als 30 Jahre danach, leidet Verena seit langem an der – laut Schulmedizin – unheilbaren Krankheit Colitis ulcerosa, einer chronischen entzündlichen und geschwürigen Dickdarmerkrankung, und weiteren degenerativen Erscheinungen, was eine deutliche Sprache spricht. Im übrigen litt ihre Schwester Mona schon damals an chronischer Sinusitis (Monas Nasennebenhöhlen wurden schon in ihrer Jugend operativ „gefenstert") und hatte bereits seit ihrem 16. Lebensjahr Fluor vaginalis! – Syphilis und Sykosis, im Sinne der chronischen Miasmen, lassen grüßen!

Erinnert sei in diesem Zusammenhang an die bereits in Kapitel *2.8.3 Syphilis oder syphilitische Konstitution (Syphilinie)* zitierte Beobachtung des großen Psychoanalytikers Sigmund Freud, der als Nicht-Homöopath Hahnemann geradezu bestätigt, indem er aufzeigt, daß auch *Zwangsneurosen* und andere schwere psychische Störungen miasmatischen Charakter haben und auf die *heriditäre Syphilis* zurückgehen.

Die homöopathische Behandlung von Zwängen erfolgt unter denselben Gesichtpunkten wie bei allen anderen chronischen Erkrankungen auch: einer *kompletten Lebensanamnese*, einer *Schwangerschafts- und Geburtsanamnese* und einer *Anamnese der Blutsverwandtschaft*, wobei den früheren *heroischen Behandlungen* und *Impfungen* besonderes Augenmerk zu schenken ist. Daraus abgeleitet wird die Ausarbeitung der *insgesamt vorhandenen Misamen* und des *aktuell dominaten*, welches zuerst behandelt werden sollte. Für dieses ist dann eine Similebeziehung mit den hochkarätigsten, hierarchisierten Symptomen herzustellen, d. h., es wird ein zuerst zu verschreibendes chronisches antimiasmatisches Arzneimittel gesucht, welches gemäß der Ähnlichkeitsregel das zur Zeit aktive Miasma am besten abdeckt. Selbstverständlich können auch – wie immer – für die eine oder andere Situation Akutmittel zwischenzeitlich zum Tragen kommen.

Im folgenden seien nun ein paar Beispiele von Zwängen aus meiner Praxis skizziert, damit der Leser einen Eindruck bekommt, um was es sich dabei im einzelnen handeln kann.

Mara, ein 14 Jahre altes Mädchen wusch und bügelte seit geraumer Zeit seine Wäsche selber, sehr zu Freude seiner Mutter. Diese erzählte mittlerweile überall voller Stolz, wie gut ihre Tochter im Haushalt schon mithelfe, bis sich schließlich eines Tages folgendes ereignete, worüber sie zutiefst erschrocken war: Maras Mutter war wieder einmal in der Waschküche und wollte prüfen, ob ihre Wäsche schon trocken sei, um diese dann bügeln zu können. Dasselbe tat sie auch mit der Wäsche ihrer Tochter, drückte diese also mit beiden Händen prüfend zusammen. Mara, die gerade zur Tür hereinkam und dies sah, nahm voller Zorn („sie war regelrecht sauer") ihre gesamte Wäsche von der Leine und stopfte sie abermals in die Waschmaschine, um sie ein weiteres Mal zu reinigen, denn niemand durfte ihre Wäsche berühren, von der Leine abnehmen, zusammenlegen, bügeln oder gar in den Schrank legen! „Mich traf der Schlag", so die ahnungslose Mutter. So wurde dieser nun auch schmerzlich bewußt, daß nach der Schule immer alles sofort nur „entsorgt" wurde, besonders dasjenige, womit andere in Berührung gekommen sind. Wenn beim Wäschewaschen irrtümlicherweise eine Socke vom Bruder oder irgend jemand anderem in der Maras Wäschetrommel zu finden war, mußte alles erneut gewaschen werden! Schließlich gab es viel Streß und ewige Diskussionen in der Familie. Alles fing bereits Jahre zuvor an, und zwar schleichend mit einem Händewasch-Tic. Später wurde es dann zunehmend schlimmer, bis sich dies nicht mehr verheimlichen ließ.

Ein anderer Fall extremsten Waschzwangs betraf eine Frau von 39 Jahren. Sie sei „schon immer pingelig" gewesen, ihr Waschzwang bestünde aber erst seit etwa zehn Jahren, „da war das letzte Mal Besuch in unserer Wohnung". Sie habe danach immer das ganze Wohnzimmer auf den Kopf gestellt, alles abgesaugt, das Sofa abshampooniert und extrem Großreine gemacht, bis spät in die Nacht hinein. Ständig habe sie große Angst, etwas anfassen zu müssen oder auch angefaßt zu werden. Schon die übliche Begrüßung per Handschlag bereitete ihr große Probleme. „Auch das Ausfüllen des homöopathischen Fragebogens[1] (schmutzig) war für mich schwierig." Als Ergänzung zu diesem schrieb sie: „Ich habe auch Angst vor meinem Anamnesetermin, aufgrund meines Zwangs: Verreisen, Übernachtung im Hotel, Anfassen von Türklinken, Sitzen auf fremden Stühlen, Essen von fremdem Geschirr etc. Es ist ein Horror!" Zu Hause sei die Seife im Bad immer sehr schnell aufgebraucht und alle Handtücher stets pitschnaß. Darüber hinaus habe sie immer das Gefühl, sie dürfe sich nicht entspannen, müsse ständig etwas tun. Das mache ihr

[1] Homöopathischer Fragebogen: ein kleines Journal von 32 DIN A4-Seiten für die homöopathische Anamnese.

ganzes Leben zum Streß, ihre persönliche Beziehung zu ihrem Mann obendrein und auch das Pflegen eines Freundeskreises. Von der täglichen Arbeit im Büro gar nicht erst zu sprechen.

Kontrollzwänge wie „Habe ich die Tür auch wirklich abgeschlossen?“, obwohl man dies gerade eben gemacht hat, oder „Ist der Herd wirklich ausgestellt? Was ist mit dem Computer, dem Fernseher, dem Bügeleisen etc. pp.?“, mit dem mehrmaligen Prüfen, ob nun auch wirklich alle Drehknöpfe und Kippschalter auf Null stehen, ob alle Stecker gezogen sind, usw. usf., ja daß man u. U. sogar noch einmal aus dem Auto aussteigt, die Haus- oder Wohnungstüre aufsperrt, um alles ein allerletztes Mal zu überprüfen, kommen immer wieder vor. Davon wird, dessen bin ich mir ziemlich sicher, fast ein jeder von Ihnen in seinem Bekannten- oder Verwandtenkreis einmal gehört haben. Auch diese Zwänge sind nicht in Ordnung und als (mehr oder weniger dezente) miasmatische Zeichen zu werten. Allerdings können sie teilweise auch dermaßen ausgeprägt sein, daß sich regelrechte Panikzustände entwickeln: „Habe ich gerade beim Rückwärtsfahren jemanden umgefahren?“, obwohl alles – wie immer – ganz normal abgelaufen ist. Die betreffende Person „muß“ dann mit ihrem Auto bei der nächsten Gelegenheit wenden, um die bereits zurückgelegte Stecke zurückzufahren und besagte Stelle, beispielsweise eine Parkbucht, nochmals genauestens in Augenschein zu nehmen.

Andere Formen von Zwängen spielen sich nur in Gedanken ab. Beispielsweise erzählte mir ein Vater von vier Kindern, beim Wickeln seines jüngsten Sprößlings habe er immer die Vorstellung, was passiere, wenn er seinem Kind plötzlich die Kehle zudrücke. Oder beim gemeinsam Bad in der Wanne: „Was ist, wenn ich mein Kind in der vollen Badewanne untertauche, bis es keine Blasen mehr gibt?“ Bezüglich seines Hundes hege er des öfteren den Gedanken: „Was, wenn ich ihn trete oder gegen die Wand knalle?“ Derartige Gedanken kämen ganz spontan und beunruhigten ihn sehr. Er sei machtlos ihnen gegenüber, könne sie nicht abstellen. Ein anderer Mann berichtete, er habe immerzu – „nahezu minütlich“ – die Zwangsgedanken, „sein Onkel sehe, wie er sich bewege, was er gerade mache usw., obwohl dieser etliche Kilometer weit weg wohne“. Oder, daß er „abgehört würde“, wenn er über jemanden spricht oder wenn er gerade etwas denkt. Da empfinde er beständige Angst. Er könne sich in diese dermaßen hineinsteigern, daß es sogar zu Schwindelzuständen, Herzrasen, Bluthochdruck und Brustkorbstechen komme. Aus diesem Grunde nehme er schon seit ca. acht Jahren Betablocker.

Eine weitere Mutter hatte immer Zwangsvorstellungen, daß ihre kleinen Kinder gefoltert werden könnten. Bei dieser Thematik weinte sie hier in der Praxis, so ergriffen war sie von ihren Gedanken. „Solche Gedanken überfallen mich mit einem Mal, ich kann nichts dagegen tun, bin völlig verzweifelt.“ Eine andere Mutter übte sich dagegen öfter in „bewußten Gedankenspielen“ beim Bügeln, wie sie es nannte. Sie stellte sich dann lebhaft vor, wie ihrem Mann oder ihrem Sohn etwas passierte, wie es ist, wenn es klingelte und die

Polizei stünde vor der Tür und überbrächte die Nachricht von ... – jedenfalls eine schreckliche Nachricht! Das tat sie bewußt und schon recht lange, d. h. sie konnte es selbst willentlich steuern.

Grundsätzlich ist zu all diesen Fallbeispielen zu sagen, daß die betroffenen Leute ansonsten vollkommen gesund und – im medizinischen Sinne – unauffällig sind, ja daß ihre Mitmenschen nicht einmal wissen, geschweige denn ahnen, daß bei ihnen derlei Zwänge existieren. Darüber hinaus sei aber auch anzumerken, daß man – unabhängig von einer chronisch-antimiasmatischen Therapie – bei solcherlei Gedanken sehr wohl selber aktiv etwas Sinnvolles dazu beisteuern kann und auch sollte. Denn Dinge wie diese sind gar nicht so harmlos, wie sie Otto Normalverbraucher vielleicht erscheinen mögen, welcher dafür u. U. nur ein müdes Lächeln übrig hätte, wenn man weiß, daß *jeder Gedanke die Kraft hat, sich zu manifestieren, ganz besonders jeder intensive Gedanke!* – Das ist ein kosmisches Gesetz! – Mit der ständigen Wiederholung forciert man geradezu dieses Szenario und erzwingt es förmlich, welches ja eigentlich gar nicht erwünscht ist! Im Gegenteil, man hat ja Angst davor. *Doch die geistige Welt kennt keine Negation*, kennt kein Nein! Deshalb ist es sinnvoller, diese (negativen) Gedanken einfach ziehen zu lassen, ihnen also keine „Nahrung" zu ihrer Manifestation zu geben, ihre Bilder u. U. im Geiste mit einem dicken Pinsel und roter Farbe zu durchkreuzen und beiseite zu schieben, um dann andere Bilder an ihre Stelle zu setzen, und zwar *affirmative, sehr angenehme, positive Bilder* und *immer und immer wieder dieselben.* – Das Unterbewußtsein arbeit nämlich mit Bildern! – Und diese affirmativen, positiven Bilder für eine gewisse Zeit auf sich wirken lassen, sie spüren, durchleben, genießen und festhalten, um schließlich von der gesamten Thematik wieder *loszulassen*, das ist ganz wichtig! Denn die Intensität der Gedanken, deren Verinnerlichung sowie deren fortgesetzte Wiederholung intensivieren die positiven Kräfte, so daß diese mit der Zeit überwiegen und das negative Szenario keinerlei Chance mehr hat. Und durch das Loslassen können jene erst richtig aktiv werden, unabhängig von Zeit und Raum. Wenn man darüber hinaus auch stets in der Schwingung der Liebe verbleibt, der universellen bedingungslosen Liebe[1], zieht das in jedem Fall positive Resultate nach sich.

---

[1] ad universelle bedingungslose Liebe: Jeder Gedanke, jede Erregung, jeder geistige Zustand hat eine ihm charakteristische Schwingung, wobei positive, aufbauende Gefühle und Gedanken wie Zufriedenheit, Hoffnung, Frieden, Harmonie und Liebe eine höhere Schwingung aufweisen als beispielsweise Wut, Neid, Eifersucht, Haß oder Rachegelüste. Je höher die eigenen Schwingungen, desto weniger können einem die niederen etwas anhaben. Universelle bedingungslose Liebe, eine Form von Liebe, welche unabhängig ist von Personen, Umständen, Objekten und Bedingungen, stellt das höchstmögliche Schwingungsniveau dar. Sie repräsentiert die höchste Frequenz, auf der wir zu schwingen vermögen, was schon der Apostel Paulus seinerzeit den Korinthern in seinem ersten Brief an sie vermittelte: „Nun aber bleibt Hoffnung, Glaube, Liebe, diese drei; die Liebe ist aber die größte unter ihnen." (1. Korinther 13, 13)

Das gilt im Prinzip für alle Gedanken, denn Zufälle gibt es nicht, jedenfalls nicht in dem Sinne, wie das Wort nach heutigem Sprachgebrauch benutzt wird, daß man der Arme ist, den es immer wieder trifft, der überhaupt nichts dafür kann. Besinnt man sich auf die eigentliche, ursprüngliche Bedeutung dieses Wortes, daß einem wirklich nur das zufällt, wofür man selber verantwortlich ist, was einem gebührt (im Sinne von „jemandem etwas zu-fallen", d. h. „einem entgegen-fallen"), nämlich aufgrund seiner fortwährenden Gedanken, so wird vieles klarer. Schon in der Bibel – Markus 11, 24 – steht geschrieben (allerdings nur bei korrekter Übersetzung aus dem Griechischen): „Glaubet, daß ihr *empfangen habt,* so *wird's* euch *werden.*" Man achte auf den ungewöhnlichen Gebrauch der Zeiten![1] Das bedeutet, daß man das, was man eigentlich erst noch erreichen möchte, als bereits eingetreten und gegeben (intensiv) gedanklich vorwegnehmen und festhalten soll, so, als ob alles schon Wirklichkeit sei. Das Unterbewußtsein wird dann alle Hebel in Bewegung setzen, um das gewünschte Ziel auch wirklich zu erreichen. Man wird zum rechten Zeitpunkt am rechten Ort sein, die richtigen Leute in sein Leben ziehen, die richtigen Entscheidungen treffen etc. pp., kurzum, man wird erkennen, daß man (sicher) geführt wird! Von seiner inneren Stimme, von seinem höheren Selbst, von seinem Schutzengel, von ..., wie immer Sie das nennen wollen. – Immer! – Somit ist jeder jederzeit seines eigenen Schicksals Schmied.

Wir leben alle danach, auf der ganzen Welt, nur die meisten eben (leider) unbewußt! Sie sind vergleichbar einem tanzenden Boot, ähnlich einer Nußschale, inmitten der Wellen eines tosenden Ozeans, welches hin und her geworfen wird und nun hilflos herumhüpft, ohne erkennbare Richtung. Aber im Prinzip ist ein jeder für sich selbst verantwortlich! Jeder kann „seinem Boot" Stabilität verleihen, es steuern, ihm eine ganz bestimmte Navigationsrichtung vorgeben und den eingeschlagenen Kurs halten – kraft seiner eigenen Gedanken und der universellen Liebe! Wenn man dieses (neutrale) kosmische Gesetz kennt und beherzigt und es bewußt positiv für sich nutzt, kann man damit „Berge versetzen"! Programmiert man etwas Positives hinein, dann erntet man auch etwas Positives; programmiert man dagegen etwas Negatives hinein, so wird man viel Negatives in sein Leben ziehen. Also – nichts mit Zufall!! *Alles hat seine Ursache!* Alles, was der Mensch denkt, fühlt, sagt, tut oder unterläßt, schlägt auf ihn selbst zurück! Oder etwas biblisch ausgedrückt: *„Das, was man sät, das erntet man!"* – Nahezu dasselbe steht auch im Talmud, einer „Sammlung von Gesetzen und religiösen Überlieferungen des nachbiblischen Judentums":

[1] Leider gehen die heutigen „modernen" Übersetzungen an dem eigentlichen Sinn dieser Bibelworte bei weitem vorbei und verfälschen deren Exegese: „Glaubet, daß ihr empfangen *werdet*, so wird's euch werden."

Achte auf deine *Gedanken*, denn sie werden *Worte*,
Achte auf deine *Worte*, denn sie werden *Handlungen*,
Achte auf deine *Handlungen*, denn sie werden *Gewohnheiten*,
Achte auf deine *Gewohnheiten*, denn sie werden dein *Charakter*,
Achte auf deinen *Charakter*, denn er wird dein *Schicksal*.

Doch nun zurück zu den Zwangsvorstellungen bzw. Zwangsneurosen! Beim nächsten Beispiel wird die Hirnschädigung schon deutlicher (um nicht zu sagen überdeutlich); jedenfalls müßte sie jedem normalen Menschen – auch ohne medizinische Kenntnisse – auffallen: Ein fünfjähriger Junge mit „epileptischen Krampfanfällen, Absencen, geistiger Behinderung und allgemeinen Entwicklungsstörungen sowie schwerer Thrombozytopenie[1], ‚seine Thrombozyten waren lange Zeit deutlich unter 7.000' (normal wären 150.000 bis ca. 400.000/mm^3)" leidet zusätzlich an schweren Zwängen. Er ist nur dann zufrieden, wenn er weiche Papiertaschentücher oder seidige Papierservietten in kleine Teile zerrupfen kann, um sich diese Schnipsel dann auf den Mund zu legen und wegzupusten, was er auch während unserer zweistündigen Anamnese unentwegt getan hat. Sie können sich sicherlich bildhaft vorstellen, was die Mutter dieses Jungen tagtäglich zu tun hat! All diese Störungen haben *nach den Impfungen begonnen*, so seine verzweifelten Eltern, zuerst die Epilepsie mit vier Monaten („zwei Tage nach der Impfung gab es den ersten großen Krampfanfall") und zum Schluß, seit etwa 1½ Jahren, „das Pusten". Natürlich war der Kleine auch mehrere Jahre lang mittels Antiepileptika „eingestellt".

Bei einem anderen Fall von schweren Zwängen handelte es sich um ein 14-jähriges Mädchen namens Ramona, welches darüber hinaus auch recht depressiv war und viele Ängste hatte. Die Zwänge beeinträchtigen Ramona dermaßen, daß „sie sich keinen Rat mehr wußte und neulich ein Messer genommen und sich an den Hals gehalten hat", berichtete ihre entsetzte Mutter. Diese seien mittlerweile so ausgeprägt, daß das Mädchen – vormals eine gute Schülerin – nicht mehr zur Schule gehen konnte. Ramona hatte den Drang, alles anzufassen, auf alles mit den Fingern zu drücken, sich spontan bäuchlings auf den Boden zu legen, über die Schule nachzudenken und sich im Geiste immer wieder vorzusagen „1 ist sehr gut, 2 ist gut, 3 ist befriedigend …" usw., im Auto auf einmal die Füße an die Decke zu strecken, häufig mit ihren Fingern und ihrem eigenen Speichel Buchstaben und Bilder an Fensterscheiben zu malen, beim Lesen von Texten immer wieder dasselbe zu lesen oder nach den Abständen der einzelnen Buchstaben zu schauen oder danach, ob bei handgeschriebenem Text die kleinen „E"s geschlossen sind, um nur einiges zu nennen. „Sie schaut auch 100-mal in ihren Schulranzen, ob alles drin ist." Dies alles war Ramona voll bewußt, aber: „Ich muß das dann machen!" Hier in der Praxis stand sie zeitweilig von ihrem Stuhl auf und

[1] Thrombozytopenie: Thrombopenie. Blutplättchenmangel, dadurch bedingte Blutungsneigung.

bückte sich immer und immer wieder, faßte den Boden an, prüfte die Gardinen und zuckte beständig mit dem Kopf, um dann wieder zufrieden Platz zu nehmen. Ihre schulmedizinische Diagnose lautete Tourette-Syndrom[1] und wurde seit einiger Zeit mit schwersten Medikamenten behandelt. „Schon mit zehn Jahren hat sie komisch geschrieben, mit Unterbrechungen; sie hat Tüpfchen zwischendurch gemacht", wußte ihre Mutter zu ergänzen. „Dies *begann nach der Polioimpfung* im Juni 1994." Insgesamt habe Ramona viele Impfungen erhalten. Die Zwänge, die vielen Ängste und die depressiven Verstimmungen („Ich will so sein wie die anderen; das Leben macht keinen Spaß.") seien aber erst *nach der 4½-monatigen stationären Behandlung ihrer Tics aufgetreten!* Jene manifestierten sich „nur als kurzer geller Schrei, als Fingerschnalzen, Augenzwinkern, Grunzen oder kurzes Kopfschütteln, mehr nicht". Sonst sei sie völlig normal gewesen. „Ramona wurde damals auf Orap[2] und Tiapridex[3] eingestellt." Zwei Medikamente, welche in keinem Verhältnis zu ihrem anfänglichen Beschwerdebild der Tics standen!

In einem anderen Fall ging es um einen kleinen sechsjähriger Buben, der mir erzählte, da gebe es viele Stimmen in ihm, böse Stimmen. „Die waren schon im Mutterleib da; mit dem Kaiserschnitt sind sie bei mir reingeschlüpft." „Eine ist die Krankmacherstimme", sagte er. Es gebe auch eine junge Bubenstimme, und eine Stimme sei Gott. Er konnte die einzelnen Personen seiner Mutter gegenüber sogar beschreiben! „Eine Stimme sagt zum Beispiel: ‚Du mußt das machen', und dann muß ich das auch machen." Das seien diese Zwänge, von welchen seine Mutter sprach. Leichte Zwänge und Tics, wie Augenzwinkern, Mundverziehen, Abtasten und Schmecken der Umgebung, wie z. B. „Schneeschmecken". „Mein Sohn weiß von diesen Stimmen ca. seit seinem vierten Lebensjahr. Ich weiß es erst seit knapp zwei Wochen", so die Mutter während der Anamnese. – Interessant (und irgendwie bekannt), nicht wahr?

Und schließlich ein letzter Fall von Zwängen. Diese seien nicht ganz so stark wie bei anderen – der Mann befand sich in einer Selbsthilfegruppe und hatte dadurch einen recht guten Einblick in diese Thematik – und betrafen „oft

---

[1] Tourette-Syndrom: Siehe hierzu auch Kapitel *5.17.3 Schwerere Formen – Entwicklungsverzögerung, Wahrnehmungs- und Koordinationsstörungen, Behinderungen, Autismus.*

[2] Orap: ein Neuroleptikum bei „chronischen Psychosen des schizophrenen Formenkreises". Wie ungesund derartige Medikationen sind, geht auch aus der Auflistung der Vielzahl von Nebenwirkungen hervor. Dort ist u. a. zu lesen: „… bei überwiegend hohen Dosierungen und prädisponierten Patienten: Plötzlich unerwartete Todesfälle". (Rote Liste) – Wobei einen die Formulierung „prädisponiert" wirklich stutzig machen müßte!

[3] Tiapridex: ein Mittel bei „Neuroleptika-induzierten Spätdyskinesien …" und zur „Verringerung von Bewegungsstörungen bei Chorea Huntington". (Rote Liste) – „Dyskinesie": motorische Fehlfunktion. „Neuroleptika-induziert" bedeutet soviel wie, „durch Neuroleptika bewirkt, verursacht"!! – Das verschlägt einem doch glatt die Sprache! Weitere Erklärungen dürften sich hier wohl erübrigen.

ganz unwichtige Dinge“ wie: „Habe ich etwas vergessen? – Wo ist mein Portemonnaie? – Ist auch die Zigarette im Ascher richtig ausgedrückt? – Ist mir ein Zettel herausgefallen beim Rausholen der Zigarettenschachtel? – und ähnliches.“ „Es sind Gedanken, obwohl ich sehe, daß alles okay ist. Trotzdem läßt es mir dann keine Ruhe.“ Die Zwänge traten langsam auf, seit etwa 1990 bis 1993. Ungefähr 1990 war der Mann elf Monate lang krank! Er bekam damals *sehr viele Medikamente*, war sogar ein halbes Jahr lang „beim Neurologen“, erhielt dort *Psychopharmaka*. Zwei Jahre davor war er noch bei der Bundeswehr, mit einer *Impfung gegen Tetanus*. Und drei weitere Jahre davor hatte er sich von seiner damaligen Freundin eine *Gonorrhoe*, also einen Tripper, hinzugezogen, welche ein bis zwei Wochen antibiotisch behandelt werden mußte. Seither gab es des öfteren genitale Pilzinfektionen „mit roten Punkten auf der Eichel, etwas Juckreiz und einem Schmerz wie von feinen Nadeln“. – „Alles klar hinsichtlich der Ätiologie der Zwänge dieses Mannes!“, müßte der miasmatisch Vorgebildete nun sagen.

5.21 Verschiedenes

Dem aufmerksamen Leser wird sicherlich aufgefallen sein, daß die meisten vorgestellten Fallbeispiele im Prinzip auch Impfschadensfälle sind. Fälle und „Schicksale“, welche aufgrund von Impfungen und/oder anderweitiger Unterdrückungen entstanden sind, welche unter natürlichen Bedingungen – d.h. ohne Impfungen bzw. ohne Unterdrückungen – niemals so gelaufen wären. In diesem Kapitel ergänzend nun noch ein wenig weitere Kasuistik aus der homöopathischen Praxis, bei welcher sich der Impfzusammenhang oder der einer Unterdrückung auch nicht leugnen lassen. Fallbeispiele, die nicht unter die Überschrift eines vorhandenen Kapitels paßten bzw. für welche ich nicht eigens ein neues Kapitel beginnen mochte, da dies bei weitem den Rahmen des vorliegenden Werkes sprengen würde, eines Werkes, welches nun doch deutlich umfangreicher ausgefallen ist, als ursprünglich geplant. Die nachfolgenden Fallbeispiele sprechen für sich. Mit dem Wissen der erarbeiteten Zusammenhänge bedürften sie eigentlich keines weiteren Kommentars; ob Impfzusammenhang, Antibiotikum, Cortison oder ähnliches – es bleibt weitgehend dem Urteil des Lesers überlassen, sich die wirkliche Kausalität zu vergegenwärtigen.

5.21.1 Diabetes mellitus

Der erste Fall handelt von Vanessa, einem kleinen Mädchen, welches noch keine drei Jahre alt ist. In einer Anfrage hinsichtlich einer homöopathischen Behandlung schreibt seine prominente Mutter u.a.: „Meine Tochter Vanessa bekam mit zwei Jahren ihre erste Fünffachimpfung, die nach einem Monat wiederholt wurde. 35 Tage später wurde sie ins Krankenhaus eingeliefert mit der Diagnose: Diabetes mellitus Typ I! – Vor der Impfung wurde ich von zwei Ärztinnen aufgefordert, diese Impfung vornehmen zu lassen. Aber keine der beiden Ärztinnen hat mich über die Nebenwirkungen aufgeklärt. Ich war nicht-wissend und habe den Ärzten vertraut. Ich habe über diese Impfung auch mit einer Homöopathischen Kinderärztin gesprochen. Die meinte, da wir viel reisen, sei diese Fünffachimpfung in Ordnung. Ich habe auch dieser Ärztin vertraut.[1] – Meine Tochter war ein kerngesundes Kind. Da ich einen zwölfjährigen kleinwüchsigen Jungen[2] habe, der jeden Tag Hormonspritzen bekommt, habe ich alles getan und auf alles geachtet, damit meine Tochter gesund das Licht der Welt erblickt. Und gesund war sie bis zum Zeitpunkt der Impfung. – Ich würde gern unseren Fall an die Öffentlichkeit bringen, damit andere Eltern, die noch unwissend sind, vor diesen Folgeschäden gewarnt werden und vielen Kindern dieses Schicksal erspart bleibt. Das bin ich meiner Tochter schuldig."

„Der jugendliche Diabetes, auch Typ I-Diabetes genannt, ist die häufigste chronische Erkrankung im Kindesalter. Von 1.000 Schulkindern leiden im Schnitt fünf daran. Und es werden immer mehr. In den vergangenen 20 Jahren hat sich die Zahl der Erkrankten in Deutschland verdoppelt." So lautete eine Zeitungsmeldung vom März 2005. Mittlerweile gibt es schon ganze Stationen in Krankenhäusern, welche sich ausschließlich mit dem Diabetes Typ I befassen und darauf „spezialisiert" sind! Wahrscheinlich spezialisiert im Einstellen, nicht aber im Ausarbeiten der biologischen Ursachen und Zusammenhänge geschweige denn einer kausalen Therapie. So wird in den Zeitungen auch immer wieder über diese Thematik berichtet, wie diese schreckliche Krankheit im Vormarsch sei und woran dies liege, beispielsweise im „Weilheimer Tagblatt" vom 8. 11. 2005: „6,3 Millionen sind zuckerkrank! – Immer mehr Menschen in Deutschland werden zuckerkrank. Nach Angaben der Deutschen Diabetes-Union (DDU) gibt es derzeit hierzulande rund 6,3 Millionen Diabetiker. Bis zum Jahr 2010 sei wegen falscher Ernährung und Bewegungsmangel mit einem Anstieg auf 10 Millionen Zuckerkranke zu rechnen. Damit liegt Deutschland weltweit unter den ersten zehn." – „No comment" an dieser Stelle! Sehen Sie sich nur einmal genauer die publizierte Erklärung für den Anstieg des Diabetes an, dann wissen Sie Bescheid!

In einer anderen Meldung vom 17. Mai 2006 ist von 7 Millionen Typ II-

[1] Leider ist der Begriff „Homöopathie" nicht geschützt, so daß der Laie „von außen" nur schwer erkennen kann, ob ein Therapeut, sei er Arzt oder Heilpraktiker, der diese göttliche Heilkunst ausübt, auch wirklich lege artis vorgeht, d. h. streng im Sinne ihrer Gesetze denkt und handelt. Heutzutage ist es vielfach immer noch so, daß zwar homöopathische Potenzen verabreicht werden, der Therapeut aber noch gänzlich in seinem schulmedizinischen Denken verhaftet ist. – Es ist also *nicht alles echte Homöopathie*, was unter diesem Namen „verkauft" wird.

[2] Im Nachhinein dämmerte es der jungen Mutter, daß der Kleinwuchs ihres erstgeborenen Sohnes wohl auch mit den damaligen Impfungen in Zusammenhang stehen könnte!

Diabetikern[1] die Rede, „wegen falscher Ernährung und Bewegungsmangel". Und: „Typ I-Diabetiker gibt es in Deutschland etwa 700.000, jährlich erkranken 2.000 Kinder unter 14 Jahren (Tendenz steigend) – und die Wissenschaft weiß nicht genau warum." – Hand aufs Herz, wirklich nicht!? – „Das Zusammenspiel von Genen und Umwelteinflüssen ist noch nicht enträtselt", heißt es weiter. Es werden Forschungen und „groß angelegte Studien" (beispielsweise die in München Schwabing und an vier weiteren Instituten weltweit angelegte TEDDY-Studie) angeführt, die die Ursachen ergründen sollen. „Das Münchner Team alleine untersucht mehr als 9.000 Säuglinge – aus unbelasteten Familien und solchen mit Tpy I-Diabetikern – auf Antikörper, die ein erhöhtes Risiko anzeigen. 640 von ihnen werden 15 Jahre beobachtet. Die Fragen: Bei wem bricht die Krankheit aus? Wie ernährten sich die Probanden? Mit welchen Krankheiten steckten sie sich an? Standen sie unter Streß?"

Gestattet sei da die *Frage, wo das Miteinbeziehen der ausgefüllten Impfpässe und die Berücksichtigung von bereits erfolgten unterdrückenden Behandlungen geblieben ist,* wenn dies wirklich vollkommen seriöse Studien sein sollen. Denn dann bräuchte man mit an Sicherheit grenzender Wahrscheinlichkeit keine 15 Jahre zu beobachten!

Und weiter: „Um Antworten auf die Spur zu kommen, braucht es außer Laborarbeit vor allem Statistik. Professorin Annette-G. Ziegler, Leiterin des Instituts für Diabetesforschung am Schwabinger Krankenhaus in München, möchte durch TEDDY auch ein Ergebnis der kleineren Babydiät-Studie ihres Institutes überprüfen. Danach ist die Ernährung im Kleinstkindalter entscheidend: Besonders wahrscheinlich ist der Ausbruch des Diabetes, wenn Säuglinge bereits vor dem dritten Lebensmonat feste Nahrung wie Zwieback oder Brezeln serviert bekommen. Erklärung: Der Darm, später ein von Immunzellen dicht bevölkertes, widerstandsfähiges Organ, ist noch nicht voll ausgebildet – und mit den Brocken überfordert. Eine allergische Reaktion führt zum Diabetes."

Komisch nur, daß dies nicht früher so war, zumal jetzt wieder viel mehr gestillt wird als beispielsweise in den 60er Jahren, wo die Babynahrung nur so boomte und Stillen geradzu verpönt war bzw. als „ungesund" angesehen wurde, jedenfalls laut Werbung und „Aufklärung" durch die damaligen Ärzte! Und zweifelhaft auch, daß Babys in solch einem zarten Alter – „bereits vor dem dritten Lebensmonat" (!) – „Brocken" zu essen bekommen; mir jedenfalls hat das noch keine Mutter in der Praxis berichtet, und ich begleite seit Jahren sehr sehr viele Kinder homöopathisch!

---

[1] Diabetes mellitus Typ I: primärer, essentieller, insulinabhängiger Diabetes. Manifestiert sich i.d.R. bei Kindern und Jugendlichen mit meist akut einsetzender Symptomatik und kann bis hin zu absolutem Insulinmangel gehen.
Diabetes mellitus Typ II: sekundärer, nicht-essentieller, insulinunabhängiger Diabetes. Meist infolge verminderter Insulinwirkung in höherem Lebensalter einsetzend; sog. Erwachsenendiabetes.

Doch zurück zur Kasuistik! Ein anderer Fall von juvenilem Diabetes[1] begann mit einer Gesichtsrose, bzw. genauer gesagt, mit der Unterdrückung einer Gesichtsrose. Der kleine Peter, ein ungeimpfter Junge von sechs Jahren, der auch noch nie in seinem Leben ein Antibiotikum erhalten hatte und „im Prinzip der gesündeste unserer ganzen Familie ist“, bekam mit einem Mal lauter „kleine Pickel“ auf der linken Seite seines Gesichtes, „mit Wasser gefüllte Bläschen“, wie die Mutter dann weiter präzisierte. Ihm tue alles weh, „vom linken Auge, der Augenbraue, der Stirne bis hin zum Haaransatz“. Zuerst habe die Mutter an Windpocken gedacht, denn ihr Junge hätte noch keine gehabt. Doch dann habe ihr Kinderarzt die Diagnose „Herpes zoster“ gestellt, also Gürtelrose im Gesicht, Gesichtsrose.

Peters Mutter hatte ihrem Jungen Rhus toxicodendron D12 gegeben, 2 Globuli täglich. Trotzdem sei in den letzten zwei Tagen alles ziemlich schlimm geworden. Die Blasen würden dicker – „teilweise fünfmarkstückgroß“ – und platzten auf. Das linke Auge war ziemlich rot und zugeschwollen. Ein konsultierter Augenarzt meinte jedoch, Peters Hornhaut sei glücklicherweise nicht betroffen. Doch seine Eltern machten sich berechtigterweise sehr große Sorgen. „Mittlerweile bringt er sein linkes Auge kaum noch auf.“ Die Tränenflüssigkeit sei scharf und greife die Haut an, mache sie rot; die Bläschen seien durchsichtig und voller Flüssigkeit; darunter sei die Haut auch gerötet. Peter habe aber keinerlei Schmerzen mehr. Unmittelbar vor Beginn des Ganzen habe der Junge einen Magen-Darm-Infekt mit diffusen Bauchschmerzen und Erbrechen gehabt.

Peter sollte ab sofort Sulfur LM6 einnehmen, 1 Tropfen in einem Teelöffel voll Wasser, nach Bedarf. Schon einen Tag später trank der Junge wieder mehr und hatte besseren Appetit. Auch sein äußerer Zustand hatte sich verändert. „Er bekommt nun lauter kleine Pöckchen am ganzen Körper, wie Windpocken. Sonst ist es gut drauf!“, so seine besorgte Mutter. Peters Auge war jedoch noch stark geschwollen und „zu“. Das andere Auge sei nun auch etwas dicker, wegen der Seitenlagerung. „Dafür, daß er so aussieht, hat er kaum Schmerzen!“ Peter hatte sehr trocken Lippen. Aber die Nächte waren gut; er hatte gut geschlafen. – Wir vereinbarten, die Potenz des Sulfurs zu erhöhen, auf die LM18, 1 Tropfen auf ein Glas Wasser, einmal täglich eine Gabe (ein Löffel voll), und eine regelmäßige Kontrolle beim Kinderarzt.

Doch diesem wurde die Situation wohl langsam zu bedenklich. Jedenfalls „machte er mit einem Mal dermaßen Druck“, daß sich der Kleine innerhalb kürzester Zeit im Krankenhaus wiederfand. „Das habe ich jetzt zweimal bei Kindern erlebt dieses Jahr; vorher noch nie!“ versicherte auch der behandelnde Augenarzt, „und Zovirax[2] hilft nicht“. – Somit waren beide die Verantwortung los!

---

[1] juveniler Diabetes: Diabetes mellitus Typ I.

[2] Zovirax: ein Standardmittel zur Behandlung von Herpes-Infektionen mit dem Wirkstoff Aciclovir.

„Der Sulfur hat ihm schon gut getan“, wußte Peters besorgte Mutter dann nach drei Wochen Klinik zu berichten. Allerdings hatte sie diesen während des Krankenhausaufenthaltes leider nicht weitergegeben! Peter hatte ihn nur ein paar Tage erhalten. Und hinsichtlich seiner Einweisung wollte sich die Mutter damals nicht gegen ihre Ärzte stellen, sich nicht widersetzen. Somit hat Peter dann hochdosiert Zovirax per Infusion erhalten und zu dieser virostatischen Therapie obendrein auch Penicillin, „weil man dazu noch Streptokokken festgestellt hatte“. „Peter hat im Krankenhaus noch viele ‚Windpöckchen‘ entwickelt, weit über 100 Stück am ganzen Körper; die Ärzte dort waren ratlos“, denn somit konnte es sich ja nicht um einen wirklichen Herpes zoster gehandelt haben, der immer nur lokal begrenzt „im Versorgungsgebiet eines bestimmten Nerven“ auftritt (wie anfänglich bei Peter in dem des Nervus ophthalmicus). Wie dem auch sei, jetzt sei Peter jedenfalls wieder zu Hause. Er sei zwar noch „total verkrustet“, seine Augen aber frei. Nach 20 Tagen seien Mutter und Kind entlassen worden. Der Junge bekomme aber immer noch eine Augensalbe und Tropfen auf der Basis von Aciclovir. „Wir hatten ja nur Angst wegen seiner Augen!“ Doch nun gehe es wieder recht gut; Peter sei aber noch ein wenig lichtempfindlich. „Und wegen des bestehenden Juckreizes erhält er regelmäßig Fenistil[1].“ – Wir beschlossen, noch ein wenig abzuwarten, um dann später mit dem Sulfur fortzufahren, wegen der „niedergemachten Hautausschläge“. Und abwarten deswegen, damit durch den Sulfur nicht wieder alles von vorne losginge (Stichwort: Rückspulung!).

Doch Peters Mutter meldete sich leider erst 13 Monate später wieder zurück! Ihr Junge nässe seit einigen Monaten hin und wieder ein; dies steigere sich im Moment enorm. „Seit den letzten zwei Wochen fast jede Nacht!“ Er trinke aber normal, wie immer. Ein Check beim Arzt habe einen Blutzuckerwert von 292 mg% ergeben, mit der Diagnose Diabetes mellitus Typ I. „Ein Schock für uns!“ Vor gut zwei Tagen sei der Blutzucker sogar auf 421 mg% hochgeschnellt. „Ansonsten geht es Peter sehr gut.“ Er sei „super“ in der Schule, könne sich gut konzentrieren und sei nie krank. Nur neulich, vor etwa 2½ Monaten, habe er relativ plötzlich einen Nesselausschlag bekommen, „wahrscheinlich wegen der Pilze unter den Bäumen“, mit roten Flecken im Gesicht. Dieses sei auch recht aufgeschwollen gewesen, weshalb ihm die Mutter wieder Fenistil gegeben habe. Auf meine Frage hin, wie sie denn damals weiter verfahren habe, ob und wann sie mit dem Sulfur wieder eingestiegen sei, bekam ich dann die erschütternde Antwort (was ich bis heute nicht verstehen kann und wohl auch nie verstehen werde), Peter habe damals ca. drei Monate lang Zovirax erhalten, zeitweilig auch Penicillin dazu und wegen des beständigen Juckreizes vier Monate durchgehend Fenistil; „später nur noch gelegentlich“! Frei nach dem Motto: „Never change a winning team“, wie die Meinung ihres Arztes war. Den Sulfur habe man nicht weitergegeben. – Da müßte jetzt doch jedem ein Licht aufgehen, oder?

---

[1] Fenistil: ein Antiallergikum.

Und nun sei man schon wieder in der Klinik gewesen und habe den Jungen einstellen lassen, Peter, den ursprünglich gesündesten der ganzen Familie, der zuvor noch nie ein Antibiotkum gesehen hatte!! Wie konnte das nur passieren? Seine Familie schien keine Erklärung dafür zu haben. – Ganz einfach: Unterdrückung lautet die Antwort! *Fortwährende Unterdrückung, über Monate hinweg.* Das zeigte sich auch daran, daß unter unserer sofort wiederaufgenommenen homöopathischen Behandlung mit der Zeit erneut „ein Hautausschlag auftrat, und zwar in der Region der damaligen Gesichtsrose, pickelig und grießförmig“! Dort juckte es auch manchmal; teilweise schon vor diesen wiederaufblühenden Effloreszenzen. Jener nahm sich diesmal aber als recht harmlos aus und klang bereits nach acht Tagen wieder ab, „nur ganze zwei bis drei Tage lang war er heftiger“.

Kurios bei der ganzen Sache war auch, daß der behandelnde Professor der Klinik, „eine Kapazität auf seinem Gebiet“, den ratlosen Vater des Jungen dahingehend versucht hatte zu überzeugen, daß es sich bei der Erkrankung seines Sohnes um eine Autoimmunkrankheit handelte. Und jener war auch schon im Begriff, dies alles zu glauben! (Bis wir eingehend über alle wirklichen Zusammenhänge gesprochen haben.) Er selber hatte nämlich keine Erklärung dafür, warum es gerade seinen Sohn Peter „so erwischt hatte“, Peter, der ungeimpft und sonst auch immer sehr gesund gewesen war; „einfach so aus heiterem Himmel“. „Peter hat ein zu starkes Immunsystem“, habe ihm der Professor erläutert. Er sei „zu gesund“; deshalb habe er einen Diabetes bekommen. Weil die Immunzellen bei Peter zu stark seien, würden sie sich gegen die körpereigenen Inselzellen des Pankreas[1] richten, was Peters Diabetes ausmache.

Das muß an sich einmal vorstellen: Ein intelligenter, hochangesehener Mann, mit viel Verantwortung gegenüber den ihm anvertrauten hilfsbedürftigen Menschen, versucht einem anderen intelligenten Mann, welcher völlig verzweifelt und hilfesuchend nur das Beste für seinen Sohn möchte und sich im guten Glauben an einen „Spezialisten“ wendet, ein dermaßen unseriöses, einfältiges – und dazu noch durchsichtiges – Märchen aufzutischen, ohne rot zu werden! – *Kann es das in der Natur überhaupt geben: „zu gesund“?* – Bezüglich eines abzugebenden Statements hinsichtlich dieses Professors gibt es im Prinzip nur zwei Möglichkeiten: a) Entweder dieser ist so „dumm“, daß er sein frei erfundenes Märchen selber glaubt, oder b) er ist so „dreist“, daß er die Leute regelrecht verschaukelt, ihnen einen Bären aufbindet, um von den wahren Tatsachen und Zusammenhängen abzulenken, kraft seiner Autorität, kraft seines Titels, denn er als „Kapazität“ muß es ja wissen. Das hieße nämlich, man hätte Peter damals doch impfen lassen sollen, damit er keinen Diabetes bekommt. So jedenfalls lautete der Tenor des Gespräches mit diesem hochdotierten Hochschulmediziner, welcher den Vater regelrecht in einen

[1] Pankreas: Bauchspeicheldrüse.

Zwiespalt stürzte (aber nur bis zu unserer gemeinsamen detaillierten ätiologischen Klärung). – Das zeigt wieder einmal mehr, mit welchen Mitteln gezielte Desinformation betrieben wird. Für wie dumm halten die heutigen Hochschulmediziner ihre Mitmenschen eigentlich? So etwas ist doch selbst der Allerdümmste nicht geneigt zu glauben!

Im übrigen habe ich in meiner Praxis – und ich kann nur für diese sprechen – noch nie einen Fall von juvenilem Diabetes gesehen ohne Impfzusammenhang bzw. ohne Unterdrückung, mit der einen Ausnahme eines Vitamin-D-Schadens, welchen ich im meinem Buch *Klassische Homöopathie für die junge Familie* beschrieben habe! Das ist also des Pudels Kern!

Interessant und lehrreich in diesem Zusammenhang ist auch der Fall einer anderen Patientin aus der Schweiz, 50 Jahre alt. Diese verheimlichte nämlich ihren selbst festgestellten Diabetes, weil sie keinerlei Insulin nehmen wollte. Sie weigerte sich bereits seit über fünf Jahren (!) erfolgreich, dieses Hormon einzunehmen, und das, obwohl ihr Blutzucker sehr hoch war mit einer Schwankungsbreite von 14 bis 30 mmol/l (250 bis 540 mg%)[1]. Die Dame hatte anfangs „ein paar Kilo abgenommen", wie sie sagte, und enorm viel Durst. „Ich trank drei Liter kaltes Wasser am Tag und nachts einen weiteren." Daraufhin habe sie einen Zuckertest gemacht, der zu ihrem großen Erschrekken positiv ausgefallen sei. In ihrer Anamnese gab die Frau auch ein ausgeprägtes Süßigkeitsverlangen an, welchem sie regelmäßig nachgab. „Ich schaffe es nicht, die Menge und das Zwischendurchessen zu reduzieren. Am schlimmsten ist die Gier nach Süßigkeiten, obwohl ich dies überhaupt nicht dürfte." Und – wenn sie Süßes esse, ginge ihr Blutzuckerwert paradoxerweise herunter! „Bei drei Stück Kuchen und Kaffee mit Zucker sinkt mein Spiegel auf 9 bis 10 (gemeint ist 9 bis 10 mmol/l oder umgerechnet 162 bis 180 mg%, Anmerkung des Verfassers). Sonst habe ich teilweise Werte von mehr als 30 (30 mmol/l bzw. umgerechnet 540 mg%, Anmerkung des Verfassers). Bei Kohlenhydraten dagegen steigt mein Blutzucker an. Selbiges passiert auch nach einem handfesten Streit." Das Ganze gipfelte darin, daß sich die Frau nach einer Zehsehnenverletzung durch ein Brotmesser vor vier Jahren nur deswegen nicht operieren ließ, weil sie panische Angst hatte, die Ärzte im Krankenhaus würden ihren Zucker im Blut entdecken.

Verstehen Sie mich bitte nicht falsch! Das soll nicht etwa heißen, daß man bei einem ausgeprägten Diabetes nichts unternehmen sollte oder daß diese Krankheit völlig harmlos wäre. Mitnichten! Dieser Fall soll nur aufzeigen, daß bei höheren Blutzuckerspiegeln nicht unbedingt alles gleich insulinmäßig eingestellt werden muß, so, als ob es keine Zeit zu verlieren gäbe, als ob es schon kurz vor Zwölf wäre. Vielmehr wird deutlich, daß man dem Körper die Möglichkeit belassen kann und auch sollte, etwas korrigieren und in Ordnung bringen zu dürfen, ohne diesen propagierten extremen Zeitdruck. Das allein ist die Kernaussage dieses Falles!

---

[1] Blutzuckernormalwerte: 3,9–6,4 mmol/l (70–115 mg%).

Das heißt, daß beim Auftreten eines Diabetes zunächst einmal homöopathisch vorgegangen werden sollte, ohne schwere Medikamente, ohne Nebenwirkungen und ohne ausschließlich (und nahezu paralysiert) auf die von der Schulmedizin festgelegten Normwerte zu starren. Diese gelten ja ohnehin nur für den Gesunden! Der bekannte naturheilkundlich orienierte Arzt für innere Medizin und Vorreiter für gesunde und vitalstoffreiche Ernährung, Dr. med. Max-Otto Bruker, schreibt hierzu unmißverständlich: „Im Gegensatz zum Nichtzuckerkranken, bei dem bei Blutzuckerwerten von 40 bis 70 mg% hypoglykämische[1] Symptome auftreten, werden bei manchen Zuckerkranken hypoglykämische Zustände schon dann beobachtet, wenn der Blutzucker unter Werte von 140 bis 160 mg% absinkt, also Werte, die für einen Gesunden relativ hoch liegen würden. Das bedeutet, daß *der Nullwert, um den der Blutzucker schwankt, beim Gesunden auf einem anderen Niveau liegt als beim Zuckerkranken.* Diese Tatsache erklärt auch eine andere Bobachtung: Patienten mit einem schweren insulinbedürftigen Diabetes fühlen sich häufig nicht wohl, wenn sie nach der Regel der Kunst mit Insulin so eingestellt werden, daß ihr Blutzucker bis auf Werte von 100 mg% heruntergedrückt wird. Diese Werte sind für den Gesunden normal, nicht für den schweren Diabetiker. Seine Normallinie (Nullinie) liegt *je nach Fall bei 140 bis 180 mg%*; sinkt er unter diese Linie, so ist das so, wie für den Gesunden ein Absinken unter 80 mg%.“

Klare und ganz wichtige Worte, um einen Diabetes mellitus erfolgreich homöopathisch behandeln zu können! *Für die Insulin-Einstellung, besser gesagt für dessen Ausschleichen, müssen also zunächst völlig andere Grenzwerte hergenommen werden, ehe – mit zunehmendem Therapiefortschritt – die des Gesunden erreicht werden können.* Und das, ohne das Risiko, größere Schäden zu provozieren, wie Dr. Bruker an anderer Stelle eine weitere, sehr wichtige Erkenntnis zu Papier bringt: „Die Eiweißüberfütterung des Diabetikers ist es, die an den Spätfolgen schuld ist, und nicht der erhöhte Blutzucker. Die Beweise dafür liegen auf der Hand und sind wissenschaftlich einwandfrei belegt. ...“ Dr. Bruker nimmt auch Stellung zu den verschiedenen, heute gebräuchlichen Insulinarten (Altinsulin und Longinsulin), was wir hier allerdings nicht weiter vertiefen können, für eine erfolgreiche homöopathische Therapie aber von großer Bedeutung ist, denn das primäre Ziel muß ja sein, von dem zugeführten Insulin wegzukommen. Für den Interessierten sei hier nur der eine zentrale Satz zitiert, welcher alles auf den Punkt bringt: *„Altinsulin wirkt nur kurzfristig und ist für die Behandlung des Diabetes völlig ungeeignet. Dafür wurde Longinsulin entwickelt.“* Heutzutage wird aber auf jede Blutzuckerschwankung sofort mit der vermehrten Einnahme von Altinsu-

[1] Hypoglykämie: Unterzuckerung mit subjektiven Zeichen wie Schweißausbruch, Zittern, Blässe, Schwindel, Verwirrtheit, Denk- und Sprachstörungen, Doppelbilder. Beim Absinken auf sehr tiefe Blutzuckerwerte kann es zu Kollaps und Bewußtlosigkeit kommen.

lin reagiert, was es beinahe unmöglich macht, generell von Insulin loszukommen!

Soweit die paar wichtigen Anmerkungen zum Diabetes mellitus. Es gäbe noch vieles dazu zu sagen, doch leider ist das in diesem Rahmen hier nicht möglich. Zum Abschluß sei aber noch einmal an das Beispiel des 8-jährigen Mädchens Julia erinnert, welches einen *„abortiven Diabetes"* hatte, der von seinen Eltern glücklicherweise nicht erkannt wurde, und man demzufolge auch nichts unternahm, worauf sich die Diabetes-typischen Symptome nach ein paar Monaten wieder spontan verloren, „ganz von alleine" (siehe Kapitel 5.4.2 *Neigung zu Bronchitis und Lungenentzündungen*)! Dieses Beispiel zeigt unverkennbar, daß sich die *Langerhans-Inseln des Pankreas*, dort wo das körpereigene Insulin produziert wird, *grundsätzlich auch wieder erholen können*, wenn man sie nur in Ruhe läßt und nicht zum fortlaufenden Verkümmern anregt. Und darüber hinaus, daß man nicht allzu voreilig alles kontrollieren lassen sollte, um eine Substitutionstherapie[1] einzuleiten, da man sonst sehr leicht in eine lebenslange Abhängigkeit geraten kann.

5.21.2 Schlucklähmung

Im nächsten Fall geht es um eine Schlucklähmung. Eine noch stillende junge Mutter hatte eine DT-Impfung (Diphtherie und Tetanus) wegen einer Splitterverletzung erhalten. „Sechs Wochen später bekam ich Schluckkrämpfe, 18 Stunden lang. Ich konnte nicht schlucken und hatte auch das Gefühl, ich bekomme keine Luft mehr. Ich ließ den Notarzt holen und kam sofort ins Krankenhaus. Dort erhielt ich dann zweimal 250 mg Cortison, eine Infusion mittels Kochsalzlösung und Antibiotika. Ich hatte Todesangst, konnte die Tabletten nicht schlucken. So etwas hatte ich noch nie zuvor in meinem Leben."

Zeitweise konnte die junge Frau dann kein Wasser mehr trinken. Einen Tag vor dem Ganzen litt sie unter einer starken Erkältung mit sehr starken Kopfschmerzen, „tief im Inneren des Kopfes". „Vielleicht war es ja eine Gehirnentzündung?", so die Frau, die sich mittlerweile mit der Impfthematik schon intensiv auseinandergesetz hatte. Stramonium habe ihr schließlich akut geholfen.

Später, etwa zwei Monate nach dieser Schlucklähmung, trat eine ausgeprägte Verschleimung auf. „Das ging über zwei Jahre hinweg, im Kehlkopfbereich, weißlich, zäh. Vieles kam auch die Nebenhöhlen herunter." Dann habe sie wieder nicht schlucken können, beim Essen. „Das ging ein paar Tage lang. Kalium carbonicum hat diesmal geholfen." Seither sei das Schlucken wieder einigermaßen gut, doch „die Angst, daß ich das Essen nicht herunterbekomme", sei noch da. „Ich habe große Angst zu ersticken." Das Essen mache

[1] Substitutionstherapie: Behandlung einer Krankheit durch Verabreichen von fehlenden, normalerweise im Körper vorkommenden Substanzen.

so keinen Spaß mehr. Außerdem empfinde die Frau ein Druckgefühl im Hals, „da ist es eng". Berührung von außen sei aber kein Problem. „Ein bis zweimal im Monat gibt es noch diese Schluckbeschwerden. Mal ist alles wie zugeschnürt."

Dies alles erinnert sehr an eine *Form von Tetanussymptomatik*, wie sie im Buche steht! Unter dem Stichwort „Tetanus" ist nämlich im Roche Lexikon Medizin u. a. zu lesen: „... schmerzhafte tonische Krämpfe der quergestreiften Muskulatur (Refexerregbarkeitssteigerung durch Tetanospasmin), meist beginnend in der Kaumuskulatur (Trismus, Risus sardonicus), auf Nacken und Stamm, weniger auch Extremitäten übergreifend (meist Opistho-, selten Pleurotho-, Emprostho- oder Orhotonus); zwischendurch auch klonische Anfälle (mit an Tollwut erinnernden Zwerchfell- und *Schlingkrämpfen*); ferner Allgemeinsymptome und ..." (Hervorhebung durch den Verfasser).

Schlucklähmungen als Impfreaktion sind bei weitem keine Einzelfälle. So berichtete mir beispielsweise andere Patientin, daß sie eine Schlucklähmung „vor ca. 18 Jahren nach einer Einzelimpfung gegen Tetanus" gehabt habe. „Heute kommt das manchmal auch noch vor, allerdings in einer leichteren, harmonischen Form und nicht mehr so bedrohlich wie damals".

5.21.3 Raptus-Anfälle

Nachfolgend nun ein Beispiel von sog. *Raptus-Anfällen*, von *plötzlich auftretenden, sehr heftigen Wutanfällen*, bei welchen der Betroffene alles zu zerschlagen droht. Plötzliche Ausbrüche, aus der Ruhe heraus, die durch gewaltsame Handlungen gegen sich selbst oder andere, teilweise sogar mit Zerstörungswut und Tötungsdelikt, charakterisiert sind. Ein 28-jähriger junger Mann leidet unter solchen Anfällen seit einem Jahr, die ihn „einfach so überfallen". Das heißt, es gibt keinen wirklich erkennbaren Auslöser. Doch zweimal sei so ein Anfall nach einem Trauerfall in der Familie vorgekommen. Allerdings träten die Anfälle jetzt mittlerweile schon wöchentlich auf.

Seine Mutter berichtete, daß ihr Sohn erst krampfe, die Hände an den Mund nehme und zur Faust balle. „Er ist dann aggressiv, will alles kaputt machen und droht jedem. Er macht Bewegungen mit dem ganzen Körper, macht sich steif, ist mit allen Muskeln total verkrampft, kann fast nicht mehr gehen, schreit mordio und kreischt fürchterlich, schlägt um sich, wirft Gläser zu Boden oder liegt mit einem Mal selber am Boden." Sein Vater werfe sich dann auf ihn, halte ihn fest, ganze vier Stunden lang. So lange könne ein Anfall dauern, bei welchem er sich nicht beruhigen kann und regelrecht allgemeingefährlich wird. „Er redet auch manchmal vom Teufel." Vor einem halben Jahr war er sogar bewußtlos nach so einem Anfall und „mußte auf die Intensivstation".

Ihr Sohn sei schon von jeher entwicklungsverzögert gewesen, „wahrscheinlich seit der MMR-Impfung mit 2½ Jahren". In seinem Leben habe es schon viele Impfungen und Antibiotika gegeben, auch Operationen wegen eines

Paukenergusses und schließlich acht Jahre lang Antiepileptika, ab dem Alter von sechs Jahren! Später, im Erwachsenenalter, auch Psychopharmaka wegen Ängsten, Wahnideen, einem Suizidversuch und abnormem Verhalten. Seine Sprache war recht verwaschen, abgehackt und undeutlich. Des weiteren kam es vor zwei Jahren zu einem Lungeninfarkt samt Herzstillstand und Sepsis nach dem Aspirieren von Erbrochenem, als er in einer psychiatrischen Klinik „nachts fixiert und angebunden wurde“ und in seiner Aufregung dann erbrochen habe und daran fast erstickt sei. „Nach der stationären intensivmedizinischen Behandlung konnte unser Sohn kaum mehr laufen“, so seine Mutter. Später habe es noch einen weiteren Aufenthalt in der Psychiatrie gegeben. Seit dieser Zeit nehme er vier schwere Medikamente ein, zwei Psychopharmaka (Seroquel[1], Dapotum[2]), ein Mittel gegen Epilepsie (Rivotril[3]) und eines „gegen Alzheimer“ (Aricept[4]). „Und seit dieser Zeit gibt es auch diese Raptus-Anfälle!“ – Keine weitere Fragen, wenn man allein die Auszüge aus der Roten Liste liest, welche in den Fußnoten notiert sind. Und das sind nur minimale Auszüge!

Später, unter der homöopathischen chronischen Behandlung des jungen Mannes, als seine Gefühle langsam wieder zurückkamen, er wieder zu kommunizieren begann – was vorher so gut wie gar nicht mehr möglich gewesen ist – und die Anfälle hinsichtlich Häufigkeit und Intensität deutlich zurückgingen, äußerte er sich einmal dahingehend, daß er sich bei so einem Raptus-Anfall nicht mehr unter Kontrolle habe und dieses auch immer spüre, „wie fremdgesteuert“! – Da kommt einem doch wieder Selenia in den Sinn, mit ihrem Geoffrey, oder?

---

1 Seroquel: ein Psychopharmakon zur „Behandlung der Schizophrenie und von mäßigen bis schweren manischen Episoden“. (Rote Liste) – Unter Nebenwirkungen ist u. a. aufgeführt: „Krampfanfälle. Malignes neuroleptisches Syndrom“. – Malignes neuroleptisches Syndrom bedeutet gemäß dem MSD-Manual: „eine lebensbedrohliche, idiosynkratische Reaktion auf neuroleptische Therapie“, und an anderer Stelle: „Der weitverbreitete Gebrauch von Neuroleptika … hat dazu geführt, daß sich eine ganze Reihe von medikamentenbezogenen Syndromen herausgebildet haben. Parkinsonismus … und das maligne Neuroleptikasyndrom“. – (maligne heißt bösartig, Anmerkung des Verfassers).

2 Dapotum: ein Neuroleptikum für „akute psychotische Syndrome, psychomotorische Erregungszustände und … chronisch verlaufenden endogenen Psychosen“. (Rote Liste) – Unter Nebenwirkungen steht u. a.: „Reaktivierung oder Verschlechterung von psychotischen Prozessen“.

3 Rivotril: ein Antiepileptikum. – Unter Nebenwirkungen ist u. a. zu lesen: „Konzentrationsstörungen, Unruhe, Desorientierung“. (Rote Liste)

4 Aricept: ein Antidementivum für die „symptomatische Behandlung der leichten bis mittelschweren Alzheimer-Demenz“. (Rote Liste) – Unter Nebenwirkungen ist u. a. aufgeführt: „Halluzinationen, Erregungszustände, aggressives Verhalten“.

5.21.4 Hirntumor

Eigentlich hatte Markus schon immer Kopfschmerzen, solange sich seine Mutter erinnern konnte. Markus war ein Junge von neun Jahren, der vor kurzem operiert worden ist, und zwar „wegen eines Hirnturmors“. Zuvor hatte Markus eines Abends vor dem Einschlafen das Gefühl, er könne nicht mehr richtig sprechen. Eine Stunde später sei er dann wieder aufgewacht und hatte „höllische Stirnkopfschmerzen“ mit Erbrechen, welche weder auf Aspirin noch auf Paracetamol ansprachen. Die Mutter hatte sofort den Notarzt gerufen, weil Markus das Gefühl geäußert hatte, ihm platze gleich der Schädel und weil er plötzlich nur noch lallen konnte, in sich zusammensackte und die Augen verdrehte. „Nach 10 Minuten konnte er jedoch schon wieder normal sprechen, hatte aber wie Schüttelfrost am ganzen Körper.“ Der Notarzt kam schließlich und stellte die Diagnose „epileptischer Anfall“, obwohl er keinen solchen gesehen hatte, und wies Markus in die Kinderklinik ein.

In der Kinderklinik wurde diese Diagnose dann revidiert und in „Migräne mit Lähmungserscheinungen“ umgewandelt, wie sich die Mutter ausdrückte. Dort habe ihr Sohn noch zwei weitere Male erbrochen. Trotzdem habe man – nach einem unauffälligen EEG – am nächsten Tag wieder nach Hause fahren können. In der Woche danach traten die Kopfschmerzen abermals auf. „Diesmal in Form von schlimmen Nackenschmerzen. Markus konnte sich nicht mehr bewegen; alles war verspannt.“

Ein paar Tage später wurde der Junge mittels Craniosacraltherapie erfolgreich behandelt. „Sechs Wirbel waren verschoben“, hatte man der Mutter mitgeteilt. Daraufhin sei der Schmerz für zwei Tage weg gewesen, „doch danach war wieder dasselbe“. Dreimal habe man Markus manuell behandeln lassen und „dreimal war dasselbe“. Zum Schluß konnte der Junge seinen Kopf nicht mehr gerade halten; er hatte nun einen Schiefhals.

Zwei Wochen nach dem initialen Stirnkopfschmerz gab es erneut Lähmungserscheinungen der Zunge und des rechten Arms, allerdings mit wenig Kopfschmerzen und häufigem Erbrechen. Und drei weitere Tage danach wurde schließlich „der Hirntumor am Hinterkopf festgestellt, der auf dem MRT[1]-Bild eine beachtliche Größe aufwies“. Bereits zwei Tage später wurde der arme Junge operiert; so hatte man die Eltern unter Druck gesetzt. „Es konnte alles entfernt werden. Es war ein *philozystisches Astrozytom Grad 1*“, wie die Mutter berichtete. Ihr Sohn habe dann drei Tage auf der Intensivstation liegen müssen, so schlecht sei es ihm gegangen. „Ich hatte sehr viele Depressionen, wollte am liebsten sterben, fühlte mich als Mülleimer, nichts mehr wert“, meinte Markus von sich selbst. „Danach stellte sich wieder häufiges Erbrechen ein. Unser Kind konnte nichts mehr zu sich nehmen.“ Darüber hinaus schwankte der Junge beim Gehen; auch Gleichgewichtsstörungen seien aufge-

[1] MRT: Magnetresonanztomographie bzw. Kernspintomographie.

treten. Markus' Fahrradfahren sei sehr wackelig, er könne auch nicht mehr auf einem Bein stehen.

Seither kämpfe der Junge andauernd mit Husten, ein Husten, welcher „wieder zu Asthma zu werden droht", so seine Mutter. Markus litt nämlich schon seit Jahren an Asthma bronchiale und spastischer Bronchitis. Dieses hatte auch seine Behandlung in der Intensivmedizin recht erschwert.

Schaut man sich den Beginn des Lebens dieses Jungen an, findet man fast alle Zeichen eines *sykotischen Säuglings*, wie er im Buche steht: extreme Blähungskoliken, viel Schreien, als Säugling sehr wenig geschlafen, „tagsüber höchstens mal für eine halbe Stunde", mit drei Jahren erst durchgeschlafen, extremes Speikind, Säuglingsschnupfen schon mit zwei Wochen, Säuglingsverstopfung, extreme Windeldermatitis mit wunden, offenen Hautstellen und Bindehautentzündungen mit eitrig verklebten Lidern. Dazu kommen dann noch die erschwerte Zahnung, mit der Zeit spastische Bronchitiden, Kruppbusten, Allergien bis hin zu Asthma, Warzen, häufig Kopfschmerzen und viele Ängste. „Und in den letzten Jahren auch depressive Verstimmungen." An *Impfungen* war so ziemlich alles eingetragen, was empfohlen wurde, wobei es *des öfteren auch merkbare Reaktionen* gegeben hatte, die aber nicht weiter ernst genommen wurden.

Wie gesagt, Kopfschmerzen hatte der Junge seit eh und je. Nur, daß sich diese jetzt verstärkt hatten, allerdings in einem akuten gastrointestinalen Zusammenhang mit Erbrechen. Das Ganze begann auch mit höllischen Stirnkopfschmerzen, die nun so gar nicht zu diesem Astrozytom im Hinterkopf paßten! – Wie sollte ein Tumor im Hinterkopf massive Stirnkopfschmerzen verursachen? – Und dann ist ein Astrozytom nichts anderes als ein „Typus eines Glioms", der darüber hinaus – beides gemäß Pschyrembel – „primär gutartig" ist. Mit anderen Worten: *gewuchert hat nur die Neuroglia in diesem Bereich, das Hirnbindegewebe, die Stützsubstanz des zentralen Nervensystems* (siehe hierzu auch die Ausführungen im Kapitel *5.16.2 Unter dem Aspekt der Naturgesetzmäßigkeiten*)! Von Bösartigkeit und dringlicher, sofortiger Operation konnte also keine Rede sein. Außerdem mußte sich der Junge – gemäß den biologischen Naturgesetzmäßigeiten – bereits in der *vagotonen Heilungsphase eines hirnorganischen Prozesses* befunden haben, ansonsten hätte er ja auch keine Kopfschmerzen haben können und ansonsten hätte sich auch kein Gliagewege mittels Kontrastmittel anfärben lassen. Und genau dieses „Produkt der Heilungsphase" wurde ihm aufgrund der Fehlinterpretation der Bilder herausgenommen!

Markus' Eltern wären besser beraten gewesen, ihr Kind sofort antimiasmatisch und – parallel dazu – akut homöopathisch behandeln zu lassen, dann hätte man sich gewiß ein Aufmeißeln seines Hinterhauptes ersparen können. Noch dazu, wo die miasmatischen Verhältnisse des Jungen so klar waren! Jedenfalls haben sich die während der Anamnese noch dezent vorhanden gewesenen Anzeichen für ein aufflackerndes „Rezidiv des Tumors" mit der Zeit verflüchtigt. Anfänglich kam es auch zu einer „kleineren Erstverschlimmerung" (ein wenig Gangschwierigkeiten mit Stolperneigung, leichtes Kopfweh und eine Erkältung, „die früher immer ins Asthma übergegangen ist"), was eine deutliche Sprache spricht, daß wir die Situation richtig interpretiert und eingeschätzt haben, und welche es sogar erforderlich machte, einen EEG-Kontrolltermin um sechs Wochen nach hinten zu verlegen, um nicht wieder mit etwaigen Hiobsbotschaften konfrontiert zu werden. Denn wenn solcherlei Symptome auftreten, selbst wenn sie nur passagerer Natur sind, von anderer Seite aber als fatal angesehen werden, könnte es leicht möglich sein, daß man auf einem erneuten MRT wieder etwas sieht! Nämlich die erneute Heilungsphase in Form eines stoffwechselaktiven Ödems aufgrund des gelösten Prozesses kombiniert mit dem der Operationsvernarbungen. Und dieses würde dann wieder als bösartiges Rezidiv eines noch aggressiver gewordenen Tumors fehlinterpretiert werden! Womit man abermals in den Sog einer Rotationsmaschinerie geraten würde. – Heute geht es dem Buben gut; auch die Neigung zu Kopfschmerzen hat sich komplett aufgelöst.

5.21.5 Thrombozytopenie

Die 2½-jährige Sandra reagierte ca. zwei Wochen nach einer DPT-Impfung mit massiven blauen Flecken und hohem Fieber („über 40 °C"). In der Klinik diagnostizierte man eine hochgradige *Thrombozytopenie*, der *„Armut an Blutplättchen"* mit der großen Gefahr von nicht zu stoppenden Spontanblutungen, mit einer Thrombozytenzahl von nur 9.000 (Normalwerte zwischen 150.000 und ca. 400.000!). Sandra erhielt seitdem sehr oft Infusionen (bislang etwa 10-mal) und hochdosiert Cortison als Dauermedikation. „Sie wäre uns einmal fast verblutet, hatte zum damaligen Zeitpunkt nur 2.000 ‚Thrombos'!", sagte die Mutter in der homöopathischen Anamnese.

Sandra hatte recht viele Impfungen erhalten, jedoch nie auffallend reagiert. Erst die letzte DPT-Boosterimpfung brachte das Faß zum Überlaufen. Die Blutergüsse und Petechien[1], welche sich nun schon nach recht leichten Berührungen einstellten, heilten i. d. R. erst nach etwa vier Wochen ab. Die Impfstelle, an der alles begann, war damals dick und blau angeschwollen. Der behandelnde Professor der Klinik riet den Eltern dringlichst von jeglichen weiteren Impfungen ab, versicherte andererseits jedoch: „Mit der Impfung hat dies alles nichts zu tun!" – Wieso sollte Sandra dann nicht mehr geimpft werden?

Eine Antwort darauf weiß sicherlich der „Aussteiger" Dr. Anthony Morris zu geben, Fachmann für Mikrobiologie und Impfungen und früherer Forscher im Auftrag der amerikanischen Regierung. Ihm waren derartige Phänomene nicht neu. Seit seiner Quittierung des Dienstes getraute er sich Dinge öffentlich zu nennen, über die in seiner aktiven Zeit absolutes Stillschweigen ge-

[1] Petechien: kleinste punktförmige Haut- und Schleimhautblutungen (Kapillarblutung).

boten war. So wies er beispielsweise auf eine Regierungserklärung hin, in welcher die amerikanische Regierung selbst ernsthafte Bedenken dagegen erhoben hatte, den derzeit verwendeten Impfstoffen – d.h. den damaligen Dreifachimpfstoffen – weitere Antigene hinzuzufügen! – Das Phänomen der Thrombozytopenie in Verbindung mit der Injektion von Impfstoffen war demnach, sogar *bis hin zu höchsten Regierungskreisen*[1], bekannt! Und heute haben wir schon Sechsfachimpfstoffe!

Zum besseren Verständnis des Ganzen aus homöopathischer Sicht noch ein paar weitere Anmerkungen zum chronischen Hintergrund des Mädchens: Sandra litt des öfteren an Scheidenpilzinfektionen (schon in diesem zarten Alter!) und hatte im Säuglingsalter eine recht ausgeprägte Windeldermatitis. Die Schneiden ihrer Schneidezähne waren gezackt, wie bei einem Messer mit einer Säge. Ihr Schlaf war gut; eine bevorzugte Lage wurde von der Mutter als Froschhaltung beschrieben und ist in der homöopathischen Literatur unter Knie-Ellenbogenlage bekannt. Sandra aß liebend gerne Wassereis. Fieber bekam sie recht selten. Ja die Ärzte rieten sogar regelmäßig davon ab und warnten vor Fieber, und dies, obwohl die Mutter nicht nur einmal beobachtet hatte, daß Sandras Thrombozytenanzahl nach einem durchgemachten fieberhaften Infekt für einige Tage deutlich angestiegen war! Des weiteren litt das Mädchen an spontanem Nasenbluten. Beim Entleeren seines Stuhls hatte es sich schon als Baby immer recht plagen müssen, ja der Stuhl sei sogar öfter wieder zurückgeschlüpft. Damals mußte dieser zeitweise auch mechanisch (mit einem Fieberthermometer) entfernt werden. Sandras Füßchen waren leicht schwitzig und ihre Fußnägel wiesen eine Wölbung nach oben auf (sog. Löffelnägel).

In der Familie gab es gehäuft allergische Reaktionen wie Heuschnupfen, Asthma und Windeldermatitis nach Citrusfrüchten. Darüber hinaus auch Dysmenorrhoe, Fehlgeburten, Ohrringunverträglichkeit, Nierensteine, Epilepsie und Darmverschluß.

Also auch dieser Fall kein Zufall, kein Schicksal, kein Kismet, sondern ein klarer Verlauf nach Gesetzmäßigkeiten; eine klare Vaccinose auf einem primär sykotischen Hintergrund!

[1] Das scheint in Deutschland genauso der Fall zu sein. Ich erinnere mich noch gut an die Aussage eines ehemaligen Ministers einer bundesdeutschen Landesregierung während seiner homöopathischen Erstanamnese, der sich selbst als „langjährigen Impfgegner“ bezeichnete, sich während seiner aktiven Politikerlaufbahn jedoch diesbezüglich öffentlich immer zurückhielt. „Ansonsten hätte ich gleich meinen Hut nehmen können!“

5.21.6 Muskeldystrophie

Der 7½-jährige, in Deutschland lebende, farbige Junge von Mauritius mit Namen Rajan leidet an Muskeldystrophie[1] und ist seit Ende seines dritten Lebenjahres an den Rollstuhl gebunden. Seine Eltern sind „von Pontius zu Pilatus“ mit ihm gereist, „bei den namhaftesten Universitätskliniken und Professoren in ganz Deutschland“ gewesen. Man habe alles genauestens untersucht, angefangen von Blutuntersuchungen bis hin zum Nervensystem, über Muskelbiopsie, MRT, Lumbalpunktion (wobei man sich „geweigert hat, diese durchzuführen, mit der Begründung, ‚das Rückenmark von Rajan sei zu hart, man könne bei ihm keine Flüssigkeit entnehmen‘; aber sie wollten wohl eher eine Laboruntersuchung verhindern und uns loswerden, den Fall beenden“, so der Vater des Jungen) und vieles mehr und – man „hat nie etwas gefunden“, „war ratlos“. – „Wir waren auch schon öfter mit unserem Sohn im Fernsehen.“ – Schließlich hat ein international bekannter Professor den Eltern mitgeteilt, bei Rajan handele es sich um eine „kongenitale Muskeldystrophie“, um einen „Gendefekt“, man müsse damit leben. „Die haben uns so einen Quatsch aufgetischt“, ereiferte sich der erboste Vater hier in der Praxis, der ein relativ gebrochenes Deutsch sprach, jedoch alles genauestens erklären konnte und sich mittlerweile hinsichtlich der Gesundheit seines Sohnes und den Krankheitszusammenhängen von Muskeldystrophie recht gut auskannte, wie er mir zu verstehen gab.

Auf Mauritius, in seiner Heimat, haben die Eltern dann „wochenlang alles unsicher gemacht“ und in ihrer beiderseitigen Blutsverwandtschaft minutiös nachgeforscht nach derlei Krankheiten und etwaigen Gendefekten, aber „es gab nicht den leistesten Hauch von Anhaltspunkt für diese degenerative Erkrankung oder ähnliches“! Im Gegenteil, Rajans Verwandtschaft, auch über Generationen hinweg, war kerngesund, auch im homöopathischen Sinne, wenn man die Zusammenhänge der hereditären Miasmen zugrunde legt. „Wir haben wochenlang – über Generationen hinweg – alles zurückverfolgt! Die ganze Familie hatte so etwas noch nie. Unser Junge hat nichts, was die Ärzte meinen.“

Rajan kam als gesundes Baby zur Welt, ohne Komplikationen während der Schwangerschaft. Seine APGAR-Werte betrugen 9/10/10, was mehr als eine eindeutige Aussage ist. „Unser Kind hat sich in den ersten zwei Jahren vollkommen normal entwickelt. Es war kerngesund.“ Doch mit knapp zwei Jahren, ca. vier bis sechs Tage nach der *Dreifachimpfung gegen Masern, Mumps und Röteln* habe der Junge sehr hohes Fieber bekommen, schrill geschrien und dazu einen Brechreiz gehabt. „Wir waren zu dieser Zeit gerade wieder auf Mauritius und gaben ihm ein Paracetamol-Zäpfchen.“ Nach zwei Tagen ging es dann wieder besser. Die Eltern führten „diesen Infekt“ zunächst auf den

[1] Muskeldystrophie: Sammelbegriff für nicht-neurogene Muskelschwunderkrankungen. (Roche Lexikon Medizin)

Klimawechsel zurück. Doch mit der Zeit, nach ein paar weiteren Tagen auf Mauritius, sei Rajan „immer schechter gelaufen". „Er konnte schlechter vom Boden aufstehen. Später hat er immer mehr geschwankt und lief zunehmend in einer Art ‚Charly-Chaplin-Gang' (der typische ‚Watschelgang' bei der sog. lumbopelvifemoralen Muskeldystrophie, der Beckengürtelform; Anmerkung des Verfassers). Bis zu seinem zweiten Geburtstag konnte unser Junge aber noch sehr gut laufen und rennen. Er hatte auch nie Probleme mit seinem Gleichgewicht!" Während dieser Zeit sei Rajan auch stark gewachsen, von 75 cm auf 96 cm.

Zurück in Deutschland wurden Gang und Haltung des Buben zunehmend schlechter. Man war dann anfangs bei einem Orthopäden und habe Schuheinlagen erhalten. Keine Besserung. Daraufhin später der erste Besuch in einer Uniklinik. Keine Besserung. Und so fuhren die Eltern mit ihrem Sohn durch ganz Deutschland, von einer Klinik zur anderen, und stellten ihren Sohn diversen „Kapazitäten" vor. Ein jedes Mal ohne Ergebnis. Bis auf das eine Mal, wo eine behandelnde Ärztin ihnen bestätigte, *Rajans „Nervensystem sei beschädigt, durch irgendein Gift"*. „Man hat uns aber nichts von der Impfung gesagt!", merkte der Vater an.

Mittlerweile konnte sich Rajan gar nicht mehr auf seinen Beinen halten. Er hatte überhaupt keine Kraft mehr in seinen unteren Extremitäten. Auch sein Schultergürtel und seine oberen Extremitäten wurden immer schwächer; was für die lumbopelvifemorale Form von Muskeldystrophie typisch ist, denn diese ist langsam fortschreitend und betrifft mit der Zeit auch den Rumpf- und Schultergürtel sowie die Oberarmmuskulatur. Darüber hinaus hatte Rajan auch immer weniger „Pustekraft", wie seine Eltern dies nannten. Die Kraft seiner Lungen nahm kontinuierlich ab.

„Seit der Ergotherapie und einer begonnenen Krankengymnastik geht es allerdings wieder bergauf, wenn auch nur in kleinen Schritten." Rajans Muskeln seien erfreulicherweise etwas stärker geworden. Er könne jetzt sogar wieder selbständig auf der Toilette sitzen und sich selber halten. Es tue auch nichts mehr weh, so wie früher. Rajan stehe und laufe bereits mit Anfassen ganz wenige Schritte entlang eines Tisches, wie damals, als er elf Monate alt war und gerade das erste Mal zu laufen lernte. „Er trainiert jetzt auch seine Oberarmmuskulatur, drückt sich z. B. mit beiden Händen und Armen aus seinem Rollstuhl hoch. Das geht seit ca. acht Monaten immer besser." Und seine „Pustekraft" sei – Gott sei Dank – auch wieder viel besser.

Ansonsten sei Rajan recht gesund. Bis zum Ende seines zweiten Lebensjahres habe es nie Anlaß zur Sorge gegeben. Größere Krankheiten seien bislang nicht vorgekommen. An Impfungen habe er vor besagter MMR-Impfung allerdings noch drei Fünffachimpfungen (gegen Diphtherie, Tetanus, Keuchhusten, HIB und Poliomyelitis) erhalten sowie drei Einzelimpfungen gegen Hepatitis B, die letzte davon fünf Monate vor der fatalen MMR-Impfung. *Insgesamt also 21 Impfungen*, einzeln betrachtet!

Bei diesem klaren Sachverhalt – nach monatelangen ergebnislosen Untersuchungen über ganz Deutschland hinweg – von Gendefekt und kongenitaler Muskeldystrophie, also von angeborenem, erblich bedingtem Muskelschwund, zu sprechen, ist doch mehr als blanker Hohn, nicht wahr?

5.21.7 Alles nur psychisch bedingt?

„Vor sieben Jahren erhielt ich eine Hepatits A und B-Impfung (Twinrix), nur wenige Tage vorher eine Tetanusimpfung. Kurze Zeit später bekam ich starke Übelkeit, immer wieder Erbrechen und Schwindel. Ich wurde daraufhin in eine anthroposophische Klinik eingewiesen, was jedoch nicht von Erfolg gekrönt war. Später bekam ich Gelbsucht (immer wieder waren verschiedene Teile meines Körpers gelb, wie z. B. die Hände, die Füße oder auch das Gesicht). Zu dieser Zeit waren auch die Leberwerte (GOT und GPT) erhöht, was jedoch auf den Epstein-Barr-Virus[1] geschoben wurde, welchen ich dann auch sehr lange Zeit akut hatte. Auch die Unterbauchschmerzen begannen ziemlich schnell nach der Impfung, welche sehr schnell in extreme Dauerschmerzen übergingen (bis heute andauernde Unterbauchschmerzen). Zum großen Teil, gerade auch wegen dieser Schmerzen, habe ich einige Krankenhausaufenthalte hinter mir, während denen mehrfache Darmspiegelungen, zwei Dünndarmspiegelungen, Rektoskopien, Laparoskopien und vieles mehr vorgenommen wurden.

Ich bekam dann auch sehr schmerzhafte, ziehende und reißende Muskelschmerzen, hauptsächlich in meinen Armen und Beinen, am stärksten ausgeprägt jedoch in den Beinen, so als würde mir jemand alle Muskeln herausziehen. Schon damals, vor sieben Jahren, begann auch eine sich immer weiter steigernde Schwäche, eine andauernde Müdigkeit. Gleichzeitig wurde mein Schlaf immer schlechter, immer weniger, und ich schlief immer noch später ein, woraufhin ich dann zweimal in ein Schlaflabor geschickt wurde.

Kurze Zeit später wurde mir Hoffnung auf Besserung gemacht, und ich wurde stationär aufgenommen, wobei ich vorher nicht wußte, daß ich in einer Psychiatrie landete. Ich bekam dort Stangyl[2] und Zoloft[3], was mir jedoch überhaupt nicht geholfen hat, ich hatte nur Nebenwirkungen. Mir war weiterhin immer schlecht, was heute am stärksten nachts ist, direkt nach dem Essen bzw. Trinken (vor allem nach dem ersten Essen am Tag), aber auch, wenn ich längere Zeit nichts gegessen habe. Ich habe auch oft leichteres Fieber, ein

[1] Epstein-Barr-Virus: EBV; Virus mit enger Beziehung zu den Herpesviren; tritt beim Pfeifferschen Drüsenfieber gehäuft auf.

[2] Stangyl: ein Psychopharmakon mit den Leitsymptomen Schlafstörungen, Angst, innere Unruhe. (Rote Liste)

[3] Zoloft: ein Psychopharmakon zur Behandlung depressiver Erkrankungen und zur Rezidivprophylaxe depressiver Erkrankungen. (Rote Liste)

Hitzegefühl im Kopf und das Gefühl, als wenn ich eine Grippe bekommen würde. Ich habe oft Kopfschmerzen, oft in Verbindung mit starkem Schwindel. Außerdem habe ich zu den Dauerschmerzen im Unterbauch schubweise Durchfall, früher hartnäckige Verstopfung, Schleim im Stuhl und manchmal auch Blut. Vor zwei Jahren wurde eine entzündliche Darmerkrankung (blutende Proktokolitis) festgestellt.

Später fingen dann die ganzen neurologischen Symptome an. Zuerst begann es mit einer Polyneuropathie[1]. Ich bekam ein starkes Kribbeln, so als würden Ameisen und Spinnen laufen. Zusätzlich habe ich sehr starke Nervenschmerzen, vor allem in den Beinen; Schmerzen, als würde mir jemand mit dem Feuerzeug unter der Haut hinauf- und hinunterfahren, als würden mir die Beine abbrennen, auch in den Füßen. Auch habe ich starke Muskelkrämpfe, Muskelkater und Muskelzuckungen. Es besteht sowohl eine Muskelsteife als auch eine Muskelschwäche. Ich habe oft kein Gefühl mehr, habe Gleichgewichtsstörungen mit dem Gefühl zu fallen, eine Krampfneigung (bin einmal in einem Restaurant umgefallen) und Sehstörungen.

Vor neun Monaten kam ich mit Verdacht auf MS (Multiple Sklerose) bzw. ALS[2] in eine neurologische Klinik, wo eine Lumbalpunktion gemacht wurde, an der ich bald gestorben wäre (konnte drei Wochen lang nur ganz flach auf dem Bauch liegen, hatte extreme Kopfschmerzen, als ob das Schädeldach platzen würde, anfangs auch extreme Rückenschmerzen, ständiges Erbrechen mit Galle, ich konnte keinen Schluck Wasser bei mit behalten, Fieber). Außerdem habe ich Morbus Bechterew, Morbus Ormond[3] (retroperitoneale Fibrose)."

Diesen erschütternden Bericht schrieb eine 23 Jahre junge, bildhübsche Patientin als chronologische Kurzfassung ihrer Krankengeschichte in den homöopathischen Fragebogen hinein, eine Frau, die von ihrem 17. Lebensjahr an um ihr ganzes Leben betrogen wurde und nun – seit der Lumbalpunktion – im Rollstuhl sitzt! Ihre Ärzte hatten sie nie recht ernst genommen, als alles vor sieben Jahren begann, „immer alles auf ihre Psyche geschoben, die übliche Schiene von Selbsttäuschung und Einbildung, wenn sie selber nicht weiterwissen", wie ihre besorgte Mutter bestätigte. Ihre Tochter habe vor drei Jahren sogar schon Schmerzmittel in Form von Cannabis[4] erhalten, in besagter anthroposophischen Klinik, worunter sie

---

[1] Polyneuropathie: Oberbegriff für systemische entzündliche und degenerative Erkrankungen der peripheren Nerven.

[2] ALS: amyotrophe Lateralsklerose; Systemerkrankung des Rückenmarks.

[3] Morbus Ormond (eigentlich Ormond Syndrom): retroperitoneale Fibrose (krankhafte Bindegewebsvermehrung hinter dem rückseitigen Bauchfell) mit fortschreitender ein- oder beidseitiger Ureterstenose (Harnleiterverengung) mit Symptomen wie Harnrückstau und Gefahr der Urämie (Harnvergiftung) und Kompression venöser und lymphatischer Abflußwege.

[4] Cannabis: Hanf bzw. Synonym für Haschisch.

mehrere Stunden bewußtlos wurde, ja sogar aus ihrem Körper ausgetreten sei. Darüber hinaus habe sie auch 1½ Jahre lang Morphiumpflaster[1] geklebt! Vor gut zwei Jahren wurde ihr dann – wohl eher als Offenbarungseid in einer Verzweifelungstat – die Gebärmutter entfernt, „wegen der Schmerzen", jedoch ohne irgendeinen Erfolg.

Natürlich gäbe es noch mehr zu dieser jungen Frau zu sagen, wie beispielsweise häufige Blasenentzündungen in ihrer Kindheit, eine Nierenbeckenentzündung, zwei Lungenentzündungen („noch vor der Schulzeit") und *„viele Antibiotika"*. Seit ein paar Jahren Stirn- und Nebenhöhlenentzündungen, Allergien wie Heuschnupfen, Reaktionen auf Hausstaub und Schimmelpilz, früher extrem schmerzhafte Menses, genitale Pilzinfektionen, Chlamydien und einiges mehr. Für den Homöotherapeuten interessant war außerdem der Hinweis der Mutter, daß ihre Tochter schon im Alter von 1½ Jahren *recht heftig auf die damaligen Kinderimpfungen reagiert* hatte. „Danach war sie von ihrem Wesen her total verändert, wurde aggressiv, hatte bis zum sechsten Lebensjahr extreme Schlafstörungen, hat gekratzt, gebissen und gehauen." – Also schon damals ging es los mit der Schädigung ihres Gehirns, mit einer dezenten *Encephalopathie*, welche dann mit den Jahren allmählich kompensiert wurde, durch die vielen Antibiotika aber doch nie richtig ausheilen konnte, bis schließlich die unheilvolle Hepatitis-Impfung das Faß endgültig zum Überlaufen brachte!

5.21.8 Dauerschwindel durch Labyrinthausfall

Eine 42-jährige Frau leidet seit einer Polioimpfung unter dauerhaften Schwächegefühlen und extremen Schwindelzuständen, Tag und Nacht. „Wie betrunken, auch im Sitzen." Selbst beim Einschlafen im Liegen gebe es eine Verschlimmerung. Und beim Hinlegen empfinde sie darüber hinaus ein Ohrenknacken und Ohrenpfeifen. Das Ganze bestehe auch des Nachts beim Umdrehen von einer Seite auf die andere oder beim Aufstehen. Jegliche Bewegung verschlimmere „entsetzlich". Sogar das Nachuntensehen sei nicht zu ertragen. Die Frau hocke seit Monaten nur noch zusammengekauert in einer Ecke ihrer Wohnung, starre die Wand an und könne nichts tun. „In den letzten vier Monaten bin ich gerade ganze zwei Mal aus der Wohnung gekommen." Ihre älteste Tochter, gerade 18 Jahre, habe ihretwegen schon mit der Schule aufgehört, um im Haushalt zu helfen, denn sie sei Mutter von insgesamt fünf Kindern und alleinerziehend.

Begonnen habe alles nach einer *Polioimpfung vor fünf Monaten*, als sich die Frau von ihrer Kinderärztin dazu überreden ließ, sich zusammen mit ihrem zweijährigen Sohn impfen zu lassen. Die fünffache Mutter wollte diese Imp-

---

[1] Morphium: Hauptalkaloid des Opiums; hat schmerzstillende und einschläfernde Wirkung, macht aber süchtig, lähmt das zentrale Nervensystem und kann dadurch in recht kurzer Zeit zum Tode führen.

fung eigentlich gar nicht und wies auf ihre damaligen aktuellen Beschwerden hin. Die Ärztin habe ihr jedoch versichert, da bestünde keinerlei Risiko. Die Frau klagte nämlich schon seit 2½ Jahren – seit einer Blinddarmoperation, zuvor gab es zeitweilig Übelkeit und leichte Oberbauchschmerzen – häufig über Kopfschmerzen, Geräuschempfindlichkeit, „Geblendetsein“, eine beständige leichte Temperaturerhöhung, Benommenheit und einen zeitweisen Schwindel. Alles in allem also ein *manifestes Unterdrückungssyndrom*, ausgelöst *durch den operativen Eingriff* im Bauchraum. Doch ihre jetzigen Schwindelzustände überträfen alles bisher Dagewesene und seien mit den früheren in keiner Weise zu vergleichen!

Direkt nach der Polioimpfung bekam die Frau akute Halsschmerzen, „mal stärker, mal weniger stark“, ihre Mandeln taten weh, sie hatte eine trockene Mundschleimhaut, trockene Lippen, Zungenbrennen und ein Brennen die Speiseröhre hinunter bis in den Magen, „verstärkte Knochenschmerzen“, an einem Bein „Hautschmerzen“ („ich konnte meinen Oberschenkel nicht mehr anfassen“). Außerdem habe sie seit der Impfung insgesamt 10 kg abgenommen. Den ganzen Tag hindurch sei ihr speiübel. Der Brechreiz komme schon morgens beim Zähneputzen, sie könne aber nicht erbrechen. Erst spät abends, so gegen 21.30 Uhr, ließe der Schwindel ein wenig nach, und auch die Übelkeit würde leicht besser. Beim Eindösen im Bett wäre aber beides wieder in voller Ausprägung vorhanden. „Ich werde durch den Schwindel und die Übelkeit nachts auch manchmal wach.“ Darüber hinaus seien ihre Menses mit einem Mal sehr unregelmäßig geworden, ihre Brüste bildeten sich plötzlich zurück, ihre Haut wirke „verschrumpelt“, und sie leide unter Haarausfall, hatte anfangs für etwa zwei bis drei Wochen sogar „juckende Blasen am behaarten Kopf“. „Seit der Impfung denke ich öfter, ich bekomme eine Bronchitis, es kommt aber nichts, jedenfalls nicht richtig.“ Die Frau wäre schon glücklich, einen Gesundheitszustand zu erreichen, „wie vor der Polioimpfung“, obwohl dieser Zustand auch schon alles andere als angenehm war.

Hier handelt es sich um ein *ausgeprägtes Unterdrückungssyndrom*, welchem eine *Vaccinose*, eine schwere Impfschädigung, aufgepfropft wurde. Im Speziellen ein gravierender Schaden des Innenohrlabyrinths[1], das u. a. für das Gleichgewicht zuständig ist. Bei seiner Schädigung kommt es zum sogenannten Ménière-Symptomenkomplex, welcher mit Drehschwindel, Nystagmus[2], Fallneigung und häufig auch mit Ohrensausen einhergeht, oder zur Labyrinthitis, einer Entzündung des Innenohrlabyrinths, mit ähnlichen Symptomen, als da sind Drehschwindel, Gleichgewichts- und Gehörstörung bis hin zur Ertaubung, gleichseitiger Reiznystagmus, Übelkeit, Erbrechen sowie der Gefahr meningealer und cerebraler Komplikatio-

---

[1] Innenohrlabyrinth: Irrgang-ähnliches Gebilde im Innenohr als Teil des Hörorgans und Gleichgewichtsorgans.

[2] Nystagmus: Augenzittern; unwillkürliche, rhythmische, schnell aufeinanderfolgende Zukkungen der Augäpfel, schon in der Ruhestellung.

nen[1]. Schwindelzustände können aber auch durch andere Erkrankungen verursacht werden wie Kleinhirnschädigungen, Hirndrucksteigerung, Intoxikationen und einiges mehr. Bei völligem Labyrinthausfall kommt es zu Dauerschwindel. – So lauten die gekürzten Angaben aus den einschlägigen klinischen Wörterbüchern, die – wie so oft bei schweren, artifiziell ausgelösten Schädigungen – ziemlich eindeutig den Gehirnbezug aufzeigen und damit unbewußt eine Impfschädigung bestätigen.

Den Bezug der Impfungen zum Innenohr bezeugte unlängst auch ein namhafter Professor aus Heidelberg, der der Naturheilkunde sehr aufgeschlossen gegenüberstand und sich für eine homöopathische Behandlung seiner kleinen Enkeltochter einsetzte. Das kleine Mädchen, gerade einmal zwei Jahre alt, hatte vor ca. neun Monaten eine *Sechsfachimpfung* und eine *Dreifachimpfung* erhalten. Sieben Monate danach bekam es „ohne Grund“ eine Phlegmone[2] an seiner Hand, einen schweren grippalen Infekt obendrein und wurde an der Universitätsklinik mit einem *Breitbandantibiotikum* behandelt. Dadurch entwickelte sich eine Meningitis, die mittels *Cortison* niedergehalten wurde. Daraufhin gab es einen Durchfall, bei welchem das berüchtigte Rotavirus nachgewiesen werden konnte und welcher wiederum eine *unterdrückende Behandlung* erfuhr. Seither – „seit nunmehr vier Wochen“ – leide seine Enkeltochter an einer „progressiven Innenohrschwerhörigkeit“, Richtung Taubheit gehend! Im Liquor[3] sei noch ein entzündlicher Prozeß nachzuweisen. Die Kleine konnte anfangs nicht mehr gehen, „wegen ihres Gleichgewichtsorgans“!! Jetzt ginge es schon wieder ein wenig besser. „Sie hat es wohl durch ihre Augen ausgeglichen“, meinte der Professor. Die behandelnden Ärzte der Klinik wollten nun operieren, denn es bestünde „die drohende Gefahr einer Verknöcherung im Innenohr“ und damit die Gefahr einer anhaltenden, lebenslangen Taubheit. Er selbst sei dagegen und wolle sich „zunächst einmal schlau machen“, ob es nicht auch andere Wege gebe; doch entscheiden müßten die Eltern des Kindes.

Natürlich gibt es auch andere Wege, noch dazu ganz sanfte, mit der Aussicht auf dauerhafte echte Heilung, ohne Nebenwirkung und Komplikationen! Die *Idee dieser Geschichte* ist wieder einmal die *mehrfache Unterdrückung auf dem Boden einer ausgeprägten Vaccinose* mit dem Zielorgan Innenohr und seinem hochkomplizierten Labyrinth sowie dem Gehirn und Rückenmark.

---

[1] meningeale und cerebrale Komplikationen: Komplikationen, welche die Hirnhäute und das Gehirn selbst betreffen.

[2] Phlegmone: flächenhaft fortschreitende eitrige Entzündung des Zellgewebes.

[3] Liquor: Liquor cerebrospinalis; Gehirn-Rückenmark-Flüssigkeit.

5.22 Q. e. d.

Es gäbe noch vieles zu anderen Krankheitsbildern und Syndromen zu sagen, z. B. Grundlegendes zum Thema Diabetes mellitus, welchen wir hier nur kurz streifen konnten, zu der systemischen Erkrankung Lupus erythematodes, zum immer häufiger vorkommenden chronischen Fatigue- bzw. Burnout-Syndrom, zur Endometriose, zu allen möglichen Krebsarten, zur Leukämie, zum Parkinson-Syndrom, zu Chorea[1], zu AIDS, zum Herzinfarkt, zum Ebola-Virus, zu SARS, zu BSE[2], zur sog. Vogelgrippe usw. Auch zur Sanften Neonatologie[3] der bekannten Wiener Kinderärztin und Neonatologin Frau Dr. Marina Marcovich, denn jene wird selbstverständlich auch integraler Bestandteil einer umfassenden *Sanften Medizin* sein. Doch dies alles würde mit Sicherheit ein weiteres dickes Buch füllen, es sprengte den Rahmen dieses Werkes! Uns ging es ja ohnehin nicht um eine flächendeckende Auflistung, in welchen Bereichen die *Sanfte Medizin* erfolgreich ist und wie im einzelnen bei der einen oder anderen Krankheit vorzugehen ist, sondern darum, *aufzuzeigen, daß überhaupt etwas möglich ist, was möglich ist und wie es möglich ist.* Es ging um *neue, für jedermann leicht nachvollziehbare Denkanstöße, mit der Natur, mit den Naturgesetzen*, welche einfach da sind, ohne daß sie durch irgendwelche postulierten Hypothesen aufrecht erhalten werden müßten. Es ging um *das grundlegende Verständnis hinsichtlich der Zusammenhänge von Gesundheit und Krankheit*, ohne ein Medizinstudium absolviert haben zu müssen, ganz alleine mit gesundem Menschenverstand. Es ging letztendlich um die zentrale Aussage, daß sich die heutige Medizin im Prinzip (fast) komplett erneuern muß, erneuern im Sinne von Professor Dr. Maurice Delort, wie bereits im Eingangskapitel erwähnt: „Die heutige Medizin ist am Ende ihres Weges angelangt. Sie läßt sich nicht mehr umformen, modifizieren, neu anpassen. Das ist allzu oft versucht worden. Die heutige Medizin muß sterben, um wiedergeboren zu werden. Wir müssen uns auf ihre vollständige Erneuerung gefaßt machen." – Q. e. d., würde der Mathematiker nach all den erarbeiteten Zusammenhängen sagen, samt untermauernder Kasuistik, quod erat demonstrandum (was zu beweisen war).

Je schneller diese Erneuerung geschieht, desto besser für den Fortbestand

---

1 Ein eindrucksvolles Beispiel der chronisch homöopathischen Behandlung einer ausgereiften Chorea (Veitstanz) im Gefolge einer MMR-Impfung ist in meinem Werk *Klassische Homöopathie für die junge Familie*, 2. Band, niedergelegt.

2 BSE: (engl.) Akronym für „*b*ovine *s*pongiform *e*ncephalopathy", dem sog. Rinderwahnsinn.

3 Die Sanfte Neonatologie von Frau Dr. Marcovich umfaßt die schonende, menschliche und biologisch natürliche Betreuung von Frühgeburten unter weitestgehendem Verzicht auf intensivmedizinische Errungenschaften heutiger neonatologischer Abteilungen. Näheres hierzu wurde bereits ausführlich in meinem zweibändigen Werk *Klassische Homöopathie für die junge Familie*, insbesondere in dem Kapitel *Entwicklungsgestörte und behinderte Kinder*, dokumentiert.

der Menschheit bzw. für das Überleben des gesamten Planeten Erde. Wirklich gesunde Menschen sind selbständig und mündig, leben im Einklang mit der Natur und ihrer Gesetze und versuchen nicht, diese unentwegt auszubeuten, da sie wissen, daß sie ein Teil vom Ganzen sind, ein Teil vom gesamten Kosmos. Denn alles hängt zusammen! Gesunde Menschen haben Achtung von allem und jedem. Sie nehmen nur das, was ihnen die Natur und Erde freiwillig gibt, und zerstören nicht. Sie setzen sich für eine Technologie ein, die im Einklang mit den Naturgesetzen steht, im Sinne von Viktor Schaubergers Worten: *„Die Natur kapieren und kopieren."* Gesunde Menschen lassen sich nur äußerst schwer hinters Licht führen und manipulieren! – Wir brauchen wieder gesunde Menschen, und zwar „chronisch gesunde".

6. Häufig gestellte Fragen – Antworten, Gedanken

In diesem Kapitel noch ein paar Ausführungen zu häufig gestellten Fragen aus dem homöopathischen Praxisalltag hinsichtlich Gesundheit und Krankheit und allem, was dazugehört. Darüber hinaus auch einige sehr interessante Beobachtungen, Gedanken und Meinungen, die es wert sind, an dieser Stelle weitergegeben zu werden.

- *Immer wieder werde ich von engagierten Patienten, Interessierten, namhaften Persönlichkeiten oder direkt von Redakteuren des Rundfunks oder Fernsehens gefragt, ob ich für die eine oder andere geplante Sendung zum Thema Impfen zur Verfügung stehe.*

Dazu möchte ich, wie folgt, Stellung nehmen. Ich verstehe mich nicht als Impfgegner[1]! Und auch nicht als Impfkritiker. *Ich bin Homöopath,* und das mit Leib und Seele! Doch in der Homöopathie, besonders dann, wenn man chronisch zu therapieren versteht, spielen die Impfzusammenhänge geradezu eine zentrale Rolle, mit denen vieles steht und fällt. Und zwar aufgrund der *Fähigkeit der Impfungen, bereits vorhandene Miasmen exorbitant zu verschärfen oder gar neue zu setzen.* Auch andere schulmedizinische Themen sind in der chronischen Homöopathie von großer Wichtigkeit (z.B. Immunsuppression durch Antibiotika, Cortison etc., aber auch Operationen und vieles mehr). Somit bin ich gezwungen, mich sachlich und neutral mit all diesen Thematiken – sehr zum Wohle meiner mir anvertrauten Patienten – auseinanderzusetzen. Mehr nicht! Und ich versuche, sachlich aufzuklären, ohne Polemik, nur mit Fakten und viel therapeutischer Erfahrung, anhand von Naturgesetzmäßigkeiten, ohne Statistik und Zahlen. Wenn sich jemand dennoch impfen lassen möchte oder sein Kind, dann muß er diesen Weg gehen. Ich werde ihn deshalb niemals der Praxis verweisen, denn er wird die homöopathische Hilfe mit der Zeit viel eher brauchen als manch anderer.

Darüber hinaus weiß ein jeder, der sich mit den kosmischen Gesetzen vertraut gemacht hat, daß *jeglicher Gedanke den Drang hat, sich zu manifestieren!* Folglich lohnt es sich nicht, gegen etwas zu sein, gegen etwas zu kämpfen. Das würde nämlich genau das Gegenteil dessen bewirken, was

[1] Impfgegner: Impfgegner sollte man eigentlich nicht sein, wie nachfolgend (im Text oben) näher ausgeführt! – Teilweise werden sachliche Impfkritiker aber von der Impfbefürworterseite als „ideologische Impfgegner“ diffamiert, so als ob jene keine Argumente hätten. Meines Erachtens kommt dies einem Offenbarungseid gleich, und zwar deswegen, weil hiermit klar zum Ausdruck kommt, daß man sich nicht mit deren handfesten Argumenten beschäftigt hat oder auch – was wohl eher des Pudels Kern ist – daß *deren Argumente einfach nicht zu widerlegen* sind.

man eigentlich erreichen möchte; denn wenn wir unsere Aufmerksamkeit ständig auf das Bekämpfen von Problemen richten, werden diese weiter genährt! Die geistige Welt kennt kein Nein, kennt keine Negation! Gegen etwas sein hieße, für etwas sein, für etwas, was man eigentlich gar nicht möchte. Somit dürfte klar sein, daß man stets *für* etwas, *für eine positive, gute Sache* eintreten sollte! – Und genau das tue ich. – Denn dadurch wird die Energie positiv verstärkt, so daß sich mit der Zeit viel zum Positiven verändern wird! – Also nie gegen etwas kämpfen; das zöge unweigerlich das Negative nach sich! Das gilt übrigens für alle Belange des Lebens!

Bezogen auf die Impfthematik bedeutet dies, ohne Wenn und Aber: *Sachliche Aufklärung* und *Denkanstöße geben*. Denkanstöße, um sich selber mit der Sache weiter auseinandersetzen zu können und danach selber eigenverantwortlich zu entscheiden! Der Glaube ist nicht gefragt, eher Wissen und Verstehen. Und wenn die Zusammenhänge dann wirklich verstanden werden, wird kein Mensch etwas Schädliches für sich oder sein Kind ableiten. Somit werden die Impfungen von selbst verschwinden, da damit kein Geld mehr zu verdienen ist. Ein gelebtes Wissen kann einem niemand nehmen, denn man hat seine Echtheit in der Praxis erfahren!

Alle Angebote von namhaften Sendern des Fernsehens und Rundfunks zum Thema Impfen konnten schon im Vorfeld nicht mehr als abgelehnt werden, und zwar aus leicht nachvollziehbaren Gründen. Ich würde sofort zur Verfügung stehen, wenn mir mindestens eine ganze Stunde Redezeit zur Verfügung gestellt werden würde, und zwar live, ohne Schnitt. Bei den geplanten Sendungen sollte man aber nur für ein paar Minuten Rede und Antwort stehen, in Form eines Interviews, und dann noch nicht einmal live, so daß dem Zusammenschneiden und der Manipulation Tür und Tor geöffnet wären! Was ja auch vielfach passiert ist, wie mir mehrfach von bereits mitwirkenden Therapeuten berichtet wurde. Ihre Aussagen wurden förmlich aus dem Zusammenhang gerissen. Aus – sage und schreibe – fünf Stunden Interview wurden ganze 40 Sekunden gesendet, mit völlig banalen Aussagen, ohne auf wirkliche Zusammenhänge eingehend, so wie es zu den Aussagen der anderen gut paßte. „Man kann etwas über die Wüste erzählen, erlebt dann aber im Fernsehen, wie ein Beitrag über den Nordpol daraus wurde.“[1]

---

[1] Hier scheint eine Meldung von John Swanton, dem langjährigen Herausgeber der „New York Times“, zu passen, welche ich in dem Heft AEGIS Impuls, Nr. 12/2002, gefunden habe: „Eine freie Presse gibt es nicht. Sie, liebe Freunde wissen das, und ich weiß es gleichfalls. Nicht ein einziger unter Ihnen würde es wagen, seine Meinung offen und ehrlich zu sagen. Das Gewerbe eines Publizisten ist es vielmehr, die Wahrheit zu zerstören, geradezu zu lügen, zu verdrehen, zu verleumden, zu Füßen des Mammon zu kuschen und sich selbst und sein Land und seine Rasse um des täglichen Brotes willen wieder und wieder zu verkaufen. Wir sind Werkzeuge und Hörige der Finanzgewaltigen hinter den Kulissen. Wir sind Marionetten, die hüpfen und tanzen, wenn sie am Draht ziehen. Unser Können, unsere Fähigkeiten und selbst unser Leben gehören diesen Männern. Wir sind nichs als intellektuelle Prostituierte.“

Somit ließen fast alle bisherigen Sendungen eine gewisse Seriosität und Sachlichkeit vermissen. Mit keinem Wort wurden die Inhalte der sog. Impfgegner eingehend diskutiert bzw. ad adsurdum geführt, *was doch ein Leichtes sein sollte, wenn sich diese allesamt irrten!* Statt dessen nur Polemik und die Verbreitung von Angst und Panik sowie Verdrehungen der Realität.

Das Thema Impfen ist bekanntermaßen ein sehr komplexes und anspruchsvolles. Es braucht viel Zeit, um alles einigermaßen nachvollziehbar zu erklären. Die Gedankengänge und Zusammenhänge müssen allgemeinverständlich entwickelt werden mittels visueller Unterstützung in Form von Folien und Graphiken oder dergleichen. Keine Schlagworte, keine Angst- und Panikmache, keine Polemik, kein verbaler Schlagabtausch! Ausschließlich sachliche Argumente und *Zusammenhänge aufgrund von Naturgesetzmäßigkeiten,* für jedermann allgemeinverständlich dargestellt, ohne daß man grundlegend über medizinische Themen Bescheid wissen muß. Aus diesem Grund ist es unumgänglich, hin und wieder teilweise ein wenig weiter auszuholen – z. B. bei den Prinzipien der Klassischen Homöopathie, bei den Miasmen, bei den biologischen Naturgesetzmäßigkeiten etc. pp. –, damit auch alles in seinem vollen Umfange wirklich verstanden werden kann. Dies alles läßt sich nun einmal nicht in fünf Minuten sagen! Auch nicht in einer halben Stunde. Ja, es ist sogar innerhalb einer Stunde schon schwierig genug, alles einigermaßen klar und transparent aufzuzeigen. Deshalb ist auch die Form eines Interviews oder einer Talkshow alles andere als sinnvoll – allerhöchstens ein Interview im Anschluß an solch eine ein- oder mehrstündige Präsentation –, denn die gedanklichen Voraussetzungen für die Antworten wären noch nicht gegeben. *Es geht ja hier nicht um Meinungen, Ansichten oder Vorstellungen, sondern um die gewissenhafte Darstellung von Naturgesetzen und ihren biologischen Zusammenhängen.*

Ein Beitrag wie jener könnte auch nur als Einstieg in diese schwierige Thematik angesehen werden, damit sich der Hörer selber mit der einschlägigen Literatur vertraut machen und später alles gewissenhaft vertiefen kann, denn nur aufgrund eines einmal gehörten Beitrages läßt es sich nicht entscheiden, und schon gar nicht bei solch einem sensiblen Thema. Schließlich sollte sich ein jeder selbst, seine ihm anvertrauten Kinder und seine Umwelt gut beobachten, um alles verifizieren oder falsifizieren zu können, und zu guter Letzt – um ganz für sich allein entscheiden zu können, ohne Gewissensbisse und Panik, jedoch aus voller Sicherheit und Überzeugung heraus.

Somit stehe ich für einen grobschlächtigen Schlagabtausch nicht zur Verfügung. Ich möchte im Rahmen meiner homöopathischen Belange nur sachlich aufklären und informieren, für meine mir anvertrauten Patienten und – soweit dies überhaupt möglich ist – auch für unsere gesamte Welt, denn ich persönlich ziehe keinen direkten Nutzen daraus, ob sich nun jemand selbst oder sein Kind impfen läßt oder nicht, bis auf die eine Ausnahme, daß ich im Falle von vermehrten Impfungen in meiner Praxis mehr zu tun bekomme.

• *Wie kann es sein, daß die homöopathischen Arzneimittel in so geringen Dosen wirken?*

Streng genommen ist diese Fragestellung nicht ganz korrekt gestellt und zeugt von einem gewissen Unverständnis bzgl. der homöopathischen Heilweise und deren Gesetzmäßigkeiten, denn in der Homöopathie geht es primär nicht um geringfügige Dosen – damit wird ja nur die materielle Substanz eines Arzneimittels hinsichtlich seines Verdünnungsgrades beschrieben inclusive seiner zu erwartenden chemischen Wirkung –, sondern um sogenannte *dynamisierte Potenzen*, welche auf der Basis von *feinstofflichen Informationen* nach vollständig anderen Wirkprinzipien agieren und ausschließlich *physikalischer Natur* sind. Die Homöopathie als Heilmethode darzustellen, welche mit „Nichtsen" heilt („Da ist ja nichts drin."), ist absolut unseriös und entlarvt den Betreffenden als Ignoranten.

Grundsätzlich gesehen ist bei einem homöopathischen Arzneimittel zwischen der *Information* und dem *Informationsträger* zu unterscheiden, zwei Begriffe, die nur allzu häufig durcheinandergebracht werden. Die immaterielle, geistartige Arzneimittelinformation ist immer an einen materiellen, d. h. stofflichen Träger, beispielsweise in Form von Milchzuckerstreukügelchen oder Alkohol bei Dilutionen[1], gebunden.

Thorwald Dethlefsen vergleicht dies treffend mit einem Buch. Der Buchinhalt, so Dethlefsen, sei die eigentliche Information, auf die es dem Leser ankommt. Diese ist mittels Druckerschwärze auf dem Papier festgehalten. Durch das Analysieren von Papier samt Druckerschwärze bis hin zum letzten Atom läßt sich nun ausschließlich der Informationsträger bis ins kleinste Detail durchleuchten, die eigentliche Information jedoch geht dabei für immer verloren.

Gesetzt den Fall, wir produzierten zwei vollkommen gleiche Bücher, und zwar absolut gleich im Sinne unserer materiell ausgerichteten Welt (Größe, Papier, Druckerschwärze, Einband etc.), jedoch grundverschieden hinsichtlich ihres Inhaltes; beispielsweise das eine mit dem Inhalt der Bibel und das andere mit dem Inhalt des Münchener Telefonbuches. Dann haben wir – materiell gesehen – zwei komplett gleiche Bücher. Die wissenschaftliche Analyse wird dies bestätigen, bis hinunter zur atomaren oder gar subatomaren Ebene. Dennoch unterscheiden sich diese beiden Bücher hinsichtlich ihres Inhaltes, sprich: ihres Informationsgehaltes, beträchtlich voneinander! Und darauf kommt es dem Leser ja eigentlich auch an. Oder sollte es nicht von Belang sein, ob man die Bibel oder das Münchener Telefonbuch

---

[1] Dilution: Verdünnung.

aufschlägt? Analytisch materiell ist nicht feststellbar, welche Information in welchem Buch steht! Dies läßt sich nur mit Bewußtsein, auf einer nichtmateriellen Ebene erreichen!

Bei jeder wissenschaftlichen Analyse – wie sie heute praktiziert wird – fällt die Information unter den Tisch; es wird ausschließlich der Informationsträger analysiert auf Kosten der ihn enhaltenden Information.

Doch nun zurück zu den homöopathischen Potenzen! Bei ihnen bilden sowohl der *Alkohol* als auch die *Milchzuckerstreukügelchen* die Trägersubstanz, den *Informationsträger*. Die *spezifische Information des Arzneimittels* dagegen wird *durch Dynamisierung* mittels stufenweisem Verschütteln oder Verreiben der Ausgangssubstanz mit dem neutralen Trägerstoff vom Korporalen gelöst und in Form einer *geistartigen Imprägnation* dem neutralen Trägerstoff aufgeprägt. Somit ist diese im Labor – ohne Zuhilfenahme des Lebendigen, wie z. B. der Kirlianfotografie – nicht nachweisbar. Nur der substantielle Träger ist analysierbar und meßbar; die Information ist dabei unwiederbringlich verloren. – Das erinnert mich an ein Analogon, an die Feststellung eines großen, weltbekannten Mediziners, ich denke, Virchow war es, der einmal gesagt haben soll: „Ich habe schon Hunderte von Leichen seziert, aber nie habe ich eine Seele gefunden." Was den heutigen Menschen zum Lächeln anregt.

In der Homöopathie kann es also keinesfalls um kleinste Dosen gehen, ja nicht einmal um, mathematisch ausgedrückt, infinitesimal kleinste Dosen im materiellen Sinne, sondern hier handelt es sich um *entmaterialisierte, geistartig gemachte Arzneimittel,* welche sich gänzlich den chemischen Gesetzmäßigkeiten entziehen und *rein physikalisch wirken in Form von Schwingung und Energie*. In unsere heutige technische Welt übersetzt, ist dies vergleichbar mit einem Funksignal, durch welches eine tonnenschwere Raumstation im All von der Erde aus gesteuert wird. In diesem Funksignal ist kein einziges Teilchen Materie enthalten; es ist reine Energie, reine Information und notwendig, um überhaupt etwas im Materiellen zu bewirken, beispielsweise das Zünden und Wiederabschalten der Antriebsaggregate für eine notwendige Kurskorrektur im fernen Orbit. Das heißt, *das Energetische, das Feinstoffliche bewirkt Veränderungen im Grobstofflichen, im Materiellen*. – Somit dürfte die Frage nach dem stofflichem Gehalt von homöopathischen Potenzen in diesem Zusammenhang absurd sein.

- *Ist ein einmal begonnenes Antibiotikum wirklich 10 bis 14 Tage durchzunehmen oder darf man es abbrechen, wenn es einem besser geht?*

Aus schulmedizinischer Sicht ist ein Antibiotikum ca. zwei Wochen lang einzunehmen, damit der Infekt dauerhaft abgewehrt werden kann und es zu keinem Rezidiv kommt. Denn wenn man ein Antibiotikum vorzeitig absetzt, kann es ein böses Erwachen geben mit gefürchteten Rückfällen, die schlimmer sind als die zuvor dagewesene Erkrankung. Dieses stellt man sich dergestalt vor, daß man den Mikroben eine gewisse Intelligenz zuspricht, und zwar in der Weise, daß jene gerne eine Art Verstecken spielen. Soll heißen, daß sich bei zu wenig Antibioselenkung ein paar Mikrobennester an irgendeiner Stelle im Körper verkapseln und versteckt halten, um auf ihre große Chance zu warten. Diese Restbestände sind zunächst vollkommen inpathogen[1]; sie würden sich nur noch „verschanzen" und friedlich vermehren, um zu einem späteren Zeitpunkt – wenn sie nämlich merken, daß das Bombardement mittels Antibiotika vorüber ist – ihr Versteck peu à peu zu verlassen und wieder virulent zu werden, um in alter Frische und mit vereinten Kräften mit ihrem Angriff auf den Körper fortfahren zu können. Und damit ist das Rezidiv perfekt. – Ganz schön clever, nicht wahr?

Es ist – wie immer – die antiquierte doktrinäre Vorstellung von Gut und Böse, von Bekämpfen, Ausradieren und Verschanzen, von Strategie, Hinterhalt, intelligenter Kriegsführung, von List und Tücke etc. pp.; ein geradezu militärisches Szenario. Doch eine derartige Logik ist geradezu lächerlich bzw. absurd! Und zwar in mehrerlei Hinsicht. Schon ein paar einfache Fragen bringen Licht in das Dunkel der orthodoxen Argumentation, so daß das ganze Gedankengebäude recht leicht zum Einsturz kommt: Warum bleiben die Mikroben – beispielsweise die angeblich so gefährlichen Streptokokken – vor der Antibioselenkung eigentlich immer an Ort und Stelle und vereinnahmen nicht auch andere Organe oder gar den gesamten Organismus? Warum „befallen" sie z. B. nur die Gegend der Mandeln? Schlauer wäre es doch, von Anfang an strategische Reserven zu bilden und diese in aller Ruhe an einem sicheren Ort zu plazieren, damit man im Falle eines gegnerischen Rückschlags gewappnet ist. Warum treten immer nur ganz bestimmte Mikroben an immer denselben Organen und Geweben auf, immer schön abgegrenzt zum Nachbargewebe? Woher wissen die Mikroben überhaupt, daß man ihnen den Garaus machen will? Woher wissen sie im Ernstfall, nämlich bei einer beginnenden Antibiose, daß es irgendwo im Körper ein sicheres Versteck gibt, einen schutzbringenden Winkel vor dem für sie tödlichen Medikament? Und wie sollte dies, bitte sehr, eigentlich im Detail funktionieren, da doch der gesamte Körper vaskularisiert[2] ist, demzufolge alles über den Blutkreislauf miteinander verbunden ist und sich in kürzester Zeit, also binnen Minuten verteilt; somit also auch das Antibiotikum jeden noch so entfernten Ort im Körper erreicht und damit auch ein „Versteck"?

Das alles mutet sehr abenteuerlich an, ganz besonders dann, wenn man die biologischen Naturgesetzmäßigkeiten kennt, insbesondere die Zweiphasigkeit der Erkrankungen und das ontogenetisch bedingte System der Mikroben. Denn dann gibt es kein Wunschdenken mehr, kein Mutmaßen

---

1 inpathogen: nicht krankheitserregend, nicht krankmachend.
2 vaskularisiert: durchwachsen mit Gefäßen.

und keine Interpretation. Es gibt nur noch Fakten, ihren biologischen Sinn und eine bestechende Logik. Da ist kein Platz für Statistik und Eventualitäten. Das sind 100 %-Regeln, eben Gesetze. Wir können es immer wieder nur wiederholen: Naturgesetze *sind.* Man kann keine Kompromisse mit ihnen schließen, sie abändern oder überlisten!

Die Mikroben sind überhaupt nicht pathogen! Sie treten erst in der vagotonen Heilungsphase einer Erkrankung auf und sind für Aufräumarbeiten zuständig, wie in Kapitel *3.1.1 Die Zweiphasigkeit der Erkrankungen und das Auftreten der Mikroben* ausführlich beschrieben. Sie wollen den Körper gar nicht zerstören, wie es immer propagiert wird, sondern ihm helfen, alles wieder in Ordnung zu bringen. Wenn sie nun mittels Antibiotika niedergemacht werden, ohne daß der Heilungsprozeß überhaupt abgeschlossen ist, ist es nur logisch, daß sie bei einer zu geringen Antibioselenkung wieder auf den Plan treten. Der Organismus befindet sich eben noch in der heilwirksamen Dauervagotonie. Werden die immunsuppressiven Medikamente dagegen sehr lange gegeben, die vagotone Heilungsphase also in ihrem Ganzen vollkommen torpediert, so ist der Organismus (chronisch gesehen) dermaßen geschwächt, daß er nicht mehr in der Lage ist, den Heilungsprozeß sofort wiederaufzunehmen. Also bleiben Gewebsruinen bestehen; *die erkaufte Ruhe täuscht nur eine vermeintliche Heilung vor.* Doch das nächste Rezidiv ist vorprogrammiert. Es kommt bestimmt; allerdings vielleicht erst ein paar Monate später, vielleicht auch Jahre, nämlich erst dann, wenn sich der Organismus wieder ein wenig erholt hat und nun mühselig alle Kraftreserven mobilisiert, um den alten, noch schwelenden Prozeß zur Ausheilung zu bringen. Daraufhin tritt aber i. d. R. das nächste Antibiotikum auf den Plan, und der Teufelskreis ist perfekt. Das heißt dann in der herkömmlichen Medizin: *„Neigung zu Erkrankungen"*. Oder das Rezidiv bleibt wirklich aus, und die Krankheit verlagert sich hin zu anderen Organsystemen; das wird dann in der Homöopathie *„Unterdrückung"* genannt.

Somit liegt es auf der Hand, daß, wenn rein schulmedizinisch behandelt wird, das Antibiotikum recht lange einzumehmen ist, um einen zunächst nach Heilung aussehenden Erfolg zu haben. Wird der *Infekt dagegen zusätzlich homöopathisch behandelt*, so kann man sofort, wenn evident ist, daß das Homöopathikum *das richtige Simile* ist und „greift", *mit der Einnahme des Antibiotikums aufhören.* Und das auch schon am ersten oder zweiten Tag seiner Einnahme! Denn dann ist klar, daß *der Körper in der vagotonen Heilungsphase verbleibt*, der Organismus von Anfang an gestärkt, und der Infekt wirklich ausgeheilt werden wird, so daß die Mikroben mit der Zeit von alleine verschwinden, weil sie nicht mehr gebraucht werden. Ein Rezidiv kann es dann nicht mehr geben! Das heißt mit anderen Worten: Sobald das Homöopathikum wirkt und es dem Patienten besser geht, ist die Antibiose abzusetzen. Das gilt selbstverständlich auch bei schweren Erkrankungen wie Lungenentzündungen, Nierenbeckenentzündungen und vielem mehr.

- *Ist ein einmal begonnenes Impfprogramm bis zum („bitteren") Ende durchzuführen oder kann man es jederzeit abbrechen?*

  Man sollte sogar sofort mit dem Impfen aufhören, wenn man nicht einen Impfschaden riskieren möchte, unabhängig davon, wieviele Impfungen bereits verabreicht wurden, denn *es gibt keinen wirklichen Impfschutz*. Schon der nächste Tropfen kann das Faß zum Überlaufen bringen. Bei manchem bedarf es vielleicht noch eines „ganzen Liters", bei anderen dagegen kann es schon dieser berühmte Tropfen sein! Doch wer wird das mit Bestimmtheit voraussagen können, wie wer wann reagiert?

  Deutlich sichtbare Reaktionen auf Impfungen hängen von den *ererbten miasmatischen Belastungen* innerhalb der Familie ab und den *bereits erhaltenen Impfungen* und/oder *vorausgegangenen immunsuppressiven Behandlungen*. Bei Kindern, die mit einer ausgeprägten miasmatischen Prädisposition das Licht der Welt erblickt haben, kann schon eine einzige Impfung den „GAU"[1] bedeuten, während erblich weniger vorbelastete erst viel später reagieren. Doch das Potential einer latent vorliegenden Schädigung wird auch bei jenen mit Sicherheit an die nächste Generation weitergegeben, so daß die Kinder dieser Kinder deutlich früher gesundheitliche Probleme erhalten. Das kann man immer wieder beobachten, wenn man ganze Familien antimiasmatisch homöopathisch betreut, angefangen vom Enkelkind bis hin zu den Großeltern! Die Spirale dreht sich mit der Zeit immer schneller – und ganz besonders mit fortschreitenden Generationen. Insofern ist es *ein Muß*, das Impfen jederzeit, d.h. unabhängig vom derzeitigen Impfstatus, einzustellen!

- *Woher weiß man sicher, daß es sich um einen Impfschaden handelt?*

  Das ist eine sehr schwierige Frage und kann nicht pauschal beantwortet werden. Jedenfalls ist das Suchen nach „Erregern" oder deren Stoffwechselprodukten müßig und keinesfalls aussagekräftig, denn diese können im Falle eines Impfschadens vorhanden sein oder nicht. Wer sagt denn, daß – bei positivem Befund – diese wirklich ursächlich etwas mit der Schädigung zu tun haben? Der wirkliche Beginn einer Schädigung kann ja schon viel weiter zurückliegen, so daß die Beschwerden schleichend begonnen haben. Das Aufspüren von Mikroben ist also reines Ablenken von den wirklichen Ursachen, und die Darstellung, daß das Fehlen von Mikroben im labortechnischen Nachweis ein Beweis dafür sei, daß es an der Impfung nicht gelegen haben könne, reine Interpretation und reines Wunschdenken in unserem materialistisch behafteten Weltbild!

  Außerdem sind die *Mikroben* nicht krankheitsverursachend, wie wir immer wieder gesehen haben. Vielmehr treten sie erst dann auf, *wenn sich der*

[1] GAU: größter anzunehmender Unfall, ein Begriff aus der Kernkraftwerkstechnik.

Organismus in der vagotonen Heilungsphase befindet, wenn es etwas zu „reparieren" gibt. Dadurch, daß kaum jemand weiß, wie unser Immunsystem wirklich funktioniert, jedenfalls nicht als Kampf „Gut gegen Böse" im Sinne der Antigen-Antikörper-Theorie, merkt kaum jemand, daß wir mit den labortechnischen Befunden an der Nase herumgeführt werden in dem Glauben, ein wissenschaftlicher Beweis sei erbracht oder nicht.

Das Energetische fehlt bei der Suche nach dem Übeltäter, das Feinstoffliche! Streß, ein böses Wort des Chefs, eine kleine verbale Stichelei – alles feinstoffliche, nicht-materielle Entitäten – haben auf den Organismus einen sehr großen Einfluß! Das weiß jeder. Auch Freude, Rührung, Erwartungsspannung und vieles mehr bewirken Reaktionen auf der stofflichen Ebene, dem Körperlichen. Und natürlich auch Strahlen und Mikrowellen sowie toxische Substanzen, als da sind Quecksilber, Formaldehyd, Phenol, Aluminiumphosphat, artfremdes Eiweiß und vieles mehr. Und diese sind nun einmal in fast jeder Impfampulle enthalten! Selbst wenn sie bei dem Betroffenen materiell nicht mehr nachzuweisen sind, so können sie den Organismus doch nachhaltig *in Form von Schwingungen* schädigen. Und zwar äußerst intensiv und für immer. Das beginnt zunächst schleichend, ist langsam fortschreitend und wird chronisch. Das heißt, es hört nicht unbedingt mehr von selber auf. Dies alles dürfte allgemein bekannt sein – spätestens seit den Arzneimittelprüfungen Hahnemanns – und dies weiß ein jeder Homöopath! Denken Sie nur an die Arzneimittelprüfungen von Mercurius mit all seinen miasmatischen Symptomen, Mercurius, dem homöopathischen Quecksilber, welches in entmaterialisierter Form geprüft wurde und welches heutzutage als wesentlicher Bestandteil von Thiomersal bei fast jeder Impfung in den Blutkreislauf gelangt. Noch dazu in materiellen Dosen, so daß es darüber hinaus auch zu wirklich grobstofflichen Vergiftungserscheinungen kommen muß!

Im Hinblick auf eine Impfschädigung ist außerdem ein zeitlicher Zusammenhang recht häufig offensichtlich. Trotzdem können aber *auch Monate bis Jahre dazwischenliegen, ehe man sich des ganzen Ausmaßes bewußt wird.* In der homöopathischen Praxis sieht man natürlich immer wieder solch zeitliche Zusammenhänge, aufgrund der vielen Fälle, die nach Hilfe suchen. Wenn sich einem dann immer wieder und immer wieder derartige Zusammenhänge aufdrängen, bei ganz ähnlichen Erkrankungen sowie bei vollständig anderen, welche im Prinzip nichts miteinander zu tun haben und völlig andere Organsysteme betreffen, und vor allem bei sehr schweren systemischen Störungen – schauen Sie sich unter diesem Aspekt bitte alle vorgestellten Fallbeispiele noch einmal an –, dann ahnt man als junger Therapeut zunächst – mit fortgeschrittener Praxiserfahrung weiß man es dann schließlich –, daß *die zeitlichen Zusammenhänge in Wirklichkeit auch kausale Zusammenhänge* sind.

Abschließend noch ein paar aufschlußreiche Zitate eines hochkarätigen amerikanischen Wissenschaftlers im Staatsdienst und Leiter großer Hepatitis-B-Impfstoffversuchsprogramme in den USA, Dr. Wolf Szmuness, Professor für Epidemiologie an der Columbia-Universität, welche einen sehr nachdenklich stimmen sollten: „Heute weiß ich, daß kein Impfstoff sicher ist. Es ist eine völlig üble Idee, einen Teil eines erkrankten Tieres oder Menschen in einen zuvor offensichtlich gesunden menschlichen Organismus zu bringen. ... Mütter, laßt Eure Kinder nicht impfen! *Hütet Euch vor den Nebenwirkungen des Impfstoffes nach 10, 20 oder 30 Jahren! Es ist alles wissenschaftlicher Betrug; es ist nicht nur Impfstoff in den Ampullen!* ... Impfung ist ein Verbrechen gegen die Menschlichkeit. Viele weltberühmte Ärzte nennen es Völkermord." Und an anderer Stelle: „Man kann es nicht oft genug wiederholen. Es ist völlig gegen die Grundregeln der Virologie, Menschen gegen Krankheiten zu immunisieren, indem man Tierviren verwendet oder auch Viren von erkrankten Menschen. Zwischen Mensch und Tier existiert eine *Artenbarriere*, die nicht überschritten werden sollte. Natürlich gibt es eine zeitweilige Immunreaktion, die sich im Blut zeigt, wenn man dem Menschen ein fremdes Tierprotein injiziert. *Aber die Antikörper reagieren direkt auf das fremde Tierprotein und nicht auf die menschliche Krankheit selbst.* Und eine Krankheit wird folgen, früher oder später, und diese Krankheit ist durch die Impfung selbst verursacht oder die Impfung hat dazu beigetragen." (Hervorhebungen durch den Verfasser)

- *Muß man den Tine-Test, der zum Eintritt in den Kindergarten vielfach gefordert wird, wirklich vornehmen lassen?*

Zur Aufnahme in den Kindergarten ist eine ärztliche Bestätigung vorzulegen, welche besagt, daß das Kind „frei von übertragbaren Krankheiten und für den Besuch eines Kindergartens gesundheitlich geeignet ist". Zumindest in Bayern, gemäß Art. 27 BayKiG. Diese Bescheinigung durch den Arzt „darf bei Eintritt des Kindes in den Kindergarten nicht älter als drei Wochen sein". Und dazu gehört eben auch der Nachweis, daß das Kind keine akute Tuberkulose hat.

Um dies nachzuweisen, wird heutzutage der sog. Tine-Test praktiziert, ein Multipunkturstempeltest zur Austestung der Tuberkulin-Schwelle. Dieser steht allerdings, zusammen mit anderen invasiven Tuberkulosetests, in starkem Verdacht, zu *tuberkulinisieren*, ja er *kann sich genauso verheerend auswirken wie BCG-Impfung*! Somit wird das tuberkulinische Miasma verstärkt oder gesetzt, mit Reaktionen wie Neigung zu Mittelohrentzündungen, Paukenergüssen, Mandelentzündungen, Bronchitiden, Lungenentzündungen, allgemeiner Erkältungsneigung mit und ohne Lymphknotenschwellungen, chronischem Schnupfen, Unausgeglichenheit, subfebrilen Temperaturen und vielem mehr. Und genau deshalb wird er von homöopathisch informierten Eltern abgelehnt.

Im Prinzip ist so ein ärztlicher Nachweis für den Kindergarten grotesk, denn so ein Zeugnis ist doch nichts anderes als nur eine *Momentaufnahme*! Das Kind kann doch gleich am nächsten Tag nach der Untersuchung krank werden oder auch später im Kindergarten. Einen Sinn ergäbe das Ganze (gemeint ist die allgemeine Untersuchung für den Eintritt in den Kindergarten) nur dort, wo es um chronische Beschwerden und schwere Impfschäden geht, beispielsweise um Entwicklungsverzögerungen, Epilepsie etc. pp., um zu prüfen, ob das Kind einen normalen Kindergarten besuchen kann oder eher eine Fördereinrichtung. Außerdem kann so ein Stempeltest auf der Haut gar keine klare Aussage darüber geben, ob mit den Schleimhäuten der Lunge alles okay ist, denn die Haut und die Lunge werden von ganz anderen Hirnarealen gesteuert!

Der Tine-Test wird meist schon im Vorzimmer von der Sprechstundenhilfe durchgeführt, teilweise ohne Erklärung und Vorankündigung; das sollte man wissen. Im Prinzip kann man diesen aber auch ablehnen, denn es gibt durchaus einige andere, nicht invasive Nachweismöglichkeiten, um eine akute Tuberkulose auszuschließen. Auch Röntgenaufnahmen sind nicht gesundheitsförderlich, da sich die Strahlenbelastung mit den Lebensjahren akkumuliert.

- *Was ist von der Werbung für Impfungen mittels Prominenter zu halten?*

Gar nichts! – Ich jedenfalls bin nicht überzeugt, daß es da mit rechten Dingen zugeht bzw. diese Werbung seriös ist. Beispielsweise hat sich vor Jahren – ich war damals noch jung und habe mich zu diesem Zeitpunkt nicht intensiv mit medizinischen Themen auseinandergesetzt – ein amerikanischer Präsident vor laufender Kamera impfen lassen und seine Mitbürger aufgefordert, es ihm gleichzutun.[1] Gegen was, weiß ich leider nicht mehr. Jedenfalls fand ich dies damals schon „komisch“, habe mir aber weiter nicht viel dabei gedacht. Einen bleibenden Eindruck, dem guten Beispiel zu folgen, hinterließ diese Meldung in den Nachrichten allerdings bei mir nicht.

Ich persönlich glaube auch nicht, daß sich dieser Präsident – wie auch

[1] Hierzu ein interessanter Auszug aus einem Bericht des bekannten australischen Arztes Dr. med. Archie Kalokerinos über die Impfung gegen Schweinegrippe in den USA: „Menschen fielen in den Gebäuden, in denen ihnen die Impfung verabreicht worden war, tot um. Andere wurden gelähmt. Die ganze Impfkampagne strandete und kam nicht vom Fleck. Präsident Ford entschied, die Angelegenheit schnell in Ordnung zu bringen. Vor der ganzen Welt, im Fernsehen, rollte er seinen Ärmel hoch und ‚bekam seinen Schuß‘. Ich habe damals behauptet, daß es eine Placebo-Impfung war und bin auch tatsächlich überzeugt davon ...“ – Vielleicht war es ja gerade Präsident Ford, welchen ich damals im Fernsehen gesehen habe. – Ein Fall, in welchem die Auswirkungen einer Impfung gegen Schweinegrippe eine zentrale Rolle spielten, habe ich in meinem Werk *Klassische Homöopathie für die junge Familie*, Band 2, dokumentiert.

viele andere hochrangige Politiker und Persönlichkeiten des öffentlichen Lebens – wirklich hat impfen lassen, denn er weiß bestimmt, daß das Impfen keine gute Sache ist. Denken Sie nur an den oben zitierten Fachmann für Mikrobiologie und Impfungen sowie früheren Forscher im Auftrag der amerikanischen Regierung, Dr. Anthony Morris! Spätestens durch ihn müßte deutlich geworden sein, daß schwere Krankheitsbilder, wie das der Thrombozytopenie, in Verbindung mit Impfstoffen zu sehen sind, was bis in höchste Regierungskreise bekannt ist! Man kann mich wirklich erst dann vollkommen davon überzeugen, daß sich solch Prominente impfen lassen, wenn ich ganz persönlich den Impfstoff in einer x-beliebigen Apotheke besorge, diesen selbst in eine Spritze aufziehe und auch selbst injiziere! Alles andere ist sehr sehr fragwürdig!

- *Ist das heutzutage vielfach praktizierte Austesten homöopathischer Arzneimittel mittels bioenergetischer Verfahren unbedenklich?*

In unserer heutigen Zeit gibt es immer wieder Bestrebungen, die Homöopathie stark zu vereinfachen und den großen Aufwand einer fundierten Ausbildung hinsichtlich der chronischen Misasmen sowie der daraus abgeleiteten zeitintensiven Anamnese beim Patienten zu umgehen. So gibt es seit einigen Jahren den Trend, die Wahl des passenden homöopathischen Arzneimittels bioenergetisch auszutesten. Zu nennen wären hier Verfahren wie Bioresonanz, Biotensor, Pendeln, Kinesiologie, EAV (Elektroakupunktur nach Voll) und ähnliche. Ein derartiges Vorgehen, den großen Aufwand einer gekonnten, recht zeitintensiven chronischen Anamnese zu umgehen, birgt jedoch eine gewisse Gefahr in sich, da man *mit dieser Art von Therapie sehr einfach unterdrücken kann*, und zwar einfacher und häufiger, ohne daß man sich dessen bewußt wird. Oder was soll das für einen Sinn haben, wenn der Patient mit ellenlangen Rezepten von teilweise mehr als zehn homöopathischen Arzneimitteln in Hochpotenz (ja sogar in Höchstpotenzen!), bis zu 10 Globuli täglich (!) einzunehmen[1], nach Hause geht, die alle „fein säuberlich ausgetestet“ wurden und eigentlich auch helfen müßten. Chronische Mittel, wohlgemerkt, mit inbegriffen. Teilweise auch Mittel, von denen es überhaupt keine Arzneimittelprüfungen gibt, wie z. B. Amalgam[2], Cerebel-

---

[1] In einem Fall von Allergieaustestung habe ich sogar die Empfehlung „120 Globuli pro Tag“ bei, zusammengenommen, 14 Mitteln erlebt! – In einem anderen Fall von Haaranalyse ging eine Patientin mit – sage und schreibe – 40 Medikamenten nach Hause!

[2] Als Amalgamausleitung testete ein Zahnarzt einer Patientin von mir „Amalgam C200“ aus, 3-mal täglich 5 Globuli einzunehmen, und das etwa 3 Monate lang! – Eine C200 täglich! Und dann noch mehrmals am Tag! Das muß man sich einmal vorstellen! Unverantwortlich, nicht wahr? Und darüber hinaus noch ein ungeprüftes Mittel. Potenziertes Amalgam gegen Amalgam! Die Homöopathie wäre denkbar einfach, wenn dies funktionieren würde; Scarlatinum gegen Scharlach etc. …

lum[1] oder die Autonosode Placenta[2]. Derartig vorbehandelte Patienten kommen zuhauf in die homöopathischen Praxen und sind buchstäblich „völlig verhunzt", da sie kaum noch eigene Symptome aufzuweisen haben. Hier sind meist *homöopathische Unterdrückungen und Arzneimittelprüfungssymptome* mit im Spiel, die nur sehr schwer wieder rückgängig zu machen sind.

Darüber hinaus sind die Ergebnisse von Messungen nicht immer stimmig und deshalb sehr fragwürdig. So zeigte das Gerät einer jungen Patientin keinerlei Beschwerden bei Milch an, obwohl die Patientin von einer extrem ausgeprägten Milchunverträglichkeit geplagt wurde. Sie durfte nicht einmal einen Fingerhut voll davon trinken, sonst hätte sie für mindestens 10 Tage die schwerste Nebenhöhlenentzündung mit Fieber und Bettlägerigkeit! Und bei Meerschweinchen und Mandeln sollte es eine Allergieneigung geben; sie aß jedoch fast täglich Mandeln in ihrem Müsli und hatte Meerschweinchen zu Hause, ohne im geringsten zu reagieren. In einem anderen Fall waren angeblich „die Entzündungswerte deutlich erhöht". Die Überprüfung bei einer Ärztin mittels großem Bluttest ergab jedoch das genaue Gegenteil: „Alles bestens, Sie haben Traumwerte!" – Und dies sind gewiß keine Einzelfälle!

Ein anderer Aspekt betrifft den Verlauf einer homöopathischen chronischen Kur. Bekanntlich wird im Chronischen nicht die vordergründige Ähnlichkeit der Symptome gesucht, sondern hier spielt die Trias, bestehend aus Symptomen und Zusammenhängen sowohl des Status praesens als auch des „Werdegangs" sowie Daten aus der gesamten Blutsverwandtschaft eine zentrale Rolle. Oder kurz: das *miasmatische Potential*, das dahintersteckt. Darüber hinaus wird mit dem Einsetzen der Wirkung eines passenden

---

[1] Auch das Mittel Cerebellum (potenziertes Kleinhirn) ist weder am Gesunden geprüft, noch hat es sich am Krankenbett verifizieren lassen! Wir wissen also nicht, wie es wirkt, welche Symptome damit verbunden sind. Bei Störungen eines bestimmten Organs nur dieses als Ausgangssubstanz herzunehmen, zu potenzieren und zu verabreichen, hat nichts mit echter Homöopathie zu tun! Derartige – nicht nachzuvollziehende – Auswüchse wären vergleichbar mit dem Potenzieren der Bibel (s. o.) in der Annahme, daß einem das hilft. Es kann jedoch keine Garantie dafür geben, daß die Ausgangssubstanz des Arzneimittels wirklich die Bibel war und nicht etwa ein Telefonbuch! Die Information ist wichtig, nicht das Medium, der Informationsträger! Und mit Cerebellum wird ja ausschließlich der Informationsträger potenziert! *Das so entstandene Mittel kann gänzlich anders wirken, als man sich dies vorstellt, und in seiner Wirkung überhaupt nichts mit den Funktionen des Kleinhirns gemein haben.* – Analoges gilt für Mittel wie Cerebrum (Großhirn), Hypophysis (Hirnanhangsdrüse) und viele viele andere.

[2] Placenta: potenzierte Plazenta als Autonosode. Eine Nosode also, die aus der eigenen Plazenta gewonnen wird. Diese wird vielfach von Hebammen gegen alles Mögliche bei Neugeborenen und/oder stillenden Müttern empfohlen. Doch Vorsicht – auch von diesem Mittel gibt es keine Arzneimittelprüfungen am Gesunden und damit keinerlei Arzneimittelbild! Wir wissen also nicht, welche Symptome und Zusammenhänge es wirklich abdeckt bzw. was es alles anrichten kann, wenn es nicht so gut läuft.

chronischen Arzneimittels *ein Rückspulungsprozeß in Gang gesetzt*, der unter keinen Umständen unterbrochen werden sollte, da er für die echte Ausheilung lebensnotwendig ist. Wird nun mittels energetischer Verfahren immer wieder ausgetestet, ob das Mittel und/oder die Potenz „noch angezeigt sind", so wird man aufgrund der vielen *Rückspulungszwischenzustände* häufig zu anderen Ergebnissen kommen. Es scheint, als ob nun dieses oder jenes Mittel angezeigt wäre. Doch der Scheint trügt, denn es ist ganz normal, daß alte Zustände von früher wieder reaktiviert werden, um nun endgültig ausgeheilt werden zu können. Diese verschwinden i.d.R. wieder von ganz alleine unter demselben homöopathischen chronischen Arzneimittel, welches sie nach vorne gebracht hat, so daß man sich nicht dazu verleiten lassen darf, auf jeden neuen Rückspulungszustand hin zu verschreiben, was von echter Heilung wegführt und oft in einer Unterdrückung endet, denn es handelt sich lediglich um *reine Interimszustände*!

Ein eindrucksvoller Fall aus meiner Praxis bestätigt diesen Sachverhalt ganz deutlich: Eine junge Mutter testete, zusammen mit ihrer Heilpraktikerin, nahezu täglich den Zustand und die daraufhin zu verabreichenden Arzneimittel ihres kleinen, spastisch behinderten Sohnes mittels bioenergetischem Verfahren aus. So erhielt der Kleine alle paar Tage ein anderes Homöopathikum, teilweise in Tiefpotenz, teilweise in Hochpotenz (!), je nachdem, „was anzeigt war". Und es kam auch zeitweise vor, daß das eine oder andere zu verabreichende Mittel überhaupt nicht gegeben werden konnte, da dieses in der vorgeschlagenen Potenz oder als seltenes Mittel nicht schnell genug zu beschaffen war und sich mittlerweile der Zustand des Kindes wieder verändert hatte, so daß die Testung nun für ein ganz anderes Mittel sprach! – Deutlicher geht es nun wirklich nicht. *Mittels dieser Meßverfahren kann man eben nur „Akutzustände" bzw. statische Phänomene überprüfen, nicht aber dynamische Prozesse oder echte Weichenstellungen im Leben eines Patienten erkennen.* Um eine gekonnte ausführliche Anamnese kommt man also doch nicht herum!

Außerdem lassen sich mittels Austesten von Arzneimitteln keine *kausalen Zusammenhänge* erfassen wie z.B. Unterdrückungen, Schockerlebnisse, Verletzungen, Behandlungen, Impfungen, familiäre Causae (Ursachen) etc. *Dieses ist nur mittels Gedankenarbeit eines erfahrenen Homöotherpeuten zu erreichen und niemals automatisierbar!* Mittels Austesten kann die *„Logik" eines Falles,* d.h. *die Gesetze der Homöopathie* angewandt auf ein Individuum, nicht erkannt werden! Besonders deutlich wird dies beim Erarbeiten des richtigen antimiasmatischen Arzneimittels in der chronischen Therapie. Hierbei beziehen sich die wahlanzeigenden Symptome ausschließlich auf das zur Zeit *aktive Miasma*. Diese können durchaus zahlenmäßig deutlich weniger ausmachen (beispielsweise nur drei sehr gute Symptome) im Verhältnis zu den – sagen wir – zehn anderen guten Symptomen, welche für ein ganz anderes Arzneimittel sprächen, jedoch aufgrund der miasmatischen Betrachtungen zum jetzigen Zeitpunkt noch absolut zurückgestellt werden müssen. *Ein Austesten von Mitteln kann jedoch nur die Gesamtheit der Symptome berücksichtigen, ohne Wichtung und ohne Selektion, und kommt somit zu ganz anderen Ergebnissen!* Aus diesem Grunde versagt es bei chronischen Behandlungen kläglich und ist ganz und gar nicht praktikabel. Ja, seine Anwendung wird für den Patienten vielfach sogar buchstäblich gefährlich, ganz besonders dann, wenn Hochpotenzen verabreicht werden, und kann ihn in Richtung Verschlimmerung oder gar Unheilbarkeit treiben.

Ein Bereich, wo Bioresonanz und ähnliche Verfahren durchaus einen Sinn machen, ist höchstens in der Behandlung von akuten Krankheiten mit Tiefpotenzen zu sehen, da es sich ja hier stets um Momentaufnahmen handelt und Tiefpotenzen keinen so langen und tiefgreifenden Wirkungsgrad haben, also keine „Langläufer" sind.

- *Ist es sinnvoll, den Kindern während ihrer ersten Zahnungsperiode eine Bernsteinkette um den Hals zu legen?*

Die Bernsteinkette[1] erfreut sich zunehmender Beliebtheit und wird bereits von einem Großteil der naturheilkundlich orientierten Bevölkerung als gutes, sanftes Hilfsmittel angesehen, um Zahnungsbeschwerden der Säuglinge zu lindern. Ihr Tragen mildert vielfach die Symptome der sog. *Dentitio difficilis*, der erschwerten Zahnung, wenn die Kinder quengelig sind und extrem unausgeglichen, wenn man ihnen nichts recht machen kann, wenn sie – besonders des Nachts – starke Schmerzen verspüren und „senkrecht im Bett stehen" oder mit Fieber und Infekten reagieren, kurz – wenn die Zahnung langsam und sehr beschwerlich ist und die ganze Familie auf Trab hält. Mittlerweile legen schon viele Mütter ihren Sprößlingen eine solche Kette im Vorfeld der Zahnung an, und zwar dauerhaft, ohne akute Indikation sozusagen, rein prophylaktisch, nur aus der Angst heraus, damit die Zeit der Zahnungsperiode ja nicht zu anstrengend wird, weder für das Kind noch für die Eltern.

Viele der Naturheilkunde aufgeschlossenen Ärzte, Heilpraktiker und Hebammen empfehlen eine Bernsteinkette für die Zeit der ersten Zahnung, allerdings pauschal, ohne sich ernsthaft Gedanken darüber zu machen, ob diese auch wirklich zu den Beschwerden des zahnenden Kindes paßt und damit unbedenklich ist. Zugegeben, man gibt dem Kind keine Medikamente mit irgendwelchen Nebenwirkungen. Doch das Feinstoffliche wird dabei leicht übersehen. Die gute Wirkung des Bernsteins beruht ja auch auf Schwingungen, also rein physikalisch auf feinstoffliche, energetische Weise, ähnlich wie die Homöopathie, und müßte demnach – wenn man homöo-

---

[1] Bernstein: fossiles Harz von Nadelhölzern der Tertiärzeit, insbesondere bestimmter Kiefernarten; wird wegen seiner schönen Gelbfärbung vielfach als Schmuck verwendet.

pathisch zu denken gelernt hat – nach bestimmten Kriterien und ganz individuell „verordnet“ werden, denn nicht jeder braucht derartige Schwingungen. Somit drängt sich berechtigterweise die Frage auf, ob diese Schwingungen wirklich so harmlos und unbedenklich sind, wie man sich dies bislang vorstellt, ganz besonders dann, wenn sie dauerhaft empfangen, eigentlich aber nicht vom Organismus als Heilimpuls gebraucht werden.

Lassen Sie uns dieses Thema anhand von zwei kleinen Fallbeispielen kurz skizzieren, welche sich in meiner homöopathischen Praxis zugetragen haben bzw. welche mir von jungen, sehr aufmerksamen und gut beobachtenden Müttern „rein zufällig“ berichtet wurden und für sich sprechen.

Der erste Fall handelt von einem kleinen Mädchen namens Elisa, drittes Kind einer jungen Familie, welche all ihre Kinder nicht impfen ließ und ihnen zu keinem Zeitpunkt immunsuppressive Medikamente gab, weder Antibiotika noch fiebersenkende Zäpfchen. Die ganze Familie war homöopathisch antimiasmatisch gut vorbehandelt, d.h. Elisas beide älteren Geschwister sowie ihre Eltern hatten bereits eine chronische Simile-Therapie erfahren, die als abgeschlossen gelten konnte, mit Ausnahme des Mädchens selber. Denn jenem ging es von Beginn seines Lebens an ausgesprochen gut, es gab kaum behandlungsbedürftige Symptome, so daß seine Eltern keinen Grund sahen, es einer chronischen Behandlung zu unterziehen. Elisas guter Gesundheitszustand war hauptsächlich darauf zurückzuführen, daß alle Miasmen – sowohl bei ihrer Mutter als auch bei ihrem Vater – schon längere Zeit vor ihrer Zeugung eliminiert waren, diese somit nicht mehr als miasmatische Prädisposition weitergegeben werden konnten, wie dies bei ihren beiden älteren Geschwistern noch der Fall gewesen ist. Darüber hinaus ist die Schwangerschaft mit Elisa homöopathisch begleitet worden, so daß ihr gesamter Verlauf samt Geburt und Stillzeit biologisch vollkommen unauffällig waren.

Die Mutter dieses Mädchens berichtete mir nun folgende Geschichte in der berechtigten Annahme, diese würde mich interessieren. Welche ich nun auch gerne weitergebe, denn immer wieder werde ich danach gefragt, was ich von einer Bernsteinkette halte: Ihre Tochter Elisa, 22 Monate alt und kerngesund, habe bis vor etwa sieben Wochen durchgehend eine Bernsteinkette getragen, nahezu 1½ Jahre lang, bis diese um die Weihnachtszeit „kaputt gegangen“ sei. Unmittelbar zwei Tage danach habe das Mädchen „unerklärlicherweise“ drei Tage lang sehr hohes Fieber bekommen, „grundlos, ohne weitere Symptome“. Und dann sei es für ganze drei Wochen „unausstehlich gewesen“. „Elisa war nicht zu genießen. Doch mit einem Mal hat sie einen unglaublichen Entwicklungsschub gemacht. Sie ist nun regelrecht wesensverändert, sehr zum Positiven hin! Sie ist freundlich, aufgeschlossen und aufgeweckt wie nie zuvor!“

Elisas Mutter, die vor Jahren damit begonnen hatte, sich mit den Gesetzmäßigkeiten der Homöopathie vertraut zu machen, beurteilte dieses Phänomen sehr treffsicher: „Die Bernsteinkette hat wohl ihre natürliche Entwicklung unterdrückt, oder?“ Wie überzeugt sie mittlerweile von ihren eigenen Rückschlüssen war, geht aus der nachfolgenden Bestätigung hervor: „Elisa muß wohl mit aller Kraft an der Kette gezogen haben, um sich von deren ‚Unterjochung‘ zu befreien, denn einen Tag zuvor war diese noch komplett intakt.“

Die Idee dieser Geschichte? – *Eine Bernsteinkette hat auf jeden Fall eine Wirkung und kann einem – ganz besonders als Langzeitwirkung – Symptome bescheren, welche in Unterdrückungen resultieren, zumindest bei sehr langem Tragen.* Deshalb sollte man sich bewußt sein, daß das Anlegen einer Bernsteinkette in etwa dem Verabreichen eines homöopathischen Akutmittels gleichkommt. Somit wäre diese nur kurz in der akuten Zahnungsphase anzulegen, wenn wirklich Beschwerden vorhanden sind, ähnlich einer akuten Behandlung mittels Chamomilla D12, Calcium carbonicum D12, Calcium phosphoricum D12, Silicea D12 etc. In der Weise dürfte das Tragen einer Bernsteinkette vollkommen unbedenklich sein. Man kann ja jederzeit damit aufhören, wenn sich das Kind zum Negativen hin verändert, die Kette also nicht wirklich hilft. Aber keinesfalls sollte man eine Bernsteinkette ohne bestehende Symptomatik und ohne Grund dauerhaft tragen! Also nicht „vorsorglich“, ohne sich irgendwelche Gedanken zu machen, denn diese hat in jedem Fall eine medizinische Wirkung und kann zu unliebsamen Arzneimittelprüfungssymptomen[1] führen, wenn sie nicht paßt!

Diese Erfahrung habe ich einer anderen Familie mitgeteilt, die mich zu obiger Frage konsultierte, und ihr dazu geraten, ihrem Sohn probeweise die Bernsteinkette abzunehmen, welche jener bisher permanent getragen hatte, mit demselben Ergebnis: „Unser Kleiner ist viel lebendiger geworden; das begann mit dem Abnehmen der Bernsteinkette; seitdem ist er präsenter, was uns alle sehr freut“, so die erstaunte Mutter, die es zunächst kaum zu glauben vermochte. – Also auch in diesem Fall hat das langzeitige Tragen einer Bernsteinkette die biologisch normale Entwicklung negativ beeinflußt und behindert!

Eine ähnliche Beobachtung, die hier hin paßt, habe ich bei einem 13-jährigen Mädchen machen können, welches eine komplizierte Unterarmfraktur hatte, die operiert und mittels einer Metallschiene fixiert werden mußte. Seit diesem Eingriff hatte es nämlich erheblich an Gewicht zugenommen, wurde

[1] Arneimittelprüfungssymptome (kurz: Prüfungssymptome): Im Verlaufe einer homöopathischen Behandlung neu zum Vorschein kommende, in der Arznei liegende und nicht zuvor in der Krankheit vorhanden gewesene Symptome und Beschwerden. Diese sind i. d. R. passagerer Natur und eigentlich nicht zum Patienten gehörig, sondern werden diesem vom Arzneimittel, welches zu lange und/oder zu konzentriert eingenommen wurde, im Sinne einer Arzneimittelprüfungsreaktion aufgeprägt. Sie können allerdings auch sehr lange bestehen bleiben, sofern das Arzneimittel dessen ungeachtet immer weiter eingenommen wurde!

auffallend dicker, trotz normalem Essen und sonstigen unveränderten Gewohnheiten. Sein Gesicht war richtig „aufgedunsen", wie mir die besorgte Mutter damals erzählte. Wir führten dies anfangs auf die Narkosebelastung zurück, doch die Schwellungen blieben unbeeindruckt – trotz gewissenhaft verabreichter Nux vomica-Gaben zur Arzneimittelbelastungsausleitung. Erst ein halbes Jahr später, nach der Herausnahme besagter Schiene, verschwand dieses Ödem „ganz von alleine", komplett! Und das trotz erneuter Narkotisierung. „Nach diesem Eingriff ist das Gesicht unserer Tochter innerhalb von nur ein paar Tagen deutlich weniger aufgedunsen!", so die erleichterte Mutter. – Auch bei der Tante des Mädchens waren analoge Phänomene zu verzeichnen, und zwar im Zusammenhang mit der Spirale zur Schwangerschaftsverhütung. „Gleich mit dem Einsetzen der Spirale hat sie damals so zugelegt!", wußte deren Schwester zu berichten. Seither leide sie unter Wassereinlagerungen und Übergewicht.

Die Idee dieser Geschichten ist immer dieselbe: *negative Schwingungen aufgrund eines „eingepflanzten" unverträglichen Metalls,* vergleichbar einer monatelangen homöopathischen Behandlung mit demselben Mittel in Urtinktur, wobei es quasi zu *Arzneimittelprüfungssymptomen* kommt.

- *Ich bin mit meinem zweiten Kind schwanger und Rh-negativ[1], mein Mann positiv. Nach meiner ersten Schwangerschaft erhielt ich deswegen eine Anti-D-Prophylaxe-Spritze von meinem Gynäkologen. Jetzt rät er erneut zu dieser Vorsorge, noch dazu während der Schwangerschaft. Ist das wirklich nötig oder eher gefährlich? Kann man da nicht auch homöopathisch etwas machen?*

Leider gibt es keine Erfahrung darüber, dieses Problem homöopathisch anzugehen. Aus der einschlägigen Literatur ist mir nichts Seriöses darüber bekannt, und dies dürfte in absehbarer Zeit auch so bleiben, denn mittels Arzneimittelprüfungen können solchen Erfahrungen bekanntlich nicht gemacht werden. Das müßten schon klinische Beobachtungen sein. Doch wer will so etwas überhaupt testen und vor allem an wem? Und in welchem zeitlichen Rahmen könnte so ein Test stattfinden? Mit welchen Arzneimitteln würde man so einen Test überhaupt angehen, wenn man aufgrund fehlender Prüfungssymptome völlig im Dunkeln tappt. Fragen, die sich nicht beantworten lassen, bzw., die vielmehr verdeutlichen, daß es ungeheuer schwer sein dürfte, hier verläßliche Erkenntnisse zu sammeln. Und wenn schon einige wenige Erfahrungen vorlägen, so wäre es immer noch schwierig genug, auf diesen aufzubauen, denn sie wären mit Sicherheit nicht so vollständig, daß man sich 100%ig auf sie verlassen könnte. Somit wäre nicht auszuschließen, daß es im Falle von unwirksamen Similebeziehungen doch zu lebensbedrohlichen Situationen für Mutter und Kind kom-

[1] Rhesus-System: Rh-System, Rh-Blutgruppen; erbliche Blutgruppeneigenschaften an der Erythrozytenoberfläche von Menschen (Erythrozyten – rote Blutkörperchen).

men könnte. Wer würde hierfür die Verantwortung übernehmen wollen? Und und und …

Die in der Schulmedizin standardmäßig verabreichte sog. Rhesogam[1]-Spritze (die hier auch stellvertretend für ähnliche Präparate stehen soll), ist sicherlich zu Recht bei naturheilkundlich orientierten Zeitgenossen sehr umstritten, zumal sie in der Roten Liste unter der Rubrik „Sera, Immunglobuline und Impfstoffe“ zu finden ist und sich die berechtigte Frage aufdrängt, ob diese Spritze nicht gewissermaßen mit einer Passivimpfung zu vergleichen ist.[2] Doch was soll man stattdessen tun? Früher gab es ja auch keine solche Prophylaxe, argumentieren viele. Diese Frage wird einem zum jetzigen Zeitpunkt keiner endgültig beantworten können. Ich habe allerdings eine Patientin betreut, die sich während ihrer zweiten Schwangerschaft ausgiebig mit dieser Frage beschäftig hat und aus eigenem Antrieb zu dem Entschluß gekommen ist, diese Spritze abzulehnen, auch wenn ihr Kind Rh-positiv sein sollte. Aber daraus gleich eine Gesetzmäßigkeit ableiten zu wollen, auch wenn es dieser Patientin dank der chronischen Homöopathie – sie hatte eine ausgeprägte sykotische Belastung mit starker Allergieneigung und vielem mehr – während ihrer Schwangerschaft und Geburt ausgezeichnet gut gegangen ist, wäre vermessen. Eine zweite Patientin berichtete mir später von ähnlichen Erfahrungen: „Ich bin Rh-negativ, es kam aber zu einer Antikörperbildung beim ersten Kind“, was äußerst selten sei und sie im Zusammenhang mit ihrem früheren Heroin-Konsum sah.

Trotzdem möchte ich all meinen Lesern ein paar kritische Anmerkungen zu dieser Thematik nicht vorenthalten, welche seinerzeit von Marianne Kräck, Gesundheitsberaterin, in den „Impfnachrichten“[3], Ausgabe 4, Okto-

---

[1] Rhesogam: eines der bekanntesten Anti-D-Immunglobulin-Präparate.

[2] Gemäß den Erfahrungen einer von mir homöopathisch betreuten Hebamme scheint sich dies wirklich zu bestätigen, denn sie hat schon mehrfach beobachten können, daß „junge Mütter nach erhaltener Rhesogam-Spritze mit Allergien u. ä. – so wie nach einer regulären Impfung – nachhaltig reagiert haben (z. B. ‚mit einer Angina mit starkem Juckreiz im hinteren Rachenbereich und begleitendem wäßrigen Fließschnupfen schon ein paar Stunden danach‘ oder ‚seither Anfälligkeit für Heuschnupfen, was zuvor nie der Fall gewesen ist‘)“. Eine andere Patientin berichtete, daß sie ihr Kind im Mutterleib, welches zuvor immer sehr aktiv und lebhaft gewesen sei, unmittelbar nach der Rhesogam-Spritze drei Tage lang nicht mehr gespürt habe: „Es lag völlig leblos in meinem Bauch, so daß ich schon die Befürchtung hatte, es könnte tot sein!“ Darüber hinaus wurde ihr bei der nächsten Routineuntersuchung „aus heiterem Himmel ein Schwangerschaftsdiabetes diagnostiziert“. – Leider liegen von meiner Seite diesbezüglich keine weiteren Erfahrungen vor. Es wäre daher sehr zu begrüßen, ähnlich geartete Beobachtungen anderer Hebammen, Therapeuten und/oder Betroffenen umfassend zusammenzutragen und der Öffentlichkeit zugänglich zu machen, um bei der Beantwortung dieser so wichtigen Frage einen guten Schritt voran zu kommen.

[3] *Impfnachrichten – Forum für Impfproblematik, Gesundheit und eine bessere Zukunft:* ein impfkritisches Magazin, welches seit ein paar Jahren leider nicht mehr weitergeführt wird.

ber 2003, abgedruckt wurden. Sicherlich eine interessante Darstellung, die zum Nachdenken anregen sollte, nicht aber unbedingt die Meinung des Verfassers darstellt:

„*Beim Rhesusfaktor handelt es sich um eine erbliche Blutgruppeneigenschaft, die auf der Oberfläche der roten Blutkörperchen lokalisiert ist. Sie spielt nicht nur bei Fremdblutübertragungen eine wichtige Rolle, sondern auch bei Immunisierungsvorgängen während einer Schwangerschaft.*

15% der Mütter sind Rh-negativ, d. h., daß die roten Blutkörperchen der Frau dieses Merkmal (Rhesusfaktor) nicht besitzen. Ist nun die Mutter Rh-negativ, aber der Vater Rh-positiv, so besteht eine Wahrscheinlichkeit von 50%, daß das Kind den Rhesusfaktor des Vaters erbt und auch Rh-positiv wird.

Normalerweise sind während der Schwangerschaft der mütterliche und der kindliche Kreislauf voneinander getrennt. Die Plazenta ist für Blutzellen nicht durchlässig, und deshalb wird die Mutter keine Antikörper gegen das kindliche Blut ausbilden.

Die Plazenta ist aber Teil der Nachgeburt, und bei diesem Vorgang können Rh-positive Blutkörperchen durch die aufgerissenen mütterlichen Blutgefäße in den mütterlichen Kreislauf eindringen. Dem Kind entstehen dadurch keine Nachteile, da es bereits geboren ist. Die kindlichen Blutzellen, die in den mütterlichen Kreislauf eingedrungen sind, verursachen hier jedoch eine Antikörperbildung.

Kommt es nun zu einer zweiten Schwangerschaft, so kreisen bereits Antikörper im Blut der Mutter. Antikörper sind aber kleiner als Blutzellen und können deshalb die Plazentaschranke durchdringen und so in den kindlichen Blutkreislauf gelangen.

Die Antikörper reagieren nun auf die kindlichen Blutzellen, als seien diese Fremdstoffe. Die Folgen für das Kind hängen vom Ausmaß der eintretenden Hämolyse ab. Unter einer Hämolyse versteht man ein Auflösen der roten Blutkörperchen, wobei es zum Austritt des roten Blutfarbstoffes kommt. Infolgedessen kann es zu einem leichten Ikterus (Gelbsucht) kommen, aber auch zu einem Hirnschaden oder sogar zum Absterben des Kindes.

Um diesen Unverträglichkeitsreaktionen entgegenzuwirken, erhalten Rh-negative Frauen innerhalb von 36 Stunden nach der Geburt Anti-Rhesus-D-Gammaglobulin. Dadurch soll die Antikörperbildung bei der Mutter verhindert werden. Nachfolgende Schwangerschaften bringen dann weniger Rhesus-Probleme mit sich.

Beim Neugeborenen wird kurz nach der Geburt ein Blutaustausch vorgenommen, um den erwähnten Schäden vorzubeugen.‘ – aus: Isolde Richter, Lehrbuch für Heilpraktiker, 3. Auflage 1996, Urban & Schwarzenberg, München, Seite 178 ff.

Soweit die offizielle schulmedizinische Erklärung bei der Rhesusfaktor-Unverträglichkeit.

Allerdings konnten wir nirgends Veröffentlichungen finden, die die Wirkung dieser Anti-D-Prophylaxe belegen.

Laut Fachinformation enthält Rhesogam der Firma Aventis Behring (Fachinformation Rhesogam, April 2001) Anti-D-Immunglobulin vom Menschen, das sind Antikörper. Ja, Sie lesen richtig! Wie kann man Antikörper prophylaktisch einsetzen, die dann eine Antikörperbildung verhindern sollen?!

Diese Impfung (Einbringung von Antikörpern) wird laut diesem Beipackzettel empfohlen zur Prophylaxe in der 28. bis 30. Schwangerschaftswoche, innerhalb 72 Stunden nach der Geburt, in folgenden Sonderfällen (nach Abort, Bauchtrauma, Zwischenblutung, nach Amniozentese oder Chorionbiopsie ...), bei versehentlicher Gabe von Rh-unverträglichem Blut.

Wieso schaden die Antikörper, die per Spritze verabreicht werden, dem Baby nicht, die natürlich von der Mutter gebildeten aber schon?

Daß diese Einbringung von Antikörpern nicht vollkommen ungefährlich ist, ist bekannt. Als Nebenwirkungen werden beschrieben: Übelkeit, Erbrechen, Kopfschmerzen, Dyspnoe (Atemstörung), Kreislaufreaktionen und allergoid/anaphylaktoide Reaktionen bis hin zum Schock (allergoid: allergieauslösend; anaphylaktoid: Überempfindlichkeitsreaktion-auslösend). Außerdem kann die Übertragung von Erregern – auch bisher unbekannter Natur – nicht völlig ausgeschlossen werden.

Früher wurde Rhesogam ausschließlich nach der Geburt gegeben und auch nur, wenn das Baby Rh-positiv war. Heute wird dieses Mittel grundsätzlich bei jeder Rh-negativen Schwangeren verabreicht! Es wäre doch auch möglich, nach der Entbindung zu testen, ob es zu einer Antikörperbildung gekommen ist. Wenn das Baby Rh-negativ ist, besteht keine Gefahr bei einer erneuten Schwangerschaft.

Die während der Schwangerschaft gespritzten Antikörper bieten wohl kaum Schutz für Blutungen während der Entbindung! Die Halbwertszeit beträgt drei bis vier Wochen, d. h. bei Verabreichung in der 28. Woche sind bei der Geburt in der 40. Woche nur noch ca. 6 % der Antikörper vorhanden! Ob das ausreichend ist für die prophylaktische Verabreichung?

Außerdem findet man bei Kindern, die nach präpartaler (vorgeburtlicher) Anti-D-Prophylaxe geboren werden, gelegentlich einen positiven Coombs-Test (serologische Bestimmung von Antikörpern im Blut des Babys), d. h. die in der 28. SSW gespitzten Antikörper findet man nach der Geburt im kindlichen Blut.

Frau Dr. med. Dagmar Radke berichtete über einen Fall mit lebensbedrohendem Asthma nach Impfung mit Rhesogam, die verabreicht wurde, um nach der Amniozentese eine Blutgruppenunverträglichkeit zu vermeiden (siehe im Internet unter «www.impf-report.de/jahrgang/2003/25.htm»).

Interessant in diesem Zusammenhang ist der Bericht ‚Verhütung der

Rhesus-Gefahr durch Rohdiät‘ aus Dr. Ralph Birchers ‚Geheimarchiv der Ernährungslehre‘: ‚... Was die gefeiten Frauen vor der Rhesusgefahr schützt, das ist die Filterqualität des Mutterkuchen-Kapillarnetzes. Erst wenn diese gelitten hat, kann Embryoblut in den mütterlichen Kreislauf gelangen, dort Antikörperbildung auslösen und damit die Katastrophe im Neugeborenen heraufbeschwören. Daß ein großer Teil der fraglichen Mütter heute eine geschädigte Plazenta hat, zeugt für die Armut der heutigen Ernährung an Frischkost, und hat, wie zu vermuten ist, auch mit der allzu reichlichen Fleischkost zu tun, denn deren ungünstiger Einfluß auf die Kapillaren ist bekannt! Setzt man Rohdiät rechtzeitig vorbeugend ein, so können aber, wie gezeigt worden ist, fast alle unglücklichen Verläufe verhütet und selbst bei Vorhandensein von Antikörpern im mütterlichen Blut Geburten gesunder Kindchen herbeigeführt werden.‘ – aus Dr. Ralph Bircher, Geheimarchiv der Ernährungslehre, Seite 112.

Ravi Roy berichtet über die Möglichkeit, die Blutgruppenunverträglichkeit auf homöopathischem Weg zu beheben.[1] Andere Ärzte und Heilpraktiker bestätigen, daß trotz Unverträglichkeit (Vater Rh-positiv, Mutter Rh-negativ, 2. Schwangerschaft, 1. Kind Rh-positiv) keine Probleme nach der Entbindung auftraten. Es bleibt immer noch die Frage: Wie kann eine Injektion, die Antikörper enthält, verhindern, daß Antikörper gebildet werden?

Die Schöpfung ist perfekt, wieso kommt der Mensch immer wieder auf die Idee, die Natur verbessern zu wollen? Jeder Versuch in dieser Richtung hat sich bisher als Fehler erwiesen.“

• *Eine junge Frau, die sei gewisser Zeit erfolgreich in antimiasmatischer Behandlung ist, aber immer noch ein Antiepileptikum wegen einer früheren Krampfneigung einnimmt, möchte die chronisch homöopathische Behandlung wegen ihrer noch nicht ganz ausgeheilten Neurodermitis sowie ihres Heuschnupfens gerne fortführen, jedoch – aus Angst vor einem erneuten Anfall – auf das Antiepileptikum nicht verzichten. Mit jenem käme sie ganz gut zurecht, wie sie meinte. Darüber hinaus wünsche sie sich von Herzen ein Kind.*

---

[1] Ravi Roy und Carola Lage-Roy, Homöopathischer Ratgeber Säugling und Wochenbett, Seite 60. – *Kommentar des Verfassers:* Das stimmt so nicht, denn in dem zitierten Passus von Ravi Roy steht nur: „Wie wir in einigen Fällen in der Praxis beobachtet haben, *scheint* es jedoch möglich zu sein, die Blutgruppenunverträglichkeit auf homöopathischem Weg zu beheben.“ (Hervorhebung durch den Verfasser) Kein Wort darüber, wie und mit welchen Mitteln das geschehen soll und wo derartige Erfahrungen festgehalten sind. Nur eine banale Vermutung. Sonst gibt es kein einziges weiteres Wort zum Rhesusfaktor bzw. zur Blutgruppenunverträglichkeit. Der ganze Text handelt vielmehr von der Neugeborenengelbsucht und deren homöopathischer Behandlung.

Hier geht es um ein selektives Vorgehen: die Heilung eines krankhaften Geschehens (Neurodermitis und Heuschnupfen) unter Aussparung eines anderen (Epilepsie). Das geht aber nicht in der Homöopathie! In dieser göttlichen Heilkunst wird ja nicht eine bestimmte Krankheit angegangen, sondern immer der gesamte Mensch mitsamt seiner Stellung im Kosmos. Die Devise lautet: *Der Mensch – und nicht die Krankheit!* Somit ist ein selektives Vorgehen nicht möglich! Die Heilung erfolgt ausschließlich über das Eleminieren der dahinter liegenden Miasmen! Und da ist die Epilepsie mit inbegriffen! Man kann sie nicht einfach ausklammern und zu einem späteren Zeitpunkt separat für sich behandeln!

Darüber hinaus ist das Beibehalten der Einnahme eines Antiepileptikums während einer Schwangerschaft äußerst bedenklich. – Lesen Sie nur einmal den Beipackzettel hinsichtlich der Neben- und Wechselwirkungen eines solchen Medikamentes aufmerksam durch! – Es ist doch nur eine Behauptung der orthodoxen Medizin, daß bestimmte Arzneimittel plazentagängig sind und andere nicht. Wie will man denn den echten Beweis antreten, daß manche Mittel den Fetus erreichen, während andere „völlig harmlos“ sind und deswegen während der Schwangerschaft unbedenklich konsumiert werden dürfen? *Die wirkliche Wirkungsweise von Arzneimitteln ist energetischer Natur* – das ist spätestens seit den Arzneimittelprüfungen von Hahnemann bekannt – *und damit erreichen diese auch den Fetus!* Und zwar immer! Die Plazentagängigkeit der Schulmediziner kann demnach nur die materielle Vergiftung durch heroische Medikamente umschreiben.

Jede Arzneieinnahme wirkt also stets auf das „Ganze“ ein und nicht allein auf den gewünschten Ort des Geschehens. Somit wäre die junge Frau gut beraten, das Antiepileptikum schon vor einer geplanten Schwangerschaft – unter homöopathischer Begleitung – schrittweise auszuschleichen, zumal sie seit Jahren keinen Anfall mehr hatte. Und die vermeintliche Sicherheit, in der sie sich wiegte, existiert überhaupt nicht, denn wenn hirnorganisch noch nicht alles definitiv ausgeheilt ist, kann es jederzeit wieder zu einem Krampfanfall kommen, auch mit Antiepileptikum. Bei der Epilepsie handelt es sich ja – wie bereits ausführlich besprochen – um Druckphänomene im Großhirn, welche durch die antikonvulsive Therapie blockiert und nicht weiter abgebaut werden können.

• *Seitdem wir vor einem halben Jahr das Antiepileptikum bei unserer Tochter abgesetzt haben, ist sie sehr unruhig, besonders nachts. Sie kommt bis zu sechsmal die Nacht, schreit vehement in einem fort und ist kaum zu beruhigen. Wir sind völlig am Ende, können einfach nicht mehr. Sollen wir ihr das Antiepileptikum vorübergehend wieder verabreichen, damit sie – und damit auch wir Eltern – wieder Ruhe finden und besser schlafen können? – So der Hilferuf eines jungen, verzweifelten und total erschöpften Vaters bezüglich seiner 2½-jährigen, stark entwicklungsverzögerten Tochter Melanie.*

Natürlich ist die Wiedereinnahme des Antiepileptikums auf gar keinen Fall zu empfehlen! Auch dann nicht, wenn Melanies Schlafstörungen derart massiv sind, daß man weder ein noch aus weiß, denn das Antiepileptikum blockiert die normale Entwicklung auf der ganzen Linie; ein Blick auf den Beipackzettel bzgl. der immensen Nebenwirkungen genügt.

Seit dem Absetzen dieses antikonvulsiven Medikamentes, noch vor Beginn unserer homöopathischen chronischen Behandlung, begannen diese exorbitanten Schlafstörungen, was – nicht nur homöopathisch betrachtet – sehr wohl einen Sinn macht: Mit einem Mal kommt die Zahnung in Gang und damit der Beginn einer erfreulichen Gesamtentwicklung im Sinne „mit der Natur"! Melanies Vater berichtete dann auch, daß nun immer wieder neue Zähne durchspitzten, einer nach dem anderen, teilweise auch mehrere gleichzeitig. Und genau dies machte dem geplagten Mädchen dermaßen zu schaffen, daß es nachts nicht mehr schlafen konnte, vor Schmerzen nur noch schrie und sich kaum beruhigen ließ. Die Rückkehr zu einem Antiepileptikum – wenn auch nur vorübergehend – könnte diese erfreuliche Entwicklung wieder zunichte machen. Hier müßte eher mittels Chamomilla, Calcium carbonicum, Calcium phosphoricum, Silicea oder dergleichen, je nach individueller Symptomatik, homöopathisch geholfen werden, um die Zahnungsbeschwerden auf ein erträgliches Maß zu minimieren. Dadurch würde in der Folge auch Melanies Schlaf wieder in normalen Bahnen verlaufen und eine Entwicklung in keiner Weise blockiert. Schließlich sollte mit dem Erscheinen des letzten Zahnes der gesamte Spuk in dieser Vehemenz endgültig der Vergangenheit angehören, so daß die Kleine einen weiteren großen Schritt in Richtung Gesundheit und Normalität getan haben wird – auch sehr zum Wohle ihrer gestreßten Eltern, die fortan wieder zufrieden und beruhigt schlafen können werden.

- *Was tun, wenn nicht impfen?*

Eine derartige Fragestellung ist, streng genommen, absurd, da man *im Falle von Nichtimpfen sowieso auf der sichereren Seite* liegt und das Immunsystem nicht unnötig mit artfremdem Eiweiß, Quecksilber, Aluminiumhydroxid, Formaldehyd, Azeton, Phenol und vielem mehr belastet und dieses regelrecht zerstört. Der Buchtitel des homöopathischen Arztes Dr. Friedrich P. Graf „Nicht impfen – was dann?" ist aus dieser Betrachtung heraus ein wenig unglücklich gewählt und suggeriert, daß man auf etwas Positives ersatzlos verzichtet. Doch das Gegenteil ist der Fall!

Wenn man außer dem Verzicht auf Impfungen darüber hinaus auch noch klassisch homöopathisch therapiert, insbesondere chronisch, hinsichtlich der bestehenden ererbten Miasmen, ist man „noch besser dran"; ja man steht gewissermaßen da wie der Fels in der Brandung! Eigentlich hätten es all die Kinder und Personen, die sich impfen lassen, bei weitem viel nötiger, sich antimiasmatisch behandeln zu lassen! *Nichtgeimpfte dagegen haben eine doppelte Sicherheit:* Verzicht auf „Nebenwirkungen der Impfungen" und damit verbunden das Erhalten eines intakten Immunsystems, sowie die homöopathische Betreuung im Sinne *mit* der Natur. Somit müßte die Frage eigentlich andersherum formuliert werden: „Wenn impfen – was dann?“

- *Neuere Impfstoffe werden immer wieder als sicherer und verträglicher hingestellt, ganz besonders dann, wenn es sich um Totimpfstoffe handelt und die früheren, alsdann aus dem Verkehr gezogenen, Lebendimpfstoffe waren. Kann man das so unterschreiben?*

Die Unterscheidung zwischen Totimpfstoffen (sog. inaktivierte Virusimpfstoffe oder Impfstoffe auf der Basis inaktivierter Bakterien) und Lebendimpfstoffen (Impfstoffe mit vermehrungsfähigen Erregern) hinsichtlich Verträglichkeit, Nebenwirkungen und Schädigungspotential von Impfstoffen generell muß als gekonnte Verschleierung bzw. Ablenkungsmanöver von den eigentlichen Tatsachen und Zusammenhängen angesehen werden. Denn es sind nicht die Antigene der verabreichten Impfungen, welche sich primär so verheerend auf den betroffenen Organismus auswirken, sondern *die vielen Zusatzstoffe* wie Thiomersal (eine chemische Verbindung aus Thiosalicylsäure und Äthylquecksilber, welche bereits in der Impfampulle in diese Bestandteile zerfällt und dann zu 50 % reines Quecksilber enthält), Formaldehyd, Aluminiumhydroxid, Azeton, Phenol usw. usf. Allen voran ist darüber hinaus auch das *artfremde Eiweiß* zu nennen, mit welchem Impfstoffe kontaminiert sind und welches unter Umgehung der gesamten Abwehr in den Blutkreislauf gelangt. Aus diesem Grunde kommen auch so viele ähnliche Reaktionen und Schäden bei ganz unterschiedlichen Impfungen vor!

Erinnern Sie sich bitte noch einmal an die in Kapitel 1.5 angeführten „Wirksamkeitsstudien“ hinsichtlich des azellulären Pertussis-Impfstoffes in Schweden sowie des HIB-Impfstoffes in Finnland. Und legen Sie besonderes Augenmerk auf die besagte „Placebo-Gruppe“ zu den beiden japanischen azellulären Keuchhusten-Impfstoffen JNIH-6 und JNIH-7, welche sich von den echten Impfstoffen nur durch das Weglassen des Pertussis-Antigens unterschied! Und schauen Sie dann auf die Ergebnisse aller drei Studiengruppen! Sowohl bei der „Placebo-Gruppe“ als auch bei den beiden „echten“ Impfstoffgruppen kam es in der Beobachtungszeit u. a. zu epileptischen Krampfanfällen und Spasmen, zum Cri encephalique, dem unverkennbaren Zeichen einer akuten Hirnreaktion, zu muskulärer Hypotonie (Tonusverlust bzw. Erschlaffung der Muskulatur), zum Verlust des Nahrungstriebes, zu Erbrechen, Schläfrigkeit, Fieber und vielem mehr. Die Häufigkeit negativer Reaktionen war bei allen drei Gruppen sehr hoch und konnte keinesfalls als mild beschrieben werden; im Gegenteil, diese wiesen im allgemeinen auf das Vorliegen von Hirnreaktionen bzw. einer Encephalopathie hin! Darüber hinaus traten bei allen drei Gruppen auch Keuchhustenfälle auf. Und das alles auch bei der „Placebo-Gruppe“, die ja überhaupt keine echte Placebo-Gruppe war! – Deutlicher geht es nun wirklich nicht!

Das heißt im Klartext: Die Schulmedizin selbst liefert uns einen überzeugenden Beweis, daß das Antigen in den Impfstoffen gar nicht der zentrale Schädigungsfaktor sein kann, da im Ergebnis alle Studiengruppen ähnlich schwer pathogen reagiert haben, mit und ohne Antigen! Egal, ob vermehrungsfähig oder inaktiviert, es spielte kaum eine Rolle. Alle Zusatzstoffe für sich genommen bilden nämlich schon äußerst giftige Substanzen, und primär diese sind es, welche das Immunsystem so nachhaltig durcheinander bringen und schädigen können.

Damit dürfte sich die Diskussion darüber, ob *Totimpfstoffe gegenüber Lebendimpfstoffen* verträglicher seien, mehr als erübrigt haben. Ja beide sind eher ad adsurdum geführt, denn *beide sind schädlich und pathogen*, und zwar extrem pathogen, und das *selbst ohne das Vorhandensein irgendeines Antigens*! Somit ist der Beweis in aller Eindeutigkeit erbracht, der Beweis, daß es primär nicht auf die Antigene ankommt, sondern auf die gesamte „Komposition" in der Impfampulle. Die Schulmedizin „höchstpersönlich" machte dieses Geständnis durch ihre publizierte eigene Versuchsreihe, durch ihre eigenen „wissenschaftlichen Wirksamkeitsstudien"! Man muß nur genau hinschauen, dann wird einem vieles klarer! Und jene Studien wurden nicht etwa von Impfkritikern oder -gegnern durchgeführt. Vielmehr sollten diese ursprünglich die gute Verträglichkeit und Wirksamkeit der Impfstoffe nach außen hin dokumentieren. Doch wenn man sie ein wenig genauer analysiert und unter die Lupe nimmt, sagen sie etwas ganz anderes aus, nämlich genau das Gegenteil!

Abschließend noch eine letzte Schlußfolgerung aus alledem: Aus der gerade erfolgten Analyse geht ganz unzweifelhaft hervor, daß es müßig ist und *im Prinzip am Thema vorbei*, ja daß es sich gar nicht lohnt, *über irgendwelche einzelnen Impfungen gegen bestimmte Krankheiten nachzudenken oder diese im Detail zu diskutieren*, wie dies heutzutage leider immer noch von dem Gros der impfkritischen Gruppen sowie in der Literatur getan wird, denn die Sache mit den Impfungen ist etwas Grundsätzliches: *ein Verstoß gegen Naturgesetzmäßigkeiten*. Egal, ob alte Impfungen oder neue (wie z. B. gegen Gebärmutterhalskrebs, gegen Rotaviren etc. pp.), ob gentechnisch hergestellte oder nicht; *die Prinzipien bleiben dieselben!* Das habe ich *bereits 1994* – also vor über 12 Jahren (!) – in meinem Buch *„Sind Impfungen sinnvoll? – Ein Ratgeber aus der homöopathischen Praxis"* anhand von Naturgesetzmäßigkeiten *nachgewiesen*[1], und zwar anhand 1.) der Zweiphasigkeit der Erkrankungen, 2.) dem ontogenetisch bedingten System der Mikroben und 3.) den miasmatischen Zusammenhängen der

[1] Eigentlich habe ich dies *schon seit 1992* in diversen Veröffentlichungen in naturheilkundlich orientierten Zeitschriften und auf vielen Vorträgen getan! – Noch nie zuvor ist das Thema Impfen so global anhand von Naturgesetzen angegangen worden, und leider gibt es auch heute immer noch kaum jemand, der dieses Thema unabhängig von Statistik und Zahlen beleuchtet!

chronischen Erkrankungen. Und nun liefert uns darüber hinaus sogar noch die Schulmedizin selber – mit ihren „Wirksamkeitsstudien" – den zusätzlichen Beweis, daß es gar nicht auf die Antigene ankommt, ja daß diese geradezu keine nennenswerte Bedeutung haben, denn die Wirkungen bei allen drei Studiengruppen – inclusive der „Placebo-Gruppe" – waren sehr ähnlich (um nicht zu sagen fast gleich), nicht nur hinsichtlich deren schwerer Pathogenität[1], sondern auch hinsichtlich des Auftretens von Krankheiten, die eigentlich verhindert werden sollten (hier: Keuchhusten).

- *Was ist von der in den Medien z. Zt.[2] so hochgepuschten Vogelgrippe zu halten?*

Themen wie dieses gibt es schon lange in den Medien und immer wieder. Sie haben stets dasselbe Strickmuster: Böse Mikroben sind der Feind der Menschheit; sie lauern überall, kommen von außen, wollen unser Verderben. Das war schon beim Ebola-Virus so, bei SARS, bei irgendwelchen „Killerviren" und vielen anderen Dingen. Und aktuell haben wir nun die „Vogelgrippe", welche angeblich so gefährlich ist und uns zu vernichten droht, mit der man so ziemlich jeden erreichen kann, der nicht einigermaßen gut informiert ist, denn Vögel gibt es überall und eine Grippe ist sogar dem einfachsten Zeitgenossen geläufig.

Um die Frage nach den wirklichen Zusammenhängen um die Vogelgrippe für jedermann zufriedenstellend zu beantworten, wollen wir einen hochkarätigen Fachmann zu Wort kommen lassen, und zwar den bekannten 42-jährigen *unabhängigen Molekularbiologen Dr. rer. nat. Stefan Lanka,* der seit mehr als neun Jahren als selbständiger Medizinanalyst arbeitet „und sich noch nicht hat kaufen lassen", wie es ein Wissenschaftsjournalist einmal formulierte. Im Anschluß seien Auszüge aus zwei sehr aufschlußreichen Interviews mit ihm zu diesem Thema angeführt, welche allerdings nicht unbedingt die Meinung des Verfassers widerspiegeln.

Bei dem ersten Beitrag handelt es sich um den Titel „Die Vogelgrippe – FAKTuell Interview", nachzulesen unter „Aktuelles" in «www.klein-klein-verlag.de» im Internet. Dieses Interview, welches Christopher Ray mit Dr. Lanka im Oktober 2005 geführt hat und welches nicht nur an eines jeden gesunden Menschenverstand appelliert, sondern auch ein wenig ins molekularbiologische Detail geht, sei hier aus Platzgründen nur auszugsweise wiedergegeben. Trotzdem bekommt der Leser schon einen tieferen Eindruck, um was es bei dieser Thematik eigentlich wirklich zu gehen scheint, denn was dahinter steckt, scheint etwas ganz anderes zu sein! Die restlichen Dinge, welche die Viren und anderen Mikroben im Speziellen betreffen und welche ein wenig mehr ins Fachliche und sogar ins Politische gehen, möge der Interessierte in voller Länge im Original nachlesen.

[1] pathogen: krankheitserregend, krankmachend.
[2] Winter 2005/2006.

Keine Panik – Die Wahrheit über die Vogelgrippe – FAKTuell Interview:

„Herr Dr. Lanka, sind wir in Deutschland durch die Vogelgrippe bedroht?
Nur indirekt. Im nächsten Jahr wird es in Deutschland viel weniger Babys geben. Folgt man den Medien, werden alle Störche durch die Vogelgrippe dahingerafft werden. Darauf sollten wir uns jetzt einstellen.

Meinen Sie das ernst?
Genauso ernst, wie irgendeine Gefahr für uns durch das behauptete Vogelgrippevirus H5N1 besteht. Die Gefahr oder die Katastrophe liegt ganz woanders.

Wo liegt nach Ihrer Auffassung die Gefahr oder die Katastrophe?
Wir haben uns abgewöhnen lassen, unseren Verstand zu benutzen. Das ist die tatsächliche Gefahr oder die Katastrophe. Die Politik und die Medien nehmen sich heraus, uns alles vorzugaukeln, z. B. vorzugaukeln, daß sich Zugvögel in Asien mit einem ganz gefährlichen, tödlichen Virus infiziert haben. Diese todkranken Vögel fliegen dann wochenlang. Sie fliegen Tausende von Kilometern, infizieren dann in Rumänien, der Türkei, Griechenland und sonstwo Hühner, Gänse und sonstiges Federvieh, mit dem sie keinen Kontakt hatten, die innerhalb kürzester Zeit erkranken und verenden. Aber die Zugvögel erkranken nicht und verenden nicht, sondern fliegen weiter, wochenlang, Tausende von Kilometern. Wer das glaubt, der glaubt auch, daß die Babys vom Storch gebracht werden. Tatsächlich glaubt der überwiegende Teil der Menschen in Deutschland ja an eine Gefährdung durch die Vogelgrippe.[1]

Gibt es demnach überhaupt keine Vogelgrippe?
Seit Ende des 19. Jahrhunderts wurden Erkrankungen bei Geflügel in der Massentierhaltung beobachtet: Blaufärbung des Kammes, Rückgang der Legeleistung, stumpfes Gefieder, und manchmal sterben diese Tiere auch. Diese Erkrankungen wurden als Vogelpest bezeichnet. In der heutigen Massengeflügelhaltung, insbesondere bei der Haltung von Hühnern in Käfigen, verenden täglich viele Tiere als Folge artfremder Tierhaltung. Später wurden diese Folgen der Massentierhaltung nicht mehr Vogelpest, sondern Vogelgrippe genannt. Seit Jahrzehnten erleben wir, daß als Ursache hierfür ein übertragbares Virus behauptet wird, um von den tatsächlichen Ursachen abzulenken.

---

[1] ad Zugvögel: Zugvögel fliegen jahreszeitbedingt von Norden nach Süden und umgekehrt, d. h. vom Kalten ins Warme bzw. zurück. Also niemals von Osten nach Westen, von Asien nach Europa! Das macht biologisch überhaupt keinen Sinn! Somit kann es auch aus dieser Sicht gar keine Infektion durch Zugvögel aus Asien geben. – Anmerkung des Verfassers.

Dann sind die 100 Millionen anscheinend an Vogelgrippe gestorbenen Hühner in Wirklichkeit an Streß und/oder Mangel und Vergiftung gestorben?
Nein! Wenn ein Huhn weniger Eier legt oder einen blauen Kamm bekommt und das Huhn dann auch noch H5N1-positiv getestet wird, dann werden alle anderen Hühner vergast. So kamen die 100 Millionen durch H5N1 scheinbar getötete Hühner zustande. Wenn man genauer hinsieht, dann sieht man dahinter eine Jahrzehnte alte Strategie: Im Westen sanieren sich damit die großen Betriebe, denn die an der *‚Seuche‘* gestorbenen Tiere werden auf Kosten der Allgemeinheit zum oberen Marktpreis erstattet, während in Asien und überall wo Geflügel erfolgreich gehalten wird, der dortige Geflügelmarkt unter Anleitung der UNO-Organisation FAO mutwillig und absichtlich zerstört wird. Alle großen westlichen Geflügelzüchter halten deswegen den Mund und sorgen über ihre Tierärzte dafür, daß, wenn der Marktpreis für Geflügel nach unten geht, sie eine Seuche diagnostiziert bekommen, um ihre Tiere mit größerem Gewinn, als es bei normaler Bewirtschaftung möglich ist, zum staatlich garantierten Höchstpreis und zwar alle auf einmal zu entsorgen. Auf den Nenner gebracht: Es ist moderner Subventionsbetrug mit lähmender Angsterzeugung, die nebenbei auch garantiert, daß niemand nach Beweisen fragt.

Woran sind die 61 Menschen gestorben, bei denen man H5N1 nachgewiesen hat?
Es liegen nur sehr wenig öffentlich zugängliche Berichte vor, in denen beschrieben wurde welche Symptome vorlagen und wie daraufhin behandelt wurde. Diese Fälle sind eindeutig: Menschen mit Erkältungssymptomen, die das Pech hatten H5N1-Jägern in die Hände zu fallen, wurden mit irrsinnigen Mengen an Chemotherapie, welche das Phantom-Virus hemmen sollte, getötet. Isoliert im Plastikzelt, umgeben von Wahnsinnigen in Raumfahrtanzügen, gestorben in panischer Angst an mehrfachem Organversagen.

Gibt es dieses Vogelgrippevirus demnach überhaupt gar nicht?
Im Menschen, im Blut oder anderen Körperflüssigkeiten, im Tier oder in einer Pflanze wurden niemals Strukturen gesehen oder nachgewiesen, die man als Vogelgrippeviren oder Influenzaviren oder irgendein als Krankheitserreger behauptetes Virus bezeichnen könnte. Die Ursachen der Krankheiten, die man als durch ein Virus hervorgerufen behauptet, auch die bei Tieren, die schnell, nacheinander oder gleichzeitig bei mehreren Individuen auftreten können, sind schon lange bekannt. Mehr noch: *Für Viren als Krankheitsverursacher gibt es in der Biologie beim besten Willen einfach keinen Platz.* Nur wenn ich die Erkenntnisse der Neuen Medizin von Dr. Hamer, wonach Schockereignisse die Ursache vieler Krankheiten sind, die Erkenntnisse der Chemie über die Auswirkungen von Vergiftungen und Mangel, und wenn ich Erkenntnisse der Physik über die Auswirkungen von

Strahlung hartnäckig ignoriere, dann ist Platz für Hirngespinste wie krankmachende Viren vorhanden.

Warum werden dann immer noch krankmachende Viren behauptet?
Die Schulmediziner brauchen die lähmende, dumm machende und zerstörerische Angst vor krankmachenden Phantomviren als zentrale Grundlage ihrer Existenz: Erstens, um durch Impfen Menschen massenhaft zu schädigen, um sich einen Kundenkreis an chronisch kranken und kränkelnden Objekten aufzubauen, die alles mit sich machen lassen. Zweitens, um sich selbst nicht eingestehen zu müssen, daß sie bei der Behandlung chronischer Krankheiten total versagen und mehr Menschen getötet haben und töten, als alle Kriege dies bisher ermöglicht haben. Jedem Schulmediziner ist dies bewußt, doch nur sehr wenige wagen darüber zu reden. So ist es denn auch kein Wunder, daß bezogen auf Berufsgruppen bei Schulmedizinern die Selbstmordrate mit hohem Abstand zu anderen Berufsgruppen die höchste ist. Drittens brauchen Schulmediziner die lähmende und dumm machende Angst vor teuflischen Viren, um zu vertuschen, daß der frühmittelalterliche Ursprung der weißen Zunft als ganz offen daliegendes Ausgrenzungs-, Tötungs- und Folter-Instrument der Inquisition, das heißt der putschenden weströmischen Armee, sich in den Vatikan transformierte. Die Schulmedizin war und ist die wichtigste Stütze aller Diktaturen und Regierungen, die sich nicht dem geschriebenen Recht, den Verfassungen, den Menschenrechten, das heißt dem demokratisch legitimierten Gesellschaftsvertrag unterwerfen wollen. Das erklärt auch, warum die Schulmedizin wirklich alles machen kann und darf und dabei keinerlei Kontrolle unterliegt. Wenn wir das nicht überwinden, werden wir alle an dieser Schulmedizin umkommen.

Übertreiben Sie da nicht ein bißchen?
Leider nein! Jeder, der die Augen aufmacht, wird das so sehen. Ivan Illich warnte schon 1975 in seiner Analyse ‚Die Enteignung der Gesundheit' davor. Auch heute noch gibt es dieses Buch unter dem Titel: ‚Die Nemesis der Medizin'. Goethe beschrieb den Zustand der Schulmedizin sehr treffend in Faust I und läßt den Arzt Dr. Faustus eingestehen: ‚Hier war die Arznei, die Patienten starben und niemand fragte, wer genas, so haben wir mit höllischen Latwergen, in diesen Tälern, diesen Bergen weit schlimmer als die Pest getobt, ich selbst habe das Gift an Tausende gegeben, sie welkten hin, ich muß erleben, daß man die frechen Mörder lobt.' Goethe nennt Schulmediziner, die Latwerge, das heißt, die giftige Substanzen geben, freche Mörder, die auch heute noch gelobt werden. Hier darf und muß ich auch auf unsere Publikationen verweisen, denn wir haben der modernen Medizin als erste die Gretchenfrage gestellt und die Eingeständnisse dokumentiert und kommentiert. Unter www.klein-klein-aktion.de und www.klein-klein-verlag.de finden sich alle dazu relevanten Informationen.

Wie sind ausgerechnet Sie auf diesen Jahrtausend-Betrug gestoßen?
Ich habe Molekularbiologie studiert. Während meines Studiums habe ich das erste Virus im Meer, in einer Meeresalge nachgewiesen. Dieser Virusnachweis wurde dem naturwissenschaftlichen Standard entsprechend erstmals 1990 in einer wissenschaftlichen Publikation veröffentlicht. Das von mir nachgewiesene Virus vermehrt sich in der Alge, kann diese verlassen und sich in anderen Algen dieser Art wieder vermehren, ohne irgendeine negative Auswirkung zu haben, *und dieses Virus steht in keinem Zusammenhang mit irgendeiner Krankheit.* So befinden sich in einem Liter Meerwasser z. B. über 100 Millionen unterschiedlichste Viren. Zum Glück haben die Gesundheitsbehörden und die Ärzte dieses noch nicht wahrgenommen, sonst würde es schon lange ein Gesetz geben, welches das Baden im Meer nur noch im Ganzkörperkondom erlaubt. *Biologische Strukturen dagegen, die etwas Negatives machen sollen, hat man nie gesehen. Die Grundlage des biologischen Lebens ist das Miteinander, ist die Symbiose, und da gibt es keinen Platz für Krieg und Zerstörung. Krieg und Zerstörung im biologischen Leben ist eine Zuschreibung kranker und krimineller Hirne.* Während meiner Studien haben ich und andere nirgendwo einen Beweis für die Existenz krankmachender Viren finden können. Später haben wir das öffentlich vorgetragen und die Menschen aufgefordert, auch uns nicht zu glauben, sondern selbst zu überprüfen, ob es krankmachende Viren gibt. Daraus ist die klein-klein-aktion entstanden, die die Gesundheitsbehörden über fünf Jahre lang nach Beweisen fragte und letztendlich das Eingeständnis und die Sicherheit erhielt, daß es keinen Beweis für krankmachende Viren und keinen Beweis für einen Nutzen des Impfens gibt. Um diese Resultate unverfälscht veröffentlichen zu können, haben wir vor drei Jahren den klein-klein-verlag gegründet.

Welche Viren gibt es denn überhaupt und was machen sie?
Strukturen, die man als Viren bezeichnen kann, wurden in vielen Bakterienarten und in einfachen, den Bakterien noch ähnlichen Lebensformen nachgewiesen. Sie sind selbstständig gebliebene Elemente des Miteinanderlebens verschiedener Zellen in einem gemeinsamen Zelltyp. Man nennt das eine Symbiose, eine Endosymbiose, die sich im Prozeß des Zusammengehens unterschiedlicher Zelltypen und Strukturen ergeben hat, aus der der jetzige Zelltyp hervorgegangen ist, aus dem der Mensch, das Tier und die Pflanze bestehen. Wie die Bakterien in allen unseren Zellen, die uns den Sauerstoff veratmen, die Mitochondrien oder die Bakterien in allen Pflanzen, die den Sauerstoff erzeugen, die Chloroplasten, sind Viren Bestandteile von Zellen. *Ganz wichtig:* Viren sind Bestandteile von sehr einfachen Organismen, wie z. B. von Fadenalgen, einer bestimmten Art einer einzelligen Chlorella Alge und von sehr vielen Bakterien. Dort nennt man diese viralen Bestandteile Phagen. *In komplexeren Organismen, besonders dem Menschen, oder in Tieren und Pflanzen, hat man solche Strukturen, die man*

Viren nennen könnte, jedoch noch nie gesehen. Im Gegensatz zu den Bakterien in unseren Zellen, die Mitochondrien, oder die Bakterien in jeder Pflanze, die Chloroplasten, die die gemeinsame Zelle nicht mehr verlassen können, da sie auf den Stoffwechsel der gemeinsamen Zelle angewiesen sind, können Viren die Zellen verlassen, da sie innerhalb der Zelle keine überlebenswichtigen Aufgaben erfüllen. Viren sind also Bestandteile der Zelle, die ihren ganzen Stoffwechsel an die gemeinsame Zelle abgegeben haben und deswegen die Zelle verlassen können. Sie helfen außerhalb der gemeinsamen Zelle anderen Zellen, indem sie Bau- und Energiesubstanz übertragen. Etwas anderes hat man nie beobachtet. *Die tatsächlichen, naturwissenschaftlich nachgewiesenen Viren üben innerhalb des hochkomplexen Geschehnisses der Zellen untereinander eine helfende, eine stützende und keinesfalls eine zerstörende Funktion aus.* Auch bei Krankheiten hat man in der Tat weder im kranken Organismus, noch in einer Körperflüssigkeit jemals eine Struktur gesehen oder isoliert, die man als Virus bezeichnen könnte. *Die Behauptung der Existenz irgendeines krankmachenden Virus ist ein durchsichtiger Betrug, eine fatale Lüge mit dramatischen Folgen. …*
… weder wurde jemals ein Vogelgrippevirus nachgewiesen, noch wurde irgendein Virus nachgewiesen, das in irgendeinen Zusammenhang mit einer Erkrankung gebracht wurde. Solche Viren existieren nicht. Sie werden genauso, wie die Ministerin über das behauptete AIDS-Virus eingestand, aufgrund eines internationalen wissenschaftlichen Konsens als nachgewiesen und damit als existent behauptet.

Aber das für den Menschen gefährliche Vogelgrippevirus H5N1 wurde doch in den letzten Tagen ganz genau in einem englischen Labor nachgewiesen! Wenn jemals ein Virus aus einem konkreten Körper oder einer Flüssigkeit heraus nachgewiesen worden ist, beispielsweise aus Vögeln, dann kann jeder mittelmäßige Wissenschaftler in einem mittelmäßigen Labor innerhalb eines Tages überprüfen, ob dieses Virus beispielsweise in einem verendeten Tier vorhanden ist. *Dies ist aber niemals geschehen, und es kommen dagegen indirekte, vollkommen aussagelose Testverfahren zur Anwendung.* Zum Beispiel wird behauptet, daß es Anti-Körper gibt, die sich mit dem Körper des behaupteten Virus und nur damit verbinden würden und bei Nachweis einer erfolgten Verbindung zwischen Körper und Anti-Körper die Existenz des behaupteten Virus bewiesen sei. In Wirklichkeit handelt es sich bei den behaupteten Anti-Körpern um lösliche Bluteiweiße, die bei der Abdichtung von wachsenden und sich teilenden Zellen und bei der Wundheilung eine zentrale Rolle spielen. Diese Bluteiweiße, auch Globuline genannt, binden sich im Reagenzglas unter entsprechender Konzentration von Säuren und Basen, Mineralien und Lösungsmitteln beliebig an andere Eiweiße. *Somit kann man jede Probe aus einem Tier oder Menschen beliebig positiv oder negativ testen. Es ist reine, und das muß ganz klar gesagt werden, kriminelle Willkür.* Auch wenn behauptet wird, daß mittels einer biochemischen Vermehrungstechnik, genannt Polymerase-Kettenreaktion (PCR), die sogenannte Erbsubstanz des Virus vermehrt und damit nachgewiesen wurde, ist dies Betrug, denn erstens existiert nirgendwo eine Erbsubstanz eines krankmachenden Virus, mit der man die künstlich vermehrten Teilchen an Erbsubstanz vergleichen könnte, und zweitens werden nur Teilchen an Erbsubstanz vermehrt, die sich schon zuvor in den Flüssigkeiten befunden haben, die zum indirekten Nachweis des behaupteten Virus verwendet werden. *Dabei ist es ganz einfach: Tausend indirekte Beweise, wie z. B. Kornkreise, machen auch kein Ufo.* Man muß nicht einmal des Englischen mächtig sein, damit man die Publikationen, auf die sich die Virus-Betrüger berufen, lesen kann, um selbst zu sehen, daß darin nirgendwo ein Virus auftaucht: Fragt man diese Wissenschaftler nach dem Beweis der Existenz der behaupteten Viren, z. B. des H5N1, so bekommt man nur Ausflüchte und nie eine konkrete Antwort. Im Fernsehen hörten wir immer wieder, daß die Untersuchungen in einem englischen Labor erfolgten. Den Namen dieses englischen Labors hat die Öffentlichkeit nicht erfahren. Es handelt sich dabei um das Referenzlabor der EU für Vogelgrippe in Weybridge. Ich habe die Wissenschaftler mehrfach nach den Beweisen für die Existenz des H5N1-Virus gefragt. Sie antworteten nur einmal und danach nie mehr wieder und schrieben, daß sie meine Frage nicht verstanden haben. Die Weltgesundheitsorganisation und besonders den Koordinator der Vogelgrippepandemie, den deutschen Klaus Stöhr, habe ich auch mehrmals angeschrieben und um Beweise für die Existenz des Vogelgrippevirus gebeten. Reagiert hat weder die WHO, noch Klaus Stöhr. …“

Soweit der Auszug aus dem acht DIN A4-Seiten langen Interview mit dem Virologen Dr. Lanka, welcher einen sehr nachdenklich stimmen müßte, aber geradezu den Inhalt und die vielen Beispiele dieses Buches nochmals wissenschaftlich bestätigt. Das ganze Interview – und damit auch die nachfolgenden, letzten Seiten, die hinsichtlich der virologischen Zusammenhänge ein wenig mehr ins Detail gehen – möge sich ein jeder selbst von der bereits oben bekannt gemachten Internet-Adresse kopieren (und u. U. zur allgemeinen Aufklärung und dem Wohl aller weiterreichen).

Der zweite Beitrag mit Dr. Lanka trägt den Titel „Eine fatale Lüge mit dramatischen Folgen“, und ist im Oktober 2005 von Tarik Ahmia für „Taz – Die Tageszeitung“ geführt worden. Auch dieses Interview kann unter „Aktuelles“ in «www.klein-klein-verlag.de» im Internet eingesehen und zum Weiterreichen kopiert werden.

„Eine fatale Lüge mit dramatischen Folgen:
Der Medizinanalyst Stefan Lanka zweifelt an der Existenz des Vogelgrippe-Virus, denn der sei bisher nicht direkt nachweisbar. Der Virologe hält auch nichts von Impfungen.

taz: Herr Lanka, Sie sind ein vehementer Kritiker der Virus-Hypothese bei der Vogelgrippe. Wieso?
Stefan Lanka: Bis heute ist das behauptete Virus nicht isoliert und nicht fotografiert worden. Die Gretchenfrage lautet: Auf welche konkreten Publikationen berufen sich die verantwortlichen Wissenschaftler? Wurde das Virus isoliert und charakterisiert – und wo ist das dokumentiert? Doch so eine Publikation gibt es überprüfbar nicht.

taz: Virologen etwa vom Friedrich-Loeffler-Institut für Tierschutz sagen, das Virus sei durch elektronenmikroskopische Untersuchungen nachweisbar.
Stefan Lanka: Das ist eine fatale Lüge mit dramatischen Folgen. 1.000 indirekte Beweise machen auch kein Ufo. Noch mal: Es gibt keine einzige wissenschaftliche Publikation, in der behauptet wird, daß das Virus direkt nachgewiesen wäre. Alle Belege für H5N1 sind Versuche, das Virus indirekt im Reagenzglas nachzuweisen, weil das Virus selbst nie gesehen und isolierbar wurde. Die sogenannten Virus-Fotos von H5N1 stellen nichts anderes als Zellkultur-Artefakte dar. Das würde ich vor Gericht eidesstattlich versichern.

taz: Glauben Sie also, daß es die Vogelgrippe gar nicht gibt?
Stefan Lanka: Die Krankheitsbilder der Vogelgrippe sind natürlich real. Aber es gibt keinen Grund anzunehmen, daß man zur Erklärung ein Virus benötigt. Die Krankheitssymptome der sogenannten Vogelgrippe sind zu 100 Prozent identisch mit Mangelerscheinungen und Vergiftungen der Massentierhaltung.

taz: Sind Grippe-Schutzimpfungen Ihrer Meinung nach also überflüssig?
Stefan Lanka: Wenn den Menschen nicht nur zur Grippeimpfung geraten wird, ist dies eine ungerechtfertigte Körperverletzung. Außer den faktischen Impfschäden gibt es keine Wirkung einer Impfung. Seit 2001 gilt in Deutschland das Infektionsschutzgesetz (IfSG). Es fordert zum ersten Mal Beweise für Erreger und den Nutzen einer Impfung. Da reicht es nicht aus, daß etwas als nachgewiesen – in Anführungsstrichen – gilt. Das läßt keine Interpretation offen: Die zuständigen Mitarbeiter am Robert-Koch-Institut (RKI) haben das Handtuch geschmissen, und die Ständige Impfkommission hat eingeräumt, daß es die positiven Risiko-Nutzen-Analysen, die angeblich für jede Impfung gemacht werden, gar nicht gibt. Es gibt nur Risiko-Kosten-Analysen, die aber der Geheimhaltung der Impfstoffhersteller unterliegen. Am Ende der Verantwortungskette sind die Ärzte die Dummen, weil sie für mögliche Impfschäden haften.

taz: Sie würden auch nicht das Grippemittel Tamiflu nehmen?
Stefan Lanka: Zu Tamiflu muß man sich nur die Skandale der Zulassung, zum Beispiel im Arzneimitteltelegramm, ansehen. Dann wissen Sie, daß diese Phänomene, die man beim Menschen als extreme Grippe bezeichnet,

genau die Wirkung von Tamiflu sind. Die sogenannten Nebenwirkungen sind von den Wirkungen des Virus nicht zu unterscheiden. Aber durch das kommerzielle Interesse der Pharmaindustrie hat die Sache längst eine Eigendynamik entwickelt, die nur noch durch eine politische Entscheidung zu stoppen ist.“

Aussagen eines unabhängigen wissenschaftlichen Spezialisten, denen eigentlich nichts hinzuzufügen ist.

Abschließend vielleicht doch noch ein relativ aktueller Artikel aus der Tageszeitung „Münchner Merkur“ vom 11. 11. 2005, welcher an Eindeutigkeit kaum zu übertreffen ist: „*Ein Gigant rüstet gegen die Vogelgrippe – Bis 2007 will der Pharmakonzern Roche die Tamiflu-Produktion versechsfachen* (von Sonja Gibis) – München – Es wird kommen, das tödlich Duell zwischen dem Menschen und dem Killervirus. Dann, wenn die Vogelgrippe lernt, von Mensch zu Mensch überzuspringen. Darin sind sich die Experten einig. Nur über den Kampfbeginn spekulieren sie noch. Doch ein Gewinner steht jetzt schon fest. Er heißt Hoffmann-La Roche und ist Inhaber des Patents von Tamiflu. Seit die Angst vor der Vogelgrippe und einer Pandemie mit Millionen von Toten die Welt erfaßt hat, wird der Pharma-Konzern von Nachfragen überrannt. Denn im Ernstfall, so heißt es, soll das Medikament Leben retten. Regierungen, Gesundheitsorganisationen und vorsorgende Privatleute, alle verlangen danach. 50 Länder haben laut Konzernangaben bereits bestellt. Auch Bayern hat für mehrere Millionen Euro eingekauft. …“

• *Bei mir hat sich ein Leberfleck am Rücken verändert. Soll ich mir diesen entfernen lassen?*

Diese Frage stellte mir ein etwa 60-jähriger Mann, der seit einiger Zeit erfolgreich in chronisch-homöopathischer Behandlung war, aber nicht etwa wegen eines Melanoms oder sonstiger Hautgeschichten, sondern wegen seines Glaukoms[1], Bluthochdruck und einiger anderer Beschwerden.

Der Mann habe einen Leberfleck am Rücken, welcher sich in den letzten Wochen „dramatisch“ verändert habe. Früher sei dieser hellbraun gewesen und fiel im Hautniveau kaum nennenswert auf. Doch nun sei er deutlich gewachsen, dazu erhabener geworden, viel dunkler, ins Schwärzliche gehend. Darüber hinaus habe er sich an den Rändern verändert, sei gezackter und „nicht mehr so schön rund wie früher“. Der Mann machte sich große Sorgen hinsichtlich eines eventuell bestehenden Hautkrebses, das sog. schwarze Melanom, und wollte wissen, ob er den Fleck von einem Hautarzt untersuchen bzw. entfernen lassen sollte.

Wir besprachen die Zusammenhänge nach den biologischen Gesetz-

[1] Glaukom: sog. grüner Star; Krankheit des Auges mit erhöhtem Augeninnendruck.

mäßigkeiten – demnach müßte beim Wachsen eines Melamons im psychischen Bereich ein akuter Besudelungskonflikt bestehen – und denen der Klassischen Homöopathie mit ihren miasmatischen Aspekten. Aktuelle oder ältere, hängende Konflikte waren nicht zu eruieren. Ansonsten ging es dem Mann sehr gut, und unter dem chronischen Arzneimittel hatte sich schon vieles zum Positiven verändert, so daß wir zu der Überzeugung gelangten, zunächst noch ein wenig zuzuwarten und den „entarteten Leberfleck" weiterhin zu beobachten. Der Mann und seine Frau waren beruhigt.

Etwa vier Wochen später meldete sich der Mann telefonisch in der Praxis zurück und berichtete freudestrahlend, er habe „das Ding in der Hand". Der Leberfleck habe sich beim Abtrocknen und Reiben mit dem Handtuch nach dem morgendlichen Duschen gelöst und sei abgefallen. Daraufhin habe er nach seiner Frau gerufen, die die Stelle am Rücken genauestens in Augenschein genommen habe. Dort, wo der Leberfleck gewesen sei, hätte sich schöne junge Haut gebildet, „völlig normal und unauffällig" und in gesunder Hautfarbe, ohne Narbenbildung! Der Mann, zusammen mit seiner Frau, waren überglücklich, keinen invasiven Eingriff vorgenommen zu haben.

Sicher ist, daß bei einer Probeexzision und einer anschließenden mikroskopischen Untersuchung socherlei Gewebes die Diagnose „schwarzes Melanom" geheißen hätte, denn alle Bedingungen dafür waren erfüllt: die Wucherung und erhöhte Mitose[1], die zunehmende Erhabenheit des Leberfleckes, seine dunkle, fast schwarze Farbe und seine sich verändernden gezackten Ränder. Homöopathisch ist das Ganze wohl nur als peripherer Ausscheidungsprozeß zu sehen, als Wucherung, die sich bei entsprechender Reife nach außen hin selbst entsorgte. Harmloses Gewebe, welches sich vergrößerte, um schließlich abfallen und gänzlich verschwinden zu können. Ähnlich wie dies auch bei Warzen häufig zu beobachten ist. Hätte man nun chirurgisch geschnitten, so hätte man diesen Heilungsprozeß torpediert, ja man hätte darüber hinaus noch Gewebe weit im Gesunden entfernt und nach entsprechenden Lymphknoten gesucht; von der zunehmenden Panik des Betroffenen einmal ganz zu schweigen.

Fazit: Nicht alles, was schwarz aussieht, sich verändert und ein Leberfleck ist, ist gleich ein schwarzes Melanom oder bösartig. Das soll jedoch nicht heißen, daß solche Diagnosen nicht vorkommen bzw. nicht stimmten. Sie sind in jedem Fall ernst zu nehmen und sollten immer im Zusammenhang mit dem gesamten chronischen Geschehen betrachtet und beurteilt werden. Ohne eine homöopathische chronische Behandlung und ohne das Vorliegen einer gesamten Lebensanamnese tut man sich allerdings in der Beurteilung derartiger Phänomene um ein Vielfaches schwerer.

---

[1] Mitose: die „indirekte Kernteilung" im Dienste der Wachstums- und Zellerneuerungsprozesse (Roche Lexikon Medizin).

• *Wir würden unser Kind gerne impfen lassen, aber nur mit einem Impfstoff ohne Thiomersal! Liegen wir damit auf der sicheren Seite?*

Diese Frage zeugt von grobem Unverständnis gegenüber der gesamten Impfthematik, denn ihr liegt ein eklatanter Denkfehler zugrunde, da *Impfungen generell nicht schützen können*, ganz gleich, ob diese nun das quecksilberhaltige Thiomersal enthalten oder nicht. Auch die vielen anderen Zusatzstoffe sind bekanntermaßen äußerst gefährlich, wie an den beiden bereits mehrfach diskutierten „Wirksamkeitsstudien" aus Schweden und Finnland sowie ähnlichen Studien in den USA aufgezeigt wurde (Auftreten von Anfallsleiden, Hirnhautentzündungen und anderen schweren Hirnschädigungen bis hin zu Todesfällen!). Das Schlimmste von alledem dürfte aber mit Abstand das *artfremde Eiweiß* sein, welches unter Umgehung der gesamten Körperabwehr direkt in den Blutkreislauf gelangt! Allein dies genügt schon, das Immunsystem so durcheinander zu bringen und nachhaltig zu schädigen, daß es *zu „unheilbaren" chronischen Krankheiten* kommt. Als Stichwort hierzu sind u. a. die vielen *Autoimmunerkrankungen* und *Allergien* unserer heutigen Zeit zu nennen und vieles mehr.

Weitergehende und umfassende Angaben zu den insgesamt über 100 verschiedenen Zusatzstoffen, welche in den derzeitigen Impfampullen enthalten sind, entnehmen Sie bitte dem Buch „Kritische Analyse der Impfproblematik", Band 2, von Anita Petek-Dimmer.

Eine Impfung ist in jedem Fall ein radikaler Eingriff gegen die Natur, der sich früher oder später rächen wird! Und zwar immer! Das zeigen besonders die homöopathischen Gesetzmäßigkeiten der Miasmen auf sowie die demyelinisierende Wirkung der Impfstoffe auf das zentrale Nervensystem, das Gehirn, was wir anhand unzähliger Fallbeispiele aus der homöopathischen Praxis verifiziert haben. Insofern lohnt es sich nicht, unterscheiden zu wollen, ob ein Impfstoff Thiomersal oder den einen oder anderen Zusatzstoff enthält oder nicht.

• *Ist das Einsetzen von Paukenröhrchen bei einem Paukenerguß aus homöopathischer Sicht ratsam oder gefährlich?*

Diese Frage kommt in der homöopathischen Praxis immer wieder vor. Es handele sich doch nur um eine Drainage, damit das Sekret aus der Paukenhöhle des Mittelohres nach außen hin abfließen könne. In dem konkreten Fall eines kleinen, 4½-jährigen Jungen mit Augenproblemen in Form einer Makuladegeneration[1] drängten sowohl der betreuende HNO-Arzt als auch sein Vater dazu, eine derartige Operation vornehmen zu lassen, da jener seit seiner letzten Mittelohrentzündung nur noch sehr schwer hören konnte. Die

[1] Makuladegeneration: Entartung der Macula lutea, des gelben Fleckes der Netzhaut des Auges, mit fortschreitenden Sehstörungen bis hin zur späteren Erblindung.

Frage, die der Mutter nun unter den Nägeln brannte, war: „Kann sich ein derartiger Eingriff negativ auf das Auge meines Kindes auswirken?“

Die Antwort aus miasmatischer Sicht heißt ganz eindeutig: „Ja“. Ja, eine solche Ohr-Operation kann sich sehr wohl negativ auf die Augen des Kindes auswirken! Sicherlich hat das Ohr nicht direkt etwas mit den Augen zu tun, das ist richtig; aber *beides hängt über das dahinter liegende Miasma zusammen.* Wenn nun das aktive Miasma durch so eine Paukenhöhlendrainage-Operation am Trommelfell verschärft wird, kann dies durchaus auch eine Verschlimmerung für das Auge bedeuten! Erinnern wir uns: *Das Mittelohr ist das Entlastungsventil des tuberkulinischen Kindes!* Wird nun dieses Entlastungsventil nachhaltig beeinträchtigt, so kann sich dies in einer Verschlimmerung des Miasmas an anderer Stelle bemerkbar machen.

Das Geringste, was passieren kann, ist, daß sich der alte Zustand wieder einstellt, d. h., daß sich der Paukenerguß schließlich doch wieder bildet, die Ohren also erneut vollaufen, das Sekret nicht so dünnflüssig ist, um via Röhrchen nach außen hin ablaufen zu können, so daß sich das Einsetzen von Röhrchen zwecks Paukenhöhlendrainage im Grunde genommen gar nicht gelohnt hat. Doch es kann auch viel schlimmer kommen, denn wenn der Organismus aufgrund dieses Eingriffes in Form einer *Unterdrückung* reagiert, kann das eine *Verschlimmerung für das ganze System* bedeuten. Und damit ist nicht auszuschließen, daß auch das Auge des Jungen stark in Mitleidenschaft gezogen wird, zumal sich dieses als bereits bestehender Schwachpunkt des Organismus herauskristallisiert hat.

Und so war es dann auch in diesem Fall: Der Arzt riet zur OP und sprach von einer „chronischen Mittelohrentzündung mit Flüssigkeitsansammlung hinter dem Trommelfell“. Außerdem gab es auch „adenoide Vegetationen“, d. h. die Rachenmandel des Jungen war „chronisch angeschwollen“, landläufig Polypen genannt, und jener litt häufig unter Infekten des oberen Respirationstraktes mit Husten, Nasenverschleimung mit Mittelohrbeteiligung bis hin zu Bronchitis. Kurz: Das Kind zeigte *ganz typische tuberkulinische Symptome*! Schließlich verlief die Operation – die Herausnahme der Polypen samt Schnitt ins Trommelfell zum Einsetzen von Paukenröhrchen unter Vollnarkose – aus Sicht der Ärzte außerordentlich zufriedenstellend und gut, nur hatte der Bub kurz danach schon wieder einen Husten. Und weniger als zwei Wochen postoperativ waren bereits beide Ohren „erneut vollgelaufen“, so daß der Kleine wieder schlecht hörte. Doch dessen nicht genug! Da die Familie kurzfristig in den Urlaub fliegen wollte, ließen sich die Eltern des Jungen (leider) dazu überreden, diesem wegen der bestehenden Ohrproblematik ein Antibiotikum zu verabreichen, damit es zu keinerlei Schmerzen aufgrund mangelnden Druckausgleichs im Flugzeug kommen würde.

Acht Wochen danach, die nächste Routineuntersuchung in der Augenklinik war angesagt, hatte sich der Augenhintergrund des Jungen dermaßen verschlechtert, daß der Professor dringend zu einer Augenoperation riet.

„Das Exsudat[1] auf der Makula hat sich verstärkt. Ihr Kind sieht nur noch 20%!" So wie früher, wie vor dem Beginn unserer homöopathischen antimiasmatischen Behandlung, die so erfolgversprechend begonnen hatte, denn vor dem Urlaub waren wir schon bei 40% Sehkraft angelangt, welche seit Monaten stabil gehalten werden konnte, Tendenz steigend! *Unterdrückung* ist hier das richtige Stichwort, und zwar *mehrfache Unterdrükkung*, einerseits *medikamentös* durch die Vollnarkose- und spätere Antibiotikumbelastung, und andererseits durch die *Operation* der adenoiden Vegetationen samt Trommenfellschnitte.

Es hängt eben doch alles zusammen, zwar nicht direkt, so jedoch indirekt über den gemeinsamen miasmatischen Hintergrund! – Man muß energetisch denken, dann wird einem vieles klarer. – Der Organismus ist komplett vernetzt; das zeigen auch andere wissenschaftliche Erkenntnisse auf.

- *Unser Arzt ist damit einverstanden, daß wir nicht impfen. Doch zu Tetanus rät er trotzdem, da wir ein Pferd haben!*

Die Tetanusimpfung ist eine derjenigen Impfungen, die sich schon aus schulmedizinischer Sicht verbietet. So ist im Deutschen Ärzteblatt 1993 nachzulesen: „Es lassen sich nach der Impfung keine induzierten Antikörper bei Laboruntersuchungen nachweisen, die den Nachweis auf Wirksamkeitsüberprüfung anzeigen könnten (im Gegensatz zu anderen Impfungen)!"

Aber nicht nur diese Offenbarung der offiziellen Hochschulmedizin spricht gegen eine Tetanusimpfung. Es kommt noch viel toller. Unterstellen wir einmal, die Antigen-Antikörpertheorie würde stimmen, die Impfungen würden funktionieren und eine dauerhafte Immunität hinterlassen (was natürlich nicht stimmt); die Tetanusimpfung kann es nie und nimmer, und das schon aus schulmedizinischer Sicht nicht! Ohne die homöopathischen Gesetzmäßigkeiten der Miasmen und die Zweiphasigkeit der Erkrankungen sowie das ontogenetisch bedingte System der Mikroben zu bemühen, kann die Tetanusimpfung niemals Immunität verleihen! Denn es gibt gar *keine natürliche Immunität nach durchstandenem Tetanus*, wie z.B. nach durchgemachten Windpocken oder Röteln! Einen Tetanus kann man sich mehrmals im Leben, ja sogar mehrmals im selben Jahr zuziehen, vorausgesetzt, man hat diesen überlebt. Wie will nun eine Impfung einen Schutz herbeiführen, wenn der *biologische Wirkmechanismus von der Natur her gar nicht vorgesehen* ist? – Analoges gilt für übrigens auch für die Impfungen gegen Tuberkulose und Diphtherie.

Somit verbietet es sich schon aus schulmedizinischer Sicht, gegen Tetanus zu impfen, denn diese Impfung kann die Natur nicht überlisten.

---

[1] Exsudat: durch Entzündung bedingter Austritt von Flüssigkeit und Zellen aus den Blutgefäßen und Lymphbahnen.

• *Wie steht es mit den Impfungen bei Tieren, und kann man Tiere auch mittels Homöopathie heilen?*

Tiere reagieren auf homöopathische Arzneimittel ähnlich wie wir Menschen. Mittlerweile gibt es eine ganze Menge Literatur zur Veterinär-Homöopathie, die aufzeigt, daß unsere Vierbeiner auch mit diesen edlen Arzneimitteln sehr zu ihrem Wohle und gänzlich ohne Nebenwirkungen behandelt werden können. Und das, obwohl es keine homöopathischen Arzneimittelprüfungen bei Tieren gibt! *Die Wirkungsweise der Mittel wurde ursprünglich immer am gesunden Menschen geprüft und hat sich dann später auch bei Tieren verifizieren lassen!*

Wenn dem also so ist, daß es sich bei Tieren ähnlich verhält, wie beim Menschen, und bei ihnen die homöopathischen Arzneimittel genauso gut wirken, dann können demzufolge auch Impfungen beim Tier nicht krankheitsverhütend wirken! Im Gegenteil! *Diese bescheren dem Tier mit der Zeit eine Vielzahl chronischer Krankheiten,* ähnlich wie wir sie auch vom Menschen her kennen (beispielsweise Aggressivität, Unberechenbarkeit, Unruhezustände wie sie beim Menschen unter dem Begriff Hyperaktivität bekannt sind, chronisches Ekzem, sog. Sommerekzem, Lähmungen, Epilepsie [z.B. bei unserem Nachbarshund, der mittlerweile eingeschläfert wurde], Gelenkarthrose, Allergien gegen Grundnahrungsmittel [wie bei einem anderen Hund aus der Nachbarschaft, der bestimmtes Fleisch (!) nicht fressen darf, da er sonst unter massiven neurodermitisartigen Hautproblemen zu leiden hat], chronischer Nasenfluß, Pferdehusten, chronisch eitrige Bindehautentzündungen, Fehlgeburten, Mangelgeburten, Sehnenentzündungen und vieles mehr). *Impfungen verstoßen auch bei Tieren gegen die Naturgesetze* hinsichtlich der Zweiphasigkeit der Erkrankungen, das Auftreten der Mikroben und die Zusammenhänge der chronischen Miasmen, wie sie von der Homöopathie her bekannt sind.

Demzufolge kann auch den *Tieren durch eine chronische antimiasmatische Kur dauerhaft geholfen* werden, wenn der Therapeut es versteht, die Miasmen sinnvoll auf Tiere anzuwenden. Leider ist hier nicht der Platz, darauf detallierter eingehen zu können; der Interessierte kann jedoch ein ausführliches Beispiel zu einer antimiasmatischen Behandlung eines Hundes mit starken rheumatischen Beschwerden in einem Schultergelenk, so daß dieser nur noch stark zu humpeln vermochte, in meinem Werk *Klassische Homöopathie für die junge Familie,* zweiter Band, nachlesen.

Im folgenden sei aber noch ein kleines „Trivialbeispiel" einer Akutbehandlung bezüglich eines geliebten Vierbeiners angeführt, als Nachweis sozusagen, daß Tiere auf homöopathische Arzneimittel ähnlich gut ansprechen wie Menschen: Eine langjährige Patientin von mir bat mich einmal um einen Rat für ihren 11 Jahre alten Hund. Dieser hinkte und humpelte schwer mit dem linken Vorderbein, nachdem er vor ein paar Wochen auf Glatteis ausgerutscht war. Seither habe er immense Schmerzen; die meiste Zeit liege er nur noch in seinem Körbchen und entlaste seine betroffene Pfote. Beim Gassigehen „bei mehr Tempo“ humpele er allerdings etwas weniger. Der konsultierte Tierarzt habe ihm Schmerztabletten verschrieben, die er seit Wochen bekomme und seine Schmerzen zwar erträglicher machten, die Pfote jedoch nicht heilten. Laut Röntgenaufnahme handelte es sich angeblich um „Ablagerungen in den Gelenken“.

Das war alles, was an anamnestischen Aussagen zu eruieren war. Da es sich aus meiner Sicht verletzungsbedingt um ein Verreißen von Muskel- und Sehnenansätzen handelte, denn vorher ging es dem Hund immer sehr gut – er konnte unbeschwert laufen und rennen, so daß meines Erachtens eine chronische Gelenkgeschichte als Grund für seine aktuellen Beschwerden ausfiel –, und da es dem armen Tier bei fortlaufender Bewegung – wenn es sich sozusagen etwas eingelaufen hatte – besser ging, kamen wir überein, es akut mit Rhus toxicodendron C30 zu versuchen, 3 Globuli in einem Glas Wasser verkleppern, davon zweimal täglich eine Dosis mit einer Spritze (ohne Kanüle) zwischen die Lefzen träufeln. – Ein paar Wochen später, der strenge Winter war längst einem sonnigen Frühling gewichen, meldete sich die Frau in eigener Sache zurück und erwähnte ganz dankbar, daß ihr Hund seit langem wieder laufe, ja daß er gänzlich wiederhergestellt sei, worüber die ganze Familie sehr glücklich war.

- *Was ist von salzarmer Ernährung zu halten?*

Salz in Maßen ist lebensnotwendig. Übertriebener Salzkonsum ist ungesund und zu wenig Salz auch. Lassen Sie mich hierzu eine Beobachtung aus der homöopathischen Praxis wiedergeben, welche eine junge Mutter von fünf Kindern erlebt hat.

Die Familie machte mit all ihren Kindern Urlaub am Meer. Ihre etwa 2-jährige kleine Sabrina, ein vollkommen gesundes und ungeimpftes Mädchen, hatte viel Spaß und spielte unentwegt nackedei am Strand. Mit einem Mal nahm sie ihren Eimer, watschelte in die Brandung, füllte diesen randvoll mit Wasser und – trank ganz gierig eine große Menge davon. Ihre sehr erstaunte Mutter guckte sich dies an, entschloß sich aber, nicht gleich einzuschreiten. „Mal sehen, was passiert,“ dachte sie sich, und beobachtete ihre Kleine aufmerksamer. Doch es passierte nichts; jedenfalls gab es weder Durchfall noch Übelkeit und Erbrechen oder sonstige Unpäßlichkeiten. Die Kleine war weiterhin quietschfidel, trank dann und wann Meerwasser, auch die darauffolgenden Tage. „Sabrina schüttete eimerweise Salzwasser hinunter, doch nach drei Tagen war dann alles vorbei.“ Fortan rührte das Mädchen das Meerwasser nicht mehr an. „Sabrina hat wohl all ihre Salzspeicher wieder aufgefüllt“, wie die Mutter meinte, der dies sehr zu denken gab. Jedenfalls kochte sie seitdem wieder bewußter mit Salz, denn zuvor hatte die ganze Familie auf Salz weitgehend verzichtet!

In Hinblick auf Salz in unserer Nahrung ist es auch wichtig zu wissen, daß Kochsalz in Form von reinem NaCl gesundheitsschädlich ist, da es in dieser reinen Form in der Natur nicht vorkommt. Gutes naturbelassenes, nicht raffiniertes Salz hat 84 (!) Elemente, wobei natürlich der Löwenanteil das Natriumchlorid ausmacht; die anderen Elemente kommen als Spurenelemente vor, sind aber lebensnotwendig! Auch jodiertes Salz ist nicht nicht gerade gesundheitsförderlich, da es ein deutliches Zuviel an Jod enthält, die Komposition der meisten anderen Elemente jedoch fehlt. Am besten geeignet ist ein *ungereinigtes natürliches Meersalz* oder ein *naturbelassenes Stein- oder Kristallsalz*, wie beispielsweise aus Berchtesgaden oder das aus dem Himalaya. – Für weitergehende wertvolle Informationen hinsichtlich Wasser und Salz sei wärmstens auf die Vorträge und Kassetten des hochkarätigen Biophysikers Peter Ferreira verwiesen.

Abschließend noch ein nützlicher Hinweis bezüglich äußerlicher Salzanwendungen: Im Falle von Hautkrankheiten, wie beispielsweise schwerer Neurodermitis oder Psoriasis, wird häufig eine Kur mit Salzwasser am Meer empfohlen, wegen des heilwirksamen Salzgehaltes der Luft und des Wassers (sykotische Modalitäten!). Dabei erfreut sich das Tote Meer aufgrund seiner ausgeprägten Salzkonzentration besonderer Beliebtheit. Wieder daheim, wird dann teilweise noch eine gewisse Zeit Totes-Meer-Salz als Badewasserzusatz mehr oder weniger erfolgreich eingesetzt. – Aus meiner Sicht ist dies allerdings nicht ganz unbedenklich. Allgemein betrachtet kann gegen eine sinnvolle Anwendung von Meersalz sicherlich nichts einzuwenden sein, sofern es für den einzelnen gut verträglich ist. Doch auf das Salz des Toten Meeres – egal ob vor Ort oder als Badewasserzusatz – sollte tunlichst verzichtet werden, da dieses vielfach radioaktiv zu hoch belastet sein kann.[1]

- *Ist Piercing gesundheitlich bedenklich?*

Piercing (und dazu gehört im Prinzip auch das Stechen von Ohrringlöchern) ist auf jeden Fall als gesundheitlich bedenklich einzustufen. Bei dieser Art von Stichverletzungen werden nämlich wichtige Akupunkturpunkte auf den Meridianen[2] oder am Ohr unwiederbringlich zerstört! Selbst, wenn man später die Löcher wieder zuwachsen ließe, die Energiebahnen bleiben defekt, so daß der natürliche Energiefluß für immer beeinträchtigt ist. Das gilt sowohl für Körperpunkte (z. B. Bauchnabel, Lippe, Augenbraue, Zunge) als

[1] Genaueres zu diesem Thema siehe die im Epilog erwähnten Bücher von Zecharia Sitchin.

[2] Meridiane: im Westen gebräuchliche Bezeichnung für Zirkulationsbahnen von Energien, auf welchen die Akupunkturpunkte angordnet sind und welche die Chinesen Passage nannten.

auch für Punkte der menschlichen Ohrmuschel[1] (siehe Ohrakupunktur). Aus diesem Grunde rate ich immer – selbstverständlich nur, wenn ich diesbezüglich gefragt werde – vom Piercing oder dem Stechen von Ohrringlöchern ab.

Eine kleine einprägsame Geschichte zu dieser Thematik aus der homöopathischen Praxis: Eine 21-jährige Frau gab während ihrer chronischen Anamnese hinsichtlich des Themas Ohnmacht zu Protokoll, daß sie einmal „kurz vor einer Ohnmacht bei einem Piercing im Ohr gestanden habe". Ihr sei ganz schwarz vor Augen geworden und sie hätte mit einem Mal schweißige Hände gehabt. Auch ihr ganzer Körper sei pitschnaß gewesen und von kaltem Schweiß bedeckt. Daraufhin habe sie den Stecker sofort wieder entfernt, wobei sich alles „schlagartig gebessert" habe.

---

[1] Das menschliche Ohr repräsentiert einen wie im Mutterleib liegenden Embryo, wobei das Ohrläppchen den Kopf abbildet und die Helix (Ohrleiste, der äußere Rand der Ohrmuschel) die Wirbelsäule. Mit Hilfe der über 100 Ohrakupunkturpunkte kann man den gesamten Körper beeinflussen; sie bilden, unabhängig von den übrigen Körperakupunkturpunkten, ein in sich geschlossenes System. – Das althergebrachte „normale" Ohrringloch wird i. d. R. durch den Augpunkt gestochen, während die heutigen vielen Zusatzlöcher entlang der Helix wichtige Ohrakupunkturpunkte mit Verbindung zur Wirbelsäule zerstören.

Epilog

Sie alle kennen sicherlich den neuzeitlichen „Planetenwitz“, der meines Erachtens sehr viel mehr ist als nur ein Witz; er spiegelt die traurige Wirklichkeit unserer heutigen Zeit wider und enthält eine tiefe, sehr tiefe Wahrheit:

> Treffen sich zwei Planeten im All. Sagt der eine: „Wie siehst Du denn aus, geht es Dir nicht gut?“ Darauf der andere: „Nein, überhaupt nicht, ich habe Homo sapiens.“ Entgegnet der eine: „Ach, das kenn’ ich; das geht schnell vorüber!“

So weit braucht es allerdings nicht zu kommen, daß der Mensch alles plündert und zerstört, seine Umwelt, die Ressourcen, die Natur, sich selber, ja schlußendlich den gesamten Planeten Erde. Der Mensch ist der einzige auf dieser Welt, der nicht im Einklang mit der Natur lebt, der versucht, außerhalb der Naturgesetze zu stehen, der überheblich ist, sich über alles stellen will, der ohne Ende manipuliert und alles besser weiß, der nicht wirklich begreift, daß er schlußendlich sich selber ausradiert und alles vernichtet.

Das fängt im Grunde genommen schon mit der Ernährung an! Jedes Tier weiß instinktiv, und zwar von Geburt an, was es fressen muß[1], um gesund zu bleiben, um die Art zu erhalten, und das auch im Krankheitsfall, wenn es in seiner natürlichen Umgebung aufwachsen darf und die freie Wahl hat. Nur der

---

[1] Ein kleines Beispiel am Rande: Wie bereits weiter oben erwähnt, haben wir unsere junge Hündin Biene seinerzeit als Welpen von drei Monaten bekommen. Bei der Übergabe – sie wurde uns von einer sehr netten, einfühlsamen Tierärztin von SOS Animale persönlich gebracht – erhielten wir den gut gemeinten Rat, Biene zunächst spezielles Welpenfutter (ein spezielles Trockenfutter mit Vitamin- und Mineralstoffpräparaten) zu geben. Wir hätten viel lieber rohes Fleisch verfüttert, wie wir es bei unserem vorherigen Hund Profi auch getan haben, doch wir wurden eines Besseren belehrt, speziell hinsichtlich der vielen lebensnotwendigen Nährstoffe, welche in Welpenfutter enthalten seien. Da wir noch nie einen Welpen großgezogen hatten, also diesbezüglich keinerlei eigene Erfahrung vorlag, bekam Biene somit Welpenfutter. – Doch sie rührte dieses nicht an! Wir versuchten es mehrere Tage lang; auch mit „gutem Zureden“ – der Hund wollte einfach nicht fressen. So begannen wir uns berechtigterweise Sorgen zu machen um dieses kleine süße, tolpatschige Kerlchen. An etwaiger Trauer konnte es nicht liegen, denn Biene hatte mit unseren Kindern sehr schnell Freundschaft geschlossen, war sehr lebhaft und wirkte alles andere als traurig. Notgedrungen beschlossen wir schließlich, es doch einmal mit Profis übriggebliebenem Fleisch zu versuchen. Wir tauten eine kleine Portion auf, schnitten diese in ganz kleine Stückchen und „servierten“ sie Biene. Und was geschah? – Wir trauten unseren Augen kaum! – Biene stürzte sich regelrecht auf die (erstmals artgerechte) Mahlzeit und fraß gleich den ganzen Napf leer! Ihr natürlicher Instinkt – und das, ohne daß es ihr jemand hätte vormachen können, denn Biene war ja ein Findelkind – obsiegte über die akademische Meinung der Veterinärmedizin, was eine deutliche Sprache spricht. – Das eigens angeschaffte Welpenfutter haben wir immer noch, und Biene ist bereits mehr als fünf Jahre alt. – Übrigens: Die landläufige Meinung, rohes Fleisch mache die Hunde scharf, entbehrt jeder Grundlage. Das Gegenteil ist eher der Fall: Eine artgerechte Haltung und Ernährung bescheren uns i. d. R. sanfte, zufriedene und gesunde Tiere!

Mensch weiß nicht, was gut für ihn ist. Er weiß beispielsweise überhaupt nicht, ob er von Haus aus Vegetarier ist, Fleischesser oder Allesesser. – Unsere Kleinsten erhalten ja schon in der Wiege via „Gläschen" Fleisch als Beikost! – Darüber hinaus macht er sich wenig Gedanken darüber, ob Babyfertignahrung besser ist als Muttermilch, ob man roh oder gegart essen sollte, ob es einen Unterschied macht, wenn man Nahrungsmittel aus der Dose verzehrt, aus der Mirkrowelle oder aus dem Bio-Laden, ob lang-haltbar gemachte Nahrungsmittel gesund sind, ob Extrakte (z.B. Zucker, Weißmehl) gesund oder schädlich sind, usw. usf. Hauptsache, man hat etwas auf dem Tisch, wird satt und kann es in Kalorien messen! Das Energetische in den Lebensmitteln wird vom Gros der Menschen immer noch vollkommen ignoriert!

Schon Hippokrates hat damals gewarnt: „Eure Heilmittel sollen Nahrungsmittel sein und Eure Nahrungsmittel Heilmittel."

Der Instinkt zur Natürlichkeit, zur Normalität, wie sie im Tierreich gang und gäbe ist, ist dem Menschen absolut verloren gegangen. – Oder hat er diesen u.U. noch nie besessen? – Darüber hinaus läßt sich der Mensch sehr leicht manipulieren und glaubt fast alles, was er mittels Werbung und/oder aufgrund „neuester wissenschaftlicher Erkenntnisse" von den Medien aufgetischt bekommt. Dazu noch die Anmaßung, was die moderne Landwirtschaft betrifft, den Boden, das Wasser, die Luft, die Regenwälder, die Flüsse, die Seen, die Meere, die Vegetation, das Wetter und und und. Überall wird herummanipuliert, ohne sich der langfristigen Konsequenzen bewußt zu werden. Und dann die lebensfeindliche und zerstörerische Technologie des heutigen Menschen, ohne Rücksicht auf seine Umwelt, ohne Rücksicht auf die Pflanzen, die Tiere und schließlich ohne Rücksicht auf sich selbst; ohne Rücksicht auf die Generationen, die der derzeitigen folgen. Darüber hinaus fehlt es dem Menschen an jeglichem Instinkt hinsichtlich Gesundheit und Krankheit. Man hat ja einen Arzt oder Psychiater, der einem sagt, wo es lang geht. – Kurz, der Mensch hat verlernt, nach innen zu schauen und bei sich selbst anzufangen. Er lebt nicht im entferntesten im Einklang mit der Natur!

Doch dies wird sich bitter rächen, wenn es zu keiner baldigen Umkehr kommt, und zwar unausweichlich. Es ist bereits später als fünf Minuten vor Zwölf, dessen werden sich immer mehr Zeitgenossen bewußt! Vielleicht liegt es ja auch an der Herkunft des Menschen, daß er „etwas außerhalb der allgemeinen Schöpfung" liegt?[1] Fest steht jedoch, daß auch er jegliche Natur-

---

[1] Näheres hierzu siehe die neun (bzw. mittlerweile zehn) Bücher der Reihe „Die Chroniken des Planeten Erde" von Zecharia Sitchin – einem der wenigen hochkarätigen Orientalisten, die die sumerische Keilschrift lesen können, welche in Form von Tausenden neuentdeckter Tontafeln den *Schlüssel* zum Wissen um den *Ursprung der Menschheit* und ihrer ersten Hochkulturen bildet – beginnend mit seinem Einstiegswerk „Der zwölfte Planet" und endend mit „Das verschollene Buch Enki", Kopp Verlag. (Tip: Am besten, Sie lesen diese Bücher in der Reihenfolge, in der sie in der amerikanischen Originalausgabe erschienen sind.)

gesetze einzuhalten hat, egal wo er herkommt, wie er manipuliert und manipuliert wird, denn „die Natur wird nie dem Menschen folgen, sondern der Mensch hat die Gesetze der Natur zu befolgen", was schon dem griechischen Arzt Dioskurides vor gut 2.000 Jahren bekannt war. *Der Mensch ist nämlich Teil der Natur!* Er braucht die Natur, aber die Natur braucht ihn nicht.

Dieses Muß des Befolgens der Naturgesetze gilt heute mehr denn je. Und genau das kann der neuzeitliche Mensch von heute wieder in Angriff nehmen, indem er *zunächst mit seiner Gesundheit beginnt.* Wir alle müssen wieder lernen, körperliche und geistige Gesundheit zu erlangen und darüber hinaus auch zu erhalten und an die nächsten Generationen weiterzugeben, denn *„mens sana in corpore sano"* – ein gesunder Geist steckt in einem gesunden Körper. Dann erst können wir bewußt leben, im Einklang mit der Natur und dem Kosmos, denn dann sind wir gesund, werden nicht mehr durch diverse Zipperlein und Krankheiten abgelenkt und sind selbstbewußt, mündig, frei und viel weniger manipulierbar. Erst dann ist wirklich positives Denken möglich, jegliches Hinterfragen und nicht alles Hinnehmen-Müssen. Erst dann kann man endgültig alles im Einklang mit der Natur sehen, wirkliches Verantwortungsgefühl übernehmen sowie einen positiven Einfluß auf unsere uns anvertraute Umgebung und den gesamten Planeten Erde ausüben. Wir müssen wieder lernen, die Natur zu verstehen, sie zu lieben und zu achten, am besten schon von Kindesbeinen an, damit alles „in Fleisch und Blut übergeht" und ohne nachzudenken selbstverständlich ist und bleibt. Wir müssen wieder lernen, zu unserer natürlichen Intuition zurückzufinden. „Die Natur ist nicht darauf ausgerichtet, sich selbst zu zerstören und zu gefährden, so wie man es uns mit den ‚bösen Viren' oder der ‚bösen Krebszelle' weismachen möchte. Im Gegenteil baut die Evolution auf gemeinsamer Weiterentwicklung auf, in der Zukunft gesichert wird." – Dr. Stefan Lanka, Molekularbiologe.

Dabei wäre es so einfach, im Einklang mit diesen Gesetzen zu leben, gemäß Viktor Schaubergers Motto *„Die Natur kapieren und kopieren."* Das ginge auch im Hinblick auf die Technologie, ja sogar auf die Hochtechnologie.[1] Als Folge gäbe es ein anderes Verständnis und das Erkennen von sinnvollen Zusammenhängen – die Natur macht keine Fehler, sie ist perfekt! –, Harmonie, universelle bedingungslose Liebe, Frieden, Achtung vor dem Leben in jeder Hinsicht (Menschen, Tiere, Pflanzen, Kleinstlebewesen, Meere, Luft, Steine ...), Glück, spirituelles Bewußtsein und vieles mehr. Weder Manipulation noch Lüge hätten einen Nährboden, denn beide fallen auf einen selber zurück. Auch das ist ein kosmisches Gesetz!

Die *Sanfte Medizin* mit ihrem großen Anteil der Klassischen Homöopathie, ganz besonders durch die chronischen Zusammenhänge der Miasmen, bildet meines Erachtens die zentrale Grundlage, dieses Ziel mit der Zeit erreichen zu können, denn *frei von Miasmen impliziert positives, uneigennütziges Denken*

---

[1] Ein Stichwort hierzu wäre beispielsweise die „Freie Energie", welche überall verfügbar ist.

und Handeln und universelle Liebe! Das Gegenteil bedeutet u. a. miasmatisch psychische Symptome wie Eifersucht, Neid, Haß, Mißgunst, Gewinnsucht, Selbstsucht, Herrschsucht, Ausbeutung, Macht, Krieg, Zerstörung, so wie es heute noch von den meisten Zeitgenossen gelebt wird. „Jede Änderung in der äußeren Welt kann nur dann dauerhaft sein, wenn sich zuvor die Dinge im Innern der Menschen, in ihrem Herzen und in ihrer Seele, geändert haben." (Thomas Ritter)

In diesem Sinne soll das vorliegende Werk *„Sanfte Medizin – Die Heilkunst des Wassermannzeitalters"* oder „Der Schlüssel zu weltweiter Gesundheit und Harmonie", wie es vom Untertitel auch hätte heißen können, helfen, einen Einstieg zu finden, denn mit der chronischen Homöopathie gelangt man wieder zu (fast) absoluter Gesundheit, über Generationen hinweg, und damit auch zu einer *Anhebung des individuellen Bewußtseins*, Mensch für Mensch, was eine veränderte Weltsicht zur Folge hat, eine Sicht des friedlichen Miteinanders, des Alles-voneinander-abhängig-Seins, der universellen, selbstlosen Liebe. Somit ist jeder einzelne aufgerufen, Verantwortung für sein eigenes Leben zu übernehmen und Taten folgen zu lassen. *Taten in seinem eigenen kleinen Umfeld, das genügt.* Nur durch die Tat kann eine wirkliche Veränderung erfolgen, zunächst im Kleinen und mit der Zeit dann – wenn genügend Menschen einen ähnlichen Weg gehen – auch im Großen!

Hierbei fällt den Müttern eine zentrale Rolle zu, um nicht zu sagen, die zentralste überhaupt. *Die Mütter sind nämlich mit Abstand die wichtigsten Personen auf unserer Erde!* Sie bringen die nächste Generation hervor, welche später das Sagen hat, welche später unsere Erde regieren wird. Somit ist es weitgehend von ihnen und ihrer Familie abhängig, ob Liebe oder Haß regiert, ob es ein Miteinander oder ein Gegeneinander gibt, ob das rücksichtlose Ausbeuten weitergeht etc. pp., und schließlich, ob unsere Erde und damit wir Menschen noch zu retten sind. Denn gesunde Kinder – mit einem gesunden Menschenverstand – werden heranreifen zu gesunden, liebe- und verständnisvollen Erwachsenen und wieder den Weg zurück zur Natur finden, zurück zur universellen Liebe sowie zur Sinnhaftigkeit des Lebens, und all dies an ihre nächste Generation weitergeben.

„Homöopathie ist die modernste und durchdachteste Methode, um Kranke zu behandeln. Die Regierung muß sie in unserem Land fördern und unterstützen. Genauso wie mein Prinzip der Gewaltlosigkeit niemals scheitern wird, enttäuscht auch die Homöopathie nie. Aber die Anhänger der Homöopathie könnten infolge falscher Anwendung der homöopathischen Prinzipien versagen. Dr. Hahnemann besaß einen genialen Geist und entwickelte eine Methode, in der es keine Begrenzung gibt, um das menschliche Leben zu retten. Ich verneige mich in Ehrfurcht vor seinem Können und vor dem großartigen humanitären Werk, welches er schuf." – Worte, die leider kein Politiker unserer Zeit und unseres Landes gesagt hat. Doch es war ein Politiker, und zwar ein sehr bedeutender; es war *Mahatma Gandhi aus Indien*, 1936. Seine Worte haben bis heute nichts von ihrer Gültigkeit eingebüßt.

Auch Frau *Dr. Viera Scheibner*, die bereits mehrfach zitierte australische Forscherin hinsichtlich der Impfungszusammenhänge, schlägt in dieselbe Kerbe, indem sie 1993 resümiert: „*Vielleicht ist der Zeitpunkt gekommen, um Homöopathie als das zu akzeptieren, was sie ist: das modernste und wissenschaftlichste medizinische System. ... Sie ist die Medizin des 21. Jahrhunderts.*" – Oder, um es noch ein wenig weitreichender zu formulieren: Sie ist die *tragende Säule der Sanften Medizin, der Heilkunst des Wassermannzeitalters*, eines Zeitalters der Liebe und des Friedens.

Anhang

A.1 Werbung für Grippe-Impfung – ein Beispiel

Eine als neutrale Berichterstattung getarnte Werbung in der Tageszeitung „Münchner Merkur“ vom 9. 9. 2005, könnte man sagen. *„Neuer Impfstoff: Besserer Schutz vor Grippe“* von Dorothea Treder

„München – *Immer noch wird die Grippe (Influenza) unterschätzt. Immer noch lassen sich viel zu wenige Menschen impfen.* Dabei sterben jedes Jahr bis zu 15.000 Menschen an den hartnäckigen Viren. Vor allem Menschen über 60 und chronisch Kranke fallen der vermeintlich harmlosen Krankheit zum Opfer.

Vor diesem Hintergrund hat der Impfstoffhersteller ‚Chiron Vaccines Behring‘ gestern in München ein neues Präparat vorgestellt, das *dem herkömmlichen Grippe-Impfstoff deutlich überlegen* sein soll: Es heißt ‚Fluad‘ und *schützt* die Geimpften in *80 Prozent* der Fälle, die *Effektivität des herkömmlichen Impfstoffs liegt bei nur 57 Prozent.*

Fluad enthält einen *Wirkstoffverstärker*, der die so genannte *Antigen-Aufnahme* verbessert, wodurch mehr Antikörper gebildet werden. Zudem verringert das Präparat das *Risiko einer Lungenentzündung* und gleicht *‚die schwindende Leistungsfähigkeit im Alter aus‘*, versichert Martina Wessling von der Hersteller-Firma.

Die einzige Möglichkeit, Todesfälle oder Schäden an Herz, Lunge und Gehirn durch die Grippe zu vermeiden, sei die Impfung, sagte *Professor* Adolf Windorfer. Und zwar nicht erst, wenn das Virus bereits jemanden erwischt hat, sondern vorbeugend – zum eigenen Schutz und zum Schutz anderer, sagt der Präsident des Landesgesundheitsamtes Niedersachsen. Bis ein *Schutz* aufgebaut ist, vergehen bis zu *zwei Wochen*, der Schutz hält etwa *ein Jahr.* ‚Bei *jährlicher Nachimpfung* ist ein *60- bis 80-prozentiger Schutz garantiert*‘, so Windorfer.

Influenza wird durch Tröpfchen übertragen. Der Professor rät: Menschenansammlungen meiden und häufig die Hände waschen.“ (Hervorhebungen durch den Verfasser)

A.2 Gesunder Menschenverstand gefragt

Es braucht kaum mehr als gesunden Menschenverstand, um klar zu erkennen, daß in der Impfwerbung viele Offenbarungen und Unwahrheiten versteckt sind. Im folgenden sollen drei Beispiele ein wenig unter die Lupe genommen werden.

A.2.1 Impfwerbung am Beispiel des Pertussis-Impfstoffes kritisch betrachtet

Große Plakate und viel Werbung hinsichtlich des neuen azellulären Pertussis-Impfstoffes finden sich nicht nur in Arztpraxen und Apotheken, sondern auch die Medien rühren kräftig die Werbetrommel und „informieren", bzw. besser ausgedrückt, desinformieren und verbreiten Angst. Auch in einschlägigen Kindergartenzeitschriften, wie „Mobile", wurde 1996 unter dem Deckmantel der Aufklärung durch einen kompetenten Kinderarzt für Impfungen geworben. Besonders mit dem allgemeinen Machtmittel der Angst und unsachgemäßer Darstellung der Zusammenhänge. Ja, ich würde sogar sagen, mit Hilfe von bewußten oder unbewußten Unwahrheiten, die jeglicher Realität entbehren. Anders kann man dies nicht mehr nennen! Oder können Sie sich vorstellen, daß Kinderärzte noch nie einen Impfschaden in Ihrer Praxis gesehen haben, wie z.B. der Pädiater in der Sendung „Schreinemakers live" öffentlich von sich behauptet. Durch Beiträge mit Überschriften wie „Der Pikser, der Ihr Leben retten kann" (Freizeit Revue) oder „Die Sache mit dem Piks" (Mobile, Zeitschrift für junge Eltern) wird einmal mehr sehr deutlich, daß die Impfungen bagatellisiert und verniedlicht, ja sogar auf nur einen Piks reduziert werden. Darüber hinaus fragt man sich gerade bei diesen beiden Beiträgen, die ja in ganz unterschiedlichen Zeitschriften (Mobile und Freizeit Revue) abgedruckt wurden, ob sie nicht ursprünglich aus ein und derselben Feder stammen und ganz andere Interessen dahinterstehen. Aufbau und Wortwahl lassen jedenfalls darauf schließen.

In der Zeitschrift Mobile wird das Ganze mit einer ganzseitigen verharmlosenden Anzeige eines großen Pharmakonzerns gespickt, ein paar Seiten vorher, unter dem Titel: „Eine wichtige Frage an alle Eltern mit Kindern im Alter von 15 Monaten bis 6 Jahren: Ist Ihr Kind schon gegen Keuchhusten geimpft?" Und weiter ist dort zu lesen: „Eine gute Nachricht für alle Eltern, die ihr Kind *vor Keuchhusten schützen*, aber vor *unangenehmen Begleiterscheinungen* bewahren wollen: Der *Forschung* ist es gelungen, neue, *besonders schonende Impfstoffe* zu entwickeln – sie haben die *hohe Schutzwirkung*, die Sie mit Recht erwarten, sind dabei aber *deutlich besser verträglich* als die *Impfstoffe der Vergangenheit*. ..." (Hervorhebungen durch den Verfasser)

Befaßt man sich eingehend mit der verfügbaren impfkritischen Literatur sowie den Zusammenhängen, die in diesem Werk präsentiert werden, so wird man schnell gewahr, daß in dieser Intitiative, wie der Pharmariese seine Werbeseite selbst nennt, viele Wahrheiten aber auch Unwahrheiten zu identifizieren sind. Analysieren wir einmal den Text sequentiell:

- *„vor Keuchhusten schützen"*
  Widersinnig, da Impfungen keinen Schutz verleihen können. Sie bringen vielmehr das gesamte Immunsystem durcheinander, denn derartige Invasionen von Mikroben sind bei normaler Innervation eines Gesunden in der

Natur nicht vorgesehen. Vergleiche hierzu das *Naturgesetz der Zweiphasigkeit der Erkrankungen* (Kapitel 3.1.1) und die Gesetzmäßigkeiten der *Miasmen* in der Homöopathie (Kapitel 2).

- *„unangenehme Begleiterscheinungen"*
  Verharmlosung und Verleumdung von Impfschäden, wobei die schweren Schäden gänzlich unter den Tisch gekehrt werden. Auf der anderen Seite werden jedoch auch „unbequeme Reaktionen" zugegeben, die einen neuen Impfstoff erforderlich werden ließen.
- *„Forschung"*
  Besser wäre hier der Begriff „Industrie" oder „Pharmalobby" (siehe Hans Ruesch, „Die Pharma-Story – der große Schwindel", Verlag Müller & Steinicke, München, und andere Medizin- und Pharma-kritische Literatur)
- *„besonders schonende Impfstoffe"*
  Gewissermaßen eine Unwahrheit, denn am Menschen sind diese Impfstoffe bislang nicht flächendeckend erprobt. Und Keuchhusten gibt es beim Tier nicht! Das Tier muß also quasi erst (ähnlich) artifiziell „krank" gemacht werden, um dann diese Pharmaka zu „erproben" (Notabene: Auch das Contergan hat damals in Tierversuchen nie teratogen[1] gewirkt!). Außerdem ist hinreichend bekannt, daß alle Mikroben *artspezifisch* sind. Im Klartext heißt das: Tierversuche sind in keiner Weise auf den Menschen übertragbar. *Deshalb müssen alle Medikamente als auch Impfstoffe schlußendlich am Menschen in sog. Feldversuchen erprobt werden.* Und derartige Menschenversuche werden an unseren Kindern immer wieder vorgenommen, ohne Wissen ihrer Eltern! Vorher kann man mit Sicherheit keine echten Aussagen zur Verträglichkeit machen, und schon gar nicht bzgl. der Langzeit-(neben)wirkungen. Erinnert sei an das bereits angeführte Zitat des hochkarätigen Forschers Dr. Hillemann aus den USA: „Kein Impfstoff kann in einem Laboratorium auf völlige Sicherheit überprüft werden. Dies muß im menschlichen Körper nachgewiesen werden!"
- *„hohe Schutzwirkung"*
  Widersinnigkeit im Zusammenhang mit Impfungen (siehe oben). Außerdem gibt es keine seriösen Wirksamkeitsstudien oder Doppelblindversuche für Impfstoffe, wie bereits in Kapitel 1.5 dargestellt. Das Feststellen der „Wirksamkeit" von Impfstoffen beruht ausschließlich auf dem Nachweis eines entsprechenden Antikörpertiters! Jedenfalls brauchen die Impfstoffhersteller nur diesen nachzuweisen. Die Aussage eines Antikörpertiters bedeutet jedoch lediglich: Ein Kontakt mit dem korrespondierenden Antigen und eine daraus resultierende Produktion von spezifischen Antikörpern hat stattgefunden. Aber hinsichtlich Immunität kann kein Statement abgegeben weden, denn *Immunität ist nicht gleichzusetzen mit Vorhandensein von Antikörpern* (siehe Kapitel *1.3.7 Antikörpertiter – zentrale Säule der*

[1] teratogen: Mißbildungen hervorrufend.

Diagnostik)! Infolgedessen impliziert ein nach Impfungen feststellbarer Antikörpertiter nicht deren Schutzwirkung!! Das ist reines Wunschdenken!

- *„deutlich besser verträglich"*
  Beinhaltet, abgesehen von der Bestätigung, daß der alte Impfstoff deutliche „Nebenwirkungen" hatte bzw. Impfschäden verursachte, auch eine gewisse Einschränkung, denn besser als die alten Impfstoffe heißt nicht unbedingt, daß keine Reaktionen/Schäden auftreten können. Im Grunde genommen können die genauen Gefahren neuer Impfstoffe überhaupt noch nicht bekannt sein, denn aufgrund der Faktoren Zeit und Masse war es bislang nicht möglich, die Wirkungen über Jahre bzw. Jahrzehnte hinweg an einer Vielzahl von Kindern beobachten und studieren zu können.
- *„Impfstoffe der Vergangenheit"*
  Hier wird nochmals indirekt zugegeben, daß der alte Pertussis-Impfstoff gefährlich war.

Wir sehen also, daß man schon aus dieser Werbung einiges ablesen kann, sofern man sich mit der Thematik auseinandersetzt und die einzelnen Textstellen genau analysiert; denn echte Argumente für das Impfen gibt es nicht, können also auch nicht vorgebracht werden. Jegliche Impfwerbung hat außerdem einen sehr üblen Beigeschmack (Geschäftemachen mit der Gesundheit unserer Kinder), zumal *gesundheitsfördernde Maßnahmen im Grunde genommen keiner Werbekampagnen bedürften*, da sie sich von selbst empfehlen.

A.2.2 Kritische Betrachtung der „Zeitungswerbung" von Anhang A.1

Als zweites Beispiel soll der obige Zeitungsbericht des „Münchner Merkur" vom 9. 9. 2005 fungieren. Kommentiert werden die vom Verfasser hervorgehobenen Textstellen.

- *„Immer noch wird die Grippe (Influenza) unterschätzt. Immer noch lassen sich viel zu wenige Menschen impfen."*
  Schon in diesem ersten Satz wird die medizinische Maßnahme Impfen publizistisch geschickt mit einer Krankheit kombiniert (*„immer noch"*), so daß den wenigsten Zeitgenossen bewußt wird, daß sie einer tiefgreifenden Massensuggestion erlegen sind. Es wird nämlich unterschwellig als wissenschaftlich einwandfrei erwiesen unterstellt, es sei eine unumstrittene Tatsache, daß eine Impfung einen Immunität verleihenden Schutz bewirke.
- *„dem herkömmlichen Grippe-Impfstoff deutlich überlegen"*
  Hier wird klar zugegeben, daß der alte Impfstoff nicht zu empfehlen war, um es einmal ein wenig gehobener auszudrücken.
- „*... schützt* die Geimpften in *80 %* der Fälle, die *Effektivität des herkömmlichen Impfstoffs liegt bei nur 57 %.*"
  Dieser Satz ist lediglich eine kühne Behauptung, welche zu beweisen wäre.

Aber genau dies dürfte unmöglich sein, denn es gibt keine seriösen, öffentlich einsehbaren Studien, die so etwas belegen, und diese wird es auch nie geben bzw. geben können, da Impfungen nicht zu schützen vermögen. Darüber hinaus ist dieser Satz ein klarer Offenbarungseid hinsichtlich des alten, ausgedienten Impfstoffes.

- *„Wirkstoffverstärker"*
  Was immer dies auch ist. Eine genaue Erklärung bleibt uns die Verfasserin, Dorothea Treder, jedenfalls schuldig. Offensichtlich handelt es sich hier um einen plumpen Marketing-Trick, um die 80% für Otto Normalverbraucher begründen zu können!
- „der die so genannte *Antigen-Aufnahme* verbessert"
  Genau dies ist *nicht* das zentrale Thema der Abwehr, wie wir im Kapitel über die Mikroben gesehen haben (siehe Kapitel *3.1.1.3 Wesen und Sinn der Mikroben*). Es gilt nicht, die Mikroben zu bekämpfen und zu eliminieren, sondern sie eher in ihren biologischen Aufräumfunktionen, sozusagen als Symbionten, zu unterstützen.
- *„Risiko einer Lungenentzündung"*
  Hier werden – wohl eher unbeabsichtigt – starke Nebenwirkungen des alten Impfstoffes zugegeben, welche ja zuvor selbst – als es den neuen Impfstoff eben noch nicht gab – ebenso als segensreich gepriesen wurde.
- „gleicht *‚die schwindende Leistungsfähigkeit im Alter aus'"*
  Wiederum eine kühne Behauptung, die ohne Beweis eine leere Hülse bleibt. Jedenfalls haben mir Patienten immer wieder das Gegenteil versichert, nämlich daß sie „die schwerste Grippe ihres Lebens unmittelbar nach einer Grippeimpfung bekommen haben". Und sogar der weltbekannte Dr. Albert Sabin, der Entwickler der oralen Polio-Impfung (Schluckimpfung) aus den USA, gab auf einem am 7. Dezember 1985 gehaltenen Vortrag vor einem vollbesetzten Haus von italienischen Ärzten in Piacenza zu, daß „Impfstoffe gegen Grippe nutzlos" seien. Am darauffolgenden Tag wurde er in der führenden Turiner Tageszeitung „La Stampa" folgendermaßen zitiert: „Offizielle Daten haben gezeigt, daß die Impfreaktionen auf breiter Ebene in den Vereinigten Staaten keine bedeutende Verbesserung der Krankheiten erbracht haben, gegen welche sie angeblich Immunisierung bewirken sollen." – Dieses Statement kommt, wie gesagt, von einem „Impfstoffpapst" erster Güte!!
- *„Die einzige Möglichkeit, Todesfälle oder Schäden an Herz, Lunge und Gehirn durch die Grippe zu vermeiden, sei die Impfung"*
  Eine unseriöse, suggestive Behauptung mit dem Machtinstrument der Verbreitung von Angst und Panik, ohne ein einziges Argument anzuführen, warum dem so sei. Darüber hinaus sei auch hier auf Sabin höchstpersönlich verwiesen. – Und außerdem ist genau das Gegenteil der Fall.
- *„Professor* Adolf Windorfer"
  Ein wichtiger Titel, der eine sog. „Kapazität" charakterisiert – wie heutzutage hochrangige Mediziner im Volksmund genannt werden – und nahezu

absolute Autorität vermittelt, um die Wissenschaftsgläubigkeit der Allgemeinheit aufrecht zu erhalten. Ferner ein Instrumentarium dafür, daß Mündigkeit und Kreativität des einzelnen torpediert werden, damit ja nichts mit gesundem Menschenverstand hinterfragt werden kann.

- *„Schutz* aufgebaut"
  Widersinnig, da Impfungen keinen Schutz verleihen können (analog zu oben bei der Werbung hinsichtlich des azellulären Pertussis-Impfstoffes).
- „bis zu *zwei Wochen*, der Schutz hält etwa *ein Jahr"*
  Ein einfacher Taschenspielertrick, um aufzuzeigen, daß der Impfstoff quasi sofort wirksam ist und schützt, aber nach einem Jahr wieder neu verkauft werden kann, pünktlich zum Beginn der neuen „Grippe-Saison". Wieder besteht hier keine Nachprüfbarkeit; es handelt sich um eine reine Behauptung. Außerdem – bei allen anderen Impfungen muß man sich ein paar Male Wiederholungsimpfungen abholen, damit diese dann für zehn Jahre und mehr schützen; wie paßt all das zusammen? – Wie paßt das auch mit Sabins obigen Aussagen zusammen?
- *„bei jährlicher Nachimpfung ist ein 60- bis 80-prozentiger Schutz garantiert"*
  Dies könnte man als Eigentor bezeichnen, da von echter Schutzwirkung nun wirklich keine Rede sein kann. Und diese als vermeintlicher „Schutz" gepriesene Wirkung soll sich erst bei jährlicher Nachimpfung einstellen! Das heißt doch im Klartext, bei der Erstimpfung sind die Schutzquoten noch geringer als angegeben. Daraus folgt eindeutig: Nach der Impfung wird man erst recht krank, denn wenn die Prozentanzahl unter 50 rutscht, ist die Wahrscheinlichkeit zu erkranken deutlich größer als „fifty-fifty" … Und genau das haben mir immer wieder meine Patienten bestätigt (s. o.)!

A.2.3 Subtile Werbung mittels Fernsehen

„Natürlich gibt es beim Impfen immer Nebenwirkungen; aber der Schutz einer Impfung übersteigt das Risiko um ein Vielfaches. Die Gefahr einer Gehirnhautentzündung nach einer Masernimpfung liegt bei 1:1.000.000; bei einer Masernerkrankung aber ist sie 500 bis 1.000-mal höher", – so der einführende Nachrichtensprecher in der Fernsehsendung Frontal 21, ZDF, 27. 9. 2005, 21.00 Uhr.

So raffiniert gestaltet sich die Werbung pro Impfungen mittlerweile, daß Nebenwirkungen öffentlich zugegeben werden: „Natürlich" und sogar „immer" gibt es Nebenwirkungen, heißt es dort, welche allerdings bis vor kurzem beharrlich bestritten wurden. Da war noch immer alles harmlos und gut verträglich, eben nur ein Piks! Doch nun scheint der Bogen überspannt zu sein! Der Impflobby wird bewußt, daß die Leute zunehmend wacher werden, ja regelrecht aufgerüttelt sind, so daß sich nicht mehr alles so leicht unter den Teppich kehren läßt, da viel zuviel passiert. Die jungen Mütter erkennen nämlich immer mehr den Impfzusammenhang bei den Störungen ihrer Kinder.

Bei weiterer Negation dieser „Nebenwirkungen" (eigentlich eher Hauptwirkungen!) würde man sich gewiß unglaubwürdig machen und selbst disqualifizieren. Deshalb also der Schwenk in der Argumentation sowie das Anführen von Zahlen, welche auf den ersten Blick recht wissenschaftlich klingen, jedoch völlig aus der Luft gegriffen sind. Zudem fehlt jeglicher Quellennachweis, nicht zuletzt auch deshalb, weil es jenen gar nicht gibt. Darüber hinaus bedient man sich geschickt suggestiv des Begriffes „Schutz", ohne diesen jemals im Zusammenhang mit den Impfungen nachgewiesen zu haben, dieser demnach auch nicht über den Status einer reinen Behauptung hinausgekommen ist. – Also Vorsicht bei solcherlei „aufklärenden" Sendungen!

Ein anderes Beispiel kommt aus einer Talkshow im Fernsehen zur besten Sendezeit überhaupt: In einem Interview mit einem hochrangigen Ärztevertreter im Januar 2004 – Namen und Sender sollen hier nicht explizit genannt werden – ging es um die aktuelle Grippeimpfung. Diese wurde nicht unbedingt jedermann empfohlen! Für Leute mit einem intakten Immunsystem schien sie nicht sonderlich geeignet zu sein, da es ihr Immunsystem durchaus beeinträchtigen könnte, war zu hören. Aber die Schwächeren sollten sich doch, bitte schön, impfen lassen, da sie es nötig hätten und die Nebenwirkungen hier nicht so gravierend seien wie die Schutzwirkung ... (eigentlich in sich schon ein Widerspruch, nicht wahr?)

Allein in diesem kurzen Statement könnte eine gezielte Täuschung der Öffentlichkeit zu erkennen sein! Zunächst wird wieder einmal mehr suggeriert, daß Impfungen zu schützen vermögen, und darüber hinaus zielt die Grippeimpfung sowieso eher auf die ältere Generation ab; die jungen Leute sind von vorneherein nicht deren eigentliche Zielgruppe. Also lautet die „entkleidete" direkte Aussage des Ärztevertreters, welche er geschickt verpackt an den Mann bringt: „Leute (d. h. ältere Leute), laßt Euch fleißig gegen Grippe impfen!" Denn welche älteren Menschen können sich heutzutage noch einer robsuten Gesundheit erfreuen? Somit sollten sich alle älteren Leute davon überzeugen lassen, in den „Genuß" einer Grippeimpfung kommen zu müssen.

A.2.4 Statistische Tricks am Beispiel der Poliomyelitis

Es wird immer wieder behauptet, der Rückgang der Polio-Fälle sei durch die Einführung der Polio-Impfung erfolgt. Doch diese Aussage ist schlichtweg falsch! Nach Professor Greenberg, Universität von North Carolina in den USA, waren für den Nachweis bzw. die Diagnose einer Polio bis zum Jahr 1954/55 *keine* Labortests und *keine* fortdauernden Lähmungen notwendig. Die Polio galt als gesichert, wenn 24 Stunden nach der Untersuchung noch klassische Symptome vorhanden waren. Aber nach 1954/55 wurde die Polio regelrecht *umdefiniert*! Fortan galt als Polio nur noch das, was *mehr als 60 Tage bleibende Lähmungserscheinungen* aufwies. Paralysen von mehr als 24 Stunden und weniger als 60 Tagen galten auf einmal nicht mehr als Polio! Parallel dazu kam es zu einer *radikalen Änderung der diagnostischen Grundlagen:* Nun waren *Labortests* zur Absicherung der endgültigen Diagnose notwendig! Und die WHO nahm ab 1957 *nur noch paralytische Formen* der Polio in ihre Statistik auf!

Darüber hinaus hat man später auch noch einige Poliofälle einfach „umgetauft". Gewisse Akutfälle hießen fortan *virale* oder *aseptische Meningitis,* und Spätmanifestationen wurden zum *spinalen Muskelschwund* oder zur *Friedreich'schen Ataxie* (anstelle von PPS, dem PostPolioSyndrom). Derartige *statistische Tricks* (genauer: Fälschungen[1] der Statistik) erwecken selbstverständlich den Anschein eines schlagartigen Rückgangs der Poliomyelitis-Fälle durch Impfungen, wenn jene als Massenimpfungen in etwa zu diesem Zeitpunkt eingesetzt haben. Doch nun dürfte es einigermaßen klar sein, wo dieser Riesensprung nach unten im graphischen Verlauf der Polio-Infektionskurve wirklich herrührt, und daß sich an der allgemeinen gesundheitlichen Situation im wesentlichen nichts geändert hatte.

Eher das Gegenteil ist der Fall, denn durch die Impfungen wird die Polio regelrecht verbreitet! Nachfolgend hierzu ein paar Zitate von namhaften Persönlichkeiten bzw. aus der Weltpresse. „Alle derzeit bekannten Polio-Erkrankungen in den Kliniken Deutschlands sind ausnahmslos Impf-Poliomyelitiden, also direkte Folgen einer Impfung", so Dr. Buchwald bei einem Vortrag im März 1993 in Gauting, was sich auch in der homöopathischen Praxis immer wieder bestätigt. Dies gilt logischerweise nicht für Deutschland alleine, sondern auch für andere Staaten. Beispielsweise hat das wichtigste amerikanische Kontrollorgan für Infektionskrankheiten, „Centers for Disease Control (CDC)" von Atlanta, laut einem Pressebericht vom Februar 1997 zugegeben, daß in der Zeit von 1980 bis 1994 fast alle Poliomyelitis-Fälle, welche in den

---

[1] Fälschungen scheinen nicht nur in der Medizin, sondern auch in den anderen Wissenschaften seit langem gang und gäbe zu sein. So berichtet beispielsweise Dr. Hans-Joachim Zillmer in seinem Buch „Die Evolutionslüge", daß im Bereich der Paläoanthropologie und Paläontologie mittlerweile der hochschulinterne Begriff „protschern" existiert, abgeleitet vom Namen des renommierten Lehrstuhlinhabers Professor Dr. Dr. Reiner Protsch, welcher das willkürliche Datieren von Fossilien und Skeletten, wie z. B. des „Neandertaler von Hahnöfersand", umschreibt. Der Professor erfand ganz einfach zeitliche Zuordnungen, damit diese in die herkömmliche Theorie und Lehrdoktrin paßten. – Oder ein anderes Beispiel aus der Biologie, welches die Fälschungen des „ruhmsüchtigen" Ernst Haeckel Ende des 19. Jahrhunderts betreffen, unter der Überschrift „Schon Haeckel protscherte": „Als dies bloßgestellt wurde, war seine einzige Verteidigung vor dem akademischen Rat: ‚Nach diesem Kompromißgeständnis der Verfälschung wäre ich verpflichtet, mich verdammt und zerstört zu fühlen, hätte ich nicht den Trost, neben mir auf der Anklagebank Hunderte von Mitschuldigen sitzen zu sehen, unter ihnen viele der verläßlichsten Beobachter und Biologen von bestem Ruf. Die überwiegende Mehrzahl aller Tafeln in den besten Lehrbüchern der Biologie, den Abhandlungen und Berichten würden in gleicher Weise die Anschuldigung der Verfälschung verdienen, denn sie sind alle ungenau und mehr oder weniger verfälscht, schematisiert und konstruiert.' Gefälscht wird auf breiter Front!" (Dr. Hans-Joachim Zillmer)

Vereinigten Staaten gemeldet wurden, durch die Verabreichung des oralen Polio-Impfstoffes hervorgerufen wurden! Und die Los Angeles Times klagt 1995 an: „In den USA ist heute die einzige Ursache für Polio die orale Poliovaccine, die routinemäßig Kindern verabreicht wird im gesellschaftlichen Bemühen, die Nation von dieser Krankheit zu befreien." In dieselbe Kerbe schlägt auch der bekannte Kinderarzt, Professor Dr. Robert Mendelsohn, aus Chicago: „Ich habe auf die Polio-‚Schutzimpfung' verzichtet, als Jonas Salk nachwies, daß der beste Weg, um in den Vereinigten Staaten an Polio zu erkranken, darin bestand, sich in der Nähe eines Kindes aufzuhalten, das unlängst mit der Sabin-Vaccine geimpft wurde." Tatsächlich lagen sich die beiden amerikanischen „Polioimpfstoff-Päpste" Salk und Sabin lange in den Haaren, weil jeder den anderen beschuldigte, für die weitverbreiteten Schäden der Polioimpfungen verantwortlich zu sein, vor allen in Ländern wie Brasilien, wo es vor der Impfung fast überhaupt keine Polio gegeben hatte und nun durch die Massenimpfungen die schwerste Polioepidemie der Welt ausgelöst worden war, und daß in allen europäischen Ländern, in denen nicht geimpft wurde, die Kinderlähmung ebenso – oder noch mehr – zurückgegangen ist, wie dort, wo geimpft wurde.

In meiner Praxis gibt es immer wieder Patienten, die berichten, daß sie seinerzeit nach einer Polio-Impfung zwischenzeitlich sogar an den Rollstuhl gefesselt waren, und bei denen mit aller Kraft versucht wurde, die Wahrheit zu vertuschen.

A.3 Fragebogen für die Anamnese

Das Ziel der homöopathischen Krankenbefragung ist nicht der Name der Krankheit und das Jagen nach Endresultaten – den Folgen der Krankheit –, sondern das Auffinden des Similes. Die *Arzneimitteldiagnose* – die spezielle Diagnose eines bestimmten Kranken – sowie die *Miasmendiagnose* stehen im Vordergrund der homöopathischen Befragung. Die klinische Diagnose im herkömmlichen Sinne spielt demgegenüber nur eine relativ untergeordnete Rolle. Der Erfolg einer chronischen homöopathischen Behandlung steht und fällt mit einer gekonnten Anamnese.

Schon hier werden die ersten Weichen für einen positiven Therapieverlauf gestellt. Wird bei der Anamnese nicht das Wesentliche erfaßt, werden Weichenstellungen im Leben eines Patienten übersehen oder falsch bewertet, so ist die darauf aufbauende Therapie zum Scheitern verurteilt. *Homöopathie* ist eine *kausale Behandlungsmethode*! Geht man an den eigentlichen Ursachen vorbei, so wirken auch keinerlei Potenzen.

In der Anamnese geht es darum, die Daten, Fakten und Zusammenhänge des gesamten Lebens eines Patienten zu eruieren. Dabei müssen auch alle früheren Behandlungsversuche gewissenhaft beurteilt werden, so daß der Behandler schließlich erkennt, ab wann was im Leben dieses Patienten anders oder falsch gelaufen ist. Darüber hinaus ist das *Erfassen der zugrundeliegenden Miasmen* sowie das *Herausarbeiten des zur Zeit aktiven Miasmas* von zentraler Bedeutung.

Dies erfordert in der Regel ein gehöriges Maß an Aufwand und Zeit. Setzt man für die chronische Aufnahme eines Erwachsenen im Schnitt ungefähr 2 Stunden Gespräch an, so wird man auch bei Kindern – je nach Alter – mit circa 1 bis 1½ Stunden rechnen müssen.[1] Es sind ja *nicht nur die aktuellen Symptome und Zeichen* für den Homöotherapeuten von großer Wichtigkeit, *sondern auch alle früher dagewesenen Krankheiten, Höhepunkte und Tiefpunkte im Leben dieses Menschen mit allen nur möglichen Interaktionen zu seiner Umwelt und Familie.* Weiterhin spielen aber auch die *Belastungen seiner gesamten Blutsverwandtschaft* eine wesentliche – oft sogar zentrale – Rolle, denn „Tatsache ist, daß wir das allerähnlichste Mittel nicht auswählen können, wenn wir die Phänomene der wirkenden und zugrundeliegenden Miasmen nicht kennen." – John Henry Allen in seinem Werk „Die Chronischen Krankheiten – die Miasmen".

Aus diesem Grunde sind von verschiedenen Seiten Fragebögen entwickelt worden, die es dem Homöopathen erleichtern sollen, einen Überblick über den Patienten zu erhalten. Der Fragebogen soll nicht direkt auf das Simile führen – wer bislang gedacht hat, mit der Auswertung eines „rohen" Fragebogens sei das ähnliche Arzneimittel bereits gefunden, ist einem Trugbild erlegen –, sondern er soll helfen, daß bei der chronischen Anamnese nichts übersehen wird. Er erfüllt einzig und allein den § 7 Hahnemanns Organon der Heilkunst (Gesamtheit aller Symptome).

Demzufolge bleibt das Gespräch nach wie vor der zentrale Bestandteil der Anamnese.

Außerdem läßt sich nicht alles schriftlich fixieren und erfassen! Mit Hilfe eines Fragebogens wird der *Behandler* in die Lage versetzt, nach dem Spontanbericht des Patienten gezielter nach bestimmten Zusammenhängen und/ oder Begebenheiten zu forschen und nicht unvorbereitet in ein Anamnesegespräch zu gehen, sofern es sich um schwerer zu therapierende Erkrankungen handelt. Darüber hinaus ermöglicht eine Fragebogenaktion dem *Patienten*, vorab sein gesamtes Leben retrospektiv zu betrachten und gegebenenfalls selbst Zusammenhänge zu erkennen und darzustellen. Dies gilt ganz besonders für das Erstellen seiner Familienanamnese.

Die Auswertung des Anamnesegesprächs zusammen mit dem Fragebogen, der in Gegenwart des Patienten in allen relevanten Punkten durchgesprochen wird und mit dessen Hilfe Schwerpunkte herausgearbeitet werden können, bildet die Basis zum Herausziehen der für die Arzneimittelwahl wichtigeren Symptome, was wiederum Voraussetzung für das spätere Hierarchisieren im Sinne des § 153 des Organons ist.

---

[1] Im Falle von Behinderungen ist der Aufwand i. d. R. entsprechend größer.

Das *Ziel einer Fragebogenaktion* ist also primär, *daß keinerlei Information verlorengeht* und auch wirklich alles mögliche von Interesse angesprochen wird. Es geht also um die *Totalität der Symptome.*

Fragebogen und Patienteninformation:

- Plattner, I., Grätz, J.-F., „Homöopathische Behandlung Ihres Kindes – Fragebogen", 6. Auflage 2006, 16 Seiten DIN A4
- Grätz, J.-F., „Fragebogen für Ihre homöopathische antimiasmatische Behandlung", 4. Auflage 2001, 32 Seiten DIN A4
- Grätz, J.-F., „Klassische Homöopathie – ein Naturgesetz", Patienteninfo, 6-seitiges Faltblatt DIN A4, 5. Auflage 2007 *(sehr gut geeignet als Beilage zum Fragebogen)*

Bezugsadresse: Tisani Verlag, Andrea Grätz, Eyacher Straße 33, D-82386 Oberhausen i. Obb., Tel.: 08802/90 78 86, Fax: 08802/90 79 73

A.3.1 Auszug aus dem Kinderfragebogen

...

3. Neugeborenenperiode

3.1 Geburtsgewicht / Länge / Kopfumfang
3.2 Sofort geschrien? / Atemstörungen? / blau / gekrampft?
3.3 Geburtsgeschwulst / Hirnblutung?
3.4 Nabelschnurstrangulierung?
3.5 Schlüsselbeinbruch? – links / rechts?
3.6 Gelbsucht (wie lange, wie stark?) – Brutkasten / Wärmebettchen?
3.7 Nabelbruch? / Leistenbruch? – angeboren / erworben?
3.8 Nabelentzündung? – Absonderung?
3.9 Schiefhals? – links / rechts?
3.10 War Ihr Säugling apathisch / hat er ständig geschrien?
3.11 Wie lange haben Sie Ihr Kind voll gestillt? Wie lange teils? – Gab es Probleme beim Stillen?
3.12 Trinken unauffällig / schlechter Trinker / Speikind?
3.13 Gab es in den ersten 4 Wochen akute Erkrankungen?
3.14 Wurde Ihr Kind in den ersten Lebenswochen geimpft? – Gab es da auffällige Über- oder Unterreaktionen?
3.15 Bluttransfusion als Säugling?
3.16 Haben Sie als stillende Mutter im Wochenbett Medikamente erhalten? – Wenn ja, welche? / weshalb?
3.17 Wurden Sie als stillende Mutter geimpft? – Wenn ja, wann? / wogegen?
3.18 Sonstige Auffälligkeiten während dieser Zeit?

4. Geistige/körperliche/statomotorische Entwicklung

4.1 Liegt eine angeborene / erworbene Behinderung vor? – Bitte genaue Angaben.
4.2 Wann reagierte Ihr Kind zum ersten Mal auf Ansprache?

4.3 Wann sinnvolles Sprechen?
4.4 Stottert / lispelt es? – Seit wann?
4.5 Wann Fontanellenschluß?
4.6 Wann erste Zähne? / Erschwerte Zahnung?
4.7 Wann Aufstützen auf die Hände / Drehen vom Bauch auf den Rücken / Drehen vom Rücken auf den Bauch / Sitzen / koordiniertes Krabbeln / Stehen / freies Laufen?
4.8 Größenwachstum normal / verzögert / beschleunigt?
4.9 Wann ist Ihr Kind sauber geworden?
4.10 Wirkt Ihr Kind altersgemäß?
...

A.3.2 Auszug aus dem Erwachsenenfragebogen

...

3. Allgemeines

3.1 Klatschen Sie bitte einmal ganz spontan in Ihre Hände (wie beim Applaudieren im Theater). Welche Hand liegt oben und ist die schlagende?
3.2 Sind Sie Rechts- / Linkshänder / mit beiden Händen gleich geschickt (ambidexter) / weder noch, d.h. keine Hand fühlt sich richtig an (pseudoambidexter)?
3.3 Fühlen Sie sich zu schlank? – Trotz guten Appetits? – An welchen Stellen besonders (z.B. Hals, Beine etc.)?
3.4 Fühlen Sie sich zu stabil, gar zu gewichtig? An welchen Körperregionen besonders?
3.5 Frieren Sie sehr leicht oder sind Sie ein ausgesprochen warmer Typ?
3.6 Wie vertragen Sie Hitze / Kälte?
3.7 Leiden Sie unter Hitzewallungen (u.U. durch die Wechseljahre bedingt)?
3.8 Wie ist Ihr Verhältnis zu frischer Luft? – Auffallend lufthungrig, sogar bekannt als Frischluftfanatiker / Abneigung gegen frische Luft?
3.9 Gab es schon einmal Ohnmachten oder ähnliche Erscheinungen? – Bei welchen Gelegenheiten?
3.10 Wie vertragen Sie See-, Auto-, Flug- und Bahnreisen?
3.11 Sind Sie geräuschempfindlich? – Bei welcher Gelegenheit?
3.12 Empfindlich gegen Gerüche? – Gegen welche?
3.13 Haben Sie bei Ihnen selbst schon einmal einen besonderen Geruch wahrgenommen, mit oder ohne Absonderungen (z.B. muffig, sauer, fischelig, faulig, nach Stuhl)? – Wann? / Trotz Waschens oder Badens? / Wo am Körper?
3.14 Wie vertragen Sie enganliegende Kragen, Ketten oder enge Gürtel? – Wie steht es mit Berührung am Hals?
3.15 Wie vertragen Sie Wolle auf der Haut?

3.16 Gibt es Symptome/Beschwerden, die immer wieder auftreten (stundenweise, tageweise, alle paar Monate, Jahreszeiten)?
3.17 Gibt es Krankheitszeichen, die durch bzw. nach der Behandlung eines anderen Krankheitsbildes entstanden sind?
3.18 Seit wann bestehen Ihre Krankheitserscheinungen? – Seit einer bestimmten Erkrankung / seit einer Impfung / seit einer bestimmten Behandlung / seit einem Schreck- bzw. Schockerlebnis / Was sonst?
3.19 Gibt es eine auffallende Seitenbetonung? – Vorwiegend linksseitige / rechtsseitige Symptome / von links nach rechts wandernd / von rechts nach links wandernd / von einer Seite zur anderen (hin und her) / Was sonst?
3.20 Sind Sie sehr berührungsempfindlich? – Sehr kitzelig? Wo besonders (z. B. an der Wirbelsäule, an den Fußsohlen)?
3.21 Besteht ein Widerwillen gegen Angefaßt- / Angesehenwerden?
3.22 Besteht eine verstärkte Sensibilität gegenüber Schmerzen? – Oder sind Sie auffallend unempfindlich?
3.23 Gibt/gab es auffallende oder eigentümliche Empfindungen in einem Körperbereich? – Bitte genau beschreiben.
3.24 Welchen Einfluß hat körperliche oder geistige Anstrengung auf Sie?
3.25 Gab es Unfälle / Knochenbrüche / Gehirnerschütterungen / Operationen / Krankenhausaufenthalte aus anderen Gründen?
3.26 Nennen Sie alle Medikamente, die Sie zur Zeit einnehmen bzw. früher erhalten haben (ggf. weiter auf Seite 30).
3.27 Was war vor der Medikamenteneinnahme?
3.28 Haben Sie schon einmal Chemotherapie / Bestrahlung erhalten? – Wann? / Weshalb?
3.29 Welche Fremdkörper / Implantate befinden sich in Ihrem Körper? – Nägel / Schrauben / Herzschrittmacher / künstliches Hüftgelenk / Spirale / Paukenröhrchen / Zahnspange oder -prothese / Was sonst?
3.30 Gibt es Organbereiche, die von Geburt an fehlerhaft oder gar nicht angelegt waren?

4. Witterungs- und Mondeinflüsse

4.1 Welches Wetter lieben Sie besonders? Welches überhaupt nicht? – Hat Sonne, Regen, feuchtes Wetter einen Einfluß auf Ihr Wohlbefinden?
4.2 Sind Sie anfällig für Zugluft / Schneeluft / starken Wind / Nebel / bei bzw. vor Gewitter / bei bzw. vor Sturm / Wetterwechsel / Kälte / naßkaltes Wetter / Hitze / Föhn / Vollmond / Neumond / zu- oder abnehmendem Mond?
4.3 Wie reagieren Sie auf Temperaturextreme / Temperaturwechsel?
4.4 Wie geht es Ihnen am Meer / im Gebirge?
4.5 Wie vertragen Sie den Aufenthalt in feuchten Gegenden?
4.6 Was gibt es sonst noch für Einflüsse?
...

A.3.3 Auszug aus dem Erwachsenenfragebogen bzgl. der Familienanamnese

...

III. Ihre Blutsverwandtschaft:

Bitte kurze Angaben über alle Erkrankungen und Operationen Ihrer Blutsverwandtschaft (vor allem über auffällige, schwere, immer wiederkehrende und chronische Erkrankungen, auch Tuberkulose, Geschlechtskrankheiten, Sucht- und Geisteskrankheiten). Darüber hinaus sind z. B. eiternde und/oder zugewachsene Ohrringlöcher, eingewachsene Zehennägel, nächtlicher Speichelfluß, Impffolgen, nicht angegangene Impfungen (incl. Tuberkulinproben und Tub.-Impfungen [BCG]) und ähnliches von Interesse. – ***Bitte so genau wie möglich nachforschen.***

Bedenken Sie, daß zwei Miasmen venerischen Ursprungs sind, d. h., auf sog. Geschlechtskrankheiten zurückgehen, ganz gleich, wie lange diese zeitlich bzw. erblich zurückliegen. Deshalb sollte in Ihrem eigenen Interesse kein Thema tabu sein. (siehe hierzu: Patienteninfo „Klassische Homöopathie – ein Naturgesetz", S. 4ff.)

Geben Sie auch Vergangenes mit an. Es interessieren vor allem:

- Erbleiden
- chronische, immer wiederkehrende, sehr hartnäckige und/oder schwere Erkrankungen
- Impfreaktionen / nicht angegangene Impfungen / Tuberkulinproben, Tub.-Impfungen (BCG)
- angeborene Defekte / Mißbildungen / Anomalien
- neurologische Erkrankungen
- Epilepsie / Krampfneigung / Parkinson / Multiple Sklerose / Lähmungen
- Alkoholismus / Suchtleiden
- Geistes- und Gemütskrankheiten / M. Alzheimer
- Todesursachen / Selbstmord
- Migräne / Meningitis (Hirnhautentzündung) / Encephalitis (Gehirnentzündung)
- Augenleiden / Astigmatismus (Hornhautverkrümmung)
- Ohrerkrankungen / eiternde Ohrläppchen beim Tragen von Ohrringen (z. B. Modeschmuck) / zugewachsene Ohrringlöcher
- Kropf / Schilddrüsenbeschwerden
- Herzkrankheiten / Gefäßkrankheiten / Venenleiden / Bluthochdruck / Schlaganfall / Arteriosklerose
- Lungenkrankheiten / Bronchitis / Asthma / Tuberkulose / Diphtherie
- Leberkrankheiten / Darmerkrankungen / Magenkrankheiten / Blasen- und Nierenkrankheiten / Neigung zu sog. Magendarminfektionen (z. B. Brechdurchfälle)
- Rheumatismus / Gicht / Steinleiden (Galle, Niere, Blase) / erhöhte Harnsäure

- Hüftgelenkarthrose / Hüftdysplasie
- Krebserkrankungen, welche?
- Allergieneigung
- Hautkrankheiten
- Diabetes mellitus (Zuckerkrankheit)
- Übergewicht
- Geschlechtskrankheiten / urologische Behandlungen (u. U. des/der Intimpartner?) / genitale Pilzinfektionen (mit/ohne Ausfluß)
- nächtlicher Speichelfluß
- Zähneknirschen im Schlaf
- eingewachsene Zehennägel / nach oben gewölbte Nägel (Löffelnägel)
- Operationen / Klinik-Aufenthalte
- Malaria / Typhus / Tropenreisen / Reisen nach Fernost

etc. pp.

36. Ihre nächsten Angehörigen

36.1 Mutter:
36.2 Vater:
36.3 Geschwister:
36.4 Großeltern (mütterlicherseits):
36.5 Großeltern (väterlicherseits):
36.6 Onkel, Tanten (mütterlicherseits):
36.7 Onkel, Tanten (väterlicherseits):
36.8 Kinder:
36.9 Welche weiteren Erkrankungen der Blutsverwandtschaft (Urgroßeltern etc.) sind bekannt? – Bitte Verwandtschaftsgrad angeben.
36.10 Bitte nennen Sie alle gynäkologischen (frauenheilkundlichen) oder geburtshilflichen Probleme der Frauen Ihrer Blutsverwandtschaft (Mutter, Großmütter, Schwestern, Tanten, Cousinen etc.). – *z. B.: Menstruationsbeschwerden, Kinderlosigkeit, Fehl-, Früh- und Totgeburten, Abtreibungen, Eileiterschwangerschaften, Placenta praevia (tiefliegende Placenta), Lageanomalien (z. B. Steißlage), operative Entfernung der Placenta (Nachgeburt), Kaiserschnitte, Ausfluß, genitale Pilzinfektionen, Herpes genitalis, Condylome, Feigwarzen, sonstige Warzen, Eierstockentzündungen, Zysten, Eileiterverklebungen, Gebärmutterentzündungen, Myome, Krebs, Operationen etc.*

A.4 Gezielte Quecksilberausleitung möglich?

Hinsichtlich genauerer Details möge der Interessierte den Beitrag „Effiziente Entgiftung von zahnmedizinischen Schwermetallen – geht das?“ des ganzheitlich orientierten Zahnarztes Hansjörg Lammers in der Zeitschrift Co’Med, Heft 3/2005, lesen. Aus diesem Beitrag seien im folgenden ein paar Punkte zitiert:

- „Die DMPS-Anwendung (Dimercaptopropansulfonsäure) stimuliert nur die Quecksilberausleitung aus dem Bindegewebe und der Niere. Aber das ist nur wenig bedeutend, bezieht man sich auf die Quecksilbermenge im Gesamtorganismus inclusive Gehirn."
- „DMPS i. v. löst häufig auch Quecksilber von den Stellen ab, an denen es im Körper gebunden ist (an Metallothionin, schwefelhaltigen Proteinen und Glutathion), so daß sich das neu abgelöste Quecksilber an Stellen wie Gehirn, Leber und Nieren – die grundlegenden Filterorgane – anlagern kann. *Der Anstieg der Quecksilberausscheidung sagt demnach nichts darüber aus, ob man quecksilbervergiftet ist oder nicht.*" (Hervorhebung durch den Verfasser)
- Lammers warnt auch vor Vitamin C-Infusionen zusammen mit intravenösem EDTA (Ethylen-Diamin-Tetra-Essigsäure), denn hier wurde ihm sowohl von Patienten als auch von amerikanischen Kollegen eine hohe Nebenwirkungsrate beschrieben.
- Ganz große Vorsicht sei in Zusammenhang mit Vitamin B12 angesagt. In Infusionen zur Quecksilberentgiftung solle kein Vitamin B12 mehr verwendet werden, denn es methyliere Quecksilber sofort. Selbst eine orale Nahrungsergänzung mit Vitamin B12 in hohen Dosierungen könne das Problem mit organischem Methylquecksilber verursachen.
  Interessant im Hinblick auf das organische Methylquecksilber ist die Beobachtung, daß hierbei *der Pilz Candida albicans eine positive Rolle spielt.* „Der Pilz wandelt das wesentlich gefährlichere Methylquecksilber in die weniger gefährliche anorganische Form des Quecksilbers um und trägt daher zur Rettung menschlichen Lebens bei", so Hansjörg Lammers. – Die Naturgesetzmäßigkeiten der Zweiphasigkeit der Erkrankungen und des ontogenetisch bedingten Systems der Mikroben, speziell hinsichtlich deren Auftreten und biologischen Sinn, lassen grüßen!
- „Neuere Studien von Professor Haley, Universität Kentucky, belegen, daß der Anstieg der Quecksilberausscheidung nach Chlorella-Einnahme aufgrund der Tatsache geschieht, daß *das in der Alge selbst enthaltene Quecksilber aufgenommen wird.* Wird in den Versuchen reine Chlorella verwendet, d. h. ohne Quecksilber, dann ist auch kein Anstieg der Hg-Ausscheidung zu verzeichnen." (Hervorhebung durch den Verfasser)
- „Entgiftung ist kein Thema, das man nach zwei bis drei Wochen erfolgreicher Durchführung einfach zur Seite legen und vergessen kann. Viele dentale Schwermetalle lagern sich im Knochenmark und ZNS (zentrales Nervensystem) ab, und es *dauert Jahrzehnte*, um sie alle wieder herauszubekommen. – Die gute Nachricht dabei ist: *Es ist gar nicht nötig, alles aus dem Körper zu entfernen, um sich gesünder zu fühlen. Es gilt lediglich, den Körper dabei zu unterstützen, mehr Giftstoffe auszuscheiden als er aufnimmt.* – Jeder muß sich jedoch für den Rest seines Lebens bewußt darüber sein, wie er seinem Körper dabei hilft. Weißer Zucker, Alkohol, (Schweine) Fleisch, Koffein und Nikotin werden die entsprechenden Maßnahmen ver-

langsamen.“ Und an anderer Stelle: „Schwitzen ist eine gute Methode, um das System über die Haut von Giftstoffen zu befreien, und zwar mit minimaler Belastung für Leber und Nieren.“

Soweit die Zitate der Ausführungen von Herrn Lammers. Erwähnt werden sollte an dieser Stelle meines Erachtens lediglich noch, daß die größte Quecksilberbelastung durch das *Thiomersal der Impfungen* verursacht wird, wobei reines ungebundenes Quecksilber[1] direkt in den Blutkreislauf gelangt, unter Umgehung der gesamten Abwehr des Organismus. Das Amalgam dagegen ist vergleichsweise harmlos, da dort das Quecksilber gebunden ist. Es wird erst bei zusätzlichen Metallen in der Mundhöhle, beispielsweise durch Goldinlays, infolge der elektrischen Gleichströme (Galvanisches Element) freigesetzt. Auch eine groß angelegte Amalgamsanierung bringt zunächst viel mehr Quecksilber in den Blutkreislauf und ist nicht immer anzuraten.

Und noch ein letzter Rat hinsichtlich Vorsicht bei Zahnersatzmaterialen. Selbst in Kunststofffüllungen können Amalgam und andere Schwermetalle enthalten sein, so die Aussage eines mir bekannten Zahnarztes. Deshalb ist eine gezielte Beratung und ein genaues Hinterfragen vor einer zahntechnischen Behandlung unumgänglich.

Aus Sicht der Klassischen Homöopathie kann es *keine eigenständige, gezielte Quecksilberausleitung* geben. Diese ist immer, zusammen mit allen anderen entgiftenden Maßnahmen, *in einer antimiasmatischen Kur enthalten*! Da die Homöopahie ausschließlich auf der Basis von vorliegenden Symptomen und Zusammenhängen agiert und da Quecksilber sowie andere Schwermetalle und Gifte im Körper Spuren hinterlassen, sprich akute und/oder chronische Symptome verursachen, ist *bei einer solchen chronisch homöopathischen Behandlung eine Quecksilberausleitung gratis mit dabei!* Das geht auch schon aus der allgemeinen Rubrik „Folgen des Mißbrauchs von Quecksilber“ (mit 47 verschiedenen Einzelmitteln!) sowie 40 weiteren spezifischeren Rubriken des Kent-Repertoriums eindeutig hervor.

A.5 Curriculum für „Autodidaktisches Studium Klassische Homöopathie“

Aufgrund der außergewöhnlich großen Resonanz meines zweibändigen Werkes *Klassische Homöopathie für die junge Familie – Kinderwunsch, Schwangerschaftsbegleitung und Geburt, Kleinkindbetreuung, Entwicklungsstörungen und Behinderungen, natürliche Entwicklung* sowie aufgrund der vielen Anfragen während meiner ausgedehnten Vortragstätigkeit im In- und Aus-

[1] reines ungebundenes Quecksilber: Thiomersal ist eine chemische Verbindung aus Thiosalicylsäure und Äthylquecksilber. Es zerfällt bereits in der Impfampulle in diese Bestandteile und enthält dann zu fast 50 % reines Quecksilber!

land, insbesondere von seiten interessierter Ärzte, wo man denn etwas über die chronischen Miasmen und deren Anwendbarkeit in der Praxis lernen könne, da in den bislang angebotenen Ausbildungsgängen darüber nicht viel zu erfahren sei, und schon gar nicht von einem erfahrenen Praktiker, habe ich mich vor längerer Zeit dazu entschlossen, ein *Curriculum für einen autodidaktischen Kurs* zu entwickeln, zwecks *Selbststudium der Klassischen Homöopathie* mitsamt der *Umsetzung der Miasmen bei der Behandlung von chronischen Erkrankungen.* Diesen kurzgefaßten Lehrplan empfehle ich dem Interessierten (Arzt wie Heilpraktiker und durchaus auch Laien) seit Jahren mit großem Erfolg und vielen positiven Rückmeldungen und möchte ihn mit diesem Buch nun auch weiteren Kreisen zugänglich machen.

Autodidaktisches Studium „Klassische Homöopathie“ – Curriculum

Die chronischen Krankheiten – Die Miasmen – Die antimiasmatische Behandlung

empfohlen von Dr.-Ing. Joachim-F. Grätz, Oberhausen i. Obb.

Eingehendes Studium folgender Literatur / Nachvollziehen von gut dokumentierter Kasuistik:

Grundlagen:
- Risch, G., Homöopathik – Die Heilmethode Hahnemanns
- Hahnemann, S., Organon der Heilkunst, 6. Auflage
- Allen, J. H., Die Chronischen Krankheiten – Die Miasmen
- Grätz, J.-F., Sind Impfungen sinnvoll? – Ein Ratgeber aus der homöopathischen Praxis

Vertiefung:
- Grätz, J.-F., Klassische Homöopathie für die junge Familie – Kinderwunsch, Schwangerschaftsbegleitung und Geburt, Kleinkindbetreuung, Entwicklungsstörungen und Behinderungen, natürliche Entwicklung, Band 1
- Grätz, J.-F., Die homöopathischen Potenzen – Ein Ratgeber aus der Praxis
- Grätz, J.-F., Sanfte Medizin – Die Heilkunst des Wassermannzeitalters
- Laborde, Y., Risch, G., Die hereditären chronischen Krankheiten*

Kasuistik:
- Eichelberger, O., Klassische Homöopathie, 4 Bände
- Grätz, J.-F., Klassische Homöopathie für die junge Familie – Kinderwunsch, Schwangerschaftsbegleitung und Geburt, Kleinkindbetreuung, Entwicklungsstörungen und Behinderungen, natürliche Entwicklung, Band 2
- Grätz, J.-F., Sanfte Medizin – Die Heilkunst des Wassermannzeitalters

Arzneimittellehren/Materia medica:
- Allen, H. C., Nosoden
- Julian, O., Materia Medica der Nosoden
- ca. 12 andere gute allgemeine Arzneimittellehren wie z. B. Hering (10 Bände), Boericke, zur Lippe, Morrison, Kent, Mezger (2 Bände), Allen, Hahnemann (6 und 5 Bände), Lathoud (3 Bände) etc.!

Repertorien:
- Kent, J. T., Kents Repertorium, 3 Bände
- Eichelberger, O., Kent Praktikum – Gesichtetes Repertorium

Repertorisationssoftware (mit integriertem Kent-Repertorium):
- *ComRep*; Entwicklung und Vertrieb: ComRep GmbH, Franz Simbürger, Viecht, Bussardstraße 7, D-84174 Eching, Tel.: 08709/16 91, Internet: www.comrep.de
  (Anmerkung: *ComRep* ist die Weiterentwicklung von *Samuel-Serie*.)

Vorgehen:
- Alle Bücher (Grundlagen, Vertiefung) *in der angegebenen Reihenfolge* (am besten mit Textmarker und mehrmals) durcharbeiten. Arzneimittelbilder studieren.
- Kasuistik (Eichelberger-Bände: pro Band 300 relativ kurze Fälle; Grätz-Bücher: zusammen ca. 160 sehr ausführliche, komplex-miasmatische Fälle) *eigenständig* lösen. Am besten mittels Repertorisations-Software (z. B. *ComRep*). Anhand der Dokumentation hinsichtlich Richtigkeit überprüfen und nachvollziehen. Die *Idee der Fälle* durchdringen.
- Entsprechendes Arzneimittel gezielt anhand mehrerer Arzneimittellehren eingehend rekapitulieren und vertiefen.
- Effiziente Nachrepertorisation der dokumentierten Fallbeispiele mit Hilfe von *ComRep*. Auf diese Weise deutlich größerer und schnellerer Lerneffekt, da schnellere Handhabung der wichtigen Rubriken.

---

* Insbesondere der Teil I von Gerhard Risch. Der Teil II ist nur bedingt empfehlenswert, da Laborde versucht, ein neues Miasma zu kreieren, das sog. Krebs-Miasma, welches so nicht zu akzeptieren ist.

Literatur

- Allen, H. C., Nosoden, 2. Auflage 1992, Barthel & Barthel Verlag, Berg
- Allen, J. H., Die chronischen Krankheiten – die Miasmen, 1987, Verlag Renée von Schlick, Aachen
- Bachmann, C., Die Krebsmafia – Intrigen und Millionengeschäfte mit einer Krankheit, 1983, Fischer Taschenbuch Verlag, Frankfurt/Main *(vergriffen)*
- Bêchamp, P. J. A., Le Sang et son troisième Elément anatomique, 1899, Paris, Chalamet
- Braun, A., Mutmaßungen zur Iatrogenese der Pollinose, Allgemeine Homöopathische Zeitung, Heft 5/1987
- Braun, A., Mutmaßungen zur Iatrogenese der Pollinose und ihre therapeutischen Konsequenzen, Deutsches Journal für Homöopathie, Heft 4/1987
- Bruker, M. O., Diabetes und seine biologische Behandlung, 8. Auflage 2000, emu-Verlag Lahnstein
- Burnett, J. C., Die Heilbarkeit von Tumoren durch Arzneimittel, 1991, Verlag Müller & Steinicke, München
- Burnett, J. C., Tumoren der Brust, 1991, Verlag Müller & Steinicke, München
- Burnett, J. C., Vakzinose und ihre Heilung mit Thuja, 1991, Verlag Müller & Steinicke, München
- Carleton, E., Homöopathie in Praxis und Klinik, 2007, Verlag Grundlagen und Praxis, Leer
- Carroll, L., Tober, J., Die Indigo-Kinder, Eltern aufgepaßt ... Die Kinder von morgen sind da, 1999, Koha-Verlag
- Carstens, V., Impfen im Kindes- und Erwachsenenalter, Natur und Medizin
- Clarke, J. H., Die Heilung von Tumoren durch Arzneimittel, 1991, Verlag Müller & Steinicke, München
- Coats, C., Naturenergien verstehen und nutzen – Viktor Schaubergers geniale Entdeckungen, 1999, Omega Verlag
- Coleman, V., Wie Sie Ihren Arzt davon abhalten, Sie umzubringen, Kopp Verlag, Rottenburg
- Conrad, J., Manchmal erwischt's gerade die Besten!, mehr wissen – besser leben (Kents Depesche), Heft 23, 2001, Sabine Hinz Verlag, Stuttgart
- Daunderer, M., Handbuch der Umweltgifte, 1990, Ecomed-Verlag, Landsberg
- Duesberg, P., HIV und AIDS: Korrelation, aber nicht Ursache, AIDS-Forschung (AIFO), Heft 3, 3/1989, München
- Enderlein, G., Akmon – Bausteine zur Vollgesundheit und Akmosophie, 3 Bände, 1955–59, Ibica Verlag, Aumühle
- Enderlein, G., Bakterien-Cyclogenie, 2. Auflage 1981, Semmelweis Verlag, Hoya

- Enders, N., Bedrohte Kindheit – Verhaltensstörungen, Impfungen, Therapieschäden, 1995, Haug Verlag, Heidelberg
- Falkenrath, M., Krank durch Medikamente, Impuls Heft 21, 2005, Aegis, Littau, Schweiz
- Gibis, S., In 50 Minuten durch den Körper – Die Magnetresonanztomographie hilft schnell, ohne zu schaden, 2005, Münchner Merkur, München
- Grätz, J.-F., Die homöopathischen Potenzen – Ein Ratgeber aus der Praxis, 2003, Verlag Müller & Steinicke, München
- Grätz, J.-F., Klassische Homöopathie für die junge Familie – Kinderwunsch, Schwangerschaftsbegleitung und Geburt, Kleinkindbetreuung, Entwicklungsstörungen und Behinderungen, natürliche Entwicklung, 2 Bände, 2. Auflage 2001/2003, Verlag Müller & Steinicke, München
- Grätz, J.-F., Sind Impfungen sinnvoll? – Ein Ratgeber aus der homöopathischen Praxis, 8. Auflage 2005, Verlag Müller & Steinicke, München
- Griffin, G. E., Eine Welt ohne Krebs, 2005, Kopp Verlag, Rottenburg
- Hackethal, J., Der Meineid des Hippokrates – Von der Verschwörung der Ärtzte zur Selbstbestimmung des Patienten, 1992, Lübbe Verlag, Bergisch Gladbach
- Hackethal, J., Der Wahn, der mich beglückt – Karriere und Ketzerei eines Arztes, 1995, Lübbe Verlag, Bergisch Gladbach
- Hahnemann, S., Die chronischen Krankheiten, 2. Auflage 1835, Haug Verlag, Heidelberg
- Hahnemann, S., Krankenjournal DF5 (1837–1842), Haug Verlag, Heidelberg
- Hahnemann, S., Organon der Heilkunst, 6. Auflage 1921, Haug Verlag, Heidelberg
- Hamer, R. G., Kurzfassung der Neuen Medizin (Stand 1994), 2. Auflage 1994, Amici di Dirk Verlagsgesellschaft, Köln
- Hamer, R. G., Celler Dokumentation – Eine Dokumentation von acht vorwiegend urologischen und nephrologischen Krankengeschichten (Komplement zu Kurzfassung der Neuen Medizin), 1994, Amici di Dirk Verlagsgesellschaft, Köln
- Hamer, R. G., Vermächtnis einer Neuen Medizin, 3. Auflage 1991, Amici di Dirk Verlagsgesellschaft, Köln
- Handley, R., Auf den Spuren des späten Hahnemann – Hahnemanns Pariser Praxis im Spiegel der Krankenjournale, 2001, Sonntag Verlag, Stuttgart
- Hering, C., Constantin Hering's homöopathischer Hausarzt, 14. Auflage 1875, Friedrich Frommans Verlag, Stuttgart
- Jürgenson, J., Die lukrativen Lügen der Wissenschaft, 1998, Ewertverlag, Gran Canaria
- Kalokerinos, A., Das Fiasko mit der Schweinegrippe, Impuls Heft 4, 2000, Aegis, Littau, Schweiz
- Kent, J. T., Lectures on Homoeopathic Philosophy, 5th Edition 1954, Reprint Edition 1989, B. Jain Publishers Pvt. Ltd., New Dehli

- Kent, J. T., New Remedies, Clinical Cases, Lesser Writings, Aphorisms and Precepts, Reprint Edition 1988, B. Jain Publishers Pvt. Ltd., New Dehli
- Kent, M., Impfen, mehr wissen – besser leben (Kents Depesche), Sonderausgabe, Heft 22+23, 2004, Sabine Hinz Verlag, Stuttgart
- Klammrodt, F., Unkonzentriert, aggressiv, überaktiv, 2. Auflage, 1999, Verlag Grundlagen und Praxis, Leer
- Klaus, D., Tetzlaff, D., Vogler, W., Praxis der Allgemeinmedizin, 20 Bände, 1981–1993, Verlag Urban & Schwarzenberg, München
- Klein, T., Parkinson durch Gifte, in raum&zeit, Heft 136/2005, Wolfratshausen
- Kneißl, G., Impfratgeber aus ganzheitlicher Sicht, 2000, Verlag Müller & Steinicke, München
- Knieriemen, H., Neue Impfstoffe – unbewältigte Probleme, Naturheilpraxis, Heft 12/1999, Pflaum Verlag, München
- Lammers, H., Effiziente Entgiftung von zahnmedizinischen Schwermetallen – geht das?, Co'Med, Heft 3/2005, Hochheim
- Lanctôt, G., Die Medizin-Mafia, 2004, Verlag Müller & Steinicke, München
- Langbein, K., Ehgartner, B., Das Medizin-Kartell, 2002, Piper Verlag, München
- Lanka, S., Keine Panik – Die Wahrheit über Vogelgrippe, H5N1, Impfen und AIDS, Interview der FAKTuell-Redaktion mit Dr. Stefan Lanka, 2005
- Lanoo (Anders, C.), Der Mann, der AIDS erschuf, 1993, Libri Books on Demand, Los Angeles
- Liedloff, J., Auf der Suche nach dem verlorenen Glück – Gegen die Zerstörung unserer Glücksfähigkeit in der frühen Kindheit, 1980, Verlag C. H. Beck, München
- Loibner, J., Bakterien, die Gesundheitserreger, Impuls Heft 20, 2004, Aegis, Littau, Schweiz
- Monschein, M., Impfung gegen Gebärmutterhalskrebs wirkt Jahre lang, Internet, pressetext.at
- Moody, R. A., Das Licht von drüben, 8. Auflage 2004, Rowohlt Verlag, Reinbek
- Nientit, C., Krebsimpfung bereits im Kindesalter, SonntagsZeitung, 9. 7. 2006, Schweiz
- N. N., „AIDS“ – Die Krankheit, die es gar nicht gibt, raum&zeit, special 4, 1992, Sauerlach
- N. N., Behinderter Säugling künstlich am Leben erhalten als Reservoir für Organverpflanzungen!, Orizzonti Mitteilungen, 1998, Arbedo
- N. N., Das Buch der Bücher – Werke, die die Welt bewegten, Autoren und Entstehung, Inhalt und Wirkung, 2005, Brockhaus AG, Mannheim
- N. N., Die Abschaffung der Gesundheit, Der Spiegel, Nr. 33/2003, Hamburg

- N. N., Ein als Starrkrampf-Serum ausgegebenes Abtreibungsmittel wurde auf Millionen von Frauen ohne deren Wissen ausprobiert!, Orizzonti Mitteilungen, Nr. 67, 6/1996, Arbedo
- N. N., Impfung gegen Gebärmutterhalskrebs erfolgreich getestet, Internet, wissenschaft.de, Konradin Relations GmbH 2006
- N. N., MSD-Manual der Diagnostik und Therapie, 4. Auflage 1988, Verlag Urban & Schwarzenberg, München
- N. N., Pschyrembel – Klinisches Wörterbuch, 123.–153. Auflage 1959, Walter de Gruyter, Berlin
- N. N., Pschyrembel – Klinisches Wörterbuch, 255. Auflage 1986, Walter de Gruyter, Berlin
- N. N., Roche Lexikon der Medizin, 2. Auflage 1987, Verlag Urban & Schwarzenberg, München
- N. N., Rote Liste, Arzneimittelverzeichnis für Deutschland, 2005, Editio Cantor Verlag für Medizin und Naturwissenschaften, Aulendorf
- N. N., Schwierige Geburten, rtv – Fernsehmagazin, Nr. 4, 2005
- Pappworth, M. H., Human Guinea-Pigs, 1969, Pelican Books
- Petek-Dimmer, A., Das menschliche Immunssystem – Was ist erforscht und bekannt?, 2005, Co'Med, Heft 3/2005, Hochheim
- Petek-Dimmer, A., Kritische Analyse der Impfproblematik, 2 Bände, 2004/2005, Aegis, Littau, Schweiz
- Petek-Dimmer, V., Alan Yurko – Das tragische Schicksal einer Familie, Impuls Heft 9, 2002, Aegis, Littau, Schweiz
- Pichler, J., Spritze gegen Krebs, Internet, NetDoktor.de
- Pilhar, H., Olivia – Tagebuch eines Schicksals, 1996, Amici di Dirk Verlagsgesellschaft, Köln
- Risch, G., Die Anfänge der Miasmen-Lehre Hahnemanns, Naturheilpraxis, Heft 2/1995, Pflaum Verlag, München
- Risch, G., Die hereditär-chronischen Miasmen, Naturheilpraxis, Heft 12/1996, Pflaum Verlag, München
- Risch, G., Laborde, Y., Die hereditären chronischen Krankheiten, 1998, Verlag Müller & Steinicke, München
- Rosenow, E. C., Journal of Infectious Disease, 1914, Volume 14, 1–32
- Ruesch, H., Die Pharma-Story – Der große Schwindel, 7. Auflage 2002, Verlag Müller & Steinicke, München
- Rusch, H. P., Naturwissenschaft von morgen, H. G. Müller Verlag, Krailling
- Schadt, F., Zum Lebend-Status des Menschen im Zustand des isolierten Hirnfunktionsausfalles (dissoziierter Hirntod): Anlage zur Verfassungsbeschwerde gegen § 4 des Transplantationsgesetzes, 1999, Dinslaken
- Scheibner, V., Vaccination – 100 years of orthodox research shows that vaccines represent a medical assault on the immune system, 1993, Blackheath, Australia
- Seiler, B., Der Vitaminkrieg geht uns alle an!, in ZeitenSchrift, Heft 46/2005, Ballwil, Schweiz

- Simonsohn, B., Das ADS-Syndrom – Situation und Zahlen, in Co'Med, Heft 3/2005, Hochheim
- Stumpf, W., Kinder mit Homöopathie natürlich behandeln, GU Ratgeber Naturmedizin, 1994, Gräfe und Unzer Verlag, München
- Thome, K., Allergie als hyperergisches Geschehen und deren biochemische Behandlung, Naturheilpraxis, Heft 8/2005, Pflaum Verlag, München
- Ungern-Sternberg, Freiherr von, M., Homöopathisch behandelte Scharlachfälle, 1992, editio astramonte, Detmold
- Voegeli, A., Der programmierte Selbstmord, 1990, Burgdorf Verlag, Göttingen
- Voegeli, A., Heilkunst in neuer Sicht, 7. Auflage 1991, Haug Verlag, Heidelberg
- Wickland, C., Dreißig Jahre unter den Toten, 10. Auflage 1992, Otto Reichl Verlag, St. Goar
- Wipp, B., Homöopathie in Psychiatrie und Neurologie, 2. Auflage 1984, Haug Verlag, Heidelberg
- Wurster, J., Die homöopathische Behandlung und Heilung von Krebs und metastasierter Tumore, 2006, Verlag Peter Irl, Buchendorf

Der über die Grenzen Deutschlands hinaus bekannt gewordene Homöopath **Dr.-Ing. Joachim-F. Grätz**, verheiratet, drei Kinder, arbeitet ausschließlich klassisch homöopathisch unter Berücksichtigung der sog. *Miasmen* (chronische Grundkrankheiten, Krankheit hinter den Krankheiten) und hat große Erfahrung in der Behandlung chronischer Erkrankungen incl. *Impfreaktionen* und *Impfschäden*. Der geborene Berliner und langjährige Starnberger, frühere Ingenieurwissenschaftler und Softwarespezialist sowie Autor eines 400-seitigen Fachbuches bzgl. 3D-CAD (Hightech) lebt und praktiziert in Oberbayern. Seine wegweisenden homöopathischen Werke *„Sind Impfungen sinnvoll? – Ein Ratgeber aus der homöopathischen Praxis“*, *„Klassische Homöopathie für die junge Familie“* (2 Bände) und *„Die homöopathischen Potenzen – Ein Ratgeber aus der Praxis“* haben sich mittlerweile als sehr geschätzte Standardwerke für gestandene Praktiker aber auch Laien etabliert. Neben der umfangreichen Arbeit in seiner Praxis für Klassische Homöopathie engagiert er sich sehr für diese sanfte Heilweise durch zahlreiche Veröffentlichungen in Fachzeitschriften sowie durch Referate bei Naturheilvereinen und auf Kongressen. Außerdem leitet er Arbeits- und Mütterkreise für Klassische Homöopathie.

Vom selben Autor:

Sind Impfungen sinnvoll? – Ein Ratgeber aus der homöopathischen Praxis

Anhand von *biologischen Zusammenhängen und Naturgesetzmäßigkeiten* hinsichtlich unseres Immunsystems sowie dem Wesen von Krankheiten führt der Autor den *Beweis*, daß *Impfungen eine grobe Mißachtung von Naturgesetzen* sind und eine der heutigen Hauptursachen für ein völlig durcheinander gebrachtes Immunsystem. Darüber hinaus zeigt er sowohl vorbeugende Lösungsmöglichkeiten auf, als auch „in praxi", wenn schon gesundheitliche Reaktionen oder Probleme aufgetreten sind. Ein wahrhaft empfehlenswerter Ratgeber in erster Linie für Mütter mit Kindern, Homöopathen, Heilpraktiker, Ärzte und dann für jeden, der sich für Homöopathie, Gesundheit, Krankheit, Neigung zu Krankheiten und echtes Heilen interessiert.

Die homöopathischen Potenzen – Ein Ratgeber aus der Praxis

Wissenswertes bzgl. der homöopathischen Potenzen für jedermann. Interessierte Laien aber auch Therapeuten finden eine umfassende Darstellung, untermauert mit übersichtlichen Fallbeispielen aus der Praxis. Es wird nicht nur auf die Herstellung der einzelnen Potenzen eingegangen, sondern auch auf die grundlegenden Unterschiede zwischen Tief- und Hochpotenzen, deren *Anwendung bei der Akutbehandlung oder einer chronischen Kur* sowie *bei akuten Zwischenbehandlungen während eines laufenden chronischen Arzneimittels*. Darüber hinaus gibt der Autor Antworten auf die meisten immer wieder gestellten, teilweise sehr anspruchsvollen Fragen.

Klassische Homöopathie für die junge Familie –
Kinderwunsch, Schwangerschaftsbegleitung und Geburt, Kleinkindbetreuung, Entwicklungsstörungen und Behinderungen, natürliche Entwicklung
Band 1 – Grundlagen und Praxis
Band 2 – Fallbeispiele aus der Praxis

Dieses Werk – welches ursprünglich *„Die homöopathische antimiasmatische Behandlung der jungen Familie"* heißen sollte – ist *das* Gundlagenwerk für alle an den Krankheitsursachen Interessierten. Es ist einzigartig in seiner Art. Nach seiner Lektüre werden Sie die Welt mit anderen Augen sehen, was die Zusammenhänge und Gesetzmäßigkeiten sowie das Verständnis von Gesundheit und Krankheit betrifft, und einen guten Schritt mündiger sein, nicht nur, was Ihre körperliche Gesundheit angeht, sondern auch Ihre geistige Freiheit. Sie werden nie wieder glauben, daß sich Krankheiten einfach per Zufall einstellen. Alles hat seinen Sinn, seine Ursachen und seine innere Logik! In diesem Werk finden Sie alles, was Sie über die *Naturgesetzmäßigkeiten bezüglich Gesundheit und Krankheit* wissen müssen, für sich, Ihre Kinder und Enkelkinder, ja sogar die Weltgesundheit im allgemeinen betreffend. Im Grunde genommen Dinge, welche man schon von Kindesbeinen an mitbekommen sollte bzw. in der Schule gelehrt werden müßten. Der Grundstein für Gesundheit (in beinahe absolutem Sinne) ist natürlich „die junge Familie".

„Klassische Homöopathie für die junge Familie" ist aus der homöopathischen Praxis heraus entstanden und somit hochgradig verifiziert. Dr. Grätz zeichnet mit diesem Werk die *homöopathischen Naturgesetzmäßigkeiten chronischer Erkrankungen* in allgemeinverständlicher Form und bestechender Klarheit auf. Zahlreiche anschauliche, zum Teil sehr ausführliche Fallbeispiele untermauern die erarbeiteten Zusammenhänge. Schließlich wird zunehmend deutlicher, daß es nicht nur um den einzelnen geht, sondern um die gesamte Menschheit … um körperliche und geistige Freiheit und damit um Mündigkeit!

Ein Positivwerk, welches auf dem internationalen Büchermarkt seinesgleichen sucht. Ein **Muß** für jedermann, der gesund werden/bleiben möchte und unsere Welt vielleicht auch ein wenig zum Positiven zu verändern versucht. Gleichermaßen für interessierte Laien und Therapeuten geeignet.